Quantenmechanik

Eine Einführung mit Anwendungen
auf Atome, Moleküle und Festkörper

Von Prof. Dr. rer. nat. Udo Scherz
Technische Universität Berlin

B. G. Teubner Stuttgart · Leipzig 1999

Prof. Dr. rer. nat. Udo Scherz

Geboren 1934 in Neuruppin, Mark Brandenburg. Von 1955 bis 1962 Physikstudium an der Freien Universität Berlin, 1962 Diplom. Von 1962 bis 1965 Assistent am Institut für Theoretische Meteorologie, 1965 Promotion an der Freien Universität Berlin und von 1965 bis bis 1970 Assistent am III. Physikalischen Institut der Technischen Universität Berlin, 1970 Habilitation für Physik. Von 1970 bis 1976 Professor für Physik am III. Physikalischen Institut der Technischen Universität Berlin, von 1970 bis 1971 Austauschprofessor am Massachusetts Institute of Technology, Cambridge, USA. Seit 1976 Professor für Physik am Institut für Theoretische Physik der Technischen Universität Berlin, 1985/1986 Gastwissenschaftler an der Physikalisch-Technischen Bundesanstalt, Braunschweig. Seit 1994 Geschäftsführender Direktor des Institutes für Theoretische Physik.

Die Deutsche Bibliothek – CIP-Einheitsaufnahme

Scherz, Udo:
Quantenmechanik : eine Einführung mit Anwendungen auf Atome, Moleküle und Festkörper / von Udo Scherz. – Stuttgart ; Leipzig : Teubner, 1999
 (Teubner-Studienbücher : Physik)
 ISBN 3-519-03246-5

Das Werk einschließlich aller seiner Teile ist urheberrechtlich geschützt. Jede Verwertung außerhalb der engen Grenzen des Urheberrechtsgesetzes ist ohne Zustimmung des Verlages unzulässig und strafbar. Das gilt besonders für Vervielfältigungen, Übersetzungen, Mikroverfilmungen und die Einspeicherung und Verarbeitung in elektronischen Systemen.
© 1999 B. G. Teubner Stuttgart · Leipzig
Printed in Germany
Druck und Binden: Druckhaus Beltz, Hemsbach/Bergstraße

Vorwort

Die Quantenmechanik bildet die Grundlage zum Verständnis vieler Eigenschaften freier und gebundener Atome. In jüngerer Zeit haben sich ab initio Rechnungen im Rahmen der Dichtefunktionaltheorie zu wichtigen Ergänzungen der Experimente bei Forschungen im Bereich der Festkörper und Moleküle entwickelt. Deshalb sind hier neben der Behandlung der Atome und Moleküle grundlegende Festkörpereigenschaften hinzugefügt worden. Das Elektronengas wird ebenso behandelt wie die Elektronenzustände und die Schwingungen gebundener Atome. Zur Beschreibung temperaturabhängiger Eigenschaften wurde auch die kanonische Gesamtheit aufgenommen und die Berechnung der thermodynamischen Potentiale, dazu die Grundlagen der Quantenstatistik mit einigen Anwendungen. Von besonderer Bedeutung sowohl für das grundlegende Verständnis als auch für die numerische Anwendung der Quantentheorie sind vorhandene Symmetrien, von denen die bei gebundenen Atomen auftretenden Symmetrien im Ortsraum dargestellt werden.

Das Buch ist für Studierende der Physik und Chemie ab dem dritten Semester geeignet und bietet Aufbaustudenten manche Einzelheiten zu modernen Forschungsmethoden. Die Kapitel bauen nicht direkt aufeinander auf und können, nach dem einführenden ersten Kapitel, zumeist unabhängig voneinander gelesen werden, wobei auf Voraussetzungen früherer Kapitel verwiesen wird. Es wird weitgehend auf die Darstellung der Entstehung der Quantenmechanik als Konsequenz bestimmter grundlegender Experimente und die Interpretation von Meßprozessen verzichtet. Stattdessen stehen die Durchführung der Theorie und die Anwendungen im Vordergrund. Nach der Behandlung der lösbaren Einteilchensysteme werden die Grundlagen der relativistischen Quantenmechanik und Mehrteilchenquantenmechanik entwickelt. Dazu gehört der Teilchenzahlformalismus und es werden eine Reihe allgemeiner Näherungsverfahren sowie die Einbeziehung der klassischen elektromagnetischen Felder beschrieben. Außerdem werden das Hartree-Fock-Verfahren und die Dichtefunktionaltheorie ausführlicher besprochen. Einige mathematische Hilfsmittel sind in den Anhängen separat zugänglich.

Den Diplom-Physikern Carsten Göbel und Kai Petzke danke ich für ihre Hilfe beim Korrektur Lesen.

Berlin, Dezember 1998   Udo Scherz

Inhalt

1 Einteilchenquantenmechanik   13
1.1 Schrödinger-Gleichung.. 13
1.2 Statistische Deutung.. 16
   1.2.1 Kontinuitätsgleichung...................................... 16
   1.2.2 Auseinanderfließen eines Wellenpaketes................... 17
   1.2.3 Aufenthaltswahrscheinlichkeit............................. 19
   1.2.4 Erwartungswerte von Observablen...................... 20
   1.2.5 Hilbert-Raum.. 24
1.3 Unbestimmtheitsrelationen..................................... 26
1.4 Erwartungswerte... 29
   1.4.1 Erhaltungssätze.. 30
   1.4.2 Ehrenfest-Gleichungen................................... 31
   1.4.3 Stationäre Zustände...................................... 32
   1.4.4 Selbstadjungierte Operatoren............................ 34
1.5 Tunneleffekt.. 37

2 Spezielle Einteilchensysteme   41
2.1 Harmonischer Oszillator.. 41
   2.1.1 Eigenwerte.. 42
   2.1.2 Eigenfunktionen... 45
   2.1.3 Dreidimensionaler harmonischer Oszillator............... 48
   2.1.4 Nullpunktsschwingung................................... 48
   2.1.5 Vergleich mit der klassischen Mechanik................... 50
2.2 Bahndrehimpuls.. 52
   2.2.1 Vertauschungsrelationen................................. 52
   2.2.2 Erhaltungssätze.. 54
   2.2.3 Eigenwertgleichungen.................................... 55
2.3 Wasserstoffatom.. 57
   2.3.1 Schwerpunkt-und Relativkoordinaten.................... 57
   2.3.2 Energieniveaus.. 60
   2.3.3 Eigenfunktionen... 63
   2.3.4 Entartung... 65
   2.3.5 Vergleich mit der klassischen Mechanik................... 66
2.4 Potentialtopf.. 68
   2.4.1 Grenzbedingungen...................................... 68
   2.4.2 Kugelförmiger Potentialtopf.............................. 69
   2.4.3 Eindimensionaler Potentialtopf........................... 75

2.5 Elektron im Zentralfeld 78
    2.5.1 Numerische Integration 79
    2.5.2 Nullstellensatz 81
    2.5.3 Numerov-Verfahren 84
2.6 Spin 87
    2.6.1 Drehimpulsquantenzahlen 88
    2.6.2 Bosonen und Fermionen 91
    2.6.3 Spinabhängige Energienineaus 92
    2.6.4 Spinmatrizen und Spinoren 93

3 Relativistische Quantenmechanik   98

3.1 Klein-Gordon-Gleichung 98
3.2 Spezielle Relativitätstheorie 100
3.3 Dirac-Gleichung 102
    3.3.1 Viererspinoren 104
    3.3.2 Lorentz-invariante Form 106
    3.3.3 Transformationsverhalten 107
3.4 Freies Teilchen 110
3.5 Punktladung im elektromagnetischen Feld 113
    3.5.1 Maxwell-Gleichungen 113
    3.5.2 Dirac-Gleichung mit elektromagnetischem Feld 114
3.6 Pauli-Gleichung 117
3.7 Kugelsymmetrisches Potential 122

4 Mehrteilchenquantenmechanik   130

4.1 Unterscheidbare Teilchen 131
    4.1.1 Vertauschungsrelationen der Observablen 132
    4.1.2 Hilbert-Raum 133
4.2 Meßprozeß 134
    4.2.1 Statistischer Operator 135
    4.2.2 Reiner Zustand und Gemisch 136
4.3 Zeitabhängigkeit der Erwartungswerte 139
    4.3.1 Ehrenfest-Gleichungen 142
    4.3.2 Schrödinger-Bild und Heisenberg-Bild 143
    4.3.3 Wechselwirkungsbild 144
4.4 Kanonische Gesamtheit 146
4.5 Pauli-Prinzip 150
    4.5.1 Wechselwirkungsfreie Teilchen 155
4.6 Slater-Determinante 156
    4.6.1 Matrixelemente mit Slater-Determinanten 157

5 Teilchenzahlformalismus   162
5.1 Erzeugungs- und Vernichtungsoperatoren   162
5.1.1 Bosonen   165
5.1.2 Fermionen   169
5.2 Feldoperatoren   171
5.2.1 Zustände   173
5.2.2 Zeitabhängige Feldoperatoren   175
5.3 Elektronengas   178
5.4 Zweite Quantisierung   183

6 Näherungsverfahren   190
6.1 Variationsverfahren   190
6.1.1 Beispiel: Grundzustandsenergie des Wasserstoffatoms 193
6.1.2 Beispiel: Ionisierungsenergie des Heliumatoms   194
6.2 Variationsprinzip von Ritz   197
6.3 Störungstheorie   200
6.3.1 Nullte Näherung   202
6.3.2 Erste Näherung   203
6.3.3 Zweite Näherung   205
6.3.4 Höhere Näherungen   206
6.3.5 Beispiel: Anharmonischer Oszillator   209
6.3.6 Beispiel: Feinstruktur des Wasserstoffspektrums   211
6.4 Zeitabhängige Störungstheorie   214
6.4.1 Goldene Regel der Quantenmechanik   217
6.5 Greensche Funktion   219
6.5.1 Greenscher Operator   219
6.5.2 Näherungsverfahren   222
6.5.3 Zustandsdichte   226
6.5.4 Elektronendichte   227
6.5.5 Freie Elektronen   228
6.5.6 Dyson-Gleichung   229
6.5.7 Änderung der Zustandsdichte   232

7 Hartree-Fock-Verfahren   235
7.1 Hartree-Fock-Gleichungen   237
7.2 Koopmans-Theorem   244
7.3 Nichtlokales Austauschpotential   246
7.4 Lokale-Dichte-Näherung   248

8 Elektronengas   250
8.1 Freies Teilchen   250

8.2 Freie Elektronen 252
    8.2.1 Zweidimensionales Elektronengas 256
    8.2.2 Eindimensionales Elektronengas 258
    8.2.3 Freie Elektronen bei endlicher Temperatur 259
    8.2.4 Freie Energie und Zustandsgleichung 262
8.3 Homogenes Elektronengas 265
    8.3.1 Hartree-Fock-Näherung 265
    8.3.2 Grundzustandsenergie 272
8.4 Inhomogenes Elektronengas 274
    8.4.1 Born-Oppenheimer-Näherung 274
    8.4.2 Hellmann-Feynman-Theorem 281

9 Dichtefunktionaltheorie   283

9.1 Hohenberg-Kohn-Theorem 284
9.2 Kohn-Sham-Gleichungen 288
9.3 Austausch-Korrelations-Funktional 295
    9.3.1 Lokale-Dichte-Näherung 295
    9.3.2 Austausch-Korrelations-Lochdichte 297
    9.3.3 Paarkorrelationsfunktion 299
    9.3.4 Gewichtete-Dichte-Näherung 302
    9.3.5 Gradientenkorrektur 302
    9.3.6 Verallgemeinerte Gradientenentwicklung 303
    9.3.7 Selbstenergiekorrektur 304
9.4 Näherung der unveränderlichen Ionen 304
9.5 Pseudopotentiale 310
    9.5.1 Normerhaltung 313
    9.5.2 Übertragbarkeit 315
    9.5.3 Berechnung 316
    9.5.4 Separierbarkeit 318
9.6 Spindichtefunktional 322
    9.6.1 Relativistische Verallgemeinerungen 322
    9.6.2 Spindichtefunktionaltheorie 323
    9.6.2 Austausch-Korrelations-Funktional 325
9.7 Zeitabhängige Vorgänge 326
    9.7.1 Molekulardynamik 329
    9.7.2 Ruhelagen der Atomkerne 331

10 Punktladung und Elektromagnetismus   335

10.1 Freie Elektronen im konstanten Magnetfeld 338
    10.1.1 Zyklotronniveaus 338
10.2 Geladener Massenpunkt im Maxwell-Feld 343
    10.2.1 Lagrange-Funktion einer Punktladung 343
    10.2.2 Lagrange-Dichte der elektromagnetischen Felder 345

Inhalt 9

10.2.3 Punktladung und elektromagnetisches Feld 348
10.3 Strahlungsübergänge 349
   10.3.1 Übergangswahrscheinlichkeit 349
   10.3.2 Multipolübergänge 351
   10.3.3 Auswahlregeln für ein Elektron im Zentralfeld 355

11 Atome 359

11.1 Zentralfeldmodell 360
11.2 Näherung der unveränderlichen Ionen 365
11.3 Multipletts der Mehrelektronenspektren 366
   11.3.1 Grobstruktur 367
   11.3.2 Berechnung der Energieniveaus 372
   11.3.3 Feinstruktur 377
   11.3.4 Hyperfeinstruktur 382
11.4 Zeeman-Effekt 384
11.5 Stark-Effekt 387

12 Moleküle 389

12.1 Born-Oppenheimer-Näherung 390
12.2 Kinetische Energie der Atomkerne 391
12.3 Molekülschwingungen 395
12.4 Zweiatomiges Molekül 398
   12.4.1 Heitler-London-Näherung 398
   12.4.2 Rotation und Schwingung 402
12.5 Elektronische Zustände 405
   12.5.1 Molekülorbitale 406
   12.5.2 Linearkombination von Atomorbitalen 408

13 Festkörper 413

13.1 Kristallsymmetrie 413
   13.1.1 Translationen 413
   13.1.2 Punkttransformationen 414
   13.1.3 Raumgruppen und Bravais-Gitter 415
   13.1.4 Spezielle Kristallgitter 417
13.2 Elektronen- und Gittereigenschaften 418
   13.2.1 Born-Oppenheimer-Näherung 421
13.3 Gitterschwingungen 423
   13.3.1 Dynamische Matrix 425
   13.3.2 Phononen 429
13.4 Kristallelektronen 436
   13.4.1 Bloch-Funktionen 437
   13.4.2 Energiebänder 444

13.4.3 Optische Übergänge.................................... 447
13.4.4 Effektive-Masse-Näherung............................. 449
13.4.5 Elektronengeschwindigkeit und Elektronendichte......... 454
13.4.6 Landau-Niveaus....................................... 460
13.4.7 Exzitonen.. 463
13.4.8 Ferromagnetismus..................................... 464
13.5 Temperaturabhängige Eigenschaften.......................... 467
13.5.1 Thermodynamische Potentiale.......................... 468
13.5.2 Kristallstruktur und Bindungsenergie................... 473
13.5.3 Wärmekapazität....................................... 474
13.5.4 Kompressionsmodul und thermische Ausdehnung........ 478
13.6 Störstellen in Halbleitern.................................. 480
13.6.1 Störstellenkonzentration............................... 481
13.6.2 Flache Störstellen..................................... 487
13.6.3 Umladungsniveaus..................................... 493
13.6.4 Leerstelle in Silicium.................................. 494
13.6.5 Übergangsmetalle..................................... 497

14 Symmetrie 501

14.1 Darstellung einer Gruppe im Hilbert-Raum.................... 502
14.2 Aufspaltung von Spektrallinien.............................. 504
14.2.1 Elektron im Zentralfeld................................ 505
14.3 Invariante Integrale... 507
14.3.1 Kreuzungsregel....................................... 509
14.3.2 Auswahlregeln.. 510
14.4 Diagonalisierung von Matrizen.............................. 511
14.5 Symmetrieadaptierte Molekülzustände........................ 513
14.6 Molekülschwingungen...................................... 516
14.7 Einbeziehung des Elektronenspins............................ 519

15 Quantenstatistik 521

15.1 Thermodynamisches Gleichgewicht........................... 521
15.2 Mikrokanonische Gesamtheit................................ 525
15.3 Kanonische Gesamtheit..................................... 526
15.3.1 Beispiel: Zweiatomiges ideales Gas...................... 529
15.3.2 Äußere Arbeiten...................................... 536
15.3.3 Beispiel: Paramagnetismus............................. 537
15.4 Großkanonische Gesamtheit................................. 540
15.5 Gleichgewichtsverteilungen freier Teilchen..................... 543
15.5.1 Bose-Einstein-Statistik................................. 544
15.5.2 Fermi-Dirac-Statistik.................................. 545
15.6 Massenwirkungsgesetz...................................... 546

Anhang

A Hilbert-Raum — 553
A.1 Skalarprodukt 553
A.2 Orthonormalsystem 555
A.3 Spezielle Hilbert-Räume 558
    A.3.1 Komplexe Zahlenfolgen 558
    A.3.2 Quadratisch integrierbare Funktionen 558
A.4 Lineare Operatoren 559
    A.4.1 Matrizendarstellung 560
    A.4.2 Spezielle Operatoren 562

B Kugelfunktionen — 564
B.1 Komplexe Kugelfunktionen 564
B.2 Reelle Kugelfunktionen 568
B.3 Theoreme mit Kugelfunktionen 569
B.4 Integrale mit Kugelfunktionen 571

C Drehimpulse — 576
C.1 Definition 576
C.2 Quantisierung von Drehimpulsen 577
C.3 Addition von Drehimpulsen 581
C.4 Addition von zwei Drehimpulsen 582
C.5 Clebsch-Gordan-Koeffizienten 586
C.6 Beispiele 586

D Greensche Funktion freier Teilchen — 588

E Fourier-Entwicklung — 590
E.1 Entwicklung einer periodischen Funktion 590
    E.1.1 Entwicklung im reziproken Raum 593
    E.1.2 Entwicklung bezüglich des Grundgebietes 593
E.2 Entwicklung einer Bloch-Funktion 594
E.3 Entwicklung einer Atomfunktion 599
E.4 Coulomb-Potential 600

F Fermi-Integral — 602

G Integrale mit Gauß-Funktionen — 604
G.1 Coulomb-Integral 604
G.2 Hartree-Integral 605

H Lorentz-Kraft 607

I Gruppentheorie 609
I.1 Grundlagen 609
I.1.1 Axiome 609
I.1.2 Beispiele 609
I.1.3 Eigenschaften endlicher Gruppen 610
I.2 Darstellungen 612
I.2.1 Lemma von Schur 614
I.2.2 Klassencharaktere 616
I.2.3 Irreduzible Darstellungen 621
I.2.4 Ausreduzieren einer Darstellung 625
I.2.5 Infinitesimale Drehungen 627
I.3 Produktdarstellungen 630
I.3.1 Ausreduzieren 632
I.3.2 Transformationsverhalten der Basisfunktionen 633
I.3.3 Clebsch-Gordan-Koeffizienten 636
I.4 Projektionsoperatoren 639
I.5 Tensoroperatoren 642
I.6 Nichtkombinationssatz 643
I.7 Wigner-Eckart-Theorem 644
I.8 Symmetriedoppelgruppen 647
I.8.1 Beispiel 651

J Tetraedergruppe 653

Literaturverzeichnis 656

Fremdwörterverzeichnis 658

Sachregister 659

1 Einteilchenquantenmechanik

1.1 Schrödinger-Gleichung

Die Wellennatur der elektromagnetischen Strahlung ist durch Interferenz- und Beugungsexperimente gut bekannt. Auch außerhalb des optischen Bereiches wurde z.b. die Beugung von Röntgenstrahlen durch Max von Laue mit Hilfe von Kristallen nachgewiesen. Andererseits lassen sich einige Beobachtungen nur mit einer Teilchennatur der elektromagnetischen Strahlung erklären. Dazu gehören neben der Frequenzabhängigkeit der Temperaturstrahlung nach dem Planckschen Strahlungsgesetz vor allem der lichtelektrische Effekt. Dabei zeigt sich, daß die Energie der aus einem Metall austretenden Elektronen nur von der Frequenz und nicht von der Intensität des Lichtstrahles abhängt. Auch die beim Compton-Effekt beobachtete inelastische Streuung von Röntgenstrahlen durch gebundene Elektronen eines Festkörpers kann nicht mit der Wellennatur der elektromagnetischen Strahlung erklärt werden, weil dabei ein Lichtquant Energie und Impuls auf das Elektron überträgt. Man spricht deshalb von einem *Welle-Teilchen-Dualismus* der elektromagnetischen Strahlung.

Die Teilchennatur der elektromagnetischen Strahlung wird durch elektromagnetische Energiequanten oder Photonen beschrieben, denen eine Energie E und ein Impuls p gemäß

$$E = h\nu \quad \text{und} \quad p = \frac{h}{\lambda},$$

zugeordnet wird. Hierbei bezeichnet h die Planck-Konstante, ν die Frequenz und λ die Wellenlänge einer gegebenen elektromagnetischen ebenen Welle. Aus dem Dispersionsgesetz $\nu\lambda = c$, wobei c die Lichtgeschwindigkeit bezeichnet, erhält man eine lineare Energie-Impuls-Beziehung der Photonen: $E = cp$.

Betrachtet man andererseits einen Massenpunkt der Masse m, auf den keine Kräfte wirken, also ein sogenanntes *freies Teilchen*, so ist im Rahmen der klassischen Mechanik die Energie-Impuls-Beziehung durch $E = p^2/2m$ und nach der speziellen Relativitätstheorie durch

$$E = \sqrt{m^2c^4 + c^2p^2}$$

gegeben. Diese Beziehung gilt auch für Photonen, wenn man ihnen die Masse $m = 0$ zuordnet. Dadurch bildet die relativistische Energie-Impuls-Beziehung ein Bindeglied zwischen den elektromagnetischen Strahlen und den massebehafteten Teilchen, für die ebenfalls ein Welle-Teilchen-Dualismus beobachtet wird. Die Wellennatur von Elementarteilchen mit $m \neq 0$ erkennt man z.B. an der Beugung von

Elektronenstrahlen durch Kristalle, wobei die Beugungsfiguren denen von Röntgenstrahlen ähnlich sind. Den Nachweis der Beugung von Neutronenstrahlen erhält man durch Beobachtung der Neutronenstreuung an Kristallen. Die dabei auftretende elastische Streuung der Neutronen hängt von deren Impuls ab und entspricht der Bragg-Reflexion von Röntgenstrahlen. Daneben wird eine inelastische Neutronenstreuung beobachtet, die bei bestimmten Energie- und Impulsüberträgen der Neutronen zur Anregung von Gitterschwingungen in Kristallen führt.

De Broglie führte die Annahme ein, daß alle als Massenpunkte idealisierten Teilchen sowohl Teilchen- als auch Welleneigenschaften zeigen und kennzeichnete die Wellennatur mit dem Begriff *Materiewellen*. In Analogie zu den Photonen werden einem Massenpunkt der Masse m mit der Energie E und dem Impuls $\mathbf{p}$ eine Kreisfrequenz $\omega = 2\pi\nu$ und ein Wellenvektor $\mathbf{k}$ mit $|\mathbf{k}| = 2\pi/\lambda$ vermöge der *de Broglie-Beziehungen*

$$E = \frac{\mathbf{p}^2}{2m} = \hbar\omega \quad \text{und} \quad \mathbf{p} = \hbar\mathbf{k}$$

zugeordnet, wobei $\hbar = h/2\pi$ ebenfalls Planck-Konstante genannt wird. Der Energie-Impuls-Beziehung freier Teilchen entspricht also das Dispersionsgesetz im Wellenbild:

$$\underbrace{E = \frac{\mathbf{p}^2}{2m}}_{\text{Teilchenbild}} \longleftrightarrow \underbrace{\hbar\omega = \frac{\hbar^2 k^2}{2m}}_{\text{Wellenbild}}.$$

Die Gruppengeschwindigkeit der Materiewellen $\mathbf{v}^{\text{gr}}$ ist die Teilchengeschwindigkeit des Massenpunktes im Teilchenbild

$$\mathbf{v}^{\text{gr}} = \frac{d\omega}{d\mathbf{k}} = \frac{\hbar\mathbf{k}}{m} = \frac{\mathbf{p}}{m} = \mathbf{v}.$$

Wenn ein freies Teilchen zur Zeit t am Ort $\mathbf{r}$ im Wellenbild durch ebene Wellen

$$\psi(\mathbf{r}, t) = \exp\{i(\mathbf{k}\mathbf{r} - \omega t)\}$$

beschrieben werden soll, so muß die Differentialgleichung der Materiewellen das richtige Dispersionsgesetz ergeben. Berücksichtigt man die Ableitungen

$$\frac{\partial \psi}{\partial t} = -i\omega\psi \quad \text{und} \quad \Delta\psi = -\mathbf{k}^2\psi,$$

so zeigt sich, daß die Wellengleichung

$$\frac{1}{c^2}\frac{\partial^2 \psi}{\partial t^2} = \Delta\psi$$

auf das Dispersionsgesetz $\omega = c|\mathbf{k}|$ führt. Beim Einsetzen ebener Wellen liefert jedoch die folgende Differentialgleichung

$$-\frac{\hbar}{i}\frac{\partial \psi}{\partial t} = -\frac{\hbar^2}{2m}\Delta\psi$$

das Dispersionsgesetz $\hbar\omega = \hbar^2\mathbf{k}^2/2m$ der Materiewellen. Es sei jetzt ein Massenpunkt mit der Masse m betrachtet, auf den eine konservative Kraft $\mathbf{F} = -\nabla V$ wirkt, wobei $V(\mathbf{r})$ die potentielle Energie bezeichnet. Im Rahmen der klassischen Mechanik setzt sich die Energie aus kinetischer und potentieller Energie zusammen $E = \mathbf{p}^2/2m + V$. Für die zugehörige Materiewelle sollte daher die folgende Zuordnung zwischen der Energie-Impuls-Beziehung und dem Dispersionsgesetz bestehen:

$$\underbrace{E = \frac{\mathbf{p}^2}{2m} + V}_{\text{Teilchenbild}} \longleftrightarrow \underbrace{\hbar\omega = \frac{\hbar^2\mathbf{k}^2}{2m} + V}_{\text{Wellenbild}}.$$

Zur Beschreibung eines Massenpunktes in einem Kraftfeld $\mathbf{F} = -\nabla V$ müßte also die Differentialgleichung der Materiewelle durch die *Schrödinger-Gleichung*

$$\boxed{-\frac{\hbar}{i}\frac{\partial \psi}{\partial t} = -\frac{\hbar^2}{2m}\Delta\psi + V(\mathbf{r})\psi} \qquad (1.1)$$

gegeben sein, die mit dem Ansatz ebener Wellen auf die obige Dispersionsbeziehung führt.

Im Folgenden wird angenommen, daß die Lösungen der Schrödinger-Gleichung die Wellennatur eines Massenpunktes beschreiben. Da diese Differentialgleichung linear und homogen ist, sind beliebige Linearkombinationen von Lösungen wieder Lösungen. Im Falle $V = 0$ z.B. lassen sich aus den ebenen Wellen, die dem Dispersionsgesetz gehorchen, auch Lösungen in der Form

$$\psi(\mathbf{r},t) = \int c(\mathbf{k})\exp\left\{i\bigl(\mathbf{kr} - \omega(\mathbf{k})t\bigr)\right\}\mathrm{d}^3k$$

bilden, wobei $c(\mathbf{k})$ die möglichen Amplituden sind. Die verschiedenen Lösungen $\psi(\mathbf{r},t)$ der Schrödinger-Gleichung, von denen wir annehmen, daß sie die Eigenschaften des Massenpunktes bestimmen, werden Wellenfunktionen genannt oder, im Falle freier Teilchen, auch Wellenpakete. Die vielfältigen Lösungen der Schrödinger-Gleichung ergeben sich aus den Anfangs- und Randbedingungen, doch bevor diese formuliert werden können, muß Klarheit darüber bestehen, wie die Wellenfunktion physikalisch zu interpretieren ist.

1.2 Statistische Deutung

1.2.1 Kontinuitätsgleichung

Die Lösungen $\psi(\mathbf{r},t)$ der Schrödinger-Gleichung (1.1) sind allgemein komplexe Funktionen und es stellt sich die Frage nach ihrer physikalischen Bedeutung. Falls $\rho(\mathbf{r},t) = \psi^*\psi$ [1] eine physikalische Observable, d.h. eine meßbare Größe ist, so muß sie mit einer Erhaltungsgröße in Zusammenhang stehen. Dies erkennt man aus der *Kontinuitätsgleichung*

$$\frac{\partial \rho}{\partial t} + \nabla \cdot \mathbf{j} = 0 \quad \text{mit} \quad \mathbf{j} = \frac{\hbar}{2mi}(\psi^*\nabla\psi - \psi\nabla\psi^*), \tag{1.2}$$

die sich aus der Schrödinger-Gleichung ergibt.

□ Zum Beweise multipliziert man Gl. (1.1) mit $-i\psi^*/\hbar$ und erhält

$$\psi^*\frac{\partial \psi}{\partial t} = \frac{\hbar i}{2m}\psi^*\Delta\psi - \frac{i}{\hbar}V(\mathbf{r})\psi^*\psi.$$

Addiert man für reelles Potential $V(\mathbf{r})$ die konjugiert komplexe Gleichung

$$\psi\frac{\partial \psi^*}{\partial t} = -\frac{\hbar i}{2m}\psi\Delta\psi^* + \frac{i}{\hbar}V(\mathbf{r})\psi^*\psi,$$

so findet man

$$\frac{\partial \rho}{\partial t} = \left(\psi\frac{\partial \psi^*}{\partial t} + \psi^*\frac{\partial \psi}{\partial t}\right) = \frac{\hbar i}{2m}(\psi^*\Delta\psi - \psi\Delta\psi^*)$$
$$= \frac{\hbar i}{2m}\nabla \cdot (\psi^*\nabla\psi - \psi\nabla\psi^*),$$

woraus die Kontinuitätsgleichung resultiert. ∎

Um den Zusammenhang mit einer Erhaltungsgröße herzustellen integrieren wir die Kontinuitätsgleichung über ein beliebiges Volumen V und erhalten mit Hilfe des Integralsatzes von Gauß

$$-\frac{d}{dt}\int_V \rho(\mathbf{r},t)\,d^3r = \int_V \nabla \cdot \mathbf{j}\,d^3r = \oint_{\partial V} \mathbf{j} \cdot d^2\mathbf{f} \xrightarrow[V\to\infty]{} 0,$$

wobei ∂V die geschlossene Oberfläche des Volumens V bezeichnet. Für eine physikalische Größe ist es sinnvoll anzunehmen, daß der zugehörige Strom durch die gesamte Oberfläche verschwindet, wenn das Volumen V über alle Grenzen wächst. Dann ist $\int \rho\,d^3r$ eine Konstante und stellt somit eine Erhaltungsgröße dar.

---

[1] Der Stern soll die konjugiert komplexe Funktion kennzeichnen.

1.2.2 Auseinanderfließen eines Wellenpaketes

Versucht man die Größe $\psi^*(\mathbf{r})\psi(\mathbf{r})$ als eine kontinuierliche Massenverteilung zu interpretieren, so ergeben sich Widersprüche zu experimentellen Beobachtungen. Dazu betrachten wir ein freies Teilchen, das durch die Schrödinger-Gleichung

$$-\frac{\hbar}{i}\frac{\partial \psi}{\partial t} = -\frac{\hbar^2}{2m}\Delta\psi \qquad (1.3)$$

beschrieben wird. Die allgemeine Lösung läßt sich aus ebenen Wellen zusammensetzen

$$\psi(\mathbf{r},t) = \int c(\mathbf{k})\exp\left\{i\mathbf{k}\mathbf{r} - i\frac{\hbar}{2m}\mathbf{k}^2 t\right\} d^3k,$$

wobei von der Dispersionsbeziehung für freie Teilchen, vergl. Abschn. 1.1, Gebrauch gemacht wurde. Die Amplituden $c(\mathbf{k})$ können als Fourier-Transformierte von $\psi(\mathbf{r},0)$ aufgefaßt werden:

$$\psi(\mathbf{r},0) = \int c(\mathbf{k})\exp\{i\mathbf{k}\mathbf{r}\} d^3k \quad \text{mit}$$

$$c(\mathbf{k}) = \frac{1}{(2\pi)^3}\int \psi(\mathbf{r}',0)\exp\{-i\mathbf{k}\mathbf{r}'\} d^3r'.$$

Setzt man die Amplituden $c(\mathbf{k})$ ein, so erhält man die allgemeine Lösung der Anfangswertaufgabe der Schrödinger-Gleichung (1.3) für ein freies Teilchen

$$\psi(\mathbf{r},t) = \frac{1}{(2\pi)^3}\int d^3r'\,\psi(\mathbf{r}',0)\int d^3k\exp\left\{i\mathbf{k}(\mathbf{r}-\mathbf{r}') - i\frac{\hbar\mathbf{k}^2}{2m}t\right\}.$$

Das Integral über $\mathbf{k}$ läßt sich auswerten [2] und man erhält

$$\psi(\mathbf{r},t) = \left(\frac{m}{2\pi\hbar t}\right)^{3/2}\int \psi(\mathbf{r}',0)\exp\left\{i\left(\frac{m}{2\hbar t}(\mathbf{r}-\mathbf{r}')^2 - \frac{3\pi}{4}\right)\right\} d^3r'. \qquad (1.4)$$

Wir nehmen jetzt an, daß das freie Teilchen zur Zeit $t=0$ durch ein *Wellenpaket* der Form

$$\psi(\mathbf{r},0) = \left(\frac{1}{\sqrt{\pi}b}\right)^{3/2}\exp\left\{-\frac{\mathbf{r}^2}{2b^2}\right\}\exp\{i\mathbf{k}\mathbf{r}\} \qquad (1.5)$$

---

[2] Man beachte
$$\int_{-\infty}^{\infty}\exp\{-px^2 + qx\}\,dx = \sqrt{\frac{\pi}{p}}\exp\left\{\frac{q^2}{4p}\right\}.$$

beschrieben wird. Daraus erhält man mit $r = |\mathbf{r}|$:

$$\rho(r,0) = |\psi(\mathbf{r},0)|^2 = \frac{1}{(\sqrt{\pi}\,b)^3} \exp\left\{-\frac{r^2}{b^2}\right\} \quad \text{mit} \quad \rho(b,0) = \frac{1}{e}\rho(0,0)$$

und $\rho(r,0)$ nimmt sein Maximum bei $r = 0$ an. Wir beschreiben die Lokalisierung des Wellenpaketes durch die Breite b. Setzt man Gl. (1.5) in Gl. (1.4) ein und wertet das Integral über $\mathbf{r}'$ aus [2], so findet man das Wellenpaket

$$\begin{aligned}\psi(\mathbf{r},t) = &\exp\left\{-i\frac{3\pi}{4} + i\frac{3mb^2}{2\hbar t} + i\frac{m}{2\hbar t}r^2\right\} \\ &\times \frac{1}{\left(\sqrt{\pi}B(t)\right)^{3/2}} \exp\left\{-\frac{(\mathbf{r}-\mathbf{r}_m)^2}{2B^2(t)}\left(1 + i\frac{mb^2}{\hbar t}\right)\right\}\end{aligned} \quad (1.6)$$

mit

$$B^2(t) = b^2 + \frac{\hbar^2}{m^2 b^2} t^2 \quad \text{und} \quad \mathbf{r}_m = \frac{\hbar \mathbf{k} t}{m}.$$

Daraus ergibt sich

$$\rho(\mathbf{r},t) = |\psi(\mathbf{r},t)|^2 = \frac{1}{\left(\sqrt{\pi}\,B(t)\right)^3} \exp\left\{-\frac{(\mathbf{r}-\mathbf{r}_m)^2}{B^2(t)}\right\}.$$

Beim Vergleich mit $\rho(r,0)$ erkennt man, daß sich das Maximum $\mathbf{r}_m$ von $\rho(\mathbf{r},t)$ wie ein freies Teilchen nach der klassischen Mechanik bewegt

$$\mathbf{r}_m = \frac{\hbar \mathbf{k}}{m} t = \frac{\mathbf{p}}{m} t = \mathbf{v} t,$$

wobei $\mathbf{p}$ den Impuls und $\mathbf{v}$ die Geschwindigkeit des Teilchens beschreiben. Man erkennt jedoch, daß die Breite $B(t)$ mit der Zeit zunimmt, und daß sich das Wellenpaket im Laufe der Zeit immer stärker delokalisiert.

Um die Größenordnung dieser Verbreiterung abzuschätzen, betrachten wir ein Elektron der Masse m, von dem wir annehmen, daß es zu Anfang auf die Breite $b = 1\,\text{Å}$ lokalisiert sei. Dabei stellen wir uns etwa ein Elektron vor, das bei der Ionisierung eines Atoms dieses soeben verlassen hat und eine kinetische Energie von $E = 1\,\text{eV}$ besitzt. Bewegt sich das Elektron dann als freies Teilchen über die Strecke $d = 0.1\,\text{m}$, so benötigt es dazu die Zeit $t = d\sqrt{m/2E}$. Das Wellenpaket hat nach dieser Zeit die Breite

$$B(t) \approx \frac{\hbar}{mb} t = \frac{\hbar d}{b\sqrt{2mE}} = 0.2\,\text{m},$$

wobei $m = 9.10908 \cdot 10^{-31}$ kg und $\hbar = 6.58195 \cdot 10^{-16}$ eVs eingesetzt wurden. Eine derartige Eigenschaft von Elektronen wäre festzustellen, ist jedoch nie beobachtet worden und steht somit im Widerspruch zur Erfahrung. Wir schließen daraus, daß die Größe $\rho = \psi^*\psi$ nicht als kontinuierliche Massenverteilung interpretiert werden kann.

1.2 Statistische Deutung   19

1.2.3 Aufenthaltswahrscheinlichkeit

Um der physikalischen Bedeutung der Wellenfunktion näher zu kommen, betrachten wir den Welle-Teilchen-Dualismus etwas genauer. Er äußert sich bei der elektromagnetischen Strahling darin, daß einerseits Experimente der Beugung oder Interferenz nur mit dem Wellenbild und andererseits die Compton-Streuung nur mit dem Teilchenbild verständlich werden. Ebenso wird der Welle-Teilchen-Dualismus auch bei Teilchenstrahlen von Elektronen oder Neutronen beobachtet. Elektronenstrahlen mit einer kinetischen Energie der Elektronen in der Größenordnung von 10^4 eV und einer sich daraus ergebenden de Broglie-Wellenlänge von $\lambda = 0.12$ Å zeigen beim Durchtritt durch dünne Metallfolien ähnliche Beugungsbilder, wie sie bei harten Röntgen-Strahlen entsprechender Wellenlänge beobachtet werden. Zur Vereinfachung führen wir ein Gedankenexperiment durch, bei dem ein Elektronenstrahl am Doppelspalt gebeugt wird. Die Intensitätsverteilung der Elektronen auf dem Schirm hinter den beiden Spalten zeigt außer dem Hauptmaximum eine Reihe von Nebenmaxima ähnlich der Beugung von Licht. Im Teilchenbild können die Elektronen jeweils nur durch einen der beiden Spalte hindurchtreten und die Intensitätsverteilung auf dem Schirm müßte die gleiche sein, wie die Summe der Intensitätsverteilungen wenn jeweils einer der beiden Spalte abgedeckt ist. Dieses steht jedoch im Widerspruch zum Experiment. Es muß also davon ausgegangen werden, daß für das Entstehen der Beugungsfigur beide Spalte wesentlich sind, und daß jedes einzelne Elektron mit einer gewissen Wahrscheinlichkeit durch jeden der beiden Spalte hindurchtritt.

Wir machen deshalb die fundamentale Annahme, daß der Zustand eines Teilchens durch seine Wellenfunktion $\psi(\mathbf{r},t)$ beschrieben wird, und daß $|\psi(\mathbf{r},t)|^2 \, d^3r$ die Wahrscheinlichkeit dafür ist, das Teilchen zur Zeit t im Volumenelement d^3r am Ort $\mathbf{r}$ zu finden. Die Größe $|\psi(\mathbf{r},t)|^2 = \psi^*\psi$ bezeichnen wir dann als seine Aufenthaltswahrscheinlichkeitsdichte. Ist nun der Spalt zwei abgedeckt, so sei der Zustand durch ψ_1 beschrieben und entsprechend durch ψ_2, wenn der Spalt eins abgedeckt ist. In diesen beiden Fällen ist die Aufenthaltswahrscheinlichkeitsdichte des Elektrons durch ψ_1^2 bzw. ψ_2^2 gegeben. Sind jedoch beide Spalte geöffnet, ist der Zustand die Summe $\psi = \psi_1 + \psi_2$ und die Aufenthaltswahrscheinlichkeitsdichte beträgt $|\psi|^2 = |\psi_1 + \psi_2|^2$, was im allgemeinen Fall von $|\psi_1|^2 + |\psi_2|^2$ verschieden ist und das Doppelspaltexperiment widerspruchsfrei zu erklären vermag.

Der Nachweis des Elektrons beim Auftreffen auf dem Schirm mit einem Detektor ist im Teilchenbild zu interpretieren, so daß wir es auch bei massebehafteten Teilchen mit einem Welle-Teilchen-Dualismus zu tun haben.

Die statistische Deutung besagt, daß $\int_V |\psi(\mathbf{r},t)|^2 \, d^3r$ die Wahrscheinlichkeit dafür ist, den Massenpunkt zur Zeit t im Volumen V zu finden. Geht man zum

Grenzwert $V \to \infty$ über, so folgt

$$\int \psi^*(\mathbf{r},t)\,\psi(\mathbf{r},t)\,\mathrm{d}^3r = 1, \qquad (1.7)$$

denn die linke Seite beschreibt nun die Wahrscheinlichkeit dafür, den Massenpunkt *irgendwo* im Raum zu finden. Diese Wahrscheinlichkeit muß aber eins sein, wenn man davon ausgeht, daß das Teilchen mit Sicherheit vorhanden ist. Dennoch ist die Wellenfunktion durch die Schrödinger-Gleichung und die Normierungsbedingung nicht eindeutig festgelegt, weil ein beliebiger Phasenfaktor vom Betrage eins $\exp\{i\alpha\}$ mit reellem α noch frei wählbar ist. Es zeigt sich jedoch, daß alle Ergebnisse, die mit experimentellen Werten zu vergleichen sind, von einem solchen Phasenfaktor unabhängig sind. Die Interpretation der Größe $|\psi(\mathbf{r},t)|^2$ als eine *Aufenthaltswahrscheinlichkeitsdichte* bedeutet, daß wir darauf verzichten, ein einzelnes physikalisches System zu beschreiben, und statt dessen eine *Gesamtheit* vieler gleich präparierter Systeme einzelner Teilchen betrachten müssen.

1.2.4 Erwartungswerte von Observablen

Hat die Wahrscheinlichkeit, den Massenpunkt in einem infinitesimal kleinen Volumen d^3r zu finden, den Wert $|\psi(\mathbf{r},t)|^2\,\mathrm{d}^3r$, und befindet sich dieses Volumen an der Stelle $\mathbf{r}$, so ist dies auch die Wahrscheinlichkeit dafür, daß für das Teilchen der Ort $\mathbf{r}$ gemessen wird. Bildet man jetzt den Mittelwert der Ortsmessungen über die Gesamtheit aller Teilchen, so findet man

$$\langle \mathbf{r}\rangle = \int \mathbf{r}\,|\psi(\mathbf{r},t)|^2\,\mathrm{d}^3r = \int \psi(\mathbf{r},t)^*\,\mathbf{r}\,\psi(\mathbf{r},t)\,\mathrm{d}^3r$$

und die Größe $\langle \mathbf{r}\rangle$ wird *Erwartungswert* von $\mathbf{r}$ genannt. Zum Beispiel erfüllt das Wellenpaket Gl. (1.6) die Bedingung Gl. (1.7) [3] und für den Erwartungswert des Ortsvektors $\mathbf{r}$ erhält man damit

$$\begin{aligned}\langle \mathbf{r}\rangle &= \int \psi^*(\mathbf{r},t)\,\mathbf{r}\,\psi(\mathbf{r},t)\,\mathrm{d}^3r \\ &= \mathbf{r}_\mathrm{m} - \int \psi^*(\mathbf{r},t)\,(\mathbf{r}-\mathbf{r}_\mathrm{m})\,\psi(\mathbf{r},t)\,\mathrm{d}^3r \\ &= \mathbf{r}_\mathrm{m} - \frac{1}{\left(\sqrt{\pi}\,B(t)\right)^3}\int (\mathbf{r}-\mathbf{r}_\mathrm{m})\exp\left\{-\frac{(\mathbf{r}-\mathbf{r}_\mathrm{m})^2}{B^2(t)}\right\}\,\mathrm{d}^3r = \mathbf{r}_\mathrm{m}\,,\end{aligned}$$

mit $\mathbf{r}_\mathrm{m} = \hbar \mathbf{k} t/m$.

---

[3] Man führe Kugelkoordinaten mit $r = |\mathbf{r}|$ ein und beachte
$$\int_0^\infty r^2 \exp\{-pr^2\}\,\mathrm{d}r = \frac{1}{4p}\sqrt{\frac{\pi}{p}} \qquad \text{für}\quad p > 0.$$

1.2 Statistische Deutung

Die Größe **j** von Gl. (1.2) muß nunmehr als *Aufenthaltswahrscheinlichkeitsstromdichte* interpretiert werden. Da nach Gl. (1.7) $\psi^*\psi$ in Einheiten m^{-3} gemessen wird, ergibt sich für **j** die Einheit m^{-2}s^{-1} einer Stromdichte. Dann ist der Mittelwert der Geschwindigkeit des Massenpunktes $\int \mathbf{j}\,\mathrm{d}^3 r$.

□ Um das zu erkennen, sei ein infinitesimales, prismaförmiges Volumen dV betrachtet, das die Grundfläche dA und die Höhe in z-Richtung $v_z\,\mathrm{d}t$ besitzt. Dabei ist v_z die Geschwindigkeit des Massenpunktes in dV parallel zur Höhe und $|\psi|^2\,\mathrm{d}A\,v_z\,\mathrm{d}t$ gibt die Wahrscheinlichkeit dafür an, daß sich der Massenpunkt im Volumen dV befindet und damit innerhalb der Zeit dt durch die Fläche dA tritt. Die Wahrscheinlichkeitsstromdichte in z-Richtung ist dann an dieser Stelle $j_z = |\psi|^2 v_z$, woraus sich die Behauptung ergibt. ∎

Der Erwartungswert des Impulses eines Massenpunktes der Masse m ist dann mit **j** nach Gl. (1.2)

$$\langle \mathbf{p} \rangle = m \int \mathbf{j}\,\mathrm{d}^3 r = \frac{\hbar}{2i} \int \left(\psi^* \nabla \psi - \psi \nabla \psi^* \right) \mathrm{d}^3 r = \int \psi^* \frac{\hbar}{i} \nabla \psi \,\mathrm{d}^3 r,$$

wobei das zweite Integral partiell integriert wurde. Dabei ist die Tatsache ausgenutzt worden, daß $\psi^*\psi$ wegen der Bedingung Gl. (1.7) im Unendlichen verschwinden muß, so daß die Randterme bei der partiellen Integration Null ergeben.

Aufgrund dieses Erwartungswertes des Impulses ordnen wir der Observablen Impuls den Operator

$$\boxed{\mathbf{p} = \frac{\hbar}{i} \nabla} \qquad (1.8)$$

zu und interpretieren den Erwartungswert als Mittelwert der Impulsmessungen.

Als Beispiel seien die Wellenpakete Gl. (1.5) und (1.6) betrachtet, die beide die Normierungsbedingung Gl. (1.7) erfüllen. Durch eine Rechnung entsprechend der für $\langle \mathbf{r} \rangle$ erhält man für den Erwartungswert des Impulses in beiden Fällen $\langle \mathbf{p} \rangle = \hbar \mathbf{k}$. Da auf das Teilchen nach der Schrödinger-Gleichung (1.3) keine Kräfte wirken, ändert sich der Impuls nicht mit der Zeit.

□ Zum Beweise berechnet man mit ψ nach Gl. (1.6)

$$\nabla \psi = \frac{im}{2\hbar t} 2\mathbf{r}\psi - \frac{\mathbf{r} - \mathbf{r}_\mathrm{m}}{B^2(t)} \left(1 + i\frac{mb^2}{\hbar t} \right) \psi$$

und bei der Berechnung des Integrales

$$\langle \mathbf{p} \rangle = \int \psi^* \frac{\hbar}{i} \nabla \psi \,\mathrm{d}^3 r$$

verschwindet der zweite Term wegen

$$\int (\mathbf{r} - \mathbf{r}_m)\psi^*\psi \, d^3r = 0,$$

weil $\psi^*\psi = \rho(\mathbf{r}, t)$ eine gerade Funktion von $(\mathbf{r} - \mathbf{r}_m)$ ist. Auswerten des ersten Terms liefert mit $\mathbf{r}_m = \hbar \mathbf{k} t/m$

$$\langle \mathbf{p} \rangle = \int \psi^* \frac{\hbar}{i} \nabla \psi \, d^3r = \frac{\hbar}{i} \frac{im}{2\hbar t} 2\mathbf{r}_m = \hbar \mathbf{k},$$

wobei Gl. (1.7) [3] verwendet wurde. ∎

Mit Hilfe des Impulsoperators Gl. (1.8) setzt man für die Observable Energie den *Hamilton-Operator*

$$H = \frac{\mathbf{p}^2}{2m} + V(\mathbf{r}) = -\frac{\hbar^2}{2m}\Delta + V(\mathbf{r}), \qquad (1.9)$$

und für die Observable Drehimpuls den Drehimpulsoperator

$$\mathbf{L} = \mathbf{r} \times \mathbf{p} = \frac{\hbar}{i} \mathbf{r} \times \nabla, \qquad (1.10)$$

an. Die Erwartungswerte für Energie und Drehimpuls sind dann

$$\langle H \rangle = \int \psi^*(\mathbf{r},t)\left[-\frac{\hbar^2}{2m}\Delta + V(\mathbf{r})\right]\psi(\mathbf{r},t)\, d^3r$$

$$\langle \mathbf{L} \rangle = \int \psi^*(\mathbf{r},t)\frac{\hbar}{i}\mathbf{r} \times \nabla \psi(\mathbf{r},t)\, d^3r.$$

Dieses Konzept wird dahingehend verallgemeinert, daß jeder physikalisch beobachtbaren Größe, die wir Observable nennen, ein Operator A zugeordnet wird, dessen Erwartungswert sich aus

$$\langle A \rangle = \int \psi^*(\mathbf{r},t) A \psi(\mathbf{r},t)\, d^3r \qquad (1.11)$$

berechnen läßt. Dabei gilt mit Rücksicht auf Gl. (1.7)

$$\langle 1 \rangle = \int \psi^*(\mathbf{r},t) \psi(\mathbf{r},t)\, d^3r = 1. \qquad (1.12)$$

1.2 Statistische Deutung

Die Wellenfunktion $\psi(\mathbf{r},t)$ heißt auch Zustandsfunktion des Massenpunktes und muß eine Lösung der Schrödinger-Gleichung Gl. (1.1) sein, die sich mit Hilfe des Hamilton-Operators nach Gl. (1.9) in der Form schreibt

$$-\frac{\hbar}{i}\frac{\partial}{\partial t}\psi(\mathbf{r},t) = H\psi(\mathbf{r},t). \tag{1.13}$$

Die normierte Zustandsfunktion $\psi(\mathbf{r},t)$ legt die Mittelwerte der Messungen jeder Observablen fest und bestimmt somit den Zustand des Systems. Hierin liegt ein bedeutsamer Unterschied zur klassischen Mechanik, bei der die möglichen Meßwerte der Observablen als Lösungen von Differentialgleichungen gefunden werden, während in der Quantenmechanik eine bekannte Wellenfunktion bereits die Information zur Berechnung des Erwartungswertes jeder Observablen enthält.

Zur Bestimmung der Streuung von Meßwerten einer Observablen betrachten wir einen einfachen Fall und nehmen speziell an, daß die Zustandsfunktion $\psi(\mathbf{r},t)$ die Eigenwertgleichung des Operators A einer Observablen

$$A\psi(\mathbf{r},t) = a\psi(\mathbf{r},t)$$

erfüllt, wobei a eine reelle Zahl ist. Die Zustandsfunktion ist dann eine Eigenfunktion des Operators A, die die Bedingung Gl. (1.12) erfüllt, und wir setzen der Einfachheit halber voraus, daß die Eigenwerte des Operators A nur diskrete Werte haben. Dann erhält man nach Gl. (1.11) und (1.12) $\langle A \rangle = a$. Wir definieren die Streuung ΔA bei der Messung der Observablen A, indem wir den Erwartungswert der mittleren quadratischen Abweichung vom Mittelwert $\langle A \rangle$ einführen

$$\Delta A = \langle (A - \langle A \rangle 1)^2 \rangle = \int \psi^*(\mathbf{r},t)(A - \langle A \rangle 1)^2 \psi(\mathbf{r},t)\,\mathrm{d}^3 r.$$

Dann gilt im Falle $A\psi = a\psi$ für den Mittelwert $\langle A \rangle = a$ und wegen $A\psi - \langle A \rangle \psi = 0$ für die Streuung $\Delta A = 0$. Solange also die Zustandsfunktion $\psi(\mathbf{r},t)$ unverändert ist, wird stets der Meßwert a streuungsfrei gemessen. Nimmt man ferner an, daß keine weitere Eigenfunktion $\phi(\mathbf{r},t)$ von A existiert, die sich von $\psi(\mathbf{r},t)$ um mehr als einen Phasenfaktor unterscheidet und $A\phi = a\phi$ erfüllt, so läßt sich aus der streuungsfreien Messung von a auf den Zustand $\psi(\mathbf{r},t)$ schließen. Für die Durchführung der Messungen ist es jedoch wesentlich, daß das quantenmechanische System vor jeder Messung auf die gleiche Art präpariert ist.

Streuungsfreie Messungen kann es jedoch nicht für alle Observablen eines quantenmechanischen Systems geben, was man mit Hilfe des Welle-Teilchen-Dualismus einsehen kann. Dazu betrachten wir als Gedankenexperiment die Beugung eines Elektrons an einem einzelnen Spalt der Breite b. Ist p_x der Impuls des Elektrons in Strahlrichtung und $\lambda = h/p_x$ die de Broglie-Wellenlänge, so gilt für den Beugungswinkel α der Welle $\sin\alpha \approx \lambda/b$. Durch die Aufweitung des Strahles entsteht eine Unschärfe Δp_y des Impulses p_y senkrecht zum Strahl und senkrecht zum Spalt von der Größe $\Delta p_y \approx p_x \sin\alpha$. Weil die Unschärfe des Ortes am Spalt $\Delta y = b$ ist, erhält man daraus eine Unschärferelation der Form $\Delta y \Delta p_y \approx p_x \lambda = h$. Durch verkleinern der Spaltbreite wird der Beugungswinkel und damit die Impulsunschärfe vergrößert. Ort und Impuls werden deshalb auch als komplementäre Größen bezeichnet.

1.2.5 Hilbert-Raum

Nach dem vorigen Abschnitt sind die Eigenfunktionen der Operatoren, die Observablen zugeordnet sind, mögliche Zustandsfunktionen und die Eigenwerte die möglichen Meßwerte dieser Observablen. Die Zustandsfunktionen $\psi(\mathbf{r},t)$ sind Lösungen der Schrödinger-Gleichung Gl. (1.13) und sollen die Bedingung Gl. (1.7) erfüllen, die eine Randbedingung für ψ im Unendlichen beinhaltet, denn $|\psi(\mathbf{r},t)|^2$ muß für $|\mathbf{r}| \to \infty$ hinreichend schnell verschwinden. Mathematisch wird das dadurch ausgedrückt, daß alle Wellenfunktionen ψ Elemente eines *Hilbert-Raumes* $\mathcal{H}$ sind, der aus den über dem dreidimensionalen Ortsraum quadratisch integrierbaren Funktionen besteht, die

$$\int \psi^*(\mathbf{r})\psi(\mathbf{r})\,\mathrm{d}^3r < \infty$$

erfüllen. Die grundlegenden Eigenschaften des Hilbert-Raums sind im Anhang A zusammengestellt. Das innere Produkt oder *Skalarprodukt* zwischen zwei Elementen $\phi,\psi \in \mathcal{H}$ des Hilbert-Raumes ist eine komplexe Zahl und wird definiert durch

$$\langle \phi,\psi \rangle = \int \phi^*(\mathbf{r},t)\psi(\mathbf{r},t)\,\mathrm{d}^3r.$$

Für Operatoren A, die physikalischen Observablen zugeordnet sind, wird der Erwartungswert von A nach Gl. (1.11) in der Form geschrieben

$$\langle A \rangle = \langle \psi, A\psi \rangle \quad \text{mit} \quad \langle \psi,\psi \rangle = 1.$$

Die Erwartungswerte der Observablen sollen physikalischen Messungen entsprechen und müssen deshalb reell sein, was zu folgender Bedingung für die zugeordneten Operatoren A führt:

$$\langle A \rangle^* = \langle A \rangle \quad \text{oder} \quad \int (A\psi)^*\psi\,\mathrm{d}^3r = \int \psi^* A\psi\,\mathrm{d}^3r.$$

Operatoren, die diese Bedingung für alle $\psi \in \mathcal{H}$ erfüllen, heißen *selbstadjungiert*, vergl. Anhang A. Die bisher eingeführten Operatoren $\mathbf{r}$, $\mathbf{p}$, H und $\mathbf{L}$ der Observablen Ort, Impuls, Energie und Drehimpuls sind in der Tat selbstadjungiert.

Beim Ortsoperator als reellem Faktor ist das unmittelbar zu erkennen. Für den Impulsoperator erhält man durch partielle Integration

$$\langle \mathbf{p} \rangle = \int \psi^* \frac{\hbar}{i} \nabla \psi \, d^3r = \frac{\hbar}{i} \int \psi^* \nabla \psi \, d^3r$$

$$= \frac{\hbar}{i} \psi^* \psi \Big| - \frac{\hbar}{i} \int (\nabla \psi^*) \psi \, d^3r = \int \left(\frac{\hbar}{i} \nabla \psi\right)^* \psi \, d^3r,$$

wobei die Randterme wegen der Normierungsbedingung Gl. (1.7) verschwinden. Der zu A adjungierte Operator A^+ erfüllt die Bedingung

$$\langle \phi, A\psi \rangle = \langle A^+ \phi, \psi \rangle,$$

mit $(A^+)^+ = A$, vergl. Anhang A, und es gilt

$$(A+B)^+ = A^+ + B^+ \quad \text{und} \quad (AB)^+ = B^+ A^+.$$

Selbstadjungierte Operatoren können dann auch durch

$$A^+ = A$$

definiert werden. Neben dem Ortsoperator $\mathbf{r}$ und dem Impulsoperator $\mathbf{p}$ ist auch der Hamilton-Operator selbstadjungiert.

□ Zum Beweise schreiben wir H nach Gl. (1.9) in der Form

$$H = \frac{1}{2m} \mathbf{p} \cdot \mathbf{p} + V(\mathbf{r}).$$

Mit $\mathbf{p}$ ist auch $\mathbf{p} \cdot \mathbf{p}$ selbstadjungiert und mit $\mathbf{r}$ ist auch die reelle Funktion $V(\mathbf{r})$ als multiplikativer Operator selbstadjungiert. Ferner ist auch die Summe H zweier selbstadjungierter Operatoren selbstadjungiert. ∎

Der Drehimpulsoperator $\mathbf{L}$ Gl. (1.10) ist selbstadjungiert.

□ Zum Beweise betrachten wir mit $\mathbf{r} = (x,y,z)$ und $\mathbf{p} = (p_x, p_y, p_z)$ zuerst die z-Komponente

$$L_z = x p_y - y p_x$$

und erhalten

$$L_z^+ = (x p_y)^+ - (y p_x)^+$$
$$= p_y x - p_x y = \frac{\hbar}{i} \frac{\partial}{\partial y} x - \frac{\hbar}{i} \frac{\partial}{\partial x} y$$
$$= \frac{\hbar}{i} x \frac{\partial}{\partial y} - \frac{\hbar}{i} y \frac{\partial}{\partial x} = x p_y - y p_x = L_z,$$

wobei berücksichtigt wurde, daß $\mathbf{r}$ und $\mathbf{p}$ selbstadjungiert sind. Entsprechend beweist man die Eigenschaft für die übrigen Komponenten. ∎

Zusammenfassend können wir die Quantenmechanik eines Massenpunktes auf die vereinfachten Axiome gründen:
1) Die möglichen Zustände $\psi(\mathbf{r}, t)$ des Systems zur Zeit t sind die Elemente eines Hilbert-Raums.
2) Jeder Observablen wird ein linearer, selbstadjungierter Operator im Hilbert-Raum der Zustände zugeordnet.
3) Der Mittelwert bei der Messung einer Observablen mit dem Operator A berechnet sich aus dem Erwartungswert mit der Zustandsfunktion $\langle A \rangle = \langle \psi | A | \psi \rangle$.
4) Die zeitliche Entwicklung der Zustandsfunktion ist durch die Schrödinger-Gleichung $i\hbar \frac{\partial \psi(\mathbf{r},t)}{\partial t} = H\psi$ gegeben, wobei H den Hamilton-Operator bezeichnet.

1.3 Unbestimmtheitsrelationen

Im Unterschied zum Meßprozeß im Rahmen der klassischen Mechanik werden den physikalischen Observablen in der Quantenmechanik selbstadjungierte Operatoren zugeordnet, deren Erwartungswerte die Mittelwerte der Messungen an einer Gesamtheit darstellen. Darüberhinaus sind auch Aussagen über die Streuung dieser Messungen möglich. Sei A der selbstadjungierte Operator einer Observablen und $\langle A \rangle$ der Erwartungswert, so ist die mittlere quadratische Abweichung vom Mittelwert oder *Streuung* gegeben durch

$$\Delta A = \langle (A - \langle A \rangle 1)^2 \rangle, \tag{1.14}$$

wobei *1* den Einsoperator bezeichnet. Die Untersuchung der Streuungen bei der Messung zweier verschiedener Observablen führt zu einem weiteren wichtigen Unterschied beim Meßprozeß im Vergleich zur klassischen Mechanik. Dazu betrachten wir z.B. die Operatoren x_1 und $p_1 = (\hbar/i)\partial/\partial x_1$, die den 1-Komponenten des Ortes und des Impulses eines Massenpunktes zugeordnet sind. Bei der Anwendung der Operatoren nacheinander

$$p_1 x_1 \psi(\mathbf{r}, t) = \frac{\hbar}{i} \frac{\partial}{\partial x_1} x_1 \psi = \frac{\hbar}{i} \psi + x_1 \frac{\hbar}{i} \frac{\partial}{\partial x_1} \psi = \frac{\hbar}{i} \psi + x_1 p_1 \psi(\mathbf{r}, t)$$

erkennt man, daß $p_1 x_1 \psi$ und $x_1 p_1 \psi$ verschiedene Elemente des Hilbert-Raumes $\mathcal{H}$ bezeichnen. Außerdem sind die Produktoperatoren $p_1 x_1$ und $x_1 p_1$ zueinander adjungiert. Sie sind somit nicht selbstadjungiert und deshalb keiner physikalischen Observablen zugeordnet. Der *Kommutator* zweier Operatoren A, B wird definiert durch

$$[A, B] = AB - BA$$

1.3 Unbestimmtheitsrelationen

und man erhält für die *Vertauschungsrelationen* zwischen den Komponenten des Impulsoperators $\mathbf{p} = (p_1, p_2, p_3)$ und des Ortsoperators $\mathbf{r} = (x_1, x_2, x_3)$

$$[p_j, x_k] = \frac{\hbar}{i}\delta_{jk}\mathbf{1} \quad ; \quad [p_j, p_k] = \mathbf{0} \quad ; \quad [x_j, x_k] = \mathbf{0}. \tag{1.15}$$

Hier bezeichnet *1* den Einsoperator und *0* den Nulloperator im Hilbert-Raum $\mathcal{H}$.

Sind zwei selbstadjungierte Operatoren A, B nicht vertauschbar, d.h. ist ihr Kommutator nicht der Nulloperator, $[A, B] \neq \mathbf{0}$, so ergibt sich daraus, daß die Messungen der zugehörigen Observablen nicht unabhängig sind. Seien $\langle A \rangle$ und $\langle B \rangle$ die Mittelwerte der Messungen zweier Observablen mit den selbstadjungierten Operatoren A und B mit $[A, B] \neq \mathbf{0}$, so kann das Produkt der Streuungen beider Messungen einen bestimmten Wert nicht unterschreiten. Um das zu zeigen, sei die Streuung ΔA bei der Messung von A und ΔB von B gegeben durch

$$\Delta A^2 = \langle (A - \langle A \rangle \mathbf{1})^2 \rangle = \int \psi^*(A - \langle A \rangle \mathbf{1})^2 \psi \, d^3r$$

$$\Delta B^2 = \langle (B - \langle B \rangle \mathbf{1})^2 \rangle = \int \psi^*(B - \langle B \rangle \mathbf{1})^2 \psi \, d^3r.$$

Führt man zur Vereinfachung die selbstadjungierten Operatoren

$$\tilde{A} = A - \langle A \rangle \mathbf{1} \quad \text{und} \quad \tilde{B} = B - \langle B \rangle \mathbf{1}$$

ein, so erhält man

$$\Delta A^2 = \int \psi^* \tilde{A}^2 \psi \, d^3r = \int (\tilde{A}\psi)^* \tilde{A}\psi \, d^3r = \int |\tilde{A}\psi|^2 \, d^3r$$

und eine entsprechende Gleichung für ΔB^2. Durch Multiplikation beider quadratischen Streuungen findet man bei Verwendung der Schwarzschen Ungleichung

$$\Delta A^2 \Delta B^2 = \int |\tilde{A}\psi|^2 \, d^3r \int |\tilde{B}\psi|^2 \, d^3r \geq \left| \int (\tilde{A}\psi)^* \tilde{B}\psi \, d^3r \right|^2.$$

Da für eine beliebige komplexe Zahl z die Ungleichung $|z| \geq |z - z^*|/2$ gilt, kann man weiter abschätzen:

$$\Delta A \, \Delta B \geq \left| \int (\tilde{A}\psi)^* \tilde{B}\psi \, d^3r \right| \geq \frac{1}{2} \left| \int (\tilde{A}\psi)^* \tilde{B}\psi \, d^3r - \int (\tilde{B}\psi)^* \tilde{A}\psi \, d^3r \right|$$

oder wegen $[\tilde{A}, \tilde{B}] = [A, B]$

$$\Delta A \, \Delta B \geq \frac{1}{2} \left| \int \psi^*(\tilde{A}\tilde{B} - \tilde{B}\tilde{A})\psi \, d^3r \right| = \frac{1}{2} \left| \int \psi^*[A, B]\psi \, d^3r \right|$$

und man erhält schließlich

$$\Delta A \, \Delta B \geq \frac{1}{2} |\langle [A, B] \rangle |. \tag{1.16}$$

Verschwindet der Kommutator $[A, B] = 0$, so erhält man aus dieser Ungleichung keine Aussage. Wenn jedoch der Erwartungswert von $[A, B]$ nicht verschwindet, liefert die Ungleichung eine untere Schranke für das Produkt der Streuungen der Messungen der beiden Observablen. Je genauer die Messung der einen Größe ist, umso ungenauer fällt die andere Messung an derselben Gesamtheit aus. Hierbei handelt es sich nicht um eine durch Meßapparaturen verursachte Ungenauigkeit, sondern um eine prinzipielle Unbestimmtheit bei der Messung zweier Observablen von Massenpunkten, die durch eine quantenmechanische Gesamtheit beschrieben werden. Da es bei allen quantenmechanischen Systemen immer Observable gibt, deren Operatoren nicht vertauschbar sind, gibt es keine streuungsfreien Gesamtheiten, wenn die Messung *aller* Observablen in Betracht gezogen wird.

Als Beispiel seien die 1-Komponenten von Impuls und Ort eines Massenpunktes betrachtet. Setzt man die Vertauschungsrelation Gl. (1.15) in Gl. (1.16) ein, so erhält man die *Unbestimmtheitsrelation von Heisenberg*

$$\Delta p_x \Delta x \geq \frac{\hbar}{2}. \tag{1.17}$$

Die Unbestimmtheitsrelation zwischen Orts- und Impulsmessungen läßt sich im Rahmen des Wellenbildes anschaulich deuten und hängt somit mit dem Welle-Teilchen-Dualismus zusammen. Die Vertauschungsrelationen Gl. (1.15) zeigen auch, daß z.B. die Größen p_1 und x_2 voneinander unabhängig meßbar sind, d.h. es gibt keine untere Schranke für das Produkt der Streuungen. In der klassischen Mechanik gibt es keine entsprechenden Einschränkungen bei den Messungen und so hat die Unbestimmtheitsrelation von Heisenberg zu weitreichenden Konsequenzen bei der Interpretation physikalischer Messungen geführt, vergl. Abschn. 4.2.

Neben der Unbestimmtheitsrelation zwischen nichtvertauschbaren Observablen gibt es noch eine Energie-Zeit-Unschärferelation. Diese läßt sich nicht auf die gleiche Art begründen, da die Zeit nicht als Observable auftritt, der ein Operator im Hilbert-Raum zugeordnet ist, sondern als eine unabhängige Variable. Im folgenden Abschn. 1.4 wird gezeigt, daß die Zeitabhängigkeit des Erwartungswertes einer Observablen A, die nicht explizit von der Zeit abhängt, durch die Beziehung

$$\frac{\mathrm{d}}{\mathrm{d}t}\langle A \rangle = \frac{i}{\hbar} \langle [H, A] \rangle$$

gegeben ist. Will man die zeitliche Änderung von $\langle A \rangle$ messen, so muß die Zeitdauer der Messung Δt mindestens so groß sein, daß die Änderung von $\langle A \rangle$ größer ist als die Streuung ΔA der Messung von A. Unter Verwendung der Gl. (1.16) erhält man daraus die Abschätzung

$$\Delta A \leq \left|\frac{\mathrm{d}}{\mathrm{d}t}\langle A\rangle\right| \Delta t = \left|\frac{i}{\hbar}\langle[H,A]\rangle\right| \Delta t \leq \frac{2}{\hbar}\Delta E\, \Delta A\, \Delta t,$$

wobei ΔE die Streuung bei der Messung der Energie bezeichnet. Daraus folgt eine allgemeine *Energie-Zeit-Unschärferelation*

$$\Delta E\, \Delta t \geq \frac{\hbar}{2}, \tag{1.18}$$

die für die minimale Zeitdauer Δt der Messung jeder Observablen erfüllt sein muß. Da ΔE durch den Zustand ψ des Systems festgelegt wird, bezeichnet man $\hbar/(2\Delta E)$ auch als *Lebensdauer* des Energiezustandes. Frühestens nach Ablauf dieser Zeit kann eine zeitliche Änderung einer Observablen festgestellt werden. Die Energie-Zeit-Unschärferelation hängt mit der natürlichen Linienbreite von Spektrallinien zusammen, die bei quantenmechanischen Übergängen zwischen diskreten Energieniveaus beobachtet werden.

1.4 Erwartungswerte

Zur Bestimmung der Zeitabhängigkeit der Erwartungswerte von Observablen sei A ein Operator im Hilbert-Raum $\mathcal{H}$, der einer Observablen eines Massenpunktes zugeordnet sei. Der Operator sei als Funktion des Ortsoperators $\mathbf{r}$, des Impulsoperators $\mathbf{p}$ und der Zeit gegeben $A(\mathbf{r}, \mathbf{p}, t)$. Bei einer zeitabhängigen äußeren Kraft auf den Massenpunkt ist z.B. die Energie und damit der Hamilton-Operator zeitabhängig.

Die Zeitabhängigkeit des Erwartungswertes der Observablen setzt sich aus der Zeitabhängigkeit der Wellenfunktion $\psi(\mathbf{r}, t)$ und der des Operators A zusammen:

$$\begin{aligned}\frac{\mathrm{d}}{\mathrm{d}t}\langle A\rangle &= \frac{\mathrm{d}}{\mathrm{d}t}\int \psi^*(\mathbf{r},t)\, A\, \psi(\mathbf{r},t)\, \mathrm{d}^3r \\ &= \int \frac{\partial \psi^*}{\partial t} A\psi\, \mathrm{d}^3r + \int \psi^* A \frac{\partial \psi}{\partial t}\, \mathrm{d}^3r + \int \psi^* \frac{\partial A}{\partial t}\psi\, \mathrm{d}^3r.\end{aligned}$$

Die Zeitableitung der Zustandsfunktion $\psi(\mathbf{r}, t)$ ergibt sich aus der Schrödinger-Gleichung (1.13) und man erhält durch Einsetzen

$$\begin{aligned}\frac{\mathrm{d}}{\mathrm{d}t}\langle A\rangle &= \frac{i}{\hbar}\int (H\psi)^* A\, \mathrm{d}^3r - \frac{i}{\hbar}\int \psi^* AH\psi\, \mathrm{d}^3r + \left\langle \frac{\partial A}{\partial t}\right\rangle \\ &= \frac{i}{\hbar}\int \psi^*(HA - AH)\psi\, \mathrm{d}^3r + \left\langle \frac{\partial A}{\partial t}\right\rangle \\ &= \frac{i}{\hbar}\langle[H,A]\rangle + \left\langle \frac{\partial A}{\partial t}\right\rangle.\end{aligned} \tag{1.19}$$

1.4.1 Erhaltungssätze

Falls ein Operator A nicht von der Zeit t abhängt und der Kommutator mit dem Hamilton-Operator verschwindet $[H, A] = 0$, so erhält man nach Gl. (1.19) einen zeitunabhängigen Erwartungswert. Die zugehörige Observable ist damit eine Erhaltungsgröße. Hängt z.b. das Potential der Kraft auf den Massenpunkt nicht von der Zeit ab, so erhält man für die zeitliche Änderung des Energieerwartungswertes

$$\frac{\mathrm{d}}{\mathrm{d}t}\langle H\rangle = \frac{i}{\hbar}\langle[H,H]\rangle = 0,$$

was den auch in der klassischen Mechanik gültigen Energieerhaltungssatz abgeschlossener Systeme beschreibt.

Betrachtet man andererseits einen Massenpunkt in einem Zentralfeld $\mathbf{F}(\mathbf{r})$, das sich aus einem kugelförmigen Potential $V(r)$ ableitet, $\mathbf{F} = -\nabla V(r)$, so gilt der Satz von der Erhaltung des Drehimpulses. Um das zu zeigen, berechnen wir zunächst die folgenden Kommutatoren des Drehimpulsoperators $\mathbf{L} = \mathbf{r} \times \mathbf{p}$

$$[\Delta, \mathbf{L}] = 0 \quad \text{und} \quad [V(r), \mathbf{L}] = 0. \tag{1.20}$$

□ Zum Beweise setzen wir $\mathbf{p} = \frac{\hbar}{i}\nabla = (p_1, p_2, p_3)$ und verwenden

$$\Delta = \frac{\partial^2}{\partial x^2} + \frac{\partial^2}{\partial y^2} + \frac{\partial^2}{\partial z^2} = -\frac{1}{\hbar^2}\mathbf{p}^2 \quad \text{mit} \quad \mathbf{p}^2 = p_1^2 + p_2^2 + p_3^2$$

sowie die Vertauschungsrelationen Gl. (1.15)

$$[p_j, x_k] = \frac{\hbar}{i}\delta_{jk}\mathbf{1} \quad ; \quad [p_j, p_k] = 0 \quad ; \quad [x_j, x_k] = 0.$$

Wir beweisen mit $\mathbf{L} = (L_1, L_2, L_3)$ speziell

$$\begin{aligned}
[\mathbf{p}^2, L_3] &= [p_1^2 + p_2^2 + p_3^2, x_1 p_2 - x_2 p_1] \\
&= [p_1^2 + p_2^2, x_1 p_2 - x_2 p_1] \\
&= [p_1^2, x_1 p_2] - [p_2^2, x_2 p_1] \\
&= 2\frac{\hbar}{i}p_1 p_2 - 2\frac{\hbar}{i}p_2 p_1 = 0
\end{aligned}$$

und verfahren entsprechend mit den anderen beiden Komponenten. Für den zweiten Kommutator von Gl. (1.20) findet man

$$[V(r), \mathbf{L}] = \frac{\hbar}{i}[V(r), \mathbf{r} \times \nabla] = -\frac{\hbar}{i}\mathbf{r} \times (\nabla V) = -\frac{\hbar}{i}\mathbf{r} \times \frac{\mathbf{r}}{r}\frac{dV}{dr} = 0,$$

so daß alles bewiesen ist. ■

Daher ist auch der Hamilton-Operator $H = -\frac{\hbar^2}{2m}\Delta + V(r)$ mit **L** vertauschbar $[H, \mathbf{L}] = 0$. Der Drehimpulsoperator **L** hängt nicht von der Zeit ab, und man erhält aus Gl. (1.19)

$$\frac{\mathrm{d}}{\mathrm{d}t}\langle \mathbf{L} \rangle = \frac{i}{\hbar}\langle [H, \mathbf{L}] \rangle = 0,$$

d.h. der Erwartungswert des Drehimpulses ist eine Konstante. Dies ist die quantenmechanische Formulierung des Satzes von der Erhaltung des Drehimpulses bei Zentralkräften.

1.4.2 Ehrenfest-Gleichungen

Aus der Formel für die zeitliche Ableitung der Erwartungswerte Gl. (1.19) läßt sich eine einfache Analogie zur klassischen Mechanik herleiten, denn die Erwartungswerte des Orts- und Impulsoperators verhalten sich wie diese Observablen nach der klassischen Mechanik. Um das zu zeigen betrachten wir einen Massenpunkt, auf den die konservative Kraft $\mathbf{F}(\mathbf{r}) = -\nabla V(\mathbf{r})$ wirkt und der durch den Hamilton-Operator

$$H = \frac{\mathbf{p}^2}{2m} + V(\mathbf{r})$$

beschrieben wird. Dann gilt

$$[H, \mathbf{r}] = \frac{\hbar}{mi}\mathbf{p}. \tag{1.21}$$

□ Zum Beweise beachtet man

$$[H, \mathbf{r}] = \frac{1}{2m}[\mathbf{p}^2, \mathbf{r}]$$

und es gilt für die x_1-Komponente von $\mathbf{r} = (x_1, x_2, x_3)$ mit $\mathbf{p} = (p_1, p_2, p_3)$ wegen der Vertauschungsrelationen Gl. (1.15)

$$\begin{aligned}
\mathbf{p}^2 x_1 - x_1 \mathbf{p}^2 &= p_1^2 x_1 - x_1 p_1^2 \\
&= p_1 x_1 p_1 + \frac{\hbar}{i}p_1 - x_1 p_1^2 \\
&= x_1 p_1^2 + \frac{\hbar}{i}p_1 + \frac{\hbar}{i}p_1 - x_1 p_1^2 \\
&= 2\frac{\hbar}{i}p_1,
\end{aligned}$$

so daß

$$[H, x_1] = \frac{\hbar}{mi}p_1$$

resultiert. ∎

Ferner gilt

$$[H, \mathbf{p}] = -\frac{\hbar}{i}\nabla V(\mathbf{r}) = \frac{\hbar}{i}\mathbf{F}(\mathbf{r}). \tag{1.22}$$

□ Zum Beweise beachtet man $\mathbf{p} = \frac{\hbar}{i}\nabla$ und findet

$$[H, \mathbf{p}] = [V(\mathbf{r}), \mathbf{p}] = V(\mathbf{r})\mathbf{p} - \mathbf{p}V(\mathbf{r})$$
$$= -\frac{\hbar}{i}\nabla V(\mathbf{r}) = \frac{\hbar}{i}\mathbf{F},$$

wobei in der zweiten Zeile der Operator ∇ nur das V differenziert. ∎

Da der Ortsoperator und der Impulsoperator nicht von der Zeit abhängen, findet man für die zeitliche Ableitung des Erwartungswertes des Ortes nach Gl. (1.19) und (1.21)

$$\frac{\mathrm{d}}{\mathrm{d}t}\langle\mathbf{r}\rangle = \frac{i}{\hbar}\langle[H,\mathbf{r}]\rangle = \frac{i}{\hbar}\left\langle\frac{\hbar}{mi}\mathbf{p}\right\rangle = \frac{1}{m}\langle\mathbf{p}\rangle$$

und für die zeitliche Ableitung des Erwartungswertes des Impulses nach Gl. (1.22)

$$\frac{\mathrm{d}}{\mathrm{d}t}\langle\mathbf{p}\rangle = \frac{i}{\hbar}\langle[H,\mathbf{p}]\rangle = \langle\mathbf{F}(\mathbf{r})\rangle.$$

Diese Beziehungen heißen *Ehrenfest-Gleichungen*, vergl. Abschn. 4.3.1, und lassen sich in der Form

$$\frac{\mathrm{d}^2}{\mathrm{d}t^2}\langle\mathbf{r}\rangle = \frac{1}{m}\langle\mathbf{F}(\mathbf{r})\rangle \tag{1.23}$$

zusammenfassen. Der Erwartungswert des Ortes genügt damit einer Gleichung, die dem Newtonschen Grundgesetz der klassischen Mechanik entspricht. Wird die Ortsmessung weniger genau vorgenommen als die quantenmechanische Streuung ausmacht, findet man die Gesetze der klassischen Mechanik bestätigt. Dies hängt mit dem *Korrespondenzprinzip* zusammen, wonach die Quantenmechanik im makroskopischen Grenzfall in die klassische Mechanik übergeht.

1.4.3 Stationäre Zustände

Wir betrachten jetzt speziell einen Massenpunkt, auf den ein *zeitunabhängiges* Kraftfeld wirkt. Der Hamilton-Operator hängt dann nicht von der Zeit ab und die Schrödinger-Gleichung

$$-\frac{\hbar}{i}\frac{\partial\psi(\mathbf{r},t)}{\partial t} = H(\mathbf{r})\psi(\mathbf{r},t) \tag{1.24}$$

wird bezüglich der Orts- und Zeitvariablen separierbar. Zur Trennung der Variablen verwenden wir den Separationsansatz $\psi(\mathbf{r}, t) = T(t)\phi(\mathbf{r})$ und es folgt durch Einsetzen in die Schrödinger-Gleichung

$$-\frac{\hbar}{i}\frac{\partial T(t)}{\partial t}\phi(\mathbf{r}) = T(t)H(\mathbf{r})\phi(\mathbf{r})$$

oder

$$-\frac{\hbar}{i}\frac{1}{T}\frac{\partial T}{\partial t} = \frac{1}{\phi}H\phi = E,$$

wobei E eine von $\mathbf{r}$ und t unabhängige Konstante bezeichnet. Daraus ergeben sich zwei getrennte Differentialgleichungen

$$\frac{dT}{dt} = -\frac{i}{\hbar}ET \quad \text{und} \quad H\phi = E\phi,$$

und die Lösung der ersteren ist durch $T(t) = T(0)\exp\{-\frac{i}{\hbar}Et\}$ gegeben. Setzt man diese Lösung in die Normierungsbedingung Gl. (1.7) ein, so erhält man für relle E

$$1 = \int \psi^*(\mathbf{r},t)\psi(\mathbf{r},t)\,d^3r = |T(0)|^2 \int \phi^*(\mathbf{r})\phi(\mathbf{r})\,d^3r.$$

Da die Wellenfunktion $\phi(\mathbf{r})$ hier nur bis auf einen beliebigen Faktor festgelegt ist, setzen wir der Einfachheit halber $T(0) = 1$ und erhalten die Lösung der Schrödinger-Gleichung bei zeitunabhängigem Hamilton-Operator in der Form

$$\boxed{\psi(\mathbf{r},t) = \exp\{-\frac{i}{\hbar}Et\}\phi(\mathbf{r}),} \tag{1.25}$$

wobei $\phi(\mathbf{r})$ eine Lösung der *zeitunabhängigen Schrödinger-Gleichung* ist:

$$\boxed{H\phi(\mathbf{r}) = E\phi(\mathbf{r}) \quad \text{mit} \quad \int \phi^*(\mathbf{r})\phi(\mathbf{r})\,d^3r = 1.} \tag{1.26}$$

Die Konstante E erweist sich somit als reeller Eigenwert des Hamilton-Operators H und ϕ ist eine zugehörige Eigenfunktion. Die Zeitabhängigkeit der Lösung ψ der Schrödinger-Gleichung (1.24) ist in Gl. (1.25) durch einen Phasenfaktor gegeben. Wird nun der Erwartungswert einer beliebigen Observablen mit einem Zustand ψ gemäß Gl. (1.25) gebildet, so ergibt sich eine Konstante, wenn der Operator A selbst nicht von der Zeit abhängt

$$\langle A \rangle = \int \psi^*(\mathbf{r},t)A\psi(\mathbf{r},t)\,d^3r = \int \phi^*(\mathbf{r})A\phi(\mathbf{r})\,d^3r.$$

Speziell für den Hamilton-Operator ergibt sich

$$\langle H \rangle = \int \psi^*(\mathbf{r},t)H\psi(\mathbf{r},t)\,d^3r = \int \phi^*(\mathbf{r})H\phi(\mathbf{r})\,d^3r = E, \tag{1.27}$$

wobei von Gl. (1.26) Gebrauch gemacht wurde. Insofern beschreibt die Wellenfunktion Gl. (1.25) *stationäre Zustände* und der Erwartungswert der Energie ist zu jeder Zeit durch einen Eigenwert E des Hamilton-Operators gegeben.

1.4.4 Selbstadjungierte Operatoren

Zu jedem Eigenwert eines selbstadjungierten Operators kann es mehrere Eigenfunktionen geben. Der Eigenwert heißt dann *entartet* und die Eigenwertgleichung wird in der Form geschrieben

$$A\phi_{\nu\mu} = a_\nu \phi_{\nu\mu} \quad \text{mit} \quad \mu = 1, 2, \ldots d_\nu, \tag{1.28}$$

wobei d_ν die Entartung des Eigenwertes a_ν bezeichnet. Die Menge der Eigenwerte a_ν heißt *Spektrum* des Operators A. Ist ein $d_\nu > 1$, so spricht man von einem *entarteten Spektrum*. Das Spektrum eines selbstadjungierten Operators kann diskret oder kontinuierlich sein oder aus diskreten und kontinuierlichen Teilen bestehen.

Die Eigenwerte selbstadjungierter Operatoren sind reell.

□ Zum Beweise geht man von der Eigenwertgleichung (1.28) aus und erhält

$$a_\nu = \int \phi^*_{\nu\mu} A \phi_{\nu\mu} \, \mathrm{d}^3 r = \int (A\phi_{\nu\mu})^* \phi_{\nu\mu} \, \mathrm{d}^3 r$$
$$= \left(\int \phi^*_{\nu\mu} A \phi_{\nu\mu} \, \mathrm{d}^3 r \right)^* = a^*_\nu. \blacksquare$$

Unter der Voraussetzung, daß der Zustand $\psi(\mathbf{r}, t)$ von Gl. (1.25) durch eine Eigenfunktion $\phi(\mathbf{r})$ des Hamilton-Operators H gegeben ist, erhält man für den Erwartungswert der Energie nach Gl. (1.27) den zugehörigen Eigenwert E. Im Falle eines diskreten Eigenwertes E verschwindet dann die Streuung

$$\Delta E^2 = \langle (H - E\mathbf{1})^2 \rangle = \int \phi^* (H - E\mathbf{1})^2 \phi \, \mathrm{d}^3 r = 0$$

und die Energie kann im Prinzip beliebig genau gemessen werden. Dies gilt allerdings nicht im realen Fall: Durch die Energie-Zeit-Unschärferelation Gl. (1.18) ergäbe sich aus $\Delta E = 0$ eine unendliche lange Lebensdauer des Zustandes.

Umgekehrt kann man eine Gesamtheit durch aussortieren so präparieren, daß alle Einzelsysteme denselben diskreten Energiewert E ergeben. Ist dann der Eigenwert E von H nicht entartet, d.h. gibt es nur eine Eigenfunktion $\phi(\mathbf{r})$ von H zum Eigenwert E, so wird die Gesamtheit durch den Zustand $\psi(\mathbf{r}, t)$ nach Gl. (1.25) beschrieben.

Wenn nun $\phi(\mathbf{r})$ nicht nur eine Eigenfunktion von H ist, sondern auch vom Operator A einer anderen Observablen, so gilt $A\phi = a\phi$ und a ist der zugehörige Eigenwert von A. Dann sind die Erwartungswerte beider Operatoren durch ihre Eigenwerte gegeben

$$\langle H \rangle = \int \phi^* H \phi \, \mathrm{d}^3 r = \int \phi^* E \phi \, \mathrm{d}^3 r = E$$
$$\langle A \rangle = \int \phi^* A \phi \, \mathrm{d}^3 r = \int \phi^* a \phi \, \mathrm{d}^3 r = a.$$

1.4 Erwartungswerte

Das bedeutet aber, daß die Messungen beider Observablen nicht streuen, also beide Größen beliebig genau gemessen werden können.

Ist der Eigenwert E von H entartet, und seien ϕ_ν mit $\nu = 1, 2, \ldots d$ die zugehörigen orthonormierten Eigenfunktionen $H\phi_\nu = E\phi_\nu$, so spannen die ϕ_ν einen d-dimensionalen Unterraum $\mathcal{H}_E \subset \mathcal{H}$ des Hilbert-Raumes auf. Aus der Messung von E alleine kann nicht auf einen bestimmten Zustand $\psi \in \mathcal{H}_E$ geschlossen werden. Gilt dann etwa

$$A\phi_\nu = a_\nu \phi_\nu,$$

wobei alle a_ν voneinander verschieden sind, so kann man durch Messung der Observablen mit dem Operator A und aussortieren z.b. erreichen, daß alle Messungen neben E nur a_1 ergeben. In diesem Fall ist dann die Gesamtheit durch den Zustand ϕ_1 charakterisiert.

Um zu zeigen, unter welchen Vorrausetzungen selbstadjungierte Operatoren gemeinsame Eigenfunktionen besitzen, seien zunächst zwei Sätze über Eigenfunktionen selbstadjungierter Operatoren bewiesen.

Die Eigenfunktionen zu verschiedenen Eigenwerten eines selbstadjungierten Operators sind orthogonal.

□ Zum Beweise seien zwei reelle Eigenwerte a_1, a_2 und zwei zugehörige Eigenfunktionen betrachtet

$$A\phi_1 = a_1 \phi_1 \quad \text{und} \quad A\phi_2 = a_2 \phi_2.$$

Dann gilt

$$\langle \phi_1, A\phi_2 \rangle = a_2 \langle \phi_1, \phi_2 \rangle = \langle A\phi_1, \phi_2 \rangle = a_1 \langle \phi_1, \phi_2 \rangle$$

und somit

$$(a_1 - a_2)\langle \phi_1, \phi_2 \rangle = 0.$$

Aus $a_1 - a_2 \neq 0$ ergibt sich daraus die Behauptung $\langle \phi_1, \phi_2 \rangle = 0$. ∎

Gibt es mehrere linear unabhängige Eigenfunktionen zum selben Eigenwert eines selbstadjungierten Operators, so lassen sich diese mit Hilfe des Schmidtschen Orthonormalisierungsverfahrens orthogonal und normiert wählen, vergl. Abschn. A.2.

Zwei selbstadjungierte Operatoren A und B haben gemeinsame Eigenfunktionen, wenn sie vertauschbar sind $[A, B] = 0$.

□ Zum Beweise betrachten wir die Eigenwertaufgabe des Operators A in der Form

$$A\phi_\mu = a\phi_\mu \quad \text{mit} \quad \mu = 1, 2 \ldots n \quad \text{und} \quad \langle \phi_\nu, \phi_\mu \rangle = \delta_{\nu\mu},$$

wobei a ein n-fach entarteter Eigenwert ist und ϕ_μ die zugehörigen Eigenfunktionen zum selben Eigenwert bezeichnen. Anwenden des Operators B liefert

$$BA\phi_\mu = A(B\phi_\mu) = a(B\phi_\mu)$$

und daraus ergibt sich, daß die Funktion $B\phi_\mu$ eine Eigenfunktion von A zum selben Eigenwert a ist. Im Falle $n = 1$ folgt sofort $B\phi_\mu = b\phi_\mu$ und damit die Behauptung. Im Falle $n > 1$ läßt sich $B\phi_\mu$ aber als Linearkombination der ϕ_μ schreiben

$$B\phi_\mu = \sum_{\nu=1}^{n} b_{\nu\mu} \phi_\nu.$$

Die $n \times n$-Matrix

$$\langle \phi_\nu, B\phi_\mu \rangle = \sum_{\rho=1}^{n} b_{\rho\mu} \langle \phi_\nu, \phi_\rho \rangle = \sum_{\rho=1}^{n} b_{\rho\mu} \delta_{\nu\rho} = b_{\nu\mu}$$

ist selbstadjungiert, da B selbstadjungiert ist:

$$b_{\nu\mu} = \langle \phi_\nu, B\phi_\mu \rangle = \langle B\phi_\nu, \phi_\mu \rangle = \langle \phi_\mu, B\phi_\nu \rangle^* = b_{\mu\nu}^*.$$

Mit Hilfe einer unitären Transformation der Basisfunktionen $\phi_1 \ldots \phi_n$ läßt sich dann die Matrix $(b_{\nu\mu})$ auf Diagonalform bringen. In der transformierten Basis $\tilde\phi_1 \ldots \tilde\phi_n$ gilt $\tilde b_{\nu\mu} = \langle \tilde\phi_\nu, B\tilde\phi_\mu \rangle = b_\nu \delta_{\nu\mu}$ und man erhält

$$B\tilde\phi_\nu = \sum_{\mu=1}^{n} \tilde\phi_\mu b_\mu \delta_{\nu\mu} = b_\nu \tilde\phi_\nu,$$

so daß man die $\tilde\phi_\nu$ als Eigenfunktionen von B erkennt. ∎

Wenn wir jetzt die Menge aller selbstadjungierten Operatoren $A, B, C \ldots$ betrachten, die Observablen zugeordnet sind, und die alle paarweise miteinander vertauschbar sind, so haben sie, nach dem eben bewiesenen Satz, gemeinsame Eigenfunktionen. Ist dann ϕ eine gemeinsame Eigenfunktion, so gilt $A\phi = a\phi$, $B\phi = b\phi$, $C\phi = c\phi$, usw. Wenn die Erwartungswerte aller dieser Operatoren mit einer solchen Funktion ϕ gebildet werden und alle Eigenwerte diskret sind, dann sind die Erwartungswerte durch die jeweiligen Eigenwerte gegeben und diese Observablen können streuungsfrei gemessen werden.

Umgekehrt wird angenommen, daß sich eine Gesamtheit durch Aussortieren so präparieren läßt, daß bei Messung aller vertauschbaren Observablen die Messungen nicht streuen. Die Gesamtheit wird dann durch den Zustand ϕ charakterisiert und der Satz von Quantenzahlen $a, b, c, \ldots$ kennzeichnet diesen Zustand. Da z.B. der Ortsoperator mit dem Impulsoperator nicht vertauschbar ist, gibt es, bei Betrachtung aller Observablen, immer auch solche, deren Operatoren nicht vertauschbar sind. Sie besitzen dann keine gemeinsamen Eigenfunktionen und die Unbestimmtheitsrelation von Heisenberg zeigt, daß die Meßwerte auch streuen. Es gibt also keine streuungsfreien Gesamtheiten, vergl. Abschn. 4.2.

1.5 Tunneleffekt

Aus der statistischen Deutung der Quantenmechanik ergibt sich der Tunneleffekt als ein weiterer wichtiger Unterschied zur klassischen Mechanik. Nach der Quantenmechanik kann ein Massenpunkt mit einer gewissen Wahrscheinlichkeit ein Hindernis überwinden auch wenn dies nach der klassischen Mechanik aus energetischen Gründen ummöglich ist.

Ein wichtiger experimenteller Hinweis dazu kam vom α-Zerfall des Radiums: $^{224}_{88}$Ra $\xrightarrow{\alpha}$ $^{220}_{86}$Rn. An den aus dem Radiumkern austretenden α-Teilchen wurde eine kinetische Energie von 5.7 MeV gemessen. Die Summe der Kernradien von Rn und He beträgt etwa $R = 9.9 \cdot 10^{-15}$ m. Bei größeren Abständen wirkt nur noch die Coulomb-Abstoßung beider Kerne, die in großer Entfernung zur kinetischen Energie

$$E^{\text{kin}} = \frac{220 e \cdot 4 e}{4\pi\varepsilon_0 R} = 25 \, \text{MeV}$$

führen müßte. Der α-Zerfall wird dann in einem Modell interpretiert, in dem der Heliumkern im Radiumkern von einem angeregten Zustand bei 5.7 MeV aus durch die Barriere „hindurchtunnelt".

Zum prinzipiellen Verständnis des Tunneleffektes betrachten wir im eindimensionalen Fall eine rechteckige Potentialbarriere der Höhe U_0 und der Breite a mit Hilfe des Potentials

$$V(x) = \begin{cases} 0 & \text{für } -\infty < x < 0 \\ U_0 & \text{für } 0 \leq x \leq a \\ 0 & \text{für } a < x < \infty \end{cases}$$

und lösen die eindimensionale Schrödinger-Gleichung

$$-\frac{\hbar}{i}\frac{\partial \psi(x,t)}{\partial t} = -\frac{\hbar^2}{2m}\frac{\partial^2 \psi(x,t)}{\partial x^2} + V(x)\psi(x,t)$$

für ein freies Teilchen der Energie $0 < E < U_0$, das sich auf der negativen x-Achse in Richtung auf das Hindernis bewegt. Nach der klassischen Mechanik könnte ein Massenpunkt mit dieser Energie das Hindernis mit Sicherheit nicht überwinden.

Die quantenmechanische Behandlung wird einfach, wenn man die Schrödinger-Gleichung in den drei Bereichen der x-Achse getrennt löst und die Stetigkeitsbedingungen der Wellenfunktion $\psi(x,t)$ an den Unstetigkeitsstellen des Potentials bei $x = 0$ und $x = a$ beachtet. Wie in Abschn. 2.4.1 gezeigt wird, muß die Wellenfunktion und ihre erste Ableitung an den Unstetigkeitsstellen stetig sein.

Im Bereich I: $-\infty < x < 0$ gilt $V(x) = 0$ und die Lösung der Schrödinger-Gleichung in Form von ebenen Wellen lautet

$$\psi_{\text{I}}(x,t) = A\exp\big\{i(kx - \omega t)\big\} + A'\exp\big\{-i(kx + \omega t)\big\}$$

mit $\hbar\omega = E = \hbar^2 k^2/(2m)$. Hier bezeichnet A die Amplitude der nach rechts einfallenden und A' die der reflektierten ebenen Welle.

Im Bereich II der Potentialbarriere: $0 \leq x \leq a$ lautet die Lösung der Schrödinger-Gleichung

$$\psi_{\text{II}}(x,t) = B\exp\{\alpha x - i\omega t\} + B'\exp\{-\alpha x - i\omega t\}$$

mit $\alpha^2 = 2m(U_0-E)/\hbar^2$ und noch unbekannten Koeffizienten B und B'. Man überzeugt sich leicht von der Richtigkeit der Lösungen durch Einsetzen in die Schrödinger-Gleichung.

Im Bereich III: $a < x < \infty$ lautet die allgemeine Lösung wie im Bereich I. Wir setzen jedoch voraus, daß das Teilchen nicht von rechts einfällt und erhalten so

$$\psi_{\text{III}}(x,t) = C\exp\left\{i(kx - \omega t)\right\},$$

wobei C die Amplitude der durch die Potentialbarriere hindurchgetretenen ebenen Welle ist.

Von den fünf Parametern A, A', B, B' und C werden vier durch die Stetigkeitsbedingungen an den Stellen $x = 0$ und $x = a$ festgelegt:

$$\psi_{\text{I}}(0,t) = \psi_{\text{II}}(0,t) \quad \text{und} \quad \psi_{\text{II}}(a,t) = \psi_{\text{III}}(a,t)$$
$$\psi'_{\text{I}}(0,t) = \psi'_{\text{II}}(0,t) \quad \text{und} \quad \psi'_{\text{II}}(a,t) = \psi'_{\text{III}}(a,t),$$

wobei der Strich die Ortsableitungen kennzeichnet. Einsetzen der Lösungen führt auf die vier Bedingungsgleichungen

$$A + A' = B + B'$$
$$ikA - ikA' = \alpha B - \alpha B'$$
$$B\exp\{\alpha a\} + B'\exp\{-\alpha a\} = C\exp\{ika\}$$
$$B\alpha\exp\{\alpha a\} - B'\alpha\exp\{-\alpha a\} = Cik\exp\{ika\}.$$

Zur physikalischen Interpretation der Lösungen betrachten wir die Aufenthaltswahrscheinlichkeitsstromdichte nach Gl. (1.2) im eindimensionalen Fall

$$j(x,t) = \frac{\hbar}{2im}\left(\psi^*\frac{\partial\psi}{\partial x} - \psi\frac{\partial\psi^*}{\partial x}\right).$$

Dann ergibt sich die einfallende Stromdichte aus der Amplitude A zu

$$j^{\text{einf}} = \frac{\hbar}{2im}(ikA^*A - (-ik)AA^*) = \frac{\hbar k}{m}|A|^2.$$

Entsprechend erhält man für die reflektierte Stromdichte aus der Amplitude A'

$$j^{\text{refl}} = \frac{\hbar}{2im}\bigl(-ikA'^*A' - ikA'A'^*\bigr) = -\frac{\hbar k}{m}|A'|^2$$

und die hindurchgehende Stromdichte ist

$$j^{\text{trans}} = \frac{\hbar}{2im}(ikC^*C - (-ik)CC^*) = \frac{\hbar k}{m}|C|^2.$$

Wir definieren das Transmissionsvermögen durch

$$T = \frac{|j^{\text{trans}}|}{|j^{\text{einf}}|} = \frac{|C|^2}{|A|^2}$$

und das Reflexionsvermögen durch

$$R = \frac{|j^{\text{refl}}|}{|j^{\text{einf}}|} = \frac{|A'|^2}{|A|^2},$$

die sich beide aus den vier Bedingungsgleichungen für die Parameter A, A', B, B' und C berechnen lassen. Man erhält

$$T = \left[1 + \frac{1}{4}\left(\frac{k}{\alpha} + \frac{\alpha}{k}\right)^2 \sinh^2(\alpha a)\right]^{-1}$$

$$R = \frac{1}{4}\left(\frac{k}{\alpha} + \frac{\alpha}{k}\right)^2 \sinh^2(\alpha a)\, T$$

mit $R + T = 1$, wie es sein muß.

□ Zum Beweise erhält man aus den letzten beiden Bedingungsgleichungen

$$B = \frac{1}{2}\left(1 + \frac{ik}{\alpha}\right) C \exp\{ika\} \exp\{-\alpha a\}$$

$$B' = \frac{1}{2}\left(1 - \frac{ik}{\alpha}\right) C \exp\{ika\} \exp\{\alpha a\}$$

und aus den ersten beiden findet man durch einsetzen von B und B'

$$A + A' = C \exp\{ika\} \left(\cosh\{\alpha a\} - \frac{ik}{\alpha} \sinh\{\alpha a\}\right)$$

$$A - A' = C \exp\{ika\} \left(\cosh\{\alpha a\} - \frac{\alpha}{ik} \sinh\{\alpha a\}\right).$$

Daraus ergibt sich

$$A = C \exp\{ika\} \left[\cosh\{\alpha a\} - \frac{i}{2}\left(\frac{k}{\alpha} - \frac{\alpha}{k}\right) \sinh\{\alpha a\}\right]$$

sowie

$$A' = -\frac{i}{2} C \exp\{ika\} \left(\frac{k}{\alpha} + \frac{\alpha}{k}\right) \sinh\{\alpha a\}$$

und man erhält für das Transmissionsvermögen

$$T = \frac{|C|^2}{|A|^2} = \left[\cosh^2\{\alpha a\} + \frac{1}{4}\left(\frac{k}{\alpha} - \frac{\alpha}{k}\right)^2 \sinh^2\{\alpha a\}\right]^{-1}$$

$$= \left[1 + \frac{1}{4}\left(\frac{k}{\alpha} + \frac{\alpha}{k}\right)^2 \sinh^2\{\alpha a\}\right]^{-1}$$

und für das Reflexionsvermögen

$$R = \frac{|A'|^2}{|A|^2} = \frac{|A'|^2}{|C|^2}T = \frac{1}{4}\left(\frac{k}{\alpha} + \frac{\alpha}{k}\right)^2 \sinh^2\{\alpha a\}\, T,$$

so daß alles gezeigt ist. ■

Im Gegensatz zur klassischen Mechanik, nach der ein Massenpunkt mit $E < U_0$ die Potentialbarriere nicht überwinden kann und vollständig reflektiert wird, ergibt sich hier $T \neq 0$ und $R < 1$.

Für $\alpha a \gg 1$ ist $T \ll 1$ und es gilt genähert

$$T \approx \frac{16}{\left(\frac{k}{\alpha} + \frac{\alpha}{k}\right)^2} \exp\{-2\alpha a\}.$$

Eine Wiederholung der Rechnung für den Fall $E > U_0$ liefert mit $R \neq 0$ und $T < 1$ ebenfalls einen Widerspruch zur klassischen Mechanik.

Im Falle einer ortsabhängigen Potentialbarriere $U(x) > E$ im Bereich $0 \leq x \leq a$ setzt man $\alpha(x) = \sqrt{2m(U_0(x) - E)}/\hbar$ und erhält für das Transmissionsvermögen bei genähert konstantem Vorfaktor

$$T \approx \exp\left\{-\frac{2}{\hbar}\int_0^a \sqrt{2m(U_0(x) - E)}\, \mathrm{d}x\right\},$$

weil $T = 1$ für $a = 0$ gelten muß.

2 Spezielle Einteilchensysteme

2.1 Harmonischer Oszillator

Ein Massenpunkt der Masse m ist elastisch an seine Ruhelage $\mathbf{R}_0$ gebunden, wenn auf ihn am Ort $\mathbf{R}$ die Kraft $\mathbf{F} = -c(\mathbf{R} - \mathbf{R}_0)$ wirkt. Dabei bedeutet c die Federkonstante. Im Rahmen der klassischen Mechanik führt das Grundgesetz von Newton mit dieser Kraft auf die Bewegungsgleichung $\ddot{\mathbf{r}} + \omega^2 \mathbf{r} = 0$, wobei $\omega = \sqrt{c/m}$ die Schwingungsfrequenz und $\mathbf{r} = \mathbf{R} - \mathbf{R}_0$ die Auslenkung bezeichnen. Mit dem Impuls $\mathbf{p} = m\dot{\mathbf{r}} = m\dot{\mathbf{R}}$ erhält man für die Energie

$$E = \frac{\mathbf{p}^2}{2m} + \frac{m}{2}\omega^2 \mathbf{r}^2.$$

Beim Übergang zur Wellenmechanik sind Ort, Impuls und Energie durch die Operatoren im Hilbert-Raum zu ersetzen:

$$\mathbf{r} \to \mathbf{r} \quad , \quad \mathbf{p} \to \frac{\hbar}{i}\nabla \quad \text{und} \quad E \to H = -\frac{\hbar^2}{2m}\Delta + \frac{m}{2}\omega^2 \mathbf{r}^2.$$

Die stationären Energiezustände erhält man nach Gl. (1.26) aus der Lösung der Eigenwertaufgabe des Hamilton-Operators

$$H\Phi = \left[-\frac{\hbar^2}{2m}\Delta + \frac{m}{2}\omega^2 \mathbf{r}^2\right]\Phi = E\Phi \quad \text{mit} \quad \int \Phi^*(\mathbf{r})\Phi(\mathbf{r})\,\mathrm{d}^3r = 1. \quad (2.1)$$

Da sich der Hamilton-Operator in der Form $(\mathbf{r} = (x_1, x_2, x_3))$

$$H(\mathbf{r}) = \sum_{j=1}^{3} H(x_j) \quad \text{mit} \quad H(x_j) = -\frac{\hbar^2}{2m}\frac{\partial^2}{\partial x_j^2} + \frac{m}{2}\omega^2 x_j^2$$

schreiben läßt, kann man die Schrödinger-Gleichung mit dem Separationsansatz

$$\Phi(\mathbf{r}) = \phi_1(x_1)\phi_2(x_2)\phi_3(x_3) \quad (2.2)$$

separieren und man erhält für jede der drei Koordinaten gleichlautende Eigenwertaufgaben

$$H(x_j)\phi_j(x_j) = \left[-\frac{\hbar^2}{2m}\frac{\mathrm{d}^2}{\mathrm{d}x_j^2} + \frac{m}{2}\omega^2 x_j^2\right]\phi_j(x_j) = \varepsilon_j \phi_j(x_j)$$

mit

$$E = \sum_{j=1}^{3} \varepsilon_j. \quad (2.3)$$

☐ Zum Beweise setzt man den Ansatz Gl. (2.2) in die zeitunabhängige Schrödinger-Gleichung (2.1) ein und erhält

$$\sum_{j=1}^{3} H(x_j)\phi_1(x_1)\phi_2(x_2)\phi_3(x_3) = E\phi_1(x_1)\phi_2(x_2)\phi_3(x_3)$$

mit

$$\prod_{j=1}^{3} \int_{-\infty}^{\infty} \phi_j^*(x_j)\phi_j(x_j)\,\mathrm{d}x_j = 1.$$

Bei der Wahl normierter Funktionen

$$\int_{-\infty}^{\infty} \phi_j^*(x_j)\phi_j(x_j)\,\mathrm{d}x_j = 1$$

erhält man nach Multiplikation mit $\phi_2^*(x_2)\phi_3^*(x_3)$ und Integration über x_2 und x_3 eine Eigenwertaufgabe, die nur von der Koordinate x_1 abhängt

$$H(x_1)\phi_1(x_1) = \left(E - \sum_{j=2}^{3} \int_{-\infty}^{\infty} \phi_j^*(x_j)H(x_j)\phi_j(x_j)\,\mathrm{d}x_j \right)\phi_1(x_1)$$

und deshalb unabhängig gelöst werden kann. Setzt man $H\phi_1 = \varepsilon_1\phi_1$ und entsprechend für die übrigen Koordinaten, so ergibt sich wegen

$$\int_{-\infty}^{\infty} \phi_j^*(x_j)H(x_j)\phi_j(x_j)\,\mathrm{d}x_j = \varepsilon_j$$

die Behauptung. ■

Aus den Lösungen für die drei Raumrichtungen lassen sich die Eigenfunktionen Φ des Hamilton-Operators H nach Gl. (2.2) und die zugehörigen Eigenwerte E nach Gl. (2.3) bestimmen.

2.1.1 Eigenwerte

Für den eindimensionalen harmonischen Oszillator lautet die stationäre Schrödinger-Gleichung

$$\left[-\frac{\hbar^2}{2m}\frac{\mathrm{d}^2}{\mathrm{d}x^2} + \frac{m}{2}\omega^2 x^2 \right]\phi(x) = E\phi(x) \tag{2.4}$$

mit

$$\int_{-\infty}^{\infty} \phi^*(x)\phi(x)\,\mathrm{d}x = 1, \tag{2.5}$$

wobei der Index fortgelassen wurde und die Eigenwerte des Hamilton-Operators in einer Dimension mit E bezeichnet werden.

Zur Lösung der Eigenwertaufgabe Gl. (2.4) führen wir den nicht selbstadjungierten Operator a mit Hilfe des Impulsoperators $p = (\hbar/i)\mathrm{d}/\mathrm{d}x$ ein

$$a = \frac{1}{\sqrt{\hbar\omega}}\left(\sqrt{\frac{m\omega^2}{2}}\,x + i\frac{1}{\sqrt{2m}}\,p\right) = \sqrt{\frac{m\omega}{2\hbar}}\,x + \sqrt{\frac{\hbar}{2m\omega}}\frac{\mathrm{d}}{\mathrm{d}x} \qquad (2.6)$$

und den zu a adjungierten Operator

$$a^+ = \frac{1}{\sqrt{\hbar\omega}}\left(\sqrt{\frac{m\omega^2}{2}}\,x - i\frac{1}{\sqrt{2m}}\,p\right) = \sqrt{\frac{m\omega}{2\hbar}}\,x - \sqrt{\frac{\hbar}{2m\omega}}\frac{\mathrm{d}}{\mathrm{d}x}. \qquad (2.7)$$

□ Zum Beweise beachtet man, daß x und p nach Abschn. 1.2.5 selbstadjungierte Operatoren sind. Schreibt man die Operatoren einfacher mit Hilfe der reellen Faktoren $\alpha = \sqrt{m\omega/2\hbar}$ und $\beta = 1/\sqrt{\hbar\omega 2m}$, so findet man

$$\int \phi^*(x) a \phi(x)\,\mathrm{d}x = \alpha \int \phi^*(x) x \phi(x)\,\mathrm{d}x + i\beta \int \phi^*(x) p \phi(x)\,\mathrm{d}x$$

$$= \alpha \int \left(x\phi(x)\right)^* \phi(x)\,\mathrm{d}x + i\beta \int \left(p\phi(x)\right)^* \phi(x)\,\mathrm{d}x$$

$$= \int \left(a^+ \phi(x)\right)^* \phi(x)\,\mathrm{d}x,$$

und man erkennt, daß a^+ der zu a adjungierte Operator ist. ■

Aus der Vertauschungsrelation für den Impuls- und Ortsoperator $[p,x] = \frac{\hbar}{i}\mathbf{1}$ Gl. (1.15) ergibt sich

$$aa^+ = \frac{1}{\hbar\omega}\left(\sqrt{\frac{m\omega^2}{2}}\,x + i\frac{1}{\sqrt{2m}}\,p\right)\left(\sqrt{\frac{m\omega^2}{2}}\,x - i\frac{1}{\sqrt{2m}}\,p\right)$$

$$= \frac{1}{\hbar\omega}\left[\frac{m\omega^2}{2}x^2 + \frac{1}{2m}p^2 + i\frac{\omega}{2}(px - xp)\right] = \frac{1}{\hbar\omega}H + \frac{1}{2}\mathbf{1}$$

und entsprechend

$$a^+ a = \frac{1}{\hbar\omega}\left[\frac{m\omega^2}{2}x^2 + \frac{1}{2m}p^2 - i\frac{\omega}{2}(px - xp)\right] = \frac{1}{\hbar\omega}H - \frac{1}{2}\mathbf{1}$$

und damit erhält man

$$H = \frac{1}{2m}p^2 + \frac{m\omega^2}{2}x^2 = \hbar\omega\left(a^+ a + \frac{1}{2}\mathbf{1}\right).$$

2 Spezielle Einteilchensysteme

Der Kommutator der beiden Operatoren a und a^+ ergibt sich daraus zu

$$[a, a^+] = aa^+ - a^+a = 1. \tag{2.8}$$

Der Operator a^+a ist selbstadjungiert und die Operatoren H und a^+a haben die gleichen Eigenfunktionen $\phi_\lambda(x)$

$$H\phi_\lambda(x) = \hbar\omega\left(\lambda + \frac{1}{2}\right)\phi_\lambda(x)$$

und

$$a^+a\phi_\lambda(x) = \lambda\phi_\lambda(x),$$

wobei λ die reellen Eigenwerte von a^+a bezeichnen. Zur Bestimmung der Eigenwerte berechnen wir

$$a^+a(a\phi_\lambda) = aa^+a\phi_\lambda - a\phi_\lambda = a\lambda\phi_\lambda - a\phi_\lambda = (\lambda - 1)(a\phi_\lambda),$$

wobei von der Vertauschungsrelation $a^+a = aa^+ - 1$ Gl. (2.8) Gebrauch gemacht wurde. Ist also ϕ_λ Eigenfunktion von a^+a zun Eigenwert λ, so ist $a\phi_\lambda$ eine – nicht notwendig normierte – Eigenfunktion zum Eigenwert $\lambda - 1$. Dieser Schluß läßt sich wiederholen, so daß für jede natürliche Zahl $n = 0, 1, 2, \ldots$ die Funktion $a^n\phi_\lambda$ eine Eigenfunktion von a^+a zum Eigenwert $\lambda - n$ darstellt. Ausgehend von einem gegebenen Eigenwert λ gelangt man also zu beliebig kleinen Eigenwerten. Dies steht im Widerspruch zu der Tatsache, daß alle Eigenwerte von a^+a positiv sein müssen, denn es gilt für normierte Eigenfunktionen ϕ_λ:

$$\lambda = \int \phi_\lambda^* a^+a\phi_\lambda \, dx = \int (a\phi_\lambda)^* a\phi_\lambda \, dx = \int |a\phi_\lambda|^2 \, dx \geq 0.$$

Dabei wurde die Vorraussetzung Gl. (2.5) verwendet, daß alle Eigenfunktionen von a^+a quadratisch integrierbar sein müssen.

Weil nun $\lambda \geq 0$ positiv ist, andererseits durch wiederholtes Anwenden von a immer kleinere Eigenwerte erzeugt werden können, muß einmal der Eigenwert Null auftreten. Zu jedem beliebigen Eigenwert λ gibt es also eine natürliche Zahl n derart, daß $a^n\phi_\lambda \neq 0$ ist aber $a^{n+1}\phi_\lambda = 0$ eine identisch verschwindende Funktion darstellt. Weiteres Anwenden von a führt dann zu keinen weiteren Eigenfunktionen mehr. Nun gehört die Funktion $a^n\phi_\lambda$ zum Eigenwert $\lambda - n$ und es muß daher gelten:

$$a^+a(a^n\phi_\lambda) = (\lambda - n)(a^n\phi_\lambda) = a^+a^{n+1}\phi_\lambda = 0.$$

Da nun $a^n\phi_\lambda$ eine Eigenfunktion von a^+a ist, die nicht identisch verschwindet, kann diese Gleichung nur erfüllt werden, wenn λ eine natürliche Zahl ist: $\lambda = n$.

Wie oben gezeigt, erzeugt der Operator a aus einer Eigenfunktion $\phi_n(x)$ eine Eigenfunktion zum Eigenwert $n - 1$. Entsprechend erzeugt der Operator a^+ aus einer Eigenfunktion $\phi_n(x)$ mit $a^+a\phi_n = n\phi_n$ eine Eigenfunktion zum Eigenwert $n+1$:

$$a^+a(a^+\phi_n) = a^+a^+a\phi_n + a^+\phi_n = a^+n\phi_n + a^+\phi_n = (n+1)(a^+\phi_n).$$

Aus einer Eigenfunktion ϕ_n zum Eigenwert n kann man offenbar durch wiederholtes Anwenden von a^+ Eigenfunktionen zu Eigenwerten erzeugen, die größere natürliche Zahlen sind. Deshalb wird a^+ auch als *Erzeugungsoperator* und a auch als *Vernichtungsoperator* bezeichnet.

Der Operator a^+a hat also die natürlichen Zahlen als Eigenwerte und es gilt

$$a^+a\phi_n(x) = n\phi_n(x) \quad \text{mit} \quad n = 0, 1, 2, \ldots \tag{2.9}$$

Daher ergeben sich die Eigenwerte E_n des Hamilton-Operators nach Gl. (2.4) zu

$$H\phi_n = E_n\phi_n \quad \text{mit} \quad E_n = \hbar\omega\left(n + \tfrac{1}{2}\right), \quad n = 0, 1, 2, \ldots \tag{2.10}$$

2.1.2 Eigenfunktionen

Zur Berechnung der zugehörigen Eigenfunktionen $\phi_n(x)$ verwenden wir die neuen Variablen

$$\xi = \sqrt{\frac{m\omega}{\hbar}}\, x \quad \text{und} \quad \frac{d}{d\xi} = \sqrt{\frac{\hbar}{m\omega}}\,\frac{d}{dx}$$

und es gilt mit Rücksicht auf Gl. (2.6) und (2.7)

$$a = \frac{1}{\sqrt{2}}\left(\xi + \frac{d}{d\xi}\right) \quad \text{und} \quad a^+ = \frac{1}{\sqrt{2}}\left(\xi - \frac{d}{d\xi}\right). \tag{2.11}$$

Der Grundzustand $\phi_0(x)$ von H berechnet sich aus der Bedingung

$$a\phi_0 = \frac{1}{\sqrt{2}}\left(\xi + \frac{d}{d\xi}\right)\phi_0 = 0 \quad \text{zu} \quad \phi_0 = N\exp\{-\tfrac{1}{2}\xi^2\}$$

und der Normierungsfaktor N bestimmt sich aus

$$1 = \int_{-\infty}^{\infty} \phi_0^*(x)\phi_0(x)\,dx = |N|^2 \int_{-\infty}^{\infty} \exp\{-\xi^2\}\,dx = |N|^2 \sqrt{\frac{\hbar}{m\omega}}\sqrt{\pi},$$

so daß der Grundzustand bei reell und positiv gewähltem Normierungsfaktor N die Form annimmt:

$$\phi_0(x) = \left(\frac{m\omega}{\pi\hbar}\right)^{1/4} \exp\left\{-\frac{m\omega}{2\hbar}x^2\right\}. \tag{2.12}$$

Die angeregten Zustände $\phi_n(x)$ für $n > 0$ lassen sich aus $\phi_0(x)$ mit Hilfe des Erzeugungsoperators a^+ konstruieren und man erhält die normierten Zustände durch

$$\phi_n(x) = \frac{1}{\sqrt{n!}}a^{+\,n}\phi_0(x) \quad \text{mit} \quad \langle \phi_n, \phi_n \rangle = 1. \tag{2.13}$$

□ Wir beweisen den Normierungsfaktor durch vollständige Induktion: Unter der Annahme, daß

$$\langle \phi_n, \phi_n \rangle = \int_{-\infty}^{\infty} \phi_n^*(x) \phi_n(x) \, dx = 1$$

ist, erhält man mit Hilfe der Vertauschungsrelation Gl. (2.8)

$$\begin{aligned}
(n+1)! \langle \phi_{n+1}, \phi_{n+1} \rangle &= \langle a^{+\,n+1} \phi_0, a^{+\,n+1} \phi_0 \rangle \\
&= \langle a^{+\,n} \phi_0, a a^{+\,n+1} \phi_0 \rangle \\
&= \langle a^{+\,n} \phi_0, a^+ a a^{+\,n} \phi_0 \rangle + \langle a^{+\,n} \phi_0, a^{+\,n} \phi_0 \rangle \\
&= \langle a^{+\,n} \phi_0, a^{+\,2} a a^{+\,n-1} \phi_0 \rangle + 2 \langle a^{+\,n} \phi_0, a^{+\,n} \phi_0 \rangle \\
&= \langle a^{+\,n} \phi_0, a^{+\,n+1} a \phi_0 \rangle + (n+1) \langle a^{+\,n} \phi_0, a^{+\,n} \phi_0 \rangle \\
&= (n+1) \langle a^{+\,n} \phi_0, a^{+\,n} \phi_0 \rangle \\
&= (n+1) n! \langle \phi_n, \phi_n \rangle,
\end{aligned}$$

denn es gilt $a\phi_0 = 0$. Da die Gleichung (2.13) für $n = 0$ richtig ist, ergibt sich daraus die Behauptung. ∎

Damit findet man die Wirkung der Erzeugungs- und Vernichtungsoperatoren auf die normierten Zustände

$$a^+ \phi_n = \sqrt{n+1} \, \phi_{n+1} \quad \text{und} \quad a \phi_n = \sqrt{n} \, \phi_{n-1}. \tag{2.14}$$

□ Die erste Gleichung ergibt sich unmittelbar aus Gl. (2.13) und zum Beweise der zweiten verwenden wir die erste und Gl. (2.9) und bestimmen den Faktor α in $a\phi_n = \alpha \phi_{n-1}$ durch Anwenden von a^+

$$\begin{aligned}
a^+ a \phi_n &= \alpha a^+ \phi_{n-1} = \alpha \sqrt{n} \, \phi_n \\
&= n \phi_n,
\end{aligned}$$

woraus $\alpha = \sqrt{n}$ resultiert. ∎

Unter Verwendung von Gl. (2.11) und (2.12) erhält man aus Gl. (2.13)

$$\phi_n(x) = \left(\frac{m\omega}{\pi\hbar} \right)^{1/4} \frac{1}{\sqrt{n! 2^n}} \left(\xi - \frac{d}{d\xi} \right)^n \exp\{-\tfrac{1}{2}\xi^2\}.$$

Es gilt für eine beliebige, hinreichend oft differenzierbare Funktion $f(\xi)$ die Identität

$$\left(\xi - \frac{d}{d\xi} \right)^n f(\xi) = (-1)^n \exp\{\tfrac{1}{2}\xi^2\} \frac{d^n}{d\xi^n} \left[\exp\{-\tfrac{1}{2}\xi^2\} f(\xi) \right],$$

2.1 Harmonischer Oszillator

die man durch vollständige Induktion beweist. Mit $f(\xi) = \exp\{-\xi^2/2\}$ erhält man daraus die Eigenfunktionen für $n \geq 0$

$$\phi_n(x) = \left(\frac{m\omega}{\pi\hbar}\right)^{1/4} \frac{1}{\sqrt{n!2^n}} \exp\{-\frac{1}{2}\xi^2\} H_n(\xi) \quad \text{mit} \quad \xi = \sqrt{\frac{m\omega}{\hbar}}\, x, \quad (2.15)$$

wobei die H_n die Hermite-Polynome

$$H_n(\xi) = (-1)^n \exp\{\xi^2\} \frac{d^n}{d\xi^n} \exp\{-\xi^2\}$$

bezeichnen. Die einfachsten Hermite-Polynome lauten:

$H_0(\xi) = 1$
$H_1(\xi) = 2\xi$
$H_2(\xi) = 4\xi^2 - 2$
$H_3(\xi) = 8\xi^3 - 12\xi.$

Die Eigenfunktionen $\phi_n(x)$ gemäß Gl. (2.15) sind nach Gl. (2.13) normiert und erfüllen die Orthonormalitätsbeziehung

$$\langle \phi_n, \phi_m \rangle = \int_{-\infty}^{\infty} \phi_n^*(x) \phi_m(x)\, dx = \delta_{nm}. \quad (2.16)$$

☐ Die Normierung wurde oben bewiesen und die Orthogonalität für $n \neq m$ ergibt sich aus der Tatsache, daß die $\phi_n(x)$ Eigenfunktionen des selbstadjungierten Hamilton-Operators sind, vergl. Abschn. 1.4.4 ∎

Die Hermite-Polynome $H_n(x)$ für $n = 0, 1, 2 \ldots$ sind die Lösungen der Hermite-Differentialgleichung

$$H_n''(x) - 2x H_n'(x) + 2n H_n(x) = 0$$

und erfüllen wegen Gl. (2.15) die Bedingung

$$\langle \phi_n, \phi_m \rangle = \int_{\infty}^{\infty} \phi_n^*(x) \phi_m(x)\, dx$$
$$= \frac{1}{\sqrt{\pi}} \frac{1}{n!2^n} \int_{\infty}^{\infty} \exp\{-\xi^2\} H_n(\xi) H_m(\xi)\, d\xi = \delta_{nm}.$$

Tatsächlich bilden die Eigenfunktionen Gl. (2.15) *alle* möglichen Eigenfunktionen der Eigenwertaufgabe Gl. (2.10). Denn angenommen es gäbe eine weitere Eigenfunktion ψ, so ließe sich die angeführte Schlußweise wiederholen. Es ließen sich mit Hilfe von a und a^+ weitere Eigenfunktionen konstruieren und es müßte ein ψ_0 geben, das $a\psi_0 = 0$ erfüllt. Diese Differentialgleichung 1. Ordnung hat nur eine Lösung, die bis auf den Normierungsfaktor eindeutig bestimmt ist. Somit kann es keine weiteren Eigenfunktionen geben. Damit sind die Eigenwerte der Schrödinger-Gleichung (2.10) und die Eigenfunktionen Gl. (2.15) des harmonischen Oszillators in einer Dimension berechnet.

2.1.3 Dreidimensionaler harmonischer Oszillator

Die Lösung der Eigenwertaufgabe des Hamilton-Operators für den dreidimensionalen Fall Gl. (2.1) ergibt sich aus den Gl. (2.2) und (2.3) zu

$$\left[-\frac{\hbar^2}{2m}\Delta + \frac{m}{2}\omega^2 \mathbf{r}^2\right] \Phi_{n_1 n_2 n_3}(\mathbf{r}) = E_{n_1 n_2 n_3} \Phi_{n_1 n_2 n_3}(\mathbf{r})$$

mit $n_i = 0, 1, 2, \ldots$ und

$$\Phi_{n_1 n_2 n_3} = \phi_{n_1}(x_1)\phi_{n_2}(x_2)\phi_{n_3}(x_3)$$

sowie

$$E_{n_1 n_2 n_3} = \frac{\hbar^2}{2m}(n_1 + n_2 + n_3 + \tfrac{3}{2}).$$

Die Eigenwerte sind im dreidimensionalen Fall entartet, denn zum Eigenwert

$$E_N = \hbar\omega\bigl(N + \tfrac{3}{2}\bigr) \quad \text{mit} \quad N = n_1 + n_2 + n_3 = 0, 1, 2, 3, \ldots$$

gibt es $(N+1)(N+2)/2$ Eigenfunktionen [1]. Nur der Grundzustand $N = 0$ ist nicht entartet. Zum Eigenwert $N = 1$ z.B. gibt es die drei Eigenfunktionen Φ_{100}, Φ_{010} und Φ_{001}.

2.1.4 Nullpunktsschwingung

An den Eigenwerten des harmonischen Oszillators fällt auf, daß die Grundzustandsenergie, im Gegensatz zu den Ergebnissen der klassischen Mechanik, nicht verschwindet. Dieser kleinste Eigenwert wird *Nullpunktsenergie* genannt und hat im eindimensionalen Fall den Wert $E = \tfrac{1}{2}\hbar\omega$. Um das besser zu verstehen beachten wir, daß die Energie im Rahmen der klassischen Mechanik eine quadratische Funktion sowohl des Ortes als auch des Impulses ist, so daß für den Grundzustand $E = 0$, $\mathbf{r} = 0$ und $\mathbf{p} = 0$ folgt. In der Quantenmechanik verschwinden die Erwartungswerte des Ortes und des Impulses für alle Zustände ϕ_n

$$\langle x \rangle = \int_{-\infty}^{\infty} \phi_n(x) x \phi_n(x)\,\mathrm{d}x = 0$$

$$\langle p \rangle = \int_{-\infty}^{\infty} \phi_n(x) \frac{\hbar}{i}\frac{\mathrm{d}}{\mathrm{d}x}\phi_n(x)\,\mathrm{d}x = 0,$$

---

[1] Der erste Quantenzahl n_1 kann die Werte $0, 1, 2, \ldots N$ annehmen. Dann bleiben für die Summe $n_2 + n_3$ die Werte $\nu = N - n_1 = N, N-1, \ldots 1, 0$, wofür es jeweils $\nu + 1$ Möglichkeiten gibt. Der Entartungsgrad ist also

$$\sum_{\nu=0}^{N}(\nu+1) = \frac{1}{2}(N+1)(N+2).$$

was man aus der Symmetriebeziehung $\phi_n(-x) = (-1)^n \phi_n(x)$ ableiten kann. Die Nullpunktsenergie ist die kleinste Energie, die mit der Unbestimmtheitsrelation Gl. (1.17) noch vereinbar ist. Um dies zu zeigen, berechnen wir die Streuung der Meßwerte des Ortes Δx und des Impulses Δp für die verschiedenen Zustände des eindimensionalen harmonischen Oszillators

$$\Delta x^2 = \langle (x - \langle x \rangle 1)^2 \rangle = \langle x^2 \rangle = \int_{-\infty}^{\infty} \phi_n(x) x^2 \phi_n(x) \, dx$$

$$\Delta p^2 = \langle (p - \langle p \rangle 1)^2 \rangle = \langle p^2 \rangle = \int_{-\infty}^{\infty} \phi_n(x) p^2 \phi_n(x) \, dx.$$

Die Operatoren x und p lassen sich mit Hilfe von Gl. (2.6) und (2.7) durch die Erzeugungs- und Vernichtungsoperatoren a^+ und a ausdrücken:

$$x = \sqrt{\frac{\hbar}{2m\omega}} (a^+ + a)$$

$$p = i\sqrt{\frac{m\hbar\omega}{2}} (a^+ - a).$$

Setzt man x^2 und p^2 ein, so findet man

$$\Delta x^2 = \frac{\hbar}{2m\omega} \int_{-\infty}^{\infty} \phi_n(x)(a^+ + a)^2 \phi_n(x) \, dx = \frac{\hbar}{2m\omega} \langle \phi_n, (a^+ + a)^2 \phi_n \rangle$$
$$= \frac{\hbar}{2m\omega} \langle \phi_n, (a^+a + aa^+)\phi_n \rangle = \frac{\hbar}{2m\omega} \langle \phi_n, (2a^+a + 1)\phi_n \rangle$$
$$= \frac{\hbar}{2m\omega} \langle \phi_n, (2n+1)\phi_n \rangle = \frac{\hbar}{m\omega}(n + \tfrac{1}{2}),$$

denn die Integrale $\langle \phi_n, a^{+2}\phi_n \rangle$ und $\langle \phi_n, a^2\phi_n \rangle$ verschwinden wegen $a^{+2}\phi_n \sim \phi_{n+2}$ und $a^2\phi_n \sim \phi_{n-2}$ und der Orthonormalitätsbeziehung Gl. (2.16). Es wurde ferner von der Vertauschungsrelation $aa^+ = a^+a + 1$ Gl. (2.7) Gebrauch gemacht. Entsprechend erhält man

$$\Delta p^2 = m\hbar\omega (n + \tfrac{1}{2})$$

und es folgt

$$\Delta x \, \Delta p = \hbar (n + \tfrac{1}{2}) \geq \frac{\hbar}{2} \quad \text{für} \quad n = 0, 1, 2, \ldots$$

Der kleinste Wert wird für den Grundzustand $n = 0$ angenommen und entspricht dem Grenzwert der Unbestimmtheitsrelation von Heisenberg.

2.1.5 Vergleich mit der klassischen Mechanik

Interessant ist der Vergleich der Aufenthaltswahrscheinlichkeitsdichte des Massenpunktes nach der Quantenmechanik mit einer entsprechenden Größe, die mit Hilfe der klassischen Mechanik abgeleitet ist. Die Aufenthaltswahrscheinlichkeitsdichte $W_n^{QM}(x)$ im Zustand n des eindimensionalen harmonischen Oszillators ist nach Abschn. 1.2 durch die Eigenfunktion $\phi_n(x)$ Gl. (2.15) gegeben

$$W_n^{QM}(x) = |\phi_n(x)|^2 = \frac{1}{b\sqrt{\pi}} \frac{1}{2^n n!} \exp\left\{-\frac{x^2}{b^2}\right\} H_n\left(\frac{x}{b}\right),$$

wobei zur Abkürzung

$$b = \sqrt{\frac{\hbar}{m\omega}}$$

gesetzt wurde. Für die Wahrscheinlichkeit, den Massenpunkt irgendwo zu finden, ergibt sich nach Gl. (2.16)

$$\int_{-\infty}^{\infty} W_n^{QM}(x)\,dx = 1.$$

Die Aufenthaltswahrscheinlichkeitsdichte verschwindet nur an den Nullstellen von $\phi_n(x)$ und geht für $x \to \pm\infty$ gegen Null. $W_n^{QM}(x)$ hat, insbesondere für große n, einen oszillierenden Verlauf.

Eine damit vergleichbare Größe läßt sich im Rahmen der klassischen Mechanik wie folgt bestimmen: Eine Lösung der Bewegungsgleichung $\ddot{x}(t) + \omega^2 x(t) = 0$ ist $x(t) = x(0)\cos\omega t$, wobei $x(0)$ die maximale Auslenkung oder Amplitude bezeichnet. Sie hängt von der Energie des harmonischen Oszillators ab. Für die diskreten quantenmechanischen Energien Gl. (2.10) bezeichnen wir die zugehörigen Amplituden mit b_n und bestimmen sie durch Gleichsetzen der Gesamtenergie mit der potentiellen Energie

$$\hbar\omega\left(n + \tfrac{1}{2}\right) = \frac{m}{2}\omega^2 b_n^2$$

oder

$$b_n = \sqrt{\frac{\hbar}{m\omega}(2n+1)} = b\sqrt{2n+1}.$$

Dann lautet die Lösung bei einer Energie wie im n. ten quantenmechanischen Zustand $x(t) = b_n \cos\omega t$ und es folgt

$$-b_n \leq x(t) \leq b_n,$$

was bedeutet, daß sich der Massenpunkt immer innerhalb der beiden Umkehrpunkte $\pm b_n$ aufhält. Hierin liegt ein wesentlicher Unterschied zum quantenmechanischen Ergebnis, wonach die Aufenthaltswahrscheinlichkeit des Massenpunktes außerhalb der Umkehrpunkte durch [2]

$$\int_{-\infty}^{-b_n} W_n^{\text{QM}}(x)\,dx + \int_{b_n}^{\infty} W_n^{\text{QM}}(x)\,dx = 2\int_{b_n}^{\infty} \phi_n^2(x)\,dx > 0$$

gegeben ist und somit nicht verschwindet.

Zur Veranschaulichung vergleichen wir die Aufenthaltswahrscheinlichkeit des Massenpunktes im Intervall dx mit dem Verhältnis aus der Flugdauer $dt = dx/v$ durch dx und der halben Schwingungsdauer $T = 2\pi/\omega$:

$$W_n^{\text{KM}}(x)\,dx = \frac{|dt|}{\frac{1}{2}T} = \frac{\omega}{\pi|v|}\,dx,$$

wobei die Geschwindigkeit v des Massenpunktes als Funktion von x ausgedrückt werden kann

$$v = \dot{x}(t) = -b_n\omega\sin\omega t$$

und es folgt

$$|v(x)| = b_n\omega\sqrt{1 - \cos^2\omega t} = \omega\sqrt{b_n^2 - x^2}.$$

Die der Aufenthaltswahrscheinlichkeitsdichte $W_n^{\text{QM}}(x)$ entsprechende Größe der klassischen Mechanik ist demnach durch

$$W_n^{\text{KM}}(x) = \begin{cases} \dfrac{1}{\pi\sqrt{b_n^2 - x^2}}, & \text{für } |x| < b_n; \\ 0 & \text{für } |x| > b_n \end{cases}$$

mit

$$\int_{-\infty}^{\infty} W_n^{\text{KM}}(x)\,dx = 1$$

gegeben. Sie besitzt Pole an den Umkehrpunkten $\pm b_n$. Besonders gravierend ist der Unterschied im Grundzustand $n = 0$. Hier hat die klassische Größe bei $x = 0$ ein Minimum, während die quantenmechanische dort ein Maximum aufweist. Es ist wichtig zu bemerken, daß die quantenmechanische Aufenthaltswahrscheinlichkeitsdichte mit zunehmendem n an den Umkehrpunkten relativ zu anderen Stellen immer größer wird und daß die Aufenthaltswahrscheinlichkeit außerhalb der Umkehrpunkte abnimmt. Dies steht mit dem *Korrespondenzprinzip* in Zusammenhang, wonach die Ergebnisse der Quantenmechanik für große Quantenzahlen zu denen der klassischen Mechanik konvergieren.

Im Abschn. 6.3.5 werden die Eigenwerte des eindimensionalen *anharmonischen* Oszillators in erster Näherung der Störungstheorie berechnet.

---

[2] Hier wurde die Symmetriebedingung $\phi_n(-x) = (-1)^n\phi_n(x)$ verwendet.

2.2 Bahndrehimpuls

Der dem Bahndrehimpuls des Massenpunktes zugeordnete Operator $\mathbf{L}$ wurde in Gl. (1.10) eingeführt. Zur Vereinfachung sei hier ein dimensionsloser Drehimpulsoperator $\mathbf{l} = (l_1, l_2, l_3)$ gemäß

$$\mathbf{l} = \frac{1}{\hbar}\mathbf{L} = \frac{1}{\hbar}\mathbf{r} \times \mathbf{p} = \frac{1}{i}\mathbf{r} \times \nabla \qquad (2.17)$$

betrachtet. In Kugelkoordinaten r, ϑ, φ schreiben sich die kartesischen Komponenten des Ortsvektors $\mathbf{r} = (x_1, x_2, x_3)$ in der Form

$$x_1 = r \sin\vartheta \cos\varphi$$
$$x_2 = r \sin\vartheta \sin\varphi$$
$$x_3 = r \cos\vartheta.$$

Der Drehimpulsoperator $\mathbf{l}$ differenziert nicht nach der Radialkoordinate r, sondern nur nach den Winkelkoordinaten ϑ und φ, denn es gilt

$$\mathbf{l} f(r) = \frac{1}{i}\mathbf{r} \times \nabla f(r) = \frac{1}{i} f'(r) \mathbf{r} \times \nabla r = \frac{1}{i} f'(r) \mathbf{r} \times \frac{\mathbf{r}}{r} = 0$$

und für das Quadrat des Drehimpulsoperators $\mathbf{l}^2 = l_1^2 + l_2^2 + l_3^2$ erhält man aus Gl. (2.17)

$$\mathbf{l}^2 = -\left(\frac{\partial^2}{\partial\vartheta^2} + \cot\vartheta \frac{\partial}{\partial\vartheta} + \frac{1}{\sin^2\vartheta} \frac{\partial^2}{\partial\varphi^2}\right)$$

und es gilt

$$l_3 = \frac{1}{i}\frac{\partial}{\partial\varphi}.$$

Damit schreibt sich der Laplace-Operator in Kugelkoordinaten in der Form

$$\Delta = \frac{\partial^2}{\partial x_1^2} + \frac{\partial^2}{\partial x_2^2} + \frac{\partial^2}{\partial x_3^2} = \frac{1}{r}\frac{\partial^2}{\partial r^2}r - \frac{1}{r^2}\mathbf{l}^2, \qquad (2.18)$$

wobei $\mathbf{l}^2$ nur von den Winkelkoordinaten ϑ und φ abhängt.

2.2.1 Vertauschungsrelationen

Aufgrund der Vertauschungsrelationen von Orts- und Impulsoperatoren Gl. (1.15) ergeben sich die Vertauschungsrelationen für die Komponenten des Drehimpulsoperators

$$[l_j, l_k] = i\, l_m \quad \text{für} \quad (j,k,m) = \begin{cases} (1,2,3) \\ (2,3,1) \\ (3,1,2), \end{cases} \qquad (2.19)$$

also für zyklische Indizes (j, k, m).

2.2 Bahndrehimpuls

□ Zum Beweise gehen wir von der Definition Gl. (2.17) aus und erhalten für zyklische Indizes (j, k, m)

$$\hbar l_j = x_k p_m - x_m p_k.$$

Beachtet man die Vertauschungsrelationen Gl. (1.15)

$$[p_j, x_k] = \frac{\hbar}{i}\delta_{jk} \mathbf{1} \quad ; \quad [p_j, p_k] = \mathbf{0} \quad ; \quad [x_j, x_k] = \mathbf{0},$$

wobei **1** den Einsoperator und **0** den Nulloperator bezeichnet, so erhält man speziell für die ersten beiden Komponenten von **l**

$$\begin{aligned}
\hbar^2 [l_1, l_2] &= [x_2 p_3 - x_3 p_2, x_3 p_1 - x_1 p_3] \\
&= + x_2 p_3 x_3 p_1 - x_2 p_3 x_1 p_3 - x_3 p_2 x_3 p_1 + x_3 p_2 x_1 p_3 \\
&\quad - x_3 p_1 x_2 p_3 + x_1 p_3 x_2 p_3 + x_3 p_1 x_3 p_2 - x_1 p_3 x_3 p_2 \\
&= x_2 p_3 x_3 p_1 + x_3 p_2 x_1 p_3 - x_3 p_1 x_2 p_3 - x_1 p_3 x_3 p_2 \\
&= \frac{\hbar}{i} x_2 p_1 - \frac{\hbar}{i} x_1 p_2 = \frac{\hbar}{i}(-\hbar) l_3 = \hbar^2 i l_3
\end{aligned}$$

und entsprechend für die übrigen Kommutatoren. ∎

Aufgrund der Vertauschungsrelationen für die Komponenten des Drehimpulsoperators Gl. (2.19) erhält man ferner

$$[\mathbf{l}^2, \mathbf{l}] = \mathbf{0} \quad \text{mit} \quad \mathbf{l}^2 = l_1^2 + l_2^2 + l_3^2. \tag{2.20}$$

□ Zum Beweise verwenden wir Gl. (2.19) und erhalten speziell

$$\begin{aligned}
[\mathbf{l}^2, l_3] &= [l_1^2 + l_2^2 + l_3^2, l_3] = [l_1^2 + l_2^2, l_3] \\
&= l_1^2 l_3 + l_2^2 l_3 - l_3 l_1^2 - l_3 l_2^2 \\
&= l_1 l_3 l_1 - i l_1 l_2 + l_2 l_3 l_2 + i l_2 l_1 - l_3 l_1^2 - l_3 l_2^2 \\
&= -i l_2 l_1 - i l_1 l_2 + i l_1 l_2 + i l_2 l_1 = \mathbf{0}
\end{aligned}$$

und entsprechend für die übrigen Komponenten von **l**. ∎

Da die Kommutatoren der einzelnen Komponenten des Drehimpulses nicht verschwinden, folgt für sie nach Gl. (1.16) eine Unschärferelation, so daß sie nicht gleichzeitig streuungsfrei gemessen werden können.

2.2.2 Erhaltungssätze

In der klassischen Mechanik gilt der Satz von der Erhaltung des Drehimpulses, wenn auf den Massenpunkt eine Zentralkraft wirkt. Dies ist bei konservativen Kräften und einem kugelsymmetrischen Potential $V(r)$ der Fall

$$\mathbf{F}(\mathbf{r}) = -\nabla V(r) = -\frac{dV(r)}{dr}\frac{\mathbf{r}}{r}$$

und es folgt mit $\mathbf{p}(t) = m\dot{\mathbf{r}}(t)$ und dem Bewegungsgesetz $\dot{\mathbf{p}} = \mathbf{F}$

$$\frac{d\mathbf{L}}{dt} = \frac{d}{dt}\mathbf{r} \times \mathbf{p} = \mathbf{r} \times \mathbf{F} = 0,$$

weil der Kraftvektor $\mathbf{F}$ parallel zum Ortsvektor $\mathbf{r}$ ist. Wie in Abschn. 1.4.1 gezeigt wurde, gilt in der Quantenmechanik entsprechend, daß sich der Erwartungswert des Drehimpulses zeitlich nicht ändert, wenn der Hamilton-Operator im kugelsymmetrischen Fall die Form

$$H = -\frac{\hbar^2}{2m}\Delta + V(r) \tag{2.21}$$

hat. Nach Gl. (1.20) ist der kugelsymmetrische Potentialoperator $V(r)$ mit dem Drehimpulsoperator $\mathbf{l}$ vertauschbar

$$[V(r), \mathbf{l}] = 0$$

und wegen Gl. (2.18) und (2.20) gilt auch

$$[\Delta, \mathbf{l}] = 0,$$

so daß

$$[H, \mathbf{l}] = 0$$

resultiert, was

$$\frac{d}{dt}\langle \mathbf{l} \rangle = \frac{i}{\hbar}\left\langle [H, \mathbf{l}] \right\rangle = 0$$

zur Folge hat, vergl. Abschn. 1.4.1.

Daraus ergibt sich, daß die drei Operatoren H, $\mathbf{l}^2$ und l_3 alle miteinander vertauschbar sind:

$$[H, l_3] = 0 \quad , \quad [H, \mathbf{l}^2] = 0 \quad , \quad [\mathbf{l}^2, l_3] = 0$$

und nach Abschn. 1.4.4 gemeinsame Eigenfunktionen besitzen. Die Eigenwerte von $\mathbf{l}^2$ und l_3 können somit zur Charakterisierung der Eigenfunktionen des Hamilton-

Operators H nach Gl. (2.21) verwendet werden. Zunächst schreibt sich die Eigenwertaufgabe des Hamilton-Operators

$$H\phi(\mathbf{r}) = E\phi(\mathbf{r}) \quad \text{mit} \quad \int |\phi(\mathbf{r})|^2 \, \mathrm{d}^3 r = 1$$

mit dem Separationsansatz in Kugelkoordinaten

$$\phi(\mathbf{r}) = \frac{1}{r} R(r) Y(\vartheta, \varphi) \tag{2.22}$$

und mit Rücksicht auf Gl. (2.18) in der Form

$$-\frac{\hbar^2}{2m} \left(\frac{\mathrm{d}^2 R(r)}{\mathrm{d}r^2} Y(\vartheta, \varphi) - \frac{1}{r^2} R(r) \mathbf{l}^2 Y(\vartheta, \varphi) \right) + V(r) R(r) Y(\vartheta, \varphi) = E R(r) Y(\vartheta, \varphi). \tag{2.23}$$

Dabei wurde beachtet, daß der Operator $\mathbf{l}^2$ nur nach den Winkelkoordinaten differenziert. Die Normierungsbedingung lautet in Kugelkoordinaten

$$\int \phi^*(\mathbf{r}) \phi(\mathbf{r}) \, \mathrm{d}^3 r = \int \frac{1}{r^2} |R(r)|^2 |Y(\vartheta, \varphi)|^2 r^2 \, \mathrm{d}r \, \sin \vartheta \, \mathrm{d}\vartheta \, \mathrm{d}\varphi = 1$$

und wir setzen

$$\int_0^\infty |R(r)|^2 \, \mathrm{d}r = 1$$

und

$$\int_0^\pi \sin \vartheta \, \mathrm{d}\vartheta \int_0^{2\pi} \mathrm{d}\varphi \, |Y(\vartheta, \varphi)|^2 = 1, \tag{2.24}$$

wobei das Winkelintegral über die Oberfläche der Einheitskugel ausgeführt wird.

Ist die Eigenwertaufgabe des Drehimpulsoperators $\mathbf{l}^2 Y = \varepsilon Y$ gelöst, so läßt sich Gl. (2.23) separieren und man erhält für den Radialanteil:

$$-\frac{\hbar^2}{2m} \left[\frac{\mathrm{d}^2}{\mathrm{d}r^2} - \frac{\varepsilon}{r^2} + V(r) \right] R(r) = E R(r) \quad \text{mit} \quad \int_0^\infty |R(r)|^2 \, \mathrm{d}r = 1.$$

2.2.3 Eigenwertgleichungen

Zur Bestimmung der Eigenwerte ε und der Eigenfunktionen $Y(\vartheta, \varphi)$ von $\mathbf{l}^2$ schreiben wir die Eigenwertgleichung in Kugelkoordinaten und erhalten die Differentialgleichung von Legendre

$$\begin{aligned} \mathbf{l}^2 Y(\vartheta, \varphi) &= - \left(\frac{\partial^2 Y(\vartheta, \varphi)}{\partial \vartheta^2} + \cot \vartheta \frac{\partial Y(\vartheta, \varphi)}{\partial \vartheta} + \frac{1}{\sin^2 \vartheta} \frac{\partial^2 Y(\vartheta, \varphi)}{\partial \varphi^2} \right) \\ &= \varepsilon Y(\vartheta, \varphi). \end{aligned}$$

Diese Differentialgleichung hat mit der Randbedingung Gl. (2.24) als Lösung die allgemeinen Kugelfunktionen, vergl. Anhang B,

$$Y_{lm}(\vartheta, \varphi) = (-1)^{\frac{m+|m|}{2}} \sqrt{\frac{2l+1}{4\pi} \frac{(l-|m|)!}{(l+|m|)!}} P_l^m(\cos\vartheta) \exp\{im\varphi\}$$

mit $\varepsilon = l(l+1)$ für $l = 0, 1, 2\ldots$ und $m = -l, -l+1, \ldots +l$. Nun haben wegen $[\mathbf{l}^2, l_3] = 0$, vergl. Gl. (2.20), die Operatoren $\mathbf{l}^2$ und l_3 gemeinsame Eigenfunktionen und wegen $l_3 = -i\partial/\partial\varphi$ erkennt man, daß die Kugelfunktionen auch Eigenfunktionen von l_3 sind. Wir erhalten somit die Lösung der Eigenwertaufgaben

$$\begin{aligned}\mathbf{l}^2 Y_{lm}(\vartheta, \varphi) &= l(l+1) Y_{lm}(\vartheta, \varphi) \quad &\text{mit} \quad l = 0, 1, 2\ldots \\ l_3 Y_{lm}(\vartheta, \varphi) &= m Y_{lm}(\vartheta, \varphi) \quad &\text{mit} \quad m = -l, -l+1, \ldots, +l,\end{aligned} \quad (2.25)$$

und es gilt die Orthonormalitätsbeziehung

$$\int Y_{lm}^* Y_{l'm'} \, d\Omega = \int_0^\pi \sin\vartheta \, d\vartheta \int_0^{2\pi} d\varphi Y_{lm}^*(\vartheta, \varphi) Y_{l'm'}(\vartheta, \varphi) = \delta_{ll'} \delta_{mm'}.$$

Im Anhang B sind die Kugelfunktionen bis $l = 3$ in kartesischen Koordinaten und in Kugelkoordinaten angegeben.

Wählt man für den Separationsansatz von vornherein eine Kugelfunktion

$$\phi_{nlm}(\mathbf{r}) = \frac{1}{r} R_{nl}(r) Y_{lm}(\vartheta, \varphi), \tag{2.26}$$

so erhält man mit Rücksicht auf Gl. (2.25) als Differentialgleichung für den Radialanteil

$$-\frac{\hbar^2}{2m} \left[\frac{d^2}{dr^2} - \frac{l(l+1)}{r^2} \right] R_{nl}(r) + V(r) R_{nl}(r) = E_{nl} R_{nl}(r) \tag{2.27}$$

mit

$$\int_0^\infty |R_{nl}(r)|^2 \, dr = 1. \tag{2.28}$$

Die Eigenwerte E_{nl} und Eigenfunktionen $R_{nl}(r)$ der Eigenwertaufgabe Gl. (2.27) mit Gl. (2.28) hängen von der Bahndrehimpulsquantenzahl l, nicht aber von m, ab. Die Quantenzahl n soll die verschiedenen Eigenwerte und Eigenfunktionen des Hamilton-Operators für ein gegebenes l abzählen.

2.3 Wasserstoffatom

Das Wasserstoffatom besteht nach dem Rutherfordschen Atommodell aus einem positiv geladenen Proton als Atomkern und einem Elektron. In der hier anzuwendenden Näherung sind beide Elementarteilchen als geladene Massenpunkte zu betrachten, wobei das Elektron die Ladung $-e$ und das Proton die Ladung e besitzt. Als Wechselwirkung zwischen Proton und Elektron wird im nichtrelativistischen Grenzfall nur die konservative Coulomb-Kraft

$$\mathbf{F}_C = -\frac{e^2}{4\pi\varepsilon_0}\frac{\mathbf{r}_e - \mathbf{r}_p}{|\mathbf{r}_e - \mathbf{r}_p|^3} = -\nabla\left(-\frac{e^2}{4\pi\varepsilon_0}\frac{1}{|\mathbf{r}_e - \mathbf{r}_p|}\right)$$

berücksichtigt, wobei $\mathbf{r}_e$ bzw. $\mathbf{r}_p$ die Orte von Elektron und Proton bezeichnen. Die potentielle Energie der Coulomb-Wechselwirkung der beiden Punktladungen wird so gewählt, daß sie im Unendlichen verschwindet. Dann ist die Energie des Wasserstoffatoms im Rahmen der klassischen Mechanik gegeben durch

$$E_H = \frac{\mathbf{p}_e^2}{2m_e} + \frac{\mathbf{p}_p^2}{2m_p} - \frac{e^2}{4\pi\varepsilon_0}\frac{1}{|\mathbf{r}_e - \mathbf{r}_p|}.$$

Dabei bezeichnen m_e, $\mathbf{r}_e$ und $\mathbf{p}_e$ Masse, Ort und Impuls des Elektrons und m_p, $\mathbf{r}_p$ und $\mathbf{p}_p$ Masse, Ort und Impuls des Protons, sowie e die Elementarladung. Die Gravitationswechselwirkung der beiden Massen wurde vernachlässigt. Sie ist um den Faktor $4\pi\varepsilon_0 G m_e m_p/e^2 = 4.4\cdot 10^{-40}$ kleiner, wobei G die Gravitationskonstante bezeichnet. Ferner wird die Lorentz-Kraft bei der nichtrelativistischen Behandlung vernachlässigt.

2.3.1 Schwerpunkt- und Relativkoordinaten

In Analogie zu dem in Abschnitt 1.1 Gesagten setzt man für das Elektron und das Proton die folgende Schrödinger-Gleichung an

$$-\frac{\hbar}{i}\frac{\partial}{\partial t}\psi(\mathbf{r}_e, \mathbf{r}_p, t) = \left[-\frac{\hbar^2}{2m_e}\Delta_e - \frac{\hbar^2}{2m_p}\Delta_p - \frac{e^2}{4\pi\varepsilon_0}\frac{1}{|\mathbf{r}_e - \mathbf{r}_p|}\right]\psi(\mathbf{r}_e, \mathbf{r}_p, t).$$

Durch Einführen von Schwerpunkt- und Relativkoordinaten

$$\mathbf{R} = \frac{m_e \mathbf{r}_e + m_p \mathbf{r}_p}{M} \quad \text{mit} \quad \begin{aligned} M &= m_e + m_p \\ m_r &= \frac{m_e m_p}{M} \end{aligned}$$
$$\mathbf{r} = \mathbf{r}_e - \mathbf{r}_p$$

läßt sich die Schrödinger-Gleichung in die Form

$$-\frac{\hbar}{i}\frac{\partial}{\partial t}\psi(\mathbf{r}, \mathbf{R}, t) = \left[-\frac{\hbar^2}{2M}\frac{\partial^2}{\partial \mathbf{R}^2} - \frac{\hbar^2}{2m_r}\frac{\partial^2}{\partial \mathbf{r}^2} - \frac{e^2}{4\pi\varepsilon_0}\frac{1}{|\mathbf{r}|}\right]\psi(\mathbf{r}, \mathbf{R}, t) \quad (2.29)$$

bringen. Dabei bezeichnet M die Gesamtmasse des Wasserstoffatoms und m_r die reduzierte Masse.

□ Zum Beweise beachtet man

$$\frac{\partial \mathbf{R}}{\partial \mathbf{r}_e} = \frac{m_e}{M}\mathcal{E} \quad ; \quad \frac{\partial \mathbf{R}}{\partial \mathbf{r}_p} = \frac{m_p}{M}\mathcal{E} \quad ; \quad \frac{\partial \mathbf{r}}{\partial \mathbf{r}_e} = \mathcal{E} \quad ; \quad \frac{\partial \mathbf{r}}{\partial \mathbf{r}_p} = -\mathcal{E},$$

wobei $\mathcal{E}$ die Einheitsdyade oder Einheitsmatrix bezeichnet, und erhält

$$\frac{\partial}{\partial \mathbf{r}_e} = \frac{\partial \mathbf{r}}{\partial \mathbf{r}_e}\frac{\partial}{\partial \mathbf{r}} + \frac{\partial \mathbf{R}}{\partial \mathbf{r}_e}\frac{\partial}{\partial \mathbf{R}} = \frac{\partial}{\partial \mathbf{r}} + \frac{m_e}{M}\frac{\partial}{\partial \mathbf{R}}$$
$$\frac{\partial}{\partial \mathbf{r}_p} = \frac{\partial \mathbf{r}}{\partial \mathbf{r}_p}\frac{\partial}{\partial \mathbf{r}} + \frac{\partial \mathbf{R}}{\partial \mathbf{r}_p}\frac{\partial}{\partial \mathbf{R}} = -\frac{\partial}{\partial \mathbf{r}} + \frac{m_p}{M}\frac{\partial}{\partial \mathbf{R}}.$$

Damit findet man

$$\Delta_e = \frac{\partial^2}{\partial \mathbf{r}_e^2} = \frac{\partial^2}{\partial \mathbf{r}^2} + 2\frac{m_e}{M}\frac{\partial^2}{\partial \mathbf{r}\partial \mathbf{R}} + \frac{m_e^2}{M^2}\frac{\partial^2}{\partial \mathbf{R}^2}$$
$$\Delta_p = \frac{\partial^2}{\partial \mathbf{r}_p^2} = \frac{\partial^2}{\partial \mathbf{r}^2} - 2\frac{m_p}{M}\frac{\partial^2}{\partial \mathbf{r}\partial \mathbf{R}} + \frac{m_p^2}{M^2}\frac{\partial^2}{\partial \mathbf{R}^2}$$

und es folgt

$$\frac{1}{m_e}\Delta_e + \frac{1}{m_p}\Delta_p = \left(\frac{1}{m_e} + \frac{1}{m_p}\right)\frac{\partial^2}{\partial \mathbf{r}^2} + \left(\frac{m_e}{M^2} + \frac{m_p}{M^2}\right)\frac{\partial^2}{\partial \mathbf{R}^2}$$
$$= \frac{1}{m_r}\frac{\partial^2}{\partial \mathbf{r}^2} + \frac{1}{M}\frac{\partial^2}{\partial \mathbf{R}^2}. \blacksquare$$

Die Schrödinger-Gleichung (2.29) läßt sich nun durch den Ansatz

$$\psi(\mathbf{r},\mathbf{R},t) = \psi(\mathbf{r})\phi(\mathbf{R})T(t) \tag{2.30}$$

separieren und man erhält auf ähnliche Weise wie in Abschn. 1.4.3

$$T(t) = \exp\left\{-\frac{i}{\hbar}E_H t\right\}$$

und mit $r = |\mathbf{r}|$

$$\left[-\frac{\hbar^2}{2M}\frac{\partial^2}{\partial \mathbf{R}^2} - \frac{\hbar^2}{2m_r}\frac{\partial^2}{\partial \mathbf{r}^2} - \frac{e^2}{4\pi\varepsilon_0}\frac{1}{r}\right]\psi(\mathbf{r})\phi(\mathbf{R}) = E_H\psi(\mathbf{r})\phi(\mathbf{R}).$$

Die Separation bezüglich $\mathbf{R}$ führt auf die Helmholtz-Gleichung

$$-\frac{\hbar^2}{2M}\frac{d^2}{d\mathbf{R}^2}\phi(\mathbf{R}) = \frac{\hbar^2 \mathbf{K}^2}{2M}\phi(\mathbf{R}) \tag{2.31}$$

2.3 Wasserstoffatom

und auf die Schrödinger-Gleichung für das Elektron in Relativkoordinaten

$$\left[-\frac{\hbar^2}{2m_\mathrm{r}}\frac{\mathrm{d}^2}{\mathrm{d}r^2} - \frac{e^2}{4\pi\varepsilon_0}\frac{1}{r}\right]\psi(\mathbf{r}) = \left(E_\mathrm{H} - \frac{\hbar^2\mathbf{K}^2}{2M}\right)\psi(\mathbf{r}). \tag{2.32}$$

Die Lösungen der Helmholtz-Gleichung sind für die reelle Variable **K** gegeben durch

$$\phi(\mathbf{K},\mathbf{R}) = \frac{1}{\sqrt{V}}\exp\{i\mathbf{K}\mathbf{R}\}.$$

Diese Lösungen sind nur über einem endlichen Volumen V quadratisch integrierbar und bezüglich dieser Integration normiert. Die sogenannten freien Teilchen werden in einem modifizierten Hilbert-Raum dargestellt, vergl. Abschnitt 8.1.

Die Eigenwertgleichung (2.31) mit den ebenen Wellen als Eigenfunktionen beschreibt die Bewegung des Schwerpunktes des Wasserstoffatoms mit der Gesamtmasse M als freies Teilchen. Die Produktfunktion

$$\phi(\mathbf{K},\mathbf{R})T(t) = \frac{1}{\sqrt{V}}\exp\left\{i\mathbf{K}\mathbf{R} - \frac{E_\mathrm{H}}{\hbar}t\right\} \tag{2.33}$$

ergibt eine ebene Welle. Aufgrund der De Broglie-Beziehungen sind der Impuls **P** und die kinetische oder Translationsenergie E_trans des Wasserstoffatoms gegeben durch

$$\mathbf{P} = \hbar\mathbf{K} \quad \text{und} \quad E_\text{trans} = \frac{\mathbf{P}^2}{2M} = \frac{\hbar^2\mathbf{K}^2}{2M}.$$

Die Energie des Wasserstoffatoms E_H setzt sich aus der positiven Translationsenergie E_trans und der Bindungsenergie E zwischen Proton und Elektron zusammen

$$E_\mathrm{H} = E_\text{trans} + E = \frac{\hbar^2\mathbf{K}^2}{2M} + E.$$

Weil die potentielle Energie bei unendlich großem Abstand zwischen Proton und Elektron verschwindet, ergeben sich im Rahmen der klassischen Mechanik geschlossene Bahnkurven (Ellipsen) für $E < 0$, was wir im quantenmechanischen Fall als *gebundene Zustände* bezeichnen. Im Gegensatz dazu können sich die beiden Teilchen bei den Streuzuständen für $E \geq 0$ beliebig weit voneinander entfernen.

Es bleibt die Randbedingung für die Zweiteilchenwellenfunktion $\psi(\mathbf{r}_\mathrm{e},\mathbf{r}_\mathrm{p},t)$ festzulegen. Sie soll hier einfach in Analogie zu der in Abschn. 1.2 eingeführten statistischen Deutung der Wellenfunktion angesetzt werden, während die darauf aufbauende systematische Beschreibung der Mehrteilchenwellenmechanik erst in Kap. 4 erfolgt. Danach bedeutet $\left|\psi(\mathbf{r}_\mathrm{e},\mathbf{r}_\mathrm{p},t)\right|^2 \mathrm{d}^3 r_\mathrm{e}\,\mathrm{d}^3 r_\mathrm{p}$ die Wahrscheinlichkeit dafür das Elektron zur Zeit t im Volumenelement $\mathrm{d}^3 r_\mathrm{e}$ am Ort $\mathbf{r}_\mathrm{e}$ und das Proton im Volumenelement $\mathrm{d}^3 r_\mathrm{p}$ am Ort $\mathbf{r}_\mathrm{p}$ zu finden. Da wir davon ausgehen, daß sich beide Teilchen mit Sicherheit irgendwo im Raume befinden, muß

$$\int \left|\psi(\mathbf{r}_\mathrm{e},\mathbf{r}_\mathrm{p},t)\right|^2 \mathrm{d}^3 r_\mathrm{e}\,\mathrm{d}^3 r_\mathrm{p} = 1$$

gelten. Setzt man den Separationsansatz Gl. (2.30) in die Normierungsbedingung ein, so läßt sich das Integral in eine Integration über die Relativ- und Schwerpunktkoordinaten zerlegen. Die Funktionaldeterminante der Koordinatentransformation in die Schwerpunkt- und Relativkoordinaten $\mathbf{r}_e \mathbf{r}_p \longrightarrow \mathbf{Rr}$ ist vom Betrage 1, so daß man die Normierungsbedingung in der Form

$$\int \left|\phi(\mathbf{R})\right|^2 d^3R \int \left|\psi(\mathbf{r})\right|^2 d^3r = 1$$

erhält. Hierbei ist allerdings zu beachten, daß das Integral über die Schwerpunktkoordinaten $\mathbf{R}$ im Falle von Lösungen der Form Gl. (2.33) nur über ein endliches Volumen V existiert und der Hilbert-Raum entsprechend eingeführt werden muß, vergl. Abschn. 8.1.

2.3.2 Energieniveaus

Zur Behandlung der gebundenen Zustände des Wasserstoffatoms ist die Schrödinger-Gleichung

$$\left[-\frac{\hbar^2}{2m_r}\Delta - \frac{e^2}{4\pi\varepsilon_0}\frac{1}{r}\right]\psi(\mathbf{r}) = E\psi(\mathbf{r}) \qquad (2.34)$$

für $E < 0$ mit der Randbedingung

$$\int |\psi(\mathbf{r})|^2 d^3r = 1$$

zu lösen. Dazu nutzen wir aus, daß das Potential kugelsymmetrisch ist und deshalb der Hamilton-Operator mit dem Drehimpulsoperator vertauschbar ist, vergl. Abschn. 2.2.2. In Kugelkoordinaten r, ϑ, φ gelingt die Separation durch einen Produktansatz mit Kugelfunktionen entsprechend Gl. (2.26)

$$\psi(\mathbf{r}) = \frac{1}{r}R(r)Y_{lm}(\vartheta,\varphi).$$

Die Differentialgleichung (2.34) reduziert sich auf eine gewöhnliche Differentialgleichung, vergl. Gl. (2.27)

$$-\frac{\hbar^2}{2m_r}\left(\frac{d^2}{dr^2} - \frac{l(l+1)}{r^2}\right)R(r) - \frac{e^2}{4\pi\varepsilon_0}\frac{1}{r}R(r) = ER(r). \qquad (2.35)$$

Setzt man den Separationsansatz in die Randbedingung ein, und beachtet die Normierung der Kugelfunktionen, so erhält man als Randbedingung für die radiale Schrödinger-Gleichung

$$\begin{aligned}1 = \int |\psi(\mathbf{r})|^2 d^3r &= \int_0^\infty |R(r)|^2 dr \int_0^{2\pi} d\varphi \int_0^\pi \sin\vartheta\, d\vartheta\, |Y_{lm}(\vartheta,\varphi)|^2 \\ &= \int_0^\infty |R(r)|^2 dr.\end{aligned} \qquad (2.36)$$

Zur Lösung der Eigenwertaufgabe Gl. (2.35) mit dieser Randbedingung sei zur Abkürzung

$$\varepsilon = \frac{2m_r E}{\hbar^2} < 0 \quad \text{und} \quad a = \frac{m_e}{m_r} a_B \tag{2.37}$$

eingeführt, wobei a_B den *Bohr-Radius*

$$a_B = \frac{4\pi\varepsilon_0 \hbar^2}{m_e e^2} = 0.529177 \text{ Å}$$

und m_e die Elektronenmasse bezeichnet. Man erhält dann

$$R''(r) + \left(\varepsilon + \frac{2}{ar} - \frac{l(l+1)}{r^2}\right) R(r) = 0.$$

Diese Differentialgleichung läßt sich mit der Transformation

$$R(r) = \rho^{l+1} \exp\left\{-\frac{\rho}{2}\right\} L(\rho) \quad \text{und} \quad \rho = 2r\sqrt{-\varepsilon} \tag{2.38}$$

in die verallgemeinerte Laguerre-Differentialgleichung überführen:

$$\rho L''(\rho) + \bigl(2(l+1) - \rho\bigr) L'(\rho) + \left(\frac{1}{a\sqrt{-\varepsilon}} - l - 1\right) L(\rho) = 0.$$

☐ Zum Beweise beachtet man

$$\frac{d}{dr} = 2\sqrt{-\varepsilon}\frac{d}{d\rho}$$

und berechnet

$$R'' = \frac{d^2 R(r)}{dr^2} = -4\varepsilon \frac{d^2}{d\rho^2} \rho^{l+1} \exp\left\{-\frac{\rho}{2}\right\} L(\rho)$$

$$= -4\varepsilon \frac{d}{d\rho}\left[(l+1)\rho^l L - \frac{1}{2}\rho^{l+1} L + \rho^{l+1} L'\right] \exp\left\{-\frac{\rho}{2}\right\}$$

$$= -4\varepsilon\Bigl[l(l+1)\rho^{l-1} L - (l+1)\rho^l L + 2(l+1)\rho^l L'$$

$$\qquad - \rho^{l+1} L' + \frac{1}{4}\rho^{l+1} L + \rho^{l+1} L''\Bigr] \exp\left\{-\frac{\rho}{2}\right\},$$

sowie

$$\left(\varepsilon + \frac{2}{ar} - \frac{l(l+1)}{r^2}\right) R(r)$$

$$= \left(\varepsilon + \frac{4\sqrt{-\varepsilon}}{a\rho} + \frac{l(l+1)4\varepsilon}{\rho^2}\right) \rho^{l+1} \exp\left\{-\frac{\rho}{2}\right\} L(\rho).$$

Durch Addition beider Gleichungen und Division durch $-4\varepsilon\rho^l \exp\{-\rho/2\}$ erhält man

$$\rho L'' + \bigl(2(l+1) - \rho\bigr) L'$$

$$+ \left[-\frac{\rho}{4} + \frac{1}{a\sqrt{-\varepsilon}} - \frac{l(l+1)}{\rho} + \frac{l(l+1)}{\rho} - l - 1 + \frac{\rho}{4}\right] L = 0,$$

woraus sich die Laguerre-Differentialgleichung ergibt. ∎

2 Spezielle Einteilchensysteme

Zur Lösung der Laguerre-Differentialgleichung verwenden wir einen Potenzreihenansatz

$$L(\rho) = \sum_{\nu=0}^{\infty} a_\nu \rho^\nu \qquad (2.39)$$

mit

$$L'(\rho) = \sum_{\nu=0}^{\infty} \nu a_\nu \rho^{\nu-1} \quad \text{und} \quad L''(\rho) = \sum_{\nu=0}^{\infty} \nu(\nu-1) a_\nu \rho^{\nu-2}.$$

Setzt man den Ansatz in die Differentialgleichung ein und sortiert nach Potenzen von ρ, so läßt sie sich in der Form einer Potenzreihe schreiben

$$\rho L'' + \bigl(2(l+1) - \rho\bigr)L' + \left(\frac{1}{a\sqrt{-\varepsilon}} - l - 1\right) L = \sum_{\nu=0}^{\infty} A_\nu \rho^\nu = 0$$

mit

$$A_{\nu-1} = \nu(\nu-1)a_\nu + 2(l+1)\nu a_\nu - (\nu-1)a_{\nu-1}$$
$$+ \left(\frac{1}{a\sqrt{-\varepsilon}} - l - 1\right) a_{\nu-1}.$$

Da die Potenzreihe für beliebige ρ verschwinden soll, müssen alle A_ν Null sein und man erhält eine Rekursionsformel für die a_ν:

$$\frac{a_\nu}{a_{\nu-1}} = \frac{\nu + l - 1/a\sqrt{-\varepsilon}}{\nu(\nu-1) + 2(l+1)\nu} \xrightarrow[\nu\to\infty]{} \frac{1}{\nu}. \qquad (2.40)$$

Daraus ist ersichtlich, daß sich die Potenzreihe Gl. (2.39) für große ν wie die Reihe der Exponentialfunktion $\exp\{\rho\}$ verhält. Die Randbedingung Gl. (2.36) verlangt jedoch, daß die Radialfunktion Gl. (2.38)

$$R(r) = \rho^{l+1} \exp\bigl\{-\frac{\rho}{2}\bigr\} L(\rho)$$

quadratisch integrierbar ist. Dies ist offenbar nur erfüllt, wenn die Potenzreihe von $L(\rho)$ in Gl. (2.39) abbricht, so daß $L(\rho)$ ein endliches Polynom sein muß. Es gibt dann ein maximales ν, das wir μ nennen, mit $a_{\mu-1} \neq 0$ und $a_\mu = 0$, für das sich aus dem Zähler in Gl. (2.40) die Bedingung

$$\mu + l - \frac{1}{a\sqrt{-\varepsilon}} = 0$$

ergibt. Da nun $\mu = 1, 2, 3\ldots$ und $l = 0, 1, 2\ldots$ ganze Zahlen sind, ist die Abbruchbedingung nur erfüllt, falls $1/a\sqrt{-\varepsilon}$ eine natürliche Zahl n ist, d.h. es muß gelten:

$$\frac{1}{a\sqrt{-\varepsilon}} = \mu + l = n = 1, 2, 3\ldots \quad \text{mit} \quad l = 0, 1, 2 \ldots n-1.$$

Löst man diese Gleichung nach der Energie auf, so erhält man mit Gl. (2.37) die möglichen Energieeigenwerte der Eigenwertaufgabe Gl. (2.35) mit (2.36) zu

$$E_n = -\frac{\hbar^2}{2m_\mathrm{r} a^2 n^2} = -\frac{m_\mathrm{r} e^4}{32\pi^2 \varepsilon_0^2 \hbar^2}\frac{1}{n^2} \quad \text{mit} \quad n = 1, 2, 3 \ldots \tag{2.41}$$

Interpretiert man die Energien $h\nu_{nm}$ der beobachteten Spektrallinien des Wasserstoffatoms als Differenzen zwischen den diskreten Energieeigenwerten

$$h\nu_{nm} = E_m - E_n = \left(\frac{1}{n^2} - \frac{1}{m^2}\right)R$$

für $n < m$ mit

$$R = \frac{m_\mathrm{r}}{m_\mathrm{e}}\mathrm{Ry} = \frac{1}{1 + m_\mathrm{e}/m_\mathrm{p}}\mathrm{Ry}$$

und der Rydberg-Energie

$$\mathrm{Ry} = \frac{m_\mathrm{e} e^4}{32\pi^2 \varepsilon_0^2 \hbar^2} = 13.6057\,\mathrm{eV},$$

(m_e bezeichnet die Elektronenmasse), so ergeben sich die verschiedenen Spektralserien

$$h\nu_{1m} = \left(\frac{1}{1^2} - \frac{1}{m^2}\right)R \quad \text{Lyman-Serie}$$

$$h\nu_{2m} = \left(\frac{1}{2^2} - \frac{1}{m^2}\right)R \quad \text{Balmer-Serie}$$

$$h\nu_{3m} = \left(\frac{1}{3^2} - \frac{1}{m^2}\right)R \quad \text{Paschen-Serie}$$

$$h\nu_{4m} = \left(\frac{1}{4^2} - \frac{1}{m^2}\right)R \quad \text{Brackett-Serie}$$

$$h\nu_{5m} = \left(\frac{1}{5^2} - \frac{1}{m^2}\right)R \quad \text{Pfund-Serie.}$$

2.3.3 Eigenfunktionen

Die zu den Eigenwerten E_n Gl. (2.41) gehörigen Eigenfunktionen der verallgemeinerten Differentialgleichung von Laguerre

$$\rho L''(\rho) + \bigl(2(l+1) - \rho\bigr)L'(\rho) + (n - l - 1)L(\rho) = 0$$

sind die Laguerre-Polynome [2.1]

$$L_{n+l}^{2l+1}(\rho) \quad \text{mit} \quad \begin{aligned} L_k^\mu(\rho) &= (-1)^\mu \frac{\mathrm{d}^\mu}{\mathrm{d}\rho^\mu} L_k(\rho) \\ L_k(\rho) &= \exp\{\rho\}\frac{\mathrm{d}^k}{\mathrm{d}\rho^k}\bigl(\rho^k \exp\{-\rho\}\bigr), \end{aligned}$$

die die Orthonormalitätsbeziehung

$$\int_0^\infty \exp\{-\rho\}\rho^{2l+2} L_{n+l}^{2l+1}(\rho) L_{n'+l}^{2l+1}(\rho)\, d\rho = \frac{2n\big[(n+l)!\big]^3}{(n-l-1)!}\delta_{nn'} \qquad (2.42)$$

erfüllen. Im einzelnen gilt z.B.

$$n = 1 \quad l = 0 \quad L_1^1(\rho) = 1$$
$$n = 2 \quad l = 0 \quad L_2^1(\rho) = 4 - 2\rho$$
$$n = 2 \quad l = 1 \quad L_3^3(\rho) = 6$$
$$n = 3 \quad l = 0 \quad L_3^1(\rho) = 18 - 18\rho + 3\rho^2$$
$$n = 3 \quad l = 1 \quad L_4^3(\rho) = 96 - 24\rho$$
$$n = 3 \quad l = 2 \quad L_5^5(\rho) = 120.$$

Da die Laguerre-Differentialgleichung von n und l abhängt, fügen wir diese Quantenzahlen als Index an die Radialfunktion und die normierten Wasserstoffeigenfunktionen haben dann die Form ($\rho = 2r/na$)

$$\psi_{nlm}(\mathbf{r}) = \frac{1}{r} R_{nl}(r) Y_{lm}(\vartheta, \varphi) \qquad (2.43)$$

und die Radialfunktionen lauten

$$R_{nl}(r) = N_{nl}(a) \left(\frac{2r}{na}\right)^{l+1} \exp\left\{-\frac{r}{na}\right\} L_{n+l}^{2l+1}\left(\frac{2r}{na}\right) \qquad (2.44)$$

mit dem Normierungsfaktor

$$N_{nl}(a) = \left(\frac{2}{na}\right)^{1/2} \sqrt{\frac{(n-l-1)!}{2n\big[(n+l)!\big]^3}}$$

und der Orthonormalitätsbeziehung

$$\int_0^\infty R_{nl}(r) R_{n'l}(r)\, dr = \delta_{nn'},$$

die sich aus Gl. (2.42) ergibt. Speziell für den Grundzustand $n = 1$ findet man

$$\psi_{100}(\mathbf{r}) = \frac{1}{\sqrt{\pi a^3}} \exp\left\{-\frac{r}{a}\right\} \quad \text{mit} \quad a = \frac{m_e}{m_r} a_B, \qquad (2.45)$$

wobei a_B den Bohr-Radius und m_e die Elektronenmasse bezeichnen. Die angeregten Zustände $n = 2$ lauten

$$\psi_{200} = \frac{1}{\sqrt{2a^3}} \left(1 - \frac{r}{2a}\right) \exp\left\{-\frac{r}{2a}\right\} Y_{00}$$

$$\psi_{21m} = \frac{1}{\sqrt{6a^3}} \frac{r}{2a} \exp\left\{-\frac{r}{2a}\right\} Y_{1m}$$

mit den Kugelfunktionen nach Anhang B.1

$$Y_{00} = \frac{1}{\sqrt{4\pi}}$$

$$Y_{10} = \sqrt{\frac{3}{4\pi}}\cos\vartheta$$

$$Y_{1\pm 1} = \mp\sqrt{\frac{3}{8\pi}}\sin\vartheta\exp\{\pm i\varphi\}.$$

Die Laguerre-Polynome L_k^μ sind vom Grade $k - \mu$, und die Radialfunktionen in Gl. (2.44) haben $n - l - 1$ reelle und positive Nullstellen außer denjenigen bei 0 und ∞. Ein Beweis für die Zahl der Nullstellen, der allgemein für kugelsymmetrische Potentiale gilt, findet sich in Abschn. 2.5.

2.3.4 Entartung

Insgesamt lautet die Lösung der Eigenwertaufgabe des Wasserstoffatoms

$$\left[-\frac{\hbar^2}{2m_\mathrm{r}}\Delta - \frac{e^2}{4\pi\varepsilon_0}\frac{1}{r}\right]\psi_{nlm}(\mathbf{r}) = -\frac{m_\mathrm{r}e^4}{32\pi^2\varepsilon_0^2\hbar^2}\frac{1}{n^2}\psi_{nlm}(\mathbf{r}) \tag{2.46}$$

mit

$$\begin{aligned}&n = 1, 2, 3, \ldots &&\text{Hauptquantenzahl}\\ &l = 0, 1, 2, \ldots n - 1 &&\text{Drehimpulsquantenzahl}\\ &m = -l, -l+1, \ldots +l &&\text{magnetische Quantenzahl,}\end{aligned} \tag{2.47}$$

wobei $\psi_{nlm}(\mathbf{r})$ durch Gl. (2.43) gegeben ist. Die Energieeigenwerte des Hamilton-Operators (2.46) hängen nur von der Quantenzahl n ab. Da für jede Bahndrehimpulsquantenzahl l noch $2l + 1$ Werte für die magnetische Quantenzahl m möglich sind, beträgt die Entartung der Energieniveaus ohne Berücksichtigung des Spins

$$\sum_{l=0}^{n-1}(2l+1) = n^2.$$

Es fällt auf, daß die radiale Form der Schrödinger-Gleichung Gl. (2.35) von der Drehimpulsquantenzahl l abhängt, während dies bei den zugehörigen Eigenwerten E_n Gl. (2.41) nicht der Fall ist. Die Entartung der Eigenwerte E_n bezüglich der magnetischen Quantenzahl m hängt mit der Kugelsymmetrie des Potentials zusammen, die zu $[H, l_3] = 0$ führt, vergl. Abschn. 2.2.2. Die zusätzliche Entartung bezüglich l ist durch den *Runge-Lenz-Vektor*

$$\mathbf{a} = \frac{\mathbf{r}}{|\mathbf{r}|} - \frac{4\pi\varepsilon_0\hbar}{2m_\mathrm{r}e^2}(\mathbf{p}\times\mathbf{l} - \mathbf{l}\times\mathbf{p}) \tag{2.48}$$

begründet, der nur im Falle eines Potentials $\sim 1/r$ ebenfalls mit dem Hamilton-Operator vertauscht: $[H, \mathbf{a}] = 0$. Hier bezeichnet $\mathbf{p}$ den zum Ortsoperator $\mathbf{r}$ kanonisch konjugierten Impulsoperator.

Die Eigenfunktionen Gl. (2.43) erfüllen die Orthonormalitätsbedingung

$$\int \psi_{nlm}^*(\mathbf{r})\psi_{n'l'm'}(\mathbf{r})\,\mathrm{d}^3r = \delta_{nn'}\delta_{ll'}\delta_{mm'},$$

was mit Gl. (2.36) zusammen hängt.

Mit Hilfe der Gleichungen (2.30), (2.33) und (2.43) erhält man die vollständige Lösung der Schrödinger-Gleichung des Wasserstoffatoms in der Form

$$\psi(\mathbf{r}, \mathbf{R}, t) = \exp\left\{-i\frac{E_\mathrm{H}}{\hbar}t\right\}\frac{1}{\sqrt{V}}\exp\{i\mathbf{K}\mathbf{R}\}\,\psi_{nlm}(\mathbf{r}),$$

mit der Gesamtenergie des Wasserstoffatoms nach Abschn. 2.3.1

$$E_\mathrm{H} = E_\mathrm{trans} + E_n = \frac{\hbar^2\mathbf{K}^2}{2M} - \frac{m_r e^4}{32\pi^2\varepsilon_0^2\hbar^2}\frac{1}{n^2}.$$

Sie setzt sich aus der Translationsenergie E_trans und der Bindungsenergie E_n nach Gl. (2.41) zusammen. Die Translationsenergie kann quasikontinuierlich alle positiven Werte annehmen, vergl. Abschn. 8.1, während die Bindungsenergie mit $1/n^2$ gequantelt ist. Letztere beträgt im Grundzustand beim Wasserstoffatom 13.60 eV, während sich beim Positronium, also dem gebundenen Zustand zwischen Positron und Elektron, 6.8 eV ergibt.

Die Feinstruktur des Spektrums des Wasserstoffatoms ergibt sich im Rahmen der relativistischen Quantenmechanik, vergl. Kap. 3. Einfache Näherungen für die Feinstrukturaufspaltung findet man durch Berücksichtigung des Spins und der Spin-Bahn-Kopplung im Rahmen der Störungstheorie, vergl. Kap. 11.

Neben den gebundenen Zuständen besitzt der Hamilton-Operator in Gl. (2.34) noch sogenannte Streuzustände mit kontinuierlichem Spektrum für positive Energien $E \geq 0$.

2.3.5 Vergleich mit der klassischen Mechanik

Zum Abschluß dieses Kapitels soll noch kurz auf einen Vergleich mit der Lösung des Wasserstoffatoms im Rahmen der klassischen Mechanik und dem Bohrschen Atommodell eingegangen werden. Dazu betrachten wir die Aufenthaltswahrscheinlichkeit des Elektrons in einer Kugelschale der Dicke $\mathrm{d}r$ im Abstand r vom Proton nach der Quantenmechanik

$$W_{nl}(r)\,\mathrm{d}r = \int_\mathrm{Schale} \left|\psi_{nlm}(\mathbf{r})\right|^2\,\mathrm{d}^3r = R_{nl}^2(r)\,\mathrm{d}r,$$

wobei von Gl. (2.43) und der Normierung der Kugelfunktionen Gebrauch gemacht wurde. Speziell für den Grundzustand $n = 1$, $l = 0$ findet man für die radiale quantenmechanische Aufenthaltswahrscheinlichkeitsdichte nach Gl. (2.45)

$$W_{1s}(r) = \frac{4r^2}{a^3} \exp\left\{-\frac{2r}{a}\right\}$$

mit einem Maximum an der Stelle $r = a$.

Nimmt man bei einer Betrachtung im Rahmen der klassischen Mechanik Kreisbahnen des Elektrons mit Energien wie im quantenmechanischen Fall an, so ist die Summe von kinetischer und potentieller Energie nach Gl. (2.41) gegeben durch

$$E^{\text{kin}} + E^{\text{pot}} = E_n$$

oder

$$\frac{1}{2}m_r v^2 - \frac{e^2}{4\pi\varepsilon_0}\frac{1}{r} = -\frac{1}{2}\frac{e^2}{4\pi\varepsilon_0}\frac{1}{an^2}.$$

Die Relativgeschwindigkeit v ergibt sich aus der Gleichheit der Beträge von Zentrifugalkraft und Coulomb-Kraft

$$m_r \frac{v^2}{r} = \frac{e^2}{4\pi\varepsilon_0}\frac{1}{r^2}, \tag{2.49}$$

so daß sich für den Relativabstand

$$|\mathbf{r}| = r = an^2 \tag{2.50}$$

für $n = 1, 2, 3 \ldots$ mit a nach Gl. (2.37) ergibt. Für den Grundzustand $n = 1$ kreist das Elektron im Abstand a, was auch dem Maximum von $W_{1s}(r)$ entspricht. Allgemein besitzt $W_{ns}(r)$ jedoch $n-1$ Nullstellen und n Maxima, von denen keines an der Stelle an^2 liegt.

Die Berechnung der Relativgeschwindigkeit im Rahmen der klassischen Mechanik ermöglicht eine Abschätzung, inwieweit der nichtrelativistische Ansatz gerechtfertigt ist. Der Quotient aus Relativgeschwindigkeit v und Lichtgeschwindigkeit c ergibt für den Grundzustand $n = 1$ nach Gl. (2.49) und (2.50)

$$\frac{v}{c} = \sqrt{\frac{e^2}{4\pi\varepsilon_0}\frac{1}{m_r a c^2}} \approx 7.3 \cdot 10^{-3}.$$

Es verwundert deshalb nicht, daß zur genaueren Erklärung der beobachteten Spektren des Wasserstoffatoms relativistische Korrekturen erforderlich sind.

2.4 Potentialtopf

Die potentielle Energie eines Elektrons der Masse m_e sei durch

$$V(\mathbf{r}) = \begin{cases} -V_0 & \text{für} \quad \mathbf{r} \in V_K \\ 0 & \text{sonst} \end{cases}$$

gegeben, wobei $V_0 > 0$ eine positive Konstante und V_K ein endliches Volumen im dreidimensionalen Ortsraum bezeichnen. Die möglichen stationären Zustände des Elektrons ergeben sich aus der zeitunabhängigen Schrödinger-Gleichung, vergl. Gl. (1.26)

$$\left[-\frac{\hbar^2}{2m_e}\Delta + V(\mathbf{r})\right]\phi(\mathbf{r}) = E\phi(\mathbf{r}) \quad \text{mit} \quad \int \phi^*(\mathbf{r})\phi(\mathbf{r})\,d^3r = 1. \tag{2.51}$$

Wir bestimmen die Eigenwerte E und die Eigenfunktionen $\phi(\mathbf{r})$ des Hamilton-Operators, indem wir die Schrödinger-Gleichung im Innern des Topfes V_K und außerhalb zunächst getrennt lösen. In beiden Bereichen ist das Potential konstant und die allgemeine Lösung der Differentialgleichung kann analytisch angegeben werden. Daraus lassen sich dann die Lösungen der Schrödinger-Gleichung konstruieren, indem geeignete Grenzbedingungen an der Oberfläche von V_K erfüllt werden.

2.4.1 Grenzbedingungen

Zur allgemeinen Herleitung von Grenzbedingungen bei unstetigem Potential sei im dreidimensionalen Ortsraum eine Fläche betrachtet, die zwei Raumbereiche trennt. Die Lösungen der Schrödinger-Gleichung in den beiden Raumbereichen seien mit ψ_1 bzw. ψ_2 bezeichnet. Das Stetigkeitsverhalten der Wellenfunktion an der Grenzfläche läßt sich aus der Kontinuitätsgleichung (1.2)

$$\frac{\partial \rho}{\partial t} + \nabla \cdot \mathbf{j} = 0$$

mit

$$\rho = \psi^*\psi \quad \text{und} \quad \mathbf{j} = \frac{\hbar^2}{2m_e i}\left(\psi^*\nabla\psi - \psi\nabla\psi^*\right)$$

bestimmen, die eine Folgerung der zeitabhängigen Schrödinger-Gleichung ist. Im stationären Fall oder $\dot\rho = 0$ erhält man mit dem Integralsatz von Gauss

$$0 = \int_V \nabla \cdot \mathbf{j}\,d^3r = \oint_{\partial V} \mathbf{j}\cdot d^2\mathbf{f} \to \mathbf{F}\cdot\mathbf{j}_2 - \mathbf{F}\cdot\mathbf{j}_1,$$

wobei über ein infinitesimal kleines Volumen V integriert wird, durch das die Grenzfläche hindurchtritt. Dabei bezeichnet ∂V die geschlossene Oberfläche von

V und $d\mathbf{f}$ ein infinitesimales Oberflächenelement von ihr. Die Wahrscheinlichkeitsdichte $\mathbf{j}_1$ sei auf der einen Seite der Grenzfläche mit ψ_1 gebildet und $\mathbf{j}_2$ entsprechend auf der anderen Seite mit ψ_2. Das Volumen V sei zylinderförmig so gewählt, daß seine Oberfläche ∂V praktisch nur aus zwei Flächen parallel zur Grenzfläche besteht, deren Flächenvektoren $\mathbf{F}$ bzw. $-\mathbf{F}$ sind und die Mantelfläche vernachlässigbar klein ist. Sei $\mathbf{n}$ der Einheitsvektor senkrecht zur Grenzfläche, so ist $\mathbf{F} = \mathbf{n}|\mathbf{F}|$ und somit muß $\mathbf{n} \cdot \mathbf{j}_1 = \mathbf{n} \cdot \mathbf{j}_2$ gelten, was nur erfüllt ist, wenn ψ und $\mathbf{n} \cdot \nabla \psi$ auf der Grenzfläche stetig sind. Daraus ergeben sich die folgenden Grenzbedingungen an den Orten r_g der Grenzfläche

$$\psi_1(\mathbf{r}_g) = \psi_2(\mathbf{r}_g) \quad \text{und} \quad \mathbf{n} \cdot \nabla \psi_1(\mathbf{r}_g) = \mathbf{n} \cdot \nabla \psi_2(\mathbf{r}_g). \tag{2.52}$$

2.4.2 Kugelförmiger Potentialtopf

Im Falle eines kugelförmigen Potentialtopfes mir Radius R, wie er genähert etwa bei einem Elektron in einer Metallkugel auftritt, hat die potentielle Energie die Form

$$V(\mathbf{r}) = \begin{cases} -V_0 & \text{für } |\mathbf{r}| \leq R \\ 0 & \text{sonst} \end{cases}$$

mit $V_0 > 0$. Die Schrödinger-Gleichung (2.51) läßt sich dann in Kugelkoordinaten $\mathbf{r} = (r, \vartheta, \varphi)$ durch den Ansatz einer Kugelfunktion $Y_{lm}(\vartheta, \varphi)$ mit $l = 0, 1, 2 \ldots$ und $m = -l, -l+1, \ldots +l$:

$$\phi_{lm}(\mathbf{r}) = P_l(r) Y_{lm}(\vartheta, \varphi)$$

separieren und man erhält mit Hilfe von Gl. (2.27)

$$\Delta \phi_{lm}(\mathbf{r}) = \left[P_l''(r) + \frac{2}{r} P_l'(r) - \frac{l(l+1)}{r^2} P_l(r) \right] Y_{lm}(\vartheta, \varphi).$$

Multipliziert man die Schrödinger-Gleichung mit Y_{lm}^* und integriert über die Winkelkoordinaten, so folgt mit Hilfe der Orthonormalitätsbeziehung der Kugelfunktionen die gewöhnliche Differentialgleichung

$$P_l''(r) + \frac{2}{r} P_l'(r) - \frac{l(l+1)}{r^2} P_l(r) + \frac{2m_e}{\hbar^2} (E - V(r)) P_l(r) = 0, \tag{2.53}$$

wobei die Radialfunktionen $P_l(r)$ wegen Gl. (2.28) die Randbedingung

$$\int_0^\infty |P_l(r)|^2 r^2 \, dr = 1 \tag{2.54}$$

erfüllen müssen.

Wir betrachten zunächst den Innenraum der Kugel $0 \leq r \leq R$. Für $E \geq -V_0$ lautet die Differentialgleichung (2.53)

$$P_l''(r) + \frac{2}{r}P_l'(r) + \left(k^2 - \frac{l(l+1)}{r^2}\right)P_l(r) = 0 \qquad (2.55)$$

mit der Abkürzung

$$k^2 = \frac{2m_e}{\hbar^2}(E+V_0) \geq 0,$$

die die sphärischen Bessel-Funktionen $j_l(kr)$ und $y_l(kr)$ als linear unabhängige Lösungen besitzt [2.1]. Jedoch hat die Funktion y_l bei Null einen Pol der Ordnung $l+1$ und erfüllt für $l > 0$ nicht die Integrabilitätsbedingung Gl. (2.54). Die Lösung $y_0(z) = -\cos z/z$ scheidet aus, weil sie nicht die Bedingung $\bigl(P_l(r) = R_l(r)/r\bigr)$

$$R_0(0) = \lim_{r \to 0}\bigl(rP_0(r)\bigr) = 0 \qquad (2.56)$$

für die Lösungen von Gl. (2.53) für $l = 0$ erfüllt.

□ Zum Beweise dieser Bedingung beachtet man, daß der Impulsoperator $\mathbf{p}$ und der Operator der kinetischen Energie $\mathbf{p}^2/2m$ selbstadjungiert sind. Dies muß auch im kugelsymmetrischen Fall $l = 0$ mit

$$\phi_{00} = \frac{1}{\sqrt{4\pi}}P_0(r) = \frac{1}{\sqrt{4\pi}}\frac{1}{r}R_0(r)$$

gelten. Der Operator der kinetischen Energie hat in Kugelkoordinaten r, ϑ, φ und im kugelsymmetrischen Fall die Form

$$T_r\phi_{00} = -\frac{\hbar^2}{2m_e}\left(\frac{1}{r}\frac{\partial^2}{\partial r^2}r\right)\phi_{00} = \frac{1}{2m_e}p_r^2\phi_{00}.$$

Aus der klassischen Mechanik ergibt sich, daß im kugelsymmetrischen Fall der zu r kanonisch konjugierte Impuls p_r mit der kinetischen Energie durch $T_r = p_r^2/2m_e$ verknüpft ist. Die Quantisierungsvorschrift würde im kugelsymmetrischen Fall für die kanonisch konjugierten Variablen r und den radialen Impuls p_r die Vertauschungsrelation

$$[p_r, r] = \frac{\hbar}{i}\mathbf{1}$$

erfordern, so daß in der Quantenmechanik

$$p_r = \frac{\hbar}{i}\frac{1}{r}\frac{\partial}{\partial r}r$$

anzusetzen ist, wobei r und p_r selbstadjungierte Operatoren der beiden Observablen sind. Da im kugelsymmetrischen Fall ϕ_{00} reell ist, erhält man nach Integration über die Winkel und partieller Integration

$$\int (p_r \phi_{00})^* \phi_{00}\, \mathrm{d}^3 r = \int \phi_{00} p_r \phi_{00}\, \mathrm{d}^3 r$$

$$-\frac{\hbar}{i} \int_0^\infty \frac{dR_0(r)}{dr} R_0(r)\, dr = \frac{\hbar}{i} \int_0^\infty R_0(r) \frac{dR_0(r)}{dr}\, dr$$

$$= -\frac{\hbar}{i} \int_0^\infty \frac{dR_0(r)}{dr} R_0(r)\, dr + \frac{\hbar}{i} R_0^2(r)\Big|_0^\infty.$$

Für die Radialfunktion gilt wegen Gl. (2.54) $R_0(\infty) = 0$ und daraus folgt die Behauptung

$$0 = R_0(0) = \lim_{r \to 0} \big(r P_0(r)\big)$$

und der Erwartungswert von p_r verschwindet im kugelsymmetrischen Fall. ∎

Die Lösungen von Gl. (2.55), die die Bedingung Gl. (2.54) erfüllen, ergeben sich im Falle $k > 0$ zu $a_l j_l(kr)$ mit beliebigen Konstanten a_l. Sie nehmen für $l = 0, 1, 2$ und $z = kr$ für $E > -V_0$ die Form an [2.1]

$$\begin{aligned} j_0(z) &= \frac{\sin z}{z} \\ j_1(z) &= \frac{\sin z}{z^2} - \frac{\cos z}{z} \\ j_2(z) &= \left(\frac{3}{z^3} - \frac{1}{z}\right) \sin z - \frac{3}{z^2} \cos z. \end{aligned} \quad (2.57)$$

Im Falle $E = -V_0$ ergeben sich die Lösungen der Differentialgleichung (2.55) zu $1/r^{l+1}$ und r^l, von denen die erste die Integrabilitätsbedingung Gl. (2.54) für $l > 0$ bzw. die Randbedingung bei Null für $l = 0$ Gl. (2.56) nicht erfüllt. Die Lösung lautet also für $E = -V_0$: $a_l r^l$ mit beliebigen a_l.

Im Falle $E < -V_0$ nimmt die Differentialgleichung (2.53) die Form an

$$P_l''(r) + \frac{2}{r} P_l'(r) - \left(p^2 + \frac{l(l+1)}{r^2}\right) P_l(r) = 0 \quad (2.58)$$

mit

$$p^2 = -\frac{2m_\mathrm{e}}{\hbar^2}(E + V_0) > 0$$

und hat für $p > 0$ die modifizierten sphärischen Bessel-Funktionen $i_l(pr)$ und $k_l^{(1)}(pr)$ als linear unabhängige Lösungen [2.1]. Die $k_l^{(1)}(pr)$ haben bei $r = 0$ einen Pol der Ordnung $l + 1$ und erfüllen für $l > 0$ nicht die Integrabilitätsbedingung

Gl. (2.54). Im Falle $l = 0$ scheidet die Lösung $k_0^{(1)}(pr)$ aus, da sie nicht die Randbedingung Gl. (2.56) erfüllt. Die Lösungen $i_l(pr)$ haben bei Null einen Pol der Ordnung l und sind für $l > 1$ nicht quadratisch integrierbar. Es kommen also nur die Lösungen

$$i_0(pr) = \frac{\sinh pr}{pr} \quad \text{und} \quad i_1(pr) = \frac{\cosh pr}{pr} - \frac{\sinh pr}{(pr)^2} \tag{2.59}$$

in Frage.

Wir betrachten jetzt den Außenraum $r > R$ des kugelförmigen Topfes. Die Differentialgleichung (2.53) hat für $E > 0$ die Form

$$P_l''(r) + \frac{2}{r} P_l'(r) + \left(s^2 - \frac{l(l+1)}{r^2} \right) P_l(r) = 0$$

mit

$$s^2 = \frac{2m_e}{\hbar^2} E > 0.$$

Sie besitzt wie die Differentialgleichung (2.55) die sphärischen Bessel-Funktionen $j_l(sr)$ und $y_l(sr)$ als linear unabhängige Lösungen, so daß man für positive Energien $b_l j_l(sr) + c_l y_l(sr)$ mit beliebigen Konstanten b_l und c_l anzusetzen hat. Die einfachsten sind mit $z = sr$ [2.1]

$$y_0(z) = -\frac{\cos z}{z}$$
$$y_1(z) = \frac{\cos z}{z^2} - \frac{\sin z}{z}$$
$$y_2(z) = \left(-\frac{3}{z^2} + \frac{1}{z} \right) \cos z - \frac{3}{z^2} \sin z.$$

Im Falle $E < 0$ nimmt die Differentialgleichung (2.53) die Form an

$$P_l''(r) + \frac{2}{r} P_l'(r) - \left(q^2 + \frac{l(l+1)}{r^2} \right) P_l(r) = 0 \tag{2.60}$$

mit

$$q^2 = -\frac{2m_e}{\hbar^2} E \geq 0.$$

Sie besitzt wie Gl. (2.58) für $q > 0$ die modifizierten sphärischen Bessel-Funktionen $i_l(qr) = (-i)^l j_l(iqr)$ und $k_l^{(1)}(qr) = -i^l(j_l(iqr) + i y_l(iqr))$ als linear unabhängige Lösungen, vergl. [2.1]. Die Funktionen $i_l(qr)$ wachsen jedoch für $r \to \infty$ über alle Grenzen und erfüllen daher nicht die Integrabilitätsbedingung Gl. (2.54). Die Lösungen der Differentialgleichung (2.60), die die Bedingung Gl. (2.54) erfüllen, lauten $b_l k_l^{(1)}(qr)$ mit beliebigen Konstanten b_l. Speziell erhält man für $l = 0, 1, 2$ mit $z = qr > 0$ [2.1]

$$k_0^{(1)}(z) = \frac{\exp\{-z\}}{z}$$
$$k_1^{(1)}(z) = \frac{\exp\{-z\}}{z}\left(1 + \frac{1}{z}\right) \quad (2.61)$$
$$k_2^{(1)}(z) = \frac{\exp\{-z\}}{z}\left(1 + \frac{3}{z} + \frac{3}{z^2}\right).$$

Im Falle $q = 0$ ergeben sich die Lösungen der Differentialgleichung (2.60) zu $1/r^{l+1}$ und r^l, von denen die letztere die Integrabilitätsbedingung Gl. (2.54) nicht erfüllt. Die erstere erfüllt diese Bedingung nur für $l > 0$. Die Lösung lautet also für $q = 0$ und $l > 0 : b_l/r^{l+1}$.

Aus den speziellen Lösungen im Innern $a_l j_l(kr)$ und den Lösungen außerhalb des Topfes $b_l k_l^{(1)}(qr)$ lassen sich im Falle $-V_0 < E < 0$ die Lösungen im gesamten Ortsraum mit Hilfe der Randbedingungen an der Stelle $r = R$ gewinnen. Wegen

$$\mathbf{n} \cdot \nabla = \frac{\mathbf{r}}{r} \cdot \nabla = \frac{\partial}{\partial r}$$

ergeben sich die Randbedingungen Gl. (2.52) zu

$$a_l j_l(kR) = b_l k_l^{(1)}(qR) \quad \text{und} \quad a_l \frac{d}{dR} j_l(kR) = b_l \frac{d}{dR} k_l^{(1)}(qR), \quad (2.62)$$

aus denen, zusammen mit der Normierungsbedingung Gl. (2.54), die Konstanten a_l und b_l zu bestimmen sind. Nach Eliminierung von a_l/b_l findet man, daß die logarithmischen Ableitungen an der Grenzstelle R übereinstimmen müssen

$$\frac{1}{j_l(kR)} \frac{d}{dR} j_l(kR) = \frac{1}{k_l^{(1)}(qR)} \frac{d}{dR} k_l^{(1)}(qR). \quad (2.63)$$

Diese Bedingung läßt sich jedoch nur für bestimmte, diskrete Energieeigenwerte E erfüllen.

Im Falle $E > 0$ müssen die Lösungen im Innenraum $a_l j_l(kr)$ und die Lösungen im Außenraum $b_l j_l(sr) + c_l y_l(sr)$ zusammen mit ihren Ableitungen am Rande der Kugel $r = R$ übereinstimmen. Fügt man die Normierungsbedingung Gl. (2.54) hinzu, so lassen sich daraus die drei Konstanten a_l, b_l und c_l bestimmen, was für alle $E > 0$ möglich ist.

Im Bereich $E < -V_0$ gibt es im Innenraum nur die beiden Lösungen für $l = 0$ und $l = 1$ nach Gl. (2.59). Im Außenraum sind die entsprechenden Lösungen durch Gl. (2.61) gegeben. Es ist leicht zu erkennen, daß die logarithmischen Ableitungen von $i_l(pr)$ und $k_l^{(1)}(qr)$ für $l = 0$ und 1 nicht übereinstimmen können. Also gibt es keine Lösung der Differentialgleichung (2.53) mit der Randbedingung Gl. (2.54)

74 2 Spezielle Einteilchensysteme

im Falle $E < -V_0$. Auch der Fall $E = -V_0$ scheidet aus, denn die logarithmische Ableitung der Lösung im Innern r^l kann nicht mit der logarithmischen Ableitung der Lösung im Außenraum $k_l^{(1)}(qr)$ übereinstimmen.

Im Falle $E = 0$ erhält man aus der Stetigkeit der logarithmischen Ableitungen der Lösungen im Innern und im Außenraum nur für spezielle Potentiale eine Lösung. Zum Beispiel ist $E = 0$ Eigenwert der Schrödinger-Gleichung (2.53) für $l = 1$, wenn $V_0 R^2 = \hbar^2 \pi^2 / 2m$ ist.

Wir betrachten jetzt den Energiebereich $-V_0 < E < 0$ im kugelsymmetrischen Fall $l = 0$ etwas näher. Die Stetigkeitsbedingung Gl. (2.63) der logarithmischen Ableitungen der Lösung im Innern nach Gl. (2.57) und im Außenraum nach Gl. (2.61) erhält man einfacher, wenn man stattdessen die Stetigkeit der logarithmischen Ableitungen von $r j_0(kr) = \sin kr / k$ mit $r k_0^{(1)}(qr) = \exp\{-qr\}/q$ betrachtet. Für $l = 0$ ergibt sich

$$k \cot kr = -q \quad \text{mit} \quad k^2 R^2 + q^2 R^2 = \frac{2m_e}{\hbar^2} V_0 R^2.$$

Mit $k > 0$, $q > 0$ erhält man daraus zur Bestimmung von $k = \sqrt{2m_e(E+V_0)/\hbar^2}$

$$\tan z = -\frac{z}{\sqrt{z_0^2 - z^2}} \quad \text{mit} \quad z_0^2 = \frac{2m_e}{\hbar^2} V_0 R^2 \tag{2.64}$$

und $z^2 = k^2 R^2 = 2m_e(E+V_0)R^2/\hbar^2$. Die Gleichung (2.64) besitzt keine reellen Lösungen k für

$$V_0 R^2 \leq \frac{\hbar^2}{2m_e} \frac{\pi^2}{4},$$

d.h. der Potentialtopf besitzt dann keine gebundenen Zustände mit $l = 0$. Im anderen Fall gibt es gerade N Eigenwerte $k_n, n = 1, 2, \ldots N$, falls das Produkt aus der Potentialtiefe V_0 und dem Quadrat des Potentialradius R die folgende Bedingung erfüllt

$$\frac{\hbar^2}{2m_e} \frac{(2N-1)^2 \pi^2}{4} \leq V_0 R^2 < \frac{\hbar^2}{2m_e} \frac{(2N+1)^2 \pi^2}{4}.$$

Für die verschiedenen Drehimpulsquantenzahlen $l = 0, 1, 2, \ldots$ findet man aus den Bedingungen Gl. (2.62) diskrete Werte k_{nl} und q_{nl} mit $k_{nl}^2 + q_{nl}^2 = 2m_e V_0/\hbar^2$, aus denen sich die Eigenwerte E_{nl} des Hamilton-Operators Gl. (2.51) zu

$$E_{nl} = -V_0 + \frac{\hbar^2 \mathbf{k}_{nl}^2}{2m_e} = -\frac{\hbar^2 q_{nl}^2}{2m_e}$$

ergeben. Die zugehörigen Eigenfunktionen berechnen sich aus a_{nl} und b_{nl}, die aus den Gleichungen (2.62) und der Normierungsbedingung Gl. (2.54) zu bestimmen sind und man erhält:

$$\phi_{nlm}(\mathbf{r}) = P_{nl}(r) Y_{lm}(\vartheta, \varphi) \quad \text{mit}$$

$$P_{nl}(r) = \begin{cases} a_{nl} j_l(k_{nl} r) & \text{für} \quad 0 \leq r \leq R \\ b_{nl} k_l^{(1)}(q_{nl} r) & \text{für} \quad R \leq r \leq \infty \end{cases}$$

und $q_n = \sqrt{2m_e V_0/\hbar^2 - k_n^2}$. Die Normierungsbedingung Gl. (2.51) liefert bei Berücksichtigung der Normierung der Kugelfunktionen

$$\int |\phi_{nlm}(\mathbf{r})|^2 \, d^3r = a_{nl}^2 \int_0^R j_l^2(k_{nl}r) r^2 \, dr + b_{nl}^2 \int_R^\infty k_l^{(1)}(q_{nl}r) r^2 \, dr = 1,$$

was zusammen mit Gl. (2.54) die Berechnung der a_{nl} und b_{nl} gestattet. Daraus ergibt sich auch, daß die Aufenthaltswahrscheinlichkeit des Elektrons außerhalb der Kugel mit dem Radius R

$$\int_R^\infty r^2 \, dr \int_0^\pi \sin\vartheta \, d\vartheta \int_0^{2\pi} d\varphi |\phi_{nlm}(\mathbf{r})|^2 = b_{nl}^2 \int_R^\infty k_l^{(1)}(q_{nl}r) r^2 \, dr$$

nicht verschwindet. Dies steht im Gegensatz zur klassischen Mechanik, nach der das Elektron wegen $E < 0$ den Bereich der Kugel nicht verlassen kann.

2.4.3 Eindimensionaler Potentialtopf

Es soll hier ein Elektron in einem eindimensionalen Potentialtopf

$$V(\mathbf{r}) = \begin{cases} -V_0 & \text{für} \quad 0 \le x \le a \\ 0 & \text{sonst,} \end{cases}$$

betrachtet werden, wie es genähert etwa in Halbleiterschichtstrukturen vorkommt. Die Schrödinger-Gleichung (2.51) läßt sich in diesem Falle in kartesischen Koordinaten $\mathbf{r} = (x, y, z)$ durch den Ansatz

$$\phi(\mathbf{r}) = \phi(x)\psi(y, z)$$

separieren und man erhält aus Gl. (2.51) eine Schrödinger-Gleichung für ein Teilchen in einem Potentialtopf im eindimensionalen Fall

$$\left[-\frac{\hbar^2}{2m_e}\frac{\partial^2}{\partial x^2} + V(x)\right]\phi(x) = \varepsilon\phi(x) \tag{2.65}$$

und eine Schrödinger-Gleichung, die freie Teilchen in zwei Dimensionen beschreibt

$$-\frac{\hbar^2}{2m_e}\left(\frac{\partial^2}{\partial y^2} + \frac{\partial^2}{\partial z^2}\right)\psi(y, z) = (E - \varepsilon)\psi(y, z).$$

Diese hat ebene Wellen [1]

$$\psi(y, z) = \frac{1}{L}\exp\{i(k_y y + k_z z)\}$$

---

[1] Eine ebene Welle entsteht hieraus durch Hinzufügen des zeitabhängigen Phasenfaktors $\exp\{-i(E - \varepsilon)t/\hbar\}$.

als Lösungen mit

$$E = \varepsilon + \frac{\hbar^2}{2m_e}(k_y^2 + k_z^2), \tag{2.66}$$

wobei der Ortsraum in y- und z-Richtung auf den Bereich $-\frac{L}{2} \leq y, z \leq \frac{L}{2}$ eingeschränkt wird. Dies ist nötig, weil die ebenen Wellen nicht quadratisch integrierbar sind, und man zu einem modifizierten Hilbert-Raum übergeht, vergl. Abschn. 8.1. Die möglichen Energieeigenwerte E der Schrödinger-Gleichung (2.51) setzen sich nach Gl. (2.66) aus einem Anteil der beiden Wellenzahlen k_y und k_z und den Eigenwerten ε der eindimensionalen Eigenwertaufgabe

$$\phi''(x) - \frac{2m_e}{\hbar^2}(V(x) - \varepsilon)\phi(x) = 0 \tag{2.67}$$

mit

$$\int_{-\infty}^{\infty} \phi^*(x)\phi(x)\,\mathrm{d}x = 1. \tag{2.68}$$

zusammen.

Wir berechnen zunächst gebundene Zustände mit $-V_0 \leq \varepsilon \leq 0$ für den eindimensionalen Fall.

Im Bereich I: $-\infty < x < 0$ lautet die Differentialgleichung (2.67)

$$\phi''(x) - q^2\phi(x) = 0 \quad \text{mit} \quad q^2 = -\frac{2m_e}{\hbar^2}\varepsilon \geq 0. \tag{2.69}$$

Von den beiden linear unabhängigen Lösungen $\exp\{qx\}$ und $\exp\{-qx\}$ erfüllt für $q > 0$ nur die erstere die Integrabilitätsbedingung Gl. (2.68) auf der negativen x-Achse. Damit lautet die Lösung der Differentialgleichung (2.69)

$$\phi_I(x) = A\exp\{qx\} \quad \text{für} \quad q > 0,$$

wobei A eine beliebige Konstante bezeichnet. Die Lösung der Differentialgleichung (2.69) erfüllt im Falle $q = 0$ nicht die Randbedingung Gl. (2.68), so daß dieser Fall auszuschließen ist.

Im Bereich II: $0 \leq x \leq a$ lautet die Differentialgleichung (2.67)

$$\phi''(x) + k^2\phi(x) = 0 \quad \text{mit} \quad k^2 = \frac{2m_e}{\hbar^2}(V_0 + \varepsilon) \geq 0,$$

mit der allgemeinen Lösung

$$\phi_{II}(x) = \begin{cases} B\cos kx + C\sin kx & \text{für} \quad k > 0 \\ B + Cx & \text{für} \quad k = 0 \end{cases}$$

und frei verfügbaren Konstanten B und C.

Im Bereich III: $a \leq x \leq \infty$ ergibt sich wieder die Differentialgleichung (2.69), jedoch erfüllt hier gerade die Lösung

$$\phi_{III}(x) = D \exp\{-qx\} \quad \text{für} \quad q > 0$$

die Integrabilitätsbedingung Gl. (2.68) wegen $\phi_{III}(x) \xrightarrow[x \to \infty]{} 0$.

Die Lösungen ϕ_I, ϕ_{II} und ϕ_{III} müssen die vier Grenzbedingungen Gl. (2.52)

$$\begin{aligned} \phi_I(0) &= \phi_{II}(0) & ; & & \phi_{II}(a) &= \phi_{III}(a) \\ \phi_I'(0) &= \phi_{II}'(0) & ; & & \phi_{II}'(a) &= \phi_{III}'(a) \end{aligned} \quad (2.70)$$

und die Normierungsbedingung Gl. (2.68)

$$\int_{-\infty}^{0} \phi_I^2(x)\,\mathrm{d}x + \int_{0}^{a} \phi_{II}^2(x)\,\mathrm{d}x + \int_{a}^{\infty} \phi_{III}^2(x)\,\mathrm{d}x = 1 \quad (2.71)$$

erfüllen. Da nur vier freie Konstanten A, B, C und D zur Verfügung stehen, lassen sich die fünf Bedingungen nur für bestimmte Werte k_n bzw. q_n erfüllen. Aus Gl. (2.70) erhält man durch Einsetzen der Lösungen für $k > 0$

$$\begin{aligned} A &= B & ; & & B\cos ka + C\sin ka &= D\exp\{-qa\} \\ Aq &= Ck & ; & & -Bk\sin ka + Ck\cos ka &= -Dq\exp\{-qa\}. \end{aligned} \quad (2.72)$$

Die Stetigkeitsbedingungen Gl. (2.70) lassen sich für $k = 0$ nicht erfüllen, so daß dieser Fall ausscheidet. Aus den Bedingungen Gl. (2.72) folgt für $k > 0$ und $q > 0$

$$2\cot ka = \frac{k^2 - q^2}{kq} \quad \text{mit} \quad k^2 + q^2 = \frac{2m_e}{\hbar^2} V_0,$$

und man erhält diskrete Werte k_n aus den Lösungen der transzendenten Gleichung mit $z = ka > 0$:

$$\cot z = \frac{2z^2 - z_0^2}{2z\sqrt{z_0^2 - z^2}} \quad \text{mit} \quad z_0^2 = \frac{2m_e}{\hbar^2} V_0 a^2.$$

Die Anzahl der Lösungen hängt von der Größe $V_0 a^2$ ab und es gibt für $V_0 a^2 > 0$ mindestens eine. Auf diese Weise ergeben sich die Energieeigenwerte im Bereich $-V_0 < \varepsilon_n < 0$:

$$\varepsilon_n = -V_0 + \frac{\hbar^2 k_n^2}{2m_e} = -\frac{\hbar^2 q_n^2}{2m_e} \quad \text{mit} \quad q_n > 0 \quad ; \quad k_n > 0$$

und die zugehörigen Eigenfunktionen

$$\phi_n(x) = \begin{cases} A_n \exp\{q_n x\} & \text{für} \quad -\infty < x \leq 0 \\ A_n \cos k_n x + A_n \frac{q_n}{k_n} \sin k_n x & \text{für} \quad 0 \leq x \leq a \\ A_n \frac{q_n}{k_n} \exp\{-q_n x\} & \text{für} \quad a \leq x < \infty, \end{cases}$$

wobei die A_n durch die Normierungsbedingung Gl. (2.71) festgelegt wird.

Für positive Energien $\varepsilon > 0$ erfüllen die Lösungen der Schrödinger-Gleichung im Bereich I und III nicht die Integrabilitätsbedingung Gl. (2.68), so daß dieser Fall nicht zu gebundenen Zuständen führt. Im Falle $\varepsilon < -V_0$ lauten die Lösungen im Bereich II

$$\phi_{II}(x) = B\exp\{kx\} + C\exp\{-kx\} \quad \text{mit} \quad k^2 = -\frac{2m_e}{\hbar^2}(V_0 + \varepsilon) > 0.$$

Setzt man diese Lösung in Gl. (2.70) ein, so zeigt sich, daß die vier Randbedingungen nicht erfüllt werden können. Gebundene Zustände gibt es also nur im Bereich $-V_0 < \varepsilon < 0$.

2.5 Elektron im Zentralfeld

Wirkt auf ein Elektron eine Zentralkraft, die sich aus einem kugelsymmetrischen Potential $V(r)$ bestimmt $\mathbf{F}_Z = -\nabla V(r)$, so lautet die Eigenwertaufgabe des Hamilton-Operators oder die zeitunabhängige Schrödinger-Gleichung

$$H\psi(\mathbf{r}) = \left[-\frac{\hbar^2}{2m_e}\Delta + V(r)\right]\psi(\mathbf{r}) = E\psi(\mathbf{r}) \quad \text{mit} \quad \int \psi^*(\mathbf{r})\psi(\mathbf{r})\,\mathrm{d}^3r = 1.$$

Wir nehmen an, daß das Potential so ist, daß der Hamilton-Operator diskrete und negative Eigenwerte besitzt, und daß die Bedingungen

$$V(r) \xrightarrow[r\to\infty]{} 0 \quad \text{und} \quad rV(r) \xrightarrow[r\to 0]{} c \leq 0$$

für eine gewisse reelle Zahl c erfüllt sind. Solche Potentiale treten auf, wenn Mehrelektronenatome näherungsweise durch ein Einelektronenmodell, dem sogenannten Zentralfeldmodell beschrieben werden.

Die Schrödinger-Gleichung läßt sich in Kugelkoordinaten durch einen Separationsansatz mit Kugelfunktionen wie in Gl. (2.26)

$$\psi(\mathbf{r}) = \frac{1}{r}R_l(r)Y_{lm}(\vartheta,\varphi)$$

entkoppeln und man erhält entsprechend Gl. (2.27)

$$\left[-\frac{\hbar^2}{2m_e}\frac{\mathrm{d}^2}{\mathrm{d}r^2} + \frac{\hbar^2}{2m_e}\frac{l(l+1)}{r^2} + V(r)\right]R_l(r) = E\,R_l(r)$$

mit der Randbedingung, vergl. Gl. (2.28)

$$\int_0^\infty R_l^*(r)R_l(r)\,\mathrm{d}r = 1. \tag{2.73}$$

Die Differentialgleichung nimmt daher die einfache Form an

$$R_l''(r) = g_l(r) R_l(r) \quad \text{mit} \quad g_l(r) = \frac{l(l+1)}{r^2} + \frac{2m_e}{\hbar^2}(V(r) - E), \qquad (2.74)$$

wobei $g_l(r)$ wegen der Voraussetzungen von $V(r)$ die Bedingungen

$$g_l(r) \xrightarrow[r \to \infty]{} -\frac{2m_e}{\hbar^2} E > 0 \quad \text{und} \quad g_l(r) \xrightarrow[r \to 0]{} \frac{l(l+1)}{r^2} \quad \text{für} \quad l > 0 \qquad (2.75)$$

erfüllt.

2.5.1 Numerische Integration

Zur numerischen Integration wird die r-Achse von 0 bis zu einem äußersten Punkt r_N in N äquidistante Stücke der Länge h eingeteilt. Die $N+1$ Stützstellen r_i sind dann gegeben durch $r_i = ih$ für $i = 0, 1, 2, \ldots N$ und die Funktionen $R_l(r)$ werden nur an den Stützstellen r_i dargestellt. Das Verfahren ist umso genauer, je kleiner h und je größer N gewählt werden. Zur Bestimmung der Eigenwerte E und Eigenfunktionen $R_l(r)$ wird von einem näherungsweise bekannten Eigenwert ausgegangen und die Differentialgleichung (2.74) schrittweise von 0 bis zu einem Treffpunkt r_T numerisch integriert. Dabei wird r_T so groß gewählt, daß $g_l(r) > 0$ für $r > r_T$ gilt. Außerdem wird ausgehend vom äußersten Punkt $r_N > r_T$ schrittweise nach innen bis zum Treffpunkt r_T integriert. Aus der Differenz der beiden Funktionen am Treffpunkt und ihrer Ableitungen läßt sich dann eine Korrektur zum Energieeigenwert berechnen.

Zum Start der Vorwärtsintegration gehen wir von der asymptotischen Lösung für $r \to 0$ aus. Im Abschn. 2.4.2 wurde gezeigt, daß für $l = 0$ die Randbedingung $R_0(0) = 0$ erfüllt sein muß. Im Falle $l > 0$ gilt die Randbedingung Gl. (2.75) für kleine r und die asymptotische Differentialgleichung lautet

$$R_l''(r) = \frac{l(l+1)}{r^2} R_l(r) \quad \text{für} \quad r \to 0$$

mit der Lösung $R_l(r) = 1/r^l$ oder r^{l+1}. Hierbei erfüllt die erstere nicht die Integrabilitätsbedingung Gl. (2.73) für $l > 0$ und für $l = 0$ nicht die Bedingung Gl. (2.56) $R_0(0) = 0$. Diese Lösung scheidet daher aus und die asymptotische Lösung lautet für $l \geq 0$:

$$R_l(r) = A r^{l+1} \quad \text{für} \quad r \to 0, \qquad (2.76)$$

mit einer beliebigen Konstanten A und somit gilt für $l \geq 0$: $R_l(0) = 0$.

Zum Start der Rückwärtsintegration sei die asymptotische Lösung für $r \to \infty$ betrachtet, die sich wegen der Bedingung Gl. (2.75) aus der Differentialgleichung

$$R_l''(r) = -\frac{2m_e}{\hbar^2} E \, R_l(r) \quad \text{für} \quad r \to \infty$$

ergibt. Von den beiden möglichen Lösungen $\exp\{\pm\sqrt{-2m_eE/\hbar^2}\,r\}$ erfüllt nur die mit dem negativen Vorzeichen die Randbedingung Gl. (2.73) und wir erhalten die asymptotische Lösung

$$R_l(r) = B\exp\left\{-\frac{\sqrt{-2m_eE}}{\hbar}r\right\} \quad \text{für} \quad r\to\infty, \tag{2.77}$$

wobei B eine Integrationskonstante bezeichnet.

Zur numerischen Integration verwenden wir die Abkürzungen $R_i = R_l(r_i)$ und $g_i = g_l(r_i)$, wobei die Drehimpulsquantenzahl l fest gewählt sei. Im Rahmen der Diskretisierung wird die zweite Ableitung näherungsweise durch Differenzen dargestellt und die Differentialgleichung (2.74) schreibt sich in der Form

$$R_l''(r_i) = \frac{1}{h^2}(R_{i+1} - 2R_i + R_{i-1}) = g_iR_i \quad \text{für} \quad i=1,2,\ldots N-1. \tag{2.78}$$

Ist nun bei der Vorwärtsintegration die Funktion an den Stellen $i-1$ und i bekannt, so läßt sich der nächste Wert R_{i+1} aus R_i und R_{i-1} berechnen. Umgekehrt bestimmt man bei der Rückwärtsintegration R_{i-1} aus den Werten R_i und R_{i+1}.

Zum Start der Vorwärtsintegration wenden wir die Näherung Gl. (2.78) auf die Punkte 1 und 2 an

$$g_1R_1 = \frac{1}{h^2}(R_2 - 2R_1 + R_0)$$
$$g_2R_2 = \frac{1}{h^2}(R_3 - 2R_2 + R_1)$$

und erhalten wegen $R_0 = R_l(0) = 0$:

$$R_2 = (2 + h^2g_1)R_1$$
$$R_3 = \left[(2 + h^2g_2)(2 + h^2g_1) - 1\right]R_1.$$

Bei der asymptotischen Lösung Gl. (2.76) ist die Konstante A zunächst frei wählbar und $R_l'(r)$ enthält auch diese Konstante. Bei der Diskretisierung setzt man für die erste Ableitung $R_l'(0) = (R_1 - R_0)/h = R_1/h$ und daher kann $R_1 = hR_l'(0)$ vorläufig beliebig festgelegt werden um den richtigen Wert später aus der Normierungsbedingung Gl. (2.73) zu bestimmen. Bei der Anwendung auf Atome hat sich die Wahl $R_1 = 0.001\,h$ als brauchbar erwiesen, um zu erreichen, daß $R_l(r_T)$ am Treffpunkt von der Größenordnung 1 ist.

Zum Start der Rückwärtsintegration geht man von der asymptotischen Lösung Gl. (2.77) aus. Für hinreichend großes r_N kann man wegen der Randbedingung Gl. (2.75) genähert $g_N = g_{N-1} = -2m_eE/\hbar^2$ setzen und man findet

$$R_N = B\exp\left\{-\frac{\sqrt{-2m_eE}}{\hbar}r_N\right\} = B\exp\{-\sqrt{g_N}\,r_N\}$$

und wegen $r_N - r_{N-1} = h$:

$$R_{N-1} = B\exp\{-\sqrt{g_N}\,r_{N-1}\} = R_N \exp\{\sqrt{g_N}\,h\}.$$

Da die Integrationskonstante B erst durch die Normierung festgelegt wird, kann hier R_N frei gewählt werden. Es ist jedoch zweckmäßig R_N so anzusetzen, daß $R_l(r_T)$ am Treffpunkt r_T von der Größenordnung 1 ist, damit die Funktionen aus der Vorwärts- und Rückwärtsintegration dort von der gleichen Größenordnung sind. Wir verwenden zur Festlegung von R_N die grobe Abschätzung

$$\frac{R_N}{R_l(r_T)} \approx \exp\{-\sqrt{g_N}\,(r_N - r_T)\},$$

die mit $R_l(r_T) = 1$ zu

$$R_N = \exp\{-\sqrt{g_N}\,(r_N - r_T)\}$$

führt.

Als Treffpunkt r_T wird ein Gitterpunkt gewählt, der rechts von der größten Nullstelle von $g_l(r)$ liegt. Dort hat $R_l(r)$ nach Gl. (2.74) einen Wendepunkt. Dadurch gilt für die Rückwärtsintegration $R_l(r) > 0$ im Bereich $r_T \le r \le r_N$, denn die Krümmung von R ändert sich wegen $g_l(r) > 0$ dort nicht. Alle Nullstellen von $R_l(r)$ liegen damit im Bereich der Vorwärtsintegration $0 \le r < r_T$. Dies ist insofern wichtig, als zur Berechnung der Energiekorrektur am Treffpunkt $R_l'(r_T)$ nicht verschwinden darf. Außerdem können die Nullstellen von $R_l(r)$ schon bei der Vorwärtsintegration gezählt werden.

2.5.2 Nullstellensatz

Für eine gegebene Bahndrehimpulsquantenzahl l hat die Eigenfunktion zum Grundzustand E_1 keine Nullstelle außer bei 0 und ∞, die hier nicht mitgezählt werden. Sortiert man die Eigenwerte E_ν der Größe nach $E_1 < E_2 < E_3 < \ldots$ und nimmt man ferner an, daß sie nicht entartet sind, so gilt der *Nullstellensatz* oder *Knotensatz*, wonach die Eigenfunktion zum Eigenwert E_ν gerade $\nu - 1$ Nullstellen besitzt. Führt man eine Hauptquantenzahl n und eine Nebenquantenzahl $l = 0, 1, 2, \ldots n-1$ ein, so ergibt sich daraus die Anzahl der Nullstellen des Eigenwertes E_{nl} zu $n-l-1$, wie es im Falle des Coulomb-Potentials im Abschn. 2.3.3 angegeben ist. Für gegebenes l ist nämlich der Grundzustand durch $n = l+1$ gegeben und der Zustand zu E_ν durch $\nu = n - l$, woraus sich die Formel ergibt.

Um den Nullstellensatz zu beweisen, wird die Wronski-Determinante von zwei Eigenfunktionen $R_l(E_i, r)$ und $R_l(E_j, r)$ zu den Eigenwerten E_i bzw. E_j der Eigenwertaufgabe Gl. (2.74) mit Gl. (2.73) betrachtet

$$W_l(E_i, E_j, r) = R_l(E_i, r)R_l'(E_j, r) - R_l(E_j, r)R_l'(E_i, r).$$

2 Spezielle Einteilchensysteme

Für die Ableitung gilt wegen Gl. (2.74)

$$W_l'(E_i, E_j, r) = R_l(E_i, r)R_l''(E_j, r) - R_l(E_j, r)R_l''(E_i, r)$$
$$= \frac{2m_e}{\hbar^2}(E_i - E_j)R_l(E_i, r)R_l(E_j, r).$$

Integriert man die Ableitung der Wronski-Determinante zwischen zwei aufeinanderfolgenden Nullstellen $a < b$ von $R_l(E_i, r)$, so findet man wegen $R_l(E_i, a) = 0$ und $R_l(E_i, b) = 0$

$$\int_a^b W_l'(E_i, E_j, r)\,\mathrm{d}r = W_l(E_i, E_j, b) - W_l(E_i, E_j, a)$$
$$= R_l(E_j, a)R_l'(E_i, a) - R_l(E_j, b)R_l'(E_i, b) \quad (2.79)$$
$$= \frac{2m_e}{\hbar^2}(E_i - E_j)\int_a^b R_l(E_i, r)R_l(E_j, r)\,\mathrm{d}r.$$

Wir machen jetzt die Vorraussetzung $E_i < E_j$ und nehmen o.B.d.A. an, daß $R_l(E_i, r) > 0$ für $a < r < b$ ist, dann gilt $R_l'(E_i, a) \geq 0$ und $R_l'(E_i, b) \leq 0$. Dann folgt aus Gl. (2.79), daß $R_l(E_j, r)$ zwischen a und b mindestens eine Nullstelle haben muß, denn wenn im Intervall etwa $R_l(E_j, r) > 0$ gälte, so wäre die letzte Zeile von Gl. (2.79) negativ, die vorletzte Zeile aber positiv. Nun besitzen die Eigenfunktionen $R_l(E_i, r)$ aufgrund der Randbedingung mindestens die Nullstellen bei $r = 0$ und $r = \infty$. Hat jetzt die Eigenfunktion $R_l(E_i, r)$ genau N_i Nullstellen, so folgt aus dem eben Gesagten, daß die Eigenfunktion $R_l(E_j, r)$ mit $E_i < E_j$ mindestens $N_i + 1$ Nullstellen besitzen muß.

Um die tatsächliche Anzahl der Nullstellen zu finden, bezeichnen wir die bei der Vorwärtsintegration bestimmte Funktion mit $R_V(E, r)$ und die bei der Rückwärtsintegration erhaltene Funktion mit $R_R(E, r)$, wobei der Index l hier fortgelassen wurde, da bei diesen Überlegungen l eine gegebene, feste Zahl darstellt. Dann gilt für die Energieableitung der logarithmischen Ableitungen

$$\frac{\partial}{\partial E}\frac{R_V'(E, r)}{R_V(E, r)} = -\frac{2m_e}{\hbar^2}\frac{1}{R_V^2(E, r)}\int_0^r R_V^2(E, r')\,\mathrm{d}r' \quad (2.80)$$

und

$$\frac{\partial}{\partial E}\frac{R_R'(E, r)}{R_R(E, r)} = \frac{2m_e}{\hbar^2}\frac{1}{R_R^2(E, r)}\int_r^\infty R_R^2(E, r')\,\mathrm{d}r'. \quad (2.81)$$

□ Zum Beweise gehen wir von Gl. (2.74) aus

$$R_l''(E + \mathrm{d}E, r) = \left(g_l(r) - \frac{2m_e}{\hbar^2}\mathrm{d}E\right)R_l(E + \mathrm{d}E, r),$$

2.5 Elektron im Zentralfeld

setzen für infinitesimales $\mathrm{d}E$ die Entwicklung

$$R_l(E + \mathrm{d}E, r) = R_l(E, r) + \frac{\partial}{\partial E} R_l(E, r)\,\mathrm{d}E$$

ein und erhalten bei Verwendung von Gl. (2.74):

$$\frac{\partial}{\partial E} R_l''(E, r) = -\frac{2m_\mathrm{e}}{\hbar^2} R_l(E, r) + g_l(r) \frac{\partial}{\partial E} R_l(E, r).$$

Andererseits ergibt sich damit wegen Gl. (2.74)

$$\left(R_l \frac{\partial}{\partial E} R_l' - R_l' \frac{\partial}{\partial E} R_l \right)' = R_l \frac{\partial}{\partial E} R_l'' - R_l'' \frac{\partial}{\partial E} R_l$$
$$= -\frac{2m_\mathrm{e}}{\hbar^2} R_l^2.$$

Nun gilt für die Vorwärtsintegration $R_\mathrm{V}(E, 0) = 0$ sowie wegen Gl. (2.76) $\partial R_\mathrm{V}(E, 0)/\partial E = 0$ und man erhält durch Integration von 0 bis r

$$R_\mathrm{V}(E, r) \frac{\partial}{\partial E} R_\mathrm{V}'(E, r) - R_\mathrm{V}'(E, r) \frac{\partial}{\partial E} R_\mathrm{V}(E, r) = -\frac{2m_\mathrm{e}}{\hbar^2} \int_0^r R_\mathrm{V}^2(E, r')\,\mathrm{d}r'.$$

Entsprechend gilt für die Rückwärtsintegration $R_\mathrm{R}(E, \infty) = 0$ sowie wegen Gl. (2.77) $\partial R_\mathrm{R}(E, \infty)/\partial E = 0$ und man erhält durch Integration von r bis ∞

$$R_\mathrm{R}(E, r) \frac{\partial}{\partial E} R_\mathrm{R}'(E, r) - R_\mathrm{R}'(E, r) \frac{\partial}{\partial E} R_\mathrm{R}(E, r) = \frac{2m_\mathrm{e}}{\hbar^2} \int_r^\infty R_\mathrm{R}^2(E, r')\,\mathrm{d}r'.$$

Aus diesen Gleichungen ergeben sich die Beziehungen Gl. (2.80) und (2.81). ∎

Falls mit einem Eigenwert E_i integriert wurde, gilt die *Stetigkeitsbedingung*, wonach die logarithmischen Ableitungen am Treffpunkt r_T übereinstimmen müssen:

$$\frac{R_\mathrm{V}'(E_i, r_\mathrm{T})}{R_\mathrm{V}(E_i, r_\mathrm{T})} = \frac{R_\mathrm{R}'(E_i, r_\mathrm{T})}{R_\mathrm{R}(E_i, r_\mathrm{T})}. \tag{2.82}$$

Zunächst sei bemerkt, daß sich hierbei die beiden noch willkürlichen Integrationskonstanten, R_1 bei der Vorwärtsintegration und R_N bei der Rückwärtsintegration, herausheben.

□ Zum Beweise der Stetigkeitsbedingung Gl. (2.82) geht man davon aus, daß am Treffpunkt r_T sowohl die Radialfunktion $R_l(E, r)/r$ als auch ihre erste Ableitung stetig sein müssen, vergl. Abschn. 2.4.1. Das ist gleichbedeutend damit, daß $R_l(E, r)$ und $R_l'(E, r)$ stetig sind. Die Stetigkeit von $R_l(E, r)$ kann durch geeignete Wahl der Werte für R_1 oder R_N immer erreicht werden, während der zweite Wert durch die Normierungsbedingung Gl. (2.73) festgelegt wird. Die Stetigkeit der Ableitung ist jedoch nur gegeben, wenn E der korrekte Eigenwert ist. In diesem Fall möge $R_\mathrm{V}(E_i, r_\mathrm{T}) = \alpha R_\mathrm{R}(E_i, r_\mathrm{T})$ sein, dann gilt auch $R_\mathrm{V}'(E_i, r_\mathrm{T}) = \alpha R_\mathrm{R}'(E_i, r_\mathrm{T})$ und man erhält die Bedingung Gl. (2.82) durch Eliminierung der Konstanten α. ∎

Aus den asymptotischen Lösungen Gl. (2.76) und (2.77) ergeben sich die logarithmischen Ableitungen $(l+1)/r$ bzw. $-\sqrt{-2m_e E}/\hbar$ und daraus läßt sich zeigen, daß für hinreichend kleine E

$$\frac{R'_V(E,r_T)}{R_V(E,r_T)} > \frac{R'_R(E,r_T)}{R_R(E,r_T)} \tag{2.83}$$

gilt. Aus Gl. (2.80) folgt, daß mit wachsendem E die logarithmische Ableitung von R_V monoton abnimmt, während nach Gl. (2.81) die von R_R monoton zunimmt. Sei jetzt E_1 die Energie, bei der die logarithmischen Ableitungen übereinstimmen, so stellt E_1 nach Gl. (2.82) den Grundzustandseigenwert dar und die aus R_V und R_R konstruierte Grundzustandseigenfunktion hat nach Konstruktion nur die beiden Nullstellen bei 0 und ∞. Weiteres Erhöhen der Energie $E > E_1$ führt zu weiterer Abnahme der logarithmischen Ableitung von R_V bzw. Zunahme der logarithmischen Ableitung von R_R.

Nach dem oben Gesagten hat nun die Eigenfunktion zum nächst höheren Eigenwert E_2 mindestens eine weitere Nullstelle, bei der die logarithmische Ableitung einen Pol besitzt. Rechts von diesem Pol ist dann $R'_V(E,r)/R_V(E,r)$ positiv und sehr groß, so daß für r_T in diesem Bereich wiederum Gl. (2.83) gilt. Wurde also $E > E_1$ so gewählt, daß $R_V(E,r)$ eine Nullstelle besitzt, findet man durch weiteres Vergrößern von E den zweiten Eigenwert E_2 aus der Bedingung (2.82). Indem man also immer größere E betrachtet, erhält man nacheinander die Eigenwerte E_1, E_2, E_3,..., wobei der nächsthöhere Eigenwert eine zusätzliche Nullstelle besitzt. Somit ist die Zahl der Nullstellen zum Eigenwert E_ν gerade $\nu - 1$, wobei die beiden Nullstellen bei 0 und ∞ nicht mitgezählt sind. Damit ist der Nullstellensatz bewiesen. Durch Zählen der Nullstellen kann man auch feststellen, zu welchem Eigenwert die gefundene Eigenfunktion gehört.

2.5.3 Numerov-Verfahren

Bei der numerischen Vorwärts- und Rückwärtsintegration wird nach dem Verfahren von Numerov nicht direkt die Gl. (2.78) verwendet, sondern eine abgewandelte Funktion eingeführt, mit der der Fehler der zweiten Ableitung, der bei jedem Schritt durch die Diskretisierung auftritt, proportional zu h^4 und damit kleiner ist, als der h^2 proportionale Fehler von $R_l(r)$. Zur Herleitung sei die Funktion $R_l(r)$ an der Stelle r_i in eine Taylor-Reihe entwickelt

$$R_{i+1} = R_i + hR'_i + \frac{h^2}{2}R''_i + \frac{h^3}{3!}R'''_i + \frac{h^4}{4!}R^{iv}_i + \frac{h^5}{5!}R^v_i + \frac{h^6}{6!}R^{vi}_i + \cdots \tag{2.84}$$

mit $R_i = R_l(r_i)$, $R'_i = R'_l(r_i)$, $R''_i = R''_l(r_i)$ usw. und $R_{i+1} = R_l(r_{i+1}) = R_l(r_i + h)$. Entsprechend erhält man die Reihe für R_{i-1} indem man h durch $-h$ ersetzt. Daraus ergibt sich der Diskretisierungsfehler der Formel Gl. (2.78) zu

$$\frac{1}{h^2}(R_{i+1} - 2R_i + R_{i-1}) = R''_i + 2\frac{h^2}{4!}R^{iv}_i + \cdots.$$

Entwickelt man entsprechend Gl. (2.84) die zweite Ableitung in eine Taylor-Reihe, so erhält man

$$R''_{i+1} = R''_i + hR'''_i + \frac{h^2}{2}R^{iv}_i + \frac{h^3}{3!}R^v_i + \frac{h^4}{4!}R^{vi}_i + \cdots. \tag{2.85}$$

Wir betrachten jetzt die Hilfsfunktion $y(r)$ mit $y_i = y(r_i)$ die durch

$$y_i = R_i - \frac{h^2}{12}R''_i = \left(1 - \frac{h^2}{12}g_i\right)R_i \tag{2.86}$$

definiert sei, dann erhält man durch Einsetzen der Reihen Gl. (2.84) und (2.85)

$$y_{i+1} = R_{i+1} - \frac{h^2}{12}R''_{i+1} =$$
$$= R_i + hR'_i + \frac{5}{12}h^2 R''_i + \frac{h^3}{12}R'''_i - \frac{h^5}{180}R^v_i - \frac{h^6}{480}R^{vi}_i + \cdots.$$

Hier verschwindet gerade der h^4 proportionale Term. Die Reihe für y_{i-1} ergibt sich, indem man h durch $-h$ ersetzt und daraus folgt die Formel für die zweite Ableitung von $y(r)$:

$$\frac{1}{h^2}\left(y_{i+1} - 2y_i + y_{i-1}\right) = \frac{1}{h^2}\left(h^2 R''_i - \frac{h^6}{240}R^{vi}_i + \cdots\right).$$

Führt man nun die numerische Integration für y_i mit der Näherungsformel

$$y''_i = \frac{1}{h^2}\left(y_{i+1} - 2y_i + y_{i-1}\right) = R''_i = g_i R_i = \frac{g_i y_i}{1 - \frac{h^2}{12}g_i}$$

durch, so ist der Fehler proportional zu h^4. Bei der Vorwärtsintegration verwendet man also

$$y_{i+1} = \left(2 + \frac{h^2 g_i}{1 - \frac{h^2}{12}g_i}\right)y_i - y_{i-1}$$

und bei der Rückwärtsintegration entsprechend

$$y_{i-1} = \left(2 + \frac{h^2 g_i}{1 - \frac{h^2}{12}g_i}\right)y_i - y_{i+1}.$$

Hat man alle y_i berechnet, so erhält man die R_i gemäß Gl. (2.68) durch

$$R_i = \frac{y_i}{1 - \frac{h^2}{12}g_i}.$$

Als Ergebnis der Vorwärtsintegration von 0 bis zum Treffpunkt r_T und der Rückwärtsintegration von r_N bis r_T erhält man die beiden Funktionen $R_V(E, r)$ und $R_R(E, r)$ zur Energie E. Ist E_i der korrekte Energieeigenwert, müssen die beiden logarithmischen Ableitungen nach Gl. (2.82) am Treffpunkt übereinstimmen. Wurde dagegen mit der Energie $E = E_i - \Delta E$ integriert, läßt sich aus den unterschiedlichen logarithmischen Ableitungen die Energiekorrektur ΔE bestimmen. Dazu betrachten wir die logarithmische Ableitung der Vorwärtsintegration, für die man nach Gl. (2.80) die folgende Näherung erhält:

$$\frac{R'_V(E, r_T)}{R_V(E, r_T)} \approx \frac{R'_V(E_i, r_T)}{R_V(E_i, r_T)} - \Delta E \frac{\partial}{\partial E} \frac{R'_V(E, r_T)}{R_V(E, r_T)}$$

$$= \frac{R'_V(E_i, r_T)}{R_V(E_i, r_T)} + \Delta E \frac{2m_e}{\hbar^2} \frac{1}{R_V^2(E, r_T)} \int_0^{r_T} R_V^2(E, r)\, dr.$$

Entsprechend berechnen wir für die Rückwärtsintegration nach Gl. (2.81)

$$\frac{R'_R(E, r_T)}{R_R(E, r_T)} = \frac{R'_R(E_i, r_T)}{R_R(E_i, r_T)} - \Delta E \frac{2m_e}{\hbar^2} \frac{1}{R_R^2(E, r_T)} \int_{r_T}^{\infty} R_R^2(E, r)\, dr.$$

Zieht man die beiden Gleichungen von einander ab, und beachtet die Bedingung Gl. (2.82), so erhält man eine Näherungsformel für die Energiekorrektur

$$\Delta E = \left(\frac{R'_V(E, r_T)}{R_V(E, r_T)} - \frac{R'_R(E, r_T)}{R_R(E, r_T)} \right) \frac{\hbar^2}{2m_e} \times$$

$$\times \left[\frac{1}{R_V^2(E, r_T)} \int_0^{r_T} R_V^2(E, r)\, dr + \frac{1}{R_R^2(E, r_T)} \int_{r_T}^{\infty} R_R^2(E, r)\, dr \right]^{-1},$$

die sich aus den beiden numerisch bestimmten Radialfunktionen $R_V(E, r)$ und $R_R(E, r)$ berechnen läßt. Es genügt auf der rechten Seite die Integration nur bis r_N auszuführen und den dadurch entstandenen Fehler zu vernachlässigen.

Die Energie $E + \Delta E$ stellt eine bessere Näherung für den Energieeigenwert E_i dar als es E ist. Vorwärts- und Rückwärtsintegration werden mit $E + \Delta E$ erneut durchgeführt und das Verfahren wird solange wiederholt, bis der Energieeigenwert mit der gewünschten Genauigkeit berechnet ist.

Zum Schluß muß die zugehörige Eigenfunktion noch normiert werden. Die Normierungsfaktoren A für $R_V(r)$ und B für $R_R(r)$ erhält man aus der Stetigkeitsbedingung bei r_T

$$A R_V(r_T) = B R_R(r_T)$$

und aus der Normierungsbedingung Gl. (2.73)

$$A^2 \int_0^{r_T} R_V^2(r)\, dr + B^2 \int_{r_T}^{\infty} R_R^2(r)\, dr = 1.$$

Die Auflösung liefert

$$A = \frac{1}{R_V(r_T)} \left[\frac{1}{R_V^2(r_T)} \int_0^{r_T} R_V^2(r)\, dr + \frac{1}{R_R^2(r_T)} \int_{r_T}^\infty R_R^2(r)\, dr \right]^{-1/2}$$

und

$$B = \frac{R_V(r_T)}{R_R(r_T)} A.$$

Da das Integral im Bereich der Rückwärtsintegration numerisch nicht bis ∞, sondern nur bis r_N ausgeführt werden kann, wird die Differenz mit Hilfe der asymptotischen Lösung Gl. (2.77)

$$R_R(r) \approx R_N \exp\left\{ -\frac{\sqrt{-2m_e E}}{\hbar}(r - r_N) \right\} \quad \text{für} \quad r > r_N$$

näherungsweise berechnet und man erhält:

$$\int_{r_N}^\infty R_R^2(r)\, dr = \frac{R_N^2 \hbar}{2\sqrt{-2m_e E}}.$$

Zusammen ergeben also die beiden Funktionen $AR_V(r)$ im Bereich $0 \leq r \leq r_T$ und $BR_R(r)$ im Bereich $r_T \leq r \leq r_N$ die normierte Eigenfunktion zum Energieeigenwert E. Damit ist die numerische Integration der Schrödinger-Gleichung im Prinzip beschrieben. In der Praxis werden noch eine Reihe von Verbesserungen eingeführt um die Rechenzeit bei vorgegebener Genauigkeitsforderung gering zu halten. Dazu zählen unter anderem eine Wahl von Stützstellen, bei denen die Schrittweite für große r größer ist als bei kleinen r und die verbesserte Berechnung der Startwerte für die Vorwärts- und Rückwärtsintegration.

2.6 Spin

In der klassischen Mechanik wird die Bahnkurve $\mathbf{r}(t)$ eines Massenpunktes der Masse m bei gegebenem Kraftfeld $\mathbf{F}(\mathbf{r})$ durch die Bewegungsgleichung $m\ddot{\mathbf{r}} = \mathbf{F}$ festgelegt. Daraus können die übrigen Observablen, etwa der Impuls $\mathbf{p} = m\dot{\mathbf{r}}$ oder der Drehimpuls $\mathbf{L} = \mathbf{r} \times \mathbf{p}$, bestimmt werden. Beim Übergang zur Quantenmechanik wird nach Abschn. 1.2 der Massenpunkt durch seine Zustände $\psi(\mathbf{r},t)$ beschrieben, wobei der Ortsvektor $\mathbf{r}$ und die Zeit t unabhängige Variable sind. Diese Zustände $\psi(\mathbf{r},t)$ sind über dem dreidimensionalen Ortsraum quadratisch integrierbare Funktionen und damit Elemente eines Hilbert-Raumes $\mathcal{H}_O$.

2.6.1 Drehimpulsquantenzahlen

Im nachfolgenden Kap. 3 wird die Wellenmechanik eines Massenpunktes derart modifiziert, daß sie den Anforderungen der speziellen Relativitätstheorie genügt. Dabei zeigt sich, daß der Hilbert-Raum $\mathcal{H}_O$ zur Beschreibung nicht ausreicht. Aus der relativistischen Quantenmechanik läßt sich für kleine Impulse $|\mathbf{p}| \ll mc$, wobei c die Lichtgeschwindigkeit bezeichnet, näherungsweise ein Hamilton-Operator herleiten, der einen Spinoperator enthält und in einem erweiterten Hilbert-Raum anzuwenden ist. Der Spin kann dabei als eine relativistische Korrektur zum Bahndrehimpuls aufgefaßt werden.

Andererseits zeigen die experimentellen Beobachtungen an Elektronen, Protonen und anderen Elementarteilchen, daß ihre Eigenschaften Masse und Ladung allein nicht zu vollständigen Charakterisierung ausreichen und weitere Freiheitsgrade neben dem Ortsvektor betrachtet werden müssen. Die Aufspaltung der Spektrallinien von Atomen z.B. läßt sich nur bei Berücksichtigung des Spins erklären. Dies kann man bereits im Rahmen der einfachsten Näherung, dem Zentralfeldmodell der Atome erkennen, vergl. Abschn. 6.3.6. In dieser Näherung bewegt sich jedes Elektron unabhängig von den anderen in einem kugelsymmetrischen Potential $V(r)$, das vom Atomkern und den anderen Elektronen herrührt. Der Hamilton-Operator für ein Elektron ist dann

$$H = -\frac{\hbar^2}{2m_e}\Delta + V(r)$$

und die Eigenwertaufgabe lautet nach Abschn. 2.2.3

$$H\psi_{nlm}(\mathbf{r}) = \varepsilon_{nl}\psi_{nlm}(\mathbf{r}) \tag{2.87}$$

mit

$n = 1, 2, 3, \ldots$ Hauptquantenzahl

$l = 0, 1, 2, \ldots n-1$ Drehimpulsquantenzahl

$m = -l, -l+1, \ldots +l$ magnetische Quantenzahl,

wobei die Eigenwerte ε_{nl} noch $(2l+1)$-fach entartet sind, vergl. Abschn. 2.5.2.

Der dimensionslose Bahndrehimpuls $\mathbf{l} = \mathbf{r} \times \mathbf{p}/\hbar = -i\mathbf{r} \times \nabla$ eines Elektrons ist mit einem magnetischen Dipolmoment

$$\mathbf{m} = -\mu_B \mathbf{l} \quad \text{mit} \quad \mu_B = \frac{e\hbar}{2m_e} \tag{2.88}$$

verknüpft. Hier bezeichnet μ_B das *Bohrsche Magneton*, e die Elementarladung und m_e die Elektronenmasse. Dadurch gibt das Elektron beim Einschalten einer magnetischen Induktion $\mathbf{B}$ die Energie $E = -\mathbf{m} \cdot \mathbf{B} = \mu_B \mathbf{l} \cdot \mathbf{B}$ ab, die in magnetische Feldenergie umgewandelt wird. Daher lautet der Hamilton-Operator eines Elektrons im Zentralfeld und einer magnetischen Induktion $\mathbf{B}$ näherungsweise

$$H_B = -\frac{\hbar^2}{2m_e}\Delta + V(r) + \mu_B \mathbf{l} \cdot \mathbf{B}. \tag{2.89}$$

Eine ausführlichere Beschreibung geladener Massenpunkte in elektromagnetischen Feldern wird im Kap. 10 gegeben.

□ Zur Begründung der Zuordnung eines magnetischen Dipolmomentes **m** zu einem mechanischen Drehimpuls **l** gemäß Gl. (10.4) sei daran erinnert, daß im Rahmen der Magnetostatik eine elektrische Stromdichte $\mathbf{j}_e(\mathbf{r})$ ein magnetisches Dipolmoment

$$\mathbf{m} = \frac{1}{2}\int \mathbf{r}\times\mathbf{j}_e(\mathbf{r})\,d^3r$$

erzeugt. Andererseits stellt eine bewegte elektrische Ladung einen elektrischen Strom dar. Nach der Quantenmechanik ist die Aufenthaltswahrscheinlichkeitsstromdichte eines Massenpunktes nach Gl. (2.1) gegeben durch

$$\mathbf{j}(\mathbf{r}) = \frac{\hbar}{2im_e}\bigl(\psi^*\nabla\psi - \psi\nabla\psi^*\bigr)$$

und die zugehörige elektrische Wahrscheinlichkeitsstromdichte für ein Elektron der Ladung $-e$ durch $-e\mathbf{j}$. Damit erhält man für den Erwartungswert des magnetischen Dipolmomentes

$$\begin{aligned}<\mathbf{m}> &= -\frac{e\hbar}{4im_e}\int \mathbf{r}\times\bigl(\psi^*\nabla\psi - \psi\nabla\psi^*\bigr)\,d^3r\\ &= -\frac{e\hbar}{4m_e}\int\left[\psi^*\mathbf{r}\times\frac{1}{i}\nabla\psi + \psi\bigl(\mathbf{r}\times\frac{1}{i}\nabla\psi\bigr)^*\right]\,d^3r\\ &= -\frac{e\hbar}{4m_e}\int\left[\psi^*\mathbf{l}\psi + \psi(\mathbf{l}\psi)^*\right]\,d^3r\\ &= -\frac{e\hbar}{2m_e}<\mathbf{l}>,\end{aligned}$$

wobei benutzt wurde, daß der Drehimpulsoperator $\mathbf{l} = \mathbf{r}\times\nabla/i$ selbstadjungiert ist. Vermöge dieser Beziehung wird ein Operator für das magnetische Moment nach Gl. (2.88) eingeführt. ■

Wählt man die z-Achse in Richtung der magnetischen Induktion $\mathbf{B} = (0,0,B)$, so können wir mit $\mathbf{l} = (l_1, l_2, l_3)$ nach Gl. (2.25) $l_3\psi_{nlm} = m\psi_{nlm}$ verwenden, vergl. Abschn. 2.2.3, wobei m hier die magnetische Quantenzahl bezeichnet. Die Eigenfunktionen $\psi_{nlm}(\mathbf{r})$ des Hamilton-Operators H in Gl. (2.87) sind auch Eigenfunktionen des Hamilton-Operators H_B Gl. (2.89) und es folgt

$$H_B\psi_{nlm} = (H + \mu_B B l_3)\psi_{nlm} = (\varepsilon_{nl} + m\mu_B B)\psi_{nlm}. \tag{2.90}$$

Das $(2l+1)$-fach entartete Einteilchenniveau ε_{nl} zur Bahndrehimpulsquantenzahl l spaltet also durch das Magnetfeld in verschiedene Niveaus für $m = -l, -l+1, \ldots l$ auf. Da l ganzzahlig ist, berechnet man eine Aufspaltung in eine ungerade Anzahl von Niveaus. An den Einelektronenspektren von Alkaliatomen wurde demgegenüber an den Energieniveaus mit $l = 0$ eine Magnetfeldaufspaltung in 2 Niveaus gemessen, die einen Abstand von $2\mu_B B$ haben. Diese und andere Aufspaltungen in eine gerade Anzahl von Energieniveaus können mit dem Bahndrehimpuls nicht beschrieben werden, sondern machen die Einführung von halbzahligen Drehimpulsquantenzahlen erforderlich, die von Spin herrühren.

2 Spezielle Einteilchensysteme

Zur Einführung des Spins muß der Hilbert-Raum $\mathcal{H}_O$ der über dem Ortsraum quadratisch integrierbaren Funktionen $\psi(\mathbf{r},t)$ erweitert werden. Sei $\mathcal{H}_S$ der Hilbert-Raum der Spinzustände des Massenpunktes, so wird der Hilbert-Raum $\mathcal{H} = \mathcal{H}_O \otimes \mathcal{H}_S$ betrachtet, der das orthogonale Produkt aus $\mathcal{H}_O$ und $\mathcal{H}_S$ darstellt. Bilden die ϕ_ν eine Basis in $\mathcal{H}_O$ und die χ_μ eine Basis in $\mathcal{H}_S$, so wird der Produkt-Hilbert-Raum $\mathcal{H}$ von allen Basisvektoren $\psi_{\nu\mu} = \phi_\nu \chi_\mu$ aufgespannt.

Im Abschn. 2.2 wurde der Drehimpulsoperator durch $\mathbf{l} = \mathbf{r} \times \mathbf{p}/\hbar$ definiert, woraus sich wegen der Vertauschungsrelationen Gl. (1.15) der Orts- und Impulsoperatoren die Vertauschungsrelationen Gl. (2.19) der Komponenten der Drehimpulsoperatoren ergaben. Die ganzzahligen Drehimpulsquantenzahlen l und m sind eine Folge der möglichen Lösungen der Legendre-Differentialgleichung. In diesem Abschnitt definieren wir einen verallgemeinerten Drehimpulsoperator $\mathbf{j} = (j_1, j_2, j_3)$ im Hilbert-Raum $\mathcal{H} = \mathcal{H}_O \otimes \mathcal{H}_S$ durch die Vertauschungsrelationen

$$[j_k, j_l] = i j_m \quad \text{für} \quad (k,l,m) = \begin{cases} (1,2,3) \\ (2,3,1) \\ (3,1,2), \end{cases}$$

die speziell auch vom Bahndrehimpuls erfüllt werden. Im Anhang C, Abschn. C.2 wird gezeigt, daß sich aus diesen Vertauschungsrelationen

$$[\mathbf{j}^2, \mathbf{j}] = 0 \quad \text{mit} \quad \mathbf{j}^2 = j_1^2 + j_2^2 + j_3^2$$

ergibt. Die Eigenwertgleichungen von $\mathbf{j}^2$ und j_3 lauten

$$\begin{aligned} \mathbf{j}^2 \phi_{jm} &= j(j+1)\phi_{jm} \\ j_3 \phi_{jm} &= m\phi_{jm}. \end{aligned} \tag{2.91}$$

mit

$$j = 0, \tfrac{1}{2}, 1, \tfrac{3}{2}, 2, \ldots$$

und

$$m = -j, -j+1, -j+2, \ldots +j$$

sowie

$$\begin{aligned} j_\pm \phi_{jm} &= \sqrt{j(j+1) - m^2 \mp m}\,\phi_{jm\pm 1} \\ &= \sqrt{(j \mp m)(j \pm m + 1)}\,\phi_{jm\pm 1}. \end{aligned} \tag{2.92}$$

mit $j_\pm = j_1 \pm i j_2$. Die Eigenfunktionen erfüllen die Orthonormalitätsrelation

$$\langle \phi_{jm}, \phi_{j'm'} \rangle = \delta_{jj'} \delta_{mm'}. \tag{2.93}$$

2.6.2 Bosonen und Fermionen

Betrachtet man die verschiedenen Elementarteilchen als einzelne geladene Massenpunkte, so ergeben sich die mit dem Spin zusammenhängenden Eigenschaften im Rahmen der relativistischen Quantenmechanik, wie sie in Kap. 3 besprochen wird. Allgemeinere Theorien wechselwirkender Elementarteilchen werden hier nicht behandelt. Es zeigt sich jedoch, daß die wichtigsten mikroskopischen Eigenschaften der Atome, Moleküle, Flüssigkeiten und Festkörper auch mit einfachen Näherungen beschrieben werden können. Dazu genügt es den Hilbert-Raum der über dem Ortsraum quadratisch integrierbaren Funktionen $\mathcal{H}_O$ um einen Hilbert-Raum der Spinzustände $\mathcal{H}_S$ zu erweitern. Aus der relativistischen Quantenmechanik läßt sich näherungsweise ein Hamilton-Operator ableiten, der im Hilbert-Raum $\mathcal{H} = \mathcal{H}_O \otimes \mathcal{H}_S$ wirkt und als zusätzliche Observable einen verallgemeinerten Drehimpuls oder Spin enthält. Dadurch sind die Zustände in $\mathcal{H}$ gegenüber denen in $\mathcal{H}_O$ mit zusätzlichen Quantenzahlen zu charakterisieren. Der von Pauli genäherte Einteilchen-Hamilton-Operator mit den relativistischen Korrekturen lautet

$$H(\mathbf{r},\mathbf{s}) = -\frac{\hbar^2}{2m_e}\Delta + V(\mathbf{r}) + \zeta(r)\mathbf{l}\cdot\mathbf{s} + \mu_B \mathbf{B}\cdot(\mathbf{l} + g_0\mathbf{s}), \qquad (2.94)$$

wobei sich $\zeta(r)$ näherungsweise aus einem gemittelten kugelsymmetrischen Potential $V(r)$ ergibt, vergl. Gl. (3.41)

$$\zeta(r) = \frac{g_0 \hbar^2}{4m_e^2 c^2} \frac{1}{r}\frac{dV(r)}{dr}.$$

Dabei bezeichnet g_0 den gyromagnetischen Faktor

$$g_0 \approx 2\left(1 + \frac{\alpha}{2\pi}\right) \approx 2.002323,$$

α die Sommerfeld-Feinstrukturkonstante

$$\alpha = \frac{e^2}{4\pi\varepsilon_0 c\hbar} \approx \frac{1}{137.04}$$

und μ_B das Bohr-Magneton nach Gl. (2.88). Aus verschiedenen Experimenten ergibt sich, daß den einzelnen Elementarteilchen in der Näherung geladener Massenpunkte als weitere Observable außer dem Ort $\mathbf{r}$ ein Spin $\mathbf{s}$ zugeordnet werden muß. Der Betrag dieses Spins ist, wie die Masse und die Ladung, eine das Elementarteilchen charakterisierende Quantenzahl, während die z-Komponente des Spins als zusätzlicher Freiheitsgrad hinzukommt. Die fundamentalen, massebehafteten Spin-$\frac{1}{2}$-Teilchen sind die Leptonen: Elektron, Myon und τ-Teilchen, ferner die Quarks sowie deren Antiteilchen. Wir behandeln auch zusammengesetzte Teilchen wie die

Atomkerne, z.B. das Proton mit Spin $\frac{1}{2}$ oder das α-Teilchen mit Spin 0, im Rahmen der hier besprochenen nicht-relativistischen Quantenmechanik als geladene Massenpunkte mit elektromagnetischer Wechselwirkung. Dies ist eine gute Näherung für kleine Energien, bei denen das Teilchen noch nicht in seine Komponenten zerlegt werden kann. Aufgrund ihrer unterschiedlichen statistischen Eigenschaften, die in Kap. 15 besprochen werden, bezeichnet man Teilchen mit halbzahligem Spin auch als *Fermionen* und Teilchen mit ganzzahligem Spin auch als *Bosonen*.

2.6.3 Spinabhängige Energieniveaus

Zur Beschreibung eines Elektrons oder Fermions mit Spin 1/2 verwenden wir den Hamilton-Operator nach Gl. (2.94), der im Hilbert-Raum $\mathcal{H} = \mathcal{H}_\mathrm{O} \otimes \mathcal{H}_\mathrm{S}$ definiert ist. Die Eigenwertgleichungen der Spinoperatoren $\mathbf{s} = (s_1, s_2, s_3)$ im Hilbert-Raum $\mathcal{H}_\mathrm{S}$ sind durch Gl. (2.91) und (2.92) gegeben, wobei jetzt s anstelle von j, m_s anstelle von m und χ anstelle von ϕ geschrieben wird:

$$\mathbf{s}^2 \chi_{sm_s} = s(s+1)\chi_{sm_s}$$
$$s_3 \chi_{sm_s} = m_s \chi_{sm_s} \qquad (2.95)$$
$$s_\pm \chi_{sm_s} = \sqrt{s(s+1) - m_s^2 \mp m_s}\, \chi_{sm_s \pm 1}.$$

Ist speziell der Hamilton-Operator zur Beschreibung eines Elektrons vom Spin unabhängig, und liegt auch kein äußeres Magnetfeld vor, so lautet der Hamilton-Operator, vergl. Gl. (2.94)

$$H(\mathbf{r}) = -\frac{\hbar^2}{2m_\mathrm{e}}\Delta + V(\mathbf{r}).$$

Wir nehmen an, daß die zeitunabhängige Schrödinger-Gleichung des Elektrons in $\mathcal{H}_\mathrm{O}$ gelöst sei

$$H(\mathbf{r})\varphi_k(\mathbf{r}) = \varepsilon_k \varphi_k(\mathbf{r}) \quad \text{mit} \quad (\varphi_k, \varphi_l) = \delta_{kl},$$

wobei k einen geeigneten Satz von Quantenzahlen bezeichnet. Dann lassen sich die Zustände des Elektrons im Hilbert-Raum $\mathcal{H} = \mathcal{H}_\mathrm{O} \otimes \mathcal{H}_\mathrm{S}$ durch

$$\psi_{km_s} = \varphi_k(\mathbf{r})\chi_{m_s}(\mathbf{s})$$

beschreiben, wobei die Spinquantenzahl $s = \frac{1}{2}$ für das Elektron als unveränderliche Größe nicht mehr notiert wurde. Da die χ_{m_s} für $m_s = \pm\frac{1}{2}$ eine Basis im zweidimensionalen Hilbert-Raum $\mathcal{H}_\mathrm{S}$ bilden, und φ_k eine Basis im Hilbert-Raum $\mathcal{H}_\mathrm{O}$ ist, sind die Produktfunktionen orthonormiert

$$\langle \psi_{km_s}, \psi_{k'm'_s} \rangle = \langle \varphi_k, \varphi_{k'} \rangle \langle \chi_{m_s}, \chi_{m'_s} \rangle = \delta_{kk'}\delta_{m_s m'_s}$$

und bilden eine Basis im Produkt-Hilbert-Raum $\mathcal{H} = \mathcal{H}_\text{O} \otimes \mathcal{H}_\text{S}$.
Für Einelektronenatome erhält man mit dem Hamilton-Operator Gl. (2.94) und $s = \frac{1}{2}$ bei Vernachlässigung der Spin-Bahn-Kopplung die richtige Aufspaltung der Energieniveaus im Magnetfeld. Um das zu zeigen, zerlegen wir zunächst den Hamilton-Operator in einen Ortsanteil H_O und einen Spinanteil H_S

$$H = H_\text{O} + H_\text{S}$$

mit

$$H_\text{O} = -\frac{\hbar^2}{2m_\text{e}}\Delta + V(r) + \mu_\text{B} B l_3$$
$$H_\text{S} = g_0 \mu_\text{B} B s_3,$$

wobei die z-Achse in Richtung der magnetischen Induktion $\mathbf{B} = (0, 0, B)$ gelegt wurde. Der Hamilton-Operator H_O ist zunächst im Hilbert-Raum $\mathcal{H}_\text{O}$ definiert und wirkt in $\mathcal{H}_\text{S}$ wie der Einsoperator. Umgekehrt ist H_S in $\mathcal{H}_\text{S}$ eingeführt und wirkt in $\mathcal{H}_\text{O}$ wie der Einsoperator. Nach Gl. (2.90) und (2.93) sind die Lösungen der Eigenwertaufgaben in $\mathcal{H}_\text{O}$ bzw. $\mathcal{H}_\text{S}$ gegeben durch

$$H_\text{O} \varphi_{nlm}(\mathbf{r}) = (\varepsilon_{nl} + m\mu_\text{B} B)\varphi_{nlm}(\mathbf{r})$$
$$H_\text{S} \chi_{m_s}(\mathbf{s}) = g_0 \mu_\text{B} m_s \chi_{m_s}(\mathbf{s}).$$

Die Eigenwertaufgabe von H im Hilbert-Raum $\mathcal{H}$ lautet

$$H\psi_{nlmm_s} = E_{nlmm_s} \psi_{nlmm_s}$$

und es folgt mit $\psi_{nlmm_s}(\mathbf{r},\mathbf{s}) = \varphi_{nlm}(\mathbf{r})\chi_{m_s}(\mathbf{s})$

$$H\varphi_{nlm}\chi_{m_s} = \bigl(\varepsilon_{nl} + m\mu_\text{B} B + m_s g_0 \mu_\text{B} B\bigr)\varphi_{nlm}\chi_{m_s}.$$

Für Elektronen mit $s = \frac{1}{2}$ erhält man $m_s = \pm\frac{1}{2}$, so daß sich hieraus unter anderem die richtige Magnetfeldaufspaltung um $g_0 \mu_\text{B} B$ für die ns-Zustände ($l = 0$, $m = 0$) ergibt, bei denen der Spin-Bahn-Kopplungsterm des Hamilton-Operators Gl. (2.94) Null ergibt.

2.6.4 Spinmatrizen und Spinoren

Im allgemeinen Fall ist der Hamilton-Operator eine gegebene Funktion von Ort und Spin, vergl. Gl. (2.94), und zur Lösung der Eigenwertaufgabe von H im Hilbert-Raum $\mathcal{H} = \mathcal{H}_\text{O} \otimes \mathcal{H}_\text{S}$ entwickeln wir die Zustände $\psi(\mathbf{r},\mathbf{s})$ nach der Basis χ_{sm_s} von $\mathcal{H}_\text{S}$ mit $\langle \chi_{sm_s}, \chi_{sm'_s}\rangle = \delta_{m_s m'_s}$ nach Gl. (2.93)

$$\phi(\mathbf{r},\mathbf{s}) = \sum_{m_s=-s}^{s} \varphi_{m_s}(\mathbf{r})\chi_{sm_s}(\mathbf{s}) \quad \text{mit} \quad \varphi_{m_s}(\mathbf{r}) = \langle \chi_{sm_s}, \phi\rangle, \qquad (2.96)$$

wobei die eckige Klammer das Skalarprodukt im Hilbert-Raum $\mathcal{H}_S$ bezeichnet. Die Wirkung der Spinoperatoren $\mathbf{s} = (s_1, s_2, s_3)$ ist durch Gl. (2.95) gegeben. Entwickelt man $\mathbf{s}\chi_{m_s}$ wieder nach der Basis

$$\mathbf{s}\chi_{sm_s} = \sum_{m'_s=-s}^{s} \chi_{sm'_s} \langle \chi_{sm'_s}, \mathbf{s}\chi_{sm_s} \rangle,$$

so läßt sich die Wirkung des Spinoperators $\mathbf{s}$ auf die Zustände in $\mathcal{H}$ auch in der Form

$$\mathbf{s}\phi(\mathbf{r},\mathbf{s}) = \sum_{m_s=-s}^{s} \varphi_{m_s}(\mathbf{r}) \sum_{m'_s=-s}^{s} \chi_{sm'_s} \langle \chi_{sm'_s}, \mathbf{s}\chi_{sm_s} \rangle$$

darstellen. Dann erhält man für den durch $\mathbf{s}$ abgebildeten Vektor mit Rücksicht auf Gl. (2.96) die Komponenten

$$\langle \chi_{sm'_s}, \mathbf{s}\phi \rangle = \sum_{m_s=-s}^{s} \langle \chi_{sm'_s}, \mathbf{s}\chi_{sm_s} \rangle \varphi_{m_s}(\mathbf{r}).$$

Um die Schreibweise zur Charakterisierung der Zustände Gl. (2.96) abzukürzen, definieren wir eine Spaltenmatrix als *Spinor*

$$\Phi(\mathbf{r}) = \begin{pmatrix} \varphi_s(\mathbf{r}) \\ \varphi_{s-1}(\mathbf{r}) \\ \vdots \\ \varphi_{-s}(\mathbf{r}) \end{pmatrix}.$$

Die Anwendung der Spinoperatoren $\mathbf{s}$ auf die Spinoren läßt sich dann mit Hilfe der Spinmatrizen

$$\mathbf{S} = \begin{pmatrix} \langle \chi_{ss}, \mathbf{s}\chi_{ss} \rangle & \langle \chi_{ss}, \mathbf{s}\chi_{ss-1} \rangle & \cdots & \langle \chi_{ss}, \mathbf{s}\chi_{s-s} \rangle \\ \langle \chi_{ss-1}, \mathbf{s}\chi_{ss} \rangle & \langle \chi_{ss-1}, \mathbf{s}\chi_{ss-1} \rangle & \cdots & \langle \chi_{ss-1}, \mathbf{s}\chi_{s-s} \rangle \\ \vdots & \vdots & \ddots & \vdots \\ \langle \chi_{s-s}, \mathbf{s}\chi_{ss} \rangle & \langle \chi_{s-s}, \mathbf{s}\chi_{ss-1} \rangle & \cdots & \langle \chi_{s-s}, \mathbf{s}\chi_{s-s} \rangle \end{pmatrix} \quad (2.97)$$

durch eine Matrizenmultiplikation beschreiben

$$\Psi = \mathbf{S}\Phi \quad \text{oder} \quad \begin{pmatrix} \psi_s(\mathbf{r}) \\ \psi_{s-1}(\mathbf{r}) \\ \vdots \\ \psi_{-s}(\mathbf{r}) \end{pmatrix} = \mathbf{S} \begin{pmatrix} \varphi_s(\mathbf{r}) \\ \varphi_{s-1}(\mathbf{r}) \\ \vdots \\ \varphi_{-s}(\mathbf{r}) \end{pmatrix}.$$

Wir definieren den zu Φ adjungierten Spinor Φ^+ als Zeilenmatrix

$$\Phi^+ = \begin{pmatrix} \varphi_s^*(\mathbf{r}) & \varphi_{s-1}^*(\mathbf{r}) & \ldots & \varphi_{-s}^*(\mathbf{r}) \end{pmatrix}$$

und es folgt die Normierungsbedingung für Zustände in $\mathcal{H}$ nach Gl. (2.96) im Sinne der Matrizenmultiplikation

$$\Phi^+\Phi = \sum_{m_s=-s}^{s} \varphi_{m_s}^*(\mathbf{r})\varphi_{m_s}(\mathbf{r}) = \langle\phi(\mathbf{r},\mathbf{s})|\phi(\mathbf{r},\mathbf{s})\rangle = 1. \qquad (2.98)$$

Nun beschreibt der Zustand $\varphi_{m_s}\chi_{sm_s}$ von $\mathcal{H}$ ein Teilchen mit der Spinquantenzahl s und der z-Komponente des Spins m_s, denn der Erwartungswert von s_3 ist gegeben durch

$$\begin{aligned}\langle s_3\rangle &= \langle\varphi_{m_s}\chi_{sm_s}, s_3\varphi_{m_s}\chi_{sm_s}\rangle \\ &= m_s\langle\varphi_{m_s},\varphi_{m_s}\rangle\langle\chi_{sm_s},\chi_{sm_s}\rangle = m_s.\end{aligned}$$

Die Komponente $\varphi_{m_s}(\mathbf{r}) \in \mathcal{H}_O$ des Spinors Φ ist der Zustand eines Teilchens, dessen z-Komponente des Spins m_s ist. Also ist $\left|\psi_{m_s}(\mathbf{r})\right|^2$ die Aufenthaltswahrscheinlichkeitsdichte für ein Teilchen mit der z-Komponente des Spins m_s und $\Phi^+\Phi$ nach Gl. (2.98) die Aufenthaltswahrscheinlichkeitsdichte für ein Teilchen unabhängig von der z-Komponente des Spins.

Die Wirkung von Operatoren $A(\mathbf{r})$ im Hilbert-Raum $\mathcal{H}_O$ auf die Spinoren Φ läßt sich aus Gl. (2.96) ableiten

$$A(\mathbf{r})\psi(\mathbf{r},\mathbf{s}) = \sum_{m_s=-s}^{s} A(\mathbf{r})\varphi_{m_s}(\mathbf{r})\chi_{sm_s}(\mathbf{s})$$

und man erhält

$$A(\mathbf{r})\Psi = \begin{pmatrix} A(\mathbf{r})\varphi_s(\mathbf{r}) \\ A(\mathbf{r})\varphi_{s-1}(\mathbf{r}) \\ \vdots \\ A(\mathbf{r})\varphi_{-s}(\mathbf{r}) \end{pmatrix}.$$

Speziell für Teilchen mit Spin $\frac{1}{2}$ findet man aus Gl. (2.95)

$$\begin{aligned}\mathbf{s}^2\chi_{\frac{1}{2}m_s} &= \tfrac{1}{2}\left(\tfrac{1}{2}+1\right)\chi_{\frac{1}{2}m_s} \\ s_3\chi_{\frac{1}{2}m_s} &= m_s\chi_{\frac{1}{2}m_s} \\ s_\pm\chi_{\frac{1}{2}m_s} &= \sqrt{\tfrac{1}{2}\mp m_s}\,\chi_{\frac{1}{2}m_s\pm 1}\end{aligned}$$

oder

$$\begin{aligned}\mathbf{s}^2\chi_{\frac{1}{2}\pm\frac{1}{2}} &= \tfrac{3}{4}\chi_{\frac{1}{2}\pm\frac{1}{2}} \\ s_3\chi_{\frac{1}{2}\pm\frac{1}{2}} &= \pm\tfrac{1}{2}\chi_{\frac{1}{2}\pm\frac{1}{2}} \\ s_+\chi_{\frac{1}{2}\frac{1}{2}} &= 0 \quad \text{und} \quad s_+\chi_{\frac{1}{2}-\frac{1}{2}} = \chi_{\frac{1}{2}\frac{1}{2}} \\ s_-\chi_{\frac{1}{2}-\frac{1}{2}} &= 0 \quad \text{und} \quad s_-\chi_{\frac{1}{2}\frac{1}{2}} = \chi_{\frac{1}{2}-\frac{1}{2}}.\end{aligned}$$

2 Spezielle Einteilchensysteme

Zur Darstellung der Spinoperatoren **s** mit $s = \frac{1}{2}$ im Hilbert-Raum $\mathcal{H}_S$ erhalten wir aus Gl. (2.97) die 2×2-Spinmatrizen

$$S_i = \begin{pmatrix} \langle \chi_{\frac{1}{2}\frac{1}{2}}, s_i \chi_{\frac{1}{2}\frac{1}{2}} \rangle & \langle \chi_{\frac{1}{2}\frac{1}{2}}, s_i \chi_{\frac{1}{2}-\frac{1}{2}} \rangle \\ \langle \chi_{\frac{1}{2}-\frac{1}{2}}, s_i \chi_{\frac{1}{2}\frac{1}{2}} \rangle & \langle \chi_{\frac{1}{2}-\frac{1}{2}}, s_i \chi_{\frac{1}{2}-\frac{1}{2}} \rangle \end{pmatrix}$$

Im einzelnen ergeben sich wegen $s_1 = \frac{1}{2}(s_+ + s_-)$ und $s_2 = \frac{i}{2}(s_- - s_+)$ die *Pauli-Spinmatrizen*

$$\mathbf{S}^2 = \frac{3}{4}\begin{pmatrix} 1 & 0 \\ 0 & 1 \end{pmatrix} \quad \text{und} \quad S_3 = \frac{1}{2}\begin{pmatrix} 1 & 0 \\ 0 & -1 \end{pmatrix}$$
$$S_+ = \begin{pmatrix} 0 & 1 \\ 0 & 0 \end{pmatrix} \quad \text{und} \quad S_- = \begin{pmatrix} 0 & 0 \\ 1 & 0 \end{pmatrix} \quad (2.99)$$
$$S_1 = \frac{1}{2}\begin{pmatrix} 0 & 1 \\ 1 & 0 \end{pmatrix} \quad \text{und} \quad S_2 = \frac{1}{2}\begin{pmatrix} 0 & -i \\ i & 0 \end{pmatrix}.$$

Mit diesen Matrizen schreibt sich die Schrödinger-Gleichung mit dem Hamilton-Operator Gl. (2.94) und den Spinoren Φ

$$H\Phi = \left[\left[-\frac{\hbar^2}{2m_\mathrm{e}}\Delta + V(\mathbf{r})\right]\mathcal{E} + \zeta(r)\mathbf{l}\cdot\mathbf{S} + \mu_\mathrm{B}\mathbf{B}\cdot(\mathbf{1} + g_0\mathbf{S}) \right]\Phi = E\Phi$$

oder ausgeschrieben

$$\begin{aligned}
&[-\frac{\hbar^2}{2m_\mathrm{e}}\Delta + V(\mathbf{r})]\begin{pmatrix} \varphi_{\frac{1}{2}}(\mathbf{r}) \\ \varphi_{-\frac{1}{2}}(\mathbf{r}) \end{pmatrix} \\
&+ \zeta(r)\left[l_1\frac{1}{2}\begin{pmatrix} 0 & 1 \\ 1 & 0 \end{pmatrix} + l_2\frac{1}{2}\begin{pmatrix} 0 & -i \\ i & 0 \end{pmatrix} + l_3\frac{1}{2}\begin{pmatrix} 1 & 0 \\ 0 & -1 \end{pmatrix}\right]\begin{pmatrix} \varphi_{\frac{1}{2}}(\mathbf{r}) \\ \varphi_{-\frac{1}{2}}(\mathbf{r}) \end{pmatrix} \\
&+ \mu_\mathrm{B}\mathbf{B}\cdot\mathbf{l}\begin{pmatrix} \varphi_{\frac{1}{2}}(\mathbf{r}) \\ \varphi_{-\frac{1}{2}}(\mathbf{r}) \end{pmatrix} \\
&+ \mu_\mathrm{B}g_0\left[B_1\frac{1}{2}\begin{pmatrix} 0 & 1 \\ 1 & 0 \end{pmatrix} + B_2\frac{1}{2}\begin{pmatrix} 0 & -i \\ i & 0 \end{pmatrix} + B_3\frac{1}{2}\begin{pmatrix} 1 & 0 \\ 0 & -1 \end{pmatrix}\right]\begin{pmatrix} \varphi_{\frac{1}{2}}(\mathbf{r}) \\ \varphi_{-\frac{1}{2}}(\mathbf{r}) \end{pmatrix} \\
&= E\begin{pmatrix} \varphi_{\frac{1}{2}}(\mathbf{r}) \\ \varphi_{-\frac{1}{2}}(\mathbf{r}) \end{pmatrix}.
\end{aligned}$$

Die Gleichung besteht aus zwei gekoppelten Differentialgleichungen für $\varphi_{\frac{1}{2}}(\mathbf{r})$ und $\varphi_{-\frac{1}{2}}(\mathbf{r})$. Wird die Spin-Bahn-Kopplung nicht berücksichtigt ($\zeta(r) = 0$) und liegt das Magnetfeld in Richtung der z-Achse der Quantisierung, so zerfällt sie in zwei getrennte Differentialgleichungen. Die Pauli-Spinmatrizen S_i für $i = 1, 2, 3$ sind selbstadjungiert $S_i^+ = S_i$, haben die Eigenwerte $\pm\frac{1}{2}$ und besitzen die folgenden

Eigenschaften

$$S_i^+ S_i = S_i^2 = \tfrac{1}{4}\mathcal{E}$$
$$S_1^2 + S_2^2 + S_3^2 = \tfrac{3}{4}\mathcal{E}$$
$$[S_j, S_k] = iS_n \quad \text{für} \quad (j,k,n) \text{ zyklisch}$$
$$S_j S_k + S_k S_j = \tfrac{1}{2}\delta_{jk}\mathcal{E}$$
$$S_1 S_2 S_3 = \tfrac{i}{8}\mathcal{E}$$
$$\operatorname{Sp}(S_i) = 0$$
$$\det(S_i) = -\tfrac{1}{4},$$

wobei $\mathcal{E}$ die 2×2-Einheitsmatrix bezeichnet.

Im Falle eines verallgemeinerten Drehimpulses mit $j = 1$, $m = 1, 0, -1$ ergeben sich die entsprechenden 3×3-Matrizen der Drehimpulsoperatoren

$$J_k = \begin{pmatrix} \langle \phi_{1\,1}, j_k \phi_{1\,1} \rangle & \langle \phi_{1\,1}, j_k \phi_{1\,0} \rangle & \langle \phi_{1\,1}, j_k \phi_{1\,-1} \rangle \\ \langle \phi_{1\,0}, j_k \phi_{1\,1} \rangle & \langle \phi_{1\,0}, j_k \phi_{1\,0} \rangle & \langle \phi_{1\,0}, j_k \phi_{1\,-1} \rangle \\ \langle \phi_{1\,-1}, j_k \phi_{1\,1} \rangle & \langle \phi_{1\,-1}, j_k \phi_{1\,0} \rangle & \langle \phi_{1\,-1}, j_k \phi_{1\,-1} \rangle \end{pmatrix}$$

und wir erhalten durch Anwendung der Gl. (2.91) und (2.92)

$$\mathbf{J}^2 = 2 \begin{pmatrix} 1 & 0 & 0 \\ 0 & 1 & 0 \\ 0 & 0 & 1 \end{pmatrix} \quad ; \quad J_3 = \begin{pmatrix} 1 & 0 & 0 \\ 0 & 0 & 0 \\ 0 & 0 & -1 \end{pmatrix}$$

$$J_1 = \frac{1}{\sqrt{2}} \begin{pmatrix} 0 & 1 & 0 \\ 1 & 0 & 1 \\ 0 & 1 & 0 \end{pmatrix} \quad ; \quad J_2 = \frac{1}{\sqrt{2}} \begin{pmatrix} 0 & -i & 0 \\ i & 0 & -i \\ 0 & i & 0 \end{pmatrix}.$$

Die Matrizen erfüllen notwendigerweise die Vertauschungsrelationen der Komponenten des Drehimpulsoperators

$$[J_k, J_l] = iJ_n \quad \text{für} \quad (k,l,n) \text{ zyklisch}$$

und

$$J_1^2 + J_2^2 + J_3^2 = \mathbf{J}^2 = 2\mathcal{E},$$

wobei $\mathcal{E}$ hier die 3×3-Einheitsmatrix bezeichnet. Die Spur der Matrizen J_k verschwindet und ihre Determinante ist Null, da der Eigenwert Null vorkommt.

Aufgrund der Vertauschungsrelationen $J_k J_l - J_l J_k = iJ_m$ muß die Spur der Drehimpulsmatrizen verschwinden.

3 Relativistische Quantenmechanik

3.1 Klein-Gordon-Gleichung

Für die Einteilchenquantenmechanik wurde in Kap. 1 aufgrund des Welle-Teilchen-Dualismus mit Hilfe der De Broglie-Beziehungen ein Zusammenhang zwischen der klassischen Mechanik und der Schrödinger-Gleichung hergestellt. Im Falle eines freien Teilchens erhält man mit den De Broglie-Beziehungen die folgende Korrespondenz zwischen der Energie-Impuls-Beziehung und der Dispersionsbeziehung

$$E = \frac{\mathbf{p}^2}{2m} \quad \longleftrightarrow \quad \hbar\omega = \frac{\hbar^2\mathbf{k}^2}{2m},$$

vergl. Abschn. 1.1. Mit Hilfe der Ersetzung

$$E \to -\frac{\hbar}{i}\frac{\partial}{\partial t} \quad \text{und} \quad \mathbf{p} \to \frac{\hbar}{i}\nabla \tag{3.1}$$

findet man aus der Energie-Impuls-Beziehung formal die Differentialgleichung

$$-\frac{\hbar}{i}\frac{\partial}{\partial t}\psi = -\frac{\hbar^2}{2m}\Delta\psi,$$

die mit einem Ansatz ebener Wellen

$$\psi(\mathbf{r},t) = \exp\{i(\mathbf{k}\mathbf{r} - \omega t)\}$$

die obige Dispersionsbeziehung ergibt.

Beschränkt man sich jedoch nicht auf kleine Impulse $|\mathbf{p}| \ll mc$, wobei c die Lichtgeschwindigkeit bezeichnet, so lautet die Energie-Impuls-Beziehung eines freien Teilchens im Rahmen der speziellen Relativitätstheorie

$$E^2 = m^2c^4 + c^2p^2. \tag{3.2}$$

In der Näherung der klassischen Mechanik $|\mathbf{p}| \ll mc$ setzt sich somit die Energie

$$E = mc^2\sqrt{1 + \left(\frac{\mathbf{p}}{mc}\right)^2} \approx mc^2\left(1 + \frac{1}{2}\left(\frac{\mathbf{p}}{mc}\right)^2\right) = mc^2 + \frac{\mathbf{p}^2}{2m}$$

aus der Ruheenergie mc^2 und der kinetischen Energie der klassischen Mechanik zusammen. Folgt man aber dem im Abschn. 1.1 eingeschlagenen Weg mit der relativistischen Energie-Impuls-Beziehung Gl. (3.2) als Ausgangspunkt, so erhält man mit Hilfe der Ersetzungen Gl. (3.1) die Differentialgleichung

$$-\hbar^2\frac{\partial^2\psi}{\partial t^2} = (-c^2\hbar^2\Delta + m^2c^4)\psi.$$

3.1 Klein-Gordon-Gleichung

Man überzeugt sich leicht, daß die Lösungen in Form von ebenen Wellen das relativistische Dispersionsgesetz

$$\hbar^2\omega^2 = c^2\hbar^2\mathbf{k}^2 + m^2c^4$$

erfordern, woraus sich mit Hilfe der De Broglie-Beziehungen $E = \hbar\omega$ und $\mathbf{p} = \hbar\mathbf{k}$ die relativistische Energie-Impulsbeziehung Gl. (3.2) ergibt.

Wir schreiben die Differentialgleichung in etwas anderer Form und erhalten die *Klein-Gordon-Gleichung*

$$\left(\frac{1}{c^2}\frac{\partial^2}{\partial t^2} - \Delta + \left(\frac{mc}{\hbar}\right)^2\right)\psi = 0.$$

Sie stellt eine Verallgemeinerung der Wellengleichung für Teilchen mit nicht verschwindender Ruhmasse m dar und beschreibt im Rahmen einer Quantenfeldtheorie das Wellenfeld der π-Mesonen, während die Wellengleichung das Wellenfeld masseloser Teilchen, der Photonen beschreibt.

Um die Lösungen ψ der Klein-Gordon-Gleichung, ebenso wie die Lösungen der Schrödinger-Gleichung im Abschn. 1.2, als Wellenfunktionen zu interpretieren, sollte eine Kontinuitätsgleichung existieren, die der Gl. (1.2) in Abschn. 1.2.1 entspricht. Multipliziert man die Klein-Gordon-Gleichung mit ψ^* und subtrahiert die konjugiert komplexe Gleichung, so folgt

$$\psi^*\left(\frac{1}{c^2}\frac{\partial^2}{\partial t^2} - \Delta\right)\psi - \psi\left(\frac{1}{c^2}\frac{\partial^2}{\partial t^2} - \Delta\right)\psi^* = 0$$

$$\frac{1}{c^2}\frac{\partial}{\partial t}\left(\psi^*\frac{\partial\psi}{\partial t} - \psi\frac{\partial\psi^*}{\partial t}\right) - \nabla(\psi^*\nabla\psi - \psi\nabla\psi^*) = 0.$$

Daraus ergibt sich zwar eine Kontinuitätsgleichung

$$\frac{\partial\rho}{\partial t} + \nabla\cdot\mathbf{j} = 0$$

mit

$$\rho = -\frac{\hbar}{2imc^2}\left(\psi^*\frac{\partial\psi}{\partial t} - \psi\frac{\partial\psi^*}{\partial t}\right) \quad \text{und} \quad \mathbf{j} = \frac{\hbar}{2im}(\psi^*\nabla\psi - \psi\nabla\psi^*),$$

jedoch ist hier ρ keine positiv definite Größe und kann deshalb nicht als Aufenthaltswahrscheinlichkeitsdichte interpretiert werden. Darüber hinaus ist die Klein-Gordon-Gleichung eine hyperbolische Differentialgleichung und hat keine Lösungen in Form von auseinanderfließenden Wellenpaketen wie die parabolische Schrödinger-Gleichung, vergl. Abschn. 1.2.2. Auch dies ist ein schwerwiegender Einwand gegen die Anwendbarkeit der Klein-Gordon-Gleichung, denn die Eigenschaften des relativistischen Teilchens müssen für kleine Geschwindigkeiten in die eines nichtrelativistischen Teilchens übergehen. Eine parabolische Differentialgleichung, in der nur die erste Ableitung nach der Zeit auftritt, erhält man jedoch, wenn man von einer Energie-Impuls-Beziehung ausgeht, die aus Gl. (3.2) durch Wurzelziehen entsteht.

3.2 Spezielle Relativitätstheorie

Als Vierervektoren im Minkowski-Raum seien der kontravariante Vektor

$$x^\mu \quad \text{mit} \quad \mu = 0,1,2,3 \quad \text{und} \quad \underline{x} = (x^0, x^1, x^2, x^3) = (ct, x, y, z)$$

und der zugehörige kovariante Vektor

$$x_\mu \quad \text{mit} \quad \mu = 0,1,2,3 \quad \text{und} \quad (x_0, x_1, x_2, x_3) = (ct, -x, -y, -z)$$

eingeführt. Für die Verknüpfung der Vierervektoren verwenden wir die Einstein-Konvention

$$x_\nu x^\nu \stackrel{\text{def}}{=} \sum_{\nu=0}^{3} x_\nu x^\nu = c^2 t^2 - x^2 - y^2 - z^2$$

und die Umrechnung wird mit dem metrischen Fundamentaltensor $g_{\nu\mu}$ ausgeführt

$$\begin{aligned} x_\nu &= g_{\nu\mu} x^\mu \\ x^\nu &= g^{\nu\mu} x_\mu \end{aligned} \quad \text{mit} \quad g_{\nu\mu} = g^{\nu\mu} = \begin{pmatrix} 1 & 0 & 0 & 0 \\ 0 & -1 & 0 & 0 \\ 0 & 0 & -1 & 0 \\ 0 & 0 & 0 & -1 \end{pmatrix},$$

wobei auch hier die Summenkonvention angewendet wurde. Sei jetzt x^μ ein kontravarianter Vektor in einem Inertialsystem Σ, der einen bestimmten Punkt im Minkowski-Raum oder ein Ereignis beschreibt, und Σ' ein anderes, achsenparalleles Inertialsystem, das sich gegenüber Σ mit der konstanten Geschwindigkeit v in Richtung der negativen x-Achse bewegt, so wird das Ereignis in Σ' durch die Lorentz-Transformation

$$x'^\mu = L^\mu{}_\nu(v) x^\nu \quad \text{und} \quad x^\mu = L^\mu{}_\nu(-v) x'^\nu \tag{3.3}$$

oder kurz $\underline{x}' = L\underline{x}$ bestimmt und die Lorentz-Matrix ist gegeben durch

$$L^\mu{}_\nu(v) = \begin{pmatrix} \gamma & \frac{v}{c}\gamma & 0 & 0 \\ \frac{v}{c}\gamma & \gamma & 0 & 0 \\ 0 & 0 & 1 & 0 \\ 0 & 0 & 0 & 1 \end{pmatrix} = L_\nu{}^\mu(v) \quad \text{mit} \quad \gamma = \frac{1}{\sqrt{1 - \frac{v^2}{c^2}}}.$$

Die Lorentz-Matrix erfüllt die Bedingungen

$$g_{\nu\mu} L^\mu{}_\alpha(v) L^\nu{}_\beta(v) = g_{\alpha\beta} \quad \text{und} \quad L^\alpha{}_\mu(v) L^\mu{}_\beta(-v) = \delta^\alpha{}_\beta,$$

wobei $\delta^\alpha{}_\beta$ das Kronecker-Symbol bezeichnet.

3.2 Spezielle Relativitätstheorie

Ist a^μ ein Vierervektor im Minkowski-Raum, der sich nach Gl. (3.3) transformiert, so ist der Ausdruck $a_\nu a^\nu$ invariant gegen Lorentz-Transformationen

$$a'_\nu a'^\nu = g_{\nu\mu} a'^\mu a'^\nu = g_{\nu\mu} L^\mu{}_\alpha a^\alpha L^\nu{}_\beta a^\beta = g_{\alpha\beta} a^\alpha a^\beta = a_\beta a^\beta.$$

Wir definieren ferner den kontravarianten bzw. kovarianten Vierergradienten

$$\partial^\nu = \frac{\partial}{\partial x_\nu} \quad \text{und} \quad \partial_\nu = \frac{\partial}{\partial x^\nu} \quad \text{mit} \quad \partial_\nu = g_{\nu\mu} \partial^\mu,$$

denn es gilt nach Gl. (3.3)

$$\partial_\nu = \frac{\partial}{\partial x^\nu} = \frac{\partial x'^\mu}{\partial x^\nu} \frac{\partial}{\partial x'^\mu} = L^\mu{}_\nu(v) \partial'_\mu$$

und daher transformiert ∂_ν wie ein kovarianter Vektor:

$$x_\nu = g_{\nu\mu} x^\mu = g_{\nu\mu} L^\mu{}_\rho(-v) x'^\rho = g_{\nu\mu} L^\mu{}_\rho(-v) g^{\rho\sigma} x'_\sigma = L_\nu{}^\sigma(v) x'_\sigma.$$

Aufgrund dieses Transformationsverhaltens zeigt sich analog zum Beweis bei $a_\nu a^\nu$, daß die Viererdivergenz $\partial_\nu a^\nu$ und der Wellenoperator

$$\partial_\nu \partial^\nu = \frac{1}{c^2} \frac{\partial^2}{\partial t^2} - \Delta$$

gegenüber Lorentz-Transformationen invariant sind.

Wir betrachten jetzt einen Massenpunkt, der im Ursprung eines Inertialsystems Σ ruhen möge. In diesem sogenannten Ruhsystem hat der Massenpunkt den Vierervektor $x^\mu = (ct, 0, 0, 0)$, wobei t auch Eigenzeit genannt wird. Der Viererimpuls des Ruhsystems ist

$$p^\mu = m \frac{dx^\mu}{dt} = (mc, 0, 0, 0).$$

Wir bezeichnen das oben eingeführte Inertialsystem Σ' als Laborsystem. Dann ist v die Geschwindigkeit des Massenpunktes im Laborsystem in Richtung der positiven x'-Achse und der Viererimpuls im Laborsystem ergibt sich mit Hilfe der Lorentz-Transformation Gl. (3.3) zu

$$p'^\nu = L^\nu{}_\mu p^\mu \quad \text{oder} \quad (\gamma mc, \gamma mv, 0, 0) = \left(\frac{E}{c}, p, 0, 0\right).$$

Mit Einstein interpretieren wir $E = \gamma mc^2$ und $p = \gamma mv$ als Energie und Impuls des Massenpunktes im Laborsystem und erhalten aus dem Invarianten $p_\nu p^\nu$ die relativistische Energie-Impuls-Beziehung Gl. (3.2)

$$p'_\nu p'^\nu = p_\nu p^\nu = m^2 c^2 \quad \text{oder} \quad E^2 = m^2 c^4 + p^2 c^2,$$

wonach jedem Massenpunkt die Ruhenergie mc^2 zuzuordnen ist.

3.3 Dirac-Gleichung

Zur Herleitung einer parabolischen Differentialgleichung für ein relativistisches freies Teilchen im Rahmen der Schrödinger-Wellenmechanik gehen wir von der Energie-Impuls-Beziehung Gl. (3.2) in der Form

$$E = \sqrt{p^2c^2 + m^2c^4}$$

aus. Die nach dem Welle-Teilchen-Dualismus zugeordnete Differentialgleichung erhalten wir mit Hilfe der Ersetzung Gl. (3.1)

$$-\frac{\hbar}{i}\frac{\partial \psi}{\partial t} = \sqrt{-\hbar^2 c^2 \Delta + m^2 c^4}\,\psi\,.$$

Sie führt mit einem Ansatz ebener Wellen $\psi(\mathbf{r}, t) = \exp\{i(\mathbf{k}\mathbf{r} - \omega t)\}$ und den De Broglie-Beziehungen in Abschn. 1.1 zu obiger Energie-Impuls-Beziehung. Da eine Reihenentwicklung der Wurzel mit dem Laplace-Operator zu beliebig hohen Ableitungen führen würde, verwenden wir statt dessen für den Hamilton-Operator H den Ansatz von P.A.M. Dirac

$$-\frac{\hbar}{i}\frac{\partial \psi}{\partial t} = \frac{\hbar c}{i}\left(\alpha_1 \frac{\partial \psi}{\partial x^1} + \alpha_2 \frac{\partial \psi}{\partial x^2} + \alpha_3 \frac{\partial \psi}{\partial x^3}\right) + \beta mc^2 \psi = H\psi, \qquad (3.4)$$

wobei die Größen α_1, α_2, α_3 und β so zu bestimmen sind, daß die Klein-Gordon-Gleichung erfüllt ist

$$-\hbar^2 \frac{\partial^2 \psi}{\partial t^2} = (-c^2 \hbar^2 \Delta + m^2 c^4)\psi\,.$$

Quadriert man die Gleichung (3.4), so erhält man

$$-\hbar^2 \frac{\partial^2 \psi}{\partial t^2} = -\hbar^2 c^2 \sum_{k,l}^{1,2,3} \frac{\alpha_k \alpha_l + \alpha_l \alpha_k}{2}\frac{\partial^2 \psi}{\partial x^k \partial x^l} +$$
$$+ \frac{\hbar m c^3}{i}\sum_{j=1}^{3}(\alpha_j \beta + \beta \alpha_j)\frac{\partial \psi}{\partial x^j} + \beta^2 m^2 c^4 \psi$$

und durch Vergleich mit der Klein-Gordon-Gleichung ergeben sich die folgenden Bedingungen für die Unbekannten α_1, α_2, α_3 und β:

$$\alpha_k \alpha_l + \alpha_l \alpha_k = 2\delta_{kl} \quad \text{und} \quad \alpha_j \beta + \beta \alpha_j = 0 \quad \text{und} \quad \beta^2 = 1, \qquad (3.5)$$

woraus $\alpha_k^2 = 1$ für $k = 1, 2, 3$ folgt. Diese Bedingungen lassen sich mit komplexen Zahlen offenbar nicht erfüllen. In Abschn. 2.6 wurde gezeigt, daß sich der aufgrund

3.3 Dirac-Gleichung

experimenteller Beobachtungen postulierte Spin im Rahmen eines verallgemeinerten Drehimpulses in einem erweiterten Hilbert-Raum beschreiben läßt. Sei $\mathcal{H}_O$ der Hilbert-Raum der über dem Ortsraum quadratisch integrierbaren Funktionen und $\mathcal{H}_S$ der Hilbert-Raum der Spinzustände, so lassen sich die Spinoperatoren in $\mathcal{H}_S$ durch Spinmatrizen beschreiben, vergl. Abschn. 2.6.4. Tatsächlich können die Gleichungen (3.5) erfüllt werden, wenn die Unbekannten α_1, α_2, α_3 und β Matrizen darstellen und ψ der zugehörigen Spinor ist, vergl. Abschnitt 2.6.4. Dadurch wirkt der Hamilton-Operator H nach Gl. (3.4) im Hilbert-Raum $\mathcal{H}_O \otimes \mathcal{H}_S$ und die Matrizen α_1, α_2, α_3 und β geben an, wie der Hamilton-Operator im Hilbert-Raum $\mathcal{H}_S$ anzuwenden ist. Durch die Konstruktion von Matrizen, die den Bedingungen Gl. (3.5) und damit den Forderungen der speziellen Relativitätstheorie genügen, ergibt sich zwangsläufig ein Hamilton-Operator, der den Spin enthält. Dabei zeigt sich, daß die Bedingungen Gl. (3.5) mit 2 × 2-Matrizen nicht zu erfüllen sind, sondern daß die Matrizen mindestens die Dimension vier haben müssen. Daraus wird der Schluß gezogen, daß durch die Schrödinger-Gleichung (3.4) ein Paar von zwei Teilchen beschrieben wird, das aus einem Teilchen und dem dazugehörigen Antiteilchen besteht.

Zur Herleitung der Matrizen aus den Bedingungen Gl. (3.5) sei zunächst bemerkt, daß der Hamilton-Operator, der der Observablen Energie zugeordnet ist, selbstadjungiert sein muß, so daß auch die Matrizen α_1, α_2, α_3 und β selbstadjungiert anzusetzen sind. Da außerdem $\alpha_k^2 = \beta^2 = 1$ ist, sind die Matrizen α_k und β unitär $\alpha_k^+ = \alpha_k^{-1}$, $\beta^+ = \beta^{-1}$. Aus Gl. (3.5) folgt

$$\alpha_j = -\beta \alpha_j \beta \quad \text{und} \quad \text{Sp}(\alpha_j) = -\text{Sp}(\beta \alpha_j \beta) = -\text{Sp}(\alpha_j) = 0$$

und entsprechend findet man $\text{Sp}(\beta) = 0$. Da andererseits alle vier Matrizen wegen $\alpha_j^2 = 1$ und $\beta^2 = 1$ nur die Eigenwerte ±1 besitzen, ihre Spur aber die Summe der Eigenwerte ist, muß die Dimension aller vier Matrizen notwendigerweise gerade sein. Die Bedingungen Gl. (3.5) lassen sich nicht mit 2 × 2-Matrizen erfüllen, so daß die Dimension mindestens vier sein muß.

□ Zum Beweise beachten wir, daß die Zahl der reellen Parameter komplexer, selbstadjungierter und spurfreier Matrizen $N^2 - 1$ beträgt, wobei N die Dimension der Matrizen bezeichnet. Alle möglichen selbstadjungierten und spurfreien 2 × 2-Matrizen lassen sich daher als Linearkombination der drei linear unabhängigen Pauli-Spinmatrizen $\sigma_j = 2S_j$ nach Gl. (2.99) darstellen

$$\sigma_1 = \begin{pmatrix} 0 & 1 \\ 1 & 0 \end{pmatrix} \quad ; \quad \sigma_2 = \begin{pmatrix} 0 & -i \\ i & 0 \end{pmatrix} \quad ; \quad \sigma_3 = \begin{pmatrix} 1 & 0 \\ 0 & -1 \end{pmatrix},$$

die nach Abschn. 2.6.4 die Bedingungen

$$\sigma_j^2 = \mathcal{E}, \quad \sigma_j^+ = \sigma_j, \quad \text{Sp}\,\sigma_j = 0, \quad \text{und} \quad \sigma_j \sigma_k + \sigma_k \sigma_j = 2\delta_{jk}\mathcal{E}$$

erfüllen. Hier bezeichnet $\mathcal{E}$ die 2 × 2-Einheitsmatrix. Setzt man jetzt $\alpha_j = \sigma_j$, so existiert keine Matrix β, die die geforderten Bedingungen erfüllt. Um das einzusehen schreiben wir die selbstadjungierte, spurlose Matrix β in der Form

$$\beta = \begin{pmatrix} a & b \\ b^* & -a \end{pmatrix} = \text{Re}\{b\}\sigma_1 - \text{Im}\{b\}\sigma_2 + a\sigma_3,$$

dann folgt aus Gl. (3.5)

$$\sigma_1\beta + \beta\sigma_1 = 2\,\text{Re}\{b\}\mathcal{E} = \mathcal{O}$$
$$\sigma_2\beta + \beta\sigma_2 = -2\,\text{Im}\{b\}\mathcal{E} = \mathcal{O}$$
$$\sigma_3\beta + \beta\sigma_3 = 2a\mathcal{E} = \mathcal{O},$$

wobei $\mathcal{O}$ die Nullmatrix bezeichnet. Daher muß sowohl die komplexe Zahl b als auch die reelle Zahl a verschwinden, was mit $\beta^2 = \mathcal{E}$ im Widerspruch steht. ∎

3.3.1 Viererspinoren

Zur Erfüllung der Bedingungen Gl. (3.5) betrachten wir jetzt selbstadjungierte und spurlose 4×4-Matrizen, die $4^2 - 1 = 15$ Parameter besitzen. Die Lösungen sind nicht eindeutig, da die Wahl einer Basis im Hilbert-Raum $\mathcal{H}_S$ beliebig ist und die Matrizen somit nur bis auf eine unitäre Transformation festgelegt sind.

Wir zeigen nun, daß die vier 4×4-Matrizen

$$\alpha_j = \begin{pmatrix} \mathcal{O} & \sigma_j \\ \sigma_j & \mathcal{O} \end{pmatrix} \quad \text{für} \quad j = 1,2,3 \quad \text{und} \quad \beta = \begin{pmatrix} \mathcal{E} & \mathcal{O} \\ \mathcal{O} & -\mathcal{E} \end{pmatrix} \tag{3.6}$$

die Bedingungen Gl. (3.5) erfüllen, wobei $\mathcal{E}$ die 2×2-Einheitsmatrix und $\mathcal{O}$ die 2×2-Nullmatrix darstellt. Die 2×2-Matrizen σ_j sind die Pauli-Spinmatrizen. Zunächst erkennt man aufgrund Ihrer Eigenschaften, daß die vier 4×4-Matrizen selbstadjungiert, unitär sowie spurlos sind und daß die erste der Bedingungen Gl. (3.5) erfüllt ist

$$\alpha_k\alpha_l + \alpha_l\alpha_k = \begin{pmatrix} \sigma_k\sigma_l + \sigma_l\sigma_k & \mathcal{O} \\ \mathcal{O} & \sigma_k\sigma_l + \sigma_l\sigma_k \end{pmatrix} = 2\delta_{kl}\mathcal{E},$$

wobei $\mathcal{E}$ hier die 4×4-Einheitsmatrix bezeichnet. Auch die zweite Bedingung Gl. (3.5) ist erfüllt, denn es gilt

$$\alpha_j\beta + \beta\alpha_j = \begin{pmatrix} \mathcal{O} & -\sigma_j + \sigma_j \\ \sigma_j - \sigma_j & \mathcal{O} \end{pmatrix} = \mathcal{O},$$

wobei $\mathcal{O}$ hier sowohl die 2×2-Nullmatrix als auch die 4×4-Nullmatrix bezeichnet.

Da die vier Größen α_j und β 4×4-Matrizen sind, ist $\psi(\mathbf{r},t)$ in Gl. (3.4) als ein *Spinor* $\Psi(\underline{x})$ mit vier Komponenten $\psi_\nu(\underline{x})$

$$\Psi(\underline{x}) = \begin{pmatrix} \psi_1(\underline{x}) \\ \psi_2(\underline{x}) \\ \psi_3(\underline{x}) \\ \psi_4(\underline{x}) \end{pmatrix} \quad \text{mit} \quad \Psi^+(\underline{x}) = \left(\psi_1^*(\underline{x}), \psi_2^*(\underline{x}), \psi_3^*(\underline{x}), \psi_4^*(\underline{x})\right)$$

zu interpretieren, vergl. Abschn. 2.6.4, wobei $\underline{x} = (ct, x^1, x^2, x^3)$ bezeichnet.

Aus der als Spinorgleichung aufgefaßten Gleichung (3.4) läßt sich eine Kontinuitätsgleichung herleiten, wenn für die Aufenthaltswahrscheinlichkeitsdichte eines Massenpunktes eine Verallgemeinerung für Teilchen mit Spin vorgenommen wird. Dazu multiplizieren wir Gl. (3.4) von links mit Ψ^+ und die adjungierte Gleichung von rechts mit Ψ und erhalten

$$-\frac{\hbar}{i}\Psi^+\dot{\Psi} = \frac{\hbar c}{i}\sum_{k=1}^{3}\Psi^+\alpha_k\frac{\partial \Psi}{\partial x^k} + mc^2\Psi^+\beta\Psi$$

$$\frac{\hbar}{i}\dot{\Psi}^+\Psi = -\frac{\hbar c}{i}\sum_{k=1}^{3}\frac{\partial \Psi^+}{\partial x^k}\alpha_k\Psi + mc^2\Psi^+\beta\Psi,$$

wobei die Multiplikation der Spinoren als Matrizenmultiplikation erklärt ist. Durch Subtraktion ergibt sich

$$-\frac{\hbar}{i}\frac{\partial}{\partial t}(\Psi^+\Psi) = \frac{\hbar c}{i}\sum_{k=1}^{3}\frac{\partial}{\partial x^k}(\Psi^+\alpha_k\Psi).$$

Definiert man jetzt

$$\rho(\underline{x}) = \Psi^+\Psi = \sum_{\nu=1}^{4}|\psi_\nu(\underline{x})|^2 \quad \text{und} \quad j_k = c\Psi^+\alpha_k\Psi \tag{3.7}$$

für $k = 1, 2, 3$, so erhält man eine Kontinuitätsgleichung

$$\frac{\partial \rho}{\partial t} + \nabla \cdot \mathbf{j} = 0 \quad \text{mit} \quad \mathbf{j} = (j_1, j_2, j_3).$$

Analog dem in Abschn. 1.2.1 Gesagten, ist dann

$$\int \rho(\underline{x})\,\mathrm{d}^3r = \sum_{\nu=1}^{4}\int \left|\psi_\nu(\underline{x})\right|^2 \mathrm{d}^3r$$

eine physikalische Erhaltungsgröße. Daraus ergibt sich, daß die vier Komponenten $\psi_\nu(\underline{x})$ des Spinors $\Psi(\underline{x})$ über dem dreidimensionalen Ortsraum quadratisch integrierbar sein müssen. Die positiv definite Größe ρ kann jedoch nicht wie im Falle der Schrödinger-Gleichung als die Aufenthaltswahrscheinlichkeitsdichte eines Teilchens in einem einzigen Zustand ψ interpretiert werden, sondern das Teilchen existiert im Allgemeinen in Form einer Mischung aus mehreren Zuständen, wobei die Spinzustände von Teilchen *und* Antiteilchen zu berücksichtigen sind, vergl. Abschn. 3.4.

3.3.2 Lorentz-invariante Form

Wir drücken die Kontinuitätsgleichung durch eine Viererdivergenz eines Viererstromes im Minkowski-Raum aus. Definiert man einen Viererstrom durch

$$s^0 = c\rho \quad ; \quad s^k = j_k \quad \text{für} \quad k = 1, 2, 3, \tag{3.8}$$

so schreibt sich die Kontinuitätsgleichung in der Form

$$\partial_\nu s^\nu = 0 \tag{3.9}$$

und man erkennt, daß diese Beziehung gegen Lorentz-Transformationen invariant ist, falls sich s^ν wie ein kontravarianter Vektor transformiert, was im folgenden Abschn. 3.3.3 gezeigt wird.

Wir wollen nun die Gl. (3.4) durch Einführen der Viererschreibweise in eine Form bringen, in der die Forminvarinz gegenüber Lorentz-Transformationen erkennbar wird. Die so umgeformte Gl. (3.4) wird dann Dirac-Gleichung genannt. Für die Viererschreibweise definieren wir die 4 × 4-Matrizen

$$\gamma^0 = \beta = \begin{pmatrix} \mathcal{E} & \mathcal{O} \\ \mathcal{O} & -\mathcal{E} \end{pmatrix} \quad \text{und} \quad \gamma^k = \beta\alpha_k = \begin{pmatrix} \mathcal{O} & \sigma_k \\ -\sigma_k & \mathcal{O} \end{pmatrix}$$

für $k = 1, 2, 3$ oder

$$\gamma^0 = \begin{pmatrix} 1 & 0 & 0 & 0 \\ 0 & 1 & 0 & 0 \\ 0 & 0 & -1 & 0 \\ 0 & 0 & 0 & -1 \end{pmatrix} \quad ; \quad \gamma^1 = \begin{pmatrix} 0 & 0 & 0 & 1 \\ 0 & 0 & 1 & 0 \\ 0 & -1 & 0 & 0 \\ -1 & 0 & 0 & 0 \end{pmatrix}$$

$$\gamma^2 = \begin{pmatrix} 0 & 0 & 0 & -i \\ 0 & 0 & i & 0 \\ 0 & i & 0 & 0 \\ -i & 0 & 0 & 0 \end{pmatrix} \quad ; \quad \gamma^3 = \begin{pmatrix} 0 & 0 & 1 & 0 \\ 0 & 0 & 0 & -1 \\ -1 & 0 & 0 & 0 \\ 0 & 1 & 0 & 0 \end{pmatrix}, \tag{3.10}$$

mit den aus Gl. (3.5) folgenden Eigenschaften ($k = 1, 2, 3; \quad \nu, \mu = 0, 1, 2, 3$)

$$\gamma^{0+} = \gamma^0 \quad ; \quad (\gamma^0)^2 = \mathcal{E} \quad ; \quad \gamma^{k+} = -\gamma^k \quad ; \quad (\gamma^k)^2 = -\mathcal{E}$$
$$\gamma^\nu \gamma^\mu + \gamma^\mu \gamma^\nu = 2g^{\nu\mu}\mathcal{E}, \tag{3.11}$$

wobei $\mathcal{E}$ die 4 × 4-Einheitsmatrix und $g^{\nu\mu}$ den metrischen Fundamentaltensor bezeichnet, vergl. Abschn. 3.2. Mit Hilfe der γ-Matrizen erhält man aus Gl. (3.4) die *Dirac-Gleichung* für freie Teilchen

$$\left[-\frac{\hbar}{i}\gamma^\nu \partial_\nu - mc \right] \Psi = 0. \tag{3.12}$$

Die Dirac-Gleichung ist nun in einer Form geschrieben, aus der man erkennen kann, daß sie gegenüber Lorentz-Transformationen forminvariant ist. Dazu muß gezeigt werden, daß sich der Vierervektor γ^ν, dessen Komponenten die 4×4-Matrizen Gl. (3.10) sind, wie ein kontravarianter Vektor transformiert. Im folgenden Abschnitt wird gezeigt, daß sich die Dirac-Gleichung in der Tat so transformiert, wie es durch die Schreibweise in Vierervektoren angezeigt ist. Während die Kontinuitätsgleichung (3.9) bereits eine Form hat, in der die Invarianz gegenüber Lorentz-Transformationen ersichtlich ist, schreibt sich der Viererstrom Gl. (3.8) entsprechend zu Gl. (3.12) mit Hilfe der Matrizen γ^ν in der Form

$$s^\nu(\underline{x}) = c\Psi^+(\underline{x})\gamma^0\gamma^\nu\Psi(\underline{x}), \tag{3.13}$$

wobei von den Beziehungen Gl. (3.7) und (3.11) Gebrauch gemacht wurde.

3.3.3 Transformationsverhalten

Um zu zeigen, daß die Dirac-Gleichung (3.12) gegenüber Lorentz-Transformationen forminvariant ist, betrachten wir zwei Inertialsysteme Σ und Σ', deren Vierervektoren $\underline{x} = (ct, x, y, z)$ bzw. $\underline{x}' = (ct', x', y', z')$ sich nach Gl. (3.3) transformieren: $\underline{x}' = L\underline{x}$. Für Beobachter, die in Σ bzw. in Σ' ruhen, müssen sich bei Forminvarianz die beiden Dirac-Gleichungen

$$\left(-\frac{\hbar}{i}\gamma^\nu\frac{\partial}{\partial x^\nu} - mc\right)\Psi(\underline{x}) = 0 \quad \text{in} \quad \Sigma$$

$$\left(-\frac{\hbar}{i}\gamma^\nu\frac{\partial}{\partial x'^\nu} - mc\right)\Psi'(\underline{x}') = 0 \quad \text{in} \quad \Sigma'$$

ergeben und die Viererspinoren Ψ transformieren sich mit einer, nur von der Relativgeschwindigkeit v abhängigen, 4×4-Matrix $S(v)$

$$\Psi'(\underline{x}') = \Psi'(L\underline{x}) = S(v)\Psi(\underline{x}). \tag{3.14}$$

Wegen des Relativitätsprinzips gilt dann für die Rücktransformation

$$\Psi(\underline{x}) = S(-v)\Psi'(\underline{x}')$$

und es folgt

$$S(v)S(-v) = \mathcal{E} \quad \text{oder} \quad S(-v) = S^{-1}(v), \tag{3.15}$$

wobei $\mathcal{E}$ die 4×4-Einheitsmatrix bezeichnet. Setzt man Gl. (3.14) in die Dirac-Gleichung im Bezugssystem Σ' ein, so folgt

$$\left(-\frac{\hbar}{i}\gamma^\nu\frac{\partial x^\mu}{\partial x'^\nu}\frac{\partial}{\partial x^\mu} - mc\right)S(v)\Psi(\underline{x}) = 0$$

und man erhält nach Multiplikation mit $S^{-1}(v)$ von links und Verwendung der Lorentz-Transformation Gl. (3.3)

$$\left(-\frac{\hbar}{i}S^{-1}(v)\gamma^\nu L^\mu{}_\nu(-v)S(v)\frac{\partial}{\partial x^\mu} - mc\right)\Psi(\underline{x}) = 0.$$

Der Vergleich mit der Dirac-Gleichung in Σ liefert für die Transformationsmatrix S der Spinoren die Bedingung

$$S^{-1}(v)\gamma^\nu L^\mu{}_\nu(-v)S(v) = \gamma^\mu \quad \text{oder} \quad L^\mu{}_\nu(-v)\gamma^\nu = S(v)\gamma^\mu S(-v). \quad (3.16)$$

Diese Bedingungsgleichung wird von der 4×4-Matrix

$$S(v) = \cosh\left\{\frac{\omega}{2}\right\}\mathcal{E} + \sinh\left\{\frac{\omega}{2}\right\}\tau \quad (3.17)$$

mit

$$\sinh\omega = \frac{v}{c}\frac{1}{\sqrt{1-\frac{v^2}{c^2}}} \quad \text{und} \quad \tau = \begin{pmatrix} 0 & 0 & 0 & 1 \\ 0 & 0 & 1 & 0 \\ 0 & 1 & 0 & 0 \\ 1 & 0 & 0 & 0 \end{pmatrix}$$

erfüllt.

□ Zum Beweise beachten wir zunächst, daß die Gl. (3.15) wegen $\tau^2 = \mathcal{E}$ befriedigt ist. Wir berechnen dann

$$S(v)\gamma^0 S(-v) = \cosh^2\left\{\frac{\omega}{2}\right\}\gamma^0 - 2\cosh\left\{\frac{\omega}{2}\right\}\sinh\left\{\frac{\omega}{2}\right\}\gamma^1$$
$$+ \sinh^2\left\{\frac{\omega}{2}\right\}\gamma^0,$$

wobei $\gamma^0\tau = -\tau\gamma^0 = \gamma^1$, $\tau\gamma^0\tau = -\gamma^0$ und $\tau^2 = \mathcal{E}$ benutzt wurde. Mit Hilfe von

$$2\cosh\frac{\omega}{2}\sinh\frac{\omega}{2} = \sinh\omega = \frac{v}{c}\frac{1}{\sqrt{1-\frac{v^2}{c^2}}}$$

und

$$\cosh^2\frac{\omega}{2} + \sinh^2\frac{\omega}{2} = \cosh\omega = \sqrt{1+\sinh^2\omega} = \frac{1}{\sqrt{1-\frac{v^2}{c^2}}}$$

erhält man daraus die Gl. (3.16) im Falle $\mu = 0$:

$$S(v)\gamma^0 S(-v) = \frac{1}{\sqrt{1-\frac{v^2}{c^2}}}\left[\gamma^0 - \frac{v}{c}\gamma^1\right] = L^0{}_\nu(-v)\gamma^\nu,$$

3.3 Dirac-Gleichung

wobei die Lorentz-Matrix, vergl. Abschn. 3.2, verwendet wurde. Entsprechend findet man

$$S(v)\gamma^1 S(-v) = \cosh^2\left\{\frac{\omega}{2}\right\} \gamma^1 - 2\cosh\left\{\frac{\omega}{2}\right\} \sinh\left\{\frac{\omega}{2}\right\} \gamma^0 + \sinh^2\left\{\frac{\omega}{2}\right\} \gamma^1,$$

wobei $\gamma^1 \tau = -\tau\gamma^1 = \gamma^0$ verwendet wurde. Daraus folgt mit der Lorentz-Matrix

$$S(v)\gamma^1 S(-v) = \frac{1}{\sqrt{1-\frac{v^2}{c^2}}} \left[-\frac{v}{c}\gamma^0 + \gamma^1\right] = L^1{}_\nu(-v)\gamma^\nu.$$

Unter Beachtung von $\gamma^2 \tau = \tau\gamma^2$ und $\gamma^3 \tau = \tau\gamma^3$ findet man ferner

$$S(v)\gamma^k S(-v) = \gamma^k = L^k{}_\nu(-v)\gamma^\nu \quad \text{für} \quad k = 2, 3,$$

so daß die Bedingungsgleichung (3.16) erfüllt ist. ∎

Damit ist das Transformationsverhalten des Viererspinors $\Psi(\underline{x})$ nach Gl. (3.14) durch die Matrix $S(v)$ nach Gl. (3.17) gegeben, so daß die Dirac-Gleichung forminvariant ist. Es bleibt noch zu zeigen, daß sich der Viererstrom s^ν wie ein kontravarianter Vektor gemäß Gl. (3.3)

$$s'^\mu = L^\mu{}_\nu(v)s^\nu$$

transformiert. Dazu gehen wir von Gl. (3.13) aus und verwenden das Transformationsverhalten des Spinors Gl. (3.14)

$$s'^\mu(\underline{x}') = c\Psi'^+(\underline{x}')\gamma^0\gamma^\mu\Psi'(\underline{x}') = c\Psi^+(\underline{x})S^+(v)\gamma^0\gamma^\mu S(v)\Psi(\underline{x}).$$

Nun gilt $S^+(v) = S(v)$ und wegen $\tau\gamma^0 = -\gamma^0\tau$ folgt $S(v)\gamma^0 = \gamma^0 S(-v)$. Beachtet man die Gl. (3.16), so ergibt sich

$$s'^\mu = c\Psi^+ S(v)\gamma^0\gamma^\mu S(v)\Psi = c\Psi^+\gamma^0 S(-v)\gamma^\mu S(v)\Psi$$
$$= c\Psi^+\gamma^0 L^\mu{}_\nu(v)\gamma^\nu\Psi = L^\mu{}_\nu(v)s^\nu,$$

wodurch sich der Viererstrom s^ν nach Gl. (3.13) als ein kontravarianter Vektor erweist. Damit ist auch gezeigt, daß die Kontinuitätsgleichung (3.9) gegenüber Lorentz-Transformationen invariant ist.

3.4 Freies Teilchen

Bei den Lösungen der Dirac-Gleichung in Form von ebenen Wellen, die freien Teilchen entsprechen, gibt es einen bedeutsamen Unterschied zur Schrödinger-Gleichung. Betrachtet man etwa die beiden zueinander konjugiert komplexen ebenen Wellen

$$\psi_+(\mathbf{r},t) = \exp\{i(\mathbf{kr} - \omega t)\} \quad \text{und} \quad \psi_-(\mathbf{r},t) = \exp\{-i(\mathbf{kr} - \omega t)\}$$

mit $\omega > 0$, so findet man, daß nur die erstere ψ_+ eine Lösung der Schrödinger-Gleichung (1.1) in Abschn. 1.1 mit der Dispersionsbeziehung $\hbar\omega = \hbar^2\mathbf{k}^2/2m$ darstellt, während die zweite $\psi_- = \psi_+^*$ eine Lösung der konjugiert komplexen Schrödinger-Gleichung ist. Schreibt man die Schrödinger-Gleichung in der Form Gl. (1.13) in Abschn. 1.2.4

$$-\frac{\hbar}{i}\frac{\partial \psi}{\partial t} = H\psi,$$

so erhält man durch Einsetzen der beiden ebenen Wellen ψ_+ und ψ_-

$$H\psi_+ = \hbar\omega\,\psi_+ \quad \text{sowie} \quad H\psi_- = -\hbar\omega\,\psi_-$$

und man erkennt, daß die ebene Welle ψ_+ positive Energien $E = \hbar\omega$ des freien Teilchens beschreibt, während die ebene Welle ψ_- wegen der nicht erfüllbaren Dispersionsbeziehung $-\hbar\omega = \hbar^2\mathbf{k}^2/2m$ zu unphysikalischen negativen Energien führt.

Im Gegensatz dazu sind die Lösungen der Dirac-Gleichung (3.12) in Form von ebenen Wellen als Spinor anzusetzen

$$\Psi_\pm(\underline{x}) = \Upsilon_\pm \exp\{\mp i k_\nu x^\nu\} = \Upsilon_\pm \exp\{\pm i(\mathbf{kr} - \omega t)\} \tag{3.18}$$

mit

$$k^0 = \frac{\omega}{c} > 0 \quad ; \quad \mathbf{k} = (k_1, k_2, k_3)$$
$$x^0 = ct \quad ; \quad \mathbf{r} = (x_1, x_2, x_3)$$

und $k_\nu x^\nu = \omega t - \mathbf{kr}$,

wobei die Amplituden $\Upsilon_\pm$ Spinoren sind. Beim Einsetzen der ebenen Wellen von Gl. (3.18) in die Dirac-Gleichung (3.12)

$$\left[-\frac{\hbar}{i}\gamma^\nu \partial_\nu - mc\right]\Psi_\pm(\underline{x}) = \left[\pm\hbar\gamma^\nu k_\nu - mc\right]\Psi_\pm(\underline{x}) = 0$$

zeigt sich, daß beide Formen $\Psi_\pm$ Lösungen der Dirac-Gleichung darstellen. Kürzt man in dieser Gleichung den Exponentialfaktor, so folgt

$$\left[\pm\hbar k_\nu \gamma^\nu - mc\right]\Upsilon_\pm = 0.$$

3.4 Freies Teilchen

Der Einfachheit halber lösen wir diese Gleichung zunächst im Ruhsystem Σ, in dem der Viererimpuls $p^\nu = \hbar k^\nu$ durch $(mc, 0, 0, 0) = (\hbar\omega/c, 0, 0, 0)$ gegeben ist, vergl. Abschn. 2.1. Wegen $\hbar k_0 = \hbar k^0 = \hbar\omega/c = mc$ und $\mathbf{k} = 0$ folgt dann

$$\left[\pm\hbar k_0 \gamma^0 - mc\right]\Upsilon_\pm = 0 \quad \text{oder} \quad \left[\pm\gamma^0 - \mathcal{E}\right]\Upsilon_\pm = 0$$

und aufgrund der Matrizen Gl. (3.10)

$$\gamma^0 = \begin{pmatrix} 1 & 0 & 0 & 0 \\ 0 & 1 & 0 & 0 \\ 0 & 0 & -1 & 0 \\ 0 & 0 & 0 & -1 \end{pmatrix} \quad \text{und} \quad \mathcal{E} = \begin{pmatrix} 1 & 0 & 0 & 0 \\ 0 & 1 & 0 & 0 \\ 0 & 0 & 1 & 0 \\ 0 & 0 & 0 & 1 \end{pmatrix}$$

erhält man für den Amplitudenspinor die beiden Lösungen

$$\Upsilon_+ = \begin{pmatrix} u_1 \\ u_2 \\ 0 \\ 0 \end{pmatrix} \quad \text{und} \quad \Upsilon_- = \begin{pmatrix} 0 \\ 0 \\ v_1 \\ v_2 \end{pmatrix} \tag{3.19}$$

mit beliebigen u_1, u_2 und v_1, v_2. Also sind beide Formen der ebenen Wellen Gl. (3.18) Lösungen der Dirac-Gleichung. Setzt man die ebenen Wellen Gl. (3.18) in die Dirac-Gleichung in der Form Gl. (3.4) ein, so ergibt sich

$$-\frac{\hbar}{i}\frac{\partial}{\partial t}\Psi_\pm = H\Psi_\pm$$

und es folgt

$$H\Psi_+ = \hbar\omega\Psi_+ \quad \text{und} \quad H\Psi_- = -\hbar\omega\Psi_-,$$

so daß Ψ_+ zu positiven und Ψ_- zu negativen Energien von H gehört: $E = \pm mc^2$. Im Unterschied zur nichtrelativistischen Schrödinger-Gleichung ist jedoch bei der Dirac-Gleichung die Dispersionsbeziehung Gl. (3.2) $\hbar^2\omega^2 = c^2\hbar^2\mathbf{k}^2 + m^2c^4$ wegen $\mathbf{k} = 0$ für beide ebenen Wellen erfüllt.

Das gleiche Ergebnis erhält man beim Übergang in das Laborsystem Σ', wobei sich die ebenen Wellen Gl. (3.18) gemäß Gl. (3.14)

$$\Psi'_\pm(\underline{x}) = S(v)\Psi_\pm(\underline{x})$$

mit der Matrix $S(v)$ nach Gl. (3.17) transformieren. Dies läßt sich so interpretieren, daß die Energie-Impulsbeziehung Gl. (3.2)

$$E^2 = \hbar^2\omega^2 = c^2\hbar^2\mathbf{k}^2 + m^2c^4 \quad \text{oder} \quad E = \pm\sqrt{c^2\hbar^2\mathbf{k}^2 + m^2c^4} \tag{3.20}$$

positive und negative Energien zuläßt, für die, zumindest im Falle ebener Wellen, auch Lösungen nach Gl. (3.18) und (3.19) existieren.

Erwartet man nun, daß auch die freien Teilchen mit negativen Energien, die zu den Lösungen der Dirac-Gleichung gehören, physikalische Realität besitzen, so kann man daraus mit Dirac den Schluß ziehen, daß zu jedem Teilchen ein Antiteilchen existiert und daß den Viererspinoren ein solches Teilchenpaar zuzuordnen ist, wobei jedes den Spin 1/2 besitzt. Dann beschreibt etwa der Spinor Ψ_+ mit Υ_+ nach Gl. (3.19) ein freies Elektron mit positiver Energie, wobei u_1 und u_2 für die beiden Spinzustände steht. Der Spinor Ψ_- mit Υ_- nach Gl. (3.19) beschreibt folglich ein freies Positron (das Antiteilchen des Elektrons) mit negativer Energie, wobei v_1 und v_2 die beiden Spinzustände unterscheidet.

Dies läßt sich am einfachsten im Bild der Löchertheorie veranschaulichen. Danach hat ein freies Elektron auf der Energieachse ein kontinuierliches Spektrum mit Energien $E > mc^2$ und entsprechend das Antiteilchen oder Positron ein kontinuierliches Spektrum mit Energien $E < -mc^2$ nach Gl. (3.20), so daß eine Energielücke von $2mc^2$ symmetrisch zum Nullpunkt $E = 0$ existiert. Der Grundzustand wird dadurch beschrieben, daß kein Energieniveau mit $E > 0$ besetzt ist, während alle Niveaus mit negativen Energien nach dem Pauli-Prinzip einfach und damit vollständig besetzt sind. Angeregte Zustände entstehen durch Energiezufuhr und erfordern eine Mindestenergie von $2mc^2$, wobei gleichzeitig ein Elektron mit $E > 0$ und ein Loch oder Positron mit $E < 0$ erzeugt werden. Ein solcher Vorgang entspricht der Paarerzeugung, wobei ein γ-Quant ein Elektron-Positron-Paar erzeugt. Dabei müssen für eine Reihe physikalischer Größen Erhaltungssätze gelten, z.B. für die Energie, den Impuls, den Drehimpuls, die elektrische Ladung usw., so daß der Prozeß zur Erfüllung von Energie- und Impulssatz nur unter Beteiligung eines weiteren Teilchens (etwa eines Atomkerns) stattfinden kann. Beim umgekehrten Vorgang, der Paarvernichtung, entstehen beim Zusammentreffen eines Elektrons mit einem Positron zwei γ-Quanten. Im Bild der Löchertheorie „fällt" dabei das Elektron mit $E > 0$ in das unbesetzte Niveau mit $E < 0$, wobei die freiwerdende Energie in Form der beiden γ-Quanten abgeführt wird.

Diese Interpretation der Dirac-Gleichung gilt zunächst nur für freie Teilchen mit Spin 1/2, läßt sich jedoch auf andere Fermionen durch Spinoren mit größerer Zeilenzahl verallgemeinern. Freie aber spinlose Teilchen, wie die π-Mesonen, werden dagegen durch die Klein-Gordon-Gleichung beschrieben.

Die Löchertheorie veranschaulicht einen einfachen aber wesentlichen Aspekt einer allgemeinen Theorie der Elementarteilchen. Beim β-Zerfall von Atomkernen z.B. kann ein Neutron in ein Proton zerfallen, wobei gleichzeitig ein Elektron und ein Antineutrino entstehen, ohne daß dabei auch ein Positron erzeugt wird. Der β-Zerfall läßt sich also in dem einfachen Bild der Löchertheorie wechselwirkungsfreier Elektronen nicht interpretieren.

3.5 Punktladung im elektromagnetischen Feld

3.5.1 Maxwell-Gleichungen

Es soll hier ein geladener Massenpunkt betrachtet werden, der sich in einem elektromagnetischen Feld bewegt, ohne dabei auf allgemeinere Theorien einzugehen, die elektromagnetische und andere Wechselwirkungen von Elementarteilchen behandeln. Das elektromagnetische Feld sei durch die im Vakuum geltenden Maxwell-Gleichungen

$$\nabla \times \mathbf{E} = -\frac{\partial \mathbf{B}}{\partial t}$$
$$\nabla \times \mathbf{H} = \frac{\partial \mathbf{D}}{\partial t} + \mathbf{j} \quad \text{mit} \quad \begin{aligned} \mathbf{D} &= \varepsilon_0 \mathbf{E} \\ \mathbf{B} &= \mu_0 \mathbf{H} \\ \frac{1}{c^2} &= \varepsilon_0 \mu_0 \end{aligned}$$
$$\nabla \cdot \mathbf{D} = \rho$$
$$\nabla \cdot \mathbf{B} = 0$$

beschrieben. Hier bezeichnen $\mathbf{E}$ und $\mathbf{H}$ die elektrische und magnetische Feldstärke, $\mathbf{B}$ die magnetische Induktion, $\mathbf{D}$ die dielektrische Verschiebung, $\rho(\mathbf{r},t)$ die Ladungsdichte und $\mathbf{j}(\mathbf{r},t)$ die elektrische Stromdichte. Ferner bezeichnet c die Lichtgeschwindigkeit im Vakuum, sowie ε_0 und μ_0 die elektrische bzw. magnetische Feldkonstante.

Um die elektromagnetischen Felder in die gegen Lorentz-Transformationen invariante Dirac-Gleichung freier Teilchen Gl. (3.12) einfügen zu können, müssen die Maxwell-Gleichungen im Minkowski-Raum in Viererschreibweise dargestellt werden. Dazu verwenden wir die elektrodynamischen Potentiale ϕ und $\mathbf{A}$ mit der Lorentz-Konvention

$$\mathbf{B} = \nabla \times \mathbf{A} \quad \text{und} \quad \mathbf{E} = -\frac{\partial \mathbf{A}}{\partial t} - \nabla \phi \quad \text{mit} \quad \frac{1}{c^2}\frac{\partial \phi}{\partial t} + \nabla \cdot \mathbf{A} = 0. \quad (3.21)$$

Eliminiert man damit die elektromagnetischen Felder $\mathbf{E}$ und $\mathbf{B}$ in den Maxwell-Gleichungen, so reduzieren sich diese auf insgesamt vier inhomogene Wellengleichungen für die vier Felder $\mathbf{A}(\mathbf{r},t)$ und $\phi(\mathbf{r},t)$

$$\left(\frac{1}{c^2}\frac{\partial^2}{\partial t^2} - \Delta\right)\mathbf{A} = \mu_0 \mathbf{j} \quad \text{und} \quad \left(\frac{1}{c^2}\frac{\partial^2}{\partial t^2} - \Delta\right)\phi = \frac{1}{\varepsilon_0}\rho.$$

Zur Einführung von Vektorfeldern im Minkowski-Raum setzt man für das Vektorpotential $\mathbf{A} = (A_x, A_y, A_z)$ und für die elektrische Stromdichte $\mathbf{j} = (j_x, j_y, j_z)$ die Vierervektoren

$$A^\mu = (\frac{1}{c}\phi, A_x, A_y, A_z) \quad \text{und} \quad s^\mu = (c\rho, j_x, j_y, j_z).$$

Damit nehmen die inhomogenen Wellengleichungen für die elektrodynamischen Potentiale eine besonders einfache Gestalt an und lauten im Minkowski-Raum zusammen mit der Lorentz-Konvention und der Kontinuitätsgleichung $\dot{\rho} + \nabla \cdot \mathbf{j} = 0$:

$$\begin{aligned} \partial_\nu \partial^\nu A^\mu &= \mu_0 s^\mu & &\text{Maxwell-Gleichungen} \\ \partial_\nu A^\nu &= 0 & &\text{Lorentz-Konvention} \\ \partial_\nu s^\nu &= 0 & &\text{Kontinuitätsgleichung,} \end{aligned} \quad (3.22)$$

vergl. Abschn. 3.2. Die elektromagnetischen Felder **E** und **B** lassen sich zu einem elektromagnetischen Feldtensor $F_{\nu\mu}$ im Minkowski-Raum zusammenfassen

$$F_{\nu\mu} = \partial_\nu A_\mu - \partial_\mu A_\nu,$$

und man erhält mit $\mathbf{E} = (E_x, E_y, E_z)$ und $\mathbf{B} = (B_x, B_y, B_z)$ für den antisymmetrischen elektromagnetischen Feldtensor

$$(F_{\nu\mu}) = \begin{pmatrix} 0 & E_x/c & E_y/c & E_z/c \\ -E_x/c & 0 & -B_z & B_y \\ -E_y/c & B_z & 0 & -B_x \\ -E_z/c & -B_y & B_x & 0 \end{pmatrix}.$$

3.5.2 Dirac-Gleichung mit elektromagnetischem Feld

Um die elektromagnetischen Felder in die Dirac-Gleichung eines freien Teilchens Gl. (3.12)

$$\left[-\frac{\hbar}{i} \gamma^\nu \partial_\nu - mc \right] \Psi = 0$$

hinzufügen zu können, vergegenwärtigen wir uns wie die elektromagnetischen Felder im Rahmen der klassischen Mechanik berücksichtigt werden. Ist **p** der zu **r** kanonisch konjugierte Impuls, so bestimmt sich die Bewegungsgleichung eines Massenpunktes aus den Hamilton-Gleichungen

$$\dot{\mathbf{p}} = -\frac{\partial H}{\partial \mathbf{r}} \quad \text{und} \quad \dot{\mathbf{r}} = \frac{\partial H}{\partial \mathbf{p}},$$

wobei die Hamilton-Funktion $H(\mathbf{r}, \mathbf{p})$ im Falle eines freien Teilchens und eines Teilchens im elektromagnetischen Feld gegeben ist durch

$$\begin{aligned} H(\mathbf{r}, \mathbf{p}) &= \frac{\mathbf{p}^2}{2m} & &\text{freier Massenpunkt} \\ H(\mathbf{r}, \mathbf{p}) &= \frac{1}{2m} (\mathbf{p} - e\mathbf{A})^2 + e\phi & &\text{geladener Massenpunkt.} \end{aligned} \quad (3.23)$$

3.5 Punktladung im elektromagnetischen Feld

Hier bezeichnet e die Ladung des Massenpunktes und $\phi(\mathbf{r}, t)$ bzw. $\mathbf{A}(\mathbf{r}, t)$ sind die elektrodynamischen Potentiale. Der Beweis findet sich in Anhang H. Der Wechsel von der Hamilton-Funktion eines freien Teilchens zu der eines geladenen Teilchens im elektromagnetischen Feld läßt sich formal durch die Ersetzung

$$E \to E - e\phi \quad \text{und} \quad \mathbf{p} \to \mathbf{p} - e\mathbf{A}$$

vollziehen, wobei E die durch die Hamilton-Funktion beschriebene Gesamtenergie bezeichnet.

Der Übergang von der klassischen Mechanik zur Schrödinger-Wellenmechanik läßt sich im Falle des freien Teilchens formal durch die in Gl. (3.1) gegebene Ersetzung

$$E \to -\frac{\hbar}{i}\frac{\partial}{\partial t} \quad \text{und} \quad \mathbf{p} \to \frac{\hbar}{i}\nabla \tag{3.25}$$

darstellen, denn man gelangt auf diese Weise von der Energie-Impuls-Beziehung zur Schrödinger-Gleichung eines freien Massenpunktes, vergl. Abschnitt 1.1.

Zu Herleitung der Schrödinger-Gleichung eines geladenen Teilchens im elektromagnetischen Feld kann man die Analogie zwischen der Hamilton-Funktion der klassischen Mechanik und dem Hamilton-Operator in der Schrödinger-Gleichung ausnutzen. Im Falle des freien Teilchens erhält man aus der Energie der Hamilton-Funktion Gl. (3.23) mit Hilfe der Ersetzung Gl. (3.25) die Schrödinger-Gleichung

$$-\frac{\hbar}{i}\frac{\partial}{\partial t}\psi = \frac{1}{2m}\left(\frac{\hbar}{i}\nabla\right)^2 \psi. \tag{3.26}$$

Im Falle eines geladenen Teilchens im elektromagnetischen Feld erhält man aus der Energie der Hamilton-Funktion Gl. (3.23) entsprechend mit Hilfe der Ersetzung Gl. (3.25) die Schrödinger-Gleichung

$$-\frac{\hbar}{i}\frac{\partial \psi}{\partial t} = \left[\frac{1}{2m}\left(\frac{\hbar}{i}\nabla - e\mathbf{A}\right)^2 + e\phi\right]\psi. \tag{3.27}$$

Kombiniert man dagegen die Ersetzungen Gl. (3.25) für den Übergang von der klassischen Mechanik zur Quantenmechanik mit den Ersetzungen Gl. (3.24) für den Übergang vom freien Teilchen zum geladenen Teilchen im elektromagnetischen Feld

$$-\frac{\hbar}{i}\frac{\partial}{\partial t} \to -\frac{\hbar}{i}\frac{\partial}{\partial t} - e\phi \quad \text{und} \quad \frac{\hbar}{i}\nabla \to \frac{\hbar}{i}\nabla - e\mathbf{A}, \tag{3.28}$$

so gelangt man damit auf formalem Wege von der Schrödinger-Gleichung eines freien Teilchens Gl. (3.26) zur Schrödinger-Gleichung eines geladenen Teilchens im elektromagnetischen Feld Gl. (3.27). Die Ersetzungen Gl. (3.28) beschreiben nun einerseits den Übergang von der Wellenmechanik eines freien Massenpunktes zur

Wellenmechanik eines geladenen Teilchens im elektromagnetischen Feld und lassen sich andererseits leicht durch Vierervektoren im Minkowski-Raum ausdrücken

$$-\frac{\hbar}{i}\partial_\nu \to -\frac{\hbar}{i}\partial_\nu - eA_\nu \quad \text{für} \quad \nu = 0,1,2,3. \tag{3.29}$$

Nimmt man nun an, daß sich das gleiche Verfahren auch auf ein relativistisches Teilchen anwenden läßt, so gelangt man mit Hilfe der Ersetzung Gl. (3.29) von der Dirac-Gleichung eines freien Teilchens Gl. (3.12) zur *Dirac-Gleichung einer Punktladung im elektromagnetischen Feld*

$$[-\frac{\hbar}{i}\gamma^\nu \partial_\nu - e\gamma^\nu A_\nu - mc]\Psi = 0. \tag{3.30}$$

Diese Gleichung läßt sich auch im Rahmen einer *Eichtheorie* begründen. Die Dirac-Gleichung eines freien Teilchens Gl. (3.12) ist invariant gegenüber der *globalen* Eichtransformation $\psi' = \exp\{i\alpha\}\psi$, wobei α eine Konstante bezeichnet. Demgegenüber erfüllt die Gl. (3.30) die Invarianzbedingung bei einer *lokalen* Eichtransformation

$$A'_\nu = A_\nu - \partial_\nu \chi \quad \text{und} \quad \psi' = \exp\left\{\frac{i}{\hbar}e\chi\right\}\psi$$

mit orts- und zeitabhängigem $\chi(\mathbf{r},t)$, das wegen der Lorentz-Konvention Gl. (3.22) die Wellengleichung $\partial^\nu \partial_\nu \chi = 0$ erfüllen muß.

Schreibt man die Dirac-Gleichung (3.30) um in die Form Gl. (3.4), die den Hamilton-Operator enthält, so ergibt sich

$$-\frac{\hbar}{i}\frac{\partial}{\partial t}\Psi = [c\vec{\alpha}\mathbf{p} - ec\vec{\alpha}\mathbf{A} + e\phi + mc^2\beta]\Psi = H\Psi, \tag{3.31}$$

wobei die γ-Matrizen aus Abschn. 3.3.2 eingesetzt wurden. Die Gl. (3.31) ergibt sich auch durch Anwendung der Ersetzung Gl. (3.28) auf die Dirac-Gleichung eines freien Teilchens Gl. (3.4).

Hängen die elektrodynamischen Potentiale ϕ und $\mathbf{A}$ nicht von der Zeit ab, so hängt der Hamilton-Operator H in Gl. (3.31) nicht von der Zeit ab und die Dirac-Gleichung (3.31) läßt sich mit dem Ansatz für den Viererspinor

$$\Psi(\mathbf{r},t) = \Phi(\mathbf{r})\exp\left\{-\frac{\hbar}{i}Et\right\}$$

separieren. Einsetzen dieses Ansatzes in die zeitabhängige Dirac-Gleichung (3.31) liefert die *zeitunabhängige Dirac-Gleichung*

$$H\Phi(\mathbf{r}) = [c\vec{\alpha}\mathbf{p} - ec\vec{\alpha}\mathbf{A} + e\phi + mc^2\beta]\Phi(\mathbf{r}) = E\Phi(\mathbf{r}), \tag{3.32}$$

wobei $\Phi(\mathbf{r})$ den zeitunabhängigen Viererspinor bezeichnet. Er besteht aus den vier Komponenten $\varphi_\nu(\mathbf{r})$

$$\Phi(\mathbf{r}) = \begin{pmatrix} \varphi_1(\mathbf{r}) \\ \varphi_2(\mathbf{r}) \\ \varphi_3(\mathbf{r}) \\ \varphi_4(\mathbf{r}) \end{pmatrix},$$

die nach dem im Abschn. 3.3.1 Gesagten alle über dem dreidimensionalen Ortsraum quadratisch integrierbar sein müssen. Die zeitunabhängige Dirac-Gleichung liefert als Eigenwertgleichung des Hamilton-Operators die stationären, relativistischen Energieniveaus E einer Punktladung im stationären elektrischen und magnetischen Feld und die zugehörigen Zustände $\Phi(\mathbf{r})$ in Form von Viererspinoren.

Aus der Kontinuitätsgleichung, vergl. Abschn. 3.3.1, schließt man ferner auf eine Ladungsdichte für eine Punktladung e

$$e\Psi^+(\underline{x})\Psi(\underline{x}) = e\sum_{\nu=1}^{4}|\psi_\nu(\underline{x})|^2,$$

die sich im Falle zeitunabhängiger elektrodynamischer Potentiale als zeitlich konstant herausstellt:

$$e\Psi^+(\underline{x})\Psi(\underline{x}) = e\Phi^+(\mathbf{r})\Phi(\mathbf{r}) = e\sum_{\nu=1}^{4}|\varphi_\nu(\mathbf{r})|^2.$$

Abschließend muß eingeschränkt werden, daß die Viererspinoren die Spinoren der niedrigsten Dimension sind, die also Teilchen mit halbzahligem Spin beschreiben.

3.6 Pauli-Gleichung

In diesem Abschnitt soll die Dirac-Gleichung (3.31) für die Viererspinoren $\Psi(\mathbf{r},t)$ in der Weise genähert werden, daß eine Einteilchengleichung für Zweierspinoren entsteht, die dann eine Schrödinger-Gleichung für geladene Teilchen mit halbzahligem Spin darstellt. Dadurch läßt sich die Spinabhängigkeit des Hamilton-Operators aus der Dirac-Theorie begründen, während die aus der klassischen Mechanik abgeleitete Schrödinger-Wellenmechanik eines geladenen Massenpunktes nur spinlose Teilchen beschreibt. Die mit dem Spin zusammenhängenden Eigenschaften eines geladenen Massenpunktes erscheinen hierdurch als eine relativistische Korrektur zur Schrödinger-Wellenmechanik.

3 Relativistische Quantenmechanik

Zur abkürzenden Schreibweise der Dirac-Gleichung (3.31) führen wir einen Quasiimpuls $\vec{\pi} = \mathbf{p} - e\mathbf{A}$ ein und erhalten mit $\vec{\alpha} = (\alpha_1, \alpha_2, \alpha_3)$

$$-\frac{\hbar}{i}\frac{\partial}{\partial t}\Psi = [c\vec{\alpha}\vec{\pi} + e\phi\mathcal{E} + mc^2\beta]\Psi, \qquad (3.33)$$

wobei die Vektormatrizen $\vec{\alpha}$ durch Gl. (3.6) und β durch Gl. (2.10) gegeben sind. Ferner bezeichnet $\mathcal{E}$ die 4 × 4-Einheitsmatrix. Wir setzen den Viererspinor Ψ in Form von zwei Zweierspinoren $\bar{\varphi}$ und $\bar{\chi}$ an, die die Zustände mit positiven bzw. negativen Energien kennzeichnen, vergl. Abschn. 3.5,

$$\Psi = \begin{pmatrix} \bar{\varphi} \\ \bar{\chi} \end{pmatrix}.$$

Dann schreibt sich die Dirac-Gleichung (3.33) in der Form

$$-\frac{\hbar}{i}\frac{\partial}{\partial t}\begin{pmatrix} \bar{\varphi} \\ \bar{\chi} \end{pmatrix} = c\vec{\alpha}\vec{\pi}\begin{pmatrix} \bar{\varphi} \\ \bar{\chi} \end{pmatrix} + e\phi\begin{pmatrix} \bar{\varphi} \\ \bar{\chi} \end{pmatrix} + mc^2\beta\begin{pmatrix} \bar{\varphi} \\ \bar{\chi} \end{pmatrix}$$

und man erhält durch Einsetzen von $\beta = \gamma^0$ nach Gl. (3.10)

$$-\frac{\hbar}{i}\frac{\partial}{\partial t}\begin{pmatrix} \bar{\varphi} \\ \bar{\chi} \end{pmatrix} = c\vec{\alpha}\vec{\pi}\begin{pmatrix} \bar{\varphi} \\ \bar{\chi} \end{pmatrix} + e\phi\begin{pmatrix} \bar{\varphi} \\ \bar{\chi} \end{pmatrix} + mc^2\begin{pmatrix} \bar{\varphi} \\ -\bar{\chi} \end{pmatrix}. \qquad (3.34)$$

Nun wird die Zeitabhängigkeit der Spinoren nach Gl. (3.31) von den Eigenwerten E des Hamilton-Operators bestimmt. Im Falle elektronischer Anregungen von Atomen, Molekülen, Festkörpern und Flüssigkeiten interessiert man sich für diese Eigenwerte E in Energiebereichen, die klein sind gegen die Ruhenergie mc^2, die für ein Elektron 0.511 MeV beträgt. Die Zeitabhängigkeit wird daher von der Ruhenergie mc^2 dominiert. In diesem Falle verursacht die Ruhenergie eine sehr schnelle *Zitterbewegung*, die von der Schrödinger-Gleichung nicht beschrieben wird. Wir spalten diese Zitterbewegung ab, indem wir den Ansatz

$$\begin{pmatrix} \bar{\varphi} \\ \bar{\chi} \end{pmatrix} = \exp\left\{-i\frac{mc^2}{\hbar}t\right\}\begin{pmatrix} \varphi \\ \chi \end{pmatrix}$$

in die Dirac-Gleichung (3.34) einsetzen. Kürzt man die Exponentialfunktion, so erhält man für den langsam veränderlichen Teil

$$-\frac{\hbar}{i}\frac{\partial}{\partial t}\begin{pmatrix} \varphi \\ \chi \end{pmatrix} = c\vec{\alpha}\vec{\pi}\begin{pmatrix} \varphi \\ \chi \end{pmatrix} + e\phi\begin{pmatrix} \varphi \\ \chi \end{pmatrix} - 2mc^2\begin{pmatrix} 0 \\ \chi \end{pmatrix}. \qquad (3.35)$$

Mit Rücksicht auf die Matrizen α_k nach Gl. (3.6) und die Pauli-Spinmatrizen σ_k

$$\vec{\alpha} = (\alpha_1, \alpha_2, \alpha_3) \quad \text{mit} \quad \alpha_k = \begin{pmatrix} 0 & \sigma_k \\ \sigma_k & 0 \end{pmatrix} \quad \text{und} \quad \vec{\sigma} = (\sigma_1, \sigma_2, \sigma_3)$$

3.6 Pauli-Gleichung

schreibt sich die Differentialgleichung für den Zweierspinor $\chi(\mathbf{r},t)$

$$-\frac{\hbar}{i}\frac{\partial}{\partial t}\chi = c\vec{\sigma}\vec{\pi}\varphi + e\phi\chi - 2mc^2\chi. \tag{3.36}$$

Wir machen nun die Näherungsannahme, daß das Teilchen im nichtrelativistischen Grenzfall durch den Zweierspinor φ mit positiver Energie beschrieben wird, und daß die Kopplung mit dem Zweierspinor χ für negative Energien nur eine kleine relativistische Korrektur darstellt. Es genügt daher χ näherungsweise aus Gl. (3.36) zu bestimmen und in Gl. (3.36) wird der erste und dritte Term gegen den vierten vernachlässigt, so daß sich aus Gl. (3.36)

$$\chi \approx \frac{\vec{\sigma}\cdot\vec{\pi}}{2mc}\varphi$$

ergibt. Setzt man diese Näherung in Gl. (3.35) für den Zweierspinor φ ein, so erhält man

$$-\frac{\hbar}{i}\frac{\partial}{\partial t}\varphi = \frac{\vec{\sigma}\cdot\vec{\pi}\;\vec{\sigma}\cdot\vec{\pi}}{2m}\varphi + e\phi\varphi,$$

woraus sich wegen $(\vec{\sigma}\cdot\vec{\pi})^2 = \vec{\pi}^2\mathcal{E} - e\hbar\vec{\sigma}\cdot\mathbf{B}$ die *Pauli-Gleichung* für ein Teilchen mit der Ladung e und dem Spin $1/2$

$$-\frac{\hbar}{i}\frac{\partial}{\partial t}\varphi = \left[\frac{(\mathbf{p}-e\mathbf{A})^2}{2m} - \frac{e\hbar}{2m}\vec{\sigma}\cdot\mathbf{B} + e\phi\right]\varphi \tag{3.37}$$

ergibt, wobei $\mathcal{E}$ die 2×2-Einheitsmatrix bezeichnet.

□ Zum Beweise der Formel

$$(\vec{\sigma}\cdot\vec{\pi})^2 = \vec{\pi}^2\mathcal{E} - e\hbar\vec{\sigma}\cdot\mathbf{B}$$

beachten wir zunächst, daß für $k \neq l$

$$\pi_k\pi_l = (p_k - eA_k)(p_l - eA_l) = p_kp_l - ep_kA_l - eA_kp_l + e^2A_kA_l$$

gilt. Wegen der Vertauschungsrelationen Gl. (1.15) in Abschn. 1.3 folgt

$$\pi_k\pi_l - \pi_l\pi_k = -e(p_kA_l - p_lA_k) - e(A_kp_l - A_lp_k)$$
$$= -\frac{e\hbar}{i}\varepsilon_{klj}B_j$$

mit

$$\varepsilon_{klj} = \begin{cases} 1 & \text{für } klj \text{ zyklisch} \\ -1 & \text{für } klj \text{ antizyklisch} \\ 0 & \text{sonst,} \end{cases}$$

wobei berücksichtigt wurde, daß die magnetische Induktion **B** mit dem Vektorpotential **A** für zyklische Indizes klj gemäß

$$\mathbf{B} = \nabla \times \mathbf{A} \quad \text{oder} \quad B_j = \frac{\partial A_l}{\partial x_k} - \frac{\partial A_k}{\partial x_l}$$

zusammenhängt. Mit Hilfe der Pauli-Spinmatrizen zeigt man ferner

$$\sigma_k \sigma_l = i\varepsilon_{klj}\sigma_j \quad \text{für} \quad k \neq l$$

sowie

$$\sigma_k \sigma_l + \sigma_l \sigma_k = 2\delta_{kl}\mathcal{E},$$

wobei δ_{kl} das Kronecker-Symbol bezeichnet. Mit diesen Hilfsformeln ergibt sich schließlich die obige Formel:

$$\begin{aligned}(\vec{\sigma}\vec{\pi})^2 &= \sum_{k,l}^{1,2,3} \sigma_k \pi_k \sigma_l \pi_l = \frac{1}{2}\sum_{k,l}^{1,2,3}(\sigma_k \sigma_l \pi_k \pi_l + \sigma_l \sigma_k \pi_l \pi_k) \\ &= \frac{1}{2}\sum_{k,l}^{1,2,3}(\sigma_k \sigma_l + \sigma_l \sigma_k)\pi_l \pi_k - \frac{1}{2}\frac{e\hbar}{i}\sum_{\substack{k,l \\ k \neq l}}^{1,2,3} \sigma_k \sigma_l \varepsilon_{klj} B_j \\ &= \sum_{k=1}^{3} \pi_k^2 \mathcal{E} - \frac{1}{2}\frac{e\hbar}{i} i2 \sum_{j=1}^{3} \sigma_j B_j \\ &= \vec{\pi}^2 \mathcal{E} - e\hbar \vec{\sigma} \cdot \mathbf{B}. \ \blacksquare\end{aligned}$$

Wie bei der Berechnung der spinabhängigen Energieniveaus in Abschn. 2.6.3 beschreibt der Zweierspinor φ in der Pauli-Gleichung (3.37) die beiden Spinrichtungen eines Teilchens mit Spin 1/2

$$\varphi = \begin{pmatrix} \varphi_{+\frac{1}{2}} \\ \varphi_{-\frac{1}{2}} \end{pmatrix} \quad \text{mit} \quad \mathbf{s} = \tfrac{1}{2}\vec{\sigma},$$

wobei der Spinoperator **s** mit den beiden Spinrichtungen $\pm 1/2$ eingeführt wurde. Dann schreibt sich der spinabhängige Term des Hamilton-Operators in Gl (3.37) für ein Elektron der Ladung $e = -e_0$ in der Form

$$-\frac{e_0 \hbar}{2m_e}\vec{\sigma} \cdot \mathbf{B} = 2\mu_B \mathbf{s} \cdot \mathbf{B} \quad \text{mit dem } \textit{Bohr-Magneton} \quad \mu_B = \frac{e_0 \hbar}{2m_e}, \qquad (3.38)$$

wobei e_0 die Elementarladung und m_e die Elektronenmasse bezeichnet.

Betrachtet man die Pauli-Gleichung (3.37) für ein zeitlich konstantes skalares Potential ϕ und eine örtlich konstante magnetische Induktion $\mathbf{B} = \nabla \times \mathbf{A}$, so folgt aus der Lorentz-Konvention Gl. (3.21) $\nabla \cdot \mathbf{A} = 0$ und das Vektorpotential **A** läßt sich in der Form $\mathbf{A} = \frac{1}{2}\mathbf{B} \times \mathbf{r}$ darstellen. Damit erhält man für den ersten Term des Hamilton-Operators in der Pauli-Gleichung (3.37) für ein Elektron

$$\frac{1}{2m_e}(\mathbf{p} + e_0\mathbf{A})^2 = \frac{\mathbf{p}^2}{2m_e} + \frac{e_0}{2m_e}(\mathbf{A}\cdot\mathbf{p} + \mathbf{p}\cdot\mathbf{A}) + \frac{e_0^2}{2m_e}\mathbf{A}^2$$

$$= \frac{\mathbf{p}^2}{2m_e} + \frac{e_0}{m_e}\mathbf{A}\cdot\mathbf{p} + \frac{e_0^2}{2m_e}\mathbf{A}^2$$

$$= \frac{\mathbf{p}^2}{2m_e} + \frac{e_0\hbar}{2m_e}\mathbf{B}\cdot\mathbf{l} + \frac{e_0^2}{8m_e}(\mathbf{B}\times\mathbf{r})^2,$$

wobei $\mathbf{l} = \mathbf{r}\times\mathbf{p}/\hbar$ den Bahndrehimpuls bezeichnet. Mit Hilfe von Gl. (3.38) schreibt sich die *Pauli-Gleichung* (3.37) für ein Elektron in der Form

$$-\frac{\hbar}{i}\frac{\partial}{\partial t}\varphi = \left[\frac{\mathbf{p}^2}{2m_e} + \mu_B(\mathbf{l}+2\mathbf{s})\cdot\mathbf{B} + \frac{e_0^2}{8m_e}(\mathbf{B}\times\mathbf{r})^2 - e_0\phi\right]\varphi. \qquad (3.39)$$

Da die Energie eines magnetischen Momentes $\mathbf{m}$ in einer magnetischen Induktion $\mathbf{B}$ durch $E = -\mathbf{m}\cdot\mathbf{B}$ gegeben ist, ergibt sich aus Gl. (3.39), daß das mit dem Spin verknüpfte magnetische Moment des Elektrons $\mathbf{m}_s = -2\mu_B\mathbf{s}$ ist. Im Unterschied dazu beträgt das mit dem Bahndrehimpuls $\mathbf{l}$ verknüpfte magnetische Moment $\mathbf{m} = -\mu_B\mathbf{l}$, und man bezeichnet diesen Sachverhalt als *magnetomechanische Anomalie*.

Bei Verwendung besserer Näherungen zur Separation der Spinorkomponenten der Dirac-Gleichung (3.33) mit Hilfe einer Reihenentwicklung nach Potenzen von $\mathbf{p}/m_e c$ erhält man weitere Korrekturterme zur Pauli-Gleichung (3.37). Dazu gehört die *Spin-Bahn-Kopplung*

$$\frac{e_0\hbar g_0}{8m_e^2 c^2}\vec{\sigma}\cdot(\mathbf{E}\times\mathbf{p}) \quad \text{mit} \quad \mathbf{E} = -\frac{\partial\mathbf{A}}{\partial t} - \nabla\phi, \qquad (3.40)$$

die zum Hamilton-Operator auf der rechten Seite von Gl. (3.37) hinzugefügt werden muß. Hier bezeichnet g_0 den gyromagnetischen Faktor, vergl. Abschn. 2.6.2. Wenn die Potentiale $\mathbf{A}$ und ϕ nicht von der Zeit abhängen und $\phi(r)$ kugelsymmetrisch ist, folgt $\nabla\times\mathbf{E} = 0$ und

$$-e_0\mathbf{E} = e_0\nabla\phi = -\nabla V = -\frac{\mathbf{r}}{r}\frac{dV(r)}{dr}.$$

Beachtet man ferner $\mathbf{s} = \frac{1}{2}\vec{\sigma}$ und $\hbar\mathbf{l} = \mathbf{r}\times\mathbf{p}$, so erhält man als Spin-Bahn-Kopplungsoperator

$$\boxed{H_{\text{SBK}} = \frac{g_0\hbar^2}{4m_e^2 c^2}\frac{1}{r}\frac{dV(r)}{dr}\mathbf{l}\cdot\mathbf{s},} \qquad (3.41)$$

wobei die Spin- und Bahndrehimpulsoperatoren hier dimensionslos sind und g_0 den gyromagnetischen Faktor bezeichnet.

3.7 Kugelsymmetrisches Potential

Wir betrachten in diesem Abschnitt die zeitunabhängige Dirac-Gleichung (3.32) ohne magnetische Induktion $\mathbf{B} = \nabla \times \mathbf{A} = 0$ für ein zeitunabhängiges und kugelsymmetrisches skalares Potential $\phi(r)$. Diese Gleichung läßt sich numerisch ohne Näherungsannahmen lösen und man kann dadurch kugelsymmetrische Einelektronensysteme relativistisch genau, d.h. ohne die Näherung der Spin-Bahn-Kopplung berechnen. Im Rahmen der Dichtefunktionaltheorie wird dies zur genaueren Bestimmung der Pseudopotentiale von Mehrelektronenatomen ausgenutzt.

Aus den oben gemachten Annahmen ergibt sich mit der Lorentz-Konvention Gl. (3.21) $\nabla \cdot \mathbf{A} = 0$, so daß $\mathbf{A} = 0$ gesetzt werden kann und die zeitunabhängige Dirac-Gleichung (3.32) schreibt sich in der Form

$$H\Phi(\mathbf{r}) = [c\vec{\alpha} \cdot \mathbf{p} + V(r) + m_e c^2 \beta]\Phi(\mathbf{r}) = E\Phi(\mathbf{r}), \tag{3.42}$$

mit

$$\alpha_k = \begin{pmatrix} 0 & \sigma_k \\ \sigma_k & 0 \end{pmatrix} \quad \text{für} \quad k = 1,2,3 \quad \text{und} \quad \beta = \begin{pmatrix} \mathcal{E} & 0 \\ 0 & -\mathcal{E} \end{pmatrix}, \tag{3.43}$$

wobei $\mathcal{E}$ die 2×2-Einheitsmatrix bezeichnet, und $V(r) = -e\phi(r)$ gesetzt wurde. Ferner bezeichnen

$$\sigma_1 = \begin{pmatrix} 0 & 1 \\ 1 & 0 \end{pmatrix} \quad ; \quad \sigma_2 = \begin{pmatrix} 0 & -i \\ i & 0 \end{pmatrix} \quad ; \quad \sigma_3 = \begin{pmatrix} 1 & 0 \\ 0 & -1 \end{pmatrix}$$

die Pauli-Spinmatrizen. Die vier Komponenten des Spinors $\Phi(\mathbf{r})$ müssen nach Abschn. 3.3.1 über dem dreidimensionalen Ortsraum quadratisch integrierbar sein.

Es zeigt sich, daß der in Gl. (3.42) auftretende Hamilton-Operator nicht mit dem Bahndrehimpulsoperator $\hbar \mathbf{l} = \mathbf{r} \times \mathbf{p}$, wohl aber mit dem Drehimpulsoperator

$$\mathbf{j} = \mathbf{l} + \mathbf{s} \quad \text{mit} \quad \mathbf{s} = \frac{1}{2}\vec{v} = \frac{1}{2}(v_1, v_2, v_3) \quad \text{und} \quad v_k = \begin{pmatrix} \sigma_k & 0 \\ 0 & \sigma_k \end{pmatrix} \tag{3.44}$$

vertauschbar ist, wobei der Spin $\mathbf{s}$ einen Vektor bezeichnet, dessen Komponenten Viererspinmatrizen sind. Insofern besteht ein Unterschied zu dem Hamilton-Operator der Schrödinger-Gleichung im kugelsymmetrischen Fall Gl. (2.21), der mit dem Bahndrehimpulsoperator $\mathbf{l}$ kommutiert. Nun vertauschen der Bahndrehimpulsoperator $\mathbf{l}$ und die Zweierspinmatrizen σ_k mit $V(r)$, so daß es genügt den Kommutator von $\mathbf{j}$ mit dem ersten und dritten Term von Gl. (3.42) auszurechnen:

$$[H, \mathbf{j}] = c[\vec{\alpha} \cdot \mathbf{p}, \mathbf{j}] + m_e c^2 [\beta, \mathbf{j}] = 0.$$

3.7 Kugelsymmetrisches Potential

☐ Zum Beweise dieser Gleichung berechnen wir zunächst den Kommutator

$$[\vec{\alpha} \cdot \mathbf{p}, \hbar l_3] = [\alpha_1 p_1 + \alpha_2 p_2 + \alpha_3 p_3, x_1 p_2 - x_2 p_1]$$
$$= \alpha_1 [p_1, x_1] p_2 - \alpha_2 [p_2, x_2] p_1$$
$$= \frac{\hbar}{i}(\alpha_1 p_2 - \alpha_2 p_1),$$

wobei von den Vertauschungsrelationen Gl. (1.15) in Abschn. 1.3 Gebrauch gemacht wurde. Wegen Gl. (3.43) und $\sigma_l \sigma_m = i\sigma_k$ für (k, l, m) zyklisch, was sich aus den Pauli-Spinmatrizen ergibt, erhält man mit Hilfe von Gl. (3.44)

$$[\alpha_1, v_3] = -2i\alpha_2 \quad ; \quad [\alpha_2, v_3] = 2i\alpha_1 \quad ; \quad [\alpha_3, v_3] = 0,$$

woraus

$$[\vec{\alpha} \cdot \mathbf{p}, s_3] = i(\alpha_1 p_2 - \alpha_1 p_1)$$

resultiert. Entsprechende Gleichungen findet man für die beiden übrigen Komponenten des Spins und man erhält

$$[\vec{\alpha} \cdot \mathbf{p}, \mathbf{j}] = [\vec{\alpha} \cdot \mathbf{p}, \mathbf{l}] + [\vec{\alpha} \cdot \mathbf{s}] = 0.$$

Aus der Form von $\beta = \gamma^0$, vergl. Gl. (3.10), folgt ferner

$$[\beta, \mathbf{s}] = 0 \quad \text{und} \quad [\beta, \mathbf{l}] = 0,$$

so daß damit die Behauptung für $\mathbf{j} = \mathbf{l} + \mathbf{s}$ bewiesen ist und beide Kommutatoren verschwinden. ■

Der Hamilton-Operator H der Dirac-Gleichung (3.42) kommutiert außerdem mit dem Operator

$$K = -\beta \vec{v} \cdot \mathbf{l} - \beta,$$

wobei $\vec{v}$ durch Gl. (3.44) und β durch Gl. (3.43) gegeben sind. Um das einzusehen beachtet man wegen Gl. (3.43) und (3.44) zunächst

$$\begin{aligned} \alpha_k v_l &= v_k \alpha_l = i\alpha_m \\ \alpha_l v_k &= v_l \alpha_k = -i\alpha_m \\ \alpha_k v_k &= v_k \alpha_k = \mathcal{X} = \begin{pmatrix} 0 & \mathcal{E} \\ \mathcal{E} & 0 \end{pmatrix} \end{aligned} \quad \begin{aligned} &\text{für} \quad k, l, m \quad \text{zyklisch} \\ &\text{für} \quad k = 1, 2, 3 \end{aligned} \quad , \tag{3.45}$$

wobei $\mathcal{E}$ die 2×2-Einheitsmatrix bezeichnet. Sind nun **B** und **C** zwei beliebige Vektoren mit skalaren Komponenten, so zeigt man mit Hilfe von Gl. (3.45)

$$\vec{\alpha} \cdot \mathbf{B} \quad \vec{v} \cdot \mathbf{C} = 3\mathcal{X}\mathbf{B} \cdot \mathbf{C} + i\vec{\alpha} \cdot (\mathbf{B} \times \mathbf{C}). \tag{4.46}$$

3 Relativistische Quantenmechanik

Zur Bestimmung der einzelnen Terme des Kommutators

$$[H, K] = c[\vec{\alpha} \cdot \mathbf{p}, K] + [V(r), K] + m_e c^2 [\beta, K] = 0 \tag{3.47}$$

berechnen wir zunächst mit Hilfe von Gl. (3.46) wegen Gl. (3.5) $\beta\alpha_k + \alpha_k\beta = 0$ und $\mathbf{p} \cdot \mathbf{l} = 0$

$$\vec{\alpha} \cdot \mathbf{p} \, \beta \, \vec{v} \cdot \mathbf{l} = \vec{\alpha} \cdot \mathbf{p} \, \vec{v} \cdot \mathbf{l} \, \beta = i\vec{\alpha} \cdot (\mathbf{p} \times \mathbf{l})\beta$$
$$\beta \, \vec{v} \cdot \mathbf{l} \, \vec{\alpha} \cdot \mathbf{p} = i\beta\vec{\alpha} \cdot (\mathbf{l} \times \mathbf{p}) = -i\vec{\alpha} \cdot (\mathbf{l} \times \mathbf{p})\beta,$$

woraus wegen $\mathbf{p} \times \mathbf{l} - \mathbf{l} \times \mathbf{p} = -\frac{2}{i}\mathbf{p}$

$$c[\vec{\alpha} \cdot \mathbf{p}, \beta\vec{v} \cdot \mathbf{l}] = 2c\vec{\alpha} \cdot \mathbf{p} \, \beta$$
$$c[\vec{\alpha} \cdot \mathbf{p}, \beta] = 2c\vec{\alpha} \cdot \mathbf{p} \, \beta$$

folgt. Daher verschwindet der erste der drei Kommutatoren auf der rechten Seite von Gl. (3.47): $[\vec{\alpha} \cdot \mathbf{p}, K] = 0$. Der zweite Kommutator $[V(r), K]$ verschwindet ebenfalls, da $V(r)$ mit $\mathbf{l}$ kommutiert. Auch der dritte Kommutator in Gl. (3.47) verschwindet, da nach Gl. (3.43) und (3.44) β mit $\vec{v}$ kommutiert: $\beta v_k = v_k\beta$ für $k = 1, 2, 3$. Damit ist Gl. (3.47) bewiesen und H und K haben gemeinsame Eigenfunktionen.

Zur Bestimmung der Eigenwerte κ des Operators K beachtet man $[\beta, v_k] = 0$ sowie $\beta^2 = v_k^2 = \mathcal{E}$ für $k = 1, 2, 3$ und $v_j v_k = iv_l$ für (j, k, l) zyklisch. Damit ergibt sich $\vec{v} \cdot \mathbf{l} \, \vec{v} \cdot \mathbf{l} = \mathbf{l}^2 - \vec{v} \cdot \mathbf{l}$ und somit

$$K^2 = (\beta\vec{v} \cdot \mathbf{l} + \beta)(\beta\vec{v} \cdot \mathbf{l} + \beta) = \mathbf{l}^2 + \vec{v} \cdot \mathbf{l} + 1,$$

wobei $[l_j, l_k] = il_m$ für (j, k, m) zyklisch verwendet wurde. Andererseits gilt

$$\mathbf{j}^2 = (\mathbf{l} + \mathbf{s})^2 = \left(\mathbf{l} + \frac{1}{2}\vec{v}\right)^2 = \mathbf{l}^2 + \vec{v} \cdot \mathbf{l} + \frac{3}{4}$$

und wegen $[v_j, v_k] = 2iv_m$ folgt $[s_j, s_k] = is_m$ und somit für $\mathbf{j} = \mathbf{l} + \mathbf{s}$: $[j_j, j_k] = ij_m$ für (j, k, m) zyklisch. Wie in Anhang C gezeigt ist, folgt aus den Vertauschungsrelationen der Drehimpulskomponenten, daß die Eigenwerte von $\mathbf{j}^2$ durch $j(j+1)$ gegeben sind mit $j = 0, \frac{1}{2}, 1, \frac{3}{2}, \ldots$, vergl. Abschn. C.1. Durch Vergleich der Ausdrücke für K^2 und $\mathbf{j}^2$ folgt für die Eigenwerte κ von K für $j = \frac{1}{2}, \frac{3}{2}, \frac{5}{2} \ldots$

$$\kappa^2 = j(j+1) + \frac{1}{4} = 1, 4, 9, 16, \ldots, \tag{3.48}$$

wonach die Eigenwerte κ von K ganzzahlig und ungleich Null sind. Tatsächlich sind die ganzzahligen Quantenzahlen für j im Falle der Dirac-Gleichung eines Teilchens mit Spin 1/2 ebenso wie im Falle der Schrödinger-Gleichung nicht möglich, da j in beiden Fällen eine gute Quantenzahl ist. Dies erkennt man durch Zuordnung der Zustände der Dirac-Gleichung zu den Zuständen der Schrödinger-Gleichung.

Zunächst erhält man aus Gl. (3.48)

$$j(j+1) = \kappa^2 - \frac{1}{4} = \left(|\kappa| + \frac{1}{2}\right)\left(|\kappa| - \frac{1}{2}\right)$$

mit der Lösung $j = |\kappa| - \frac{1}{2}$, denn die andere Lösung der Gleichung scheidet wegen $j > 0$ aus, und es folgt

$$\begin{aligned} j &= \kappa - \frac{1}{2} & \text{für} && \kappa &> 0 \\ j &= -(\kappa + \frac{1}{2}) & \text{für} && \kappa &< 0. \end{aligned} \qquad (3.49)$$

Für den Hamilton-Operator der Dirac-Gleichung Gl. (3.42) gilt $[H, \mathbf{l}] \neq 0$ und $[H, \mathbf{s}] \neq 0$, aber $[H, \mathbf{j}] = 0$ und $[H, K] = 0$, so daß nur j, m_j und κ gute Quantenzahlen sind, wobei $m_j = -j, -j+1, \ldots + j$ die Quantenzahlen der 3-Komponente von $\mathbf{j}$ darstellen, vergl. Abschn. C.1.

Demgegenüber gilt für den Hamilton-Operator der Schrödinger-Gleichung im kugelsymmetrischen Fall $[H, \mathbf{l}] = 0$ und $[H, \mathbf{s}] = 0$, so daß dadurch l, m und m_s gute Quantenzahlen sind, wobei $l = 0, 1, 2 \ldots$ und $m = -l, -l+1, \ldots + l$ und $m_s = \pm 1/2$ für ein Teilchen mit Spin $s = 1/2$ gilt.

Die Zuordnung der Zustände der Schrödinger-Gleichung zu den Zuständen der Dirac-Gleichung kann folgendermaßen durchgeführt werden: Für $\nu = 0, 1, 2, 3, \ldots$ setzen wir

$$\kappa = \begin{cases} -(\nu+1) \\ \nu+1 \end{cases} ; \quad j = \begin{cases} \nu + \frac{1}{2} = l + \frac{1}{2} \\ \nu + \frac{1}{2} = l - \frac{1}{2} \end{cases} \quad \text{mit} \quad l = \begin{cases} \nu \\ \nu+1 \end{cases} \qquad (3.50)$$

dabei ist j in beiden Fällen eine gute Quantenzahl, so daß die Bedingungen von Gl. (3.49) erfüllt sind.

Zur Lösung der Dirac-Gleichung (3.42) in Form von zwei gekoppelten Differentialgleichungen für die Radialfunktionen zu positiver und negativer Energie schreiben wir den Hamilton-Operator Gl. (3.42) in der Form

$$\begin{aligned} H &= c\vec{\alpha} \cdot \mathbf{p} + V(r) + \beta m_e c^2 \\ &= \frac{c}{r^2}\vec{\alpha} \cdot \mathbf{r} (\mathbf{r} \cdot \mathbf{p} - i\hbar) + \frac{ic\hbar}{r^2}\vec{\alpha} \cdot \mathbf{r} (\vec{v} \cdot \mathbf{l} + 1) + V(r) + \beta m_e c^2. \end{aligned} \qquad (3.51)$$

Zum Beweise der Gleichung genügt es

$$r^2 \vec{\alpha} \cdot \mathbf{p} = \vec{\alpha} \cdot \mathbf{r}\, \mathbf{r} \cdot \mathbf{p} + i\hbar \vec{\alpha} \cdot \mathbf{r}\, \vec{v} \cdot \mathbf{l}$$

zu zeigen, was sich jedoch unmittelbar aus Gl. (3.46) wegen $\mathbf{r} \cdot \mathbf{l} = 0$ und

$$\mathbf{r} \times \mathbf{l} = \frac{1}{\hbar}\mathbf{r} \times (\mathbf{r} \times \mathbf{p}) = \frac{1}{\hbar}\mathbf{r}\,\mathbf{r} \cdot \mathbf{p} - \frac{r^2}{\hbar}\mathbf{p}$$

ergibt. Setzt man jetzt für die Radialkomponenten von $\vec{\alpha}$ und $\mathbf{p}$

$$\alpha_r = \frac{1}{r}(\vec{\alpha}\cdot\mathbf{r}) \quad \text{und} \quad p_r = \frac{1}{r}(\mathbf{r}\cdot\mathbf{p} - i\hbar) = \frac{\hbar}{i}\frac{1}{r}\frac{\partial}{\partial r}r, \qquad (3.52)$$

wobei $\frac{\mathbf{r}}{r}\cdot\nabla = \frac{\partial}{\partial r}$ verwendet wurde, so schreibt sich der Hamilton-Operator H von Gl. (3.51) in der Form

$$H = c\alpha_r p_r - i\frac{c\hbar}{r}\alpha_r\beta K + V(r) + \beta m_e c^2,$$

wobei von $\beta^2 = 1$ Gebrauch gemacht wurde. Da der Hamilton-Operator nach Gl. (3.47) mit dem Operator K kommutiert suchen wir gemeinsame Eigenfunktionen von H und K und können somit in der Eigenwertgleichung (3.42) den Operator K durch seinen Eigenwert κ ersetzen:

$$H\Phi = \left[c\alpha_r p_r - i\frac{c\hbar\kappa}{r}\alpha_r\beta + V(r) + \beta m_e c^2\right]\Phi = E\Phi. \qquad (3.53)$$

Nun muß nach Gl. (3.4) das Quadrat des Hamilton-Operators eines freien Teilchens der rechten Seite der Klein-Gordon-Gleichung entsprechen und man erhält

$$\begin{aligned}
\left[c\alpha_r p_r - i\frac{c\hbar\kappa}{r}\alpha_r\beta + \beta m_e c^2\right]^2 &= \\
&= -c^2\hbar^2\Delta - m_e c^4 \\
&= -c^2\hbar^2\left(\frac{1}{r}\frac{\partial}{\partial r}r\right)^2 + c^2\hbar^2\frac{1}{r^2}\mathbf{l}^2 + m_e^2 c^4 \\
&= -c^2\hbar^2\left(\frac{1}{r}\frac{\partial}{\partial r}r\right)^2 + c^2\hbar^2\frac{K^2 + \beta K}{r^2} + m_e^2 c^4 \\
&= -c^2\hbar^2\left(\frac{1}{r}\frac{\partial}{\partial r}r\right)^2 + c^2\hbar^2\frac{\kappa^2 + \beta\kappa}{r^2} + m_e^2 c^4,
\end{aligned} \qquad (3.54)$$

wobei die Darstellung des Laplace-Operators Δ in Kugelkoordinaten Gl. (2.18) in Abschn. 2.2, sowie $\mathbf{l}^2 = \beta K + K^2$ verwendet wurde, was eine unmittelbare Folge von $K = -\beta\vec{v}\cdot\mathbf{l} - \beta$ und $K^2 = \mathbf{l}^2 + \vec{v}\cdot\mathbf{l} + 1$ ist. Da der Operator Gl. (3.54) auf die gemeinsamen Eigenfunktionen Φ von H und K angewendet wird, wurde außerdem der Operator K durch seinen Eigenwert κ ersetzt.

Berechnet man die linke Seite von Gl. (3.54) und beachtet

$$\frac{\mathbf{r}}{r}\cdot\nabla = \frac{\partial}{\partial r} \qquad \text{sowie} \qquad [p_r, \frac{1}{r}\alpha_r] = -\frac{\hbar}{i}\frac{1}{r^2}\alpha_r,$$

so stellt man fest, daß beide Seiten identisch sind, falls die Bedingungen

$$\beta^2 = \alpha_r^2 = \mathcal{E} \quad \text{und} \quad \alpha_r\beta + \beta\alpha_r = 0$$

erfüllt werden, was bereits mit den 2 × 2-Matrizen

$$\alpha_r = \begin{pmatrix} 0 & -i \\ i & 0 \end{pmatrix} \quad \text{und} \quad \beta = \begin{pmatrix} 1 & 0 \\ 0 & -1 \end{pmatrix} \tag{3.55}$$

möglich ist. Im Gegensatz zu dem in Abschn. 3.3 behandelten allgemeinen Fall, in dem der Hamilton-Operator durch 4 × 4-Matrizen dargestellt wird, die auf Viererspinoren wirken, vergl. auch Gl. (3.32), zeigt sich hier im kugelsymmetrischen Fall, daß der Hamilton-Operator bereits durch 2 × 2-Matrizen dargestellt werden kann, die auf Zweierspinoren wirken. Für gegebenes j und κ beschreiben die beiden Komponenten des Zweierspinors offenbar die beiden Radialfunktionen für positive bzw. negative Energien, die wir in der Form

$$\Phi_\kappa(r) = \frac{1}{r} \begin{pmatrix} G_\kappa(r) \\ F_\kappa(r) \end{pmatrix} \tag{3.56}$$

ansetzen. Nach dem im Abschn. 3.3.1 Gesagten muß $\int \Phi_\kappa^+(r)\Phi_\kappa(r)\,\mathrm{d}^3r$ eine physikalische Erhaltungsgröße sein und daraus ergibt sich, daß die Integrale beider Komponenten

$$\int_0^\infty |G_\kappa(r)|^2\,\mathrm{d}r \quad \text{und} \quad \int_0^\infty |F_\kappa(r)|^2\,\mathrm{d}r$$

existieren müssen. Der Zweierspinor $\Phi_\kappa(r)$ in Gl. (3.56) beschreibt nur den Radialanteil der Eigenfunktionen Φ des Hamilton-Operators Gl. (3.53), die durch die Quantenzahlen j, m_j und κ mit $m_j = -j, -j+1, \ldots +j$ zu charakterisieren sind. Beim Einsetzen von Gl. (3.55) und (3.56) in den Hamilton-Operator Gl. (3.53) erhält man für die vier Terme mit Hilfe von Gl. (3.52) und (3.55) im Einzelnen

$$c\alpha_r p_r \Phi_\kappa = \frac{c\hbar}{r}\frac{\partial}{\partial r}\begin{pmatrix} 0 & -1 \\ 1 & 0 \end{pmatrix}\begin{pmatrix} G_\kappa \\ F_\kappa \end{pmatrix} = \frac{c\hbar}{r}\begin{pmatrix} -F'_\kappa \\ G'_\kappa \end{pmatrix}$$

$$-ic\hbar\kappa\frac{1}{r}\alpha_r\beta\Phi_\kappa = c\hbar\kappa\frac{1}{r^2}\begin{pmatrix} 0 & 1 \\ 1 & 0 \end{pmatrix}\begin{pmatrix} G_\kappa \\ F_\kappa \end{pmatrix} = c\hbar\frac{\kappa}{r^2}\begin{pmatrix} F_\kappa \\ G_\kappa \end{pmatrix}$$

$$V(r)\Phi_\kappa = V(r)\frac{1}{r}\begin{pmatrix} G_\kappa \\ F_\kappa \end{pmatrix}$$

$$\beta m_e c^2 \Phi_\kappa = m_e c^2 \frac{1}{r}\begin{pmatrix} 1 & 0 \\ 0 & -1 \end{pmatrix}\begin{pmatrix} G_\kappa \\ F_\kappa \end{pmatrix} = m_e c^2 \frac{1}{r}\begin{pmatrix} G_\kappa \\ -F_\kappa \end{pmatrix}.$$

Mit Hilfe dieser Gleichung läßt sich die Eigenwertgleichung des Hamilton-Operators Gl. (3.53) in zwei gekoppelte gewöhnliche Differentialgleichungen für die beiden Radialfunktionen separieren:

$$\begin{aligned} -c\hbar\frac{\mathrm{d}}{\mathrm{d}r}F_\kappa(r) + \frac{c\hbar\kappa}{r}F_\kappa(r) + (V(r) + m_e c^2 - E)G_\kappa(r) &= 0 \\ c\hbar\frac{\mathrm{d}}{\mathrm{d}r}G_\kappa(r) + \frac{c\hbar\kappa}{r}G_\kappa(r) + (V(r) - m_e c^2 - E)F_\kappa(r) &= 0. \end{aligned} \tag{3.57}$$

3 Relativistische Quantenmechanik

Wir interessieren uns für die Bindungsenergie ε des Teilchens mit positiven Energieeigenwerten, die wir für jedes κ durch eine Quantenzahl $n = 1, 2, 3 \ldots$ charakterisieren

$$\varepsilon_{n\kappa} = E_{n\kappa} - m_e c^2 < 0$$

und die mit den Eigenwerten der Schrödinger-Gleichung verglichen werden kann. Entsprechend bezeichnen wir die zugehörigen Eigenfunktionen mit $G_{n\kappa}(r)$ und $F_{n\kappa}(r)$ und erhalten aus Gl. (3.56)

$$c\hbar \frac{dG_{n\kappa}(r)}{dr} + c\hbar \frac{\kappa}{r} G_{n\kappa}(r) - \left(2m_e c^2 + \varepsilon_{n\kappa} - V(r)\right) F_{n\kappa}(r) = 0$$
$$c\hbar \frac{dF_{n\kappa}(r)}{dr} - c\hbar \frac{\kappa}{r} F_{n\kappa}(r) + \left(\varepsilon_{n\kappa} - V(r)\right) G_{n\kappa}(r) = 0, \qquad (3.58)$$

wobei die erste Differentialgleichung für die Hauptkomponente $G_{n\kappa}(r)$ und die zweite für die Nebenkomponente $F_{n\kappa}(r)$ steht. Die Quantenzahl κ ist hierbei ganz und ungleich Null und der Zusammenhang mit j und l ist durch Gl. (3.50) gegeben.

Mißt man die Länge in Bohr-Radien a_B und die Energie in Hartree Ha, verwendet man also *atomare Einheiten* (m_e bezeichnet die Elektronenmasse)

$$a_B = \frac{4\pi\varepsilon_0 \hbar^2}{e_0^2 m_e} \qquad \text{für die Länge}$$

$$E_{Ha} = \frac{e_0^2}{4\pi\varepsilon_0} \frac{1}{a_B} = \frac{\hbar^2}{m_e a_B^2} \qquad \text{für die Energie}$$

und die dimensionslose *Sommerfeld-Feinstrukturkonstante*

$$\alpha_S = \frac{e_0^2}{4\pi\varepsilon_0 \hbar c} \approx \frac{1}{137.037},$$

so nehmen die gekoppelten Differentialgleichungen (3.58) die einfachere Form

$$\frac{dG_{n\kappa}(r)}{dr} + \frac{\kappa}{r} G_{n\kappa}(r) - \left(\frac{2}{\alpha_S^2} + \varepsilon_{n\kappa} - V(r)\right) \alpha_S F_{n\kappa}(r) = 0$$
$$\frac{dF_{n\kappa}(r)}{dr} - \frac{\kappa}{r} F_{n\kappa}(r) + \left(\varepsilon_{n\kappa} - V(r)\right) \alpha_S G_{n\kappa}(r) = 0 \qquad (3.59)$$

an. Da für gegebenes κ nach Gl. (3.49) j festliegt, ist jeder Energieeigenwert $\varepsilon_{n\kappa}$ noch $(2j+1)$-fach entartet. Die zugehörigen Eigenfunktionen bestehen aus dem Produkt einer Radialfunktion $G_{n\kappa}(r)$ bzw. $F_{n\kappa}(r)$ und einer Funktion ϕ_{jm} im Orts-Spin-Raum mit $m = -j, -j+1, \ldots +j$, vergl. Anhang C.

Vernachlässigt man im nichtrelativistischen Grenzfall $\varepsilon_{n\kappa} - V(r)$ gegen $2/\alpha_S^2$ in der ersten Gl. (3.59), so erhält man genähert

$$F_{n\kappa}(r) = \frac{\alpha_S}{2} \left[\frac{dG_{n\kappa}(r)}{dr} + \frac{\kappa}{r} G_{n\kappa}(r)\right],$$

3.7 Kugelsymmetrisches Potential

womit man durch Einsetzen in die zweite Gl. (3.59) die Schrödinger-Gleichung (2.27) in Abschn. 2.2.3 in atomaren Einheiten erhält:

$$\frac{1}{2}\left[\frac{\mathrm{d}^2 G_{n\kappa}(r)}{\mathrm{d}r^2} - \frac{l(l+1)}{r^2}G_{n\kappa}(r)\right] + (\varepsilon_{n\kappa} - V(r))G_{n\kappa}(r) = 0. \tag{3.60}$$

Hier wurde nach Gl. (3.50) $\kappa(\kappa+1) = l(l+1)$ verwendet. Es ist ersichtlich, daß wegen der Näherungsannahme $|\varepsilon_{n\kappa} - V(r)| \ll 2/\alpha_S^2$ bei Atomen die nichtrelativistischen Lösungen $G_{n\kappa}(r)$ nach der Schrödinger-Gleichung (3.60) in Kernnähe $r \to 0$ falsch sind, weil die Bedingung wegen des Coulomb-Potentials des Atomkerns $V(r)$ offenbar nicht erfüllt ist. Insbesondere für die schwereren Atome des periodischen Systems der Elemente ist es, im Rahmen einer angemessenen Beschreibung der Mehrelektronenwechselwirkung erforderlich, die relativistischen Gleichungen (3.59) zu lösen, während für die äußeren Valenzelektronen der leichten Atome in manchen Fällen die Lösung der genäherten Schrödinger-Gleichung (3.60) ausreicht. Am Schluß sei betont, daß die Gl. (3.58) und (3.59) keine Näherungen darstellen; es handelt sich um exakte Umformungen der Dirac-Gleichung für ein Teilchen mit Spin 1/2, das sich in einem zeitlich konstanten, kugelsymmetrischen Potential befindet.

4 Mehrteilchenquantenmechanik

Zur Formulierung der Quantenmechanik mehrerer Teilchen betrachten wir zwei Massenpunkte mit Massen m_1 und m_2, die sich an den Orten $\mathbf{r}_1$ und $\mathbf{r}_2$ befinden. In Analogie zur nichtrelativistischen Einteilchenquantenmechanik, wie sie im Kap. 1 beschrieben wurde, sollen sich die Zweiteilchenzustände $\phi(\mathbf{r}_1, \mathbf{r}_2, t)$ als Lösungen einer Zweiteilchen-Schrödinger-Gleichung ergeben. Im Sinne der statistischen Deutung der Wellenfunktion wäre die Größe $|\phi(\mathbf{r}_1, \mathbf{r}_2, t)|^2$ als Aufenthaltswahrscheinlichkeitsdichte dafür zu interpretieren, daß das Teilchen mit der Masse m_1 am Ort $\mathbf{r}_1$ *und* das Teilchen mit der Masse m_2 am Ort $\mathbf{r}_2$ zu finden ist. Die Größe $\int |\phi(\mathbf{r}_1, \mathbf{r}_2, t)|^2 \, d^3r_2$ wäre dann die Aufenthaltswahrscheinlichkeitsdichte dafür, das Teilchen mit der Masse m_1 am Ort $\mathbf{r}_1$ zu finden, unabhängig davon, wo sich das andere Teilchen befindet. Ferner müßte $\int |\phi(\mathbf{r}_1, \mathbf{r}_2, t)|^2 \, d^3r_1 \, d^3r_2 = 1$ sein, da davon ausgegangen wird, daß beide Teilchen vorhanden sind.

Wenn nun die beiden Massenpunkte nicht miteinander in Wechselwirkung stehen, also keine Kräfte aufeinander ausüben, so wären sie unabhängig voneinander und die Observablen wie Ort, Impuls, Drehimpuls, Energie müßten für jedes Teilchen die gleichen sein wie im Falle der Einteilchenquantenmechanik. Ist der Zustand des Teilchens 1 nach Kap. 1 durch $\varphi(\mathbf{r}_1, t)$ gegeben und der Zustand des Teilchens 2 durch $\psi(\mathbf{r}_2, t)$, so läßt sich der Zweiteilchenzustand der beiden unabhängigen Teilchen durch $\phi(\mathbf{r}_1, \mathbf{r}_2, t) = \varphi(\mathbf{r}_1, t)\psi(\mathbf{r}_2, t)$ beschreiben, wodurch die genannten Bedingungen erfüllt sind.

Die Zweiteilchenzustände $\phi(\mathbf{r}_1, \mathbf{r}_2, t)$ sind Elemente eines Hilbert-Raumes $\mathcal{H}$, der das orthogonale Produkt aus den Hilbert-Räumen der beiden einzelnen Teilchen $\mathcal{H}_1$ und $\mathcal{H}_2$ darstellt: $\mathcal{H} = \mathcal{H}_1 \otimes \mathcal{H}_2$. Auch im Falle zweier wechselwirkender Massenpunkte sind die Zweiteilchenzustände $\phi(\mathbf{r}_1, \mathbf{r}_2, t)$ Elemente des Hilbert-Raumes $\mathcal{H}$: $\phi(\mathbf{r}_1, \mathbf{r}_2, t) \in \mathcal{H} = \mathcal{H}_1 \otimes \mathcal{H}_2$, nur lassen sie sich dann nicht mehr als Produkt zweier Einteilchenzustände darstellen. Die Zweiteilchenzustände sollen Lösungen der *Zweiteilchen-Schrödinger-Gleichung*

$$-\frac{\hbar}{i}\frac{\partial}{\partial t}\phi(\mathbf{r}_1, \mathbf{r}_2, t) = H(\mathbf{r}_1, \mathbf{r}_2, t)\phi(\mathbf{r}_1, \mathbf{r}_2, t)$$

sein, wobei der Zweiteilchen-Hamilton-Operator $H(\mathbf{r}_1, \mathbf{r}_2, t)$ im Hilbert-Raum $\mathcal{H}$ definiert ist. Im Falle wechselwirkungsfreier Teilchen ist er als Summe der beiden Einteilchen-Hamilton-Operatoren anzusetzen $H(\mathbf{r}_1, \mathbf{r}_2, t) = H_1(\mathbf{r}_1, t) + H_2(\mathbf{r}_2, t)$. Dann wird die Schrödinger-Gleichung separierbar und durch den Produktansatz $\phi(\mathbf{r}_1, \mathbf{r}_2, t) = \varphi_1(\mathbf{r}_1, t)\varphi_2(\mathbf{r}_2, t)$ in zwei unabhängige Einteilchen-Schrödinger-Gleichungen zerlegt. Eine solche Separation wurde bereits bei dem in Abschn. 2.3.1 behandelten Wasserstoffatom durchgeführt. Wegen der Coulomb-Anziehung zwischen Proton und Elektron war dazu allerdings die Einführung von Schwerpunkt- und Relativkoordinaten erforderlich.

4.1 Unterscheidbare Teilchen

Zur Verallgemeinerung der Einteilchenquantenmechanik von Kap. 1 seien im nichtrelativistischen Grenzfall N unterscheidbare Teilchen betrachtet, wobei jedes durch die Variablen Ort $\mathbf{r}_i$ und Spin $\mathbf{s}_i$ für $i = 1, 2, \ldots N$ beschrieben sei. Außerdem sollen für jedes Teilchen die Parameter Masse m_i, Ladung e_i und die Spinquantenzahl s_i vorgegeben sein. Zur vereinfachten Schreibweise fassen wir alle Variablen zu einem Vektor

$$\underline{x} = (\mathbf{r}_1, \mathbf{s}_1, \mathbf{r}_2, \mathbf{s}_2, \ldots \mathbf{r}_N, \mathbf{s}_N) \tag{4.1}$$

im *Konfigurationsraum* zusammen und bezeichnen ein infinitesimales Volumenelement in diesem Konfigurationsraum durch

$$d\tau = d^3r_1\, d^3s_1\, d^3r_2\, d^3s_2 \ldots d^3r_N\, d^3s_N. \tag{4.2}$$

Die N-Teilchenzustände $\phi(\underline{x}, t)$ und $\psi(\underline{x}, t)$ seien Elemente im Hilbert-Raum $\mathcal{H}$, in dem das innere Produkt durch

$$\langle \phi, \psi \rangle = \int \phi^*(\underline{x}, t) \psi(\underline{x}, t)\, d\tau \tag{4.3}$$

eingeführt wird, wobei über den ganzen Konfigurationsraum zu integrieren ist. Der Hilbert-Raum $\mathcal{H}$ ist der Produktraum aus N Einteilchen-Hilbert-Räumen $\mathcal{H} = \mathcal{H}_1 \otimes \mathcal{H}_2 \otimes \ldots \otimes \mathcal{H}_N$. Die N-Teilchenzustände $\phi(\underline{x}, t)$ sollen Lösungen der *Mehrteilchen-Schrödinger-Gleichung*

$$\boxed{-\frac{\hbar}{i}\frac{\partial}{\partial t}\phi(\underline{x}, t) = H(\underline{x}, t)\phi(\underline{x}, t)} \tag{4.4}$$

sein, wobei $H(\underline{x}, t)$ den *Mehrteilchen-Hamilton-Operator* bezeichnet. Allen Observablen des N-Teilchensystems werden selbstadjungierte Operatoren zugeordnet, die gegebene Funktionen der Orts-, Impuls- und Spinoperatoren der einzelnen Teilchen sind. Wie in der Einteilchenquantenmechanik gibt es keine eindeutige Vorschrift, wie diese Operatoren in Analogie zur klassischen Mechanik anzusetzen sind. Die Form eines Einteilchen-Hamilton-Operators hängt z.B. davon ab, welche Näherung verwendet wird um von der Dirac-Gleichung zur Schrödinger-Gleichung zu gelangen. Auch die Zuordnung mechanischer Observablen, wie etwa des Runge-Lenz-Vektors beim Wasserstoffatom (vergl. Gl. (2.48) in Abschn. 2.3.4), aus der klassischen Mechanik in die Quantenmechanik ist nicht eindeutig, da in der klassischen Mechanik die auftretenden Observablen in den Formeln als vertauschbare Größen auftreten, während sie in der Quantenmechanik teilweise nicht vertauschbar sind. Letztendlich entscheidet der Vergleich der Erwartungswerte der Observablen mit dem Experiment darüber, ob die Zuordnung der Operatoren zu den Observablen im Rahmen der Quantentheorie von Massenpunkten mit den hier zugrunde gelegten Einschränkungen richtig ist.

4.1.1 Vertauschungsrelationen der Observablen

Allgemein ist so vorzugehen, daß zunächst die klassische Mechanik eines Systems von Massenpunkten durch die Hamilton-Gleichungen formuliert wird. Zu den Ortskoordinaten x_i der Teilchen werden dabei mit Hilfe der Lagrange-Funktion kanonisch konjugierte Impulskoordinaten p_i eingeführt. Diese kanonisch konjugierten Koordinaten werden zu Operatoren im Hilbert-Raum, die den Vertauschungsrelationen

$$[p_j, x_k] = \frac{\hbar}{i} \delta_{jk} 1 \quad ; \quad [p_j, p_k] = 0 = [x_j, x_k]$$

genügen, vergl. Gl. (1.15) in Abschn. 1.3. Hier bezeichnet $[A, B] = AB - BA$ den Kommutator der beiden Operatotren A und B. Dann gilt die Schrödinger-Gleichung (4.4), wobei der Hamilton-Operator aus der Hamilton-Funktion in geeigneter Weise anzusetzen ist. Die hier beschriebene Mehrteilchen-Schrödinger-Gleichung mit Spinvariablen entsteht durch eine einfache Übertragung einer Einteilchenquantenmechanik mit Spin, also einer Näherung der Dirac-Gleichung, auf mehrere Teilchen.

Den Observablen des N-Teilchensystems seien Operatoren im Hilbert-Raum $\mathcal{H}$ zugeordnet, die gegebene Funktionen der Orts-, Impuls- und Spinoperatoren der einzelnen Teilchen sind. Die Vertauschungsrelationen dieser Operatoren ergeben sich aus den Vertauschungsrelationen der Operatoren der Einzelteilchen, wobei festgesetzt wird, daß die Einteilchenoperatoren unterschiedlicher Teilchen miteinander vertauschbar sind. Bezeichnen $\mathbf{r}_j$, $\mathbf{p}_j$ und $\mathbf{s}_j$ Orts-, Impuls- und Spinoperator des Teilchens $j = 1, 2, \ldots N$, so werden die folgenden *Vertauschungsrelationen* angesetzt

$$\begin{aligned} [\mathbf{r}_j, \mathbf{r}_k] &= \mathcal{O}1 & ; & \quad [\mathbf{r}_j, \mathbf{s}_k] &= \mathcal{O}1 \\ [\mathbf{p}_j, \mathbf{p}_k] &= \mathcal{O}1 & ; & \quad [\mathbf{p}_j, \mathbf{s}_k] &= \mathcal{O}1 \\ [\mathbf{p}_j, \mathbf{r}_k] &= \frac{\hbar}{i} \delta_{jk} \mathcal{E} 1 & ; & \quad [s_{j\nu}, s_{k\mu}] &= i \delta_{jk} s_{j\rho} \end{aligned} \quad (4.5)$$

mit

$$\mathcal{O} = \begin{pmatrix} 0 & 0 & 0 \\ 0 & 0 & 0 \\ 0 & 0 & 0 \end{pmatrix} \quad ; \quad \mathcal{E} = \begin{pmatrix} 1 & 0 & 0 \\ 0 & 1 & 0 \\ 0 & 0 & 1 \end{pmatrix} \quad ; \quad (\nu, \mu, \rho) = \begin{cases} (1, 2, 3) \\ (2, 3, 1) \\ (3, 1, 2), \end{cases}$$

wobei $s_{j\nu}$ die ν-te Komponente des Spinoperators $\mathbf{s}_j = (s_{j1}, s_{j2}, s_{j3})$ bezeichnet und die Indizes die Werte $j, k = 1, 2, \ldots N$ und $\nu, \mu, \rho = 1, 2, 3$ annehmen. Ferner bezeichnet $\mathcal{E}$ die Einheitsdyade oder die 3×3-Einheitsmatrix, $\mathcal{O}$ die Nulldyade oder die 3×3-Nullmatrix, 0 den Nulloperator und 1 den Einsoperator im Hilbert-Raum $\mathcal{H}$. Die letzte der Gleichungen (4.5) fordert für die Spinoperatoren jedes einzelnen Teilchens die Drehimpulsvertauschungsrelationen wie sie im Abschn. 2.6.1 und im Anhang C angegeben sind.

4.1.2 Hilbert-Raum

Die selbstadjungierten Operatoren A, die physikalischen Observablen zugeordnet sind, sind normale Operatoren, die die Bedingung $A^+A = AA^+$ erfüllen, so daß die Menge der zugehörigen Eigenfunktionen als Basis, d.h. als vollständiges Orthonormalsystem, im Hilbert-Raum $\mathcal{H}$ verwendet werden kann. Der Hilbert-Raum $\mathcal{H}$ ist andererseits durch den Produkt-Hilbert-Raum $\mathcal{H} = \mathcal{H}_1 \otimes \mathcal{H}_2 \otimes \cdots \otimes \mathcal{H}_N$ gegeben, so daß eine Basis in $\mathcal{H}$ auch aus dem Produkt der Basisvektoren der Einteilchen-Hilbert-Räume $\mathcal{H}_i$ gebildet werden kann.

Unter einer Basis im Hilbert-Raum $\mathcal{H}$ verstehen wir ein vollständiges Orthonormalsystem. Die Basisfunktionen $\psi_\nu(\underline{x})$ spannen den Hilbert-Raum auf und erfüllen die Bedingungen, vergl. Abschn. A.2

$$\int \psi_\nu^*(\underline{x})\psi_\mu(\underline{x})\,d\tau = \delta_{\nu\mu} \qquad \text{Orthonormalität}$$

$$\sum_\nu \psi_\nu(\underline{x})\psi_\nu^*(\underline{x}') = \delta(\underline{x} - \underline{x}') \qquad \text{Vollständigkeit,}$$

wobei über alle Basisfunktionen zu summieren ist. Dann kann jeder Zustand $\phi(\underline{x}, t)$ des N-Teilchensystems als Element des Hilbert-Raumes $\mathcal{H}$ nach der Basis $\psi_\nu(\underline{x})$ entwickelt werden:

$$\phi(\underline{x}, t) = \sum_\nu \psi_\nu(\underline{x}) c_\nu(t) \quad \text{mit} \quad c_\nu(t) = \int \psi_\nu^*(\underline{x}')\phi(\underline{x}', t)\,d\tau.$$

Dies ergibt sich formal durch einsetzen

$$\phi(\underline{x}, t) = \int \delta(\underline{x} - \underline{x}')\phi(\underline{x}', t)\,d\tau' = \sum_\nu \psi_\nu(\underline{x}) \int \psi_\nu^*(\underline{x}')\phi(\underline{x}', t)\,d\tau'.$$

Multipliziert man andererseits die Entwicklung mit $\psi_\nu^*(\underline{x})$ und integriert über den Konfigurationsraum, so erhält man mit Hilfe der Orthonormalitätsbeziehung

$$\int \psi_\mu^*(\underline{x})\phi(\underline{x}, t)\,d\tau = \sum_\nu \int \psi_\mu^*(\underline{x})\psi_\nu(\underline{x})\,d\tau\, c_\nu(t) = c_\mu(t).$$

Zur Vereinfachung verwenden wir die *Dirac-Schreibweise* in der die Basisfunktionen $\psi_\nu(\underline{x})$ durch $|\nu\rangle$ und $\phi(\underline{x})$ durch $|\phi\rangle$ abgekürzt werden. Das innere Produkt (ψ_ν, ϕ) nimmt die Form $\langle \nu | \phi \rangle$ an und die Eigenschaften der Basisfunktionen werden durch

$$\langle \nu | \mu \rangle = \delta_{\nu\mu} \qquad \text{Orthonormalität}$$

$$\sum_\nu |\nu\rangle\langle \nu| = 1 \qquad \text{Vollständigkeit.}$$

ausgedrückt. Die Entwicklung von $|\phi\rangle$ nach der Basis erhält die Gestalt

$$|\phi\rangle = \sum_\nu |\nu\rangle\langle \nu | \phi \rangle,$$

wodurch insbesondere die Schreibweise der Vollständigkeitsbeziehung verständlich wird.

4.2 Meßprozeß

Die Interpretation der Messungen von Observablen an einem quantenmechanischen System unterscheidet sich wesentlich von den einfachen Vorstellungen von Messungen im Rahmen der klassischen Mechanik. Zum einen muß davon ausgegangen werden, daß jede Messung den Zustand des betrachteten mikroskopischen Systems verändert, was in der klassischen Mechanik, z.B. bei der Beobachtung der Planetenbahnen durch Streuung des Sonnenlichtes, nicht in Betracht gezogen wird. Der Wert einer Observablen eines mikroskopischen Systems kann z.b. durch Streuung eines Elementarteilchens oder durch Emission, Absorption oder Streuung eines Photons festgestellt werden, wobei sich das System selbst von einem Anfangszustand in einen Endzustand verändert. Wegen der Existenz von Unbestimmtheitsrelationen zwischen Observablen, deren Operatoren nicht vertauschbar sind, vergl. Abschn. 1.3, werden gewisse Meßwerte notwendigerweise streuen, so daß der festgestellte Endzustand einer Messung in einem solchen Fall nicht mit dem Anfangszustand im selben Sinne kausal verknüpft ist wie in der klassischen Mechanik, weil für bestimmte Messungen nur Wahrscheinlichkeitsaussagen möglich sind.

Dies wird z.b. bei der Bestimmung der Spinkomponenten eines Elektrons mit Hilfe eines Magnetfeldes deutlich. Ergibt etwa die Messung der 3-Komponente des Spins bei allen Systemen der Gesamtheit den Wert $\frac{1}{2}$, so wird der Spinzustand des Systems nach Gl. (2.95) in Abschn. 2.6.3 durch die Spinfunktion $\chi_{\frac{1}{2}\frac{1}{2}}$ beschrieben, die die Eigenfunktion des Spinoperators s_3 zum Eigenwert $\frac{1}{2}$ ist. Der Erwartungswert von s_3 ist $\frac{1}{2}$ und die Streuung dieser Messung verschwindet. Führt man nun eine Messung der 1-Komponente des Spins durch, so ergibt der Erwartungswert des Spinoperators s_1 nach Gl. (2.99) in Abschn. 2.6.4 den Wert $\langle \chi_{\frac{1}{2}\frac{1}{2}} | s_1 | \chi_{\frac{1}{2}\frac{1}{2}} \rangle = 0$. Da andererseits die Eigenwerte von s_1, und damit die möglichen Meßwerte $\pm\frac{1}{2}$ sind (dies folgt aus den Eigenwerten der Matrix S_1 aus Gl. (2.99) in Abschn. 2.6.4), kommen offenbar beide Meßwerte gleich häufig vor, so daß der Mittelwert Null ergibt. Weil die Operatoren s_1 und s_3 als Drehimpulskomponenten nach Gl. (C.1) in Abschn. C.1 nicht vertauschbar sind, läßt sich diese Unbestimmtheit auch nicht vermeiden. Würde man etwa durch Aussortieren eine Gesamtheit herstellen, die bezüglich der Messung von s_1 nur die Werte $\frac{1}{2}$ ergibt, so trifft man, bei Wiederholung dieser Schlußweise, als Ergebnis einer erneuten Messung von s_3 nunmehr beide Eigenwerte $\pm\frac{1}{2}$ mit gleicher Häufigkeit an.

Darüber hinaus gibt es in der Quantenmechanik keine vollständige Trennung zwischen dem beobachteten System, der Meßapparatur und dem Beobachter, der den Meßwert registriert. Hierin liegt eine begriffliche Problematik bei der Interpretation der Quantenmechanik, die z.B. am Einstein-Podolski-Rosen-Paradoxon deutlich wird. Bei diesem Gedankenexperiment betrachtet man zwei gebundene Elektronen mit antiparallelen Spins, etwa den Grundzustand eines Helium-Atoms. Trennt man nun beide Elektronen ab ohne ihre Spinrichtungen zu verändern und bringt sie weit auseinander, so wird für jedes Elektron mit je 50% Wahrscheinlichkeit die eine oder die andere Spinrichtung gemessen. Obwohl die Elektronen beliebig weit voneinander entfernt sein können, liegt doch die Spinrichtung des einen Elektrons fest, sobald die des anderen gemessen wurde.

Im Rahmen der klassischen Mechanik folgt dagegen aus einem wohldefinierten Anfangszustand auch ein wohldefinierter Endzustand. Die mechanischen Systeme verhalten sich also in ihrer zeitlichen Entwicklung determiniert. Im Gegensatz dazu gibt es in der Quantenmechanik teilweise nur statistische Aussagen, wenn nämlich die Streuung der Meßwerte aufgrund einer Unbestimmtheitsrelation nicht verschwindet. Daher kann der Meßwert einiger Observablen nur mit einer bestimmten Wahrscheinlichkeit vorausgesagt werden. Dieser Indeterminismus hat auch zu einer Abkehr vom deterministischen Weltbild des 19. Jahrhunderts und zu einem Wandel in der Naturphilosophie geführt.

Wir haben also Gesamtheiten zu beschreiben, über die *alle möglichen* Informationen bezüglich bestimmter, miteinander vertauschbarer Observablen vorliegen und Gesamtheiten, bei denen dies nicht der Fall ist. Jede Gesamtheit enthält jedoch, wenn alle Observablen in Betracht gezogen werden, eine gewisse Unbestimmtheit, was den Ausgang von Messungen einiger Observablen betrifft, oder anders ausgedrückt: es gibt keine streuungsfreien Gesamtheiten.

4.2.1 Statistischer Operator

In Verallgemeinerung des Begriffes des Erwartungswertes einer Observablen A, wie er im Abschn. 1.2.4 eingeführt wurde, definieren wir den Erwartungswert oder Mittelwert bei der Messung der Observablen A durch

$$M(A) = \text{Sp}(\rho A) \quad \text{mit} \quad \text{Sp}(\rho) = 1, \tag{4.6}$$

wobei der *statistische Operator* ρ die quantenmechanische Gesamtheit charakterisiert. Dabei ist die Spur eines Operators B im Hilbert-Raum $\mathcal{H}$ durch die Spur der zugehörigen Matrix $B_{\nu\mu} = \langle\nu|B|\mu\rangle$ definiert: $\text{Sp}(B) = \sum_\nu B_{\nu\nu}$, wobei $|\nu\rangle$ eine Basis in $\mathcal{H}$ bezeichnet. Die Spur ist gegen Basistransformationen invariant, denn die Spur einer Matrix ändert sich nicht bei einer unitären Transformation $\text{Sp}(B) = \text{Sp}(U^+BU)$ [1] mit $U^+ = U^{-1}$, wobei U eine unitäre Matrix bezeichnet.

Wir betrachten zunächst eine spezielle Gesamtheit, die durch einen bestimmten Zustand $\phi(\underline{x},t) \in \mathcal{H}$ charakterisiert wird. Der statistische Operator ist dann durch den Projektionsoperator auf diesen Zustand gegeben

$$\rho = P_\phi = |\phi\rangle\langle\phi| \quad \text{mit} \quad \langle\phi|\phi\rangle = 1. \tag{4.7}$$

Wird der Projektionsoperator auf ein beliebiges $\psi \in \mathcal{H}$ angewendet, so zeigt sich $P_\phi^2 = P_\phi$, denn es gilt

$$P_\phi|\psi\rangle = |\phi\rangle\langle\phi|\psi\rangle$$
$$P_\phi^2|\psi\rangle = P_\phi|\phi\rangle\langle\phi|\psi\rangle = |\phi\rangle\langle\phi|\psi\rangle,$$

---

[1] Zum Beweise beachte man $\text{Sp}(AB) = \text{Sp}(BA)$.

wobei von der Normierung des Zustandes $\langle\phi|\phi\rangle = 1$ Gebrauch gemacht wurde. Der Projektionsoperator Gl. (4.7) erfüllt ferner die Bedingung $\text{Sp}(P_\phi) = 1$

$$\text{Sp}(\rho) = \text{Sp}(P_\phi) = \sum_\nu \langle\nu|P_\phi|\nu\rangle = \sum_\nu \langle\nu|\phi\rangle\langle\phi|\nu\rangle$$
$$= \sum_\nu \langle\phi|\nu\rangle\langle\nu|\phi\rangle = \langle\phi|\phi\rangle = 1,$$

wobei die Vollständigkeit der Basis $|\nu\rangle$ berücksichtigt wurde. Mit dem statistischen Operator ρ nach Gl. (4.7) erhält man für den Erwartungswert einer Observablen A

$$M(A) = \text{Sp}(\rho A) = \text{Sp}(P_\phi A)$$
$$= \sum_\nu \langle\nu|P_\phi A|\nu\rangle = \sum_\nu \langle\nu|\phi\rangle\langle\phi|A|\nu\rangle = \sum_\nu \langle\phi|A|\nu\rangle\langle\nu|\phi\rangle = \langle\phi|A|\phi\rangle,$$

wobei wiederum die Vollständigkeit der Basis verwendet wurde. Schreibt man diese Gleichung in der integralen Form des inneren Produktes gemäß Gl. (4.3)

$$M(A) = \text{Sp}(P_\phi A) = \int \phi^*(\underline{x},t) A \phi(\underline{x},t)\,d\tau,$$

so erkennt man die naheliegende Verallgemeinerung des Erwartungswertes wie er im Abschn. 1.2.4 eingeführt wurde.

4.2.2 Reiner Zustand und Gemisch

Ist speziell ϕ eine Eigenfunktion von A zum diskreten Eigenwert a: $A\phi = a\phi$, so erhält man wegen der Normierung von ϕ: $\langle\phi|\phi\rangle = 1$:

$$M(A) = \text{Sp}(P_\phi A) = \langle\phi|A|\phi\rangle = a$$

und das bedeutet, daß an allen Systemen der Gesamtheit der Eigenwert a gemessen wurde, die Meßwerte also nicht streuen. Dies erkennt man aus der Berechnung der Streuung ΔA:

$$\Delta A^2 = M\big((A - M(A)\mathbf{1})^2\big) = \langle\phi|(A - a\mathbf{1})^2|\phi\rangle = 0.$$

Umgekehrt läßt sich eine solche Gesamtheit dadurch konstruieren, daß an allen Systemen einer gegebenen Gesamtheit die Observable A gemessen wird und alle Systeme aussortiert werden, die nicht den Meßwert a ergeben haben. Dies führt jedoch nur dann auf denselben Zustand ϕ wenn der Eigenwert a nicht entartet ist. Im entarteten Fall muß man zusätzlich Messungen anderer Observablen durchführen, deren Operatoren mit A vertauschbar sind. Bei vertauschbaren Operatoren kann man die Eigenfunktionen immer so wählen, daß sie Eigenfunktionen zu beiden

4.2 Meßprozeß

Operatoren sind, vergl. Abschn. 1.4.4. Wird die Entartung dabei nicht oder nicht vollständig aufgehoben, muß man weitere Observablen hinzunehmen. Insgesamt hat man Messungen an einem vollständigen Satz *kommensurabler Observablen* durchzuführen, d.h. an allen Observablen, deren Operatoren mit A und untereinander vertauschbar sind. Gilt also $[A,C] = 0$, $[A,D] = 0$, $[C,D] = 0,\ldots$, so gibt es ein $\phi \in \mathcal{H}$ mit $A\phi = a\phi$, $C\phi = c\phi$, $D\phi = d\phi$ usw. derart, daß durch Messung der Observablen $A, C, D, \ldots$ der Zustand ϕ eindeutig festgelegt ist, der dann Eigenfunktion der Operatoren $A, C, D, \ldots$ zu den Eigenwerten $a, c, d, \ldots$ ist.

Wird nun eine Gesamtheit so präpariert, daß sie an einem vollständigen Satz kommensurabler Observablen nichtstreuende Meßwerte ergibt, so wird die Gesamtheit durch den Zustand ϕ charakterisiert und man spricht von einem *reinen Zustand* bezüglich dieser Observablen. Der statistische Operator ist dann durch den Projektionsoperator $\rho = P_\phi$ wie in Gl. (4.7) gegeben. In diesem Fall hat man die Maximalinformation, die eine Gesamtheit im Zusammenhang mit der Messung der Observablen A geben kann, da die Meßwerte aller kommensurabler Observablen nicht streuen.

Beschreibt die Gesamtheit einen reinen Zustand bezüglich der Energie, d.h. ist der statistische Operator ρ durch Gl. (4.7) gegeben, wobei ϕ eine Eigenfunktion des Hamilton-Operators H darstellt, so wird die Gesamtheit auch als *mikrokanonische Gesamtheit* im Sinne der statistischen Mechanik bezeichnet. In diesem Falle haben alle Systeme der Gesamtheit die gleiche Energie $E = \langle \phi | H | \phi \rangle$, die gleiche Teilchenzahl und das gleiche Volumen, vergl. Abschn. 4.4 und Kap. 15.

Andererseits gibt es zu jedem Satz miteinander vertauschbarer Operatoren noch weitere Observable, deren Operatoren mit einigen von ihnen nicht vertauschbar sind. Sei etwa B ein solcher Operator mit $[B,A] \neq 0$, so streuen die Meßwerte von B bei der Bestimmung der Erwartungswerte mit $\rho = P_\phi$

$$M(A) = \mathrm{Sp}(P_\phi A) = \langle \phi | A | \phi \rangle = a$$
$$M(B) = \mathrm{Sp}(P_\phi B) = \langle \phi | B | \phi \rangle.$$

Um das zu erkennen gehen wir davon aus, daß die Eigenfunktionen von A und B jeweils ein vollständiges Orthonormalsystem in $\mathcal{H}$ bilden. Wählt man als Basis in $\mathcal{H}$ die Eigenfunktionen $|\nu\rangle$ von B, die $B|\nu\rangle = b_\nu |\nu\rangle$ erfüllen, so folgt aus der Voraussetzung der Nichtvertauschbarkeit $[B,A] \neq 0$, daß es eine Eigenfunktion ϕ von A geben muß, bei der die Entwicklung

$$\phi = \sum_\nu |\nu\rangle\langle\nu|\phi\rangle$$

mindestens *zwei* nicht verschwindende Koeffizienten, etwa die beiden $\langle l|\phi\rangle \neq 0$ und $\langle m|\phi\rangle \neq 0$ mit $b_l \neq b_m$, besitzt. Im anderen Fall würde $[B,A] = 0$ folgen.

□ Gäbe es für alle ϕ nur einen nicht verschwindenden Koeffizienten $\langle\nu|\phi\rangle$, so wären alle Eigenfunktionen ϕ von A auch Eigenfunktionen von B, was $AB\phi = BA\phi$ zur Folge hätte. Zum Widerspruchsbeweis sei etwa für $l \neq m$ und $b_l = b_m = b$

$$\phi = |l\rangle\langle l|\phi\rangle + |m\rangle\langle m|\phi\rangle$$

mit

$$A\phi = a\phi \quad \text{und} \quad B|l\rangle = b|l\rangle \quad ; \quad B|m\rangle = b|m\rangle$$

angenommen, so folgt

$$B\phi = b\phi \quad \text{und somit} \quad AB\phi = BA\phi.$$

Würde dies für alle Eigenfunktionen ϕ von A gelten, so folgt aus der Vollständigkeit der Eigenfunktionen ϕ in $\mathcal{H}$ auch $[B, A] = 0$. ∎

Verwendet man zur Berechnung von $\text{Sp}(P_\phi B)$ die Eigenfunktionen $|\nu\rangle$ von B, die eine Basis in $\mathcal{H}$ bilden, so erhält man

$$M(B) = \text{Sp}(P_\phi B)$$
$$= \sum_\nu \langle \nu|\phi\rangle\langle\phi|B|\nu\rangle = \sum_\nu b_\nu \langle\nu|\phi\rangle\langle\phi|\nu\rangle = \sum_\nu b_\nu \left|\langle\nu|\phi\rangle\right|^2,$$

wobei mindestens die beiden verschiedenen Eigenwerte b_l und b_m vorkommen. Sie werden mit den Wahrscheinlichkeiten $\left|\langle l|\phi\rangle\right|^2$ bzw. $\left|\langle m|\phi\rangle\right|^2$ auftreten und somit streut die Messung von B an dieser Gesamtheit, die so präpariert ist, daß sie bezüglich der Messung von A einen reinen Zustand beschreibt. Damit ist gezeigt, daß es keine streuungsfreien Gesamtheiten gibt, wenn die Messung *aller* Observablen in Betracht gezogen wird.

Liegt in Bezug auf die Messung der Observablen B kein reiner Zustand vor, so spricht man von einem *Gemisch*. Im Unterschied zu Gl. (4.7) wird die Gesamtheit dann durch einen statistischen Operator ρ charakterisiert, der allgemein auf einen Unterraum des Hilbert-Raums $\mathcal{H}$ projiziert

$$\rho = \sum_\nu \lambda_\nu |\nu\rangle\langle\nu| \quad \text{mit} \quad 0 \leq \lambda_\nu \leq 1, \tag{4.8}$$

wobei die Basis $|\nu\rangle$ die Eigenfunktionen des Operators B sein sollen

$$B|\nu\rangle = b_\nu|\nu\rangle \quad \text{mit} \quad \langle\nu|\mu\rangle = \delta_{\nu\mu} \quad \text{und} \quad \sum_\nu |\nu\rangle\langle\nu| = 1.$$

Aus der Bedingung

$$\text{Sp}(\rho) = 1 \quad \text{folgt} \quad \sum_\nu \lambda_\nu = 1. \tag{4.9}$$

Wird die Gesamtheit im Falle eines Gemisches durch den statistischen Operator ρ nach Gl. (4.8) beschrieben, so ergibt sich für den Erwartungswert bei der Messung der Observablen B

$$M(B) = \text{Sp}(\rho B) = \sum_{\nu,\mu} \langle\mu|\lambda_\nu|\nu\rangle\langle\nu|B|\mu\rangle = \sum_\nu \lambda_\nu b_\nu,$$

wobei von der Orthonormalität der Eigenfunktionen Gebrauch gemacht wurde. Danach kommt der Meßwert b_ν mit der Wahrscheinlichkeit λ_ν vor. Beschreibt also die Gesamtheit bezüglich der Messung von B ein Gemisch, sind also mindestens zwei der λ_i ungleich Null, so erhält man aus ihr nicht die maximal mögliche Information, vielmehr sind dazu weitere Messungen der mit B kommensurablen Observablen erforderlich.

Der Erwartungswert bei der Messung der Observablen B läßt sich allgemein in der Form schreiben

$$M(B) = \text{Sp}(\rho B) = \sum_{\nu,\mu} \langle \nu|\rho|\mu\rangle\langle\mu|B|\nu\rangle$$

und die Matrix $(\langle\nu|\rho|\mu\rangle)$ heißt auch *Dichtematrix*.

4.3 Zeitabhängigkeit der Erwartungswerte

Die zeitliche Entwicklung der Zustände $\phi(\underline{x},t)$ sei durch die Schrödinger-Gleichung

$$-\frac{\hbar}{i}\frac{\partial}{\partial t}\phi(\underline{x},t) = H(\underline{x},t)\phi(\underline{x},t) \tag{4.10}$$

gegeben, solange an der Gesamtheit keine Messungen vorgenommen werden. Dabei bezeichnet $\underline{x}$ einen Vektor im Konfigurationsraum, vergl. Gl. (4.1). Die zeitliche Änderung einer normierten Lösung $\phi(\underline{x},t)$ der Schrödinger-Gleichung läßt sich durch einen unitären *Zeitschiebeoperator* $U(\underline{x},t,t_0)$

$$\phi(\underline{x},t) = U(\underline{x},t,t_0)\phi(\underline{x},t_0) \tag{4.11}$$

ausdrücken, der einen gegebenen Anfangszustand $\phi(\underline{x},t_0)$ auf den Zustand $\phi(\underline{x},t)$ zur Zeit t abbildet. Wegen $U^+U = 1$ ist dann mit $\phi(\underline{x},t_0)$ auch $\phi(\underline{x},t)$ normiert, d.h. aus $\langle\phi(\underline{x},t_0)|\phi(\underline{x},t_0)\rangle = 1$ folgt $\langle\phi(\underline{x},t)|\phi(\underline{x},t)\rangle = 1$. Die Beziehung Gl. (4.11) gilt für beliebige Zustände $\phi(\underline{x},t) \in \mathcal{H}$, falls $U(\underline{x},t,t_0)$ die Bedingung

$$-\frac{\hbar}{i}\frac{\partial}{\partial t}U = H(\underline{x},t)U. \tag{4.12}$$

erfüllt. Dies erkennt man unmittelbar durch Einsetzen von Gl. (4.11) in Gl. (4.10). Ist speziell der Hamilton-Operator $H(\underline{x})$ von der Zeit unabhängig, so hat der unitäre Zeitschiebeoperator die Form

$$U(\underline{x},t,t_0) = \exp\left\{-\frac{i}{\hbar}H(\underline{x})(t-t_0)\right\} \tag{4.13}$$

mit

$$U^+(\underline{x}, t, t_0) = \exp\left\{+\frac{i}{\hbar}H(\underline{x})(t-t_0)\right\} \quad \text{und} \quad U^+U = 1,$$

wobei benutzt wurde, daß der Hamilton-Operator selbstadjungiert ist. Dabei wird der Operator U durch die Exponentialreihe

$$\exp\left\{-\frac{i}{\hbar}H(t-t_0)\right\} = 1 - \frac{i}{\hbar}H(t-t_0) + \frac{1}{2!}(-\frac{i}{\hbar}H(t-t_0))^2 + \ldots$$

definiert. Ist ψ_ν eine Basis, die aus den Eigenfunktionen des Hamilton-Operators zu den Eigenwerten E_ν mit $H\psi_\nu(\underline{x}) = E_\nu \psi_\nu(\underline{x})$ gebildet ist, so erkennt man, daß der Operator wegen

$$\exp\left\{-\frac{i}{\hbar}H(\underline{x})(t-t_0)\right\}\psi_\nu(\underline{x}) = \exp\left\{-\frac{i}{\hbar}E_\nu(t-t_0)\right\}\psi_\nu(\underline{x})$$

im ganzen Hilbert-Raum H definiert ist.

Im Falle eines zeitunabhängigen Hamilton-Operators $H(\underline{x})$ läßt sich die Lösung der Anfangswertaufgabe der Schrödinger-Gleichung (4.10) mit Hilfe von Gl. (4.11) und (4.13) in der Form schreiben

$$\phi(\underline{x}, t) = \exp\left\{-\frac{i}{\hbar}H(\underline{x})(t-t_0)\right\}\phi(\underline{x}, t_0). \tag{4.14}$$

Betrachtet man speziell die zeitliche Entwicklung eines Zustandes $\phi(\underline{x}, t_0) = \psi_\nu(\underline{x})$, der zur Zeit t_0 eine Eigenfunktion von $H(\underline{x})$ zum Eigenwert E_ν ist, so erhält man aus Gl. (4.11), (4.13) und (4.14)

$$\phi(\underline{x}, t) = \exp\left\{-\frac{i}{\hbar}E_\nu(t-t_0)\right\}\psi_\nu(\underline{x}). \tag{4.15}$$

Die zeitliche Änderung eines solchen Zustandes wird also im Falle eines zeitunabhängigen Hamilton-Operators durch einen Phasenfaktor beschrieben.

Ist allgemeiner der Hamilton-Operator von der Zeit abhängig, jedoch zu verschiedenen Zeiten mit sich selbst vertauschbar $[H(\underline{x}, t), H(\underline{x}, t_0)] = 0$ [1], so erfüllt der Zeitschiebeoperator

$$U(\underline{x}, t, t_0) = \exp\left\{-\frac{i}{\hbar}\int_{t_0}^{t} H(\underline{x}, t')\, dt'\right\}$$

---

[1] Beschreibt der Hamilton-Operator

$$H = -\frac{\hbar^2}{2m}\Delta + V(\mathbf{r}, t) + \mu_\text{B}\mathbf{B}(t)\mathbf{l}$$

etwa ein Teilchen in einem zeitabhängigen Potential $V(\mathbf{r}, t)$ und in einer zeitabhängigen magnetischen Induktion $\mathbf{B}(t)$, so ist diese Bedingung allgemein nicht erfüllt, da der Drehimpulsoperator nicht mit dem Potentialoperator vertauscht.

4.3 Zeitabhängigkeit der Erwartungswerte

die Gl. (4.12) und ist unitär $U^+U = 1$. Ferner sind U, U^+ und H alle untereinander vertauschbar.

Wird die Gesamtheit zur Zeit t_0 durch einen reinen Zustand $\phi(\underline{x},t_0)$ beschrieben, der normiert ist $\langle\phi(\underline{x},t_0)|\phi(\underline{x},t_0)\rangle = 1$, so ist der statistische Operator nach Gl. (4.7) durch den Projektionsoperator

$$\rho(t_0) = P_{\phi(\underline{x},t_0)} = |\phi(\underline{x},t_0)\rangle\langle\phi(\underline{x},t_0)|$$

mit $\text{Sp}(P_{\phi(\underline{x},t_0)}) = 1$ gegeben und es gilt für unitäre Zeitschiebeoperatoren

$$\rho(t) = P_{\phi(\underline{x},t)} = UP_{\phi(\underline{x},t_0)}U^+. \tag{4.16}$$

□ Zum Beweise beachtet man Gl. (4.11) und findet

$$UP_{\phi(\underline{x},t_0)}U^+ = U|\phi(\underline{x},t_0)\rangle\langle\phi(\underline{x},t_0)|U^+$$
$$= |\phi(\underline{x},t)\rangle\langle\phi(\underline{x},t)| = P_{\phi(\underline{x},t)},$$

wobei wegen $U^+U = 1$ der Ausdruck wieder einen Projektionsoperator mit $\text{Sp}(P_{\phi(\underline{x},t)}) = 1$ bezeichnet. ■

Mit Hilfe von Gl. (4.11) und (4.16) erhält man für die zeitliche Entwicklung der Projektionsoperatoren P die Differentialgleichung

$$-\frac{\hbar}{i}\frac{\partial}{\partial t}P = [H,P].$$

□ Zum Beweise beachtet man Gl. (4.12) und ihr konjugiert komplexes

$$\frac{\hbar}{i}\frac{\partial U^+}{\partial t} = U^+H.$$

Dann ergibt sich mit $P_0 = P_{\phi(\underline{x},t_0)}$ aus Gl. (4.15)

$$-\frac{\hbar}{i}\frac{\partial}{\partial t}P = -\frac{\hbar}{i}\frac{\partial}{\partial t}(UP_0U^+) = -\frac{\hbar}{i}\frac{\partial U}{\partial t}P_0U^+ - \frac{\hbar}{i}UP_0\frac{\partial U^+}{\partial t}$$
$$= HUP_0U^+ - UP_0U^+H = [H,P]. \quad\blacksquare$$

Die Differentialgleichung für den Projektionsoperator P wurde für eine Gesamtheit hergeleitet, die durch einen reinen Zustand beschrieben wird. Zur Verallgemeinerung setzt man für ein Gemisch für die zeitliche Änderung des statistischen Operators $\rho(\underline{x},t)$ einer Gesamtheit die *von-Neumann-Gleichung* an:

$$-\frac{\hbar}{i}\frac{\partial}{\partial t}\rho(\underline{x},t) = [H(\underline{x},t),\rho(\underline{x},t)], \tag{4.17}$$

wobei vorausgesetzt wird, daß an der Gesamtheit keine Messungen vorgenommen werden. Für die zeitliche Änderung des Erwartungswertes $M(A) = \text{Sp}(\rho A)$ (vergl. Gl. (4.6)) einer beliebigen Observablen A erhält man mit Hilfe der von-Neumann-Gleichung die Verallgemeinerung der Gl. (1.19) in Abschn. 1.4

$$\frac{d}{dt}M(A) = \frac{i}{\hbar}M([H,A]) + M\left(\frac{\partial A}{\partial t}\right). \qquad (4.18)$$

□ Zum Beweise berechnet man zunächst

$$\frac{d}{dt}M(A) = \frac{d}{dt}\text{Sp}(\rho A) = \text{Sp}\left(\frac{\partial \rho}{\partial t}A\right) + \text{Sp}\left(\rho\frac{\partial A}{\partial t}\right).$$

Beim Einsetzen von Gl. (4.17) beachtet man

$$\begin{aligned}\text{Sp}([H,\rho]A) &= \text{Sp}(H\rho A) - \text{Sp}(\rho HA) \\ &= \text{Sp}(\rho AH) - \text{Sp}(\rho HA) \\ &= -\text{Sp}(\rho[H,A]),\end{aligned}$$

woraus die Gl. (4.18) resultiert. ∎

Aus der Gl. (4.18) ist ersichtlich, daß der Erwartungswert einer Observablen zeitlich konstant ist, wenn sie nicht explizite von der Zeit abhängt und mit dem Hamilton-Operator kommutiert. Setzt man für A etwa einen zeitunabhängigen Hamilton-Operator ein, so folgt aus Gl. (4.18) der *Energiesatz*, wonach der Erwartungswert der Energie zeitlich konstant ist.

4.3.1 Ehrenfest-Gleichungen

Die Gl. (4.18), die die zeitliche Änderung der Erwartungswerte bestimmt, stellt eine Verbindung zur klassischen Mechanik dar. Um das zu erkennen betrachten wir speziell den Hamilton-Operator

$$H = \frac{\mathbf{p}^2}{2m} + V(\mathbf{r},t),$$

der einen spinlosen Massenpunkt in einem gegebenen Potential $V(\mathbf{r},t)$ beschreibt. Aufgrund der Vertauschungsrelationen Gl. (1.15)

$$[p_j, x_k] = \frac{\hbar}{i}\delta_{jk}\mathbf{1}$$

findet man

$$[H, \mathbf{r}] = \frac{\hbar}{i}\frac{\mathbf{p}}{m} \quad \text{und} \quad [H, \mathbf{p}] = -\frac{\hbar}{i}\nabla V(\mathbf{r}, t) = \frac{\hbar}{i}\mathbf{F}(\mathbf{r}, t)$$

und erhält damit aus Gl. (4.18) die bereits in Abschn. 1.4.2 spezieller hergeleiteten *Ehrenfest-Gleichungen* für die Erwartungswerte von Ort und Impuls

$$\frac{d}{dt}M(\mathbf{r}) = \frac{1}{m}M(\mathbf{p}) \quad \text{und} \quad \frac{d}{dt}M(\mathbf{p}) = M(\mathbf{F}),$$

wobei **F** den Operator der auf den Massenpunkt wirkenden Kraft bezeichnet. Die Ehrenfest-Gleichungen entsprechen der Bewegungsgleichung von Newton in der klassischen Mechanik. Sie gelten aufgrund der Gl. (4.18) unabhängig davon, wieviele Informationen über die Gesamtheit vorhanden sind. Die Ehrenfest-Gleichungen stehen mit dem *Korrespondenzprinzip* in Zusammenhang, wonach bei ungenauen Messungen, bei denen die diskreten Meßwerte der Observablen nicht mehr einzeln beobachtet werden, die quantenmechanischen Erwartungswerte in die Meßwerte nach der klassischen Mechanik übergehen. Die Forderung Gl. (4.17) ist somit im Zusammenhang mit dem Korrespondenzprinzip zu verstehen.

Wirken auf das betrachtete physikalische System keine äußeren Kräfte, so ist der Hamilton-Operator zeitunabhängig und der Erwartungswert der Energie zeitlich konstant. Im Sinne der klassischen Statistik beschreibt die Gesamtheit dann vollständig isolierte Systeme, so daß wir sie auch als *mikrokanonische Gesamtheit* bezeichnen. Die von-Neumann-Gleichung (4.17) kann als das Analogon zur *Liouville-Gleichung* der klassischen statistischen Mechanik angesehen werden. Beide Gleichungen werden auch formal ähnlich, wenn die Liouville-Gleichung mit Hilfe der Poisson-Klammer formuliert wird.

4.3.2 Schrödinger-Bild und Heisenberg-Bild

Die von-Neumann-Gleichung (4.17) stellt nicht die einzige Möglichkeit dar, die zeitliche Entwicklung der Erwartungswerte Gl. (4.18) festzulegen. Die Vorstellung, daß die zeitliche Änderung der Erwartungswerte von der Gesamtheit oder im Falle eines reinen Zustandes eben von diesem bestimmt wird, nennt man *Schrödinger-Bild*. Man kann jedoch die Lösung der von-Neumann-Gleichung mit Hilfe der unitären Zeitschiebeoperatoren Gl. (4.11) ausdrücken:

$$\rho(\underline{x}, t) = U\rho(\underline{x}, t_0)U^+, \tag{4.19}$$

wobei der statistische Operator einen reinen Zustand oder ein Gemisch beschreiben kann.

□ Zum Beweise beachtet man Gl. (4.12)

$$-\frac{\hbar}{i}\frac{\partial U}{\partial t} = HU \quad \text{sowie} \quad \frac{\hbar}{i}\frac{\partial U^+}{\partial t} = U^+H$$

und erhält aus Gl. (4.19)

$$-\frac{\hbar}{i}\frac{\partial}{\partial t}\rho(\underline{x},t) = -\frac{\hbar}{i}\frac{\partial}{\partial t}\Big(U\rho(\underline{x},t_0)U^+\Big)$$
$$= HU\rho(\underline{x},t_0)U^+ - U\rho(\underline{x},t_0)U^+H$$
$$= H\rho(\underline{x},t) - \rho(\underline{x},t)H = [H,\rho(\underline{x},t)].$$

Damit ist gezeigt, daß der statistische Operator Gl. (4.19) eine Lösung der von-Neumann-Gleichung (3.17) darstellt. ∎

Aufgrund der allgemeinen Definition der Erwartungswerte Gl. (4.6) ergibt sich mit Hilfe der Gl. (4.19) die Möglichkeit auch einen zeitlich konstanten statistischen Operator in Betracht zu ziehen, indem wir setzen:

$$M(A) = \text{Sp}\big(\rho(\underline{x},t)A\big) = \text{Sp}\big(U\rho(\underline{x},t_0)U^+A\big)$$
$$= \text{Sp}\big(\rho(\underline{x},t_0)U^+AU\big) = \text{Sp}\big(\rho(\underline{x},t_0)A_{\text{H}}(t)\big). \tag{4.20}$$

Hier bezeichnet $A_{\text{H}}(t)$ einen *Heisenberg-Operator*

$$A_{\text{H}}(t) = U^+(\underline{x},t,t_0)AU(\underline{x},t,t_0), \tag{4.21}$$

dessen zeitliche Änderung gegeben ist durch

$$\frac{\partial A_{\text{H}}}{\partial t} = \frac{i}{\hbar}\big[H_{\text{H}},A_{\text{H}}\big] + U^+\frac{\partial A}{\partial t}U \tag{4.22}$$

mit $H_{\text{H}} = U^+HU$. Der zweite Term auf der rechten Seite tritt nur auf, wenn der Operator A explizite von der Zeit abhängt. Der Beweis der Gl. (4.20) erfolgt analog dem eben angeführten Beweis dafür, daß der Operator Gl. (4.19) eine Lösung der von-Neumann-Gleichung (4.17) darstellt. Erfüllt der Hamilton-Operator speziell die Bedingung $\big[H(\underline{x},t),H(\underline{x},t_0)\big] = 0$ [1], oder ist er von der Zeit unabhängig, so gilt $H_{\text{H}} = H$. Die Gl. (4.22) steht in unmittelbarem Zusammenhang mit der zeitlichen Änderung der Erwartungswerte Gl. (4.18), die wiederum über das Korrespondenzprinzip mit der klassischen Mechanik verknüpft ist. Im hier betrachteten *Heisenberg-Bild* werden ja die den Observablen zugeordneten Operatoren A_{H} als zeitabhängig betrachtet, was den Vorstellungen der klassischen Mechanik entspricht, in der die Observablen selbst als zeitabhängig angenommen werden.

4.3.3 Wechselwirkungsbild

Liegt ein Hamilton-Operator der Form $H(\underline{x}) = H_0(\underline{x}) + H_1(\underline{x})$ vor, so kann es nützlich sein, die Zeitabhängigkeit eines Erwartungswertes zwischen dem statistischen Operator $\rho(\underline{x},t)$ und den Operatoren $A(\underline{x},t)$ der Observablen aufzuteilen. Dazu bilden wir die unitären Zeitschiebeoperatoren

$$U(\underline{x},t,t_0) = \exp\Big\{-\frac{i}{\hbar}H(\underline{x})(t-t_0)\Big\}$$
$$V(\underline{x},t,t_0) = \exp\Big\{-\frac{i}{\hbar}H_0(\underline{x})(t-t_0)\Big\}$$

mit $U^+ = U^{-1}$ und $V^+ = V^{-1}$, weil H und H_0 selbstadjungiert sind. Zur Herleitung des Wechselwirkungsbildes gehen wir vom Erwartungswert $M(A)$ der Observablen A Gl. (4.20) aus und formen um

$$M(A) = \mathrm{Sp}\left(U\rho(\underline{x},t_0)U^+A(\underline{x},t_0)\right)$$
$$= \mathrm{Sp}\left(U\rho(\underline{x},t_0)U^+VV^+A(\underline{x},t_0)VV^+\right)$$
$$= \mathrm{Sp}\left(V^+U\rho(\underline{x},t_0)(U^+V)V^+A(\underline{x},t_0)V\right).$$

Wir definieren die zeitabhängigen Operatoren

$$\rho(\underline{x},t) = (U^+V)^+\rho(\underline{x},t_0)(U^+V)$$
$$A(\underline{x},t) = V^+A(\underline{x},t_0)V$$

und schreiben den Erwartungswert in der Form des *Wechselwirkungsbildes*

$$M(A) = \mathrm{Sp}\left(\rho(\underline{x},t)A(\underline{x},t)\right).$$

Beschreibt dann $\rho(\underline{x},t_0)$ einen reinen Zustand $|\varphi_0\rangle = \varphi_0(\underline{x})$, so handelt es sich um den Projektionsoperator

$$\rho(\underline{x},t_0) = |\varphi_0\rangle\langle\varphi_0|$$

und es gilt

$$M(A) = \langle\varphi_0|U^+VA(\underline{x},t)V^+U|\varphi_0\rangle$$
$$= \langle V^+U\varphi_0|A(\underline{x},t)|V^+U\varphi_0\rangle.$$

Definiert man den zeitabhängigen Zustand

$$\varphi(\underline{x},t) = V^+U\varphi_0(\underline{x}),$$

so ist der statistische Operator zur Zeit t der Projektionsoperator auf diesen Zustand

$$\rho(\underline{x},t) = |V^+U\varphi_0\rangle\langle V^+U\varphi_0|$$
$$= |\varphi\rangle\langle\varphi|.$$

Die Zeitabhängigkeit der Zustandsfunktion ist dann durch die Schrödinger-Gleichung im Wechselwirkungsbild gegeben

$$-\frac{\hbar}{i}\frac{\partial\varphi(\underline{x},t)}{\partial t} = H_\mathrm{W}\varphi(\underline{x},t)$$

mit dem Operator im Wechselwirkungsbild

$$H_\mathrm{W}(\underline{x},t) = V^+HV = V^+H_1V$$
$$= \exp\left\{\frac{i}{\hbar}H_0(\underline{x})(t-t_0)\right\}H_1(\underline{x})\exp\left\{-\frac{i}{\hbar}H_0(\underline{x})(t-t_0)\right\}.$$

□ Zum Beweise beachtet man

$$\frac{\partial}{\partial t} V^+ = \frac{i}{\hbar} H_0 V^+$$

und

$$\frac{\partial}{\partial t} U = -\frac{i}{\hbar} (H_0 + H_1) U$$

und verwendet die Produktregel

$$\begin{aligned}
\frac{\partial \varphi(\underline{x},t)}{\partial t} &= \dot{V}^+ U \varphi_0 + V^+ \dot{U} \varphi_0 \\
&= \frac{i}{\hbar} H_0 V^+ U \varphi_0 - \frac{i}{\hbar} V^+ (H_0 + H_1) U \varphi_0 \\
&= -\frac{i}{\hbar} V^+ H_1 U \varphi_0 \\
&= -\frac{i}{\hbar} V^+ H_1 V V^+ U \varphi_0 \\
&= -\frac{i}{\hbar} H_W \varphi(\underline{x},t),
\end{aligned}$$

wobei $[V^+, H_0] = 0$ verwendet wurde. ∎

Für den zeitabhängigen Operator $A(\underline{x},t)$ gilt dann im Wechselwirkungsbild

$$\begin{aligned}
\frac{\partial}{\partial t} A(\underline{x},t) &= \dot{V}^+ A(\underline{x},t_0) V + V^+ A(\underline{x},t_0) \dot{V} \\
&= \frac{i}{\hbar} H_0 V^+ A(\underline{x},t_0) V - \frac{i}{\hbar} V^+ A(\underline{x},t_0) H_0 V \\
&= \frac{i}{\hbar} [H_0, A(\underline{x},t)].
\end{aligned}$$

4.4 Kanonische Gesamtheit

Experimentell werden die Observablen nur teilweise an isolierten quantenmechanischen Systemen gemessen. Für diese Fälle wurde im Abschn. 4.2 die mikrokanonische Gesamtheit durch den statistischen Operator $\rho = |\phi\rangle\langle\phi|$ gemäß Gl. (4.7) mit $H\phi = E\phi$ definiert, bei der für jedes Einzelsystem der Gesamtheit Energie, Volumen und Teilchenzahl fest vorgegeben sind. In vielen Fällen werden jedoch Messungen an Systemen gebundener Atome bei vorgegebener Temperatur T und vorgegebenen Druck p durchgeführt, wobei es sich um Gase, Festkörper oder Flüssigkeiten handeln kann. Experimentell beobachtete Energieänderungen solcher Systeme entsprechen dann nicht den Energiedifferenzen des Hamilton-Operators des isolierten mikroskopischen Systems, wie im Falle der mikrokanonischen Gesamtheit, sondern

4.4 Kanonische Gesamtheit

sind Änderungen der freien Enthalpie wenn Anfangs- und Endzustand des beobachteten Überganges thermodynamische Gleichgewichtszustände sind. Die Änderung der freien Enthalpie läßt sich bei solchen quantenmechanischen Systemen mit Hilfe einer *kanonischen Gesamtheit* bestimmen, bei der nicht mehr die Energie jedes einzelnen Systems festgelegt ist, sondern nur die mittlere Energie, die von der Temperatur eines großen angekoppelten Wärmespeichers abhängt.

Die quantenmechanischen Systeme, die aus gebundenen Atomen bestehen, lassen sich in guter Näherung durch die Born-Oppenheimer-Näherung behandeln, die eine Vereinfachung der quantenmechanischen Rechnungen darstellt. In dieser Näherung werden die elektronischen Zustände berechnet, indem die Koordinaten der schweren Atomkerne als Parameter festgehalten werden und indem die Bewegung der Atomkerne gegeneinander in einer getrennten Rechnung bestimmt wird. Die elektronischen Rechnungen werden dann bei vorgegebenem Volumen und bei vorgegebener Teilchenzahl ausgeführt.

Als Volumen V wird ein möglichst großes aber endliches Volumen, eine sogenannte *Superzelle*, gewählt, die so klein ist, daß sich das System der darin befindlichen Atome noch quantenmechanisch berechnen läßt. Die Energie und die anderen Observablen hängen dadurch von der Gestalt der Superzelle, der Größe des Volumens sowie von den Randbedingungen an der Oberfläche der Superzelle ab. Experimentell unterscheidet man zwischen den Oberflächeneigenschaften eines Festkörpers oder einer Flüssigkeit und den Eigenschaften, die nicht von der Oberfläche beeinflußt werden. Die Bestimmung der letzteren gelingt am einfachsten in der Näherung periodischer Randbedingungen an der Oberfläche des Volumens V, vergl. Kap. 8. Dadurch hat man ein periodisches quantenmechanisches Elektronensystem zu berechnen, für das es genügt einen Hilbert-Raum zu betrachten, der aus den über dem Volumen V quadratisch integrierbaren Funktionen besteht.

Wir beschränken uns hier auf thermodynamische p-V-T-Systeme, bei denen nur die Volumenarbeit $\delta A = -p\,dV$ berücksichtigt wird. Quantenmechanisch besteht dann ein einzelnes mikroskopisches System aus einer gegebenen Anzahl von Atomen (d.h. Atomkernen und Elektronen), die sich in dem vorgegebenen Volumen V befinden, so daß der Hamilton-Operator wie auch alle anderen Observablen parametrisch von V abhängt: $H = H(V)$. Die Bestimmung der Gleichgewichtslagen der Atomkerne im Rahmen der Born-Oppenheimer-Näherung ist in Kap. 13 beschrieben. Die *kanonische Gesamtheit* wird dann durch den statistischen Operator

$$\rho(T, V) = \frac{1}{Z} \exp\left\{-\frac{H(V)}{k_B T}\right\} \qquad (4.23)$$

definiert, wobei k_B die *Boltzmann-Konstante* bezeichnet und die *Zustandssumme* durch

$$Z(T,V) = \text{Sp}\left(\exp\left\{-\frac{H(V)}{k_B T}\right\}\right) \tag{4.24}$$

gegeben ist. Aus Gl. (4.23) und (4.24) folgt die in Gl. (4.6) geforderte Bedingung $\text{Sp}(\rho) = 1$.

Da die Spur eines Operators von der Wahl der Basis im Hilbert-Raum unabhängig ist, wird zur Berechnung der Zustandssumme Gl. (4.24) die Eigendarstellung von H gewählt. Die Basisfunktionen $|\nu\rangle$ erfüllen dann die Eigenwertgleichung des Hamilton-Operators $H|\nu\rangle = E_\nu |\nu\rangle$ und es gilt

$$H_{\nu\mu} = \langle \nu|H|\mu\rangle = E_\nu \delta_{\nu\mu} \quad \text{mit} \quad \langle \nu|\mu\rangle = \delta_{\nu\mu}.$$

Die Zustandssumme schreibt sich dadurch in der Form

$$Z(T,V) = \sum_\nu \langle \nu|\exp\left\{-\frac{H(V)}{k_B T}\right\}|\nu\rangle = \sum_\nu \exp\left\{-\frac{E_\nu(V)}{k_B T}\right\}, \tag{4.25}$$

wobei über alle *Zustände* zu summieren ist.

Entsprechend den Axiomen der Quantenstatistik, vergl. Kap. 15, läßt sich aus der Zustandssumme Z nach Gl. (4.24) und (4.25) die freie Energie F, die Entropie S und die Zustandsgleichung aus dem Druck $p = p(T,V)$ bestimmen:

$$\begin{aligned} F(T,V) &= -k_B T \ln Z(T,V) \quad &\text{freie Energie} \\ S(T,V) &= -\left(\frac{\partial F}{\partial T}\right)_V \quad &\text{Entropie} \\ p(T,V) &= -\left(\frac{\partial F}{\partial V}\right)_T \quad &\text{Zustandsgleichung.} \end{aligned} \tag{4.26}$$

Andererseits ist die innere Energie $U(T,V)$ durch den Erwartungswert des Hamilton-Operators gegeben

$$\begin{aligned} U(T,V) &= \text{Sp}(\rho H) \\ &= \frac{1}{Z} \text{Sp}\left(H(V) \exp\left\{-\frac{H(V)}{k_B T}\right\}\right) = \frac{\sum_\nu E_\nu \exp\{-E_\nu/k_B T\}}{\sum_\nu \exp\{-E_\nu/k_B T\}}, \end{aligned}$$

der sich mit $\beta = 1/k_B T$ auch in der Form

$$U(T,V) = -\frac{\partial}{\partial \beta} \ln \sum_\nu \exp\{-\beta E_\nu\} = -\left(\frac{\partial}{\partial \beta}\right) \ln Z = \left(\frac{\partial}{\partial \beta}\right)(\beta F)$$

schreiben läßt, wobei die Gl. (4.25) und (4.26) für die freie Energie verwendet wurden. Damit erhält man mit Rücksicht auf Gl. (4.26) [1]

$$U = F + \beta \frac{\partial F}{\partial \beta} = F + TS, \tag{4.27}$$

woraus sich die *Clausius-Gleichung*

$$\begin{aligned} dU &= dF + T\,dS + S\,dT \\ &= \left(\frac{\partial F}{\partial T}\right)_V dT + \left(\frac{\partial F}{\partial V}\right)_T dV + T\,dS + S\,dT \\ &= T\,dS - p\,dV \end{aligned}$$

ergibt. Ferner folgt die Enthalpie $I = U + pV$ und die freie Enthalpie $G = F + pV$ aus den Gl. (4.26) und (4.27). Die freie Enthalpie als Funktion von Temperatur T und Druck p erhält man, indem man die Zustandsgleichung in Gl. (4.26) nach $V = V(T,p)$ auflöst und in $G(T,V)$ einsetzt:

$$G(T,p) = F\bigl(T, V(T,p)\bigr) + pV(T,p).$$

Also folgt aus den Gleichungen (4.24), (4.25), (4.26) und (4.27) die phänomenologische Gleichgewichtsthermodynamik für p-V-T-Systeme.

Aus der quantenmechanischen Berechnung der Zustandssumme als Funktion von T und V (für gegebene Teilchenzahlen) lassen sich nicht nur experimentell beobachtbare Änderungen der freien Enthalpie (bei gegebenen T und p) bestimmen, sondern auch die Änderungen der Entropie. Ferner lassen sich auf diese Weise z.B. die *Wärmekapazität* bei konstantem Volumen C_V, die Wärmekapazität bei konstantem Druck C_p

$$C_V = \left(\frac{\partial U}{\partial T}\right)_V \quad \text{und} \quad C_p = \left(\frac{\partial I}{\partial T}\right)_p$$

sowie den *Kompressionsmodul* B und den *thermischen Ausdehnungskoeffizienten* α bestimmen

$$B = -V\left(\frac{\partial p}{\partial V}\right)_T \quad \text{und} \quad \alpha = \frac{1}{V}\left(\frac{\partial V}{\partial T}\right)_p.$$

Zum Vergleich mit den bei gegebenem T und p experimentell bestimmten Größen muß für die Entropie $S(T,V)$ nach Gl. (4.26), die Wärmekapazität bei konstantem Druck $C_p(T,p)$, den Kompressionsmodul $B(T,V)$ und den thermischen Ausdehnungskoeffizienten $\alpha(T,p)$ jeweils die Zustandsgleichung (4.26) verwendet werden.

Mit Hilfe quantenmechanischer Rechnungen im Rahmen einer kanonischen Gesamtheit ist es also möglich Quanteneffekte an makroskopischen Beobachtungen wie die Temperaturabhängigkeit der Wärmekapazität oder die anomale thermische Ausdehnung fester Stoffe zu verstehen. Dazu gehört auch der dritte Hauptsatz der Thermodynamik.

---

[1]
$$\frac{\partial F}{\partial \beta} = \frac{\partial F}{\partial T}\frac{dT}{d\beta} = -S\frac{-T}{\beta}$$

4.5 Pauli-Prinzip

In der klassischen Mechanik lassen sich mehrere Massenpunkte teilweise schon durch ihre Massen oder Ladungen unterscheiden. In jedem Falle gelingt aber eine Identifizierung durch ihre verschiedenen Bahnkurven. Dies wird zumindest als prinzipiell möglich angenommen, indem eine Numerierung durch unterschiedliche Orte oder Impulse zu einer Anfangszeit vorgenommen wird. Dem liegt die Vorstellung zugrunde, daß sich die Bahnkurven der einzelnen Massenpunkte, als Idealisierung ausgedehnter Körper, beobachten lassen, ohne daß die Bahnkurven durch die Beobachtung verändert werden. Der Beobachtungsvorgang zur Bestimmung der Bahnkurven wird in der klassischen Mechanik nicht berücksichtigt.

In der Quantenmechanik werden mikroskopische Systeme betrachtet, die aus verschiedenen wechselwirkenden Elementarteilchen oder aus zusammengesetzten Gebilden solcher Elementarteilchen bestehen. Diese werden in idealisierter Form als Massenpunkte beschrieben, die durch eine Reihe von unveränderlichen Eigenschaften wie Masse, Ladung, Spin usw. charakterisiert sind. Bei freien oder gebundenen Atomen z.B. hat man es mit mehreren identischen Elektronen zu tun, also mit solchen Elementarteilchen, die sich nicht durch ihre Masse, Ladung oder Spin unterscheiden. Eine Identifizierung der einzelnen Elektronen durch ihre Bahnkurven, wie in der klassischen Mechanik, ist nicht möglich, weil in jedem Fall der Beobachtungsvorgang eine Messung darstellt, die den Zustand des Systems verändert und somit in der quantenmechanischen Beschreibung zu berücksichtigen ist. Es existieren also keine „roten" oder „weißen" Elektronen, wie es zur Unterscheidung rote oder weiße Billardkugeln gibt, weil jede weitere Observable mit in die Quantentheorie aufgenommen werden muß.

Im Folgenden wollen wir die prinzipielle Ununterscheidbarkeit identischer Teilchen als Postulat in die Theorie aufnehmen. Im Abschn. 4.1 über unterscheidbare Teilchen wurde die Identifizierbarkeit der einzelnen Teilchen durch die vorgenommene Numerierung vorausgesetzt. Die darauf aufbauende Theorie kann also nur auf nichtidentische Teilchen angewendet werden, die sich in mindestens einer unveränderlichen Eigenschaft unterscheiden. In Kap. 5 wird mit dem Teilchenzahlformalismus eine Methode besprochen, die eine Numerierung der Teilchen von vornherein vermeidet. In diesem Abschnitt soll aber die Konstruktion von Mehrteilchenzuständen in der bisherigen Schreibweise behandelt werden, wie sie sich aus der Ununterscheidbarkeit der Teilchen ergeben.

Zur Vereinfachung der Schreibweise bezeichnen wir einen Vektor im Konfigurationsraum von N identischen Teilchen Gl. (4.1) hier nur kurz durch

$$\underline{x} = (\mathbf{r}_1, \mathbf{s}_1, \mathbf{r}_2, \mathbf{s}_2, \ldots \mathbf{r}_N, \mathbf{s}_N) \leftrightarrow (1, 2, \ldots N), \tag{4.28}$$

wobei der Konfigurationsraum auch noch weitere Variable enthalten kann. Der Hamilton-Operator H wie auch alle übrigen Operatoren A, die Observablen zugeordnet sind, schreibt sich dann in der Form

$$H(\underline{x}, t) \leftrightarrow H(1, 2, \ldots N),$$

4.5 Pauli-Prinzip

wobei eine mögliche Zeitabhängigkeit hier nicht explizite angegeben wird. Die Ununterscheidbarkeit der N identischen Teilchen ist gegeben, wenn sich bei einer beliebigen Vertauschung der Teilchen keiner der Erwartungswerte der Observablen verändert. Dieses ist nur dann erfüllt, wenn sich die Eigenwerte der Operatoren aller Observablen als mögliche Meßwerte nicht verändern. Im Falle eines reinen Zustandes bezüglich der Observablen A und aller mit ihr vertauschbaren Observablen C, $D,\ldots$ ist die Gesamtheit durch den statistischen Operator

$$\rho = |\phi\rangle\langle\phi| \quad \text{mit} \quad A|\phi\rangle = a|\phi\rangle \quad \text{und} \quad \langle\phi|\phi\rangle = 1$$

charakterisiert, wobei $|\phi\rangle$ auch Eigenfunktion zu $C, D, \ldots$ ist. Der Erwartungswert bei der Messung von A ist dann nach Abschn. 4.2.2 $M(A) = a$, weswegen sich der statistische Operator bei einer Vertauschung der Teilchen nicht ändern darf und das gilt ebenfalls für die Operatoren A, C, D usw. Bezüglich einer Observablen, deren Operator B mit A nicht vertauschbar ist, beschreibt die Gesamtheit nach Abschn. 4.2.2 ein Gemisch, wobei sich eine Änderung des statistischen Operators auch in diesem Fall durch eine Änderung des Erwartungswertes $M(B)$ bemerkbar machen würde. Die Ununterscheidbarkeit identischer Teilchen ist nur dann gegeben, wenn neben dem statistischen Operator die Operatoren aller Observablen der Bedingung

$$A(1, 2, \ldots N) = A(p_1, p_2, \ldots p_N) \tag{4.29}$$

genügen, wobei $p_1, p_2, \ldots p_N$ eine beliebige *Permutation*

$$P = \begin{pmatrix} 1 & 2 & \cdots & N \\ p_1 & p_2 & \cdots & p_N \end{pmatrix} \quad \text{mit} \quad p_i \in \{1, 2, \ldots N\}, \quad \forall i \neq j : p_i \neq p_j$$

der N Teilchen bezeichnet. Die $N!$ Permutationen P bilden die *Permutationsgruppe* oder *symmetrische Gruppe* $\mathcal{S}$.

Zur Beantwortung der Frage, welche Eigenschaften sich aus der Symmetriebedingung Gl. (4.29) für die Eigenfunktionen $\phi_\nu(1, 2, \ldots N)$ eines Operators

$$A(1, 2, \ldots N)\phi_\nu(1, 2, \ldots N) = a_\nu \phi_\nu(1, 2, \ldots N)$$

ergeben, definieren wir den Permutationsoperator T_P im Hilbert-Raum $\mathcal{H}$ durch die Wirkung auf alle Zustände $\phi \in \mathcal{H}$ aus dem N-Teilchen-Hilbert-Raum $\mathcal{H}$

$$T_P \phi(1, 2, \ldots N) = \phi(p_1, p_2, \ldots p_N) \in \mathcal{H}. \tag{4.30}$$

Die $N!$ Permutationsoperatoren T_P bilden ein unitäre Darstellung $\Gamma = \{T_P | P \in \mathcal{S}\}$ der symmetrischen Gruppe $\mathcal{S}$ im Hilbert-Raum $\mathcal{H}$, vergl. Anhang I.

□ Für $P, Q \in \mathcal{S}$ gilt $PQ = R \in \mathcal{S}$, und es folgt $T_P T_Q = T_R$. Dann gilt für beliebige $\phi, \psi \in \mathcal{H}$ für das innere Produkt

$$\langle \phi(1, 2, \ldots N) | \psi(1, 2, \ldots N) \rangle = \langle \phi(p_1, p_2, \ldots p_N) | \psi(p_1, p_2, \ldots p_N) \rangle$$
$$= \langle T_P \phi(1, 2, \ldots N) | T_P \psi(1, 2, \ldots N) \rangle$$
$$= \langle \phi(1, 2, \ldots N) | T_P^+ T_P \psi(1, 2, \ldots N) \rangle,$$

so daß die Operatoren unitär sind: $T_P^+ = T_P^{-1} = T_{P^{-1}}$. ∎

Die den Observablen zugeordneten N-Teilchenoperatoren A sind wegen der Bedingung Gl. (4.29) mit den Permutationsoperatoren vertauschbar $[T_P, A] = 0$, denn es gilt nach Gl. (4.30)

$$T_P A(1,2,\ldots N)\phi(1,2,\ldots N) = A(p_1, p_2, \ldots p_N)\phi(p_1, p_2, \ldots p_N)$$
$$= A(1,2,\ldots N) T_P \phi(1,2,\ldots N).$$

Zerlegt man für $N > 1$ die reduzible Darstellung Γ der symmetrischen Gruppe in $\mathcal{H}$ in ihre irreduziblen Darstellungen und wählt eine entsprechende Basis, so wird der Hilbert-Raum $\mathcal{H}$ in seine irreduziblen Teilräume zerlegt. Dann zeigt sich, daß die Matrizen der Operatoren Gl. (4.29) Blockdiagonalgestalt besitzen, weil alle Matrixelemente $\langle \phi | A | \psi \rangle$ verschwinden, wenn ϕ und ψ zu verschiedenen irreduziblen Darstellungen gehören. Dies ergibt sich im Rahmen der Gruppentheorie aus Gl. (4.29) wonach der Operator A wie die identische Darstellung transformiert. Die Eigenfunktionen $\phi_\nu(1,2,\ldots N)$ des Operators A lassen sich also nach den verschiedenen irreduziblen Darstellungen von Γ charakterisieren. Gehören ϕ und ψ zu verschiedenen irreduziblen Darstellungen, so gilt $\langle \phi | \psi \rangle = 0$. Mischzustände zwischen verschiedenen irreduziblen Darstellungen sind experimentell nicht beobachtbar weil alle Übergangsmatrixelemente $\langle \phi | A | \psi \rangle$ von Observablen verschwinden und auch die Zeitschiebeoperatoren U nach Gl. (4.12) aus den irreduziblen Teilräumen von $\mathcal{H}$ nicht herausführen. Im Falle eines reinen Zustandes ist der statistische Operator $\rho = |\phi\rangle\langle\phi|$ nur dann invariant gegenüber der Vertauschung von Teilchen, wenn der Zustand ϕ zu einer *eindimensionalen* irreduziblen Darstellung Γ in $\mathcal{H}$ gehört. In diesem Fall kann sich der normierte Zustand $\phi(1,2,\ldots N)$ bei Vertauschung von Teilchen nur um einen Phasenfaktor ändern. Zur Beschreibung der physikalischen Zustände kommen also nur die eindimensionalen irreduziblen Darstellungen in Frage.

Die symmetrische Gruppe besitzt zwei eindimensionale irreduzible Darstellungen. Zur Konstruktion der beiden zugehörigen irreduziblen Unterräume von $\mathcal{H}$ sei $\varphi_\nu(i)$ eine Basis im Einteilchen-Hilbert-Raum $\mathcal{H}_i$ mit $\langle \varphi_\nu, \varphi_\mu \rangle = \delta_{\nu\mu}$. Dann wählen wir als Basis im Hilbert-Raum $\mathcal{H} = \mathcal{H}_1 \otimes \mathcal{H}_2 \otimes \ldots \otimes \mathcal{H}_N$ die Funktionen

$$\phi_{\nu_1, \nu_2, \ldots \nu_N}(1,2,\ldots N) = \varphi_{\nu_1}(1) \varphi_{\nu_2}(2) \cdots \varphi_{\nu_N}(N),$$

die die Orthonormalitätsbeziehungen

$$\langle \phi_{\nu_1, \nu_2, \ldots \nu_N} | \phi_{\mu_1, \mu_2, \ldots \mu_N} \rangle = \delta_{\nu_1 \mu_1} \delta_{\nu_2 \mu_2} \ldots \delta_{\nu_N \mu_N}$$

erfüllen. Aus den Basisfunktionen bilden wir die *symmetrischen Funktionen*

$$\phi^s_{\nu_1, \nu_2 \ldots \nu_N}(1,2,\ldots N) = \frac{1}{\sqrt{N! n_1! n_2! \ldots n_N!}} \sum_{P \in \mathcal{S}} T_P \phi_{\nu_1, \nu_2 \ldots \nu_N}, \qquad (4.31)$$

wobei n_i angibt, wie oft ein Einteilchenzustand φ_ν bei ϕ vorkommt. Entsprechend lauten die *antisymmetrischen Funktionen*

$$\phi^a_{\nu_1, \nu_2 \ldots \nu_N}(1,2,\ldots N) = \frac{1}{\sqrt{N!}} \sum_{P \in \mathcal{S}} (-1)^p T_P \phi_{\nu_1, \nu_2 \ldots \nu_N}. \qquad (4.32)$$

4.5 Pauli-Prinzip

Hier bezeichnet p die Anzahl der Zweiervertauschungen, die erforderlich sind, um die Permutation P in die Einheitspermutation $\begin{pmatrix} 1 & 2 & \cdots & N \\ 1 & 2 & \cdots & N \end{pmatrix}$ zu überführen. Die antisymmetrischen Funktionen $\phi^a_{\nu_1,\nu_2,\ldots\nu_N}$ sind nur dann von Null verschieden, wenn alle Indizes paarweise voneinander verschieden sind.

□ Zum Beweise nehmen wir $\nu_i = \nu_j$ an, dann gibt es zu jedem Summanden $T_P\phi$ einen weiteren, der sich nur dadurch unterscheidet, daß die beiden Teilchen i und j miteinander vertauscht sind. Diese beiden Summanden sind nur im Vorzeichen verschieden und addieren sich daher zu Null. ∎

Für die symmetrischen bzw. antisymmetrischen Funktionen Gl. (3.31) und (4.32) gilt für alle Permutationen $Q \in \mathcal{S}$

$$T_Q \phi^{s,a} = \sum_{P\in\mathcal{S}} T_Q \eta^p T_P \phi = \eta^q \sum_{P\in\mathcal{S}} \eta^{q+p} T_Q T_P \phi$$
$$= \eta^q \sum_{R\in\mathcal{S}} \eta^r T_R \phi = \eta^q \phi^{s,a},$$

mit $\eta = +1$ im Falle ϕ^s und $\eta = -1$ im Falle ϕ^a, da mit P auch $R = QP$ alle Permutationen durchläuft.

Die verschiedenen antisymmetrischen Funktionen ϕ^a sind normiert und orthogonal und der von ihnen aufgespannte irredizible Unterraum von $\mathcal{H}$ sei mit $\mathcal{H}^a$ bezeichnet.

□ Zum Beweise berechnen wir mit Hilfe von Gl. (4.32)

$$\left(\phi^a_{\nu_1\nu_2\ldots\nu_N}, \phi^a_{\mu_1\mu_2\ldots\mu_N}\right) = \frac{1}{N!} \sum_{P,Q} (-1)^{p+q} \left(T_P \phi^a_{\nu_1\nu_2\ldots\nu_N}, T_Q \phi^a_{\mu_1\mu_2\ldots\mu_N}\right)$$
$$= \frac{1}{N!} \sum_{P,Q} (-1)^{p+q} \left(\phi^a_{\nu_1\nu_2\ldots\nu_N}, T_P^+ T_Q \phi^a_{\mu_1\mu_2\ldots\mu_N}\right)$$
$$= \sum_R (-1)^r \left(\phi^a_{\nu_1\nu_2\ldots\nu_N}, T_R \phi^a_{\mu_1\mu_2\ldots\mu_N}\right),$$

wobei mit Q auch $R = P^{-1}Q$ alle Permutationen durchläuft. Da die Indizes $\nu_1\nu_2\ldots\nu_N$ ebenso wie die $\mu_1\mu_2\ldots\mu_N$ alle voneinander verschieden sind, verschwinden in der letzten Summe wegen der Orthonormalität alle Summanden bis auf einen, bei dem für alle i der Index ν_i gleich dem zugehörigen Index μ ist. Zur Vermeidung von willkürlichen Vorzeichenfaktoren legt man sich zweckmäßig auf eine bestimmte Reihenfolge der Indizes $\nu_1,\ldots\nu_N$ fest. ∎

Entsprechend sind auch die symmetrischen Funktionen ϕ^s normiert und orthogonal und wir bezeichnen den von ihnen aufgespannten irreduziblen Unterraum von $\mathcal{H}$ mit $\mathcal{H}^s$.

□ Zum Beweise findet man in analoger Weise

$$(\phi^s_{\nu_1\nu_2...\nu_N}, \phi^s_{\mu_1\mu_2...\mu_N}) = \frac{1}{n_1!n_2!...n_N!} \sum_R (\phi^s_{\nu_1\nu_2...\nu_N}, T_R\phi^s_{\mu_1\mu_2...\mu_N}).$$

Hier ergeben alle diejenigen Permutationen R einen Summanden 1, bei denen die Teilchen vertauscht werden, die die gleiche Quantenzahl $\nu_i = \mu_i$ haben, also insgesamt $n_1!n_2!...n_N!$, wobei $0! = 1$ gesetzt ist. ∎

Die so konstruierten Hilbert-Räume $\mathcal{H}^s$ und $\mathcal{H}^a$ ergeben die beiden eindimensionalen irreduziblen Darstellungen der symmetrischen Gruppe in $\mathcal{H}$.

Der Vergleich der experimentellen Beobachtungen an verschiedenen Systemen identischer Teilchen mit quantenmechanischen Rechnungen ohne Berücksichtigung der Ununterscheidbarkeit sowie mit Zuständen im antisymmetrischen Unterraum oder mit Zuständen im symmetrischen Unterraum führt zu der folgenden Formulierung des *Pauli-Prinzips*: Die Zustände eines physikalischen Systems aus N identischen *Fermionen*, d.h. Teilchen mit halbzahliger Spinquantenzahl, sind antisymmetrische Funktionen $\phi^a(1,2,...N)$ mit

$$\phi^a(p_1, p_2, ... p_N) = (-1)^p \phi^a(1, 2, ... N) \quad \text{für Fermionen}. \tag{4.33}$$

Hier bezeichnet p die Zahl der Zweiervertauschungen einer beliebigen Permutation $P = (p_1, p_2, ... p_N)$ der Teilchen. Die Zustände eines physikalischen Systems aus N identischen *Bosonen*, d.h. Teilchen mit ganzzahliger Spinquantenzahl sind symmetrische Funktionen $\phi^s(1, 2, ... N)$ mit

$$\phi^s(p_1, p_2, ... p_N) = \phi^s(1, 2, ... N) \quad \text{für Bosonen} \tag{4.34}$$

Zur Berechnung der Zustände eines N-Teilchensystems hat man nach dem Pauli-Prinzip die Schrödinger-Gleichung (4.4)

$$-\frac{\hbar}{i}\frac{\partial}{\partial t}\phi(\underline{x},t) = H(\underline{x},t)\phi(\underline{x},t) \tag{4.35}$$

mit der Nebenbedingung Gl. (4.33) oder (4.34) zu lösen. Hat man etwa ein System aus M Bosonen und N Fermionen, so läßt sich die Überlegung für jeden Teilraum des Hilbert-Raumes wiederholen, der aus dem Produkt der Hilbert-Räume identischer Teilchen gebildet wird. Dabei zeigt sich, daß die Lösungen ϕ der Schrödinger-Gleichung (4.35) bezüglich der Permutationen der Bosonenkoordinaten symmetrisch, vergl. Gl. (4.34), und bezüglich der Permutationen der Fermionenkoordinaten antisymmetrisch sein müssen, vergl. Gl. (4.33).

Wegen der Invarianz des Hamilton-Operators gegenüber Teilchenpermutationen gilt die Vertauschungsrelation $[H, T_P] = 0$, so daß mit $\phi(\underline{x},t)$ auch $T_P\phi$ Lösung der Schrödinger-Gleichung (4.35) ist. Daher läßt sich aus einer beliebigen Lösung ϕ von Gl. (4.35) für N identische Teilchen mit Hilfe der Gl. (4.31) oder (4.32) immer ein

4.5 Pauli-Prinzip   155

Zustand konstruieren, der die geforderte Symmetrieeigenschaft besitzt und Lösung der Schrödinger-Gleichung (4.35) ist.
Die Lösungen lassen sich nach den symmetrischen bzw. antisymmetrischen Basisfunktionen ϕ^s nach Gl. (4.31) bzw. ϕ^a nach Gl. (4.32) entwickeln

$$\phi^{s,a}(1,2,\ldots N) = \sum_{\nu_1,\nu_1,\ldots\nu_N} |\phi^{s,a}_{\nu_1\nu_2\ldots\nu_N}\rangle\langle\phi^{s,a}_{\nu_1\nu_2\ldots\nu_N}|\phi\rangle$$

und haben dann die entsprechende Symmetrieeigenschaft.

4.5.1 Wechselwirkungsfreie Teilchen

Werden z.B. quantenmechanische Teilchen betrachtet, die nicht miteinander in Wechselwirkung stehen, so werden sie durch Observable beschrieben, deren Operatoren A sich als Summe von Einteilchenoperatoren schreiben lassen

$$A(1,2,\ldots N) = \sum_{j=1}^{N} A(j).$$

Die Eigenwertgleichung dieser Operatoren oder im Falle des Hamilton-Operators die zeitunabhängige Schrödinger-Gleichung

$$H(1,2,\ldots N)\Psi(1,2,\ldots N) = E\Psi(1,2,\ldots N)$$

läßt sich mit Hilfe des Separationsansatzes

$$\Psi(1,2,\ldots N) = \prod_{j=1}^{N} \psi_{\nu_j}(j) \qquad (4.36)$$

in N unabhängig lösbare Einteilchengleichungen separieren. Einsetzen des Ansatzes in die Schrödinger-Gleichung (4.35) liefert

$$\sum_{j=1}^{N} H(j)\psi_{\nu_1}(1)\psi_{\nu_2}(2)\ldots\psi_{\nu_N}(N) = E\psi_{\nu_1}(1)\psi_{\nu_2}(2)\ldots\psi_{\nu_N}(N).$$

Multiplikation mit $\psi^*_{\nu_2}(2)\psi^*_{\nu_3}(3)\ldots\psi^*_{\nu_N}(N)$ und Integration über den Konfigurationsraum mit Ausnahme der Koordinaten des Teilchens 1 liefert unter der Annahme der Orthonormierung der Einteilchenfunktionen $\langle\psi_\nu,\psi_\mu\rangle = \delta_{\nu\mu}$

$$H(1)\psi_{\nu_1}(1) + \psi_{\nu_1}(1)\sum_{j=2}^{N}\left\langle\psi_{\nu_j}(j),H(j)\psi_{\nu_j}(j)\right\rangle = E\psi_{\nu_1}(1)$$

oder

$$H(1)\psi_{\nu_1}(1) = \left[E - \sum_{j=2}^{N}\langle\psi_{\nu_j}(j), H(j)\psi_{\nu_j}(j)\rangle\right]\psi_{\nu_1}(1).$$

Diese Gleichung hängt nur von den Variablen des Teilchens 1 ab und läßt sich unabhängig von denen der anderen Teilchen behandeln. Die Separation wird so für alle Teilchen durchgeführt und man hat N unabhängige Einteilchen-Schrödinger-Gleichungen

$$H(j)\psi_{\nu_j}(j) = \varepsilon_{\nu_j}\psi_{\nu_j}(j)$$

zu lösen, wobei die ε_{ν_j} die Eigenwerte des Einteilchen-Hamilton-Operators $H(j)$ darstellen und die N-Teilchenenergie E als Eigenwert des N-Teilchen-Hamilton-Operators $H(1,2,\ldots N)$ durch

$$E = \sum_{j=1}^{N}\varepsilon_{\nu_j}$$

gegeben ist. Die so gefundenen Einteilchenfunktionen $\psi_\nu(j)$ spannen den Hilbert-Raum $\mathcal{H}_j$ auf und können somit zur Konstruktion der antisymmetrischen bzw. symmetrischen Basisfuktionen gemäß Gl. (4.31) bzw. (4.32) verwendet werden. Im Falle wechselwirkungsfreier Teilchen sind das die möglichen N-Teilchenzustände und im Falle wechselwirkender Teilchen lassen sich die Zustände danach entwickeln oder können als Ausgangspunkt für Näherungsverfahren verwendet werden.

4.6 Slater-Determinante

Wir betrachten in diesem Abschnitt N identische *Fermionen* und können dann einen Produktansatz aus Einteilchenfunktionen Gl. (4.36) gemäß Gl. (4.32) in Form einer *Slater-Determinante* schreiben:

$$\Psi^{\text{SD}}_{\nu_1\nu_2\ldots\nu_N}(1,2,\ldots N) = \frac{1}{\sqrt{N!}}\det\begin{vmatrix}\psi_{\nu_1}(1) & \psi_{\nu_1}(2) & \cdots & \psi_{\nu_1}(N)\\ \psi_{\nu_2}(1) & \psi_{\nu_2}(2) & \cdots & \psi_{\nu_2}(N)\\ \vdots & \vdots & \ddots & \vdots\\ \psi_{\nu_N}(1) & \psi_{\nu_N}(2) & \cdots & \psi_{\nu_N}(N)\end{vmatrix}.\quad(4.37)$$

4.6 Slater-Determinante

Die Slater-Determinante Ψ^{SD} erfüllt die Bedingung Gl. (4.33) für Fermionen weil die Vertauschung zweier Teilchen in der Determinante Gl. (4.47) die Vertauschung zweier Spalten bedeutet, was einen Vorzeichenwechsel von Ψ^{SD} zur Folge hat. Andererseits ergibt die Gl. (4.32), aufgeschrieben mit der Produktfunktion Gl. (4.36), den Entwicklungssatz von Laplace für Determinanten

$$\begin{aligned}\Psi^{SD} &= \frac{1}{\sqrt{N!}} \sum_{P \in \mathcal{S}} (-1)^p T_P \prod_{i=1}^{N} \psi_{\nu_i}(i) \\ &= \frac{1}{\sqrt{N!}} \sum_{P \in \mathcal{S}} (-1)^p \psi_{\nu_1}(p_1) \psi_{\nu_2}(p_2) \ldots \psi_{\nu_N}(p_N),\end{aligned} \quad (4.38)$$

wobei über alle $N!$ Permutationen $P = \begin{pmatrix} 1 & 2 & \cdots & N \\ p_1 & p_2 & \cdots & p_N \end{pmatrix}$ der symmetrischen Gruppe $\mathcal{S}$ summiert wird. Dabei ist der Permutationsoperator durch Gl. (4.30) gegeben und p bezeichnet die Zahl der Zweiervertauschungen der Permutation P. Der Normierungsfaktor $1/\sqrt{N!}$ wurde angebracht, weil die Summe über alle Permutationen in Gl. (4.32) und (4.37) gerade $N!$ Summanden hat und daher die Slater-Determinante Ψ^{SD} auf 1 normiert ist $\langle \Psi^{SD} | \Psi^{SD} \rangle = 1$, wenn die Einteilchenfunktionen ψ_ν normiert und orthogonal sind $\langle \psi_\nu | \psi_{\nu'} \rangle = \delta_{\nu\nu'}$, vergl. Abschn. 4.4.

An der Slater-Determinante Gl. (4.37) erkennt man, daß Ψ^{SD} verschwindet, wenn zwei der Einteilchenfunktionen gleich sind (etwa $\nu_i = \nu_j$) weil dann zwei Zeilen der Determinante Gl. (4.37) gleich sind. Dies hat zur Folge, daß es bei einem System aus N identischen Fermionen keine zwei Teilchen geben kann, die sich im selben Einteilchenzustand (etwa $\psi_{\nu_i}(i) = \psi_{\nu_i}(j)$) befinden, weil der dazugehörige antisymmetrische N-Teilchenzustand verschwindet. Diese Tatsache wird oft auch als *Pauli-Prinzip* bezeichnet, stellt jedoch eine spezielle Folge des allgemeineren Pauli-Prinzips Gl. (4.33) dar, das wiederum die Ununterscheidbarkeit der Fermionen zur Grundlage hat.

4.6.1 Matrixelemente mit Slater-Determinanten

Die Zustände einiger Mehrteilchensysteme lassen sich grob genähert als Produkt von Einteilchenfunktionen beschreiben. Dazu gehören z.B. die Mehrelektronenatome im Zentralfeldmodell, die Moleküle im Modell der Molekülorbitale und die Festkörper im Modell der Energiebänder. Dabei zeigt sich, daß die Eigenwerte E des Hamilton-Operators H

$$E = \langle \Psi | H | \Psi \rangle \quad \text{mit} \quad \langle \Psi | \Psi \rangle = 1$$

unterschiedlich sind, je nachdem ob die Eigenfunktionen Ψ als einfaches Produkt von Einteilchenfunktionen nach Gl. (4.36) oder nach dem Pauli-Prinzip als Slater-Determinante gemäß Gl. (4.37) angesetzt werden.

4 Mehrteilchenquantenmechanik

Aufgrund der bekannten Wechselwirkungen zwischen den Elementarteilchen läßt sich der Hamilton-Operator eines N-Teilchensystems in eine Summe aus Einteilchenoperatoren $A(i)$ und Zweiteilchenoperatoren $B(i,j) = B(j,i)$ darstellen

$$H(1,2,\ldots N) = \sum_{i=1}^{N} A(i) + \frac{1}{2} \sum_{\substack{i,j \\ i \neq j}}^{1\ldots N} B(i,j), \qquad (4.39)$$

der die Invarianzbedingung gegenüber Teilchenvertauschung Gl. (4.29) erfüllt. Setzt man wieder voraus, daß die Einteilchenzustände ψ_ν orthogonal und normiert sind $\langle \psi_\nu | \psi_{\nu'} \rangle = \delta_{\nu\nu'}$, so ist die damit gebildete Slater-Determinante auf 1 normiert $\langle \Psi^{\mathrm{SD}} | \Psi^{\mathrm{SD}} \rangle = 1$ und die Energieniveaus E ergeben sich mit Slater-Determinanten zu

$$\begin{aligned} E &= \langle \Psi^{\mathrm{SD}} | H | \Psi^{\mathrm{SD}} \rangle \\ &= \Big\langle \Psi^{\mathrm{SD}} \,\Big|\, \sum_{i=1}^{N} A(i) \,\Big|\, \Psi^{\mathrm{SD}} \Big\rangle + \Big\langle \Psi^{\mathrm{SD}} \,\Big|\, \frac{1}{2} \sum_{\substack{i,j \\ i\neq j}}^{1\ldots N} B(i,j) \,\Big|\, \Psi^{\mathrm{SD}} \Big\rangle \end{aligned} \qquad (4.40)$$

und hängen von den N Quantenzahlen $\nu_1, \nu_2 \ldots \nu_N$ ab, vergl. Gl. (4.37).

Zur Berechnung der rechten Seite von Gl. (4.40) sei zunächst der erste Term betrachtet. Einsetzen der Slater-Determinante Gl. (4.38) liefert

$$\begin{aligned} &\Big\langle \Psi^{\mathrm{SD}} \,\Big|\, \sum_{i=1}^{N} A(i) \,\Big|\, \Psi^{\mathrm{SD}} \Big\rangle = \\ &= \frac{1}{N!} \Big\langle \sum_{P \in \mathcal{S}} (-1)^p T_P \prod_{j=1}^{N} \psi_{\nu_j}(j) \,\Big|\, \sum_{i=1}^{N} A(i) \,\Big|\, \sum_{Q \in \mathcal{S}} (-1)^q T_Q \prod_{k=1}^{N} \psi_{\nu_k}(k) \Big\rangle \\ &= \frac{1}{N!} \sum_{P,Q \in \mathcal{S}} (-1)^{p+q} \Big\langle \prod_{j=1}^{N} \psi_{\nu_j}(j) \,\Big|\, T_P^+ \sum_{i=1}^{N} A(i) \,\Big|\, T_Q \prod_{k=1}^{N} \psi_{\nu_k}(k) \Big\rangle \\ &= \frac{1}{N!} \sum_{P,Q \in \mathcal{S}} (-1)^{p+q} \Big\langle \prod_{j=1}^{N} \psi_{\nu_j}(j) \,\Big|\, \sum_{i=1}^{N} A(i) \,\Big|\, T_P^+ T_Q \prod_{k=1}^{N} \psi_{\nu_k}(k) \Big\rangle \\ &= \sum_{R \in \mathcal{S}} (-1)^r \Big\langle \prod_{j=1}^{N} \psi_{\nu_j}(j) \,\Big|\, \sum_{i=1}^{N} A(i) \,\Big|\, T_R \prod_{k=1}^{N} \psi_{\nu_k}(k) \Big\rangle, \end{aligned}$$

wobei $T_P^+ T_Q = T_P^{-1} T_Q = T_{P^{-1}Q} = T_R$ und die Tatsache berücksichtigt wurde, daß mit Q auch $R = P^{-1}Q$ alle $N!$ Permutationen von $\mathcal{S}$ durchläuft. Hier bezeichnet r die Zahl der Zweiervertauschungen der Permutation R. Mit der Permutation

$R = \begin{pmatrix} 1 & 2 & \dots & N \\ r_1 & r_2 & \dots & r_N \end{pmatrix}$ erhält man mit Rücksicht auf Gl. (4.30)

$$\left\langle \Psi^{SD} \mid \sum_{i=1}^{N} A(i) \mid \Psi^{SD} \right\rangle =$$

$$= \sum_{i=1}^{N} \sum_{R \in S} (-1)^r \left\langle \psi_{\nu_1}(1) \dots \psi_{\nu_N}(N) \mid A(i) \mid \psi_{\nu_1}(r_1) \dots \psi_{\nu_N}(r_N) \right\rangle.$$

Da alle ν_i paarweise voneinander verschieden sind (sonst verschwindet die Slater-Determinante) und die Einteilchenfunktionen orthogonal sind $\langle \psi_\nu | \psi_{\nu'} \rangle = \delta_{\nu\nu'}$, liefert nur die Einheitspermutation $r_i = i$ einen Beitrag. Alle anderen Summanden verschwinden, weil mindestens ein Einteilchenintegral Null ergibt. Also erhält man für den ersten Summanden in Gl. (4.40) die Summe aus den Einteilchenintegralen

$$\left\langle \Psi^{SD} \mid \sum_{i=1}^{N} A(i) \mid \Psi^{SD} \right\rangle =$$

$$= \sum_{i=1}^{N} \langle \psi_{\nu_1}(1)|\psi_{\nu_1}(1)\rangle \dots \langle \psi_{\nu_i}(i)|A(i)|\psi_{\nu_i}(i)\rangle \dots \langle \psi_{\nu_N}(N)|\psi_{\nu_N}(N)\rangle \quad (4.41)$$

$$= \sum_{i=1}^{N} \langle \psi_{\nu_i}(i)|A(i)|\psi_{\nu_i}(i)\rangle.$$

Das Ergebnis ist das gleiche, wie bei der Verwendung des einfachen Produktansatzes Gl. (4.36). In der Tat kann das Pauli-Prinzip mit der Antisymmetrisierungsvorschrift Gl. (4.38) bei Operatoren der Art $\sum_i A(i)$ keinen Unterschied bewirken, da diese Operatoren untereinander *unabhängige* Teilchen beschreiben, zwischen denen keine Wechselwirkung vorhanden ist.

Zur Berechnung des zweiten Summanden der rechten Seite von Gl. (4.40), der die Zweiteilchenwechselwirkung beschreibt, erhält man entsprechend

$$\left\langle \Psi^{SD} \mid \sum_{\substack{i,j \\ i \neq j}}^{1\dots N} B(i,j) \mid \Psi^{SD} \right\rangle =$$

$$= \sum_{R \in S} (-1)^r \left\langle \prod_{k=1}^{N} \psi_{\nu_k}(k) \mid \sum_{\substack{i,j \\ i \neq j}}^{1\dots N} B(i,j) \mid T_R \prod_{l=1}^{N} \psi_{\nu_l}(l) \right\rangle$$

$$= \sum_{\substack{i,j \\ i \neq j}}^{1\dots N} \sum_{R \in S} (-1)^r \left\langle \psi_{\nu_1}(1)\psi_{\nu_2}(2)\dots\psi_{\nu_N}(N) \mid \right.$$

$$\left. \times B(i,j) \mid \psi_{\nu_1}(r_1)\psi_{\nu_2}(r_2)\dots\psi_{\nu_N}(r_N) \right\rangle.$$

Da alle ν_i paarweise voneinander verschieden und die Einteilchenfunktionen orthogonal $\langle\psi_\nu|\psi_{\nu'}\rangle = \delta_{\nu\nu'}$ sind, gibt es nur zwei Permutationen, die Beiträge liefern: Zu gegebenen i und j sind das die Einheitspermutation mit $r_i = i$ und $r_j = j$ und die Permutation der Vertauschung dieser beiden Teilchen $r_i = j$ und $r_j = i$, während alle anderen $r_k = k$ sein müssen. Also erhält man

$$\left\langle \Psi^{\text{SD}} \,\Big|\, \sum_{\substack{i,j \\ i \neq j}}^{1\ldots N} B(i,j) \,\Big|\, \Psi^{\text{SD}} \right\rangle$$

$$= \sum_{\substack{i,j \\ i \neq j}}^{1\ldots N} \Big[\langle\psi_{\nu_i}(i)\psi_{\nu_j}(j)|B(i,j)|\psi_{\nu_j}(j)\psi_{\nu_i}(i)\rangle \qquad (4.42)$$

$$- \langle\psi_{\nu_i}(i)\psi_{\nu_j}(j)|B(i,j)|\psi_{\nu_j}(i)\psi_{\nu_i}(j)\rangle \Big].$$

Der erste Term in der eckigen Klammer resultiert aus dem einfachen Produktansatz Gl. (4.36), während der zweite sogenannte *Austauschterm* durch das Pauli-Prinzip entsteht, und wegen des negativen Vorzeichens eine Erniedrigung der Energie eines Mehrfermionensystems darstellt.

Also ergibt sich für die Energieniveaus des Hamilton-Operators Gl. (4.39) mit Slater-Determinanten Gl. (4.37) nach Gl. (4.40), (4.41) und (4.42)

$$E = \langle \Psi^{\text{SD}} \,|\, H \,|\, \Psi^{\text{SD}} \rangle$$

$$= \left\langle \Psi^{\text{SD}} \,\Big|\, \sum_{i=1}^{N} A(i) \,\Big|\, \Psi^{\text{SD}} \right\rangle + \left\langle \Psi^{\text{SD}} \,\Big|\, \sum_{\substack{i,j \\ i \neq j}}^{1\ldots N} B(i,j) \,\Big|\, \Psi^{\text{SD}} \right\rangle$$

$$= \sum_{i=1}^{N} \langle\psi_{\nu_i}(i)|A(i)|\psi_{\nu_i}(i)\rangle \qquad (4.43)$$

$$+ \frac{1}{2} \sum_{\substack{i,j \\ i \neq j}}^{1\ldots N} \Big[\langle\psi_{\nu_i}(i)\psi_{\nu_j}(j)|B(i,j)|\psi_{\nu_j}(j)\psi_{\nu_i}(i)\rangle$$

$$- \langle\psi_{\nu_i}(i)\psi_{\nu_j}(j)|B(i,j)|\psi_{\nu_j}(i)\psi_{\nu_i}(j)\rangle \Big],$$

wobei $\psi_{\nu_i}(i)$ die Einteilchenfunktionen bezeichnen und die Energie E durch die N Einteilchenzustände $\psi_{\nu_1}\psi_{\nu_2}\ldots\psi_{\nu_N}$ bestimmt ist.

Am Ende dieses Abschnittes sei noch darauf hingewiesen, daß die Zerlegung des Hamilton-Operators in Einteilchen- und Zweiteilchenoperatoren in Gl. (4.40) auch für Bosonen gilt. In diesem Fall ist das Pauli-Prinzip in Form der Gl. (4.34) anzuwenden und die symmetrischen Funktionen unterscheiden sich von Gl. (4.38)

4.6 Slater-Determinante

durch den Vorzeichenfaktor und den Normierungsfaktor. Die Berechnung der Energieniveaus des N-Bosonen-Hamilton-Operators mit den symmetrischen Funktionen wird in Abschn. 5.1.1 beschrieben.

Hat man es mit einem System aus zwei unterschiedlichen Teilchensorten zu tun, etwa Protonen und Elektronen beim Wasserstoffmolekül oder flüssiger Sauerstoff als Bosonen-Fermionen-System, so läßt sich der Hamilton-Operator analog zu Gl. (4.39) in der Form schreiben:

$$H = H_1 + H_2 + H_3 \tag{4.44}$$

mit

$$H_1 = \sum_{i=1}^{N_1} A_1(i) + \frac{1}{2} \sum_{\substack{i,j \\ i \neq j}}^{1...N_1} B_1(i,j)$$

$$H_2 = \sum_{I=1}^{N_2} A_2(I) + \frac{1}{2} \sum_{\substack{I,J \\ I \neq J}}^{1...N_2} B_2(I,J) \tag{4.45}$$

$$H_{12} = \sum_{i=1}^{N_1} \sum_{J=1}^{N_2} B_{12}(i,J).$$

Der Hamilton-Operator H ist im Produkt-Hilbert-Raum $\mathcal{H} = \mathcal{H}_1 \otimes \mathcal{H}_2$ aus den beiden Teilchensorten anzuwenden. Dabei wirkt H_1 im Hilbert-Raum $\mathcal{H}_1$ der N_1 Teilchen der Sorte 1, im Hilbert-Raum $\mathcal{H}_2$ aber wie der Einsoperator. Entsprechend wirkt H_2 im Hilbert-Raum $\mathcal{H}_2$ der N_2 Teilchen der Sorte 2 und wie der Einsoperator in $\mathcal{H}_1$. B_1 und B_2 beschreiben die Wechselwirkung der Teilchen der Sorte 1 bzw. der Sorte 2 untereinander, während B_{12} die Wechselwirkung der Teilchen der Sorte 1 mit den Teilchen der Sorte 2 darstellt.

Sei $T_P^{(1)}$ der Permutationsoperator der Teilchen der Sorte 1 und $T_Q^{(2)}$ der Permutationsoperator der Teilchen der Sorte 2, so muß wegen der Ununterscheidbarkeit identischer Teilchen

$$[H, T_P^{(1)}] = 0 \quad ; \quad [H, T_Q^{(2)}] = 0 \quad ; \quad [T_P^{(1)}, T_Q^{(2)}] = 0$$

gelten. Zur Erfüllung des Pauli-Prinzips Gl. (4.33) bzw. (4.34) kann man dann symmetrische bzw. antisymmetrische Funktionen Gl. (4.31) bzw. (4.32) in $\mathcal{H}_1$ bzw. $\mathcal{H}_2$ einführen und aus den beiden irreduziblen Teilräumen den Produkt-Hilbert-Raum $\mathcal{H}$ bilden. Es genügt dann den Hamilton-Operator H in diesem Hilbert-Raum zu betrachten. Im Falle zweier Fermionensysteme z.B. läßt sich eine Basis im Hilbert-Raum aus den Produkten zweier Slater-Determinanten aufbauen.

In allen Fällen treten bei der Berechnung der Energieniveaus des Hamilton-Operators Gl. (4.44) mit Zuständen aus Produkten der symmetrisierten bzw. antisymmetrisierten Einteilchenfunktionen Austauschterme bezüglich B_1 als auch bezüglich B_2 auf, es gibt aber *keine* Austauschterme mit dem Wechselwirkungsoperator B_{12}, der die Wechselwirkung zwischen den *verschiedenen* Teilchen beschreibt.

5 Teilchenzahlformalismus

Die in der Quantenmechanik zu fordernde Ununterscheidbarkeit identischer Teilchen hat, wie in Abschn. 4.5 ausgeführt, das Pauli-Prinzip zur Folge. Danach müssen Mehrteilchenzustände von Fermionen oder Bosonen bezüglich der Vertauschung identischer Teilchen antisymmetrisch bzw. symmetrisch sein. Führt man numerierte Koordinaten von Ort und Spin für die einzelnen Teilchen ein, so müssen die Mehrteilchenzustände durch aufwendige Summen antisymmetrisiert bzw. symmetrisiert werden, vergl. Gl. (4.31) bzw. (4.32). In diesem Kapitel soll eine andere Methode besprochen werden um das Pauli-Prinzip zu gewährleisten ohne diese Summen wiederholt ausführen zu müssen. Im Rahmen des Teilchenzahlformalismus wird dabei eine Numerierung von vornherein vermieden, indem nur die Anzahl der Teilchen n_ν angegeben wird, die sich in einem bestimmten Einteilchenzustand ψ_ν befinden. Bei Fermionen können nach dem in Abschn. 4.5 Gesagten diese sogenannten Besetzungszahlen n_ν wegen des Pauli-Prinzips nur die Werte Null oder Eins annehmen, während diese Beschränkung für Bosonen nicht gilt und die n_ν entweder Null oder eine natürliche Zahl sind.

5.1 Erzeugungs- und Vernichtungsoperatoren

Zur Lösung der Eigenwertaufgabe des eindimensionalen harmonischen Oszillators wurden in Abschn. 2.1 sogenannte Erzeugungs- und Vernichtungsoperatoren eingeführt, mit deren Hilfe sich die Eigenwerte und Eigenfunktionen in eleganter Weise bestimmen ließen. Die Einfachheit der Rechnung beruht in diesem Falle darauf, daß das Spektrum des Hamilton-Operators diskret und äquidistant ist. Dieses teilweise algebraische Verfahren läßt sich jedoch für Mehrteilchensysteme ohne Einschränkungen bezüglich des Spektrums der Einteilchenoperatoren verallgemeinern.

Der Hilbert-Raum $\mathcal{H}^{(N)}$, in dem die Operatoren der N-Teilchen-Observablen wirken, läßt sich nach dem in Abschn. 4.1 Gesagten als Produkt-Hilbert-Raum aus N Einteilchen-Hilbert-Räumen darstellen: $\mathcal{H}^{(N)} = \mathcal{H}_1 \otimes \mathcal{H}_2 \otimes \cdots \otimes \mathcal{H}_N$. Dabei bezeichnet $\mathcal{H}_i$ den Hilbert-Raum zur Beschreibung des Teilchens i, in dem eine Basis, d.h. ein vollständiges Orthonormalsystem, $\psi_{\nu_i}(i)$ mit

$$\langle \psi_\nu | \psi_{\nu'} \rangle = \delta_{\nu\nu'} \tag{5.1}$$

gegeben sei. Wie in Gl. (4.28) soll i kurz den Ort und Spin des Teilchens i bezeichnen und ν sei ein geeigneter Satz von Quantenzahlen zur Beschreibung des

Einteilchensystems. Dann bilden die

$$\Psi_{\nu_1\nu_2...\nu_N}(1,2,...N) = \psi_{\nu_1}(1)\psi_{\nu_2}(2)...\psi_{\nu_N}(N) \qquad (5.2)$$

eine Basis im N-Teilchen-Hilbert-Raum $\mathcal{H}^{(N)}$. Nach dem Pauli-Prinzip sind jedoch nur solche N-Teilchenzustände im irreduziblen Unterraum bezüglich der Permutationsgruppe zugelassen, die die Symmetriebedingungen Gl. (4.33) bzw. (4.34) erfüllen.

Wir charakterisieren eine Basis im irreduziblen Unterraum von $\mathcal{H}^{(N)}$ durch die Angabe der *Besetzungszahlen* n_ν, wie oft der Einteilchenzustand ψ_ν im Produkt Gl. (5.2) vorkommt und definieren die *Teilchenzahlzustände* durch

$$|n_1\,n_2\,n_3\,...\rangle = \left(N!\prod_{\rho=1}^{\infty} n_\rho!\right)^{-\frac{1}{2}} \sum_{P\in\mathcal{S}} (\pm 1)^p T_P\{\psi_{\nu_1}(1)...\psi_{\nu_N}(N)\}. \qquad (5.3)$$

Hier wird die Summe über alle $N!$ Permutationen P der symmetrischen Gruppe $\mathcal{S}$ ausgeführt und T_P bezeichnet den in Gl. (4.30) definierten Permutationsoperator im Hilbert-Raum $\mathcal{H}^{(N)}$, während p die Anzahl der Zweiervertauschungen ist, die die Permutation P in die Einheitspermutation überführen. Das positive Vorzeichen soll für Bosonen und das negative für Fermionen gelten, so daß die Basisfunktionen Gl. (5.3) die im Sinne des Pauli-Prinzips richtigen irreduziblen Unterräume aufspannen, vergl. Abschn. 4.5. Da $|n_1\,n_2\,...\rangle$ ein Vektor im N-Teilchen-Hilbert-Raum $\mathcal{H}^{(N)}$ sein soll, muß

$$\sum_{\nu=1}^{\infty} n_\nu = N \qquad (5.4)$$

gelten, so daß höchstens N der abzählbar unendlich vielen n_ν von Null verschieden sind. Im Falle von Fermionen gilt $n_\nu = 0$ oder 1 und es sind genau N von ihnen gleich 1 und die übrigen sind alle Null. Im Normierungsfaktor entfällt dann das Produkt wegen $n_\rho! = 1$.

Nun bilden die Teilchenzahlzustände $|n_1\,n_2\,...\rangle$ nach Gl. (5.3) im irreduziblen Unterraum von $\mathcal{H}^{(N)}$ ein vollständiges Orthonormalsystem und es gilt

$$\langle n_1\,n_2\,...|n'_1\,n'_2\,...\rangle = \delta_{n_1 n'_1}\delta_{n_2 n'_2}\cdots. \qquad (5.5)$$

Die Vollständigkeit der Funktion ist aus Gl. (5.3) ersichtlich und die Orthogonalität folgt aus der Tatsache, daß das innere Produkt $\langle n_1\,n_2\,...|n'_1\,n'_2\,...\rangle$ verschwindet, wenn auch nur ein $n_\nu \neq n'_\nu$ ist, weil dann beim Einsetzen der rechten Seite von Gl. (5.3) mindestens ein Faktor eines Einteilchenintegrals $\langle\psi_\nu|\psi_{\nu'}\rangle$ wegen der Orthogonalität der Einteilchenfunktionen Null wird. Daher sind auch die Basisfunktionen Gl. (5.3) zu verschiedenen Teilchenzahlen N orthogonal.

□ Zum Beweise der Normierung der Basisfunktionen Gl. (5.3) bilden wir das innere Produkt und beachten, daß die T_P eine unitäre Darstellung der symmetrischen Gruppe in $\mathcal{H}^{(N)}$ bilden, vergl. Abschn. 4.5,

$$
\begin{aligned}
N! \prod_{\rho=1}^{\infty} n_\rho! \langle n_1 n_2 \ldots | n_1 n_2 \ldots \rangle &= \\
&= \sum_{P,Q \in \mathcal{S}} (\pm 1)^{p+q} \Big\langle T_P\{\psi_{\nu_1}(1) \ldots \psi_{\nu_N}(N)\} \Big| T_Q\{\psi_{\nu_1}(1) \ldots \psi_{\nu_N}(N)\} \Big\rangle \\
&= \sum_{P,Q \in \mathcal{S}} (\pm 1)^{p+q} \Big\langle \psi_{\nu_1}(1) \ldots \psi_{\nu_N}(N) \Big| T_P^{-1} T_Q\{\psi_{\nu_1}(1) \ldots \psi_{\nu_N}(N)\} \Big\rangle \\
&= \sum_{P \in \mathcal{S}} \sum_{R \in \mathcal{S}} (\pm 1)^r \Big\langle \psi_{\nu_1}(1) \ldots \psi_{\nu_N}(N) \Big| T_R\{\psi_{\nu_1}(1) \ldots \psi_{\nu_N}(N)\} \Big\rangle,
\end{aligned}
$$

wobei $T_P^+ T_Q = T_P^{-1} T_Q = T_{P^{-1}Q} = T_R$ und die Tatsache berücksichtigt wurde, daß mit Q auch $R = P^{-1}Q$ alle $N!$ Permutationen durchläuft. Also erhält man

$$
\begin{aligned}
\langle n_1 n_2 \ldots | n_1 n_2 \ldots \rangle &= \\
&= \frac{1}{\prod_{\rho=1}^{\infty} n_\rho!} \sum_{R \in \mathcal{S}} (\pm 1)^r \Big\langle \psi_{\nu_1}(1) \ldots \psi_{\nu_N}(N) \Big| T_R\{\psi_{\nu_1}(1) \ldots \psi_{\nu_N}(N)\} \Big\rangle.
\end{aligned}
$$

Im Falle von Fermionen sind alle $n_\rho! = 1$ und wegen der Orthonormalität der Einteilchenfunktionen Gl. (5.1) liefert nur die Einheitspermutation einen Beitrag zur Summe und es folgt

$$
\langle n_1 n_2 \ldots | n_1 n_2 \ldots \rangle = \langle \psi_{\nu_1}(1) | \psi_{\nu_1}(1) \rangle \cdots \langle \psi_{\nu_N}(N) | \psi_{\nu_N}(N) \rangle = 1.
$$

Im Falle von Bosonen gilt das positive Vorzeichen und es kommen in der Summe nur solche Permutationen vor, die die n_1 Teilchen untereinander vertauschen, die die n_2 Teilchen untereinander vertauschen usw. Es treten also $n_1! \cdot n_2! \cdots$ Summanden auf, die alle 1 ergeben, wodurch die Normierung bewiesen ist. ∎

Allgemein kommen in der Quantenmechanik Operatoren vor, die sich aus Einteilchenoperatoren $A(i)$ und Zweiteilchenoperatoren mit $B(i,j) = B(j,i)$ zusammensetzen

$$H(1,2,\ldots N) = \sum_{i=1}^{N} A(i) + \frac{1}{2} \sum_{\substack{i,j \\ i \neq j}}^{1 \ldots N} B(i,j) \tag{5.6}$$

5.1.1 Bosonen

Zur Berechnung der Wirkung dieser Operatoren auf die in Gl. (5.3) eingeführten Teilchenzahlzustände behandeln wir zunächst nur *Bosonensysteme*. Für die Einteilchenoperatoren erhält man

$$\sum_{i=1}^{N} A(i)|n_1 n_2 \ldots\rangle =$$

$$= \sum_{i=1}^{N} \frac{\sum_{P \in S} T_P \{\psi_{\nu_1}(1) \ldots A(i)\psi_{\nu_i}(i) \ldots \psi_{\nu_N}(N)\}}{\sqrt{N! \prod_{\rho=1}^{\infty} n_\rho!}} \quad (5.7)$$

$$= \sum_{\lambda=1}^{\infty} \sum_{i=1}^{N} \underbrace{\frac{\sum_{P \in S} T_P \{\psi_{\nu_1}(1) \ldots A_{\lambda\nu_i}\psi_\lambda(i) \ldots \psi_{\nu_N}(N)\}}{\sqrt{N! \prod_{\rho=1}^{\infty} n_\rho!}}}_{X_\lambda},$$

wobei die Entwicklung nach der Basis ψ_λ

$$A(i)\psi_{\nu_i}(i) = \sum_{\lambda=1}^{\infty} \psi_\lambda(i) A_{\lambda\nu_i} \quad \text{mit} \quad A_{\lambda\nu_i} = \langle\psi_\lambda|A|\psi_{\nu_i}\rangle \quad (5.8)$$

verwendet wurde. Für ein gegebenes i und $\lambda = \nu_i$ gilt $X_\lambda = A_{\lambda\lambda}|n_1 n_2 \ldots\rangle$. Für $\lambda \neq \nu_i$ sind jedoch in X_λ die Teilchenzahlen des Teilchenzahlzustandes verändert. Bei Beachtung des Normierungsfaktors gilt

$$X_\lambda = \sqrt{\frac{n_\lambda + 1}{n_{\nu_i}}} A_{\lambda\nu_i} |n_1 n_2 \ldots n_{\nu_i} - 1 \ldots n_\lambda + 1 \ldots\rangle. \quad (5.9)$$

Beim Ausführen der Summe über i kommt es insgesamt $n_{\nu_i} = n_\lambda$ mal vor, daß $\lambda = \nu_i$ ist. Diese Fälle ergeben also

$$\sum_{i=1}^{N} A(i)|n_1 n_2 \ldots\rangle = \sum_{\lambda=1}^{\infty} n_\lambda A_{\lambda\lambda} |n_1 n_2 \ldots\rangle + \ldots \quad (5.10)$$

Für $\lambda \neq \nu_i = \mu$ kommt X_λ von Gl. (5.7) n_μ mal unverändert vor, nämlich gerade dann, wenn i ein Teilchen bezeichnet, das sich im Zustand ψ_μ befindet. Die Summe über die Teilchen i läßt sich also ersetzen durch eine Summe über die Zustände μ

$$\sum_{i=1}^{N} \longrightarrow \sum_{\substack{\mu=1 \\ \mu \neq \lambda}}^{\infty} n_\mu. \quad (5.11)$$

5 Teilchenzahlformalismus

Setzt man Gl. (5.9) in Gl. (5.7) ein und beachtet Gl. (5.11), so vervollständigt sich die Gl. (5.10) zu

$$\sum_{i=1}^{N} A(i)|n_1\, n_2 \ldots\rangle = \sum_{\lambda=1}^{\infty} n_\lambda A_{\lambda\lambda}|n_1\, n_2 \ldots\rangle + \\ + \sum_{\substack{\lambda,\mu \\ \lambda\neq\mu}}^{1\ldots\infty} \sqrt{n_\mu(n_\lambda+1)}\, A_{\lambda\mu}|n_1\, n_2 \ldots n_\mu - 1 \ldots n_\lambda + 1 \ldots\rangle. \qquad (5.12)$$

In Analogie zu den in Abschn. 2.1 eingeführten Erzeugungs- und Vernichtungsoperatoren definieren wir jetzt einen *Vernichtungsoperator* a_λ und einen *Erzeugungsoperator* a_λ^+ für ein Boson im Zustand ψ_λ durch die Festsetzung

$$\begin{aligned} a_\lambda|n_1\, n_2 \ldots\rangle &= \sqrt{n_\lambda}\,|n_1\, n_2 \ldots n_\lambda - 1 \ldots\rangle \\ a_\lambda^+|n_1\, n_2 \ldots\rangle &= \sqrt{n_\lambda+1}\,|n_1\, n_2 \ldots n_\lambda + 1 \ldots\rangle. \end{aligned} \qquad (5.13)$$

Damit schreibt sich die Gl. (5.12) in der einfachen Form

$$\sum_{i=1}^{N} A(i)|n_1\, n_1 \ldots\rangle = \sum_{\lambda,\mu}^{1\ldots\infty} A_{\lambda\mu} a_\lambda^+ a_\mu |n_1\, n_2 \ldots\rangle, \qquad (5.14)$$

wobei der Erzeugungsoperator nach links geschrieben wurde um auch den Fall $\lambda = \mu$ richtig darzustellen. Die Summen sind über alle Einteilchenzustände ψ_λ im Hilbert-Raum $\mathcal{H}_1$ auszuführen und $A_{\lambda\mu}$ ist durch Gl. (5.8) gegeben.

Zunächst sei bemerkt, daß die Operatoren a_λ und a_λ^+ aus dem Hilbert-Raum für N Teilchen herausführen, denn ist $|n_1\, n_2 \ldots\rangle$ ein Vektor im Hilbert-Raum $\mathcal{H}^{(N)}$, so ist $a_\lambda|n_1\, n_2 \ldots\rangle$ ein Vektor in $\mathcal{H}^{(N-1)}$ und $a_\lambda^+|n_1\, n_2 \ldots\rangle$ ein Vektor im Hilbert-Raum $\mathcal{H}^{(N+1)}$. Wir führen daher den *Fock-Raum* als orthogonale Summe aller Mehrteilchen-Hilbert-Räume ein

$$\mathcal{H}_F = \mathcal{H}^{(0)} \oplus \mathcal{H}^{(1)} \oplus \cdots \oplus \mathcal{H}^{(N)} \oplus \cdots, \qquad (5.15)$$

wobei der Hilbert-Raum $\mathcal{H}^{(0)}$ eindimensional ist und durch den Vektor $|0\,0\ldots\rangle$ aufgespannt wird. Dieser Vektor wird als Vakuumvektor oder auch als *Vakuum* bezeichnet und soll die Eigenschaften

$$\langle 0\,0\ldots|0\,0\ldots\rangle = 1 \quad \text{und} \quad a_\lambda|0\,0\ldots\rangle = 0 \quad \forall\ \lambda \qquad (5.16)$$

besitzen. Zur Abkürzung schreiben wir $|0\rangle = |0\,0\ldots\rangle$.

Aufgrund der Definition der Operatoren Gl. (5.13) und der Orthonormalität der Teilchenzahlzustände Gl. (5.5) gilt dann

$$\begin{aligned} \langle n_1\, n_2 \ldots n_\lambda - 1 \ldots|a_\lambda|n_1\, n_2 \ldots n_\lambda \ldots\rangle &= \sqrt{n_\lambda} \\ &= \langle n_1\, n_2 \ldots n_\lambda \ldots|a_\lambda^+|n_1\, n_2 \ldots n_\lambda - 1 \ldots\rangle \end{aligned}$$

und daraus folgt, daß der Operator a_λ^+ der zu a_λ adjungierte Operator ist.
Aus der Definition der Vernichtungs- und Erzeugungsoperatoren Gl. (5.13) folgt ferner

$$\begin{aligned} a_\lambda^+ a_\lambda |n_1 \, n_2 \ldots\rangle &= n_\lambda |n_1 \, n_2 \ldots\rangle \\ a_\lambda a_\lambda^+ |n_1 \, n_2 \ldots\rangle &= (n_\lambda + 1)|n_1 \, n_2 \ldots\rangle \end{aligned} \qquad (5.17)$$

und es gelten die folgenden *Vertauschungsrelationen für Bosonen*

$$[a_\lambda, a_\mu^+] = \delta_{\lambda\mu} 1 \quad ; \quad [a_\lambda, a_\mu] = 0 = [a_\lambda^+, a_\mu^+], \qquad (5.18)$$

wobei die eckige Klammer den Kommutator $[a,b] = ab - ba$ bezeichnet. Wir definieren den *Teilchenzahloperator*

$$\hat{N} = \sum_{\lambda=1}^{\infty} a_\lambda^+ a_\lambda, \qquad (5.19)$$

der wegen Gl. (5.4) und (5.17)

$$\sum_{\lambda=1}^{\infty} a_\lambda^+ a_\lambda |n_1 \, n_2 \ldots\rangle = \sum_{\lambda=1}^{\infty} n_\lambda |n_1 \, n_2 \ldots\rangle = N|n_1 \, n_2 \ldots\rangle \qquad (5.20)$$

die Teilchenzahl N der Teilchenzahlzustände liefert.

Die Wirkung der Zweiteilchenoperatoren $B(i,j)$ von Gl. (5.6) auf die Teilchenzahlzustände findet man ganz analog wie die der Einteilchenoperatoren Gl. (5.7) bis (5.12) und man erhält aus dem N-Teilchen-Operator H

$$H|n_1 \, n_2 \ldots\rangle = \sum_{i=1}^{N} A(i)|n_1 \, n_2 \ldots\rangle + \frac{1}{2} \sum_{\substack{i,j \\ i \neq j}}^{1 \ldots N} B(i,j)|n_1 \, n_2 \ldots\rangle \qquad (5.21)$$

den Operator $\hat{H}$ im Teilchenzahlformalismus zu

$$\begin{aligned} \hat{H}|n_1 \, n_2 \ldots\rangle &= \sum_{\lambda,\mu}^{1 \ldots \infty} A_{\lambda\mu} a_\lambda^+ a_\mu |n_1 \, n_2 \ldots\rangle + \\ &+ \frac{1}{2} \sum_{\lambda,\mu,\nu,\rho}^{1 \ldots \infty} B_{\lambda\mu\nu\rho} a_\lambda^+ a_\mu^+ a_\nu a_\rho |n_1 \, n_2 \ldots\rangle \end{aligned} \qquad (5.22)$$

mit

$$\begin{aligned} A_{\lambda\mu} &= \langle \psi_\lambda(1) | A(1) | \psi_\mu(1) \rangle \\ B_{\lambda\mu\nu\rho} &= \langle \psi_\lambda(1)\psi_\mu(2) | B(1,2) | \psi_\nu(2)\psi_\rho(1) \rangle. \end{aligned} \qquad (5.23)$$

Im Unterschied zum N-Teilchen-Hamilton-Operator H nach Gl. (5.6) und (5.21) ist der Hamilton-Operator $\hat{H}$ in Gl. (5.22) wie der Operator $\hat{N}$ in Gl. (5.19) im gesamten Fock-Raum definiert. Sie werden deshalb auch als *Fock-Operatoren* bezeichnet. Angewendet auf den Vakuum-Zustand $|0\rangle$ gilt $\hat{N}|0\rangle = 0$ und $\hat{H}|0\rangle = 0$. Bei der Anwendung auf die Einteilchenzustände von $\mathcal{H}^{(1)}$ verschwindet der zweite Term von $\hat{H}$, der die Wechselwirkung zwischen den Teilchen beschreibt. In der hier behandelten Quantenmechanik werden die Teilchen als unveränderliche Elementarteilchen oder Atomkerne wie Massenpunkte behandelt, deren Anzahl sich nicht ändert. Im Rahmen dieser *Teilchenzahlerhaltung* führen die Operatoren, die Observablen zugeordnet sind, aus dem Hilbert-Raum $\mathcal{H}^{(N)}$ für N Teilchen nicht heraus. Das bedeutet, daß bei Fock-Operatoren die Zahl der Vernichtungsoperatoren gleich der Zahl der Erzeugungsoperatoren und ihre Summe geradzahlig sein muß, wie es bei $\hat{N}$ und $\hat{H}$ der Fall ist.

Die erste Summe von $\hat{H}$ in Gl. (5.22) läßt sich vereinfachen, wenn als Basis im Hilbert-Raum $\mathcal{H}_1$ die Eigenfunktionen des Operators A verwendet werden. Seien ε_λ die Eigenwerte von A, so gilt wegen der Orthonormalität der zugehörigen Eigenfunktionen ψ_λ, vergl. Gl. (5.1)

$$A(1)\psi_\lambda(1) = \varepsilon_\lambda \psi_\lambda(1) \quad \text{und} \quad A_{\lambda\mu} = \langle \psi_\lambda(1) | A(1) | \psi_\mu(1) \rangle = \varepsilon_\lambda \delta_{\lambda\mu}, \quad (5.24)$$

und es folgt

$$\sum_{i=1}^{N} A(i) |n_1 n_2 \ldots\rangle = \sum_{\lambda=1}^{\infty} \varepsilon_\lambda a_\lambda^+ a_\lambda |n_1 n_2 \ldots\rangle = \sum_{\lambda=1}^{\infty} \varepsilon_\lambda n_\lambda |n_1 n_2 \ldots\rangle, \quad (5.25)$$

wobei von Gl. (5.20) Gebrauch gemacht wurde.

Mit Hilfe der Gl. (5.22) lassen sich alle N-Teilchenoperatoren, die Observablen zugeordnet sind, durch die Vernichtungs- und Erzeugungsoperatoren a_λ, a_λ^+ ausdrücken, deren Wirkung auf die Teilchenzahlzustände relativ einfach durch die Gleichung (5.13) gegeben ist. Die Anwendung dieses Teilchenzahlformalismus kann man weiter vereinfachen, indem auch die Teilchenzahlzustände durch Erzeugungsoperatoren ausgedrückt werden. Dazu schreiben wir

$$|n_1 n_2 \ldots\rangle = \frac{1}{\sqrt{\prod_{\mu=1}^{\infty} n_\mu!}} \left(a_1^+\right)^{n_1} \left(a_2^+\right)^{n_2} \cdots |0\rangle, \quad (5.26)$$

wobei das Vakuum auch kurz mit $|0\rangle = |0\,0\ldots\rangle$ bezeichnet wurde. Der Normierungsfaktor in Gl. (5.26) ergibt sich mit Hilfe der Gl. (5.13) aus der Beziehung

$$\left(a_\lambda^+\right)^{n_\lambda} |0\rangle = \sqrt{n_\lambda!} \, |0\,0\ldots n_\lambda \ldots\rangle, \quad (5.27)$$

da die Teilchenzahlzustände $|n_1 n_2 \ldots\rangle$ und $|0\rangle$ wegen Gl. (5.5) normiert sind.

5.1.2 Fermionen

Zur Beschreibung von *Fermionen* müssen die Teilchenzahlzustände nach Gl. (5.3) mit dem Minuszeichen eingeführt werden und sind dann antisymmetrisch bezüglich der Vertauschung der Teilchen. Die Herleitung der Wirkung des Hamilton-Operators auf die Teilchenzahlzustände läßt sich analog durchführen, bei der Einführung der Erzeugungs- und Vernichtungsoperatoren muß jedoch darauf geachtet werden, daß die Besetzungszahlen n_ν für einen Einteilchenzustand ψ_ν nur 0 oder 1 sein dürfen. Dies wird gewährleistet, indem wir im Unterschied zu Gl. (5.18) die folgenden *Antivertauschungsrelationen für Fermionen* einführen

$$\{a_\lambda, a_\mu^+\} = \delta_{\lambda\mu} 1 \quad ; \quad \{a_\lambda, a_\mu\} = 0 = \{a_\lambda^+, a_\mu^+\}, \tag{5.28}$$

wobei die geschweifte Klammer den *Antikommutator*

$$\{a, b\} = ab + ba \tag{5.29}$$

bezeichnet. Die Erzeugungsoperatoren und Vernichtungsoperatoren sind dadurch nicht mehr untereinander wie bei Bosonen vertauschbar, denn es gilt z.B.

$$a_\lambda^+ a_\mu^+ |0\rangle = -a_\mu^+ a_\lambda^+ |0\rangle.$$

Im Falle $\lambda \neq \mu$ tritt bei Vertauschung der beiden Erzeugungsoperatoren ein Vorzeichenwechsel auf, im Falle $\lambda = \mu$ muß dieser Zustand jedoch verschwinden, so daß $\left(a_\lambda^+\right)^2$ der Nulloperator ist. Durch die Antivertauschungsrelationen ist bei Fermionen also gewährleistet, daß die Besetzungszahlen n_ν nur 0 oder 1 sein können. Die Wirkung der Erzeugungs- und Vernichtungsoperatoren auf die Teilchenzahlzustände ist durch

$$a_\lambda^+ |0\,0\ldots0\,0\,0\ldots\rangle = |0\,0\ldots0\,1\,0\ldots\rangle$$
$$a_\lambda |0\,0\ldots0\,0\,0\ldots\rangle = 0|0\,0\ldots0\,0\,0\ldots\rangle$$
$$a_\lambda^+ |0\,0\ldots0\,1\,0\ldots\rangle = 0|0\,0\ldots0\,1\,0\ldots\rangle$$
$$a_\lambda |0\,0\ldots0\,1\,0\ldots\rangle = |0\,0\ldots0\,0\,0\ldots\rangle$$

gegeben, je nachdem, ob an der Stelle λ eine Null steht oder ein Eins. Hier bezeichnet 0 den Nullvektor und $|0\,0\ldots\rangle = |0\rangle$ den Vakuumvektor. Es gilt dann

$$a_\lambda^+ a_\lambda |n_1\, n_2\ldots\rangle = n_\lambda |n_1\, n_2\ldots\rangle \quad \text{mit} \quad n_\lambda = 0 \text{ oder } 1, \tag{5.30}$$

sowie $(a_\lambda^+)^+ = a_\lambda$. Die Teilchenzahlzustände sind wieder durch Gl. (5.26) gegeben, wobei der Normierungsfaktor 1 ist und es auf die Reihenfolge der Erzeugungsoperatoren wegen der Antivertauschbarkeit Gl. (5.28) ankommt

$$|n_1\, n_2\ldots\rangle = \left(a_1^+\right)^{n_1} \left(a_2^+\right)^{n_2} \cdots |0\rangle. \tag{5.31}$$

Der Hamilton-Operator im Fock-Raum, der sich aus Einteilchen- und Zweiteilchenoperatoren zusammensetzt, hat die Form Gl. (5.22), wobei die Reihenfolge der Operatoren so gewählt wurde, daß der Fock-Operator auch für Fermionen richtig ist. Wählt man als Basisfunktionen ψ_λ im Einteilchen-Hilbert-Raum die Eigenfunktionen des Einteilchenoperators A mit den Eigenwerten ε_λ, so lautet der Hamilton-Operator mit Rücksicht auf Gl. (5.22) und (5.25)

$$\hat{H} = \sum_{\lambda=1}^{\infty} \varepsilon_\lambda a_\lambda^+ a_\lambda + \frac{1}{2} \sum_{\lambda,\mu,\nu,\rho}^{1\ldots\infty} B_{\lambda\mu\nu\rho} a_\lambda^+ a_\mu^+ a_\nu a_\rho. \qquad (5.32)$$

Für den Erwartungswert des Hamilton-Operators in den Teilchenzahlzuständen erhält man

$$\begin{aligned}
\langle n_1\, n_2 \ldots | \hat{H} | n_1\, n_2 \ldots \rangle & \\
&= \sum_{\lambda=1}^{\infty} \varepsilon_\lambda \langle n_1\, n_2 \ldots | a_\lambda^+ a_\lambda | n_1\, n_2 \ldots \rangle + \\
&\quad + \frac{1}{2} \sum_{\lambda,\mu,\nu,\rho}^{1\ldots\infty} B_{\lambda\mu\nu\rho} \langle n_1\, n_2 \ldots | a_\lambda^+ a_\mu^+ a_\nu a_\rho | n_1\, n_2 \ldots \rangle \\
&= \sum_{\lambda=1}^{\infty} \varepsilon_\lambda n_\lambda + \frac{1}{2} \sum_{\lambda,\mu}^{1\ldots\infty} [B_{\lambda\mu\mu\lambda} - B_{\lambda\mu\lambda\mu}] n_\lambda n_\mu \\
&= \sum_{\lambda}^{\text{besetzt}} \varepsilon_\lambda + \frac{1}{2} \sum_{\lambda,\mu}^{\text{besetzt}} [B_{\lambda\mu\mu\lambda} - B_{\lambda\mu\lambda\mu}].
\end{aligned} \qquad (5.33)$$

Die Markierung „besetzt" bedeutet hier, daß nur über die Einteilchenzustände zu summieren ist, für die die Besetzungszahlen 1 sind. Hier wurde von der Beziehung Gl. (5.30) und der Normierung des Grundzustandes $\langle n_1\, n_2 \ldots | n_1\, n_2 \ldots \rangle = 1$ Gebrauch gemacht. Bei der Summation über die Zweiteilchenwechselwirkung wurde beachtet, daß wegen der Orthonormalität der Teilchenzahlzustände Gl. (5.5) der Ausdruck $\langle n_1\, n_2 \ldots | a_\lambda^+ a_\mu^+ a_\nu a_\rho | n_1\, n_2 \ldots \rangle$ nur in den beiden Fällen $\nu = \mu$, $\rho = \lambda$ und $\nu = \lambda$, $\rho = \mu$ nicht verschwindet. Der erste Fall führt mit Rücksicht auf die Antivertauschungsrelationen Gl. (5.28) für $\lambda \neq \mu$ wegen

$$a_\lambda^+ a_\mu^+ a_\mu a_\lambda | n_1\, n_2 \ldots \rangle = a_\lambda^+ a_\lambda a_\mu^+ a_\mu | n_1\, n_2 \ldots \rangle = n_\lambda n_\mu | n_1\, n_2 \ldots \rangle$$

auf den Wechselwirkungsterm

$$B_{\lambda\mu\mu\lambda} = \langle \psi_\lambda(1)\psi_\mu(2) | B(1,2) | \psi_\mu(2)\psi_\lambda(1) \rangle, \qquad (5.34)$$

der andere Fall liefert entsprechend nach G. (5.23) den *Austauschterm*

$$B_{\lambda\mu\lambda\mu} = \langle \psi_\lambda(1)\psi_\mu(2) | B(1,2) | \psi_\lambda(2)\psi_\mu(1) \rangle. \qquad (5.35)$$

Damit entspricht die Gl. (5.33) der Gl. (4.43). Der Fall $\lambda = \mu$ muß nicht ausgeschlossen werden, da sich hierbei die beiden Terme zu Null addieren.

5.2 Feldoperatoren

Im vorangegangenen Abschn. 5.1 wurden Erzeugungs- und Vernichtungsoperatoren a_ν^+, a_ν eingeführt, die sich auf Zustände $\psi_\nu(\underline{x})$ mit $\underline{x} = \mathbf{r}, \mathbf{s}$ beziehen. Die $\psi_\nu(\underline{x}) = |\nu\rangle$ bilden dabei eine Basis im Einteilchen-Hilbert-Raum $\mathcal{H}_1$. Sie erfüllen die Orthonormalitätsbedingung

$$\langle \nu | \nu' \rangle = \delta_{\nu\nu'} \quad \text{oder} \quad \int \psi_\nu^*(\underline{x}) \psi_{\nu'}(\underline{x})\,\mathrm{d}\tau = \delta_{\nu\nu'} \tag{5.36}$$

und die Vollständigkeitsbedingung schreiben wir in der Form

$$\sum_\nu |\nu\rangle\langle\nu| = \mathbf{1} \quad \text{oder} \quad \sum_\nu \psi_\nu(\underline{x})\psi_\nu^*(\underline{x}') = \delta(\underline{x}-\underline{x}'). \tag{5.37}$$

Ein beliebiges Element $\psi(\underline{x}) \in \mathcal{H}_1$ kann nach dieser Basis entwickelt werden

$$\psi(\underline{x}) = \sum_\nu \psi_\nu(\underline{x}) \langle \nu | \psi \rangle \quad \text{mit} \quad \langle \nu | \psi \rangle = \int \psi_\nu^*(\underline{x}) \psi(\underline{x})\,\mathrm{d}\tau.$$

Wir verallgemeinern nun den Teilchenzahlformalismus durch die Einführung von *Feldoperatoren* im Fock-Raum $\hat{\psi}(\underline{x})$, $\hat{\psi}^+(\underline{x})$ mit Hilfe der Operatoren a_ν und a_ν^+

$$\begin{aligned}\hat{\psi}(\underline{x}) &= \sum_\nu \psi_\nu(\underline{x}) a_\nu \quad \text{mit} \quad a_\nu = \int \psi_\nu^*(\underline{x}) \hat{\psi}(\underline{x})\,\mathrm{d}\tau \\ \hat{\psi}^+(\underline{x}) &= \sum_\nu \psi_\nu^*(\underline{x}) a_\nu^+ \quad \text{mit} \quad a_\nu^+ = \int \psi_\nu(\underline{x}) \hat{\psi}^+(\underline{x})\,\mathrm{d}\tau,\end{aligned} \tag{5.38}$$

und wegen $(a_\nu^+)^+ = a_\nu$ (vergl. Abschn. 5.1) ist $\hat{\psi}^+(\underline{x})$ der zu $\hat{\psi}(\underline{x})$ adjungierte Operator. Wir bezeichnen den Operator $\hat{\psi}^+(\underline{x})$ als einen Erzeugungsoperator für ein Teilchen im Zustand $\psi(\underline{x})$ und $\hat{\psi}(\underline{x})$ als den entsprechenden Vernichtungsoperator. Die Eigenschaften dieser Operatoren ergeben sich aus denen der Erzeugungs- und Vernichtungsoperatoren a_ν^+ und a_ν von Abschn. 5.1. Die Vertauschungsrelationen ergeben sich im Falle von *Bosonen* mit Hilfe von Gl. (5.18)

$$\begin{aligned}[\hat{\psi}(\underline{x}), \hat{\psi}^+(\underline{x}')] &= \sum_{\nu,\mu}^{1\ldots\infty} \psi_\nu(\underline{x})\psi_\mu^*(\underline{x}')[a_\nu, a_\mu^+] \\ &= \sum_{\nu,\mu}^{1\ldots\infty} \psi_\nu(\underline{x})\psi_\mu^*(\underline{x}')\delta_{\nu\mu}\mathbf{1} \\ &= \sum_{\nu=1}^{\infty} \psi_\nu(\underline{x})\psi_\nu^*(\underline{x}')\mathbf{1} = \delta(\underline{x}-\underline{x}')\mathbf{1},\end{aligned} \tag{5.39}$$

wobei von der Vollständigkeit der Basis Gl. (5.37) Gebrauch gemacht wurde. Entsprechend erhält man

$$[\hat{\psi}(\underline{x}), \hat{\psi}(\underline{x}')] = 0 = [\hat{\psi}^+(\underline{x}), \hat{\psi}^+(\underline{x}')]. \tag{5.40}$$

Im Falle von *Fermionen* findet man analog

$$\begin{aligned}\{\hat{\psi}(\underline{x}), \hat{\psi}^+(\underline{x}')\} &= \delta(\underline{x} - \underline{x}')1 \\ \{\hat{\psi}(\underline{x}), \hat{\psi}(\underline{x}')\} &= 0 = \{\hat{\psi}^+(\underline{x}), \hat{\psi}^+(\underline{x}')\},\end{aligned} \tag{5.41}$$

wobei die geschweifte Klammer den Antikommutator $\{a,b\} = ab + ba$ bezeichnet.

Teilchenzahloperator $\hat{N}$ Gl. (5.19) und Hamilton-Operator $\hat{H}$ Gl. (5.22) im Fock-Raum lassen sich durch die Feldoperatoren ausdrücken. Mit Hilfe der Definition Gl. (5.38) ergibt sich für den Teilchenzahloperator Gl. (5.19) mit Hilfe der Vollständigkeitsbeziehung Gl. (5.37)

$$\begin{aligned}\hat{N} &= \sum_{\lambda=1}^{\infty} a_\lambda^+ a_\lambda = \sum_{\lambda=1}^{\infty} \int \psi_\lambda(\underline{x})\hat{\psi}^+(\underline{x})\,\mathrm{d}\tau \int \psi_\lambda^*(\underline{x}')\hat{\psi}(\underline{x}')\,\mathrm{d}\tau' \\ &= \sum_{\lambda=1}^{\infty} \int \psi_\lambda(\underline{x})\psi_\lambda^*(\underline{x}')\hat{\psi}^+(\underline{x})\hat{\psi}(\underline{x}')\,\mathrm{d}\tau\,\mathrm{d}\tau' \\ &= \int \delta(\underline{x}-\underline{x}')\hat{\psi}^+(\underline{x})\hat{\psi}(\underline{x}')\,\mathrm{d}\tau\,\mathrm{d}\tau' \\ &= \int \hat{\psi}^+(\underline{x})\hat{\psi}(\underline{x})\,\mathrm{d}\tau.\end{aligned} \tag{5.42}$$

Damit läßt sich ein *Teilchendichteoperator*

$$\hat{n}(\underline{x}) = \hat{\psi}^+(\underline{x})\hat{\psi}(\underline{x})$$

definieren, der die Aufenthaltswahrscheinlichkeitsdichte bezüglich des Konfigurationsraumes für ein Teilchen am Ort **r** mit Spin **s** bezeichnet. Außerdem findet man für den Hamilton-Operator Gl. (5.22) im Fock-Raum

$$\begin{aligned}\hat{H} &= \sum_{\lambda,\mu}^{1\ldots\infty} A_{\lambda\mu} a_\lambda^+ a_\mu + \frac{1}{2}\sum_{\lambda,\mu,\nu,\rho}^{1\ldots\infty} B_{\lambda\mu\nu\rho} a_\lambda^+ a_\mu^+ a_\nu a_\rho \\ &= \int \hat{\psi}^+(\underline{x}) A(\underline{x}) \hat{\psi}(\underline{x})\,\mathrm{d}\tau + \\ &\quad + \frac{1}{2}\int \hat{\psi}^+(\underline{x}')\hat{\psi}^+(\underline{x}) B(\underline{x},\underline{x}') \hat{\psi}(\underline{x})\hat{\psi}(\underline{x}')\,\mathrm{d}\tau\,\mathrm{d}\tau',\end{aligned} \tag{5.43}$$

wobei der Einteilchenoperator $A(\underline{x})$ und der Zweiteilchenoperator $B(\underline{x},\underline{x}')$ durch Gl. (5.6) gegeben sind, deren Matrixelemente $A_{\lambda\mu}$ bzw. $B_{\lambda\mu\nu\rho}$ durch Gl. (5.23) definiert wurden. (Man beachte die unterschiedliche Notation: $1 \leftrightarrow (\mathbf{r}_1, \mathbf{s}_1) \leftrightarrow \underline{x}$). Der Hamilton-Operator $\hat{H}$ in Gl. (5.43) und der Teilchenzahloperator $\hat{N}$ in Gl. (5.42) beziehen sich nicht auf eine bestimmte Teilchenzahl, sondern sind im Teilchenzahlformalismus so formuliert, daß sie im ganzen Fock-Raum

$$\mathcal{H}_F = \mathcal{H}^{(0)} \oplus \mathcal{H}^{(1)} \oplus \cdots \oplus \mathcal{H}^{(N)} \oplus \cdots,$$

definiert sind. Speziell gilt für das Vakuum $\hat{N}|0\rangle = 0$ und $\hat{H}|0\rangle = 0$, während der Wechselwirkungsterm von $\hat{H}$ auch bei Anwendung im Hilbert-Raum eines Teilchens $\mathcal{H}^{(1)}$ Null ergibt.

□ Zum Beweise des ersten Terms des Einteilchenoperators geht man analog zu Gl. (5.24) vor. Für den Einteilchenterm Gl. (5.23) schreiben wir in der Nomenklatur dieses Abschnittes:

$$A_{\lambda\mu} = \int \psi_\lambda^*(\underline{x}'') A(\underline{x}'') \psi_\mu(\underline{x}'') \, \mathrm{d}\tau''$$

und erhalten aus Gl. (5.38)

$$\sum_{\lambda,\mu}^{1\ldots\infty} A_{\lambda\mu} a_\lambda^+ a_\mu =$$

$$= \sum_{\lambda,\mu}^{1\ldots\infty} \int \psi_\lambda(\underline{x}) \hat{\psi}^+(\underline{x}) A_{\lambda\mu} \psi_\mu^*(\underline{x}') \hat{\psi}(\underline{x}') \, \mathrm{d}\tau \, \mathrm{d}\tau'$$

$$= \sum_{\lambda,\mu}^{1\ldots\infty} \int \psi_\lambda(\underline{x}) \hat{\psi}^+(\underline{x}) \psi_\lambda^*(\underline{x}'') A(\underline{x}'') \psi_\mu(\underline{x}'') \psi_\mu^*(\underline{x}') \hat{\psi}(\underline{x}') \, \mathrm{d}\tau \, \mathrm{d}\tau' \, \mathrm{d}\tau''$$

$$= \int \delta(\underline{x} - \underline{x}'') \hat{\psi}^+(\underline{x}) A(\underline{x}'') \delta(\underline{x}'' - \underline{x}') \hat{\psi}(\underline{x}') \, \mathrm{d}\tau \, \mathrm{d}\tau' \, \mathrm{d}\tau''$$

$$= \int \hat{\psi}^+(\underline{x}) A(\underline{x}) \hat{\psi}(\underline{x}) \, \mathrm{d}\tau.$$

Auf die gleiche Weise berechnet man den zweiten Term der Zweiteilchenwechselwirkung. ■

5.2.1 Zustände

Die Zustände im Fock-Raum lassen sich wieder, wie in Abschn. 5.1, durch Erzeugungsoperatoren ausdrücken, die auf das Vakuum $|0\rangle$ angewendet werden. Im Falle von Fermionen erhält man z.B. einen N-Teilchenzustand durch

$$|\underline{x}_1 \underline{x}_2 \ldots \underline{x}_N\rangle = \frac{1}{\sqrt{N!}} \hat{\psi}^+(\underline{x}_1) \hat{\psi}^+(\underline{x}_2) \ldots \hat{\psi}^+(\underline{x}_N) |0\rangle \tag{5.44}$$

und es gilt

$$\langle \underline{x}_1 \underline{x}_2 \cdots \underline{x}_N | \underline{x}'_1 \underline{x}'_2 \cdots \underline{x}'_{N'} \rangle$$
$$= \delta_{NN'} \frac{1}{N!} \sum_{P \in \mathcal{S}} (-1)^p T_P \delta(\underline{x}_1 - \underline{x}'_1) \delta(\underline{x}_2 - \underline{x}'_2) \cdots \delta(\underline{x}_N - \underline{x}'_N),$$

wobei über alle $N!$ Permutationen P der symmetrischen Gruppe $\mathcal{S}$ bezüglich der gestrichenen Koordinaten summiert wird. Hier bezeichnet T_P den Permutationsoperator im Hilbert-Raum und p die Anzahl der Zweiervertauschungen der Permutation P.

□ Zum Beweise betrachten wir zunächst die Einteilchenzustände, für die sich wegen Gl. (5.38) und (5.13)

$$\begin{aligned}\langle \underline{x} | \underline{x}' \rangle &= \langle 0 | \hat{\psi}(\underline{x}) \hat{\psi}^+(\underline{x}') | 0 \rangle \\ &= \sum_{\nu,\mu}^{1\ldots\infty} \psi_\nu(\underline{x}) \psi_\mu^*(\underline{x}') \langle 0 | a_\nu a_\mu^+ | 0 \rangle \\ &= \sum_{\nu,\mu}^{1\ldots\infty} \psi_\nu(\underline{x}) \psi_\mu^*(\underline{x}') \delta_{\nu\mu} \\ &= \sum_{\nu=1}^{\infty} \psi_\nu(\underline{x}) \psi_\nu^*(\underline{x}') = \delta(\underline{x} - \underline{x}')\end{aligned}$$

ergibt. Beim N-Teilchenzustand erhält man wegen der bei Fermionen anzuwendenden Antivertauschungsrelationen Gl. (5.41)

$$\langle \underline{x}_1 \underline{x}_2 \cdots \underline{x}_N | \underline{x}'_1 \underline{x}'_2 \cdots \underline{x}'_{N'} \rangle = $$
$$= \langle 0 | \hat{\psi}(\underline{x}_N) \cdots \hat{\psi}(\underline{x}_2) \hat{\psi}(\underline{x}_1) \hat{\psi}^+(\underline{x}'_1) \hat{\psi}^+(\underline{x}'_2) \cdots \hat{\psi}^+(\underline{x}'_{N'}) | 0 \rangle.$$

Man erkennt hier beim Einsetzen der Gl. (5.38), daß der Ausdruck im Falle $N > N'$ verschwindet, da mehr Vernichtungsoperatoren als Erzeugungsoperatoren vorhanden sind, vergl. Gl. (5.5). Das gleiche gilt für $N < N'$. Im Falle $N = N'$ erhält man beim Durchziehen von $\hat{\psi}(\underline{x}_1)$ nach rechts mit Hilfe der Vertauschungsrelationen Gl. (5.41) für jede Vertauschung einen Faktor $\delta(\underline{x}_1 - \underline{x}'_i)$ und es folgt wegen $\hat{\psi}(\underline{x}_1)|0\rangle = 0$

$$\langle \underline{x}_1 \underline{x}_2 \cdots \underline{x}_N | \underline{x}'_1 \underline{x}'_2 \cdots \underline{x}'_N \rangle$$
$$= -\sum_{i=1}^{N} (-1)^i \langle 0 | \hat{\psi}(\underline{x}_N) \cdots \hat{\psi}(\underline{x}_2)$$
$$\times \hat{\psi}^+(\underline{x}'_1) \cdots \hat{\psi}^+(\underline{x}'_{i-1}) \hat{\psi}^+(\underline{x}'_{i+1}) \cdots \hat{\psi}^+(\underline{x}'_N) | 0 \rangle \delta(\underline{x}_1 - \underline{x}'_i).$$

Anschließend zieht man $\hat{\psi}(\underline{x}_2)$ nach rechts durch und es folgt

$$\langle \underline{x}_1 \underline{x}_2 \ldots \underline{x}_N | \underline{x}'_1 \underline{x}'_2 \ldots \underline{x}'_N \rangle$$
$$= \sum_{i=1}^{N} \sum_{\substack{j=1 \\ j \neq i}}^{N} (-1)^{i+j} \langle 0 | \hat{\psi}(\underline{x}_N) \ldots \hat{\psi}(\underline{x}_3) \hat{\psi}^+(\underline{x}'_1) \ldots \hat{\psi}^+(\underline{x}'_N) | 0 \rangle$$
$$\times \delta(\underline{x}_1 - \underline{x}'_i) \delta(\underline{x}_2 - \underline{x}'_j),$$

wobei die beiden Erzeugungsoperatoren $\hat{\psi}^+(\underline{x}'_i)$ und $\hat{\psi}^+(\underline{x}'_j)$ nicht mehr auftreten. Zieht man alle Vernichtungsoperatoren nach rechts durch, so entstehen $N!$ Summanden aus den Permutationen der gestrichenen Koordinaten, deren Vorzeichen $(-1)^p$ sich aus der Zahl der Zweiervertauschungen ergibt. ∎

5.2.2 Zeitabhängige Feldoperatoren

Der Formalismus läßt sich durch Einführung zeitabhängiger Feldoperatoren verallgemeinern. Dazu nehmen wir an, daß der Einteilchen-Hamilton-Operator $A(\underline{x}, t)$ in Gl. (5.21) mit $\underline{x} = \mathbf{r}, \mathbf{s}$ zu verschiedenen Zeiten mit sich selbst vertauschbar ist $[A(\underline{x}, t), A(\underline{x}, t_0)] = 0$. Daraus folgt dann, daß der Einteilchen-Hamilton-Operator $A(\underline{x}, t)$ mit dem Zeitschiebeoperator $U(\underline{x}, t, t_0)$ vertauschbar ist, vergl. Gl. (4.11), und A ist mit dem zugehörigen Heisenberg-Operator $A_H = U^+ A U$ identisch, vergl. Abschn. 4.3. Die Zeitabhängigkeit der Einteilchenzustände $\psi(\underline{x}, t)$ ergibt sich aus der Einteilchen-Schrödinger-Gleichung

$$-\frac{\hbar}{i} \frac{\partial}{\partial t} \psi(\underline{x}, t) = A(\underline{x}, t) \psi(\underline{x}, t) \tag{5.45}$$

und wir definieren die Zeitabhängigkeit der Feldoperatoren entsprechend Gl. (4.22) als Heisenberg-Operatoren durch

$$-\frac{\hbar}{i} \frac{\partial}{\partial t} \hat{\psi}(\underline{x}, t) = [\hat{\psi}(\underline{x}, t), \hat{A}(t)]$$
$$-\frac{\hbar}{i} \frac{\partial}{\partial t} \hat{\psi}^+(\underline{x}, t) = [\hat{\psi}^+(\underline{x}, t), \hat{A}(t)]. \tag{5.46}$$

Dabei wird die Zeitabhängigkeit der Feldoperatoren $\hat{\psi}(\underline{x}, t)$ und $\hat{\psi}^+(\underline{x}, t)$ durch den Einteilchen-Hamilton-Operator

$$\hat{A}(t) = \int \hat{\psi}^+(\underline{x}, t) A(\underline{x}, t) \hat{\psi}(\underline{x}, t) \, d\tau. \tag{5.47}$$

bestimmt, der nach Gl. (5.43) durch Feldoperatoren dargestellt ist. Wir definieren die Vertauschungsrelationen der Feldoperatoren für Fermionen zu einer festen Zeit unter Beachtung von Gl. (5.41) mit Antikommutatoren $\{a, b\} = ab + ba$ durch

$$\begin{aligned} \{\hat{\psi}(\underline{x}, t), \hat{\psi}^+(\underline{x}', t)\} &= \delta(\underline{x} - \underline{x}') \mathbf{1} \\ \{\hat{\psi}(\underline{x}, t), \hat{\psi}(\underline{x}', t)\} &= \mathbf{0} = \{\hat{\psi}^+(\underline{x}, t), \hat{\psi}^+(\underline{x}', t)\}. \end{aligned} \tag{5.48}$$

Dann haben die Feldoperatoren $\hat{\psi}(\underline{x},t)$ und $\hat{\psi}^+(\underline{x},t)$ die gleiche Zeitabhängigkeit wie die zugehörigen Einteilchenzustände

$$-\frac{\hbar}{i}\frac{\partial}{\partial t}\hat{\psi}(\underline{x},t) = A(\underline{x},t)\hat{\psi}(\underline{x},t)$$
$$\frac{\hbar}{i}\frac{\partial}{\partial t}\hat{\psi}^+(\underline{x},t) = A(\underline{x},t)\hat{\psi}^+(\underline{x},t).$$
(5.49)

□ Zum Beweise von

$$[\hat{\psi}(\underline{x},t), \hat{A}(t)] = A(\underline{x},t)\hat{\psi}(\underline{x},t)$$

setzen wir $\hat{A}(t)$ aus Gl. (5.47) in Gl. (5.46) ein und erhalten mit Hilfe der Vertauschungsrelationen Gl. (5.48)

$$\hat{\psi}(\underline{x},t)\hat{A}(t)$$
$$= \int \hat{\psi}(\underline{x},t)\hat{\psi}^+(\underline{x}',t)A(\underline{x}',t)\hat{\psi}(\underline{x}',t)\,d\tau'$$
$$= -\int \hat{\psi}^+(\underline{x}',t)\hat{\psi}(\underline{x},t)A(\underline{x}',t)\hat{\psi}(\underline{x}',t)\,d\tau'$$
$$\quad + \int \delta(\underline{x}-\underline{x}')A(\underline{x}',t)\hat{\psi}(\underline{x}',t)\,d\tau'$$
$$= \int \hat{\psi}^+(\underline{x}',t)A(\underline{x}',t)\hat{\psi}(\underline{x}',t)\,d\tau'\,\hat{\psi}(\underline{x},t) + A(\underline{x},t)\hat{\psi}(\underline{x},t)$$
$$= \hat{A}(t)\hat{\psi}(\underline{x},t) + A(\underline{x},t)\hat{\psi}(\underline{x},t).$$

Auf die gleiche Art beweist man auch die zweite Gl. (5.49) für den Erzeugungsoperator $\hat{\psi}^+(\underline{x},t)$ und beachtet, daß $A(\underline{x},t)$ ein selbstadjungierter Operator ist.
∎

Zur Behandlung mehrerer, miteinander wechselwirkender Teilchen schreiben wir den Hamilton-Operator entsprechend Gl. (5.43) als Summe von Einteilchen- und Zweiteilchenoperatoren

$$\hat{H}(t) = \hat{A}(t) + \hat{B}.$$
(5.50)

Dabei erfüllt der Operator der zeitunabhängigen Zweiteilchenwechselwirkung die Bedingung $B(\underline{x},\underline{x}') = B(\underline{x}',\underline{x})$ und hat, in den Feldoperatoren ausgedrückt, die Form

$$\hat{B} = \frac{1}{2}\int \hat{\psi}^+(\underline{x},t)\hat{\psi}^+(\underline{x}',t)B(\underline{x},\underline{x}')\hat{\psi}(\underline{x}',t)\hat{\psi}(\underline{x},t)\,d\tau\,d\tau'.$$
(5.51)

Mit Hilfe der Gl. (5.46) und der Vertauschungsrelationen Gl. (5.48) findet man für die Zeitabhängigkeit des Operators $\hat{B}$

$$-\frac{\hbar}{i}\frac{d\hat{B}}{dt} = [\hat{B}, \hat{A}(t)] = [\hat{B}, \hat{H}(t)].$$
(5.52)

□ Zum Beweise berechnen wir mit Hilfe von Gl. (5.46)

$$-\frac{\hbar}{i}\frac{d\hat{B}}{dt} = -\frac{\hbar}{i}\frac{1}{2}\int \frac{\partial \hat{\psi}^+(\underline{x},t)}{\partial t}\hat{\psi}^+(\underline{x}',t)B(\underline{x},\underline{x}')\hat{\psi}(\underline{x}',t)\hat{\psi}(\underline{x},t)\,\mathrm{d}\tau\,\mathrm{d}\tau'$$

$$-\frac{\hbar}{i}\frac{1}{2}\int \hat{\psi}^+(\underline{x},t)\frac{\partial \hat{\psi}^+(\underline{x}',t)}{\partial t}B(\underline{x},\underline{x}')\hat{\psi}(\underline{x}',t)\hat{\psi}(\underline{x},t)\,\mathrm{d}\tau\,\mathrm{d}\tau'$$

$$-\frac{\hbar}{i}\frac{1}{2}\int \hat{\psi}^+(\underline{x},t)\hat{\psi}^+(\underline{x}',t)B(\underline{x},\underline{x}')\frac{\partial \hat{\psi}(\underline{x}',t)}{\partial t}\hat{\psi}(\underline{x},t)\,\mathrm{d}\tau\,\mathrm{d}\tau'$$

$$-\frac{\hbar}{i}\frac{1}{2}\int \hat{\psi}^+(\underline{x},t)\hat{\psi}^+(\underline{x}',t)B(\underline{x},\underline{x}')\hat{\psi}(\underline{x}',t)\frac{\partial \hat{\psi}(\underline{x},t)}{\partial t}\,\mathrm{d}\tau\,\mathrm{d}\tau'$$

$$= \frac{1}{2}\int [\hat{\psi}^+(\underline{x},t),\hat{A}(t)]\hat{\psi}^+(\underline{x}',t)B(\underline{x},\underline{x}')\hat{\psi}(\underline{x}',t)\hat{\psi}(\underline{x},t)\,\mathrm{d}\tau\,\mathrm{d}\tau'$$

$$+ \frac{1}{2}\int \hat{\psi}^+(\underline{x},t)[\hat{\psi}^+(\underline{x}',t),\hat{A}(t)]B(\underline{x},\underline{x}')\hat{\psi}(\underline{x}',t)\hat{\psi}(\underline{x},t)\,\mathrm{d}\tau\,\mathrm{d}\tau'$$

$$+ \frac{1}{2}\int \hat{\psi}^+(\underline{x},t)\hat{\psi}^+(\underline{x}',t)B(\underline{x},\underline{x}')[\hat{\psi}(\underline{x}',t),\hat{A}(t)]\hat{\psi}(\underline{x},t)\,\mathrm{d}\tau\,\mathrm{d}\tau'$$

$$+ \frac{1}{2}\int \hat{\psi}^+(\underline{x},t)\hat{\psi}^+(\underline{x}',t)B(\underline{x},\underline{x}')\hat{\psi}(\underline{x}',t)[\hat{\psi}(\underline{x},t),\hat{A}(t)]\,\mathrm{d}\tau\,\mathrm{d}\tau'$$

$$= [\hat{B},\hat{A}(t)].\ \blacksquare$$

Für den zeitabhängigen Einteilchenoperator $\hat{A}(t)$ findet man

$$-\frac{\hbar}{i}\frac{d\hat{A}(t)}{dt} = [\hat{A}(t),\hat{H}(t)] - \frac{\hbar}{i}\frac{\partial \hat{A}(t)}{\partial t}, \qquad (5.53)$$

mit der Definition

$$\frac{\partial \hat{A}(t)}{\partial t} = \int \hat{\psi}^+(\underline{x},t)\frac{\partial A(\underline{x},t)}{\partial t}\hat{\psi}(\underline{x},t)\,\mathrm{d}\tau \qquad (5.54)$$

für die explizite Zeitabhängigkeit des Einteilchenoperators. Die Gl. (5.53) läßt sich auf beliebige Feldoperatoren $\hat{O}$ verallgemeinern, die Observablen zugeordnet sind

$$\frac{d\hat{O}}{dt} = \frac{i}{\hbar}[\hat{H},\hat{O}] + \frac{\partial \hat{O}}{\partial t}, \qquad (5.55)$$

wobei der letzte Term durch Gl. (5.54) definiert ist. Diese Zeitabhängigkeit der Feldoperatoren von Observablen entspricht der Zeitabhängigkeit der Heisenberg-Operatoren, wie sie in Gl. (4.22) eingeführt wurde.

5.3 Elektronengas

Zur praktischen Anwendung sei der Teilchenzahlformalismus für ein Elektronengas im einzelnen ausgeführt. Dazu betrachten wir ein Mehrelektronensystem mit einer gegebenen, zeitunabhängigen Einteilchenwechselwirkung $v(\mathbf{r},\mathbf{s})$ und der Coulomb-Abstoßung der Elektronen untereinander. Hier bezeichnet $\mathbf{s}$ den Elektronenspin, m die Elektronenmasse und der Hamilton-Operator hat für N Elektronen die Form

$$H = \sum_{i=1}^{N}\left[-\frac{\hbar^2}{2m}\Delta_i + v(\mathbf{r}_i,\mathbf{s}_i)\right] + \frac{e^2}{8\pi\varepsilon_0}\sum_{\substack{i,j \\ i\neq j}}^{1...N}\frac{1}{|\mathbf{r}_i-\mathbf{r}_j|}. \tag{5.56}$$

Das Elektronengas dient zur Beschreibung der Atome, Moleküle, Festkörper und Flüssigkeiten im Rahmen der Born-Oppenheimer-Näherung. Hierbei werden die Atomkerne als ruhende Massenpunkte mit gegebenen Koordinaten angesehen und der Hamilton-Operator Gl. (5.56) zur Berechnung der elektronischen und der atomaren Struktur verwendet. Die Wechselwirkung $v(\mathbf{r},\mathbf{s})$ kann sich dabei aus den Potentialen der Atomkerne, äußerer Felder und der Spin-Bahn-Kopplung zusammensetzen. Man spricht dabei auch von einem *inhomogenen Elektronengas* im Unterschied zum *homogenen Elektronengas*, bei dem die Einteilchenwechselwirkung eine Konstante ist. Das homogene Elektronengas stellt eine einfache Näherung eines Metalles dar und und wird in Abschn. 8.3 besprochen.

Zur Konstruktion einer Basis im Hilbert-Raum $\mathcal{H}^{(N)}$ der N Elektronen gehen wir von einer Basis $\varphi_\nu(\mathbf{r})$ im Orts-Hilbert-Raum $\mathcal{H}_O$ eines Elektrons aus, die die Eigenfunktionen eines spinunabhängigen Einelektronoperators sind. Hier bezeichnet ν einen geeigneten Satz von Quantenzahlen. Zur Berücksichtigung des Elektronenspins sei $\mathcal{H}_S$ der Einelektronen-Spin-Hilbert-Raum, der von zwei Basisfunktionen $\chi_\sigma(\mathbf{s})$ aufgespannt wird. Dann wird der Produkt-Hilbert-Raum $\mathcal{H}^{(1)} = \mathcal{H}_O \otimes \mathcal{H}_S$ für ein Elektron durch die Basisfunktionen

$$|\nu\sigma\rangle = \varphi_\nu(\mathbf{r})\chi_\sigma(\mathbf{s}) \quad \text{mit} \quad \sigma = \pm\tfrac{1}{2}$$

aufgespannt. Die Basisfunktionen erfüllen die Orthonormalitätsbeziehung

$$\langle\nu\sigma|\mu\tau\rangle = \delta_{\nu\mu}\delta_{\sigma\tau}$$

und es gilt der Entwicklungssatz für jeden Einelektronenzustand $\psi(\mathbf{r},\mathbf{s}) \in \mathcal{H}^{(1)}$

$$\psi(\mathbf{r},\mathbf{s}) = \sum_\nu \sum_\sigma^{\pm\frac{1}{2}} \varphi_\nu(\mathbf{r})\chi_\sigma(\mathbf{s})\langle\nu\sigma|\psi\rangle.$$

Zur vereinfachten Beschreibung der Einelektronenzustände verwenden wir die Spinornotation wie sie in Abschn. 2.6.4 eingeführt wurde. Dazu führen wir für einen

5.3 Elektronengas

beliebigen Zustand $\psi(\mathbf{r},\mathbf{s}) \in \mathcal{H}^{(1)}$ dessen beide Komponenten im Spinraum oder Spinorkomponenten

$$\psi_\sigma(\mathbf{r}) = \langle \chi_\sigma(\mathbf{s}) | \psi(\mathbf{r},\mathbf{s}) \rangle \tag{5.57}$$

ein, wobei die eckige Klammer das innere Produkt im Spin-Hilbert-Raum $\mathcal{H}_S$ bezeichnet. Die Entwicklung dieser Komponenten nach der Basis hat die Form [1]

$$\psi_\sigma(\mathbf{r}) = \sum_\nu \varphi_\nu(\mathbf{r}) \int \varphi_\nu^*(\mathbf{r}') \psi_\sigma(\mathbf{r}')\, \mathrm{d}^3 r'. \tag{5.58}$$

☐ Zum Beweise gehen wir von obiger Entwicklung

$$\begin{aligned}\psi(\mathbf{r},\mathbf{s}) &= \sum_\nu \sum_{\sigma'} \varphi_\nu(\mathbf{r}) \chi_{\sigma'}(\mathbf{s}) \langle \nu \sigma' | \psi \rangle \\ &= \sum_\nu \sum_{\sigma'} \varphi_\nu(\mathbf{r}) \chi_{\sigma'}(\mathbf{s}) \int \varphi_\nu^*(\mathbf{r}') \psi_{\sigma'}(\mathbf{r}')\, \mathrm{d}^3 r'\end{aligned}$$

aus und berechnen mit Hilfe der Orthonormalitätsbeziehung

$$\langle \chi_\sigma(\mathbf{s}), \chi_{\sigma'}(\mathbf{s}) \rangle = \delta_{\sigma\sigma'}$$

die Komponente im Spinraum

$$\begin{aligned}\psi_\sigma(\mathbf{r}) &= \langle \chi_\sigma(\mathbf{s}) | \psi(\mathbf{r},\mathbf{s}) \rangle \\ &= \sum_\nu \sum_{\sigma'} \varphi_\nu(\mathbf{r}) \delta_{\sigma\sigma'} \int \varphi_\nu^*(\mathbf{r}') \psi_{\sigma'}(\mathbf{r}')\, \mathrm{d}^3 r',\end{aligned}$$

woraus sich die Behauptung ergibt. ■

Da die beiden Spinfunktionen $\chi_\sigma(\mathbf{s})$ im Spin-Hilbert-Raum $\mathcal{H}_S$ vollständig, orthogonal und normiert sind, läßt sich die Abbildung des Einteilchenoperators

$$h(\mathbf{r},\mathbf{s}) = -\frac{\hbar^2}{2m}\Delta + v(\mathbf{r},\mathbf{s})$$

im Hilbert-Raum $\mathcal{H}^{(1)}$

$$\phi(\mathbf{r},\mathbf{s}) = h(\mathbf{r},\mathbf{s}) \psi(\mathbf{r},\mathbf{s})$$

---

[1] Bei der Anwendung auf Festkörper oder das homogene Elektronengas ist zu beachten, daß der Einteilchen-Hilbert-Raum aus den über einem *endlichen* Volumen V quadratisch integrierbaren Funktionen besteht, vergl. Kap. 8, und daher das Integral des inneren Produktes Gl. (5.58) nur über V zu erstrecken ist.

auch durch deren Spinorkomponenten darstellen

$$\phi_\sigma(\mathbf{r}) = \sum_{\sigma'}^{\pm\frac{1}{2}} h_{\sigma\sigma'}(\mathbf{r})\psi_{\sigma'}(\mathbf{r}),$$

wobei

$$h_{\sigma\sigma'}(\mathbf{r}) = -\frac{\hbar^2}{2m}\Delta\delta_{\sigma\sigma'} + v_{\sigma\sigma'}(\mathbf{r})$$

mit

$$v_{\sigma\sigma'}(\mathbf{r}) = \bigl(\chi_\sigma(\mathbf{s}), v(\mathbf{r},\mathbf{s})\chi_{\sigma'}(\mathbf{s})\bigr) \tag{5.59}$$

gesetzt wurde.

Wir bezeichnen im Teilchenzahlformalismus die Erzeugungs- und Vernichtungsoperatoren für ein Elektron im Zustand $|\nu\sigma\rangle$ mit $a_{\nu\sigma}^+$ bzw. $a_{\nu\sigma}$ und definieren entsprechend der Entwicklung für die Spinorkomponenten Gl. (5.58) die zugehörigen Feldoperatoren durch

$$\begin{aligned}\hat{\psi}_\sigma(\mathbf{r}) &= \sum_\nu \varphi_\nu(\mathbf{r}) a_{\nu\sigma} \quad &\text{mit}& \quad a_{\nu\sigma} = \int \varphi_\nu^*(\mathbf{r})\hat{\psi}_\sigma(\mathbf{r})\,\mathrm{d}^3r \\ \hat{\psi}_\sigma^+(\mathbf{r}) &= \sum_\nu \varphi_\nu^*(\mathbf{r}) a_{\nu\sigma}^+ \quad &\text{mit}& \quad a_{\nu\sigma}^+ = \int \varphi_\nu(\mathbf{r})\hat{\psi}_\sigma^+(\mathbf{r})\,\mathrm{d}^3r,\end{aligned} \tag{5.60}$$

was den Gleichungen (5.38) entspricht. Aus den Antivertauschungsrelationen der Gl. (5.28) der Erzeugungs- und Vernichtungsoperatoren

$$\{a_{\nu\sigma}, a_{\mu\tau}^+\} = \delta_{\nu\mu}\delta_{\sigma\tau}\mathbf{1} \quad ; \quad \{a_{\nu\sigma}, a_{\mu\tau}\} = 0 = \{a_{\nu\sigma}^+, a_{\mu\tau}^+\}$$

ergeben sich die Vertauschungsrelationen für die Feldoperatoren

$$\begin{aligned}\{\hat{\psi}_\sigma(\mathbf{r}), \hat{\psi}_{\sigma'}^+(\mathbf{r}')\} &= \delta_{\sigma\sigma'}\delta(\mathbf{r}-\mathbf{r}')\mathbf{1} \\ \{\hat{\psi}_\sigma(\mathbf{r}), \hat{\psi}_{\sigma'}(\mathbf{r}')\} &= 0 = \{\hat{\psi}_\sigma^+(\mathbf{r}), \hat{\psi}_{\sigma'}^+(\mathbf{r}')\},\end{aligned} \tag{5.61}$$

mit $\{a,b\} = ab + ba$.

□ Zum Beweise berechnen wir

$$\begin{aligned}\{\hat{\psi}_\sigma(\mathbf{r}), \hat{\psi}_{\sigma'}^+(\mathbf{r}')\} &= \sum_{\nu,\mu} \varphi_\nu(\mathbf{r})\varphi_\mu^*(\mathbf{r'})\{a_{\nu\sigma}, a_{\mu\sigma'}^+\} \\ &= \sum_{\nu,\mu} \varphi_\nu(\mathbf{r})\varphi_\mu^*(\mathbf{r'})\delta_{\nu\mu}\delta_{\sigma\sigma'}\mathbf{1} \\ &= \sum_\nu \varphi_\nu(\mathbf{r})\varphi_\nu^*(\mathbf{r'})\delta_{\sigma\sigma'}\mathbf{1} \\ &= \delta(\mathbf{r}-\mathbf{r'})\delta_{\sigma\sigma'}\mathbf{1}\end{aligned}$$

und entsprechend für die anderen beiden Antikommutatoren. ∎

Für den Teilchenzahloperator erhält man nach Gl. (5.42)

$$\hat{N} = \sum_{\sigma}^{\pm\frac{1}{2}} \int \hat{\psi}_\sigma^+(\mathbf{r})\hat{\psi}_\sigma(\mathbf{r})\,\mathrm{d}^3 r. \tag{5.62}$$

☐ Zum Beweise gehen wir von Gl. (5.19) aus und verwenden Gl. (5.60)

$$\begin{aligned}
\hat{N} &= \sum_\nu \sum_\sigma^{\pm\frac{1}{2}} a_{\nu\sigma}^+ a_{\nu\sigma} \\
&= \sum_\nu \sum_\sigma^{\pm\frac{1}{2}} \int \varphi_\nu(\mathbf{r})\hat{\psi}_\sigma^+(\mathbf{r})\varphi_\nu^*(\mathbf{r}')\hat{\psi}_\sigma(\mathbf{r}')\,\mathrm{d}^3 r\,\mathrm{d}^3 r' \\
&= \sum_\sigma^{\pm\frac{1}{2}} \int \hat{\psi}_\sigma^+(\mathbf{r})\hat{\psi}_\sigma(\mathbf{r})\,\mathrm{d}^3 r. \;\blacksquare
\end{aligned}$$

Wir definieren den Operator der Dichte der Elektronen mit Spinrichtung σ

$$\hat{n}_\sigma(\mathbf{r}) = \hat{\psi}_\sigma^+(\mathbf{r})\hat{\psi}_\sigma(\mathbf{r}), \tag{5.63}$$

woraus sich die Operatoren der Elektronendichte $\hat{n}(\mathbf{r})$ und der Teilchenzahl $\hat{N}$ ergeben

$$\hat{n}(\mathbf{r}) = \sum_\sigma^{\pm\frac{1}{2}} \hat{n}_\sigma(\mathbf{r}) \quad\text{mit}\quad \hat{N} = \int \hat{n}(\mathbf{r})\,\mathrm{d}^3 r. \tag{5.64}$$

Die Elektronendichte ergibt sich auch aus der Ortsdarstellung durch Einteilchenoperatoren

$$n(\mathbf{r}) = \sum_{j=1}^N \delta(\mathbf{r} - \mathbf{r}_j) \quad\text{mit}\quad \int n(\mathbf{r})\,\mathrm{d}^3 r = N$$

in der Form

$$\hat{n}(\mathbf{r}) = \sum_\sigma^{\pm\frac{1}{2}} \int \hat{\psi}_\sigma^+(\mathbf{r}')\delta(\mathbf{r}-\mathbf{r}')\hat{\psi}_\sigma(\mathbf{r}')\,\mathrm{d}^3 r' = \sum_\sigma^{\pm\frac{1}{2}} \hat{\psi}_\sigma^+(\mathbf{r})\hat{\psi}_\sigma(\mathbf{r}).$$

Den Hamilton-Operator des Elektronengases Gl. (5.56) zerlegen wir in die drei Bestandteile

$$\hat{H} = \hat{T} + \hat{V} + \hat{V}_\text{ee} \tag{5.65}$$

mit dem Operator der kinetischen Energie

$$\hat{T} = \sum_{\sigma}^{\pm\frac{1}{2}} \int \hat{\psi}_\sigma^+(\mathbf{r})\left[-\frac{\hbar^2}{2m}\Delta\right]\hat{\psi}_\sigma(\mathbf{r})\,\mathrm{d}^3r, \tag{5.66}$$

dem Operator der Einteilchenwechselwirkung

$$\hat{V} = \sum_{\sigma,\sigma'}^{\pm\frac{1}{2}} \int \hat{\psi}_\sigma^+(\mathbf{r})v_{\sigma\sigma'}(\mathbf{r})\hat{\psi}_{\sigma'}(\mathbf{r})\,\mathrm{d}^3r \tag{5.67}$$

und den Operator der Coulomb-Wechselwirkung

$$\hat{V}_{\mathrm{ee}} = \frac{e^2}{8\pi\varepsilon_0}\sum_{\sigma,\sigma'}^{\pm\frac{1}{2}} \int\int \hat{\psi}_{\sigma'}^+(\mathbf{r}')\hat{\psi}_\sigma^+(\mathbf{r})\frac{1}{|\mathbf{r}-\mathbf{r}'|}\hat{\psi}_\sigma(\mathbf{r})\hat{\psi}_{\sigma'}(\mathbf{r}')\,\mathrm{d}^3r\,\mathrm{d}^3r'. \tag{5.68}$$

□ Zum Beweise gehen wir von der Darstellung der Erzeugungs- und Vernichtungsoperatoren aus und erhalten für die Einteilchenwechselwirkung nach Gl. (5.22) und (5.23)

$$\hat{V} = \sum_{\lambda,\sigma}\sum_{\mu,\sigma'} a_{\lambda\sigma}^+ a_{\mu\sigma'}\langle\lambda\sigma|v(\mathbf{r},\mathbf{s})|\mu\sigma'\rangle$$
$$= \sum_{\lambda,\sigma}\sum_{\mu,\sigma'} a_{\lambda\sigma}^+ a_{\mu\sigma'}\int \varphi_\lambda^*(\mathbf{r})v_{\sigma\sigma'}(\mathbf{r})\varphi_\mu(\mathbf{r})\,\mathrm{d}^3r.$$

Mit Hilfe von Gl. (5.60) ergibt sich daraus

$$\hat{V} = \sum_{\lambda,\sigma}\sum_{\sigma'} a_{\lambda\sigma}^+ \int \varphi_\lambda^*(\mathbf{r})v_{\sigma\sigma'}(\mathbf{r})\hat{\psi}_{\sigma'}(\mathbf{r})\,\mathrm{d}^3r$$
$$= \sum_{\sigma}\sum_{\sigma'} \int \hat{\psi}_\sigma^+(\mathbf{r})v_{\sigma\sigma'}(\mathbf{r})\hat{\psi}_{\sigma'}(\mathbf{r})\,\mathrm{d}^3r.$$

Entsprechend findet man die Ausdrücke für $\hat{T}$ und $\hat{V}_{\mathrm{ee}}$. ■

Ist die Matrix der Einteilchenwechselwirkung $v_{\sigma\sigma'}(\mathbf{r})$ nach Gl. (5.59) speziell diagonal und besteht sie nur aus multiplikativen Operatoren, so wird der Operator $\hat{V}$ zu einem Potentialoperator und läßt sich in der Form schreiben

$$\hat{V} = \sum_{\sigma}^{\pm\frac{1}{2}} \int \hat{\psi}_\sigma^+(\mathbf{r})v_{\sigma\sigma}(\mathbf{r})\hat{\psi}_\sigma(\mathbf{r})\,\mathrm{d}^3r = \sum_{\sigma}^{\pm\frac{1}{2}} \int \hat{n}_\sigma(\mathbf{r})v_{\sigma\sigma}(\mathbf{r})\,\mathrm{d}^3r. \tag{5.69}$$

Dies kann z.B. bei einem Elektronengas in einem homogenen Magnetfeld ohne Spin-Bahn-Kopplung der Fall sein. Man vergleiche dazu die Pauli-Gleichung (3.37). Ist das Potential unabhängig vom Spin und ein multiplikativer Faktor, also ein sogenanntes *lokales Potential*

$$v_{\sigma\sigma'}(\mathbf{r}) = v(\mathbf{r})\delta_{\sigma\sigma'},$$

so schreibt sich der Potentialoperator $\hat{V}$ in der Form

$$\hat{V} = \int \hat{n}(\mathbf{r})v(\mathbf{r})\,\mathrm{d}^3r, \tag{5.70}$$

wobei $\hat{n}(\mathbf{r})$ den Operator der Elektronendichte Gl. (5.64) bezeichnet.

5.4 Zweite Quantisierung

Aufgrund der Analogie der Differentialgleichung (5.46) für die Feldoperatoren mit der Einteilchen-Schrödinger-Gleichung (5.45) läßt sich der Teilchenzahlformalismus auch im Rahmen der sogenannten *zweiten Quantisierung* einführen. Dazu betrachtet man die zeitabhängige Einteilchen-Schrödinger-Gleichung (5.45) als klassische Feldgleichung für die Schrödinger-Felder $\psi(\underline{x},t)$. Zur Quantisierung einer klassischen Feldgleichung gehen wir analog zur Quantisierung der klassischen Punktmechanik vor. In einem ersten Schritt wird eine Lagrange-Funktion konstruiert und das Hamilton-Prinzip angewandt. Dadurch ergibt sich die klassische Feldgleichung aus der Lagrange-Funktion und der Euler-Lagrange-Differentialgleichung. Mit Hilfe der Lagrange-Funktion bildet man kanonisch konjugierte Felder und formuliert die klassische Feldtheorie mit der Hamilton-Funktion und den Hamilton-Gleichungen. In einem zweiten Schritt werden die kanonisch konjugierten Felder zu Operatoren im Fock-Raum, die geeigneten Vertauschungsrelationen genügen.

Zur Durchführung betrachten wir Fermionen, die durch Spinoren mit n Komponenten $\psi_\nu(\mathbf{r},t)$, $\nu = 1, 2\ldots n$ entsprechend Gl. (5.57) beschrieben werden. Speziell bei Elektronen nimmt ν die beiden Werte $\pm\frac{1}{2}$ an. Wir betrachten einen Einteilchen-Hamilton-Operator analog zu dem in Gl. (5.56) und schreiben die zeitabhängige Einteilchen-Schrödinger-Gleichung für die Spinorkomponenten $\psi_\nu(\mathbf{r},t)$ in der Form

$$-\frac{\hbar}{i}\frac{\partial}{\partial t}\psi_\nu(\mathbf{r},t) = -\frac{\hbar^2}{2m}\Delta\psi_\nu(\mathbf{r},t) + \sum_{\mu=1}^{n}v_{\nu\mu}(\mathbf{r},t)\psi_\mu(\mathbf{r},t). \tag{5.71}$$

Im Rahmen der zweiten Quantisierung verwenden wir diese Differentialgleichung als klassische Feldgleichung für die Spinorkomponenten $\psi_\nu(\mathbf{r},t)$ ($\nu = 1, 2\ldots n$) des komplexen Schrödinger-Feldes. Die Quantisierung soll entsprechend den Vertauschungsrelationen Gl. (5.48) und (5.61) durchgeführt werden.

5 Teilchenzahlformalismus

Dazu setzen wir voraus, daß sich die Feldgleichungen für die klassischen Felder $\psi_\nu(\mathbf{r}, t)$ aus einer *Lagrange-Dichte* $\mathcal{L}$ bestimmen lassen, die von den Feldern $\psi_\nu(\mathbf{r}, t)$ selbst, ihren Ortsgradienten $\bigl(\mathbf{r} = (x_1, x_2, x_3)\bigr)$

$$\psi_{\nu|k}(\mathbf{r}, t) = \frac{\partial \psi_\nu(\mathbf{r}, t)}{\partial x_k} \quad \text{für} \quad k = 1, 2, 3,$$

sowie ihrer Zeitableitung $\dot{\psi}_\nu(\mathbf{r}, t) = \frac{\partial}{\partial t} \psi_\nu(\mathbf{r}, t)$ und der Zeit t abhängen kann

$$\mathcal{L} = \mathcal{L}(\psi_\nu(\mathbf{r}, t), \psi_{\nu|k}(\mathbf{r}, t), \dot{\psi}_\nu(\mathbf{r}, t), t).$$

Die Feldgleichungen sollen sich im nichtrelativistischen Fall nach dem Hamilton-Prinzip aus dem Minimum des Wirkungsintegrals

$$W = \int_{t_0}^{t_1} L(t)\,\mathrm{d}t = \int_{t_0}^{t_1} \mathrm{d}t \int \mathrm{d}^3 r\, \mathcal{L}(\psi_\nu, \psi_{\nu|k}, \dot{\psi}_\nu, t) \longrightarrow \text{Minimum}$$

mit der Lagrange-Funktion

$$L(t) = \int \mathcal{L}(\psi_\nu, \psi_{\nu|k}, \dot{\psi}_\nu, t)\, \mathrm{d}^3 r$$

ergeben. Das Wirkungsintegral ist somit ein Funktional der n Felder $\psi_\nu(\mathbf{r}, t)$ und nimmt bei ihrer Variation sein Minimum an, wenn die n Funktionalableitungen [1] für $\nu = 1, 2 \ldots n$ verschwinden

$$\frac{\delta W}{\delta \psi_\nu(\mathbf{r}, t)} = \frac{\partial \mathcal{L}}{\partial \psi_\nu} - \sum_{k=1}^{3} \frac{\partial}{\partial x_k} \frac{\partial \mathcal{L}}{\partial \psi_{\nu|k}} - \frac{\partial}{\partial t} \frac{\partial \mathcal{L}}{\partial \dot{\psi}_\nu} = 0. \tag{5.72}$$

Diese Euler-Lagrange-Gleichungen ergeben sich mit Hilfe von partiellen Integrationen, wobei vorausgesetzt wurde, daß die Felder $\psi_\nu(\mathbf{r}, t)$ so variiert werden, daß sie an den Integrationsgrenzen $|\mathbf{r}| \to \infty$ und $t = t_0, t_1$ unverändert bleiben.

Mit Hilfe der Lagrange-Dichte $\mathcal{L}$ führen wir die *kanonisch konjugierten Impulsfelder* $\pi_\nu(\mathbf{r}, t)$

$$\pi_\nu(\mathbf{r}, t) = \frac{\partial \mathcal{L}}{\partial \dot{\psi}_\nu} \tag{5.73}$$

---

[1] Sei $\mathbf{r} \in R^3$, $\varphi(\mathbf{r}) \in R^N$, $F \in C$, dann heißt $\varphi(\mathbf{r}) \xrightarrow{F} C$ bzw. $\mathrm{F}[\varphi]$ ein Funktional von φ. Wenn für $\eta(\mathbf{r}) \in R^N$ und $\alpha \in R$ für ein gegebenes Funktional $\mathrm{F}[\varphi + \alpha \eta]$ die Ableitung nach α existiert und sich in der Form

$$\left. \frac{\mathrm{d}}{\mathrm{d}\alpha} \mathrm{F}[\varphi + \alpha \eta] \right|_{\alpha=0} = \int_V \sum_{k=1}^{N} \frac{\delta \mathrm{F}[\varphi]}{\delta \varphi_k(\mathbf{r})} \eta_k(\mathbf{r})\, \mathrm{d}^3 r$$

schreiben läßt, dann heißt $\delta \mathrm{F}[\varphi]/\delta \varphi_k(\mathbf{r})$ *Funktionalableitung* oder *Variationsableitung* des Funktionals $\mathrm{F}[\varphi]$.

5.4 Zweite Quantisierung

und die von $\dot{\psi}_\nu$ unabhängige *Hamilton-Dichte* $\mathcal{D}$

$$\mathcal{D}(\psi_\nu, \psi_{\nu|k}, \pi_\nu, \pi_{\nu|k}, t) = \sum_{\nu=1}^{n} \pi_\nu \dot{\psi}_\nu - \mathcal{L} \tag{5.74}$$

sowie die *Hamilton-Funktion* als Funktional der kanonisch konjugierten Felder

$$H = \int \mathcal{D}(\psi_\nu, \psi_{\nu|k}, \pi_\nu, \pi_{\nu|k}, t) \, \mathrm{d}^3 r \tag{5.75}$$

ein. Dann gelten die *Hamilton-Gleichungen* [1]

$$\begin{aligned}
\frac{\partial \psi_\nu}{\partial t} &= \frac{\delta H}{\delta \pi_\nu} = \frac{\partial \mathcal{D}}{\partial \pi_\nu} - \sum_{k=1}^{3} \frac{\partial}{\partial x_k} \frac{\partial \mathcal{D}}{\partial \pi_{\nu|k}} \\
-\frac{\partial \pi_\nu}{\partial t} &= \frac{\delta H}{\delta \psi_\nu} = \frac{\partial \mathcal{D}}{\partial \psi_\nu} - \sum_{k=1}^{3} \frac{\partial}{\partial x_k} \frac{\partial \mathcal{D}}{\partial \psi_{\nu|k}},
\end{aligned} \tag{5.76}$$

die sich aus den Gl. (5.72)–(5.75) herleiten.

Wir betrachten nun die zeitabhängige Einteilchen-Schrödinger-Gleichung für die einzelnen Spinorkomponenten $\psi_\nu(\mathbf{r}, t)$ mit $\nu = 1, 2, \ldots n$ Gl. (5.71)

$$-\frac{\hbar}{i} \frac{\partial}{\partial t} \psi_\nu(\mathbf{r}, t) = -\frac{\hbar^2}{2m} \Delta \psi_\nu(\mathbf{r}, t) + \sum_{\mu=1}^{n} v_{\nu\mu}(\mathbf{r}, t) \psi_\mu(\mathbf{r}, t), \tag{5.77}$$

wobei wir eine lokale [2], selbstadjungierte Potentialmatrix $v_{\nu\mu}(\mathbf{r}, t)$ annehmen. Mit Hilfe der Hamilton-Gleichungen (5.76) ergibt sich die Schrödinger-Gleichung (5.77) aus der Lagrange-Dichte

$$\mathcal{L} = -\frac{\hbar}{i} \sum_{\nu=1}^{n} \psi_\nu^* \dot{\psi}_\nu - \frac{\hbar^2}{2m} \sum_{\nu=1}^{n} \nabla \psi_\nu^* \cdot \nabla \psi_\nu - \sum_{\nu,\mu}^{1\ldots n} \psi_\nu^* v_{\nu\mu} \psi_\mu,$$

wobei beachtet wurde, daß die Spinorkomponenten $\psi_\nu(\mathbf{r}, t)$ als Wellenfunktionen komplex sind und daher ψ_ν und ihr konjugiert komplexes ψ_ν^* bei der Variation als linear unabhängige Funktionen zu variieren sind.

Dazu bestimmen wir zunächst die zu $\psi_\nu(\mathbf{r}, t)$ kanonisch konjugierten Felder nach Gl. (5.73)

$$\pi_\nu(\mathbf{r}, t) = \frac{\partial \mathcal{L}}{\partial \dot{\psi}_\nu} = -\frac{\hbar}{i} \psi_\nu^*(\mathbf{r}, t), \tag{5.78}$$

---

[2] Der Potentialoperator ist dann ein multiplikativer Faktor.

so daß die Hamilton-Dichte nach Gl. (5.74) die Form annimmt

$$\mathcal{D} = -\frac{\hbar^2}{2m}\frac{i}{\hbar}\sum_{\nu=1}^{n}\nabla\pi_\nu\cdot\nabla\psi_\nu - \frac{i}{\hbar}\sum_{\nu,\mu}^{1...n}\pi_\nu v_{\nu\mu}\psi_\mu. \tag{5.79}$$

Anwenden der Hamilton-Gleichungen (5.76)

$$\begin{aligned}\frac{\partial\psi_\nu}{\partial t} &= \frac{\partial\mathcal{D}}{\partial\pi_\nu} - \sum_{k=1}^{n}\frac{\partial}{\partial x_k}\frac{\partial\mathcal{D}}{\partial\pi_{\nu|k}} \\ &= -\frac{i}{\hbar}\sum_{\mu=1}^{n}v_{\nu\mu}\psi_\mu - \sum_{k=1}^{3}\frac{\partial}{\partial x_k}\left(-\frac{\hbar^2}{2m}\frac{i}{\hbar}\psi_{\nu|k}\right)\end{aligned}$$

liefert unmittelbar die Schrödinger-Gleichung (5.77)

$$-\frac{\hbar}{i}\frac{\partial\psi_\nu}{\partial t} = -\frac{\hbar^2}{2m}\Delta\psi_\nu + \sum_{\mu=1}^{n}v_{\nu\mu}\psi_\mu, \tag{5.80}$$

während die zweite der Gleichungen (5.76) wegen $v_{\nu\mu}^* = v_{\mu\nu}$ die konjugiert komplexe Schrödinger-Gleichung ergibt.

In Abwandlung einer Formulierung der Quantenmechanik mehrerer unterscheidbarer Massenpunkte im Abschn. 4.1 quantisieren wir die Schrödinger-Felder von Fermionen durch Einführung kanonisch konjugierter Feldoperatoren $\hat{\psi}_\nu(\mathbf{r},t)$ und $\hat{\pi}_\nu(\mathbf{r},t)$ mit $\nu = 1,2\ldots n$, die den *Antivertauschungsrelationen*

$$\begin{aligned}\{\hat{\pi}_\mu(\mathbf{r},t),\hat{\psi}_\nu(\mathbf{r}',t)\} &= -\frac{\hbar}{i}\delta_{\nu\mu}\delta(\mathbf{r}-\mathbf{r}')\mathbf{1} \\ \{\hat{\pi}_\mu(\mathbf{r},t),\hat{\pi}_\nu(\mathbf{r}',t)\} &= 0 = \{\hat{\psi}_\mu(\mathbf{r},t),\hat{\psi}_\nu(\mathbf{r}',t)\}\end{aligned}$$

genügen sollen. Dies ergibt sich aus den Vertauschungsrelationen der Feldoperatoren für Fermionen Gl. (5.41), wobei $\{a,b\} = ab + ba$ den Antikommutator bezeichnet. Aus der für die Schrödinger-Gleichung geltenden Beziehungen Gl. (5.78) folgt für die Operatoren

$$\hat{\pi}_\nu(\mathbf{r},t) = -\frac{\hbar}{i}\hat{\psi}_\nu^+(\mathbf{r},t), \tag{5.81}$$

wobei $\hat{\psi}_\nu^+$ den zu $\hat{\psi}_\nu$ adjungierten Feldoperator bezeichnet. Damit erhält man die den Gl. (5.48) und (5.61) entsprechenden Vertauschungsrelationen für die Feldoperatoren

$$\begin{aligned}\{\hat{\psi}_\nu(\mathbf{r},t),\hat{\psi}_\mu^+(\mathbf{r}',t)\} &= \delta_{\nu\mu}\delta(\mathbf{r}-\mathbf{r}')\mathbf{1} \\ \{\hat{\psi}_\nu(\mathbf{r},t),\hat{\psi}_\mu(\mathbf{r}',t)\} &= 0 = \{\hat{\psi}_\nu^+(\mathbf{r},t),\hat{\psi}_\mu^+(\mathbf{r}',t)\}.\end{aligned} \tag{5.82}$$

5.4 Zweite Quantisierung

Der Hamilton-Operator lautet dann nach Gl. (5.75) and (5.79)

$$H = \int \mathcal{D}\,\mathrm{d}^3 r = \int \left[\frac{\hbar^2}{2m} \sum_{\nu=1}^{n} \frac{\partial \hat{\psi}_\nu^+(\mathbf{r},t)}{\partial x_k} \frac{\partial \hat{\psi}_\nu(\mathbf{r},t)}{\partial x_k} + \sum_{\nu,\mu}^{1...n} \hat{\psi}_\nu^+ v_{\nu\mu} \hat{\psi}_\mu \right] \mathrm{d}^3 r,$$

wobei die Gl. (5.81) verwendet wurde. Daraus ergibt sich durch partielle Integration

$$\hat{H} = \hat{T} + \hat{V}, \tag{5.83}$$

wobei $\hat{T}$ den Feldoperator der kinetischen Energie

$$\hat{T} = \sum_{\nu=1}^{n} \int \hat{\psi}_\nu^+(\mathbf{r},t) \left[-\frac{\hbar^2}{2m} \Delta \right] \hat{\psi}_\nu(\mathbf{r},t)\,\mathrm{d}^3 r \tag{5.84}$$

und $\hat{V}$ den Feldoperator der potentiellen Energie

$$\hat{V} = \sum_{\nu,\mu}^{1...n} \int \hat{\psi}_\nu^+(\mathbf{r},t) v_{\nu\mu}(\mathbf{r},t) \hat{\psi}_\mu(\mathbf{r},t)\,\mathrm{d}^3 r \tag{5.85}$$

bezeichnen. Die zeitabhängigen Operatoren Gl. (5.84) und (5.85) entsprechen damit den Operatoren Gl. (5.66) und (5.67). Da der hier betrachtete Hamilton-Operator $\hat{H}(t)$ Gl. (5.83) wechselwirkungsfreie Teilchen beschreibt, setzen wir für die zeitliche Änderung der Feldoperatoren entsprechend zu Gl. (5.46)

$$-\frac{\hbar}{i}\frac{\partial}{\partial t}\hat{\psi}_\nu(\mathbf{r},t) = \left[\hat{\psi}_\nu(\mathbf{r},t), \hat{H}(t)\right]$$
$$-\frac{\hbar}{i}\frac{\partial}{\partial t}\hat{\psi}_\nu^+(\mathbf{r},t) = \left[\hat{\psi}_\nu^+(\mathbf{r},t), \hat{H}(t)\right],$$

was wegen der Gl. (5.83)–(5.85) und den Vertauschungsrelationen Gl. (5.82) damit gleichbedeutend ist, daß die Feldoperatoren der Schrödinger-Gleichung

$$-\frac{\hbar}{i}\frac{\partial}{\partial t}\hat{\psi}_\nu(\mathbf{r},t) = -\frac{\hbar^2}{2m}\Delta\hat{\psi}_\nu(\mathbf{r},t) + \sum_{\mu=1}^{n} v_{\nu\mu}(\mathbf{r},t)\hat{\psi}_\mu(\mathbf{r},t), \tag{5.86}$$

genügen. Der Beweis verläuft analog zu dem der Gl. (5.49). Die Feldoperatoren $\hat{\psi}_\nu$ sind Lösungen der gleichen Schrödinger-Gleichung wie die Schrödinger-Felder ψ_ν in Gl. (5.80). Die Feldoperatoren $\hat{\psi}_\nu^+$ genügen der adjungierten Gl. (5.86).

Zur Konstruktion des Fock-Raumes definieren wir zunächst den Hilbert-Raum für Null Teilchen durch den Vakuumvektor $|0\rangle$ mit den Eigenschaften

$$\langle 0|0\rangle = 1 \quad \text{und} \quad \hat{\psi}_\nu(\mathbf{r},t)|0\rangle = 0 \quad \text{für} \quad \nu = 1, 2\ldots n.$$

5 Teilchenzahlformalismus

Der Fock-Raum entsteht durch die orthogonale Summe der Hilbert-Räume für die verschiedenen Teilchenzahlen

$$\mathcal{H}_F = \mathcal{H}^{(0)} \oplus \mathcal{H}^{(1)} \oplus \cdots \oplus \mathcal{H}^{(N)} \oplus \cdots,$$

wobei die Basisfunktionen für $\mathcal{H}^{(N)}$ mit Hilfe der Erzeugungsoperatoren $\hat{\psi}_\nu^+$ entsprechend Gl. (5.44) definiert werden:

$$|\mathbf{r}_1\nu_1, \mathbf{r}_2\nu_2, \ldots \mathbf{r}_N\nu_N, t\rangle = \frac{1}{\sqrt{N!}} \hat{\psi}_{\nu_1}^+(\mathbf{r}_1, t)\hat{\psi}_{\nu_2}^+(\mathbf{r}_2, t) \ldots \hat{\psi}_{\nu_N}^+(\mathbf{r}_N, t)|0\rangle. \quad (5.87)$$

Wie in Abschn. 5.2 gezeigt, sind diese Vektoren orthogonal, normiert und spannen für $N = 0, 1, 2, \ldots$ den Fock-Raum auf.

Als Teilchenzahloperator setzen wie fest

$$\hat{N} = \sum_{\nu=1}^{n} \int \hat{\psi}_\nu^+(\mathbf{r}, t)\hat{\psi}_\nu(\mathbf{r}, t)\, \mathrm{d}^3r,$$

denn er ergibt bei der Anwendung auf den Zustand Gl. (5.87) die Teilchenzahl N:

$$\hat{N}|\mathbf{r}_1\nu_1, \mathbf{r}_2\nu_2, \ldots \mathbf{r}_N\nu_N, t\rangle = N|\mathbf{r}_1\nu_1, \mathbf{r}_2\nu_2, \ldots \mathbf{r}_N\nu_N, t\rangle.$$

□ Um das zu beweisen zeigt man zunächst mit Hilfe der Vertauschungsrelationen Gl. (5.82)

$$[\hat{\psi}_\nu^+(\mathbf{r}, t)\hat{\psi}_\nu(\mathbf{r}, t), \hat{\psi}_\mu^+(\mathbf{r}', t)] = \hat{\psi}_\nu^+(\mathbf{r}, t)\delta(\mathbf{r} - \mathbf{r}')\delta_{\nu\mu}$$
$$[\hat{\psi}_\nu^+(\mathbf{r}, t)\hat{\psi}_\nu(\mathbf{r}, t), \hat{\psi}_\mu(\mathbf{r}', t)] = -\hat{\psi}_\nu(\mathbf{r}, t)\delta(\mathbf{r} - \mathbf{r}')\delta_{\nu\mu} \quad (5.88)$$

(man beachte $[a, b] = ab - ba$) und erhält

$$\hat{N}|\mathbf{r}_1\nu_1, \mathbf{r}_2\nu_2, \ldots \mathbf{r}_N\nu_N, t\rangle$$
$$= \frac{1}{\sqrt{N!}} \sum_{\nu=1}^{n} \int \hat{\psi}_\nu^+(\mathbf{r}, t)\hat{\psi}_\nu(\mathbf{r}, t)\hat{\psi}_{\nu_1}^+(\mathbf{r}_1, t) \ldots \hat{\psi}_{\nu_N}^+(\mathbf{r}_N, t)\, \mathrm{d}^3r|0\rangle$$
$$= \frac{1}{\sqrt{N!}} \sum_{\nu=1}^{n} \int \hat{\psi}_{\nu_1}^+(\mathbf{r}_1, t)\hat{\psi}_\nu^+(\mathbf{r}, t)\hat{\psi}_\nu(\mathbf{r}, t) \ldots \hat{\psi}_{\nu_N}^+(\mathbf{r}_N, t)\, \mathrm{d}^3r|0\rangle$$
$$\qquad + |\mathbf{r}_1\nu_1, \mathbf{r}_2\nu_2, \ldots \mathbf{r}_N\nu_N, t\rangle$$
$$= \frac{1}{\sqrt{N!}} \sum_{\nu=1}^{n} \int \hat{\psi}_{\nu_1}^+(\mathbf{r}_1, t)\hat{\psi}_{\nu_2}^+(\mathbf{r}_2, t)\hat{\psi}_\nu^+(\mathbf{r}, t)\hat{\psi}_\nu(\mathbf{r}, t) \ldots \hat{\psi}_{\nu_N}^+(\mathbf{r}_N, t)\, \mathrm{d}^3r|0\rangle$$
$$\qquad + 2|\mathbf{r}_1\nu_1, \mathbf{r}_2\nu_2, \ldots \mathbf{r}_N\nu_N, t\rangle$$
$$= N|\mathbf{r}_1\nu_1, \mathbf{r}_2\nu_2, \ldots \mathbf{r}_N\nu_N, t\rangle. \blacksquare$$

5.4 Zweite Quantisierung

Wechselwirkende Fermionen sind entsprechend Gl. (5.50) durch den Hamilton-Operator

$$\hat{H} = \hat{T} + \hat{V} + \hat{B}$$

zu beschreiben, bei dem der Wechselwirkungsoperator

$$\hat{B} = \frac{1}{2} \sum_{\nu,\mu,\sigma,\tau}^{1...n} \int \hat{\psi}_\nu^+(\mathbf{r})\hat{\psi}_\mu^+(\mathbf{r}')B_{\nu\mu\sigma\tau}\hat{\psi}_\sigma(\mathbf{r}')\hat{\psi}_\tau(\mathbf{r})\,\mathrm{d}^3r\,\mathrm{d}^3r'$$

in Analogie zu Gl. (5.51) hinzugefügt wurde. Der Wechselwirkungsoperator folgt aus der allgemeinen Form Gl. (5.6)

$$B_{\nu\mu\tau\sigma}(\mathbf{r},\mathbf{r}') = \big(\chi_\nu(\mathbf{s})\chi_\mu(\mathbf{s}')B(\mathbf{r},\mathbf{s},\mathbf{r}',\mathbf{s}')\chi_\sigma(\mathbf{s}')\chi_\tau(\mathbf{s})\big) \tag{5.89}$$

und muß nach Gl. (5.23) die Bedingung $B_{\nu\mu\sigma\tau}(\mathbf{r},\mathbf{r}') = B_{\mu\nu\tau\sigma}(\mathbf{r}',\mathbf{r})$ erfüllen. Speziell im Falle der Coulomb-Wechselwirkung der Elektronen eines Elektronengases erhält man aus Gl. (5.89)

$$B_{\nu\mu\sigma\tau}(\mathbf{r},\mathbf{r}') = \frac{e^2}{4\pi\varepsilon_0} \frac{1}{|\mathbf{r}-\mathbf{r}'|}\delta_{\nu\sigma}\delta_{\mu\tau}$$

und der Wechselwirkungsoperator $\hat{B}$ erhält die Form

$$\hat{V}_{\text{ee}} = \frac{e^2}{8\pi\varepsilon_0} \sum_{\nu,\mu}^{1...n} \int \hat{\psi}_\nu^+(\mathbf{r},t)\hat{\psi}_\mu^+(\mathbf{r}',t)\frac{1}{|\mathbf{r}-\mathbf{r}'|}\hat{\psi}_\mu(\mathbf{r}',t)\hat{\psi}_\nu(\mathbf{r},t)\,\mathrm{d}^3r\,\mathrm{d}^3r'. \tag{5.90}$$

Mit Hilfe der Vertauschungsrelationen Gl. (5.82) findet man dann

$$[\hat{T},\hat{V}] = 0 \quad;\quad [\hat{T},\hat{V}_{\text{ee}}] = 0 \quad;\quad [\hat{V},\hat{V}_{\text{ee}}] = 0$$
$$[\hat{H},\hat{V}_{\text{ee}}] = 0 \quad;\quad [\hat{H},\hat{N}] = 0,$$

was sich am einfachsten mit der aus Gl. (5.88) folgenden Beziehung

$$\big[\hat{\psi}_\nu^+(\mathbf{r},t)\hat{\psi}_\nu(\mathbf{r},t),\hat{\psi}_\mu^+(\mathbf{r}',t)\hat{\psi}_\mu(\mathbf{r}',t)\big] = 0$$

zeigen läßt.

6 Näherungsverfahren

Im Falle von Mehrteilchensystemen läßt sich die Schrödinger-Gleichung bis auf wenige Ausnahmen nicht in geschlossener Form lösen, so daß die Erwartungswerte der Observablen nicht exakt, d.h. numerisch mit einem beliebig kleinen Fehler, berechnet werden können. Dies gilt insbesondere auch für freie und gebundene Atome, für die eine Reihe unterschiedlicher Näherungsverfahren entwickelt wurden, bei deren Anwendung von vornherein gewisse Abweichungen vom genauen Wert in Kauf genommen werden. Auch wenn im Rahmen einer Näherung die entstehenden Gleichungen mit beliebiger Genauigkeit gelöst werden, so entspricht das Ergebnis doch nicht dem, was eine exakte Lösung ergeben würde. Erweist sich eine gewählte Näherung als zu ungenau, so muß nach Möglichkeiten gesucht werden die Näherung zu verbessern, wobei man sich oft von physikalischen Vorstellungen leiten läßt. Da in der Regel auch die durch ein Näherungsverfahren entstehenden Gleichungen nicht exakt, sondern mit Hilfe von Rechnern gelöst werden, entstehen weitere Fehler durch die numerischen Methoden und die begrenzte Rechnerkapazität.

6.1 Variationsverfahren

Das betrachtete N-Teilchensystem sei allgemein durch den Hamilton-Operator H im Hilbert-Raum $\mathcal{H}$ beschrieben, dessen Elemente die quadratisch integrierbaren Funktionen $\psi(\underline{x})$ über dem Konfigurationsraum der Vektoren

$$\underline{x} = (\mathbf{r}_1, \mathbf{s}_1, \mathbf{r}_2, \mathbf{s}_2, \ldots \mathbf{r}_N, \mathbf{s}_N)$$

seien. Hier bezeichnen $\mathbf{r}_i$ die Orte und $\mathbf{s}_i$ die Spins der Teilchen $i = 1, 2, \ldots N$. Der Einfachheit halber werden hier nur zeitunabhängige Zustände betrachtet. Die stationären, normierten Eigenfunktionen $\psi_{n\nu}(\underline{x})$ des selbstadjungierten Hamilton-Operators H erfüllen die Eigenwertgleichung

$$H(\underline{x})\psi_{n\nu}(\underline{x}) = E_n \psi_{n\nu}(\underline{x})$$

und bilden ein vollständiges Orthonormalsystem im Hilbert-Raum $\mathcal{H}$

$$\langle n\nu | n'\nu' \rangle = \int \psi_{n\nu}^*(\underline{x}) \psi_{n'\nu'}(\underline{x}) \, \mathrm{d}\tau = \delta_{nn'} \delta_{\nu\nu'},$$

wobei der Index $\nu = 1, 2, \ldots d_n$ die Entartung d_n des Eigenwertes E_n beschreibt.

6.1 Variationsverfahren

Zur Herleitung eines Variationsprinzips, mit dessen Hilfe die Eigenwerte eines Operators H bestimmt werden können, wird der Operator als gegeben angenommen und das folgende Funktional für $\psi \neq 0$ definiert:

$$E[\psi] = \frac{\langle\psi|H|\psi\rangle}{\langle\psi|\psi\rangle}. \tag{6.1}$$

Dann ist jeder Vektor ψ, der das Funktional stationär läßt, Eigenvektor des diskreten Spektrums von H und der zugehörige Eigenwert ist der stationäre Wert des Funktionals. Ist also $\psi_{n\nu}(\underline{x})$ eine Lösung der Gleichung

$$\frac{\delta E[\psi]}{\delta \psi(\underline{x})} = 0, \quad \text{so gilt} \quad E_n = E[\psi_{n\nu}]. \tag{6.2}$$

□ Zum Beweise beachtet man, daß bei komplexer Variation die Funktionen ψ und ψ^* als linear unabhängig anzusehen sind. Mit Hilfe der Variationsableitung [1] erhält man

$$\begin{aligned}
\frac{\delta E[\psi]}{\delta \psi^*(\underline{x})} &= \frac{\delta}{\delta \psi^*(\underline{x})} \frac{\langle\psi|H|\psi\rangle}{\langle\psi|\psi\rangle} \\
&= \frac{1}{\langle\psi|\psi\rangle} \frac{\delta\langle\psi|H|\psi\rangle}{\delta\psi^*(\underline{x})} - \frac{\langle\psi|H|\psi\rangle}{\langle\psi|\psi\rangle^2} \frac{\delta\langle\psi|\psi\rangle}{\delta\psi^*(\underline{x})} \\
&= \frac{1}{\langle\psi|\psi\rangle} \left[H\psi - \frac{\langle\psi|H|\psi\rangle}{\langle\psi|\psi\rangle} \psi \right] \\
&= \frac{1}{\langle\psi|\psi\rangle} \left[H\psi - E[\psi]\psi \right],
\end{aligned}$$

was nur verschwindet, falls ψ eine Eigenfunktion von H und $E[\psi]$ gleich dem zugehörigen Eigenwert ist. ■

Sei nun $\psi_{0\nu}(\underline{x})$ mit $\nu = 1, 2, \ldots d_0$ ein Grundzustand zum möglicherweise entarteten Eigenwert E_0 von H, so gilt für alle $\phi(\underline{x}) \in \mathcal{H}$

$$E_0 \leq E[\phi], \tag{6.3}$$

und das Gleichheitszeichen gilt nur, falls $\phi(\underline{x})$ eine Linearkombination aus den $\psi_{0\nu}(\underline{x})$ ist.

---

[1] Die Variationsableitung oder Funktionalableitung eines reellen Funktionals $F[\Psi]$ eines Vektorfeldes $\Psi = \bigl(\psi_1(\underline{x}), \psi_2(\underline{x}), \ldots \psi_n(\underline{x})\bigr)$ wird folgendermaßen definiert: Wenn für eine beliebige Funktion $\Upsilon = \bigl(\eta_1(\underline{x}), \eta_2(\underline{x}), \ldots \eta_n(\underline{x})\bigr)$ und ein reelles α die Ableitung des Funktionals $F[\Psi + \alpha\Upsilon]$ nach α existiert und sich in der Form

$$\left. \frac{\mathrm{d}}{\mathrm{d}\alpha} F[\Psi + \alpha\Upsilon] \right|_{\alpha=0} = \int \sum_{k=1}^{n} \frac{\delta F[\Psi]}{\delta \psi_k(\underline{x})} \eta_k(\underline{x}) \, \mathrm{d}\tau$$

schreiben läßt, dann heißt $\delta F[\Psi]/\delta \psi_k(\underline{x})$ Funktionalableitung oder Variationsableitung des Funktionals $F[\Psi]$.

□ Zum Beweise wird $\phi \neq 0$ nach der Basis $\psi_{n\nu} = |n\nu\rangle$ entwickelt

$$\phi = \sum_n \sum_{\nu=1}^{d_n} |n\nu\rangle\langle n\nu|\phi\rangle$$

und in das Funktional Gl. (6.1) eingesetzt. Dann ergibt sich

$$E[\phi] - E_0 = \frac{\langle\phi|H - E_0 1|\phi\rangle}{\langle\phi|\phi\rangle}$$

$$= \sum_{n,\nu} \frac{\langle\phi|H - E_0 1|n\nu\rangle\langle n\nu|\phi\rangle}{\langle\phi|\phi\rangle}$$

$$= \sum_{n,\nu} (E_n - E_0) \frac{|\langle n\nu|\phi\rangle|^2}{\langle\phi|\phi\rangle} \geq 0.$$

Da die rechte Seite nur aus positiven Summanden besteht, ist sie größer als Null falls nur ein Entwicklungskoeffizient $\langle n\nu|\phi\rangle$ für $n > 0$ nicht verschwindet. Die rechte Seite ist Null, wenn ϕ ein Vektor aus dem Eigenraum des Grundzustandes ist. ∎

Aus den Extremalbeziehungen Gl. (6.2) und (6.3) folgt das *Variationsprinzip*: Den tiefsten Eigenwert E_0 von H erhält man aus dem Minimum des Funktionals Gl. (6.1) bei Variation über alle Elemente $\psi \neq 0$ des Hilbert-Raumes $\mathcal{H}$. Ist der zu E_0 gehörige Eigenraum $\mathcal{H}_0$ bestimmt, bildet man die orthogonale Differenz der Hilbert-Räume $\mathcal{H}^{(1)} = \mathcal{H} \ominus \mathcal{H}_0$ und findet den ersten angeregten Zustand von H aus dem Minimum des Funktionals Gl. (6.1) bei Variation über alle Elemente von $\mathcal{H}^{(1)}$.

Das Variationsprinzip hat eine praktische Bedeutung zur genäherten Berechnung von Eigenwerten. Ist etwa die Eigenfunktion zum Grundzustand qualitativ oder näherungsweise bekannt (z.B. aus physikalisch-anschaulichen Überlegungen heraus), so kann man eine entsprechende analytische Funktion ϕ ansetzen, die von einigen unbekannten Parametern $a, b, \ldots$ abhängt. Berechnet man damit das Funktional Gl. (6.1), so ergibt sich daraus eine Funktion dieser Parameter und es gilt

$$E_0 \leq E[\phi(a, b, \ldots)] = E(a, b, \ldots).$$

Einen Näherungswert für den tiefsten Eigenwert von H erhält man deshalb aus dem durch

$$\frac{\partial E(a, b, \ldots)}{\partial a} = 0 \quad ; \quad \frac{\partial E(a, b, \ldots)}{\partial b} = 0 \quad ; \text{ usw.} \tag{6.4}$$

gegebenen Extremwert, wobei im Einzelfall nachzuweisen ist, daß es sich um ein Minimum handelt. Bei diesem Verfahren hat man wegen der Extremalbedingung Gl. (6.3) den Vorteil zu wissen, daß bei Verwendung unterschiedlicher Ansatzfunktionen der niedrigere Wert des Funktionals die bessere Näherung darstellt.

Ist z.B. φ_0 eine normierte Eigenfunktion von H zum tiefsten, nicht entarteten Eigenwert E_0, so gilt $H\varphi_0 = E_0\varphi_0$ und man kann den nächst höheren Eigenwert folgendermaßen berechnen: Aus der gewünschten Ansatzfunktion ψ bildet man die zu φ_0 orthogonale Komponente

$$\phi = \psi - \varphi_0\langle\varphi_0|\psi\rangle \quad \text{mit} \quad \langle\phi|\varphi_0\rangle = 0,$$

die von den Parametern $a, b, \ldots$ abhängen möge. Man bestimmt dann den über E_0 liegenden Eigenwert aus dem Minimum des Funktionals

$$\frac{\langle\phi|H|\phi\rangle}{\langle\phi|\phi\rangle} = \frac{\langle\psi|H|\psi\rangle - E_0\big|\langle\varphi_0|\psi\rangle\big|^2}{\langle\psi|\psi\rangle - \big|\langle\varphi_0|\psi\rangle\big|^2}.$$

6.1.1 Beispiel: Grundzustandsenergie des Wasserstoffatoms

Als Anwendungsbeispiel für das Variationsprinzip bestimmen wir den Grundzustand des Wasserstoffatoms, der aus der Rechnung in Abschn. 2.3.2 bereits exakt bekannt ist. Nach Gl. (2.34) lautet der Hamilton-Operator

$$H = -\frac{\hbar^2}{2m_e}\Delta - \frac{e^2}{4\pi\varepsilon_0}\frac{1}{r} = \frac{\hbar^2}{2m_e}\left(-\Delta - \frac{2}{a_B r}\right),$$

wobei $a_B = \hbar^2 4\pi\varepsilon_0/m_e e^2$ den Bohr-Radius bezeichnet. Der Einfachheit halber haben wir hier die Mitbewegung des Protons vernachlässigt und die reduzierte Masse näherungsweise durch die Elektronenmasse m_e ersetzt. Um das Minimum des Energiefunktionals Gl. (6.1) zu finden verwenden wir die Ansatzfunktion ($r = |\mathbf{r}|$)

$$\varphi(r, a) = \frac{1}{\sqrt{\pi a^3}}\exp\left\{-\frac{r}{a}\right\} \quad \text{mit} \quad \langle\varphi|\varphi\rangle = 1,$$

bei der wir a als unbekannten Parameter annehmen wollen. Einsetzen in Gl. (6.1) liefert wegen

$$\Delta\varphi(r, a) = \left(\frac{\partial^2}{\partial r^2} + \frac{2}{r}\frac{\partial}{\partial r}\right)\varphi(r, a) = \left(\frac{1}{a^2} - \frac{2}{ar}\right)\varphi(r, a)$$

und [2]

$$\begin{aligned}
\left\langle\varphi\Big|-\Delta - \frac{2}{a_B r}\Big|\varphi\right\rangle &= -\frac{1}{a^2} + \left(\frac{2}{a} - \frac{2}{a_B}\right)\left\langle\varphi\Big|\frac{1}{r}\Big|\varphi\right\rangle \\
&= -\frac{1}{a^2} + \left(\frac{2}{a} - \frac{2}{a_B}\right)\frac{4\pi}{\pi a^3}\int_0^\infty r\exp\left\{-\frac{2r}{a}\right\}\mathrm{d}r \quad (6.5) \\
&= \frac{1}{a^2} - \frac{2}{aa_B}
\end{aligned}$$

---

[2] Für $q > 0$ und $n \geq 0$ gilt
$$\int_0^\infty r^n \exp\left\{-\frac{r}{q}\right\}\mathrm{d}r = n!\, q^{n+1}.$$

für das Energiefunktional

$$E[\varphi] = \langle \varphi | H | \varphi \rangle = \frac{\hbar^2}{2m_e} \left(\frac{1}{a^2} - \frac{2}{aa_B} \right).$$

Bildet man entsprechend Gl. (6.4) die Ableitung

$$\frac{dE[\varphi(a)]}{da} = \frac{\hbar^2}{2m_e} \left(-\frac{2}{a^3} + \frac{2}{a_B a^2} \right) = 0,$$

so erhält man das Minimum für $a = a_B$, denn es gilt $(d^2E/da^2)_{a=a_B} > 0$. Die Grundzustandsenergie ist dann gegeben durch

$$E_0 = E[\varphi(a_B)] = -\frac{\hbar^2}{2m_e a_B^2} = -\frac{m_e e^4}{32\pi^2 \varepsilon_0^2 \hbar^2},$$

was mit Gl. (2.41) für die Grundzustandsenergie des Wasserstoffatoms übereinstimmt, wobei hier die Mitbewegung des Protons nicht berücksichtigt wurde. Die Grundzustandsenergie E_0 und die Grundzustandseigenfunktion $\varphi(r, a_B)$ von H ergeben sich hier exakt, weil die richtige Ansatzfunktion gewählt wurde.

6.1.2 Beispiel: Ionisierungsenergie des Heliumatoms

Als weiteres Anwendungsbeispiel soll die Grundzustandsenergie und damit auch die Ionisierungsenergie des He-Atoms oder eines Ions mit zwei Elektronen bestimmt werden. In der Näherung eines ruhenden Atomkerns der Ladung Z (mit $Z = 2$ bei He, $Z = 3$ bei Li$^+$, $Z = 4$ bei Be^{++} usw.) betrachten wir den spinunabhängigen Zweielektronen-Hamilton-Operator ($r_1 = |\mathbf{r}_1|$, $r_2 = |\mathbf{r}_2|$)

$$H(\mathbf{r}_1, \mathbf{r}_2) = \frac{\hbar^2}{2m_e} \left(-\Delta_1 - \frac{2Z}{a_B} \frac{1}{r_1} - \Delta_2 - \frac{2Z}{a_B} \frac{1}{r_2} + \frac{2}{a_B |\mathbf{r}_1 - \mathbf{r}_2|} \right), \quad (6.6)$$

wobei a_B den Bohr-Radius bezeichnet. Als Ansatzfunktion zur Variation verwenden wir ein Produkt aus Einelektronenfunktionen des H-Atoms

$$\phi_i(i) = \phi_i(\mathbf{r}_i, \mathbf{s}_i) = \varphi(r_i) \chi_{m_{s_i}}(\mathbf{s}_i) \quad \text{mit} \quad \varphi(r) = \frac{1}{\sqrt{\pi a^3}} \exp\left\{-\frac{r}{a}\right\}$$

für $i = 1, 2$ mit $\langle \chi_{m_s} | \chi_{m'_s} \rangle = \delta_{m_s m'_s}$, wobei χ_{m_s} die Spinfunktion für die beiden Spinrichtungen $m_s = \pm\frac{1}{2}$ bezeichnet. Aufgrund des Pauli-Prinzips haben die Elektronen im Grundzustand bei gleicher Ortsfunktion $\varphi(r)$ entgegengesetzte Spinrichtungen und die Slater-Determinante nach Gl. (4.37) ergibt sich zu

$$\Psi(1, 2) = \frac{1}{\sqrt{2}} \Big(\phi_1(1)\phi_2(2) - \phi_2(1)\phi_1(2) \Big) = \varphi(r_1)\varphi(r_2) \Xi_0(\mathbf{s}_1, \mathbf{s}_2), \quad (6.7)$$

6.1 Variationsverfahren

wobei Ξ_0 die normierte, antisymmetrische Spinfunktion zum Gesamtspin 0

$$\Xi_0(\mathbf{s}_1,\mathbf{s}_2) = \frac{1}{\sqrt{2}}\left(\chi_{\frac{1}{2}}(\mathbf{s}_1)\chi_{-\frac{1}{2}}(\mathbf{s}_2) - \chi_{-\frac{1}{2}}(\mathbf{s}_1)\chi_{\frac{1}{2}}(\mathbf{s}_2)\right)$$

bezeichnet. Wegen $\langle\varphi|\varphi\rangle = 1$ gilt dann

$$\langle\phi_i|\phi_i\rangle = 1 \quad \text{und} \quad \langle\Psi|\Psi\rangle = 1.$$

Das Variationsprinzip wenden wir an, indem wir nach Gl. (6.1) das Minimum des Funktionals

$$E[\Psi] = \frac{\langle\Psi|H|\Psi\rangle}{\langle\Psi|\Psi\rangle} = \langle\varphi(r_1)\varphi(r_2)|H|\varphi(r_1)\varphi(r_2)\rangle$$

bezüglich des Parameters a bestimmen. Dabei haben wir die Normierung der Spinfunktionen $\langle\Xi_0|\Xi_0\rangle = 1$ verwendet. Beim Einsetzen des Hamilton-Operators Gl. (6.6) lassen sich die ersten vier Integrale auf Einteilchenintegrale zurückführen und man erhält mit Rücksicht auf Gl. (6.5)

$$E[\Psi] = \frac{\hbar^2}{m_e}\left(\frac{1}{a^2} - \frac{2Z}{aa_B} + \frac{1}{a_B\pi^2 a^6}I\right) \tag{6.8}$$

mit

$$I = \int d^3r_1 \int d^3r_2 \exp\left\{-\frac{2r_1}{a}\right\}\exp\left\{-\frac{2r_2}{a}\right\}\frac{1}{|\mathbf{r}_1 - \mathbf{r}_2|}.$$

Zur Auswertung des Integrals I verwenden wir die Entwicklung des Coulomb-Potentials nach Kugelfunktionen. In Kugelkoordinaten $\mathbf{r}: r,\vartheta,\varphi$ und $\mathbf{R}: R,\theta,\phi$ gilt für $r < R$:

$$\frac{1}{|\mathbf{r}-\mathbf{R}|} = \sum_{l=0}^{\infty}\frac{4\pi}{2l+1}\frac{r^l}{R^{l+1}}\sum_{m=-l}^{l}Y_{lm}(\vartheta,\varphi)Y_{lm}^*(\theta,\phi),$$

wobei $Y_{lm}(\vartheta,\varphi)$ die Kugelfunktionen, vergl. Anhang B, bezeichnen. Beim Einsetzen dieser Entwicklung zerfällt das Integral I in eine Summe separierbarer Integrale, so daß nur Einteilchenintegrale auszuwerten sind. Wegen der Orthonormalitätsbeziehung der Kugelfunktionen, vergl. Abschn. 2.2.3, verschwinden alle Summanden außer für $l = 0$ und $m = 0$ und man erhält wegen $Y_{00} = 1/\sqrt{4\pi}$

$$I = (4\pi)^2 \int_0^{\infty} r_1^2\, dr_1 \exp\left\{-\frac{2r_1}{a}\right\}\left[\int_0^{r_1}\frac{1}{r_1}\exp\left\{-\frac{2r_2}{a}\right\}r_2^2\, dr_2 + \int_{r_1}^{\infty}\frac{1}{r_2}\exp\left\{-\frac{2r_2}{a}\right\}r_2^2\, dr_2\right].$$

Die Auswertung der Integrale liefert [2,3]

$$I = (4\pi)^2 \int_0^\infty r_1^2 \, dr_1 \exp\left\{-\frac{2r_1}{a}\right\} \left[\frac{1}{r_1}\frac{a^3}{4} - \left(\frac{a^2}{4} + \frac{a^3}{4}\frac{1}{r_1}\right)\exp\left\{-\frac{2r_1}{a}\right\}\right]$$
$$= \frac{5}{8}\pi^2 a^5.$$

Damit erhält man für das Energiefunktional Gl. (6.8)

$$E[\Psi] = \frac{\hbar^2}{m_e}\left(\frac{1}{a^2} - \frac{2Z}{aa_B} + \frac{5}{8}\frac{1}{aa_B}\right)$$

und aus dem Verschwinden der Ableitung

$$\frac{dE[\Psi(a)]}{da} = 0 \quad \text{folgt} \quad a = \frac{a_B}{Z - \frac{5}{16}}.$$

Setzt man diesen Wert für a in $E[\Psi]$ ein, so erhält man für die Grundzustandsenergie des Heliumatoms

$$E_0 = E[\Psi] = -\frac{\hbar^2}{m_e a_B^2}\left(Z - \frac{5}{16}\right)^2.$$

Um die Ionisierungsenergie J zu erhalten, bilden wir die Differenz zur Grundzustandsenergie des He$^+$-Ions

$$E_0^+ = -\frac{\hbar^2 Z^2}{2 m_e a_B^2},$$

die sich aus der des Wasserstoffatoms unter Beachtung der Kernladungszahl Z ergibt. Damit erhält man

$$J = E_0^+ - E_0 = \frac{\hbar^2}{m_e a_B^2}\left(\frac{1}{2}Z^2 - \frac{5}{8}Z + \frac{25}{256}\right).$$

Für Helium mit $Z = 2$ findet man daraus $J = 0.85$ Ha [4], was mit dem experimentellen Wert von 0.90 Ha zu vergleichen ist. Da die Grundzustandsenergie E_0 aus dem Variationsverfahren zu groß ist, E_0^+ aber exakt gerechnet wurde, ergibt sich für die Ionisierungsenergie insgesamt ein zu kleiner Wert. Eine mögliche Verbesserung besteht darin, die Ansatzfunktion Gl. (6.7) zusätzlich vom Relativabstand $|\mathbf{r}_1 - \mathbf{r}_2|$ abhängen zu lassen, wodurch eine Korrelation der beiden Elektronen berücksichtigt würde.

---

[3] Die unbestimmten Integrale sind

$$\int^x r \exp\left\{-\frac{r}{q}\right\} dr = -(qx + q^2)\exp\left\{-\frac{x}{q}\right\}$$
$$\int^x r^2 \exp\left\{-\frac{r}{q}\right\} dr = -(qx^2 + 2q^2 x + 2q^3)\exp\left\{-\frac{x}{q}\right\}.$$

[4] Ein Hartree 1Ha$= \hbar^2/m_e a_B^2 = 27.20$ eV.

6.2 Variationsprinzip von Ritz

Das in Abschn. 6.1 beschriebene Variationsverfahren zur Bestimmung der Eigenwerte eines Operators H im Hilbert-Raum $\mathcal{H}$ läßt sich verallgemeinern, indem die Ansatzfunktion $\psi(\underline{x})$ für das Funktional Gl. (6.1) als Linearkombination einer Anzahl vorgegebener, linear unabhängiger Funktionen $\phi_i(\underline{x}) \in \mathcal{H}$ geschrieben wird

$$\psi(\underline{x}) = \sum_i c_i \phi_i(\underline{x}). \tag{6.9}$$

Die Entwicklungskoeffizienten c_i werden dabei im Sinne des Abschn. 6.1 als Parameter angesehen, die so zu bestimmen sind, daß das Funktional Gl. (6.1) minimal wird. Bilden die $\phi_i(\underline{x})$ speziell ein vollständiges Orthonormalsystem oder eine Basis im Hilbert-Raum $\mathcal{H}$, so erhält man bei Variation bezüglich aller abzählbar unendlich vielen c_i die exakten Eigenwerte von H. Zur praktischen Durchführung ist man jedoch auf endlich viele vorgegebene Ansatzfunktionen $\phi_i(\underline{x})$ angewiesen, die nach physikalischen Gesichtspunkten so ausgesucht werden können, daß man mit möglichst wenigen bereits brauchbare Näherungslösungen erhält. Ein anderer Gesichtspunkt wäre der, daß sich die entstehenden, durch die ϕ_i bestimmten Gleichungen numerisch besonders schnell lösen lassen, so daß man eine größere Anzahl von ihnen zulassen kann. Dies ist z.B. bei der Entwicklung von Einteilchenfunktionen nach ebenen Wellen der Fall, bei der man praktisch die Eigenwertaufgabe mit einer Fourier-Transformation löst.

Werden die vorzugebenden Funktionen $\phi_i(\underline{x})$ nach physikalischen Gesichtspunkten ausgewählt, so sind sie im allgemeinen weder orthogonal zueinander noch normiert. Dies ist z.B. bei der Entwicklung nach Atomfunktionen an unterschiedlichen Orten zur Berechnung gebundener Atome der Fall. Man bezeichnet dann die Matrix $S = (S_{ij})$ mit

$$S_{ij} = \langle \phi_i | \phi_j \rangle \tag{6.10}$$

auch als *Überlappungsmatrix*. Da diese selbstadjungiert ist, läßt sie sich durch eine unitäre Transformation auf Diagonalform bringen. Dies ist jedoch zur Anwendung des Variationsprinzips nicht erforderlich.

Bei der Verwendung von n vorgegebenen Funktionen $\phi_i \in \mathcal{H}$ kann man das Variationsverfahren nach Abschn. 6.1 dazu benutzen, die n tiefsten Eigenwerte von H gleichzeitig zu berechnen. Dazu setzt man entsprechend Gl. (6.9) n normierte und zueinander orthogonale Funktionen

$$\psi_k(\underline{x}) = \sum_{j=1}^n c_{jk} \phi_j(\underline{x}) \quad \text{mit} \quad \langle \psi_k | \psi_l \rangle = \delta_{kl} \tag{6.11}$$

an. Bei der Variation des Funktionals Gl. (6.1) können die Nebenbedingungen $\langle \psi_k | \psi_l \rangle = \delta_{kl}$ mit Hilfe von Lagrange-Parametern λ_{ik} berücksichtigt werden. Beim

Einsetzen der Ansatzfunktionen ψ_k nach Gl. (6.11) in das Funktional Gl. (6.1) erhält man so aus Gl. (6.2) die Variationsaufgabe für $k = 1, 2, \ldots n$

$$\delta \left[\langle \psi_k | H | \psi_k \rangle - \sum_{i=1}^{n} \lambda_{ik} \langle \psi_k | \psi_i \rangle \right] = 0. \tag{6.12}$$

Im allgemeinen hat man es mit komplexen Funktionen ψ_k zu tun, so daß die Forderung der Normierung n reelle Nebenbedingungen und die der Orthogonalität $n(n-1)/2$ komplexe bzw. $n(n-1)$ reelle Nebenbedingungen, also zusammen n^2 Nebenbedingungen erfordern. Die komplexen Lagrange-Parameter erfüllen die Bedingung $\lambda_{ik} = \lambda_{ki}^*$, so daß die Matrix $\Lambda = (\lambda_{ik})$ selbstadjungiert anzusetzen ist und somit gerade n^2 unabhängige Parameter besitzt.

Zur Durchführung der Variation Gl. (6.12) beachten wir, daß H ein selbstadjungierter Operator ist. Bei *reeller* Variation gilt

$$\begin{aligned}\delta \langle \psi_k | H | \psi_k \rangle &= \langle \delta\psi_k | H | \psi_k \rangle + \langle \psi_k | H | \delta\psi_k \rangle \\ &= \langle \delta\psi_k | H | \psi_k \rangle + \langle \delta\psi_k | H | \psi_k \rangle^* \\ &= 2\, \mathrm{Re}\left\{ \langle \delta\psi_k | H | \psi_k \rangle \right\}.\end{aligned}$$

Bei *imaginärer* Variation $\delta' = i\delta$ folgt entsprechend

$$\begin{aligned}\delta' \langle \psi_k | H | \psi_k \rangle &= \langle i\delta\psi_k | H | \psi_k \rangle + \langle \psi_k | H | i\delta\psi_k \rangle \\ &= 2\, \mathrm{Im}\left\{ \langle \delta\psi_k | H | \psi_k \rangle \right\},\end{aligned}$$

so daß man zusammen bei *komplexer* Variation

$$\delta \langle \psi_k | H | \psi_k \rangle = \langle \delta\psi_k | H | \psi_k \rangle$$

erhält. Dies kann man auch dadurch ausdrücken, daß man die Funktionen ψ_k und ψ_k^* in $\langle \psi_k | H | \psi_k \rangle = \int \psi_k^* H \psi_k \, d\tau$ als unabhängig zu variierende Funktionen betrachtet. Damit lautet die Variationsaufgabe Gl. (6.12) bei komplexer Variation

$$\langle \delta\psi_k | H | \psi_k \rangle - \sum_{i=1}^{n} \lambda_{ik} \langle \delta\psi_k | \psi_i \rangle = 0.$$

Nach Gl. (6.11) sollen die ψ_k mit Hilfe der Entwicklungskoeffizienten c_{ik} variiert werden

$$\delta\psi_k = \sum_{j=1}^{n} \frac{\partial \psi_k}{\partial c_{jk}} \, \delta c_{jk} = \sum_{j=1}^{n} \phi_j \, \delta c_{jk}$$

und man erhält für $k = 1, 2, \ldots n$

$$\sum_{j=1}^{n} \left[\langle \phi_j | H | \psi_k \rangle - \sum_{i=1}^{n} \lambda_{ik} \langle \phi_j | \psi_i \rangle \right] \delta c_{jk} = 0.$$

6.2 Variationsprinzip von Ritz

Da die c_{jk} unabhängig voneinander zu variieren sind, erhält man nach Einsetzen der Entwicklung Gl. (6.11)

$$\sum_{l=1}^{N}\langle\phi_j|H|\phi_l\rangle c_{lk} - \sum_{i=1}^{n}\sum_{l=1}^{n}\langle\phi_j|\phi_l\rangle c_{li}\lambda_{ik} = 0. \tag{6.13}$$

Diese Gleichung schreiben wir einfacher, indem wir die $n \times n$-Matrizen

$$H_{\mathrm{M}} = (\langle\phi_j|H|\phi_l\rangle) \quad ; \quad C = (c_{lk}) \quad ; \quad S = (S_{ij})$$

einführen, vergl. Gl. (6.10). Die Gleichung (6.13) nimmt dann die Matrixform

$$H_{\mathrm{M}}C - SC\Lambda = \mathcal{O}, \tag{6.14}$$

an, wobei $\mathcal{O}$ die Nullmatrix bezeichnet. Die selbstadjungierte Matrix $\Lambda = (\lambda_{ik})$ läßt sich durch eine unitäre $n \times n$-Matrix U mit $UU^+ = \mathcal{E}$ ($\mathcal{E}$ bezeichnet die Einheitsmatrix) in Diagonalform bringen:

$$U^+\Lambda U = D = (\varepsilon_i \delta_{ik}).$$

Multipliziert man Gl. (6.14) von rechts mit U und beachtet $UU^+ = \mathcal{E}$, so erhält man

$$H_{\mathrm{M}}\tilde{C} - S\tilde{C}D = \mathcal{O},$$

wobei wir $\tilde{C} = CU = (e_{li})$ gesetzt haben. Daraus erkennt man, daß die Diagonalelemente ε_i von D die Eigenwerte der *verallgemeinerten Eigenwertaufgabe*

$$\sum_{l=1}^{n}[\langle\phi_j|H|\phi_l\rangle - \varepsilon_i\langle\phi_j|\phi_l\rangle]e_{li} = 0 \tag{6.15}$$

sind, die sich aus den Nullstellen ε der Determinante $\det(H_{\mathrm{M}} - \varepsilon S)$ ergeben. Also stellen die n Eigenwerte ε_i Näherungswerte für die n tiefsten Eigenwerte von H dar und die Funktionen

$$\psi_i(\underline{x}) = \sum_{l=1}^{n} e_{li}\phi_l(\underline{x})$$

bilden Näherungen für die zugehörigen Eigenfunktionen. Die Lösung ist exakt, wenn die ϕ_l die Eigenfunktionen des Operators H sind, denn dann gilt $H\phi_l = E_l\phi_l$ sowie $\langle\phi_j|\phi_l\rangle = \delta_{jl}$ und aus Gl. (6.15) folgt $\varepsilon_l = E_l$. Im anderen Fall läßt sich die Näherung durch Hinzunahme weiterer Funktionen ϕ_i verbessern.

Die Überlappungsmatrix S ist im Falle linear unabhängiger ϕ_i nicht singulär und positiv definit und daher existieren die Matrizen T und T^{-1} mit $S = TT$.

□ Die Matrix S ist positiv definit, wenn alle Eigenwerte s positiv sind. Sei (a_i) der zugehörige Eigenvektor, so gilt

$$\sum_{j=1}^{n} S_{ij}a_j = s a_i \quad \text{oder} \quad s \sum_{i=1}^{n} a_i^* a_i = \sum_{i,j}^{1...n} a_i^* S_{ij} a_j.$$

Es genügt also zu zeigen, daß die rechte Seite der letzten Gleichung positiv ist. Dazu definieren wir die Funktion $\psi(\underline{x}) = \sum_{i=1}^{n} \phi_i(\underline{x}) a_i$ und erhalten mit Gl. (6.10)

$$0 \leq \langle \psi | \psi \rangle = \sum_{i,j}^{1...n} a_i^* \langle \phi_i | \phi_j \rangle a_j = \sum_{i,j}^{1...n} a_i^* S_{ij} a_j,$$

woraus die Behauptung folgt. ■

Die genäherten Eigenwerte ε von H ergeben sich nunmehr aus den Nullstellen der Determinante

$$\det\left(H_{\mathrm{M}} - \varepsilon S\right) = \det\left(H_{\mathrm{M}} - \varepsilon TT\right) = \det\left(S\right)\det(T^{-1}H_{\mathrm{M}}T^{-1} - \varepsilon \mathcal{E}) = 0$$

und sind somit die Eigenwerte der Matrix $T^{-1}H_{\mathrm{M}}T^{-1}$.

Wählt man speziell zueinander orthogonale und normierte Funktionen ϕ_i, die $\langle \phi_j | \phi_l \rangle = \delta_{jl}$ erfüllen, so sind die ε_i die Eigenwerte der Matrix $\langle \phi_j | H | \phi_l \rangle$. Aus Gl. (6.15) folgt in diesem Fall

$$\sum_{l=1}^{n} [\langle \phi_j | H | \phi_l \rangle - \varepsilon_i \delta_{jl}] e_{li} = 0$$

und die genäherten Eigenwerte ε von H ergeben sich aus den Nullstellen der Determinante $\det(H_{\mathrm{M}} - \varepsilon \mathcal{E})$.

Das Variationsprinzip von Ritz hat eine praktische Bedeutung zur numerischen Berechnung diskreter Eigenwerte von Operatoren, da durch den Ansatz Gl. (6.9) die Eigenwertaufgabe eines Operators in eine Eigenwertaufgabe einer endlichdimensionalen Matrix überführt wird, die sich numerisch lösen läßt.

6.3 Störungstheorie

Die Störungstheorie hat in der Quantenmechanik eine breite Anwendung gefunden, weil sie es gestattet, aufbauend auf einer Näherungslösung einer Eigenwertgleichung schrittweise zu verbesserten Lösungen zu kommen. Dazu betrachten wir die Eigenwertaufgabe eines Operators und wählen als Beispiel den Hamilton-Operator H

6.3 Störungstheorie

im Hilbert-Raum $\mathcal{H}$, so daß wir die Lösungen der zeitunabhängigen Schrödinger-Gleichung suchen. Grundlage der Störungstheorie ist die Annahme, daß sich der Operator H in zwei Teile zerlegen läßt

$$H = H_0 + H_1,$$

wobei die Eigenwertaufgabe des Operators H_0 als gelöst angenommen wird und H_1 eine „kleine Störung" darstellt. Das bedeutet, daß sich das Spektrum von H nur wenig von dem von H_0 unterscheiden soll, und daß sich die Eigenwerte und Eigenfunktionen von H in schnell konvergierende Reihen entwickeln lassen.
Die Eigenwertgleichung von H_0 schreiben wir in der Form

$$H_0|i\nu\rangle = \varepsilon_i |i\nu\rangle \quad \text{mit} \quad \begin{cases} i = 1, 2, \ldots \\ \nu = 1, 2, \ldots d_i, \end{cases}$$

wobei i einen geeigneten Satz von Quantenzahlen zur Charakterisierung der Eigenwerte darstellt. Die natürliche Zahl d_i gibt eine mögliche endliche Entartung an und ν zählt die verschiedenen Eigenfunktionen zum selben Eigenwert ab. Die Eigenfunktionen von H_0 sollen im Hilbert-Raum $\mathcal{H}$ vollständig und orthonormiert sein

$$\langle j\mu|i\nu\rangle = \delta_{ij}\delta_{\nu\mu} \qquad \text{Orthonormalität}$$

$$\sum_{i=1}^{\infty}\sum_{\nu=1}^{d_i} |i\nu\rangle\langle i\nu| = \mathbf{1} \qquad \text{Vollständigkeit}$$

und die Eigenwerte ε_i von H_0 mit $\varepsilon_i \neq \varepsilon_j$ für $i \neq j$ werden ebenso wie die Eigenfunktionen $|i\nu\rangle$ als bekannt vorausgesetzt. Der Hilbert-Raum $\mathcal{H}$ läßt sich dann in eine orthogonale Summe aus den Eigenräumen $\mathcal{H}_i$ zu den einzelnen Eigenwerten ε_i zerlegen

$$\mathcal{H} = \mathcal{H}_1 \oplus \mathcal{H}_2 \oplus \mathcal{H}_3 \oplus \ldots,$$

wobei der Eigenraum $\mathcal{H}_i$ von den Basisfunktionen $|i\nu\rangle$ mit $\nu = 1, 2, \ldots d_i$ aufgespannt wird.
Zur Lösung der Eigenwertaufgabe

$$H|\psi\rangle = E|\psi\rangle$$

denken wir uns die Eigenwerte E und die Eigenfunktionen $|\psi\rangle$ in eine Summe sukzessiver Näherungen zerlegt

$$\begin{aligned} E &= E_0 + E_1 + E_2 + \ldots \\ |\psi\rangle &= |\psi_0\rangle + |\psi_1\rangle + |\psi_2\rangle + \ldots, \end{aligned} \tag{6.16}$$

wobei wir $|E_0| \gg |E_1| \gg |E_2|\ldots$ annehmen wollen, um die Reihe nach wenigen Schritten abbrechen zu können. Die einzelnen Summanden sollen durch das folgende Schema nacheinander berechnet werden

0. Näh. $\quad H_0|\psi_0\rangle = E_0|\psi_0\rangle$

1. Näh. $\quad H_0|\psi_1\rangle + H_1|\psi_0\rangle = E_0|\psi_1\rangle + E_1|\psi_0\rangle$ (6.17)

2. Näh. $\quad H_0|\psi_2\rangle + H_1|\psi_1\rangle = E_0|\psi_2\rangle + E_1|\psi_1\rangle + E_2|\psi_0\rangle$.

Jeder Teil $|\psi_k\rangle$ der Eigenfunktion von H läßt sich nach der Basis $|i\nu\rangle$ entwickeln

$$|\psi_k\rangle = \sum_{i=1}^{\infty} \sum_{\nu=1}^{d_i} |i\nu\rangle\langle i\nu|\psi_k\rangle \quad \text{für} \quad k = 1, 2, \ldots.$$

Wir betrachten jetzt einen bestimmten Eigenwert ε_b dessen Entartung d sei. Die zugehörigen Eigenfunktionen $|b\mu\rangle$ mit $\mu = 1, 2, \ldots d$ von H_0 spannen den Eigenraum $\mathcal{H}_b$ auf.

6.3.1 Nullte Näherung

In 0. Näherung der Störungstheorie bestimmen wir zunächst die Komponenten von $|\psi_0\rangle$ in $\mathcal{H}_b$ indem wir die erste der Gleichungen (6.17) mit $\langle b\mu|$ multiplizieren

$$\langle b\mu|H_0|\psi_0\rangle = E_0\langle b\mu|\psi_0\rangle$$
$$= \varepsilon_b\langle b\mu|\psi_0\rangle,$$

wobei wir mindestens ein $\langle b\mu|\psi_0\rangle \neq 0$ wählen. Dann setzen wir für den Eigenwert von H in 0. Näherung: $E_0 = \varepsilon_b$. Die Komponenten im Hilbert-Raum $\mathcal{H} \ominus \mathcal{H}_b$ ergeben sich dann durch Multiplikation mit $\langle i\nu|$ für $i \neq b$

$$\langle i\nu|H_0|\psi_0\rangle = \varepsilon_b\langle i\nu|\psi_0\rangle$$
$$= \varepsilon_i\langle i\nu|\psi_0\rangle,$$

so daß $\langle i\nu|\psi_0\rangle = 0$ für $i \neq b$ folgt. Also ist $|\psi_0\rangle$ ein beliebiger Vektor in $\mathcal{H}_b$

$$|\psi_0\rangle = \sum_{\nu=1}^{d} |b\nu\rangle\langle b\nu|\psi_0\rangle, \qquad (6.18)$$

und die Normierungsbedingung des Eigenvektors $|\psi\rangle$ von H in Gl. (6.16) lautet in 0. Näherung

$$\langle \psi_0|\psi_0\rangle = \sum_{\mu=1}^{d} |\langle b\mu|\psi_0\rangle|^2 = 1.$$

6.3.2 Erste Näherung

In 1. Näherung der Störungstheorie bestimmen wir zunächst die Eigenwerte. Dazu werden die Komponenten der Funktionen Gl. (6.17) im Eigenraum $\mathcal{H}_b$ betrachtet

$$\langle b\mu|H_0|\psi_1\rangle + \langle b\mu|H_1|\psi_0\rangle = E_0\langle b\mu|\psi_1\rangle + E_1\langle b\mu|\psi_0\rangle.$$

Wegen $E_0 = \varepsilon_b$ sind die ersten Summanden auf beiden Seiten gleich und man erhält mit Gl. (6.18) die Eigenwertgleichung

$$\sum_{\nu=1}^{d}\Big[\langle b\mu|H_1|b\nu\rangle - E_1\delta_{\mu\nu}\Big]\langle b\nu|\psi_0\rangle = 0 \qquad (6.19)$$

zur Bestimmung der Korrektur E_1 des Eigenwertes E_0. Mit anderen Worten: Die nicht notwendig voneinander verschiedenen Eigenwerte $E_{1\rho}$, $\rho = 1, 2, \ldots d$ der $d \times d$-Matrix $(\langle b\mu|H_1|b\nu\rangle)$ ergeben die Eigenwerte E von H in 1. Näherung der Störungstheorie

$$\varepsilon_b + E_{1\rho} \quad \text{mit} \quad \rho = 1, 2, \ldots d.$$

Im allgemeinen wird also ein in 0. Näherung entarteter Eigenwert in höchstens d Eigenwerte aufspalten. Die zu den $E_{1\rho}$ gehörenden Eigenfunktionen von Gl. (6.19)

$$|\psi_{0\rho}\rangle = \sum_{\nu=1}^{d} |b\nu\rangle\langle b\nu|\psi_{0\rho}\rangle \qquad (6.20)$$

legen eine spezielle Basis in $\mathcal{H}_b$ fest, in der die Matrix $(\langle b\mu|H_1|b\nu\rangle)$ diagonal ist. Wenn der Eigenwert E_b von H_0 nicht entartet ist: $H_0|b\rangle = \varepsilon_b|b\rangle$, ergibt sich der Eigenwert in 1. Näherung der Störungstheorie aus

$$\varepsilon_b + E_1 = \varepsilon_b + \langle b|H_1|b\rangle. \qquad (6.21)$$

Allgemein sind die Eigenwerte von H in erster Näherung der Störungstheorie die Eigenwerte der $d \times d$-Matrix

$$\Big(\langle b\mu|H_0 + H_1|b\nu\rangle\Big). \qquad (6.22)$$

Um zu erkennen, worin die Näherung besteht, seien die exakten Eigenwerte von $H = H_0 + H_1$ betrachtet, die sich aus der Eigenwertgleichung $H|\psi\rangle = E|\psi\rangle$ durch Reihenentwicklung der Eigenfunktionen $|\psi\rangle$ von H nach denen von H_0 ergeben

$$(H_0 + H_1 - E)|\psi\rangle = (H_0 + H_1 - E)\sum_{i=1}^{\infty}\sum_{\nu=1}^{d_i} |i\nu\rangle\langle i\nu|\psi\rangle = 0.$$

6 Näherungsverfahren

Für die Komponente $|j\mu\rangle$ ergibt sich

$$\sum_{i=1}^{\infty}\sum_{\nu=1}^{d_i}\Big[\langle j\mu|H_0+H_1|i\nu\rangle - E\delta_{\nu\mu}\Big]\langle i\nu|\psi\rangle = 0$$

und man erkennt, daß die exakten Eigenwerte von H die Eigenwerte der Matrix $\langle j\mu|H_0+H_1|i\nu\rangle$ sind, die die Dimension abzählbar unendlich besitzt. Die Berechnung der Eigenwerte aus der Matrix Gl. (6.22) in erster Näherung der Störungstheorie hingegen bedeutet die Vernachlässigung aller Matrixelemente, bei denen nicht $i=b$ oder $j=b$ ist. Verbesserungen der ersten Näherung sind durch Hinzunahme weiterer Eigenfunktionen von H_0 möglich, indem die Matrix von H_0+H_1 nicht nur in $\mathcal{H}_b$ diagonalisiert wird, sondern etwa im Hilbert-Raum $\mathcal{H}_{b-1}\oplus\mathcal{H}_b\oplus\mathcal{H}_{b+1}$, wenn die Eigenwerte ε_{b-1} und ε_{b+1} energetisch nahe bei ε_b liegen. Man beachte dazu die Störungstheorie in zweiter Näherung. Der Fehler der durch Gl. (6.22) bestimmten Eigenwerte ist umso kleiner, je größer der Abstand der zu ε_b benachbarten Eigenwerte von H_0 im Vergleich mit E_1 ist.

Zur Bestimmung der Eigenfunktionen in 1. Näherung der Störungstheorie berechnen wir die Komponenten von $|\psi_1\rangle$ im Hilbert-Raum $\mathcal{H}\ominus\mathcal{H}_b$ aus der Gl. (6.17) für $i\neq b$

$$\langle i\mu|H_0|\psi_1\rangle + \langle i\mu|H_1|\psi_0\rangle = \varepsilon_b\langle i\mu|\psi_1\rangle + E_1\langle i\mu|\psi_0\rangle$$
$$\langle i\mu|H_1|\psi_0\rangle = (\varepsilon_b-\varepsilon_i)\langle i\mu|\psi_1\rangle + E_1\langle i\mu|\psi_0\rangle,$$

wegen $H_0|i\mu\rangle = \varepsilon_i|i\mu\rangle$ und $\langle i\mu|H_0|\psi_1\rangle = \varepsilon_i\langle i\mu|\psi_1\rangle$. Wir suchen speziell die Eigenfunktionen zu $E_{1\rho}$. Der zu $E_{1\rho}$ gehörige Eigenvektor der Störmatrix ergibt sich aus Gl. (6.19) und liefert die 0. Näherung $|\psi_{0\rho}\rangle$ nach Gl. (6.20). Für die Eigenfunktionen in 1. Näherung $|\psi_{1\rho}\rangle$ setzen wir $|\psi_{0\rho}\rangle$ ein und erhalten für $\varepsilon_i\neq\varepsilon_b$

$$\langle i\mu|\psi_{1\rho}\rangle = \frac{\langle i\mu|H_1|\psi_{0\rho}\rangle}{\varepsilon_b-\varepsilon_i} = \sum_{\nu=1}^{d}\frac{\langle i\mu|H_1|b\nu\rangle}{\varepsilon_b-\varepsilon_i}\langle b\nu|\psi_{0\rho}\rangle,$$

wobei der E_1 proportionale Term verschwindet. Die Komponenten von $|\psi_1\rangle$ im Hilbert-Raum $\mathcal{H}_b$ bleiben frei wählbar. Werden sie speziell Null gesetzt, sind die Eigenfunktionen in 0. Näherung $|\psi_{0\rho}\rangle$ und in 1. Näherung $|\psi_{1\rho}\rangle$ orthogonal:

$$\langle\psi_{0\rho}|\psi_{1\rho'}\rangle = 0, \tag{6.23}$$

denn es gilt $|\psi_{0\rho}\rangle\in\mathcal{H}_b$ und $|\psi_{1\rho'}\rangle\in\mathcal{H}\ominus\mathcal{H}_b$.

Für die Eigenwerte von H in 1. Näherung $\varepsilon_b+E_{1\rho}$ findet man die zugehörigen Eigenfunktionen

$$|\phi_{1\rho}\rangle = |\psi_{0\rho}\rangle + |\psi_{1\rho}\rangle$$

mit $|\psi_{0\rho}\rangle$ nach Gl. (6.20) und

$$|\psi_{1\rho}\rangle = \sum_{i\neq b}^{d_i} \sum_{\mu=1}^{d_i} |i\mu\rangle \sum_{\nu=1}^{d} \frac{\langle i\mu|H_1|b\nu\rangle}{\varepsilon_b - \varepsilon_i} \langle b\nu|\psi_{0\rho}\rangle \qquad (6.24)$$

und man erkennt, daß der Anteil von $|\psi_{1\rho}\rangle$ im Vergleich zu $|\psi_{0\rho}\rangle$ umso kleiner ist, je weiter die übrigen Energieniveaus ε_i von ε_b entfernt sind. Wird eine Normierung von $|\phi_{1\rho}\rangle$ in 1. Näherung gebraucht, hat man die Funktion noch durch die Wurzel aus der Norm

$$\langle\phi_{1\rho}|\phi_{1\rho}\rangle = \sum_{\nu=1}^{d} |\langle b\nu|\psi_{0\rho}\rangle|^2 + \sum_{i\neq b}\sum_{\mu=1}^{d_i} \left|\sum_{\nu=1}^{d} \frac{\langle i\mu|H_1|b\nu\rangle\langle b\nu|\psi_{0\rho}\rangle}{\varepsilon_b - \varepsilon_i}\right|^2$$

zu dividieren.

6.3.3 Zweite Näherung

In 2. Näherung der Störungstheorie gehen wir von der entsprechenden Gl. (6.17) aus und betrachten die Komponenten im Hilbert-Raum $\mathcal{H}_b$ indem wir die Gleichung mit $\langle b\mu|$ multiplizieren

$$\langle b\mu|H_0|\psi_2\rangle + \langle b\mu|H_1|\psi_1\rangle = \\ \varepsilon_b\langle b\mu|\psi_2\rangle + E_1\langle b\mu|\psi_1\rangle + E_2\langle b\mu|\psi_{0\rho}\rangle.$$

Hier sind die ersten Summanden auf beiden Seiten gleich, während der zweite Summand auf der rechten Seite wegen Gl. (6.23) verschwindet. Setzt man $|\psi_{1\rho}\rangle$ aus Gl. (6.24) ein, so erhält man eine Eigenwertgleichung zur Bestimmung der zweiten Näherung für die Eigenwerte von H:

$$\sum_{\nu=1}^{d}\left[\sum_{i\neq b}\sum_{\sigma=1}^{d_i} \frac{\langle b\mu|H_1|i\sigma\rangle\langle i\sigma|H_1|b\nu\rangle}{\varepsilon_b - \varepsilon_i} - E_{2\rho}\delta_{\nu\mu}\right]\langle b\nu|\psi_{0\rho}\rangle = 0. \qquad (6.25)$$

Die Gleichung besagt, daß die $E_{2\rho}$ die Eigenwerte der $d \times d$-Matrix

$$\left(\sum_{i\neq b}\sum_{\sigma=1}^{d_i} \frac{\langle b\mu|H_1|i\sigma\rangle\langle i\sigma|H_1|b\nu\rangle}{\varepsilon_b - \varepsilon_i}\right) \qquad (6.26)$$

sind. Damit lauten die Eigenwerte E von H in zweiter Näherung

$$\varepsilon_b + E_{1\rho} + E_{2\rho} \quad \text{mit} \quad \rho = 1, 2, \ldots d.$$

Falls in 1. Näherung ein Eigenwert noch entartet ist, d.h. wenn zwei der $E_{1\rho}$ gleich sind, können diese gegebenenfalls in 2. Näherung aufspalten.

Die Matrizen in 1. und 2. Näherung der Störungstheorie kann man auch zu einer einzigen Störmatrix zusammensetzen. Durch Addition der Gl. (6.22) und (6.26) findet man die Energien in 1. und 2. Näherung als Eigenwerte der Matrix

$$\Big(\langle b\mu|H_{\text{eff}}|b\nu\rangle\Big)$$

mit einem „effektiven Störoperator" H_{eff}

$$H_0 + H_{\text{eff}} = H_0 + H_1 + \sum_{i\neq b}\sum_{\sigma=1}^{d_i} \frac{H_1|i\sigma\rangle\langle i\sigma|H_1}{\varepsilon_b - \varepsilon_i}, \qquad (6.27)$$

der, wenn er bestimmt ist, wie in erster Näherung angewendet wird. Man erkennt daraus, daß im Unterschied zur 1. Näherung in der 2. Näherung die sog. „Zwischenzustände" $|i\sigma\rangle$ beteiligt sind. Ihr Beitrag ist umso geringer, je größer der Abstand $|\varepsilon_b - \varepsilon_i|$ zum Zwischenzustand ist. Dadurch erhält man unter Umständen deutliche Verbesserungen der 1. Näherung bei Berücksichtigung nur weniger Summanden benachbarter Zustände in Gl. (6.27).

6.3.4 Höhere Näherungen

Zur Herleitung höherer Näherungen verwenden wir eine abkürzende Operatorschreibweise. Seien P und Q Projektionsoperatoren auf die Hilbert-Räume $\mathcal{H}_b$ bzw. $\mathcal{H} \ominus \mathcal{H}_b$ (1 bezeichnet den Einheitsoperator)

$$P = \sum_{\nu=1}^{d} |b\nu\rangle\langle b\nu| \quad \text{und} \quad Q = 1 - P, \qquad (6.28)$$

so sind P und Q selbstadjungiert und es gilt $P^2 = P$ und $Q^2 = Q$. Die Projektionsoperatoren sind mit H_0 vertauschbar (0 bezeichnet den Nulloperator)

$$PQ = QP = 0 \quad ; \quad [H_0, P] = 0 \quad ; \quad [H_0, Q] = 0.$$

Wir bezeichnen mit ε_b einen bestimmten Eigenwert von H_0

$$H_0|b\nu\rangle = \varepsilon_b|b\nu\rangle \quad \text{mit} \quad \nu = 1, 2, \ldots d$$

der d-fach entartet sein möge, und $\mathcal{H}_b$ den zu ε_b gehörenden Eigenraum. Die Eigenwertaufgabe des Operators $H = H_0 + H_1$

$$H|\psi\rangle = (H_0 + H_1)|\psi\rangle = E|\psi\rangle$$

läßt sich mit den Abkürzungen

$$h = H - \varepsilon_b 1 \quad ; \quad h_0 = H_0 - \varepsilon_b 1 \quad ; \quad \varepsilon = E - \varepsilon_b \qquad (6.29)$$

auch in der Form schreiben

$$h|\psi\rangle = (h_0 + H_1)|\psi\rangle = \varepsilon|\psi\rangle \qquad (6.30)$$

und es folgt wegen $[Q, h_0] = 0$ und $[P, h_0] = 0$

$$Qh_0|\psi\rangle = h_0 Q|\psi\rangle = Q(\varepsilon 1 - H_1)|\psi\rangle.$$

Wegen $Q = 1 - P$ erhält man daraus die Eigenwertaufgabe in der Form [1]

$$|\psi\rangle = P|\psi\rangle + \frac{Q}{h_0}(\varepsilon 1 - H_1)|\psi\rangle. \qquad (6.31)$$

Hier stellt der zweite Term rechts eine kleine Korrektur für die Wellenfunktion $|\psi\rangle$ dar, wenn H_1 im Vergleich zu H_0 eine hinreichend kleine Störung beschreibt. Die Gl. (6.31) läßt sich iterativ lösen, indem eine Näherungslösung $|\psi\rangle$ in den kleinen Term rechts eingesetzt wird und zu einer verbesserten Lösung $|\psi\rangle$ führt. Wiederholt man dieses Verfahren, so gelangt man zu einer Reihenentwicklung für $|\psi\rangle$:

$$\begin{aligned}|\psi\rangle &= P|\psi\rangle + \frac{Q}{h_0}(\varepsilon - H_1)\left[P|\psi\rangle + \frac{Q}{h_0}(\varepsilon - H_1)\right]|\psi\rangle \\ &= \sum_{n=0}^{\infty}\left[\frac{Q}{h_0}(\varepsilon - H_1)\right]^n P|\psi\rangle,\end{aligned} \qquad (6.32)$$

mit deren Hilfe sich die verschiedenen Näherungen der Störungstheorie bestimmen lassen. Um das auszuführen beachten wir wegen Gl. (6.28) und (6.29)

$$Ph_0|\psi\rangle = h_0 P|\psi\rangle = 0$$

und wenden den Operator P auf die Gl. (6.30) an

$$PH_1|\psi\rangle = \varepsilon P|\psi\rangle.$$

Mit Hilfe dieser Gleichung erhält man aus Gl. (6.32) die Reihenentwicklung

$$\varepsilon P|\psi\rangle = PH_1 \sum_{n=0}^{\infty}\left[\frac{Q}{h_0}(\varepsilon - H_1)\right]^n P|\psi\rangle. \qquad (6.33)$$

Man erkennt, daß die Summanden für $n = 0$ und $n = 1$ die erste und zweite Näherung der Störungstheorie beschreiben, wenn wir $\varepsilon = E_1 + E_2$ setzen

$$(E_1 + E_2)P|\psi\rangle = PH_1 P|\psi\rangle - PH_1\frac{Q}{h_0}H_1 P|\psi\rangle,$$

---

[1] Der inverse Operator wird durch die Potenzreihe definiert

$$\frac{1}{h_0} = h_0^{-1} = -\frac{1}{\varepsilon_b}\frac{1}{\left(1 - \frac{H_0}{\varepsilon_b}\right)} = -\frac{1}{\varepsilon_b}\left[1 + \frac{H_0}{\varepsilon_b} + \left(\frac{H_0}{\varepsilon_b}\right)^2 + \ldots\right]$$

und existiert nur in $\mathcal{H} \ominus \mathcal{H}_b$ für $\varepsilon_b \neq 0$.

wobei $QP = 0$ verwendet wurde. Der Operator PH_1P ergibt die Matrix von H_1 im Eigenraum $\mathcal{H}_b$, vergl. Gl. (6.19), deren Eigenwerte die Korrekturen der Eigenwerte in 1. Näherung der Störungstheorie E_1 ergeben. Ebenso liefert die Matrix des anderen Summanden [1]

$$-H_1\frac{Q}{h_0}H_1 = -\sum_{i\neq b}\sum_{\sigma=1}^{d_i} H_1\frac{1}{h_0}|i\sigma\rangle\langle i\sigma|H_1$$

$$= \sum_{i\neq b}\sum_{\sigma=1}^{d_i}\frac{H_1|i\sigma\rangle\langle i\sigma|H_1}{\varepsilon_b - \varepsilon_i}$$

nach Gl. (6.25) gerade die Eigenwerte E_2 in zweiter Näherung der Störungstheorie. Die Gl. (6.33) gestattet nun die Berechnung höherer Näherungen der Störungstheorie, indem wir für die Eigenwerte ε von h nach Gl. (6.30) setzen

$$\varepsilon = E_1 + E_2 + E_3 + E_4 + \ldots.$$

Zum Ausrechnen der k-ten Näherung lösen wir Gl. (6.33) nach ε auf, indem wir ε rechts wieder einsetzen, und sammeln alle Terme, die k mal den Störoperator H_1 enthalten. Einsetzen von ε in Gl. (6.33) liefert so für $k = 3$ den Operator

$$PH_1\frac{Q}{h_0}H_1\frac{Q}{h_0}H_1P - PH_1\left(\frac{Q}{h_0}\right)^2 H_1PH_1P$$

und für $k = 4$ den Operator

$$PH_1S_0H_1S_0H_1S_0H_1P + PH_1S_1H_1S_{-1}H_1S_0H_1P +$$
$$+ PH_1S_0H_1S_1H_1S_{-1}H_1P + PH_1S_1H_1S_0H_1S_{-1}H_1P +$$
$$+ PH_1S_2H_1S_{-1}H_1S_{-1}H_1P,$$

wobei wir zur Abkürzung

$$S_{-1} = P \quad \text{und} \quad S_n = -\left(\frac{Q}{h_0}\right)^{n+1}$$

für $n = 0, 1, 2, \ldots$ gesetzt haben. Man erkennt, daß sich die Eigenwerte ε von h aus einer Summe von Operatoren bestimmen

$$\varepsilon P = \sum_{k=1}^{\infty} \underset{\nu_1+\nu_2+\ldots\nu_{k-1}=0}{\sum_{\nu_1,\nu_2,\ldots\nu_{k-1}}}'^{-1,0,1,2,\ldots} PH_1S_{\nu_1}H_1S_{\nu_2}H_1\cdots S_{\nu_{k-1}}H_1P, \qquad (6.34)$$

wobei $k = 1, 2, 3, \ldots$ die verschiedenen Näherungen der Störungstheorie kennzeichnet. Der Strich an der Summe deutet an, daß nur diejenigen Summanden auftreten, die sich durch Auflösen der Gl. (6.33) nach ε ergeben.

6.3.5 Beispiel: Anharmonischer Oszillator

Als Anwendungsbeispiel sei der eindimensionale *anharmonische* Oszillator betrachtet. In Verallgemeinerung der Eigenwertaufgabe Gl. (2.4) berücksichtigen wir die potentielle Energie bis in die vierte Ordnung der Auslenkungskoordinate x und verwenden den Hamilton-Operator

$$H = \underbrace{-\frac{\hbar^2}{2m}\frac{d^2}{dx^2} + \frac{m}{2}\omega^2 x^2}_{H_0} + \underbrace{Cx^3 + Dx^4}_{H_1},$$

wobei die Konstanten C und D so klein angenommen werden, daß H_1 als kleine Störung gegenüber H_0 betrachtet werden kann. Bei Einführung der Erzeugungs- und Vernichtungsoperatoren a^+, a nach Gl. (2.7) und (2.6)

$$a = \frac{1}{\sqrt{\hbar\omega}}\left(\sqrt{\frac{m\omega^2}{2}}x + i\frac{1}{\sqrt{2m}}p\right)$$

$$a^+ = \frac{1}{\sqrt{\hbar\omega}}\left(\sqrt{\frac{m\omega^2}{2}}x - i\frac{1}{\sqrt{2m}}p\right)$$

mit

$$x = \sqrt{\frac{\hbar}{2m\omega}}(a^+ + a) \quad \text{und} \quad p = i\sqrt{\frac{m\hbar\omega}{2}}(a^+ - a).$$

und dem Kommutator Gl. (2.8)

$$[a, a^+] = aa^+ - a^+a = \mathbf{1}$$

($\mathbf{1}$ bezeichnet den Einsoperator) schreibt sich der Hamilton-Operator in der Form, vergl. Abschn. 2.1.1,

$$H = \hbar\omega\left(a^+a + \tfrac{1}{2}\right) + C\left(\frac{\hbar}{2m\omega}\right)^{\frac{3}{2}}(a^+ + a)^3 + D\left(\frac{\hbar}{2m\omega}\right)^2(a^+ + a)^4.$$

Das ungestörte System sei der harmonische Oszillator, der durch den Hamilton-Operator H_0 beschrieben wird und dessen Eigenwertaufgabe in Abschn. 2.1.1 gelöst wurde. Nach Gl. (2.10) gilt mit $\phi_n = |n\rangle$

$$H_0|n\rangle = \varepsilon_n|n\rangle \quad \text{für} \quad n = 0, 1, 2, \ldots$$

mit

$$\varepsilon_n = \hbar\omega\left(n + \tfrac{1}{2}\right) \quad \text{und} \quad |n\rangle = \frac{1}{\sqrt{n!}}a^{+\,n}|0\rangle$$

und $a|0\rangle = 0$. Das Spektrum von H_0 ist nicht entartet, so daß sich die Eigenwerte von $H = H_0 + H_1$ in 1. Näherung der Störungstheorie nach Gl. (6.21) zu

$$E_n = \varepsilon_n + \langle n|H_1|n\rangle \tag{6.35}$$

ergeben. Beim Einsetzen von H_1 erkennt man, daß der zu C proportionale Term dritter Ordnung keine Beiträge liefert, denn es gilt

$$\langle n|\left(a^+ + a\right)^3|n\rangle = 0.$$

Dies erkennt man daran, daß beim Ausmultiplizieren nur Produkte aus einer ungeraden Anzahl von Operatoren auftreten, die wegen Gl. (2.14): $a|n\rangle \sim |n-1\rangle$ und $a^+|n\rangle \sim |n+1\rangle$ die Teilchenzahl nicht erhalten, so daß das Matrixelement wegen Gl. (2.16) $\langle n|n'\rangle = \delta_{nn'}$ verschwindet. Zur Berechnung des zu D proportionalen Terms vierter Ordnung berechnen wir

$$\begin{aligned}\left(a^+ + a\right)^4 &= \left(a^{+2} + 2a^+a + a^2 + 1\right)^2 \\ &= a^{+2}a^2 + 4\left(a^+a\right)^2 + a^2a^{+2} + 4a^+a + 1 + \ldots \\ &= 6\left(a^+a\right)^2 + 6a^+a + 3\,1 + \ldots,\end{aligned}$$

wobei die durch die Pünktchen angedeuteten übrigen Terme zum Matrixelement $\langle n|H_1|n\rangle$ nichts beitragen, da bei ihnen die Zahl der Erzeugungsoperatoren von der Zahl der Vernichtungsoperatoren verschieden ist.

□ Zum Beweis verwenden wir die Vertauschungsrelation $[a, a^+] = 1$

$$a^+a^+aa = a^+aa^+a - a^+a$$

und erhalten

$$\begin{aligned}aaa^+a^+ &= aa^+aa^+ + aa^+ \\ &= a^+aaa^+ + 2aa^+ \\ &= a^+aa^+a + a^+a + 2aa^+ \\ &= a^+aa^+a + 3a^+a + 2\,1. \;\blacksquare\end{aligned}$$

Nun gilt nach Gl. (2.9)

$$a^+a|n\rangle = n|n\rangle$$

und man erhält für das Spektrum von H in 1. Näherung der Störungstheorie aus Gl. (6.35)

$$\begin{aligned}E_n &= \hbar\omega\left(n + \tfrac{1}{2}\right) + \langle n|D\left(\frac{\hbar}{2m\omega}\right)^2\left(a^+ + a\right)^4|n\rangle \\ &= \hbar\omega\left(n + \tfrac{1}{2}\right) + D\frac{3\hbar^2}{4m^2\omega^2}(2n^2 + 2n + 1).\end{aligned}$$

Das Ergebnis stellt nur für diejenigen $n = 1, 2, \ldots$ eine gute Näherung dar, für die der zweite Term klein ist im Vergleich zu $\hbar\omega$. Das Spektrum des anharmonischen Oszillators ist nicht äquidistant.

6.3.6 Beispiel: Feinstruktur des Wasserstoffspektrums

Als weiteres Anwendungsbeispiel der Störungstheorie sei die Aufspaltung der Energieniveaus des Wasserstoffatoms durch Spin-Bahn-Kopplung berechnet. Der Hilbert-Raum für dieses Einelektronensystem ist der Produktraum aus dem Orts-Hilbert-Raum $\mathcal{H}_O$ und dem Spin-Hilbert-Raum $\mathcal{H}_S$: $\mathcal{H} = \mathcal{H}_O \otimes \mathcal{H}_S$. Das ungestörte System sei durch den spinunabhängigen Hamilton-Operator ($r = |\mathbf{r}|$)

$$H_0 = -\frac{\hbar^2}{2m_e}\Delta + v(r)$$

gegeben, mit $v(r) = -e^2/(4\pi\varepsilon_0 r)$ beim Wasserstoffatom, vergl. Abschn. 2.3. In der Näherung des Zentralfeldmodells ist diese Rechnung auch auf die Alkaliatome Li, Na, K, Rb, Cs anwendbar, deren Spektren näherungsweise aus Einelektronensystemen berechnet werden können. In diesen Fällen stellt $v(r)$ ein kugelsymmetrisches Potential dar, das sich aus dem Kernpotential und dem der Elektronen in den abgeschlossenen Elektronenschalen zusammensetzt. Die Lösung der Eigenwertaufgabe der 0. Näherung schreiben wir in der Form

$$H_0|nlmm_s\rangle = \varepsilon_{nl}|nlmm_s\rangle$$

mit den Quantenzahlen nach Abschn. 2.3

$n = 1, 2, 3, \ldots$ Hauptquantenzahl
$l = 0, 1, 2, \ldots n-1$ Drehimpulsquantenzahl
$m = -l, -l+1, \ldots +l$ magnetische Quantenzahl
$m_s = -\frac{1}{2}, +\frac{1}{2}$ Spinquantenzahl.

und $\varepsilon_{nl} = -m_r e^4/(32\pi^2\varepsilon_0^2\hbar^2 n^2)$ beim Wasserstoffatom nach Gl. (2.41). Die Eigenfunktionen von H_0 lauten in Kugelkoordinaten: $\mathbf{r} = (r, \vartheta, \varphi)$

$$|nlmm_s\rangle = \frac{1}{r}R_{nl}(r)Y_{lm}(\vartheta,\varphi)\chi_{m_s}(\mathbf{s}),$$

wobei die Radialfunktionen $R_{nl}(r)$ im Falle des Wasserstoffatoms durch Gl. (2.44) gegeben sind. Die Kugelfunktionen $Y_{lm}(\vartheta,\varphi)$ sind im Anhang B und die Spinfunktionen χ_{m_s} zur Spinquantenzahl $s = \frac{1}{2}$ im Abschn. 2.6 definiert.

Die Spin-Bahn-Kopplung hat nach Gl. (3.41) die Form

$$H_1 = \zeta(r)\mathbf{l}\cdot\mathbf{s} \quad \text{mit} \quad \zeta(r) = \frac{g_0\hbar^2}{4m_e^2 c^2}\frac{1}{r}\frac{dv(r)}{dr}, \tag{6.36}$$

wobei $\mathbf{l}$ den Bahndrehimpulsoperator und $\mathbf{s}$ den Spindrehimpulsoperator zur Spinquantenzahl $s = \frac{1}{2}$ bezeichnet. Zur Lösung der Eigenwertaufgabe des Hamilton-Operators

$$H = H_0 + H_1$$

mit Hilfe der Störungstheorie nehmen wir an, daß H_1 nur eine kleine Störung des Spektrums von H_0 verursacht. Wegen $s = \frac{1}{2}$ sind die Eigenwerte ε_{nl} von H_0 noch $2(2l+1)$-fach entartet. Die Energieniveaus ergeben sich in 1. Näherung der Störungstheorie aus denen der 0. Näherung ε_{nl} und den Eigenwerten der $2(2l+1)$-dimensionalen Störmatrix mit den Eigenfunktionen der 0. Näherung

$$\langle nlmm_s|H_1|nlm'm_s'\rangle = \zeta \int Y_{lm}^*(\vartheta,\varphi)\, \mathbf{l}\, Y_{lm'}(\vartheta,\varphi)\, d\Omega\, \langle m_s|\mathbf{s}|m_s'\rangle,$$

wobei wir den *Spin-Bahn-Kopplungsparameter*

$$\zeta = \int_0^\infty \zeta(r)\left|R_{nl}(r)\right|^2 dr$$

eingeführt haben und $d\Omega = \sin\vartheta\, d\vartheta\, d\varphi$ die Integration über die Oberfläche der Einheitskugel bezeichnet. Also läßt sich die $2(2l+1)$-dimensionale Störmatrix

$$\langle nlmm_s|H_1|nlm'm_s'\rangle = \zeta\langle lm|\mathbf{l}|lm'\rangle \cdot \langle m_s|\mathbf{s}|m_s'\rangle$$

als Kronecker-Produkt aus den beiden Matrizen im Orts-Hilbert-Raum und im Spin-Hilbert-Raum bestimmen, wobei $\langle lm|\mathbf{l}|lm'\rangle$ das obige Integral über die Oberfläche der Einheitskugel bezeichnet. Die Drehimpulsmatrizen entnehmen wir für die Drehimpulsquantenzahl $l = 1$ oder p-Elektronen für die Komponenten von $\mathbf{l} = (l_1, l_2, l_3)$ dem Abschn. 2.6.4

$$\langle 1m|l_1|1m'\rangle = \frac{1}{\sqrt{2}}\begin{pmatrix} 0 & 1 & 0 \\ 1 & 0 & 1 \\ 0 & 1 & 0 \end{pmatrix}$$

$$\langle 1m|l_2|1m'\rangle = \frac{1}{\sqrt{2}}\begin{pmatrix} 0 & -i & 0 \\ i & 0 & -i \\ 0 & i & 0 \end{pmatrix}$$

$$\langle 1m|l_3|1m'\rangle = \begin{pmatrix} 1 & 0 & 0 \\ 0 & 0 & 0 \\ 0 & 0 & -1 \end{pmatrix}.$$

Die Pauli-Spinmatrizen lauten nach Gl. (2.99)

$$\langle m_s|s_1|m_s'\rangle = \frac{1}{2}\begin{pmatrix} 0 & 1 \\ 1 & 0 \end{pmatrix}$$

$$\langle m_s|s_2|m_s'\rangle = \frac{1}{2}\begin{pmatrix} 0 & -i \\ i & 0 \end{pmatrix}$$

$$\langle m_s|s_3|m_s'\rangle = \frac{1}{2}\begin{pmatrix} 1 & 0 \\ 0 & -1 \end{pmatrix}.$$

6.3 Störungstheorie

Damit findet man für die Störmatrix nach Gl. (6.36) wegen $2(2l+1) = 6$ die 6×6-Matrix

$$\langle n1mm_s|H_1|n1m'm'_s\rangle = \zeta(M_1 + M_2 + M_3) \tag{6.37}$$

mit

$$M_1 = \frac{1}{\sqrt{2}}\begin{pmatrix} 0 & 1 & 0 \\ 1 & 0 & 1 \\ 0 & 1 & 0 \end{pmatrix} \times \frac{1}{2}\begin{pmatrix} 0 & 1 \\ 1 & 0 \end{pmatrix} = \frac{1}{2\sqrt{2}}\begin{pmatrix} 0 & 0 & 0 & 1 & 0 & 0 \\ 0 & 0 & 1 & 0 & 0 & 0 \\ 0 & 1 & 0 & 0 & 0 & 1 \\ 1 & 0 & 0 & 0 & 1 & 0 \\ 0 & 0 & 0 & 1 & 0 & 0 \\ 0 & 0 & 1 & 0 & 0 & 0 \end{pmatrix}$$

$$M_2 = \frac{1}{\sqrt{2}}\begin{pmatrix} 0 & -i & 0 \\ i & 0 & -i \\ 0 & i & 0 \end{pmatrix} \times \frac{1}{2}\begin{pmatrix} 0 & -i \\ i & 0 \end{pmatrix}$$

$$= \frac{1}{2\sqrt{2}}\begin{pmatrix} 0 & 0 & 0 & -1 & 0 & 0 \\ 0 & 0 & 1 & 0 & 0 & 0 \\ 0 & 1 & 0 & 0 & 0 & -1 \\ -1 & 0 & 0 & 0 & 1 & 0 \\ 0 & 0 & 0 & 1 & 0 & 0 \\ 0 & 0 & -1 & 0 & 0 & 0 \end{pmatrix}$$

$$M_3 = \begin{pmatrix} 1 & 0 & 0 \\ 0 & 0 & 0 \\ 0 & 0 & -1 \end{pmatrix} \times \frac{1}{2}\begin{pmatrix} 1 & 0 \\ 0 & -1 \end{pmatrix} = \frac{1}{2}\begin{pmatrix} 1 & 0 & 0 & 0 & 0 & 0 \\ 0 & -1 & 0 & 0 & 0 & 0 \\ 0 & 0 & 0 & 0 & 0 & 0 \\ 0 & 0 & 0 & 0 & 0 & 0 \\ 0 & 0 & 0 & 0 & -1 & 0 \\ 0 & 0 & 0 & 0 & 0 & 1 \end{pmatrix}.$$

Also hat die Störmatrix

$$\langle n1mm_s|H_1|n1m'm'_s\rangle = \frac{1}{2}\zeta\begin{pmatrix} 1 & 0 & 0 & 0 & 0 & 0 \\ 0 & -1 & \sqrt{2} & 0 & 0 & 0 \\ 0 & \sqrt{2} & 0 & 0 & 0 & 0 \\ 0 & 0 & 0 & 0 & \sqrt{2} & 0 \\ 0 & 0 & 0 & \sqrt{2} & -1 & 0 \\ 0 & 0 & 0 & 0 & 0 & 1 \end{pmatrix}$$

zweimal den Eigenwert $\frac{1}{2}\zeta$ und zweimal die Eigenwerte der Matrix

$$\frac{1}{2}\zeta\begin{pmatrix} -1 & \sqrt{2} \\ \sqrt{2} & 0 \end{pmatrix},$$

die sich aus dem charakteristischen Polynom $(-1-\lambda)(-\lambda) - 2 = 0$ oder $\lambda^2 + \lambda = 2$ mit den Nullstellen $\lambda = 1$ und $\lambda = -2$ bzw. zu $\frac{1}{2}\zeta$ und $-\zeta$ ergeben. Damit findet man für die Eigenwerte der Störmatrix viermal $\frac{1}{2}\zeta$ und zweimal $-\zeta$, so daß sich eine Aufspaltung der 6-fach entarteten Niveaus

$$\varepsilon_{n1} + \begin{cases} +\frac{1}{2}\zeta & \text{vierfach entartet} \\ -\zeta & \text{zweifach entartet} \end{cases}$$

um $\frac{3}{2}\zeta$ ergibt. Da alle Drehimpulsmatrizen, wie am Ende von Abschn. 2.6.4 gezeigt, die Spur Null haben, gilt dies auch für die Störmatrix Gl. (6.37), so daß die Summe der Störenergien in erster Näherung der Störungstheorie verschwindet. Daher gilt der *Schwerpunktsatz*: Die Summe der beiden Eigenwerte der Störung mit ihrer Entartung multipliziert ist Null: $4 \cdot \frac{1}{2}\zeta - 2\zeta = 0$.

6.4 Zeitabhängige Störungstheorie

Die zeitabhängigen Zustände $\phi(\underline{x},t)$ eines N-Teilchensystems werden durch die Schrödinger-Gleichung, vergl. Gl. (4.4)

$$-\frac{\hbar}{i}\frac{\partial}{\partial t}\phi(\underline{x},t) = H(\underline{x},t)\phi(\underline{x},t) \tag{6.38}$$

beschrieben, wobei $\underline{x}$ einen Vektor im Konfigurationsraum, vergl. Gl. (4.1), und H den Hamilton-Operator bezeichnet. Wir setzen voraus, daß sich der Hamilton-Operator H in einen zeitunabhängigen Teil $H_0(\underline{x})$ und einen zeitabhängigen Teil $H_1(\underline{x},t)$ zerlegen läßt

$$H(\underline{x},t) = H_0(\underline{x}) + H_1(\underline{x},t). \tag{6.39}$$

Wir wollen ferner annehmen, daß die Eigenwertaufgabe von H_0

$$H_0\psi_\nu(\underline{x}) = \varepsilon_\nu\psi_\nu(\underline{x}) \quad \text{mit} \quad \nu = 1,2,3\ldots \tag{6.40}$$

gelöst sei, und daß der Hamilton-Operator H_1 nur eine „kleine Störung" des durch den Hamilton-Operator H_0 beschriebenen Systems darstellt. Die Gleichung (6.40) soll hier auch den Fall eines entarteten Spektrums von H_0 beschreiben, wobei dann einige der ε_ν gleich sein können. Die Eigenfunktionen $\psi_\nu(\underline{x})$ von H_0 seien im Hilbert-Raum $\mathcal{H}$ vollständig und orthonormiert, vergl. Abschn. 4.1.2,

$$\begin{aligned} \int \psi_\nu^*(\underline{x})\psi_\mu(\underline{x})\,d\tau &= \delta_{\nu\mu} && \text{Orthonormalität} \\ \sum_\nu \psi_\nu(\underline{x})\psi_\nu^*(\underline{x}') &= \delta(\underline{x} - \underline{x}') && \text{Vollständigkeit.} \end{aligned} \tag{6.41}$$

6.4 Zeitabhängige Störungstheorie

In nullter Näherung, d.h. für $H_1 = 0$, ist die Zeitabhängigkeit der Zustände $\phi_\nu(\underline{x}, t)$, also der Lösungen der Schrödinger-Gleichung (6.38), durch

$$\phi_\nu(\underline{x}, t) = \exp\left\{-\frac{i}{\hbar}\varepsilon_\nu t\right\}\psi_\nu(\underline{x}) \tag{6.42}$$

gegeben. Dies ergibt sich aus Gl. (4.14) in Abschn. 4.2.2, indem $t_0 = 0$ gesetzt wird. Die $\phi_\nu(\underline{x}, t)$ bilden eine zeitabhängige Basis im Hilbert-Raum $\mathcal{H}$, denn aus Gl. (6.41) folgt

$$\begin{aligned} \int \phi_\nu^*(\underline{x}, t)\phi_\mu(\underline{x}, t)\,d\tau &= \delta_{\nu\mu} \qquad \text{Orthonormalität} \\ \sum_\nu \phi_\nu(\underline{x}, t)\phi_\nu^*(\underline{x}', t) &= \delta(\underline{x} - \underline{x}') \qquad \text{Vollständigkeit,} \end{aligned} \tag{6.43}$$

da die zeitabhängigen Phasenfaktoren jeweils einen Faktor 1 ergeben.

Die zeitabhängigen Lösungen $\phi(\underline{x}, t)$ der Schrödinger-Gleichung Gl. (6.38) entwickeln wir nach der Basis $\phi_\nu(\underline{x}, t)$, deren Zeitabhängigkeit durch H_0 gegeben ist.

$$\phi(\underline{x}, t) = \sum_\nu c_\nu(t)\phi_\nu(\underline{x}, t) \quad \text{mit} \quad c_\nu(t) = \int \phi_\nu^*(\underline{x}, t)\phi(\underline{x}, t)\,d\tau. \tag{6.44}$$

Dabei ist über alle Eigenfunktionen von H_0 zu summieren. Beim Einsetzen dieser Entwicklung in Gl. (6.38) erhält man mit Rücksicht auf Gl. (6.42) und (6.39)

$$-\frac{\hbar}{i}\sum_\nu \frac{dc_\nu(t)}{dt}\phi_\nu + \sum_\nu c_\nu \varepsilon_\nu \phi_\nu = H_0 \sum_\nu c_\nu \phi_\nu + H_1 \sum_\nu c_\nu \phi_\nu.$$

Multipliziert man diese Gleichung mit ϕ_μ^* und integriert, so erhält man wegen Gl. (6.40), (6.42) und (6.43) eine Differentialgleichung für die zu bestimmenden Entwicklungskoeffizienten c_ν

$$\begin{aligned} -\frac{\hbar}{i}\frac{dc_\mu(t)}{dt} &= \sum_\nu c_\nu \langle \phi_\mu | H_1 | \phi_\nu \rangle \\ &= \sum_\nu c_\nu \langle \psi_\mu | H_1 | \psi_\nu \rangle \exp\left\{\frac{i}{\hbar}(\varepsilon_\mu - \varepsilon_\nu)t\right\}. \end{aligned} \tag{6.45}$$

Im Rahmen der Störungstheorie lösen wir diese gekoppelten Differentialgleichungen sukzessiv mit Hilfe des Reihenansatzes

$$c_\nu = c_\nu^{(0)} + c_\nu^{(1)} + c_\nu^{(2)} + \cdots. \tag{6.46}$$

In 0. Näherung enthält die Differentialgleichung (6.45) auf der rechten Seite keine Terme, denn H_1 ist von 1. Näherung klein, und es folgt

$$\frac{dc_\mu^{(0)}}{dt} = 0.$$

Wir betrachten nun einen bestimmten Zustand $\psi_\alpha(\underline{x})$ von H_0 und setzen

$$c_\mu^{(0)} = \delta_{\mu\alpha}. \tag{6.47}$$

Ohne Störung H_1 ist dann der Zustand des Systems durch $\phi(\underline{x},t) = \phi_\alpha(\underline{x},t)$ nach Gl. (6.42) gegeben. Verursacht die Störung H_1 einen Übergang in einen anderen Zustand ϕ_μ, so wird zur Interpretation der experimentellen Beobachtung der Begriff der Übergangswahrscheinlichkeit eingeführt. Bei der Messung der Absorption elektromagnetischer Wellen, z.B. durch Atome, findet man Absorptionslinien unterschiedlicher Intensität je nach den Übergangswahrscheinlichkeiten von einem Anfangszustand in verschiedene, diskrete Anregungszustände. Als Übergangswahrscheinlichkeit verstehen wir dabei die Wahrscheinlichkeit dafür, daß das Atom unter dem Einfluß der elektromagnetischen Welle in der Zeiteinheit von einem bestimmten Anfangszustand in einen bestimmten Endzustand übergeht. Bei entarteten Energieniveaus hat man entsprechend über die einzelnen Zustände der beiden Niveaus zu summieren. Um die Übergangswahrscheinlichkeit zu berechnen denken wir uns die durch H_1 beschriebene Störung erst zur Zeit $t = 0$ eingeschaltet, so daß $H_1 = 0$ für $t < 0$ gesetzt wird. Für $t < 0$ ist der Zustand des Systems dann durch den Anfangszustand $\phi(\underline{x},t) = \phi_\alpha(\underline{x},t)$ gegeben.

Zur näherungsweisen Berechnung des Zustandes zur Zeit $t \geq 0$ betrachten wir die Differentialgleichung (6.45) in 1. Näherung der Störungstheorie

$$\begin{aligned}-\frac{\hbar}{i}\frac{dc_\mu^{(1)}(t)}{dt} &= \sum_\nu c_\nu^{(0)}\langle\psi_\mu|H_1|\psi_\nu\rangle\exp\left\{\frac{i}{\hbar}(\varepsilon_\mu-\varepsilon_\nu)t\right\} \\ &= \langle\psi_\mu|H_1|\psi_\alpha\rangle\exp\left\{\frac{i}{\hbar}(\varepsilon_\mu-\varepsilon_\alpha)t\right\},\end{aligned} \tag{6.48}$$

wobei von Gl. (6.47) Gebrauch gemacht wurde. Wir setzen zur Abkürzung

$$\omega_{\mu\alpha} = \frac{1}{\hbar}(\varepsilon_\mu - \varepsilon_\alpha)$$

und erhalten als Lösung der Differentialgleichung Gl. (6.48)

$$c_\mu^{(1)}(t) = -\frac{i}{\hbar}\int_0^t \langle\psi_\mu|H_1(\underline{x},t')|\psi_\alpha\rangle\exp\{i\omega_{\mu\alpha}t'\}\,dt'. \tag{6.49}$$

Wegen der Voraussetzung $H_1 = 0$ für $t < 0$ wurde hier $c_\mu^{(1)}(0) = 0$ für alle μ gesetzt. Damit ergeben sich die zeitabhängigen Zustände der Gl. (6.38) in 1. Näherung der Störungstheorie nach Gl. (6.44) und (6.46) zu

$$\phi(\underline{x},t) = \begin{cases} \phi_\alpha(\underline{x},t) & \text{für } t \leq 0; \\ \phi_\alpha(\underline{x},t) + \sum_\mu c_\mu^{(1)}(t)\phi_\mu(\underline{x},t) & \text{für } t \geq 0, \end{cases} \tag{6.50}$$

wobei $\phi_\alpha(\underline{x},t)$ durch Gl. (6.42) und $c_\mu^{(1)}(t)$ durch Gl. (6.49) gegeben sind.

6.4.1 Goldene Regel der Quantenmechanik

In vielen Fällen, insbesondere bei der Wechselwirkung von quantenmechanischen Systemen mit elektromagnetischen Wellen, sind periodische Störungen H_1 zu betrachten. Dafür setzen wir

$$H_1(\underline{x},t) = h(\underline{x})\exp\{-i\omega t\} + h^+(\underline{x})\exp\{i\omega t\},$$

wobei h^+ den zu h adjungierten Operator bezeichnet. Das Integral Gl. (6.49) läßt sich dann auswerten und man erhält

$$\begin{aligned}c^{(1)}_\mu(t) =& -\frac{i}{\hbar}\langle\psi_\mu|h\psi_\alpha\rangle\frac{\exp\{i(\omega_{\mu\alpha}-\omega)t\}-1}{i(\omega_{\mu\alpha}-\omega)}\\&-\frac{i}{\hbar}\langle\psi_\mu|h^+\psi_\alpha\rangle\frac{\exp\{i(\omega_{\mu\alpha}+\omega)t\}-1}{i(\omega_{\mu\alpha}+\omega)}\\=& -\frac{it}{\hbar}\langle\psi_\mu|h\psi_\alpha\rangle\exp\left\{\frac{i}{2}(\omega_{\mu\alpha}-\omega)t\right\}\frac{\sin\left\{\frac{1}{2}(\omega_{\mu\alpha}-\omega)t\right\}}{\frac{1}{2}(\omega_{\mu\alpha}-\omega)t}\\&-\frac{it}{\hbar}\langle\psi_\mu|h^+\psi_\alpha\rangle\exp\left\{\frac{i}{2}(\omega_{\mu\alpha}+\omega)t\right\}\frac{\sin\left\{\frac{1}{2}(\omega_{\mu\alpha}+\omega)t\right\}}{\frac{1}{2}(\omega_{\mu\alpha}+\omega)t}.\end{aligned} \quad (6.51)$$

Im Falle von langsam veränderlichen Störungen $\hbar\omega \ll \hbar|\omega_{\mu\alpha}| = |\varepsilon_\mu - \varepsilon_\alpha|$ ist $c^{(1)}_\mu$ umso kleiner, je größer der Abstand der beiden Energieniveaus $|\varepsilon_\mu - \varepsilon_\alpha|$ ist. Eine Änderung des Anfangszustandes ϕ_α ist nur für Zeiten in der Größenordnung $1/|\omega_{\mu\alpha}| = \hbar/|\varepsilon_\mu - \varepsilon_\alpha|$ oder kleiner zu erwarten. Dies ist nur bei kontinuierlichem Spektrum von H_0 möglich, wenn der Abstand der Energieniveaus $|\varepsilon_\mu - \varepsilon_\alpha|$ nicht größer ist, als die durch die Energie-Zeit-Unschärferelation $\Delta E \Delta t \geq \hbar/2$ gegebene Linienbreite, vergl. Gl. (1.18).

Sind die Störungen nicht langsam veränderlich, kann sich der Anfangszustand ϕ_α praktisch nur bei verschwindendem Nenner in Gl. (6.51) verändern. In diesem Fall, der als *Resonanz* bezeichnet wird

$$\hbar\omega \approx \hbar|\omega_{\mu\alpha}| = |\varepsilon_\mu - \varepsilon_\alpha|,$$

betrachten wir zunächst die Anregung durch Absorption $\varepsilon_\mu > \varepsilon_\alpha$. Dann kann der zweite Term von Gl. (6.51) gegen den ersten vernachlässigt werden und man erhält mit $\omega_{\mu\alpha} > 0$

$$c^{(1)}_\mu(t) \approx -\frac{it}{\hbar}\langle\psi_\mu|h|\psi_\alpha\rangle\exp\left\{\frac{i}{2}(\omega_{\mu\alpha}-\omega)t\right\}\frac{\sin\left\{\frac{1}{2}(\omega_{\mu\alpha}-\omega)t\right\}}{\frac{1}{2}(\omega_{\mu\alpha}-\omega)t}. \quad (6.52)$$

Im Falle der Emission mit $\varepsilon_\mu < \varepsilon_\alpha$ und $\omega_{\mu\alpha} < 0$ wird entsprechend der erste Term gegen den zweiten vernachlässigt.

6 Näherungsverfahren

Zu Berechnung der Übergangswahrscheinlichkeit gehen wir davon aus, daß sich das System zur Zeit $t < 0$ im Zustand ϕ_α befindet. Der statistische Operator ρ der Gesamtheit ist dann der Projektionsoperator, vergl. Gl. (4.7)

$$\rho = P_{\phi_\alpha} = |\phi_\alpha\rangle\langle\phi_\alpha|.$$

Der Erwartungswert des Hamilton-Operators H_0 ergibt sich damit zu

$$M(H_0) = \langle\phi_\alpha|H_0|\phi_\alpha\rangle = \langle\psi_\alpha|H_0|\psi_\alpha\rangle = \varepsilon_\alpha,$$

vergl. Abschn. 4.2.1, wobei von Gl. (6.40) und (6.42) Gebrauch gemacht wurde. Zur Zeit $t \geq 0$ verursacht der Störoperator H_1 eine durch Gl. (6.50) beschriebene Veränderung des Zustandes ϕ, den wir mit $|\mu\rangle = \phi_\mu(\underline{x},t)$ in der Form

$$\phi = \sum_\mu |\mu\rangle\langle\mu|\phi\rangle$$

schreiben. Der Erwartungswert von H_0 ist damit

$$\begin{aligned}M(H_0) &= \langle\phi|H_0|\phi\rangle = \sum_{\nu\mu}\langle\phi|\nu\rangle\langle\nu|H_0|\mu\rangle\langle\mu|\phi\rangle \\ &= \sum_{\nu,\mu}\langle\phi|\nu\rangle\varepsilon_\mu\delta_{\nu\mu}\langle\mu|\phi\rangle = \sum_\mu \varepsilon_\mu|\langle\mu|\phi\rangle|^2.\end{aligned} \qquad (6.53)$$

Bezüglich der Messung von H_0 ist also aus dem reinen Zustand ϕ_α ein Gemisch geworden. Im nicht entarteten Fall gibt die Größe $|\langle\mu|\phi\rangle|^2$ in Gl. (6.53) die Wahrscheinlichkeit dafür an, zur Zeit t die Energie ε_μ zu messen. Es sei jetzt $\mu \neq \alpha$ mit $\varepsilon_\mu \neq \varepsilon_\alpha$, dann gilt nach Gl. (6.50)

$$c_\mu^{(1)}(t) = \langle\phi_\mu|\phi\rangle$$

und $|c_\mu^{(1)}(t)|^2$ ist die Wahrscheinlichkeit dafür, daß sich das System zur Zeit t im Zustand ϕ_μ befindet, wenn es sich zur Zeit $t = 0$ im Zustand ϕ_α befand. Die experimentell beobachtbare Übergangswahrscheinlichkeit pro Zeiteinheit $W_{\alpha\mu}$ für einen Absorptionsübergang von ε_α nach ε_μ ist im Falle eines nicht entarteten Spektrums von H_0 gegeben durch

$$W_{\alpha\mu} = \frac{1}{t}\left|c_\mu^{(1)}(t)\right|^2 = \frac{1}{\hbar^2}|\langle\psi_\mu|h|\psi_\alpha\rangle|^2 \frac{\sin^2\{\frac{1}{2}(\omega_{\mu\alpha}-\omega)t\}}{\frac{1}{4}(\omega_{\mu\alpha}-\omega)^2 t}, \qquad (6.54)$$

wobei Gl. (6.52) verwendet wurde. Im entarteten Fall hat man über die entsprechenden Zustände der Energieniveaus ε_α und ε_μ zu summieren.

Interessiert man sich nicht für Einschaltvorgänge, d.h. für Zeiten, die in der Größenordnung der Schwingungsdauer $2\pi/(\omega_{\mu\alpha}-\omega)$ liegen, so kann man

$$\frac{1}{2}(\omega_{\mu\alpha}-\omega)t \gg \pi$$

voraussetzen. In diesem Fall verhält sich der zeitabhängige Teil von Gl. (6.54) wie eine Deltafunktion [1] und es folgt [2]

$$W_{\alpha\mu} = \frac{\pi t}{\hbar^2}|\langle\psi_\mu|h|\psi_\alpha\rangle|^2 \delta\big(\frac{1}{2}(\omega_{\mu\alpha} - \omega)t\big)$$
$$= \frac{2\pi}{\hbar}|\langle\psi_\mu|h|\psi_\alpha\rangle|^2 \delta(\varepsilon_\mu - \varepsilon_\alpha - E)$$

mit $E = \hbar\omega$. Der andere Fall $\varepsilon_\mu < \varepsilon_\alpha$ läßt sich einschließen und wir erhalten die *Goldene Regel der Quantenmechanik*

$$W_{\alpha\mu} = \frac{2\pi}{\hbar}|\langle\psi_\mu|h(\underline{x})|\psi_\alpha\rangle|^2 \delta(|\varepsilon_\mu - \varepsilon_\alpha| - E), \qquad (6.55)$$

die auch für nichtperiodische, zeitlich begrenzte Störungen H_1 gilt. Ist das Spektrum von H_0 entartet, hat man für die Übergangswahrscheinlichkeit über alle Zustände zu den Eigenwerten ε_α und ε_μ zu summieren. Die Deltafunktion beschreibt den Energieerhaltungssatz: die für die Zustandsänderung des Systems notwendige Energie $\hbar\omega$ wird mit der Umgebung durch die „äußere Störung" ausgetauscht.

6.5 Greensche Funktion

6.5.1 Greenscher Operator

Seien E_n die Eigenwerte und $|n\rangle$ die Eigenfunktionen des selbstadjungierten Operators H

$$H|n\rangle = E_n|n\rangle, \qquad (6.56)$$

so bilden die normierten Eigenfunktionen eine Basis im Hilbert-Raum $\mathcal{H}$ und es gilt

$\langle n|m\rangle = \delta_{nm}$ \qquad Orthonormalität

$\sum_n |n\rangle\langle n| = 1$ \qquad Vollständigkeit.

---

[1] Es gilt der Grenzübergang

$$\frac{\sin^2 x}{\pi x^2} \xrightarrow[x\to\infty]{} \delta(x) \quad \text{und} \quad \int_{-\infty}^{\infty} \frac{\sin^2 x}{\pi x^2}\,\mathrm{d}x = 1.$$

[2] Die Deltafunktion erfüllt die Bedingung $a\delta(ax) = \delta(x)$ für $a > 0$.

Für den Operator H lautet die *Spektraldarstellung*

$$H = \sum_n |n\rangle E_n \langle n|. \tag{6.57}$$

□ Die Spektraldarstellung leitet sich aus der Entwicklung eines beliebigen Elementes $|f\rangle \in \mathcal{H}$ nach der Basis $|n\rangle$ ab

$$|f\rangle = \sum_n |n\rangle\langle n|f\rangle,$$

denn es gilt mit Rücksicht auf Gl. (6.56)

$$H|f\rangle = \sum_n H|n\rangle\langle n|f\rangle = \sum_n |n\rangle E_n \langle n|f\rangle. \blacksquare$$

Die Spektraldarstellung Gl. (6.57) kann zur Definition von Operatorfunktionen $f(H)$ verwendet werden, wobei $f(z)$ eine komplexe Funktion einer komplexen Variablen $z = x + iy$ bezeichnet

$$f(H) = \sum_n |n\rangle f(E_n)\langle n|.$$

Man definiert den *Greenschen Operator* $G(E)$ für alle E der reellen Achse mit Ausnahme der reellen Eigenwerte E_n von H durch

$$G(E) = \sum_n \frac{|n\rangle\langle n|}{E - E_n} \quad \text{für} \quad E \neq E_n \quad \text{mit} \quad n = 1, 2, \ldots, \tag{6.58}$$

dann gilt mit Rücksicht auf Gl. (6.57) füe $E \neq E_n$

$$\begin{aligned}G(E)(E - H) &= \sum_{n,m} \frac{|n\rangle\langle n|m\rangle(E - E_m)\langle m|}{E - E_n} = 1 \\ &= (E - H)G(E),\end{aligned} \tag{6.59}$$

und wir schreiben für alle E, die nicht zum Spektrum von H gehören,

$$G(E) = (E - H)^{-1}.$$

Ist z.B. $H(\mathbf{r})$ der nur vom Ort abhängige Hamilton-Operator im Hilbert-Raum $\mathcal{H}$ eines Elektrons, dann hat die Eigenwertgleichung (6.56) die Form

$$H(\mathbf{r})\psi_n(\mathbf{r}) = E_n \psi_n(\mathbf{r}) \tag{6.60}$$

6.5 Greensche Funktion

und der Greensche Operator Gl. (6.58) wird zur *Greenschen Funktion*

$$G(E, \mathbf{r}, \mathbf{r}') = \sum_n \frac{\psi_n(\mathbf{r})\psi_n^*(\mathbf{r}')}{E - E_n}, \qquad (6.61)$$

mit

$$G(E, \mathbf{r}', \mathbf{r}) = G^*(E, \mathbf{r}, \mathbf{r}'). \qquad (6.62)$$

Wendet man den Operator $(E - H(\mathbf{r}))$ auf die Greensche Funktion an, so folgt für $E \neq E_n$:

$$\begin{aligned}(E - H(\mathbf{r}))G(E, \mathbf{r}, \mathbf{r}') &= \sum_n \frac{(E - H(\mathbf{r}))\psi_n(\mathbf{r})\psi_n^*(\mathbf{r}')}{(E - E_n)} \\ &= \sum_n \psi_n(\mathbf{r})\psi_n^*(\mathbf{r}'),\end{aligned}$$

so daß die Gleichung (6.59) mit Rücksicht auf die Vollständigkeitsbeziehung die Gestalt

$$(E - H(\mathbf{r}))G(E, \mathbf{r}, \mathbf{r}') = \delta(\mathbf{r} - \mathbf{r}')$$

annimmt.

□ Zum Beweise entwickelt man ein beliebiges Element $\phi(\mathbf{r}) \in \mathcal{H}$ nach den Basisfunktionen $\psi_n(\mathbf{r})$

$$\phi(\mathbf{r}) = \sum_n \psi_n(\mathbf{r}) \int \psi_n^*(\mathbf{r}')\phi(\mathbf{r}')\,\mathrm{d}^3 r',$$

wobei von der Orthonormierung

$$\int \psi_n^*(\mathbf{r})\psi_m(\mathbf{r})\,\mathrm{d}^3 r = \delta_{nm}$$

und der Vollständigkeit

$$\sum_n \psi_n(\mathbf{r})\psi_n^*(\mathbf{r}') = \delta(\mathbf{r} - \mathbf{r}')$$

der Basisfunktionen Gebrauch gemacht wurde. Die Schreibweise ergibt sich, wenn man die Vollständigkeitsbeziehung in die Definition der Deltafunktion

$$\phi(\mathbf{r}) = \int \delta(\mathbf{r} - \mathbf{r}')\phi(\mathbf{r}')\,\mathrm{d}^3 r' = \int \sum_n \psi_n(\mathbf{r})\psi_n^*(\mathbf{r}')\phi(\mathbf{r}')\,\mathrm{d}^3 r'$$

einsetzt. ■

Wenn ein Hamilton-Operator in der Form

$$H = H_0 + H_1$$

geschrieben werden kann, läßt sich die Eigenwertaufgabe $H\psi(\mathbf{r}) = E\psi(\mathbf{r})$ in die Form

$$(E - H_0(\mathbf{r}))\psi(\mathbf{r}) = H_1(\mathbf{r})\psi(\mathbf{r}) \qquad (6.63)$$

bringen. Falls die Greensche Funktion $G_0(E, \mathbf{r}, \mathbf{r}')$ von H_0 durch lösen der entsprechenden Gl. (6.60) und berechnen von Gl. (6.61) bekannt ist, hat man

$$(E - H_0(\mathbf{r}))G_0(E, \mathbf{r}, \mathbf{r}') = \delta(\mathbf{r} - \mathbf{r}'), \qquad (6.64)$$

und die Schrödinger-Gleichung (6.63) läßt sich für alle E, die nicht zum Spektrum von H_0 gehören, in eine Integralgleichung umformen

$$\boxed{\psi(\mathbf{r}) = \int G_0(E, \mathbf{r}, \mathbf{r}') H_1(\mathbf{r}') \psi(\mathbf{r}')\, d^3 r',} \qquad (6.65)$$

denn es gilt

$$(E - H_0(\mathbf{r}))\psi(\mathbf{r}) = \int (E - H_0(\mathbf{r})) G_0(E, \mathbf{r}, \mathbf{r}') H_1(\mathbf{r}') \psi(\mathbf{r}')\, d^3 r'$$
$$= \int \delta(\mathbf{r} - \mathbf{r}') H_1(\mathbf{r}') \psi(\mathbf{r}')\, d^3 r' = H_1(\mathbf{r}) \psi(\mathbf{r}).$$

6.5.2 Näherungsverfahren

Wenn ein Hamilton-Operator in der Form $H = H_0 + H_1$ geschrieben werden kann, wobei H_1 eine „kleine Störung" des durch H_0 beschriebenen Systems darstellt, so kann man mit Hilfe der Schrödinger-Gleichung in der Integraldarstellung Gl. (6.65) bei bekanntem $G_0(E, \mathbf{r}, \mathbf{r}')$ nach Gl. (6.64) Näherungslösungen für die Eigenfunktionen ψ von H finden, wenn der Eigenwert E von H bekannt ist. Hat man etwa eine Näherungslösung $\psi_0(\mathbf{r})$ und sei $\psi_1(\mathbf{r})$ eine „kleine Korrektur"

$$\psi = \psi_0 + \psi_1,$$

so erhält man aus Gl. (6.65) bei Vernachlässigung des Gliedes von zweiter Ordnung

$$\psi_0(\mathbf{r}) + \psi_1(\mathbf{r}) = \int G_0(E, \mathbf{r}, \mathbf{r}') H_1(\mathbf{r}') (\psi_0(\mathbf{r}') + \psi_1(\mathbf{r}'))\, d^3 r'$$
$$\approx \int G_0(E, \mathbf{r}, \mathbf{r}') H_1(\mathbf{r}') \psi_0(\mathbf{r}')\, d^3 r'.$$

Die Korrektur ψ_1 der Näherungslösung läßt sich also aus G_0, H_1 und ψ_0 berechnen. Wiederholt man das Verfahren, so kann man die Lösung weiter verbessern.

6.5 Greensche Funktion

Ein praktisches Verfahren zur Bestimmung von Eigenfunktionen und Eigenwerten von $H = H_0 + H_1$ ergibt sich aus der Herleitung der Integralgleichung (6.65) aus einer Variationsaufgabe: Bei Einführung der Funktionale

$$N[\psi] = \int \psi^*(\mathbf{r})H_1(\mathbf{r})\psi(\mathbf{r})\,d^3r$$
$$D[\psi](E) = \int \psi^*(\mathbf{r})H_1(\mathbf{r})G_0(E,\mathbf{r},\mathbf{r}')H_1(\mathbf{r}')\psi(\mathbf{r}')\,d^3r\,d^3r' \qquad (6.66)$$
$$\Lambda[\psi](E) = N[\psi] - D[\psi](E)$$

sind die Eigenwerte E und Eigenfunktionen ψ von $H = H_0 + H_1$ durch die beiden Bedingungen

$$\Lambda[\psi](E) = 0 \quad \text{und} \quad \frac{\delta\Lambda[\psi](E)}{\delta\psi^*(\mathbf{r})} = 0, \qquad (6.67)$$

also durch ein Variationsprinzip festgelegt.

☐ Zum Beweise multipliziert man die Gleichung (6.65) mit $\psi^*(\mathbf{r})H_1(\mathbf{r})$ und integriert, woraus sich

$$\int \psi^*(\mathbf{r})H_1(\mathbf{r})\psi(\mathbf{r})\,d^3r = \int \psi^*(\mathbf{r})H_1(\mathbf{r})G_0(E,\mathbf{r},\mathbf{r}')H_1(\mathbf{r}')\psi(\mathbf{r}')\,d^3r\,d^3r'$$

und damit die erste der beiden Bedingungen ergibt, die von der Normierung von ψ unabhängig sind. Die zweite Bedingung liefert [1] (bei komplexer Variation sind ψ und ψ^* als linear unabhängig anzusehen)

$$\frac{\delta\Lambda[\psi]}{\delta\psi^*(\mathbf{r})} = \frac{\delta N[\psi]}{\delta\psi^*(\mathbf{r})} - \frac{\delta D[\psi](E)}{\delta\psi^*(\mathbf{r})}$$
$$= H_1(\mathbf{r})\Big[\psi(\mathbf{r}) - \int G_0(E,\mathbf{r},\mathbf{r}')H_1(\mathbf{r}')\psi(\mathbf{r}')\,d^3r'\Big]. \blacksquare$$

Der Vorteil einer Lösung mit dem Variationsprinzip Gl. (6.67) liegt darin, daß der Fehler bei Näherungslösungen von zweiter Ordnung klein ist. Um das zu erkennen setzen wir eine Näherungslösung $\phi(\mathbf{r}) = \psi(\mathbf{r}) + \varepsilon\chi(\mathbf{r})$ ein, wobei ψ die exakte Lösung und ε eine kleine Zahl sei. Dann ist bei bekanntem Eigenwert E von H

$$\Lambda[\phi] = \Lambda[\psi + \varepsilon\chi] = O(\varepsilon^2),$$

---

[1] Die Variationsableitung oder Funktionalableitung eines reellen Funktionals $F[\Psi]$ eines Vektorfeldes $\Psi = (\psi_1(\underline{x}), \psi_2(\underline{x}), \ldots \psi_n(\underline{x}))$ wird folgendermaßen definiert: Wenn für eine beliebige Funktion $\Upsilon = (\eta_1(\underline{x}), \eta_2(\underline{x}), \ldots \eta_n(\underline{x}))$ und ein reelles α die Ableitung des Funktionals $F[\Psi + \alpha\Upsilon]$ nach α existiert und sich in der Form

$$\frac{d}{d\alpha}F[\Psi + \alpha\Upsilon]\Big|_{\alpha=0} = \int \sum_{k=1}^{n} \frac{\delta F[\Psi]}{\delta\psi_k(\underline{x})}\eta_k(\underline{x})\,d\tau$$

schreiben läßt, dann heißt $\delta F[\Psi]/\delta\psi_k(\underline{x})$ Funktionalableitung oder Variationsableitung des Funktionals $F[\Psi]$.

weil die in ε linearen Glieder wegen der zweiten Bedingung Gl. (6.67) verschwinden. Wird andererseits mit Hilfe einer Näherungsfunktion $\phi(\mathbf{r}) = \psi(\mathbf{r}) + \varepsilon\chi(\mathbf{r})$ aus den Bedingungen Gl. (6.67) der Eigenwert $E = E_\psi + \eta$ bestimmt

$$0 = \Lambda[\psi + \varepsilon\chi](E_\psi + \eta)$$
$$= \Lambda[\psi](E_\psi + \eta) + O(\varepsilon^2),$$

wobei E_ψ den zu ψ gehörigen exakten Eigenwert bezeichnet

$$\Lambda[\psi](E_\psi) = 0,$$

so ist die Abweichung η vom exakten Eigenwert ebenfalls von zweiter Ordnung klein: $\eta = O(\varepsilon^2)$.

Mit Hilfe des Variationsprinzips Gl. (6.67) lassen sich Näherungslösungen durch Entwicklung von $\psi(\mathbf{r})$ nach einer endlichen Anzahl gegebener Funktionen $\varphi_j(\mathbf{r})$ gewinnen

$$\psi(\mathbf{r}) = \sum_{j=1}^{M} c_j \varphi_j(\mathbf{r}). \tag{6.68}$$

Dabei wird die Variation bezüglich der komplexen Entwicklungskoeffizienten c_j durchgeführt. Zur Lösung der Integralgleichung Gl. (6.65) setzt man den Ansatz Gl. (6.68) in die Funktionale Gl. (6.66) ein, und erhält

$$N(c_1, c_2, \ldots c_M) = \sum_{j,k}^{1 \ldots M} c_j^* c_k N_{jk}$$
$$D(c_1, c_2, \ldots c_M, E) = \sum_{j,k}^{1 \ldots M} c_j^* c_k D_{jk}$$
$$\Lambda(c_1, c_2, \ldots c_M, E) = N(c_1, c_2, \ldots c_M) - D(c_1, c_2, \ldots c_M, E)$$

mit

$$N_{jk} = \int \varphi_j^*(\mathbf{r}) H_1(\mathbf{r}) \varphi_k(\mathbf{r}) \, d^3r$$
$$D_{jk}(E) = \int \varphi_j^*(\mathbf{r}) H_1(\mathbf{r}) G_0(E, \mathbf{r}, \mathbf{r}') H_1(\mathbf{r}') \varphi_k(\mathbf{r}') \, d^3r \, d^3r'.$$

Zur Bestimmung der c_j verwenden wir die Bedingungen entsprechend Gl. (6.67)

$$\Lambda(c_1, c_2, \ldots c_M, E) = 0 \quad \text{und} \quad \frac{\partial \Lambda}{\partial c_j^*} = 0 \quad \text{für} \quad j = 1, 2, \ldots M \tag{6.69}$$

und erhalten

$$\frac{\partial \Lambda}{\partial c_j^*} = \sum_{k=1}^{M} N_{jk} c_k - \sum_{k=1}^{M} D_{jk} c_k$$
$$= \sum_{k=1}^{M} [N_{jk} - D_{jk}] c_k = 0.$$

Die Bedingungen Gl. (6.69) haben nur dann eine nichttriviale Lösung, wenn die Koeffizientendeterminante verschwindet

$$\det\{N_{jk} - D_{jk}(E)\} = 0,$$

so daß sich M Eigenwerte von H genähert aus den Nullstellen dieser Determinante ergeben. Die zugehörigen Eigenvektoren (c_k) der Matrix $\big(N_{jk} - D_{jk}(E)\big)$ liefern die Eigenfunktionen $\psi(\mathbf{r})$ von H nach Gl. (6.68).

Zur Normierung der Eigenfunktionen berechnen wir mit Hilfe von Gl. (6.65)

$$1 = \int \psi^*(\mathbf{r})\psi(\mathbf{r})\, d^3r$$
$$= \int \psi^*(\mathbf{r}')H_1(\mathbf{r}')G_0^*(E,\mathbf{r},\mathbf{r}')G_0(E,\mathbf{r},\mathbf{r}'')H_1(\mathbf{r}'')\psi(\mathbf{r}'')\, d^3r\, d^3r'\, d^3r''$$
$$= -\frac{d}{dE}\int \psi^*(\mathbf{r}')H_1(\mathbf{r}')G_0(E,\mathbf{r}',\mathbf{r}''H_1(\mathbf{r}'')\psi(\mathbf{r}'')\, d^3r'\, d^3r'',$$

wobei Gl. (6.62) und

$$\int G_0(E,\mathbf{r}',\mathbf{r})G_0(E,\mathbf{r},\mathbf{r}'')\, d^3r = \sum_{n,m}\int \frac{\psi_n(\mathbf{r}')\psi_n^*(\mathbf{r})\psi_m(\mathbf{r})\psi_m^*(\mathbf{r}'')}{(E-E_n)(E-E_m)}\, d^3r$$
$$= \sum_n \frac{\psi_n(\mathbf{r}')\psi_n^*(\mathbf{r}'')}{(E-E_n)^2}$$
$$= -\frac{d}{dE}G_0(E,\mathbf{r}',\mathbf{r}'')$$

verwendet wurde. Einsetzen der Entwicklung Gl. (6.68) ergibt die Normierungsbedingung

$$\sum_{j,k}^{1\ldots M} c_j^* \frac{d}{dE} D_{jk}(E) c_k = -1.$$

6.5.3 Zustandsdichte

Der für reelle E eingeführte Greensche Operator Gl. (6.58) und die Greensche Funktion Gl. (6.61) haben einfache Pole an den Eigenwerten E_n des Operators H. Die Greensche Funktion läßt sich in die komplexe E-Ebene analytisch fortsetzen und zur praktischen Anwendung wird die *avancierte Greensche Funktion* G^+ oder die *retardierte Greensche Funktion* G^- mit $\varepsilon > 0$ eingeführt

$$G^{\pm}(E, \mathbf{r}, \mathbf{r}') = \lim_{\varepsilon \to 0} G(E \pm i\varepsilon, \mathbf{r}, \mathbf{r}') = \lim_{\varepsilon \to 0} \sum_n \frac{\psi_n(\mathbf{r})\psi_n^*(\mathbf{r}')}{E \pm i\varepsilon - E_n}. \quad (6.70)$$

Dann hat $G(E + i\varepsilon, \mathbf{r}, \mathbf{r}')$ nur unterhalb der reellen Achse Polstellen bei $E_n - i\varepsilon$ und ist somit in der oberen Halbebene einschließlich der reellen Achse holomorph. Sei $f(z)$ eine in der Umgebung der reellen Achse holomorphe Funktion und a eine reelle Zahl, so gilt die Cauchy-Formel

$$\int_C \frac{f(z)}{z-a} \, dz = P \int_{-\infty}^{\infty} \frac{f(x)}{x-a} \, dx - i\pi f(a),$$

wobei C den Integrationsweg entlang der reellen Achse aber oberhalb der Polstelle a des Integranden und P den Hauptwert bezeichnet. Die Cauchy-Formel lautet in Operatorschreibweise

$$\lim_{\varepsilon \to 0} \frac{1}{x - a + i\varepsilon} = P \frac{1}{x-a} - i\pi \, \delta(x-a),$$

wobei $\delta(x-a)$ die Dirac-Deltafunktion bezeichnet. Mit Hilfe der Cauchy-Formel läßt sich die avancierte Greensche Funktion Gl. (6.70) in der Form schreiben

$$G^+(E, \mathbf{r}, \mathbf{r}') = \sum_n \psi_n(\mathbf{r}) \psi_n^*(\mathbf{r}') \left[P \frac{1}{E - E_n} - i\pi \, \delta(E - E_n) \right],$$

und der Imaginärteil lautet für $\mathbf{r} = \mathbf{r}'$

$$\operatorname{Im}\{G^+(E, \mathbf{r}, \mathbf{r})\} = -\pi \sum_n \psi_n(\mathbf{r})\psi_n^*(\mathbf{r}) \, \delta(E - E_n).$$

Mit Hilfe der Greenschen Funktion G^+ definieren wir die *lokale Zustandsdichte*

$$g(E, \mathbf{r}) = \sum_n 2|\psi_n(\mathbf{r})|^2 \delta(E - E_n) = -\frac{2}{\pi} \operatorname{Im}\{G^+(E, \mathbf{r}, \mathbf{r})\}, \quad (6.71)$$

wobei der Faktor 2 die beiden möglichen Spinrichtungen berücksichtigt. Aus ihr ergibt sich die *Zustandsdichte*

$$\begin{aligned}
g(E) &= \int g(E, \mathbf{r}) \, d^3 r \\
&= \sum_n \int 2|\psi_n(\mathbf{r})|^2 \, d^3 r \, \delta(E - E_n) \\
&= \sum_n 2\delta(E - E_n),
\end{aligned}$$

die sich aus dem Imaginärteil der Greenschen Funktion Gl. (6.71) bestimmen läßt

$$g(E) = -\frac{2}{\pi} \operatorname{Im} \int G^+(E, \mathbf{r}, \mathbf{r}) \, d^3r = -\frac{2}{\pi} \operatorname{Im} \left\{ \operatorname{Sp}(G^+(E)) \right\}. \tag{6.72}$$

Dabei hat man den Vorteil, daß die Spur $\operatorname{Sp}(G^+(E))$ des Greenschen Operators von der Wahl der Basis unabhängig ist.

6.5.4 Elektronendichte

Wir betrachten speziell ein Mehrelektronensystem in einer Einelektronennäherung, in dem die Zustände aus den Eigenfunktionen $\psi_n(\mathbf{r})$ von $H(\mathbf{r})$ gebildet werden, die mit jeweils zwei Elektronen besetzt sein können. Im Grundzustand sind die Einelektronenzustände mit Energien bis zur *Fermi-Energie* E_F besetzt. Um dies zu beschreiben definieren wir die *Fermi-Funktion*

$$f_F(E) = \begin{cases} 1 & \text{für } E \leq E_F \\ 0 & \text{für } E > E_F \end{cases}$$

und erhalten für die *Elektronendichte*

$$n(\mathbf{r}) = \sum_n 2 f_F(E_n) \left|\psi_n(\mathbf{r})\right|^2 = \sum_n^{\text{besetzt}} 2 \left|\psi_n(\mathbf{r})\right|^2.$$

Man erkennt, daß sich die Elektronendichte $n(\mathbf{r})$ aus der lokalen Zustandsdichte Gl. (6.71) ergibt, und sie sich ebenfalls aus dem Imaginärteil der Greenschen Funktion bestimmen läßt:

$$n(\mathbf{r}) = \int_{-\infty}^{\infty} g(E, \mathbf{r}) f_F(E) \, dE$$
$$= \sum_n 2 \left|\psi_n(\mathbf{r})\right|^2 \int_{-\infty}^{\infty} f_F(E) \delta(E - E_n) \, dE = \sum_n 2 \left|\psi_n(\mathbf{r})\right|^2 f_F(E_n).$$

Mit Hilfe von Gl. (6.71) erhalten wir für die Elektronendichte

$$\boxed{n(\mathbf{r}) = -\frac{2}{\pi} \operatorname{Im} \int_{-\infty}^{E_F} G^+(E, \mathbf{r}, \mathbf{r}) \, dE.} \tag{6.73}$$

Für kleine ε ist die Greensche Funktion Gl. (6.70) für E im Bereich vieler Eigenwerte eine stark oszillierende Funktion, was insbesondere bei der Berechnung der

Elektronendichte $n(\mathbf{r})$ durch Energieintegration Gl. (6.73) zu numerischen Schwierigkeiten führt. Da die Greensche Funktion $G^+(E)$ in der oberen Halbebene holomorph ist, läßt sich der Integrationsweg um ein endliches Stück Σ in die obere Halbebene verschieben. Zur analytischen Fortsetzung bzw. zur Berechnung der Greenschen Funktion an den Stellen $E + i\Sigma$ beachtet man

$$G^+(E + i\Sigma) = \sum_n \frac{|n\rangle\langle n|}{E - E_n + i\Sigma}$$

$$= \int \sum_n \frac{|n\rangle\langle n|}{E - E' + i\Sigma} \delta(E' - E_n) \, dE'$$

$$= -\frac{1}{\pi} \int \frac{\operatorname{Im} G^+(E')}{E - E' + i\Sigma} \, dE'$$

und es gilt

$$\operatorname{Im} G^+(E + i\Sigma) = \frac{\Sigma}{\pi} \int \frac{\operatorname{Im} G^+(E')}{(E' - E)^2 + \Sigma^2} \, dE'.$$

Zum Zwecke der numerischen Vereinfachung erhält man daraus [2]

$$\operatorname{Im} G^+(E + i\Sigma) = \operatorname{Im} G^+(E) + \frac{\Sigma}{\pi} \int_{-\infty}^{\infty} \frac{\operatorname{Im} G^+(E') - \operatorname{Im} G^+(E)}{(E' - E)^2 + \Sigma^2} \, dE'.$$

6.5.5 Freie Elektronen

Im Falle freier Elektronen lautet die Eigenwertgleichung des Hamilton-Operators

$$-\frac{\hbar^2}{2m} \Delta \varphi_{\mathbf{k}}(\mathbf{r}) = \frac{\hbar^2 \mathbf{k}^2}{2m} \varphi_{\mathbf{k}}(\mathbf{r})$$

und die Eigenfunktionen sind ebene Wellen

$$\varphi_{\mathbf{k}}(\mathbf{r}) = \frac{1}{\sqrt{V}} \exp\{i\mathbf{k}\mathbf{r}\}, \qquad (6.74)$$

die im Hilbert-Raum der über dem Volumen V quadratisch integrierbaren Funktionen ein vollständiges Orthonormalsystem bilden, vergl. Gl. (8.8). Für das Grundgebiet wird ein Würfel $V = L^3$ mit der Kantenlänge L gewählt und durch die

---

[2] Man beachte

$$\int_{-\infty}^{\infty} \frac{dx}{x^2 + a^2} = \frac{\pi}{a}.$$

periodischen Randbedingungen der ebenen Wellen Gl. (6.74) wird der Ausbreitungsvektor **k** zu einer diskreten Quantenzahl, vergl. Abschn. 8.2,

$$\mathbf{k} = \frac{2\pi}{L}(n_1, n_2, n_3) \quad \text{mit} \quad n_j = 0, \pm 1, \pm 2, \ldots.$$

Die *avancierte Greensche Funktion freier Teilchen* kann nach Gl. (6.70) berechnet werden, vergl. Anhang D,

$$\begin{aligned}G^+(E, \mathbf{r}, \mathbf{r}') &= \lim_{\varepsilon \to 0} \sum_{\mathbf{k}} \frac{\varphi_\mathbf{k}(\mathbf{r})\varphi_\mathbf{k}^*(\mathbf{r}')}{E + i\varepsilon - \hbar^2\mathbf{k}^2/2m} \\ &= -\frac{1}{4\pi}\frac{2m}{\hbar^2}\frac{\exp\{i\sqrt{2mE}\,|\mathbf{r}-\mathbf{r}'|/\hbar\}}{|\mathbf{r}-\mathbf{r}'|}.\end{aligned}$$

Zur Bestimmung der Zustandsdichte $g(E)$ berechnen wir zunächst

$$\begin{aligned}\operatorname{Im} G^+(E, \mathbf{r}, \mathbf{r}) &= \lim_{\mathbf{r}' \to \mathbf{r}} \left(-\frac{1}{4\pi}\frac{2m}{\hbar^2}\frac{\sin\{\sqrt{2mE}\,|\mathbf{r}-\mathbf{r}'|/\hbar\}}{|\mathbf{r}-\mathbf{r}'|}\right) \\ &= -\frac{m}{2\pi\hbar^2}\frac{\sqrt{2mE}}{\hbar}\lim_{x \to 0}\frac{\sin x}{x} = -\frac{m}{2\pi\hbar^3}\sqrt{2mE},\end{aligned}$$

woraus sich nach Gl. (6.72) die Zustandsdichte freier Elektronen zu

$$g(E) = -\frac{2}{\pi}\operatorname{Im}\int_V G^+(E, \mathbf{r}, \mathbf{r})\,\mathrm{d}^3r = \frac{mV}{\pi^2\hbar^3}\sqrt{2mE}$$

ergibt, vergl. Abschn. 8.2. Aus dem Imaginärteil der avancierten Greenschen Funktion G^+ findet man nach Gl. (6.73) eine konstante Elektronendichte freier Elektronen

$$\begin{aligned}n(\mathbf{r}) &= -\frac{2}{\pi}\operatorname{Im}\int_0^{E_\mathrm{F}} G^+(E, \mathbf{r}, \mathbf{r})\,\mathrm{d}E = \frac{m}{\pi^2\hbar^3}\sqrt{2m}\int_0^{E_\mathrm{F}} \sqrt{E}\,\mathrm{d}E \\ &= \frac{1}{3\pi^2}\left(\frac{2mE_\mathrm{F}}{\hbar^2}\right)^{\frac{3}{2}} = n = \frac{N}{V},\end{aligned}$$

mit der Fermi-Energie nach Gl. (8.13).

6.5.6 Dyson-Gleichung

Wenn der Hamilton-Operator in der Form $H = H_0 + H_1$ vorliegt und der Greensche Operator von H_0 bekannt ist

$$G_0^+(E) = (E - H_0)^{-1}, \tag{6.75}$$

dann läßt sich der Greensche Operator von H

$$G^+(E) = (E - H)^{-1} \tag{6.76}$$

mit Hilfe der *Dyson-Gleichung*

$$\boxed{G^+ = G_0^+ + G_0^+ H_1 G^+} \tag{6.77}$$

berechnen, die auch für G^- gilt und oft nur mit G bzw. G_0 geschrieben wird.

□ Zum Beweise berechnen wir

$$\begin{aligned}G &= (E-H)^{-1} = (E-H_0)^{-1}(E-H_0)(E-H)^{-1}\\ &= G_0(E-H+H_1)(E-H)^{-1}\\ &= G_0 + G_0 H_1 G. \blacksquare\end{aligned}$$

Die Dyson-Gleichung (6.77) läßt sich bei „kleinen" Störungen H_1 von H_0 iterativ lösen, indem rechts zunächst G_0 für G eingesetzt wird, um zu einer Näherung für G zu kommen. Man setzt dies dann wieder rechts ein und kommt so schrittweise zu immer besseren Lösungen, was den einzelnen Summationsschritten der Potenzreihe

$$G = G_0 + G_0 H_1 G_0 + G_0 H_1 G_0 H_1 G_0 + \ldots$$

entspricht. Die Dyson-Gleichung (6.77) läßt sich auch direkt nach G^+ auflösen

$$G^+(E) = \left(1 - G_0^+(E)H_1\right)^{-1} G_0^+(E) \tag{6.78}$$

oder

$$G^+ - G_0^+ = \left(\left(1 - G_0^+(E)H_1\right)^{-1} - 1\right) G_0^+,$$

denn der Operator $\left(1 - G_0^+(E)H_1\right)^{-1}$ existiert für die E, die nicht zum Spektrum von H_0 oder H gehören.

□ Zum Beweise berechnet man

$$\begin{aligned}(1 - G_0^+ H_1)(1 + G^+ H_1) &= 1 - G_0^+ H_1 + G^+ H_1 - G_0^+ H_1 G^+ H_1\\ &= 1 + (G^+ - G_0^+ - G_0^+ H_1 G^+) H_1 = 1\end{aligned}$$

und beachtet die Dyson-Gleichung (6.77). ∎

Die Polstellen von G_0^+ sind die Eigenwerte von H_0 und die Polstellen von G^+ die Eigenwerte von H. Aus Gl. (6.78) folgt, daß sich die Polstellen von G^+ aus den Eigenwerten von H_0 und den Nullstellen der Determinante

$$\det(1 - G_0^+(E)H_1) = 0 \tag{6.79}$$

ergeben, aus der sich also die Eigenwerte von H finden lassen, die nicht Eigenwerte von H_0 sind. Dies ist für die Fälle interessant, bei denen die „Störung" H_1 nur wenige der Eigenwerte von H_0 wesentlich verändern. Zur Berechnung der „Störniveaus" muß die Schrödinger-Gleichung

$$H\psi = [H_0 + H_1]\psi = E\psi \quad \text{oder} \quad (E - H_0)\psi = H_1\psi$$

gelöst werden. Dies kann mit Hilfe der Greenschen Funktion des ungestörten Systems $G_0^+(E) = (E - H_0)^{-1}$, vergl. Gl. (6.75), geschehen

$$\psi = G_0^+(E)H_1\psi \quad \text{oder} \quad [1 - G_0^+(E)H_1]\psi = 0 \tag{6.80}$$

und die homogene Differentialgleichung (6.80) hat eine nichttriviale Lösung, wenn die Bedingung (6.79) erfüllt ist. Auf diese Weise findet man die Eigenwerte von H, die nicht Eigenwerte von H_0 sind.

Die Lösungen ψ von Gl. (6.80) erfüllen für verschwindende Störung H_1 die nicht korrekte Grenzbedingung

$$\psi = G_0(E)H_1\psi \xrightarrow[H_1 \to 0]{} 0.$$

Nach dem Theorem von Levinson verändert sich die Anzahl der Eigenfunktionen durch H_1 nicht, so daß die Eigenfunktionen von H für $H_1 \to 0$ in die von H_0 übergehen müssen. Im Falle „kleiner" Störungen H_1 läßt sich die richtige Grenzbedingung für die Eigenfunktionen ψ von H erreichen, indem zur Lösung ψ der inhomogenen Differentialgleichung Gl. (6.80) eine Lösung $\psi^{(0)}$ der zugehörigen homogenen Schrödinger-Gleichung des ungestörten Systems addiert wird. Dazu subtrahieren wir die beiden Differentialgleichungen

$$(E - H_0)\psi = H_1\psi$$
$$(E - H_0)\psi^{(0)} = 0$$

und bekommen

$$(E - H_0)\psi = H_1\psi + (E - H_0)\psi^{(0)}.$$

Durch Anwenden des Greenschen Operators $G_0(E) = (E - H_0)^{-1}$ erhält man daraus die *Lippmann-Schwinger-Gleichung*

$$\psi = G_0(E)H_1\psi + \psi^{(0)}$$

mit der richtigen Grenzbedingung für verschwindende Störung

$$\psi \xrightarrow[H_1 \to 0]{} \psi^{(0)}.$$

6.5.7 Änderung der Zustandsdichte

Wichtige Informationen gewinnt man aus der durch den Stöoperator verursachten Änderung der Zustandsdichte, insbesondere bei quasikontinuierlichen Spektren, wie sie bei Festkörpern auftreten. Dazu differenziert man den inversen Greenschen Operator $G^{-1}(E) = E - H$ Gl. (6.76) nach E und erhält

$$1 = \frac{d}{dE}G^{-1}(E) = -G^{-2}(E)\frac{d}{dE}G(E),$$

woraus sich

$$G^2(E) = -\frac{d}{dE}G(E) \quad \text{oder} \quad G(E) = -\frac{d}{dE}\ln G(E) \qquad (6.81)$$

ergibt. Für die Zustandsdichte Gl. (6.72) erhält man somit

$$g(E) = -\frac{2}{\pi}\operatorname{Im}\bigl\{\operatorname{Sp}(G^+(E))\bigr\} = \frac{2}{\pi}\operatorname{Im}\Bigl\{\operatorname{Sp}\Bigl(\frac{d}{dE}\ln G^+(E)\Bigr)\Bigr\}. \qquad (6.82)$$

Dieser Ausdruck ist wohldefiniert, denn da $G^+(E)^{-1} = E - H$ existiert, verschwindet kein Eigenwert g_j von G^+ und mit

$$\operatorname{Sp}(G^+(E)) = \sum_j g_j \quad \text{ist auch} \quad \operatorname{Sp}(\ln G^+(E)) = \sum_j \ln g_j$$

definiert. Damit erhält man für die Zustandsdichte nach Gl. (6.82)

$$g(E) = \frac{2}{\pi}\operatorname{Im}\Bigl\{\frac{d}{dE}\operatorname{Sp}(\ln G^+(E))\Bigr\}$$
$$= \frac{2}{\pi}\operatorname{Im}\Bigl\{\frac{d}{dE}\ln\prod_j g_j\Bigr\} = \frac{2}{\pi}\operatorname{Im}\Bigl\{\frac{d}{dE}\ln\det(G^+(E))\Bigr\}$$

und für die Änderung der Zustandsdichte folgt

$$\Delta g(E) = g(E) - g_0(E)$$
$$= \frac{2}{\pi}\operatorname{Im}\Bigl\{\frac{d}{dE}\bigl[\ln\det(G^+(E)) - \ln\det(G_0^+(E))\bigr]\Bigr\}$$
$$= \frac{2}{\pi}\operatorname{Im}\Bigl\{\frac{d}{dE}\ln\det(G^+(E)G_0^+(E)^{-1})\Bigr\}$$
$$= \frac{2}{\pi}\operatorname{Im}\Bigl\{\frac{d}{dE}\ln\det(Q^{-1})\Bigr\} = -\frac{2}{\pi}\operatorname{Im}\Bigl\{\frac{d}{dE}\ln\det(Q)\Bigr\}$$
$$= -\frac{2}{\pi}\operatorname{Im}\Bigl\{\frac{d}{dE}\ln\det(1 - G_0^+(E)H_1)\Bigr\},$$

6.5 Greensche Funktion

denn mit der Abkürzung $Q = 1 - G_0^+(E)H_1$ folgt aus Gl. (6.78)

$$G^+(E)G_0^+(E)^{-1} = \bigl(1 - G_0^+(E)H_1\bigr)^{-1} G_0^+(E)G_0^+(E)^{-1} = Q^{-1}.$$

Damit läßt sich die Änderung der Zustandsdichte aus der Phasenverschiebung $\delta(E)$ berechnen [3]

$$\Delta g(E) = g(E) - g_0(E) = \frac{2}{\pi}\frac{d}{dE}\delta(E) \tag{6.83}$$

mit

$$\delta(E) = -\arctan\left\{\frac{\operatorname{Im}\det\bigl(1 - G_0^+(E)H_1\bigr)}{\operatorname{Re}\det\bigl(1 - G_0^+(E)H_1\bigr)}\right\}.$$

Bei der Berechnung der Phasenverschiebung $\delta(E)$ muß die Mehrdeutigkeit der Funktion $\arctan(y/x)$ beachtet werden. Wählt man als Definitionsbereich das Intervall $-\pi < \arctan(y/x) \leq \pi$, so sind die Riemann-Flächen auf der negativen reellen Achse verknüpft und beim Überschreiten dieser Achse muß 2π hinzugefügt bzw. abgezogen werden. Die Änderung der Anzahl der Zustände in einem bestimmten Energieintervall $E_1 \leq E \leq E_2$ berechnet sich aus

$$\int_{E_1}^{E_2}\Delta g(E)\,dE = \frac{2}{\pi}\int_{E_1}^{E_2}\frac{d\delta(E)}{dE}\,dE = \frac{2}{\pi}\Bigl(\delta(E_2) - \delta(E_1)\Bigr). \tag{6.84}$$

Es sind jedoch auch Zwischenwerte auszurechnen um festzustellen, ob der Schnitt auf der negativen reellen Achse überschritten wird. Aufgrund des *Theorems von Levinson*

$$\int_{-\infty}^{\infty}\Delta g(E)\,dE = 0$$

kann man mit Hilfe von Gl. (6.84) herausfinden, zu welchem Energiebereich ein Störniveau gehört. Diese Information ist wichtig, um die richtige Besetzung der Störniveaus mit Elektronen zu finden.

Die Änderung der Zustandsdichte $\Delta g(E)$ läßt sich außer über die Phasenverschiebung auch mit Hilfe der Dyson-Gleichung (6.77) und Gl. (6.78) aus

$$G^+(E) - G_0^+(E) = G_0^+(E)H_1 G^+(E)$$
$$= G_0^+(E)H_1\bigl(1 - G_0^+(E)H_1\bigr)^{-1}G_0^+(E)$$

---

[3] Aus $z = x + iy = \sqrt{x^2 + y^2}\exp\{i\arctan(y/x)\}$ folgt $\operatorname{Im}\ln z = \arctan(y/x)$.

berechnen, wobei man von Gl. (6.72) ausgeht:

$$\begin{aligned}\Delta g(E) &= g(E) - g_0(E) \\ &= -\frac{2}{\pi} \operatorname{Im} \operatorname{Sp}(G^+(E)) + \frac{2}{\pi} \operatorname{Im} \operatorname{Sp}(G_0^+(E)) \\ &= -\frac{2}{\pi} \operatorname{Im} \operatorname{Sp}(G^+(E) - G_0^+(E)) \\ &= -\frac{2}{\pi} \operatorname{Im} \operatorname{Sp}\left(G_0^+(E) H_1 \left(1 - G_0^+(E) H_1\right)^{-1} G_0^+(E)\right) \\ &= -\frac{2}{\pi} \operatorname{Im} \operatorname{Sp}\left(G_0^{+2} H_1 \left(1 - G_0^+ H_1\right)^{-1}\right) \\ &= \frac{2}{\pi} \operatorname{Im} \operatorname{Sp}\left(\frac{dG_0^+(E)}{dE} H_1 \left(1 - G_0^+(E) H_1\right)^{-1}\right).\end{aligned} \qquad (6.85)$$

Dabei wurde von Gl. (6.81) Gebrauch gemacht.

Die Elektronendichte wird aus der Greenschen Funktion gemäß Gl. (6.73) berechnet und für die Änderung der Elektronendichte durch die mit H_1 beschriebene Störung erhält man somit

$$\begin{aligned}\Delta n(\mathbf{r}) &= n(\mathbf{r}) - n_0(\mathbf{r}) \\ &= -\frac{2}{\pi} \int_{-\infty}^{E_F} \operatorname{Im}\left(G^+(E, \mathbf{r}, \mathbf{r}) - G_0^+(E, \mathbf{r}, \mathbf{r})\right) \, dE.\end{aligned} \qquad (6.86)$$

Die Formeln für die Änderung der Zustandsdichte Gl. (6.83) und (6.85) sowie für die Änderung der Elektronendichte Gl. (6.86) sind exakt. Sie bilden zur numerischen Durchführung einen guten Ausgangspunkt für Näherungen wenn durch geschickte Wahl von Basisfunktionen die Greenschen Operatoren durch kleine Matrizen approximiert werden können.

7 Hartree-Fock-Verfahren

Zur Berechnung von Atomen, Molekülen, Festkörpern und Flüssigkeiten führt man zweckmäßig die Born-Oppenheimer-Näherung ein, die auf dem großen Massenunterschied zwischen den Elektronen und den Atomkernen beruht. In dieser Näherung lassen sich die elektronischen Eigenschaften unabhängig von den Schwingungen der Atomkerne behandeln, vergl. Abschn. 8.4. Es werden dabei zunächst die Zustände der Elektronen unter der Voraussetzung berechnet, daß die Atomkerne ruhen. Bei einem solchen *Elektronengas* bewegen sich die Elektronen der Atome in einem gemeinsamen Potential der Atomkerne, welches die Kernorte als Parameter enthält. Führt man solche Rechnungen für unterschiedliche Atomlagen durch, so lassen sich außerdem die von der Mitbewegung der Atomkerne herrührenden Eigenschaften bestimmen. Die Einzelheiten dazu werden in den entsprechenden Kapiteln besprochen. Wir gehen in diesem Abschnitt zunächst von einem gegebenen Einelektronenpotential $v(\mathbf{r},\mathbf{s})$ für N Elektronen aus und die Zustände des Elektronengases werden durch den Hamilton-Operator

$$H = \sum_{i=1}^{N}\left[-\frac{\hbar^2}{2m}\Delta_i + v(\mathbf{r}_i,\mathbf{s}_i)\right] + \frac{e^2}{8\pi\varepsilon_0}\sum_{\substack{i,j \\ i\neq j}}^{1...N}\frac{1}{|\mathbf{r}_i-\mathbf{r}_j|}. \qquad (7.1)$$

beschrieben. Er setzt sich aus den drei Teilen kinetische Energie, potentielle Energie und Elektron-Elektron-Energie zusammen. Die Zustände des Hamilton-Operators Gl. (7.1) sind im N-Teilchen-Hilbert-Raum

$$\mathcal{H} = \mathcal{H}_1 \otimes \mathcal{H}_2 \otimes \ldots \otimes \mathcal{H}_N$$

zu bestimmen, wobei der Einteilchen-Hilbert-Raum

$$\mathcal{H}_j = \mathcal{H}_O(\mathbf{r}_j) \otimes \mathcal{H}_S(\mathbf{s}_j)$$

das Produkt aus dem Hilbert-Raum der Ortsfunktionen $\mathcal{H}_O$ und dem der Spinfunktionen $\mathcal{H}_S$ ist. Wie in Abschn. 5.3 ausgeführt, kann der Hilbert-Raum für ein Elektron von den Basisfunktionen $|k\rangle = |\nu\sigma\rangle$ oder

$$\psi_{k_j}(j) = \varphi_{\nu_j}(\mathbf{r}_j)\chi_{\sigma_j}(\mathbf{s}_j) \quad \text{mit} \quad \sigma_j = \pm\tfrac{1}{2} \qquad (7.2)$$

aufgespannt werden, wobei die $\varphi_\nu(\mathbf{r})$ eine Basis in $\mathcal{H}_O$ und die beiden $\chi_\sigma(\mathbf{s})$ eine Basis in $\mathcal{H}_S$ bilden. Hier bezeichnet ν einen geeigneten Satz von Quantenzahlen. Dann gilt die Orthonormalitätsbeziehung mit $|\nu\sigma\rangle = \varphi_\nu(\mathbf{r})\chi_\sigma(\mathbf{s})$

$$\langle\nu\sigma|\mu\tau\rangle = \delta_{\sigma\tau}\int \varphi_\nu^*(\mathbf{r})\varphi_\mu(\mathbf{r})\,\mathrm{d}^3r = \delta_{\sigma\tau}\delta_{\nu\mu}. \qquad (7.3)$$

7 Hartree-Fock-Verfahren

Demgemäß wird der Hilbert-Raum $\mathcal{H}$ von N-fachen Produkten aus Einteilchenfunktionen Gl. (7.2) aufgespannt. Nach dem Pauli-Prinzip sind nur antisymmetrische Zustände in $\mathcal{H}$ bezüglich der Vertauschung von Elektronen zugelassen. Dem kann nach Abschn. 4.6 durch Konstruktion von Slater-Determinanten

$$\Psi^{\mathrm{SD}}_{k_1 k_2 \ldots k_N}(1, 2, \ldots N) = \frac{1}{\sqrt{N!}} \det \begin{vmatrix} \psi_{k_1}(1) & \psi_{k_1}(2) & \ldots & \psi_{k_1}(N) \\ \psi_{k_2}(1) & \psi_{k_2}(2) & \ldots & \psi_{k_2}(N) \\ \vdots & \vdots & \ddots & \vdots \\ \psi_{k_N}(1) & \psi_{k_N}(2) & \ldots & \psi_{k_N}(N) \end{vmatrix} \quad (7.4)$$

aus den Einteilchenfunktionen Gl. (7.2) genüge getan werden, wobei für $\mathbf{r}_j, \mathbf{s}_j$ kurz j geschrieben wurde. Die Slater-Determinante verschwindet, außer wenn alle Einteilchenquantenzahlen $k_1, k_2, \ldots k_N$ voneinander verschieden sind. Eine beliebige Permutation der N Quantenzahlen k_j ändert die Slater-Determinante nur um einen Phasenfaktor ± 1, je nachdem es sich um eine gerade oder ungerade Permutation handelt. Es ist daher zweckmäßig sich auf eine bestimmte Reihenfolge der Quantenzahlen festzulegen. Tut man dies, so bilden die Slater-Determinanten Gl. (7.4) ein Orthonormalsystem im Hilbert-Raum $\mathcal{H}$ und sind im irreduziblen Unterraum der antisymmetrischen Funktionen vollständig. Unter der Voraussetzung der Orthonormalitätsbeziehung der Einteilchenfunktionen Gl. (7.3) erhält man die Orthonormalitätsrelation der Slater-Determinanten

$$\langle \Psi^{\mathrm{SD}}_{k_1 k_2 \ldots k_N}, \Psi^{\mathrm{SD}}_{k'_1 k'_2 \ldots k'_N} \rangle = \delta_{k_1 k'_1} \delta_{k_2 k'_2} \ldots \delta_{k_N k'_N}. \quad (7.5)$$

Die Zustände $\Psi(1, 2, \ldots N)$ des Elektronengases bzw. die antisymmetrischen Eigenfunktionen des Hamilton-Operators Gl. (7.1) lassen sich dann nach den Slater-Determinanten entwickeln

$$\Psi(1, 2, \ldots N) = \sum_{k_1, k_2, \ldots k_N} \Psi^{\mathrm{SD}}_{k_1 k_2 \ldots k_N} \langle \Psi^{\mathrm{SD}}_{k_1 k_2 \ldots k_N} | \Psi \rangle. \quad (7.6)$$

Diese Entwicklung kann zur Konstruktion von Näherungslösungen verwendet werden. Einerseits kann man von bekannten, dem System angepaßten Einelektronenfunktionen ausgehen und hoffen, dadurch mit nur wenigen Summanden hinreichend gute Mehrelektronenzustände von H zu erhalten. Wie gut die Näherung ist, hängt dann davon ab, ob die Einteilchenfunktionen dem System angepaßt sind. Verschiedene Ansätze hierzu werden in den Kapiteln über Atome, Moleküle und Festkörper besprochen. Andererseits kann man auch danach fragen, welche Einelektronenfunktionen die beste Näherung darstellen, wenn nur eine einzige Slater-Determinante als Ansatz für die N-Elektronenfunktion verwendet wird. Zu ihrer Bestimmung wird der Grundzustand des Elektronengases betrachtet. Durch Anwendung des Variationsprinzips gelangt man zu den Hartree-Fock-Gleichungen, deren Lösungen die Energie minimieren. Auch angeregte Zustände lassen sich auf diese Weise berechnen, wenn die Variation mit der Nebenbedingung durchgeführt wird, daß die N-Teilchenfunktion zu den Zuständen niedrigerer Energie orthogonal sein soll.

Bei der über die Hartree-Fock-Näherung berechneten Grundzustandsenergie entsteht jedoch ein Fehler, weil die Zustände aus nur *einer* Slater-Determinante gebildet werden und nicht wie in Gl. (7.6) aus mehreren. Bezeichnet man die exakte Grundzustandsenergie des Hamilton-Operators H von Gl. (7.1) des inhomogenen Elektronengases mit E_g^{exakt}

$$H\Psi_g(1,2,\ldots N) = E_g^{\text{exakt}} \Psi_g(1,2,\ldots N)$$

und die Grundzustandsenergie, wie sie sich aus der exakten Lösung der Hartree-Fock-Gleichungen ergibt, mit E_g^{HF}, so gilt

$$E_g^{\text{exakt}} = E_g^{\text{HF}} + E_c$$

und E_c wird *Korrelationsenergie* genannt. Sie gibt den Fehler bei der Verwendung nur einer Slater-Determinante als Ansatzfunktion an. Dieser Fehler läßt sich mit Hilfe der Reihenentwicklung von Slater-Determinanten Gl. (7.6) verkleinern, die auch angeregte Zustände enthält. Solche aufwendigeren Verfahren werden auch als *Konfigurationswechselwirkung* bezeichnet, weil dabei Slater-Determinanten mit unterschiedlichen Elektronenkonfigurationen berücksichtigt werden.

7.1 Hartree-Fock-Gleichungen

Zur Durchführung betrachtet man die Grundzustandsenergie E_g als Funktional der Einelektronenfunktionen der Slater-Determinante

$$E_g = \langle \Psi^{\text{SD}} | H | \Psi^{\text{SD}} \rangle \longrightarrow \text{Minimum} \quad \text{mit} \quad \langle \Psi^{\text{SD}} | \Psi^{\text{SD}} \rangle = 1$$

und bestimmt das Minimum aus dem Verschwinden der Variationsableitungen nach den Einteilchenfunktionen. Daraus erhält man Differentialgleichungen, deren Lösungen das Grundzustandsfunktional minimiert. Der Einfachheit halber betrachten wir hier einen spinunabhängigen Hamilton-Operator mit $v = v(\mathbf{r})$, obwohl sich die Methode ebenso auf spinabhängige Operatoren anwenden läßt. In der Regel lohnt sich die kompliziertere Rechnung mit relativistischen Wechselwirkungsoperatoren nicht, weil die Korrelationsenergie, das ist der Fehler bei Verwendung nur einer Slater-Determinante, größer ist. Wir suchen das Minimum der Grundzustandsenergie E_g bei Variation von N Einteilchenfunktionen Gl. (7.2) und lassen beim uneingeschränkten Hartree-Fock-Verfahren unterschiedliche Ortsfunktionen für die beiden Spinrichtungen zu

$$|k\rangle = |\nu\sigma\rangle = \varphi_k(\mathbf{r})\chi_\sigma(\mathbf{s}) = \varphi_{\nu\sigma}(\mathbf{r})\chi_\sigma(\mathbf{s}).$$

Der Index $k = \nu\sigma$ an der Ortsfunktion ist dann für alle N Elektronen verschieden und σ gibt die Spinrichtung des Elektrons im Zustand k an. Bei gerader Elektronenzahl und nicht entartetem N-Elektronen-Grundzustand liefert auch das eingeschränkte Hartree-Fock-Verfahren gute Ergebnisse. Dabei wird die Ortsfunktion für beide Spinrichtungen gleich gesetzt

$$|k\rangle = |\nu\sigma\rangle = \varphi_\nu(\mathbf{r})\chi_\sigma(\mathbf{s}),$$

was zu Vereinfachungen bei der numerischen Durchführung führt. Die Grundzustandsenergie wird dann als Funktional der N Ortsfunktionen $\varphi_k(\mathbf{r})$ geschrieben

$$E_g = E[\varphi_1, \varphi_2, \ldots \varphi_N] = \langle \Psi^{\mathrm{SD}} | H | \Psi^{\mathrm{SD}} \rangle. \tag{7.7}$$

Die Nebenbedingung für die Extremalaufgabe wird erfüllt, indem wir die Orthonormalität der Ortsfunktionen fordern:

$$\int \varphi_k^*(\mathbf{r})\varphi_{k'}(\mathbf{r})\,\mathrm{d}^3 r = \delta_{kk'} \quad \text{für} \quad k, k' = 1, 2, \ldots. \tag{7.8}$$

Wir berücksichtigen dies mit Hilfe von Lagrange-Parametern $\lambda_{kk'}$ und beachten, daß bei komplexer Variation die Einteilchenfunktion $\varphi_k(\mathbf{r})$ und die konjugiert komplexe Funktion $\varphi_k^*(\mathbf{r})$ als linear unabhängig anzusehen sind. Dann lautet die Variationsaufgabe für den Grundzustand

$$\frac{\delta}{\delta\varphi_k^*(\mathbf{r})}\left[E[\varphi_1\ldots\varphi_N] - \sum_{i,j}^{1\ldots N}\lambda_{k_i,k_j}\int\varphi_{k_i}^*(\mathbf{r})\varphi_{k_j}(\mathbf{r})\,\mathrm{d}^3 r\right] = 0 \tag{7.9}$$

für $k = 1, 2, \ldots N$. Die N^2 komplexen Bedingungen Gl. (7.8) stellen insgesamt N^2 reelle linear unabhängige Bedingungen dar, und zwar N reelle Normierungsbedingungen für $k = k'$ und $(N-1)N/2$ komplexe Orthogonalitätsbedingungen. Wählt man als Lagrange-Parameter eine selbstadjungierte Matrix $\Lambda = (\lambda_{kl})$ mit $\lambda_{lk} = \lambda_{kl}^*$, so ist die in Gl. (7.9) auftretende Summe reell und Λ enthält gerade die erforderliche Anzahl von N^2 Parametern.

Zur Berechnung des Energiefunktionals setzen wir den Hamilton-Operator von Gl. (7.1) in Gl. (7.7) ein. Die Summe der Einteilchenoperatoren führt nach Gl. (4.41) auf die kinetische Energie als Funktional der Einteilchenfunktionen $\varphi_1\ldots\varphi_N$

$$\begin{aligned}E_{\mathrm{T}}[\varphi_1\ldots\varphi_N] &= \left\langle \Psi^{\mathrm{SD}}\Big|\sum_{j=1}^{N}\Big[-\frac{\hbar^2}{2m}\Delta_j\Big]\Big|\Psi^{\mathrm{SD}}\right\rangle \\ &= \sum_{j=1}^{N}\left\langle \psi_{k_j}(j)\Big|\Big[-\frac{\hbar^2}{2m}\Delta_j\Big]\Big|\psi_{k_j}(j)\right\rangle \\ &= \sum_{j=1}^{N}\int \varphi_{k_j}^*(\mathbf{r}_j)\Big[-\frac{\hbar^2}{2m}\Delta_j\Big]\varphi_{k_j}(\mathbf{r}_j)\,\mathrm{d}^3 r_j\end{aligned} \tag{7.10}$$

7.1 Hartree-Fock-Gleichungen

und ebenso auf das Funktional der potentiellen Energie

$$E_V[\varphi_1 \ldots \varphi_N] = \sum_{j=1}^{N} \int \varphi_{k_j}^*(\mathbf{r}_j) v(\mathbf{r}_j) \varphi_{k_j}(\mathbf{r}_j) \, d^3 r_j. \tag{7.11}$$

Für die Summe über die Coulomb-Abstoßung in Gl. (7.1) erhält man nach Gl. (4.42) sogenannte Coulomb- und Austauschintegrale

$$\left\langle \Psi^{\text{SD}} \left| \frac{e^2}{8\pi\varepsilon_0} \sum_{\substack{i,j \\ i \neq j}}^{1\ldots N} \frac{1}{|\mathbf{r}_i - \mathbf{r}_j|} \right| \Psi^{\text{SD}} \right\rangle =$$

$$= \frac{e^2}{8\pi\varepsilon_0} \sum_{i,j}^{1\ldots N} \left[\left\langle \psi_{k_i}(i)\psi_{k_j}(j) \left| \frac{1}{|\mathbf{r}_i - \mathbf{r}_j|} \right| \psi_{k_j}(j)\psi_{k_i}(i) \right\rangle \right.$$

$$\left. - \left\langle \psi_{k_i}(i)\psi_{k_j}(j) \left| \frac{1}{|\mathbf{r}_i - \mathbf{r}_j|} \right| \psi_{k_i}(j)\psi_{k_j}(i) \right\rangle \right]$$

$$= E_{\text{H}}[\varphi_1 \ldots \varphi_N] + E_{\text{x}}[\varphi_1 \ldots \varphi_N]$$

mit dem Funktional der Hartree-Energie

$$E_{\text{H}}[\varphi_1 \ldots \varphi_N] = \frac{e^2}{8\pi\varepsilon_0} \sum_{i,j}^{1\ldots N} \int \frac{\varphi_{k_i}^*(\mathbf{r})\varphi_{k_j}^*(\mathbf{r}')\varphi_{k_j}(\mathbf{r}')\varphi_{k_i}(\mathbf{r})}{|\mathbf{r} - \mathbf{r}'|} \, d^3 r \, d^3 r' \tag{7.12}$$

und dem Funktional der Austauschenergie

$$E_{\text{x}}[\varphi_1 \ldots \varphi_N] = -\frac{e^2}{8\pi\varepsilon_0} \sum_{i,j}^{1\ldots N} \delta_{\sigma_i \sigma_j} \times \\ \times \int \frac{\varphi_{k_i}^*(\mathbf{r})\varphi_{k_j}^*(\mathbf{r}')\varphi_{k_i}(\mathbf{r}')\varphi_{k_j}(\mathbf{r})}{|\mathbf{r} - \mathbf{r}'|} \, d^3 r \, d^3 r'. \tag{7.13}$$

Hier ist zu beachten, daß Austauschintegrale E_{x} nur bei parallelen Spins der beiden Elektronen $\sigma_i = \sigma_j$ auftreten, und daß der Fall $i = j$ nicht ausgeschlossen werden muß, da sich die beiden Integrale von Hartree- und Austauschenergie in diesem Fall zu Null addieren.

Damit schreibt sich das Energiefunktional Gl. (7.7)

$$\begin{aligned} E[\varphi_1 \ldots \varphi_N] &= \left\langle \Psi^{\text{SD}} \middle| H \middle| \Psi^{\text{SD}} \right\rangle \\ &= E_{\text{T}}[\varphi_1 \ldots \varphi_N] + E_V[\varphi_1 \ldots \varphi_N] \\ &\quad + E_{\text{H}}[\varphi_1 \ldots \varphi_N] + E_{\text{x}}[\varphi_1 \ldots \varphi_N]. \end{aligned} \tag{7.14}$$

7 Hartree-Fock-Verfahren

Da die komplexen Funktionen $\varphi_l(\mathbf{r})$ und $\varphi_l^*(\mathbf{r})$ linear unabhängig sind, berechnen wir bei komplexer Variation die Funktionalableitungen [1]

$$\frac{\delta(E_T + E_V)}{\delta\varphi_l^*(\mathbf{r})} = \frac{\delta}{\delta\varphi_l^*(\mathbf{r})} \sum_{j=1}^{N} \int \varphi_{k_j}^*(\mathbf{r}_j) \left[-\frac{\hbar^2}{2m}\Delta_j + v(\mathbf{r}_j)\right] \varphi_{k_j}(\mathbf{r}_j) \, d^3r_j$$

$$= \left[-\frac{\hbar^2}{2m}\Delta + v(\mathbf{r})\right] \varphi_l(\mathbf{r}),$$

und

$$\frac{\delta E_H}{\delta\varphi_l^*(\mathbf{r})} = \frac{\delta}{\delta\varphi_l^*(\mathbf{r})} \frac{e^2}{8\pi\varepsilon_0} \sum_{i,j}^{1...N} \int \frac{\varphi_{k_i}^*(\mathbf{r})\varphi_{k_j}^*(\mathbf{r}')\varphi_{k_j}(\mathbf{r}')\varphi_{k_i}(\mathbf{r})}{|\mathbf{r}-\mathbf{r}'|} \, d^3r \, d^3r'$$

$$= \frac{e^2}{4\pi\varepsilon_0} \sum_{j=1}^{N} \int \frac{\varphi_{k_j}^*(\mathbf{r}')\varphi_{k_j}(\mathbf{r}')\varphi_l(\mathbf{r})}{|\mathbf{r}-\mathbf{r}'|} \, d^3r'.$$

Für das Austauschintegral erhält man

$$\frac{\delta E_x}{\delta\varphi_l^*(\mathbf{r})} = \frac{\delta}{\delta\varphi_l^*(\mathbf{r})} \frac{-e^2}{8\pi\varepsilon_0} \sum_{i,j}^{1...N} \delta_{\sigma_i\sigma_j} \int \frac{\varphi_{k_i}^*(\mathbf{r})\varphi_{k_j}^*(\mathbf{r}')\varphi_{k_i}(\mathbf{r}')\varphi_{k_j}(\mathbf{r})}{|\mathbf{r}-\mathbf{r}'|} \, d^3r \, d^3r'$$

$$= -\frac{e^2}{4\pi\varepsilon_0} \sum_{j=1}^{N} \delta_{\sigma\sigma_j} \int \frac{\varphi_{k_j}^*(\mathbf{r}')\varphi_l(\mathbf{r}')\varphi_{k_j}(\mathbf{r})}{|\mathbf{r}-\mathbf{r}'|} \, d^3r', \qquad (7.15)$$

wobei σ die Spinrichtung für den besetzten Zustand $\varphi_l(\mathbf{r})$ kennzeichnet. Ferner ist

$$\frac{\delta}{\delta\varphi_l^*(\mathbf{r})} \sum_{i,k}^{1...N} \lambda_{k_ik_j} \int \varphi_{k_i}^*(\mathbf{r}')\varphi_{k_j}(\mathbf{r}') \, d^3r' = \sum_{j=1}^{N} \lambda_{lk_j} \varphi_{k_j}(\mathbf{r}).$$

Damit erhält man für den Variationsausdruck Gl. (7.9) die Bedingungsgleichung

$$\left[-\frac{\hbar^2}{2m}\Delta + v(\mathbf{r})\right] \varphi_l(\mathbf{r}) + \frac{e^2}{4\pi\varepsilon_0} \sum_{j=1}^{N} \int \frac{|\varphi_{k_j}(\mathbf{r}')|^2}{|\mathbf{r}-\mathbf{r}'|} \, d^3r' \, \varphi_l(\mathbf{r})$$

$$- \frac{e^2}{4\pi\varepsilon_0} \sum_{j=1}^{N} \delta_{\sigma\sigma_j} \int \frac{\varphi_{k_j}^*(\mathbf{r}')\varphi_l(\mathbf{r}')\varphi_{k_j}(\mathbf{r})}{|\mathbf{r}-\mathbf{r}'|} \, d^3r' \qquad (7.16)$$

$$- \sum_{j=1}^{N} \lambda_{lk_j} \varphi_{k_j}(\mathbf{r}) = 0,$$

---

[1] Die Variationsableitung oder Funktionalableitung eines reellen Funktionals $F[\Psi]$ eines Vektorfeldes $\Psi = (\psi_1(\underline{x}), \psi_2(\underline{x}), \ldots \psi_n(\underline{x}))$ wird folgendermaßen definiert: Wenn für eine beliebige Funktion $\Upsilon = (\eta_1(\underline{x}), \eta_2(\underline{x}), \ldots \eta_n(\underline{x}))$ und ein reelles α die Ableitung des Funktionals $F[\Psi + \alpha\Upsilon]$ nach α existiert und sich in der Form

$$\frac{d}{d\alpha} F[\Psi + \alpha\Upsilon]\Big|_{\alpha=0} = \int \sum_{k=1}^{n} \frac{\delta F[\Psi]}{\delta\psi_k(\underline{x})} \eta_k(\underline{x}) \, d\tau$$

schreiben läßt, dann heißt $\delta F[\Psi]/\delta\psi_k(\underline{x})$ Funktionalableitung oder Variationsableitung des Funktionals $F[\Psi]$.

die noch ein wenig umgeformt werden soll, um sie übersichtlicher zu gestalten. Zunächst beachten wir, daß die Matrix $\Lambda = (\lambda_{lk})$ selbstadjungiert ist, und somit durch eine unitäre Transformation ($\mathcal{E}$ bezeichnet die $N \times N$ Einheitsmatrix)

$$C = (c_{lk}) \quad \text{mit} \quad C^+C = \left(\sum_{k'} c^*_{k'l} c_{k'k}\right) = \mathcal{E} \tag{7.17}$$

der N Ortsfunktionen $\varphi_l(\mathbf{r})$

$$\phi_k(\mathbf{r}) = \sum_{l=1}^{N} \varphi_l(\mathbf{r}) c_{lk} \tag{7.18}$$

auf Diagonalform gebracht werden kann

$$C\Lambda C^+ = (\varepsilon_k \delta_{kl}). \tag{7.19}$$

Dann spannen die $\phi_k(\mathbf{r})$ den gleichen Hilbert-Raum auf wie die $\varphi_l(\mathbf{r})$ und sind orthogonal und normiert

$$\begin{aligned}\langle \phi_l | \phi_k \rangle &= \sum_{l',k'}^{1...N} c^*_{l'l} \langle \varphi_{l'}, \varphi_{k'} \rangle c_{k'k} \\ &= \sum_{l',k'}^{1...N} c^*_{l'l} \delta_{l'k'} c_{k'k} \\ &= \sum_{k'=1}^{N} c^*_{k'l} c_{k'k} = \delta_{lk}.\end{aligned}$$

Multipliziert man Gl. (7.16) mit c_{lk} und summiert über l, so erhält man mit Rücksicht auf Gl. (7.17)–(7.19)

$$\begin{aligned}&\left[-\frac{\hbar^2}{2m}\Delta + v(\mathbf{r})\right]\phi_k(\mathbf{r}) + \underbrace{\frac{e^2}{4\pi\varepsilon_0} \sum_{j=1}^{N} \int \frac{|\phi_{k_j}(\mathbf{r}')|^2}{|\mathbf{r}-\mathbf{r}'|} d^3r' \, \phi_k(\mathbf{r})}_{\text{Coulomb-Term}} \\ &- \underbrace{\frac{e^2}{4\pi\varepsilon_0} \sum_{j=1}^{N} \delta_{\sigma\sigma_j} \int \frac{\phi^*_{k_j}(\mathbf{r}')\phi_k(\mathbf{r}')\phi_{k_j}(\mathbf{r})}{|\mathbf{r}-\mathbf{r}'|} d^3r'}_{\text{Austauschterm}} = \varepsilon_k \phi_k(\mathbf{r}).\end{aligned} \tag{7.20}$$

Der Austauschterm tritt offenbar nur bei parallelen Spins auf und hat entgegengesetztes Vorzeichen wie der Coulomb-Term. Die elektrostatische Abstoßungsenergie der Elektronen untereinander wird durch die negative Austauschenergie verkleinert,

7 Hartree-Fock-Verfahren

so daß die durch das Pauli-Prinzip erforderliche Antisymmetrisierung der Mehrelektronenfunktionen zu einer Energieerniedrigung führt, was ein stärkere chemische Bindung zwischen Atomen verursacht.

Zur Vereinfachung des Coulomb-Terms definieren wir die Elektronendichte

$$n(\mathbf{r}) = \sum_{j=1}^{N} |\phi_{k_j}(\mathbf{r})|^2 = \sum_{k}^{\text{besetzt}} |\phi_k(\mathbf{r})|^2 \quad \text{mit} \quad \int n(\mathbf{r}) \, d^3r = N. \quad (7.21)$$

Die Bezeichnung „besetzt" bedeutet, daß die Summe über alle mit Elektronen besetzten Einelektronenzustände $|k\rangle = \phi_k(\mathbf{r})\chi_\sigma(\mathbf{s})$ auszuführen ist, wobei σ die zu k gehörige Spinrichtung $\sigma = \pm\frac{1}{2}$ kennzeichnet. Dann läßt sich der Coulomb-Term durch das elektrostatische oder *Hartree-Potential*

$$v_H[n](\mathbf{r}) = \frac{e^2}{4\pi\varepsilon_0} \int \frac{n(\mathbf{r}')}{|\mathbf{r}-\mathbf{r}'|} \, d^3r' \quad (7.22)$$

ausdrücken und wir erhalten aus Gl. (7.20) die *Hartree-Fock-Gleichungen*

$$\left[-\frac{\hbar^2}{2m}\Delta + v(\mathbf{r}) + v_H[n](\mathbf{r})\right]\phi_k(\mathbf{r}) \\ - \frac{e^2}{4\pi\varepsilon_0}\sum_{j=1}^{N}\delta_{\sigma\sigma_j}\int\frac{\phi_{k_j}^*(\mathbf{r}')\phi_k(\mathbf{r}')}{|\mathbf{r}-\mathbf{r}'|} d^3r' \, \phi_{k_j}(\mathbf{r}) = \varepsilon_k\phi_k(\mathbf{r}), \quad (7.23)$$

wobei σ die Spinrichtung für das Elektron im Zustand k beschreibt.

Die Hartree-Fock-Gleichungen können nicht auf direktem Wege gelöst werden, denn das Hartree-Potential Gl. (7.22) und der Austauschterm benötigen zu ihrer Berechnung bereits die Kenntnis der Lösungen $\phi_k(\mathbf{r})$. Es gibt jedoch die Möglichkeit einer iterativen Lösung mit Hilfe der Methode des selbstkonsistenten Feldes. Dabei geht man von genäherten Einteilchenfunktionen aus um sie schrittweise zu verbessern. Solche Näherungen sind z.B. bei Atomen die Einelektronenfunktionen im Zentralfeldmodell oder bei Molekülen und Festkörpern die überlagerten Atomfunktionen der gebundenen Atome. Mit diesen Startfunktionen, die wir mit $\phi_k^{\text{alt}}(\mathbf{r})$ bezeichnen, läßt sich der Hartree- und Austauchterm berechnen und die Hartree-Fock-Gleichungen lösen. Dabei erhält man neue Funktionen $\phi_k^{\text{neu}}(\mathbf{r})$ als Eigenfunktionen des Hartree-Fock-Operators Gl.(7.23) und die zugehörigen Eigenwerte. Das Verfahren läßt sich wiederholen, indem die neu berechneten Funktionen als neue Ausgangsfunktionen $\phi_k^{\text{alt}}(\mathbf{r})$ verwendet werden. Sind die Startfunktionen hinreichend gut gewählt, so konvergiert das Verfahren zur selbstkonsistenten Lösung der Hartree-Fock-Gleichungen. Als Konvergenzmaß α wird dabei die maximale Änderung des Funktionals $V[\phi_1 \ldots \phi_N](\mathbf{r})$ verwendet, das sich aus dem Hartree-Potential und dem Austauschterm zusammensetzt

$$\alpha = \max\left\{\frac{V[\phi^{\text{neu}}](\mathbf{r}) - V[\phi^{\text{alt}}](\mathbf{r})}{V[\phi^{\text{alt}}](\mathbf{r})}\right\}.$$

7.1 Hartree-Fock-Gleichungen

Sind die Hartree-Fock-Gleichungen selbstkonsistent gelöst, hat man die Einteilchenenergien ε_k und die Einteilchenfunktionen $\phi_k(\mathbf{r})$ der besetzten Niveaus bestimmt. Aus ihnen erhält man die Grundzustandsenergie E_g des Elektronengases nach Gl. (7.7) und (7.14)

$$E_g[\phi_1\ldots\phi_N] = E_\mathrm{T} + E_V + E_\mathrm{H} + E_\mathrm{x}. \tag{7.24}$$

Nun hängen die Funktionale E_H und E_x quadratisch von den Einteilchenfunktionen ϕ_k ab, während E_T und E_V lineare Funktionale der ϕ_k sind. Multipliziert man die Hartree-Fock-Gleichungen (7.20) mit $\phi_k^*(\mathbf{r})$, integriert und summiert über alle besetzten Zustände, so erhält man durch Vergleich der Ausdrücke in den Gleichungen (7.10)–(7.13)

$$E_\mathrm{T} + E_V + 2E_\mathrm{H} + 2E_\mathrm{x} = \sum_k^{\text{besetzt}} \varepsilon_k.$$

Daraus läßt sich die Grundzustandsenergie berechnen

$$E_g = \sum_k^{\text{besetzt}} \varepsilon_k - E_\mathrm{H}[\phi_1\ldots\phi_N] - E_\mathrm{x}[\phi_1\ldots\phi_N]$$

oder

$$E_g = \frac{1}{2}\sum_k^{\text{besetzt}} \varepsilon_k + \frac{1}{2}(E_\mathrm{T} + E_V).$$

Durch Einsetzen der Funktionale erhält man die explizite Form der Grundzustandsenergie

$$\begin{aligned}E_g = &\sum_k^{\text{besetzt}} \varepsilon_k - \frac{e^2}{8\pi\varepsilon_0}\sum_{k,l}^{\text{besetzt}} \int \frac{|\phi_k(\mathbf{r})|^2|\phi_l(\mathbf{r}')|^2}{|\mathbf{r}-\mathbf{r}'|}\,\mathrm{d}^3r\,\mathrm{d}^3r' \\ &+ \frac{e^2}{8\pi\varepsilon_0}\sum_{k,l}^{\text{besetzt}} \delta_{\sigma\tau} \int \frac{\phi_k^*(\mathbf{r})\phi_l^*(\mathbf{r}')\phi_k(\mathbf{r}')\phi_l(\mathbf{r})}{|\mathbf{r}-\mathbf{r}'|}\,\mathrm{d}^3r\,\mathrm{d}^3r',\end{aligned} \tag{7.25}$$

wobei τ die Spinrichtung des Zustandes l kennzeichnet. Die alternative Form lautet einfacher

$$E_g = \frac{1}{2}\sum_k^{\text{besetzt}} \left[\varepsilon_k + \int \phi_k^*(\mathbf{r})\left[-\frac{\hbar^2}{2m}\Delta + v(\mathbf{r})\right]\phi_k(\mathbf{r})\,\mathrm{d}^3r\right].$$

Die selbstkonsistenten Lösungen der Hartree-Fock-Gleichungen liefern die N Einteilchenzustände ϕ_k zu den tiefsten besetzten Einteilchenniveaus ε_k, die den

N-Elektronengrundzustand bestimmen. Dies hat seine Ursache in der Herleitung der Hartree-Fock-Gleichungen aus einem Variationsprinzip. Die besetzten und unbesetzten Einteilchenniveaus ε_k haben keine direkte physikalische Bedeutung, bestimmen jedoch in der Hartree-Fock-Näherung die Grundzustandseigenschaften des Elektronengases. Für große Elektronenzahlen $N \gg 1$ kann man aus den Einteilchenzuständen und Einteilchenenergien näherungsweise die Ionisierungsenergie, die Elektronenaffinität und die Anregungsenergie des Elektronengases bestimmen.

Andererseits erhält man aus allen Lösungen der Hartree-Fock-Gleichungen ein vollständiges Orthonormalsystem im Einteilchen-Hilbert-Raum. Daraus kann man zu der Slater-Determinante des Grundzustandes weitere mit veränderten Besetzungszahlen der Einteilchenniveaus konstruieren, die nach Gl. (7.5) untereinander orthogonal sind. Auf diese Weise erhält man eine Basis im N-Teilchen-Hilbert-Raum nach der man die Eigenfunktionen des Hamilton-Operators entwickeln kann, vergl. Gl. (7.6).

7.2 Koopmans-Theorem

Betrachtet man ein Elektronengas aus vielen Elektronen $N \gg 1$, so kann man näherungsweise davon ausgehen, daß sich die Einelektronenfunktionen $\phi_k(\mathbf{r})$ nur wenig ändern, wenn ein Elektron aus dem Elektronengas entfernt oder eines hinzugefügt wird. Ist $E_g^{(N)}$ die Grundzustandsenergie des Elektronengases mit N Elektronen, so erhält man die *Ionisierungsenergie* I_k des Elektronengases genähert durch entfernen eines Elektrons aus dem besetzten Einteilchenniveau ε_k nach Gl. (7.24) zu

$$-I_k = E_g^{(N)} - E_k^{(N-1)} = h_k + \overset{\text{besetzt}}{\underset{l}{\sum}} C_{kl} - \overset{\text{besetzt}}{\underset{l}{\sum}} A_{kl} \qquad (7.26)$$

mit

$$h_k = \int \phi_k^*(\mathbf{r}) \left[-\frac{\hbar^2}{2m}\Delta + v(\mathbf{r}) \right] \phi_k(\mathbf{r})\, d^3r$$

$$C_{kl} = \frac{e^2}{4\pi\varepsilon_0} \int \frac{|\phi_k(\mathbf{r})|^2 |\phi_l(\mathbf{r}')|^2}{|\mathbf{r}-\mathbf{r}'|}\, d^3r\, d^3r'$$

$$A_{kl} = \frac{e^2}{4\pi\varepsilon_0}\delta_{\sigma\tau} \int \frac{\phi_k^*(\mathbf{r})\phi_l^*(\mathbf{r}')\phi_k(\mathbf{r}')\phi_l(\mathbf{r})}{|\mathbf{r}-\mathbf{r}'|}\, d^3r\, d^3r',$$

wobei σ die zu k und τ die zu l gehörige Spinrichtung bezeichnet. Hier spielt es keine Rolle, ob man bei der Summe über die besetzten Zustände den Zustand k mitnimmt oder nicht, weil sich für $l = k$ beide Summanden wegheben. Betrachtet man die Hartree-Fock-Gleichungen (7.20) für den besetzten Zustand k, multipliziert

7.2 Koopmans-Theorem

mit $\phi_k^*(\mathbf{r})$ und integriert, so erhält man für die negative Ionisierungsenergie gerade ε_k und es ergibt sich das *Koopmans-Theorem*

$$-I_k = E_g^{(N)} - E_k^{(N-1)} = \varepsilon_k, \tag{7.27}$$

wonach die Ionisierungsenergie eines Elektrons aus dem Einteilchenzustand $\phi_k(\mathbf{r})$ genähert gleich der negativen Einelektronenenergie der Hartree-Fock-Gleichungen ist.

Mit den gleichen Näherungsannahmen für $1 \ll N$ lassen sich auch die Elektronenaffinität, das chemische Potential und die Anregungsnergie des Elektronengases bestimmen. Als Elektronenaffinität des N-Elektronengases verstehen wir die negative Ionisierungsenergie des $(N + 1)$-Elektronengases. Bezeichnet a das oberste besetzte Einelektronniveau des $N+1$-Elektronengases, so berechnet sich die *Elektronenaffinität* des N-Elektronengases nach dem Koopmans-Theorem Gl. (7.27) genähert zu

$$A = E_a^{(N+1)} - E_g^{(N)} = \varepsilon_a. \tag{7.28}$$

Als *chemisches Potential* μ des N-Elektronengases wird der Mittelwert aus negativer Ionisierungsenergie und Elektronenaffinität definiert

$$\begin{aligned}\mu &= \frac{dE_g^{(N)}}{dN} = \frac{1}{2}\bigl(E_a^{(N+1)} - E_g^{(N)}\bigr) + \frac{1}{2}\bigl(E_g^{(N)} - E_k^{(N-1)}\bigr) \\ &= \frac{1}{2}(A - I_k) = \frac{1}{2}(\varepsilon_a + \varepsilon_k),\end{aligned} \tag{7.29}$$

wobei k das oberste besetzte Einelektronniveau ist.

Zur Berechnung der Anregungsenergie ΔE_{ab} für den Übergang eines Elektrons von einem besetzten Einelektronniveau b in ein unbesetztes angeregtes Niveau a gehen wir vom Grundzustand $E_g^{(N)}$ des N-Elektronengases aus. Nach dem Koopmans-Theorem Gl. (7.27) ist die Energie des $(N-1)$-Elektronengases, bei dem das Niveau b unbesetzt ist, gegeben durch

$$E_b^{(N-1)} = E_g^{(N)} - \varepsilon_b.$$

Im angeregten Zustand ist das Niveau a besetzt und der Zustand b unbesetzt. Nach Gl. (7.26) gilt dann für die N-Teilchenenergie dieses Zustandes

$$\begin{aligned}E_{ab}^{(N)} &= E_b^{(N-1)} + h_a + \sum_{k \neq b}^{\text{besetzt}} C_{ka} - \sum_{k \neq b}^{\text{besetzt}} A_{ka} \\ &= E_b^{(N-1)} + \varepsilon_a - C_{ba} + A_{ba},\end{aligned}$$

denn es gilt durch Vergleich von Gl. (7.26) mit Gl. (7.27)

$$\varepsilon_a = h_a + \sum_{k}^{\text{besetzt}} C_{ka} - \sum_{k}^{\text{besetzt}} A_{ka}.$$

Einsetzen von $E_b^{(N-1)}$ nach dem Koopmans-Theorem ergibt

$$E_{ab}^{(N)} = E_g^{(N)} + \varepsilon_a - \varepsilon_b - C_{ba} + A_{ba}$$

und man erhält für die *Anregungsenergie*

$$\begin{aligned}\Delta E_{ab} &= E_{ab}^{(N)} - E_g^{(N)} \\ &= \varepsilon_a - \varepsilon_b - \frac{e^2}{4\pi\varepsilon_0} \int \frac{|\phi_b(\mathbf{r})|^2 |\phi_a(\mathbf{r}')|^2}{|\mathbf{r}-\mathbf{r}'|} \, \mathrm{d}^3 r \, \mathrm{d}^3 r' \\ &\quad + \frac{e^2}{4\pi\varepsilon_0} \delta_{\sigma_b \sigma_a} \int \frac{\phi_b^*(\mathbf{r})\phi_a^*(\mathbf{r}')\phi_b(\mathbf{r}')\phi_a(\mathbf{r})}{|\mathbf{r}-\mathbf{r}'|} \, \mathrm{d}^3 r \, \mathrm{d}^3 r' .\end{aligned} \qquad (7.30)$$

Allen diesen Näherungen liegt die Annahme zugrunde, daß sich für $N \gg 1$ die Einelektronenfunktionen $\phi_k(\mathbf{r})$ als Lösungen der Hartree-Fock-Gleichungen praktisch nicht ändern, wenn ein Elektron hinzugefügt oder entfernt wird.

7.3 Nichtlokales Austauschpotential

Der Austauschterm in Gl. (7.20) läßt sich nicht in Form eines lokalen Potentials schreiben, d.h. nicht in Form eines multiplikativen Faktors der Wellenfunktion. Zur Veranschaulichung führen wir die Austauschdichte eines Elektrons im Zustand $\phi_k(\mathbf{r})$ ein

$$n_k(\mathbf{r},\mathbf{r}') = - \sum_{j=1}^{N} \delta_{\sigma\sigma_j} \frac{\phi_{k_j}^*(\mathbf{r}')\phi_k(\mathbf{r}')\phi_{k_j}(\mathbf{r})}{\phi_k(\mathbf{r})},$$

wobei σ die zum Zustand k gehörige Spinrichtung angibt. Dann gilt

$$\int n_k(\mathbf{r},\mathbf{r}') \, \mathrm{d}^3 r' = -1, \qquad (7.31)$$

falls $\phi_k(\mathbf{r})$ ein besetzter Zustand ist. Damit läßt sich der Austauschterm in Form eines sogenannten *nichtlokalen Austauschpotentials* schreiben

$$\begin{aligned}-\frac{e^2}{4\pi\varepsilon_0} \sum_{j=1}^{N} \delta_{\sigma\sigma_j} \int \frac{\phi_{k_j}^*(\mathbf{r}')\phi_k(\mathbf{r}')}{|\mathbf{r}-\mathbf{r}'|} \, \mathrm{d}^3 r' \, \phi_{k_j}(\mathbf{r}) \\ = \frac{e^2}{4\pi\varepsilon_0} \int \frac{n_k(\mathbf{r},\mathbf{r}')}{|\mathbf{r}-\mathbf{r}'|} \, \mathrm{d}^3 r' \, \phi_k(\mathbf{r}).\end{aligned} \qquad (7.32)$$

7.3 Nichtlokales Austauschpotential

Beim Austauschterm wird der Zustand $\phi_k(\mathbf{r})$ also mit einer von k abhängigen Funktion multipliziert. Die Austauschdichte $n_k(\mathbf{r},\mathbf{r}')$ beschreibt nach Gl. (7.31) ein *nichtlokales Austauschloch* für ein Elektron im Zustand ϕ_k. Wegen

$$n_k(\mathbf{r},\mathbf{r}) = -\sum_{j=1}^{N} \delta_{\sigma\sigma_j} \left|\phi_{k_j}(\mathbf{r})\right|^2 \tag{7.33}$$

stellt $n_k(\mathbf{r},\mathbf{r}')$ die Verdrängung der übrigen Elektronen mit gleicher Spinrichtung vom Ort des Elektrons im Zustand ϕ_k dar, weil der Beitrag des Austauschterms in der Nähe von $\mathbf{r}$ dort eine Reduzierung des Beitrags des Hartree-Potentials verursacht. Dazu drücken wir den Austauschterm der Hartree-Fock-Gleichungen (7.23) durch das nichtlokale Austauschpotential Gl. (7.32) aus

$$\left[-\frac{\hbar^2}{2m}\Delta + v(\mathbf{r}) + v_{\mathrm{H}}[n](\mathbf{r}) + \frac{e^2}{4\pi\varepsilon_0}\int \frac{n_k(\mathbf{r},\mathbf{r}')}{|\mathbf{r}-\mathbf{r}'|}\mathrm{d}^3r'\right]\phi_k(\mathbf{r}) = \varepsilon_k\phi_k(\mathbf{r}).$$

Die beiden Potentialfunktionale haben dann die Form

$$\begin{aligned}\left[v_{\mathrm{H}}[n](\mathbf{r}) + \frac{e^2}{4\pi\varepsilon_0}\int \frac{n_k(\mathbf{r},\mathbf{r}')}{|\mathbf{r}-\mathbf{r}'|}\mathrm{d}^3r'\right]&\phi_k(\mathbf{r}) \\ &= \frac{e^2}{4\pi\varepsilon_0}\int \frac{n(\mathbf{r}') + n_k(\mathbf{r},\mathbf{r}')}{|\mathbf{r}-\mathbf{r}'|}\mathrm{d}^3r'\,\phi_k(\mathbf{r}),\end{aligned} \tag{7.34}$$

wobei $n(\mathbf{r})$ durch Gl. (7.21) gegeben ist. Aus Gl. (7.33) erkennt man, daß der Beitrag von $n_k(\mathbf{r},\mathbf{r}')$ zum Potential Gl. (7.34) in einer Reduzierung der Elektronendichte $n(\mathbf{r}') - n_k(\mathbf{r},\mathbf{r}')$ gegenüber $n(\mathbf{r}')$ besteht, was man auch als Verdrängung von Elektronen im Bilde der elektrostatischen Wechselwirkung bezeichnen kann. Jedes Elektron wird also von einem Austauschloch begleitet.

Im Abschn. 8.3 wird gezeigt, daß die Hartree-Fock-Gleichungen im Falle eines konstanten Potentials $v(\mathbf{r}) = v_0$ analytisch gelöst werden können. Ein Elektronengas in einem konstanten Potential bezeichnet man als ein homogenes Elektronengas, weil die Elektronendichte im Grundzustand ebenfalls eine Konstante ist. Die Lösungen der Hartree-Fock-Gleichungen sind beim homogenen Elektronengas ebene Wellen und die Grundzustandsenergie pro Elektron ergibt sich zu

$$\varepsilon = \frac{3}{5}\frac{\hbar^2}{2m}(3\pi^2 n)^{2/3} - \frac{3}{2}\frac{e^2}{8\pi\varepsilon_0}\left(\frac{3}{\pi}n\right)^{1/3}, \tag{7.35}$$

wobei n die Elektronendichte bezeichnet. Hier gibt der erste Term die kinetische Energie der Elektronen an, vergl. Abschn. 8.3, und der zweite die Austauschenergie. Die vom Hartree-Term herrührende Coulomb-Energie tritt hier nicht auf, da ein nach außen elektrisch neutrales homogenes Elektronengas betrachtet wird. Das konstante äußere Potential v_0 wird als Näherung für die Leitungselektronen eines Metalles so gewählt, damit sich die Elektronen in einer konstanten positiven Ladung vom gleichen Betrage bewegen. Dadurch kompensiert sich der Potentialterm mit dem Coulomb-Term.

7.4 Lokale-Dichte-Näherung

Mit Hilfe der Gl. (7.35) haben L.H. Thomas und E. Fermi eine einfache Näherung der Austauschenergie für das inhomogene Elektronengas hergeleitet. In dieser sogenannten *Lokale-Dichte-Näherung* wird für die Austauschenergie ε_x eines Elektrons am Ort **r** der Wert

$$\varepsilon_x\bigl(n(\mathbf{r})\bigr) = -\frac{3}{2}\frac{e^2}{8\pi\varepsilon_0}\Bigl(\frac{3}{\pi}n(\mathbf{r})\Bigr)^{1/3} \tag{7.36}$$

angenommen. Die gesamte Austauschenergie E_x des inhomogenen Elektronengases ist dann gegeben durch das *Austauschfunktional* der Elektronendichte

$$E_x[n] = \int \varepsilon_x\bigl(n(\mathbf{r})\bigr)n(\mathbf{r})\,\mathrm{d}^3r. \tag{7.37}$$

Wir definieren das *Austauschpotential* durch die Variationsableitung des Austauschfunktionals nach der Elektronendichte [1]

$$v_x[n](\mathbf{r}) = \frac{\delta E_x[n]}{\delta n(\mathbf{r})} = \frac{4}{3}\varepsilon_x\bigl(n(\mathbf{r})\bigr) = -\frac{e^2}{4\pi\varepsilon_0}\Bigl(\frac{3}{\pi}n(\mathbf{r})\Bigr)^{1/3}. \tag{7.38}$$

Ersetzt man die Austauschenergie E_x in Gl. (7.13) durch das Funktional Gl. (7.37) mit der Elektronendichte Gl. (7.21)

$$n(\mathbf{r}) = \sum_{k}^{\text{besetzt}} \phi_k^*(\mathbf{r})\phi_k(\mathbf{r}), \tag{7.39}$$

so erhält man für die Funktionalableitung [2] entsprechend Gl. (7.15)

$$\begin{aligned}\frac{\delta E_x\bigl[n[\phi_1\ldots\phi_N]\bigr]}{\delta \phi_k^*(\mathbf{r})} &= \int \frac{\delta E_x[n]}{\delta n(\mathbf{r}')}\frac{\delta n[\phi_1\ldots\phi_N](\mathbf{r}')}{\delta \phi_k^*(\mathbf{r})}\,\mathrm{d}^3r' \\ &= v_x[n](\mathbf{r})\phi_k(\mathbf{r}).\end{aligned} \tag{7.40}$$

---

[1] Die Variationsableitung oder Funktionalableitung eines reellen Funktionals $F[\Psi]$ eines Vektorfeldes $\Psi = \bigl(\psi_1(\underline{x}), \psi_2(\underline{x}), \ldots \psi_n(\underline{x})\bigr)$ wird folgendermaßen definiert: Wenn für eine beliebige Funktion $\Upsilon = \bigl(\eta_1(\underline{x}), \eta_2(\underline{x}), \ldots \eta_n(\underline{x})\bigr)$ und ein reelles α die Ableitung des Funktionals $F[\Psi + \alpha \Upsilon]$ nach α existiert und sich in der Form

$$\left.\frac{\mathrm{d}}{\mathrm{d}\alpha}F[\Psi+\alpha\Upsilon]\right|_{\alpha=0} = \int \sum_{k=1}^{n} \frac{\delta F[\Psi]}{\delta\psi_k(\underline{x})}\eta_k(\underline{x})\,\mathrm{d}\tau$$

schreiben läßt, dann heißt $\delta F[\Psi]/\delta\psi_k(\underline{x})$ Funktionalableitung oder Variationsableitung des Funktionals $F[\Psi]$.

[2] Ist E ein Funktional von $n(\mathbf{r})$: $E = E[n]$ und $n(\mathbf{r})$ ein Funktional von $\psi(\mathbf{r})$: $n = n[\psi](\mathbf{r})$, so gilt

$$\frac{\delta E[n[\psi]]}{\delta\psi(\mathbf{r})} = \int \frac{\delta E[n[\psi]]}{\delta n[\psi](\mathbf{r}')}\frac{\delta n[\psi](\mathbf{r}')}{\delta\psi(\mathbf{r})}\,\mathrm{d}^3r'.$$

□ Die Elektronendichte Gl. (7.39) läßt sich mit der Deltafunktion auch in der Form eines Funktionals der Einteilchenfunktionen schreiben

$$n[\phi_1,\ldots\phi_N](\mathbf{r}') = \int \sum_k^{\text{besetzt}} \phi_k^*(\mathbf{r})\phi_k(\mathbf{r})\delta(\mathbf{r}-\mathbf{r}')\,\mathrm{d}^3r$$

und die Funktionalableitung davon ist

$$\frac{\delta n[\phi_1,\ldots\phi_N](\mathbf{r}')}{\delta\phi_k^*(\mathbf{r})} = \phi_k(\mathbf{r})\delta(\mathbf{r}-\mathbf{r}').$$

Dieser Ausdruck wird in Gl. (7.40) eingesetzt. ∎

Damit lautet die *Lokale-Dichte-Näherung* der Hartree-Fock-Gleichung (7.23)

$$\left[-\frac{\hbar^2}{2m}\Delta - v(\mathbf{r}) + v_{\mathrm{H}}[n](\mathbf{r}) + v_{\mathrm{x}}[n](\mathbf{r})\right]\phi_k(\mathbf{r}) = \varepsilon_k\phi_k(\mathbf{r}) \qquad (7.41)$$

mit dem Hartree-Potential $v_{\mathrm{H}}[n](\mathbf{r})$ nach Gl. (7.22) und dem Austauschpotential $v_{\mathrm{x}}[n](\mathbf{r})$ nach Gl. (7.38). Hierbei wird die Austauschwechselwirkung näherungsweise durch ein lokales Potential beschrieben, so daß die numerische Lösung einfacher ist als im Falle der Gl. (7.23). Die Gleichung ist ebenso wie die Hartree-Fock-Gleichung (7.23) iterativ bis zur Selbstkonsistenz zu lösen.

Im statistischen Atommodell von Thomas und Fermi wird eine weitere Vereinfachung der Hartree-Fock-Gleichungen vorgenommen. Dabei wird die Tatsache ausgenutzt, daß sich die potentielle Energie E_V in Gl. (7.11) als Funktional der Elektronendichte Gl. (7.39) schreiben läßt

$$E_V = \sum_k^{\text{besetzt}} \int \varphi_k^*(\mathbf{r})v(\mathbf{r})\varphi_k(\mathbf{r})\,\mathrm{d}^3r = \int v(\mathbf{r})n(\mathbf{r})\,\mathrm{d}^3r.$$

Thomas und Fermi wandten die Lokale-Dichte-Näherung nicht nur auf die Austauschenergie sondern mit Hilfe von Gl. (7.35) auch auf die kinetische Energie an, so daß sich alle Terme der Energie des inhomogenen Elektronengases als Funktional der Elektronendichte schreiben ließen. Die Hartree-Fock-Gleichungen (7.41) konnten dann durch eine Integralgleichung für die Elektronendichte ersetzt werden, die für Atome analytisch gelöst wurde. Dieses Modell führte jedoch zu teilweise unbefriedigenden Ergebnissen. Eine bessere Methode zur Berechnung des Grundzustandes des inhomogenen Elektronengases unter Einbeziehung der Korrelationsenergie ergibt sich im Rahmen der in Kap. 9 behandelten Dichtefunktionaltheorie.

8 Elektronengas

8.1 Freies Teilchen

In der klassischen Mechanik hat ein freies Teilchen, also ein Massenpunkt der Masse m auf den keine Kräfte wirken, einen konstanten Impuls und eine geradlinige Bahnkurve. Ein solches idealisiertes System wäre in der Quantenmechanik durch die Schrödinger-Gleichung (1.3)

$$-\frac{\hbar}{i}\frac{\partial \psi}{\partial t} = -\frac{\hbar^2}{2m}\Delta \psi$$

zu beschreiben. Eine einzelne ebene Welle

$$\psi(\mathbf{r},t) = \exp\{i(\mathbf{kr} - \omega t)\} = \exp\left\{i\left(\mathbf{kr} - \frac{E}{\hbar}t\right)\right\}$$

löst mit der Dispersionsbeziehung

$$E(\mathbf{k}) = \hbar\omega(\mathbf{k}) = \frac{\hbar^2 \mathbf{k}^2}{2m}$$

die Schrödinger-Gleichung, ist jedoch wegen $|\psi(\mathbf{r},t)|^2 = 1$ nicht quadratisch integrierbar und somit kein Element des Hilbert-Raumes.

Zur näherungsweisen Beschreibung eines solchen idealisierten freien Teilchens wird anstelle eines unendlich großen Ortsraumes ein endliches Volumen V betrachtet, in dem sich das Teilchen befinden möge. Der Einfachheit halber wird ein Würfel der Kantenlänge L mit $V = L^3$ gewählt. Zur Konstruktion eines Hilbert-Raumes der über dem Volumen V quadratisch integrierbaren Funktionen sind die Randbedingungen an der Oberfläche von V von Bedeutung, weil die Zustände als Lösungen der Schrödinger-Gleichung davon abhängen. Das Volumen kann jedoch bei Atomen, Molekülen und endlichen Systemen im Vergleich zur Ausdehnung beliebig groß gewählt werden, so daß sich der Fehler wegen der nach außen rasch abklingenden Wellenfunktionen unter jede beliebig klein gewählte Schranke drücken läßt. Dennoch wäre eine Randbedingung, bei der die Wellenfunktion am Rande des Volumens V verschwindet, unphysikalisch, weil sie einem unendlich hohen Potentialwall an der Oberfläche von V entspricht. Bei freien Teilchen mit einem konstanten Potential oder bei Kristallen mit periodischem Elektronenpotential würde eine solche Randbedingung die Translationsinvarianz des Systems verletzen. Diesen Nachteil kann man bei periodischen Randbedingungen vermeiden. Schreibt man die ebene Welle in der Form

$$\psi_{\mathbf{k}}(\mathbf{r},t) = \varphi_{\mathbf{k}}(\mathbf{r})\exp\left\{-\frac{i}{\hbar}Et\right\} \quad \text{mit} \quad \varphi_{\mathbf{k}}(\mathbf{r}) = \frac{1}{\sqrt{V}}\exp\{i\mathbf{k}\cdot\mathbf{r}\},$$

8.1 Freies Teilchen

so lauten die *periodischen Randbedingungen* für $j = 1, 2, 3$

$$\varphi_{\mathbf{k}}(\mathbf{r} + L\mathbf{e}_j) = \varphi_{\mathbf{k}}(\mathbf{r}) \quad \text{mit} \quad \begin{cases} \mathbf{e}_1 = (1, 0, 0) \\ \mathbf{e}_2 = (0, 1, 0) \\ \mathbf{e}_3 = (0, 0, 1). \end{cases}$$

Sie sind nur erfüllt, wenn für $j = 1, 2, 3$

$$\exp\{i\mathbf{k}\mathbf{e}_j L\} = 1 \quad \text{oder} \quad \mathbf{k}\mathbf{e}_j L = k_j L = 2\pi n_j$$

gilt, wobei n_j eine ganze Zahl bezeichnet. Dadurch wird der Ausbreitungsvektor $\mathbf{k}$ zu einer diskreten Variablen und kennzeichnet drei Quantenzahlen

$$\mathbf{k} = \frac{2\pi}{L}(n_1, n_2, n_3) \quad \text{mit} \quad n_j = 0, \pm 1, \pm 2, \ldots.$$

Benachbarte Ausbreitungsvektoren haben einen Abstand von $2\pi/L$, der durch Wahl des Volumens V beliebig klein gemacht werden kann.

Der Hilbert-Raum besteht jetzt aus den über dem Volumen V quadratisch integrierbaren Funktionen $\phi(\mathbf{r})$ mit periodischen Randbedingungen. Das Skalarprodukt wird definiert durch

$$\langle \phi | \psi \rangle = \int_V \phi^*(\mathbf{r}) \psi(\mathbf{r}) \, d^3r$$

und alle im Anhang A beschriebenen Eigenschaften des Hilbert-Raumes lassen sich entsprechend übertragen. Die Eigenfunktionen eines selbstadjungierten Operators H können als Basis in diesem Hilbert-Raum verwendet werden und die Eigenfunktionen des Hamilton-Operators eines freien Teilchens bilden als ebene Wellen

$$\varphi_{\mathbf{k}}(\mathbf{r}) = \frac{1}{\sqrt{V}} \exp\{i\mathbf{k} \cdot \mathbf{r}\} \quad \text{mit} \quad \mathbf{k} = \frac{2\pi}{L}(n_1, n_2, n_3) \tag{8.1}$$

bei diskreten $\mathbf{k}$-Vektoren $n_j = 0, \pm 1, \pm 2, \ldots$ eine mögliche Basis im Hilbert-Raum. Für die ebenen Wellen Gl. (8.1) mit den Ausbreitungsvektoren $\mathbf{k} = (k_1, k_2, k_3)$ und $\mathbf{q} = (q_1, q_2, q_3)$ gilt die Orthonormalitätsbedingung

$$\langle \varphi_{\mathbf{k}} | \varphi_{\mathbf{q}} \rangle = \delta_{\mathbf{k}\mathbf{q}} = \delta_{k_1 q_1} \delta_{k_2 q_2} \delta_{k_3 q_3}. \tag{8.2}$$

□ Zum Beweise zerlegen wir das Integral in ein Produkt aus drei Integralen

$$\int_V \varphi_{\mathbf{k}}^*(\mathbf{r}) \varphi_{\mathbf{q}}(\mathbf{r}) \, d^3r = \frac{1}{V} \int_V \exp\{i(\mathbf{q} - \mathbf{k})\mathbf{r}\} \, d^3r$$

$$= \frac{1}{V} \prod_{j=1}^{3} \int_0^L \exp\{i(q_j - k_j)x_j\} \, dx_j.$$

Die Normierung ergibt sich im Falle $\mathbf{q} = \mathbf{k}$ direkt. Im anderen Fall setzen wir $q_j \neq k_j$ voraus und berechnen

$$\int_0^L \exp\{i(q_j - k_j)x_j\} \, dx_j = \frac{\exp\{i(q_j - k_j)L\} - 1}{i(q_j - k_j)} = 0,$$

denn es gilt für die diskreten Ausbreitungsvektoren

$$(q_j - k_j)L = 2\pi g_j,$$

wobei g_j eine ganze Zahl bezeichnet. ∎

Jede über dem Volumen V quadratisch integrierbare Funktion $f(\mathbf{r})$ kann dann nach dieser Basis entwickelt werden, d.h. es gilt die Fourier-Entwicklung

$$f(\mathbf{r}) = \sum_{\mathbf{k}} \varphi_{\mathbf{k}}(\mathbf{r}) \int_V \varphi_{\mathbf{k}}^*(\mathbf{r}')f(\mathbf{r}')\,d^3r'.$$

Dabei bedeutet

$$\sum_{\mathbf{k}} = \sum_{n_1=-\infty}^{\infty} \sum_{n_2=-\infty}^{\infty} \sum_{n_3=-\infty}^{\infty}.$$

In Kurzschreibweise lautet die Vollständigkeitsbeziehung

$$\sum_{\mathbf{k}} |\mathbf{k}\rangle\langle\mathbf{k}| = 1$$

mit

$$|\mathbf{k}\rangle = \varphi_{\mathbf{k}}(\mathbf{r}) = \frac{1}{\sqrt{V}}\exp\{i\mathbf{k}\cdot\mathbf{r}\}$$

und die Entwicklung eines beliebigen Elementes $f \in \mathcal{H}$ schreibt sich

$$|f\rangle = \sum_{\mathbf{k}} |\mathbf{k}\rangle\langle\mathbf{k}|f\rangle.$$

8.2 Freie Elektronen

Es seien hier N freie Elektronen der Masse m mit der Spinquantenzahl $1/2$ betrachtet, die sich im Volumen V befinden und keine Wechselwirkung untereinander ausüben und auf die auch keine äußeren Kräfte wirken. Das Potential der Kräfte ist dann eine Konstante und diese potentielle Energie kann durch geeignete Wahl der Energieskala zu Null gesetzt werden. Die Energie der Elektronen besteht nur aus kinetischer Energie und die Schrödinger-Gleichung lautet nach Gl. (4.4)

$$-\frac{\hbar}{i}\frac{\partial}{\partial t}\phi(\underline{x},t) = H(\underline{x})\phi(\underline{x},t) \quad \text{mit} \quad H = \sum_{j=1}^{N} -\frac{\hbar^2}{2m_e}\Delta_j, \tag{8.3}$$

wobei $\underline{x} = (\mathbf{r}_1,\mathbf{s}_1,\mathbf{r}_2,\mathbf{s}_2\ldots\mathbf{r}_N,\mathbf{s}_N)$ einen Vektor im Konfigurationsraum bezeichnet, vergl. Gl. (4.1). Der Hamilton-Operator ist hier von der Zeit unabhängig und deshalb ergibt die Separation der Schrödinger-Gleichung bezüglich der Zeit nach Gl. (4.15)

$$\phi(\underline{x},t) = \exp\left\{-\frac{i}{\hbar}Et\right\}\Psi(\underline{x})$$

mit

$$H(\underline{x})\Psi(\underline{x}) = E\Psi(\underline{x}). \tag{8.4}$$

8.2 Freie Elektronen

Der Hamilton-Operator ist durch Gl. (8.3) als Summe von Einelektronenoperatoren gegeben und die zeitunabhängige Schrödinger-Gleichung (8.4) läßt sich mit dem Produktansatz

$$\Psi(\underline{x}) = \psi_{\nu_1}(\mathbf{r}_1,\mathbf{s}_1)\psi_{\nu_2}(\mathbf{r}_2,\mathbf{s}_2)\ldots\psi_{\nu_N}(\mathbf{r}_N,\mathbf{s}_N)$$

separieren. Hier bezeichnen $\phi(\underline{x},t)$ und $\Psi(\underline{x})$ Vektoren im Hilbert-Raum $\mathcal{H}$, der der Produktraum aus N Einteilchen-Hilbert-Räumen ist $\mathcal{H} = \mathcal{H}_1 \otimes \mathcal{H}_2 \otimes \ldots \otimes \mathcal{H}_N$. Jeder Einteilchen-Hilbert-Raum ist der Produktraum aus dem Orts-Hilbert-Raum $\mathcal{H}_O$ und dem Spin-Hilbert-Raum $\mathcal{H}_S$: $\mathcal{H}_1 = \mathcal{H}_O \otimes \mathcal{H}_S$, vergl. Abschn. 2.6.3. Wir setzen die Einelektronenfunktionen als normiert und orthogonal voraus

$$\langle \psi_\nu | \psi_\mu \rangle = \delta_{\nu\mu}, \tag{8.5}$$

wobei die eckige Klammer das innere produkt im Hilbert-Raum $\mathcal{H}_1$ bezeichnet. Einsetzen des Ansatzes in die zeitunabhängige Schrödinger-Gleichung (8.4) liefert

$$\sum_{i=1}^{N} \psi_{\nu_1}(\mathbf{r}_1,\mathbf{s}_1)\ldots\left(-\frac{\hbar^2}{2m_e}\Delta_i\right)\psi_{\nu_i}(\mathbf{r}_i,\mathbf{s}_i)\ldots\psi_{\nu_N}(\mathbf{r}_N,\mathbf{s}_N) =$$
$$= E\psi_{\nu_1}(\mathbf{r}_1,\mathbf{s}_1)\ldots\psi_{\nu_N}(\mathbf{r}_N,\mathbf{s}_N).$$

Wir multiplizieren diese Gleichung mit $\psi_{\nu_2}^*(\mathbf{r}_2,\mathbf{s}_2)\ldots\psi_{\nu_N}^*(\mathbf{r}_N,\mathbf{s}_N)$ und integrieren über den Konfigurationsraum mit Ausnahme der Koordinaten des Elektrons 1. Unter Berücksichtigung der Normierungsbedingung Gl. (8.5) folgt daraus

$$-\frac{\hbar^2}{2m_e}\Delta_1\psi_{\nu_1}(\mathbf{r}_1,\mathbf{s}_1) + \sum_{j=2}^{N}\left\langle \psi_{\nu_j} \left| -\frac{\hbar^2}{2m_e}\Delta_j \right| \psi_{\nu_j} \right\rangle = E\psi_{\nu_1}(\mathbf{r}_1,\mathbf{s}_1)$$

und wir erhalten eine Eigenwertgleichung nur für das Elektron Nummer 1

$$-\frac{\hbar^2}{2m_e}\Delta_1\psi_{\nu_1}(\mathbf{r}_1,\mathbf{s}_1) = \left(E - \sum_{j=2}^{N}\varepsilon_j\right)\psi_{\nu_1}(\mathbf{r}_1,\mathbf{s}_1),$$

die unabhängig von allen übrigen Elektronen gelöst werden kann. Dabei wurden die Einelektronenenergien mit ε_j bezeichnet und es gilt

$$\varepsilon_j = \left\langle \psi_{\nu_j} \left| -\frac{\hbar^2}{2m_e}\Delta_j \right| \psi_{\nu_j} \right\rangle \quad \text{mit} \quad E = \sum_{j=1}^{N}\varepsilon_j, \tag{8.6}$$

die aus der Einelektronen-Schrödinger-Gleichung

$$-\frac{\hbar^2}{2m_e}\Delta\psi_\nu(\mathbf{r},\mathbf{s}) = \varepsilon_\nu\psi_\nu(\mathbf{r},\mathbf{s})$$

8 Elektronengas

zu bestimmen sind. Die Separation bezüglich des Spins gelingt mit Hilfe des Ansatzes, vergl. Abschn. 2.6.3

$$\psi_\nu(\mathbf{r},\mathbf{s}) = \varphi_k(\mathbf{r})\chi_{m_s}(\mathbf{s}) \quad \text{mit} \quad \langle\chi_{m_s}|\chi_{m'_s}\rangle = \delta_{m_s m'_s} \tag{8.7}$$

und man erhält für Elektronen mit Spin $\frac{1}{2}$ mit Rücksicht auf die Normierung der Spinzustände die *Helmholtz-Gleichung*

$$-\frac{\hbar^2}{2m}\Delta\varphi_k(\mathbf{r}) = \varepsilon_k\varphi_k(\mathbf{r}).$$

Sie wird, wie in Abschn. 8.1, in einem endlichen Volumen V mit periodischen Randbedingungen gelöst, und es ergeben sich die ebenen Wellen $\varphi_\mathbf{k}$ nach Gl. (8.1) als Eigenfunktionen des Laplace-Operators

$$-\frac{\hbar^2}{2m_e}\Delta \frac{1}{\sqrt{V}}\exp\{i\mathbf{kr}\} = \frac{\hbar^2\mathbf{k}^2}{2m_e}\frac{1}{\sqrt{V}}\exp\{i\mathbf{kr}\}. \tag{8.8}$$

Die vollständigen Einteilchenzustände sind nach Gl. (8.7) gegeben durch die Quantenzahlen $\mathbf{n} = (n_1, n_2, n_3)$ mit $n_j = 0, \pm 1, \pm 2, \ldots$ und $m_s = \pm\frac{1}{2}$

$$\psi_{\mathbf{k}m_s} = \varphi_\mathbf{k}(\mathbf{r})\chi_{m_s}(\mathbf{s}) \quad \text{mit} \quad \mathbf{k} = \frac{2\pi}{L}(n_1, n_2, n_3). \tag{8.9}$$

Nach dem Pauli-Prinzip sind die Zustände eines Systems aus N freien Elektronen durch Slater-Determinanten Gl. (4.37) darzustellen, so daß es keine zwei Elektronen gibt, die in allen vier Quantenzahlen n_1, n_2, n_3, m_s übereinstimmen. Wir berechnen zunächst die *Fermi-Grenze* k_F bis zu der im Grundzustand die Einteilchenzustände mit Elektronen besetzt sind und führen dazu die *Fermi-Funktion*

$$f_F(E) = \begin{cases} 1 & \text{für } E \leq E_F \\ 0 & \text{für } E > E_F \end{cases}$$

ein. Die größte Energie, bis zu der die Zustände mit Elektronen besetzt sind, heißt *Fermi-Energie*

$$E_F = \frac{\hbar^2 k_F^2}{2m_e}. \tag{8.10}$$

Jeder Zustand $\varphi_\mathbf{k}(\mathbf{r})$ wird mit zwei Elektronen besetzt und die Zahl der Elektronen N, die wir gerade annehmen, muß gleich der Summe über die besetzten Zustände sein

$$N = \sum_\mathbf{k}^{\text{besetzt}} 2 = \sum_\mathbf{k} 2f_F\left(\frac{\hbar^2\mathbf{k}^2}{2m_e}\right).$$

Nach Abschn. 8.1 kann das Integrationsvolumen V beliebig groß gewählt werden, wobei bei festgehaltener Elektronendichte N/V auch die Elektronenzahl beliebig groß wird. Für $1 \ll N$ läßt sich die Summe über die Ausbreitungsvektoren einer Funktion $f(\mathbf{k})$ mit beliebig kleinem Fehler in ein Integral überführen

$$\sum_\mathbf{k} f(\mathbf{k}) = \frac{V}{8\pi^3}\int f(\mathbf{k})\,\mathrm{d}^3k. \tag{8.11}$$

8.2 Freie Elektronen

☐ Zum Beweise beachtet man die diskreten **k**-Vektoren nach Gl. (8.9), die ein Gitter aus Würfeln mit dem Volumen $(2\pi/L)^3$ darstellen. Jeder Summand in der Summe über **k** entspricht einem Gitterpunkt, der mit dem Würfelvolumen $(2\pi/L)^3 = 8\pi^3/V$ multipliziert, die Volumenintegration im **k**-Raum ergibt

$$\sum_{\mathbf{k}} \frac{8\pi^3}{V} = \int \mathrm{d}^3 k.$$

Daraus folgt die Gl. (8.11). ■

Die Summe über die Elektronenzahl berechnet sich somit zu

$$N = \sum_{\mathbf{k}} 2 f_{\mathrm{F}}\left(\frac{\hbar^2 \mathbf{k}^2}{2 m_{\mathrm{e}}}\right) = \frac{V}{8\pi^3} \int 2 f_{\mathrm{F}}\left(\frac{\hbar^2 \mathbf{k}^2}{2 m_{\mathrm{e}}}\right) \mathrm{d}^3 k$$
$$= \frac{V 2}{8\pi^3} 4\pi \int_0^{k_{\mathrm{F}}} k^2\, \mathrm{d}k = \frac{V}{3\pi^2} k_{\mathrm{F}}^3.$$

Daraus erhält man den Zusammenhang zwischen der Elektronendichte $n = N/V$ und der Fermi-Grenze k_{F}:

$$n = \frac{k_{\mathrm{F}}^3}{3\pi^2} \quad \text{oder} \quad k_{\mathrm{F}} = \left(3\pi^2 n\right)^{1/3} \tag{8.12}$$

und den Zusammenhang mit der Fermi-Energie E_{F}, vergl. Gl. (8.10),

$$E_{\mathrm{F}} = \frac{\hbar^2 k_{\mathrm{F}}^2}{2 m_{\mathrm{e}}} = \frac{\hbar^2}{2 m_{\mathrm{e}}} (3\pi^2 n)^{2/3}. \tag{8.13}$$

Die Zahl der Zustände $Z(E)$, die zwischen 0 und E liegen, erhält man bei Beachtung der zwei Möglichkeiten für den Elektronenspin

$$Z(E) = \frac{V}{8\pi^3} \int_{\hbar^2 \mathbf{k}^2 \leq 2 m_{\mathrm{e}} E} 2\, \mathrm{d}^3 k = \frac{V 2}{8\pi^3} 4\pi \int_0^{\sqrt{2 m_{\mathrm{e}} E}/\hbar} k^2\, \mathrm{d}k$$
$$= \frac{V}{3\pi^2 \hbar^3} \left(2 m_{\mathrm{e}} E\right)^{3/2}. \tag{8.14}$$

Daraus ergibt sich die *Zustandsdichte* freier Elektronen zu

$$g(E) = \frac{\mathrm{d}Z(E)}{\mathrm{d}E} = \frac{V m_{\mathrm{e}}}{\pi^2 \hbar^3} \sqrt{2 m_{\mathrm{e}} E}. \tag{8.15}$$

Die Elektronen in den einzelnen Zuständen $\varphi_{\mathbf{k}}(\mathbf{r})$ haben nach Gl. (8.8) die Energie

$$E(\mathbf{k}) = \frac{\hbar^2 \mathbf{k}^2}{2 m_{\mathrm{e}}}$$

und es gilt mit $k = |\mathbf{k}|$

$$g(E)\,dE = \frac{V}{\pi^2} k^2\,dk.$$

Daraus erhält man die gesamte kinetische Energie aller N Elektronen als Summe über die besetzten Zustände im elektronischen Grundzustand

$$\begin{aligned}
T &= \sum_{\mathbf{k}}^{\text{besetzt}} 2\frac{\hbar^2 \mathbf{k}^2}{2m_e} = \frac{V2}{8\pi^3}\int f_F(E) E\,d^3k \\
&= \frac{V2}{8\pi^3} 4\pi \int f_F(E) E k^2\,dk \\
&= \int_0^\infty f_F(E) E g(E)\,dE \\
&= \int_0^{E_F} E g(E)\,dE \\
&= \frac{V m_e}{\pi^2 \hbar^3}\sqrt{2m_e}\,\frac{2}{5} E_F^{5/2}.
\end{aligned}$$

Aus dieser kinetischen Energie aller N Elektronen findet man die mittlere kinetische Energie ε pro Elektron mit Hilfe von Gl. (8.13)

$$\varepsilon = \frac{T}{N} = \frac{1}{n}\left(\frac{2m_e E_F}{\hbar^2}\right)^{\frac{3}{2}} \frac{E_F}{5\pi^2} = \frac{3}{5} E_F = \frac{3}{10}\frac{\hbar^2}{m_e}(3\pi^2 n)^{2/3}. \tag{8.16}$$

Diese Eigenschaften freier Elektronen lassen sich im Rahmen der effektive-Masse-Näherung auf die Valenzelektronen von Metallen übertragen. Dabei wird die Wechselwirkung mit den Rumpfatomen und den übrigen Elektronen in Form einer effektiven Masse berücksichtigt, die anstelle der Elektronenmasse tritt, vergl. Kap. 13.

Als Beispiel sei metallisches Natrium betrachtet. Das Na Atom hat die Elektronenkonfiguration $1s^2\,2s^2\,2p^6\,3s$ und in der einfachsten Näherung wird das $3s$-Valenzelektron im Metall als freies Teilchen betrachtet. Dabei wird die positive Ladung der Natriumionen näherungsweise als konstantes, anziehendes Potential angenommen, das die Elektronen im Innern des Kristallvolumens einschließt. Natrium kristallisiert in einem kubisch-raumzentrierten Gitter mit der Gitterkonstanten $a = 4.29$ Å, so daß sich die Dichte der Valenzelektronen zu $n = 2.5 \cdot 10^{28}\,\text{m}^{-3}$ ergibt. Damit erhält man für die Fermi-Grenze $k_F = 9.0 \cdot 10^9\,\text{m}^{-1}$ und die Fermi-Energie beträgt $E_F = 3.1\,\text{eV}$. Die mittlere kinetische Energie ist $\varepsilon^{\text{kin}} = 1.9\,\text{eV}$.

8.2.1 Zweidimensionales Elektronengas

In Halbleiterheterostrukturen werden unterschiedliche Halbleiter in Schichten aufeinandergebracht. Dabei kann man es erreichen, daß sich die Leitungselektronen nur

8.2 Freie Elektronen

parallel zur Grenzschicht wie freie Teilchen bewegen können, während sie sich in x-Richtung, senkrecht zur ebenen Grenzfläche, in einem eindimensionalen Potentialtopf befinden. Im Grundzustand sind die Elektronen der Masse m_e in x-Richtung lokalisiert und bilden somit ein zweidimensionales Elektronengas. Der Hamilton-Operator ist in diesem Fall

$$H = \sum_{j=1}^{N} \left[-\frac{\hbar^2}{2m_e}\Delta_j + v(x_j) \right]$$

und die Schrödinger-Gleichung läßt sich wie in Abschn. 2.4.3 separieren

$$\left[-\frac{\hbar^2}{2m_e}\frac{d^2}{dx^2} + v(x) \right]\phi_0(x) = \varepsilon_0 \phi_0$$

$$-\frac{\hbar^2}{2m_e}\left(\frac{\partial^2}{\partial y^2} + \frac{\partial^2}{\partial z^2} \right)\psi_\mathbf{k}(y,z) = \frac{\hbar^2 \mathbf{k}^2}{2m_e}\psi_\mathbf{k}(y,z).$$

Hier bezeichnet ϕ_0 den Grundzustand des eindimensionalen Potentialtopfes. In der yz-Ebene wird eine quadratische Fläche F der Kantenlänge L mir periodischen Randbedingungen eingeführt und der zweidimensionale Ausbreitungsvektor hat die Form

$$\mathbf{k} = \frac{2\pi}{L}(n_2, n_3) \quad \text{für} \quad n_2, n_3 = 0, \pm 1, \pm 2, \ldots \quad \text{mit} \quad \mathbf{k}^2 = k_2^2 + k_3^2.$$

Die Eigenfunktionen des zweidimensionalen Hamilton-Operators freier Elektronen sind die ebenen Wellen

$$\psi_\mathbf{k}(y,z) = \frac{1}{L}\exp\{i(k_2 y + k_3 z)\}.$$

Im Falle gerader Elektronenzahl N wird jeder Zustand nach dem Pauli-Prinzip mit zwei Elektronen besetzt und es gilt

$$N = \sum_{\mathbf{k}}^{\text{besetzt}} 2 = \sum_{\mathbf{k}} 2 f_F\left(\frac{\hbar^2 \mathbf{k}^2}{2m_e}\right) = \frac{L^2}{4\pi^2}\int 2 f_F\left(\frac{\hbar^2 \mathbf{k}^2}{2m_e}\right)d^2k$$

$$= \frac{L^2 2}{4\pi^2} 2\pi \int_0^{k_F} k\,dk = \frac{L^2}{2\pi}k_F^2,$$

wobei für die Integration ebene Polarkoordinaten $d^2k = k\,dk\,d\varphi$ und die Fermi-Energie E_F Gl. (8.10) eingeführt wurden. Aus der Flächendichte $n = N/L^2$ der Elektronen erhält man die Fermi-Grenze k_F zu

$$k_F = (2\pi n)^{1/2} \quad \text{und} \quad E_F = \frac{\hbar^2 \pi}{m_e}n.$$

Die Zahl der Zustände $Z(E)$ zwischen 0 und E des zweidimensionalen Elektronengases bestimmt sich zu

$$Z(E) = \frac{L^2}{4\pi^2} \int_{\hbar^2 \mathbf{k}^2 \leq 2m_e E} 2 \, d^2k = \frac{L^2}{4\pi^2} 2 \cdot 2\pi \int_0^{\sqrt{2m_e E}/\hbar} k \, dk$$
$$= \frac{L^2}{\pi} \frac{m_e E}{\hbar^2}$$

und die Zustandsdichte $g(E)$ ist somit konstant

$$g(E) = \frac{dZ(E)}{dE} = \frac{L^2}{\pi} \frac{m_e}{\hbar^2}.$$

Die kinetische Energie der N Elektronen ist

$$T = \sum_{\mathbf{k}}^{\text{besetzt}} 2 \frac{\hbar^2 \mathbf{k}^2}{2m_e} = \frac{L^2}{4\pi^2} 2 \int E f_F(E) \, d^2k = \frac{L^2}{4\pi^2} 2 \cdot 2\pi \int_0^{k_F} Ek \, dk$$
$$= \int_0^{E_F} E g(E) \, dE = \frac{L^2}{\pi} \frac{m_e}{\hbar^2} \frac{1}{2} E_F^2,$$

wobei von

$$E = \frac{\hbar^2 \mathbf{k}^2}{2m_e} \quad \text{und} \quad g(E) \, dE = \frac{L^2}{\pi} k \, dk$$

Gebrauch gemacht wurde. Die mittlere kinetische Energie pro Elektron ε ist beim zweidimensionalen Elektronengas

$$\varepsilon = \frac{T}{N} = \frac{1}{n} \frac{m_e}{\pi \hbar^2} \frac{1}{2} E_F^2 = \frac{1}{2} E_F.$$

8.2.2 Eindimensionales Elektronengas

Die eindimensionale Schrödinger-Gleichung freier Elektronen lautet

$$-\frac{\hbar^2}{2m_e} \frac{d^2}{dz^2} \psi_{\mathbf{k}}(z) = \frac{\hbar^2 \mathbf{k}^2}{2m_e} \psi_{\mathbf{k}}(z)$$

mit

$$k = \frac{2\pi}{L} n_3 \quad \text{für} \quad n_3 = 0, \pm 1, \pm 2, \ldots$$

und

$$\psi_{\mathbf{k}}(z) = \frac{1}{\sqrt{L}} \exp\{ikz\},$$

wobei das Periodizitätsgebiet eine Strecke der Länge L ist. Werden bei gerader Elektronenzahl die tiefsten Niveaus jeweils mit zwei Elektronen besetzt, ergibt sich die Fermi-Grenze k_F zu

$$N = \sum_k^{\text{besetzt}} 2 = \frac{L}{2\pi} \int_{-k_F}^{k_F} 2\,dk = \frac{L}{\pi} 2 k_F,$$

und es gilt mit der eindimensionalen Elektronendichte $n = N/L$

$$k_F = \frac{\pi}{2} n \quad \text{und} \quad E_F = \frac{\pi^2 \hbar^2}{8 m_e} n^2.$$

Für die Zahl der Zustände $Z(E)$ zwischen Null und E erhält man

$$Z(E) = \frac{L}{2\pi} \int_{\hbar^2 \mathbf{k}^2 \leq 2 m_e} 2\,dk = \frac{L}{2\pi} 2 \cdot 2 \int_0^{\sqrt{2 m_e E}/\hbar} dk$$

$$= \frac{2L}{\pi \hbar} \sqrt{2 m_e E}$$

und die Zustandsdichte

$$g(E) = \frac{dZ(E)}{dE} = \frac{L}{\pi \hbar} \frac{\sqrt{2 m_e}}{\sqrt{E}}$$

hat eine Singularität bei Null. Die kinetische Energie aller Elektronen ist

$$T = \sum_{\mathbf{k}}^{\text{besetzt}} 2 \frac{\hbar^2 \mathbf{k}^2}{2 m_e} = \frac{L}{2\pi} 2 \int_0^{k_F} 2E\,dk = \int_0^{E_F} E g(E)\,dE$$

$$= \frac{L}{\pi \hbar} \sqrt{2 m_e} \frac{2}{3} E_F^{3/2},$$

denn es gilt

$$E = \frac{\hbar^2 \mathbf{k}^2}{2 m_e} \quad \text{und} \quad g(E)\,dE = \frac{2L}{\pi}\,dk.$$

Die mittlere kinetische Energie pro Elektron ε ist beim eindimensionalen Elektronengas

$$\varepsilon = \frac{T}{N} = \frac{1}{n} \frac{\sqrt{2 m_e}}{\pi \hbar} \frac{2}{3} E_F^{3/2} = \frac{1}{3} E_F.$$

8.2.3 Freie Elektronen bei endlicher Temperatur

Bei endlichen Temperaturen ist nach Abschn. 4.4 eine kanonische Gesamtheit zu betrachten, die auch Systeme in angeregten Zuständen enthält. Seien b_j die Besetzungszahlen der Einelektronenenergien ε_j nach Gl. (8.6), so ist die Energie N freier

8 Elektronengas

Elektronen im Volumen V gegeben durch

$$E_{b_1 b_2 \ldots} = \sum_j b_j \varepsilon_j \quad \text{mit} \quad N = \sum_j b_j,$$

wobei über alle Zustände zu summieren ist und die Besetzungszahlen b_j nur die Werte 0 und 1 annehmen können. Bei festgehaltener Elektronenzahl N ist die Zustandssumme nach Gl. (4.25) gegeben durch

$$Z(T,V) = \sum_{b_1, b_2, \ldots} \exp\left\{-\frac{\sum_j b_j \varepsilon_j}{k_B T}\right\},$$

wobei T die Temperatur und k_B die Boltzmann-Konstante bezeichnet. Die Verallgemeinerung für variable Elektronenzahl N erhält man durch hinzufügen der Bedingungsgleichung für die Besetzungszahlen

$$0 = \zeta\left(N - \sum_j b_j\right) \tag{8.17}$$

im Zähler der Exponentialfunktion, wodurch eine großkanonischen Gesamtheit betrachtet wird. Man erhält dann für die Zustandssumme

$$\begin{aligned}
Z(T,V,N) &= \exp\left\{-\frac{\zeta N}{k_B T}\right\} \sum_{b_1, b_2, \ldots} \exp\left\{-\frac{\sum_j b_j (\varepsilon_j - \zeta)}{k_B T}\right\} \\
&= \exp\left\{-\frac{\zeta N}{k_B T}\right\} \sum_{b_1, b_2, \ldots} \prod_j \exp\left\{-\frac{b_j(\varepsilon_j - \zeta)}{k_B T}\right\} \\
&= \exp\left\{-\frac{\zeta N}{k_B T}\right\} \sum_{b_1, b_2, \ldots} \prod_j \left(\exp\left\{-\frac{\varepsilon_j - \zeta}{k_B T}\right\}\right)^{b_j} \\
&= \exp\left\{-\frac{\zeta N}{k_B T}\right\} \prod_j \sum_{b_j} \left(\exp\left\{-\frac{\varepsilon_j - \zeta}{k_B T}\right\}\right)^{b_j} \\
&= \exp\left\{-\frac{\zeta N}{k_B T}\right\} \prod_j \left(1 + \exp\left\{-\frac{\varepsilon_j - \zeta}{k_B T}\right\}\right).
\end{aligned}$$

Die freie Energie berechnet sich nach Gl. (4.26) zu

$$\begin{aligned}
F(T,V,N) &= -k_B T \ln Z(T,V,N) \\
&= \zeta N - k_B T \sum_j \ln\left(1 + \exp\left\{-\frac{\varepsilon_j - \zeta}{k_B T}\right\}\right).
\end{aligned} \tag{8.18}$$

Man erkennt hier, daß ζ das chemische Potential

$$\zeta = \left(\frac{\partial F(T,V,N)}{\partial N}\right)_{T,V}$$

oder die Änderung der freien Energie pro Elektron ist. Wir machen wieder von der Tatsache Gebrauch, daß die Einelektronenniveaus ε_j für hinreichend großes Volumen V unmeßbar dicht liegen, so daß wir in Gl. (8.18) von der Summe zum Integral übergehen können. Dazu setzen wir für eine gegebene Funktion $f(\varepsilon_j)$

$$\sum_j f(\varepsilon_j) = \int_{-\infty}^{\infty} f(E)\,dZ(E) = \int_{-\infty}^{\infty} \frac{dZ(E)}{dE} f(E)\,dE,$$

wobei $Z(E)$ die Zahl der Zustände zwischen $-\infty$ und E bezeichnet [1]. Bei freien Teilchen ist $Z(E) = 0$ für $E < 0$. Damit erhält man für die freie Energie

$$F(T,V,N) = \zeta N - k_\text{B}T \int_{-\infty}^{\infty} \frac{dZ(E)}{dE} \ln\left(1 + \exp\left\{-\frac{E-\zeta}{k_\text{B}T}\right\}\right) dE$$

$$= \zeta N + k_\text{B}T \int_{-\infty}^{\infty} dZ(E) \frac{d}{dE} \ln\left(1 + \exp\left\{-\frac{E-\zeta}{k_\text{B}T}\right\}\right) dE$$

$$- k_\text{B}T Z(E) \ln\left(1 + \exp\left\{-\frac{E-\zeta}{k_\text{B}T}\right\}\right)\bigg|_{-\infty}^{\infty}.$$

Die beiden Randterme der partiellen Integration sind Null, weil $Z(E) = 0$ für $E < 0$ ist und weil der Logarithmus für $E \to \infty$ verschwindet. Damit erhält man schließlich

$$F(T,V,N) = \zeta N - \int_{-\infty}^{\infty} Z(E) \frac{\exp\left\{-\frac{E-\zeta}{k_\text{B}T}\right\}}{1 + \exp\left\{-\frac{E-\zeta}{k_\text{B}T}\right\}}\,dE$$

oder

$$F(T,V,N) = \zeta N - \int_{-\infty}^{\infty} Z(E) f_\text{F}(E)\,dE \qquad (8.19)$$

mit der *Fermi-Verteilung* [2]

$$f_\text{F}(E) = \frac{1}{\exp\left\{-\frac{E-\zeta}{k_\text{B}T}\right\} + 1}. \qquad (8.20)$$

---

[1] Die Zahl der Zustände $Z(E)$ ist nicht mit der Zustandssumme $Z(T,V)$ zu verwechseln.
[2] Sie wird oft auch als Fermi-Dirac-Verteilung bezeichnet, vergl. Abschn. 15.5.2.

Das totale Differential der freien Energie ist

$$dF(T,V,N) = \left(\frac{\partial F}{\partial T}\right)_{V,N} dT + \left(\frac{\partial F}{\partial V}\right)_{T,N} dV + \left(\frac{\partial F}{\partial N}\right)_{T,V} dN$$
$$= -S\,dT - p\,dV + \zeta\,dN,$$

so daß sich die folgenden Größen daraus bestimmen lassen

$$S(T,V,N) = -\left(\frac{\partial F}{\partial T}\right)_{V,N} \quad \text{Entropie}$$

$$p(T,V,N) = -\left(\frac{\partial F}{\partial V}\right)_{T,N} \quad \text{Druck} \qquad (8.21)$$

$$\zeta(T,V,N) = \left(\frac{\partial F}{\partial N}\right)_{T,V} \quad \text{chemisches Potential.}$$

8.2.4 Freie Energie und Zustandsgleichung

Es besteht ein direkter Zusammenhang zwischen der Dichte der Elektronen N/V bzw. der Fermi-Energie und dem chemischen Potential ζ. Zur Herleitung beachtet man, daß die Zustandssumme wegen Gl. (8.17) von ζ unabhängig ist. Daher ist auch die freie Energie von ζ unabhängig und es gilt nach Gl. (8.19) und (8.20)

$$0 = \frac{dF}{d\zeta} = N - \int_{-\infty}^{\infty} Z(E)\frac{d}{d\zeta}f_F(E)\,dE$$
$$= N + \int_{-\infty}^{\infty} Z(E)\frac{d}{dE}f_F(E)\,dE$$
$$= N - \int_{-\infty}^{\infty} \frac{d\,dZ(E)}{dE}f_F(E)\,dE,$$

wobei die Randterme bei der partiellen Integration verschwinden. Mit Hilfe der Zustandsdichte Gl. (8.15) erhält man daraus

$$N = \int_{-\infty}^{\infty} \frac{dZ(E)}{dE}f_F(E)\,dE = \int_{-\infty}^{\infty} g(E)f_F(E)\,dE$$

oder

$$N = \frac{Vm_e}{\pi^2\hbar^3}\int_0^{\infty} \sqrt{2m_e E}\,f_F(E)\,dE.$$

8.2 Freie Elektronen

Das Integral läßt sich für tiefe Temperaturen $k_B T \ll E_F$ auswerten und man erhält mit Hilfe der Formel im Anhang F für die Elektronendichte n

$$n = \frac{N}{V} = \frac{m_e\sqrt{2m_e}}{\pi^2\hbar^3}\left[\frac{2}{3}\zeta^{3/2} + \frac{\pi^2}{12}\frac{(k_B T)^2}{\zeta^{1/2}}\right]$$
$$= \left(\frac{2m_e\zeta}{\hbar^2}\right)^{3/2}\frac{1}{3\pi^2}\left[1 + \frac{\pi^2}{8}\left(\frac{k_B T}{\zeta}\right)^2\right].$$

Verwendet man die Fermi-Energie E_F nach Gl. (8.13), so folgt

$$E_F = \zeta\left[1 + \frac{\pi^2}{8}\left(\frac{k_B T}{\zeta}\right)^2\right]^{2/3}$$

und man erhält genähert für $k_B T \ll E_F$ für das chemische Potential der Elektronen

$$\zeta = E_F\left[1 - \frac{\pi^2}{12}\left(\frac{k_B T}{E_F}\right)^2\right],$$

so daß die Fermi-Energie E_F das chemische Potential bei $T = 0\,\text{K}$ darstellt.

Zur Berechnung der freien Energie setzt man die Zustandsdichte Gl. (8.14) in Gl. (8.19) ein und erhält die freie Energie wechselwirkungsfreier Elektronen

$$F(T,V,N) = \zeta N - \frac{V(2m_e)^{3/2}}{3\pi^2\hbar^3}\int_0^\infty E^{3/2} f_F(E)\,dE.$$

Das Integral läßt sich für tiefe Temperaturen $k_B T \ll E_F$ nach dem Verfahren im Anhang F auswerten. Man erhält genähert

$$F(T,V,N) = NE_F\left[1 - \frac{\pi^2}{12}\left(\frac{k_B T}{E_F}\right)^2\right]$$
$$\qquad - \frac{V(2m_e)^{3/2}}{3\pi^2\hbar^3}\left[\frac{2}{5}\zeta^{5/2} + \frac{\pi^2}{4}\zeta^{1/2}(k_B T)^2\right]$$
$$= NE_F\left[1 - \frac{\pi^2}{12}\left(\frac{k_B T}{E_F}\right)^2\right] - \frac{2N}{5E_F^{3/2}}\left[\zeta^{5/2} + \frac{5\pi^2}{8}E_F^{1/2}(k_B T)^2\right]$$
$$= NE_F\left[1 - \frac{\pi^2}{12}\left(\frac{k_B T}{E_F}\right)^2\right] - \frac{2}{5}NE_F\left[1 + \frac{5\pi^2}{12}\left(\frac{k_B T}{E_F}\right)^2\right].$$

Daraus findet man für die freie Energie wechselwirkungsfreier Elektronen

$$F(T,V,N) = NE_F\left[\frac{3}{5} - \frac{\pi^2}{4}\left(\frac{k_B T}{E_F}\right)^2\right],$$

wobei die Fermi-Energie E_F nach Gl. (8.13)

$$E_F = \frac{\hbar^2}{2m_e}\left(3\pi^2\frac{N}{V}\right)^{2/3}$$

vom Volumen abhängt. Aus der freien Energie bei tiefen Temperaturen bestimmen wir nach Gl. (8.21) die Entropie

$$S(T,V,N) = -\left(\frac{\partial F}{\partial T}\right)_{V,N} = \frac{\pi^2}{2} N \frac{k_B^2 T}{E_F}$$

und den Druck

$$p(T,V,N) = -\left(\frac{\partial F}{\partial V}\right)_{T,N} = -\left(\frac{\partial F}{\partial E_F}\right)_{T,N} \left(\frac{\partial E_F}{\partial V}\right)_N$$
$$= N\left[\frac{3}{5} + \frac{\pi^2}{4}\left(\frac{k_B T}{E_F}\right)^2\right] \frac{2}{3} \frac{E_F}{V}.$$

Diese Beziehung heißt *Zustandsgleichung* und läßt sich in der Form

$$pV = NE_F \left[\frac{2}{5} + \frac{\pi^2}{6}\left(\frac{k_B T}{E_F}\right)^2\right]$$

schreiben. Für die innere Energie ergibt sich

$$U = F + TS = NE_F \left[\frac{3}{5} + \frac{\pi^2}{4}\left(\frac{k_B T}{E_F}\right)^2\right]$$

und daraus findet man die Wärmekapazität bei konstantem Volumen zu

$$C_V = \left(\frac{\partial U}{\partial T}\right)_V = \frac{\pi^2}{2} N \frac{k_B^2}{E_F} T. \tag{8.22}$$

Die elektronischen Zustände der Metalle lassen sich im Rahmen der effektive-Masse-Näherung durch ein Elektronengas wechselwirkungsfreier Elektronen beschreiben. Die Wechselwirkung mit dem Kristallgitter ist dabei in einer effektiven Masse enthalten, die anstelle der Elektronenmasse in die Schrödinger-Gleichung einzusetzen ist. Die von den Valenzelektronen herrührende Elektronendichte der Metalle liegt in der Größenordnung von 10^{-28} m^{-3}, so daß die Fermi-Energie in der Größenordnung einiger eV liegt. Die Näherung tiefer Temperaturen $T \ll E_F/k_B$ ist daher für alle festen Metalle gegeben und die berechneten Temperaturabhängigkeiten sind im Rahmen der Näherung wechselwirkungsfreier Elektronen gültig. Die Wärmekapazität der Metallelektronen nach Gl. (8.22) kann bei tiefen Temperaturen den Anteil der Gitterschwingungen überwiegen, der in der Näherung von Debye proportional zu T^3 ist.

8.3 Homogenes Elektronengas

Wir betrachten ein System von N Elektronen der Masse m, die sich in einem endlichen Volumen V befinden. In diesem Volumen sei eine gleichmäßig verteilte positive Ladung vorhanden, so daß das System nach außen elektrisch neutral ist. Die Elektronen sollen untereinander durch das Coulomb-Gesetz in Wechselwirkung stehen. Ein solches System wird als homogenes Elektronengas bezeichnet und stellt eine erste Näherung für die Valenzelektronen der Metalle dar. Wie in Abschn. 8.1 werden periodische Randbedingungen angesetzt. Dadurch wird ein System betrachtet, bei dem die positive Ladung den ganzen Raum gleichmäßig erfüllt. Der Hamilton-Operator des homogenen Elektronengases ist gegeben durch

$$H = \sum_{j=1}^{N} \left[-\frac{\hbar^2}{2m_e} \Delta_j + v_0 \right] + \frac{e^2}{8\pi\varepsilon_0} \sum_{\substack{i,j \\ i \neq j}}^{1...N} \frac{1}{|\mathbf{r}_i - \mathbf{r}_j|}, \qquad (8.23)$$

wobei das konstante Potential v_0 von der gleichmäßig verteilten positiven Ladung herrührt. Die Eigenwertaufgabe von H ist unter Beachtung des Pauli-Prinzips im Hilbert-Raum $\mathcal{H} = \mathcal{H}_1 \otimes \mathcal{H}_2 \otimes \ldots \otimes \mathcal{H}_N$ zu lösen, wobei $\mathcal{H}_j$ der Einelektronen-Hilbert-Raum des Elektrons Nummer j ist.

8.3.1 Hartree-Fock-Näherung

Wir berechnen den Grundzustand des homogenen Elektronengases näherungsweise mit nur einer Slater-Determinante. Die Hartree-Fock-Gleichungen für das homogene Elektronengas

$$\left[-\frac{\hbar^2}{2m_e} \Delta + v_0 + v_H[n](\mathbf{r}) \right] \phi_k(\mathbf{r})$$
$$- \frac{e^2}{4\pi\varepsilon_0} \sum_{j=1}^{N} \delta_{\sigma\sigma_j} \int \frac{\phi_{k_j}^*(\mathbf{r}')\phi_k(\mathbf{r}')}{|\mathbf{r} - \mathbf{r}'|} d^3r' \, \phi_{k_j}(\mathbf{r}) = \varepsilon_k \phi_k(\mathbf{r}) \qquad (8.24)$$

mit

$$n(\mathbf{r}) = \sum_{k}^{\text{besetzt}} |\phi_k(\mathbf{r})|^2 \qquad (8.25)$$

werden durch ebene Wellen als Einteilchenfunktionen exakt gelöst, und wir wollen der Einfachheit halber eine gerade Elektronenzahl N im Volumen V voraussetzen.

Das konstante Potential v_0 der positiven Ladung legen wir in Zusammenhang mit dem Hartree-Potential $v_H[n](\mathbf{r})$ fest und zeigen zunächst, daß die ebenen Wellen

Lösungen der Hartree-Fock-Gleichungen sind. Nach Abschn. 8.1 erfüllen die ebenen Wellen

$$\varphi_{\mathbf{k}}(\mathbf{r}) = \frac{1}{\sqrt{V}} \exp\{i\mathbf{k}\mathbf{r}\} \tag{8.26}$$

mit

$$\mathbf{k} = \frac{2\pi}{L}(n_1, n_2, n_2) \quad \text{mit} \quad n_i = 0, \pm 1, \pm 2, \ldots$$

für $V = L^3$ die periodischen Randbedingungen

$$\varphi_{\mathbf{k}}(\mathbf{r} + L\mathbf{e}_j) = \varphi_{\mathbf{k}}(\mathbf{r}) \quad \text{mit} \quad \begin{cases} \mathbf{e}_1 = (1,0,0) \\ \mathbf{e}_2 = (0,1,0) \\ \mathbf{e}_3 = (0,0,1). \end{cases}$$

Sie sind somit Elemente des Orts-Hilbert-Raumes für ein Elektron und sind als Eigenfunktionen des selbstadjungierten Laplace-Operators auch vollständig. Die ebenen Wellen Gl. (8.1) bilden ein Orthonormalsystem und es gilt nach Gl. (8.2)

$$(\varphi_{\mathbf{k}}, \varphi_{\mathbf{q}}) = \int_V \varphi_{\mathbf{k}}^*(\mathbf{r}) \varphi_{\mathbf{q}}(\mathbf{r}) \, d^3r = \frac{1}{V} \int_V \exp\{i(\mathbf{q} - \mathbf{k})\mathbf{r}\} \, d^3r = \delta_{\mathbf{k}\mathbf{q}}.$$

Um zu zeigen, daß die ebenen Wellen die Hartree-Fock-Gleichungen lösen, berechnen wir zunächst die Elektronendichte nach Gl. (8.25)

$$n(\mathbf{r}) = \sum_{\mathbf{k}}^{\text{besetzt}} |\varphi_{\mathbf{k}}(\mathbf{r})|^2 = \sum_{|\mathbf{k}| \leq k_F} \frac{2}{V}$$

$$= \frac{2}{V} \frac{V}{8\pi^3} \int_{|\mathbf{k}| \leq k_F} d^3k = \frac{2}{V} \frac{V}{8\pi^3} 4\pi \int_0^{k_F} k^2 \, dk = \frac{1}{3\pi^2} k_F^3.$$

Hier wurde angenommen, daß alle Zustände bis zur Fermi-Grenze k_F mit jeweils zwei Elektronen besetzt sind. Die Summe über die Ausbreitungsvektoren $\mathbf{k}$ kann nach Gl. (8.11) durch ein Integral ersetzt werden, wobei der Faktor $V/8\pi^3$ zu berücksichtigen ist. Wie schon in der Namensgebung ausgedrückt, hängt die Elektronendichte beim homogenen Elektronengas nicht vom Ort ab. Während der Beweis hier auf der Hartree-Fock-Näherung beruht, ergibt sich dies schon aus der Tatsache, daß bei konstantem Potential kein Punkt im Ortsraum ausgezeichnet ist, wodurch alle Observablen, also auch die Elektronendichte, translationsinvariant sein müssen. Da das Integral über die Elektronendichte die Elektronenzahl N ergeben muß

$$N = \int_V n(\mathbf{r}) \, d^3r = nV,$$

8.3 Homogenes Elektronengas

erhält man den auch bei freien Elektronen gültigen Zusammenhang zwischen der Elektronendichte $n = N/V$ und der Fermi-Grenze k_F. vergl. Gl. (8.12)

$$k_F = \left(3\pi^2 n\right)^{1/3}.$$

Wegen der konstanten Elektronendichte n ist die Ladungsdichte der Elektronen $\rho_e = -en$ ebenso wie die der positiven Ladung $\rho_p = en$ konstant. Die Summe beider Ladungen muß wegen der Neutralitätsbedingung verschwinden und das in Gl. (8.24) einzusetzende Potential $v_0 + v_H[n]$ ist eine Lösung der Poisson-Gleichung

$$\Delta\bigl(v_0 + v_H[n]\bigr) = -\frac{1}{\varepsilon_0}(\rho_e + \rho_p) = 0.$$

Wegen der Periodizitätsbedingung muß die Lösung der Laplace-Gleichung verschwinden, so daß beim homogenen Elektronengas

$$v_0 + v_H[n] = 0$$

zu setzen ist.

□ Zum Beweise entwickelt man die Lösung $v(\mathbf{r})$ der Laplace-Gleichung $\Delta v(\mathbf{r}) = 0$ in eine Fourier-Reihe, vergl. Anhang E,

$$v(\mathbf{r}) = \sum_{\mathbf{k}} w(\mathbf{k}) \frac{1}{\sqrt{V}} \exp\{i\mathbf{kr}\}$$

mit

$$w(\mathbf{k}) = \frac{1}{\sqrt{V}} \int_V v(\mathbf{r}) \exp\{-i\mathbf{kr}\}\, d^3r.$$

Einsetzen in die Laplace-Gleichung ergibt

$$0 = \Delta v = \sum_{\mathbf{k}} (-\mathbf{k}^2) w(\mathbf{k}) \frac{1}{\sqrt{V}} \exp\{i\mathbf{kr}\},$$

woraus

$$w(\mathbf{k}) = \delta_{\mathbf{k}0} w(0) = \delta_{\mathbf{k}0} \frac{1}{\sqrt{V}} \int_V v(\mathbf{r})\, d^3r$$

folgt, so daß $v(\mathbf{r}) = w(0)/\sqrt{V}$ im Ortsraum eine Konstante sein muß, die durch eine geeignete Verschiebung der Energieskala Null gesetzt werden kann. ∎

8 Elektronengas

Es soll nun gezeigt werden, daß die ebenen Wellen $\varphi_{\mathbf{k}}(\mathbf{r})$ die Lösungen der Hartree-Fock-Gleichungen (8.24) für das homogene Elektronengas

$$-\frac{\hbar^2}{2m_e}\Delta\varphi_{\mathbf{k}}(\mathbf{r}) - \frac{e^2}{4\pi\varepsilon_0}\sum_{\mathbf{q}}^{\text{besetzt}}\int\frac{\varphi_{\mathbf{q}}^*(\mathbf{r}')\varphi_{\mathbf{k}}(\mathbf{r}')}{|\mathbf{r}-\mathbf{r}'|}\,\mathrm{d}^3r'\,\varphi_{\mathbf{q}}(\mathbf{r}) = \varepsilon_{\mathbf{k}}\varphi_{\mathbf{k}}(\mathbf{r}) \quad (8.27)$$

darstellen. Bei der Summe über die besetzten Zustände $\mathbf{q}$ ist zu berücksichtigen, daß nur über eine Spinrichtung zu summieren ist. Der Term der kinetischen Energie läßt sich mit den ebenen Wellen Gl. (8.26) direkt auswerten und wir erhalten die Hartree-Fock-Gleichungen in der Form

$$\begin{aligned}-\frac{\hbar^2}{2m_e}\Delta\varphi_{\mathbf{k}}(\mathbf{r}) - \frac{e^2}{4\pi\varepsilon_0}X_{\mathbf{k}}(\mathbf{r}) &= \frac{\hbar^2\mathbf{k}^2}{2m_e}\varphi_{\mathbf{k}}(\mathbf{r}) - \frac{e^2}{4\pi\varepsilon_0}X_{\mathbf{k}}(\mathbf{r})\\ &= \varepsilon_{\mathbf{k}}\varphi_{\mathbf{k}}(\mathbf{r}).\end{aligned} \quad (8.28)$$

Zur Berechnung des Austauschterms $X_{\mathbf{k}}(\mathbf{r})$ setzen wir die ebenen Wellen in den Ausdruck Gl. (8.27) ein und erhalten im Limes $V \to \infty$

$$\begin{aligned}X_{\mathbf{k}}(\mathbf{r}) &= \sum_{\mathbf{q}}^{\text{besetzt}}\int_V\frac{\varphi_{\mathbf{q}}^*(\mathbf{r}')\varphi_{\mathbf{k}}(\mathbf{r}')}{|\mathbf{r}-\mathbf{r}'|}\,\mathrm{d}^3r'\,\varphi_{\mathbf{q}}(\mathbf{r})\\ &= \frac{1}{V\sqrt{V}}\sum_{\mathbf{q}}^{\text{besetzt}}\int_V\frac{\exp\{i(\mathbf{k}-\mathbf{q})\mathbf{r}'\}}{|\mathbf{r}-\mathbf{r}'|}\,\mathrm{d}^3r'\,\exp\{i\mathbf{q}\mathbf{r}\}\\ &= \frac{1}{V\sqrt{V}}\sum_{\mathbf{q}}^{\text{besetzt}}\int_V\frac{\exp\{i(\mathbf{k}-\mathbf{q})(\mathbf{r}'-\mathbf{r})\}}{|\mathbf{r}-\mathbf{r}'|}\,\mathrm{d}^3r'\,\exp\{i\mathbf{k}\mathbf{r}\}\\ &= \frac{4\pi}{V}\sum_{\mathbf{q}}^{\text{besetzt}}\frac{1}{|\mathbf{k}-\mathbf{q}|^2}\varphi_{\mathbf{k}}(\mathbf{r}),\end{aligned} \quad (8.29)$$

wobei die Fourier-Entwicklung des Coulomb-Potentials

$$\frac{1}{|\mathbf{r}|} = \frac{4\pi}{V}\sum_{\mathbf{k}\neq 0}\frac{1}{\mathbf{k}^2}\exp\{i\mathbf{k}\mathbf{r}\}$$

verwendet wurde, die sich im Limes $V \to \infty$ aus

$$\frac{4\pi}{\mathbf{k}^2} = \int_V\frac{1}{|\mathbf{r}|}\exp\{-i\mathbf{k}\mathbf{r}\}\,\mathrm{d}^3r$$

ergibt, vergl. Anhang E. Die Summe über die besetzten ebenen Wellen in Gl. (8.29) läßt sich auswerten und man erhält für den Austauschterm mit $k = |\mathbf{k}|$

$$X_{\mathbf{k}}(\mathbf{r}) = \frac{k_F}{\pi}S\!\left(\frac{k}{k_F}\right)\varphi_{\mathbf{k}}(\mathbf{r}), \quad (8.30)$$

wobei k_F die Fermi-Grenze bezeichnet und $S(k/k_F)$ gegeben ist durch

$$S(y) = 1 + \frac{1-y^2}{2y}\ln\left|\frac{1+y}{1-y}\right|. \quad (8.31)$$

8.3 Homogenes Elektronengas

□ Zum Beweise formen wir für $V \to \infty$ die Summe in ein Integral um

$$\sum_{\mathbf{q}}^{\text{besetzt}} \frac{1}{|\mathbf{k}^2 - \mathbf{q}^2|} = \frac{V}{8\pi^3} \int_{|\mathbf{q}| \leq k_F} \frac{d^3q}{|\mathbf{k}^2 - \mathbf{q}^2|}$$

und führen Kugelkoordinaten mit der Polarachse in Richtung von $\mathbf{k}$ ein. Mit $k = |\mathbf{k}|$, $q = |\mathbf{q}|$, $y = q/k$, $\mathbf{k} \cdot \mathbf{q} = kq \cos \vartheta$ und $u = \cos \vartheta$ erhält man

$$\int_{q \leq k_F} \frac{d^3q}{|\mathbf{k}^2 - \mathbf{q}^2|} = 2\pi \int_0^{k_F} q^2 \, dq \int_0^\pi \frac{\sin \vartheta \, d\vartheta}{k^2(1 + y^2 - 2y \cos \vartheta)}$$

$$= 2\pi k \int_0^{k_F/k} y^2 \, dy \int_{-1}^1 \frac{du}{1 + y^2 - 2yu}$$

$$= 2\pi k \int_0^{k_F/k} y^2 \, dy \frac{-1}{2y} \ln \left\{ \frac{(1-y)^2}{(1+y)^2} \right\}$$

$$= 2\pi k \int_0^{k_F/k} y \ln \left\{ \frac{1+y}{|1-y|} \right\} dy = 2\pi k_F S\left(\frac{k}{k_F}\right),$$

denn es gilt

$$\int_0^a y \ln \left\{ \left| \frac{1+y}{1-y} \right| \right\} dy = aS\left(\frac{1}{a}\right)$$

mit $S(y)$ nach Gl. (8.31). ∎

Man erkennt aus Gl. (8.30), daß die ebenen Wellen $\varphi_{\mathbf{k}}(\mathbf{r})$ die Eigenfunktionen des Austauschoperators sind. Setzt man den Austauschterm $X_{\mathbf{k}}(\mathbf{r})$ nach Gl. (8.30) in die Hartree-Fock-Gleichung (8.28) ein, so erhält man die Einteilchenenergieniveaus des homogenen Elektronengases zu

$$\varepsilon_{\mathbf{k}} = \frac{\hbar^2 \mathbf{k}^2}{2m_e} - \frac{e^2}{4\pi \varepsilon_0} \frac{k_F}{\pi} S\left(\frac{k}{k_F}\right). \tag{8.32}$$

Für $0 \leq k/k_F$ ist $-S(k/k_F)$ eine monoton wachsende Funktion und es gilt für $y > 0$ nach Gl. (8.31)

$$S'(y) = \frac{1}{y}\left[1 - \frac{1+y^2}{2y} \ln\left|\frac{1+y}{1-y}\right|\right] < 0$$

und

$$S(0) = 2, \qquad S'(0) = 0$$
$$S(1) = 1, \qquad S'(1) = -\infty$$
$$S(\infty) = 0, \qquad S'(\infty) = 0.$$

Die Einteilchenenergien nach Gl. (8.32) sind durch die Austauschenergie gegenüber freien Elektronen erniedrigt, und haben für kleine k negative Werte. Insgesamt führt das zu gebundenen Zuständen des homogenen Elektronengases. Wir berechnen die Grundzustandsenergie E_g in Hartree-Fock-Näherung nach Gl. (7.25)

$$E_g = \frac{1}{2} \sum_{\mathbf{k}}^{\text{besetzt}} \varepsilon_\mathbf{k} + \frac{1}{2} \sum_{\mathbf{k}}^{\text{besetzt}} \int_V \varphi_\mathbf{k}^*(\mathbf{r}) \left[-\frac{\hbar^2}{2m_e}\Delta\right] \varphi_\mathbf{k}(\mathbf{r})\, d^3r$$

$$= \sum_{\mathbf{k}}^{\text{besetzt}} \frac{\hbar^2 \mathbf{k}^2}{2m_e} + \frac{1}{2} \sum_{\mathbf{k}}^{\text{besetzt}} \frac{-e^2}{4\pi\varepsilon_0} \frac{k_F}{\pi} S\left(\frac{k}{k_F}\right).$$

Für den Term der kinetischen Energie findet man

$$\sum_{\mathbf{k}}^{\text{besetzt}} \frac{\hbar^2 \mathbf{k}^2}{2m_e} = \frac{\hbar^2}{m_e} \frac{V}{8\pi^3} \int_{|\mathbf{k}| \leq k_F} \mathbf{k}^2\, d^3k = \frac{\hbar^2}{m_e} \frac{V}{8\pi^3} 4\pi \int_0^{k_F} k^4\, dk$$

$$= \frac{\hbar^2}{m_e} \frac{V}{10\pi^2} k_F^5.$$

Für den Austauschterm erhält man

$$\frac{1}{2} \sum_{\mathbf{k}}^{\text{besetzt}} \frac{-e^2}{4\pi\varepsilon_0} \frac{k_F}{\pi} S\left(\frac{k}{k_F}\right) = -\frac{e^2}{4\pi\varepsilon_0} \frac{k_F}{\pi} \frac{V}{8\pi^3} \int_{|\mathbf{k}| \leq k_F} S\left(\frac{k}{k_F}\right) d^3k$$

$$= -\frac{e^2}{4\pi\varepsilon_0} \frac{k_F}{\pi} \frac{V}{8\pi^3} 4\pi \int_0^{k_F} k^2 S\left(\frac{k}{k_F}\right) dk$$

$$= -\frac{e^2}{4\pi\varepsilon_0} \frac{V}{4\pi^3} k_F^4,$$

denn es gilt

$$\int_0^1 y^2 S(y)\, dy = \frac{1}{2}.$$

Damit ergibt sich die Grundzustandsenergie des homogenen Elektronengases in Hartree-Fock-Näherung zu

$$E_g = \frac{\hbar^2}{m_e} \frac{V}{10\pi^2} k_F^5 - \frac{e^2}{4\pi\varepsilon_0} \frac{V}{4\pi^3} k_F^4.$$

Für die Energie pro Elektron $\varepsilon = E_g/N$ erhält man bei Verwendung der Elektronendichte $n = N/V = k_F^3/(3\pi^2)$ nach Gl. (8.27)

$$\varepsilon = \frac{E_g}{N} = \varepsilon_{\text{kin}} + \varepsilon_{\text{x}}$$

mit der kinetischen Energie pro Elektron

$$\varepsilon_{\text{kin}} = \frac{3}{10}\frac{\hbar^2}{m_e}k_F^2 = \frac{3}{10}\frac{\hbar^2}{m_e}(3\pi^2 n)^{2/3}$$

und der Austauschenergie pro Elektron

$$\varepsilon_x = -\frac{e^2}{4\pi\varepsilon_0}\frac{3}{4\pi}k_F = -\frac{e^2}{4\pi\varepsilon_0}\frac{3}{4\pi}(3\pi^2 n)^{1/3}.$$

Hier bezeichnet der *Wigner-Seitz-Radius* r_s

$$r_s = \left(\frac{3}{4\pi n}\right)^{1/3} = \left(\frac{9\pi}{4}\right)^{1/3}\frac{1}{k_F}$$

den Radius einer Kugel, dessen Volumen $V/N = 1/n$ gleich dem Volumen pro Elektron ist. Damit schreibt sich die Energie pro Elektron des homogenen Elektronengases in Hartree-Fock-Näherung

$$\begin{aligned}\varepsilon &= \frac{3}{10}\frac{\hbar^2}{m_e}(3\pi^2 n)^{2/3} - \frac{e^2}{4\pi\varepsilon_0}\frac{3}{4\pi}(3\pi^2 n)^{1/3} \\ &= \frac{3}{10}\frac{\hbar^2}{m_e}\left(\frac{9\pi}{4}\right)^{2/3}\frac{1}{r_s^2} - \frac{e^2}{4\pi\varepsilon_0}\frac{3}{4\pi}\left(\frac{9\pi}{4}\right)^{1/3}\frac{1}{r_s}.\end{aligned}$$ (8.33)

Bei Verwendung *atomarer Einheiten*, den Bohr-Radius a_B und das Hartree Ha

$$a_B = \frac{4\pi\varepsilon_0\hbar^2}{e^2 m_e} = 0.529177\,\text{Å} \qquad \text{für die Länge}$$

$$\text{Ha} = \frac{e^2}{4\pi\varepsilon_0}\frac{1}{a_B} = 27.2114\,\text{eV} \qquad \text{für die Energie,}$$

erhält man

$$\begin{aligned}\varepsilon &= \frac{3}{10}(3\pi^2 n)^{2/3} - \frac{3}{4\pi}(3\pi^2 n)^{1/3} \\ &= \frac{3}{10}\left(\frac{9\pi}{4}\right)^{2/3}\frac{1}{r_s^2} - \frac{3}{4\pi}\left(\frac{9\pi}{4}\right)^{1/3}\frac{1}{r_s}.\end{aligned}$$

Daraus ist zu erkennen, daß in dieser Näherung ein gebundener Zustand $\varepsilon < 0$ nur im Falle

$$r_s > \frac{2\pi}{5}\left(\frac{9\pi}{4}\right)^{1/3} a_B = 1.3\,\text{Å}$$

oder

$$n < \frac{1}{3\pi^2}\left(\frac{5}{2\pi}\right)^3 a_B^{-3} = 1.1\cdot 10^{23}\,\text{cm}^{-3}$$

möglich ist. Das chemische Potential μ des homogenen Elektronengases ergibt sich in Hartree-Fock-Näherung nach Gl. (7.28) genähert als das oberste besetzte Einelektronenniveau. Aus Gl. (8.32) findet man dafür

$$\mu = \varepsilon_{k_F} = \frac{\hbar^2 k_F^2}{2m_e} - \frac{e^2}{4\pi\varepsilon_0} \frac{k_F}{\pi}$$
$$= \frac{\hbar^2}{2m_e}(3\pi^2 n)^{2/3} - \frac{e^2}{4\pi\varepsilon_0}\left(\frac{3n}{\pi}\right)^{1/3}$$
$$= \frac{\hbar^2}{2m_e}\left(\frac{9\pi}{4}\right)^{2/3}\frac{1}{r_s^2} - \frac{e^2}{4\pi\varepsilon_0}\left(\frac{9}{4\pi^2}\right)^{1/3}\frac{1}{r_s}.$$

Als Beispiel sei metallisches Natrium betrachtet, vergl. Abschn. 8.2. Die Dichte der Valenzelektronen beträgt $n = 2.5 \cdot 10^{28}\,\text{m}^{-3}$, woraus $r_s = 2.1\,\text{Å}$ folgt. Damit ergibt sich $\varepsilon_{\text{kin}} = 1.9\,\text{eV}$, $\varepsilon_x = -3.1\,\text{eV}$ und $\varepsilon = -1.2\,\text{eV}$. Für das chemische Potential erhält man $\mu = -1.0\,\text{eV}$.

8.3.2 Grundzustandsenergie

Bei der Berechnung der Grundzustandsenergie des homogenen Elektronengases in Hartree-Fock-Näherung besteht der Fehler gegenüber einer exakten Lösung in der Korrelationsenergie, vergl. Kap. 7. Diese läßt sich jedoch recht genau mit Hilfe verschiedener numerischer Mehoden berechnen. Die Abhängigkeit der Grundzustandsenergie pro Elektron ε von der Elektronendichte n drücken wir wieder durch den Wigner-Seitz-Radius r_s aus

$$r_s = \left(\frac{3}{4\pi n}\right)^{1/3} \quad \text{oder} \quad n = \frac{3}{4\pi r_s^3}.$$

Aufgrund der numerischen Ergebnisse hat das homogene Elektronengas drei verschiedenen Phasen, die von der Elektronendichte abhängen: Bei hohen Dichten, wie die der Valenzelektronen in Metallen, ist der Grundzustand bei gerader Elektronenzahl unpolarisiert, es gibt einen polarisierten Grundzustand im Bereich $25 a_B \leq r_s \leq 75 a_B$, und bei noch geringeren Dichten hat der Grundzustand eines kubisch-raumzentrierten Gitters die niedrigste Energie. Die Unterschiede sind jedoch nur gering und die Phasengrenzen deshalb nicht genau bekannt.

Mit Hilfe von Monte-Carlo-Rechnungen haben Ceperley und Alder [8.1] die Grundzustandsenergie des unpolarisierten homogenen Elektronengases

$$\varepsilon(r_s) = \varepsilon_{\text{kin}}(r_s) + \varepsilon_x(r_s) + \varepsilon_c(r_s)$$

numerisch berechnet. Hierbei sind die kinetische Energie ε_{kin} und die Austauschenergie ε_x in atomaren Einheiten (ε in Ha $= e^2/4\pi\varepsilon_0 a_B$ und r_s in $a_B = 4\pi\varepsilon_0 \hbar^2/2m$) durch Gl. (8.33) gegeben

$$\varepsilon_{\text{kin}} = \frac{3}{10}\left(\frac{9\pi}{4}\right)^{2/3}\frac{1}{r_s^2} \quad \text{und} \quad \varepsilon_x = -\frac{3}{4\pi}\left(\frac{9\pi}{4}\right)^{1/3}\frac{1}{r_s}.$$

8.3 Homogenes Elektronengas

Für die in der Festkörperphysik auftretenden Elektronendichten wurde die Korrelationsenergie von Perdew und Zunger [8.2] parametrisiert. Diese in der Dichtefunktionaltheorie oft verwendete Formel für die Grundzustandsenergie pro Elektron des homogenen Elektronengases lautet

$$\varepsilon_c = \begin{cases} -0,1423\left(1+1,0529\sqrt{r_s}+0,3334\,r_s\right)^{-1} & \text{für } r_s \geq 1; \\ -0,0480 + 0,0311\ln r_s - 0,0116\,r_s + 0,0020\,r_s\ln r_s & \text{für } r_s < 1. \end{cases}$$

Für das polarisierte Elektronengas sei n_+ die Dichte der Elektronen mit der Spinquantenzahl $+\frac{1}{2}$ und n_- die Elektronendichte mit der entgegengesetzten Spinrichtung. Dann gilt für die Elektronendichte n

$$n = n_+ + n_-$$

und die Spinpolarisation ζ wird definiert durch

$$\zeta = \frac{n_+ - n_-}{n}.$$

Die Austausch- und Korrelationsenergie $\varepsilon_{xc} = \varepsilon_x + \varepsilon_c$ wird nach Gunnarsson und Lundquist [8.3] folgendermaßen parametrisiert

$$\varepsilon_{xc}(r_s, \zeta) = \varepsilon_{xc}(r_s, 0) + \left[\varepsilon_{xc}(r_s, 1) - \varepsilon_{xc}(r_s, 0)\right] f(\zeta)$$

mit

$$f(\zeta) = \frac{1}{2^{4/3} - 2}\left[(1+\zeta)^{4/3} + (1-\zeta)^{4/3} - 2\right]$$

und

$$\varepsilon_{xc}(r_s, 0) = -\frac{3}{4\pi}\left(\frac{9\pi}{4}\right)^{1/3}\frac{1}{r_s} - c_0 G\!\left(\frac{r_s}{r_0}\right)$$

$$\varepsilon_{xc}(r_s, 1) = -\frac{3}{4\pi}\left(\frac{9\pi}{2}\right)^{1/3}\frac{1}{r_s} - c_1 G\!\left(\frac{r_s}{r_1}\right)$$

und

$$G(x) = \left(1+x^3\right)\ln\!\left(1+\frac{1}{x}\right) - x^2 + \frac{x}{2} - \frac{1}{3}.$$

Die Parameter c_0, c_1, r_0 und r_1 werden aus den numerischen Ergebnissen ermittelt. Gunnarsson und Lundquist geben die Werte $c_0 = 0.0333$, $c_1 = 0.0203$, $r_0 = 11.4$ und $r_1 = 15.9$ in atomaren Einheiten an.

8.4 Inhomogenes Elektronengas

Als Elektronengas verstehen wir hier ein System aus N Elektronen der Masse m, die sich in einem gegebenen Potential $v(\mathbf{r}, \mathbf{s})$ bewegen, und bei denen die Wechselwirkung untereinander durch das elektrostatische Coulomb-Potential beschrieben wird. Der Hamilton-Operator im N-Elektronen-Hilbert-Raum ist dann gegeben durch

$$H = \sum_{j=1}^{N} \left[-\frac{\hbar^2}{2m_e} \Delta_j + v(\mathbf{r}_j, \mathbf{s}_j) \right] + \frac{e^2}{8\pi\varepsilon_0} \sum_{\substack{i,j \\ i \neq j}}^{1...N} \frac{1}{|\mathbf{r}_i - \mathbf{r}_j|}. \tag{8.34}$$

Er setzt sich aus der kinetischen Energie, der potentiellen Energie und der Elektron-Elektron-Abstoßung zusammen und kann noch um die Spin-Bahn-Kopplung, den Kernspin und andere relativistische Korrekturen erweitert werden. Im Teilchenzahlformalismus ist der Hamilton-Operator im Fock-Raum im Abschn. 5.3 dargestellt.

Die wichtigsten Hilfsmittel zur Beschreibung des inhomogenen Elektronengases sind das in Kap. 7 beschriebene Hartree-Fock-Verfahren und die in Kap. 9 behandelte Dichtefunktionaltheorie.

Eine hinreichend gute Berechnung des inhomogenen Elektronengases für verschiedene äußere Potentiale bildet die Grundlage zum Verständnis der quantenmechanischen Eigenschaften der Moleküle, Festkörper, Flüssigkeiten und anderer chemisch gebundener Atome. Im Rahmen der Born-Oppenheimer-Näherung lassen sich nämlich die elektronischen Eigenschaften aus denen des Elektronengases getrennt von der Behandlung der Atomkerne beschreiben. Die Ergebnisse dieser Näherung können dann als Ausgangspunkt für genauere Rechnungen, d.h. der Berücksichtigung der sog. Elektron-Phonon-Wechselwirkung dienen.

8.4.1 Born-Oppenheimer-Näherung

Die Eigenschaften von Molekülen, Festkörpern und Flüssigkeiten werden von der chemischen Bindung zwischen den Atomen bestimmt. Zur Berechnung chemisch gebundener Atome führt man zweckmäßig die Born-Oppenheimer-Näherung ein, bei der der große Massenunterschied zwischen den Elektronen und den Atomkernen ausgenutzt wird. In dieser Näherung lassen sich die elektronischen Eigenschaften unabhängig von denen der Atomkerne berechnen, indem die quantenmechanischen Zustände der Elektronen bei festgehaltenen Atomkernen bestimmt werden. Die Bewegung der Atomkerne wird dann in einer nachfolgenden Rechnung ermittelt. Auf diese Weise wird ein inhomogenes Elektronengas betrachtet, bei dem sich die Elektronen in dem Potential der Atomkerne bewegen. Aus den so ermittelten elektronischen Eigenschaften für unterschiedliche Atomlagen lassen sich die atomare Struktur und die von der Mitbewegung der Atomkerne herrührenden Eigenschaften der Systeme aus gebundenen Atomen bestimmen.

8.4 Inhomogenes Elektronengas

Die Grundlage der Born-Oppenheimer-Näherung ist der große Massenunterschied zwischen den Elektronen und den Atomkernen. Das Verhältnis zwischen der Elektronenmasse m_e und der Masse eines Atomkerns M_K ist, außer bei den beiden Atomen Wasserstoff und Helium, kleiner als 10^{-4}. Im Rahmen der klassischen kinetischen Gastheorie sind die Energien wechselwirkungsfreier Teilchen je Freiheitsgrad gleich, und das Verhältnis der Geschwindigkeit v_K eines Atomkerns zu der eines Elektrons v_e ist dann wegen $m_e v_e^2 = M_K v_K^2$ kleiner als 10^{-2}. Die Atomkerne bewegen sich also langsam im Vergleich zu den Elektronen und man erwartet, daß sich die Elektronen jederzeit im quantenmechanischen Grundzustand befinden, der zu den jeweiligen Lagen der Atomkerne gehört.

Zur Herleitung der Born-Oppenheimer-Näherung betrachten wir ein System aus M Atomkernen der Masse M_J an den Orten $\mathbf{R}_J$ mit $J = 1, 2, \ldots M$ und N Elektronen an den Orten $\mathbf{r}_1, \mathbf{r}_2, \ldots \mathbf{r}_N$ mit Spins $\mathbf{s}_1, \mathbf{s}_2, \ldots \mathbf{s}_N$. Zur Vereinfachung der Schreibweise führen wir die $3M$- bzw. $6N$-dimensionalen Vektoren der Konfigurationsräume

$\mathbf{X} = (\mathbf{R}_1, \mathbf{R}_2, \ldots \mathbf{R}_M)$ Kernkoordinaten

$\mathbf{x} = (\mathbf{r}_1 \mathbf{s}_1, \mathbf{r}_2 \mathbf{s}_2, \ldots \mathbf{r}_N \mathbf{s}_N)$ Elektronenkoordinaten

ein. Unter Vernachlässigung der Spin-Bahn-Kopplung und anderer relativistischer Korrekturen lautet dann der Hamilton-Operator M gebundener Atome

$$H(\mathbf{x}, \mathbf{X}) = H^{\mathrm{El}}(\mathbf{x}, \mathbf{X}) + T^{\mathrm{Ion}}(\mathbf{X}) \tag{8.35}$$

mit

$$H^{\mathrm{El}}(\mathbf{x}, \mathbf{X}) = T^{\mathrm{El}}(\mathbf{x}) + V^{\mathrm{El\text{-}Ion}}(\mathbf{x}, \mathbf{X}) + V^{\mathrm{El\text{-}El}}(\mathbf{x}) + V^{\mathrm{Ion\text{-}Ion}}(\mathbf{X}). \tag{8.36}$$

Hierbei bezeichnet T die kinetische Energie der Atomkerne oder Ionen bzw. der Elektronen

$$T^{\mathrm{Ion}}(\mathbf{X}) = \sum_{J=1}^{M} -\frac{\hbar^2}{2M_J} \frac{\partial^2}{\partial \mathbf{R}_J^2}$$

$$T^{\mathrm{El}}(\mathbf{x}) = \sum_{j=1}^{N} -\frac{\hbar^2}{2m_e} \frac{\partial^2}{\partial \mathbf{r}_j^2}$$

und V die elektrostatischen Potentiale der Ion-Ion-Energie

$$V^{\mathrm{Ion\text{-}Ion}}(\mathbf{X}) = \frac{e^2}{4\pi\varepsilon_0} \frac{1}{2} \sum_{\substack{I,J \\ I \neq J}}^{1 \ldots M} \frac{Z_I Z_J}{|\mathbf{R}_I - \mathbf{R}_J|}$$

und der Elektron-Elektron-Energie

$$V^{\mathrm{El\text{-}El}}(\mathbf{x}) = \frac{e^2}{4\pi\varepsilon_0} \frac{1}{2} \sum_{\substack{i,j \\ i \neq j}}^{1 \ldots N} \frac{1}{|\mathbf{r}_i - \mathbf{r}_j|}.$$

Die Wechselwirkung der Elektronen mit den Atomkernen oder Ionen schreiben wir in der Form

$$V^{\text{El-Ion}}(\mathbf{x},\mathbf{X}) = \sum_{j=1}^{N}\sum_{J=1}^{M} \Phi_J^{\text{Ion}}(|\mathbf{r}_j - \mathbf{R}_J|)$$

mit dem Ionenpotential Φ_J^{Ion}, welches für Atomkerne die Form

$$\Phi_J^{\text{Ion}}(\mathbf{r} - \mathbf{R}_J) = -\frac{e^2}{4\pi\varepsilon_0}\frac{Z_J}{|\mathbf{r} - \mathbf{R}_J|}$$

annimmt. Die Schrödinger-Gleichung im Hilbert-Raum $\mathcal{H} = \mathcal{H}^{\text{El}} \otimes \mathcal{H}^{\text{Ion}}$ hat dann die Form

$$\begin{aligned}H(\mathbf{x},\mathbf{X})\Psi_k(\mathbf{x},\mathbf{X}) &= \left[H^{\text{El}}(\mathbf{x},\mathbf{X}) + T^{\text{Ion}}(\mathbf{X})\right]\Psi_k(\mathbf{x},\mathbf{X}) \\ &= E_k\Psi_k(\mathbf{x},\mathbf{X}),\end{aligned} \quad (8.37)$$

wobei k einen geeigneten Satz von Quantenzahlen bezeichnet und $\mathcal{H}^{\text{El}}$ der Hilbert-Raum bezüglich des Konfigurationsraumes der Elektronen $\mathbf{x}$ und $\mathcal{H}^{\text{Ion}}$ bezüglich der $\mathbf{X}$ darstellt.

Sei M_0 die mittlere Masse der beteiligten Atomkerne, so schreibt sich der Operator der kinetischen Energie in der Form

$$T^{\text{Ion}}(\mathbf{X}) = \frac{m_e}{M_0}\sum_{J=1}^{M} -\frac{M_0}{M_J}\frac{\hbar^2}{2m_e}\frac{\partial^2}{\partial\mathbf{R}_J^2}.$$

Zur Separation der Schrödinger-Gleichung (8.37) in einen Elektronen- und einen Kernanteil werden $H(\mathbf{x},\mathbf{X})$ und $\Psi(\mathbf{x},\mathbf{X})$ in eine Potenzreihe nach einem kleinen dimensionslosen Parameter γ entwickelt, der vom Massenverhältnis abhängt. Um die langsamere Bewegung der Atome zu berücksichtigen, skalieren wir die Kernkoordinaten durch $\mathbf{X} = \gamma\mathbf{Y}$ bzw. $\mathbf{R}_J = \gamma\mathbf{S}_J$ und nehmen an, daß sich der Hamilton-Operator $H(\mathbf{x},\mathbf{X}) = H(\mathbf{x},\gamma\mathbf{Y})$ und seine Eigenfunktionen $\Psi(\mathbf{x},\mathbf{X}) = \Psi(\mathbf{x},\gamma\mathbf{Y})$ bezüglich $\mathbf{x}$ und $\mathbf{Y}$ in Taylor-Reihen nach γ mit entsprechenden Größenordnungen entwickeln lassen. Dann beschreibt der Term der kinetischen Energie der Atomkerne

$$T^{\text{Ion}} = \frac{m_e}{M_0}\frac{1}{\gamma^2}\sum_{J=1}^{M} -\frac{M_0}{M_J}\frac{\hbar^2}{2m_e}\frac{\partial^2}{\partial\mathbf{S}_J^2} = \gamma^2 H_2^{\text{Ion}}$$

eine zweite Ableitung von Ψ und ist somit von zweiter Ordnung, also proportional zu γ^2. Es gilt also

$$\frac{m_e}{M_0}\frac{1}{\gamma^2} = \gamma^2 \quad \text{oder} \quad \gamma = \left(\frac{m_e}{M_0}\right)^{1/4}.$$

8.4 Inhomogenes Elektronengas

Die Reihenentwicklung der Schrödinger-Gleichung (8.35) nach γ um die Ruhelagen $\mathbf{X}_0$ der Atomkerne

$$H = H_0^{\text{El}} + \gamma H_1^{\text{El}} + \gamma^2 \left(H_2^{\text{El}} + H_2^{\text{Ion}}\right) + \cdots$$
$$\Psi_k = \Psi_k^{(0)} + \gamma \Psi_k^{(1)} + \gamma^2 \Psi_k^{(2)} + \cdots$$
$$E_k = E_k^{(0)} + \gamma E_k^{(1)} + \gamma^2 E_k^{(2)} + \cdots$$

liefert in 0. Näherung eine Elektronengleichung, bei der die Kernkoordinaten $\mathbf{X}_0$ als festgehaltene Parameter fungieren

$$H_0^{\text{El}}(\mathbf{x}, \mathbf{X}_0) \Psi_k^{(0)}(\mathbf{x}, \mathbf{X}_0) = E_k^{(0)}(\mathbf{X}_0) \Psi_k^{(0)}(\mathbf{x}, \mathbf{X}_0).$$

In erster Näherung erhält man

$$H_0^{\text{El}} \Psi_k^{(1)} + H_1^{\text{El}} \Psi_k^{(0)} = E_k^{(0)} \Psi_k^{(1)} + E_k^{(1)} \Psi_k^{(0)}.$$

Multiplizieren mit $\Psi_k^{(0)}$ und integrieren über die Elektronenkoordinaten liefert wegen der Gleichung in 0. Ordnung

$$\left\langle \Psi_k^{(0)} \middle| H_1^{\text{El}} - E_k^{(1)} \middle| \Psi_k^{(0)} \right\rangle = -\left\langle \Psi_k^{(0)} \middle| H_0^{\text{El}} - E_k^{(0)} \middle| \Psi_k^{(1)} \right\rangle = 0.$$

Der Eigenwert $E_k^{(1)}$ ist von $\mathbf{Y}$ unabhängig, während H_1^{El} nach Definition linear von $\mathbf{Y}$ abhängt, so daß sowohl $E_k^{(1)}$ als auch H_1^{El} verschwinden müssen. Erst in der zweiten Ordnung der Entwicklung nach γ tritt die kinetische Energie der Atomkerne H_2^{Ion} auf. Wir wollen hier nicht die sukzessive Lösung nach Potenzen von γ verfolgen, sondern eine andere Vorgehensweise, bei der in der 0. Näherung der vollständige Elektronenoperator H^{El} aus Gl. (8.36) verwendet wird. Dabei macht man sich die Tatsache zunutze, daß die Operatoren der Kernorte mit H^{El} kommutieren: $[H^{\text{El}}, \mathbf{X}_0] = 0$, und somit die Kernorte $\mathbf{X}_0$ im Elektronenoperator gute Quantenzahlen sind und daher als Parameter angesehen werden können. Dadurch gewinnt man den Vorteil, die Eigenwertaufgabe von H^{El} im Hilbert-Raum $\mathcal{H}^{\text{El}}$ lösen zu können, anstatt im Produkt-Hilbert-Raum $\mathcal{H} = \mathcal{H}^{\text{El}} \otimes \mathcal{H}^{\text{Ion}}$

$$H^{\text{El}}(\mathbf{x}, \mathbf{X}_0) \phi_\nu(\mathbf{x}, \mathbf{X}_0) = E_\nu^{\text{El}}(\mathbf{X}_0) \phi_\nu(\mathbf{x}, \mathbf{X}_0). \tag{8.38}$$

Hier bezeichnet ν einen geeigneten Satz von Quantenzahlen des Elektronensystems und es sollen die Orthonormalitätsbeziehung

$$\int \phi_\nu^*(\mathbf{x}, \mathbf{X}_0) \phi_\mu(\mathbf{x}, \mathbf{X}_0) \, \mathrm{d}\mathbf{x} = \delta_{\nu\mu} \tag{8.39}$$

und die Vollständigkeitsbeziehung

$$\sum_\nu |\phi_\nu\rangle\langle\phi_\nu| = \mathbf{1}$$

gelten, wobei *1* den Einsoperator im Hilbert-Raum $\mathcal{H}^{\text{El}}$ bezeichnet. Die Eigenfunktionen $\phi_\nu(\mathbf{x}, \mathbf{X})$ bilden für gegebene Kernkoordinaten $\mathbf{X}$ eine Basis im Hilbert-Raum $\mathcal{H}^{\text{El}}$, so daß sich die Eigenfunktionen $\Psi(\mathbf{x}, \mathbf{X}) \in \mathcal{H}$ des gesamten Hamilton-Operators H

$$H(\mathbf{x}, \mathbf{X})\Psi(\mathbf{x}, \mathbf{X}) = \left[H^{\text{El}}(\mathbf{x}, \mathbf{X}) + T^{\text{Ion}}(\mathbf{X})\right]\Psi(\mathbf{x}, \mathbf{X}) = E\Psi(\mathbf{x}, \mathbf{X}) \quad (8.40)$$

nach den Basisfunktionen $\phi_\nu(\mathbf{x}, \mathbf{X})$ entwickeln lassen

$$\Psi(\mathbf{x}, \mathbf{X}) = \sum_\mu \phi_\mu(\mathbf{x}, \mathbf{X})\chi_\mu(\mathbf{X}) \quad (8.41)$$

mit

$$\chi_\mu(\mathbf{X}) = \langle \phi_\mu(\mathbf{x}, \mathbf{X}) | \Psi(\mathbf{x}, \mathbf{X}) \rangle \in \mathcal{H}^{\text{Ion}},$$

wobei das innere Produkt im Hilbert-Raum $\mathcal{H}^{\text{El}}$ zu verstehen ist. Eine solche Entwicklung nach den aktuellen Koordinaten $\mathbf{X}$ der Atomkerne wird auch als *dynamische* Entwicklung bezeichnet. In den Basisfunktionen $\phi_\nu(\mathbf{x}, \mathbf{X})$ sind diese Koordinaten $\mathbf{X}$ Parameter, für die man bei gebundenen Atomen auch die Ruhelagen $\mathbf{X}^0$ einsetzen kann, um die die Atomkerne Schwingungen ausführen. In diesem Fall lautet die Entwicklung Gl. (8.41) entsprechend

$$\Psi(\mathbf{x}, \mathbf{X}) = \sum_\mu \phi_\mu(\mathbf{x}, \mathbf{X}_0)\chi_\mu(\mathbf{X}, \mathbf{X}_0) \quad (8.42)$$

mit

$$\chi_\mu(\mathbf{X}, \mathbf{X}_0) = \langle \phi_\mu(\mathbf{x}, \mathbf{X}_0) | \Psi(\mathbf{x}, \mathbf{X}) \rangle$$

und wird als *statische* Entwicklung bezeichnet.

Wird die dynamische Entwicklung Gl. (8.41) in die Schrödinger-Gleichung (8.40) eingesetzt, so erhält man nach Multiplikation mit $\phi_\nu^*(\mathbf{x}, \mathbf{X})$ und Integration über die Elektronenkoordinaten eine Gleichung für die Ionenbewegung

$$\begin{aligned}[T^{\text{Ion}}(\mathbf{X}) &+ E_\nu^{\text{El}}(\mathbf{X})]\chi_\nu(\mathbf{X}) \\ &+ \sum_\mu \chi_\mu(\mathbf{X}) \int \phi_\nu^*(\mathbf{x}, \mathbf{X}) T^{\text{Ion}} \phi_\mu(\mathbf{x}, \mathbf{X})\,d\mathbf{x} \\ &+ \sum_\mu \sum_{J=1}^M -\frac{\hbar^2}{M_J}\frac{\partial \chi_\mu}{\partial \mathbf{R}_J} \int \phi_\nu^*(\mathbf{x}, \mathbf{X})\frac{\partial}{\partial \mathbf{R}_J}\phi_\mu(\mathbf{x}, \mathbf{X})\,d\mathbf{x} \\ &= E\chi_\nu(\mathbf{X}),\end{aligned} \quad (8.43)$$

wobei Gl. (8.38) und die Orthonormalitätsbeziehung Gl. (8.39) beachtet wurden. Die beiden Integralterme entstehen, weil der Operator $T^{\text{Ion}}(\mathbf{X})$ nach den Kernkoordinaten $\mathbf{R}_J$ differenziert. Sie beschreiben die Änderung der elektronischen Zustände durch die Bewegung der Atomkerne und stellen somit die Kopplung zwischen dem Elektronengas und den Kernbewegungen dar.

Im Falle von einatomigen Flüssigkeiten und Gasen bestimmt die Gl. (8.43) die dynamische Bewegung der Atome, wobei es unter Umständen ausreicht, den elektronischen Grundzustand zu betrachten. Das in der Gleichung (8.34) auftretende sogenannte äußere Potential $v(\mathbf{r})$ ist dabei gegeben durch $V^{\text{El-Ion}}$ und $V^{\text{Ion-Ion}}$, wobei Letzteres als eine von den Elektronenkoordinaten unabhängige Größe anzusehen ist,

$$v(\mathbf{r}) = \sum_{J=1}^{M} \Phi_J^{\text{Ion}}(\mathbf{r} - \mathbf{R}_J) + \frac{1}{N} V^{\text{Ion-Ion}}(\mathbf{X}). \qquad (8.44)$$

Bei gegebenen Kernkoordinaten $\mathbf{R}_J$ wird zunächst die Gleichung (8.38) für das Elektronensystem gelöst, woraus sich unter anderem die Grundzustandsenergie $E_g^{\text{El}}(\mathbf{X})$ ergibt. Aus dem dazugehörigen Grundzustand $\phi_g(\mathbf{x}, \mathbf{X})$ kann man von den beiden Summen in Gl. (8.43) jeweils einen Summanden berechnen. Wird dann der Einfluß der angeregten Zustände vernachlässigt, ergibt sich die Bewegung der Atome aus Gl. (8.43). Im einfachsten Fall werden die Integralterme ganz weggelassen und der Gradient der elektronischen Grundzustandsenergie $\partial E_g^{\text{El}}/\partial \mathbf{R}_J$ liefert die Kraft auf den Atomkern am Ort $\mathbf{R}_J$. Im klassischen Grenzfall berechnet man aus diesen zwischenatomaren Kräften neue Kernlagen zu einem um einen Zeitschritt späteren Zeitpunkt. Man wiederholt die Berechnung des elektronischen Grundzustandes für die neuen Kernorte und kommt so zu einer Molekulardynamik auf quantenmechanischer Grundlage, vergl. Abschn. 9.8.

Im Falle von isolierten Molekülen hat man von den Kernkoordinaten die drei Freiheitsgrade der Translation und die der Rotation von denen der Molekülschwingungen zu trennen. Bei Festkörpern, die durch ein endliches Volumen mit periodischen Randbedingungen beschrieben werden, sind die Energien der drei Freiheitsgrade der Translation Null gesetzt (die akustischen Phononen am Γ-punkt) und alle Kernkoordinaten werden als Schwingungsfreiheitsgrade gewertet.

Zur Beschreibung der Schwingungen der Atome um ihre Ruhelagen $\mathbf{X}_0$ gehen wir von der statischen Entwicklung Gl. (8.42) und einem gegebenen elektronischen Zustand der Energie E_ν^{El} aus. Wir zerlegen dann den vollständigen Hamilton-Operator Gl. (8.35) in drei Teile

$$H(\mathbf{x}, \mathbf{X}) = H^{\text{El}}(\mathbf{x}, \mathbf{X}_0) + H^{\text{Ion}}(\mathbf{X}, \mathbf{X}_0, \nu) + H^{\text{El-Ion}}(\mathbf{x}, \mathbf{X}, \mathbf{X}_0, \nu) \qquad (8.45)$$

mit H^{El} nach Gl. (8.36) und

$$H^{\text{Ion}}(\mathbf{X}, \mathbf{X}_0, \nu) = T^{\text{Ion}}(\mathbf{X}) + E_\nu^{\text{El}}(\mathbf{X}) - E_\nu^{\text{El}}(\mathbf{X}_0), \qquad (8.46)$$

sowie

$$\begin{aligned} H^{\text{El-Ion}}&(\mathbf{x}, \mathbf{X}, \mathbf{X}_0, \nu) \\ &= \left[V^{\text{El-Ion}}(\mathbf{x}, \mathbf{X}) + V^{\text{Ion-Ion}}(\mathbf{X}) - E_\nu^{\text{El}}(\mathbf{X}) \right] \\ &\quad - \left[V^{\text{El-Ion}}(\mathbf{x}, \mathbf{X}_0) + V^{\text{Ion-Ion}}(\mathbf{X}_0) - E_\nu^{\text{El}}(\mathbf{X}_0) \right]. \end{aligned} \qquad (8.47)$$

Hierbei ist anzumerken, daß $V^{\text{Ion-Ion}}$ von den Elektronenkoordinaten unabhängig ist, aber in den elektronischen Eigenwerten nach Gl. (8.36) und in Gl. (8.46) vorkommt und sich somit in Gl. (8.47) heraushebt. Die durch den Operator $H^{\text{El-Ion}}$ beschriebene *Elektron-Phonon-Wechselwirkung* ist die Ursache für die elektrische Leitfähigkeit, die Wärmeleitung und den Jahn-Teller-Effekt. Wird der Operator $H^{\text{El-Ion}}$ in Gl. (8.45) vernachlässigt, erhält man eine vollständige Trennung der durch Gl. (8.38) beschriebenen elektronischen Eigenschaften von den durch H^{Ion} nach Gl. (8.46) bestimmten Schwingungseigenschaften, was man als *Born-Oppenheimer-Näherung* bezeichnet.

Für kleine Auslenkungen aus den Ruhelagen $\mathbf{X}_0$ entwickeln wir das Potential des Hamilton-Operators der Ionen Gl. (8.46) in eine Taylor-Reihe

$$H^{\text{Ion}} = T^{\text{Ion}} + \frac{1}{2}(\mathbf{X} - \mathbf{X}_0)W_\nu(\mathbf{X} - \mathbf{X}_0) + \ldots \qquad (8.48)$$

mit

$$W_\nu = \left(\frac{\partial^2 E_\nu^{\text{El}}(\mathbf{X})}{\partial \mathbf{X} \partial \mathbf{X}}\right)_{\mathbf{X}_0},$$

und die *Ruhelagen* $\mathbf{X}^0$ sind durch die Bedingung

$$\left(\frac{\partial E_\nu^{\text{El}}(\mathbf{X})}{\partial \mathbf{X}}\right)_{\mathbf{X}_0} = 0 \qquad (8.49)$$

festgelegt. Dabei ist anzumerken, daß sich die Ruhelagen $\mathbf{X}_0$ bei Festkörpern und Molekülen von den sogenannten Gleichgewichtslagen unterscheiden, die von der Temperatur und dem Druck abhängen und im thermodynamischen Gleichgewicht aus dem Minimum der freien Enthalpie zu berechnen sind. Wird die Potenzreihe Gl. (8.48) nach dem quadratischen Gliede abgebrochen, spricht man von der *harmonischen Näherung*, in der sich die Schwingungen aus einem elastischen Potential ergeben.

Im Rahmen der Born-Oppenheimer-Näherung kann man für gebundene Atome die Energie eines elektronischen Zustandes $\phi_\nu(\mathbf{x}, \mathbf{X})$ als Funktion der Kernkoordinaten

$$E_\nu^{\text{El}}(\mathbf{R}_1, \mathbf{R}_2, \ldots \mathbf{R}_M)$$

berechnen. Das eröffnet die Möglichkeit die Schwingungsenergien nach Gl. (8.48) für die elektronischen Zustände zu bestimmen. Daraus lassen sich eine Reihe von Materialeigenschaften, insbesondere für den Grundzustand, auf quantenmechanischer Grundlage berechnen.

Aus dem Minimum der Grundzustandsenergie bezüglich der Kernkoordinaten ergibt sich die atomare Struktur. Bei Molekülen wären das die Bindungslängen und

8.4 Inhomogenes Elektronengas

Bindungswinkel, also die geometrische Struktur. Bei Kristallen, mit einer periodischen Anordnung der Atome, findet man das Kristallgitter mit Gittertyp und Gitterkonstanten. Außerdem läßt sich der Druck ermitteln, der für einen Phasenübergang zwischen zwei Gittertypen erforderlich ist. Ebenso ist die Berechnung der Gitterrelaxation an Kristalloberflächen und an Kristalldefekten möglich.

Berechnet man einmal die Grundzustandsenergie der gebundenen Atome und einmal die Grundzustandsenergie aller isolierten Atome, so erhält man aus der Differenz die Bindungsenergie. Auf ähnliche Weise ergibt sich auch die Bildungsenergie von Defekten in Kristallen und die Adhäsionsenergie bei der Anlagerung von Atomen oder Molekülen auf Festkörperoberflächen, woraus sich auch Informationen über Kristallwachstum und Katalyse gewinnen lassen.

Aus der Berechnung verformter Festkörper ergeben sich ferner der Kompressionsmodul und die elastischen Konstanten. Aus der Ableitung der Grundzustandsenergie nach den Kernkoordinaten lassen sich die zwischenatomaren Kräfte und aus den zweiten Ableitungen die Molekülschwingungen bzw. die Gitterschwingungen der Kristalle berechnen.

Mit Hilfe einer kanonischen Gesamtheit, vergl. Abschn. 4.4, erhält man auch die Gleichgewichtslagen der Atomkerne als Funktion einer gegebenen Temperatur und eines gegebenen Druckes. Für Feststoffe kann man aus der Zustandssumme über die elektronischen und Schwingungszustände die thermodynamischen Potentiale freie Energie, Entropie, Zustandsgleichung sowie innere Energie und freie Enthalpie ermitteln. Aus den thermodynamischen Potentialen ergeben sich eine Reihe von thermischen Festkörpereigenschaften wie Wärmekapazität, thermische Ausdehnung und die Temperaturabhängigkeit der oben genannten Größen. Einzelheiten dazu finden sich in Kap. 13.

8.4.2 Hellmann-Feynman-Theorem

Die zwischenatomaren Kräfte gebundener Atome lassen sich mit dem Hellmann-Feynman-Theorem bestimmen. Sei q eine Koordinate, die eine beliebige Verschiebung der Lage der Atomkerne beschreibt, so ist der elektronische Hamilton-Operator $H^{El}(\mathbf{x},\mathbf{X}) = H(q)$ über das äußere Potential $v(\mathbf{r})$ nach Gl. (8.44) davon abhängig. Dadurch hängen der elektronische Zustand ϕ_ν und die Energie E_ν ebenfalls von q ab:

$$H(q)\phi_\nu(q) = E_\nu(q)\phi_\nu(q). \tag{8.50}$$

Die bei der Verzerrung auftretende Kraft $F(q)$ ergibt sich nach dem *Hellmann-Feynman-Theorem* zu

$$-F(q) = \frac{dE_\nu(q)}{dq} = \left\langle \phi_\nu(q) \middle| \frac{dH(q)}{dq} \middle| \phi_\nu(q) \right\rangle, \tag{8.51}$$

wobei der elektronische Zustand als normiert angenommen wurde

$$\langle \phi_\nu(q) | \phi_\nu(q) \rangle = 1 \tag{8.52}$$

und die spitze Klammer das innere Produkt in $\mathcal{H}^{El}$ bezeichnet.

8 Elektronengas

□ Der Beweis ergibt sich unmittelbar durch Anwendung der Produktregel

$$\frac{\mathrm{d}E_\nu(q)}{\mathrm{d}q} = \left\langle \phi_\nu(q) \left| \frac{\mathrm{d}H(q)}{\mathrm{d}q} \right| \phi_\nu(q) \right\rangle + \left\langle \frac{\mathrm{d}\phi_\nu(q)}{\mathrm{d}q} \left| H(q) \right| \phi_\nu(q) \right\rangle$$
$$+ \left\langle \phi_\nu(q) \left| H(q) \right| \frac{\mathrm{d}\phi_\nu(q)}{\mathrm{d}q} \right\rangle$$

oder wegen Gl. (8.50)

$$\frac{\mathrm{d}E_\nu(q)}{\mathrm{d}q} = \left\langle \phi_\nu(q) \left| \frac{\mathrm{d}H(q)}{\mathrm{d}q} \right| \phi_\nu(q) \right\rangle + E_\nu(q) \left\langle \frac{\mathrm{d}\phi_\nu(q)}{\mathrm{d}q} \middle| \phi_\nu(q) \right\rangle$$
$$+ E_\nu(q) \left\langle \phi_\nu(q) \middle| \frac{\mathrm{d}\phi_\nu(q)}{\mathrm{d}q} \right\rangle$$

und es folgt

$$\frac{\mathrm{d}E_\nu(q)}{\mathrm{d}q} = \left\langle \phi_\nu(q) \left| \frac{\mathrm{d}H(q)}{\mathrm{d}q} \right| \phi_\nu(q) \right\rangle + E_\nu(q) \frac{\mathrm{d}}{\mathrm{d}q} \left\langle \phi_\nu(q) \middle| \phi_\nu(q) \right\rangle$$
$$= \left\langle \phi_\nu(q) \left| \frac{\mathrm{d}H(q)}{\mathrm{d}q} \right| \phi_\nu(q) \right\rangle,$$

wobei der zweite Term wegen der Normierungsbedingung Gl. (8.52) verschwindet. ■

Das Hellmann-Feynman-Theorem ermöglicht eine einfachere numerische Berechnung der zwischenatomaren Kräfte zur Bestimmung der Schwingungen der Atome sowie der Relaxation von Kristallatomen bei äußeren Störungen, durch Oberflächen, Grenzflächen, Fehlstellen, Fremdatomen und anderen Abweichungen von einer perfekten Kristallstruktur.

9 Dichtefunktionaltheorie

Viele Eigenschaften chemisch gebundener Atome lassen sich wegen des großen Massenunterschiedes zwischen Elektronen und Atomkernen im Rahmen der Born-Oppenheimer-Näherung beschreiben, bei der die elektronischen Eigenschaften getrennt von denen der Atomkerne behandelt werden, vergl. Abschn. 8.4.1. Auch ein isoliertes Atom kann genähert als ein System aus N Elektronen beschrieben werden, die sich im Potential des Atomkerns bewegen, welcher im Ursprung des Koordinatensystems ruht. Die elektronischen Eigenschaften von Atomen, Molekülen, Festkörpern und Flüssigkeiten werden so im Rahmen einer Theorie des inhomogenen Elektronengases bestimmt. Wie in Abschn. 8.4 gezeigt, werden dabei die Elektronen aller Atome zusammen betrachtet, die sich in einem Potential bewegen, das von den einzelnen ruhenden Atomkernen herrührt. Die Gesamtenergie eines solchen Systems hängt dann parametrisch von den Kernkoordinaten ab, und setzt sich genähert aus der kinetischen Energie der Elektronen sowie der potentiellen Energie zusammen, die von der Wechselwirkung der Elektronen mit den Atomkernen, der Elektronen untereinander und der Kerne untereinander herrührt, vergl. Abschn. 8.4.

Wir betrachten zunächst ein *inhomogenes Elektronengas* ohne Berücksichtigung des Spins. Dann lautet der Hamilton-Operator der N Elektronen, die sich in einem vorgegebenen, sogenannten äußeren Potential $v(\mathbf{r})$ bewegen

$$H = \sum_{i=1}^{N} \left[-\frac{\hbar^2}{2m_\mathrm{e}} \Delta_i + v(\mathbf{r}_i) \right] + \frac{e^2}{8\pi\varepsilon_0} \sum_{\substack{i,j \\ i\neq j}}^{1...N} \frac{1}{|\mathbf{r}_i - \mathbf{r}_j|},$$

und die Elektronendichte ist gegeben durch

$$n(\mathbf{r}) = \sum_{j=1}^{N} \delta(\mathbf{r} - \mathbf{r}_j) \quad \text{mit} \quad \int n(\mathbf{r})\,\mathrm{d}^3 r = N.$$

Bei Atomen und Molekülen wird über das unendlich große Volumen des dreidimensionalen Ortsraumes integriert. Bei unendlich ausgedehnten periodischen Systemen wird ein hinreichend großes aber endliches Volumen V, das sogenannte Grundgebiet betrachtet, vergl. Kap. 8. In diesem Fall besteht der Hilbert-Raum aus den über V quadratisch integrierbaren Funktionen, wobei periodische Randbedingungen angesetzt werden, um die Periodizität des Systems zu gewährleisten.

In diesem Kapitel werden *atomare Einheiten* verwendet, wobei die Länge in Einheiten des Bohrschen Wasserstoffradius a_B und die Energie in Hartree Ha gemessen wird

$$a_B = \frac{4\pi\varepsilon_0 \hbar^2}{e^2 m_e} = 0.529177\,\text{Å} \qquad \text{für die Länge}$$

$$\text{Ha} = \frac{e^2}{4\pi\varepsilon_0} \frac{1}{a_B} = 27.2114\,\text{eV} \qquad \text{für die Energie.}$$

Der Hamilton-Operator lautet dann in atomaren Einheiten

$$H = \sum_{j=1}^{N} \left[-\frac{1}{2}\Delta_j + v(\mathbf{r}_j) \right] + \frac{1}{2} \sum_{\substack{i,j \\ i \neq j}}^{1...N} \frac{1}{|\mathbf{r}_i - \mathbf{r}_j|}. \tag{9.1}$$

Wegen der enormen numerischen Schwierigkeiten N-Elektronenzustände korrekt zu berechnen, hatten L.H. Thomas und E. Fermi schon frühzeitig die Möglichkeit untersucht, die Energie des inhomogenen Elektronengases als Funktional der Elektronendichte darzustellen. Dieses sogenannte statistische Atommodell beruhte auf der Hartree-Fock-Näherung und ermöglicht eine einfache Berechnung der Energie des elektronischen Grundzustandes aus dem Minimum des Energiefunktionals bei Variation der Elektronendichte. Die Anwendung auf Mehrelektronenatome liefert nicht sehr befriedigende Ergebnisse. Die Ursachen liegen neben der Vernachlässigung der Korrelationsenergie bei der Lokalen-Dichte-Näherung für die kinetische und die Austauschenergie, vergl. Abschn. 7.4.

Eine entscheidende Verbesserung der Beschreibung des inhomogenen Elektronengases mit Dichtefunktionalen gelang durch das Hohenberg-Kohn-Theorem und die Kohn-Sham-Gleichungen, wodurch sich die Grundzustandsenergie ohne Näherungsannahmen für die kinetische Energie und unter Berücksichtigung der Korrelationsenergie berechnen läßt. Unter Umgehung der Lösung der N-Elektronen-Schrödinger-Gleichung erhält man mit der Dichtefunktionaltheorie die elektronische Grundzustandsenergie, die Elektronendichte im Grundzustand, die Zustandsdichte im Grundzustand und auch genähert das chemische Potential. Da die Dichtefunktionaltheorie auf einem Variationsverfahren beruht, läßt sich damit nur der Grundzustand bestimmen. Unter Ausnutzung der Symmetrie des Systems kann man die Grundzustandseigenschaften allerdings für jede irreduzible Darstellung der Symmetriegruppe getrennt erhalten.

9.1 Hohenberg-Kohn-Theorem

Grundlage der Dichtefunktionaltheorie ist das Hohenberg-Kohn-Theorem, wonach die Grundzustandsenergie des inhomogenen Elektronengases ein Funktional der Elektronendichte ist und sich beide Größen aus einem Variationsverfahren bestimmen lassen.

9.1 Hohenberg-Kohn-Theorem

Zur Ableitung betrachten wir zunächst den spinunabhängigen Hamilton-Operator Gl. (9.1), und beschreiben das N-Elektronensystem mit einem vorgegebenen äußeren Potential $v(\mathbf{r})$ mit Hilfe des Teilchenzahlformalismus. Wie in Abschn. 5.3 dargestellt, werden die Zustände und Operatoren im Hilbert-Raum durch Feldoperatoren für die Vernichtung eines Elektrons am Ort $\mathbf{r}$ mit Spin σ: $\hat{\psi}_\sigma(\mathbf{r})$ und für die Erzeugung eines Elektrons $\hat{\psi}_\sigma^+(\mathbf{r})$ ausgedrückt. Sie genügen den Antivertauschungsrelationen

$$\{\hat{\psi}_\sigma(\mathbf{r}), \hat{\psi}_{\sigma'}^+(\mathbf{r}')\} = \delta_{\sigma\sigma'}\delta(\mathbf{r}-\mathbf{r}')\mathbf{1}$$
$$\{\hat{\psi}_\sigma(\mathbf{r}), \hat{\psi}_{\sigma'}(\mathbf{r}')\} = 0 = \{\hat{\psi}_\sigma^+(\mathbf{r}), \hat{\psi}_{\sigma'}^+(\mathbf{r}')\}$$

mit $\{a,b\} = ab + ba$, vergl. Gl. (5.28). Sei $|0\rangle$ der in Abschn. 5.1 und 5.2 eingeführte Vakuumzustand, der den Hilbert-Raum für $N=0$ Teilchen aufspannt, und der dadurch definiert ist, daß alle Vernichtungsoperatoren auf ihn angewandt Null ergeben $\hat{\psi}_\sigma(\mathbf{r})|0\rangle = 0$, so werden die Zustände im N-Elektronen-Hilbert-Raum durch die Teilchenzahlzustände beschrieben

$$|\mathbf{r}_1\sigma_1, \mathbf{r}_2\sigma_2 \ldots \mathbf{r}_N\sigma_N\rangle = \frac{1}{\sqrt{N!}} \hat{\psi}_{\sigma_1}^+(\mathbf{r}_1)\hat{\psi}_{\sigma_2}^+(\mathbf{r}_2)\ldots\hat{\psi}_{\sigma_N}^+(\mathbf{r}_N)|0\rangle.$$

Wie in Abschn. 5.4 ausgeführt, ist der Teilchenzahloperator $\hat{N}$ durch

$$\hat{N} = \sum_\sigma^{\pm\frac{1}{2}} \int \hat{\psi}_\sigma^+(\mathbf{r})\hat{\psi}_\sigma(\mathbf{r})\, d^3r$$

und der Operator der Dichte der Elektronen mit Spinrichtung σ durch

$$\hat{n}_\sigma(\mathbf{r}) = \hat{\psi}_\sigma^+(\mathbf{r})\hat{\psi}_\sigma(\mathbf{r}),$$

gegeben. Der Dichteoperator aller Elektronen ist

$$\hat{n}(\mathbf{r}) = \hat{n}_{-\frac{1}{2}}(\mathbf{r}) + \hat{n}_{\frac{1}{2}}(\mathbf{r})$$

und es gilt

$$\hat{N} = \int \hat{n}(\mathbf{r})\, d^3r.$$

Der Hamilton-Operator $\hat{H}$ wird zerlegt in den Teil der kinetischen Energie $\hat{T}$, der potentiellen Energie $\hat{V}$ und die Elektron-Elektron-Energie $\hat{V}_{ee}$

$$\hat{H} = \hat{T} + \hat{V} + \hat{V}_{ee}.$$

Der Operator der kinetischen Energie lautet in atomaren Einheiten

$$\hat{T} = \sum_\sigma^{\pm\frac{1}{2}} \int \hat{\psi}_\sigma^+(\mathbf{r})\left[-\frac{1}{2}\Delta\right]\hat{\psi}_\sigma(\mathbf{r})\, d^3r,$$

der Operator des Einteilchenpotentials hat die Form

$$\hat{V} = \sum_{\sigma}^{\pm\frac{1}{2}} \int \hat{\psi}_\sigma^+(\mathbf{r}) v(\mathbf{r}) \hat{\psi}_\sigma(\mathbf{r}) \, d^3r$$

und der Operator der Coulomb-Wechselwirkung ergibt sich zu

$$\hat{V}_{ee} = \frac{1}{2} \sum_{\sigma,\sigma'}^{\pm\frac{1}{2}} \int \int \hat{\psi}_{\sigma'}^+(\mathbf{r}') \hat{\psi}_\sigma^+(\mathbf{r}) \frac{1}{|\mathbf{r}-\mathbf{r}'|} \hat{\psi}_\sigma(\mathbf{r}) \hat{\psi}_{\sigma'}(\mathbf{r}') \, d^3r \, d^3r'.$$

Der hier wiedergegebene kürzere Beweis des Hohenberg-Kohn-Theorems nach [9.1] verwendet die Annahme, daß der Grundzustand des inhomogenen Elektronengases nicht entartet ist. Der Beweis läßt sich jedoch auch für einen entarteten Grundzustand führen. Die Grundzustandsenergie E_g berechnet sich dann aus dem Grundzustand $|g\rangle$ des Hamilton-Operators Gl. (9.1) zu

$$\begin{aligned} E_g &= \langle g|\hat{H}|g\rangle = \langle g|\hat{T}|g\rangle + \langle g|\hat{V}|g\rangle + \langle g|\hat{V}_{ee}|g\rangle \\ &= \langle g|\hat{T}|g\rangle + \int n(\mathbf{r}) v(\mathbf{r}) \, d^3r + \langle g|\hat{V}_{ee}|g\rangle, \end{aligned} \quad (9.2)$$

und die Grundzustandselektronendichte $n(\mathbf{r})$ berechnet sich aus

$$n(\mathbf{r}) = \langle g|\hat{n}(\mathbf{r})|g\rangle, \quad (9.3)$$

wobei hier auf den Index g verzichtet wurde.

Hohenberg-Kohn-Theorem I. *Bei nichtentartetem Grundzustand $|g\rangle$ ist die Grundzustandsenergie E_g des inhomogenen Elektronengases ein Funktional der Grundzustandselektronendichte: $E_g = E[n]$.*

☐ Zum Beweise beachtet man, daß die Grundzustandselektronendichte gemäß Gl. (9.3) ein Funktional des Einteilchenpotentials $v(\mathbf{r})$ ist: $n = n[v](\mathbf{r})$. Es wird nun gezeigt, daß umgekehrt auch das Potential v ein Funktional der Elektronendichte $n \longrightarrow v$ oder $v = v[n](\mathbf{r})$ ist. Dazu genügt es zu zeigen, daß aus $v'(\mathbf{r}) \neq v(\mathbf{r})$ auch $n'(\mathbf{r}) \neq n(\mathbf{r})$ folgt, wobei $v'(\mathbf{r})$ und $v(\mathbf{r})$ als gleich betrachtet werden, wenn sie sich nur um eine Konstante unterscheiden, weil sonst $|g\rangle = |g'\rangle$ und $n(\mathbf{r}) = n'(\mathbf{r})$ gelten würden. Zu v und v' mögen die Hamilton-Operatoren H und H', die Grundzustände $|g\rangle \neq |g'\rangle$ sowie die Grundzustandsenergien E_g und E_g' gehören:

$$E_g' = \langle g'|\hat{H}'|g'\rangle \quad ; \quad E_g = \langle g|\hat{H}|g\rangle.$$

Nach dem Variationsprinzip von Ritz gilt mit Rücksicht auf Gl. (9.2)

$$\begin{aligned} E_g' &< \langle g|\hat{H} - \hat{V} + \hat{V}'|g\rangle = E_g + \langle g| \int (v'(\mathbf{r}) - v(\mathbf{r})) \, \hat{n}(\mathbf{r}) \, d^3r \, |g\rangle \\ &= E_g + \int (v'(\mathbf{r}) - v(\mathbf{r})) \, n(\mathbf{r}) \, d^3r. \end{aligned}$$

Entsprechend gilt auch

$$E_g < E'_g + \int \left(v(\mathbf{r}) - v'(\mathbf{r})\right) n'(\mathbf{r}) \, d^3r.$$

Durch Addition beider Gleichungen erhält man

$$0 < \int \left[v(\mathbf{r}) - v'(\mathbf{r})\right] \left[n'(\mathbf{r}) - n(\mathbf{r})\right] \, d^3r,$$

so daß aus $v' \neq v$ auch $n' \neq n$ folgt. Da nun $v = v[n]$ ist, und $E_g = E_g[v]$ gilt, erhält man daraus die Behauptung $E_g = E[n]$, wobei $n(\mathbf{r})$ die Elektronendichte im Grundzustand bezeichnet. ∎

Das Hohenberg-Kohn-Theorem beweist die Existenz eines Dichtefunktionals für die Grundzustandsenergie des inhomogenen Elektronengases. Entscheidend für die praktische Anwendbarkeit ist die Tatsache, daß das Energiefunktional $E_g[n]$ bei Variation der Elektronendichte sein Minimum an der Grundzustandselektronendichte $n(\mathbf{r})$ annimmt. Dadurch ist es möglich die Grundzustandsenergie und die Grundzustandselektronendichte aus einem Variationsverfahren zu bestimmen, wenn das Energiefunktional bekannt ist.

Hohenberg-Kohn-Theorem II. *Bei nicht entartetem Grundzustand $|g\rangle$ nimmt das Energiefunktional $E[n]$ bei Variation von $n(\mathbf{r})$ sein Minimum an der Grundzustandselektronendichte $n(\mathbf{r}) = \langle g|\hat{n}(\mathbf{r})|g\rangle$ an.*

▫ Zum Beweise sei angenommen, daß $E[n]$ im Falle v-darstellbarer Elektronendichten sein Minimum an einer anderen Elektronendichte $n_a(\mathbf{r}) = \langle a|\hat{n}(\mathbf{r})|a\rangle$ annimmt. Dann gilt

$$E_g \geq E[n_a] = \langle a|\hat{H}|a\rangle.$$

Nach dem Variationsprinzip von Ritz muß aber auch

$$\langle a|\hat{H}|a\rangle \geq \langle g|\hat{H}|g\rangle = E_g$$

gelten, so daß $\langle a|\hat{H}|a\rangle = \langle g|\hat{H}|g\rangle$ folgt, was aber im Widerspruch zur Voraussetzung steht, daß der Grundzustand nicht entartet ist. ∎

Das Hohenberg-Kohn-Theorem ist hier unter der Voraussetzung v-darstellbarer Elektronendichten bewiesen worden, d.h. es wurden nur solche $n(\mathbf{r})$ zur Variation zugelassen, die sich als Grundzustandselektronendichte eines Potentials $v(\mathbf{r})$ ergeben. Es existiert jedoch auch ein allgemeinerer Beweis, bei dem die Voraussetzung v-darstellbarer Elektronendichten nicht erforderlich ist.

Die beiden Theoreme ergeben zusammen mit Gl. (9.2), daß ein Dichtefunktional

$$E_g = E[n] = \int n(\mathbf{r}) v(\mathbf{r}) \, d^3r + F[n]$$

mit dem vom äußeren Potential $v(\mathbf{r})$ unabhängigen Dichtefunktional

$$F[n] = \langle g|\hat{T} + \hat{V}_{ee}|g\rangle \tag{9.4}$$

derart existiert, daß sich die Grunzustandsenergie E_g des inhomogenen Elektronengases aus dem Minimum des Funktionals

$$E[n] = \int v(\mathbf{r})n(\mathbf{r})\,\mathrm{d}^3 r + F[n] \tag{9.5}$$

bei Variation der Elektronendichte ergibt, und daß das Minimum bei der Grundzustandselektronendichte von $\hat{H}$ angenommen wird.

Das Hohenberg-Kohn-Theorem macht keine Aussage darüber, wie das Funktional $E[n]$ aussieht oder wie ein genähertes Funktional verbessert werden kann. Da der Term der Energie des äußeren Potentials in Gl. (9.5) als Funktional der Elektronendichte bekannt ist, genügt es das Funktional $F[n]$ nach Gl. (9.4) zu bestimmen. Hierbei handelt es sich um ein *universelles* Funktional, das nicht vom äußeren Potential und damit nicht vom speziellen physikalischen System oder der Näherung abhängt, in der dieses beschrieben wird. Ist $F[n]$ zumindest näherungsweise bekannt, kann es für alle inhomogenen Elektronengase verwendet werden, also z.B. für Atome, Moleküle, Festkörper und Flüssigkeiten im Rahmen der Born-Oppenheimer-Näherung. Die eingeführten Näherungen für $F[n]$ können sich allerdings bei unterschiedlichen Systemen auch unterschiedlich auswirken.

Das Theorem liefert keine Hinweise auf angeregte Zustände. Ist jedoch das System und damit der Hamilton-Operator invariant gegenüber einer Symmetriegruppe, so läßt sich der Hilbert-Raum in seine irreduziblen Unterräume zerlegen. Der Grundzustand kann dann für jede irreduzible Darstellung der Symmetriegruppe getrennt bestimmt werden, so daß sich das Hohenberg-Kohn-Theorem für jede irreduzible Darstellung einzeln anwenden läßt.

In den Beweis der Hohenberg-Kohn-Theoreme geht die Form der Elektron-Elektron-Wechselwirkung nicht ein, so daß die Dichtefunktionaltheorie auch bei anderen Zweiteilchenwechselwirkungen anwendbar ist.

9.2 Kohn-Sham-Gleichungen

Zur Herleitung des universellen Funktionals $F[n]$ nach Gl. (9.4) zerlegen wir es in drei Teile und schreiben das Dichtefunktional der Grundzustandsenergie Gl. (9.5) in der Form [9.2]

$$E[n] = T_s[n] + \int v(\mathbf{r})n(\mathbf{r})\,\mathrm{d}^3 r + E_H[n] + E_{xc}[n]. \tag{9.6}$$

Hier bezeichnet $E_H[n]$ die *Hartree-Energie*

$$E_H[n] = \frac{1}{2} \int \frac{n(\mathbf{r})n(\mathbf{r}')}{|\mathbf{r}-\mathbf{r}'|} \, d^3r \, d^3r',$$

und $T_s[n]$ das durch Gl. (9.13) definierte Funktional der kinetischen Energie N wechselwirkungsfreier Elektronen. Der Term $E_{xc}[n]$ wird Austausch-Korrelations-Funktional genannt und ist durch die übrigen vier Terme in Gl. (9.6) definiert.
Zur Berechnung der kinetischen Energie $T_s[n]$, wird das Minimum des Energiefunktionals Gl. (9.5) aus der Variationsableitung

$$\frac{\delta}{\delta n(\mathbf{r})} \left[E[n] - \mu \int n(\mathbf{r}') \, d^3r' \right] = 0, \qquad (9.7)$$

bestimmt. Dabei ist als Nebenbedingung die Teilchenzahl

$$N = \int n(\mathbf{r}') \, d^3r'$$

festzuhalten, was mit Hilfe eines Lagrange-Parameters μ berücksichtigt wurde. Einsetzen der Zerlegung Gl. (9.6) liefert

$$\frac{\delta T_s[n]}{\delta n(\mathbf{r})} + v(\mathbf{r}) + v_H[n](\mathbf{r}) + v_{xc}[n](\mathbf{r}) - \mu = 0,$$

wobei zur Abkürzung das *Hartree-Potential* [1]

$$v_H[n](\mathbf{r}) = \frac{\delta E_H[n]}{\delta n(\mathbf{r})} = \int \frac{n(\mathbf{r}')}{|\mathbf{r}-\mathbf{r}'|} \, d^3r' \qquad (9.8)$$

und das *Austausch-Korrelations-Potential*

$$v_{xc}[n](\mathbf{r}) = \frac{\delta E_{xc}[n]}{\delta n(\mathbf{r})} \qquad (9.9)$$

eingeführt wurde. Beide Potentiale sind Funktionen von $\mathbf{r}$ und Funktionale der Elektronendichte n.

---

[1] Die Variationsableitung oder Funktionalableitung eines reellen Funktionals $F[\Psi]$ eines Vektorfeldes $\Psi = (\psi_1(\underline{x}), \psi_2(\underline{x}), \ldots \psi_n(\underline{x}))$ wird folgendermaßen definiert: Wenn für eine beliebige Funktion $\Upsilon = (\eta_1(\underline{x}), \eta_2(\underline{x}), \ldots \eta_n(\underline{x}))$ und ein reelles α die Ableitung des Funktionals $F[\Psi + \alpha \Upsilon]$ nach α existiert und sich in der Form

$$\left. \frac{d}{d\alpha} F[\Psi + \alpha \Upsilon] \right|_{\alpha=0} = \int \sum_{k=1}^{n} \frac{\delta F[\Psi]}{\delta \psi_k(\underline{x})} \eta_k(\underline{x}) \, d\tau$$

schreiben läßt, dann heißt $\delta F[\Psi]/\delta \psi_k(\underline{x})$ Funktionalableitung oder Variationsableitung des Funktionals $F[\Psi]$.

Nimmt man nun an, daß das Einteilchenpotenial

$$U(\mathbf{r}) = v(\mathbf{r}) + v_{\mathrm{H}}[n](\mathbf{r}) + v_{\mathrm{xc}}[n](\mathbf{r}) \qquad (9.10)$$

bekannt sei, obwohl es in Wirklichkeit ein Funktional der noch unbekannten Elektronendichte ist, so läßt sich ein System betrachten, das durch den Hamilton-Operator

$$\tilde{H} = \sum_{j=1}^{N} \left[-\frac{1}{2}\Delta_j + U(\mathbf{r}_j) \right]$$

beschrieben wird. Es handelt sich hierbei um N wechselwirkungsfreie Elektronen, die sich in einem gegebenen Einelektronenpotential $U(\mathbf{r})$ befinden. Die Eigenwertgleichung dieses Hamilton-Operators $\tilde{H}\Psi = \tilde{E}\Psi$ läßt sich mit einem Produktansatz $\Psi = \prod_j \psi_j(\mathbf{r}_j)$ separieren und es genügt die Einelektroneneigenwertgleichung

$$\left[-\frac{1}{2}\Delta + U(\mathbf{r}) \right] \psi_j(\mathbf{r}) = \varepsilon_j \psi_j(\mathbf{r}) \quad \text{mit} \quad \int \psi_j^*(\mathbf{r})\psi_j(\mathbf{r})\,\mathrm{d}^3r = 1 \qquad (9.11)$$

zu lösen. Die Grundzustandsenergie $\tilde{E}_g$ von $\tilde{H}$ erhält man, indem N Einelektronenzustände ψ_j mit den tiefsten Einelektronenenergieniveaus ε_j nach dem Pauli-Prinzip mit Elektronen besetzt werden

$$\tilde{E}_g = \sum_{j}^{\text{besetzt}} \varepsilon_j.$$

Die Grundzustandselektronendichte von $\tilde{H}$ ergibt sich entsprechend zu

$$\tilde{n}(\mathbf{r}) = \sum_{j}^{\text{besetzt}} |\psi_j(\mathbf{r})|^2.$$

Andererseits hat der Operator $\tilde{H}$ im Teilchenzahlformalismus die Form

$$\hat{\tilde{H}} = \sum_{\sigma}^{\pm\frac{1}{2}} \int \hat{\psi}_\sigma^+(\mathbf{r}) \left[-\frac{1}{2}\Delta + U(\mathbf{r}) \right] \hat{\psi}_\sigma(\mathbf{r})\,\mathrm{d}^3r$$

und auf dieses System N wechselwirkungsfreier Elektronen läßt sich ebenfalls das Hohenberg-Kohn-Theorem anwenden. Entsprechend Gl. (9.6) besteht das Grundzustandsenergiefunktional dann nur aus zwei Termen

$$\tilde{E}[\tilde{n}] = T_s[\tilde{n}] + \int U(\mathbf{r})\tilde{n}(\mathbf{r})\,\mathrm{d}^3r,$$

wodurch das Funktional der kinetischen Energie von N wechselwirkungsfreien Elektronen $T_s[n]$ definiert ist. Die Variationsableitung des Funktionals $\tilde{E}[\tilde{n}]$ mit der Nebenbedingung konstanter Elektronenzahl ist entsprechend Gl. (9.7)

$$\frac{\delta}{\delta \tilde{n}(\mathbf{r})} \left[\tilde{E}[\tilde{n}] - \mu \int \tilde{n}(\mathbf{r}') \, \mathrm{d}^3 r' \right] = 0, \tag{9.12}$$

und führt auf die Gleichung

$$\frac{\delta T_s[\tilde{n}]}{\delta \tilde{n}(\mathbf{r})} + U(\mathbf{r}) - \mu = 0.$$

Die Variationsableitung der Funktionale $\tilde{E}[\tilde{n}]$ Gl. (9.12) und $E[n]$ Gl. (9.7) ergeben offenbar identische Ausdrücke, die Null gesetzt die Grundzustandselektronendichte sowohl für $E[n]$ als auch für $\tilde{E}[\tilde{n}]$ liefern. Also haben beide Systeme die gleiche Grundzustandselektronendichte $\tilde{n}(\mathbf{r}) = n(\mathbf{r})$ und es muß gelten

$$\tilde{E}[\tilde{n}] = T_s[n] + \int U(\mathbf{r}) n(\mathbf{r}) \, \mathrm{d}^3 r = \sum_j^{\text{besetzt}} \varepsilon_j, \tag{9.13}$$

oder nach Einsetzen des Potentials $U(\mathbf{r})$ aus Gl. (9.10)

$$T_s[n] = \sum_j^{\text{besetzt}} \varepsilon_j - \int v(\mathbf{r}) n(\mathbf{r}) \, \mathrm{d}^3 r - \int v_{\mathrm{H}}[n](\mathbf{r}) n(\mathbf{r}) \, \mathrm{d}^3 r$$

$$- \int v_{\mathrm{xc}}[n](\mathbf{r}) n(\mathbf{r}) \, \mathrm{d}^3 r.$$

Setzt man diesen Ausdruck für das Funktional der kinetischen Energie $T_s[n]$ in die Gleichung für das Grundzustandsenergiefunktional Gl. (9.6) ein, so erhält man

$$E[n] = \sum_j^{\text{besetzt}} \varepsilon_j - E_{\mathrm{H}}[n] - \int v_{\mathrm{xc}}[n](\mathbf{r}) n(\mathbf{r}) \, \mathrm{d}^3 r + E_{\mathrm{xc}}[n]. \tag{9.14}$$

Die Terme auf der rechten Seite können berechnet werden, wenn die aus Gl. (9.11) mit Gl. (9.10) folgende *Kohn-Sham-Gleichung*

$$\boxed{\left[-\frac{1}{2} \Delta + v(\mathbf{r}) + v_{\mathrm{H}}[n](\mathbf{r}) + v_{\mathrm{xc}}[n](\mathbf{r}) \right] \psi_j(\mathbf{r}) = \varepsilon_j \psi_j(\mathbf{r})} \tag{9.15}$$

gelöst ist. Hierbei ergibt sich die Grundzustandselektronendichte $n(\mathbf{r})$ aus den normierten Einteilchenfunktionen $\psi_j(\mathbf{r})$

$$\boxed{n(\mathbf{r}) = \sum_j^{\text{besetzt}} |\psi_j(\mathbf{r})|^2.} \tag{9.16}$$

Das Hartree-Potential $v_H[n](\mathbf{r})$ ist durch Gl. (9.8) und das Austausch-Korrelations-Potential $v_{xc}[n](\mathbf{r})$ durch Gl. (9.9) gegeben.

Die Grundzustandsenergie $E[n]$ des inhomogenen Elektronengases kann aus Gl. (9.14) berechnet werden, wenn das Austausch-Korrelationsfunktional $E_{xc}[n]$ bekannt ist und wenn die Kohn-Sham-Gleichung (9.15) mit Gl. (9.16) gelöst wird. Diese ist, im Unterschied zur Schrödinger-Gleichung $H\Psi = E\Psi$ mit dem Hamilton-Operator Gl. (9.1), eine Einteilchengleichung, die in einem Iterationszyklus gelöst werden muß. Bei diesem Verfahren des selbstkonsistenten Feldes geht man von ad hoc Ansätzen für das Potential oder für die Elektronendichte aus, bestimmt durch Lösen der Kohn-Sham-Gleichung die tiefsten zu besetzenden Eigenwerte ε_j und Eigenfunktionen $\psi_j(\mathbf{r})$ um daraus die Elektronendichte $n(\mathbf{r})$ nach Gl. (9.16) zu berechnen. Mit Hilfe von $n(\mathbf{r})$ bestimmt man $v_H[n](\mathbf{r})$ und $v_{xc}[n](\mathbf{r})$ und löst erneut die Kohn-Sham-Gleichung. Die Iteration wird so lange wiederholt, bis sich die Elektronendichte nicht mehr ändert.

Die Lösungen $\psi_j(\mathbf{r})$ der Kohn-Sham-Gleichung sind die Eigenfunktionen des auf der linken Seite von Gl. (9.15) stehenden Kohn-Sham-Operators. Die zugehörigen Eigenwerte ε_i haben zunächst keine physikalische Bedeutung, weil sie einzeln nicht meßbar sind, sondern in ihrer Summe die Grundzustandsenergie des N-Elektronensystems bestimmen.

Für große Elektronenzahlen $N \gg 1$ kann das oberste besetzte Kohn-Sham-Niveau ε_N näherungsweise mit der Ionisierungsenergie des inhomogenen Elektronengases gleichgesetzt werden. Dieses entspricht dem Koopmans-Theorem, vergl. Gl. (7.27), der Hartree-Fock-Näherung.

□ Zum Beweise fügt man ein weiteres Elektron hinzu und setzt für $N \gg 1$ genähert für die Änderung der Elektronendichte

$$\delta n(\mathbf{r}) \approx |\psi_{N+1}(\mathbf{r})|^2.$$

Nach Gl. (9.7) gilt am Minimum des Energiefunktionals $E[n]$

$$\frac{\delta E[n]}{\delta n(\mathbf{r})} = \mu,$$

so daß μ als Ionisierungsenergie interpretiert werden kann, wenn $\delta n(\mathbf{r})$ die Änderung durch ein zusätzliches Elektron darstellt. Dies erkennt man aus

$$E[n + \delta n] - E[n] \approx \int \frac{\delta E[n]}{\delta n(\mathbf{r})} \delta n(\mathbf{r}) \, d^3r$$

$$= \int \mu \, \delta n(\mathbf{r}) \, d^3r = \mu.$$

Andererseits findet man näherungsweise für die Ionisierungsenergie genähert

$$\mu = E[n + \delta n] - E[n] \approx \sum_{j=1}^{N+1} \varepsilon_j - \sum_{j=1}^{N} \varepsilon_j = \varepsilon_{N+1},$$

wodurch die Behauptung bewiesen ist. ∎

9.2 Kohn-Sham-Gleichungen

Im Falle von Festkörpern und Flüssigkeiten in Born-Oppenheimer-Näherung werden die elektronischen Eigenschaften durch ein inhomogenes Elektronengas mit $N \gg 1$ bestimmt. Bei Metallen ist das oberste besetzte Niveau mit dem chemischen Potential der Elektronen gleichzusetzen. Die Photoionisation im ultravioletten Spektralbereich z.b. läßt sich im Rahmen eines Einelektronmodells, dem sogenannten Bändermodell, interpretieren. Dabei stimmt die spektrale Energieverteilung der Exoelektronen genähert mit der aus den ε_i bestimmten Zustandsdichte auf der Energieachse überein. Einige Anwendungen der Dichtefunktionaltheorie in der Festkörperphysik sind in Abschn. 9.4 beschrieben.

Eine alternative Form des Dichtefunktionals erhält man durch Eliminieren der Energieeigenwerte ε_j. Dazu multipliziert man die Kohn-Sham-Gleichung (9.15) mit $\psi_j^*(\mathbf{r})$, integriert und summiert über die tiefsten besetzten Eigenwerte ε_j. Dann findet man entsprechend Gl. (9.11) und (9.13)

$$\sum_j^{\text{besetzt}} \varepsilon_j = T_s[n] + \int U(\mathbf{r})n(\mathbf{r})\,\mathrm{d}^3 r$$

$$= \sum_j^{\text{besetzt}} \int \psi_j^*(\mathbf{r})\Big[-\frac{1}{2}\Delta\Big]\psi_j(\mathbf{r})\,\mathrm{d}^3 r + \int U(\mathbf{r})n(\mathbf{r})\,\mathrm{d}^3 r,$$

wobei von Gl. (9.16) Gebrauch gemacht wurde. Setzt man den hieraus folgenden Ausdruck für die kinetische Energie

$$T_s[n] = -\frac{1}{2}\sum_j^{\text{besetzt}} \int \psi_j^*(\mathbf{r})\Delta\psi_j(\mathbf{r})\,\mathrm{d}^3 r = T[\{\psi_i^*\}] \qquad (9.17)$$

in das Energiefunktional Gl. (9.6) ein, so erhält man

$$E[n] = -\frac{1}{2}\sum_j^{\text{besetzt}} \int \psi_j^*(\mathbf{r})\Delta\psi_j(\mathbf{r})\,\mathrm{d}^3 r \\ + \int v(\mathbf{r})n(\mathbf{r})\,\mathrm{d}^3 r + E_{\mathrm{H}}[n] + E_{\mathrm{xc}}[n]. \qquad (9.18)$$

Zur Herleitung hatten wir vorausgesetzt, daß die $\psi_j(\mathbf{r})$ Lösungen der Kohn-Sham-Gleichung sind. Denkt man sich die Elektronendichte $n(\mathbf{r})$ nach Gl. (9.16) in die Gl. (9.18) eingesetzt, läßt sich die Grundzustandsenergie auch als Funktional $E[\{\psi_j^*\}]$ der Einteilchenfunktionen auffassen, wobei die kinetische Energie direkt durch das Funktional $T[\{\psi_i^*\}]$ nach Gl. (9.17) gegeben ist. Bestimmt man das Minimum bei Variation der $\psi_i^*(\mathbf{r})$ aus

$$\frac{\delta}{\delta\psi_i^*(\mathbf{r})}\left[E[\{\psi_j^*\}] - \sum_{j,k}^{\text{besetzt}} \lambda_{jk}\int \psi_j^*(\mathbf{r}')\psi_k(\mathbf{r}')\,\mathrm{d}^3 r'\right] = 0, \qquad (9.19)$$

so erhält man wiederum die Kohn-Sham-Gleichung (9.15). Deshalb ist es auch möglich das Minimum der Grundzustandsenergie Gl. (9.18) bei Variation der $\psi_j(\mathbf{r})$ aufzusuchen ohne dazu die Kohn-Sham-Gleichung lösen zu müssen.

□ Zum Beweise betrachten wir anstelle des Realteils und des Imaginärteils der komplexen Einteilchenfunktion hier $\psi_i(\mathbf{r})$ und $\psi_i^*(\mathbf{r})$ als linear unabhängig und führen eine komplexe Variation durch. Die Normierungsbedingungen der Einteilchenfunktionen Gl. (9.11) und ihre Orthogonalitätsbedingungen werden mit Hilfe von $N(N+1)/2$ komplexen Lagrange-Parametern λ_{jk} berücksichtigt. Die Matrix ist selbstadjungiert anzusetzen $\lambda_{jk} = \lambda_{kj}^*$ und kann deshalb als reelle Diagonalmatrix $\lambda_{jk} = \varepsilon_j \delta_{jk}$ gewählt werden, was einer unitären Transformation der $\psi_i(\mathbf{r})$ entspricht, vergl. Abschn. 6.2.

Wir setzen das Energiefunktional Gl. (9.18) ein und bilden die Variationsableitungen

$$\frac{\delta T[\{\psi_j^*\}]}{\delta \psi_i^*(\mathbf{r})} = -\frac{1}{2}\Delta \psi_i(\mathbf{r})$$

$$\frac{\delta}{\delta \psi_i^*(\mathbf{r})} \int \psi_i^*(\mathbf{r}')\psi_i(\mathbf{r}') \, \mathrm{d}^3 r' = \psi_i(\mathbf{r}).$$

Für die Variationsableitung der übrigen drei Terme

$$E^{\mathrm{pot}}[n] = \int v(\mathbf{r})n(\mathbf{r})\,\mathrm{d}^3 r + E_{\mathrm{H}}[n] + E_{\mathrm{xc}}[n]$$

auf der rechten Seite von Gl. (9.18) verwenden wir die Kettenregel [2] und erhalten

$$\frac{\delta E^{\mathrm{pot}}[n]}{\delta \psi_i^*(\mathbf{r})} = \int \frac{\delta E^{\mathrm{pot}}[n]}{\delta n(\mathbf{r}')} \frac{\delta n[\{\psi_j^*\}](\mathbf{r}')}{\delta \psi_i^*(\mathbf{r})} \, \mathrm{d}^3 r'$$

$$= \int U(\mathbf{r}')\psi_i(\mathbf{r}')\delta(\mathbf{r}-\mathbf{r}')\,\mathrm{d}^3 r'$$

$$= U(\mathbf{r})\psi_i(\mathbf{r}).$$

Dabei ist das Potential $U(\mathbf{r})$ durch Gl. (9.10) gegeben. Also ergibt sich aus der Variationsaufgabe Gl. (9.19)

$$\frac{\delta}{\delta \psi_i^*(\mathbf{r})}\left[T[\{\psi_j^*\}] + E^{\mathrm{pot}}\big[n[\{\psi_j^*\}]\big] - \sum_k^{\mathrm{besetzt}} \varepsilon_k \int \psi_k^*(\mathbf{r}')\psi_k(\mathbf{r}')\,\mathrm{d}^3 r'\right] = 0$$

die Kohn-Sham-Gleichung

$$-\frac{1}{2}\Delta \psi_i(\mathbf{r}) + U(\mathbf{r})\psi_i(\mathbf{r}) - \varepsilon_i \psi_i(\mathbf{r}) = 0,$$

wobei

$$n(\mathbf{r}) = \sum_j^{\mathrm{besetzt}} |\psi_j(\mathbf{r})|^2$$

gelten muß. ∎

---

[2] Ist E ein Funktional von n: $E = E[n]$ und $n(\mathbf{r})$ ein Funktional von $\psi(\mathbf{r})$: $n(\mathbf{r}) = n[\psi](\mathbf{r})$, so gilt die Kettenregel der Funktionalableitung

$$\frac{\delta E[n[\psi]]}{\delta \psi(\mathbf{r})} = \int \frac{\delta E[n[\psi]]}{\delta n[\psi](\mathbf{r}')} \frac{\delta n[\psi](\mathbf{r}')}{\delta \psi(\mathbf{r})}\,\mathrm{d}^3 r'.$$

Die direkte Minimierung des Dichtefunktionals Gl. (9.18) hat unter Umständen den Vorteil des geringeren numerischen Aufwandes, weil eine iterative Lösung der Kohn-Sham-Gleichung umgangen wird. Auf der anderen Seite legen die N Eigenfunktionen ψ_i der tiefsten Kohn-Sham-Niveaus ε_i einen N-dimensionalen Unterraum des Hilbert-Raumes fest, der die Grundzustandselektronendichte $n(\mathbf{r})$ bestimmt. Eine unitäre Transformation der ψ_i innerhalb dieses Unterraumes ändert $n(\mathbf{r})$ nicht. Wird jedoch die Kohn-Sham-Gleichung nicht gelöst, ist dieser Unterraum nicht bekannt und es hängt von der Wahl der Variationsfunktionen ab, inwieweit der von ihnen aufgespannte Raum den korrekten Unterraum enthält. Bei der Wahl der Variationsfunktionen werden meist physikalische Vorstellungen berücksichtigt, wie die korrekten Lösungen aussehen könnten. Die Minimierung des Dichtefunktionals mit vielen Probefunktionen kann z.B. mit Hilfe der Evolutionsstrategie durchgeführt werden.

9.3 Austausch-Korrelations-Funktional

Um die Dichtefunktionaltheorie anwenden zu können, muß die Grundzustandsenergie des Hamilton-Operators als Funktional der Elektronendichte bekannt sein. Nach Gl. (9.6) setzt sich das Funktional aus einem vom äußeren Potential abhängigen Teil und universiellen Funktionalen zusammen. Unbekannt ist hiervon nur das Austausch-Korrelationsfunktional $E_{xc}[n]$, das aber, einmal gefunden, für alle inhomogenen Elektronengase gültig ist. Das Hohenberg-Kohn-Theorem liefert keine Hinweise auf die exakte Form des Dichtefunktionals und so ist es erforderlich für das in Gl. (9.14) bzw. (9.18) auftretende Austausch-Korrelationsfunktional $E_{xc}[n]$ Näherungen zu suchen. Dabei kommt uns der Umstand zugute, daß $E_{xc}[n]$ den kleinsten Beitrag der vier Terme auf der rechten Seite von Gl. (9.14) ergibt. Ein bei $E_{xc}[n]$ entstehender Fehler ist daher relativ zum Gesamtfunktional $E[n]$ kleiner als relativ zu $E_{xc}[n]$ betrachtet.

9.3.1 Lokale-Dichte-Näherung

Die einfachste Näherung ist die *Lokale-Dichte-Näherung*, die von der Grundzustandsenergie des homogenen Elektronengases abgeleitet wird. Die Hartree-Fock-Gleichungen lassen sich für das homogene Elektronengas exakt lösen und die Austauschenergie ergibt sich in atomaren Einheiten nach Abschn. 8.3.1 zu

$$\varepsilon_x(n) = -\frac{3}{4}\left(\frac{3}{\pi}\right)^{1/3} n^{1/3}. \tag{9.20}$$

Die Grundzustandsenergie des homogenen Elektronengases als Funktion der Elektronendichte kann auf numerischem Wege genau berechnet werden und es gilt

$$\varepsilon_{xc}(n) = \varepsilon_x(n) + \varepsilon_c(n),$$

wobei ε_c die Korrelationsenergie pro Elektron bezeichnet. Drückt man die Elektronendichte n durch den *Wigner-Seitz-Radius*

$$r_s = \left(\frac{3}{4\pi n}\right)^{1/3} \quad \text{bzw.} \quad n = \left(\frac{4\pi}{3}r_s^3\right)^{-1}$$

aus, so gilt nach Gl. (9.20)

$$\varepsilon_x = -\frac{3}{4}\left(\frac{3}{2\pi}\right)^{2/3}\frac{1}{r_s}.$$

Die Ergebnisse von Monte-Carlo-Rechnungen nach Ceperley und Alder [9.3] in der Parametrisierung [9.4] lauten für die Korrelations-Energie pro Elektron

$$\varepsilon_c = \begin{cases} -0,1423\left(1+1,0529\sqrt{r_s}+0,3334\,r_s\right)^{-1} & \text{für } r_s \geq 1; \\ -0,0480+0,0311\ln r_s - 0,0116\,r_s + 0,0020\,r_s \ln r_s & \text{für } r_s < 1. \end{cases}$$

In der Lokalen-Dichte-Näherung wird lokal, d.h. am Ort $\mathbf{r}$, die Austausch-Korrelations-Energie pro Elektron wie beim homogenen Elektronengas angenommen

$$\varepsilon_{xc} = \varepsilon_{xc}\bigl(n(\mathbf{r})\bigr),$$

dann ist $N\varepsilon_{xc}/V$ die Energie des N-Elektronensystems pro Volumeneinheit und es ergibt sich durch Integration die Austausch-Korrelations-Energie des inhomogenen Elektronengases in Lokaler-Dichte-Näherung

$$E_{xc}^{LDN}[n] = \int \varepsilon_{xc}\bigl(n(\mathbf{r})\bigr) n(\mathbf{r})\,\mathrm{d}^3 r, \tag{9.21}$$

vergl. Abschn. 7.4. Damit berechnet sich das Austausch-Korrelations-Potential nach Gl. (9.9) zu

$$\begin{aligned} v_{xc}^{LDN}[n](\mathbf{r}) &= \frac{\delta E_{xc}^{LDN}[n]}{\delta n(\mathbf{r})} \\ &= \varepsilon_{xc}\bigl(n(\mathbf{r})\bigr) + \left(\frac{d\varepsilon_{xc}(n)}{dn}\right)_{n=n(\mathbf{r})} n(\mathbf{r}). \end{aligned}$$

Die Lokale-Dichte-Näherung für das Austausch-Korrelations-Funktional hat sich, insbesondere bei der Anwendung in der Festkörperphysik, vielfältig bewährt, obwohl das Funktional nicht vom Gradienten der Elektronendichte abhängt.

9.3.2 Austausch-Korrelations-Lochdichte

Um die Näherung besser beurteilen zu können und um Korrekturterme für die Lokale-Dichte-Näherung zu erhalten, sei ein exakter Ausdruck für das Austausch-Korrelations-Funktional mit Hilfe der Paarkorrelationsfunktion hergeleitet. Dazu gehen wir vom Hamilton-Operator im Teilchenzahlformalismus

$$\hat{H} = \hat{T} + \hat{V} + \hat{V}_{ee}$$

aus, wobei der Operator der Coulomb-Wechselwirkung nach Abschn. 9.1 durch

$$\hat{V}_{ee} = \frac{1}{2} \sum_{\sigma,\sigma'}^{\pm\frac{1}{2}} \int\int \hat{\psi}_\sigma^+(\mathbf{r})\hat{\psi}_{\sigma'}^+(\mathbf{r}') \frac{1}{|\mathbf{r}-\mathbf{r}'|} \hat{\psi}_{\sigma'}(\mathbf{r}')\hat{\psi}_\sigma(\mathbf{r})\, \mathrm{d}^3r\, \mathrm{d}^3r' \qquad (9.22)$$

gegeben ist. Berücksichtigt man die Antivertauschungsrelationen

$$\begin{aligned}\{\hat{\psi}_\sigma(\mathbf{r}),\hat{\psi}_{\sigma'}^+(\mathbf{r}')\} &= \delta_{\sigma\sigma'}\delta(\mathbf{r}-\mathbf{r}')\mathbf{1} \\ \{\hat{\psi}_\sigma(\mathbf{r}),\hat{\psi}_{\sigma'}(\mathbf{r}')\} &= 0 = \{\hat{\psi}_\sigma^+(\mathbf{r}),\hat{\psi}_{\sigma'}^+(\mathbf{r}')\},\end{aligned} \qquad (9.23)$$

so läßt sich das geordnete Produkt der vier Feldoperatoren folgendermaßen schreiben

$$\begin{aligned}\hat{\psi}_\sigma^+(\mathbf{r})\hat{\psi}_{\sigma'}^+(\mathbf{r}')\hat{\psi}_{\sigma'}(\mathbf{r}')\hat{\psi}_\sigma(\mathbf{r}) &= -\hat{\psi}_\sigma^+(\mathbf{r})\hat{\psi}_{\sigma'}^+(\mathbf{r}')\hat{\psi}_\sigma(\mathbf{r})\hat{\psi}_{\sigma'}(\mathbf{r}') \\ &= \hat{\psi}_\sigma^+(\mathbf{r})\hat{\psi}_\sigma(\mathbf{r})\hat{\psi}_{\sigma'}^+(\mathbf{r}')\hat{\psi}_{\sigma'}(\mathbf{r}') \\ &\quad - \delta_{\sigma\sigma'}\delta(\mathbf{r}-\mathbf{r}')\hat{\psi}_\sigma^+(\mathbf{r})\hat{\psi}_{\sigma'}(\mathbf{r}').\end{aligned}$$

Summiert man diesen Ausdruck über die Spinrichtungen σ und σ' und verwendet den Operator der Elektronendichte

$$\hat{n}(\mathbf{r}) = \sum_\sigma^{\pm\frac{1}{2}} \hat{\psi}_\sigma^+(\mathbf{r})\hat{\psi}_\sigma(\mathbf{r}), \qquad (9.24)$$

so erhält man

$$\sum_{\sigma,\sigma'}^{\pm\frac{1}{2}} \hat{\psi}_\sigma^+(\mathbf{r})\hat{\psi}_{\sigma'}^+(\mathbf{r}')\hat{\psi}_{\sigma'}(\mathbf{r}')\hat{\psi}_\sigma(\mathbf{r}) = \hat{n}(\mathbf{r})\hat{n}(\mathbf{r}') - \delta(\mathbf{r}-\mathbf{r}')\hat{n}(\mathbf{r})$$

und der Operator Gl. (9.22) erhält die Form

$$\hat{V}_{ee} = \frac{1}{2}\int \frac{\mathrm{d}^3r\,\mathrm{d}^3r'}{|\mathbf{r}-\mathbf{r}'|}\Big[\hat{n}(\mathbf{r})\hat{n}(\mathbf{r}') - \delta(\mathbf{r}-\mathbf{r}')\hat{n}(\mathbf{r})\Big]. \qquad (9.25)$$

Für das Folgende setzen wir einen nicht entarteten Grundzustand $|g\rangle$ des Hamilton-Operators $\hat{H}$ voraus und schreiben nach Gl. (9.4), (9.5) und (9.6) das Austausch-Korrelations-Funktional in der Form

$$E_{\text{xc}}[n] = \langle g|\hat{V}_{\text{ee}}|g\rangle - E_{\text{H}}[n], \tag{9.26}$$

wobei $E_{\text{H}}[n]$ die Hartree-Energie

$$E_{\text{H}}[n] = \frac{1}{2} \int \frac{n(\mathbf{r})n(\mathbf{r}')}{|\mathbf{r} - \mathbf{r}'|} \, d^3r \, d^3r' \tag{9.27}$$

bezeichnet, und die Grundzustandselektronendichte durch Gl. (9.3)

$$n(\mathbf{r}) = \langle g|\hat{n}(\mathbf{r})|g\rangle \tag{9.28}$$

gegeben ist. Setzt man $\hat{V}_{\text{ee}}$ nach Gl. (9.25) und die Hartree-Energie in Gl. (9.26) ein, so erhält man

$$E_{\text{xc}}[n] = \frac{1}{2} \int \frac{n(\mathbf{r})n_{\text{xc}}[n](\mathbf{r}, \mathbf{r}')}{|\mathbf{r} - \mathbf{r}'|} \, d^3r \, d^3r' \tag{9.29}$$

mit

$$n(\mathbf{r})n_{\text{xc}}[n](\mathbf{r}, \mathbf{r}') = \langle g|\big(\hat{n}(\mathbf{r}) - n(\mathbf{r})1\big)\big(\hat{n}(\mathbf{r}') - n(\mathbf{r}')1\big) \\ - \delta(\mathbf{r} - \mathbf{r}')n(\mathbf{r})1\big|g\rangle. \tag{9.30}$$

Hier bezeichnet $n_{\text{xc}}[n](\mathbf{r}, \mathbf{r}')$ die *Austausch-Korrelations-Lochdichte*. Bei der Integration des Ausdrucks Gl. (9.30) über d^3r' verschwindet auf der rechten Seite der erste Term wegen

$$\hat{N} = \int \hat{n}(\mathbf{r}) \, d^3r \quad \text{und} \quad \langle g|\hat{N}|g\rangle = N,$$

wobei $\hat{N}$ der Teilchenzahloperator ist und Gl. (9.28) verwendet wurde. Aus dem zweiten Term erhält man unmittelbar die *Summenregel*

$$\int n_{\text{xc}}[n](\mathbf{r}, \mathbf{r}') \, d^3r' = -1 \tag{9.31}$$

für die Austausch-Korrelations-Lochdichte. Sie beschreibt offenbar die Verdrängung anderer Elektronen aus der Nachbarschaft eines Aufpunktelektrons am Ort $\mathbf{r}$ um ein Elektron. Weil die Summenregel für jeden festen Ort $\mathbf{r}$ gilt, muß die Austausch-Korrelations-Lochdichte für große Abstände verschwinden

$$n_{\text{xc}}[n](\mathbf{r}, \mathbf{r}') \xrightarrow[|\mathbf{r}-\mathbf{r}'|\to\infty]{} 0. \tag{9.32}$$

9.3 Austausch-Korrelations-Funktional

Aus der Integralform des Austausch-Korrelations-Funktionals Gl. (9.29) ergibt sich für große Abstände zwischen $\mathbf{r}'$ und $\mathbf{r}$ mit Rücksicht auf Gl. (9.31) die asymptotische Form des Integranden

$$\int \frac{n_{\text{xc}}[n](\mathbf{r},\mathbf{r}')}{|\mathbf{r}-\mathbf{r}'|} \, d^3r' \xrightarrow[|\mathbf{r}|\to\infty]{} -\frac{1}{|\mathbf{r}|}. \tag{9.33}$$

Definiert man die Reichweite $R[n](\mathbf{r})$ des Austausch-Korrelations-Loches durch

$$\frac{1}{R[n](\mathbf{r})} = -\int \frac{n_{\text{xc}}[n](\mathbf{r},\mathbf{r}')}{|\mathbf{r}-\mathbf{r}'|} \, d^3r', \tag{9.34}$$

so schreibt sich das Austausch-Korrelations-Funktional in der Form

$$E_{\text{xc}}[n] = -\frac{1}{2}\int \frac{n(\mathbf{r})}{R[n](\mathbf{r})} \, d^3r.$$

9.3.3 Paarkorrelationsfunktion

Eine weitere Eigenschaft der Austausch-Korrelations-Lochdichte ergibt sich durch Einführen der *Paarkorrelationsfunktion* $g[n](\mathbf{r},\mathbf{r}')$:

$$n_{\text{xc}}[n](\mathbf{r},\mathbf{r}') = n(\mathbf{r}')\big(g[n](\mathbf{r},\mathbf{r}') - 1\big). \tag{9.35}$$

Dadurch schreibt sich das Austausch-Korrelations-Funktional in der Form

$$E_{\text{xc}}[n] = \frac{1}{2}\int \frac{n(\mathbf{r})n(\mathbf{r}')}{|\mathbf{r}-\mathbf{r}'|}\Big(g[n](\mathbf{r},\mathbf{r}') - 1\Big) \, d^3r \, d^3r'$$

und für die Elektron-Elektron-Wechselwirkungsenergie im Grundzustand erhält man nach Gl. (9.26) und (9.27)

$$\langle g|\hat{V}_{\text{ee}}|g\rangle = \frac{1}{2}\int \frac{n(\mathbf{r})n(\mathbf{r}')}{|\mathbf{r}-\mathbf{r}'|} g[n](\mathbf{r},\mathbf{r}') \, d^3r \, d^3r'.$$

Hieraus erklärt sich der Name Paarkorrelationsfunktion für $g[n](\mathbf{r},\mathbf{r}')$, die die Änderung der Elektron-Elektron-Wechselwirkungsenergie gegenüber einer elektrostatischen Ladungsverteilung beschreibt. Die Paarkorrelationsfunktion erfüllt die Symmetriebedingung

$$g[n](\mathbf{r},\mathbf{r}') = g[n](\mathbf{r}',\mathbf{r}). \tag{9.36}$$

☐ Zum Beweise setzen wir die Definition der Paarkorrelationsfunktion Gl. (9.35) in Gl. (9.30) ein und erhalten

$$n(\mathbf{r})n(\mathbf{r}')\Big(g[n](\mathbf{r},\mathbf{r}') - 1\Big)$$
$$= \langle g|\big(\hat{n}(\mathbf{r}) - n(\mathbf{r})1\big)\big(\hat{n}(\mathbf{r}') - n(\mathbf{r}')1\big) - \delta(\mathbf{r}-\mathbf{r}')n(\mathbf{r})1|g\rangle.$$

Aufgrund der Definition des Teilchendichteoperators Gl. (9.24) und der Antivertauschungsrelationen Gl. (9.23) zeigt man leicht

$$\hat{n}(\mathbf{r})\hat{n}(\mathbf{r}') = \hat{n}(\mathbf{r}')\hat{n}(\mathbf{r}),$$

woraus sich die Behauptung ergibt. ∎

Nach der Summenregel Gl. (9.31) muß die Paarkorrelationsfunktion ferner die Bedingung

$$\int n(\mathbf{r}')\Big(g[n](\mathbf{r},\mathbf{r}') - 1\Big)\,d^3r' = -1 \tag{9.37}$$

erfüllen.
Vergleicht man den exakten Ausdruck des Austausch-Korrelations-Funktionals Gl. (9.29) mit dem Ausdruck in der Lokalen-Dichte-Näherung Gl. (9.21)

$$E_{\text{xc}}[n] = \frac{1}{2}\int \frac{n(\mathbf{r})n_{\text{xc}}[n](\mathbf{r},\mathbf{r}')}{|\mathbf{r}-\mathbf{r}'|}\,d^3r\,d^3r'$$
$$= \int \varepsilon_{\text{xc}}\big(n(\mathbf{r})\big)n(\mathbf{r})\,d^3r, \tag{9.38}$$

so erhält man die einschränkende Bedingung für die Austausch-Korrelations-Lochdichte durch die Lokale-Dichte-Näherung

$$\frac{1}{2}\int \frac{n_{\text{xc}}^{\text{LDN}}[n](\mathbf{r},\mathbf{r}')}{|\mathbf{r}-\mathbf{r}'|}\,d^3r' = \varepsilon_{\text{xc}}\big(n(\mathbf{r})\big). \tag{9.39}$$

Man erkennt aus Gl. (9.38), daß die Lokale-Dichte-Näherung die asymptotische Form Gl. (9.33) offenbar nicht erfüllt. Diese Schwäche der Lokalen-Dichte-Näherung bei der Beschreibung des Austausch-Korrelations-Loches wirkt sich bei Atomen vor allem im Außenbereich aus, wodurch Fehler bei der Berechnung der Bindungsenergie von Molekülen entstehen, die empfindlich von der „Überlappung" der atomaren Wellenfunktionen abhängt.

Ferner ist nach Gl. (9.35) der Zusammenhang mit der Paarkorrelationsfunktion durch

$$n_{\text{xc}}^{\text{LDN}}[n](\mathbf{r},\mathbf{r}') = n(\mathbf{r})\Big(g^{\text{LDN}}\big(|\mathbf{r}-\mathbf{r}'|,n(\mathbf{r})\big) - 1\Big) \tag{9.40}$$

9.3 Austausch-Korrelations-Funktional

gegeben und man erkennt, daß die Symmetriebedingung Gl. (9.36) nicht erfüllt ist. Die Paarkorrelationsfunktion in Lokaler-Dichte-Näherung g^{LDN} müßte so bestimmt werden, daß die Sumenregel Gl. (9.31) und Gl. (9.39)

$$4\pi n \int_0^\infty \left[g^{\text{LDN}}(s,n) - 1 \right] s^2 \, \mathrm{d}s = -1$$

$$2\pi n \int_0^\infty \left[g^{\text{LDN}}(s,n) - 1 \right] s \, \mathrm{d}s = \varepsilon_{\text{xc}}(n)$$

erfüllt sind, wobei $s = |\mathbf{r} - \mathbf{r}'|$ gesetzt und über die Winkelkoordinaten integriert wurde.

Auf der anderen Seite findet bei der Berechnung der Austausch-Korrelations-Energie $E_{\text{xc}}[n]$ bei der Integration mit der Austausch-Korrelations-Lochdichte nach Gl. (9.29) eine gewisse Mittelung statt. Dies erkennt man, indem die Austausch-Korrelations-Lochdichte als Funktion von $\mathbf{r}$ und $\mathbf{s} = \mathbf{r} - \mathbf{r}'$ in Kugelkoordinaten $\mathbf{s} : s, \vartheta, \varphi$ nach Kugelfunktionen entwickelt wird, vergl. Anhang B,

$$n_{\text{xc}}[n](\mathbf{r},\mathbf{s}) = \sum_{l=0}^\infty \sum_{m=-l}^l n_{lm}(\mathbf{r},s) Y_{lm}(\vartheta,\varphi). \tag{9.41}$$

Setzt man diese Entwicklung in das Integral der Austausch-Korrelations-Energie Gl. (9.29) ein, so erhält man wegen der Orthonormalitätsbeziehung der Kugelfunktionen, vergl. Anhang B,

$$\int Y_{lm}(\vartheta,\varphi) \sin\vartheta \, \mathrm{d}\vartheta \, \mathrm{d}\varphi = \sqrt{4\pi} \, \delta_{l0}\delta_{m0}$$

die Gleichung

$$E_{\text{xc}}[n] = \frac{1}{2}\sqrt{4\pi} \int \mathrm{d}^3 r \, n(\mathbf{r}) \int_0^\infty n_{00}(\mathbf{r},s) \, s \, \mathrm{d}s.$$

Daraus ergibt sich, daß nur der um den Aufpunkte $\mathbf{r}$ kugelsymmetrische Teil der Austausch-Korrelations-Lochdichte die Austausch-Korrelations-Energie bestimmt. Setzt man die Reihenentwicklung von Gl. (9.41) in die Summenregel Gl. (9.31) ein, so ergibt sich

$$\int n_{\text{xc}}[n](\mathbf{r},\mathbf{r}') \, \mathrm{d}^3 r' = \sqrt{4\pi} \int_0^\infty n_{00}(\mathbf{r},s) \, s^2 \, \mathrm{d}s = -1.$$

Es genügt also die Austausch-Korrelations-Lochdichte bezüglich $\mathbf{s} = \mathbf{r} - \mathbf{r}'$ kugelsymmetrisch anzusetzen und die Summenregel einzuhalten.

9.3.4 Gewichtete-Dichte-Näherung

Eine mögliche Verbesserung der Lokalen-Dichte-Näherung stellt die *Gewichtete-Dichte-Näherung* dar. Im Unterschied zu Gl. (9.40) wird mit Rücksicht auf die Eigenschaft Gl. (9.35) für die Austausch-Korrelations-Lochdichte gesetzt

$$n_{xc}^{WD}[n](\mathbf{r},\mathbf{r}') = n(\mathbf{r}')\Big(g^{LDN}\big(|\mathbf{r}-\mathbf{r}'|,\tilde{n}(\mathbf{r})\big) - 1\Big),$$

wobei die Paarkorrelationsfunktion g^{LDN} der Lokalen-Dichte-Näherung verwendet wird. Dabei ist die Funktion $\tilde{n}(\mathbf{r})$ so zu bestimmen, daß die Summenregel Gl. (9.31) und (9.37)

$$\int n_{xc}^{WD}[n](\mathbf{r},\mathbf{r}')\,\mathrm{d}^3r' = \int n(\mathbf{r}')\Big[g^{LDN}\big(|\mathbf{r}-\mathbf{r}'|,\tilde{n}(\mathbf{r})\big) - 1\Big]\mathrm{d}^3r' = -1$$

an jeder Stelle $\mathbf{r}$ erfüllt ist. Die Gewichtete-Dichte-Näherung erfüllt zwar auch nicht die Symmetriebedingung der Paarkorrelationsfunktion Gl. (9.36), aber die Austausch-Korrelations-Lochdichte n_{xc}^{WD} hängt von $n(\mathbf{r}')$ ab, wodurch der Zähler im Integral des Austausch-Korrelations-Dichtefunktionals Gl. (9.29) von $n(\mathbf{r})$ *und* $n(\mathbf{r}')$ abhängt. Dadurch werden örtliche Dichteschwankungen berücksichtigt, was bei der Lokalen-Dichte-Näherung nicht der Fall ist.

9.3.5 Gradientenkorrektur

An der Lokalen-Dichte-Näherung Gl. (9.21) erkennt man, daß das Austausch-Korrelations-Funktional nur von der Elektronendichte $n(\mathbf{r})$ und nicht vom Gradienten der Elektronendichte $\nabla n(\mathbf{r})$ oder höheren Ableitungen abhängt. Die Näherung ist dennoch nicht nur für Elektronengase mit schwach veränderlicher Dichte anwendbar. Es ist aber möglich, eine *Gradientenkorrektur* zu berechnen, die zumindest den Gradienten der Elektronendichte $\nabla n(\mathbf{r})$ berücksichtigt.

Zur Gradientenentwicklung wird vom Austausch-Korrelations-Funktional in Integralform Gl. (9.29) ausgegangen, das in der Form

$$E_{xc}[n] = \int g[n](\mathbf{r})\,\mathrm{d}^3r$$

mit

$$g[n](\mathbf{r}) = \int \frac{n(\mathbf{r})n_{xc}[n](\mathbf{r},\mathbf{r}')}{2|\mathbf{r}-\mathbf{r}'|}\,\mathrm{d}^3r'$$

geschrieben wird. Es wird dann angenommen [9.1], daß die folgende Reihe existiert und rasch konvergiert

$$g[n](\mathbf{r}) = g_0\big(n(\mathbf{r})\big) + \sum_{i=1}^{3} g_i\big(n(\mathbf{r})\big)\frac{\partial n(\mathbf{r})}{\partial x_i} + \\ + \sum_{i,j}^{1,2,3}\left[g_{ij}^{(1)}\big(n(\mathbf{r})\big)\frac{\partial n(\mathbf{r})}{\partial x_i}\frac{\partial n(\mathbf{r})}{\partial x_j} + g_{ij}^{(2)}\big(n(\mathbf{r})\big)\frac{\partial^2 n(\mathbf{r})}{\partial x_i \partial x_j}\right] + \ldots, \quad (9.42)$$

wobei g_0, g_i, $g_{ij}^{(1)}$, $g_{ij}^{(2)}$ usw. Funktionen der Elektronendichte sind. Nun ist das Austausch-Korrelations-Funktional $E_{\text{xc}}[n]$ ein universelles Funktional, und deshalb vom äußeren Potential $v(\mathbf{r})$ unabhängig. Dadurch ist keine Richtung im Raum ausgezeichnet, so daß $g[n](\mathbf{r})$ invariant gegenüber der Kugelgruppe $O(3)$ des dreidimensionalen Ortsraumes sein muß. Bildet man aus den Gliedern der Reihenentwicklung Gl. (9.42) die Invarianten der Kugelgruppe, so ergibt sich

$$g[n](\mathbf{r}) = g_0\bigl(n(\mathbf{r})\bigr) + g_2^{(1)}\bigl(n(\mathbf{r})\bigr)|\nabla n|^2 + g_2^{(2)}\bigl(n(\mathbf{r})\bigr)\Delta n + \ldots. \tag{9.43}$$

Die Bestimmung einer Gradientenkorrektur zur Lokalen-Dichte-Näherung ist an die Voraussetzung geknüpft, daß sich die Elektronendichte in Bereichen eines Radius der Wigner-Seitz-Kugel $r_s = \bigl(3/4\pi n(\mathbf{r})\bigr)^{1/3} = \bigl(9\pi/4\bigr)^{1/3}/k_\text{F}$ nur wenig ändert, so daß eine Entwicklung nach der kleinen Größe

$$x = \left(\frac{4\pi}{3}\right)^{1/3} r_s \frac{|\nabla n(\mathbf{r})|}{n(\mathbf{r})} = \bigl(3\pi^2\bigr)^{1/3} \frac{|\nabla n(\mathbf{r})|}{k_\text{F} n(\mathbf{r})} = \frac{|\nabla n|}{n^{4/3}} \ll 1 \tag{9.44}$$

schnell konvergiert. Hier bezeichnet $k_\text{F} = \bigl(3\pi^2 n(\mathbf{r})\bigr)^{1/3}$ die Fermi-Grenze, vergl. Gl. (8.12). Dann werden in der Gradientenentwicklung Gl. (9.43) der Term der zweiten Ableitung Δn und alle höheren Ableitungen vernachlässigt, während $g_0\bigl(n(\mathbf{r})\bigr) = n(\mathbf{r})\varepsilon_{\text{xc}}\bigl(n(\mathbf{r})\bigr)$ die Lokale-Dichte-Näherung Gl. (9.21) darstellen soll. Das Austausch-Korrelations-Funktional schreibt sich dann in der Gradientennäherung in der Form [9.5]

$$E_{\text{xc}}[n] = E_{\text{xc}}^{\text{LDN}}[n] + \int f\bigl(n(\mathbf{r})\bigr) \frac{|\nabla n(\mathbf{r})|^2}{n^{4/3}(\mathbf{r})} \, d^3r. \tag{9.45}$$

Der Korrekturterm wird weiter in einen Austausch- und einen Korrelationsterm zerlegt: $f\bigl(n(\mathbf{r})\bigr) = f_\text{x}\bigl(n(\mathbf{r})\bigr) + f_\text{c}\bigl(n(\mathbf{r})\bigr)$. Für den Austauschterm kann $f_\text{x}\bigl(n(\mathbf{r})\bigr)$ durch eine Gl. (9.43) analoge Gradientenentwicklung des Austauschterms der Hartree-Fock-Gleichungen (7.20) berechnet werden.

9.3.6 Verallgemeinerte Gradientenentwicklung

Einige andere Methoden verwenden für die Austausch-Korrelations-Lochdichte in Gl. (9.30) geeignete Modellannahmen, die das richtige asymptotische Verhalten bei $r \to \infty$ berücksichtigen, das bei der Lokalen-Dichte-Näherung nicht gegeben ist, vergl. etwa [9.6]. Schließlich läßt sich eine Gradientenkorrektur mit Hilfe der linearen Antworttheorie, oder anderer Näherungen der Vielteilchentheorie, auch aus dem homogenen Elektronengas bestimmen. Das in Gl. (9.45) über die Lokale-Dichte-Näherung hinausgehende Korrekturfunktional wird dabei als Funktion der kleinen Größe x aus Gl. (9.44) entwickelt und $f(n)$ im Rahmen der Spindichtefunktionaltheorie, in numerischer Form berechnet. Einzelheiten über diese sogenannte *verallgemeinerte Gradientenentwicklung* finden sich z.B. in [9.7]. Einen Überblick über die verschiedenen Berechnungen findet man in [9.5]. Für die meisten Anwendungen der Dichtefunktionaltheorie auf gebundene Atome ergibt die Gradientenkorrektur nur geringe Veränderungen gegenüber der Lokalen-Dichte-Näherung, es gibt jedoch eine Reihe von Beispielen, z.b. magnetische Systeme oder die Bestimmung von Bindungsenergien gebundener Atome, bei denen sich wesentliche Korrekturen ergeben.

9.3.7 Selbstenergiekorrektur

Ein weiterer Fehler jeder Näherung für das Austausch-Funktional besteht in der dabei nicht vollständigen Kompensation der Selbstenergie der Elektronen. In Gl. (9.6) wird die Coulomb-Abstoßung der Elektronen in $E_H[n]$ und $E_{xc}[n]$ aufgespalten. Die Hartree-Energie $E_H[n]$ beinhaltet jedoch nach Gl. (9.27) die *Selbstwechselwirkung* der Elektronen. Dies erkennt man aus der Grundzustandsenergie in Hartree-Fock-Näherung Gl. (7.25), dessen zweiter Term mit Rücksicht auf Gl. (7.21) die Hartree-Energie darstellt. Dabei wurden die Summanden der Selbstenergie für $\nu = \mu$ in Gl. (7.25) nicht ausgeschlossen, da sie sich mit entsprechenden Summanden des Austauschterms kompensieren. Diese Kompensation wird jedoch verletzt, wenn der Austauschterm nicht exakt, sondern nur genähert berücksichtigt wird. Eine Korrektur der Selbstwechselwirkung für das Austausch-Korrelations-Funktional wird im Rahmen der Spindichtefunktionaltheorie im Abschn. 9.6 beschrieben.

9.4 Näherung der unveränderlichen Ionen

Zur Anwendung der Dichtefunktionaltheorie auf gebundene Atome muß die Kohn-Sham-Gleichung (9.15) gelöst werden. Die dabei auftretenden Einteilchenenergien $|\varepsilon_j|$ haben für die inneren abgeschlossenen Elektronenschalen der Atome viel größere Werte als für die Valenzelektronen. So ergibt sich z.B. die Grundzustandsenergie eines gebundenen Siliciumatoms in der Größenordnung 10^5 eV, während die Bindungsenergie im Siliciumkristall nur etwa 5 eV beträgt. Die chemische Bindung wird praktisch nur von den äußeren Valenzelektronen bestimmt, und die Elektronen in den abgeschlossenen, inneren Schalen haben beim freien Atom und beim gebundenen Atom fast identische Kohn-Sham-Zustände und Energien. Dies hängt damit zusammen, daß sich die inneren Elektronenschalen im gebundenen Zustand mit denen der Nachbaratome so gut wie nicht überlappen, und daß die abgeschlossenen Elektronenschalen eine kugelsymmetrische Ladungsverteilung besitzen, vergl. Abschn. 11.2.

Zur Berechnung der Bindungsenergie muß die Grundzustandsenergie mindestens mit einer Genauigkeit von 0.1 eV bestimmt werden und zur Berechnung der Gitterkonstanten, des Kompressionsmoduls und anderer Kristalleigenschaften ist

9.4 Näherung der unveränderlichen Ionen 305

die Berechnung der Grundzustandsenergie mit einer Genauigkeit von mindestens 10 meV erforderlich. Will man Gitterschwingungen berechnen, benötigt man eine noch höhere Genauigkeit. Um den Fehler bei der Berechnung der Grundzustandsenergie klein halten zu können und zur Reduzierung des numerischen Aufwandes, teilt man die N Elektronen eines Atoms in N_R *Rumpfelektronen* und N_V *Valenzelektronen* mit $N = N_R + N_V$ ein, und betrachtet den Atomkern der Ladung Z zusammen mit den N_R Rumpfelektronen in abgeschlossenen Schalen als ein unveränderliches Ion mit kugelsymmetrischer Ladungsverteilung der Ladung $Z - N_R$. Unter der Annahme, daß sich die Ladungsdichten der Rumpfelektronen im gebundenen Zustand nicht mit denen benachbarter Atome überlappen, ist es möglich, ein N-Elektronenatom genähert als ein System aus einem starren Ion und N_V Valenzelektronen zu behandeln.

Zur Herleitung des Ionenpotentials $\Phi^{\text{Ion}}(\mathbf{r})$, in dem sich die Valenzelektronen eines Atoms bewegen, wird von einer All-Elektronenrechnung im Rahmen der Dichtefunktionaltheorie ausgegangen. Die Kohn-Sham-Gleichung lautet für ein Atom mit N Elektronen gemäß Gl. (9.15) in atomaren Einheiten

$$\left[-\frac{1}{2}\Delta - \frac{Z}{|\mathbf{r}|} + v_{\text{H}}[n^{\text{AE}}](\mathbf{r}) + v_{\text{xc}}[n^{\text{AE}}](\mathbf{r})\right]\psi_{nlm}^{\text{AE}} = \varepsilon_{nl}^{\text{AE}}\psi_{nlm}^{\text{AE}}. \tag{9.46}$$

Hier bezeichnen $\varepsilon_{nl}^{\text{AE}}$ und ψ_{nlm}^{AE} die Einteilchenenergieniveaus bzw. Zustände der All-Elektronen-Kohn-Sham-Gleichung und

$$n^{\text{AE}}(\mathbf{r}) = \sum_{n,l,m,m_s}^{1,...N}\left|\psi_{nlm}^{\text{AE}}(\mathbf{r})\right|^2$$

die Elektronendichte der All-Elektronenrechnung, wobei über die tiefsten besetzten Zustände, vergl. Gl. (9.16), zu summieren ist. Ferner bezeichnen $v_{\text{H}}[n](\mathbf{r})$ und $v_{\text{xc}}[n](\mathbf{r})$ das Hartree-Potential nach Gl. (9.8) bzw. das Austausch-Korrelations-Potential nach Gl. (9.9). Die Elektronendichte läßt sich in die der Rumpfelektronen

$$n_{\text{R}}(\mathbf{r}) = \sum_{n,l,m,m_s}^{1,...N_R}\left|\psi_{nlm}^{\text{AE}}(\mathbf{r})\right|^2$$

und die der Valenzelektronen

$$n_{\text{V}}(\mathbf{r}) = \sum_{n,l,m,m_s}^{N_R+1,...N}\left|\psi_{nlm}^{\text{AE}}(\mathbf{r})\right|^2$$

zerlegen und es gilt

$$n^{\text{AE}}(\mathbf{r}) = n_{\text{R}}(\mathbf{r}) + n_{\text{V}}(\mathbf{r}).$$

Ebenso zerlegt man das Hartree-Potential nach Gl. (9.8)

$$v_\mathrm{H}[n^\mathrm{AE}](\mathbf{r}) = \int \frac{n^\mathrm{AE}(\mathbf{r'})}{|\mathbf{r} - \mathbf{r'}|} d^3 r' = v_\mathrm{H}[n_\mathrm{R}](\mathbf{r}) + v_\mathrm{H}[n_\mathrm{V}](\mathbf{r}).$$

Das Austausch-Korrelations-Potential ist jedoch nicht linear in der Elektronendichte und wir schreiben die Kohn-Sham-Gleichung (9.46) in der Form

$$\left[-\frac{1}{2}\Delta + \Phi^\mathrm{Ion}(\mathbf{r}) + v_\mathrm{H}[n_\mathrm{V}](\mathbf{r}) + v_\mathrm{xc}[n_\mathrm{V}](\mathbf{r}) \right. $$
$$\left. + \Delta v_\mathrm{xc}[n_\mathrm{R}, n_\mathrm{V}](\mathbf{r}) \right] \psi^\mathrm{AE}_{nlm} = \varepsilon^\mathrm{AE}_{nl} \psi^\mathrm{AE}_{nlm}$$

mit dem Ionenpotential

$$\Phi^\mathrm{Ion}(\mathbf{r}) = -\frac{Z}{|\mathbf{r}|} + v_\mathrm{H}[n_\mathrm{R}](\mathbf{r}) \tag{9.47}$$

und dem Austausch-Korrelationsterm

$$\Delta v_\mathrm{xc}[n_\mathrm{R}, n_\mathrm{V}](\mathbf{r}) = v_\mathrm{xc}[n_\mathrm{R} + n_\mathrm{V}](\mathbf{r}) - v_\mathrm{xc}[n_\mathrm{V}](\mathbf{r}),$$

der ein Funktional von n_R und n_V ist. In der Näherung der unveränderlichen Ionen wird angenommen, daß sich die Rumpfladungsdichte $n_\mathrm{R}(\mathbf{r})$ nicht verändert, wenn das Atom eine chemische Bindung eingeht. Dazu ist zumindest erforderlich, daß sich die Rumpfladungsdichten gebundener Atome nicht überlappen. Dann bleibt das Ionenpotential $\Phi^\mathrm{Ion}(\mathbf{r})$ in anderer chemischer Umgebung des Atoms unverändert. Dies gilt jedoch nicht für den Austausch-Korrelationsterm $\Delta v_\mathrm{xc}[n_\mathrm{R}, n_\mathrm{V}](\mathbf{r})$, der sich jedoch näherungsweise durch eine *nichtlineare Rumpfkorrektur* berücksichtigen läßt. Nimmt man nämlich an, daß sich der Austausch-Korrelationsterm $\Delta v_\mathrm{xc}[n_\mathrm{R}, n_\mathrm{V}](\mathbf{r})$ in unterschiedlicher Umgebung nur wenig ändert, kann man ihn zum Ionenpotential $\Phi^\mathrm{Ion}(\mathbf{r})$ nach Gl. (9.47) hinzufügen

$$\tilde\Phi^\mathrm{Ion}(\mathbf{r}) = \Phi^\mathrm{Ion}(\mathbf{r}) + \Delta v_\mathrm{xc}[n_\mathrm{R}, n_\mathrm{V}](\mathbf{r}), \tag{9.48}$$

indem man für n_V die atomare Valenzladungsdichte einsetzt.

Für M gebundene Atome lautet dann die zu lösende Kohn-Sham-Gleichung aller Valenzelektronen

$$\left[-\frac{1}{2}\Delta + v(\mathbf{r}) + v_\mathrm{H}[n_\mathrm{V}](\mathbf{r}) + v_\mathrm{xc}[n_\mathrm{V}](\mathbf{r}) \right] \psi_j = \varepsilon_j \psi_j \tag{9.49}$$

mit

$$v(\mathbf{r}) = \sum_{I=1}^{M} \tilde\Phi^\mathrm{Ion}_I(\mathbf{r} - \mathbf{R}_I) \tag{9.50}$$

und

$$n_V(\mathbf{r}) = \sum_{j=1}^{N_V} |\psi_j(\mathbf{r})|^2, \tag{9.51}$$

wobei j einen geeigneten Satz von Quantenzahlen der M gebundenen Atome bezeichnet, und N_V die Zahl der Valenzelektronen aller Atome bezeichnet. Zur Anwendung der Dichtefunktionaltheorie auf gebundene Atome soll entsprechend die Grundzustandsenergie nur mit den Valenzelektronen berechnet werden. Im Falle einer All-Elektronenrechnung lautet sie nach Gl. (9.6) einschließlich der Ion-Ion-Energie

$$\begin{aligned} E_g[n^{\mathrm{AE}}] &= T_s[n^{\mathrm{AE}}] + \int v^{\mathrm{AE}}(\mathbf{r}) n^{\mathrm{AE}}(\mathbf{r})\, \mathrm{d}^3 r \\ &+ \frac{1}{2} \int \frac{n^{\mathrm{AE}}(\mathbf{r}) n^{\mathrm{AE}}(\mathbf{r}')}{|\mathbf{r} - \mathbf{r}'|}\, \mathrm{d}^3 r\, \mathrm{d}^3 r' + E_{\mathrm{xc}}[n^{\mathrm{AE}}] \\ &+ \frac{1}{2} \sum_{\substack{I,J \\ I \neq J}}^{1,\ldots M} \frac{Z_I Z_J}{|\mathbf{R}_I - \mathbf{R}_J|}, \end{aligned} \tag{9.52}$$

wobei Z_I die Ladungen und $\mathbf{R}_I$ die Orte der Atomkerne bezeichnen, und das äußere All-Elektronenpotential durch

$$v^{\mathrm{AE}}(\mathbf{r}) = -\sum_{I=1}^{M} \frac{Z_I}{|\mathbf{r} - \mathbf{R}_I|} \tag{9.53}$$

gegeben ist. Es wird dann vorausgesetzt, daß sich die Kohn-Sham-Zustände für die *Rumpfelektronen* von denen der freien Atome nicht unterscheiden und die Grundzustandsenergie Gl. (9.52) wird in einen Anteil der Valenzelektronen und den der Rumpfelektronen aufgespalten

$$E_g[n^{\mathrm{AE}}] = E_g[n_V] + \sum_{I=1}^{M} E_I^{\mathrm{R}} + \Delta E_{\mathrm{xc}}. \tag{9.54}$$

Unter den genannten Voraussetzungen ändern sich dann die Rumpfenergien E_I^{R} der einzelnen Atome in unterschiedlicher chemischer Umgebung nicht. Geht man ferner davon aus, daß der Austausch-Korrelationsterm ΔE_{xc} von der chemischen Umgebung nur wenig abhängt, kann man ihn entweder in der nichtlinearen Rumpfkorrektur Gl. (9.48) berücksichtigen, oder zusammen mit dem vorletzten Term in Gl. (9.54) als eine von den Kernkoordinaten unabhängige Konstante betrachten, die durch geeignete Wahl der Energieskala zu Null gesetzt werden kann.

Die aus den Lösungen der Kohn-Sham-Gleichung (9.49) mit dem Potential Gl. (9.50) und der Elektronendichte Gl. (9.51) zu bestimmende Grundzustandsenergie der Valenzelektronen ist

$$E_g[n_V] = T_s[n_V] + \int v(\mathbf{r})n_V(\mathbf{r}) \, d^3r + \frac{1}{2}\int \frac{n_V(\mathbf{r})n_V(\mathbf{r}')}{|\mathbf{r}-\mathbf{r}'|} d^3r \, d^3r'$$
$$+ E_{xc}[n_V] + \frac{1}{2}\sum_{\substack{I,J \\ I \neq J}}^{1,\ldots M} \frac{Z_I^V Z_J^V}{|\mathbf{R}_I - \mathbf{R}_J|}. \tag{9.55}$$

Für die Energie der Rumpfelektronen des Ions I gilt

$$E_I^R = T_s[n_I^R] - \int \frac{Z_I n_I^R(\mathbf{r}-\mathbf{R}_I)}{|\mathbf{r}-\mathbf{R}_I|} d^3r$$
$$+ \frac{1}{2}\int \frac{n_I^R(\mathbf{r})n_I^R(\mathbf{r}')}{|\mathbf{r}-\mathbf{r}'|} d^3r \, d^3r' + E_{xc}[n_I^R], \tag{9.56}$$

wobei $n_I^R(\mathbf{r})$ die Elektronendichte der Rumpfelektronen des Ions I bezeichnet. Ferner ist die Ladung der Ionen durch

$$Z_I^V = Z_I - N_I^R$$

gegeben, und N_I^R gibt die Zahl der Rumpfelektronen des Ions I an. Die Dichten der Rumpf- und der Valenzelektronen addieren sich zur All-Elektronendichte

$$n^{AE}(\mathbf{r}) = \sum_{I=1}^{M} n_I^R(\mathbf{r}-\mathbf{R}_I) + n_V(\mathbf{r}). \tag{9.57}$$

□ Zum Beweise der Gleichung (9.54) werden die einzelnen Terme der Gleichungen (9.55) und (9.56) getrennt betrachtet.

(1) Die kinetische Energie wechselwirkungsfreier Elektronen T_s läßt sich nach Gl. (9.17) unmittelbar in die der Rumpfelektronen und die der Valenzelektronen zerlegen. Da sich die Kohn-Sham-Zustände der Rumpfelektronen nach Voraussetzung nicht ändern, gilt dies nach Gl. (9.17) auch für die kinetische Energie der Rumpfelektronen.

(2) Durch die Aufteilung der Elektronendichte in einen Rumpfelektronenanteil und einen Valenzelektronenanteil in Gl. (9.57) erhält man für den Term des

9.4 Näherung der unveränderlichen Ionen

äußeren Potentials in Gl. (9.52) wegen Gl. (9.53) und Gl. (9.57)

$$\int v^{\text{AE}}(\mathbf{r}) n^{\text{AE}}(\mathbf{r}) \, d^3r$$

$$= -\int \sum_{I=1}^{M} \frac{N_I^{\text{R}} + Z_I^{\text{V}}}{|\mathbf{r} - \mathbf{R}_I|} \Big(\sum_{J=1}^{M} n_J^{\text{R}}(\mathbf{r} - \mathbf{R}_J) + n_{\text{V}}(\mathbf{r}) \Big) \, d^3r$$

$$= - \sum_{\substack{I,J \\ I \neq J}}^{1,\ldots M} \frac{(N_I^{\text{R}} + Z_I^{\text{V}}) N_J^{\text{R}}}{|\mathbf{R}_I - \mathbf{R}_J|} - \sum_{I=1}^{M} \int \frac{Z_I}{|\mathbf{r} - \mathbf{R}_I|} n_I^{\text{R}}(\mathbf{r} - \mathbf{R}_I) \, d^3r$$

$$- \sum_{I=1}^{M} \int \frac{Z_I}{|\mathbf{r} - \mathbf{R}_I|} n_{\text{V}}(\mathbf{r}) \, d^3r.$$

Dabei wurde für nicht überlappende, kugelsymmetrische Rumpfladungsdichten für $I \neq J$

$$\int \frac{n_J^{\text{R}}(\mathbf{r} - \mathbf{R}_J)}{|\mathbf{r} - \mathbf{R}_I|} \, d^3r = \frac{1}{|\mathbf{R}_I - \mathbf{R}_J|} \int n_J^{\text{R}}(\mathbf{r} - \mathbf{R}_J) \, d^3r = \frac{N_J^{\text{R}}}{|\mathbf{R}_J - \mathbf{R}_I|}$$

gesetzt. Der zweite Term wird offenbar durch den zweiten Term in Gl. (9.56) dargestellt. Der dritte Term ist im zweiten Term von Gl. (9.55) enthalten, wenn man $v(\mathbf{r})$ gemäß Gl. (9.50) und (9.48) beachtet.

(3) Für den Hartree-Term in Gl. (9.52) erhält man mit Gl. (9.57)

$$\frac{1}{2} \int \frac{n^{\text{AE}}(\mathbf{r}) n^{\text{AE}}(\mathbf{r}')}{|\mathbf{r} - \mathbf{r}'|} \, d^3r \, d^3r'$$

$$= \frac{1}{2} \int \frac{\big(\sum_I n_I^{\text{R}}(\mathbf{r} - \mathbf{R}_I) + n_{\text{V}}(\mathbf{r}) \big) \big(\sum_J n_J^{\text{R}}(\mathbf{r}' - \mathbf{R}_J) + n_{\text{V}}(\mathbf{r}') \big)}{|\mathbf{r} - \mathbf{r}'|} \, d^3r \, d^3r'$$

$$= \frac{1}{2} \sum_{\substack{I,J \\ I \neq J}}^{1,\ldots M} \frac{N_I^{\text{R}} N_J^{\text{R}}}{|\mathbf{R}_I - \mathbf{R}_J|} + \frac{1}{2} \sum_{I=1}^{M} \int \frac{n_I^{\text{R}}(\mathbf{r} - \mathbf{R}_I) n_I^{\text{R}}(\mathbf{r}' - \mathbf{R}_I)}{|\mathbf{r} - \mathbf{r}'|} \, d^3r \, d^3r'$$

$$+ \int \frac{\sum_I n_I^{\text{R}}(\mathbf{r} - \mathbf{R}_I)}{|\mathbf{r} - \mathbf{r}'|} n_{\text{V}}(\mathbf{r}') \, d^3r \, d^3r' + \frac{1}{2} \int \frac{n_{\text{V}}(\mathbf{r}) n_{\text{V}}(\mathbf{r}')}{|\mathbf{r} - \mathbf{r}'|} \, d^3r \, d^3r'.$$

Daraus ist zu erkennen, daß sich aus der Addition der Coulomb-Summen aus Gl. (9.52) (letzter Term) und aus dem Potentialterm und Hartree-Term (jeweils erster Term) die Coulomb-Summe in Gl. (9.55) (letzter Term) ergibt. Der zweite Term entspricht offensichtlich dem dritten Term in Gl. (9.56). Der dritte Term kann mit dem Hartree-Potential Gl. (9.8) in der Form geschrieben werden

$$\int \frac{\sum_I n_I^{\text{R}}(\mathbf{r} - \mathbf{R}_I)}{|\mathbf{r} - \mathbf{r}'|} n_{\text{V}}(\mathbf{r}') \, d^3r \, d^3r' = \sum_{I=1}^{M} \int v_{\text{H}}[n_I^{\text{R}}](\mathbf{r}' - \mathbf{R}_I) n_{\text{V}}(\mathbf{r}') \, d^3r',$$

und ist im zweiten Term der Gleichung (9.55) enthalten, wenn man $v(\mathbf{r})$ nach Gl. (9.50) mit Φ^{Ion} nach Gl. (9.48) einsetzt. Der vierte Term entspricht dem dritten Term in Gl. (9.55).

(4) Da sich nach Voraussetzung die Rumpfladungsdichten der einzelnen Ionen nicht überlappen, gilt für die Austausch-Korrelationsenergien aus Gl. (9.56)

$$\sum_{I=1}^{M} E_{\text{xc}}[n_I^{\text{R}}] = E_{\text{xc}}\Big[\sum_{I=1}^{M} n_I^{\text{R}}\Big]$$

und der Austausch-Korrelationsterm in Gl. (9.54) hat wegen Gl. (9.57) die Form

$$\Delta E_{\text{xc}} = E_{\text{xc}}\Big[\sum_{I=1}^{M} n_I^{\text{R}} + n_{\text{V}}\Big] - E_{\text{xc}}\Big[\sum_{I=1}^{M} n_I^{\text{R}}\Big] - E_{\text{xc}}[n_{\text{V}}].$$

Er ist zwar nicht unabhängig von n_{V}, seine Änderung durch unterschiedliche chemische Umgebungen ist jedoch bei geeigneter Auswahl der Valenzelektronen klein genug, um ihn näherungsweise als konstant anzunehmen. ∎

In der Näherung der unveränderlichen Ionen werden die Eigenschaften gebundener Atome aus der Grundzustandsenergie der Valenzelektronen $E_g[n_{\text{V}}]$ nach Gl. (9.55) alleine berechnet. Im Einzelfall ist zu prüfen, ob sich die Ergebnisse bei Hinzunahme weiterer Valenzelektronen nicht ändern.

Es hat sich jedoch gezeigt, daß sich die kinetische Energie der Rumpfelektronen in Gl. (9.56) nicht unwesentlich ändert, wenn das Atom eine chemische Bindung eingeht. In der Arbeit [9.8] wird aber nachgewiesen, daß dieser Fehler im Rahmen der im nächsten Abschnitt zu besprechenden Pseudopotentiale in erster Näherung kompensiert wird, so daß die Näherung der unveränderlichen Ionen bei Verwendung von Pseudopotentialen im allgemeinen eine gute Übereinstimmung mit der All-Elektronenrechnung liefert.

9.5 Pseudopotentiale

In der Näherung der unveränderlichen Ionen wird auf die Berechnung der Rumpfzustände verzichtet, um die Eigenschaften gebundener Atome aus den Zuständen der Valenzelektronen alleine berechnen zu können. Im Falle eines isolierten Atoms ergeben sich dabei die Zustände der Valenzelektronen aus einem effektiven Potential Φ^{Ion}, welches aus dem Kernpotential und dem der Rumpfelektronen besteht, vergl. Gl. (9.47). Aus diesem effektiven Potential ergeben sich die Energien und Zustände der Valenzelektronen. Umgekehrt kann man aus ihnen alleine das effektive Potential nicht eindeutig bestimmen, es läßt sich vielmehr in der Weise abändern, daß nur die Energien und Zustände der Rumpfelektronen, nicht aber die der Valenzelektronen verändert werden.

9.5 Pseudopotentiale

Um das zu erkennen, unterteilen wir den Hilbert-Raum $\mathcal{H}$ der Einteilchen-Kohn-Sham-Zustände in den der Rumpfzustände $\mathcal{H}^R$ und den der Valenzzustände $\mathcal{H}^V$ mit $\mathcal{H} = \mathcal{H}^R \oplus \mathcal{H}^V$

$$H\phi_i^R = \varepsilon_i^R \phi_i^R \quad \text{Rumpfzustände}$$
$$H\psi_j = \varepsilon_j \psi_j \quad \text{Valenzzustände} \tag{9.58}$$

mit $\langle \psi_j | \phi_i^R \rangle = 0$. Fügt man zu den Valenzzuständen ψ_j eine beliebige Linearkombination aus den Rumpfzuständen hinzu

$$\varphi_j = \psi_j + \sum_i^{\text{Rumpf}} a_{ij} \phi_i^R \quad \text{mit} \quad a_{ij} = \langle \phi_i^R | \varphi_j \rangle,$$

so lassen sich die veränderten Valenzzustände φ_j auch mit dem Projektionsoperator auf die Rumpfzustände

$$P^R = \sum_i^{\text{Rumpf}} |\phi_i^R\rangle \langle \phi_i^R|$$

schreiben

$$\psi_j = \varphi_j - P^R \varphi_j.$$

Einsetzen in die Kohn-Sham-Gleichung der Valenzzustände

$$H\psi_j = \left[-\frac{1}{2}\Delta + U(\mathbf{r}) \right] \psi_j = \varepsilon_j \psi_j$$

liefert

$$\left[-\frac{1}{2}\Delta + U - \left(-\frac{1}{2}\Delta + U \right) P^R \right] \varphi_j = \varepsilon_j \varphi_j - \varepsilon_j P^R \varphi_j$$

und man erhält die Kohn-Sham-Gleichung eines *Pseudoatoms*

$$\left[-\frac{1}{2}\Delta + U_j^{Ps} \right] \varphi_j = \varepsilon_j \varphi_j$$

mit dem nichtlokalen Pseudopotential

$$U_j^{Ps} = U + \sum_i^{\text{Rumpf}} (\varepsilon_j - \varepsilon_i^R) |\phi_i^R\rangle \langle \phi_i^R|. \tag{9.59}$$

Bei der Anwendung der Kohn-Sham-Gleichung für das Pseudoatom muß beachtet werden, daß jedes Element im Hilbert-Raum $\mathcal{H}^R$ der Rumpfzustände Eigenfunktion des Hamilton-Operators $-\frac{1}{2}\Delta + U_j^{Ps}$ zum Eigenwert ε_j ist. Wird dann bei einer Veränderung als Pseudopotential nicht U_j^{Ps} nach Gl. (9.59) verwendet, sondern etwa eine Linearkombination aus U_j^{Ps} und U_k^{Ps}, so können zusätzlich zu den Valenzenergien nach Gl. (9.58) noch weitere, unphysikalische Eigenwerte zu sogenannten *Geisterzuständen* hinzukommen.

☐ Zum Beweise sei etwa ϕ^R aus dem Hilbert-Raum der Rumpfzustände

$$\phi^R = \sum_l^{\text{Rumpf}} c_l \phi_l^R \in \mathcal{H}^R$$

und das Pseudopotential von der Form

$$U^{\text{Ps}} = \alpha U_j^{\text{Ps}} + \beta U_k^{\text{Ps}} \quad \text{mit} \quad \alpha + \beta = 1,$$

so gilt nach Gl. (9.59)

$$\begin{aligned}\left[-\frac{1}{2}\Delta + U^{\text{Ps}}\right]\phi^R &= \left[-\frac{1}{2}\Delta + U\right]\phi^R \\ &\quad + \sum_i^{\text{Rumpf}} \left(\alpha\varepsilon_j + \beta\varepsilon_k - \varepsilon_i^R\right)\phi_i^R \langle \phi_i^R | \phi^R \rangle \\ &= \sum_l^{\text{Rumpf}} c_l \varepsilon_l^R \phi_l^R + (\alpha\varepsilon_j + \beta\varepsilon_k)\phi^R - \sum_i^{\text{Rumpf}} \varepsilon_i^R c_i \phi_i^R \\ &= (\alpha\varepsilon_j + \beta\varepsilon_k)\phi^R.\end{aligned}$$

Der Zustand aus Rumpfzuständen ϕ^R ist dann ein Geisterzustand zum Pseudo-Hamilton-Operator $-\frac{1}{2}\Delta + U^{\text{Ps}}$ zum unphysikalischen Eigenwert $\alpha\varepsilon_j + \beta\varepsilon_k$ im Bereich der Valenzenergien. ■

Die Freiheiten, die man in der Näherung der unveränderlichen Ionen bei Verwendung von Pseudopotentialen hat, lassen sich im Rahmen der Dichtefunktionaltheorie zur Reduzierung des numerischen Aufwandes nutzen. Die Kohn-Sham-Gleichung der Valenzelektronen eines Atoms lautet nach Gl. (9.49) und (9.50)

$$\left[-\frac{1}{2}\Delta + \Phi^{\text{Ion}}(\mathbf{r}) + v_H[n](\mathbf{r}) + v_{\text{xc}}[n](\mathbf{r})\right]\psi_j(\mathbf{r}) = \varepsilon_j \psi_j(\mathbf{r})$$

mit dem effektiven Potential $\Phi^{\text{Ion}}(\mathbf{r})$, wobei

$$n(\mathbf{r}) = \sum_j^{\text{besetzt}} |\psi_j(\mathbf{r})|^2$$

die Dichte der Valenzelektronen bezeichnet. Die Grundzustandsenergie der Valenzelektronen eines Atoms ist dann gegeben durch

$$\begin{aligned}E_g[n] = \sum_j^{\text{besetzt}} \varepsilon_j &- \frac{1}{2}\int v_H[n](\mathbf{r})n(\mathbf{r})\,d^3r \\ &- \int v_{\text{xc}}[n](\mathbf{r})n(\mathbf{r})\,d^3r + E_{\text{xc}}[n]\end{aligned} \quad (9.60)$$

9.5 Pseudopotentiale   313

und hängt nicht explizit vom Ionenpotential Φ^{Ion} ab, sondern nur implizite über die Energien ε_j und die Dichte $n(\mathbf{r})$ der Valenzelektronen. Die Grundzustandsenergie $E_g[n]$ ändert sich nach Gl. (9.60) nicht, wenn das Ionenpotential $\Phi^{\mathrm{Ion}}(\mathbf{r})$ so abgeändert wird, daß die ε_j und $n(\mathbf{r})$ der Valenzelektronen erhalten bleiben.

Bei Verwendung der Näherung der unveränderlichen Ionen muß beachtet werden, daß die Dichte der Valenzelektronen $n(\mathbf{r})$ nur im Außenbereich des Atoms mit der Dichte aller Elektronen $n^{\mathrm{AE}}(\mathbf{r})$ übereinstimmt. Die Dichte der Rumpfelektronen $n^{\mathrm{R}}(\mathbf{r})$ ist nach dem im Abschn. 9.4 Gesagten genähert nur in einem gewissen Bereich, etwa innerhalb einer Kugel vom *Rumpfradius* r_{R}, von Null verschieden. Man hat also in dieser Näherung für die Dichte der Valenzelektronen

$$n(\mathbf{r}) \begin{cases} = n^{\mathrm{AE}}(\mathbf{r}) & \text{für } r \geq r_{\mathrm{R}}; \\ \neq n^{\mathrm{AE}}(\mathbf{r}) & \text{für } r < r_{\mathrm{R}}, \end{cases} \quad (9.61)$$

und die Grundzustandsenergie der Valenzelektronen nach Gl. (9.60) liefert nur dann sinnvolle Ergebnisse, wenn die Änderung der Austausch-Korrelations-Energie ΔE_{xc} in Gl. (9.54) von der chemischen Umgebung unabhängig ist.

9.5.1 Normerhaltung

Während ursprünglich die Pseudopotentiale auf empirischem Wege eingeführt wurden, um eine exakte Behandlung zu umgehen, werden die neueren Pseudopotentiale im wesentlichen zur Reduzierung des numerischen Aufwandes verwendet [9.9]. Vor allem bei der Lösung der Kohn-Sham-Gleichung durch Entwicklung nach ebenen Wellen sind die im Bereich $r < r_{\mathrm{R}}$ oszillierenden Valenzzustände ebenso hinderlich wie die Singularität und die starken Schwankungen des Ionenpotentials $\Phi^{\mathrm{Ion}}(\mathbf{r})$ nach Gl. (9.47). Zur Konstruktion sogenannter *normerhaltender Pseudopotentiale* läßt man sich daher von der Vorstellung leiten, die Valenzzustände im Rumpfbereich $r < r_{\mathrm{R}}$ möglichst glatt und nullstellenfrei zu machen und das Pseudopotential ebenfalls so zu konstruieren, daß eine Entwicklung nach möglichst wenigen ebenen Wellen schon gute Ergebnisse für die Valenzelektronen ergeben. Die Valenzzustände und damit die Dichte der Valenzelektronen $n(\mathbf{r})$ sollen wie in Gl. (9.61) für $r > r_{\mathrm{R}}$ mit der All-Elektronenrechnung übereinstimmen und die Abänderung von $n(\mathbf{r})$ im Rumpfbereich $r < r_{\mathrm{R}}$ soll so vorgenommen werden, daß die Grundzustandsenergie der Valenzelektronen nach Gl. (9.60) für Atome in verschiedener chemischer Umgebung die richtigen Resultate liefert. Diese Bedingung wird auch als *Übertragbarkeit* der Pseudopotentiale bezeichnet.

Die *normerhaltenden Pseudopotentiale* werden unter Einhaltung der folgenden vier Bedingungen konstruiert [9.10]
(1) Die Eigenwerte der Valenzelektronen sollen beim Pseudoatom mit denen der All-Elektronenrechnung übereinstimmen.
(2) Die Eigenfunktionen der Valenzelektronen sollen beim Pseudoatom mit denen der All-Elektronenrechnung außerhalb des Rumpfbereiches $r > r_{\mathrm{R}}$, übereinstimmen.

(3) Die Integrale von 0 bis $r > r_\mathrm{R}$ der Ladungsdichte des Pseudoatoms sollen mit denen des All-Elektronenatoms übereinstimmen.

(4) Die logarithmischen Ableitungen der Eigenfunktionen und ihre erste Ableitung nach der Energie sollen beim Pseudoatom und bei einer All-Elektronenrechnung für $r > r_\mathrm{R}$ übereinstimmen.

Dabei soll der Rumpfradius so klein sein, daß sich die Rumpfzustände bei chemisch gebundenen Atomen nicht überlappen. Andererseits soll der Rumpfradius so groß sein, daß für eine gegebene Eigenfunktion des Kohn-Sham-Operators alle Nullstellen und der äußerste Extremwert der Radialfunktion innerhalb des Rumpfradius liegen. Dabei kann der Rumpfradius für die verschiedenen atomaren Valenzzustände unterschiedlich gewählt werden, weil die Übertragbarkeit bei kleinerem r_R besser wird.

Die Bedingung (1) ist offensichtlich für eine korrekte Berechnung der Grundzustandsenergie nach Gl. (9.60) erforderlich. Die zweite Bedingung stellt sicher, daß die Elektronendichten nach Gl. (9.61) außerhalb des Rumpfbereiches übereinstimmen, was ebenfalls zur Anwendung der Gl. (9.60) unerläßlich ist. Diese Bedingung ist ferner eine Voraussetzung dafür, daß die von den Valenzelektronen verursachte chemische Bindung richtig beschrieben wird.

Die Bedingungen (3) und (4) sind für eine möglichst gute Übertragbarkeit der Pseudopotentiale auf unterschiedliche chemische Umgebungen entscheidend. Aufgrund der Bedingung (3) stimmt mit der Ladungsdichte auch das Hartree-Potential des Pseudoatoms mit dem des All-Elektronenatoms außerhalb des Rumpfradius überein. Zum Verständnis der Bedingung (4) schreiben wir die Eigenfunktionen der atomaren Valenzelektronen in Kugelkoordinaten ($\mathbf{r}: r, \vartheta, \varphi$) ohne den Spinanteil

$$\psi_j(\mathbf{r}) = \frac{1}{r} R_{nl}(r) Y_{lm}(\vartheta, \varphi),$$

wobei j die Quantenzahlen n, l, m festlegt und Y_{lm} die Kugelfunktionen kennzeichnet. Nach einer radialen Mittelung schreibt sich der Radialanteil der Kohn-Sham-Gleichung für die Valenzzustände Gl. (9.58) nach Gl. (9.15) in atomaren Einheiten in der Form

$$\left[-\frac{1}{2}\frac{d^2}{dr^2} + \frac{l(l+1)}{2r^2} - \frac{Z}{r} + v_\mathrm{H}[n](r) + v_\mathrm{xc}[n](r) \right] R_{nl}(r) = \varepsilon_{nl} R_{nl}(r). \tag{9.62}$$

Für gegebenes $\varepsilon = \varepsilon_{nl}$ ist $R_{nl}(\varepsilon, r)$ als Lösung einer Differentialgleichung zweiter Ordnung festgelegt, wenn $R_{nl}(\varepsilon, r)$ und $dR_{nl}(\varepsilon, r)/dr$ an einer Stelle r gegeben sind. Da noch die Normierung der Radialfunktionen $R_{nl}(\varepsilon, r)$ für $\varepsilon = \varepsilon_{nl}$ verlangt wird, stimmen zwei Radialfunktionen zu gegebenem ε schon überein, wenn ihre logarithmische Ableitungen

$$\frac{1}{R_{nl}(\varepsilon, r)} \frac{\partial R_{nl}(\varepsilon, r)}{\partial r}$$

an einer Stelle r gleich sind. Außerhalb des Rumpfradius $r > r_{nl}^{\mathrm{R}}$ sind die Radialfunktionen aus der All-Elektronenrechnung $R_{nl}^{\mathrm{AE}}(\varepsilon, r)$ mit denen des Pseudoatoms $R_{nl}^{\mathrm{Ps}}(\varepsilon, r)$ identisch, wenn ihre logarithmischen Ableitungen an einer Stelle, etwa dem Rumpfradius r_{nl}^{R}, übereinstimmen

$$\frac{1}{R_{nl}^{\mathrm{Ps}}(\varepsilon, r)} \frac{\partial R_{nl}^{\mathrm{Ps}}(\varepsilon, r)}{\partial r} = \frac{1}{R_{nl}^{\mathrm{AE}}(\varepsilon, r)} \frac{\partial R_{nl}^{\mathrm{AE}}(\varepsilon, r)}{\partial r}.$$

Dieses ist durch die obige Bedingung (2) gegeben. Geht nun das Atom eine chemische Bindung ein, werden sich die Valenzelektronenenergien ε_j aus der Kohn-Sham-Gleichung *mehrerer* gebundener Atome von den atomaren ε_{nl} unterscheiden. Eine optimale Übertragbarkeit des Pseudoatoms ist also gegeben, wenn die atomaren Pseudofunktionen $R_{nl}^{\mathrm{Ps}}(\varepsilon, r)$ für alle ε und nicht nur für die atomaren Valenzenergien ε_{nl} mit denen der All-Elektronenrechnung übereinstimmen. In der obigen Bedingung (4) wird in Bezug auf die Übertragbarkeit deshalb gefordert, daß zumindest die ersten Ableitungen nach der Energie übereinstimmen

$$\frac{\partial}{\partial \varepsilon} \frac{1}{R_{nl}^{\mathrm{Ps}}(\varepsilon, r)} \frac{\partial R_{nl}^{\mathrm{Ps}}(\varepsilon, r)}{\partial r} = \frac{\partial}{\partial \varepsilon} \frac{1}{R_{nl}^{\mathrm{AE}}(\varepsilon, r)} \frac{\partial R_{nl}^{\mathrm{AE}}(\varepsilon, r)}{\partial r}. \tag{9.63}$$

Diese Bedingung für die Übertragbarkeit hängt unmittelbar mit den Bedingungen (2) und (3) zusammen, denn es gilt nach Gl. (2.80) in atomaren Einheiten für $r > r_{nl}^{\mathrm{R}}$

$$-\frac{1}{2} \frac{\partial}{\partial \varepsilon} \frac{1}{R_{nl}(\varepsilon, r)} \frac{\partial R_{nl}(\varepsilon, r)}{\partial r} = \frac{1}{R_{nl}^2(\varepsilon, r)} \int_0^r R_{nl}^2(\varepsilon, r') \, \mathrm{d}r'. \tag{9.64}$$

Der Beweis hierzu findet sich in Abschn. 2.5.2. Aufgrund der Bedingung (4) oder Gl. (9.63) stimmen die rechten Seiten der Gl. (9.64) für das Pseudoatom und das All-Elektronenatom außerhalb des Rumpfbereiches $r > r_{nl}^{\mathrm{R}}$ überein. Dies ist eine Folge der Bedingung (2) und der Normierungsbedingung, denn aus der Gleichheit von $\int_{r_{nl}^{\mathrm{R}}}^{\infty} R_{nl}^2(r) \, \mathrm{d}r$ und der Normierungsbedingung folgt auch die Gleichheit von $\int_0^{r_{nl}^{\mathrm{R}}} R_{nl}^2(r) \, \mathrm{d}r$. Die Gleichung (9.63) besagt auch, daß die Streueigenschaften des Pseudoatoms im Bereich der Valenzenergien, die mit den Wellenfunktionen für $\varepsilon \neq \varepsilon_{nl}$ zusammenhängen, in erster Näherung mit denen des All-Elektronenatoms übereinstimmen.

9.5.2 Übertragbarkeit

Es ist möglich, die Bedingung der Übertragbarkeit von Pseudopotentialen noch zu verbessern, um die gleichen chemischen Eigenschaften vom Pseudoatom und dem All-Elektronenatom zu erhalten. Dazu betrachten wir das chemische Potential der Valenzelektronen eines isolierten Atoms

$$\mu = \frac{\partial E_g}{\partial N},$$

wobei E_g die Grundzustandsenergie und N die Anzahl der Valenzelektronen bezeichnet. Im Unterschied zu Abschn. 9.2 wird dabei das chemische Potential mathematisch formal mit Hilfe einer kontinuierlichen Elektronenzahl eingeführt, um das Folgende einfacher zu beschreiben. Haben zwei isolierte Atome A und B verschiedenes chemisches Potential $\mu_A \neq \mu_B$, so stellt sich bei einer chemischen Bindung durch Ladungstransfer ein gemeinsames chemisches Potential μ des Moleküls ein. Dieser Ladungstransfer und damit das μ sollte beim Pseudoatom richtig herauskommen, wozu es nicht genügt, daß die chemischen Potentiale der Pseudoatome richtig sind. Betrachtet man eine lineare Abhängigkeit des chemischen Potentials der Atome von der Elektronenzahl N_A bzw. N_B, so gilt für den Ladungstransfer $e\Delta N$ vom Atom B zum Atom A

$$\mu_A(N_A + \Delta N) = \mu_A(N_A) + \frac{\partial \mu_A}{\partial N_A} \Delta N$$

$$\mu_B(N_B - \Delta N) = \mu_B(N_B) - \frac{\partial \mu_B}{\partial N_B} \Delta N.$$

Dann ergibt sich aus der Gleichheit der chemischen Potentiale im gebundenen Zustand

$$\mu_A(N_A + \Delta N) = \mu_B(N_B - \Delta N)$$

der Ladungstransfer aus

$$\Delta N = \frac{\mu_B(N_B) - \mu_A(N_A)}{\partial \mu_B(N_B)/\partial N_B + \partial \mu_A(N_A)/\partial N_A}.$$

Der Ladungstransfer hängt somit auch von der zweiten Ableitung der Energie nach der Elektronenzahl

$$\frac{\partial \mu(N)}{\partial N} = \frac{\partial^2 E_g}{\partial N^2}$$

ab, und diese Größe sollte als weitere Bedingung der Übertragbarkeit von Pseudopotentialen eingeführt werden [9.11].

9.5.3 Berechnung

Bei der Konstruktion von Pseudopotentialen kann man die Eigenfunktionen der Valenzelektronen des Pseudoatoms nach den obigen Bedingungen festlegen und dann das dazugehörige Pseudopotential durch *Inversion der Kohn-Sham-Gleichung* (9.62)

$$\left[-\frac{1}{2}\frac{d^2}{dr^2} + \frac{l(l+1)}{2r^2} + v_{nl}^{\mathrm{Ps}}(r) + v_{\mathrm{H}}[n](r) + v_{\mathrm{xc}}[n](r) \right] R_{nl}^{\mathrm{Ps}}(r) = \varepsilon_{nl} R_{nl}^{\mathrm{Ps}}(r).$$

gewinnen. Wird der Radialanteil $R_{nl}^{\mathrm{Ps}}(r)$ nullstellenfrei festgelegt, ergibt sich das Pseudopotential für diesen Zustand zu

$$v_{nl}^{\mathrm{Ps}}(r) = \varepsilon_{nl} + \frac{1}{2}\frac{1}{R_{nl}^{\mathrm{Ps}}(r)}\frac{d^2 R_{nl}^{\mathrm{Ps}}(r)}{dr^2} - \frac{l(l+1)}{2r^2} - v_{\mathrm{H}}[n](r) - v_{\mathrm{xc}}[n](r).$$

Hier bezeichnet $v_{nl}^{\mathrm{Ps}}(r)$ das ionische Pseudopotential im Unterschied zum abgeschirmten Pseudopotential

$$U_{nl}^{\mathrm{Ps}}(r) = \varepsilon_{nl} + \frac{1}{2}\frac{1}{R_{nl}^{\mathrm{Ps}}(r)}\frac{d^2 R_{nl}^{\mathrm{Ps}}(r)}{dr^2} - \frac{l(l+1)}{2r^2}. \tag{9.65}$$

Das normerhaltende Bachelet-Hamann-Schlüter-Pseudopotential [9.12] ist von der Form

$$U^{\mathrm{Ps}}(\mathbf{r}) = \sum_{n,l,m}^{\mathrm{Valenzzust.}} U_{nl}^{\mathrm{Ps}}(r)|nlm\rangle\langle nlm|$$

$$= v_{\mathrm{H}}[n](r) + v_{\mathrm{xc}}[n](r) + \sum_{n,l,m}^{\mathrm{Valenzzust.}} v_{nl}^{\mathrm{Ps}}(r)|nlm\rangle\langle nlm|,$$

wobei $|nlm\rangle\langle nlm|$ den Projektionsoperator auf die Zustände $|nlm\rangle$ der atomaren Valenzelektronen bezeichnet.

Es besteht auch die Möglichkeit Pseudopotentiale bei Berücksichtigung relativistischer Effekte aus der kugelsymmetrischen Lösung der Dirac-Gleichung zu bestimmen [9.13]. Das Pseudopotential wird dabei aus der exakten, kugelsymmetrischen Form der Dirac-Gleichung (3.59) berechnet.

Um die Pseudopotentiale und die Radialfunktionen der Valenzelektronen mit möglichst wenigen ebenen Wellen darstellen zu können, muß man die Radialfunktionen von außen in den Bereich $r < r_{nl}^{\mathrm{R}}$ in geeigneter Weise analytisch fortsetzen. Das abgeschirmte Pseudopotential $U_{nl}^{\mathrm{Ps}}(r)$ wird nach Gl. (9.65) für $r \ll r_{nl}^{\mathrm{R}}$ konstant, wenn man setzt

$$R_{nl}^{\mathrm{Ps}}(r) = \begin{cases} R_{nl}^{\mathrm{AE}}(r) & \text{für } r \geq r_{nl}^{\mathrm{R}}; \\ r^{l+1} \exp\{p(r)\} & \text{für } r < r_{nl}^{\mathrm{R}}, \end{cases} \tag{9.66}$$

wobei $p(r)$ ein Polynom sechsten Grades in r^2 ist [9.14]. Damit erhält man für das abgeschirmte Pseudopotential aus Gl. (9.65)

$$U_{nl}^{\mathrm{Ps}}(r) = \begin{cases} U_{nl}^{\mathrm{AE}}(r) & \text{für } r \geq r_{nl}^{\mathrm{R}}; \\ \varepsilon_{nl} + \frac{l+1}{r}p'(r) + \frac{1}{2}p''(r) + \frac{1}{2}p'^{\,2}(r) & \text{für } r \leq r_{nl}^{\mathrm{R}}. \end{cases} \tag{9.67}$$

Die sieben freien Parameter des Polynoms $p(r)$ bestimmen sich aus der Normerhaltung, der Stetigkeit von $R_{nl}^{\mathrm{Ps}}(r)$ und deren erste vier Ableitungen [1], und der Bedingung verschwindender Krümmung des Pseudopotentials $U_{nl}^{\mathrm{Ps}}(r)$ bei $r = 0$.

---

[1] Es folgt die Stetigkeit von $U_{nl}^{\mathrm{Ps}}(r)$ und dessen erste zwei Ableitungen.

9.5.4 Separierbarkeit

Wir gehen von der Kohn-Sham-Gleichung der Valenzelektronen eines einzelnen Atoms Gl. (9.49) aus

$$\left[-\frac{1}{2}\Delta + U(r)\right]\psi_{nlm}(\mathbf{r}) = \varepsilon_{nl}\psi_{nlm}(\mathbf{r})$$

und verwenden die Bezeichnungen, vergl. Gl. (9.50) und (9.51),

$$U(r) = v(r) + v_{\mathrm{H}}[n](r) + v_{\mathrm{xc}}[n](r)$$
$$v(r) = \Phi^{\mathrm{Ion}}(r)$$
$$n(\mathbf{r}) = \sum_{n,l,m,m_s}^{\mathrm{Valenzzust.}} |\psi_{nlm}(\mathbf{r})|^2.$$

Dann lautet die Kohn-Sham-Gleichung der Valenzelektronen des Pseudoatoms

$$\left[-\frac{1}{2}\Delta + v^{\mathrm{Ps}} + v_{\mathrm{H}}[n](r) + v_{\mathrm{xc}}[n](r)\right]\psi_{nlm}^{\mathrm{Ps}}(\mathbf{r}) = \varepsilon_{nl}\psi_{nlm}^{\mathrm{Ps}}(\mathbf{r}) \qquad (9.68)$$

mit

$$v^{\mathrm{Ps}} = \sum_{n,l,m}^{\mathrm{Valenzzust.}} v_{nl}^{\mathrm{Ps}}(r)|nlm\rangle\langle nlm| \qquad (9.69)$$
$$\psi_{nlm}^{\mathrm{Ps}}(\mathbf{r}) = \frac{1}{r}R_{nl}^{\mathrm{Ps}}(r)Y_{lm}(\vartheta,\varphi).$$

Dabei ist

$$U^{\mathrm{Ps}} = v^{\mathrm{Ps}} + v_{\mathrm{H}}[n](r) + v_{\mathrm{xc}}[n](r)$$

durch Gl. (9.67) und $R_{nl}^{\mathrm{Ps}}(r)$ durch Gl. (9.66) gegeben. Ferner bezeichnet $|nlm\rangle\langle nlm|$ den Projektionsoperator auf den Zustand $\psi_{nlm}^{\mathrm{Ps}}(\mathbf{r})$

$$|nlm\rangle\langle nlm|\psi_{n'l'm'}^{\mathrm{Ps}}(\mathbf{r}) = \delta_{nn'}\delta_{ll'}\delta_{mm'}\psi_{nlm}^{\mathrm{Ps}}(\mathbf{r}).$$

Zur Anwendung auf M gebundene Atome muß die Kohn-Sham-Gleichung, vergl. Gl. (9.49)–(9.51),

$$\left[-\frac{1}{2}\Delta + v(\mathbf{r}) + v_{\mathrm{H}}[n](\mathbf{r}) + v_{\mathrm{xc}}[n](\mathbf{r})\right]\psi_j(\mathbf{r}) = \varepsilon_j\psi_j(\mathbf{r})$$

mit

$$v(\mathbf{r}) = \sum_{I=1}^{M} v_I^{\mathrm{Ps}}(\mathbf{r} - \mathbf{R}_I)$$

numerisch gelöst werden. Dazu werden die Eigenfunktionen $\psi_j(\mathbf{r})$ nach einem geeigneten, endlichen Satz von K vorgegebenen Funktionen $|k\rangle$ entwickelt

$$|\psi_j\rangle = \sum_{k=1}^{K} |k\rangle\langle k|\psi_j\rangle.$$

Der Kohn-Sham-Operator wird dann durch eine $K \times K$-Matrix dargestellt, zu dessen Berechnung die Matrixelemente des Potentials

$$\langle k|v(\mathbf{r}) + v_{\mathrm{H}}[n](\mathbf{r}) + v_{\mathrm{xc}}[n](\mathbf{r})|k'\rangle \qquad (9.70)$$

auszuwerten sind. Bei den lokalen Potentialen läßt sich dabei die Symmetrie des Kristalles oder Moleküls zur Vereinfachung ausnutzen. Für die nichtlokalen Pseudopotentiale der Form Gl. (9.69) ist der numerische Aufwand proportional zu $K(K + 1)/2$. Dies entspricht der Zahl der unabhängigen reellen Elemente einer symmetrischen $K \times K$-Matrix. Insbesondere bei einer Entwicklung nach ebenen Wellen mit großem K bedeutet dies einen hohen numerischen Aufwand.

Die Anzahl der für das nichtlokale Potential auszurechnenden Integrale von Gl. (9.70) läßt sich mit der Methode von Kleinman-Bylander [9.15] näherungsweise auf K reduzieren. Dazu wird ein vorgegebenes atomares, nichtlokales Pseudopotential Gl. (9.69) zunächst in einen lokalen $v_{\mathrm{lok}}^{\mathrm{Ps}}(r)$ und einen nichtlokalen Anteil aufgespalten

$$v^{\mathrm{Ps}} = v_{\mathrm{lok}}^{\mathrm{Ps}}(r) + \sum_{n,l,m} v_{nl}^{\mathrm{Ps}}(r)|nlm\rangle\langle nlm|,$$

und der nichtlokale Anteil zu einem sogenannten *separierbaren Pseudopotential* modifiziert. Um das zu erreichen, wird ein beliebiges lokales Potential $v^{\mathrm{bel}}(r)$ addiert und subtrahiert, so daß sich das Pseudopotential in der Form schreibt

$$v^{\mathrm{Ps}} = v_{\mathrm{lok}}^{\mathrm{Ps}}(r) + v^{\mathrm{bel}}(r) + V^{\mathrm{Ps}}$$

mit

$$V^{\mathrm{Ps}} = \sum_{n,l,m} V_{nl}^{\mathrm{Ps}}(r)|nlm\rangle\langle nlm|$$

$$V_{nl}^{\mathrm{Ps}}(r) = v_{nl}^{\mathrm{Ps}} - v^{\mathrm{bel}}(r).$$

Man definiert dann das Kleinman-Bylander-Pseudopotential

$$V_{\mathrm{KB}}^{\mathrm{Ps}} = \sum_{n,l,m} \frac{V_{nl}^{\mathrm{Ps}}|\psi_{nlm}^{\mathrm{Ps}}\rangle\langle\psi_{nlm}^{\mathrm{Ps}}|V_{nl}^{\mathrm{Ps}}}{\langle\psi_{nlm}^{\mathrm{Ps}}|V_{nl}^{\mathrm{Ps}}|\psi_{nlm}^{\mathrm{Ps}}\rangle}, \qquad (9.71)$$

wobei ψ_{nlm}^{Ps} nach Gl. (9.68) die Eigenfunktionen des Kohn-Sham-Operators des Pseudoatoms bezeichnen. Dann gilt nach Konstruktion

$$V^{\mathrm{Ps}}\psi_{nlm}^{\mathrm{Ps}} = V_{\mathrm{KB}}^{\mathrm{Ps}}\psi_{nlm}^{\mathrm{Ps}}.$$

Diese Gleichung gilt zunächst nur für die gegebenen, atomaren Pseudofunktionen ψ_{nlm}^{Ps}. Bringt man das Pseudoatom jedoch in eine andere chemische Umgebung, so ändern sich die Einelektronenfunktionen, nicht aber V_{KB}^{Ps}, so daß im allgemeinen $V^{Ps}\psi_j \neq V_{KB}^{Ps}\psi_j$ gelten wird. Das hinzugefügte lokale Potential $v^{bel}(r)$ wird dann so gewählt, daß der entstehende Fehler hinreichend klein wird. Dazu wird in atomaren Einheiten gesetzt [9.15]

$$v^{bel}(r) = -\frac{Z}{r}\left[1 - \exp\left\{-\left(\frac{r}{\alpha}\right)^{7/2}\right\} + \gamma r \exp\left\{-\left(\frac{r}{\beta}\right)^{7/2}\right\}\right]$$

und die Parameter α, β, γ in geeigneter Weise bestimmt.

Eine Schwierigkeit bei der Bestimmung separierbarer Pseudopotentiale besteht darin, daß durch die Veränderung des Pseudopotentials beim Pseudoatom unter Umständen die anfangs erwähnten Geisterzustände oder andere Unstimmigkeiten auftreten können. Dann muß im Einzelfall die Freiheit beim Potential $v^{bel}(r)$ ausgenutzt werden, um die Unstimmigkeiten zu beseitigen.

Separierbare Pseudopotentiale lassen sich auch direkt aus der Kohn-Sham-Gleichung des Pseudoatoms für einen vollständigen Satz gegebener Funktionen $\tilde{\phi}_k(\mathbf{r})$ bestimmen. Dazu unterteilen wir das Potential in Gl. (9.68) in einen lokalen Anteil $v^{lok}(r)$ und den nichtlokalen Anteil

$$v^{Ps} = v^{lok}(r) + V^{nlok}$$

mit

$$V^{nlok} = \sum_{n,l,m} v_{nl}^{nlok}(r)|nlm\rangle\langle nlm|.$$

Die selbstadjungierte Matrix

$$\langle \tilde{\phi}_j|V^{nlok}|\tilde{\phi}_k\rangle$$

kann durch eine unitäre Transformation $\tilde{\phi}_j \to \phi_j$ auf Hauptachse gebracht werden

$$\langle \phi_j|V^{nlok}|\phi_k\rangle = \langle \phi_k|V^{nlok}|\phi_k\rangle\delta_{jk}.$$

Wenn kein $\langle \phi_k|V^{nlok}|\phi_k\rangle$ verschwindet, schreibt sich das nichtlokale Potential in der separierbaren Form [9.16]

$$V^{nlok} = \sum_k \frac{V^{nlok}|\phi_k\rangle\langle\phi_k|V^{nlok}}{\langle \phi_k|V^{nlok}|\phi_k\rangle}. \tag{9.72}$$

9.5 Pseudopotentiale

□ Zum Beweise genügt es, die Matrix
$$V_{ij}^{\text{nlok}} = \langle \phi_i | V^{\text{nlok}} | \phi_j \rangle$$
zu berechnen. Einsetzen ergibt
$$V_{ij}^{\text{nlok}} = \sum_k \frac{\langle \phi_i | V^{\text{nlok}} | \phi_k \rangle \langle \phi_k | V^{\text{nlok}} | \phi_j \rangle}{\langle \phi_k | V^{\text{nlok}} | \phi_k \rangle}$$
$$= \sum_k \frac{\langle \phi_k | V^{\text{nlok}} | \phi_k \rangle \delta_{ik} \langle \phi_j | V^{\text{nlok}} | \phi_j \rangle \delta_{jk}}{\langle \phi_k | V^{\text{nlok}} | \phi_k \rangle}$$
$$= \langle \phi_j | V^{\text{nlok}} | \phi_j \rangle \delta_{ij},$$

was zu beweisen war. ■

Wird nur ein endlicher Satz von Funktionen ϕ_k verwendet, gilt die Entwicklung Gl. (9.72) für alle Linearkombinationen der ϕ_k. Werden etwa die Zustände des Pseudoatoms nach N_ϕ Funktionen entwickelt

$$\psi_{nlm}^{\text{Ps}}(\mathbf{r}) = \sum_{j=1}^{N_\phi} c_j(n,l,m) \phi_j(\mathbf{r}),$$

so erhält man

$$V^{\text{nlok}} \psi_{nlm}^{\text{Ps}}(\mathbf{r}) = \sum_{j,k}^{1...N_\phi} \frac{V^{\text{nlok}} | \phi_k \rangle \langle \phi_k | V^{\text{nlok}} | \phi_j \rangle}{\langle \phi_k | V^{\text{nlok}} | \phi_k \rangle} c_j(n,l,m)$$
$$= \sum_{j,k}^{1...N_\phi} \frac{V^{\text{nlok}} | \phi_k \rangle \langle \phi_k | V^{\text{nlok}} | \phi_k \rangle \delta_{jk}}{\langle \phi_k | V^{\text{nlok}} | \phi_k \rangle} c_j(n,l,m)$$
$$= V^{\text{nlok}} \psi_{nlm}^{\text{Ps}}(\mathbf{r}).$$

Zur Bestimmung des separierbaren Pseudopotentials Gl. (9.72) muß zunächst die Kohn-Sham-Gleichung des Pseudoatoms Gl. (9.68)

$$\left[\varepsilon_{nl} + \frac{1}{2} \Delta - v^{\text{lok}}(r) - v_{\text{H}}[n](\mathbf{r}) - v_{\text{xc}}[n](\mathbf{r}) \right] \psi_{nlm}^{\text{Ps}} = V^{\text{nlok}} \psi_{nlm}^{\text{Ps}}$$
$$= v_{nl}^{\text{nlok}}(r) \psi_{nlm}^{\text{Ps}}(\mathbf{r})$$

gelöst werden. Nach Auswahl der $\tilde{\phi}_k$ wird die Matrix $\langle \tilde{\phi}_k | V^{\text{nlok}} | \tilde{\phi}_j \rangle$ berechnet und diagonalisiert, woraus sich die Form Gl. (9.72) ergibt.

Bei der praktischen Anwendung entstehen Fehler bei der Entwicklung der ψ_{nlm}^{Ps} nach nur endlich vielen ϕ_k. Dennoch erkennt man am Potential Gl. (9.72) die Verallgemeinerung gegenüber dem Potential Gl. (9.71), das demgegenüber einen Spezialfall darstellt. Ein Vorteil besteht aber darin, daß Geisterzustände oder andere Unstimmigkeiten des Pseudoatoms durch Hinzunahme weiterer Entwicklungsfunktionen ϕ_k vermieden werden können.

9.6 Spindichtefunktional

Der Ausgangspunkt der Dichtefunktionaltheorie für das inhomogene Elektronengas aus N Elektronen war in Abschn. 9.1 ein spinunabhängiger Hamilton-Operator mit einem gegebenen äußeren Potential $v(\mathbf{r})$

$$H = \sum_{j=1}^{N} \left[-\frac{\hbar^2}{2m_\mathrm{e}} \Delta_j + v(\mathbf{r}_j) \right] + \frac{e^2}{8\pi\varepsilon_0} \sum_{\substack{i,j \\ i \neq j}} \frac{1}{|\mathbf{r}_i - \mathbf{r}_j|},$$

vergl. Gl. (9.1). Im Teilchenzahlformalismus wird er als Fock-Operator durch die Einteilchenoperatoren der kinetischen Energie $\hat{T}$ und des äußeren Potentials $\hat{V}$, sowie durch den Zweiteilchenoperator der Coulomb-Wechselwirkung $\hat{V}_\mathrm{ee}$ dargestellt

$$\hat{H} = \sum_{\sigma}^{\pm\frac{1}{2}} \int \hat{\psi}_\sigma^+(\mathbf{r}) \left[-\frac{\hbar^2}{2m_\mathrm{e}} \Delta + v(\mathbf{r}) \right] \hat{\psi}_\sigma(\mathbf{r})\, \mathrm{d}^3 r + \hat{V}_\mathrm{ee}, \tag{9.73}$$

vergl. Abschn. 9.1. Hier bezeichnen $\hat{\psi}_\sigma^+(\mathbf{r})$ und $\hat{\psi}_\sigma(\mathbf{r})$ die Feldoperatoren für die Erzeugung bzw. Vernichtung eines Elektrons am Ort $\mathbf{r}$ mit Spinrichtung $\sigma = \pm\frac{1}{2}$, vergl. Abschn. 5.3. Nach dem Hohenberg-Kohn-Theorem ist die Grundzustandsenergie dieses Hamilton-Operators ein Funktional der Grundzustandselektronendichte.

9.6.1 Relativistische Verallgemeinerungen

Zur Berücksichtigung relativistischer Effekte, die z.B. bei schweren Atomen eine Rolle spielen, und des Elektronenspins, lassen sich dem Hohenberg-Kohn-Theorem entsprechende Theoreme auch für verallgemeinerte Hamilton-Operatoren herleiten. Dazu wird das elektromagnetische Feld als klassisches, also nicht quantisiertes gegebenes Feld betrachtet, und die Coulomb-Wechselwirkung $\hat{V}_\mathrm{ee}$ unverändert übernommen. Für den Operator in Gl. (9.73) sind verschiedene Verallgemeinerungen in Form relativistischer Näherungen möglich, [9.17].

Geht man von der zeitunabhängigen Dirac-Gleichung (3.32) aus, so hat man anstelle des Einelektronenoperators in Gl. (9.73)

$$H_\mathrm{E} = -\frac{\hbar^2}{2m_\mathrm{e}} \Delta + v(\mathbf{r})$$

in der Näherung der Pauli-Gleichung (3.37) einen Operator im Hilbert-Raum der Zweierspinoren

$$H_\mathrm{E} = \frac{1}{2m_\mathrm{e}} \left(\frac{\hbar}{i}\nabla + e_0 \mathbf{A} \right)^2 + g_0 \mu_\mathrm{B} \mathbf{B} \cdot \mathbf{s} + v(\mathbf{r}) \tag{9.74}$$

anzusetzen. Hier bezeichnet e_0 die Elementarladung, m_e die Elektronenmasse, g_0 den gyromagnetischen Faktor, μ_B das Bohrsche Magneton, vergl. Abschn. 10.1.1, $\mathbf{B} = \nabla \times \mathbf{A}$ die magnetische Induktion, $\mathbf{A}$ das Vektorpotential, $v(\mathbf{r}) = -e_0\phi(\mathbf{r})$ das skalare Potential des elektrischen Feldes und $\mathbf{s}$ die Pauli-Spinmatrizen, vergl. Gl. (2.99). Beim Umschreiben der 2×2-Matrizen von Gl. (9.74) bemerkt man, daß nur der spinabhängige Teil nicht diagonal ist. Der zugehörige Fock-Operator enthält nicht nur den Dichteoperator

$$\hat{n}_{\sigma\sigma'}(\mathbf{r}) = \hat{\psi}_\sigma^+(\mathbf{r})\hat{\psi}_{\sigma'}(\mathbf{r}),$$

sondern auch den Operator der Stromdichte

$$\hat{\mathbf{j}}_\sigma = \frac{\hbar}{i2m_e}\left(\hat{\psi}_\sigma^+(\mathbf{r})\nabla\hat{\psi}_\sigma(\mathbf{r}) - (\nabla\hat{\psi}_\sigma^+(\mathbf{r}))\hat{\psi}_\sigma(\mathbf{r})\right).$$

Das dem Hohenberg-Kohn-Theorem entsprechende Theorem besagt dann, daß die Energie des Grundzustandes $|g\rangle$ ein Funktional der Grundzustandselektronendichte $\langle g|\hat{n}_{\sigma\sigma'}(\mathbf{r})|g\rangle$ und der Grundzustandsstromdichte $\langle g|\hat{\mathbf{j}}_\sigma(\mathbf{r})|g\rangle$ ist. Die Variation bezüglich beider muß unter den Nebenbedingungen konstanter Elektronenzahl und der Kontinuitätsgleichung durchgeführt werden, und führt zu einer entsprechenden Kohn-Sham-Gleichung, [9.18]. Das Verfahren läßt sich ebenso durchführen, wenn man zu Gl. (9.74) noch den Operator der Spin-Bahn-Kopplung Gl. (3.41) hinzufügt, der dann auch in der entsprechenden Kohn-Sham-Gleichung auftritt, [9.19].

9.6.2 Spindichtefunktionaltheorie

Es wird hier nur der einfache Fall eines inhomogenen Elektronengases im nichtrelativistischen Grenzfall behandelt, dessen Grundzustand spinpolarisiert ist. Dies tritt z.B. bei ungerader Elektronenzahl auf, oder bei Systemen mit nur teilweise besetzten entarteten Energieniveaus. Dann genügt als Einelektronen-Hamilton-Operator die Form

$$H_E = -\frac{\hbar^2}{2m_e}\Delta + v(\mathbf{r}) + g_0\mu_B B s_3 \quad \text{mit} \quad s_3 = \frac{1}{2}\begin{pmatrix} 1 & 0 \\ 0 & -1 \end{pmatrix},$$

wobei das Magnetfeld $\mathbf{B} = (0,0,B)$ in z-Richtung gewählt wurde. Der zugehörige Operator im Fock-Raum ist dann gleich dem Operator Gl. (9.73) zuzüglich dem spinabhängigen Term

$$\begin{aligned}\hat{V}_S &= \sum_\sigma^{\pm\frac{1}{2}} \int \hat{\psi}_\sigma^+(\mathbf{r})g_0\mu_B B\sigma\hat{\psi}_\sigma(\mathbf{r})\,\mathrm{d}^3r \\ &= \frac{1}{2}g_0\mu_B B \int \left(\hat{n}_+(\mathbf{r}) - \hat{n}_-(\mathbf{r})\right)\mathrm{d}^3r\end{aligned} \quad (9.75)$$

mit

$$\hat{n}_{\pm}(\mathbf{r}) = \hat{n}_{\sigma}(\mathbf{r}) = \hat{\psi}_{\sigma}^{+}(\mathbf{r})\hat{\psi}_{\sigma}(\mathbf{r}) \quad \text{für} \quad \sigma = \pm\frac{1}{2},$$

der den Spin-Paramagnetismus beschreibt, während der durch das Vektorpotential **A** beschriebene Diamagnetismus unberücksichtigt bleibt. Der Operator kann mit dem äußeren Potential $v(\mathbf{r})$ zu einem neuen Potential

$$u_{\sigma}(\mathbf{r}) = v(\mathbf{r}) + g_0\mu_B B\sigma$$

zusammengefaßt werden. Der zugehörige Fock-Operator läßt sich dann durch die Dichteoperatoren $\hat{n}_{\pm}(\mathbf{r})$ ausdrücken

$$\begin{aligned}\hat{U} &= \sum_{\sigma}^{\pm\frac{1}{2}} \int \hat{\psi}_{\sigma}^{+}(\mathbf{r})u_{\sigma}(\mathbf{r})\hat{\psi}_{\sigma}(\mathbf{r})\,\mathrm{d}^3r \\ &= \sum_{\sigma}^{\pm\frac{1}{2}} \int u_{\sigma}(\mathbf{r})\hat{n}_{\sigma}(\mathbf{r})\,\mathrm{d}^3r \\ &= \int v(\mathbf{r})\big(\hat{n}_{+}(\mathbf{r}) + \hat{n}_{-}(\mathbf{r})\big)\,\mathrm{d}^3r + \frac{1}{2}g_0\mu_B B \int \big(\hat{n}_{+}(\mathbf{r}) - \hat{n}_{-}(\mathbf{r})\big)\,\mathrm{d}^3r.\end{aligned}$$

Berechnet man die Energie des Grundzustandes $|g\rangle$ wie in Abschn. 9.1, so läßt sich entsprechend dem Hohenberg-Kohn-Theorem beweisen, daß die Grundzustandsenergie

$$E_g = \langle g|\hat{T}|g\rangle + \langle g|\hat{U}|g\rangle + \langle g|\hat{V}_{\mathrm{ee}}|g\rangle$$

ein Funktional der beiden Grundzustandselektronendichten

$$E_g = E_g[n_+, n_-]$$

mit

$$n_{\pm}(\mathbf{r}) = \langle g|\hat{n}_{\pm}(\mathbf{r})|g\rangle$$

ist. Die Variation bezüglich $n_+(\mathbf{r})$ und $n_-(\mathbf{r})$ muß mit der Nebenbedingung konstanter Elektronenzahl N

$$N = \int \big(n_+(\mathbf{r}) + n_-(\mathbf{r})\big)\,\mathrm{d}^3r$$

durchgeführt werden, und führt auf eine spinabhängige Kohn-Sham-Gleichung

$$\left[-\frac{\hbar^2}{2m_{\mathrm{e}}}\Delta + v(\mathbf{r}) + v_{\mathrm{H}}[n](\mathbf{r}) + g_0\mu_B B\sigma + v_{\mathrm{xc}\,\sigma}[n_+, n_-](\mathbf{r})\right]\psi_{j\sigma}(\mathbf{r}) = \varepsilon_{j\sigma}\psi_{j\sigma}(\mathbf{r}) \quad (9.76)$$

mit dem spinabhängigen Austausch-Korrelations-Potential

$$v_{\text{xc}\,\sigma}[n_+, n_-](\mathbf{r}) = \frac{\delta E_{\text{xc}}[n_+, n_-]}{\delta n_\sigma(\mathbf{r})}$$

und

$$n_\sigma(\mathbf{r}) = \sum_j^{\text{besetzt}} |\psi_{j\sigma}(\mathbf{r})|^2.$$

Daraus ergibt sich die Elektronendichte

$$n(\mathbf{r}) = n_+(\mathbf{r}) + n_-(\mathbf{r})$$

und die Spinpolarisation

$$\zeta(\mathbf{r}) = \frac{n_+(\mathbf{r}) - n_-(\mathbf{r})}{n(\mathbf{r})}$$

im Grundzustand, vergl. [9.19].

9.6.3 Austausch-Korrelations-Funktional

Die Austausch-Korrelationsenergie $E_{\text{xc}}[n_+, n_-]$ des spinpolarisierten Elektronengases in der lokalen-Dichte-Näherung lautet

$$E_{\text{xc}}^{\text{LSDN}}[n_+, n_-] = \int n(\mathbf{r}) \varepsilon_{\text{xc}}\big(n(\mathbf{r}), \zeta(\mathbf{r})\big) \, d^3r, \tag{9.77}$$

wobei

$$\varepsilon_{\text{xc}}(n, \zeta) = \varepsilon_{\text{x}}(n, \zeta) + \varepsilon_{\text{c}}(n, \zeta)$$

die Austausch- bzw. Korrelationsenergie pro Elektron des homogenen spinpolarisierten Elektronengases bezeichnet. Die numerischen Ergebnisse von Monte-Carlo-Rechnungen [9.3] bestimmen sich für die Austauschenergie

$$\varepsilon_{\text{x}}(n, \zeta) = -\frac{3}{8} \left(\frac{3n}{\pi}\right)^{1/3} \left[(1+\zeta)^{4/3} + (1-\zeta)^{4/3}\right] \tag{9.78}$$

mit $\varepsilon_{\text{x}}(n, 0)$ nach Gl. (9.20) und $\varepsilon_{\text{x}}(n, 1) = 2^{1/3} \varepsilon_{\text{x}}(n, 0)$, was sich aus Gl. (7.25) und (8.33) ableiten läßt. Man vergleiche auch den Abschn. 8.3.2. Für die Korrelationsenergie lautet die Parametrisierung nach [9.20]

$$\varepsilon_{\text{c}}(n, \zeta) = A(\zeta) \Bigg[\ln\left(\frac{x^2}{X(x,\zeta)}\right) + \frac{2b(\zeta)}{Q(\zeta)} \tan^{-1} P(x,\zeta) - \frac{b(\zeta) x_0(\zeta)}{X(x_0(\zeta), \zeta)} \times$$

$$\times \left\{ \ln\left(\frac{(x - x_0(\zeta))^2}{X(x,\zeta)}\right) + \frac{2}{P(x_0(\zeta), \zeta)} \tan^{-1} P(x,\zeta) \right\} \Bigg]$$

mit

$$x = \left(\frac{3}{4\pi n}\right)^{1/6}$$
$$X(x,\zeta) = x^2 + b(\zeta)x + c(\zeta)$$
$$Q(\zeta) = \sqrt{4c(\zeta) - b^2(\zeta)}$$
$$P(x,\zeta) = \frac{Q(\zeta)}{2x + b(\zeta)}.$$

Die Parameter für den unpolarisierten Fall $\zeta = 0$ und für den vollständig polarsierten Fall $\zeta = 1$ sind

$$A(0) = 2A(1) = 0.0310907$$
$$x_0(0) = -0.10498, \qquad x_0(1) = -0.32500$$
$$b(0) = 3.72744, \qquad b(1) = 7.06042$$
$$c(0) = 12.9352, \qquad c(1) = 18.0578.$$

Für die Interpolation $0 \leq \zeta \leq 1$ wird entsprechend Gl. (9.78) gesetzt

$$\varepsilon_c(n,\zeta) = \varepsilon_c(n,0) + [\varepsilon_c(n,1) - \varepsilon_c(n,0)]f(\zeta) \qquad (9.79)$$

mit

$$f(\zeta) = \frac{1}{2^{4/3} - 2}\left[(1+\zeta)^{4/3} + (1-\zeta)^{4/3} - 2\right].$$

9.7 Zeitabhängige Vorgänge

Zur Beschreibung von freien oder chemisch gebundenen Atomen in zeitabhängigen äußeren elektromagnetischen Feldern läßt sich die Dichtefunktionaltheorie auch auf dynamische Systeme verallgemeinern, indem von der zeitabhängigen Schrödinger-Gleichung ausgegangen wird, vergl. [9.21]. Im einfachsten Falle eines Elektronengases in einem äußeren skalaren Potential existiert eine eineindeutige Abbildung zwischen dem äußeren Potential und der Elektronendichte, die sich auf einen bestimmten elektronischen Anfangszustand bezieht. Die dabei auftretende elektrische Stromdichte ist ebenfalls ein Funktional der Elektronendichte, und muß die Kontinuitätsgleichung erfüllen. Es läßt sich dann eine zeitabhängige Kohn-Sham-Gleichung herleiten, aus deren Lösungen sich die zeitabhängige Elektronendichte ergibt. Im Falle eines äußeren Magnetfeldes muß die Spindichtefunktionaltheorie, vergl. Abschn. 9.6,angewendet werden.

9.7 Zeitabhängige Vorgänge

Wird die Bewegung der Atomkerne mit einbezogen, so existiert ebenfalls eine eineindeutige Abbildung zwischen den Elektronen- und Atomkernpotentialen und den Elektronen- und Atomkerndichten. Man kann dann für die einzelnen Teilchensorten entsprechende zeitabhängige Kohn-Sham-Gleichungen herleiten. Wir wollen hier nicht auf die Beschreibung dieser Theorie eingehen. Zur Behandlung von Flüssigkeiten wäre außerdem eine Erweiterung auf temperaturabhängige Systeme mit einer kanonischen oder großkanonischen Gesamtheit, vergl. [9.21], erforderlich.

Für das Folgende wollen wir uns auf eine mikrokanonische Gesamtheit beschränken, und bei der Anwendung auf chemisch gebundene Atome davon ausgehen, daß sich die Kohn-Sham-Zustände der Atomkerne $\psi_{I\alpha}(\mathbf{R},t)$ nicht überlappen und so stark lokalisiert sind, daß man die Bewegung der Atomkerne im Rahmen der klassischen Mechanik beschreiben kann. Hier bezeichnet α die Sorte der Atomkerne und $I = 1, 2 \ldots N_\alpha$ zählt die einzelnen Atomkerne ab. Die Kohn-Sham-Zustände sind Lösungen der zeitabhängigen Kohn-Sham-Gleichung

$$-\frac{\hbar}{i}\frac{\partial}{\partial t}\psi_{I\alpha}(\mathbf{R},t) = \left[-\frac{\hbar^2}{2M_\alpha}\frac{\partial^2}{\partial \mathbf{R}^2} + U_\alpha[n,\{n_\alpha\}](\mathbf{R},t)\right]\psi_{I\alpha}(\mathbf{R},t),$$

wobei $n(\mathbf{r},t)$, $n_\alpha(\mathbf{R},t)$ die Dichten der Elektronen bzw. Atomkerne der Sorte α sind, und U_α ein effektives Potential bezeichnet, [9.21].

Zur Begründung der klassischen Näherung betrachten wir die Fock-Operatoren $\hat{\mathbf{R}}_\alpha(t)$ der Orte der Atomkerne der Sorte α

$$\hat{\mathbf{R}}_\alpha(t) = \int \hat{\Psi}_\alpha^+(\mathbf{R},t)\mathbf{R}\hat{\Psi}_\alpha(\mathbf{R},t)\,\mathrm{d}^3R$$

$$= \int \mathbf{R}\hat{n}_\alpha(\mathbf{R},t)\,\mathrm{d}^3R.$$

Hier bezeichnen $\hat{\Psi}_\alpha^+(\mathbf{R},t)$ bzw. $\hat{\Psi}_\alpha(\mathbf{R},t)$ die Erzeugungs- bzw. Vernichtungsoperatoren für einen Atomkern der Sorte α am Ort $\mathbf{R}$ zu Zeit t, und

$$\hat{n}_\alpha(\mathbf{R},t) = \hat{\Psi}_\alpha^+(\mathbf{R},t)\hat{\Psi}_\alpha(\mathbf{R},t)$$

den zugehörigen Teilchendichteoperator. Wie im zeitunabhängigen Fall läßt sich die Dichte der N_α Atomkerne der Sorte α mit der Masse M_α aus den Kohn-Sham-Zuständen bestimmen, und wir wollen annehmen, daß sie sich genähert aus Deltafunktionen an den Orten $\mathbf{R}_{I\alpha}(t)$ der Atomkerne mit $I = 1, 2, \ldots N_\alpha$ zusammensetzt

$$n_\alpha(\mathbf{R},t) = \langle \Psi(t)|\hat{n}_\alpha(\mathbf{R},t)|\Psi(t)\rangle$$

$$= \sum_{I=1}^{N_\alpha} |\psi_{I\alpha}(\mathbf{R},t)|^2$$

$$= \sum_{I=1}^{N_\alpha} \delta(\mathbf{R}-\mathbf{R}_{I\alpha}(t)),$$

wobei $\Psi(t)$ der Vielteilchenzustand ist, der aus den Kohn-Sham-Zuständen aller Teilchen gebildet wird. Für den Erwartungswert der Kernorte erhält man dann das N_α-fache vom Schwerpunkt der Atomkerne der Sorte α

$$\mathbf{R}_\alpha(t) = \int \mathbf{R} n_\alpha(\mathbf{R},t)\,d^3R = \sum_{I=1}^{N_\alpha} \mathbf{R}_{I\alpha}(t).$$

Aus den Ehrenfest-Gleichungen, vergl. Gl. (1.23) und Abschn. 4.3.1, findet man für die Beschleunigung

$$\sum_{I=1}^{N_\alpha} \frac{d^2}{dt^2}\mathbf{R}_{I\alpha}(t) = \frac{1}{M_\alpha}\sum_{I=1}^{N_\alpha} \mathbf{F}_{I\alpha}(t) \tag{9.80}$$

mit den Kräften auf die einzelnen Atomkerne

$$\mathbf{F}_{I\alpha}(t) = -\left(\frac{\partial U_\alpha}{\partial \mathbf{R}}\right)_{\mathbf{R}=\mathbf{R}_{I\alpha}}.$$

Dabei setzt sich das effektive Potential des Kohn-Sham-Operators

$$U_\alpha[n,\{n_\alpha\}](\mathbf{R},t) = V_\alpha(\mathbf{R},t) - \frac{Z_\alpha}{4\pi\varepsilon_0}\int \frac{n(\mathbf{r})}{|\mathbf{R}-\mathbf{r}|}\,d^3r$$
$$+ \sum_{J,\beta} \frac{Z_\alpha Z_\beta}{4\pi\varepsilon_0}\frac{1}{|\mathbf{R}-\mathbf{R}_{J\beta}|} \tag{9.81}$$

aus dem externen Potential $V_\alpha(\mathbf{R},t)$, dem Hartree-Potential der Elektronen und der Wechselwirkung mit den anderen Atomkernen zusammen, während der Austausch-Korrelationsterm vernachlässigbar klein ist, vergl. [9.21].

□ Zum Beweise verwenden wir Gl. (4.18) für die zeitliche Änderung der Erwartungswerte und beachten den Kommutator

$$\left[H_\alpha, \frac{\partial}{\partial \mathbf{R}}\right] = \left[-\frac{\hbar^2}{2M_\alpha}\frac{\partial^2}{\partial \mathbf{R}^2} + U_\alpha, \frac{\partial}{\partial \mathbf{R}}\right] = -\frac{\partial U_\alpha}{\partial \mathbf{R}},$$

wobei H_α den Kohn-Sham-Operator der Atomkerne der Sorte α bezeichnet. Dann erhält man nach Abschn. 4.3.1

$$\frac{d^2}{dt^2}\mathbf{R}_\alpha(t) = -\frac{1}{M_\alpha}\left\langle \Psi(t)\Big| \int \hat{\psi}_\alpha^+(\mathbf{R},t)\frac{\partial U_\alpha}{\partial \mathbf{R}}\hat{\psi}_\alpha(\mathbf{R},t)\,d^3R\Big|\Psi(t)\right\rangle$$
$$= -\frac{1}{M_\alpha}\left\langle \Psi(t)\Big| \int \frac{\partial U_\alpha}{\partial \mathbf{R}}\hat{n}_\alpha(\mathbf{R},t)\,d^3R\Big|\Psi(t)\right\rangle$$
$$= -\frac{1}{M_\alpha}\int \frac{\partial U_\alpha}{\partial \mathbf{R}} n_\alpha(\mathbf{R},t)\,d^3R$$
$$= \frac{1}{M_\alpha}\sum_{I=1}^{N_\alpha} \mathbf{F}_{I\alpha}(t)$$

mit den Kräften $\mathbf{F}_{I\alpha}(t)$ auf die einzelnen Atomkerne. ∎

9.7 Zeitabhängige Vorgänge

Wegen des Pauli-Prinzips ununterscheidbarer Atomkerne der Sorte α wird durch Gl. (9.80) nur die Bahnkurve des Schwerpunktes der N_α Atomkerne bestimmt. Da sich der Zustand dieser Atomkerne aus Produktfunktionen der Kohn-Sham-Funktionen $\psi_{I\alpha}(\mathbf{R}, t)$ zusammensetzt, kann man die Bahnkurven der einzelnen Atomkerne auch durch

$$\mathbf{R}_{I\alpha}(t) = \langle \psi_{I\alpha}(\mathbf{R}, t) | \mathbf{R} | \psi_{I\alpha}(\mathbf{R}, t) \rangle$$
$$= \int \mathbf{R} |\psi_{I\alpha}(\mathbf{R}, t)|^2 \, \mathrm{d}^3 R$$

definieren, und erhält so die klassische Bewegungsgleichung für die Einzelatome

$$\frac{\mathrm{d}^2}{\mathrm{d}t^2} \mathbf{R}_{I\alpha}(t) = \frac{1}{M_\alpha} \mathbf{F}_{I\alpha}(t) = -\frac{1}{M_\alpha} \left(\frac{\partial U_\alpha}{\partial \mathbf{R}} \right)_{\mathbf{R}=\mathbf{R}_{I\alpha}}. \tag{9.82}$$

Im Rahmen dieser Näherungen ist also die zeitabhängige Kohn-Sham-Gleichung der Elektronen

$$-\frac{\hbar}{i} \frac{\partial}{\partial t} \psi_j(\mathbf{r}, t) = \left[-\frac{\hbar^2}{2m_\mathrm{e}} \Delta + v(\mathbf{r}, t) + v_\mathrm{H}[n](\mathbf{r}, t) \right.$$
$$\left. - \sum_\alpha \sum_{I=1}^{N_\alpha} \frac{Z_\alpha e^2}{4\pi\varepsilon_0} \frac{1}{|\mathbf{r} - \mathbf{R}_{I\alpha}(t)|} \right. \tag{9.83}$$
$$\left. + v_\mathrm{xc}[n](\mathbf{r}, t) \right] \psi_j(\mathbf{r}, t)$$

mit der Elektronendichte

$$n(\mathbf{r}, t) = \sum_j^{\text{besetzt}} |\psi_j(\mathbf{r}, t)|^2$$

und mit den Gleichungen (9.82) als gekoppeltes Gleichungssystem zu lösen, [9.21].

9.7.1 Molekulardynamik

Im Unterschied zu der eben angedeuteten Näherung wird bei der Quantenmolekulardynamik von der Born-Oppenheimer-Näherung, vergl. Abschn. 8.4.1, ausgegangen. Dazu wendet man zu einem festen Zeitpunkt t die stationäre Dichtefunktionaltheorie bei festgehaltenen Kernkoordinaten $\mathbf{R}_{I\alpha}(t)$ an, und berechnet die Gesamtenergie nach Gl. (9.52)

$$E_g^{\text{ges}}(\{\mathbf{R}_{I\alpha}\}) = E_g[n](\{\mathbf{R}_{I\alpha}\}) + E^{\text{ion}}(\{\mathbf{R}_{I\alpha}\}) \tag{9.84}$$

als Summe der elektronischen Grundzustandsenergie $E_g[n]$ und der elektrostatischen Abstoßungsenergie der Atomkerne E^{Ion}. Dabei hängen das gegebene Potential $v(\mathbf{r},t)$ und die Elektronendichte $n(\mathbf{r},t)$ von den Koordinaten aller Atomkerne $\{\mathbf{R}_{I\alpha}\}$ zur Zeit t ab

$$v(\mathbf{r},t) = v(\mathbf{r},t,\{\mathbf{R}_{I\alpha}\})$$
$$n(\mathbf{r},t) = n(\mathbf{r},t,\{\mathbf{R}_{I\alpha}\}).$$

Ist nun die Gesamtenergie bezüglich der Kernkoordinaten nicht minimal, so werden bei einem solchen System Kräfte auf die einzelnen Atome ausgeübt. Diese Kräfte lassen sich mit Hilfe des Hellmann-Feynman-Theorems, vergl. Abschn. 8.4.2, berechnen. Die Kraft auf das Atom I der Sorte α ist danach

$$\mathbf{F}_{I\alpha} = -\frac{\partial E_g^{\text{ges}}}{\partial \mathbf{R}_{I\alpha}}$$
$$= -\int \frac{\partial v(\mathbf{r},\{\mathbf{R}_{I\alpha}\})}{\partial \mathbf{R}_{I\alpha}} n(\mathbf{r},\{\mathbf{R}_{I\alpha}\}) \, \mathrm{d}^3 R - \frac{\partial E^{\text{Ion}}(\{\mathbf{R}_{I\alpha}\})}{\partial \mathbf{R}_{I\alpha}}. \quad (9.85)$$

Ein Fehler bei der Berechnung der Elektronendichte des Grundzustandes $n(\mathbf{r})$ führt erst in zweiter Ordnung zu einem Fehler bei der Berechnung von $\mathbf{F}_{I\alpha}$. Dies erkennt man aus der Variationsableitung bezüglich der Elektronendichte

$$\tilde{\mathbf{F}}_{I\alpha} = -\int \frac{\delta E_g[n](\{\mathbf{R}_{I\alpha}\})}{\delta n(\mathbf{r})} \frac{\delta n(\mathbf{r},\{\mathbf{R}_{I\alpha}\})}{\delta \mathbf{R}_{I\alpha}} \, \mathrm{d}^3 r,$$

die in der Hellman-Feynman-Kraft Gl. (9.85) nicht enthalten ist. Der Korrekturterm $\tilde{\mathbf{F}}_{I\alpha}$ verschwindet jedoch wegen der Extremalbedingung der Grundzustandsenergie, vergl. Gl. (9.7),

$$\int \left(\frac{\delta E_g[n](\{\mathbf{R}_I\})}{\delta n(\mathbf{r})} - \mu \right) \delta n(\mathbf{r}) \, \mathrm{d}^3 r = 0$$

in erster Ordnung einer Reihenentwicklung nach $\delta n(\mathbf{r})$, weil die Zahl der Elektronen erhalten bleibt

$$\int \delta n(\mathbf{r}) \, \mathrm{d}^3 r = 0.$$

Ein nichtverschwindendes $\tilde{\mathbf{F}}_I$ erhält man erst in zweiter Ordnung.

Mit Hilfe dieser Kräfte $\mathbf{F}_{I\alpha}$ auf die Atomkerne $I\alpha$ lassen sich dann die Orte der Atome im Rahmen der klassischen Mechanik

$$M_\alpha \frac{\mathrm{d}^2 \mathbf{R}_{I\alpha}(t)}{\mathrm{d}t^2} = \mathbf{F}_{I\alpha}(t) \quad (9.86)$$

zu einem um Δt späteren Zeitpunkt bestimmen

$$\mathbf{R}_{I\alpha}(t+\Delta t) = 2\mathbf{R}_{I\alpha}(t) - \mathbf{R}_{I\alpha}(t-\Delta t) + \frac{(\Delta t)^2}{M_\alpha} \mathbf{F}_{I\alpha}(t). \quad (9.87)$$

9.7 Zeitabhängige Vorgänge 331

Hier bezeichnet $\mathbf{F}_{I\alpha}(t)$ die Hellmann-Feynman-Kraft nach Gl. (9.85). Die Gleichung (9.87) beschreibt eine Moleculardynamik auf quantenmechanischer Grundlage, wobei die Atomkerne als klassische Massenpunkte behandelt werden, und sich das Elektronensystem zu jedem Zeitpunkt im quantenmechanischen Grundzustand befindet. Dieses ist eine gute Näherung, weil man wegen des großen Massenunterschiedes zwischen Elektronen und Atomkernen davon ausgehen kann, daß sich die Elektronen im Vergleich zu den Atomkernen sehr schnell bewegen, und deswegen zu den jeweiligen Lagen der Atomkerne stets den niedrigsten Energiezustand einnehmen.

Die Gleichung (9.87) gestattet im Prinzip die Berechnung der Bahnkurven $\mathbf{R}_{I\alpha}(t)$ der Atomkerne bzw. Atome, falls sie sich nicht in ihren Ruhelagen am Minimum von $E_g^{ges}(\{\mathbf{R}_{I\alpha}\})$ befinden. Dazu muß nach jedem einzelnen Zeitschritt Δt die Kohn-Sham-Gleichung des Elektronensystems selbstkonsistent gelöst werden, um die Kräfte $\mathbf{F}_{I\alpha}$ für jeden Atomkern zu bestimmen. Eine solche Aufgabe ist mit den z.Zt. vorhadenen Rechnern nur für Systeme aus wenigen Atomen zu lösen. Dazu gehört z.B. die Bestimmung der atomaren Struktur kleiner Moleküle. Für Flüssigkeiten sind jedoch Superzellen mit größenordnungsmäßig 10^2 Atomen und größenordnungsmäßig wenigstens 10^4 Zeitschritte erforderlich, was die Möglichkeiten der heutigen EDV-Anlagen übersteigt. Um die Eigenschaften größerer Systeme berechnen zu können, müssen weitere Näherungen eingeführt werden. Im Prinzip kommen dafür Abstriche bei der Lösung des quantenmechanischen Elektronensystems oder eine deuliche Vergrößerung der Zeitschritte in Frage. Wir wollen uns hier auf Systeme aus nicht zu vielen Atomen beschränken, für die lediglich die atomare Struktur ermittelt werden soll, d.h. es werden die Koordinaten $\mathbf{R}_{I\alpha}$ der Atomkerne gesucht, für die die Gesamtenergie E^{ges} im elektronischen Grundzustand nach Gl. (9.84) ein Minimum annimmt. Da die Gesamtenergie auf der Born-Oppenheimer-Näherung beruht, heißt die Fläche $E_g^{ges}(\{\mathbf{R}_{I\alpha}\})$ im Raum der Kernkoordinaten $\mathbf{R}_{I\alpha}$ auch *Born-Oppenheimer-Fläche*, und das Minimum dieser Fläche bestimmt die Ruhelagen der Atomkerne bei der Temperatur $T = 0\,\mathrm{K}$.

9.7.2 Ruhelagen der Atomkerne

Zur Bestimmung der Ruhelagen $\mathbf{R}_{I\alpha}$ der Atomkerne aus dem Minimum der Born-Oppenheimer-Fläche $E_g^{ges}(\{\mathbf{R}_{I\alpha}\})$, geht man in der Moleculardynamik von den Startwerten für die $\mathbf{R}_{I\alpha}(t)$ aus, löst damit die Kohn-Sham-Gleichung selbstkonsistent, um die Elektronendichte und damit die Gesamtenergie E_g^{ges} zu erhalten. Man berechnet zusätzlich die Kräfte auf die einzelnen Atome nach Gl. (9.85), und kann daraus mit Gl. (9.87) neue Kernkoordinaten berechnen. Diese Schritte werden so lange wiederholt, bis alle Kräfte verschwinden und man am Minimum der Born-Oppenheimer-Fläche angelangt ist. Bei diesem Verfahren, das sich an den wirklichen Bahnkurven der Atome orientiert, muß nach jedem Zeitschritt Δt die Kohn-Sham-Gleichung erneut bis zur Selbstkonsistenz gelöst werden. Wenn nur die Ruhelagen der Atomkerne interessieren, müssen auf den Zwischenschritten nicht unbedingt die Kohn-Sham-Gleichungen korrekt gelöst werden, und man kann weniger rechenintensive Methoden verwenden, um von einem Punkt der Born-Oppenheimer-Fläche aus, das Minimum zu erreichen.

Bei dem Car-Parrinello-Verfahren [9.22] wird für die elektronischen Kohn-Sham-Zustände eine fiktive Zeitabhängigkeit eingeführt, die eine schnellere Berechnung nach jedem Zeitschritt ermöglichen, und die sicherstellt, daß das Minimum der Born-Oppenheimer-Fläche auch erreicht wird.

Bei der Herleitung gehen wir von der Lagrange-Funktion der klassischen Mechanik für die Bewegung der Atomkerne aus [1]

$$L(\mathbf{R}_{I\alpha}, \dot{\mathbf{R}}_{I\alpha}) = \sum_\alpha \sum_{I=1}^{N_\alpha} \frac{1}{2} M_\alpha \dot{\mathbf{R}}_{I\alpha}^2 - E_g^{\text{ges}}(\{\mathbf{R}_{I\alpha}\}),$$

die auf die Bewegungsgleichung Gl. (9.86) führt.

□ Nach der klassischen Mechanik erhält man aus den Euler-Lagrange-Gleichungen

$$\frac{\mathrm{d}}{\mathrm{d}t} \frac{\partial L}{\partial \dot{\mathbf{R}}_{I\alpha}} - \frac{\partial L}{\partial \mathbf{R}_{I\alpha}} = 0$$

die Bewegungsgleichung

$$M_\alpha \ddot{\mathbf{R}}_{I\alpha} + \frac{\partial E_g^{\text{ges}}}{\partial \mathbf{R}_{I\alpha}} = M_\alpha \ddot{\mathbf{R}}_{I\alpha} - \mathbf{F}_{I\alpha} = 0$$

mit der Kraft $\mathbf{F}_{I\alpha}$ nach Gl. (9.85). ■

Der erste Term der Lagrange-Funktion beschreibt die kinetische Energie der Kerne, während die kinetische Energie der Elektronen in der Gesamtenergie E_g^{ges} enthalten ist.

Zur Berücksichtigung der Veränderung der Kohn-Sham-Zustände durch die Bewegung der Atomkerne ersetzen Car und Parrinello die tatsächliche Abhängigkeit von den Bahnkurven der Kerne durch eine fiktive Zeitabhängigkeit. Dazu werden die Kohn-Sham-Zustände $\psi_j(\mathbf{r}, t)$ im Rahmen einer klassischen Feldtheorie behandelt, vergl. Abschn. 5.4, indem die Lagrange-Funktion durch eine zusätzliche fiktive kinetische Energie der N Elektronen ergänzt wird

$$L\big(\mathbf{R}_{I\alpha}, \dot{\mathbf{R}}_{I\alpha}, \psi_j(\mathbf{r},t), \dot{\psi}_j(\mathbf{r},t)\big) = \sum_{j=1}^{N} \mu \int |\dot{\psi}_j(\mathbf{r},t)|^2 \, \mathrm{d}^3 r$$
$$+ \sum_\alpha \sum_{I=1}^{N_\alpha} \frac{1}{2} M_\alpha \dot{\mathbf{R}}_{I\alpha}^2 - E_g^{\text{ges}}[\{\psi_j\}](\{\mathbf{R}_{I\alpha}\}). \tag{9.88}$$

Hier wurde ein freier Parameter μ der Dimension Js^2 eingeführt, der bei der numerischen Durchführung geeignet festgelegt werden kann. Die elektronische Gesamtenergie E_g^{ges} wird als Funktional der $\psi_j(\mathbf{r},t)$ aufgefaßt, vergl. Abschn. 9.2, und stellt

---

[1] Der Punkt bezeichnet die Ableitung nach der Zeit t.

9.7 Zeitabhängige Vorgänge

somit die Kopplung zwischen der zeitlichen Veränderung der Kohn-Sham-Zustände $\psi_j(\mathbf{r},t)$ und der der Kernkoordinaten $\mathbf{R}_{I\alpha}(t)$ dar. Bei der Variationsaufgabe der klassischen Mechanik zwischen zwei festen Zeiten t_0 und t_1

$$\int_{t_0}^{t_1} \left[L\left(\mathbf{R}_{I\alpha}, \dot{\mathbf{R}}_{I\alpha}, \psi_j(\mathbf{r},t), \dot{\psi}_j(\mathbf{r},t)\right) \right.$$
$$\left. + \sum_{j,k}^{1...N} \lambda_{jk} \left\{ \int \psi_j^*(\mathbf{r},t)\psi_k(\mathbf{r},t)\, \mathrm{d}^3 r - \delta_{jk} \right\} \right] \mathrm{d}t \longrightarrow \text{Minimum}$$

werden die N^2 Nebenbedingungen der Orthonormalität der N komplexen Kohn-Sham-Zustände

$$\int \psi_j^*(\mathbf{r},t)\psi_k(\mathbf{r},t)\, \mathrm{d}^3 r = \delta_{jk}$$

mit Hilfe von Lagrange-Parametern λ_{jk} berücksichtigt. Die Matrix $\Lambda = (\lambda_{jk})$ ist selbstadjungiert und kann, bei geeigneter unitärer Transformation der $\psi_j(\mathbf{r},t)$, als Diagonalmatrix angenommen werden $\lambda_{jk} = \eta_j \delta_{jk}$. Bei komplexer Variation sind die $\psi_j^*(\mathbf{r},t)$ und $\psi_j(\mathbf{r},t)$ linear unabhängig, und man erhält die Euler-Lagrange-Gleichungen, vergl. Gl. (5.72),

$$\frac{\mathrm{d}}{\mathrm{d}t} \frac{\partial L}{\partial \dot{\mathbf{R}}_{I\alpha}} - \frac{\partial L}{\partial \mathbf{R}_{I\alpha}} = 0$$

$$\frac{\partial}{\partial t} \frac{\delta L}{\delta \dot{\psi}_j^*(\mathbf{r},t)} - \frac{\delta L}{\delta \psi_j^*(\mathbf{r},t)} - \frac{\delta}{\delta \psi_j^*(\mathbf{r},t)} \sum_{j=1}^{N} \eta_j \int \psi_j^*(\mathbf{r},t)\psi_j(\mathbf{r},t)\, \mathrm{d}^3 r = 0.$$

Die Ausführung der Funktionalableitungen [2] mit L nach Gl. (9.88) liefert nach Abschn. 9.2

$$M_\alpha \ddot{\mathbf{R}}_{I\alpha} = -\frac{\partial E_g^{\text{ges}}}{\partial \mathbf{R}_{I\alpha}} = \mathbf{F}_{I\alpha}$$

$$\mu \ddot{\psi}_j(\mathbf{r},t) = -\frac{\delta E_g^{\text{ges}}}{\delta \psi_j^*(\mathbf{r},t)} + \eta_j \psi_j(\mathbf{r},t) \qquad (9.89)$$

$$= -H(\mathbf{r})\psi_j(\mathbf{r},t) + \eta_j \psi_j(\mathbf{r},t),$$

---

[2] Sei $\mathbf{r} \in R^3$, $\varphi(\mathbf{r}) \in R^N$, $F \in C$, dann heißt $\varphi(\mathbf{r}) \xrightarrow{F} C$ bzw. $F[\varphi]$ ein Funktional von φ. Wenn für $\eta(\mathbf{r}) \in R^N$ und $\alpha \in R$ für ein gegebenes Funktional $F[\varphi + \alpha\eta]$ die Ableitung nach α existiert und sich in der Form

$$\left.\frac{\mathrm{d}}{\mathrm{d}\alpha} F[\varphi + \alpha\eta]\right|_{\alpha=0} = \int_V \sum_{k=1}^N \frac{\delta F[\varphi]}{\delta \varphi_k(\mathbf{r})} \eta_k(\mathbf{r})\, \mathrm{d}^3 r$$

schreiben läßt, dann heißt $\delta F[\varphi]/\delta\varphi_k(\mathbf{r})$ *Funktionalableitung* oder *Variationsableitung* des Funktionals $F[\varphi]$.

wobei $H(\mathbf{r})$ den Kohn-Sham-Operator der Elektronen bezeichnet. Die Gleichungen (9.89) gestatten die Berechnung der Kernkoordinaten $\mathbf{R}_{I\alpha}(t)$ und der $\psi_j(\mathbf{r},t)$ entsprechend Gl. (9.87) zu einer um Δt späteren Zeit, indem die Elektronendichte im Kohn-Sham-Operator aus den $\psi_j(\mathbf{r},t)$ gebildet und $\eta_j = \langle\psi_j|H|\psi_j\rangle$ gesetzt wird.

Bei Annäherung an die Ruhelagen der Atomkerne muß die kinetische Energie in der Lagrange-Funktion, das sind die ersten beiden Terme auf der rechten Seite von Gl. (9.88),

$$K = \sum_{j=1}^{N} \mu \int |\dot{\psi}_j(\mathbf{r},t)|^2 \, \mathrm{d}^3 r + \sum_{\alpha} \sum_{I=1}^{N_\alpha} \frac{1}{2} M_\alpha \dot{\mathbf{R}}_{I\alpha}^2$$

schrittweise auf Null abgesenkt werden, was durch Vermindern der Geschwindigkeiten $|\dot{\mathbf{R}}_{I\alpha}|$ und $|\dot{\psi}_j(\mathbf{r},t)|$ geschehen kann. Für $K \to 0$ verschwinden dann die linken Seiten der Gl. (9.89), die $\mathbf{R}_{I\alpha}$ gehen in die Ruhelagen über, und die $\psi_j(\mathbf{r},t)$ in die Eigenfunktionen des Kohn-Sham-Operators.

Effizientere Verfahren zur Bestimmung der Ruhelagen der Atomkerne ergeben sich durch direkte Minimierung der elektronischen Gesamtenergie $E_g^{\mathrm{ges}}(\{\mathbf{R}_{I\alpha}\})$ als Funktion der Kernkoordinaten $\mathbf{R}_{I\alpha}$. Von ihnen ist die Methode der konjugierten Gradienten numerisch besonders leistungsfähig. Sie ermöglicht größere Zeitschritte als beim Car-Parrinello-Verfahren und ist wesentlich effektiver. Eine Übersicht über die hier angedeuteten Methoden zur numerischen Bestimmung der Ruhelagen der Atomkerne findet sich in der Arbeit [9.23].

10 Punktladung und Elektromagnetismus

Bei der Anwendung der Quantenmechanik auf freie und gebundene Atome haben wir es mit Elektronen und Atomkernen zu tun, die in der hier verwendeten Näherung als geladene Massenpunkte angesehen werden. Im einfachsten Fall ist die Wechselwirkung der Elektronen untereinander und mit den Atomkernen durch das Coulomb-Gesetz gegeben. Demgegenüber kann die Gravitationswechselwirkung vernachlässigt werden, denn das Verhältnis der Gravitationskraft $\mathbf{F}_G$ zur Coulomb-Kraft $\mathbf{F}_C$ zwischen einem Proton der Masse $m_p = 1.67262 \cdot 10^{-27}$ kg und einem Elektron der Masse $m_e = 9.10939 \cdot 10^{-31}$ kg ist sehr klein:

$$\frac{|\mathbf{F}_G|}{|\mathbf{F}_C|} = \frac{G m_p m_e 4\pi\varepsilon_0}{e^2} = 4 \cdot 10^{-40}.$$

Hier bezeichnen $G = 6.67259 \cdot 10^{-11}$ kg^{-1}m^{3}s^{-2} die Gravitationskonstante, ε_0 die elektrische Feldkonstante und $e = 1.60218 \cdot 10^{-19}$ C die Elementarladung.

Im allgemeinen muß aber berücksichtigt werden, daß bewegte Ladungen die Ursache für zeitabhängige elektromagnetische Felder sind und insofern die Quantenmechanik geladener Massenpunkte nicht unabhängig von den elektromagnetischen Feldern behandelt werden kann.

Eine einfache Korrektur zur Coulomb-Kraft ergibt sich z.B. durch die Berücksichtigung der Lorentz-Kraft zweier bewegter Punktladungen. Betrachtet man etwa ein Elektron mit der Geschwindigkeit $\dot{\mathbf{r}}_1$ in einem Inertialsystem, so stellt es einen elektrischen Strom dar und erzeugt am Ort $\mathbf{r}$ eine magnetische Induktion $\mathbf{B}(\mathbf{r})$, die im nichtrelativistischen ($|\dot{\mathbf{r}}_1| \ll c$: Lichtgeschwindigkeit) und nicht beschleunigten Fall ($\ddot{\mathbf{r}}_1 = 0$) genähert durch

$$\mathbf{B}(\mathbf{r}) = \frac{e\mu_0}{4\pi} \frac{(\mathbf{r} - \mathbf{r}_1) \times \dot{\mathbf{r}}_1}{|\mathbf{r} - \mathbf{r}_1|^3}$$

gegeben ist. Hier bezeichnet μ_0 die magnetische Feldkonstante. Dann sind die Lorentz-Kraft $\mathbf{F}_L$ und die Coulomb-Kraft $\mathbf{F}_C$, die das Elektron 1 auf das Elektron 2 ausübt, gegeben durch

$$\mathbf{F}_L = -e\dot{\mathbf{r}}_2 \times \mathbf{B}(\mathbf{r}_2)$$

$$\mathbf{F}_C = \frac{e^2}{4\pi\varepsilon_0} \frac{(\mathbf{r}_2 - \mathbf{r}_1)}{|\mathbf{r}_2 - \mathbf{r}_1|^3}.$$

Für das Verhältnis dieser beiden Kräfte gilt

$$\frac{|\mathbf{F}_L|}{|\mathbf{F}_C|} \leq \mu_0 \varepsilon_0 |\dot{\mathbf{r}}_1||\dot{\mathbf{r}}_2| = \frac{|\dot{\mathbf{r}}_1||\dot{\mathbf{r}}_2|}{c^2},$$

und man erkennt, daß die Lorentzkraft eine relativistische Korrektur der Coulomb-Kraft darstellt. Zur Beschreibung der elektronischen Zustände von Atomen gehen wir zunächst von der Coulomb-Wechselwirkung aus und berücksichtigen von den relativistischen Korrekturen in erster Näherung nur die Spin-Bahn-Kopplung. Weitere relativistische Korrekturen sind z.B. die Spin-Spin-Wechselwirkungen zwischen Elektronen und Atomkernen.

Auf der anderen Seite werden die mikroskopischen Eigenschaften freier und gebundener Atome hauptsächlich mit Hilfe elektromagnetischer Felder untersucht, so daß die Wechselwirkung der Elektronen und Atomkerne mit von außen angelegten elektromagnetischen Feldern (z.b. mit eingestrahltem Licht) zu beschreiben ist. Eine rigorose Behandlung der Quantenmechanik geladener Massenpunkte unter Berücksichtigung des Elektromagnetismus, oder allgemeiner der elektroschwachen Wechselwirkung, ist im Rahmen dieses Buches nicht möglich. Die durch die Maxwell-Gleichungen beschriebenen elektromagnetischen Felder erfüllen die Bedingungen der speziellen Relativitätstheorie, sind jedoch nicht quantisiert und können insofern mit einer quantisierten, nichtrelativistischen Punktmechanik nicht ohne Näherungsannahmen verknüpft werden. Die Unterschiede zwischen der nichtrelativistischen Punktmechanik und der relativistischen Elektrodynamik offenbaren sich z.b. durch den Michelson-Versuch, der zur Abkehr von der klassischen Mechanik und zur Lorentz-Transformation geführt hat. Das Plancksche Strahlungsgesetz etwa kann nur durch die Quantisierung der elektromagnetischen Wellen verstanden werden und auch die spontane Emission elektromagnetischer Strahlung angeregter Atome wird erst im Rahmen einer Quantenelektrodynamik erklärt. Wir verzichten hier auf eine vollständige Behandlung geladener Massenpunkte und des Elektromagnetismus und beschränken uns zur Beschreibung der Physik freier und gebundener Atome auf die Maxwell-Gleichungen mit ihren klassischen Feldern. Damit läßt sich der Zeeman-Effekt, der Stark-Effekt sowie die Absorption und induzierte Emission elektromagnetischer Strahlung in Übereinstimmung mit dem Experiment berechnen. In diesen Fällen genügt es, die elektromagnetischen Felder der Maxwell-Gleichungen als „kleine Störung" in die Schrödinger-Gleichung der Atome einzuführen.

Die Form der Schrödinger-Gleichung für einen geladenen Massenpunkt in einem durch die elektrische Feldstärke $\mathbf{E}$ und die magnetische Induktion $\mathbf{B}$ beschriebenen elektromagnetischen Feld läßt sich aus der klassischen Mechanik und der Lorentz-Kraft begründen. Dazu führen wir, wie in Abschn. 3.5.2, die elektrodynamischen Potentiale $\mathbf{A}(\mathbf{r},t)$ und $\phi(\mathbf{r},t)$ ein, so daß gilt

$$\mathbf{B} = \nabla \times \mathbf{A} \quad \text{und} \quad \mathbf{E} = -\nabla\phi - \frac{\partial \mathbf{A}}{\partial t}.$$

Dann ergibt sich die Bewegungsgleichung eines Massenpunktes mit der Ladung e und der Masse m unter dem Einfluß der Lorentz-Kraft $\mathbf{F}_L$

$$m\ddot{\mathbf{r}} = \mathbf{F}_L = e\mathbf{E} + e\dot{\mathbf{r}} \times \mathbf{B}$$

aus der Hamilton-Funktion

$$H(\mathbf{r},\mathbf{p}) = \frac{1}{2m}(\mathbf{p} - e\mathbf{A})^2 + e\phi.$$

10 Punktladung und Elektromagnetismus

Dies ist in Abschn. 3.5.2 durch Anwenden der Hamilton-Gleichungen ausgeführt. Geht man von der klassischen Mechanik zur Quantenmechanik über, so wird die Hamilton-Funktion zum Hamilton-Operator im Hilbert-Raum und die Schrödinger-Gleichung

$$-\frac{\hbar}{i}\frac{\partial \psi}{\partial t} = H\psi$$

nimmt die Gestalt an

$$-\frac{\hbar}{i}\frac{\partial \psi}{\partial t} = \left[\frac{1}{2m}\left(\frac{\hbar}{i}\nabla - e\mathbf{A}\right)^2 + e\phi\right]\psi. \tag{10.1}$$

Diese Form wird auch im Rahmen der *Eichtheorie* verständlich. Die Schrödinger-Gleichung eines freien Massenpunktes

$$-\frac{\hbar}{i}\frac{\partial \psi}{\partial t} = \frac{1}{2m}\left(\frac{\hbar}{i}\nabla\right)^2 \psi$$

ist invariant gegenüber einer *globalen* Eichtransformation

$$\psi' = \exp\{i\alpha\}\psi \quad \text{mit} \quad \alpha = \text{konstant}.$$

Demgegenüber ist die Schrödinger-Gleichung (10.1) zusammen mit den Maxwell-Gleichungen invariant gegenüber der *lokalen* Eichtransformation

$$\mathbf{A}' = \mathbf{A} + \nabla\chi \quad ; \quad \phi' = \phi - \frac{\partial \chi}{\partial t} \quad ; \quad \psi' = \exp\left\{\frac{i}{\hbar}e\chi\right\}\psi,$$

wobei $\chi(\mathbf{r},t)$ im Falle der Lorentz-Konvention

$$\nabla \cdot \mathbf{A} + \frac{1}{c^2}\frac{\partial \phi}{\partial t} = 0$$

eine Lösung der Wellengleichung

$$\frac{1}{c^2}\frac{\partial^2 \chi}{\partial t^2} - \Delta\chi = 0$$

ist.

□ Die Felder $\mathbf{B} = \nabla \times \mathbf{A}$ und $\mathbf{E} = -\nabla\phi - \dot{\mathbf{A}}$ ändern sich durch die Eichtransformation offenbar nicht und zum Beweise der Invarianz der Schrödinger-Gleichung setzen wir die Eichtransformation in die Schrödinger-Gleichung (10.1) ein. Zunächst gilt

$$\left(\frac{\hbar}{i}\nabla - e\mathbf{A}'\right)\psi' = \exp\left\{\frac{i}{\hbar}e\chi\right\}\left(\frac{\hbar}{i}\nabla - e\mathbf{A}\right)\psi + \left(e\nabla\chi - e\nabla\chi\right)\psi'$$

und somit

$$\left(\frac{\hbar}{i}\nabla - e\mathbf{A}'\right)^2 \psi' = \exp\left\{\frac{i}{\hbar}e\chi\right\}\left(\frac{\hbar}{i}\nabla - e\mathbf{A}\right)^2 \psi.$$

Beachtet man ferner

$$-\frac{\hbar}{i}\frac{\partial \psi'}{\partial t} = -\frac{\hbar}{i}\exp\left\{\frac{i}{\hbar}e\chi\right\}\frac{\partial \psi}{\partial t} - e\frac{\partial \chi}{\partial t}\psi',$$

so erhält man die Forminvarianz der Gl. (10.1)

$$-\frac{\hbar}{i}\frac{\partial \psi'}{\partial t} = \left[\frac{1}{2m}\left(\frac{\hbar}{i}\nabla - e\mathbf{A}'\right)^2 + e\phi'\right]\psi'$$

gegenüber der Eichtransformation. ∎

10.1 Freie Elektronen im konstanten Magnetfeld

Die Behandlung eines Systems von N wechselwirkungsfreien Elektronen in einem endlichen Volumen V, wie es in Abschn. 8.2 beschrieben wurde, ermöglicht ein erstes Verständnis der magnetischen Eigenschaften elektrisch leitender Stoffe. In Metallen und Halbleitern werden die Valenzelektronen der Atome im Rahmen der Effektive-Masse-Näherung wie freie Elektronen oder freie, positiv geladene Defektelektronen behandelt. Das bedeutet, daß ihre Eigenschaften im Magnetfeld näherungsweise mit einem Hamilton-Operator beschrieben werden, bei dem im Unterschied zu freien Elektronen die Masse m_e durch eine *effektive Masse* m^* ersetzt ist. Diese effektive Masse berücksichtigt in einfacher Weise die Wechselwirkung mit den Ionen und Elektronen, während die Ausrichtung des Elektronenspins im Magnetfeld von dieser Näherung unabhängig ist. Deshalb bezeichnen wir im folgenden die Elektronenmasse im Orts-Hilbert-Raum mit m^* und im Spin-Hilbert-Raum mit m_e.

10.1.1 Zyklotronniveaus

Wir betrachten ein solches System in einer zeitlich und räumlich konstanten magnetischen Induktion $\mathbf{B}$. Der Hamilton-Operator von N wechselwirkungsfreien Elektronen im Magnetfeld ist die Summe von N Einelektronen-Hamilton-Operatoren, die nach Gl. (3.37) die Form haben

$$H = \frac{1}{2m^*}\left(\frac{\hbar}{i}\nabla + e_0\mathbf{A}\right)^2 + g_0\mu_B\mathbf{B}\cdot\mathbf{s}. \tag{10.2}$$

10.1 Freie Elektronen im konstanten Magnetfeld

Der Hamilton-Operator ergibt sich aus dem der Schrödinger-Gleichung (10.1) mit der Ladung $-e_0$ des Elektrons (e_0 ist die Elementarladung) und $\phi = 0$. Ferner wurde die Elektronenmasse m_e durch die effektive Masse m^* ersetzt und die Energie

$$E = -\mathbf{m}_s \cdot \mathbf{B}$$

des magnetischen Momentes

$$\mathbf{m}_s = -g_0 \mu_B \mathbf{s}$$

des Elektronenspins $\mathbf{s}$ im Magnetfeld hinzugefügt, vergl. Gl. (2.94) und (3.37). Das Bohrsche Magneton ist gegeben durch

$$\mu_B = \frac{e_0 \hbar}{2 m_e} \quad \text{bzw.} \quad \mu_B^* = \frac{e_0 \hbar}{2 m^*}$$

und der gyromagnetische Faktor $g_0 = 2.0023$ gibt den Zusammenhang zwischen dem Spin $\mathbf{s}$ und dem magnetischen Moment $\mathbf{m} = -g_0 \mu_B \mathbf{s}$ an. Die magnetische Induktion $\mathbf{B}$ berechnen wir aus dem Vektorpotential $\mathbf{A}(\mathbf{r})$ gemäß

$$\mathbf{B} = \nabla \times \mathbf{A} = (0, 0, B) \quad \text{mit} \quad \mathbf{A}(\mathbf{r}) = (0, Bx, 0),$$

wobei wir die z-Achse in Richtung des Magnetfeldes und $\nabla \cdot \mathbf{A} = 0$ gewählt haben. Die z-Komponente B der magnetischen Induktion sei eine Konstante. Wie in Abschn. 8.2 befinden sich die N Elektronen in einem großen, endlichen und würfelförmigen Volumen $V = L^3$ der Kantenlänge L. Die Eigenwertaufgabe des Hamilton-Operators nach Gl. (1.1) führt mit $\mathbf{s} = (s_1, s_2, s_3)$ auf die zeitunabhängige Einelektronen-Schrödinger-Gleichung

$$\left[-\frac{\hbar^2}{2m^*}\left(\frac{\partial^2}{\partial x^2} + \frac{\partial^2}{\partial z^2}\right) + \frac{\hbar^2}{2m^*}\left(\frac{1}{i}\frac{\partial}{\partial y} + \frac{e_0 B}{\hbar} x\right)^2 + g_0 \mu_B B s_3 \right] \phi \quad (10.3)$$
$$= E\phi.$$

Die Einelektronenzustände ϕ sind Elemente des Hilbert-Raumes $\mathcal{H} = \mathcal{H}_O \otimes \mathcal{H}_S$. Der Spin-Hilbert-Raum $\mathcal{H}_S$ ist zweidimensional und der Orts-Hilbert-Raum $\mathcal{H}_O$ besteht aus den über dem Volumen V quadratisch integrierbaren Funktionen mit periodischen Randbedingungen, vergl. Abschn. 8.2. Die Eigenwertaufgabe läßt sich mit dem Ansatz

$$\phi(\mathbf{r}, \mathbf{s}) = \exp\{i(k_2 y + k_3 z)\} \varphi(x) \chi(\mathbf{s})$$

separieren. Als Basis im Spinraum wählen wir $\chi_{m_s}(\mathbf{s})$ mit $m_s = \pm \frac{1}{2}$ mit den Eigenschaften

$$\left(\chi_{m_s}, \chi_{m'_s}\right) = \delta_{m_s, m'_s} \quad \text{und} \quad s_3 \chi_{m_s} = m_s \chi_{m_s}.$$

Setzt man den Ansatz in die Schrödinger-Gleichung (10.3) ein, so erhält man für die Energieeigenwerte

$$E = \frac{\hbar^2 k_3^2}{2m^*} + \varepsilon + g_0 \mu_B B m_s,$$

wobei ε die Eigenwerte der eindimensionalen Schrödinger-Gleichung

$$-\frac{\hbar^2}{2m^*}\frac{d^2\varphi(x)}{dx^2} + \frac{m^*}{2}\omega_Z^2(x-x_0)^2\varphi(x) = \varepsilon\varphi(x) \qquad (10.4)$$

bezeichnen. Hier ist ω_Z die *Zyklotronfrequenz*

$$\omega_Z = \frac{e_0 B}{m^*} \quad \text{mit} \quad \hbar\omega_Z = 2\mu_B^* B$$

und

$$x_0 = \frac{\hbar k_2}{e_0 B}. \qquad (10.5)$$

□ Die Zyklotronfrequenz ist im Rahmen der klassischen Mechanik die Umlauffrequenz eines Elektrons auf einer Kreisbahn $\mathbf{r}(t)$ senkrecht zu $\mathbf{B}$. Bezeichnet $\vec{\omega}_Z$ die Winkelgeschwindigkeit, so ergibt sich aus dem Gleichgewicht zwischen Zentrifugalkraft

$$\mathbf{F}_Z = -m^*\vec{\omega}_Z \times (\vec{\omega}_Z \times \mathbf{r})$$

und der Lorentz-Kraft

$$\mathbf{F}_L = -e_0 \mathbf{v} \times \mathbf{B}$$

für $\vec{\omega}_Z$ parallel $\mathbf{B}$ wegen

$$\mathbf{v} = \vec{\omega}_Z \times \mathbf{r}$$

die Zyklotronfrequenz aus

$$m^*|\mathbf{v}|\omega_Z = e_0|\mathbf{v}|B$$

zu

$$\omega_Z = e_0 B/m^*. \blacksquare$$

Die Gl. (1.8) stellt zusammen mit der Normierungsbedingung

$$\int_V \varphi^*(x)\varphi(x)\,dx = 1$$

10.1 Freie Elektronen im konstanten Magnetfeld

die Schrödinger-Gleichung eines eindimensionalen harmonischen Oszillators dar, wobei das Elektron in x-Richtung um die Ruhelage x_0 schwingt. Für hinreichend großes Volumen V sind die Eigenwerte ε der Gl. (10.4) gleich den in Abschn. 2.1.1 berechneten Werten

$$\varepsilon = \hbar\omega_Z\left(n + \tfrac{1}{2}\right) = \mu_B^* B(2n+1) \quad \text{mit} \quad n = 0, 1, 2, \ldots$$

Damit erhält man für die Eigenwerte E des Einelektronen-Hamilton-Operators Gl. (10.2) bei hinreichend großem Volumen V

$$E_{nk_3 m_s} = \frac{\hbar^2 k_3^2}{2m^*} + \mu_B^* B(2n+1) + g_0 \mu_B B m_s. \tag{10.6}$$

Wir haben wie in Abschn. 8.2 als Volumen V einen Würfel der Kantenlänge L gewählt und aus den periodischen Randbedingungen erhält man nach Abschn. 8.1 für k_2 und k_3 die diskreten Werte

$$k_j = \frac{2\pi}{L} n_j \quad \text{mit} \quad n_j = 0, \pm 1, \pm 2, \ldots \quad \text{für} \quad j = 2, 3. \tag{10.7}$$

Der erste Term in Gl. (10.6) beschreibt die kinetische Energie der Elektronen in z-Richtung. Nach der klassischen Mechanik bewegen sich die Elektronen parallel zum Magnetfeld wie freie Teilchen, weil die Lorentz-Kraft in dieser Richtung verschwindet. Diese Zustände sind hier die ebenen Wellen in z-Richtung. Der zweite Term beschreibt die diamagnetischen Eigenschaften des Elektrons. Im Rahmen der klassischen Mechanik bewegen sich die Elektronen in der x-y-Ebene auf einer Kreisbahn. Die Eigenwerte Gleichung (10.6) ergeben für diese Zustände äquidistante Energieniveaus. Der dritte Term in Gl. (10.6) beschreibt die paramagnetischen Eigenschaften der Elektronen. Das mit dem Spin verknüpfte magnetische Moment $\mathbf{m} = -g_0 \mu_B \mathbf{s}$ hat im B-Feld die Energie $E = -\mathbf{m}\cdot\mathbf{B}$. Da wegen der Größe von L die Quantenzahl k_3 praktisch eine kontinuierliche Variable ist, sind die möglichen Energiewerte eine durch $n = 0, 1, 2, \ldots$ und $m_s = \pm\tfrac{1}{2}$ bestimmte Schar von Parabeln bezüglich der Variablen k_3. Die Abstände der Parabeln betragen $\hbar\omega_Z = g_0\mu_B B$, vergl. Abschn. 2.6.2.

Da bei den Eigenwerten Gl. (10.6) nur die drei Quantenzahlen n, k_3 und m_s auftreten, liegt eine Entartung bezüglich der Wahl von k_2 vor. Die Wellenzahl k_2 bestimmt nach Gl. (10.5) die Ruhelage x_0. Aufgrund der periodischen Randbedingungen muß sich diese Ruhelage innerhalb des Volumens $V = L^3$ befinden, woraus die Bedingung

$$0 \leq x_0 < L$$

resultiert. Einsetzen von x_0 aus Gl. (10.5) und k_2 aus Gl. (10.7) liefert

$$0 \leq -n_2 < \frac{e_0 B}{2\pi\hbar} L^2 = d, \tag{10.8}$$

so daß die Entartung d der Energieniveaus Gl. (10.6) der ganzzahlige Anteil von $e_0BL^2/2\pi\hbar$ ist. Die Entartung hängt ebenso wie der Abstand der Energieniveaus vom Magnetfeld ab, was zu Oszillationen der Zustandsdichte führt.

Wir berechnen zunächst die Zahl der Zustände $Z(E)$, deren Energieniveaus zwischen $-\infty$ und E liegen. Die möglichen k_3-Werte, die zu $Z(E)$ beitragen, müssen nach Gl. (10.7) die Bedingung

$$\left(\frac{2\pi}{L}\right)^2 n_3^2 = k_3^2 \leq \frac{2m^*}{\hbar^2}\left(E - \mu_B^* B(2n+1) - g_0\mu_B B m_s\right)$$

für jede der durch n und m_s bestimmten Parabeln erfüllen, für die die rechte Seite positiv ist. Bei Berücksichtigung der Entartung d erhält man daraus mit $V = L^3$

$$Z(E) = \frac{e_0 BV}{2\pi^2\hbar^2}\sqrt{2m^*} {\sum_{n,m_s}}' \sqrt{E - \mu_B^* B(2n+1) - g_0\mu_B B m_s}, \qquad (10.9)$$

wobei der Strich an der Summe andeuten soll, daß für gegebenes E nur über diejenigen n und m_s zu summieren ist, für die die Wurzel reell ist. Aus der Zahl der Zustände $Z(E)$ mit Energieniveaus unterhalb E erhält man die Zustandsdichte

$$g(E) = \frac{dZ(E)}{dE} = \frac{e_0 BV}{4\pi^2\hbar^2}\sqrt{2m^*} {\sum_{n,m_s}}' \frac{1}{\sqrt{E - \mu_B^* B(2n+1) - g_0\mu_B B m_s}}.$$

Die Zustandsdichte $g(E)$ wechselwirkungsfreier Elektronen im Magnetfeld hat Singularitäten an den Stellen

$$E_{nm_s} = \mu_B^* B(2n+1) + g_0 m_s \mu_B B \quad \text{für} \quad n = 0,1,2,\ldots \; ; \; m_s = \pm\tfrac{1}{2}.$$

Bei abgeschaltetem Magnetfeld $B = 0$ ist die Zustandsdichte nach Gl. (8.15) dagegen für $0 < E$ eine stetige Funktion von E

$$g(E) = \frac{Vm^*}{\pi^2\hbar^3}\sqrt{2m^*E}\,.$$

Im Falle eines zweidimensionalen Elektronengases in der xy-Ebene sei die magnetische Induktion $\mathbf{B} = (0,0,B)$ senkrecht dazu. Die Schrödinger-Gleichung ist dann durch Gl. (10.3) gegeben und die Eigenwerte des Hamilton-Operators sind

$$E_{nm_s} = E_g + \mu_B^* B(2n+1) + g_0\mu_B B m_s \quad \text{mit} \quad \begin{cases} n = 0,1,2,\ldots \\ m_s = \pm\tfrac{1}{2}, \end{cases}$$

wobei E_g den Grundzustand des eindimensionalen Potentialtopfes in z-Richtung kennzeichnet. Die Fläche in der xy-Ebene sei ein Quadrat der Kantenlänge L mit $F = L^2$ und aus den periodischen Randbedingungen folgt

$$k_2 = \frac{2\pi}{L}n_2 \quad \text{mit} \quad n_2 = 0, \pm 1, \pm 2, \ldots,$$

so daß die Entartung der Energieniveaus E_{nm_s} wiederum durch Gl. (10.8) gegeben ist: $e_0BL^2/2\pi\hbar$. Die Zahl der Zustände zwischen Null und E beträgt

$$Z(E) = \sum{}' \frac{e_0BL^2}{2\pi\hbar},$$

wobei wir als Nullpunkt der Energieskala die Stelle E_g gewählt haben. Die $\sum'$ bedeutet, daß über alle n und m_s zu summieren ist, für die die Bedingung

$$\mu_B^* B(2n+1) + g_0\mu_B B m_s \leq E$$

erfüllt ist. $Z(E)$ ist also eine monotone Stufenfunktion mit Stufen an den Stellen $E_{nm_s} - E_g$. Daraus ergibt sich die Zustandsdichte zu

$$g(E) = \frac{dZ(E)}{dE} = \frac{e_0BL^2}{2\pi\hbar} \sum_{n=0}^{\infty} \sum_{ms=-\frac{1}{2}}^{+\frac{1}{2}} \delta\big(E - \mu_B^* B(2n+1) - g_0\mu_B B m_s\big).$$

Für verschwindende magnetische Induktion B rücken die diskreten Niveaus E_{nm_s} immer dichter zusammen und der konstante Mittelwert der Zustandsdichte ergibt sich zu

$$\bar{g}(E) = \lim_{B \to 0} g(E) = \frac{e_0BL^2}{2\pi\hbar} \frac{2}{2\mu_B^* B} = \frac{m^*}{\pi\hbar^2} L^2.$$

Dies stimmt mit der Zustandsdichte des zweidimensionalen Elektronengases nach Abschn. 8.2.1 überein. Dabei wurde beachtet, daß im energetischen Abstand von $2\mu_B^* B = e_0\hbar B/m^*$ jeweils zwei Energieniveaus zu den Spinrichtungen $m_s = \pm\frac{1}{2}$ vorhanden sind.

10.2 Geladener Massenpunkt im Maxwell-Feld

10.2.1 Lagrange-Funktion einer Punktladung

Im Rahmen der klassischen Mechanik bestimmt sich die Bahnkurve $\mathbf{r}(t)$ eines mit e geladenen Masenpunktes der Masse m in einem vorgegebenen elektrischen Feld $\mathbf{E}$ und einer magnetischen Induktion $\mathbf{B}$ aus der Lorentz-Kraft und dem Bewegungsgesetz von Newton

$$m\ddot{\mathbf{r}} = e\mathbf{E} + e\dot{\mathbf{r}} \times \mathbf{B}.$$

10 Punktladung und Elektromagnetismus

Diese Bewegungsgleichung läßt sich aus den Euler-Lagrange-Gleichungen

$$\frac{d}{dt}\frac{\partial L}{\partial \dot{\mathbf{r}}} - \frac{\partial L}{\partial \mathbf{r}} = 0 \tag{10.10}$$

herleiten, wenn man die Lagrange-Funktion

$$L(\mathbf{r},\dot{\mathbf{r}},t) = \frac{m}{2}\dot{\mathbf{r}}^2 + e\dot{\mathbf{r}} \cdot \mathbf{A} - e\phi \tag{10.11}$$

zugrunde legt, wobei sich die beiden Felder aus dem Vektotpotential $\mathbf{A}(\mathbf{r},t)$ und dem skalaren Potential $\phi(\mathbf{r},t)$ berechnen:

$$\mathbf{B} = \nabla \times \mathbf{A} \quad \text{und} \quad \mathbf{E} = -\nabla\phi - \frac{\partial \mathbf{A}}{\partial t}. \tag{10.12}$$

Der Beweis findet sivh im Anhang H. Aus der Lagrange-Funktion Gl. (10.11) erhält man für den zu $\mathbf{r}(t)$ kanonisch konjugierten Impuls

$$\mathbf{p} = \frac{\partial L}{\partial \dot{\mathbf{r}}} = m\dot{\mathbf{r}} + e\mathbf{A}(\mathbf{r},t) \tag{10.13}$$

und damit ergibt sich nach Anhang H die Hamilton-Funktion zu

$$\begin{aligned} H(\mathbf{r},\mathbf{p}) &= \dot{\mathbf{r}} \cdot \mathbf{p} - L = \frac{m}{2}\dot{\mathbf{r}}^2 + e\phi \\ &= \frac{1}{2m}(\mathbf{p} - e\mathbf{A})^2 + e\phi, \end{aligned} \tag{10.14}$$

was mit Gl. (3.23) übereinstimmt. Im Falle eines geladenen Massenpunktes, der sich nach der speziellen Relativitätstheorie bewegt, folgt aus der entsprechenden Lagrange-Funktion (c bezeichnet die Lichtgeschwindigkeit)

$$L = -mc^2\sqrt{1 - \frac{\dot{\mathbf{r}}^2}{c^2}} + e\dot{\mathbf{r}} \cdot \mathbf{A} - e\phi$$

die relativistische Bewegungsgleichung

$$\frac{d}{dt}\frac{m\dot{\mathbf{r}}}{\sqrt{1 - \frac{\dot{\mathbf{r}}^2}{c^2}}} = e\mathbf{E} + e\dot{\mathbf{r}} \times \mathbf{B}.$$

Im allgemeinen Fall muß zur Kopplung der Quantenmechanik mit der Elektrodynamik die relativistische Quantenmechanik verwendet werden, weil dann beide Theorien gegen Lorentz-Transformationen invariant sind. Andererseits ist die Quantenmechanik mit der Quantenelektrodynamik zu verknüpfen um auch die Prozesse beschreiben zu können, bei denen die Quantennatur des Lichtes wesentlich ist. Die Darstellung dieser Theorien übersteigt den Rahmen dieses Buches, vergl. etwa [10.1].

10.2.2 Lagrange-Dichte der elektromagnetischen Felder

Zur näherungsweisen Angabe der Wechselwirkung von elektromagnetischen Feldern mit freien und gebundenen Atomen soll hier nur die Kopplung der nichtquantisierten Elektrodynamik mit der nichtrelativistischen Quantenmechanik beschrieben werden. Wir betrachten also einen spinlosen geladenen Massenpunkt in einem elektromagnetischen Feld. Dazu muß nach Lorentz zur Hamilton-Funktion Gl. (10.14) noch ein Term hinzugefügt werden, der die freien elektromagnetischen Felder beschreibt.

Die Maxwell-Gleichungen für das Vakuum lauten mit den Bezeichnungen von Abschn. 3.5

$$\nabla \times \mathbf{E} = -\frac{\partial \mathbf{B}}{\partial t}$$
$$\nabla \times \mathbf{H} = \frac{\partial \mathbf{D}}{\partial t} + \mathbf{j} \quad \text{mit} \quad \begin{array}{l} \mathbf{D} = \varepsilon_0 \mathbf{E} \\ \mathbf{B} = \mu_0 \mathbf{H} \\ \frac{1}{c^2} = \varepsilon_0 \mu_0. \end{array}$$
$$\nabla \cdot \mathbf{D} = \rho$$
$$\nabla \cdot \mathbf{B} = 0$$

Wir wollen diese Feldgleichungen analog zu dem in Abschn. 5.4 beschriebenen Vorgehen beim Schrödinger-Feld mit dem Hamilton-Formalismus ableiten. Dazu betrachten wir zunächst die freien elektromagnetischen Felder $\mathbf{E}$ und $\mathbf{B}$, d.h. den Fall ohne elektrische Ladungen und Ströme, wodurch die Ladungsdichte $\rho = 0$ und die Stromdichte $\mathbf{j} = 0$ verschwinden:

$$\nabla \times \mathbf{E} = -\frac{\partial \mathbf{B}}{\partial t} \qquad \nabla \cdot \mathbf{E} = 0$$
$$\frac{1}{\mu_0} \nabla \times \mathbf{B} = \varepsilon_0 \frac{\partial \mathbf{E}}{\partial t} \qquad \nabla \cdot \mathbf{B} = 0. \tag{10.15}$$

Führt man das elektrodynamische Potential $\mathbf{A}(\mathbf{r},t)$ mit der Coulomb-Eichung

$$\nabla \cdot \mathbf{A} = 0 \tag{10.16}$$

ein, so ergeben sich daraus die elektromagnetischen Felder, vergl. Abschn. 3.5.1

$$\mathbf{B} = \nabla \times \mathbf{A} \quad \text{und} \quad \mathbf{E} = -\frac{\partial \mathbf{A}}{\partial t}. \tag{10.17}$$

Damit sind drei der Maxwell-Gleichungen (10.15) erfüllt und das Durchflutungsgesetz geht über in die Wellengleichung für das Vektorpotential $\mathbf{A}(\mathbf{r},t)$:

$$\frac{1}{\mu_0} \nabla \times \mathbf{B} = \varepsilon_0 \frac{\partial \mathbf{E}}{\partial t} \quad \longrightarrow \quad \Delta \mathbf{A} = \varepsilon_0 \mu_0 \frac{\partial^2 \mathbf{A}}{\partial t^2}. \tag{10.18}$$

Die Lagrange-Dichte für die freien elektromagnetischen Felder Gl. (10.15) lautet

$$\mathcal{L}_{\text{fM}} = \frac{1}{2} \mathbf{E} \cdot \mathbf{D} - \frac{1}{2} \mathbf{H} \cdot \mathbf{B} = \frac{\varepsilon_0}{2} \mathbf{E}^2 - \frac{1}{2\mu_0} \mathbf{B}^2. \tag{10.19}$$

Sie schreibt sich mit Hilfe der Abkürzung

$$A_{\nu|k} = \frac{\partial A_\nu}{\partial x_k} \tag{10.20}$$

als Funktion des elektrodynamischen Potentials in der Form

$$\mathcal{L}_{\text{fM}}(A_\nu, A_{\nu|k}, \dot{A}_\nu) = \frac{\varepsilon_0}{2} \dot{\mathbf{A}}^2 - \frac{1}{2\mu_0} (\nabla \times \mathbf{A})^2. \tag{10.21}$$

Bildet man damit wie in Abschn. 5.4 das Wirkungsintegral

$$W_{\text{fM}} = \int_{t_0}^{t_1} \int d^3r \, \mathcal{L}_{\text{fM}}(A_\nu, A_{\nu|k}, \dot{A}_\nu),$$

so folgen aus der Extremalbedingung für W_{fM} die Euler-Lagrange-Gleichungen für die Potentialfelder, vergl. Gl. (5.72)

$$\frac{\partial \mathcal{L}}{\partial A_\nu} - \sum_{k=1}^{3} \frac{\partial}{\partial x_k} \frac{\partial \mathcal{L}}{\partial A_{\nu|k}} - \frac{\partial}{\partial t} \frac{\partial \mathcal{L}}{\partial \dot{A}_\nu} = 0 \quad \text{mit} \quad \nu = 1, 2, 3. \tag{10.22}$$

Setzt man die Lagrange-Dichte Gl. (10.21) ein, so ergibt sich daraus das Durchflutungsgesetz Gl. (10.18).

□ Zum Beweise schreiben wir die Rotation

$$\left(\nabla \times \mathbf{A} \right)_j = \sum_{l,m}^{1,2,3} \varepsilon_{jlm} \frac{\partial A_m}{\partial x_l} = \sum_{l,m}^{1,2,3} \varepsilon_{jlm} A_{m|l}$$

mit Hilfe des Epsilontensors dritter Stufe

$$\varepsilon_{jlm} = \begin{cases} 1 & \text{für } (j,l,m) \text{ zyklisch;} \\ -1 & \text{für } (j,l,m) \text{ antizyklisch;} \\ 0 & \text{sonst} \end{cases}$$

und berechnen für $\nu = 1, 2, 3$

$$\frac{\partial \mathcal{L}}{\partial A_\nu} = 0$$

$$\frac{\partial \mathcal{L}}{\partial A_{\nu|k}} = -\frac{1}{\mu_0} \sum_{j=1}^{3} \left(\nabla \times \mathbf{A} \right)_j \varepsilon_{jk\nu} = -\frac{1}{\mu_0} \sum_{j=1}^{3} B_j \varepsilon_{jk\nu}$$

$$\sum_{k=1}^{3} \frac{\partial}{\partial x_k} \frac{\partial \mathcal{L}}{\partial A_{\nu|k}} = -\frac{1}{\mu_0} \sum_{j,k}^{1,2,3} \varepsilon_{jk\nu} \frac{\partial B_j}{\partial x_k} = \frac{1}{\mu_0} \left(\nabla \times \mathbf{B} \right)_\nu$$

$$\frac{\partial}{\partial t} \frac{\partial \mathcal{L}}{\partial \dot{A}_\nu} = \frac{\partial}{\partial t} \varepsilon_0 \dot{A}_\nu = -\varepsilon_0 \frac{\partial E_\nu}{\partial t},$$

so daß sich in der Tat aus Gl. (10.22) das Durchflutungsgesetz

$$-\frac{1}{\mu_0} \nabla \times \mathbf{B} + \varepsilon_0 \frac{\partial \mathbf{E}}{\partial t} = 0$$

Gl. (10.18) ergibt. ■

10.2 Geladener Massenpunkt im Maxwell-Feld

Mit Hilfe der Lagrange-Dichte $\mathcal{L}_{\text{fM}}$ Gl. (10.46) läßt sich im Rahmen der klassischen Feldtheorie eine Hamilton-Dichte $\mathcal{H}_{\text{fM}}$ einführen. Dazu definieren wir das zu $\mathbf{A}(\mathbf{r},t)$ kanonisch konjugierte Impulsfeld

$$\vec{\pi}(\mathbf{r},t) = \frac{\partial \mathcal{L}_{\text{fM}}}{\partial \dot{\mathbf{A}}} = \varepsilon_0 \dot{\mathbf{A}} \qquad (10.23)$$

und die Hamilton-Dichte

$$\mathcal{H}_{\text{fM}} = \vec{\pi} \cdot \dot{\mathbf{A}} - \mathcal{L}_{\text{fM}}$$
$$= \frac{1}{2\varepsilon_0} \vec{\pi}^2 + \frac{1}{2\mu_0} (\nabla \times \mathbf{A})^2. \qquad (10.24)$$

Die zeitliche Änderung der Felder ergibt sich aus den *Hamilton-Gleichungen für Felder* $\bigl(\mathbf{A} = (A_1, A_2, A_3),\ \vec{\pi} = (\pi_1, \pi_2, \pi_3)\bigr)$

$$\frac{\partial A_\nu}{\partial t} = \frac{\partial \mathcal{L}_{\text{fM}}}{\partial \pi_\nu} - \sum_{k=1}^{3} \frac{\partial}{\partial x_k} \frac{\partial \mathcal{H}_{\text{fM}}}{\partial \pi_{\nu|k}}$$

$$-\frac{\partial \pi_\nu}{\partial t} = \frac{\partial \mathcal{H}_{\text{fM}}}{\partial A_\nu} - \sum_{k=1}^{3} \frac{\partial}{\partial x_k} \frac{\partial \mathcal{H}_{\text{fM}}}{\partial A_{\nu|k}},$$

wobei die Abkürzung Gl. (10.20) für A_ν und entsprechend für π_ν verwendet wurde. Ausrechnen mit Hilfe der Hamilton-Dichte Gl. (10.24) liefert

$$\frac{\partial A_\nu}{\partial t} = \frac{1}{\varepsilon_0} \pi_\nu = -E_\nu$$
$$-\frac{\partial \pi_\nu}{\partial t} = -\frac{1}{\mu_0} \Delta A_\nu = \frac{1}{\mu_0} (\nabla \times \mathbf{B})_\nu, \qquad (10.25)$$

woraus sich bei Elemination von π_ν das Durchflutungsgesetz Gl. (10.18) ergibt.

□ Zum Beweise schreiben wir die Hamilton-Dichte Gl. (10.24) in der Form

$$\mathcal{H}_{\text{fM}} = \frac{1}{2\varepsilon_0} \vec{\pi}^2$$
$$+ \frac{1}{2\mu_0} \left[\left(\frac{\partial A_3}{\partial x_2} - \frac{\partial A_2}{\partial x_3}\right)^2 + \left(\frac{\partial A_1}{\partial x_3} - \frac{\partial A_3}{\partial x_1}\right)^2 + \left(\frac{\partial A_2}{\partial x_1} - \frac{\partial A_1}{\partial x_2}\right)^2 \right]$$

und berechnen die erste Komponente

$$\dot{\pi}_1 = \sum_{k=1}^{3} \frac{\partial}{\partial x_k} \frac{\partial \mathcal{H}_{\text{fM}}}{\partial A_{1|k}} = \frac{1}{2\mu_0} \left[-2\frac{\partial}{\partial x_2}(\nabla \times \mathbf{A})_3 + 2\frac{\partial}{\partial x_3}(\nabla \times \mathbf{A})_2 \right]$$
$$= -\frac{1}{\mu_0} \bigl(\nabla \times (\nabla \times \mathbf{A})\bigr)_1 = -\frac{1}{\mu_0}(\nabla \times \mathbf{B})_1.$$

Ferner ist dabei die Strahlungseichung $\nabla \cdot \mathbf{A} = 0$ und

$$\nabla \times (\nabla \times \mathbf{A}) = \nabla \nabla \cdot \mathbf{A} - \Delta \mathbf{A} = -\Delta \mathbf{A}$$

zu beachten. Dadurch erhält man die Gl. (10.25). ∎

Aus der Hamilton-Dichte $\mathcal{H}_{\text{fM}}$ erhält man schließlich die Hamilton-Funktion durch Integration über den Ortsraum

$$H_{\text{fM}}(t) = \int \mathcal{H}_{\text{fM}}\, d^3r.$$

10.2.3 Punktladung und elektromagnetisches Feld

Mit Hilfe der Lagrange-Funktion $\mathcal{L}_{\text{fM}}$ Gl. (10.19) der freien elektromagnetischen Felder $\mathbf{E}$, $\mathbf{B}$ und der Lagrange-Funktion eines geladenen Massenpunktes im elektromagnetischen Feld Gl. (10.11) läßt sich die Lagrange-Funktion nach Maxwell-Lorentz $L_{\text{ML}}(\mathbf{r}, \dot{\mathbf{r}}, \mathbf{A}, \dot{\mathbf{A}})$ bilden

$$L_{\text{ML}} = \underbrace{\frac{1}{2}m\dot{\mathbf{r}}^2}_{\text{freies Teilchen}} + \underbrace{e\dot{\mathbf{r}} \cdot \mathbf{A}}_{\text{Wechselwirkung}} + \underbrace{\frac{1}{2}\int \left(\varepsilon_0 \mathbf{E}^2 - \frac{1}{\mu_0}\mathbf{B}^2\right) d^3r}_{\text{elektromagnetisches Feld}}$$

$$= \frac{1}{2}m\dot{\mathbf{r}}^2 + e\dot{\mathbf{r}} \cdot \mathbf{A} + \frac{1}{2}\int \left(\varepsilon_0 \dot{\mathbf{A}}^2 - \frac{1}{\mu_0}(\nabla \times \mathbf{A})^2\right) d^3r,$$

wobei wir die Strahlungseichung oder Coulomb-Eichung Gl. (10.16), (10.17) verwendet haben. Der zu $\mathbf{r}$ kanonisch konjugierte Impuls ist nach Gl. (10.13)

$$\mathbf{p} = \frac{\partial L_{\text{ML}}}{\partial \dot{\mathbf{r}}} = m\dot{\mathbf{r}} + e\mathbf{A}$$

und das zu $\mathbf{A}$ kanonisch konjugierte Feld ist nach Gl. (10.23)

$$\vec{\pi} = \frac{\partial \mathcal{L}_{\text{fM}}}{\partial \dot{\mathbf{A}}} = \varepsilon_0 \dot{\mathbf{A}} = -\varepsilon_0 \mathbf{E}.$$

Damit lautet die Hamilton-Funktion im Rahmen der Maxwell-Lorentz-Näherung nach Gl. (10.14) und (10.24) in Strahlungseichung

$$H_{\text{ML}} = \frac{(\mathbf{p} - e\mathbf{A})^2}{2m} + v(\mathbf{r}) + \frac{1}{2}\int \left(\varepsilon_0 \dot{\mathbf{A}}^2 - \frac{1}{\mu_0}(\nabla \times \mathbf{A})^2\right) d^3r, \qquad (10.26)$$

wobei wir ein vom Strahlungsfeld unabhängiges äußeres Potential $v(\mathbf{r})$ hinzugefügt haben.

Die Hamilton-Funktion bildet den Ausgangspunkt zur Quantisierung durch Einführung von Vertauschungsrelationen für Operatoren von kanonisch konjugierten Observablen. Der Hamilton-Operator läßt sich dann aufteilen in einen Teil der den freien Massenpunkt beschreibt, einen der die freien Photonen beschreibt und einen Wechselwirkungsterm. Wird der letztere im Rahmen der Störungstheorie erster Ordnung berücksichtigt, erhält man nur Einphotonenübergänge, wobei die Differenz der Zustandsenergien des Teilchens der Photonenenergie entsprechen muß. Die Übergangswahrscheinlichkeiten zwischen den Teilchenzuständen sind bei der Absorption und der induzierten Emission der Photonenzahl proportional. Aufgrund der Nullpunktschwingungen im Falle des Grundzustandes der quantisierten elektromagnetischen Felder ergibt sich auch die spontane Emission. Für eine weitergehende Darstellung der Verknüpfung zwischen der Quantenmechanik und dem Elektromagnetismus sei auf verschiedene Monographien hingewiesen [10.1–4].

Ohne auf die quantisierten elektromagnetischen Felder einzugehen, erhält man die Übergangswahrscheinlichkeiten und Auswahlregeln bei Strahlungsübergängen, die Aufspaltung elektronischer Energieniveaus in statischen äußeren elektrischen und magnetischen Feldern (Stark-Effekt, Zeeman-Effekt), die Zyklotronresonanz und andere Effekte auch mit den klassischen elektromagnetischen Feldern. In speziellen Fällen, wie z.B. bei der Abstrahlung bewegter Punktladungen oder der Röntgenbeugung an Kristallgittern lassen sich die Beobachtungen auch ganz im Rahmen der klassischen Physik interpretieren.

10.3 Strahlungsübergänge

10.3.1 Übergangswahrscheinlichkeit

In diesem Abschnitt untersuchen wir, wie sich der Zustand eines Einelektronensystems durch ein gegebenes elektromagnetisches Strahlungsfeld ändert. Dabei interessieren wir uns nicht für die spontane Emission sondern betrachten ein Elektron in einem gegebenen Potential $v(\mathbf{r})$ und berücksichtigen das elektromagnetische Feld der Strahlung ohne Quantisierung und im Rahmen der Störungstheorie als kleine Störung der gebundenen Zustände des Elektrons. Dann ist der Hamilton-Operator des Elektrons in Strahlungseichung durch die ersten beiden Terme von Gl. (10.26) gegeben

$$H = \frac{1}{2m_e}\left(\frac{\hbar}{i}\nabla - e\mathbf{A}\right)^2 + v(\mathbf{r}),$$

wobei $\mathbf{A}(\mathbf{r},t)$ das Vektorpotential des Strahlungsfeldes $\mathbf{B} = \nabla \times \mathbf{A}$ mit $\nabla \cdot \mathbf{A} = 0$ und $v(\mathbf{r})$ das gegebene Potential bezeichnet. Wir schreiben den Hamilton-Operator in der Form

$$H = H_0 + H_1$$

mit

$$H_0 = -\frac{\hbar^2}{2m_e}\Delta + v(\mathbf{r})$$

$$H_1 = -\frac{e\hbar}{2m_e i}(\nabla \cdot \mathbf{A} + \mathbf{A} \cdot \nabla) + \frac{e^2}{2m_e}\mathbf{A}^2 \qquad (10.27)$$

$$\approx -\frac{e\hbar}{m_e i}\mathbf{A} \cdot \nabla = -\frac{e}{m_e}\mathbf{A} \cdot \mathbf{p},$$

wobei der in **A** quadratische Term vernachlässigt und

$$\nabla \cdot \mathbf{A}\psi = \psi \nabla \cdot \mathbf{A} + \mathbf{A} \cdot \nabla\psi = \mathbf{A} \cdot \nabla\psi$$

beachtet wurde. Betrachtet man ein Photon in Form einer ebenen Welle der Frequenz ω und der reellen Amplitude $\mathbf{A}_0$ des Vektorpotentials

$$\mathbf{A}(\mathbf{r},t) = \mathbf{A}_0 \Big[\exp\{i(\mathbf{k}\cdot\mathbf{r}-\omega t)\} + \exp\{-i(\mathbf{k}\cdot\mathbf{r}-\omega t)\}\Big], \qquad (10.28)$$

so schreibt sich der selbstadjungierte Operator H_1 vergl. Abschn. 6.4.1

$$H_1(\mathbf{r},t) = \mathbf{a}(\mathbf{r}) \cdot \mathbf{p}\exp\{-i\omega t\} + \mathbf{a}^+(\mathbf{r}) \cdot \mathbf{p}\exp\{i\omega t\} \qquad (10.29)$$

mit

$$\begin{aligned}\mathbf{a}(\mathbf{r}) &= -\frac{e}{m_e}\mathbf{A}_0 \exp\{i\mathbf{k}\cdot\mathbf{r}\} \\ \mathbf{a}^+(\mathbf{r}) &= -\frac{e}{m_e}\mathbf{A}_0 \exp\{-i\mathbf{k}\cdot\mathbf{r}\},\end{aligned} \qquad (10.30)$$

wobei $\mathbf{p} = \frac{\hbar}{i}\nabla$ den Impulsoperator, $\mathbf{A}_0$ die reelle Amplitude bzw. den Polarisationsvektor und $\mathbf{k}$ den Wellenvektor bezeichnet. Wir betrachten das elektromagnetische Feld des Photons als kleine Störung des durch H_0 beschriebenen Systems und wenden die zeitabhängige Störungstheorie an, vergl. Abschn. 6.4. Dabei setzen wir voraus, daß das ungestörte System diskrete Eigenwerte ε_ν besitzt

$$H_0\psi_\nu = \varepsilon_\nu \psi_\nu \quad \text{mit} \quad \nu = 1, 2, \ldots,$$

so daß sich die Übergangswahrscheinlichkeit pro Zeiteinheit $W_{\alpha\mu}$ vom Zustand ψ_α in den Zustand ψ_μ aus der Goldenen Regel der Quantenmechanik, Gl. (6.30), ergibt

$$W_{\alpha\mu} = \frac{2\pi}{\hbar} \Big|\langle\langle\psi_\mu|\mathbf{a}(\mathbf{r})\cdot\mathbf{p}|\psi_\alpha\rangle\rangle\Big|^2 \delta\big(|\varepsilon_\mu - \varepsilon_\alpha| - \hbar\omega\big). \qquad (10.31)$$

Hier beschreibt die Deltafunktion den Energiesatz, wonach die Energie des einfallenden oder emittierten Photons der Energiedifferenz der beiden Eigenwerte ε_α und ε_μ des Anfangs- bzw. Endzustandes entsprechen muß. Die Gl. (10.31) gilt sowohl für die Absorption als auch für die induzierte Emission. Im folgenden betrachten wir nur den Resonanzfall, bei dem der Energiesatz erfüllt ist. Die Übergangswahrscheinlichkeiten ergeben sich dann aus dem Übergangsmatrixelement $\langle\psi_\mu|\mathbf{a}(\mathbf{r})\cdot\mathbf{p}|\psi_\alpha\rangle$ und die Auswahlregeln aus der Beantwortung der Frage, unter welchen Bedingungen dieses Matrixelement nicht notwendig verschwindet.

10.3.2 Multipolübergänge

Als Beispiel betrachten wir Atome im Zentralfeldmodell, vergl. Abschn. 11.1. In diesem Einelektronenmodell werden die Atome durch den Hamilton-Operator H_0 in Gl. (10.27) mit kugelsymmetrischem Potential $v(r)$ beschrieben, dessen Eigenwerte sich durch vier Quantenzahlen charakterisieren lassen, vergl. Abschn. 11.1,

$$H_0 \psi_{nlmm_s} = \varepsilon_{nl} \psi_{nlmm_s}. \tag{10.32}$$

Die Quantenzahlen haben nach Abschn. 2.3 die folgenden Wertevorräte

$n = 1, 2, 3, \ldots$ Hauptquantenzahl
$l = 0, 1, 2, \ldots n - 1$ Drehimpulsquantenzahl
$m = -l, -l+1, \ldots +l$ magnetische Quantenzahl
$m_s = -\frac{1}{2}, +\frac{1}{2}$ Spinquantenzahl.

und die Eigenfunktionen von H_0 lassen sich in der Form schreiben

$$|nlmm_s\rangle = \psi_{nlmm_s}(\mathbf{r}, \mathbf{s}) = R_{nl}(r) Y_{lm}(\vartheta, \varphi) \chi_{m_s}(\mathbf{s}), \tag{10.33}$$

wobei $\mathbf{r} = (r, \vartheta, \varphi)$ den Ortsvektor in Kugelkoordinaten, $\mathbf{s}$ den Spin und $Y_{lm}(\vartheta, \varphi)$ die Kugelfunktionen, vergl. Anhang B, bezeichnen.

Wir beschränken uns auf Übergänge, bei denen die Wellenlänge λ des Lichtes nicht kleiner ist als $100\,\text{nm} = 10^{-7}\,\text{m}$. Nimmt man ferner an, daß die Ausdehnung eines Atoms in der Größenordnung $1\,\text{Å} = 10^{-10}\,\text{m}$ liegt, so sind die Radialfunktionen $R_{nl}(r)$ nur in diesem Bereich wesentlich von Null verschieden und für $\mathbf{r}$ innerhalb eines Atoms gilt

$$|\mathbf{k} \cdot \mathbf{r}| \leq \frac{2\pi}{\lambda} 1\,\text{Å} \ll 1 \quad \text{für} \quad \lambda \geq 10^{-7}\,\text{m}.$$

Deshalb kann der Operator $\mathbf{a}(\mathbf{r})$ nach Gl. (10.30) in eine rasch konvergierende Potenzreihe entwickelt werden

$$\begin{aligned}
\mathbf{a}(\mathbf{r}) \cdot \mathbf{p} &= \mathbf{a}(0) \cdot \mathbf{p} + \mathbf{r} \cdot (\nabla \mathbf{a})_0 \cdot \mathbf{p} + \ldots \\
&= \mathbf{a}(0) \cdot \mathbf{p} + \frac{1}{2} \mathbf{r} \cdot \left[(\nabla \mathbf{A})_0 - (\nabla \mathbf{A})_0^T \right] \cdot \mathbf{p} \\
&\quad + \frac{1}{2} (\nabla \times \mathbf{a})_0 \cdot (\mathbf{r} \times \mathbf{p}) + \ldots.
\end{aligned}$$

□ Zum Beweise zerlegt man die Dyade des zweiten Terms in einen symmetrischen und einen antisymmetrischen Teil

$$\nabla \mathbf{A} = \frac{1}{2} \left[(\nabla \mathbf{A}) + (\nabla \mathbf{A})^T \right] + \frac{1}{2} \left[(\nabla \mathbf{A}) - (\nabla \mathbf{A})^T \right]$$

und beachtet

$$\mathbf{r} \cdot \left[(\nabla \mathbf{A}) - (\nabla \mathbf{A})^T \right] \cdot \mathbf{p} = (\nabla \times \mathbf{a})_0 \cdot (\mathbf{r} \times \mathbf{p}),$$

wobei $(\nabla \mathbf{A})^T$ die transponierte Dyade bezeichnet. ∎

Beim Einsetzen der ebenen Welle Gl. (10.30) ergibt das

$$\mathbf{a}(\mathbf{r}) \cdot \mathbf{p} = -\frac{e}{m_e}\mathbf{A}_0 \cdot \mathbf{p} - \frac{ei}{2m_e}[\mathbf{r} \cdot \mathbf{k}\mathbf{A}_0 \cdot \mathbf{p} + \mathbf{r} \cdot \mathbf{A}_0\mathbf{k} \cdot \mathbf{p}]$$
$$- \frac{ei\hbar}{2m_e}(\mathbf{k} \times \mathbf{A}_0) \cdot \mathbf{l} + \dots$$
(10.34)

Hier bezeichnet $\hbar\mathbf{l} = \mathbf{r} \times \mathbf{p}$ den Bahndrehimpulsoperator. Setzt man die Reihenentwicklung zusammen mit Gl. (10.29) in das Übergangsmatrixelement

$$M_{\mu\alpha} = (\psi_\mu, \mathbf{a}(\mathbf{r}) \cdot \mathbf{p}\psi_\alpha) = M_{\mu\alpha}^{\mathrm{eD}} + M_{\mu\alpha}^{\mathrm{eQ}} + M_{\mu\alpha}^{\mathrm{mD}} + \dots,$$

mit

$$M_{\mu\alpha}^{\mathrm{eD}} = -\frac{e}{m_e}\langle\psi_\mu|\mathbf{A}_0 \cdot \mathbf{p}|\psi_\alpha\rangle$$
$$M_{\mu\alpha}^{\mathrm{eQ}} = -\frac{ei}{2m_e}\langle\psi_\mu|\mathbf{r} \cdot \mathbf{k}\mathbf{A}_0 \cdot \mathbf{p} + \mathbf{r} \cdot \mathbf{A}_0\mathbf{k} \cdot \mathbf{p}|\psi_\alpha\rangle \quad (10.35)$$
$$M_{\mu\alpha}^{\mathrm{mD}} = -\frac{ei\hbar}{2m_e}\langle\psi_\mu|(\mathbf{k} \times \mathbf{A}_0) \cdot \mathbf{l}|\psi_\alpha\rangle$$

ein, so erhält man eine Zerlegung der Übergangswahrscheinlichkeit in eine Reihe von Multipolübergängen mit den Bezeichnungen

$M_{\mu\alpha}^{\mathrm{eD}}$: elektrischer Dipolübergang
$M_{\mu\alpha}^{\mathrm{eQ}}$: elektrischer Quadrupolübergang
$M_{\mu\alpha}^{\mathrm{mD}}$: magnetischer Dipolübergang.

Da die Reihenentwicklung Gl. (10.34) für hinreichend kleines $\mathbf{k}$ schnell konvergiert, genügt zur Berechnung der Übergangswahrscheinlichkeit die elektrische Dipolnäherung $M_{\mu\alpha}^{\mathrm{eD}}$ falls dieses Matrixelement nicht verschwindet. Im Falle $M_{\mu\alpha}^{\mathrm{eD}} = 0$ berechnet man die Übergangswahrscheinlichkeit in elektrischer Quadrupolnäherung und magnetischer Dipolnäherung, die zu wesentlich kleineren Werten führen. Auf diese Weise lassen sich die unterschiedlichen Intensitäten der beobachteten Spektrallinien erklären.

Zur Berechnung der Übergangsmatrixelemente führen wir eine kleine Umformung zur Eliminierung des Impulsoperators $\mathbf{p}$ durch, indem wir beachten

$$\mathbf{p} = \frac{i}{\hbar}m_e[H_0, \mathbf{r}], \quad (10.36)$$

wobei die eckige Klammer den Kommutator $[A, B] = AB - BA$ bezeichnet.

□ Zum Beweise gehen wir von der Form des Operators H_0 in Gl. (10.27) aus und verwenden die Vertauschungsrelation, vergl. Gl. (1.15)

$$[\mathbf{p},\mathbf{r}] = \frac{\hbar}{i}\mathcal{E}\mathbf{1}.$$

Hier bezeichnet $\mathcal{E}$ eine 3×3-Einheitsmatrix und $\mathbf{1}$ den Einheitsoperator. In Komponenten $\mathbf{p} = (p_1, p_2, p_3)$ und $\mathbf{r} = (x_1, x_2, x_3)$ findet man

$$[H_0, x_k] = \frac{1}{2m_e}[\mathbf{p}^2, x_k] = \frac{1}{2m_e}\sum_{j=1}^{3}[p_j^2, x_k]$$

und es gilt

$$[p_j^2, x_k] = p_j^2 x_k - x_k p_j^2$$
$$= p_j x_k p_j + \frac{\hbar}{i}p_j \delta_{jk} - x_k p_j^2$$
$$= 2\frac{\hbar}{i}p_j \delta_{jk}.$$

Daraus ergibt sich die Behauptung

$$[H_0, x_k] = \frac{1}{2m_e}\sum_{j=1}^{3}2\frac{\hbar}{i}p_j \delta_{jk} = \frac{\hbar}{im_e}p_k. \blacksquare$$

Mit Hilfe von Gl. (10.36) findet man für den elektrischen Dipolübergang Gl. (10.35)

$$\begin{aligned}
M_{\mu\alpha}^{\mathrm{eD}} &= -\frac{e}{m_e}\mathbf{A}_0 \cdot \langle\psi_\mu|\mathbf{p}|\psi_\alpha\rangle \\
&= -\frac{ie}{\hbar}\mathbf{A}_0 \cdot \langle\psi_\mu|[H_0,\mathbf{r}]|\psi_\alpha\rangle \\
&= i\frac{e}{\hbar}\mathbf{A}_0 \cdot \left[\langle\psi_\mu|\mathbf{r}H_0|\psi_\alpha\rangle - \langle H_0\psi_\mu|\mathbf{r}|\psi_\alpha\rangle\right] \\
&= i\frac{\varepsilon_\alpha - \varepsilon_\mu}{\hbar}\mathbf{A}_0 \cdot \langle\psi_\mu|e\mathbf{r}|\psi_\alpha\rangle.
\end{aligned} \quad (10.37)$$

Hieraus erklärt sich auch die Bezeichnung, weil $M_{\mu\alpha}^{\mathrm{eD}}$ zum Dipolmatrixelement $(\psi_\mu, e\mathbf{r}\psi_\alpha)$ proportional ist. Entsprechend findet man für den elektrischen Quadrupolübergang aus Gl. (10.35)

$$\begin{aligned}
M_{\mu\alpha}^{\mathrm{eQ}} &= -i\frac{e}{2m_e}\sum_{j,k}^{1,2,3}k_j A_{0k}\langle\psi_\mu|x_j p_k + x_k p_j|\psi_\alpha\rangle \\
&= \frac{e}{2\hbar}\sum_{j,k}^{1,2,3}k_j A_{0k}\langle\psi_\mu|[H_0, x_j x_k] - \frac{\hbar}{i}\delta_{jk}|\psi_\alpha\rangle \\
&= \frac{e}{2\hbar}(\varepsilon_\mu - \varepsilon_\alpha)\sum_{j,k}^{1,2,3}k_j A_{0k}\langle\psi_\mu|x_j x_k|\psi_\alpha\rangle \\
&= \frac{e}{2\hbar}(\varepsilon_\mu - \varepsilon_\alpha)\langle\psi_\mu|\mathbf{k}\cdot\mathbf{r}\mathbf{A}_0\cdot\mathbf{r}|\psi_\alpha\rangle,
\end{aligned}$$

10 Punktladung und Elektromagnetismus

denn es gilt $(\psi_\mu, \psi_\alpha) = 0$ für $\mu \neq \alpha$ und

$$x_j p_k + x_k p_j = \frac{im_e}{\hbar}[H_0, x_j x_k] - \frac{\hbar}{i}\delta_{jk}.$$

☐ Zum Beweise berechnen wir mit Hilfe von Gl. (10.36)

$$\begin{aligned}[H_0, x_j x_k] &= H_0 x_j x_k - x_j x_k H_0 \\ &= x_j H_0 x_k + \frac{\hbar}{im_e} p_j x_k - x_j x_k H_0 \\ &= \frac{\hbar}{im_e} x_j p_k + \frac{\hbar}{im_e} p_j x_k \\ &= \frac{\hbar}{im_e}\left(x_j p_k + x_k p_j + \frac{\hbar}{i}\delta_{jk}\right),\end{aligned}$$

wobei von $[p_j, x_k] = \frac{\hbar}{i}\delta_{jk}$ Gebrauch gemacht wurde. ∎

Im Falle des magnetischen Dipolüberganges beachten wir, daß die magnetische Induktion **B** mit dem Vektorpotential $\mathbf{A}(\mathbf{r}, t)$ nach Gl. (10.28) und (10.30) durch

$$\begin{aligned}\mathbf{B}(\mathbf{r}, t) = \nabla \times \mathbf{A}(\mathbf{r}, t) &= \mathbf{k} \times \mathbf{A}_0 \left(\exp\{i\beta\} + \exp\{-i\beta\}\right) \\ &= \mathbf{B}_0 \left(\exp\{i\beta\} + \exp\{-i\beta\}\right)\end{aligned}$$

mit

$$\beta = \mathbf{k} \cdot \mathbf{r} - \omega t + \frac{\pi}{2}$$

verknüpft ist. Das Matrixelement für magnetische Dipolübergänge schreibt sich mit der Amplitude $\mathbf{B}_0 = \mathbf{k} \times \mathbf{A}_0$ der magnetischen Induktion in der Form

$$\begin{aligned}M^{\mathrm{mD}}_{\mu\alpha} &= -\frac{e\hbar}{2m_e}\langle\psi_\mu|\mathbf{B}_0 \cdot \mathbf{l}|\psi_\alpha\rangle \\ &= \mu_\mathrm{B}\langle\psi_\mu|\mathbf{B}_0 \cdot \mathbf{l}|\psi_\alpha\rangle \\ &= -\langle\psi_\mu|\mathbf{B}_0 \cdot \mathbf{m}|\psi_\alpha\rangle\end{aligned}$$

mit

$$\mu_\mathrm{B} = \frac{e_0 \hbar}{2m_e} \quad \text{Bohrsches Magneton}$$

$$\mathbf{m} = -\mu_\mathrm{B}\mathbf{l} \quad \text{magnetisches Dipolmoment des Elektrons},$$

woraus sich die Namensgebung erklärt. Dieses Übergangsmatrixelement läßt sich durch Hinzufügen des magnetischen Momentes des Elektronenspins

$$\mathbf{m}_s = -g_0 \mu_\mathrm{B} \mathbf{s}$$

verallgemeinern:

$$\begin{aligned}M^{\mathrm{mD}}_{\mu\alpha} &= \mu_\mathrm{B}\langle\psi_\mu|\mathbf{B}_0 \cdot (\mathbf{l} + g_0\mathbf{s})|\psi_\alpha\rangle \\ &= \mu_\mathrm{B}(\mathbf{k} \times \mathbf{A}_0) \cdot \langle\psi_\mu|\mathbf{l} + g_0\mathbf{s}|\psi_\alpha\rangle,\end{aligned} \qquad (10.38)$$

wodurch auch die Wechselwirkung des Elektronenspins mit der magnetischen Induktion des Strahlungsfeldes berücksichtigt wird.

10.3.3 Auswahlregeln für ein Elektron im Zentralfeld

Zur Interpretation der beobachteten Spektren von Strahlungsübergängen ist es hilfreich zu wissen welche Übergangsmatrixelemente, z.b. aufgrund von Symmetriebedingungen, verschwinden. Dazu werden Auswahlregeln hergeleitet, die die Bedingungen angeben, unter denen die Strahlungsübergänge nicht verboten sind.

Wir untersuchen zunächst elektrische Dipolübergänge an Einelektronenatomen, deren Übergangswahrscheinlichkeit proportional ist zum Quadrat des Dipolmatrixelementes Gl. (10.37)

$$\langle \psi_\mu | e\mathbf{r} | \psi_\alpha \rangle = \langle \psi_{n'l'm'm'_s} | e\mathbf{r} | \psi_{nlmm_s} \rangle \\ = \langle n'l'm'm'_s | e\mathbf{r} | nlmm_s \rangle, \qquad (10.39)$$

wobei wir gemäß Gl. (10.32) den Anfangszustand mit $\alpha = nlmm_s$ und den Endzustand mit $\mu = n'l'm'm'_s$ bezeichnet haben.

Da der Dipoloperator $e\mathbf{r}$ im Spin-Hilbert-Raum wie der Einheitsoperator wirkt, verschwindet das Dipolmatrixelement offenbar außer im Falle $\Delta m_s = m'_s - m_s = 0$, was wir durch die Auswahlregel

$$\Delta m_s = 0$$

vermerken. Elektrische Dipolübergänge können also keinen Spinflip verursachen.

Zwischen dem Drehimpulsoperator $\mathbf{l} = (l_x, l_y, l_z) = \mathbf{r} \times \mathbf{p}/\hbar$ und dem Ortsoperator $\mathbf{r} = (x, y, z)$ gelten die Vertauschungsrelationen

$$[l_z, x \pm iy] = \pm(x \pm iy) \quad \text{und} \quad [l_z, z] = 0, \qquad (10.40)$$

die sich aus den Vertauschungsrelationen Gl. (1.15) zwischen den Orts- und Impulsoperatoren ergeben.

□ Zum Beweise beachten wir $[l_z, r] = 0$ nach Abschn. 2.2 und daß nach Anhang B.1 die Ortsoperatoren zu den Kugelfunktionen $Y_{1\mu}$ proportional sind:

$$Y_{1\pm 1} = \mp\sqrt{\frac{3}{8\pi}} \frac{x \pm iy}{r} \quad \text{und} \quad Y_{10} = \sqrt{\frac{3}{4\pi}} \frac{z}{r}$$

Die Kugelfunktionen Y_{lm} sind einerseits Eigenfunktionen des Drehimpulsoperators $l_z Y_{1m} = m Y_{1m}$ und lassen sich andererseits als Funktionen des Ortsoperators auffassen (sogenannte Tensoroperatoren), für die im Falle $l = 1$ gilt

$$[l_z, Y_{1\mu}] = \mu Y_{1\mu} \quad \text{für} \quad \mu = 0, \pm 1.$$

Daraus erhält man unmittelbar die Gl. (10.40). ■

Verwendet man die Vertauschungsrelationen Gl. (10.40) zur Berechnung der Dipolmatrixelemente Gl. (10.39), so findet man wegen $l_z|nlmm_s\rangle = m|nlmm_s\rangle$

$$0 = \langle n'l'm'm'_s|[l_z, z]|nlmm_s\rangle$$
$$= \langle n'l'm'm'_s|l_z z - zl_z|nlmm_s\rangle$$
$$= (m' - m)\langle n'l'm'm'_s|z|nlmm_s\rangle$$

und entsprechend

$$0 = \langle n'l'm'm'_s|[l_z, x \pm iy] \mp (x \pm iy)|nlmm_s\rangle$$
$$= (m' - m \mp 1)\langle n'l'm'm'_s|x \pm iy|nlmm_s\rangle.$$

Von den beiden Faktoren muß wenigstens einer Null sein, also verschwinden die Dipolmatrixelemente Gl. (10.39) außer im Falle $\Delta m = m' - m = 0, \pm 1$, so daß wir die Auswahlregel

$$\Delta m = 0, \pm 1$$

erhalten.

Zur Herleitung einer Auswahlregel bezüglich der Drehimpulsquantenzahl l beachten wir die Form der Einelektronenfunktionen in Kugelkoordinaten $\mathbf{r}: r, \vartheta, \varphi$ Gl. (10.33)

$$|nlmm_s\rangle = R_{nl}(r)Y_{lm}(\vartheta,\varphi)\chi_{m_s}(\mathbf{s})$$

und die Darstellung des Ortsvektors $\mathbf{r}$ durch Kugelfunktionen mit $l = 1$

$$x = r\sqrt{\frac{4\pi}{6}}(Y_{1-1} - Y_{11})$$
$$y = ri\sqrt{\frac{4\pi}{6}}(Y_{1-1} + Y_{11})$$
$$z = r\sqrt{\frac{4\pi}{3}}Y_{10}.$$

Das Dipolmatrixelement Gl. (10.39) zerfällt in ein Produkt von drei Integralen: eines über die Radialkoordinate r, eines über die Winkel ϑ, φ und eines über die Spinkoordinate. Das Matrixelement verschwindet also, falls das Integral über die Winkel verschwindet

$$\int Y^*_{l'm'}(\vartheta,\varphi)Y_{1\mu}(\vartheta,\varphi)Y_{lm}(\vartheta,\varphi)\sin\vartheta\,d\vartheta\,d\varphi = 0$$

für $\mu = -1, 0, +1$. Dieses Integral über drei Kugelfunktionen verschwindet nach Abschn. B.4 außer wenn

$$\Delta l = l' - l = 0, \pm 1$$

ist. Es gilt ferner die *Laporte-Auswahlregel*, wonach das Dipolmatrixelement nur dann nicht Null ist, wenn

$$\Delta l = l' - l \quad \text{ungerade}$$

ist. Dies ist eine Folge der Inversionssymmetrie des Raumes bei einem kugelsymmetrischen Potential im Zentralfeldmodell. Der Hamilton-Operator Gl. (10.27) mit kugelsymmetrischem Potential $v(r)$ ist invariant gegenüber einer Inversion im Ortsraum $I\mathbf{r} = -\mathbf{r}$. Definiert man den zugehörigen Inversionsoperator P_I im Hilbert-Raum durch

$$P_I \psi(\mathbf{r}) = \psi(-\mathbf{r})$$

für alle $\psi \in \mathcal{H}$, so gilt $[H_0, P_I] = 0$. Der Inversionsoperator besitzt wegen

$$P_I \phi = p\phi \quad \text{und} \quad P_I^2 \phi = p^2 \phi = \phi$$

die Eigenwerte $p = \pm 1$. Da H_0 und P_I gemeinsame Eigenfunktionen besitzen, sind die Eigenfunktionen von H_0 entweder symmetrisch $P_I \phi_s = \phi_s$ oder antisymmetrisch $P_I \phi_a = -\phi_a$. Für die Kugelfunktionen gilt, vergl. Abschn. B.1,

$$P_I Y_{lm}(\mathbf{r}) = Y_{lm}(-\mathbf{r}) = (-1)^l Y_{lm}(\mathbf{r}),$$

und man findet

$$\begin{aligned}\langle n'l'm'm'_s|e\mathbf{r}|nlmm_s\rangle &= \langle n'l'm'm'_s|P_I^2 e\mathbf{r}|nlmm_s\rangle \\ &= (-1)^{l'} \langle n'l'm'm'_s|-e\mathbf{r}P_I|nlmm_s\rangle \\ &= (-1)^{l'+l+1} \langle n'l'm'm'_s|e\mathbf{r}|nlmm_s\rangle,\end{aligned}$$

so daß das Matrixelement verschwindet, falls $l' + l$ gerade ist. Damit ergibt sich insgesamt die Auswahlregel für die Drehimpulsquantenzahl

$$\Delta l = \pm 1.$$

Entsprechend findet man Auswahlregeln für die übrigen Multipolübergänge. Die als elektrische Dipol- oder Quadrupolübergänge verbotenen Spinflipprozesse sind z.B. in magnetischer Dipolnäherung erlaubt. Aus den Vertauschungsrelationen der Drehimpulskomponenten folgen für Spinoperatoren $\mathbf{s} = (s_x, s_y, s_z)$ nach Abschn. C.2 die Vertauschungsrelationen

$$[s_z, s_x \pm is_y] = \pm(s_x \pm is_y)$$

und es gilt nach Gl. (C.14) in Abschn. C.2

$$(s_x \pm is_y)|nlmm_s\rangle \sim |nlmm_s \pm 1\rangle.$$

Damit findet man

$$\langle n'l'm'm'_s|[s_z, s_x \pm is_y] \mp (s_x \pm is_y)|nlmm_s\rangle$$
$$= (m'_s - m_s \mp 1)\langle n'l'm'm'_s|s_x \pm is_y|nlmm_s\rangle,$$

so daß das magnetische Dipolmatrixelement Gl. (10.38)

$$\langle n'l'm'm'_s|\mathbf{s}|nlmm_s\rangle$$

im Falle $\Delta m_s = m'_s - m_s = \pm 1$ nicht notwendig verschwinden muß.

Bei den hier abgeleiteten Auswahlregeln ist zu beachten, daß das Spektrum ε_{nl} des Operators H_0 entartet ist. Es sind die Übergangswahrscheinlichkeiten in alle Zustände eines entarteten Niveaus zu addieren. Werden die Energieniveaus etwa durch ein von außen angelegtes Magnetfeld aufgespalten, so gelten die abgeleiteten Auswahlregeln für Übergänge zwischen den nichtentarteten Energieniveaus. In diesem Fall lassen sich Auswahlregeln für polarisiertes Licht für die einzelnen Zustände ableiten.

11 Atome

Ein Atom oder Ion besteht aus einem Atomkern und N Elektronen, die zusammen einen gebundenen Zustand bilden. In der einfachsten Näherung wird der Atomkern als geladener Massenpunkt der Masse M_K und der Ladung Ze_0 (e_0 bezeichnet die Elementarladung) angenommen, obwohl er in Wirklichkeit aus Z Protonen und einer Anzahl von Neutronen besteht. Bezeichnet A die Anzahl der Nukleonen (Protonen und Neutronen), so beträgt der Radius des Atomkerns genähert $R_0 A^{1/3}$ mit $R_0 = 1.3 \cdot 10^{-15}$ m. Das unterschiedliche Kernvolumen verschiedener Isotope verursacht eine Isotopieverschiebung der Energieniveaus der Elektronenhülle insbesondere der s-Zustände, die wie bei Wasserstoffatom ihr Maximum am Kernort haben. Dies wird hier aufgrund der getroffenen Näherung nicht behandelt. Ferner beruht der K-Einfang von Elektronen im Kern auf der Wechselwirkung zwischen den Elektronen und den Nukleonen im Kern und wird aus dem gleichen Grunde hier nicht beschrieben.

Die Behandlung des $(N+1)$-Teilchensystems kann in guter Näherung umgangen werden, indem der große Massenunterschied zwischen der Masse des Atomkerns M_K und der eines Elektrons m_e ausgenutzt wird. Die Einführung von Schwerpunkt- und Relativkoordinaten wie beim Wasserstoffatom, vergl. Abschn. 2.3.1, führt allgemein zu recht komplizierten Gleichungen. Auf der anderen Seite gilt für das Massenverhältnis außer für die beiden leichtesten Atome Wasserstoff und Helium $m_e/M_K < 10^{-4}$, so daß analog zu der in Abschn. 8.4.1 eingeführten Born-Oppenheimer-Näherung bei einer Reihenentwicklung nach dem Massenverhältnis die kinetische Energie des Atomkerns in erster Näherung vernachlässigt werden kann. Wir nehmen daher an, daß der Atomkern im Ursprung des Koordinatensystems ruht. Andererseits erzeugt die unterschiedliche Masse der Atomkerne verschiedener Isotope eines Atoms einen Isotopieeffekt an den Spektren der Elektronenhülle, der hier nicht behandelt wird.

Von den relativistischen Korrekturen, die vom Spin herrühren, wollen wir die Spin-Bahn-Kopplung der Elektronen berücksichtigen und andere Beiträge, wie z.B. die Spin-Spin-Wechselwirkung außer acht lassen. Dabei wird die aus der Dirac-Theorie hergeleitete Spin-Bahn-Kopplung eines Elektrons im kugelsymmetrischen Potential, vergl. Abschn. 3.6, unverändert auf Mehrelektronenatome übertragen. Darüber hinaus wird der Kernspin berücksichtigt, dessen Wechselwirkung mit den Elektronen die Hyperfeinstruktur der Elektronenspektren verursacht.

Als weitere Näherung soll die Wechselwirkung der Elektronen untereinander und mit dem Atomkern nur durch das elektrostatische Coulomb-Gesetz beschrieben werden. Das bedeutet z.B., daß die magnetische Wechselwirkung über die Lorentz-Kraft als relativistische Korrektur unberücksichtigt bleibt, vergl. Kap. 10. Schließlich wird hier eine nichtrelativistische Quantenmechanik mit einer gegen Lorentz-

11 Atome

Transformationen invarianten aber nicht quantisierten Elektrodynamik gekoppelt, wodurch eine Reihe von Fehlern entstehen. Daher kann die bei angeregten Atomen beobachtete spontane Emission elektromagnetischer Energie nicht behandelt werden, weil dieser Vorgang, ebenso wie die Lamb-Verschiebung erst im Rahmen quantisierter elektromagnetischer Felder verständlich wird.

Aufgrund all dieser Näherungen beschreiben wir die Mehrelektronenatome mit den Elektronen an den Orten $\mathbf{r}_1, \mathbf{r}_2, \ldots \mathbf{r}_N$ mit Spins $\mathbf{s}_1, \mathbf{s}_2 \ldots \mathbf{s}_N$ durch den vereinfachten Hamilton-Operator

$$H = \sum_{j=1}^{N}\left[-\frac{\hbar^2}{2m_e}\Delta_j + \frac{Ze^2}{4\pi\varepsilon_0}\frac{1}{|\mathbf{r}_j|}\right] + H_C + H^{SBK} \tag{11.1}$$

mit dem Einelektronoperator der kinetischen Energie und dem Potential des Atomkerns (mit $e^2 = e_0^2$), dem Term der Coulomb-Abstoßung der Elektronen untereinander

$$H_C = \frac{e^2}{8\pi\varepsilon_0}\sum_{\substack{i,j \\ i\neq j}}^{1\ldots N}\frac{1}{|\mathbf{r}_i - \mathbf{r}_j|}$$

und dem Spin-Bahn-Kopplungsterm

$$H^{SBK} = \sum_{j=1}^{N}\zeta(r_j)\mathbf{l}_j \cdot \mathbf{s}_j,$$

wobei $\mathbf{l} = -i\mathbf{r} \times \nabla$ der Bahndrehimpulsoperator, $\mathbf{s}$ der Spinoperator und $\zeta(r)$ eine vom Potential abhängige Funktion von $r = |\mathbf{r}|$ ist.

11.1 Zentralfeldmodell

Weil sich die Eigenwertgleichung des Hamilton-Operators Gl. (11.1) nicht unmittelbar lösen läßt, gehen wir schrittweise vor und betrachten zunächst eine einfache Näherung. Dazu schreiben wir den Hamilton-Operator Gl. (11.1) in der Form

$$H = H_0 + (H - H_0)$$

mit

$$H_0 = \sum_{j=1}^{N}\left[-\frac{\hbar^2}{2m_e}\Delta_j + V(r_j)\right]$$

11.1 Zentralfeldmodell

und bestimmen das kugelsymmetrische Potential $V(r)$ so, daß das Spektrum von H_0 eine möglichst gute Näherung für das von H darstellt. Die zeitunabhängige Schrödinger-Gleichung im Zentralfeldmodell

$$H_0 \Psi^{SD}_{\nu_1...\nu_N} = E_0 \Psi^{SD}_{\nu_1...\nu_N} \tag{11.2}$$

läßt sich dann nach den einzelnen Elektronen separieren und die Eigenfunktionen von H_0 sind nach dem Pauli-Prinzip Slater-Determinanten, vergl. Abschn. 4.6,

$$\Psi^{SD}_{\nu_1...\nu_N} = \det\left\{\psi_{\nu_i}(\mathbf{r}_j, \mathbf{s}_j)\right\}$$

aus Einelektronenfunktionen mit $\nu = nlmm_s$

$$\psi_{nlmm_s}(\mathbf{r}, \mathbf{s}) = \varphi_{nlm}(\mathbf{r})\chi_{m_s}(\mathbf{s}), \tag{11.3}$$

die sich aus der Einelektronen-Schrödinger-Gleichung

$$\left[-\frac{\hbar^2}{2m_e}\Delta + V(r)\right]\varphi_{nlm}(\mathbf{r}) = \varepsilon_{nl}\varphi_{nlm}(\mathbf{r})$$

ergeben. Bei Einführung von Kugelkoordinaten, $\mathbf{r} : r, \vartheta, \varphi$ wie in Abschn. 2.2, führt ein Ansatz mit Kugelfunktionen $Y_{lm}(\vartheta, \varphi)$ auf die Form Gl. (2.26)

$$\varphi_{nml}(\mathbf{r}) = \frac{1}{r}R_{nl}(r)Y_{lm}(\vartheta, \varphi), \tag{11.4}$$

wobei die Radialfunktionen $R_{nl}(r)$ Lösungen der Differentialgleichung (2.27) mit der Randbedingung Gl. (2.28) sind. Die vier Quantenzahlen können die folgenden Werte annehmen:

$$\begin{aligned}
n &= 1, 2, 3, \ldots & &\text{Hauptquantenzahl} \\
l &= 0, 1, 2, \ldots n-1 & &\text{Drehimpulsquantenzahl} \\
m &= -l, -l+1, \ldots +l & &\text{magnetische Quantenzahl} \\
m_s &= -\tfrac{1}{2}, +\tfrac{1}{2} & &\text{Spinquantenzahl.}
\end{aligned} \tag{11.5}$$

und die Bahndrehimpulsquantenzahl ist nach oben durch $n - 1$ beschränkt, vergl. Abschn. 2.5.2. Ferner gilt

$$E_0 = \sum_{j=1}^{N} \varepsilon_{n_j l_j} = \sum_{n,l}^{\text{besetzt}} \varepsilon_{nl} = \sum_{n=0}^{\infty}\sum_{l=0}^{n-1} f_{nl}\varepsilon_{nl}, \tag{11.6}$$

wobei die Einelektronenniveaus ε_{nl} noch $2(2l+1)$-fach entartet sind, und entweder über alle Elektronen oder über alle besetzten Zustände summiert wird. In der letzten Summe gibt f_{nl} die Zahl der Elektronen in der Schale nl an und es gilt $0 \leq f_{nl} \leq 2(2l+1)$.

□ Zum Beweise machen wir für die Eigenfunktionen Ψ des Hamilton-Operators H_0 den Produktansatz

$$\Psi(\mathbf{r}_1,\mathbf{s}_1,\mathbf{r}_2,\mathbf{s}_2,\ldots \mathbf{r}_N,\mathbf{s}_N) = \prod_{j=1}^{N}\psi_{\nu_j}(\mathbf{r}_j,\mathbf{s}_j)$$

und erhalten für die Eigenwertgleichung von H_0, vergl. Abschn. 4.5.1,

$$\sum_{j=1}^{N}\psi_{\nu_1}(\mathbf{r}_1,\mathbf{s}_1)\ldots\left[-\frac{\hbar^2}{2m_e}\Delta_j + V(r_j)\right]\psi_{\nu_j}(\mathbf{r}_j,\mathbf{s}_j)\ldots\psi_{\nu_N}(\mathbf{r}_N,\mathbf{s}_N)$$
$$= E_0\psi_{\nu_1}(\mathbf{r}_1,\mathbf{s}_1)\ldots\psi_{\nu_N}(\mathbf{r}_N,\mathbf{s}_N).$$

Wir setzen die Normierung und Orthogonalität der Einelektronenfunktionen voraus

$$\langle\psi_\nu|\psi_\mu\rangle = \delta_{\nu\mu}$$

und erhalten nach Multiplikation mit $\psi^*_{\nu_2}(\mathbf{r}_2,\mathbf{s}_2)\ldots\psi^*_{\nu_N}(\mathbf{r}_N,\mathbf{s}_N)$ und Integration über alle $\mathbf{r}_2,\mathbf{s}_2\ldots\mathbf{r}_N,\mathbf{s}_N$

$$\left[-\frac{\hbar^2}{2m_e}\Delta_1 + V(r_1)\right]\psi_{\nu_1}(\mathbf{r}_1,\mathbf{s}_1) = \varepsilon_{\nu_1}\psi_{\nu_1}(\mathbf{r}_1,\mathbf{s}_1)$$

mit

$$\varepsilon_1 = E_0 - \sum_{j=2}^{N}\left\langle\psi_{\nu_j}(\mathbf{r}_j,\mathbf{s}_j)\left|-\frac{\hbar^2}{2m_e}\Delta_j + V(r_j)\right|\psi_{\nu_j}(\mathbf{r}_j,\mathbf{s}_j)\right\rangle.$$

Ist ε_{ν_j} der Eigenwert des Einelektronenoperators und $\psi_{\nu_j}(\mathbf{r}_j,\mathbf{s}_j)$ die zugehörige Eigenfunktion, so gilt offenbar

$$E_0 = \sum_{j=1}^{N}\varepsilon_{\nu_j},$$

und wegen des Pauli-Prinzips muß als N-Elektronenzustand anstelle des Produktes die Slater-Determinante verwendet werden, vergl. Abschn. 4.6. Da der Einelektronen-Hamilton-Operator nicht von Spin abhängt, kann der Einelektronenzustand als Produkt aus einer Ortsfunktion und einer Spinfunktion beschrieben werden, vergl. Abschn. 2.6.3. ∎

Im Grundzustand sind nach dem Pauli-Prinzip die Einteilchenzustände ψ_{nlmm_s} mit den kleinsten Eigenwerten mit je einem Elektron besetzt. In der Nomenklatur der Einteilchenzustände der Atome bezeichnet man Elektronen mit Drehimpulsquantenzahlen $l = 0, 1, 2, 3$ als s-, p-, d- und f-Elektronen. Ordnet man die Atome nach der Kernladungszahl bzw. nach der Zahl der Elektronen der neutralen Atome, so erhält man die in Tabelle 11.1 angegebene Elektronenkonfiguration der ersten 36

Tab. 11.1 Elektronenkonfiguration der ersten 36 Elemente

	Atom	Elektronenkonfiguration			
1	H	$1s^1$			
2	**He**	$1s^2$			
3	Li	$1s^2$	$2s^1$		
4	Be	$1s^2$	$2s^2$		
5	B	$1s^2$	$2s^2\,2p^1$		
6	C	$1s^2$	$2s^2\,2p^2$		
7	N	$1s^2$	$2s^2\,2p^3$		
8	O	$1s^2$	$2s^2\,2p^4$		
9	F	$1s^2$	$2s^2\,2p^5$		
10	**Ne**	$1s^2$	$2s^2\,2p^6$		
11	Na	$1s^2$	$2s^2\,2p^6$	$3s^1$	
12	Mg	$1s^2$	$2s^2\,2p^6$	$3s^2$	
13	Al	$1s^2$	$2s^2\,2p^6$	$3s^2\,3p^1$	
14	Si	$1s^2$	$2s^2\,2p^6$	$3s^2\,3p^2$	
15	P	$1s^2$	$2s^2\,2p^6$	$3s^2\,3p^3$	
16	S	$1s^2$	$2s^2\,2p^6$	$3s^2\,3p^4$	
17	Cl	$1s^2$	$2s^2\,2p^6$	$3s^2\,3p^5$	
18	**Ar**	$1s^2$	$2s^2\,2p^6$	$3s^2\,3p^6$	
19	K	$1s^2$	$2s^2\,2p^6$	$3s^2\,3p^6$	$4s^1$
20	Ca	$1s^2$	$2s^2\,2p^6$	$3s^2\,3p^6$	$4s^2$
21	Sc	$1s^2$	$2s^2\,2p^6$	$3s^2\,3p^6$	$4s^2\,3d^1$
22	Ti	$1s^2$	$2s^2\,2p^6$	$3s^2\,3p^6$	$4s^2\,3d^2$
23	V	$1s^2$	$2s^2\,2p^6$	$3s^2\,3p^6$	$4s^2\,3d^3$
24	Cr	$1s^2$	$2s^2\,2p^6$	$3s^2\,3p^6$	$4s^2\,3d^4$
25	Mn	$1s^2$	$2s^2\,2p^6$	$3s^2\,3p^6$	$4s^2\,3d^5$
26	Fe	$1s^2$	$2s^2\,2p^6$	$3s^2\,3p^6$	$4s^2\,3d^6$
27	Co	$1s^2$	$2s^2\,2p^6$	$3s^2\,3p^6$	$4s^2\,3d^7$
28	Ni	$1s^2$	$2s^2\,2p^6$	$3s^2\,3p^6$	$4s^2\,3d^8$
29	Cu	$1s^2$	$2s^2\,2p^6$	$3s^2\,3p^6$	$4s^2\,3d^9$
30	Zn	$1s^2$	$2s^2\,2p^6$	$3s^2\,3p^6$	$4s^2\,3d^{10}$
31	Ga	$1s^2$	$2s^2\,2p^6$	$3s^2\,3p^6$	$4s^2\,3d^{10}\,4p^1$
32	Ge	$1s^2$	$2s^2\,2p^6$	$3s^2\,3p^6$	$4s^2\,3d^{10}\,4p^2$
33	As	$1s^2$	$2s^2\,2p^6$	$3s^2\,3p^6$	$4s^2\,3d^{10}\,4p^3$
34	Se	$1s^2$	$2s^2\,2p^6$	$3s^2\,3p^6$	$4s^2\,3d^{10}\,4p^4$
35	Br	$1s^2$	$2s^2\,2p^6$	$3s^2\,3p^6$	$4s^2\,3d^{10}\,4p^5$
36	**Kr**	$1s^2$	$2s^2\,2p^6$	$3s^2\,3p^6$	$4s^2\,3d^{10}\,4p^6$
Röntgen-Schalen		K (2)	L (8)	M (8)	N (18)

Elemente. Die Atome mit abgeschlossenen Schalen $n = 1, 2, 3, 4$ bilden die Edelgase He, Ne, Ar und Kr. Atome mit ähnlicher Elektronenkonfiguration nicht abgeschlossener Elektronenschalen, etwa H($1s^1$), Li($2s^1$), Na($3s^1$), K($4s^1$) oder die Atome mit $2s^2 2p^\mu$, $3s^2 3p^\mu$, $4s^2 4p^\mu$ zeigen ein ähnliches Verhalten beim Eingehen chemischer Verbindungen, das zum *periodischen System der Elemente* geführt hat.

Abgeschlossene Elektronenschalen nl haben eine kugelsymmetrische Ladungsverteilung, d.h. die Summe der Aufenthaltswahrscheinlichkeiten aller $2(2l+1)$ Elektronen ist kugelsymmetrisch

$$\sum_{m=-l}^{l} |\varphi_{nlm}(\mathbf{r})|^2 = \frac{2l+1}{4\pi} \frac{1}{r^2} R_{nl}^2(r).$$

☐ Zum Beweise setzen wir die Ortsfunktionen Gl. (11.4) ein, und erhalten

$$\sum_{m=-l}^{l} |\varphi_{nlm}(\mathbf{r})|^2 = \frac{1}{r^2} R_{nl}^2(r) \sum_{m=-l}^{l} |Y_{lm}(\vartheta, \varphi)|^2.$$

Die Summe läßt sich mit Hilfe des Additionstheorems der Kugelfunktionen

$$Y_{l0}(\gamma, 0) = \sqrt{\frac{4\pi}{2l+1}} \sum_{m=-l}^{l} Y_{lm}(\vartheta, \varphi) Y_{lm}^*(\vartheta', \varphi')$$

berechnen und der Winkel γ ist gegeben durch

$$\cos\gamma = \cos\vartheta \cos\vartheta' + \sin\vartheta \sin\vartheta' \cos(\varphi - \varphi'),$$

vergl. Abschn. B.3. Speziell für $\vartheta = \vartheta'$, $\varphi = \varphi'$ gilt $\cos\gamma = 1$ und $\gamma = 0$ (wegen $0 \leq \gamma \leq \pi$) und man findet nach Abschn. B.1

$$Y_{l0}(\gamma, 0) = \sqrt{\frac{2l+1}{4\pi}} P_l^0(1) = \sqrt{\frac{2l+1}{4\pi}},$$

woraus sich

$$\sum_{m=-l}^{l} |Y_{lm}(\vartheta, \varphi)|^2 = \frac{2l+1}{4\pi}$$

ergibt. ∎

Ebenso haben halbgefüllte Elektronenschalen kugelsymmetrische Ladungsverteilung, wenn alle Spins in die gleiche Richtung ausgerichtet sind.

Die Radialfunktionen $R_{nl}(r)$ können numerisch im Rahmen der Dichtefunktionaltheorie, vergl. Kap. 9, oder mit dem Hartree-Fock-Verfahren, vergl. Kap. 7, berechnet werden. Sie stellen jedoch keine exakten Lösungen der N-Elektronen-Schrödinger-Gleichung dar.

11.2 Näherung der unveränderlichen Ionen

Die Atome der Edelgase mit abgeschlossenen Elektronenschalen und kugelsymmetrischer Ladungsverteilung gehen praktisch keine chemischen Verbindungen ein und bilden erst bei sehr tiefen Temperaturen Flüssigkeiten oder Festkörper. Andererseits lassen sich die Atome mit nicht abgeschlossenen Elektronenschalen in Gruppen mit ähnlichen chemischen Eigenschaften einteilen. Das sind z.B. die Alkaliatome mit ns^1, die Erdalkaliatome mit ns^2, die Atome der Hauptgruppen III–V: ns^2p^1, ns^2p^2, ns^2p^3, die Chalkogene ns^2p^4 und die Halogene ns^2p^5. Die abgeschlossenen Elektronenschalen ns^2p^6 sind also nicht nur bei den Edelgasen chemisch weitgehend inaktiv und die chemischen Bindungseigenschaften werden hauptsächlich von den nur teilweise gefüllten ns-, np- und nd-Schalen bestimmt. Auch die optischen Spektren, mit Energien bis in die Größenordnung der Bindungsenergien, sind bei gleicher Elektronenkonfiguration der nicht abgeschlossenen Schalen aber verschiedener Hauptquantenzahl n qualitativ gleich.

Die sogenannte *charakteristische Röntgenstrahlung* der Atome läßt sich nach den inneren vollständig mit Elektronen besetzten Schalen $n = 1, 2, 3, 4$ usw. in K, L, M, N usw. klassifizieren, vergl. Tab. 11.1. Beim Auftreffen schneller Elektronen auf die Atome werden einzelne Elektronen der inneren Schalen abgetrennt, so daß anschließend Elektronen aus energetisch höheren Niveaus kaskadenartig die freien Plätze auffüllen. Die charakteristischen Röntgenspektren ändern sich nicht in unterschiedlicher chemischer Umgebung der Atome; sie sind z.B. im Festkörper die gleichen wie beim freien Atom und können demgemäß zur Identifizierung der Atome im Festkörper verwendet werden. Auch aus der energetischen Lage der Röntgenspektren mit Energien in der Größenordnung von 10^3 eV im Vergleich zur chemischen Bindungsenergie in der Größenordnung von 1 eV ergibt sich, daß die inneren abgeschlossenen Elektronenschalen an der chemischen Bindung praktisch nicht beteiligt sind.

Aus dieser Eigenschaft ergibt sich die Möglichkeit die N Elektronen in N_R Rumpfelektronen der abgeschlossenen Elektronenschalen und N_V Valenzelektronen mit $N = N_R + N_V$ einzuteilen und die chemischen und optischen Eigenschaften genähert nur aus den Valenzelektronen zu bestimmen. Die Valenzelektronen sind dann näherungsweise Lösungen einer N_V-Elektronen Schrödinger-Gleichung oder Kohn-Sham-Gleichung mit einem effektiven kugelsymmetrischen Ionenpotential $V_I(r)$, das für alle Valenzelektronen gleich ist und das sich aus der Anziehung des positiv geladenen Atomkerns und der Abstoßung aller Elektronen zusammensetzt. Anstelle des Hamilton-Operators Gl. (11.1) verwenden wir nun

$$H_V = \sum_{j=1}^{N_V} \left[-\frac{\hbar^2}{2m_e}\Delta_j + V_I(r_j) \right] + H_C + H^{\text{SBK}}, \tag{11.7}$$

wobei beim Coulomb-Term H_C und dem Spin-Bahn-Kopplungsterm H^{SBK} jeweils nur über die N_V Valenzelektronen summiert wird. Der Hamilton-Operator

H_V unterscheidet sich von H in dieser Näherung um eine konstante Energie der Rumpfelektronen, während die Coulomb-Wechselwirkung zwischen den Valenzelektronen und den Rumpfelektronen teilweise durch das kugelsymmetrische Potential $V_I(r)$ beschrieben und teilweise vernachlässigt wird. Diese Näherung ist im Rahmen der Dichtefunktionaltheorie im Abschn. 9.5 genauer beschrieben. Die Energie der Rumpfelektronen bleibt in unterschiedlicher chemischer Umgebung des Atoms oder bei Anregungen der Valenzelektronen näherungsweise unverändert, so daß sie sich bei der Bestimmung von Energiedifferenzen praktisch heraushebt.

Bei den Alkaliatomen mit nur einem Valenzelektron in einer ns-Schale verschwindet in Gl. (11.7) der Operator $H_C + H^{\text{SBK}}$ und das Spektrum unterscheidet sich von dem des Wasserstoffatoms nur in den quantitativen Abständen der Energieniveaus und in einer Aufspaltung der ε_{nl} für verschiedene Bahndrehimpulsquantenzahlen l. Die Feinstrukturaufspaltung durch den Operator H^{SBK} der Spin-Bahn-Kopplung in angeregten p oder anderen Zuständen entspricht der des H-Atoms mit einem veränderten Spin-Bahn-Kopplungsparameter ζ, vergl. Abschn. 6.3.6.

11.3 Multipletts der Mehrelektronenspektren

Im Zentralfeldmodell ist die Eigenwertgleichung von H_0 durch Gl. (11.2) gegeben und die Eigenwerte nach Gl. (11.6) sind entartet. Zu jeder Energieschale ε_{nl} mit gegebenen n und l gibt es nach Gl. (11.3) und (11.5) $2(2l + 1)$ Eigenfunktionen ψ_{nlmm_s}. Ist die Schale mit k Elektronen besetzt, so können nach dem Pauli-Prinzip nicht zwei Elektronen in allen vier Quantenzahlen $nlmm_s$ übereinstimmen, vergl. Abschn. 4.6. Die Entartung ist dann nach dem Schubkastenprinzip [1]

$$d = \binom{2(2l+1)}{k}, \tag{11.8}$$

weil die Elektronen ununterscheidbar sind. Voll besetzte Elektronenschalen mit $k = 2(2l + 1)$ sind demnach nicht entartet, so daß die Entartung von E_0 von den nur teilweise gefüllten Schalen herrührt. Im Grundzustand ist dies nur eine Schale, jedoch können in angeregten Zuständen auch mehrere Schalen teilweise mit Elektronen besetzt sein. Für zwei Elektronen in einer p-Schale gibt es z.B. $\binom{6}{2} = 15$ verschiedene Zustände und die Elektronenkonfiguration np^2 ist demgemäß 15-fach entartet. Wegen $\binom{n}{k} = \binom{n}{n-k}$ ergibt sich die gleiche Entartung wenn aus einer vollen Schale k Elektronen entfernt sind. Die Entartung einer nicht vollständig mit Elektronen gefüllten Schale ε_{nl} wird durch die Operatoren H_C und H^{SBK} teilweise aufgehoben, wobei man die Aufspaltung der Energieniveaus von H_0 durch

---

[1] Die Zahl der Möglichkeiten, k unterschiedliche Gegenstände in $n > k$ Schubkästen zu verteilen ist $n!/(n - k)!$ wenn in jedem Schubkasten nur ein Gegenstand Platz hat. Im Falle der Ununterscheidbarkeit der Gegenstände hat man noch durch $k!$ zu teilen.

H_C als *Grobstruktur* bezeichnet. Die i.A. geringere Aufspaltung durch H^{SBK} heißt *Feinstruktur* und die durch den Kernspin verursachte *Hyperfeinstruktur*. Darüber hinaus kann auch ein einzelnes Elektron einer Schale ε_{nl} in ein höheres Niveau $\varepsilon_{n'l'}$ angeregt sein. Sind z.b. im Grundzustand zwei Elektronen in einer Schale ε_{nl} und im angeregten Zustand eines im höheren Niveau $\varepsilon_{n'l}$, so spricht man beim angeregten Zustand von zwei inäquivalenten Elektronen mit der Entartung $[2(2l+1)]^2$ und im Grundzustand von zwei äquivalenten Elektronen mit der Entartung $\binom{2(2l+1)}{2}$. Die Anregungsenergie beträgt im Zentralfeldmodell $\varepsilon_{n'l} - \varepsilon_{nl}$ und wird durch die Terme H_C und H^{SBK} verändert. Wir wollen uns hier jedoch auf die Multiplettstruktur der Spektren äquivalenter Valenzlektronen beschränken, die sich also in derselben Schale ε_{nl} befinden.

11.3.1 Grobstruktur

Der Hamilton-Operator der Valenzelektronen im Zentralfeldmodell H_0 ist nach Gl. (11.7) eine Summe von Einelektronen-Hamilton-Operatoren $h(\mathbf{r})$

$$H_0 = \sum_j^{N_V} h(\mathbf{r}_j) \quad \text{mit} \quad h(\mathbf{r}) = -\frac{\hbar^2}{2m_e}\Delta + V_I(r)$$

mit einem effektiven Ionenpotential $V_I(r)$. Da dieses Potential kugelsymmetrisch ist, also nur von $r = |\mathbf{r}|$ abhängt, ist $h(\mathbf{r})$ mit dem Einelektronen-Drehimpulsoperator $\hbar \mathbf{l} = \mathbf{r} \times \mathbf{p}$ vertauschbar, vergl. Abschn. 2.2.2,

$$[h(\mathbf{r}), \mathbf{l}] = 0.$$

Das gleiche gilt auch für die Drehimpulsoperatoren $\hbar \mathbf{l}_j = \mathbf{r}_j \times \mathbf{p}_j$ im Zentralfeldmodell mit H_0

$$[H_0, \mathbf{l}_j] = 0 \quad \text{für} \quad j = 1, 2, \ldots k.$$

Die Drehimpulsoperatoren $\mathbf{l}_j$ vertauschen jedoch nicht einzeln, sondern nur in der Summe mit dem Operator der Coulomb-Wechselwirkung, d.h. es gilt

$$\left[\frac{1}{|\mathbf{r}_j - \mathbf{r}_k|}, \mathbf{l}_j\right] \neq 0$$

aber

$$\left[\frac{1}{|\mathbf{r}_j - \mathbf{r}_k|}, \mathbf{l}_j + \mathbf{l}_k\right] = 0.$$

☐ Zum Beweise beachtet man $l_j = -i\mathbf{r}_j \times \nabla_j$ und erhält

$$\left[\frac{1}{|\mathbf{r}_j - \mathbf{r}_k|}, \mathbf{l}_j\right] = i\mathbf{r}_j \times \nabla_j \frac{1}{|\mathbf{r}_j - \mathbf{r}_k|}$$

$$= -i\mathbf{r}_j \times \frac{\mathbf{r}_j - \mathbf{r}_k}{|\mathbf{r}_j - \mathbf{r}_k|^3} = i\frac{\mathbf{r}_j \times \mathbf{r}_k}{|\mathbf{r}_j - \mathbf{r}_k|^3}$$

$$= -\left[\frac{1}{|\mathbf{r}_j - \mathbf{r}_k|}, \mathbf{l}_k\right],$$

woraus sich die Behauptung ergibt. ∎

Bildet man den Gesamtdrehimpulsoperator $\mathbf{L} = (L_1, L_2, L_3)$

$$\mathbf{L} = \sum_{j=1}^{N_V} \mathbf{l}_j,$$

so erfüllt $\mathbf{L}$ nach Abschn. C.3 die Vertauschungsrelationen von Drehimpulsoperatoren

$$[L_\nu, L_\mu] = iL_\rho \quad \text{mit} \quad (\nu, \mu, \rho) \text{ zyklisch},$$

was sich durch einfache Verallgemeinerung des Beweises für die Addition von zwei Drehimpulsen ergibt. Dann ist der Hamilton-Operator $H_0 + H_C$ mit $\mathbf{L}$ vertauschbar

$$[H_0 + H_C, \mathbf{L}] = 0,$$

denn nach dem eben bewiesenen Satz kommutiert die Summe der $\mathbf{l}_j$ mit jedem einzelnen Summanden von H_C. Dadurch können die Eigenfunktionen von $H_0 + H_C$ nach den Quantenzahlen L und M des Gesamtbahndrehimpulses $\mathbf{L}$

$$\mathbf{L}^2|LM\rangle = L(L+1)|LM\rangle$$
$$L_3|LM\rangle = M|LM\rangle$$

charakterisiert werden, vergl. Abschn. C.2. Die Eigenfunktionen $|LM\rangle$ lassen sich sukzessiv durch Addition der $\mathbf{l}_j$ bestimmen. Speziell für zwei Elektronen findet man sie mit Hilfe der Clebsch-Gordan-Koeffizienten, vergl. Abschn. C.5, aus den Produkten $|\gamma l_1 m_1 l_2 m_2\rangle$ von zwei Einelektronenfunktionen

$$|\gamma l_1 l_2 LM\rangle = \sum_{m_1=-l_1}^{l_1} \sum_{m_2=-l_2}^{l_2} |\gamma l_1 m_1 l_2 m_2\rangle \langle l_1 l_2 m_1 m_2 | LM\rangle$$

für $L = |l_1 - l_2|, |l_1 - l_2| + 1, \ldots l_1 + l_2$. Der Hamilton-Operator $H_0 + H_C$ ist jedoch nicht mit den Einelektronenoperatoren $\mathbf{l}_j^2$ vertauschbar.

11.3 Multipletts der Mehrelektronenspektren

Die Aufspaltung der Mehrelektronenenergieniveaus von H_0 im Zentralfeldmodell durch die Coulomb-Wechselwirkung H_C sei an einem einfachen Beispiel demonstriert. Da der spinunabhängige Operator H_C nur bahnentartete Energieniveaus aufspalten kann, betrachten wir im einfachsten Fall zwei p-Elektronen, wie sie z.b. bei Kohlenstoff oder Silicium auftreten. Wie in der 1. Näherung der Störungstheorie beschränken wir uns dabei auf den 6×6-dimensionalen Hilbert-Raum $\mathcal{H}_{p1} \otimes \mathcal{H}_{p2}$, wobei die Hilbert-Räume $\mathcal{H}_{pj}$ durch die Basisfunktionen $|n1 m_j m_{sj}\rangle$ mit

$$m_j = -1, 0, 1 \quad \text{und} \quad m_{sj} = -\tfrac{1}{2}, +\tfrac{1}{2}$$

für $j = 1, 2$ aufgespannt werden. Nach den Regeln zur Quantisierung von Summendrehimpulsen in Abschn. C.4 gelten für die Summe der Bahndrehimpulse

$$\mathbf{L} = \mathbf{l}_1 + \mathbf{l}_2 \quad \text{die Quantenzahlen} \quad L = 0, 1, 2$$

und für die Summe der Spindrehimpulse

$$\mathbf{S} = \mathbf{s}_1 + \mathbf{s}_2 \quad \text{die Quantenzahlen} \quad S = 0, 1,$$

vergl. Gl. (C.23). Mit Hilfe der Clebsch-Gordan-Koeffizienten, vergl. Abschn. C.6, läßt sich dann der Hilbert-Raum zweier p-Elektronen $\mathcal{H}_{p1} \otimes \mathcal{H}_{p2}$ alternativ durch die 36 Basisfunktionen

$$|LM\rangle |SM_S\rangle \quad \text{mit} \quad -L \leq M \leq L \quad \text{und} \quad -S \leq M_S \leq S$$

aufspannen. Die Eigenfunktionen $|SM_S\rangle$ des Spinoperators $\mathbf{S} = \mathbf{s}_1 + \mathbf{s}_2$ findet man mit Hilfe der Clebsch-Gordan-Koeffizienten, vergl. Abschn. C.5,

$$|SM_S\rangle = \sum_{m_{s1}}^{\pm\frac{1}{2}} \sum_{m_{s2}}^{\pm\frac{1}{2}} |\tfrac{1}{2} m_{s1}\rangle |\tfrac{1}{2} m_{s2}\rangle \langle \tfrac{1}{2}\tfrac{1}{2} m_{s1} m_{s2} | SM_S\rangle$$

für $S = 0, 1$. Diese Clebsch-Gordan-Koeffizienten sind explizit in Abschn. C.6 nach Ref. [C.1] angegeben.

Der Hilbert-Raum $\mathcal{H}_{p1} \otimes \mathcal{H}_{p2}$ ist damit in die irreduziblen Unterräume zu den sechs Multipletts

$$^{2S+1}L \; : \; ^1S(1), \; ^3S(3), \; ^1P(3), \; ^3P(9), \; ^1D(5), \; ^3D(15)$$

zerlegt, wobei analog S, P, D für $L = 0, 1, 2$ geschrieben wurde. [2]. Die Entartung der Multipletts $(2S+1)(2L+1)$ ist in Klammern hinzugefügt und summiert sich zu 36. Im Falle zweier inäquivalenter p-Elektronen, die sich in zwei Schalen mit verschiedenen Hauptquantenzahlen befinden, sind alle 36 Zweielektronenzustände

---

[2] Die Bezeichnung rührt von der Beobachtung der Spektren her: „sharp", „principal", „diffuse".

möglich. Die Grobstruktur des Spektrums besteht dann aus höchstens sechs Energieniveaus, die durch die obigen Multipletts charakterisiert werden.

Im Falle zweier äquivalenter p-Elektronen mit derselben Hauptquantenzahl n kommen jedoch nicht alle Multipletts vor, weil eine Reihe von Zuständen durch das Pauli-Prinzip verboten sind. Wir ermitteln die erlaubten Multipletts, indem wir zunächst die Zweielektronen-Ortsfunktionen nach Abschn. C.6 mit Hilfe der Clebsch-Gordan-Koeffizienten aufschreiben. Die Ortsfunktionen $\left|np^2LM\right\rangle$ mit den Quantenzahlen $L = 2$ und $M = -L\ldots L$ sind Linearkombinationen der Einelektronenortsfunktionen mit $l_1 = 1$ und $l_2 = 2$: $\left|nlm_11m_2\right\rangle = \varphi_{nlm_1}(\mathbf{r}_1)\varphi_{nlm_2}(\mathbf{r}_2)$

$$\left|np^222\right\rangle = \varphi_{n11}(\mathbf{r}_1)\varphi_{n11}(\mathbf{r}_2)$$
$$\left|np^221\right\rangle = \frac{1}{\sqrt{2}}\varphi_{n10}(\mathbf{r}_1)\varphi_{n11}(\mathbf{r}_2) + \frac{1}{\sqrt{2}}\varphi_{n11}(\mathbf{r}_1)\varphi_{n10}(\mathbf{r}_2)$$
$$\left|np^220\right\rangle = \frac{1}{\sqrt{6}}\varphi_{n11}(\mathbf{r}_1)\varphi_{n1-1}(\mathbf{r}_2) + \frac{2}{\sqrt{6}}\varphi_{n10}(\mathbf{r}_1)\varphi_{n10}(\mathbf{r}_2)$$
$$+ \frac{1}{\sqrt{6}}\varphi_{n1-1}(\mathbf{r}_1)\varphi_{n11}(\mathbf{r}_2)$$
$$\left|np^22-1\right\rangle = \frac{1}{\sqrt{2}}\varphi_{n10}(\mathbf{r}_1)\varphi_{n1-1}(\mathbf{r}_2) + \frac{1}{\sqrt{2}}\varphi_{n1-1}(\mathbf{r}_1)\varphi_{n10}(\mathbf{r}_2)$$
$$\left|np^22-2\right\rangle = \varphi_{n1-1}(\mathbf{r}_1)\varphi_{n1-1}(\mathbf{r}_2).$$

Die Ortsfunktionen $\left|np^2LM\right\rangle$ mit $L = 1$ und $M = -1, 0, 1$ sind

$$\left|np^211\right\rangle = \frac{1}{\sqrt{2}}\varphi_{n11}(\mathbf{r}_1)\varphi_{n10}(\mathbf{r}_2) - \frac{1}{\sqrt{2}}\varphi_{n10}(\mathbf{r}_1)\varphi_{n11}(\mathbf{r}_2)$$
$$\left|np^210\right\rangle = \frac{1}{\sqrt{2}}\varphi_{n11}(\mathbf{r}_1)\varphi_{n1-1}(\mathbf{r}_2) - \frac{1}{\sqrt{2}}\varphi_{n1-1}(\mathbf{r}_1)\varphi_{n11}(\mathbf{r}_2)$$
$$\left|np^21-1\right\rangle = \frac{1}{\sqrt{2}}\varphi_{n10}(\mathbf{r}_1)\varphi_{n1-1}(\mathbf{r}_2) - \frac{1}{\sqrt{2}}\varphi_{n1-1}(\mathbf{r}_1)\varphi_{n10}(\mathbf{r}_2),$$

und die Ortsfunktion $\left|np^2LM\right\rangle$ mit $L = 0$ und $M = 0$ ist

$$\left|np^200\right\rangle = \frac{1}{\sqrt{3}}\varphi_{n11}(\mathbf{r}_1)\varphi_{n1-1}(\mathbf{r}_2) - \frac{1}{\sqrt{3}}\varphi_{n10}(\mathbf{r}_1)\varphi_{n10}(\mathbf{r}_2)$$
$$+ \frac{1}{\sqrt{3}}\varphi_{n1-1}(\mathbf{r}_1)\varphi_{n11}(\mathbf{r}_2).$$

Ferner ergeben sich die Zweielektronen-Spinfunktionen $\left|SM_S\right\rangle$ nach Abschn. C.6 zu einer antisymmetrischen Singulettfunktion mit $S = 0$ und $M_S = 0$

$$\left|00\right\rangle = \frac{1}{\sqrt{2}}\chi_{-\frac{1}{2}}(\mathbf{s}_1)\chi_{\frac{1}{2}}(\mathbf{s}_2) - \frac{1}{\sqrt{2}}\chi_{\frac{1}{2}}(\mathbf{s}_1)\chi_{-\frac{1}{2}}(\mathbf{s}_2)$$

11.3 Multipletts der Mehrelektronenspektren

und drei symmetrischen Triplettfunktionen mit $S = 1$ und $M_S = -1, 0, 1$

$$|11\rangle = \chi_{\frac{1}{2}}(s_1)\chi_{\frac{1}{2}}(s_2)$$
$$|10\rangle = \frac{1}{\sqrt{2}}\chi_{-\frac{1}{2}}(s_1)\chi_{\frac{1}{2}}(s_2) + \frac{1}{\sqrt{2}}\chi_{\frac{1}{2}}(s_1)\chi_{-\frac{1}{2}}(s_2)$$
$$|1-1\rangle = \chi_{-\frac{1}{2}}(s_1)\chi_{-\frac{1}{2}}(s_2).$$

Die Eigenfunktionen von $H_0 + H_C$ setzen sich aus Orts- und Spinfunktionen zusammen und müssen nach dem Pauli-Prinzip gegenüber der Vertauschung der beiden Elektronen antisymmetrisch sein. Die Ortsfunktionen $|np^2LM\rangle$ sind für $L = 2$ und $L = 0$ symmetrisch gegenüber der Vertauschung der beiden Elektronen und für $L = 1$ antisymmetrisch. Also haben nur die drei Multipletts ^1D, ^3P und ^1S antisymmetrische Produktfunktionen

$$|np^{2\ 2S+1}LMM_S\rangle = |np^2LM\rangle|SM_S\rangle \tag{11.9}$$

aus einer symmetrischen Ortsfunktion und einer antisymmetrischen Spinfunktion oder umgekehrt:

$$|np^{2\ 1}DM0\rangle = |np^22M\rangle|00\rangle$$
$$|np^{2\ 3}PMM_S\rangle = |np^21M\rangle|1M_S\rangle$$
$$|np^{2\ 1}S00\rangle = |np^200\rangle|00\rangle.$$

Die Grobstruktur des Spektrums zweier äquivalenter p-Elektronen besteht also aus den drei Multipletts

$^3P(9), \quad ^1D(5), \quad ^1S(1)$

mit den in Klammern angegebenen Entartungen, deren Summe 15 ergibt, was mit der Entartung nach Gl. (11.8) für $l = 1$ und $k = 2$ übereinstimmt.

Bei zwei äquivalenten Elektronen sind die Eigenfunktionen zum Bahndrehimpulsoperator $\mathbf{L} = \mathbf{l}_1 + \mathbf{l}_2$ symmetrisch bzw. antisymmetrisch für L gerade bzw. ungerade. Beim Spin sind die Eigenfunktionen für $S = 0$ antisymmetrisch und für $S = 1$ symmetrisch bezüglich der Vertauschung der beiden Elektronen, so daß sich bei der Multiplikation wegen des Pauli-Prinzips die Bedingung $L + S$ gerade für die Multipletts ergibt.

Die Lage der Energieniveaus dieser Multipletts hängt vom speziellen Atom ab und wird nicht nur von den Einelektronenfunktionen einer Schale bestimmt. Bei nicht zu schweren Atomen, bei denen das Zentralfeldmodell eine gute Näherung darstellt, gilt die *Hundsche Regel* für die relative Lage der Niveaus: Die niedrigste Energie hat das Multiplett mit der höchsten Multiplizität, d.h. mit dem größten S. Gibt es mehrere, so hat das Multiplett mit dem größten L die niedrigste Energie.

Danach sind die obigen Multipletts ^3P, ^1D, ^1S nach steigender Energie geordnet. Die gleichen Multipletts erhält man auch bei 4 äquivalenten p-Elektronen, weil sich die Überlegungen entsprechend mit zwei nicht besetzten Zuständen in einer vollen p-Schale wiederholen lassen.
In der Tabelle 11.2 sind die Multipletts der Mehrelektronenspektren äquivalenter p- und d-Elektronen nach Ref. [11.1] angegeben.

Tab. 11.2 Multipletts äquivalenter p- und d-Elektronen

Konfiguration	Multipletts
p^1, p^5	^2P
p^2, p^4	$^3P, {}^1D, {}^1S$
p^3	$^4S, {}^2D, {}^2P$
d^1, d^9	^2D
d^2, d^8	$^3F, {}^3P, {}^1G, {}^1D, {}^1S$
d^3, d^7	$^4F, {}^4P, {}^2H, {}^2G, {}^2F, 2\,{}^2D, {}^2P$
d^4, d^6	$^5D, {}^3H, {}^3G, 2\,{}^3F, {}^3D, 2\,{}^3P, {}^1I, 2\,{}^1G, {}^1F, 2\,{}^1D, 2\,{}^1S$
d^5	$^6S, {}^4G, {}^4F, {}^4D, {}^4P, {}^2I, {}^2H, 2\,{}^2G, 2\,{}^2F, 3\,{}^2D, {}^2P, {}^2S$

Die energetische Reihenfolge der Multipletts gilt nach der Hundschen Regel nur bis zur halbgefüllten Schale und kehrt sich um bei mehr als halb gefüllten Schalen.

11.3.2 Berechnung der Energieniveaus

Zur Berechnung der Aufspaltung der entarteten Mehrelektronenenergieniveaus im Zentralfeldmodell in die verschiedenen Multipletts der Grobstruktur kann man in 0. Näherung von den Slater-Determinanten Gl. (11.2) ausgehen. In der Näherung der unveränderlichen Ionen, vergl. Abschn. 11.2, genügt es die Valenzelektronen zu berücksichtigen. Die relativen energetischen Abstände verschiedener Multipletts ^{2S+1}L einer bestimmten Elektronenkonfiguration des Zentralfeldmodells lassen sich näherungsweise mit Hilfe der Störungstheorie 1. Ordnung mit dem Störoperator der Coulomb-Wechselwirkung der N_V Valenzelektronen

$$H_C = \frac{e^2}{8\pi\varepsilon_0} \sum_{\substack{i,j \\ i \neq j}}^{1...N_V} \frac{1}{|\mathbf{r}_i - \mathbf{r}_j|}$$

berechnen, wobei die Eigenfunktionen des Hamilton-Operators in 0. Näherung die Slater-Determinanten $\Psi^{SD}_{\nu_1,\nu_2...\nu_{N_V}}$ sind. Die Indizes bezeichnen die Einelektronenzustände $\nu = nlmm_s$ mit den Quantenzahlen des Zentralfeldmodells Gl. (11.5). Die relativen Abstände der Multipletts sind dann die Eigenwerte der Störmatrix

$$\langle \Psi^{SD}_{\nu_1,\nu_2...\nu_{N_V}} | H_C | \Psi^{SD}_{\nu'_1,\nu'_2...\nu'_{N_V}} \rangle$$

11.3 Multipletts der Mehrelektronenspektren

in 1. Näherung der Störungstheorie. Befinden sich die Elektronen in einer Energieschale ε_{nl}, so ist die Dimension der Matrix gleich der Entartung der Elektronenkonfiguration nach Gl. (11.8). Da H_C nicht vom Spin abhängt, liefert die Auswertung nach Gl. (4.42) eine Summe von Coulomb-Integralen

$$(\alpha\beta|\alpha\beta) = \frac{e^2}{4\pi\varepsilon_0} \int \frac{|\varphi_\alpha(\mathbf{r}_1)|^2 |\varphi_\beta(\mathbf{r}_2)|^2}{|\mathbf{r}_1 - \mathbf{r}_2|} \, \mathrm{d}^3 r_1 \, \mathrm{d}^3 r_2$$

und Austauschintegralen

$$(\alpha\beta|\beta\alpha) = -\frac{e^2}{4\pi\varepsilon_0} \delta_{m_{s1} m_{s2}} \int \frac{\varphi_\alpha^*(\mathbf{r}_1) \varphi_\beta^*(\mathbf{r}_2) \varphi_\alpha(\mathbf{r}_2) \varphi_\beta(\mathbf{r}_1)}{|\mathbf{r}_1 - \mathbf{r}_2|} \, \mathrm{d}^3 r_1 \, \mathrm{d}^3 r_2,$$

mit $\alpha = nlm$ und $\beta = n'l'm'$. Die Einelektronenfunktionen sind durch Gl. (11.3) gegeben. Zur Berechnung führen wir Kugelkoordinaten ein, und benutzen die Einelektronenfunktionen in der Form Gl. (11.4)

$$\varphi_\alpha(\mathbf{r}) = \varphi_{nml}(\mathbf{r}) = \frac{1}{r} R_{nl}(r) Y_{lm}(\vartheta, \varphi),$$

sowie die Entwicklung des Coulomb-Potentials nach Kugelfunktionen, vergl. Abschn. B.3,

$$\frac{1}{|\mathbf{r} - \mathbf{R}|} = \sum_{k=0}^{\infty} \frac{4\pi}{(2k+1)} \frac{r^k}{R^{k+1}} \sum_{\mu=-k}^{k} Y_{k\mu}(\vartheta, \varphi) Y_{k\mu}^*(\theta, \phi).$$

mit $\mathbf{r}$: r, ϑ, φ und $\mathbf{R}$: R, θ, ϕ und $r < R$. Beim Einsetzen erhält man für das Coulomb-Integral in Kugelkoordinaten

$$(\alpha\beta|\alpha\beta) = \frac{e^2}{4\pi\varepsilon_0} \sum_{k=0}^{\infty} \frac{4\pi}{2k+1} \int_0^\infty \mathrm{d}r_1 \int_0^\infty \mathrm{d}r_2 \frac{r^k}{R^{k+1}} R_{nl}^2(r_1) R_{n'l'}^2(r_2)$$

$$\times \langle lm|k0|lm\rangle\langle l'm'|k0|l'm'\rangle$$

mit

$$r = \begin{cases} r_1, & \text{für } r_1 \leq r_2 \\ r_2, & \text{für } r_1 > r_2 \end{cases} \quad \text{und} \quad R = \begin{cases} r_2, & \text{für } r_1 \leq r_2 \\ r_1, & \text{für } r_1 > r_2. \end{cases}$$

Dabei bezeichnen $\langle lm|k\mu|l'm'\rangle$ die in Abschn. B.4 angegebenen Integrale über drei Kugelfunktionen, die nur im Falle $\mu = m - m'$ und $|l - l'| \leq \mu \leq l + l'$, sowie $l + l' + k$ gerade nicht verschwinden. Definiert man die Radialintegrale

$$F^{(k)}(nl, n'l') = \frac{e^2}{4\pi\varepsilon_0} \int_0^\infty R_{nl}^2(r_1) \left[\frac{1}{r_1^{k+1}} \int_0^{r_1} R_{n'l'}^2(r_2) r_2^k \, \mathrm{d}r_2 \right.$$

$$\left. + r_1^k \int_{r_1}^\infty \frac{R_{n'l'}^2(r_2)}{r_2^{k+1}} \, \mathrm{d}r_2 \right] \mathrm{d}r_1$$

und

$$G^{(k)}(nl,n'l') = \frac{e^2}{4\pi\varepsilon_0} \int_0^\infty R_{nl}(r_1)R_{n'l'}(r_1)$$
$$\times \left[\frac{1}{r_1^{k+1}} \int_0^{r_1} R_{nl}(r_2)R_{n'l'}(r_2)r_2^k \, dr_2 \right.$$
$$\left. + r_1^k \int_{r_1}^\infty \frac{R_{nl}(r_2)R_{n'l'}(r_2)}{r_2^{k+1}} \, dr_2 \right] dr_1,$$

so ergeben sich die Coulomb-Integrale zu

$$(\alpha\beta|\alpha\beta) = \sum_{k=0}^{K} \frac{4\pi}{2k+1} \langle lm|k0|lm\rangle\langle l'm'|k0|l'm'\rangle F^{(k)}(nl,n'l')$$

mit $K = 2l$ für $l \leq l'$ und $K = 2l'$ für $l' < l$. Die Austauschintegrale sind

$$(\alpha\beta|\beta\alpha) = -\delta_{m_{s1}m_{s2}} \sum_{k=0}^{l+l'} \frac{4\pi}{2k+1} \langle lm|k\,m-m'|l'm'\rangle^2 G^{(k)}(nl,n'l').$$

Speziell im Falle zweier äquivalenter p-Elektronen mit $n' = n$, $l' = l = 1$, und $F^{(k)}(n1,n1) = G^{(k)}(n1,n1)$ ergeben sich die Energieniveaus der drei Multipletts ^3P, ^1D und ^1S mit Hilfe der Tabelle B.4 in Abschn. B.4 zu

$$E(^1S) = F^{(0)} + \frac{10}{25}F^{(2)}$$
$$E(^1D) = F^{(0)} + \frac{1}{25}F^{(2)}$$
$$E(^3P) = F^{(0)} - \frac{5}{25}F^{(2)}.$$

Die Relativabstände der drei Multipletts verhalten sich danach wie 2:3.

□ Zur Berechnung beachtet man, daß der Operator der Coulomb-Wechselwirkung H_C mit den Drehimpulsoperatoren **L** und **S** kommutiert, und daher die Störmatrix

$$\langle np^2\,^3P\,MM_S|H_C|np^2\,^3P\,M'M_S'\rangle$$

diagonal ist. Die Energie des ^3P Multipletts mit $L = 1$ und $S = 1$ berechnen wir mit der Funktion $|np^2\,^3P\,11\rangle$ mit $M = m_1 + m_2 = 1$ und $M_S = m_{s1} + m_{s2} = 1$. Dann muß $m_{s1} = m_{s2} = \frac{1}{2}$ sein, und wegen des Pauli-Prinzips $m_1 \neq m_2$ und man erhält

$$|np^2\,^3P\,11\rangle = \frac{1}{\sqrt{2}}\big(\varphi_{n11}(\mathbf{r}_1)\varphi_{n10}(\mathbf{r}_2) - \varphi_{n10}(\mathbf{r}_1)\varphi_{n11}(\mathbf{r}_2)\big)\chi_{\frac{1}{2}}(\mathbf{s}_1)\chi_{\frac{1}{2}}(\mathbf{s}_2).$$

11.3 Multipletts der Mehrelektronenspektren

Damit findet man für das Coulomb-Integral mit $\alpha = n1m_1$ und $\beta = n1m_2$ für $m_1 = 1$ und $m_2 = 0$ nach Tab. B.4

$$(\alpha\beta|\alpha\beta) = \sum_{k}^{0,2} \frac{4\pi}{2k+1} \langle 11|k0|11\rangle\langle 10|k0|10\rangle F^{(k)}$$
$$= 4\pi \frac{1}{\sqrt{4\pi}} \frac{1}{\sqrt{4\pi}} F^{(0)} + \frac{4\pi}{5} \left(-\frac{1}{\sqrt{20\pi}}\right) \frac{2}{\sqrt{20\pi}} F^{(2)}$$
$$= F^{(0)} - \frac{2}{25} F^{(4)},$$

und das gleiche für $m_1 = 0$ und $m_2 = 1$. Das Austauschintegral liefert nur einen Term mit $G^{(2)}(n1, n1) = F^{(2)}(n1, n1)$ für $m_1 = 1$, $m_2 = 0$ mit Tab. B.4

$$(\alpha\beta|\beta\alpha) = -\frac{4\pi}{5} \langle 11|21|10\rangle^2 F^{(2)}$$
$$= -\frac{4\pi}{5} \frac{3}{20\pi} F^{(2)} = -\frac{3}{25} F^{(2)},$$

und das gleiche für $m_1 = 0$, $m_2 = 1$. Also erhält man

$$\langle np^2\,{}^3P\,11|H_C|np^2\,{}^3P\,11\rangle = F^{(0)} - \frac{5}{25} F^{(2)}.$$

Die Energie des Multipletts ^1D läßt sich noch einfacher aus dem Zustand

$$|np^2\,{}^1D\,20\rangle = \varphi_{n11}(\mathbf{r}_1)\varphi_{n11}(\mathbf{r}_2)|00\rangle$$

berechnen, und wegen $m_{s1} \neq m_{s2}$ verschwindet der Austauschterm. Man findet für $\alpha = \beta = n11$ mit Tab. B.4

$$(\alpha\beta|\alpha\beta) = \sum_{k}^{0,2} \frac{4\pi}{2k+1} \langle 11|k0|11\rangle^2 F^{(k)}$$
$$= 4\pi \frac{1}{4\pi} F^{(0)} + \frac{4\pi}{5} \frac{1}{20\pi} F^{(2)}$$
$$= F^{(0)} + \frac{1}{25} F^{(2)}.$$

Die Berechnung der Energie des Multipletts ^1S kann man sich vereinfachen, wenn man beachtet, daß es nach dem vorigen Abschnitt drei Funktionen zu $M = 0$ gibt, und zwar für $L = 2, 1$ und 0, die also zu je einem der drei Multipletts ^1D, ^3P und ^1S gehören. Wegen $S = 0$ und $M_S = 0$ gilt $m_{s1} \neq m_{s2}$, so daß die Austauschintegrale verschwinden. In dem dreidimensionalen Raum zu $M = 0$ mit den Einelektronenfunktionen $m_1 = 0$, $m_2 = 0$ und $m_1 = 1$, $m_2 = -1$, sowie $m_1 = -1$, $m_2 = 1$ wird die Spur durch eine unitäre Transformation nicht verändert. Die Spur des Störoperators berechnen wir also nur aus den Hauptdiagonalelementen von H_C. Für $\alpha = n10$, $\beta = n10$ erhält man mit Tab. B.4

$$(\alpha\beta|\alpha\beta) = \sum_k^{0,2} \frac{4\pi}{2k+1} \langle 10|k0|10\rangle\langle 10|k0|10\rangle F^{(k)}$$

$$= F^{(0)} + \frac{4}{25}F^{(2)},$$

und für $\alpha = n11$, $\beta = n1-1$ bzw. $\alpha = n1-1$, $\beta = n11$ jeweils

$$(\alpha\beta|\alpha\beta) = \sum_k^{0,2} \frac{4\pi}{2k+1} \langle 11|k0|11\rangle\langle 1-1|k0|1-1\rangle F^{(k)}$$

$$= F^{(0)} + \frac{1}{25}F^{(2)}.$$

Die Summe von $3F^{(0)} + \frac{6}{25}F^{(2)}$ ist die Spur von H_C im dreidimensionalen Raum von $M = 0$, und somit gleich der Summe der drei gesuchten Eigenwerte

$$E(^3P) + E(^1D) + E(^1S) = 3F^{(0)} + \frac{6}{25}F^{(2)},$$

woraus mit den berechneten beiden Energien

$$E(^1S) = F^{(0)} + \frac{10}{25}F^{(2)}$$

resultiert. ∎

Im Falle äquivalenter d-Elektronen werden die auftretenden Radialintegrale $F^{(0)}$, $F^{(2)}$ und $F^{(4)}$ zweckmäßig in Form von Racah-Parametern zusammengefaßt

$$A = F^{(0)} - \frac{49}{441}F^{(4)}$$

$$B = \frac{1}{49}F^{(2)} - \frac{5}{441}F^{(4)}$$

$$C = \frac{35}{441}F^{(4)},$$

wodurch die Energieniveaus als Funktion der Racah-Parameter A, B, C eine einfachere Form annehmen. Insbesondere hängen die optischen Spektren als Übergänge zwischen den einzelnen Multipletts einer Elektronenkonfiguration nur von den beiden Parametern B und C ab. Es ergeben sich z.b. die fünf Energieniveaus zweier äquivalenter d-Elektronen zu [11.1]

$$E(^1S) = A + 14B + 7C.$$
$$E(^1G) = A + 4B + 2C$$
$$E(^1D) = A - 3B + 2C$$
$$E(^3P) = A + 7B$$
$$E(^3F) = A - 8B.$$

Selbst wenn die Radialintegrale bzw. Racah-Parameter an die beobachteten Spektren angepaßt werden, ergibt sich nur eine grobe Übereinstimmung dieser Näherung mit den Messungen, wobei noch die Feinstrukturaufspaltung zu berücksichtigen ist.

11.3.3 Feinstruktur

Unter Feinstruktur der Spektren verstehen wir hier die Aufspaltung der Multipletts der Grobstruktur durch die Spin-Bahn-Kopplung. Der Hamilton-Operator der Grobstruktur der Spektren nach Gl. (11.7)

$$H_G = \sum_{j=1}^{N_V} \left[-\frac{\hbar^2}{2m_e} \Delta_j + V_I(r_j) \right] + \frac{e^2}{8\pi\varepsilon_0} \sum_{\substack{i,j \\ i \neq j}}^{1...N_V} \frac{1}{|\mathbf{r}_i - \mathbf{r}_j|}$$

ist mit den Operatoren des Gesamtbahndrehimpulses **L** und des Gesamtspins **S**

$$\mathbf{L} = \sum_{j=1}^{N_V} \mathbf{l}_j \quad \text{und} \quad \mathbf{S} = \sum_{j=1}^{N_V} \mathbf{s}_j$$

vertauschbar, d.h. es gilt

$$[H_G, \mathbf{L}] = 0 \quad ; \quad [H_G, \mathbf{S}] = 0 \quad ; \quad [\mathbf{L}, \mathbf{S}] = 0.$$

Jedoch kommutieren weder **L** noch **S** mit dem Operator der Spin-Bahn-Kopplung

$$H^{\text{SBK}} = \sum_{j=1}^{N_V} \zeta(r_j) \mathbf{l}_j \cdot \mathbf{s}_j.$$

Zur Herleitung der Vertauschungsrelationen geeigneter Drehimpulsoperatoren betrachten wir zunächst den Einelektronenfall. Dann vertauscht der Operator der Spin-Bahn-Kopplung mit dem Drehimpulsoperator $\mathbf{j} = \mathbf{l} + \mathbf{s}$, der nach Abschn. C.4 die Drehimpulsvertauschungsrelationen

$$[j_\nu, j_\mu] = i j_\rho \quad \text{mit} \quad (\nu, \mu, \rho) \quad \text{zyklisch}$$

erfüllt. Die Operatoren **l** und **s** sind beide mit $\zeta(r)$ vertauschbar und es gilt

$$[\mathbf{l} \cdot \mathbf{s}, \mathbf{j}] = 0.$$

□ Zum Beweise genügt es

$$[\mathbf{l}\cdot\mathbf{s}, j_3] = [l_1 s_1 + l_2 s_2, l_3 + s_3] = 0$$

zu zeigen. Aus den Vertauschungsrelationen der Drehimpulse, vergl. Gl. (C.1) ergibt sich

$$[l_1 s_1 + l_2 s_2, l_3] = -i l_2 s_1 + i l_1 s_2$$
$$[l_1 s_1 + l_2 s_2, s_3] = -i l_1 s_2 + i l_2 s_1,$$

so daß die Summe verschwindet. ∎

Ferner gilt

$$[\mathbf{l}\cdot\mathbf{s}, \mathbf{l}^2] = 0 \quad \text{und} \quad [\mathbf{l}\cdot\mathbf{s}, \mathbf{s}^2] = 0.$$

□ Es genügt eine dieser beiden Gleichungen zu beweisen. Wir berechnen zunächst den Kommutator

$$[\mathbf{l}\cdot\mathbf{s}, l_3^2] = [l_1 s_1 + l_2 s_2, l_3^2]$$

und erhalten die beiden Summanden

$$[l_1 s_1, l_3^2] = -i l_2 s_1 l_3 - i l_3 l_2 s_1$$
$$[l_2 s_2, l_3^2] = i l_1 s_2 l_3 + i l_3 l_1 s_2.$$

Addiert man dazu die Kommutatoren $[\mathbf{l}\cdot\mathbf{s}, l_1^2]$ und $[\mathbf{l}\cdot\mathbf{s}, l_2^2]$, so ergibt sich in der Tat der Nulloperator. Es gilt außerdem

$$[\mathbf{l}\cdot\mathbf{s}, \mathbf{j}^2] = 0,$$

und

$$\mathbf{j}^2 = (\mathbf{l}+\mathbf{s})^2 = \mathbf{l}^2 + \mathbf{s}^2 + 2\mathbf{l}\cdot\mathbf{s},$$

so daß mit $\mathbf{j}^2$ auch $\mathbf{l}^2 + \mathbf{s}^2$ mit $\mathbf{l}\cdot\mathbf{s}$ vertauschbar ist, wodurch alles bewiesen ist. ∎

Im Falle mehrerer Elektronen ist der Spin-Bahn-Kopplungsoperator H^{SBK} mit dem Gesamtdrehimpulsoperator

$$\mathbf{J} = \sum_{j=1}^{N_V} \mathbf{l}_j + \sum_{j=1}^{N_V} \mathbf{s}_j = \sum_{j=1}^{N_V} (\mathbf{l}_j + \mathbf{s}_j)$$

11.3 Multipletts der Mehrelektronenspektren

vertauschbar und es gilt

$$[H_0 + H_C + H^{SBK}, \mathbf{J}] = 0,$$

was sich unmittelbar aus dem Einelektronenfall ergibt, weil die Drehimpulsoperatoren verschiedener Elektronen vertauschbar sind. Zur Bestimmung der Quantenzahlen für die Eigenwerte von $H_0 + H_C + H^{SBK}$ kann man die Bahndrehimpulse und die Spins untereinander addieren

$$\mathbf{L} = \sum_{j=1}^{N_V} \mathbf{l}_j \quad \text{und} \quad \mathbf{S} = \sum_{j=1}^{N_V} \mathbf{s}_j$$

und daraus den Gesamtdrehimpulsoperator bilden

$$\mathbf{J} = \mathbf{L} + \mathbf{S}. \tag{11.10}$$

Diese sogenannte L-S-Kopplung ist die geeignete Vorgehensweise bei Atomen, wenn die Aufspaltung der Energieniveaus von H_0 durch H^{SBK} kleiner ist als die durch H_C. Im anderen Fall, z.B. bei Atomen mit großer Ordnungszahl, kann alternativ die j-j-Kopplung verwendet werden, bei der zunächst nach den Operatoren $\mathbf{j}_j = \mathbf{l}_j + \mathbf{s}_j$ quantisiert wird und anschließend nach $\mathbf{J} = \sum_j \mathbf{j}_j$.

Der Hamilton-Operator einschließlich der Spin-Bahn-Kopplung $H_0 + H_C + H^{SBK}$ ist nicht mit $\mathbf{L}$, $\mathbf{S}$ und auch nicht mit $\mathbf{L}^2$ und $\mathbf{S}^2$ vertauschbar. In vielen Fällen ist die Aufspaltung der Multipletts ^{2S+1}L als Eigenwerte von $H_0 + H_C$ durch die Spin-Bahn-Kopplung klein gegenüber dem energetischen Abstand der Multipletts. In diesen Fällen kann die Aufspaltung in 1. Näherung der Störungstheorie genähert aus den Eigenfunktionen $|\gamma LSJM_J\rangle$ eines einzelnen Multipletts ^{2S+1}L bestimmt werden, wobei J und M_J die Quantenzahlen des Gesamtdrehimpulses $\mathbf{J} = \mathbf{L} + \mathbf{S}$ bezeichnen. Die Störmatrix hat dann die Form

$$\left\langle \gamma LSJM_J \middle| \sum_{j=1}^{N_V} \zeta(r_j) \mathbf{l}_j \cdot \mathbf{s}_j \middle| \gamma LSJM_J' \right\rangle$$

und ist diagonal, weil $[H^{SBK}, \mathbf{J}] = 0$ gilt, und die zugehörigen Eigenwerte von H^{SBK} werden durch die Multipletts $^{2S+1}L_J$ charakterisiert. Die Basisfunktionen der Multiplets sind die Eigenfunktionen von $H_0 + H_C + H^{SBK}$ und lassen sich mit Hilfe der Clebsch-Gordan-Koeffizienten nach Abschn. C.5 aus den Eigenfunktionen $|\gamma LM\rangle$ des Gesamtdrehimpulsoperators $\mathbf{L}$ und den Eigenfunktionen $|SM_S\rangle$ des Gesamtspinoperators $\mathbf{S}$ berechnen

$$|\gamma LSJM_J\rangle = \sum_{M=-L}^{L} \sum_{M_S=-S}^{S} |\gamma LM\rangle |SM_S\rangle \langle LSMM_S|JM_J\rangle, \tag{11.11}$$

für

$$J = |L - S|, |L - S| + 1, \ldots L + S \quad \text{und} \quad M_J = -J, -J+1, \ldots J.$$

Aufgrund des Wigner-Eckart-Theorems läßt sich zeigen, vergl. Ref. [C.1], daß die Störmatrix in der Form geschrieben werden kann

$$\langle \gamma LSJM_J | \sum_{j=1}^{N_V} \zeta(r_j) \mathbf{l}_j \cdot \mathbf{s}_j | \gamma LSJM'_J \rangle = \lambda(\gamma LS) \langle LSJM_J | \mathbf{L} \cdot \mathbf{S} | LSJM'_J \rangle,$$

so daß der Spin-Bahn-Kopplungsoperator für ein bestimmtes Multiplett ^{2S+1}L mit dem Spin-Bahn-Kopplungsparameter $\lambda(\gamma LS)$ die Form

$$\lambda(\gamma LS) \mathbf{L} \cdot \mathbf{S} = \lambda(\gamma LS) \frac{1}{2} [\mathbf{J}^2 - \mathbf{L}^2 - \mathbf{S}^2]$$

annimmt, und es gilt

$$\langle \gamma LSJM_J | H^{\text{SBK}} | \gamma LSJM'_J \rangle = \delta_{M_J M'_J} \lambda(\gamma LS) \frac{1}{2} [J(J+1) - L(L+1) - S(S+1)]. \tag{11.12}$$

Man erkennt daraus, daß die Spin-Bahn-Aufspaltung für $S = 0$ (wegen $J = L$) oder für $L = 0$ (wegen $J = S$) verschwindet.

Im allgemeinen genügt es jedoch nicht, die Störmatrix nur mit den Eigenfunktionen von $H_0 + H_C$ eines einzigen Multipletts ^{2S+2}L zu berechnen, so daß obiges Verfahren nur als eine Näherung für die Feinstrukturaufspaltung angesehen werden muß.

Im Falle eines einzelnen s-Elektrons als Valenzelektron, wie z.B. bei den Alkaliatomen im Grundzustand, liefert die Spin-Bahn-Kopplung in erster Näherung der Störungstheorie keine Aufspaltung, weil die Störmatrix mit den Eigenfunktionen der 0. Näherung $|nlmm_s\rangle$ für $l = 0$, $m = 0$ verschwindet

$$\langle n00m_s | \mathbf{l} \cdot \mathbf{s} | n00m'_s \rangle = 0,$$

denn es gilt $\mathbf{l} Y_{00} = -i\mathbf{r} \times \nabla Y_{00} = 0$, weil Y_{00} eine Konstante ist, vergl. Tab. B.1.

Im Falle eines einzelnen p-Elektrons wurde die Aufspaltung durch Spin-Bahn-Kopplung in 1. Näherung der Störungstheorie bereits im Abschn. 6.3.6 am Beispiel eines angeregten Wasserstoffatoms berechnet.

Im Falle von zwei p-Elektronen besteht die Grobstruktur nach Abschn. 11.3.1 aus den drei Multipletts: ^3P, ^1D und ^1S. Nach Gl. (11.12) verschwindet die Spin-Bahn-Aufspaltung der Multipletts ^1D und ^1S und wir berechnen die von ^3P. Verwendet man die Eigenfunktionen des Drehimpulsoperators $\mathbf{j} = \mathbf{L} + \mathbf{S}$ nach

11.3 Multipletts der Mehrelektronenspektren

Gl. (11.11), so findet man aus $L = 1$ und $S = 1$ für die Gesamtdrehimpulsquantenzahlen $J = 2, 1, 0$. Die Eigenfunktionen $|np^2\,{}^3PJM_J\rangle$ von $H_0 + H_C + H^{\mathrm{SBK}}$ ergeben sich nach Abschn. C.6 für das Multiplett ${}^3P_2$ mit $J = 2$ aus den $|np^2\,{}^3PMM_S\rangle$ zu

$$|np^2\,{}^3P_2\,22\rangle = |np^2\,{}^3P\,11\rangle$$

$$|np^2\,{}^3P_2\,21\rangle = \frac{1}{\sqrt{2}}|np^2\,{}^3P\,01\rangle + \frac{1}{\sqrt{2}}|np^2\,{}^3P\,10\rangle$$

$$|np^2\,{}^3P_2\,20\rangle = \frac{1}{\sqrt{6}}\left[|np^2\,{}^3P\,1-1\rangle + 2|np^2\,{}^3P\,00\rangle + |np^2\,{}^3P\,-11\rangle\right]$$

$$|np^2\,{}^3P_2\,2-1\rangle = \frac{1}{\sqrt{2}}|np^2\,{}^3P\,0-1\rangle + \frac{1}{\sqrt{2}}|np^2\,{}^3P\,-10\rangle$$

$$|np^2\,{}^3P_2\,2-2\rangle = |np^2\,{}^3P\,-1-1\rangle$$

und für das Multiplett ${}^3P_1$ mit $J = 1$

$$|np^2\,{}^3P_1\,11\rangle = \frac{1}{\sqrt{2}}|np^2\,{}^3P\,10\rangle - \frac{1}{\sqrt{2}}|np^2\,{}^3P\,01\rangle$$

$$|np^2\,{}^3P_1\,10\rangle = \frac{1}{\sqrt{2}}|np^2\,{}^3P\,1-1\rangle - \frac{1}{\sqrt{2}}|np^2\,{}^3P\,-11\rangle$$

$$|np^2\,{}^3P_1\,1-1\rangle = \frac{1}{\sqrt{2}}|np^2\,{}^3P\,0-1\rangle - \frac{1}{\sqrt{2}}|np^2\,{}^3P\,-10\rangle$$

und für das Multiplett ${}^3P_0$ mit $J = 0$

$$|np^2\,{}^3P_0\,00\rangle = \frac{1}{\sqrt{3}}|np^2\,{}^3P\,1-1\rangle - \frac{1}{\sqrt{3}}|np^2\,{}^3P\,00\rangle + \frac{1}{\sqrt{3}}|np^2\,{}^3P\,-11\rangle.$$

Die zugehörigen Eigenwerte des Operators $H_0 + H_C + H^{\mathrm{SBK}}$ werden durch die Multipletts

$$^{2S+1}L_J$$

charakterisiert und sind noch $(2j+1)$-fach entartet. Die energetische Lage der drei Multipletts $^{2S+1}L_J$ bezüglich des neunfach entarteten Multipletts ^{2S+1}L ergeben sich genähert im Rahmen der 1. Näherung der Störungstheorie aus Gl. (11.12) zu

$$\langle np^2\,{}^3P_2\,2M_J|H^{\mathrm{SBK}}|np^2\,{}^3P_2\,2M_J\rangle = \delta_{M_J M_J'}\lambda(np^2\,{}^3P)$$

$$\langle np^2\,{}^3P_1\,1M_J|H^{\mathrm{SBK}}|np^2\,{}^3P_1\,1M_J\rangle = -\delta_{M_J M_J'}\lambda(np^2\,{}^3P)$$

$$\langle np^2\,{}^3P_0\,00|H^{\mathrm{SBK}}|np^2\,{}^3P_0\,00\rangle = -2\delta_{M_J M_J'}\lambda(np^2\,{}^3P).$$

Multipliziert man die drei Energien mit der zugehörigen Entartung, so ergibt die Summe Null. Dies bedeutet, daß bei der Aufspaltung des Multipletts ^{2S+1}L durch die Spin-Bahn-Kopplung in der verwendeten Näherung der Schwerpunktsatz gilt.

11.3.4 Hyperfeinstruktur

Die weiteren Effekte, die über die durch den Hamilton-Operator Gl. (11.1) beschriebene Näherung hinausgehen, werden mit Hyperfeinstruktur bezeichnet. Dazu zählen insbesondere die Korrekturen durch den Atomkern, der in der Näherung von Gl. (11.1) als geladener Massenpunkt mit kugelsymmetrischem Potential behandelt wurde. Die Kernmasse und das Kernvolumen verursachen eine Verschiebung der Energieniveaus, die bei unterschiedlichen Isotopen als Isotopieaufspaltung beobachtbar ist. Die Ladungsverteilung innerhalb des Atomkerns erzeugt teilweise ein elektrisches Quadrupolmoment, und viele Atomkerne besitzen ein magnetisches Dipolmoment, welches proportional zum Gesamtdrehimpuls des Kerns, dem sogenannten Kernspin I, gesetzt wird. Wir wollen hier nur die Wechselwirkung des magnetischen Momentes $\mathbf{m}_K$ des Atomkerns mit der Elektronenhülle anführen. Die Messungen der Hyperfeinstruktur werden zweckmäßig mit Hilfe einer magnetischen Resonanzspektroskopie unter dem Einfluß eines äußeren Magnetfeldes $\mathbf{B}$ ausgeführt, so daß auch der Kernspin zu einer Aufspaltung der Energieniveaus proportional zu $\mathbf{B}$ führt. Die Energie des magnetischen Momentes des Atomkerns im Magnetfeld beträgt $-\mathbf{m}_K \cdot \mathbf{B}$ und man setzt

$$\mathbf{m}_K = g_K \mu_K \mathbf{I} \quad \text{mit} \quad \mu_K = \frac{e\hbar}{2m_p},$$

wobei m_p die Protonenmasse bezeichnet, und g_K ein dimensionsloser Faktor ist, der vom Atomkern abhängt.

In der einfachsten Näherung ist der Hyperfeinstrukturterm des Hamilton-Operators proportional zum Kernspin $\mathbf{I}$ und von der Form [11.2]

$$H^{\mathrm{HF}} = A \mathbf{S} \cdot \mathbf{I} + C \mathbf{J} \cdot \mathbf{I}, \tag{11.13}$$

wobei A und C Konstanten sind, die vom Atomkern und vom elektronischen Zustand abhängen. Der elektronische Gesamtdrehimpuls $\mathbf{J} = \mathbf{L} + \mathbf{S}$ ist die Summe aus dem Ortsdrehimpulsoperator $\mathbf{L}$ und dem Spin $\mathbf{S}$. Der Kernspin macht eine Erweiterung des Hilbert-Raumes $\mathcal{H}_{\mathrm{FS}}$ für die Grob- und Feinstruktur nötig, und der Operator H^{HF} ist dann im Hilbert-Raum $\mathcal{H}_{\mathrm{FS}} \otimes \mathcal{H}_I$ definiert. Der Kernspinoperator $\mathbf{I} = (I_1, I_2, I_3)$ erfüllt die Vertauschungsrelationen der Drehimpulsoperatoren

$$[I_\nu, I_\mu] = i I_\rho \quad \text{mit} \quad (\nu, \mu, \rho) \text{ zyklisch},$$

und hat die Eigenfunktionen $|IM_I\rangle$ mit

$$\mathbf{I}^2 |IM_I\rangle = I(I+1)|IM_I\rangle$$
$$I_3 |IM_I\rangle = M_I |IM_I\rangle.$$

vergl. Abschn. C.2. Die Eigenfunktionen $|IM_I\rangle$ des Kernspinoperators spannen den Hilbert-Raum $\mathcal{H}_I$ auf. Der Kernspinoperator $\mathbf{I}$ ist mit allen Operatoren im Hilbert-Raum $\mathcal{H}_{\mathrm{FS}}$ vertauschbar, insbesondere gilt

$$[\mathbf{I}, \mathbf{L}] = 0 \quad \text{und} \quad [\mathbf{I}, \mathbf{S}] = 0.$$

11.3 Multipletts der Mehrelektronenspektren

Der Hyperfeinstrukturoperator H^{FS} Gl. (11.13) ist jedoch nicht mit dem Feinstrukturoperator $H_G + H^{SBK}$ vertauschbar, wohl aber mit dem Gesamtdrehimpulsoperator

$$\mathbf{F} = \mathbf{J} + \mathbf{I} = \mathbf{L} + \mathbf{S} + \mathbf{I}.$$

☐ Zum Beweise zeigt man für den zweiten Term von H^{HF}

$$[\mathbf{I} \cdot \mathbf{J}, \mathbf{J} + \mathbf{I}] = 0,$$

was in Abschn. 11.3.2 für $[\mathbf{l} \cdot \mathbf{s}, \mathbf{l} + \mathbf{s}] = 0$ bewiesen wurde. Der erste Term von H^{HF} kommutiert ebenfalls mit $\mathbf{F}$

$$[\mathbf{I} \cdot \mathbf{S}, \mathbf{L} + \mathbf{S} + \mathbf{I}] = [\mathbf{I} \cdot \mathbf{S}, \mathbf{S} + \mathbf{I}] = 0,$$

so daß alles gezeigt ist. ∎

Die Hyperfeinstrukturaufspaltung läßt sich mit Hilfe der Störungstheorie mit dem Operator $H_G + H^{SBK}$ als 0. Näherung berechnen, wobei man zur Vereinfachung nur die Eigenfunktionen eines Multipletts der Elektronenkonfiguration γ berücksichtigt. Die $(2J+1)$ Eigenfunktionen $\left|\gamma\,^{2S+1}L_J\,JM_J\right\rangle$ sind in diesem Teilraum auch Eigenfunktionen zu $\mathbf{S}^2$ und $\mathbf{L}^2$, so daß der Operator $H_G + H^{SBK}$ in diesem $(2J+1)$-dimensionalen Hilbert-Raum diagonal und mit $\mathbf{S}^2$ und $\mathbf{L}^2$ vertauschbar ist. Bildet man dann den Produkt-Hilbert-Raum mit $\mathcal{H}_I$, so lassen sich die Basisfunktionen $\left|\gamma\,^{2S+1}L_J\,JM_J\right\rangle|IM_I\rangle$ mit Hilfe von Clebsch-Gordan-Koeffizienten in die Eigenfunktionen des Summendrehimpulsoperators $\mathbf{F}$ transformieren, vergl. Abschn. C.5,

$$\left|\gamma\,^{2S+1}L_J\,JIFM_F\right\rangle$$
$$= \sum_{M_J=-J}^{J} \sum_{M_I=-I}^{I} \left|\gamma\,^{2S+1}L_J\,JM_J\right\rangle|IM_I\rangle\langle JIM_JM_I|FM_F\rangle$$

und es gilt

$$\mathbf{F}^2\left|\gamma\,^{2S+1}L_J\,JIFM_F\right\rangle = F(F+1)\left|\gamma\,^{2S+1}L_J\,JIFM_F\right\rangle$$
$$F_3\left|\gamma\,^{2S+1}L_J\,JIFM_F\right\rangle = M_F\left|\gamma\,^{2S+1}L_J\,JIFM_F\right\rangle.$$

Im Spezialfall eines s-Elektrons mit $l = 0$ und $j = s = \frac{1}{2}$, sowie $I = \frac{1}{2}$ (z.B. beim Grundzustand des Wasserstoffatoms) verschwindet der Term proportional zu C und man erhält für $F = 0, 1$ speziell $\mathbf{S} \cdot \mathbf{I} = \frac{1}{2}(\mathbf{F}^2 - \mathbf{S}^2 - \mathbf{I}^2)$ und aus

$$\langle ns\,^2S\tfrac{1}{2}\tfrac{1}{2}FM_F|H^{HF}|ns\,^2S\tfrac{1}{2}\tfrac{1}{2}FM_F\rangle =$$
$$= A\frac{1}{2}\bigl(F(F+1) - S(S+1) - I(I+1)\bigr)$$

die zwei Eigenwerte $-\frac{3}{4}A$ und $\frac{1}{4}A$ im Abstand A.

11.4 Zeeman-Effekt

Der Hamilton-Operator für ein Elektron in einem Magnetfeld mit der magnetischen Induktion $\mathbf{B} = \nabla \times \mathbf{A}$ ergibt sich aus der Pauli-Gleichung (3.39) für kleine Magnetfelder

$$H = -\frac{\hbar^2}{2m_e}\Delta + V_I(\mathbf{r}) + \zeta(r)\mathbf{l}\cdot\mathbf{s} + \mu_B(\mathbf{l} + g_0\mathbf{s})\cdot\mathbf{B}.$$

Hier ist $\mu_B = e_0\hbar/2m_e$ das Bohrsche Magneton, $g_0 = 2.0023$ der gyromagnetische Faktor des Elektrons, m_e die Elektronenmasse und e_0 die Elementarladung. Die vom Magnetfeld abhängigen Terme werden interpretiert, indem wir dem Elektron mit Drehimpuls $\mathbf{l}$ das magnetische Dipolmoment $\mathbf{m} = -\mu_B\mathbf{l}$ zuordnen, und der Spin ebenfalls mit einem magnetischen Dipolmoment $\mathbf{m}_s = -g_0\mu_B\mathbf{s}$ verknüpft ist. Analog besitzt der Atomkern mit dem Gesamtspin $\mathbf{I}$ das magnetische Dipolmoment $\mathbf{m}_K = g_K\mu_K\mathbf{I}$, mit $\mu_K = e_0\hbar/2m_p$ (m_p ist die Protonenmasse), und g_K ist ein vom Atomkern abhängiger dimensionsloser Faktor, vergl. Abschn. 11.3.4. Beim Einschalten der magnetischen Induktion $\mathbf{B}$ wird dann die Energie

$$E = -\mathbf{m}\cdot\mathbf{B} - \mathbf{m}_s\cdot\mathbf{B} - \mathbf{m}_K\cdot\mathbf{B}$$
$$= \mu_B(\mathbf{l} + g_0\mathbf{s})\cdot\mathbf{B} - g_K\mu_K\mathbf{I}\cdot\mathbf{B}$$

von Elektron und Atomkern an das elektromagnetische Feld abgegeben.

Für ein N-Elektronenatom überträgt man diese Einteilchenenergien auf den N-Elektronen-Hamilton-Operator Gl. (11.1)

$$H = \sum_{j=1}^{N}\left[-\frac{\hbar^2}{2m_e}\Delta_j + V_I(r_j)\right] + \frac{e^2}{8\pi\varepsilon_0}\sum_{\substack{i,j \\ i\neq j}}^{1...N}\frac{1}{|\mathbf{r}_i - \mathbf{r}_j|}$$
$$+ \sum_{j=1}^{N}\zeta(r_j)\mathbf{l}_j\cdot\mathbf{s}_j + \sum_{j=1}^{N}\mu_B(\mathbf{l}_j + g_0\mathbf{s}_j)\cdot\mathbf{B} - g_K\mu_K\mathbf{I}\cdot\mathbf{B}.$$

(11.14)

Wegen

$$\frac{\mu_K}{\mu_B} = \frac{m_e}{m_p} \ll 1$$

vernachlässigen wir hier die viel kleinere Energie durch den Kernspin $\mathbf{I}$ und betrachten nur die Aufspaltung der Feinstrukturmultipletts $^{2S+1}L_J$ von Abschn. 11.3.3 für kleine Magnetfelder. Dann genügt die erste Ordnung der Störungstheorie mit den $2J+1$ Eigenfunktionen $|\gamma LSJM_J\rangle$ des Gesamtdrehimpulsoperators $\mathbf{J} = \mathbf{L} + \mathbf{S}$ zum Multiplett $^{2S+1}L_J$. Die zum Magnetfeld lineare Aufspaltung des Energieniveaus des

11.4 Zeeman-Effekt

Multiletts $E(^{2S+1}L_J)$ bestimmt sich aus den Eigenwerten der $(2J+1) \times (2J+1)$ Matrix

$$\langle \gamma LSJM'_J | \mu_B(\mathbf{L}+g_0\mathbf{S}) \cdot \mathbf{B} | \gamma LSJM_J \rangle, \tag{11.15}$$

wobei γ die Elektronenkonfiguration des Multipletts $^{2S+1}L_J$ kennzeichnet und $\mathbf{L}$ der Gesamtdrehimpulsoperator und $\mathbf{S}$ der Gesamtspinoperator der Valenzelektronen ist. Wird die z-Achse in Richtung des Magnetfeldes gelegt $\mathbf{B} = (0,0,B)$, so genügt es die Eigenwerte der Matrix

$$\langle JM'_J | L_z + g_0 S_z | JM_J \rangle$$

zu berechnen, wobei wir zur Abkürzung nur $|JM_J\rangle$ für $|\gamma LSJM_J\rangle$ geschrieben haben. Wegen $\mathbf{J} = \mathbf{L} + \mathbf{S}$ gilt $L_z + g_0 S_z = J_z + (g_0 - 1)S_z$ und wir erhalten wegen $J_z|JM_J\rangle = M_J|JM_J\rangle$

$$\langle JM'_J | L_z + g_0 S_z | JM_J \rangle = M_J \delta_{M'_J M_J} + (g_0 - 1)\langle JM'_J | S_z | JM_J \rangle. \tag{11.16}$$

Zur Berechnung der Matrix von S_z beachten wir, daß die $|\gamma LSJM_J\rangle$ Eigenfunktionen von $\mathbf{J}^2$, J_z, $\mathbf{L}^2$ und $\mathbf{S}^2$ sind. Also ist auch die Matrix des Operators

$$\begin{aligned}\mathbf{S} \cdot \mathbf{J} &= \frac{1}{2}[\mathbf{J}^2 + \mathbf{S}^2 - (\mathbf{J}-\mathbf{S})^2] \\ &= \frac{1}{2}[\mathbf{J}^2 + \mathbf{S}^2 - \mathbf{L}^2]\end{aligned} \tag{11.17}$$

diagonal und der Operator $\mathbf{S} \cdot \mathbf{J}$ ist mit den unitären Transformationen der dreidimensionalen Drehgruppe in dem $(2J+1)$-dimensionalen Hilbert-Raum vertauschbar. Daraus ergibt sich nach Gl. (J.21), daß die beiden Operatoren $\mathbf{S}$ und $\mathbf{J}$ die gleichen Transformationseigenschaften besitzen. Dann unterscheiden sich ihre Matrizen nach dem Wigner-Eckart-Theorem, vergl. Abschn. I.7, nur um einen von M_J und M'_J unabhängigen Faktor $K(\gamma LSJ)$

$$\langle JM'_J | \mathbf{S} | JM_J \rangle = K \langle JM'_J | \mathbf{J} | JM_J \rangle,$$

und es gilt wegen $J_z|JM_J\rangle = M_J\langle JM_J\rangle$ und $\langle JM'_j|JM_J\rangle = \delta_{M'_J M_J}$

$$\langle JM'_J | S_z | JM_J \rangle = K M_J \delta_{M'_J M_J}.$$

Damit findet man aus Gl. (11.16)

$$\begin{aligned}\langle JM'_J | L_z + g_0 S_z | JM_J \rangle &= \bigl(1 + (g_0 - 1)K\bigr) M_J \delta_{M'_J M_J} \\ &= g_J M_J \delta_{M'_J M_J}\end{aligned}$$

mit dem *Landé-Faktor*

$$g_J = 1 + (g_0 - 1)\frac{J(J+1) + S(S+1) - L(L+1)}{2J(J+1)}.$$

11 Atome

□ Zum Beweise beachtet man, daß die Operatoren **J** und **S** aus dem Raum nicht herausführen

$$\langle JM'_J|\mathbf{S}\cdot\mathbf{J}|JM_J\rangle = \sum_{\mu=-J}^{J} \langle JM'_J|\mathbf{S}|J\mu\rangle\langle J\mu|\mathbf{J}|JM_J\rangle$$

$$= \sum_{\mu=-J}^{J} \langle JM'_J|\mathbf{J}|J\mu\rangle\langle J\mu|\mathbf{J}|JM_J\rangle$$

$$= K\langle JM'_J|\mathbf{J}^2|JM_J\rangle$$

$$= KJ(J+1)\delta_{M'_J M_J}.$$

Ferner gilt

$$\mathbf{S}^2|\gamma LSJM_J\rangle = S(S+1)|\gamma LSJM_J\rangle$$
$$\mathbf{L}^2|\gamma LSJM_J\rangle = L(L+1)|\gamma LSJM_J\rangle,$$

so daß man mit Hilfe von Gl. (11.17)

$$\frac{1}{2}[J(J+1) + S(S+1) - L(L+1)] = KJ(J+1)$$

erhält, woraus sich K und damit der Landé-Faktor $g_J = 1 + (g_0 - 1)K$ ergibt.
■

Setzt man das Ergebnis in die Störmatrix Gl. (11.15) ein, so erhält man eine Diagonalmatrix mit den $2J+1$ äquidistanten Eigenwerten

$$g_J\mu_\mathrm{B}BM_J \quad \text{mit} \quad M_J = -J, -J+1, \ldots + J, \tag{11.18}$$

deren Abstände vom Landé-Faktor und von der magnetischen Induktion abhängen.
Speziell für Singulett-Multipletts ^1L_J mit $S = 0$ gilt $J = L$ und es folgt $g_J = 1$, also eine Aufspaltung mit reinem Bahndrehimpuls. Speziell für Multipletts mit $L = 0$, also $^{2S+1}S_J$, folgt $J = S$ und $g_J = g_0$, was für reinen Spindrehimpuls gilt.
Die Näherung zur Berechnung der Magnetfeldaufspaltung Gl. (11.15) ist für hinreichend kleine B beliebig genau, und die Relativabstände der Energieniveaus $g_J\mu_\mathrm{B}B$ hängen nicht von den i.A. unbekannten Radialfunktionen ab, und enthalten somit keinen unbekannten Parameter. Bei stärkeren Magnetfeldern genügt es im allgemeinen nicht, die Störmatrix mit den Eigenfunktionen von $\mathbf{J}^2$ und J_z eines einzigen Multipletts $^{2S+1}L_J$ zu berechnen. Die Matrizen sind dann nicht mehr notwendig diagonal, hängen von den Relativabständen der Multipletts ab, und man bekommt Aufspaltungen, die nicht mehr linear von der magnetischen Induktion B abhängen.

11.5 Stark-Effekt

Bringt man ein N-Elektronenatom mit dem Hamilton-Operator H_0 in ein homogenes und konstantes elektrisches Feld $\mathbf{E} = (0, 0, E)$, so lautet der Hamilton-Operator

$$H = H_0 + \sum_{j=1}^{N} e_0 E z_j,$$

wenn $\mathbf{r}_j = (x_j, y_j, z_j)$ den Ort des Elektrons j angibt. Die experimentell anwendbaren elektrischen Feldstärken E sind klein gegen die inneratomaren Felder, so daß die Aufspaltung im elektrischen Feld mit Hilfe der Störungstheorie berechnet werden kann. Bei schwachen elektrischen Feldern ist die Aufspaltung der Energieniveaus kleiner als die Feinstrukturaufspaltung durch die Spin-Bahn-Kopplung.
Speziell bei Einelektronenatomen (Wasserstoff bzw. Alkaliatome im Zentralfeldmodell) hat der Störoperator die einfache Form

$$H_1 = e_0 E z = \sqrt{\frac{4\pi}{3}}\, e_0 E r Y_{10},$$

wobei $r = |\mathbf{r}|$ und Y_{10} die Kugelfunktion zur Drehimpulsquantenzahl $l = 1$ und $m = 0$ ist, vergl. Tab. B.1. Bei schwachen elektrischen Feldern werden die Energieniveaus ε_{nl} von H_0 mit den Eigenfunktionen $|nlmm_s\rangle$ in erster Näherung der Störungstheorie nicht aufgespalten, weil die Matrixelemente

$$\langle nlmm_s|H_1|nlm'm'_s\rangle = 0$$

nach Abschn. B.4 verschwinden. Die zweite Näherung der Störungstheorie ergibt dann sehr kleine Aufspaltungen im Vergleich zur Feinstrukturaufspaltung.
Bei starken elektrischen Feldern ist die Aufspaltung durch das elektrische Feld größer als die Feinstrukturaufspaltung und wird in erster Näherung der Störungstheorie durch die Eigenwerte der Störmatrix

$$\langle nlmm_s|H_1|nl'm'm'_s\rangle = \delta_{m_s m'_s}\delta_{mm'}\langle nlmm_s|H_1|nl'mm_s\rangle$$

bestimmt. Es genügt also die Eigenwerte der folgenden reellen und symmetrischen Matrizen zu bestimmen

$$M_{ll'}(m) = \sqrt{\frac{4\pi}{3}}\, e_0 E \langle nlm|rY_{10}|nl'm\rangle,$$

deren Hauptdiagonalelemente verschwinden, weil $l + l' + 1$ gerade sein muß. Wir berechnen die Matrix für $n = 2$, $l = 0, 1$ und $m = 0$ aus den Eigenfunktionen

$$|nlm\rangle = \frac{1}{r} R_{nl}(r) Y_{lm}(\vartheta, \varphi)$$

von H_0

$$M_{ll'}(0) = \sqrt{\frac{4\pi}{3}}\, e_0 E \int_0^\infty r R_{2l}(r) R_{2l'}(r)\, dr\, \langle l0|10|l'0\rangle,$$

weil die Matrixelemente für $m \neq 0$ wegen $l \neq l'$ verschwinden. Hier bezeichnen die $\langle lm|k\mu|l'm'\rangle$ Integrale über drei Kugelfunktionen, vergl. Abschn. B.4. Im Falle eines Wasserstoffatoms sind die Radialfunktionen nach Abschn. 2.3.3

$$R_{20}(r) = \frac{1}{\sqrt{2a^3}}\left(r - \frac{r^2}{2a}\right)\exp\left\{-\frac{r}{2a}\right\}$$

$$R_{21}(r) = \frac{1}{\sqrt{6a^3}}\frac{r^2}{2a}\exp\left\{-\frac{r}{2a}\right\}.$$

In der Näherung des ruhenden Atomkerns ist hier a gleich dem Bohrschen Wasserstoffradius $a = a_B$, vergl. Abschn. 2.3.2. Das Integral über drei Kugelfunktionen kann der Tab. B.4 entnommen werden, und es gilt $\langle 00|10|10\rangle = 1/\sqrt{4\pi}$. Das Integral über die Radialfunktionen liefert [1]

$$\int_0^\infty r R_{20}(r) R_{21}(r)\, dr = \frac{1}{4\sqrt{3}\, a^4}\int_0^\infty \left(r^4 - \frac{r^5}{2a}\right)\exp\left\{-\frac{r}{a}\right\} dr$$

$$= \frac{24}{4\sqrt{3}\, a^4}\left(a^4 - \frac{5a^6}{2a}\right) = -\frac{9a}{\sqrt{3}}.$$

Damit erhält man die Matrix $M_{ll'}(0)$ für $l, l' = 0, 1$ zu

$$M_{ll'}(0) = \begin{pmatrix} 0 & -3ae_0 E \\ -3ae_0 E & 0 \end{pmatrix},$$

mit den beiden Eigenwerten $\pm 3ae_0 E$. Für $m = m' = \pm 1$ liefert die Störmatrix zwei weitere Eigenwerte Null. Die insgesamt vier Zustände $|nlm\rangle$ des Wasserstoffatoms: $|200\rangle$, $|21m\rangle$ mit $m = 0, \pm 1$ haben ohne Berücksichtigung des Spins und der Spin-Bahn-Kopplung die Energie ε_2. Dieses vierfach entartete Niveau wird also durch das elektrische Feld in 1. Näherung der Störungstheorie in drei Niveaus aufgespalten: ein zweifach entartetes unverschobenes Niveau ε_2 und zwei Niveaus $\varepsilon_2 \pm 3ae_0 E$. Der Grundzustand des Wasserstoffatoms ist dagegen nicht bahnentartet, so daß die 1. Näherung der Störungstheorie hierfür verschwindet, und somit die Grundzustandsenergie ε_1 unverändert bleibt.

---

[1] Es gilt

$$\int_0^\infty r^n \exp\left\{-\frac{r}{a}\right\} dr = n!\, a^{n+1}$$

für natürliche Zahlen n.

12 Moleküle

Als Ausgangspunkt zur Beschreibung der quantenmechanischen Eigenschaften der Moleküle wählen wir die gleichen Näherungen, wie sie auch bei den Atomen in Kap. 11 eingeführt wurden. Das Molekül besteht danach aus N Elektronen der Masse m und der Ladung $e = -e_0$ (e_0 bezeichnet die Elementarladung) und M Atomkernen der Masse $M_J \gg m$ und der Ladung $Z_J e_0$, die alle als geladene Massenpunkte betrachtet werden. Es wird nur der Spin der Elektronen berücksichtigt, und der der Atomkerne wird vernachlässigt. Ferner beziehen wir nur die elektrostatische Wechselwirkung zwischen geladenen Massenpunkten ein. Wir bezeichnen die Orte $\mathbf{R}_J$ der Atomkerne und die Orte $\mathbf{r}_j$ mit Spins $\mathbf{s}_j$ der Elektronen kurz mit

$$\mathbf{X} = (\mathbf{R}_1, \mathbf{R}_2, \ldots \mathbf{R}_M) \qquad \text{Kernkoordinaten}$$
$$\mathbf{x} = (\mathbf{r}_1, \mathbf{s}_1, \mathbf{r}_2, \mathbf{s}_2, \ldots \mathbf{r}_N, \mathbf{s}_N) \qquad \text{Elektronenkoordinaten.}$$

Der Hamilton-Operator der $M + N$ Teilchen besteht dann aus der kinetischen Energie der Atomkerne oder Ionen T^{Ion} sowie der Elektronen T^{El}, der Elektron-Ion-Wechselwirkung $V^{\text{El-Ion}}$, der Elektron-Elektron-Wechselwirkung $V^{\text{El-El}}$ und der Wechselwirkung $V^{\text{Ion-Ion}}$ der Atomkerne bzw. Ionen untereinander

$$H(\mathbf{x}, \mathbf{X}) = H^{\text{El}}(\mathbf{x}, \mathbf{X}) + T^{\text{Ion}}(\mathbf{X}) \tag{12.1}$$

mit

$$H^{\text{El}}(\mathbf{x}, \mathbf{X}) = T^{\text{El}}(\mathbf{x}) + V^{\text{El-Ion}}(\mathbf{x}, \mathbf{X}) + V^{\text{El-El}}(\mathbf{x}) + V^{\text{Ion-Ion}}(\mathbf{X}). \tag{12.2}$$

Die Terme haben im Einzelnen die Form

$$T^{\text{Ion}}(\mathbf{X}) = \sum_{J=1}^{M} -\frac{\hbar^2}{2M_J} \frac{\partial^2}{\partial \mathbf{R}_J^2}$$

$$T^{\text{El}}(\mathbf{x}) = \sum_{j=1}^{N} -\frac{\hbar^2}{2m} \frac{\partial^2}{\partial \mathbf{r}_j^2}$$

$$V^{\text{El-Ion}}(\mathbf{x}, \mathbf{X}) = -\sum_{j=1}^{N} \sum_{J=1}^{M} \frac{Z_J e_0^2}{4\pi\varepsilon_0} \frac{1}{|\mathbf{r}_j - \mathbf{R}_J|} \tag{12.3}$$

$$V^{\text{El-El}}(\mathbf{x}) = \frac{e^2}{4\pi\varepsilon_0} \frac{1}{2} \sum_{\substack{i,j \\ i \neq j}}^{1\ldots N} \frac{1}{|\mathbf{r}_i - \mathbf{r}_j|}$$

$$V^{\text{Ion-Ion}}(\mathbf{X}) = \frac{e^2}{4\pi\varepsilon_0} \frac{1}{2} \sum_{\substack{I,J \\ I \neq J}}^{1\ldots M} \frac{Z_I Z_J}{|\mathbf{R}_I - \mathbf{R}_J|}.$$

In vielen Fällen lassen sich die Eigenschaften der Moleküle in einer Näherung verstehen, bei der die Atome in unveränderliche Ionen der Ladung $Z'_J e_0$ und $Z'_J < Z_J$ Valenzelektronen zerlegt werden. In dieser Näherung beträgt die Anzahl der Valenzelektronen eines neutralen Moleküls

$$N' = \sum_{J=1}^{M} Z'_J$$

und die Valenzelektronen bewegen sich in einem *effektiven* kugelsymmetrischen Ionenpotential $v_J(|\mathbf{r} - \mathbf{R}_J|)$ des Ions J am Ort $\mathbf{R}_J$. In diesem Fall hat die Elektron-Ion-Wechselwirkung die Form

$$V^{\text{El-Ion}}(\mathbf{x}, \mathbf{X}) = \sum_{j=1}^{N'} \sum_{J=1}^{M} v_J(|\mathbf{r}_j - \mathbf{R}_J|), \tag{12.4}$$

und die kinetische Energie der Ionen mit Massen $M'_J = M_J + (Z_J - Z'_J)m$ unterscheidet sich wegen $m \ll M_J$ nur geringfügig von der der Atomkerne M_J. Die Ionen bestehen aus dem Atomkern und $Z_J - Z'_J$ Rumpfelektronen in abgeschlossenen atomaren Elektronenschalen, vergl. Abschn. 11.2, die näherungsweise nicht an der chemischen Bindung der Moleküle beteiligt sind. In dieser Näherung überlappen sich die atomaren Rumpfzustände in dem Molekül nicht, und die Wechselwirkung der kugelsymmetrischen Ionen untereinander ist die von Punktladungen der Ladung $Z'_J e_0$, so daß bei $V^{\text{El-Ion}}$ in Gl. (12.3) lediglich Z_J durch Z'_J zu ersetzen ist.

12.1 Born-Oppenheimer-Näherung

Grundlage der Beschreibung der Molekülzustände ist die in Abschn. 8.4.1 eingeführte Born-Oppenheimer-Näherung, die eine Trennung bei der Berechnung der Zustände der Elektronen von denen der Atomkerne ermöglicht. Bei der in Abschn. 8.4.1 durchgeführten statischen Entwicklung wird der Hamilton-Operator Gl. (12.1) näherungsweise in der Form

$$H(\mathbf{x}, \mathbf{X}) = H^{\text{El}}(\mathbf{x}, \mathbf{X}_0) + H^{\text{Ion}}(\mathbf{X}, \mathbf{X}_0, \nu) \tag{12.5}$$

mit $H^{\text{El}}(\mathbf{x}, \mathbf{X}_0)$ nach Gl. (12.2) und

$$H^{\text{Ion}}(\mathbf{X}, \mathbf{X}_0, \nu) = T^{\text{Ion}}(\mathbf{X}) + E_\nu^{\text{El}}(\mathbf{X}) - E_\nu^{\text{El}}(\mathbf{X}_0), \tag{12.6}$$

dargestellt. Die Kopplung zwischen den Zuständen der Elektronen und denen der Atomkerne oder Ionen wird bei der Born-Oppenheimer-Näherung vernachlässigt, vergl. Abschn. 8.4.1. Hier bezeichnet E_ν^{El} den ν-ten Eigenwert des Hamilton-Operators der Elektronen

$$H^{\mathrm{El}}(\mathbf{x},\mathbf{X}_0)\phi_\nu(\mathbf{x},\mathbf{X}_0) = E_\nu^{\mathrm{El}}(\mathbf{X}_0)\phi_\nu(\mathbf{x},\mathbf{X}_0) \tag{12.7}$$

bei festgehaltenen Kernkoordinaten. Die Ruhelagen der Atomkerne

$$\mathbf{X}_0 = (\mathbf{R}_{1\,0}, \mathbf{R}_{2\,0}, \ldots \mathbf{R}_{M\,0})$$

definieren wir durch

$$\left(\frac{\partial E_\nu^{\mathrm{El}}(\mathbf{X})}{\partial \mathbf{X}}\right)_{\mathbf{X}=\mathbf{X}_0} = 0.$$

Die Eigenwertgleichung des Hamilton-Operators Gl. (12.5) ist separierbar und die Eigenfunktionen sind Produkte der Elektronenzustände $\phi_\nu(\mathbf{x},\mathbf{X}_0)$ von Gl. (12.7) und der Ionenzustände $\Psi(\mathbf{X},\mathbf{X}_0,\nu)$ des Hamilton-Operators Gl. (12.6).

12.2 Kinetische Energie der Atomkerne

Von der kinetischen Energie der Atomkerne spalten wir zunächst die Translationsenergie des gesamten Moleküls ab. Bei Vernachlässigung der Elektronenmassen ist der Schwerpunkt $\mathbf{R}_S$ des Moleküls gegeben durch

$$\mathbf{R}_S = \frac{1}{G}\sum_{J=1}^{M} M_J \mathbf{R}_J \quad \text{mit der Gesamtmasse} \quad G = \sum_{J=1}^{M} M_J.$$

Der Einfachheit halber wird die Separation der kinetischen Energie in Translationsenergie T^{Trans}, Rotationsenergie T^{Rot} und Schwingungsenergie T^{Vib} im Rahmen der klassischen Mechanik vorgenommen. Im Anschluß daran findet der Übergang zur Quantenmechanik mit Hilfe von Vertauschungsrelationen der Operatoren statt, die den klassischen Observablen zugeordnet werden.

Im Folgenden werden keine zweiatomigen oder linearen Moleküle betrachtet, die in Abschn. 12.4 gesondert behandelt werden. Vom Hamilton-Operator Gl. (12.6) lautet die zugehörige kinetische Energie der klassischen Mechanik

$$T^{\mathrm{Ion}} = \sum_{J=1}^{M} \frac{1}{2} M_J \dot{\mathbf{R}}_J^2 = T^{\mathrm{Trans}} + T^{\mathrm{Rot}} + T^{\mathrm{Vib}}. \tag{12.8}$$

Seien

$$\mathbf{R}_J' = \mathbf{R}_J - \mathbf{R}_S \quad \text{mit} \quad \sum_{J=1}^{M} M_J \mathbf{R}_J' = 0 \tag{12.9}$$

die linear abhängigen Relativkoordinaten der Atomkerne bezüglich des Schwerpunktes $\mathbf{R}_S$, so folgt wegen Gl. (12.9)

$$T^{\text{Ion}} = \sum_{J=1}^{M} \frac{1}{2} M_J (\dot{\mathbf{R}}_S + \dot{\mathbf{R}}'_J)^2$$

$$= \sum_{J=1}^{M} \frac{1}{2} M_J \dot{\mathbf{R}}_S^2 + \sum_{J=1}^{M} M_J \dot{\mathbf{R}}_S \cdot \dot{\mathbf{R}}'_J + \sum_{J=1}^{M} \frac{1}{2} M_J \dot{\mathbf{R}}'^2_J$$

$$= \frac{1}{2} G \dot{\mathbf{R}}_S^2 + \sum_{J=1}^{M} \frac{1}{2} M_J \dot{\mathbf{R}}'^2_J.$$

Wir setzen

$$T^{\text{Trans}} = \frac{1}{2} G \dot{\mathbf{R}}_S^2, \qquad (12.10)$$

und definieren den Gesamtdrehimpuls der Atomkerne freier Moleküle durch

$$\mathbf{L} = \sum_{J=1}^{M} \mathbf{R}'_J \times M_J \dot{\mathbf{R}}'_J.$$

Die Geschwindigkeit der Atomkerne bezüglich des Schwerpunktes wird zerlegt in den Rotationsanteil durch die Winkelgeschwindigkeit $\vec{\Omega}$ des gesamten Moleküls um eine Drehachse durch den Schwerpunkt, und in den Schwingungs- oder Vibrationsanteil

$$\dot{\mathbf{R}}'_J = \vec{\Omega} \times \mathbf{R}'_J + \dot{\mathbf{R}}^{\text{Vib}}_J \quad \text{für} \quad J = 1, 2, \ldots M.$$

Dann gilt

$$\mathbf{L} = \sum_{J=1}^{M} \mathbf{R}'_J \times M_J (\vec{\Omega} \times \mathbf{R}'_J) \qquad (12.11)$$

und

$$\sum_{J=1}^{M} \mathbf{R}'_J \times M_J \dot{\mathbf{R}}^{\text{Vib}}_J = 0. \qquad (12.12)$$

Einsetzen der Geschwindigkeiten $\dot{\mathbf{R}}'_J$ in den Ausdruck der kinetischen Energie liefert

$$T^{\text{Ion}} - T^{\text{Trans}} = \sum_{J=1}^{M} \frac{1}{2} M_J \dot{\mathbf{R}}'^2_J$$

$$= \sum_{J=1}^{M} \frac{1}{2} M_J (\vec{\Omega} \times \mathbf{R}'_J + \dot{\mathbf{R}}^{\text{Vib}}_J)^2$$

$$= T^{\text{Rot}} + T^{\text{Vib}}$$

mit

$$T^{\text{Rot}} = \sum_{J=1}^{M} \frac{1}{2} M_J (\vec{\Omega} \times \mathbf{R}'_J)^2 = \frac{1}{2} \vec{\Omega} \cdot \mathbf{L}$$
$$T^{\text{Vib}} = \sum_{J=1}^{M} \frac{1}{2} M_J (\dot{\mathbf{R}}_J^{\text{Vib}})^2,$$
(12.13)

wobei Gl. (12.11) und (12.12) verwendet wurden. Der Drehimpuls der Atomkerne $\mathbf{L} = (L_1, L_2, L_3)$ Gl. (12.11) läßt sich in Komponentenschreibweise mit der Winkelgeschwindigkeit $\vec{\Omega} = (\Omega_1, \Omega_2, \Omega_3)$ in der Form schreiben

$$L_\nu = \sum_{\mu=1}^{3} I_{\nu\mu} \Omega_\mu$$

mit dem Trägheitstensor $(\mathbf{R}'_J = (R'_{J1}, R'_{J2}, R'_{J3}))$

$$I_{\nu\nu} = \sum_{J=1}^{M} M_J (\mathbf{R}'^2_J - \mathbf{R}'^2_{J\nu}) = I_\nu$$
$$I_{\nu\mu} = \sum_{J=1}^{M} M_J \mathbf{R}'_{J\nu} \mathbf{R}'_{J\mu} \quad \text{für} \quad \nu \neq \mu.$$

Wird das Molekül bezüglich der Rotation näherungsweise als starrer Körper behandelt, sind für den Trägheitstensor $I_{\nu\mu}$ die Ruhelagen $\mathbf{R}_{J0}$ einzusetzen, und die Kopplung zwischen Rotationen und Schwingungen wird dadurch vernachlässigt. Wählt man dann das Koordinatensystem der $\mathbf{R}'_J$ entsprechend den Hauptträgheitsachsen des Moleküls, so ist der Trägheitstensor diagonal $I_{\nu\mu} = I_\nu \delta_{\nu\mu}$, und die Rotationsenergie des Moleküls ist gegeben durch

$$T^{\text{Rot}} = \sum_{\nu=1}^{3} \frac{1}{2} \Omega_\nu L_\nu = \sum_{\nu=1}^{3} \frac{L_\nu^2}{2 I_\nu}.$$
(12.14)

Beim Übergang zur Quantenmechanik setzt man für die Observablen entsprechende Vertauschungsrelationen an, und in der beschriebenen Näherung hat der Hamilton-Operator der Atomkerne oder Ionen Gl. (12.6) die Form

$$H^{\text{Ion}} = T^{\text{Trans}} + T^{\text{Rot}} + T^{\text{Vib}} + E_\nu^{\text{El}}(\mathbf{X}) - E_\nu^{\text{El}}(\mathbf{X}_0).$$

Er ist bezüglich der Translation, Rotation und Vibration separierbar. Aufgrund der Bedingungen Gl. (12.9) und Gl. (12.12) zwischen den Koordinaten der Atomkerne hat der Hamilton-Operator der Schwingungen

$$H^{\text{Vib}} = T^{\text{Vib}} + E_\nu^{\text{El}}(\mathbf{X}) - E_\nu^{\text{El}}(\mathbf{X}_0)$$

außer bei linearen Molekülen $3M - 6$ Freiheitsgrade.

12 Moleküle

Zur Abschätzung der Größenordnung der Rotationsenergie im Vergleich zur elektronischen Energie, nehmen wir $I_1 = I_2 = I_3 = I$ an, und erhalten aus Gl. (12.14) durch die Quantisierung des Drehimpulses $L_1^2 + L_2^2 + L_3^2$ mit den Eigenwerten $\hbar^2 L(L+1)$ nach Absch. 2.6.1, die Schwingungsenergien in der Form

$$E^{\text{Rot}} = \frac{\hbar^2 L(L+1)}{2I} \quad \text{mit} \quad L = 0, 1, 2, \ldots$$

Das Trägheitsmoment ist von der Größenordnung $I = M_0 d^2$. Hier ist M_0 eine mittlere Kernmasse und d in der Größenordnung eines Molekülradius. Demgegenüber ist die Größenordnung der Energie des elektronischen Drehimpulses $\hbar^2 \mathbf{l}^2$ mit Eigenwerten $\hbar^2 l(l+1)$ nach Abschn. 2.5 gegeben durch

$$E^{\text{Rot}}_{\text{El}} = \frac{\hbar^2 l(l+1)}{m_e d^2},$$

so daß die größenordnungsmäßige Abschätzung

$$\frac{E^{\text{Rot}}}{E^{\text{Rot}}_{\text{El}}} = \frac{m_e}{M_0} = \gamma^4$$

gilt, wobei m_e die Elektronenmasse bezeichnet. Mit Hilfe der Reihenentwicklung der quantenmechanischen Energien von Abschn. 8.4.1 nach der kleinen Größe γ findet man also die elektronischen Energien von der Ordnung γ^0, die Kernenergien durch Schwingungen von der Ordnung γ^2 und die Rotationsenergien von der Ordnung γ^4. Die Abstände zwischen den Energieniveaus der Rotation sind also größenordnungsmäßig um einen Faktor γ^2 oder 10^{-2} bis 10^{-3} kleiner als die Abstände zwischen den Energinieaus der Schwingungen.

Für die optischen Übergänge zwischen den elektronischen Energieniveaus gilt das *Franck-Condon-Prinzip*, wonach die Absorption oder Emission eines Photons so schnell geschieht, daß dabei die Schwingungs- oder Rotationszustände des Moleküls erhalten bleiben. Die Änderung des elektronischen Zustandes verursacht aber eine Änderung der Ruhelagen, der Trägheitsmomente und der Schwingungsfrequenzen der Atomkerne, so daß sich das Molekül nach dem elektronischen Übergang bezüglich der Rotation und der Schwingungen nicht mehr im Grundzustand befindet und relaxiert. Da die hier getrennt betrachteten Zustände der Elektronen, Translationen, Schwingungen und Rotationen in Wirklichkeit gekoppelt sind, besitzen die Moleküle im Allgemeinen recht komplizierte optische Spektren.

12.3 Molekülschwingungen

Ein freies Molekül aus M Atomen hat drei Freiheitsgrade der Translation und, falls sie nicht linear angeordnet sind, drei Freiheitsgrade der Rotation in der oben beschriebenen Näherung als starrer Körper. Sind die Atome aus ihren Ruhelagen ausgelenkt, wirken zwischenatomare Kräfte, die zu Schwingungen mit $3M-6$ Freiheitsgraden führen. In der Näherung harmonischer Schwingungen entwickeln wir die potentielle Energie in Gl. (12.6) für kleine Auslenkungen aus den Ruhelagen in eine Taylor-Reihe bis zur zweiten Ordnung

$$E_\nu^{\text{El}}(\mathbf{X}) = E_\nu^{\text{El}}(\mathbf{X}_0) + \frac{1}{2}(\mathbf{X}-\mathbf{X}_0)\left(\frac{\partial^2 E_\nu^{\text{El}}(\mathbf{X})}{\partial \mathbf{X} \partial \mathbf{X}}\right)_{\mathbf{X}=\mathbf{X}_0}(\mathbf{X}-\mathbf{X}_0),$$

und führen durchnumerierte Koordinaten ein

$$\mathbf{X}-\mathbf{X}_0 = (X_1, X_2, \ldots X_{3M}).$$

Dann lautet der Hamilton-Operator Gl. (12.6)

$$H^{\text{Ion}} = \sum_{j=1}^{3M} -\frac{\hbar^2}{2M_j}\frac{\partial^2}{\partial X_j^2} + \frac{1}{2}\sum_{j,k}^{1\ldots 3M} X_j \left(\frac{\partial^2 E_\nu^{\text{El}}(\mathbf{X})}{\partial X_j \partial X_k}\right)_{\mathbf{X}_0} X_k \qquad (12.15)$$

und beschreibt gekoppelte harmonische Schwingungen. Zur Herleitung ungekoppelter Normalschwingungen setzen wir $Q_j = \sqrt{M_j}\, X_j$, und erhalten für den Hamilton-Operator Gl. (12.15)

$$H^{\text{Ion}} = \sum_{j=1}^{3M} \frac{1}{2} P_j^2 + \frac{1}{2}\sum_{j,k}^{1\ldots 3M} Q_j D_{jk} Q_k$$

mit der *dynamischen Matrix*

$$D_{jk} = \frac{1}{\sqrt{M_j M_k}}\left(\frac{\partial^2 E_\nu^{\text{El}}(\mathbf{X})}{\partial X_j \partial X_k}\right)_{\mathbf{X}_0}$$

und den zu den Q_j kanonisch konjugierten Impulsoperatoren

$$P_j = \frac{\hbar}{i\sqrt{M_j}}\frac{\partial}{\partial X_j},$$

die die Vertauschungsrelation

$$[P_j, Q_k] = \frac{\hbar}{i}\delta_{jk} \mathbf{1}$$

erfüllen. Die reelle und symmetrische dynamische Matrix läßt sich durch eine unitäre Transformation U mit $U^T = U^{-1}$ auf Diagonalgestalt bringen, und wir nehmen an, daß sie außerdem positiv definit ist und somit keine negativen Eigenwerte besitzt. Dann gilt in Matrizenschreibweise [1]

$$UDU^T = \left(\omega_j^2 \delta_{jk}\right)$$

mit reellen ω_j. Wir transformieren die Operatoren Q_j und P_j der Koordinaten mit der unitären Matrix $U = (U_{jk})$ mit der Eigenschaft $U^T U = U U^T = \mathcal{E}$ und erhalten die Operatoren der *Normalkoordinaten*

$$q_k = \sum_{j=1}^{3M} U_{kj} Q_j \quad \text{bzw.} \quad Q_j = \sum_{k=1}^{3M} U_{kj} q_k,$$

und

$$p_k = \sum_{j=1}^{3M} U_{kj} P_j \quad \text{bzw.} \quad P_j = \sum_{k=1}^{3M} U_{kj} p_k,$$

und damit den Hamilton-Operator in der Form

$$H^{\text{Ion}} = \sum_{j=1}^{3M} \left[\frac{1}{2} p_j^2 + \frac{1}{2} \omega_j^2 q_j^2\right], \tag{12.16}$$

der $3M$ ungekoppelte harmonische Oszillatoren beschreibt.

□ Zum Beweise beachten wir $UU^T = \mathcal{E}$ bzw.

$$\sum_{j=1}^{3M} U_{kj} U_{lj} = \delta_{kl},$$

und erhalten für die kinetische Energie

$$\frac{1}{2} \sum_{j=1}^{3M} P_j^2 = \frac{1}{2} \sum_{j,k,l}^{1\ldots 3M} U_{kj} U_{lj} p_k p_l$$

$$= \frac{1}{2} \sum_{k,l}^{1\ldots 3M} \delta_{kl} p_k p_l$$

$$= \frac{1}{2} \sum_{k=1}^{3M} p_k^2.$$

---

[1] Der Index T bezeichnet die transponierte Matrix.

12.3 Molekülschwingungen

Entsprechend findet man für die potentielle Energie

$$\frac{1}{2}\sum_{j,k}^{1...3M} Q_j D_{jk} Q_k = \frac{1}{2}\sum_{j,k,l,m}^{1...3M} U_{jl} q_l D_{jk} U_{mk} q_m$$

$$= \frac{1}{2}\sum_{l,m}^{1...3M} q_l \delta_{lm} \omega_l^2 q_m$$

$$= \frac{1}{2}\sum_{l=1}^{3M} \omega_l^2 q_l^2,$$

denn es gilt nach Voraussetzung

$$\sum_{j,k}^{1...3M} U_{lj} D_{jk} U_{mk} = \omega_l^2 \delta_{lm},$$

und man erhält so die Form Gl. (12.16). ∎

Aufgrund der Bedingungen Gl. (12.9) und Gl. (12.12) sind von den Schwingungskoordinaten bei nichtlinearen Molekülen nur $3M - 6$ linear unabhängig, wodurch sechs der Eigenwerte der dynamischen Matrix ω_j^2 verschwinden. Wir sortieren sie so, daß $\omega_j = 0$ für $j = 3M - 5, \ldots 3M$ gilt, und schreiben den Hamilton-Operator der Schwingungen oder Vibrationen

$$H^{\text{Vib}} = \sum_{j=1}^{3M-6} \left[\frac{1}{2}p_j^2 + \frac{1}{2}\omega_j^2 q_j^2\right]. \qquad (12.17)$$

Bei der Separation der Eigenwertgleichung von H^{Vib} erhält man für jeden einzelnen harmonischen Oszillator nach Abschn. 2.1.1 ein äquidistantes Energiespektrum, so daß die Eigenwerte des Operators der Schwingungen durch

$$E^{\text{Vib}} = \sum_{j=1}^{3M-6} \hbar\omega_j \left(n_j + \frac{1}{2}\right) \quad \text{mit} \quad n_j = 0, 1, 2 \ldots$$

gegeben sind. Die Schwingungsfrequenzen ω_j sind nicht notwendig voneinander verschieden, was sich aus der Symmetrie des Moleküls mit Hilfe der Gruppentheorie analysieren läßt, vergl. Abschn. 14.6.

Zusammengefaßt ergeben sich die Energieniveaus der Atomkerne mit den genannten Näherungen aus der separierbaren Schrödinger-Gleichung

$$\left[T^{\text{Trans}} + T^{\text{Rot}} + H^{\text{Vib}}\right]\Psi = E\Psi.$$

Der Operator der Translationsenergie hat nach Gl. (12.10) die Form

$$T^{\text{Trans}} = -\frac{\hbar^2}{2G}\frac{\partial^2}{\partial \mathbf{R}^2},$$

und besitzt nach Abschn. 8.1 die Eigenwerte freier Teilchen

$$E^{\text{Trans}} = \frac{\hbar^2 \mathbf{K}^2}{2G}.$$

Die Eigenwerte des Rotationsoperators Gl. (12.14) hängen von den Trägheitsmomenten ab, und sind im einfachsten Fall $I_1 = I_2 = I_3 = I$ von der Form, vergl. Abschn. 2.2,

$$E^{\text{Rot}} = \frac{\hbar^2}{2I} L(L+1) \quad \text{mit} \quad L = 0, 1, 2, \ldots$$

Damit ergibt sich für das Energiespektrum der M Atomkerne in nichtlinearer Anordnung in diesem Fall

$$E^{\text{Ion}} = \underbrace{\frac{\hbar^2 \mathbf{K}^2}{2G}}_{\text{Translation}} + \underbrace{\frac{\hbar^2 L(L+1)}{2I}}_{\text{Rotation}} + \underbrace{\sum_{j=1}^{3M-6} \hbar \omega_j \left(n_j + \frac{1}{2}\right)}_{\text{Schwingungen}}. \tag{12.18}$$

12.4 Zweiatomiges Molekül

12.4.1 Heitler-London-Näherung

Als einfaches Beispiel einer chemischen Bindung wollen wir hier das Wasserstoffmolekül betrachten. In der Born-Oppenheimer-Näherung behandeln wir zunächst die Eigenwertgleichung Gl. (12.7) des elektronischen Hamilton-Operators Gl. (12.2) bei festgehaltenen Kernkoordinaten. Die Zustände der Elektronen können nur vom Abstand $R = |\mathbf{R}_a - \mathbf{R}_b|$ der beiden Atomkerne an den Orten $\mathbf{R}_a$ und $\mathbf{R}_b$ abhängen, und der Hamilton-Operator hat nach Gl. (12.2) und (12.3) die Form

$$H = H_a + H_b + H_1 \tag{12.19}$$

mit

$$H_a = -\frac{\hbar^2}{2m_e} \Delta_1 - \frac{e^2}{4\pi\varepsilon_0} \frac{1}{|\mathbf{r}_1 - \mathbf{R}_a|}$$

$$H_b = -\frac{\hbar^2}{2m_e} \Delta_2 - \frac{e^2}{4\pi\varepsilon_0} \frac{1}{|\mathbf{r}_2 - \mathbf{R}_b|}$$

$$H_1 = \frac{e^2}{4\pi\varepsilon_0} \left(\frac{1}{|\mathbf{r}_1 - \mathbf{r}_2|} - \frac{1}{|\mathbf{r}_1 - \mathbf{R}_b|} - \frac{1}{|\mathbf{r}_2 - \mathbf{R}_a|} + \frac{1}{R} \right).$$

12.4 Zweiatomiges Molekül

Wir bezeichnen Ort und Spin der beiden Elektronen mit $\mathbf{r}_1, \mathbf{s}_1$ bzw. $\mathbf{r}_2, \mathbf{s}_2$, und berechnen die Eigenwerte von H mit Hilfe der Störungstheorie. Als nullte Näherung wählen wir zwei isolierte Wasserstoffatome, die durch den Hamilton-Operator

$$H_0 = H_a(\mathbf{r}_1) + H_b(\mathbf{r}_2)$$

beschrieben werden. Der Störoperator H_1 stellt dann die Wechselwirkung zwischen den beiden Wasserstoffatomen dar. Die Eigenwertgleichung

$$H_0 \Psi_0 = E_0 \Psi_0$$

ist separierbar und wir machen den Produktansatz

$$\Psi_0(\mathbf{r}_1, \mathbf{s}_1, \mathbf{r}_2, \mathbf{s}_2) = \varphi_a(\mathbf{r}_1) \varphi_b(\mathbf{r}_2) \chi(\mathbf{s}_1, \mathbf{s}_2),$$

der zu den Eigenwertgleichungen

$$H_a(\mathbf{r}_1) \varphi_a(\mathbf{r}_1) = \varepsilon_a \varphi_a(\mathbf{r}_1)$$
$$H_b(\mathbf{r}_2) \varphi_b(\mathbf{r}_2) = \varepsilon_b \varphi_b(\mathbf{r}_2)$$

führt. Wir setzen für die nullte Näherung voraus, daß sich beide Wasserstoffatome im Grundzustand Gl. (2.45) befinden

$$\varphi_a(\mathbf{r}_1) = \frac{1}{\sqrt{\pi a_B^3}} \exp\left\{-\frac{|\mathbf{r}_1 - \mathbf{R}_a|}{a_B}\right\}$$
$$\varphi_b(\mathbf{r}_2) = \frac{1}{\sqrt{\pi a_B^3}} \exp\left\{-\frac{|\mathbf{r}_2 - \mathbf{R}_b|}{a_B}\right\},$$

wobei a_B den Bohr-Radius des Wasserstoffatoms bezeichnet. Im Unterschied zu Abschn. 2.3.2 tritt hier nicht die reduzierte Elektronenmasse auf, weil die Atomkerne als ruhend angenommen wurden.

Zur Erfüllung des Pauli-Prinzips bezüglich der beiden Elektronen muß der Zustand der nullten Näherung Ψ_0 antisymmetrisch sein. Als Spinfunktionen verwenden wir für $\chi(\mathbf{s}_1, \mathbf{s}_2)$ die in Abschn. C.6 angeführten Funktionen für den Summendrehimpuls aus den beiden Einzelspins vom Betrag $\frac{1}{2}$. Dabei ist die Spinfunktion χ_{SM_S} für $S = 0$ bezüglich der Vertauschung der beiden Spins $\mathbf{s}_1$ und $\mathbf{s}_2$ antisymmetrisch

$$\chi_{00} = \frac{1}{\sqrt{2}} \left(\chi_{\frac{1}{2}}(\mathbf{s}_1) \chi_{-\frac{1}{2}}(\mathbf{s}_2) - \chi_{-\frac{1}{2}}(\mathbf{s}_1) \chi_{\frac{1}{2}}(\mathbf{s}_2) \right)$$

und für $S = 1$, $M_S = -1, 0, 1$ symmetrisch

$$\chi_{11} = \chi_{\frac{1}{2}}(\mathbf{s}_1) \chi_{\frac{1}{2}}(\mathbf{s}_2)$$
$$\chi_{10} = \frac{1}{\sqrt{2}} \left(\chi_{\frac{1}{2}}(\mathbf{s}_1) \chi_{-\frac{1}{2}}(\mathbf{s}_2) + \chi_{-\frac{1}{2}}(\mathbf{s}_1) \chi_{\frac{1}{2}}(\mathbf{s}_2) \right)$$
$$\chi_{1-1} = \chi_{-\frac{1}{2}}(\mathbf{s}_1) \chi_{-\frac{1}{2}}(\mathbf{s}_2).$$

Der Zustand χ_{00} gehört danach zu antiparallelen Spins der beiden Elektronen, und die Zustände χ_{1M_S} zu parallelen Spins, und es gilt die Orthonormierung

$$\langle \chi_{SM_S} | \chi_{S'M'_S} \rangle = \delta_{SS'} \delta_{M_S M'_S}.$$

Das Pauli-Prinzip bezüglich der beiden Elektronen ist erfüllt, wenn der Zustand $\Psi_0(\mathbf{r}_1, \mathbf{s}_1, \mathbf{r}_2, \mathbf{s}_2)$ antisymmetrisch ist. Um das zu erreichen, setzen wir für den vierfach spinentarteten Grundzustand von H_0

$$\begin{aligned} \Psi_{00} &= \psi_+(\mathbf{r}_1, \mathbf{r}_2) \chi_{00} \\ \Psi_{1M_S} &= \psi_-(\mathbf{r}_1, \mathbf{r}_2) \chi_{1M_S} \end{aligned} \quad (12.20)$$

mit den symmetrischen bzw. antisymmetrischen normierten Ortsfunktionen

$$\psi_\pm(\mathbf{r}_1, \mathbf{r}_2) = \frac{1}{\sqrt{2(1 \pm J^2)}} \left(\varphi_a(\mathbf{r}_1) \varphi_b(\mathbf{r}_2) \pm \varphi_b(\mathbf{r}_1) \varphi_a(\mathbf{r}_2) \right)$$

und dem Überlappungsintegral

$$J(R) = \int \varphi_a^*(\mathbf{r}) \varphi_b(\mathbf{r}) \, d^3r.$$

□ Zum Beweise der Normierung berechnen wir

$$\begin{aligned} \langle \psi_\pm | \psi_\pm \rangle &= \int |\psi_\pm(\mathbf{r}_1, \mathbf{r}_2)|^2 \, d^3r_1 \, d^3r_2 \\ &= \frac{1}{2(1 \pm J^2)} \left(1 \pm J^2 \pm J^2 + 1 \right) = 1, \end{aligned}$$

wobei die Normierung der $\varphi_a(\mathbf{r})$ und $\varphi_b(\mathbf{r})$ ausgenutzt wurde. ∎

Aus den vier Grundzuständen Ψ_{SM_S} von H_0 zur Grundzustandsenergie E_0 zweier getrennter Wasserstoffatome berechnen wir die Energie des Wasserstoffmoleküls in erster Näherung der Störungstheorie mit dem Störoperator H_1. Da H_1 vom Spin unabhängig ist, und die Spinzustände orthogonal sind, ist die 4×4-Störmatrix diagonal und es gilt

$$\langle \Psi_{SM_S} | H_1 | \Psi_{S'M'_S} \rangle = \delta_{SS'} \delta_{M_S M'_S} E_S(R)$$

mit

$$\begin{aligned} E_{S=0}(R) &= \langle \Psi_{00} | H_1 | \Psi_{00} \rangle = \langle \psi_+ | H_1 | \psi_+ \rangle = E^{\uparrow\downarrow}(R) \\ E_{S=1}(R) &= \langle \Psi_{1M_S} | H_1 | \Psi_{1M_S} \rangle = \langle \psi_- | H_1 | \psi_- \rangle = E^{\uparrow\uparrow}(R). \end{aligned}$$

12.4 Zweiatomiges Molekül

Hier bezeichnen $E^{\uparrow\downarrow}(R)$ die Störenergie des Singulett-Zustandes bei antiparallelen Elektronenspins, und $E^{\uparrow\uparrow}(R)$ die Störenergie des dreifach spinentarteten Triplett-Niveaus bei parallelen Elektronenspins. Einsetzen des Störoperators liefert für die beiden Spins $S = 0, 1$

$$E_S(R) = \frac{e^2}{4\pi\varepsilon_0} \left[\frac{C + (-1)^S A}{1 + (-1)^S J} + \frac{1}{R} \right] \quad (12.21)$$

mit dem Coulomb-Integral

$$C(R) = \int \varphi_a^*(\mathbf{r}_1) \varphi_b^*(\mathbf{r}_2) \left[\frac{1}{|\mathbf{r}_1 - \mathbf{r}_2|} - \frac{1}{|\mathbf{r}_1 - \mathbf{R}_b|} - \frac{1}{|\mathbf{r}_2 - \mathbf{R}_a|} \right]$$
$$\times \varphi_a(\mathbf{r}_1) \varphi_b(\mathbf{r}_2) \, \mathrm{d}^3 r_1 \, \mathrm{d}^3 r_2$$

und dem Austauschintegral

$$A(R) = \int \varphi_a^*(\mathbf{r}_1) \varphi_b^*(\mathbf{r}_2) \left[\frac{1}{|\mathbf{r}_1 - \mathbf{r}_2|} - \frac{1}{|\mathbf{r}_1 - \mathbf{R}_b|} - \frac{1}{|\mathbf{r}_2 - \mathbf{R}_a|} \right]$$
$$\times \varphi_b(\mathbf{r}_1) \varphi_a(\mathbf{r}_2) \, \mathrm{d}^3 r_1 \, \mathrm{d}^3 r_2.$$

Die Integrale $C(R)$, $A(R)$ und $J(R)$ lassen sich analytisch auswerten. Die längere Rechnung wird hier nicht wiedergegeben, weil das Ergebnis Gl. (12.21) ohnehin nur den qualitativen Verlauf richtig beschreibt, denn die Störungstheorie erster Ordnung ist nur für große Abstände der beiden Atomkerne eine gute Näherung.

Die Störenergien $E_S(R)$ verschwinden für $R \to \infty$, und $E^{\uparrow\downarrow}(R)$ hat ein Minimum bei $R_0 = 0.80$ Å mit $E^{\uparrow\downarrow}(R_0) = -3.2$ eV, während $E^{\uparrow\uparrow}(R)$ mit R monoton abfällt. Also wird nur im Falle antiparalleler Elektronenspins ein gebundener Zustand gebildet, mit dem Ruheabstand R_0 und der Bindungsenergie $E_B = -E^{\uparrow\downarrow}(R_0)$. Die experimentellen Werte für den Ruheabstand und die Bindungsenergie sind 0.74 Å bzw. 4.4 eV.

Bei antiparallelen Spins der beiden Elektronen ist die zugehörige Ortsfunktion nach Gl. (12.20) $\psi_+(\mathbf{r}_1, \mathbf{r}_2)$, und die Wahrscheinlichkeitsdichte dafür, daß sich beide Elektronen am gleichen Ort $\mathbf{r}$ aufhalten

$$|\psi_+(\mathbf{r}, \mathbf{r})|^2 = \frac{2}{1 + J^2} |\varphi_a(\mathbf{r}) \varphi_b(\mathbf{r})|^2$$
$$= \frac{2}{1 + J^2} \frac{1}{\pi^2 a_B^6} \exp\left\{ -\frac{2}{a_B} (|\mathbf{r} - \mathbf{R}_a| + |\mathbf{r} - \mathbf{R}_b|) \right\}$$

hat zwischen den beiden Atomkernen ein Maximum, während bei parallelen Spins Null herauskommt

$$|\psi_-(\mathbf{r}, \mathbf{r})|^2 = 0.$$

Bei der kovalenten Bindung des Wasserstoffmoleküls wird deshalb die Vorstellung verwendet, daß die negative Ladung der beiden Elektronen mit antiparallelen Spins zwischen den positiv geladenen Atomkernen die chemische Bindung verursacht.

Der Verlauf von $E^{\uparrow\downarrow}(R)$ kann, außer bei $R = 0$, durch ein *Morse-Potential*

$$U_\mathrm{M}(R) = E_\mathrm{B} \left(1 - \exp\left\{-\frac{R - R_0}{a}\right\}\right)^2 \quad (12.22)$$

grob angenähert werden. Dabei ist E_B die Bindungsenergie, R_0 der Ruheabstand und a ein Parameter, der zur Anpassung an die Schwingungsfrequenz dient, vergl. Abschn. 12.4.2. Das semiempirische Morse-Potential beschreibt auch die Verhältnisse anderer zweiatomiger Moleküle, außer bei $R = 0$, qualitativ zutreffend.

12.4.2 Rotation und Schwingung

Die in Abschn. 12.2 ausgesparte Bewegung der Atomkerne zweiatomiger Moleküle wird hier im Rahmen eines halbempirischen Modells für die elektronische Grundzustandsenergie nachgeholt. Der aus der Born-Oppenheimer-Näherung resultierende Hamilton-Operator für die Zustände der beiden Atomkerne hat nach Gl. (12.6) die Form

$$H^\mathrm{Ion} = \sum_{J=1}^{2} -\frac{\hbar^2}{2M_J}\Delta_J + E_\nu^\mathrm{El}(\mathbf{R}_1, \mathbf{R}_2) - E_\nu^\mathrm{El}(\mathbf{R}_{10}, \mathbf{R}_{20}),$$

wobei $\mathbf{R}_J$ und $\mathbf{R}_{J0}$ die Koordinaten der Atomkerne bzw. ihre Ruhelagen bezeichnen. Zur Separation der Translation des Moleküls führen wir Schwerpunkt- und Relativkoordinaten ein

$$\mathbf{R}_\mathrm{S} = \frac{1}{M_1 + M_2}(M_1\mathbf{R}_1 + M_2\mathbf{R}_2) \quad \text{und} \quad \mathbf{R} = \mathbf{R}_2 - \mathbf{R}_1,$$

und formen den Hamilton-Operator wie in Abschn. 2.3.1 um

$$H^\mathrm{Ion} = -\frac{\hbar^2}{M_1 + M_2}\frac{\partial^2}{\partial \mathbf{R}_\mathrm{S}^2} - \frac{\hbar^2}{2M_\mathrm{r}}\frac{\partial^2}{\partial \mathbf{R}^2} + U_\mathrm{M}(R),$$

mit der reduzierten Masse

$$M_\mathrm{r} = \frac{M_1 M_2}{M_1 + M_2}$$

und dem Morse-Potential $U_\mathrm{M}(R)$ nach Gl. (12.18)

$$U_\mathrm{M}(R) = E_\mathrm{B}\left(1 - \exp\left\{-\frac{R - R_0}{a}\right\}\right)^2,$$

das wir als halbempirische Näherung anstelle der elektronischen Grundzustandsenergie eingesetzt haben. Die potentielle Energie der beiden Atomkerne kann nur vom Betrag der Relativkoordinate $R = |\mathbf{R}|$ abhängen. Die Separation der Schwerpunktbewegung der Schrödinger-Gleichung

$$H^{\text{Ion}}(\mathbf{R}_S, \mathbf{R})\Psi(\mathbf{R}_S, \mathbf{R}) = E^{\text{Ion}}\Psi(\mathbf{R}_S, \mathbf{R})$$

führt mit dem Ansatz einer ebenen Welle für die Translation

$$\Psi(\mathbf{R}_S, \mathbf{R}) = \Phi(\mathbf{R})\exp\{i\mathbf{K}\cdot\mathbf{R}_S\}$$

wie in Abschn. 2.3.1 auf die Eigenwertgleichung der Relativbewegung

$$\left[-\frac{\hbar^2}{2M_r}\frac{\partial^2}{\partial\mathbf{R}^2} + U_M(R)\right]\Phi(\mathbf{R}) = E^{\text{Rel}}\Phi(\mathbf{R})$$

mit den Eigenwerten der Relativbewegung

$$E^{\text{Rel}} = E^{\text{Ion}} - \frac{\hbar^2 \mathbf{K}^2}{2(M_1 + M_2)}.$$

Der Schwerpunkt des Moleküls bewegt sich wie ein freies Teilchen, und der Operator der Translation hat quasikontinuierliches Spektrum, wenn sich das Teilchen in einem endlichen Volumen befindet, vergl. Abschn. 8.1. Der Impuls des Schwerpunktes ist $\hbar\mathbf{K}$, und die Energie ist $\hbar^2\mathbf{K}^2/2(M_1 + M_2)$, wobei $\mathbf{K}$ den quasikontinuierlichen Ausbreitungsvektor bezeichnet.

Aufgrund der Kugelsymmetrie des Potentials kann man die Gleichung in Kugelkoordinaten $\mathbf{R}: R, \theta, \phi$ mit einem Ansatz mit Kugelfunktionen, vergl. Anhang B,

$$\Phi(\mathbf{R}) = \frac{1}{R}\varphi(R)Y_{LM}(\theta,\phi) \quad \text{mit} \quad L = 0, 1, 2, \ldots$$

weiter separieren

$$\left[-\frac{\hbar^2}{2M_r}\frac{d^2}{dR^2} + \frac{\hbar^2}{2M_r}\frac{L(L+1)}{R^2} + U_M(R)\right]\varphi(R) = E^{\text{Rel}}\varphi(R).$$

Wir betrachten nur kleine Auslenkungen $\eta = R - R_0$ aus der Ruhelage R_0 und entwickeln die Summe aus Zentrifugalpotential und Morse-Potential

$$V(R) = \frac{\hbar^2}{2M_r}\frac{L(L+1)}{R^2} + U_M(R)$$

$$= \frac{\hbar^2}{2M_r}\frac{L(L+1)}{R^2} + E_B\left(1 - \exp\left\{-\frac{R-R_0}{a}\right\}\right)^2$$

in eine Potenzreihe nach η mit $\eta \ll a$ und $\eta \ll R_0$

$$V(R_0 + \eta) = \frac{\hbar^2}{2M_r}\frac{L(L+1)}{R_0^2}\left(1 - \frac{2\eta}{R_0}\right) + E_B\frac{\eta^2}{a^2} + \ldots.$$

Da die Rotationsenergie nach Abschn. 12.2 um mindestens zwei Größenordnungen kleiner ist als die elektronische Energie, berechnen wir das Minimum von $V(R)$ genähert aus dieser Entwicklung

$$\frac{dV}{d\eta} \approx 2\eta \frac{E_B}{a^2} - \frac{\hbar^2}{M_r R_0^3} L(L+1) = 0.$$

Das Minimum liegt genähert an der Stelle

$$R_m = R_0 + \frac{\hbar^2 a^2 L(L+1)}{2 M_r R_0^3 E_B},$$

und zur Beschreibung harmonischer Schwingungen entwickeln wir das Potential bis zur zweiten Ordnung um das Minimum bei R_m

$$V(R) \approx V(R_m) + \frac{1}{2} M_r \omega^2 (R - R_m)^2$$

mit

$$V(R_m) \approx V(R_0) = \frac{\hbar^2 L(L+1)}{2 M_r R_0^2}$$

und der Molekülschwingungsfrequenz

$$\omega \approx \sqrt{\frac{2 E_B}{M_r a^2}}.$$

Damit schreibt sich die Eigenwertgleichung der radialen Relativbewegung genähert für kleine Auslenkungen in der vereinfachten Form

$$\left[-\frac{\hbar^2}{2 M_r} \frac{d^2}{dR^2} + \frac{\hbar^2}{2 M_r} \frac{L(L+1)}{R_0^2} + \frac{1}{2} M_r \omega^2 (R - R_m)^2 \right] \varphi(R) = E^{\text{Rel}} \varphi(R).$$

Die Eigenwerte ergeben sich aus denen des eindimensionalen harmonischen Oszillators, vergl. Abschn. 2.1.1, und man erhält

$$E_{Ln}^{\text{Rel}} = \frac{\hbar^2 L(L+1)}{2 M_r R_0^2} + \hbar \omega \left(n + \frac{1}{2} \right) \quad \text{mit} \quad L, n = 0, 1, 2, \ldots,$$

und somit für das Spektrum der Atomkerne

$$E^{\text{Ion}} = \underbrace{\frac{\hbar^2 \mathbf{K}^2}{2(M_1 + M_2)}}_{\text{Translation}} + \underbrace{\frac{\hbar^2 L(L+1)}{2 M_r R_0^2}}_{\text{Rotation}} + \underbrace{\hbar \omega \left(n + \frac{1}{2} \right)}_{\text{Schwingung}}.$$

Analog der in Abschn. 12.2 durchgeführten größenordnungsmäßigen Abschätzung gilt die folgende Beziehung zwischen der Bindungsenergie und den Abständen zwischen den Schwingungsenergieniveaus und denen der Rotationsenergieniveaus

$$E_\text{B} \gg \hbar\omega \gg \frac{\hbar^2}{M_\text{r}R_0^2},$$

woraus sich die Struktur des Energiespektrums ableiten läßt. Dabei sind die Auswahlregeln für optische Dipolübergänge $\Delta L = \pm 1$, vergl. Abschn. 10.3.3, und $\Delta n = \pm 1$ zu beachten.

Das semiempirische Morse-Potential liefert also bei zweiatomigen Molekülen die Bindungsenergie E_B, den Ruheabstand R_0 und die Schwingungsfrequenz ω, wenn die drei Parameter E_B, R_0 und a geeignet gewählt werden.

12.5 Elektronische Zustände

Die in Abschn. (12.1) eingeführte Born-Oppenheimer-Näherung ermöglicht eine Bestimmung der Molekülzustände aus getrennten Rechnungen für die elektronischen Zustände und die der Atomkerne oder Ionen. Nachdem in den Abschnitten 12.2 und 12.3 die Rotationen und Schwingungen des Moleküls besprochen wurden, soll hier die wichtigste Berechnungsmethode der elektronischen Energieniveaus behandelt werden. Ausgangspunkt dazu sind die in Kap. 7 abgeleiteten Hartree-Fock-Gleichungen, wobei die elektronischen Molekülzustände nach Slater-Determinanten aus Einelektronenfunktionen entwickelt werden.

In der Born-Oppenheimer-Näherung wird die Eigenwertgleichung des Hamilton-Operators der Elektronen Gl. (12.7) bei festgehaltenen Kernkoordinaten gelöst. Dazu betrachten wir ein Molekül aus M Atomen, deren Kerne sich an den Orten $\mathbf{R}_1, \ldots \mathbf{R}_M$ befinden. Insgesamt werden N Valenzelektronen des Moleküls berücksichtigt. Die Wechselwirkung der Elektronen mit den Atomkernen oder, im Falle der Näherung der unveränderlichen Ionen, mit den Ionen wird allgemein nach Gl. (12.4) durch eine Summe von Potentialen an den Orten $\mathbf{R}_J$ angenommen

$$V^\text{El-Ion} = \sum_{j=1}^{N} v(\mathbf{r}_j) \quad \text{mit} \quad v(\mathbf{r}) = \sum_{J=1}^{M} v_J(|\mathbf{r} - \mathbf{R}_J|), \tag{12.23}$$

wobei wir vereinfachend annehmen, daß $v(\mathbf{r})$ vom Elektronenspin unabhängig ist. Dann läßt sich der Hamilton-Operator Gl. (12.2) mit Gl. (12.3) in einen Einelektronenoperator

$$H_1(\mathbf{r}) = -\frac{\hbar^2}{2m_\text{e}}\Delta + v(\mathbf{r}), \tag{12.24}$$

den Zweielektronenoperator der Coulomb-Wechselwirkung der Elektronen untereinander

$$V_C(\mathbf{r},\mathbf{r}') = \frac{e^2}{4\pi\varepsilon_0} \frac{1}{|\mathbf{r}-\mathbf{r}'|}$$

und eine von den Elektronen unabhängige Konstante $V^{\text{Ion-Ion}}$ der elektrostatischen Abstoßungsenergie der Ionen

$$V^{\text{Ion-Ion}} = \frac{e^2}{8\pi\varepsilon_0} \sum_{\substack{I,J \\ I\neq J}}^{1...M} \frac{Z_I Z_J}{|\mathbf{R}_I - \mathbf{R}_J|} \qquad (12.25)$$

zerlegen

$$H^{\text{El}} = \sum_{j=1}^{N} H_1(\mathbf{r}_j) + \sum_{\substack{i,j \\ i\neq j}}^{1...N} V_C(\mathbf{r}_i,\mathbf{r}_j) + V^{\text{Ion-Ion}}. \qquad (12.26)$$

Da die Berechnung der Coulomb-Summe Gl. (12.25) keinerlei Schwierigkeiten bereitet, betrachten wir im Folgenden nur den Operator der ersten beiden Terme

$$H = \sum_{j=1}^{N} \left[-\frac{\hbar^2}{2m_e}\Delta_j + v(\mathbf{r}_j) \right] + \frac{e^2}{8\pi\varepsilon_0} \sum_{\substack{i,j \\ i\neq j}}^{1...N} \frac{1}{|\mathbf{r}_i - \mathbf{r}_j|}, \qquad (12.27)$$

der dem Hamilton-Operator Gl. (7.1) entspricht, der dem Hartree-Fock-Verfahren zugrunde gelegt wurde. Die Eigenfunktionen Ψ von H hängen von den Orten $\mathbf{r}_1,\ldots\mathbf{r}_N$ und Spins $\mathbf{s}_1,\ldots\mathbf{s}_N$ der Valenzelektronen ab und die Eigenwertgleichung lautet

$$H(\mathbf{r}_1,\ldots\mathbf{r}_N)\Psi(\mathbf{r}_1,\mathbf{s}_1,\ldots\mathbf{r}_N,\mathbf{s}_N) = E\Psi(\mathbf{r}_1,\mathbf{s}_1,\ldots\mathbf{r}_N,\mathbf{s}_N). \qquad (12.28)$$

12.5.1 Molekülorbitale

Allgemein können die Eigenfunktionen Ψ von H in eine Reihe nach Slater-Determinanten aus Einelektronenfunktionen entwickelt werden, vergl. Gl. (7.6). Zur praktischen Anwendung werden dabei die Einelektronenfunktionen so gewählt, daß man mit möglichst wenigen Slater-Determinanten brauchbare Näherungen für Ψ und die Eigenwerte E erhält. Wird im Extremfall nur eine Slater-Determinante verwendet, d.h. wird die Eigenfunktion Ψ durch ein Slater-Determinante Ψ^{SD} approximiert, so kann man im Falle des Grundzustandes die Einelektronenfunktionen aus der Bedingung bestimmen, daß die Grundzustandsenergie minimal wird

$$E_g = \langle \Psi^{\text{SD}}|H|\Psi^{\text{SD}}\rangle \longrightarrow \text{Minimum} \quad \text{mit} \quad \langle \Psi^{\text{SD}}|\Psi^{\text{SD}}\rangle = 1. \qquad (12.29)$$

12.5 Elektronische Zustände

Die daraus resultierenden Bestimmungsgleichungen für die Einelektronenfunktionen sind die in Kap. 7 hergeleiteten Hartree-Fock-Gleichungen. Angeregte Zustände von H lassen sich analog mit der Nebenbedingung der Orthogonalität zu den tieferen Zuständen finden.

Im Folgenden wenden wir uns der Aufgabe zu, die Hartee-Fock-Gleichungen auf Moleküle anzuwenden und die zugehörigen Einelektronenfunktionen zu berechnen. Sie lassen sich als Produkt einer Ortsfunktion $\varphi(\mathbf{r})$ und einer Spinfunktion $\chi(\mathbf{s})$ schreiben

$$\psi_{j\sigma_j}(\mathbf{r},\mathbf{s}) = \varphi_j(\mathbf{r})\chi_{\sigma_j}(\mathbf{s}) \quad \text{mit} \quad \sigma_j = \pm\frac{1}{2} \tag{12.30}$$

und werden als orthogonal und normiert angenommen

$$\langle\psi_{i\sigma_i}|\psi_{j\sigma_j}\rangle = \delta_{\sigma_i\sigma_j}\int \varphi_i^*(\mathbf{r})\varphi_j(\mathbf{r})\,\mathrm{d}^3r = \delta_{\sigma_i\sigma_j}\delta_{ij}. \tag{12.31}$$

Hierbei numeriert j die verschiedenen Ortsfunktionen und σ_j gibt eine der beiden möglichen z-Komponenten des Spins oder kurz die Spinrichtung an. Wird die Slater-Determinante mit diesen Einelektronenfunktionen gebildet, spricht man von einer uneingeschränkten Determinante [1]. Wir nehmen an, daß N^+ Elektronen die Spinrichtung $\frac{1}{2}$ und N^- Elektronen die Spinrichtung $-\frac{1}{2}$ haben und es gilt

$$N = N^+ + N^-.$$

Die Slater-Determinante ist aus N Einteilchenfunktionen Gl. (12.30) aufgebaut

$$\Psi^{\mathrm{SD}} = \frac{1}{\sqrt{N!}}\det\begin{vmatrix} \psi_{1\sigma_1}(\mathbf{r}_1,\mathbf{s}_1) & \ldots & \psi_{1\sigma_1}(\mathbf{r}_N,\mathbf{s}_N) \\ \vdots & \ddots & \vdots \\ \psi_{N\sigma_N}(\mathbf{r}_1,\mathbf{s}_1) & \ldots & \psi_{N\sigma_N}(\mathbf{r}_N,\mathbf{s}_N) \end{vmatrix}$$

und normiert $\langle\Psi^{\mathrm{SD}}|\Psi^{\mathrm{SD}}\rangle = 1$. Die mit der Slater-Determinante gebildete Grundzustandsenergie E_g des spinunabhängigen Hamilton-Operators Gl. (12.27) setzt sich nach Gl. (7.14) aus der kinetischen Energie E_{T}, der potentiellen Energie E_{V}, der Hartree-Energie E_{H} und der Austauschenergie E_{x} zusammen

$$E_g = \langle\Psi^{\mathrm{SD}}|H|\Psi^{\mathrm{SD}}\rangle = E_{\mathrm{T}} + E_{\mathrm{V}} + E_{\mathrm{H}} + E_{\mathrm{x}}. \tag{12.32}$$

Im Einzelnen erhält man nach Abschn. 7.1 für die Energie des Einelektronenoperators

$$E_{\mathrm{T}} + E_{\mathrm{V}} = \sum_{i=1}^{N}\left\langle\varphi_i(\mathbf{r})\left|-\frac{\hbar^2}{2m_{\mathrm{e}}}\Delta + v(\mathbf{r})\right|\varphi_i(\mathbf{r})\right\rangle.$$

---

[1] Bei einer eingeschränkten Determinante läßt man für beide Spinrichtungen nur eine Ortsfunktion zu, was bei Molekülen mit abgeschlossenen Elektronenschalen zu einer vereinfachten Rechnung führt.

Der Zweiteilchenoperator in Gl. (12.27) ergibt die Hartree-Energie nach Gl. (7.12)

$$E_{\mathrm{H}} = \frac{e^2}{8\pi\varepsilon_0} \sum_{\substack{i,j \\ i\neq j}}^{1...N} \left\langle \varphi_i(\mathbf{r})\varphi_j(\mathbf{r}') \left| \frac{1}{|\mathbf{r}-\mathbf{r}'|} \right| \varphi_i(\mathbf{r})\varphi_j(\mathbf{r}') \right\rangle$$

und die Austauschenergie nach Gl. (7.13)

$$E_{\mathrm{x}} = -\frac{e^2}{8\pi\varepsilon_0} \sum_{\substack{i,j \\ i\neq j}}^{1...N} \delta_{\sigma_i\sigma_j} \left\langle \varphi_i(\mathbf{r})\varphi_j(\mathbf{r}') \left| \frac{1}{|\mathbf{r}-\mathbf{r}'|} \right| \varphi_j(\mathbf{r})\varphi_i(\mathbf{r}') \right\rangle,$$

deren Summanden nur bei parallelen Spins der beiden Elektronen von Null verschieden sind. In der Summe $E_{\mathrm{H}} + E_{\mathrm{x}}$ brauchen die Fälle $i = j$ nicht ausgeschlossen zu werden, da sich die Terme der Selbstwechselwirkung gegenseitig aufheben.

Führt man die Extremalaufgabe Gl. (12.29) durch Variation des Ausdrucks Gl. (12.32) bezüglich der $\varphi_i(\mathbf{r})$ mit der Nebenbedingung Gl. (12.31) durch, so erhält man die Hartree-Fock-Gleichungen, vergl. Abschn. 7.1.

12.5.2 Linearkombination von Atomorbitalen

Zur numerischen Lösung der Hartree-Fock-Gleichungen entwickeln wir die gesuchten Einelektronenfunktionen $\varphi_i(\mathbf{r})$ nach einer endlichen Anzahl von Ansatzfunktionen und bestimmen die Entwicklungskoeffizienten nach dem Variationsprinzip von Ritz, vergl. Abschn. 6.2. Dabei ist es wichtig, die Ansatzfunktionen so auszuwählen, daß man mit möglichst wenigen von ihnen gute Näherungen erhält und der numerische Aufwand möglichst gering wird. Die Einelektronen-Lösungsfunktionen des Moleküls $\varphi_i(\mathbf{r})$ werden als *Molekülorbitale* bezeichnet, und aufgrund der Kenntnisse über die chemische Bindung liegt es nahe, die Molekülorbitale als Linearkombinationen von Atomorbitalen [2] darzustellen, die an den einzelnen Atomen lokalisiert sind. Wir entwickeln die N Molekülorbitale $\varphi_i(\mathbf{r})$ nach $n \geq N$ *Atomorbitalen* $\phi_k(\mathbf{r})$

$$\varphi_i(\mathbf{r}) = \sum_{k=1}^{n} c_{ki}^{\sigma_i} \phi_k(\mathbf{r}) \quad \text{mit} \quad \sigma_i = \pm\frac{1}{2}, \tag{12.33}$$

wobei der Index k die folgende Abkürzung darstellt

$$\phi_k(\mathbf{r}) = \phi_{K\nu\lambda\mu}(\mathbf{r} - \mathbf{R}_K). \tag{12.34}$$

Hier numeriert $K = 1\ldots M$ die einzelnen Atome am Ort $\mathbf{R}_K$, λ und μ bezeichnen die Drehimpulsquantenzahl bzw. die magnetische Quantenzahl und ν unterscheidet

---

[2] Auch als LCAO-Verfahren bezeichnet: „linear combination of atomic orbitals".

verschiedene Radialfunktionen zum selben Drehimpuls. Die Entwicklungskoeffizienten $c_{ki}^{\sigma_i}$ sind im Allgemeinen komplex und hängen von der Spinrichtung σ_i der Molekülfunktion $\psi_{i\sigma_i}$ ab. Bei der Auswahl der Atomfunktionen Gl. (12.34) kann man sich von Kenntnissen über die chemische Bindung durch Valenzelektronen leiten lassen und bei Bedarf Zustände tieferliegender oder unbesetzter atomarer Elektronenschalen hinzunehmen. Die Atomorbitale in Kugelkoordinaten $\mathbf{r} - \mathbf{R}_K = \mathbf{R} : R, \vartheta, \varphi$ sind von der Form

$$\phi_{K\nu\lambda\mu}(\mathbf{R}) = R_{K\nu}(R) Y_{\lambda\mu}(\vartheta, \varphi),$$

wobei $R_{K\nu}(R)$ die Radialfunktion und $Y_{\lambda\mu}(\vartheta, \varphi)$ die Kugelfunktionen bezeichnen. Kriterium für die Auswahl der Atomorbitale ist die numerische Effektivität und man wählt als Radialfunktionen solche analytischen Formen, mit denen sich die später auftretenden Integrale in geschlossener Form darstellen lassen. Dabei ist auch auf das richtige asymptotische Verhalten im Unendlichen zu achten.

Die Atomorbitale Gl. (12.34), die an verschiedenen Atomorten lokalisiert sind, sind nicht orthogonal und man definiert die *Überlappungsintegrale*

$$S_{kl} = \int \phi_k^*(\mathbf{r}) \phi_l(\mathbf{r})\, d^3r.$$

Damit erhält man für die Normierungsbedingung der Molekülorbitale Gl. (12.31)

$$\int \varphi_i^*(\mathbf{r}) \varphi_j(\mathbf{r})\, d^3r = \sum_{k,l}^{1\ldots n} c_{ki}^{\sigma_i *} c_{lj}^{\sigma_j} S_{kl} = \delta_{ij}. \tag{12.35}$$

Die Anzahl N der Elektronen ergibt sich zu

$$N = \sum_{i=1}^{N} \int \varphi_i^*(\mathbf{r}) \varphi_i(\mathbf{r})\, d^3r = \sum_{kl}^{1\ldots n} \sum_{i=1}^{N} c_{ki}^{\sigma_i *} c_{li}^{\sigma_i} S_{kl}$$

und läßt sich in die Anzahl N^+ der Elektronen mit Spinrichtung $\frac{1}{2}$ und N^- mit Spinrichtung $-\frac{1}{2}$ zerlegen. Dazu führen wir die Spindichtematrizen

$$P_{kl}^+ = \sum_{j=1}^{N} \delta_{\sigma_j \frac{1}{2}} c_{kj}^{\sigma_j *} c_{lj}^{\sigma_j} \quad \text{und} \quad P_{kl}^- = \sum_{j=1}^{N} \delta_{\sigma_j -\frac{1}{2}} c_{kj}^{\sigma_j *} c_{lj}^{\sigma_j} \tag{12.36}$$

ein, bei denen nur über diejenigen Elektronen j summiert wird, deren Spinrichtung $\frac{1}{2}$ bzw. $-\frac{1}{2}$ ist. Damit erhält man die Dichtematrix der Elektronen ohne Rücksicht auf den Spin

$$P_{kl} = P_{kl}^+ + P_{kl}^- = \sum_{i=1}^{N} c_{ki}^{\sigma_i *} c_{li}^{\sigma_i}$$

und die Zahl der Elektronen schreibt sich in der Form

$$N = N^+ + N^- = \sum_{k,l}^{1...N} P_{kl} S_{kl}$$

mit

$$N^{\pm} = \sum_{k,l}^{1...N} P_{kl}^{\pm} S_{kl}.$$

Einsetzen der Entwicklung nach Atomorbitalen Gl. (12.33) in den Energieausdruck Gl. (12.32) liefert im Einzelnen

$$E_T + E_V = \sum_{k,l}^{1...n} \sum_{i=1}^{N} c_{ki}^{\sigma_i *} c_{li}^{\sigma_i} H_{kl} = \sum_{k,l}^{1...N} P_{kl} H_{kl} \tag{12.37}$$

mit

$$H_{kl} = \int \phi_k^*(\mathbf{r}) \left[-\frac{\hbar^2}{2m_e} \Delta + v(\mathbf{r}) \right] \phi_l(\mathbf{r}) \, d^3r.$$

Die Hartree-Energie ergibt sich einschließlich der Selbstwechselwirkung zu

$$\begin{aligned} E_H &= \frac{1}{2} \sum_{k,l,p,q}^{1...n} \sum_{i,j}^{1...N} c_{ki}^{\sigma_i *} c_{lj}^{\sigma_j *} c_{pi}^{\sigma_i} c_{qj}^{\sigma_j} \langle kl|pq \rangle \\ &= \frac{1}{2} \sum_{k,l,p,q}^{1...n} P_{kp} P_{lq} \langle kl|pq \rangle \end{aligned} \tag{12.38}$$

mit dem Integral der elektrostatischen Wechselwirkung

$$\langle kl|pq \rangle = \frac{e^2}{4\pi\varepsilon_0} \int \frac{\phi_k^*(\mathbf{r})\phi_l^*(\mathbf{r}')\phi_p(\mathbf{r})\phi_q(\mathbf{r}')}{|\mathbf{r} - \mathbf{r}'|} \, d^3r \, d^3r'. \tag{12.39}$$

Für die Austauschenergie einschließlich der Selbstwechselwirkung erhält man

$$\begin{aligned} E_x &= -\frac{1}{2} \sum_{k,l,p,q}^{1...n} \sum_{i,j}^{1...N} \delta_{\sigma_i \sigma_j} c_{ki}^{\sigma_i *} c_{lj}^{\sigma_j *} c_{pj}^{\sigma_j} c_{qi}^{\sigma_i} \langle kl|pq \rangle \\ &= -\frac{1}{2} \sum_{k,l,p,q}^{1...n} \left(P_{kq}^+ P_{lp}^+ + P_{kq}^- P_{lp}^- \right) \langle kl|pq \rangle. \end{aligned} \tag{12.40}$$

Die Entwicklungskoeffizienten $c_{ki}^{\sigma_i}$ der Molekülorbitale Gl. (12.33) bestimmen sich aus dem Minimum der Energie Gl. (12.29) mit den Nebenbedingungen Gl. (12.31).

12.5 Elektronische Zustände

Die Durchführung dieser Variationsaufgabe wird hier nicht wiedergegeben, da die Einzelheiten bereits in Abschn. 6.2 beschrieben sind. Beachtet man, daß die $c_{ki}^{\sigma_i}$* und $c_{ki}^{\sigma_i}$ als linear unabhängig anzusehen sind, ergibt sich bei der Variation der Energie Gl. (12.32) mit der Nebenbedingung Gl. (12.35) das folgende Gleichungssystem

$$\sum_{l=1}^{n} c_{li}^{\sigma_i} H_{kl} + \sum_{l,p,q}^{1\ldots n} \sum_{j=1}^{N} c_{lj}^{\sigma_j}{}^{*} c_{pi}^{\sigma_i} c_{qj}^{\sigma_j} \langle kl|pq\rangle$$

$$- \sum_{l,p,q}^{1\ldots n} \sum_{j=1}^{N} \delta_{\sigma_i \sigma_j} c_{lj}^{\sigma_j}{}^{*} c_{pj}^{\sigma_j} c_{qi}^{\sigma_i} \langle kl|pq\rangle - \varepsilon_i^{\sigma_i} c_{li}^{\sigma_i} S_{kl} = 0,$$

wobei die Lagrange-Parameter $\varepsilon_i^{\sigma_i}$ die Bedeutung von Einelektronenenergien haben. Das Gleichungssystem läßt sich mit $\pm$ für $\sigma_i = \pm \frac{1}{2}$ in der Form schreiben

$$\sum_{l=1}^{n} [F_{kl}^{\pm} - \varepsilon_i^{\pm} S_{kl}] c_{li}^{\pm} = 0 \qquad (12.41)$$

mit der Matrix

$$F_{kl}^{\pm} = H_{kl} + \sum_{p,q}^{1\ldots n} \left[P_{pq} \langle kp|lq\rangle - P_{pq}^{\pm} \langle kp|ql\rangle \right].$$

Nimmt man speziell an, daß jedes Molekülorbital mit zwei Elektronen entgegengesetzter Spinrichtung besetzt ist, so spricht man von einem Molekül mit abgeschlossenen Elektronenschalen und die Gleichungen vereinfachen sich zu

$$\sum_{l=1}^{n} [F_{kl} - \varepsilon_i S_{kl}] c_{li} = 0$$

mit

$$F_{kl} = H_{kl} + \sum_{p,q}^{1\ldots n} P_{pq} \left[\langle kp|lq\rangle - \frac{1}{2}\langle kp|ql\rangle \right].$$

Diese Gleichungen werden als *Roothaan-Gleichungen* bezeichnet.

Ebenso wie die Hartree-Fock-Gleichungen sind auch die Gleichungen Gl. (12.41) selbstkonsistent zu lösen, da die Dichtematrizen in der zu diagonalisierenden Matrix nach Gl. (12.36) die Kenntnis der Eigenvektoren $c_{li}^{\sigma_i}$ voraussetzt. Die Gl. (12.41) stellt eine allgemeine Eigenwertaufgabe der Matrix dar, deren Eigenwerte mit $\varepsilon_i^{\sigma_i}$ bezeichnet sind. Aus der selbstkonsistenten Lösung ergeben sich die Eigenwerte und die Spindichtematrizen, mit deren Hilfe sich die elektronische Energie des Moleküls im Grundzustand berechnen läßt. Aus den Gl. (12.32), (12.37), (12.38) und (12.40) erhält man zusammengefaßt

$$\begin{aligned}
E_g &= \sum_{k,l}^{1...n} P_{kl}H_{kl} + \frac{1}{2} \sum_{k,l,p,q}^{1...n} \left[P_{kp}P_{lq} - P_{kq}^+ P_{lp}^+ - P_{kq}^- P_{lp}^- \right] \langle kl|pq \rangle \\
&= \sum_{k,l}^{1...n} P_{kl}H_{kl} + \frac{1}{2} \sum_{k,l,p,q}^{1...n} \left[P_{kl}P_{pq}\langle kp|lq \rangle \right. \\
&\qquad\qquad \left. - (P_{kl}^+ P_{pq}^+ + P_{kl}^- P_{pq}^-)\langle kp|ql \rangle \right] \\
&= \frac{1}{2} \sum_{kl}^{1...n} \left[P_{kl}H_{kl} + P_{kl}^+ F_{kl}^+ + P_{kl}^- F_{kl}^- \right],
\end{aligned} \qquad (12.42)$$

wobei noch nach Gl. (12.26) die Ion-Ion-Energie zu addieren ist.

Die Bestimmung der elektronichen Energie nach Gl. (12.42) aus den Lösungen der allgemeinen Eigenwertgleichung (12.41) stellt schon für Moleküle aus nur wenigen Atomen eine numerisch sehr aufwendige Aufgabe dar. Dies liegt an der großen Anzahl der Wechselwirkungsintegrale Gl. (12.39), die sich in Einzentren-, Zweizentren-, Dreizentren- und Vierzentrenintegrale einteilen lassen, je nachdem an welchem Atom die einzelnen Atomorbitale lokalisiert sind. Es wurden deshalb zahlreiche Näherungen eingeführt, um die Anzahl der Wechselwirkungsintegrale zu reduzieren und die Berechnung wenigstens kleiner Moleküle zu ermöglichen.

13 Festkörper

In der Festkörperphysik sind vor allem die Eigenschaften von Kristallen interessant, die sich bei der Züchtung gezielt herstellen lassen. Zum Verständnis besonders der elektrischen, optischen und magnetischen Eigenschaften sind dabei durchweg atomare Modellvorstellungen auf quantenmechanischer Grundlage erforderlich.

13.1 Kristallsymmetrie

Kristalle lassen sich als große Moleküle auffassen, deren Atome regelmäßig angeordnet sind, und die durch Symmetrietransformationen auf sich selbst abgebildet werden können. Man unterscheidet dabei *Translationen* $\mathbf{R}$ des Ortsvektors $\mathbf{r}$ von *Punkttransformationen* S. Sei $f(\mathbf{r})$ eine beliebige, ortsabhängige Kristalleigenschaft, so lautet die Symmetriebedingung des Kristalles

$$f(S\mathbf{r} + \mathbf{R}) = f(\mathbf{r}),$$

und die Menge aller Symmetrietransformationen $(S, \mathbf{r})$ bildet eine Gruppe, wobei die Verknüpfung durch Hintereinanderausführen erklärt wird. Speziell bilden die Punkttransformationen S und die Translationen $\mathbf{R}$ jeweils eine Gruppe für sich.

13.1.1 Translationen

Das kleinste Volumen, das periodisch aneinandergereiht den Kristall beschreibt, heißt *Elementarzelle*. Sie hat die Form eines Parallelepipeds und wird durch die drei *Basisvektoren des Gitters* $\mathbf{a}_1, \mathbf{a}_2, \mathbf{a}_3$ aufgespannt. Der *Gittervektor*

$$\mathbf{R} = n_1\mathbf{a}_1 + n_2\mathbf{a}_2 + n_3\mathbf{a}_3 \quad \text{mit} \quad n_i = \text{ganze Zahlen} \tag{13.1}$$

zählt dann die verschiedenen Elementarzellen ab und jede Kristalleigenschaft $f(\mathbf{r})$ muß mit $\mathbf{R}$ periodisch sein $f(\mathbf{r} + \mathbf{R}) = f(\mathbf{r})$, wobei die Elementarzelle das Periodizitätsgebiet kennzeichnet. Das Volumen der Elementarzelle ist $\Omega = (\mathbf{a}_1, \mathbf{a}_2, \mathbf{a}_3)$. Da die Vektoren $\mathbf{a}_1, \mathbf{a}_2, \mathbf{a}_3$ im allgemeinen weder orthogonal noch normiert sind, definiert man die *Basisvektoren des reziproken Gitters*

$$\mathbf{b}_i = 2\pi \frac{\mathbf{a}_j \times \mathbf{a}_k}{\Omega} \quad \text{für } (i, j, k) \text{ zyklisch.} \tag{13.2}$$

Es gilt dann
$$\mathbf{a}_i \cdot \mathbf{b}_j = 2\pi \delta_{ij}. \tag{13.3}$$
Der Bereich, der von den Vektoren $\mathbf{b}_1, \mathbf{b}_2, \mathbf{b}_3$ aufgespannt wird, heißt *reduzierter Bereich* und hat das Volumen $(\mathbf{b}_1, \mathbf{b}_2, \mathbf{b}_3) = 8\pi^3/\Omega$. Das *reziproke Gitter* wird durch die *reziproken Gittervektoren*
$$\mathbf{G} = g_1 \mathbf{b}_1 + g_2 \mathbf{b}_2 + g_3 \mathbf{b}_3 \quad \text{mit} \quad g_i = \text{ganze Zahlen} \tag{13.4}$$
beschrieben und es gilt
$$\mathbf{b}_i \cdot \mathbf{R} = 2\pi n_i, \quad \text{und} \quad \mathbf{a}_i \cdot \mathbf{G} = 2\pi g_i$$
sowie
$$\mathbf{R}\mathbf{G} = 2\pi(n_1 g_1 + n_2 g_2 + n_3 g_3) = 2\pi g,$$
wobei g eine ganze Zahl bezeichnet.

13.1.2 Punkttransformationen

Die Punkttransformationen S mit $f(S\mathbf{r}) = f(\mathbf{r})$ bilden eine Gruppe, die *Punktgruppe* genannt wird. Sie lassen sich durch 3×3-Matrizen im Ortsraum darstellen: $S = (S_{ij})$. Sei $\mathbf{r} = (x_1, x_2, x_3)$ so gilt $\mathbf{r}' = S\mathbf{r}$ mit $x'_i = \sum_j S_{ij} x_j$. Die Punkttransformationen verändern den Abstand zum Aufpunkt nicht: $|S\mathbf{r}| = |\mathbf{r}|$. Daraus ergibt sich die Bedingung $S^T S = \mathcal{E}$ oder $S^T = S^{-1}$, wobei $\mathcal{E}$ die Einheitsmatrix und S^T die transponierte Matrix bezeichnet, und es folgt $\det(S) = \pm 1$. Die Punkttransformationen mit $\det(S) = 1$ heißen *Drehungen* und die mit $\det(S) = -1$ *Drehinversionen*, denn letztere lassen sich als Produkt aus einer Drehung und der Inversion $\mathcal{I} = -\mathcal{E}$ darstellen. Speziell sind Spiegelungen an einer Ebene auch Drehinversionen, denn sie lassen sich als Produkt einer Drehung um π um eine Achse senkrecht zur Ebene und der Inversion darstellen: $(x, y, -z) = -(-x, -y, z)$, wobei die z-Achse senkrecht zu Ebene gewählt wurde.

□ Zum Beweise der Drehungen gehen wir von der Gleichung
$$S^T(S - \mathcal{E}) = \mathcal{E} - S^T$$
aus und es folgt
$$\det(S) \det(S - \mathcal{E}) = -\det(S - \mathcal{E}).$$
Gilt nun $\det(S) = +1$, so folgt $\det(S - \mathcal{E}) = 0$, so daß die Gleichung $(S - \mathcal{E})\mathbf{r} = 0$ eine Lösung $\mathbf{r} \neq 0$ besitzt, die $S\mathbf{r} = \mathbf{r}$ erfüllt. Damit beschreibt S eine Drehung und $\mathbf{r}$ gibt die Richtung der Drehachse an. Aus
$$S^T(S + \mathcal{E}) = \mathcal{E} + S^T$$
folgt andererseits
$$\det(S) \det(S + \mathcal{E}) = \det(S + \mathcal{E}).$$
Gilt nun $\det(S) = -1$, so folgt $\det(S + \mathcal{E}) = 0$ und die Gleichung $(S + \mathcal{E})\mathbf{r} = 0$ hat eine Lösung $\mathbf{r} \neq 0$, die $S\mathbf{r} = -\mathbf{r}$ erfüllt. Damit beschreibt S eine Drehinversion, wobei $\mathbf{r}$ wiederum die Richtung der Drehachse anzeigt. ∎

13.1.3 Raumgruppen und Bravais-Gitter

Die allgemeinen Symmetrieoperationen eines Kristalles bilden die *Raumgruppe* und bestehen aus Kombinationen von Punkttransformationen S und Translationen $\mathbf{R}$. Die Symmetrie der Kristalle wird dann in der Form geschrieben

$$(S, \mathbf{R}) f(\mathbf{r}) = f(S\mathbf{r} + \mathbf{R}) = f(\mathbf{r}),$$

wobei $(S, \mathbf{R})$ ein Element der Raumgruppe bezeichnet und die Verknüpfung durch

$$(S_1, \mathbf{R}_1)(S_2, \mathbf{R}_2) = (S_1 S_2, S_1 \mathbf{R}_2 + \mathbf{R}_1)$$

gegeben ist. Einselement ist $(\mathcal{E}, \mathbf{0})$ und das inverse Element ist

$$(S, \mathbf{R})^{-1} = (S^{-1}, -S^{-1}\mathbf{R}).$$

Betrachtet man die spezielle Verknüpfung

$$(S, \mathbf{0})(S^T, \mathbf{R}) = (\mathcal{E}, S\mathbf{R})$$

so folgt, daß für jede Drehung S mit $\mathbf{R}$ auch $S\mathbf{R}$ eine Translation sein muß. Daraus folgt, daß als mögliche Drehwinkel φ nur die Winkel $\varphi = 0°, 60°, 90°, 120°$ und $180°$ in Frage kommen.

☐ Zum Beweis möge die Drehung D um den Winkel φ drehen. Die Translationen $\mathbf{R}$ und $\mathbf{R}' = D\mathbf{R}$ sind ganzzahlige Linearkombinationen der drei Basisvektoren $\mathbf{a}_1, \mathbf{a}_2, \mathbf{a}_3$ des Gitters, so daß die Drehmatrix D in dieser Basis ganzzahlig sein muß. Somit ist auch die Spur $\text{Sp}(D)$ ganzzahlig, die sich jedoch bei einer affinen Transformation A auf ein kartesisches Koordinatensystem mit der z-Achse in Richtung der Drehachse nicht ändert:

$$\text{Sp}(ADA^{-1}) = \text{Sp}(D).$$

Wegen

$$ADA^{-1} = \begin{pmatrix} \cos\varphi & -\sin\varphi & 0 \\ \sin\varphi & \cos\varphi & 0 \\ 0 & 0 & 1 \end{pmatrix}$$

mit

$$A = \begin{pmatrix} \mathbf{a}_1 \\ \mathbf{a}_2 \\ \mathbf{a}_3 \end{pmatrix} = \begin{pmatrix} a_{11} & a_{12} & a_{13} \\ a_{21} & a_{22} & a_{23} \\ a_{31} & a_{32} & a_{33} \end{pmatrix}$$

folgt somit

$$\text{Sp}(D) = 2\cos\varphi + 1,$$

so daß $2\cos\varphi$ ganzzahlig sein muß. Aus der Bedingung $2\cos\varphi = 2, 1, 0, -1, -2$ ergeben sich die fünf möglichen Drehwinkel zu $0, \pi/3, \pi/2, 2\pi/3$ und π. ■

Mit Hilfe der möglichen Drehungen $D_2\,(\varphi = 180°)$, $D_3\,(\varphi = 120°)$, $D_4\,(\varphi = 90°)$ und $D_6\,(\varphi = 60°)$ mit $D_n^n = \mathcal{E}$ und der Inversion $\mathcal{I}$ mit $\mathcal{I}^2 = \mathcal{E}$ können somit alle Punktgruppen beschrieben werden, die in den Raumgruppen vorkommen. Insgesamt lassen sich daraus 32 Punktgruppen konstruieren.

Bei der Aufstellung aller möglichen Raumgruppen muß beachtet werden, daß es Symmetrietransformationen $(S, \mathbf{r})$ gibt, bei denen $\mathbf{r}$ kein Gittervektor, also keine ganzzahlige Linearkombination aus den $\mathbf{a}_1, \mathbf{a}_2, \mathbf{a}_3$, sondern ein bestimmter Bruchteil eines Gittervektors in Richtung der Drehachse ist. Sei $S^n = \mathcal{E}$, so muß aber

$$(S, \mathbf{r})^n = (S^n, S^{n-1}\mathbf{r} + S^{n-2}\mathbf{r} + \ldots S\mathbf{r} + \mathbf{r}) = (\mathcal{E}, \mathbf{R})$$

gelten, wobei $\mathbf{R}$ ein Gittervektor ist. Diese Elemente der Raumgruppen heißen *Schraubungen* wenn S eine Drehung ist und *Gleitspiegelungen* wenn S eine Drehinversion ist. Aus den 32 Punktgruppen lassen sich mit den Translationen, Schraubungen und Gleitspiegelungen insgesamt 230 mathematisch mögliche Raumgruppen herleiten.

In der Praxis teilt man die 32 Punktgruppen in sieben *Kristallsysteme* ein, aus denen sich 14 *Bravais-Gitter* bilden lassen. Die sieben Kristallsysteme entstehen aus der Konstruktion einer *Einheitszelle* mit den drei *Kristallachsen* $\mathbf{a}, \mathbf{b}, \mathbf{c}$ und den Winkeln $\alpha = \angle \mathbf{b}, \mathbf{c}$; $\beta = \angle \mathbf{c}, \mathbf{a}$; $\gamma = \angle \mathbf{a}, \mathbf{b}$. Die Kristallsysteme sind definiert durch: $(a = |\mathbf{a}|,\ b = |\mathbf{b}|,\ c = |\mathbf{c}|)$

$a \neq b \neq c$,	$\alpha \neq \beta \neq \gamma \neq 90°$	triklin,	P
$a \neq b \neq c$,	$\alpha = \gamma = 90° \neq \beta$	monoklin,	P, C
$a \neq b \neq c$,	$\alpha = \beta = \gamma = 90°$	orthorhombisch,	P, C, I, F
$a = b = c$,	$\alpha = \beta = \gamma \neq 90°$	trigonal,	P
$a = b \neq c$,	$\alpha = \beta = \gamma = 90°$	tetragonal,	P, I
$a = b \neq c$,	$\alpha = \beta = 90°, \gamma = 120°$	hexagonal,	P
$a = b = c$,	$\alpha = \beta = \gamma = 90°$	kubisch,	P, I, F

Die letzte Spalte gibt an, welche Punkte der Einheitszelle mit Atomen besetzt sind. Dabei bezeichnet P ein *primitives Gitter* bei dem Atome nur an den acht Ecken der Einheitszelle sitzen. I kennzeichnet ein *innenzentriertes Gitter*, bei dem sich zusätzlich ein Atom im Mittelpunkt der Einheitszelle befindet. F ist das *flächenzentrierte Gitter* mit Atomen an den acht Ecken und sechs Flächenmittelpunkten. C bezeichnet ein Gitter mit Atomen an den acht Ecken und in den Mitten zweier gegenüberliegender Flächen. Dadurch ergeben sich die 14 Bravais-Gitter. Bildet man ᵈem Bravais-Gitter die möglichen Punktgruppen, die die Einheitszelle invariund fügt zu jeder Punktgruppe die Translationen und, falls möglich, die ᵒder Gleitspiegelungen hinzu, so lassen sich alle 230 Raumgruppen ₂n.

13.1.4 Spezielle Kristallgitter

Die metallische Bindung entsteht durch die Valenzelektronen der Atome, die in Form eines Elektronengases die positiv geladenen kugelförmigen Metallionen zusammenhalten. Deshalb haben viele Metalle Kristallgitter, die *dichtesten Kugelpackungen* entsprechen. Edelmetalle z.b. kristallisieren im kubisch flächenzentrierten Gitter mit der Koordinationszahl 12, d.h. jedes Atom hat 12 gleichweit entfernte nächste Nachbarn. Eine andere dichteste Kugelpackung mit der Koordinationszahl 12 ist das hexagonale Gitter und einige Metalle kristallisieren im kubisch innenzentrierten Gitter mit der Koordinationszahl 8.

Die Bindung der Ionenkristalle, z.b. der Alkalihalogenide, entsteht durch die elektrostatische Anziehung der entgegengesetzt geladenen Ionen. Das *Steinsalzgitter* der meisten Alkalihalogenide besteht aus zwei kubisch flächenzentrierten Gittern für jede Atomsorte, die um den Vektor $a/2(1,0,0)$ gegeneinander verschoben sind, wobei a die Würfelkante der Einheitszelle bezeichnet. Die eine Atomsorte befindet sich an der Stelle $(0,0,0)$ und die andere an der Stelle $a/2(1,0,0)$. Jedes Atom hat sechs nächste Nachbarn der anderen Sorte im Abstand $d = a/2$, zwölf zweite Nachbarn in Abstand $a/\sqrt{2}$ und acht dritte Nachbarn.

Die Valenzkristalle werden durch die kovalente Bindung, ähnlich der des Wasserstoffmoleküls, zusammengehalten. Das Silicium z.B. hat zwei 3s- und zwei 3p-Elektronen als Valenzelektronen und kann somit eine kovalente Bindung mit vier nächsten Nachbarn eingehen, wobei die Bindung mit jedem Nachbaratom durch ein Elektronenpaar mit entgegengesetzten Spins zustande kommt.

Das *Diamantgitter* der C-, Si- und Ge-Kristalle besteht aus zwei kubisch flächenzentrierten Gittern, die um den Vektor $a/4(1,1,1)$ gegeneinander verschoben sind, wobei die *Gitterkonstante* a die Würfelkante der Einheitszelle mißt. Jedes Atom hat vier nächste Nachbarn im Abstand $d = a\sqrt{3}/4$ und 12 übernächste Nachbarn im Abstand $a/\sqrt{2}$. Die Basisvektoren des Gitters und die des reziproken Gitters sind

$$\mathbf{a}_1 = \frac{a}{2}(0,1,1) \qquad \mathbf{b}_1 = \frac{2\pi}{a}(-1,1,1)$$
$$\mathbf{a}_2 = \frac{a}{2}(1,0,1) \qquad \mathbf{b}_2 = \frac{2\pi}{a}(1,-1,1)$$
$$\mathbf{a}_3 = \frac{a}{2}(1,1,0) \qquad \mathbf{b}_3 = \frac{2\pi}{a}(1,1,-1)$$

und es gilt für das Volumen der Elementarzelle $\Omega = (\mathbf{a}_1, \mathbf{a}_2, \mathbf{a}_3) = a^3/4$ und das des reduzierten Bereiches $(\mathbf{b}_1, \mathbf{b}_2, \mathbf{b}_3) = 32\pi^3/a^3$.

Das *Zinkblendegitter* besteht wie das Diamantgitter aus zwei ineinandergeschobenen kubisch flächenzentrierten Gittern im Abstand $a/4(1,1,1)$, wobei die beiden Untergitter jeweils mit verschiedenen Atomen besetzt sind. In der Elementarzelle befindet sich das eine Atom am Ursprung $(0,0,0)$ und das andere am Ort $a/4(1,1,1)$.

Das *Wurtzitgitter* ist ein hexagonales Gitter mit den folgenden Basisvektoren des Gitters und des reziproken Gitters

$$\mathbf{a}_1 = a(1,0,0) \qquad \mathbf{b}_1 = \frac{2\pi}{a}\left(1, \frac{1}{\sqrt{3}}, 0\right)$$

$$\mathbf{a}_2 = \frac{a}{2}(-1, \sqrt{3}, 0) \qquad \mathbf{b}_2 = \frac{4\pi}{a}\left(0, \frac{1}{\sqrt{3}}, 0\right)$$

$$\mathbf{a}_3 = c(0,0,1) \qquad \mathbf{b}_3 = \frac{2\pi}{c}(0,0,1)$$

mit $\Omega = (\mathbf{a}_1, \mathbf{a}_2, \mathbf{a}_3) = a^2 c \sqrt{3}/2$ und $(\mathbf{b}_1, \mathbf{b}_2, \mathbf{b}_3) = 8\pi^3/\Omega$. In der Elementarzelle befinden sich vier Atome, davon zwei der einen Sorte an den Stellen $(0,0,0)$ und $(\frac{a}{2}, \frac{a}{2\sqrt{3}}, \frac{c}{2})$ und zwei Atome der anderen Sorte an den Stellen $(0, 0, \frac{5}{8}c)$ und $(\frac{a}{2}, \frac{a}{2\sqrt{3}}, \frac{c}{8})$. Der Abstand nächster Nachbarn parallel zur c-Achse beträgt $d_c = \frac{3}{8}c$ und zu den übrigen drei Atomen $d = a\sqrt{\frac{1}{3} + \frac{1}{64}\left(\frac{c}{a}\right)^2}$. Beim sogenannten idealen Wurtzitgitter gilt $c = a\sqrt{8/3}$, so daß jedes Atom vier nächste Nachbarn im gleichen Abstand $a\sqrt{3/8}$ und 12 übernächste Nachbarn im Abstand a besitzt.

13.2 Elektronen- und Gittereigenschaften

Ausgangspunkt der quantenmechanischen Beschreibung der Kristalle sind die gleichen Näherungen, wie sie auch bei den Atomen in Kap. 11 verwendet wurden. Die Atomkerne und Elektronen werden als geladene Massenpunkte betrachtet und der Spin der Atomkerne wird vorläufig vernachlässigt. Es wird nur die elektrostatische Wechselwirkung zwischen den Atomkernen und Elektronen berücksichtigt.

Wir betrachten einen unendlich ausgedehnten Festkörper, der mit der Elementarzelle oder Superzelle $\Omega = (\mathbf{a}_1, \mathbf{a}_2, \mathbf{a}_3)$ periodisch ist. Die Basisvektoren des Gitters $\mathbf{a}_1, \mathbf{a}_2, \mathbf{a}_3$ spannen das Periodizitätsgebiet auf und die Gittervektoren $\mathbf{R}$ nach Gl. (13.1) zählen die einzelnen Elementarzellen ab. In dem Periodizitätsgebiet Ω mögen sich M Atome befinden mit den Atomkernen der Masse M_J und der Ladung $Z_J e_0$ mit der Elementarladung e_0. Die M Atome haben zusammen N Elektronen der Masse m. Die Periodizitätsbedingung für alle ortsabhängigen Erwartungswerte der Observablen $f(\mathbf{r} + \mathbf{R}) = f(\mathbf{r})$ erfordert nach Abschn. 4.2.1, daß sowohl der statistische Operator als auch die Operatoren der Observablen die Periodizitätsbedingung erfüllen. Daraus folgt jedoch nicht, daß auch die Eigenfunktionen dieser Operatoren mit der Elementarzelle Ω periodisch sind.

quantenmechanische Beschreibung eines solchen periodischen Systems ist nem Hilbert-Raum möglich, dessen Elemente im ganzen Ortsraum qua- .erbar sind. Wir führen deshalb einen Hilbert-Raum ein, dessen Elenem beliebig großen aber endlichen Volumen V quadratisch integrier-

13.2 Elektronen- und Gittereigenschaften 419

bar sind. Um die Periodizitätsbedingung nicht zu verletzen, müssen dazu periodische Randbedingungen bezüglich V eingeführt werden. Als endliches Volumen V wählen wir ein Vielfaches von Ω, und der Einfachheit halber ein Parallelepiped, das von den Vektoren $L\mathbf{a}_1$, $L\mathbf{a}_2$, $L\mathbf{a}_3$ aufgespannt wird und das Volumen $V = L^3\Omega$ mit ganzzahligem $L \gg 1$ besitzt. Ähnlich wie bei freien Teilchen in Abschn. 8.1 läßt sich der Fehler, der durch das willkürlich gewählte endliche Volumen V entsteht, für $L \to \infty$ unter jede beliebig klein gewählte Schranke drücken.

In dem Volumen V befinden sich dann $M' = L^3 M$ Atomkerne und $N' = L^3 N$ Elektronen und wir fassen die Ortskoordinaten $\mathbf{R}_J$ der M' Atomkerne zu einem Vektor $\mathbf{X}$ und die Koordinaten der N' Elektronen zu einem Vektor $\mathbf{x}$ zusammen

$$\mathbf{X} = (\mathbf{R}_1, \mathbf{R}_2, \ldots \mathbf{R}_{M'})$$
$$\mathbf{x} = (\mathbf{r}_1, \mathbf{s}_1, \mathbf{r}_2, \mathbf{s}_2, \ldots \mathbf{r}_{N'}, \mathbf{s}_{N'}),$$
(13.5)

so daß $\mathbf{x}$ und $\mathbf{X}$ zusammen die Vektoren im Konfigurationsraum sind. Der Hamilton-Operator $H(\mathbf{x}, \mathbf{X})$ der Energie der Teilchen im Volumen V ist ein Operator im Hilbert-Raum der über dem Konfigurationsraum mit dem endlichen Volumen V quadratisch integrierbaren Funktionen. Bei Kristallen wird die Periodizitätsbedingung bezüglich eines Gittervektors $\mathbf{R}$ nach Gl. (13.1) gefordert, die für den Hamilton-Operator folgendermaßen aussieht

$$H(\mathbf{r}_1 + \mathbf{R}, \mathbf{s}_1, \mathbf{r}_2 + \mathbf{R}, \mathbf{s}_2, \ldots \mathbf{R}_{M'} + \mathbf{R}) = H(\mathbf{r}_1, \mathbf{s}_1, \mathbf{r}_2, \mathbf{s}_2, \ldots \mathbf{R}_{M'}). \quad (13.6)$$

Zur Trennung von Elektronen- und Gittereigenschaften schreiben wir den Hamilton-Operator in der Form

$$H(\mathbf{x}, \mathbf{X}) = H^{\text{El}}(\mathbf{x}, \mathbf{X}) + T^{\text{Ion}}(\mathbf{X}) \quad (13.7)$$

mit dem Hamilton-Operator der Elektronen

$$H^{\text{El}}(\mathbf{x}, \mathbf{X}) = T^{\text{El}}(\mathbf{x}) + V^{\text{El-Ion}}(\mathbf{x}, \mathbf{X}) + V^{\text{El-El}}(\mathbf{x}) + V^{\text{Ion-Ion}}(\mathbf{X}). \quad (13.8)$$

Hier bezeichnet T den Operator der kinetischen Energie der Ionen bzw. Elektronen

$$T^{\text{Ion}}(\mathbf{X}) = \sum_{J=1}^{M'} -\frac{\hbar^2}{2M_J} \frac{\partial^2}{\partial \mathbf{R}_J^2}$$
$$T^{\text{El}}(\mathbf{x}) = \sum_{j=1}^{N'} -\frac{\hbar^2}{2m} \frac{\partial^2}{\partial \mathbf{r}_j^2}.$$
(13.9)

Zur Berechnung des langreichweitigen Coulomb-Potentials zwischen Elektronen und Ionen $V^{\text{El-Ion}}(\mathbf{x}, \mathbf{X})$, zwischen den Elektronen $V^{\text{El-El}}(\mathbf{x})$ und zwischen den Atomkernen oder Ionen $V^{\text{Ion-Ion}}(\mathbf{X})$ ist zu beachten, daß die Kräfte zwischen den Teilchen innerhalb von V mit denen außerhalb zu berücksichtigen sind. Die Summe dieser drei Potentiale stellt jedoch im Falle neutraler Atome keine langreichweitige

Wechselwirkung dar, so daß es für hinreichend großes L genügt, die Wechselwirkung zwischen den Teilchen im Grundgebiet einzubeziehen. Den dadurch entstehenden Fehler kann man für $L \to \infty$ beliebig verkleinern. Die Potentiale haben dann das Aussehen

$$V^{\text{El-Ion}}(\mathbf{x}, \mathbf{X}) = -\sum_{j=1}^{N'} \sum_{J=1}^{M'} \frac{Z_J e_0^2}{4\pi\varepsilon_0} \frac{1}{|\mathbf{r}_j - \mathbf{R}_J|}$$

$$V^{\text{El-El}}(\mathbf{x}) = \frac{e_0^2}{8\pi\varepsilon_0} \sum_{\substack{i,j \\ i \neq j}}^{1...N'} \frac{1}{|\mathbf{r}_i - \mathbf{r}_j|} \tag{13.10}$$

$$V^{\text{Ion-Ion}}(\mathbf{X}) = \frac{e_0^2}{8\pi\varepsilon_0} \sum_{\substack{I,J \\ I \neq J}}^{1...M'} \frac{Z_I Z_J}{|\mathbf{R}_I - \mathbf{R}_J|}.$$

In vielen Fällen lassen sich die Eigenschaften der Kristalle in einer Näherung verstehen, bei der die Atome in unveränderliche Ionen der Ladung $\tilde{Z}_J e_0$ und in $\tilde{Z}_J < Z_J$ Valenzelektronen zerlegt werden. In dieser Näherung beträgt die Anzahl der Valenzelektronen in der neutralen Elementarzelle

$$\tilde{N} = \sum_{J=1}^{M} \tilde{Z}_J$$

und die Valenzelektronen bewegen sich in einem Potential, das sich aus *effektiven* kugelsymmetrischen Ionenpotentialen $v_J(|\mathbf{r} - \mathbf{R}_J|)$ an den Orten $\mathbf{R}_J$ zusammensetzt. In diesem Fall hat die Elektron-Ion-Wechselwirkung der $\tilde{N}' = L^3 \tilde{N}$ Elektronen die Form

$$V^{\text{El-Ion}}(\mathbf{x}, \mathbf{X}) = \sum_{j=1}^{\tilde{N}'} \sum_{J=1}^{M'} v_J(|\mathbf{r}_j - \mathbf{R}_J|), \tag{13.11}$$

und die kinetische Energie der Ionen mit Massen $\tilde{M}_J = M_J + (Z_J - \tilde{Z}_J)m$ unterscheidet sich wegen $m \ll M_J$ nur geringfügig von der der Atomkerne M_J. Die Ionen bestehen aus dem Atomkern und $Z_J - \tilde{Z}_J$ Rumpfelektronen in abgeschlossenen atomaren Elektronenschalen, vergl. Abschn. 11.2, die näherungsweise nicht an chemischen Bindung der Kristalle beteiligt sind. In dieser Näherung überlappen atomaren Rumpfzustände in der Elementarzelle nicht, und die Wechselwirelsymmetrischen Ionen untereinander ist die von Punktladungen der so daß bei $V^{\text{El-Ion}}$ in Gl. (13.10) lediglich Z_J durch $\tilde{Z}_J$ zu ersetzen

13.2.1 Born-Oppenheimer-Näherung

Grundlage der Behandlung der Kristallzustände ist die in Abschn. 8.4.1 eingeführte Born-Oppenheimer-Näherung, die eine Trennung bei der Berechnung der Zustände der Elektronen von denen der Atomkerne ermöglicht. Dabei wird der große Massenunterschied zwischen den Elektronen und den Atomkernen ausgenutzt. Nach der klassischen Mechanik bewegen sich dadurch die Elektronen deutlich schneller als die Atomkerne, weswegen man die Elektronenzustände zunächst für ruhende Atomkerne berechnet. Die Näherung kann durch eine Reihenentwicklung nach dem Massenverhältnis $\frac{m}{M_0} \ll 1$ begründet werden, wobei m die Elektronenmasse und M_0 die mittlere Masse der Atomkerne bezeichnet. Nach der in Abschn. 8.4.1 durchgeführten statischen Entwicklung wird der Hamilton-Operator Gl. (13.7) in drei Teile zerlegt

$$H(\mathbf{x},\mathbf{X}) = H^{\mathrm{El}}(\mathbf{x},\mathbf{X}_0) + H^{\mathrm{Ion}}(\mathbf{X},\mathbf{X}_0,\nu) + H^{\mathrm{El\text{-}Ion}}(\mathbf{x},\mathbf{X},\mathbf{X}_0,\nu) \quad (13.12)$$

mit $H^{\mathrm{El}}(\mathbf{x},\mathbf{X}_0)$ nach Gl. (13.8) und

$$H^{\mathrm{Ion}}(\mathbf{X},\mathbf{X}_0,\nu) = T^{\mathrm{Ion}}(\mathbf{X}) + E_\nu^{\mathrm{El}}(\mathbf{X}) - E_\nu^{\mathrm{El}}(\mathbf{X}_0) \quad (13.13)$$

sowie

$$\begin{aligned}H^{\mathrm{El\text{-}Ion}}(\mathbf{x},\mathbf{X},\mathbf{X}_0,\nu) = \\ = \left[V^{\mathrm{El\text{-}Ion}}(\mathbf{x},\mathbf{X}) + V^{\mathrm{Ion\text{-}Ion}}(\mathbf{X}) - E_\nu^{\mathrm{El}}(\mathbf{X}) \right] \\ - \left[V^{\mathrm{El\text{-}Ion}}(\mathbf{x},\mathbf{X}_0) + V^{\mathrm{Ion\text{-}Ion}}(\mathbf{X}_0) - E_\nu^{\mathrm{El}}(\mathbf{X}_0) \right].\end{aligned} \quad (13.14)$$

Hier bezeichnet E_ν^{El} den ν-ten Eigenwert des Hamilton-Operators der Elektronen

$$H^{\mathrm{El}}(\mathbf{x},\mathbf{X}_0)\phi_\nu(\mathbf{x},\mathbf{X}_0) = E_\nu^{\mathrm{El}}(\mathbf{X}_0)\phi_\nu(\mathbf{x},\mathbf{X}_0) \quad (13.15)$$

bei festgehaltenen Kernkoordinaten. Die Ruhelagen der Atomkerne

$$\mathbf{X}_0 = (\mathbf{R}_{1\,0}, \mathbf{R}_{2\,0}, \ldots \mathbf{R}_{M'\,0})$$

definieren wir dabei durch

$$\left(\frac{\partial E_\nu^{\mathrm{El}}(\mathbf{X})}{\partial \mathbf{X}} \right)_{\mathbf{X}=\mathbf{X}_0} = 0. \quad (13.16)$$

In der Born-Oppenheimer-Näherung wird der Term $H^{\mathrm{El\text{-}Ion}}$ im Hamilton-Operator Gl. (13.12) vernachlässigt, was in vielen Fällen eine gute Näherung ist. Die Eigenwertgleichung des Hamilton-Operators in Born-Oppenheimer-Näherung

$$H^{\mathrm{BON}}(\mathbf{x},\mathbf{X},\mathbf{X}_0,\nu) = H^{\mathrm{El}}(\mathbf{x},\mathbf{X}_0) + H^{\mathrm{Ion}}(\mathbf{X},\mathbf{X}_0,\nu) \quad (13.17)$$

läßt sich dann separieren, wodurch eine getrennte Berechnung der elektronischen Zustände von H^{El} von den Zuständen der Ionen von H^{Ion} möglich ist. Die Ruhelagen der Atomkerne $\mathbf{X}_0$ spielen dabei die Rolle von festgehaltenen Parametern, die ihrerseits aus der Extremalbedingung der elektronischen Energie bestimmt werden können. Anschaulich gesprochen führen die Atomkerne Schwingungen um ihre Ruhelagen aus, die durch das Minimum der elektronischen Energie bestimmt sind. Die Vernachlässigung des Term $H^{\mathrm{El\text{-}Ion}}$ in Gl. (13.12) bedeutet die Ausschaltung der Wechselwirkung zwischen den Gitterschwingungen und den elektronischen Zuständen, die jedoch für einige physikalische Prozesse wesentlich ist. Der Operator verschwindet, wenn sich die Atomkerne in ihren Ruhelagen befinden $H^{\mathrm{El\text{-}Ion}}(\mathbf{X}_0, \mathbf{X}_0, \nu) = 0$, und die Born-Oppenheimer-Näherung ist für kleine Auslenkungen aus den Ruhelagen $|\mathbf{R}_J - \mathbf{R}_{J0}| \ll d$ eine gute Näherung, wobei d den Abstand benachbarter Atomkerne bezeichnet. Bei größeren Auslenkungen, wie sie z.b. bei Kristallen mit Temperaturen in der Nähe des Schmelzpunktes auftreten, kann $H^{\mathrm{El\text{-}Ion}}$ nicht vernachlässigt werden. Dies gilt generell bei Kristallen mit schwacher Bindung, den van-der-Waals-Kristallen und festen Edelgasen. Die durch $H^{\mathrm{El\text{-}Ion}}$ beschriebene sogenannte Elektron-Gitter-Wechselwirkung oder Elektron-Phonon-Wechselwirkung ist ferner für die elektrische Leitfähigkeit, für die atomare Diffusion in Kristallen und andere Kristalleigenschaften wesentlich.

In der Born-Oppenheimer-Näherung läßt sich die Eigenwertgleichung des Hamilton-Operators Gl. (13.17)

$$H^{\mathrm{BON}}(\mathbf{x}, \mathbf{X}, \mathbf{X}_0, \nu)\psi_{\nu\mu}(\mathbf{x}, \mathbf{X}, \mathbf{X}_0) = E^{\mathrm{BON}}_{\nu\mu}(\mathbf{X}_0)\psi_{\nu\mu}(\mathbf{x}, \mathbf{X}, \mathbf{X}_0)$$

durch einen Produktansatz

$$\psi_{\nu\mu}(\mathbf{x}, \mathbf{X}, \mathbf{X}_0) = \chi_{\nu\mu}(\mathbf{X}, \mathbf{X}_0)\phi_\nu(\mathbf{x}, \mathbf{X}_0)$$

separieren. Aus der Eigenwertgleichung der Elektronen

$$H^{\mathrm{El}}(\mathbf{x}, \mathbf{X}_0)\phi_\nu(\mathbf{x}, \mathbf{X}_0) = E^{\mathrm{El}}_\nu(\mathbf{X}_0)\phi_\nu(\mathbf{x}, \mathbf{X}_0) \tag{13.18}$$

und der der Ionen

$$H^{\mathrm{Ion}}(\mathbf{X}, \mathbf{X}_0, \nu)\chi_{\nu\mu}(\mathbf{X}, \mathbf{X}_0) = E^{\mathrm{Ion}}_{\nu\mu}(\mathbf{X}_0)\chi_{\nu\mu}(\mathbf{X}, \mathbf{X}_0) \tag{13.19}$$

folgt dann

$$E^{\mathrm{BON}}_{\nu\mu}(\mathbf{X}_0) = \langle \psi_{\nu\mu} | H^{\mathrm{El}} + H^{\mathrm{Ion}} | \psi_{\nu\mu} \rangle = E^{\mathrm{El}}_\nu(\mathbf{X}_0) + E^{\mathrm{Ion}}_{\nu\mu}(\mathbf{X}_0),$$

wobei die Elektronenzustände ϕ_ν und Ionenzustände $\chi_{\nu\mu}$ Orthonormalsysteme bilden

$$\langle \phi_\nu | \phi_{\nu'} \rangle = \int_V \phi^*_\nu(\mathbf{x}, \mathbf{X}_0)\phi_{\nu'}(\mathbf{x}, \mathbf{X}_0)\,d\mathbf{x} = \delta_{\nu\nu'}$$

$$\langle \chi_{\nu\mu} | \chi_{\nu\mu'} \rangle = \int_V \chi^*_{\nu\mu}(\mathbf{X}, \mathbf{X}_0)\chi_{\nu\mu'}(\mathbf{X}, \mathbf{X}_0)\,d\mathbf{X} = \delta_{\mu\mu'}.$$

Hier bezeichnen ν bzw. μ geeignete Sätze von Quantenzahlen für die elektronischen bzw. ionischen Zustände. Zur Bestimmung der Ruhelagen der Atomkerne nach Gl. (13.16) muß die Eigenwertgleichung der Elektronen Gl. (13.18) auch für $\mathbf{X} \neq \mathbf{X}_0$ gelöst werden.

13.3 Gitterschwingungen

Aufgrund der im vorigen Abschnitt beschriebenen Born-Oppenheimer-Näherung lassen sich die Zustände der Atomkerne bzw. Ionen für einen bestimmten elektronischen Zustand ν mit dem Hamilton-Operator H^{Ion} Gl. (13.13) im Hilbert-Raum der Ionenzustände getrennt berechnen. Der Hamilton-Operator hängt von den Orten $\mathbf{R}_1, \ldots \mathbf{R}_{M'}$ der $M' = L^3 M$ Atome im Volumen V ab und erfüllt die Periodizitätsbedingung Gl. (13.6)

$$H^{\text{Ion}}(\mathbf{R}_1 + \mathbf{R}, \mathbf{R}_2 + \mathbf{R}, \ldots \mathbf{R}_{M'} + \mathbf{R}) = H^{\text{Ion}}(\mathbf{R}_1, \mathbf{R}_2, \ldots \mathbf{R}_{M'}), \quad (13.20)$$

wobei $\mathbf{R}$ einen Gittervektor nach Gl. (13.1) bezeichnet. Dann müssen die Eigenfunktionen $\psi_n(\mathbf{R}_1, \ldots \mathbf{R}_{M'})$ von H^{Ion} die *Bloch-Bedingung* erfüllen

$$\begin{aligned}\psi_n(\mathbf{R}_1 + \mathbf{R}, \mathbf{R}_2 + \mathbf{R}, \ldots \mathbf{R}_{M'} + \mathbf{R}) = \\ = \exp\{i\mathbf{K} \cdot \mathbf{R}\}\psi_n(\mathbf{R}_1, \mathbf{R}_2, \ldots \mathbf{R}_{M'}).\end{aligned} \quad (13.21)$$

□ Der Beweis verläuft analog dem im Abschn. E.2 im Einteilchenfall. Die Verschiebung um $\mathbf{R}$ kann durch einen Translationsoperator

$$T_{\mathbf{R}} = \exp\left\{i\mathbf{R} \cdot (\nabla_1 + \nabla_2 + \ldots \nabla_{M'})\right\}$$

mit

$$T_{\mathbf{R}}\psi_n(\mathbf{R}_1, \mathbf{R}_2, \ldots \mathbf{R}_{M'}) = \psi_n(\mathbf{R}_1 + \mathbf{R}, \mathbf{R}_2 + \mathbf{R}, \ldots \mathbf{R}_{M'} + \mathbf{R})$$

dargestellt werden, der sich auch durch den selbstadjungierten Operator des Gesamtimpulses

$$\mathbf{P} = \frac{\hbar}{i}\nabla_1 + \frac{\hbar}{i}\nabla_2 + \ldots \frac{\hbar}{i}\nabla_{M'}$$

ausdrücken läßt

$$T_{\mathbf{R}} = \exp\left\{\frac{i}{\hbar}\mathbf{R} \cdot \mathbf{P}\right\}.$$

Da $T_{\mathbf{R}}$ mit $\mathbf{P}$ kommutiert, haben sie gemeinsame Eigenfunktionen und aus der Eigenwertgleichung des Gesamtimpulses

$$\mathbf{P}\phi(\mathbf{R}_1, \mathbf{R}_2, \ldots \mathbf{R}_{M'}) = \hbar\mathbf{K}\phi(\mathbf{R}_1, \mathbf{R}_2, \ldots \mathbf{R}_{M'})$$

ergeben sich die Eigenwerte des Translationsoperators zu $\exp\{i\mathbf{K} \cdot \mathbf{R}\}$. Da der Hamilton-Operator wegen der Translationssymmetrie mit $T_{\mathbf{R}}$ kommutiert

$$[H^{\text{Ion}}, T_{\mathbf{R}}] = 0,$$

haben beide Operatoren gemeinsame Eigenfunktionen ψ_n, und es gilt

$$\begin{aligned}T_{\mathbf{R}}\psi_n(\mathbf{R}_1, \mathbf{R}_2, \ldots \mathbf{R}_{M'}) = \psi_n(\mathbf{R}_1 + \mathbf{R}, \mathbf{R}_2 + \mathbf{R}, \ldots \mathbf{R}_{M'} + \mathbf{R}) \\ = \exp\{i\mathbf{K} \cdot \mathbf{R}\}\psi_n(\mathbf{R}_1, \mathbf{R}_2, \ldots \mathbf{R}_{M'})\end{aligned}$$

mit reellem $\mathbf{K}$. ∎

Also lassen sich die Eigenfunktionen von H^{Ion} nach den **K** charakterisieren

$$H^{\mathrm{Ion}}\psi_n(\mathbf{K},\mathbf{R}_1,\mathbf{R}_2,\ldots \mathbf{R}_{M'}) = E_n(\mathbf{K})\psi_n(\mathbf{K},\mathbf{R}_1,\mathbf{R}_2,\ldots \mathbf{R}_{M'}), \qquad (13.22)$$

wobei der Index n die verschiedenen Eigenfunktionen von H^{Ion} zum selben **K** abzählt.

Die Eigenfunktionen ψ_n von H^{Ion} sind über dem Volumen $V = (L\mathbf{a}_1, L\mathbf{a}_2, L\mathbf{a}_3)$ quadratisch integrierbar und müssen die periodischen Randbedingungen

$$\psi_n(\mathbf{K},\mathbf{R}_1 + L\mathbf{a}_j, \mathbf{R}_2 + L\mathbf{a}_j, \ldots \mathbf{R}_{M'} + L\mathbf{a}_j) = \psi_n(\mathbf{K},\mathbf{R}_1,\mathbf{R}_2,\ldots \mathbf{R}_{M'})$$

für $j = 1,2,3$ erfüllen, vergl. Abschn. 13.2. Wegen der Bloch-Bedingung hat das

$$\exp\{i\mathbf{K}\cdot L\mathbf{a}_j\} = 1 \quad \text{oder} \quad \mathbf{K}\cdot L\mathbf{a}_j = 2\pi m_j$$

mit ganzzahligen m_j zur Folge, so daß die *Ausbreitungsvektoren* **K** die Bedingung

$$\mathbf{K} = \frac{m_1}{L}\mathbf{b}_1 + \frac{m_2}{L}\mathbf{b}_2 + \frac{m_3}{L}\mathbf{b}_3$$

erfüllen müssen, denn es gilt $\mathbf{a}_i \cdot \mathbf{b}_j = 2\pi\delta_{ij}$, vergl. Gl. (13.3). Die Bloch-Bedingung unterscheidet nicht zwischen den Ausbreitungsvektoren **K** und **K** + **G**, wenn **G** ein reziproker Gittervektor nach Gl. (13.4) ist

$$\exp\{i(\mathbf{K}+\mathbf{G})\cdot \mathbf{R}\} = \exp\{i\mathbf{K}\cdot \mathbf{R}\},$$

denn es gilt $\mathbf{G}\cdot \mathbf{R} = 2\pi g$ mit einer ganzen Zahl g. Also genügt es, sich auf den *reduzierten Bereich* zu beschränken, indem wir für ganzzahlige m_j setzen

$$\mathbf{K} = \frac{m_1}{L}\mathbf{b}_1 + \frac{m_2}{L}\mathbf{b}_2 + \frac{m_3}{L}\mathbf{b}_3 \quad \text{mit} \quad 1 \leq m_j \leq L \qquad (13.23)$$

für $j = 1,2,3$, so daß es L^3 **K**-Vektoren im reduzierten Bereich gibt.

Wir wollen jetzt den Hamilton-Operator H^{Ion} der Atomkerne oder Ionen, die wir auch als Gitterteilchen bezeichnen, genauer aufschreiben. Dabei muß beachtet werden, daß die Auslenkung eines Gitterteilchens aus seiner Ruhelage Kräfte auf die übrigen Gitterteilchen zur Folge hat. Die Orte der Gitterteilchen innerhalb des Grundgebietes V, das aus L^3 Elementarzellen mit jeweils M Gitterteilchen besteht, kennzeichnen wir durch $\mathbf{R}_J(\mathbf{R})$. Hierbei gibt einer der L^3 Gittervektoren **R** die Elementarzelle an, in der sich das Gitterteilchen befindet, und der Index $J = 1,2,\ldots M$ zählt die Atome in der Elementarzelle ab. Dann hat der Hamilton-Operator Gl. (13.13) die Form

$$H^{\mathrm{Ion}} = \sum_{J=1}^{M}\sum_{\mathbf{R}}^{L^3} -\frac{\hbar^2}{2M_J}\frac{\partial^2}{\partial \mathbf{R}_J^2(\mathbf{R})} + E_\nu^{\mathrm{El}}(\{\mathbf{R}_J(\mathbf{R})\}) - E_\nu^{\mathrm{El}}(\{\mathbf{R}_{J0}(\mathbf{R})\})$$

13.3 Gitterschwingungen

mit der Summe über die Gittervektoren

$$\sum_{\mathbf{R}}^{L^3} = \sum_{n_1=1}^{L}\sum_{n_2=1}^{L}\sum_{n_3=1}^{L} \quad \text{für} \quad \mathbf{R} = n_1\mathbf{a}_1 + n_2\mathbf{a}_2 + n_3\mathbf{a}_3.$$

Wir nehmen nur kleine Auslenkungen der Atome aus ihren Ruhelagen $\mathbf{R}_{J0}(\mathbf{R})$ an und entwickeln das elastische Potential in eine Taylor-Reihe

$$E_\nu^{\text{El}}\bigl(\{\mathbf{R}_J(\mathbf{R})\}\bigr) - E_\nu^{\text{El}}\bigl(\{\mathbf{R}_{J0}(\mathbf{R})\}\bigr)$$
$$= \frac{1}{2}\sum_{I,J}^{1...M}\sum_{\mathbf{R}',\mathbf{R}''}^{L^3} \bigl(\mathbf{R}_I(\mathbf{R}') - \mathbf{R}_{I0}(\mathbf{R}')\bigr)\left(\frac{\partial^2 E_\nu^{\text{El}}}{\partial \mathbf{R}_I(\mathbf{R}')\partial \mathbf{R}_J(\mathbf{R}'')}\right)_0$$
$$\times \bigl(\mathbf{R}_J(\mathbf{R}'') - \mathbf{R}_{J0}(\mathbf{R}'')\bigr) + \dots$$

und der Index 0 deutet an, daß die zweite Ableitung an den Ruhelagen zu nehmen ist. Die Ruhelagen $\mathbf{R}_{J0}(\mathbf{R})$ sind durch verschwindende Kräfte auf das betreffende Atom definiert, d.h. es muß gelten

$$\left(\frac{\partial E_\nu^{\text{El}}}{\partial \mathbf{R}_J(\mathbf{R})}\right)_0 = 0,$$

wodurch der lineare Term in der obigen Reihenentwicklung verschwindet.

13.3.1 Dynamische Matrix

Für das Folgende soll die *harmonische Näherung* zugrunde gelegt werden, bei der die Reihenentwicklung des elastischen Potentials nach dem quadratischen Gliede abgebrochen wird. Zur Vereinfachung führen wir massebezogene Auslenkungsvektoren

$$\mathbf{r}_J(\mathbf{R}) = \sqrt{M_J}\bigl(\mathbf{R}_J(\mathbf{R}) - \mathbf{R}_{J0}(\mathbf{R})\bigr)$$

ein und verwenden durchnumerierte Kodinaten für die massebezogenen Auslenkungen der Gitterteilchen in der Elementarzelle

$$\bigl(x_1(\mathbf{R}), x_2(\mathbf{R}), \dots x_{3M}(\mathbf{R})\bigr) = \bigl(\mathbf{r}_1(\mathbf{R}), \mathbf{r}_2(\mathbf{R}), \dots \mathbf{r}_M(\mathbf{R})\bigr).$$

Dann erhalten wir für den Hamilton-Operator der $M' = L^3 M$ Gitterteilchen in harmonischer Näherung

$$H = \sum_{j=1}^{3M}\sum_{\mathbf{R}}^{L^3} -\frac{\hbar^2}{2}\frac{\partial^2}{\partial x_j^2(\mathbf{R})}$$
$$+ \frac{1}{2}\sum_{j,l}^{1...3M}\sum_{\mathbf{R}',\mathbf{R}''}^{L^3} x_j(\mathbf{R}')D_{jl}^{(\nu)}(\mathbf{R}',\mathbf{R}'')x_l(\mathbf{R}'')$$

(13.24)

mit der $M' \times M'$-dimensionalen *dynamischen Matrix* für $I, J = 1, 2, \ldots M$

$$D^{(\nu)}_{IJ}(\mathbf{R}', \mathbf{R}'') = \frac{1}{\sqrt{M_I M_J}} \left(\frac{\partial^2 E^{\text{El}}_\nu}{\partial \mathbf{R}_I(\mathbf{R}') \partial \mathbf{R}_J(\mathbf{R}'')} \right)_0, \qquad (13.25)$$

beziehungsweise in durchnumerierter Form für $j, l = 1, 2, \ldots 3M$

$$D^{(\nu)}_{jl}(\mathbf{R}', \mathbf{R}'') = \left(\frac{\partial^2 E^{\text{El}}_\nu}{\partial x_j(\mathbf{R}') \partial x_l(\mathbf{R}'')} \right)_0.$$

Der Hamilton-Operator beschreibt gekoppelte harmonische Schwingungen der M' Gitterteilchen im Grundgebiet, weil die Auslenkung eines Gitterteilchens auch Kräfte auf die übrigen Gitterteilchen verursacht.

Die dynamische Matrix ist reell und symmetrisch und läßt sich daher durch eine unitäre Transformation auf Hauptachsenform bringen. Wir nehmen an, daß die dynamische Matrix positiv definit ist und somit keine negativen Eigenwerte besitzt. Dies hängt damit zusammen, daß alle Gitterteilchen für hinreichend kleine Auslenkungen elastisch an ihre Ruhelagen gebunden sein sollen. Dann sind die Eigenwerte der dynamischen Matrix die Quadrate der Schwingungsfrequenzen von M' unabhängigen harmonischen Oszillatoren

$$H = \sum_{j=1}^{3M'} \left[\frac{1}{2} p_j^2 + \frac{1}{2} \omega_j^2 q_j^2 \right]. \qquad (13.26)$$

□ Zum Beweise führen wir für die $\mathbf{r}_J(\mathbf{R})$ durchnumerierte Koordinaten Q_j mit $j = 1, 2, \ldots n = 3M'$ mit kanonisch konjugierten Impulsoperatoren $\mathbf{P}_j$ ein und schreiben den Hamilton-Operator in der Form

$$H = \sum_{j=1}^{n} \frac{1}{2} \mathbf{P}_j^2 + \frac{1}{2} \sum_{j,k}^{1 \ldots n} Q_j D_{jk} Q_k.$$

Dann sei $U = (U_{kj})$ mit $U^T = U^{-1}$ die unitäre Matrix, die die dynamische Matrix $D = (D_{jk})$ auf Diagonalgestalt bringt

$$U D U^T = (\omega_j^2 \delta_{jk})$$

mit $\omega_j^2 \geq 0$. Einführen von reellen *Normalkoordinaten*

$$q_k = \sum_{j=1}^{n} U_{kj} Q_j \quad \text{und} \quad p_k = \sum_{j=1}^{n} U_{kj} P_j$$

liefert dann einen Hamilton-Operator der Form

$$H = \sum_{j=1}^{n} \left[\frac{1}{2} p_j^2 + \frac{1}{2} \omega_j^2 q_j^2 \right],$$

der ungekoppelte harmonische Oszillatoren beschreibt, vergl. Abschn. 2.1. Die Umrechnung findet sich im Abschn. 12.3. ■

13.3 Gitterschwingungen

Zur Berechnung der Eigenwerte der dynamischen Matrix Gl. (13.25) nutzen wir die Translationssymmetrie des Hamilton-Operators aus und verwenden für die Abhängigkeit der reellen Auslenkungen $x_j(\mathbf{R})$ von den L^3 Gittervektoren $\mathbf{R}$ die unitäre Fourier-Transformation Gl. (E.16), indem wir setzen

$$x_j(\mathbf{R}) = \frac{1}{\sqrt{L^3}} \sum_{\mathbf{K}}^{L^3} Z_j(\mathbf{K}) \exp\{i\mathbf{K} \cdot \mathbf{R}\}$$

$$Z_j(\mathbf{K}) = \frac{1}{\sqrt{L^3}} \sum_{\mathbf{R}}^{L^3} x_j(\mathbf{R}) \exp\{-i\mathbf{K} \cdot \mathbf{R}\} \qquad (13.27)$$

mit komplexen Amplituden $Z_j(\mathbf{K}) = Z_j^+(-\mathbf{K})$ und dem Ausbreitungsvektor $\mathbf{K}$ nach Gl. (13.23). Die unitäre Transformation erfüllt die Periodizitätsbedingung bezüglich dem Grundgebiet V: $x_j(\mathbf{R}+L\mathbf{a}_i) = x_j(\mathbf{R})$, denn es gilt $\mathbf{K} \cdot L\mathbf{a}_i = 2\pi m_i$ für $i = 1, 2, 3$. Einsetzen in die potentielle Energie des Hamilton-Operators Gl. (12.24) ergibt [1]

$$\frac{1}{2} \sum_{j,l}^{1...3M} \sum_{\mathbf{R'},\mathbf{R''}}^{L^3} x_j(\mathbf{R'}) D_{jl}^{(\nu)}(\mathbf{R'},\mathbf{R''}) x_l(\mathbf{R''})$$

$$= \frac{1}{2} \sum_{j,l}^{1...3M} \sum_{\mathbf{K}}^{L^3} Z_j^+(\mathbf{K}) D_{jl}(\mathbf{K}) Z_l(\mathbf{K})$$

mit der komplexen $3M \times 3M$-dimensionalen dynamischen Matrix

$$D_{jl}(\mathbf{K}) = \sum_{\mathbf{R}}^{L^3} D_{jl}(0,\mathbf{R}) \exp\{i\mathbf{K} \cdot \mathbf{R}\}. \qquad (13.28)$$

□ Zum Beweise setzen wir die unitäre Transformation Gl. (13.27) ein

$$\sum_{\mathbf{R'},\mathbf{R''}}^{L^3} x_j(\mathbf{R'}) D_{jl}(\mathbf{R'},\mathbf{R''}) x_l(\mathbf{R''})$$

$$= \sum_{\mathbf{R'},\mathbf{R''}}^{L^3} \sum_{\mathbf{K'},\mathbf{K}}^{L^3} \frac{1}{L^3} Z_j^+(\mathbf{K'}) D_{jl}(\mathbf{R'},\mathbf{R''}) Z_l(\mathbf{K}) \exp\left\{i(\mathbf{K} \cdot \mathbf{R''} - \mathbf{K'} \cdot \mathbf{R'})\right\}$$

$$= \sum_{\mathbf{R'},\mathbf{R''}}^{L^3} \sum_{\mathbf{K'},\mathbf{K}}^{L^3} \frac{1}{L^3} Z_j^+(\mathbf{K'}) D_{jl}(0,\mathbf{R''} - \mathbf{R'}) Z_l(\mathbf{K})$$

$$\times \exp\left\{i\mathbf{K} \cdot (\mathbf{R''} - \mathbf{R'})\right\} \exp\left\{i(\mathbf{K} - \mathbf{K'}) \cdot \mathbf{R'}\right\},$$

---

[1] Die Abhängigkeit vom elektronischen Zustand ν wird hier nicht mehr explizit vermerkt.

wobei wir die Translationssymmetrie der dynamischen Matrix Gl. (13.25) ausgenutzt haben. Wir können die Doppelsumme über $\mathbf{R}'$ und $\mathbf{R}''$ auch über $\mathbf{R}'$ und $\mathbf{R} = \mathbf{R}'' - \mathbf{R}'$ ausführen. Berücksichtigt man dann Gl. (E.16)

$$\frac{1}{L^3} \sum_{\mathbf{R}'}^{L^3} \exp\left\{i(\mathbf{K} - \mathbf{K}') \cdot \mathbf{R}'\right\} = \delta_{\mathbf{K}\mathbf{K}'},$$

so ergibt sich

$$\sum_{\mathbf{R}',\mathbf{R}''}^{L^3} x_j(\mathbf{R}') D_{jl}(\mathbf{R}', \mathbf{R}'') x_l(\mathbf{R}'') =$$

$$= \sum_{\mathbf{R}}^{L^3} \sum_{\mathbf{K}}^{L^3} Z_j^+(\mathbf{K}) D_{jl}(0, \mathbf{R}) Z_l(\mathbf{K}) \exp\left\{i\mathbf{K} \cdot \mathbf{R}\right\}$$

$$= \sum_{\mathbf{K}}^{L^3} Z_j^+(\mathbf{K}) D_{jl}(\mathbf{K}) Z_l(\mathbf{K}). \blacksquare$$

Die dynamische Matrix $D_{jl}(\mathbf{K})$ ist selbstadjungiert, denn es gilt nach Gl. (13.25)

$$\left(D_{jl}(0, \mathbf{R}) \exp\{i\mathbf{K} \cdot \mathbf{R}\}\right)^+ = D_{jl}^+(0, \mathbf{R}) \exp\{-i\mathbf{K} \cdot \mathbf{R}\}$$
$$= D_{lj}(\mathbf{R}, 0) \exp\{-i\mathbf{K} \cdot \mathbf{R}\}$$
$$= D_{lj}(0, -\mathbf{R}) \exp\{-i\mathbf{K} \cdot \mathbf{R}\}$$

und in der Summe Gl. (13.28) kann auch über $-\mathbf{R}$ summiert werden. Die dynamische Matrix erfüllt ferner die Bedingung $D_{jl}(\mathbf{K}) = D_{jl}(\mathbf{K} + \mathbf{G})$ mit einem reziproken Gittervektor $\mathbf{G}$. Bringt man die dynamische Matrix $D_{jl}(\mathbf{K})$ auf numerischem Wege auf Diagonalgestalt, so erhält man für jeden Ausbreitungsvektor $\mathbf{K}$ gerade $3M$ Eigenwerte als Quadrate der Schwingungsfrequenzen

$$\omega_j(\mathbf{K}) \quad \text{mit} \quad j = 1, 2, \ldots 3M.$$

Die Zahl der Schwingungsfrequenzen beträgt also $3ML^3$ und ist damit gleich der Anzahl der Freiheitsgrade der L^3M Gitterteilchen im Volumen V, die als Massenpunkte angenommen wurden.

Aus der Form der dynamischen Matrix Gl. (13.28) und der Translationssymmetrie von $D_{jl}(0, \mathbf{R})$ ergibt sich sofort $D_{jl}(-\mathbf{K}) = D_{jl}(\mathbf{K})$, so daß auch die Eigenwerte und damit die Schwingungsfrequenzen im $\mathbf{K}$-Raum die Inversionssymmetrie $\omega_j(-\mathbf{K}) = \omega_j(\mathbf{K})$ besitzen. Ist außerdem der Hamilton-Operator gegenüber einer Punktgruppe invariant, vergl. Abschn. 13.1.2, so gilt dies auch für die Schwingungsfrequenzen im $\mathbf{K}$-Raum.

□ Für eine Punkttransformation S im dreidimensionalen Ortsraum mit $S^T S = \mathcal{E}$ folgt aus der Invarianz des Hamilton-Operators auch $D_{jl}(0, \mathbf{R}) = D_{jl}(0, S\mathbf{R})$. Daraus ergibt sich für die dynamische Matrix im K-Raum Gl. (13.28)

$$D_{jl}(\mathbf{K}) = \sum_{S\mathbf{R}}^{L^3} D_{jl}(0, S\mathbf{R}) \exp\{i\mathbf{K} \cdot S\mathbf{R}\}$$
$$= \sum_{\mathbf{R}}^{L^3} D_{jl}(0, \mathbf{R}) \exp\{i(S^T \mathbf{K}) \cdot \mathbf{R}\}$$
$$= D_{jl}(S^T \mathbf{K}),$$

weil anstelle von $\mathbf{R}$ auch über $S\mathbf{R}$ summiert werden kann, und mit S durchläuft auch $S^T = S^{-1}$ alle Elemente der Gruppe. Also sind auch die Eigenwerte der dynamischen Matrix gegenüber der Punktgruppe invariant und es gilt für die Schwingungsfrequenzen $\omega_j(S\mathbf{K}) = \omega_j(\mathbf{K})$. ■

Die verschiedenen Schwingungsfrequenzen sind in $3M$ Bändern oder Dispersionskurven angeordnet, denn der Ausbreitungsvektor ist nach Gl. (13.23) für $L \gg 1$ eine quasikontinuierliche Variable. Anstelle des durch Gl. (13.23) gegebenen reduzierten Bereiches wird für die K-Vektoren zweckmäßiger die *Brillouin-Zone* gewählt, die die gleiche Anzahl von K-Vektoren enthält. Sie erfüllt die Bedingung: Wenn K innerhalb liegt, so liegt $\mathbf{K} + \mathbf{G}$ außerhalb und es gilt $|\mathbf{K}| \leq |\mathbf{K} + \mathbf{G}|$ mit einem beliebigen reziproken Gittervektor G nach Gl. (13.4). Sie besitzt die Inversionssymmetrie und ist invariant gegenüber der Punktgruppe des Kristalles: Liegt K innerhalb, so liegt auch $S\mathbf{K}$ innerhalb der Brillouin-Zone für jede Punkttransformation S der Symmetriegruppe.

Der Fall $\mathbf{K} = 0$ im Mittelpunkt der Brillouin-Zone stellt einen Spezialfall dar: Die $3M$ Schwingungsfrequenzen $\omega_j(0)$ ergeben sich aus einer Linearkombination der $Z_j(0)$. Setzt man alle $Z_j(\mathbf{K}) = 0$ für $\mathbf{K} \neq 0$, so zeigt sich aus Gl. (13.27), daß die Auslenkungen der Gitterteilchen $x_j(\mathbf{R})$ und damit $\mathbf{R}_J(\mathbf{R}) - \mathbf{R}_{J0}(\mathbf{R})$ für alle Elementarzellen gleich sind. Sind außerdem die Auslenkungen der Atome in der Elementarzelle alle gleich, ist also $\mathbf{R}_J(\mathbf{R}) - \mathbf{R}_{J0}(\mathbf{R})$ unabhängig von J, so handelt es sich um eine Translation aller Atome im Grundgebiet. Wegen der Periodizität bezüglich V bedeutet dies eine Translation des gesamten Kristalles, der jedoch als ruhend angenommen wurde. Diese drei Freiheitsgrade der Translation führen also nicht zu Schwingungen, so daß stets drei der Eigenwerte der dynamischen Matrix verschwinden. Der Wert $\mathbf{K} = 0$ wird üblicherweise als Γ-Punkt bezeichnet und es gibt an dieser Stelle immer drei verschwindende Schwingungsfrequenzen.

13.3.2 Phononen

Der Hamilton-Operator der $M' = L^3 M$ Atomkerne oder Ionen, hier kurz Gitterteilchen genannt, läßt sich in harmonischer Näherung nach Gl. (13.26) in eine

13 Festkörper

Summe von $3M'$ Hamilton-Operatoren unabhängiger Oszillatoren zerlegen. Dazu gehen wir von Gl. (13.24) aus und verwenden die Transformation Gl. (13.27). Der Hamilton-Operator lautet dann in harmonischer Näherung

$$H = \sum_{j=1}^{3M} \sum_{\mathbf{K}}^{L^3} \frac{1}{2} P_j^+(\mathbf{K}) P_j(\mathbf{K}) + \frac{1}{2} \sum_{j,j'}^{1...3M} \sum_{\mathbf{K}}^{L^3} Z_j^+(\mathbf{K}) D_{jj'}(\mathbf{K}) Z_{j'}(\mathbf{K}) \quad (13.29)$$

mit den zu $Z_j(\mathbf{K})$ kanonisch konjugierten Impulsoperatoren

$$P_j(\mathbf{K}) = \frac{1}{\sqrt{L^3}} \sum_{\mathbf{R}}^{L^3} \frac{\hbar}{i} \frac{\partial}{\partial x_j(\mathbf{R})} \exp\{-i\mathbf{K} \cdot \mathbf{R}\}$$

mit $P_j^+(\mathbf{K}) = P_j(-\mathbf{K})$ und der dynamischen Matrix $D_{jj'}(\mathbf{K})$ nach Gl. (13.28).

☐ Die Umrechnung des elastischen Potentials wurde in Abschn. 13.3.1 durchgeführt. Für die kinetische Energie ergibt sich durch Einsetzen

$$\sum_{j=1}^{3M} \sum_{\mathbf{K}}^{L^3} \frac{1}{2} P_j^+(\mathbf{K}) P_j(\mathbf{K})$$

$$= \sum_{j=1}^{3M} \sum_{\mathbf{K}}^{L^3} \frac{1}{2} \frac{1}{L^3} \sum_{\mathbf{R},\mathbf{R}'}^{L^3} \left(\frac{\hbar}{i} \frac{\partial}{\partial x_j(\mathbf{K})}\right)^+ \left(\frac{\hbar}{i} \frac{\partial}{\partial x_j(\mathbf{K})}\right) \exp\{i\mathbf{K} \cdot (\mathbf{R}-\mathbf{R}')\}$$

$$= \sum_{j=1}^{3M} \sum_{\mathbf{R},\mathbf{R}'}^{L^3} -\frac{\hbar^2}{2} \frac{\partial^2}{\partial x_j^2(\mathbf{K})} \delta_{\mathbf{R}\mathbf{R}'},$$

wobei

$$\frac{1}{L^3} \sum_{\mathbf{K}}^{L^3} \exp\{i\mathbf{K} \cdot (\mathbf{R} - \mathbf{R}')\} = \delta_{\mathbf{R}\mathbf{R}'}$$

nach Gl. (E.16) verwendet wurde. ∎

Wir führen jetzt die unitäre Transformation $U = (u_{jl})$ mit $UU^+ = \mathcal{E}$ durch, die die dynamische Matrix $D_{jl}(\mathbf{K})$ in Diagonalgestalt transformiert

$$\sum_{l,l'}^{1...3M} u_{jl}^+ D_{ll'}(\mathbf{K}) u_{l'j'} = \omega_j^2(\mathbf{K}) \delta_{jj'}$$

$$\sum_{l=1}^{3M} u_{jl}^+ Z_l(\mathbf{K}) = q_j(\mathbf{K}) \quad (13.30)$$

$$\sum_{l=1}^{3M} u_{jl}^+ P_l(\mathbf{K}) = p_j(\mathbf{K}).$$

13.3 Gitterschwingungen

Beachtet man dann $Z_j^+(\mathbf{K}) = Z_j(-\mathbf{K})$ nach Gl. (13.27) und $P_j^+(\mathbf{K}) = P_j(-\mathbf{K})$, so erhält man den Hamilton-Operator in der Form

$$H = \sum_{j=1}^{3M} \sum_{\mathbf{K}}^{L^3} \left[\frac{1}{2} p_j^+(\mathbf{K}) p_j(\mathbf{K}) + \frac{1}{2} \omega_j^2(\mathbf{K}) q_j^+(\mathbf{K}) q_j(\mathbf{K}) \right]$$

mit $q_j^+(\mathbf{K}) = q_j(-\mathbf{K})$ und $p_j^+(\mathbf{K}) = p_j(-\mathbf{K})$. Wir führen wie in Abschn. 2.1.1 Erzeugungs- und Vernichtungsoperatoren

$$a_j^+(\mathbf{K}) = \sqrt{\frac{\omega_j(\mathbf{K})}{2\hbar}} \, q_j^+(\mathbf{K}) - i\sqrt{\frac{1}{2\hbar\omega_j(\mathbf{K})}} \, p_j^+(\mathbf{K})$$
$$a_j(\mathbf{K}) = \sqrt{\frac{\omega_j(\mathbf{K})}{2\hbar}} \, q_j(\mathbf{K}) + i\sqrt{\frac{1}{2\hbar\omega_j(\mathbf{K})}} \, p_j(\mathbf{K})$$
(13.31)

mit

$$[a_j(\mathbf{K}), a_{j'}^+(\mathbf{K}')] = \delta_{jj'} \delta_{\mathbf{K}\mathbf{K}'} \mathit{1}$$
$$[a_j(\mathbf{K}), a_{j'}(\mathbf{K}')] = \mathit{0} = [a_j^+(\mathbf{K}), a_{j'}^+(\mathbf{K}')]$$

ein, und erhalten einen Hamilton-Operator von $3ML^3$ ungekoppelten harmonischen Oszillatoren

$$H = \sum_{j=1}^{3M} \sum_{\mathbf{K}}^{L^3} \hbar\omega_j(\mathbf{K}) \left[a_j^+(\mathbf{K}) a_j(\mathbf{K}) + \frac{1}{2} \mathit{1} \right] \qquad (13.32)$$

mit den Ausbreitungsvektoren $\mathbf{K}$ nach Gl. (13.23), vergl. Gl. (5.18).

□ Zum Beweise berechnen wir die Vertauschungsrelation

$$P_j^+(\mathbf{K}) Z_j(\mathbf{K}) - Z_j^+(\mathbf{K}) P_j(\mathbf{K})$$
$$= \frac{1}{L^3} \sum_{\mathbf{R},\mathbf{R}'}^{L^3} \left[\left(\frac{\hbar}{i} \frac{\partial}{\partial x_j(\mathbf{R})} \right), x_j(\mathbf{R}') \right] \exp\{i\mathbf{K} \cdot (\mathbf{R} - \mathbf{R}')\}$$
$$= \frac{1}{L^3} \sum_{\mathbf{R}}^{L^3} \frac{\hbar}{i} \mathit{1} = \frac{\hbar}{i} \mathit{1},$$

wobei die Vertauschungsrelation

$$\left[\left(\frac{\hbar}{i} \frac{\partial}{\partial x_j(\mathbf{R})} \right), x_{j'}(\mathbf{R}') \right] = \frac{\hbar}{i} \delta_{jj'} \delta_{\mathbf{R}\mathbf{R}'}$$

verwendet wurde. Die Umrechnung mit der unitären Transformation U nach Gl. (13.30) mit $U^+U = 1$ ergibt dann die Vertauschungsrelation

$$p_j^+(\mathbf{K})q_j(\mathbf{K}) - q_j^+(\mathbf{K})p_j(\mathbf{K})$$
$$= \sum_{l,l'}^{1...3M} u_{lj}u_{jl'}^+ \left(P_l^+(\mathbf{K})Z_{l'}(\mathbf{K}) - Z_l^+(\mathbf{K})P_{l'}(\mathbf{K})\right)$$
$$= \sum_{l,l'}^{1...3M} u_{lj}u_{jl'}^+ \frac{\hbar}{i}\delta_{ll'} 1$$
$$= \frac{\hbar}{i}\sum_{l=1}^{3M} u_{jl}^+ u_{lj} 1 = \frac{\hbar}{i} 1.$$

Damit ergibt sich schließlich

$$a_j^+(\mathbf{K})a_j(\mathbf{K}) = \frac{\omega_j(\mathbf{K})}{2\hbar}q_j^+(\mathbf{K})q_j(\mathbf{K}) + \frac{1}{2\hbar\omega_j(\mathbf{K})}p_j^+(\mathbf{K})p_j(\mathbf{K})$$
$$- i\frac{1}{2\hbar}\left(p_j^+(\mathbf{K})q_j(\mathbf{K}) - q_j^+(\mathbf{K})p_j(\mathbf{K})\right)$$
$$= \frac{1}{\hbar\omega_j(\mathbf{K})}\left(\frac{1}{2}p_j^+(\mathbf{K})p_j(\mathbf{K}) + \frac{\omega_j^2(\mathbf{K})}{2}q_j^+(\mathbf{K})q_j(\mathbf{K})\right) - \frac{1}{2} 1,$$

woraus die Gl. (13.32) folgt. Die Vertauschungsrelationen der Erzeugungs- und Vernichtungsoperatoren ergeben sich auf die gleiche Art. ∎

Die Eigenwertgleichung des Hamilton-Operators Gl. (13.31) läßt sich separieren und die Eigenwerte ergeben sich nach Abschn. 2.1.1 zu

$$E = \sum_{j=1}^{3M}\sum_{\mathbf{K}}^{L^3} \hbar\omega_j(\mathbf{K})\left(n_j(\mathbf{K}) + \frac{1}{2}\right) \tag{13.33}$$

mit den möglichen Quantenzahlen

$$n_j(\mathbf{K}) = 0, 1, 2, \ldots$$

In der harmonischen Näherung führen Wechselwirkungen mit Kristallelektronen, Neutronen bei der Neutronenstreuung oder mit Photonen zu Änderungen in Form von Energiequanten $\hbar\omega_j(\mathbf{K})$, was zur Einführung des Begriffes *Phonon* geführt hat. Darunter versteht man ein Quasiteilchen mit der Energie $\hbar\omega_j(\mathbf{K})$ und dem Impuls $\hbar\mathbf{K}$, das zur Beschreibung der Streuprozesse mit Elektronen, Neutronen und Photonen hilfreich ist. Es zeigt sich, daß diese Streuprozesse in erster Näherung wie ein elastischer Stoß zwischen einem Phonon und einem Elektron bzw. Neutron oder Photon beschrieben werden können, bei dem Energie- und Impulserhaltungssatz gelten.

13.3 Gitterschwingungen

Das Quasiteilchen „Phonon" ist ein ebenso nützlicher Begriff bei der Berücksichtigung der *Anharmonizität der Gitterschwingungen*. Dazu ergänzen wir den Hamilton-Operator Gl. (13.24) durch einen Störoperator H_1 als Term dritter Ordnung der Reihenentwicklung

$$H_1 = \frac{1}{3!} \sum_{j,j',j''}^{1...3M} \sum_{\mathbf{R},\mathbf{R}',\mathbf{R}''}^{L^3} B_{jj'j''}^{(\nu)}(\mathbf{R},\mathbf{R}',\mathbf{R}'') x_j(\mathbf{R}) x_{j'}(\mathbf{R}') x_{j''}(\mathbf{R}'')$$

mit

$$B_{jj'j''}^{(\nu)}(\mathbf{R},\mathbf{R}',\mathbf{R}'') = \left(\frac{\partial^3 E_\nu^{\text{El}}}{\partial x_j(\mathbf{R}) \partial x_{j'}(\mathbf{R}') \partial x_{j''}(\mathbf{R}'')} \right)_0.$$

Anwenden der unitären Transformation Gl. (13.27) ergibt

$$\sum_{\mathbf{R},\mathbf{R}',\mathbf{R}''}^{L^3} B_{jj'j''}^{(\nu)}(\mathbf{R},\mathbf{R}',\mathbf{R}'') x_j(\mathbf{R}) x_{j'}(\mathbf{R}') x_{j''}(\mathbf{R}'')$$

$$= \sum_{\mathbf{R},\mathbf{R}',\mathbf{R}''}^{L^3} \frac{1}{L^3} \sum_{\mathbf{K},\mathbf{K}',\mathbf{K}''}^{L^3} B_{jj'j''}^{(\nu)}(\mathbf{R},\mathbf{R}',\mathbf{R}'') Z_j(\mathbf{K}) Z_{j'}(\mathbf{K}') Z_{j''}(\mathbf{K}'')$$

$$\times \exp\left\{ i(\mathbf{K}\cdot\mathbf{R} + \mathbf{K}'\cdot\mathbf{R}' + \mathbf{K}''\cdot\mathbf{R}'') \right\}$$

$$= \sum_{\mathbf{R},\mathbf{R}',\mathbf{R}''}^{L^3} \frac{1}{L^3} \sum_{\mathbf{K},\mathbf{K}',\mathbf{K}''}^{L^3} B_{jj'j''}^{(\nu)}(0, \mathbf{R}'-\mathbf{R}, \mathbf{R}''-\mathbf{R})$$

$$\times Z_j(\mathbf{K}) Z_{j'}(\mathbf{K}') Z_{j''}(\mathbf{K}'') \exp\left\{ i(\mathbf{K} + \mathbf{K}' + \mathbf{K}'')\cdot\mathbf{R} \right\}$$

$$\times \exp\left\{ i\mathbf{K}'\cdot(\mathbf{R}'-\mathbf{R}) + i\mathbf{K}''\cdot(\mathbf{R}''-\mathbf{R}) \right\}.$$

Hier wurde die Translationssymmetrie

$$B_{jj'j''}^{(\nu)}(\mathbf{R},\mathbf{R}',\mathbf{R}'') = B_{jj'j''}^{(\nu)}(0, \mathbf{R}'-\mathbf{R}, \mathbf{R}''-\mathbf{R})$$

ausgenutzt. Ausführen der Summe über $\mathbf{R}$ liefert nach Gl. (E.16)

$$\sum_{\mathbf{R}}^{L^3} \exp\left\{ i(\mathbf{K}+\mathbf{K}'+\mathbf{K}'')\cdot\mathbf{R} \right\} = L^3 \delta_{\mathbf{K}+\mathbf{K}'+\mathbf{K}''\, \mathbf{G}}$$

mit einem belibigen reziproken Gittervektor $\mathbf{G}$ nach Gl. (13.4). Der Störoperator hat dann die Form

$$H_1 = \sum_{j,j',j''}^{1...3M} \sum_{\mathbf{K},\mathbf{K}',\mathbf{K}''}^{L^3} \Phi_{jj'j''}^{(\nu)}(\mathbf{K},\mathbf{K}',\mathbf{K}'') Z_j(\mathbf{K}) Z_{j'}(\mathbf{K}') Z_{j''}(\mathbf{K}'')$$

mit

$$\Phi^{(\nu)}_{jj'j''}(\mathbf{K},\mathbf{K}',\mathbf{K}'') = \frac{1}{3!}\frac{1}{L^3}\sum_{\mathbf{R},\mathbf{R}',\mathbf{R}''}^{L^3} B^{(\nu)}_{jj'j''}(\mathbf{R},\mathbf{R}',\mathbf{R}'')$$
$$\exp\{i(\mathbf{K}\cdot\mathbf{R} + \mathbf{K}'\cdot\mathbf{R}' + \mathbf{K}''\cdot\mathbf{R}'')\},$$

wobei $\Phi^{(\nu)}_{jj'j''}(\mathbf{K},\mathbf{K}',\mathbf{K}'')$ nur im Falle

$$\mathbf{K}+\mathbf{K}'+\mathbf{K}''=0 \quad \text{oder} \quad \mathbf{K}+\mathbf{K}'+\mathbf{K}''=\mathbf{G}\neq 0 \qquad (13.34)$$

mit einem reziproken Gittervektor $\mathbf{G}$ nicht verschwindet. Anwenden der unitären Transformation Gl. (13.30) ergibt für den Störoperator

$$H_1 = \sum_{l,l',l''}^{1...3M}\sum_{\mathbf{K},\mathbf{K}',\mathbf{K}''}^{L^3} \Psi^{(\nu)}_{ll'l''}(\mathbf{K},\mathbf{K}',\mathbf{K}'')q_l(\mathbf{K})q_{l'}(\mathbf{K}')q_{l''}(\mathbf{K}'')$$

mit

$$\Psi^{(\nu)}_{ll'l''}(\mathbf{K},\mathbf{K}',\mathbf{K}'') = \sum_{j,j',j''}^{1...3M} \Phi^{(\nu)}_{jj'j''}(\mathbf{K},\mathbf{K}',\mathbf{K}'')u_{jl}u_{j'l'}u_{j''l''}.$$

Wir wollen nun den Störoperator H_1 durch die Erzeugungs- und Vernichtungsoperatoren ausdrücken. Dazu verwenden wir nach Gl. (13.31)

$$q_j(\mathbf{K}) = \sqrt{\frac{\hbar}{2\omega_j(\mathbf{K})}}\left(a_j(\mathbf{K}) + a_j^+(-\mathbf{K})\right),$$

wobei wir $\omega_j(-\mathbf{K}) = \omega_j(\mathbf{K})$ sowie $q_j^+(\mathbf{K}) = q_j(-\mathbf{K})$ und $p_j^+(\mathbf{K}) = p_j(-\mathbf{K})$ verwendet haben. Damit bekommen wir für den Störoperator

$$H_1 = \sum_{l,l',l''}^{1...3M}\sum_{\mathbf{K},\mathbf{K}',\mathbf{K}''}^{L^3} \Psi^{(\nu)}_{ll'l''}(\mathbf{K},\mathbf{K}',\mathbf{K}'')\frac{(\hbar/2)^{3/2}}{\sqrt{\omega_j(\mathbf{K})\omega_{j'}(\mathbf{K}')\omega_{j''}(\mathbf{K}'')}}\times$$
$$\times \left(a_j(\mathbf{K}) + a_j^+(-\mathbf{K})\right)\left(a_{j'}(\mathbf{K}') + a_{j'}^+(-\mathbf{K}')\right)\left(a_{j''}(\mathbf{K}'') + a_{j''}^+(-\mathbf{K}'')\right)$$

und $\Psi^{(\nu)}_{ll'l''}(\mathbf{K},\mathbf{K}',\mathbf{K}'')$ verschwindet außer wenn die Bedingung Gl. (13.34) erfüllt ist.

Wendet man die Störungstheorie 1. Ordnung an mit dem Hamilton-Operator der harmonischen Näherung Gl. (13.32) als 0. Näherung und H_1 als kleine

13.3 Gitterschwingungen 435

Störung, so lassen sich die anharmonischen Effekte im Rahmen einer *Phonon-Phonon-Wechselwirkung* beschreiben. Dazu führen wir nach Abschn. 5.1.1 im Fock-Raum die Teilchenzahlzustände $|n_1(\mathbf{K}_1), n_2(\mathbf{K}_2), \ldots\rangle$ mit Hilfe der Besetzungszahlen $n_j(\mathbf{K})$ ein. Die Erzeugungs- und Vernichtungsoperatoren haben die Eigenschaft

$$a_j^+(\mathbf{K})|n_1(\mathbf{K}_1), n_2(\mathbf{K}_2), \ldots\rangle =$$
$$= \sqrt{(n_j(\mathbf{K}) + 1}\, |n_1(\mathbf{K}_1), n_2(\mathbf{K}_2), \ldots, n_j(\mathbf{K}) + 1, \ldots\rangle$$
$$a_j(\mathbf{K})|n_1(\mathbf{K}_1), n_2(\mathbf{K}_2), \ldots\rangle =$$
$$= \sqrt{n_j(\mathbf{K})}\, |n_1(\mathbf{K}_1), n_2(\mathbf{K}_2), \ldots, n_j(\mathbf{K}) - 1, \ldots\rangle$$

und es gilt die Orthonormalitätsrelation

$$\langle n_1'(\mathbf{K}_1), n_2'(\mathbf{K}_2), \ldots | n_1(\mathbf{K}_1), n_2(\mathbf{K}_2), \ldots \rangle =$$
$$= \delta_{n_1'(\mathbf{K}_1) n_1(\mathbf{K}_1)} \delta_{n_2'(\mathbf{K}_2) n_2(\mathbf{K}_2)} \cdots.$$

Wir berechnen die Störenergien in 1. Näherung aus den Matrixelementen, vergl. Abschn. 6.3.2,

$$\langle n_1'(\mathbf{K}_1), n_2'(\mathbf{K}_2), \ldots | H_1 | n_1(\mathbf{K}_1), n_2(\mathbf{K}_2), \ldots \rangle.$$

Beim Einsetzen von H_1 bemerkt man, daß die Summanden verschwinden, bei denen drei Erzeugungs- oder drei Vernichtungsoperatoren auftreten, wenn die Gesamtenergie nach Gl. (13.33) für beide Zustände $|n_1(\mathbf{K}_1), \ldots\rangle$ und $|n_1'(\mathbf{K}_1), \ldots\rangle$ erhalten bleiben soll

$$\sum_{j=1}^{3M} \sum_{\mathbf{K}}^{L^3} \hbar\omega_j(\mathbf{K})\left(n_j(\mathbf{K}) + \frac{1}{2}\right) = \sum_{j=1}^{3M} \sum_{\mathbf{K}}^{L^3} \hbar\omega_j(\mathbf{K})\left(n_j'(\mathbf{K}) + \frac{1}{2}\right).$$

Es treten dann Dreiphononenprozesse mit der Erzeugung eines Phonons und der Vernichtung zweier Phononen

$$\langle n_1'(\mathbf{K}_1), \ldots | a_j(\mathbf{K}) a_{j'}(\mathbf{K}') a_{j''}^+(-\mathbf{K}'') | n_1(\mathbf{K}_1) \ldots \rangle$$

auf. Die Matrixelemente sind ungeich Null, wenn gilt

$$n_j'(\mathbf{K}) = n_j(\mathbf{K}) - 1$$
$$n_{j'}'(\mathbf{K}') = n_{j'}(\mathbf{K}') - 1$$
$$n_{j''}'(-\mathbf{K}'') = n_{j''}(-\mathbf{K}'') + 1$$

und alle anderen Besetzungszahlen gleich sind $n_l'(\mathbf{K}_l) = n_l(\mathbf{K}_l)$. Außerdem gibt es Prozesse mit der Erzeugung zweier Phononen und der Vernichtung eines Phonons

$$\langle n_1'(\mathbf{K}_1), \ldots | a_j(\mathbf{K}) a_{j'}^+(-\mathbf{K}') a_{j''}^+(-\mathbf{K}'') | n_1(\mathbf{K}_1) \ldots \rangle,$$

die nur im Falle

$$n'_j(\mathbf{K}) = n_j(\mathbf{K}) - 1$$
$$n'_{j'}(-\mathbf{K}') = n_{j'}(-\mathbf{K}') + 1$$
$$n'_{j''}(-\mathbf{K}'') = n_{j''}(-\mathbf{K}'') + 1$$

nicht verschwinden. Aus der Energieerhaltung folgen dann die Energiesätze für die beiden Prozesse

$$\hbar\omega_j(\mathbf{K}) + \hbar\omega_{j'}(\mathbf{K}') = \hbar\omega_{j''}(\mathbf{K}'')$$
$$\hbar\omega_j(\mathbf{K}) = \hbar\omega_{j'}(\mathbf{K}') + \hbar\omega_{j''}(\mathbf{K}'').$$
(13.35)

Die zugehörigen Impulserhaltungssätze ergeben sich aus der Bedingung Gl. (13.34). Für den Prozeß $a_j(\mathbf{K})a_{j'}(\mathbf{K}')a^+_{j''}(-\mathbf{K}'')$ erhält man daraus

$$\hbar\mathbf{K} + \hbar\mathbf{K}' = \hbar\mathbf{K}'' \qquad \text{Normalprozeß}$$
$$\hbar\mathbf{K} + \hbar\mathbf{K}' = \hbar\mathbf{K}'' + \hbar\mathbf{G} \qquad \text{Umklappprozeß}$$

beziehungsweise für den Prozeß $a_j(\mathbf{K})a^+_{j'}(-\mathbf{K}')a^+_{j''}(-\mathbf{K}'')$

$$\hbar\mathbf{K} = \hbar\mathbf{K}' + \hbar\mathbf{K}'' \qquad \text{Normalprozeß}$$
$$\hbar\mathbf{K} = \hbar\mathbf{K}' + \hbar\mathbf{K}'' + \hbar\mathbf{G} \qquad \text{Umklappprozeß}.$$

Die *Umklappprozesse* mit einem nicht verschwindenden reziproken Gittervektor $\mathbf{G} \neq 0$ sind folgendermaßen zu interpretieren: Liegen etwa beim ersten der beiden Prozesse die Ausbreitungsvektoren $\mathbf{K}$ und $\mathbf{K}'$ innerhalb des reduzierten Bereiches, so kann ihre Summe innerhalb oder außerhalb liegen. Liegt sie innerhalb, so findet der Normalprozeß statt, im anderen Fall ist der reziproke Gittervektor gerade der Vektor, durch den in der Gleichung $\mathbf{K} + \mathbf{K}' = \mathbf{K}'' + \mathbf{G}$ der Ausbreitungsvektor $\mathbf{K}''$ ebenfalls innerhalb des reduzierten Bereiches liegt.

13.4 Kristallelektronen

Die in Abschn. 13.2.1 eingeführte Born-Oppenheimer-Näherung gestattet die Berechnung der Zustände der Elektronen unabhängig von den Gitterschwingungen. Die stationären Zustände der N' Valenzelektronen im Volumen des Grundgebietes V ergeben sich aus der Eigenwertgleichung Gl. (13.15) des Hamilton-Operators

$$H^{\text{El}}(\mathbf{x}, \mathbf{X}) = \sum_{j=1}^{N'} \left[-\frac{\hbar^2}{2m}\frac{\partial^2}{\partial \mathbf{r}_j^2} + v(\mathbf{r}_j) \right] + \frac{e_0^2}{8\pi\varepsilon_0} \sum_{\substack{i,j \\ i \neq j}}^{1...N'} \frac{1}{|\mathbf{r}_i - \mathbf{r}_j|} + V^{\text{Ion-Ion}}$$

13.4 Kristallelektronen

mit dem von den Ionen herrührenden Potential

$$v(\mathbf{r}) = \sum_{J=1}^{M'} v_J(|\mathbf{r} - \mathbf{R}_J|),$$

vergl. Gl. (13.8), (13.9) und (13.10). Hier bezeichnen $\mathbf{R}_J$ die als Parameter festgehaltenen Orte der Atomkerne oder, in der Näherung der unveränderlichen Ionen, die der Ionen und v_J das zugehörige anziehende Ionenpotential Gl. (13.11), welches im Falle von Atomkernen ein Coulomb-Potential ist. Die Wechselwirkungsenergie der Atomkerne oder Ionen $V^{\text{Ion-Ion}}$ wirkt im Hilbert-Raum der Elektronen wie eine Konstante, die alle Eigenwerte von H^{El} um einen konstanten Betrag verschiebt. Diese Energie bildet dennoch einen wesentlichen Bestandteil der durch H^{El} beschriebenen chemischen Bindung der Atome. Der Hamilton-Operator der Elektronen H^{El} beschreibt ein inhomogenes Elektronengas, vergl. Abschn. 8.4, und ist aufgrund der in Gl. (13.6) geforderten Periodizitätsbedingung gegenüber Translationen um einen Gittervektor $\mathbf{R}$ nach Gl. (13.1) invariant. Für das Einelektronenpotential bedeutet dies

$$v(\mathbf{r} + \mathbf{R}) = v(\mathbf{r}) \quad \text{mit} \quad \mathbf{R} = n_1\mathbf{a}_1 + n_2\mathbf{a}_2 + n_3\mathbf{a}_3. \tag{13.36}$$

Die experimentell beobachteten Energieniveaus der Valenzelektronen kann man in guter Näherung mit einen Einelektronenmodell beschreiben. Die Fehler hierbei sind deutlich kleiner als bei dem entsprechenden Zentralfeldmodell der Atome, vergl. Abschn. 11.1. Die Ursache liegt in der größeren räumlichen Ausbreitung der Einelektronenfunktionen im Kristall durch die chemische Bindung mit benachbarten Atomen. Die elektronische Grundzustandsenergie läßt sich im Rahmen der Dichtefunktionaltheorie berechnen, wobei die zugehörige Kohn-Sham-Gleichung Gl. (9.15)

$$\left[-\frac{\hbar^2}{2m}\Delta + v(\mathbf{r}) + v_{\text{H}}[n](\mathbf{r}) + v_{\text{xc}}[n](\mathbf{r})\right]\psi_j(\mathbf{r}) = \varepsilon_j\psi_j(\mathbf{r})$$

als Einteilchengleichung gelöst werden muß. Hierbei sind die Elektronendichte $n(\mathbf{r})$ und die Potentiale $v_{\text{H}}[n](\mathbf{r})$ und $v_{\text{xc}}[n](\mathbf{r})$ analog zu Gl. (13.36) ebenfalls gitterperiodisch.

13.4.1 Bloch-Funktionen

Zur Beschreibung vieler elektronischer, optischer und magnetischer Eigenschaften der Kristallelektronen soll zunächst die qualitative Struktur der Energieniveaus in Einelektronennäherung aufgrund der Translationssymmetrie betrachtet werden. Dabei gehen wir von einer Schrödinger-Gleichung der Form

$$H(\mathbf{r})\psi(\mathbf{r}) = \left[-\frac{\hbar^2}{2m}\Delta + U(\mathbf{r})\right]\psi(\mathbf{r}) = E\psi(\mathbf{r}) \tag{13.37}$$

mit periodischem Potential

$$U(\mathbf{r} + \mathbf{R}) = U(\mathbf{r})$$

aus. Dann erfüllt der Einelektronen-Hamilton-Operator die Periodizitätsbedingung $H(\mathbf{r}+\mathbf{R}) = H(\mathbf{r})$, wobei $\mathbf{R}$ einen Gittervektor nach Gl. (13.1) bezeichnet, und die Eigenfunktionen von $H(\mathbf{r})$ müssen die *Bloch-Bedingung*

$$\psi(\mathbf{r} + \mathbf{R}) = \exp\{i\mathbf{k} \cdot \mathbf{R}\}\psi(\mathbf{r}) \qquad (13.38)$$

mit dem reellen *Ausbreitungsvektor* $\mathbf{k}$ erfüllen, was in Abschn E.2 bewiesen wird. Also kann man die Eigenfunktionen ψ_n von H durch den Ausbreitungsvektor charakterisieren

$$H\psi_n(\mathbf{k},\mathbf{r}) = E_n(\mathbf{k})\psi_n(\mathbf{k},\mathbf{r}) \qquad (13.39)$$

mit

$$\psi_n(\mathbf{k},\mathbf{r}+\mathbf{R}) = \exp\{i\mathbf{k} \cdot \mathbf{R}\}\psi_n(\mathbf{k},\mathbf{r}).$$

Die Eigenfunktionen von H lassen sich in ein Produkt aus einem Phasenfaktor und einer gitterperiodischen Funktion zerlegen und man erhält die *Bloch-Funktionen*

$$\psi_n(\mathbf{k},\mathbf{r}) = \exp\{i\mathbf{k} \cdot \mathbf{r}\}u_n(\mathbf{k},\mathbf{r}), \qquad (13.40)$$

wobei die $u_n(\mathbf{k},\mathbf{r})$ wegen der Bloch-Bedingung gitterperiodisch sind:

$$\begin{aligned}u_n(\mathbf{k},\mathbf{r}+\mathbf{R}) &= \exp\{-i\mathbf{k}\cdot(\mathbf{r}+\mathbf{R})\}\psi_n(\mathbf{k},\mathbf{r}+\mathbf{R}) \\ &= \exp\{-i\mathbf{k}\cdot\mathbf{r})\}\exp\{-i\mathbf{k}\cdot\mathbf{R}\}\exp\{i\mathbf{k}\cdot\mathbf{R}\}\psi_n(\mathbf{k},\mathbf{r}) \\ &= \exp\{-i\mathbf{k}\cdot\mathbf{r})\}\psi_n(\mathbf{k},\mathbf{r}) \\ &= u_n(\mathbf{k},\mathbf{r}).\end{aligned}$$

Die Bloch-Funktionen sind als Eigenfunktionen periodischer Operatoren im Hilbert-Raum der über dem endlichen Volumen V quadratisch integrierbaren Funktionen definiert

$$\int_V \psi_n^*(\mathbf{k},\mathbf{r})\psi_n(\mathbf{k},\mathbf{r})\,\mathrm{d}^3 r = \int_V |u_n(\mathbf{k},\mathbf{r})|^2\,\mathrm{d}^3 r.$$

Wie in Abschn. 13.2 wird für V ein Vielfaches des Periodizitätsgebietes, das sogenannte Grundgebiet

$$V = (L\mathbf{a}_1, L\mathbf{a}_2, L\mathbf{a}_2) = L^3\Omega$$

13.4 Kristallelektronen

mit ganzzahligem $L \gg 1$ gewählt, wobei $\mathbf{a}_1$, $\mathbf{a}_2$, $\mathbf{a}_3$ die Basisvektoren des Gitters bezeichnen. Zur Erfüllung der Periodizitätsbedingung müssen für die Bloch-Funktionen periodische Randbedingungen

$$\psi_n(\mathbf{k}, \mathbf{r} + L\mathbf{a}_j) = \psi_n(\mathbf{k}, \mathbf{r}) \quad \text{für} \quad j = 1, 2, 3$$

gefordert werden. Aus der Bloch-Bedingung folgt dann für den Gittervektor $L\mathbf{a}_j$

$$\psi_n(\mathbf{k}, \mathbf{r} + L\mathbf{a}_j) = \exp\{i\mathbf{k} \cdot L\mathbf{a}_j\} \psi_n(\mathbf{k}, \mathbf{r})$$

und somit

$$\exp\{i\mathbf{k} \cdot L\mathbf{a}_j\} = 1 \quad \text{oder} \quad \mathbf{k} \cdot L\mathbf{a}_j = 2\pi m_j,$$

mit ganzzahligem m_j. Dadurch nimmt der Ausbreitungsvektor nur diskrete Werte an

$$\mathbf{k} = \frac{m_1}{L}\mathbf{b}_1 + \frac{m_2}{L}\mathbf{b}_2 + \frac{m_3}{L}\mathbf{b}_3,$$

wobei $\mathbf{b}_1$, $\mathbf{b}_2$, $\mathbf{b}_3$ die Basisvektoren des reziproken Gitters sind, die $\mathbf{a}_i \cdot \mathbf{b}_j = 2\pi \delta_{ij}$ erfüllen, vergl. Abschn. 13.1.1. Das Grundgebiet V kann durch Wahl von L beliebig groß gemacht werden, so daß die Abstände benachbarter Ausbreitungsvektoren $|\mathbf{b}_j|/L$ unter jede beliebig klein gewählte Schranke gedrückt werden können. Der Ausbreitungsvektor wird deshalb auch als quasikontinuierliche Variable bezeichnet.

Die Bloch-Funktionen sind bezüglich der Ausbreitungsvektoren periodisch: Sei $\mathbf{G}$ ein reziproker Gittervektor, so gilt nämlich

$$\psi_n(\mathbf{k} + \mathbf{G}, \mathbf{r} + \mathbf{R}) = \exp\{i(\mathbf{k} + \mathbf{G}) \cdot \mathbf{R}\} \psi_n(\mathbf{k} + \mathbf{G}, \mathbf{r})$$
$$= \exp\{i\mathbf{k} \cdot \mathbf{R}\} \psi_n(\mathbf{k} + \mathbf{G}, \mathbf{r}),$$

weil $\mathbf{R} \cdot \mathbf{G} = 2\pi g$ mit einer ganzen Zahl g ist. Man kann also zwischen den Vektoren $\mathbf{k}$ und $\mathbf{k} + \mathbf{G}$ nicht unterscheiden und es gilt

$$E_n(\mathbf{k} + \mathbf{G}) = E_n(\mathbf{k}). \tag{13.41}$$

□ Zum Beweise bemerkt man, daß die Translationen eine Abelsche Gruppe bilden und somit nur eindimensionale irreduzible Darstellungen besitzen. Deshalb sind die Eigenwerte des Translationsoperators nicht entartet

$$T_\mathbf{R} \psi_n(\mathbf{k}, \mathbf{r}) = \exp\{\mathbf{R} \cdot \nabla\} \psi_n(\mathbf{k}, \mathbf{r})$$
$$= \psi_n(\mathbf{k}, \mathbf{r} + \mathbf{R})$$
$$= \exp\{i\mathbf{k} \cdot \mathbf{R}\} \psi_n(\mathbf{k}, \mathbf{r}),$$

und können durch die diskreten $\mathbf{k}$-Vektoren als Quantenzahlen charakterisiert werden. ■

13 Festkörper

Es genügt also die Ausbreitungsvektoren im *reduzierten Bereich* zu betrachten

$$-\pi < \mathbf{k} \cdot \mathbf{a}_j \leq \pi \quad \text{für} \quad j = 1, 2, 3.$$

Liegt dann $\mathbf{k}$ innerhalb des reduzierten Bereiches, so liegt der Vektor $\mathbf{k} + \mathbf{G}$ außerhalb wenn $\mathbf{G} \neq 0$ ein reziproker Gittervektor nach Gl. (13.4) ist. Damit erhält man für die L^3 diskreten Ausbreitungsvektoren im reduzierten Bereich

$$\mathbf{k} = \frac{m_1}{L}\mathbf{b}_1 + \frac{m_2}{L}\mathbf{b}_2 + \frac{m_3}{L}\mathbf{b}_3 \quad \text{mit} \quad -\frac{L}{2} < m_j \leq \frac{L}{2} \tag{13.42}$$

für $j = 1, 2, 3$. Anstelle des reduzierten Bereiches, der für beliebige Gittervektoren $\mathbf{G}$ die Bedingung $|\mathbf{k} \cdot \mathbf{a}_j| \leq |(\mathbf{k} + \mathbf{G}) \cdot \mathbf{a}_j|$ erfüllt, kann auch die *Brillouin-Zone* verwendet werden, die das gleiche Volumen besitzt, die gleiche Anzahl von $\mathbf{k}$-Vektoren enthält aber durch die Bedingung $|\mathbf{k}| \leq |\mathbf{k} + \mathbf{G}|$ festgelegt wird. Hierbei gilt ebenfalls: wenn $\mathbf{k}$ innerhalb der Brillouin-Zone liegt, so liegt $\mathbf{k} + \mathbf{G}$ außerhalb.

Wir normieren die Bloch-Funktionen über die Elementarzelle Ω und es gilt wegen $V = L^3 \Omega$ die Orthogonalitätsbeziehung

$$\langle \psi_n(\mathbf{k}, \mathbf{r}) | \psi_{n'}(\mathbf{k}', \mathbf{r}) \rangle = L^3 \delta_{nn'} \delta_{\mathbf{k}\mathbf{k}'} \tag{13.43}$$

mit $\mathbf{k}$ nach Gl. (13.42) und $\mathbf{k}' = \frac{m'_1}{L}\mathbf{b}_1 + \frac{m'_2}{L}\mathbf{b}_2 + \frac{m'_3}{L}\mathbf{b}_3$, sowie

$$\delta_{\mathbf{k}\mathbf{k}'} = \delta_{m_1 m'_1} \delta_{m_2 m'_2} \delta_{m_3 m'_3},$$

wobei

$$\int_\Omega u_n^*(\mathbf{k}, \mathbf{r}) u_{n'}(\mathbf{k}, \mathbf{r}) \, \mathrm{d}^3 r = \delta_{nn'} \tag{13.44}$$

festgesetzt wurde.

□ Zum Beweise wird das Integral über das Grundgebiet V in Integrale über die Elementarzelle Ω zerlegt, indem $\mathbf{r} = \mathbf{R} + \mathbf{r}_1$ gesetzt wird, wobei $\mathbf{r}_1$ ein Vektor in der Elementarzelle und $\mathbf{R}$ ein Gittervektor ist

$$\begin{aligned}
\langle \psi_n(\mathbf{k}, \mathbf{r}) | \psi_{n'}(\mathbf{k}', \mathbf{r}) \rangle &= \int_V \psi_n^*(\mathbf{k}, \mathbf{r}) \psi_{n'}(\mathbf{k}', \mathbf{r}) \, \mathrm{d}^3 r \\
&= \int_V \exp\{i(\mathbf{k}' - \mathbf{k}) \cdot \mathbf{r}\} u_n^*(\mathbf{k}, \mathbf{r}) u_{n'}(\mathbf{k}', \mathbf{r}) \, \mathrm{d}^3 r \\
&= \sum_{\mathbf{R}}^{L^3} \exp\{i(\mathbf{k}' - \mathbf{k}) \cdot \mathbf{R}\} \\
&\quad \times \int_\Omega \exp\{i(\mathbf{k}' - \mathbf{k}) \cdot \mathbf{r}_1\} u_n^*(\mathbf{k}, \mathbf{r}_1) u_{n'}(\mathbf{k}', \mathbf{r}_1) \, \mathrm{d}^3 r_1.
\end{aligned}$$

13.4 Kristallelektronen

In der Summe vor dem Integral wird über L^3 Gittervektoren **R** summiert, die zu den verschiedenen Elementarzellen im Grundgebiet V gehören, und es gilt nach Gl. (E.16)

$$\sum_{\mathbf{R}}^{L^3} \exp\{i(\mathbf{k}' - \mathbf{k}) \cdot \mathbf{R}\} = L^3 \delta_{\mathbf{k}\mathbf{k}'}.$$

Damit erhält man

$$\langle \psi_n(\mathbf{k}, \mathbf{r}) | \psi_{n'}(\mathbf{k}', \mathbf{r}) \rangle = L^3 \delta_{\mathbf{k}\mathbf{k}'} \int_\Omega u_n^*(\mathbf{k}, \mathbf{r}) u_{n'}(\mathbf{k}, \mathbf{r}) \, d^3r.$$

Die periodischen Funktionen $u_n(\mathbf{k}, \mathbf{r})$ sind als Eigenfunktionen eines selbstadjungierten Operators orthogonal und es gilt Gl. (13.44). ∎

Die Bloch-Funktionen Gl. (13.40) beinhalten die Gitterperiodizität des Kristalles und es genügt, die periodische Funktion $u_n(\mathbf{k}, \mathbf{r})$ in der Elementarzelle Ω zu berechnen. Dazu setzen wir die Bloch-Funktionen in die Schrödinger-Gleichung Gl. (13.39) ein und erhalten mit dem Impulsoperator **p**

$$\left[-\frac{\hbar^2}{2m}\Delta + \frac{\hbar \mathbf{k} \cdot \mathbf{p}}{m} + \frac{\hbar^2 \mathbf{k}^2}{2m} + U(\mathbf{r})\right] u_n(\mathbf{k}, \mathbf{r}) = E_n(\mathbf{k}) u_n(\mathbf{k}, \mathbf{r}). \qquad (13.45)$$

Hier ist n ein Satz von Quantenzahlen für die verschiedenen Eigenfunktionen des selbstadjungierten Operators bei festem **k** und die Eigenfunktionen und Eigenwerte hängen parametrisch vom Ausbreitungsvektor **k** ab.

□ Zur Herleitung der Gl. (13.45) beachtet man

$$\Delta \psi_n(\mathbf{k}, \mathbf{r}) = \nabla \cdot \nabla \exp\{i\mathbf{k} \cdot \mathbf{r}\} u_n(\mathbf{k}, \mathbf{r})$$
$$= \nabla \cdot \exp\{i\mathbf{k} \cdot \mathbf{r}\}\big(\nabla u_n(\mathbf{k}, \mathbf{r}) + i\mathbf{k} u_n(\mathbf{k}, \mathbf{r})\big)$$
$$= \exp\{i\mathbf{k} \cdot \mathbf{r}\}\big(\Delta u_n(\mathbf{k}, \mathbf{r}) + 2i\mathbf{k} \cdot \nabla u_n(\mathbf{k}, \mathbf{r}) - \mathbf{k}^2 u_n(\mathbf{k}, \mathbf{r})\big).$$

Einführen des selbstadjungierten Impulsoperators $\mathbf{p} = -i\hbar\nabla$ liefert dann

$$\Delta \psi_n(\mathbf{k}, \mathbf{r}) = \exp\{i\mathbf{k} \cdot \mathbf{r}\}\Big(\Delta - \frac{2}{\hbar}\mathbf{k} \cdot \mathbf{p} - \mathbf{k}^2\Big) u_n(\mathbf{k}, \mathbf{r}),$$

woraus sich Gl. (13.45) ergibt. ∎

Die Bloch-Funktionen bilden als Eigenfunktionen des selbstadjungierten Operators H Gl. (13.39) im Hilbert-Raum $\mathcal{H}$ der über dem Grundgebiet V quadratisch integrierbaren Funktionen ein vollständiges Orthogonalsystem. Führt man die über V normierten Bloch-Funktionen

$$|n\mathbf{k}\rangle = \frac{1}{\sqrt{L^3}} \exp\{i\mathbf{k} \cdot \mathbf{r}\} u_n(\mathbf{k}, \mathbf{r}) = \frac{1}{\sqrt{L^3}} \psi_n(\mathbf{k}, \mathbf{r}) \qquad (13.46)$$

ein, so erhält man eine Basis im Hilbert-Raum $\mathcal{H}$ mit der Orthonormalitätsbeziehung

$$\langle n\mathbf{k}|n'\mathbf{k}'\rangle = \delta_{nn'}\delta_{\mathbf{kk}'} \tag{13.47}$$

und der Vollständigkeitsbeziehung

$$\sum_{n=1}^{\infty}\sum_{\mathbf{k}}^{L^3} |n\mathbf{k}\rangle\langle n\mathbf{k}| = 1, \tag{13.48}$$

wobei *1* den Einheitsoperator bezeichnet. Das durch die spitzen Klammern bezeichnete innere Produkt bedeutet die Integration über das Grundgebiet V. Für jeden Index n bilden die $L^3 \times L^3$ Matrixelemente

$$\langle \mathbf{k}|\mathbf{R}\rangle = \frac{1}{\sqrt{L^3}} \exp\{-i\mathbf{k}\cdot\mathbf{R}\} \tag{13.49}$$

eine unitäre Transformation, denn es gilt nach Gl. (E.16)

$$\sum_{\mathbf{R}}^{L^3} \langle \mathbf{k}|\mathbf{R}\rangle\langle \mathbf{R}|\mathbf{k}'\rangle = \frac{1}{L^3}\sum_{\mathbf{R}}^{L^3} \exp\{i(\mathbf{k}'-\mathbf{k})\cdot\mathbf{R}\} = \delta_{\mathbf{kk}'}, \tag{13.50}$$

wobei über die L^3 Gittervektoren $\mathbf{R} = n_1\mathbf{a}_1 + n_2\mathbf{a}_2 + n_3\mathbf{a}_3$ innerhalb des Grundgebietes summiert wird

$$\sum_{\mathbf{R}}^{L^3} = \sum_{n_1=1}^{L}\sum_{n_2=1}^{L}\sum_{n_3=1}^{L}.$$

Außerdem gilt nach Gl. (E.16)

$$\sum_{\mathbf{k}}^{L^3} \langle \mathbf{R}|\mathbf{k}\rangle\langle \mathbf{k}|\mathbf{R}'\rangle = \frac{1}{L^3}\sum_{\mathbf{k}}^{L^3} \exp\{i\mathbf{k}\cdot(\mathbf{R}-\mathbf{R}')\} = \delta_{\mathbf{RR}'}, \tag{13.51}$$

und bei der Summation über $\mathbf{k} = \frac{m_1}{L}\mathbf{b}_1 + \frac{m_2}{L}\mathbf{b}_2 + \frac{m_3}{L}\mathbf{b}_3$

$$\sum_{\mathbf{k}}^{L^3} = \sum_{m_1=1}^{L}\sum_{m_2=1}^{L}\sum_{m_3=1}^{L}$$

kann entweder in den Grenzen $-\frac{L}{2} < m_j \leq \frac{L}{2}$ oder $1 \leq m_j \leq L$ summiert werden. Die unitäre Transformation Gl. (13.49) transformiert die Bloch-Funktionen in die *Wannier-Funktionen* $w_n(\mathbf{r}-\mathbf{R}) = |n\mathbf{R}\rangle$

$$|n\mathbf{R}\rangle = \sum_{\mathbf{k}}^{L^3} |n\mathbf{k}\rangle\langle \mathbf{k}|\mathbf{R}\rangle \tag{13.52}$$

bzw. mit den Bloch-Funktionen Gl. (13.46)

$$w_n(\mathbf{r}-\mathbf{R}) = \frac{1}{L^3}\sum_{\mathbf{k}}^{L^3}\exp\{-i\mathbf{k}\cdot\mathbf{R}\}\psi_n(\mathbf{k},\mathbf{r})$$

$$= \frac{1}{L^3}\sum_{\mathbf{k}}^{L^3}\psi_n(\mathbf{k},\mathbf{r}-\mathbf{R}),$$

wobei von der Bloch-Bedingung Gl. (13.38) Gebrauch gemacht wurde. Die Rücktransformation

$$|n\mathbf{k}\rangle = \sum_{\mathbf{R}}^{L^3}|n\mathbf{R}\rangle\langle\mathbf{R}|\mathbf{k}\rangle$$

ergibt mit Hilfe von Gl. (13.46) und (13.49) die *Bloch-Summe*

$$\psi_n(\mathbf{k},\mathbf{r}) = \sum_{\mathbf{R}}^{L^3} w_n(\mathbf{r}-\mathbf{R})\exp\{i\mathbf{k}\cdot\mathbf{R}\}, \qquad (13.53)$$

die aus einer am Orte $\mathbf{R}$ lokalisierten Funktion $w_n(\mathbf{r}-\mathbf{R})$ eine Funktion $\psi_n(\mathbf{k},\mathbf{r})$ erzeugt, die die Bloch-Bedingung erfüllt. Die Wannier-Funktionen $|n\mathbf{R}\rangle$ bilden ihrerseits ein vollständiges Orthonormalsystem im Hilbert-Raum $\mathcal{H}$, denn es gilt

$$\langle n\mathbf{R}|n'\mathbf{R}'\rangle = \delta_{nn'}\delta_{\mathbf{R}\mathbf{R}'} \qquad \text{Orthonormalität}$$

$$\sum_{n=1}^{\infty}\sum_{\mathbf{R}}^{L^3}|n\mathbf{R}\rangle\langle n\mathbf{R}| = 1 \qquad \text{Vollständigkeit.} \qquad (13.54)$$

□ Zum Beweise der Orthonormalitätsbeziehung der Wannier-Funktionen setzen wir ihre Definition Gl. (13.52) ein und verwenden Gl. (13.47) und (13.51)

$$\langle n\mathbf{R}|n'\mathbf{R}'\rangle = \sum_{\mathbf{k},\mathbf{k}'}^{L^3}\langle\mathbf{R}|\mathbf{k}\rangle\langle n\mathbf{k}|n'\mathbf{k}'\rangle\langle\mathbf{k}'|\mathbf{R}'\rangle$$

$$= \sum_{\mathbf{k},\mathbf{k}'}^{L^3}\langle\mathbf{R}|\mathbf{k}\rangle\delta_{nn'}\delta_{\mathbf{k}\mathbf{k}'}\langle\mathbf{k}'|\mathbf{R}'\rangle$$

$$= \delta_{nn'}\sum_{\mathbf{k}}^{L^3}\langle\mathbf{R}|\mathbf{k}\rangle\langle\mathbf{k}|\mathbf{R}'\rangle$$

$$= \delta_{nn'}\delta_{\mathbf{R}\mathbf{R}'}. \blacksquare$$

□ Entsprechend beweist man die Vollständigkeitsbeziehung aus Gl. (13.52) und (13.50)

$$\sum_{n=1}^{\infty}\sum_{\mathbf{R}}^{L^3}|n\mathbf{R}\rangle\langle n\mathbf{R}| = \sum_{n=1}^{\infty}\sum_{\mathbf{R}}^{L^3}\sum_{\mathbf{k},\mathbf{k}'}^{L^3}|n\mathbf{k}\rangle\langle\mathbf{k}|\mathbf{R}\rangle\langle\mathbf{R}|\mathbf{k}'\rangle\langle n\mathbf{k}'|$$

$$= \sum_{n=1}^{\infty}\sum_{\mathbf{k},\mathbf{k}'}^{L^3}|n\mathbf{k}\rangle\delta_{\mathbf{k}\mathbf{k}'}\langle n\mathbf{k}'|$$

$$= \sum_{n=1}^{\infty}\sum_{\mathbf{k}}^{L^3}|n\mathbf{k}\rangle\langle n\mathbf{k}| = 1$$

und verwendet die Vollständigkeitsbeziehung der Bloch-Funktionen Gl. (13.48).
■

13.4.2 Energiebänder

Die Eigenfunktionen des Einelektronen-Hamilton-Operators Gl. (13.37) und (13.39) mit periodischem Potential $U(\mathbf{r}) = U(\mathbf{r}+\mathbf{R})$ sind die Bloch-Funktionen Gl. (13.40), die auf die Eigenwertgleichung der Energiezustände Gl. (13.45) führt

$$\left[-\frac{\hbar^2}{2m}\Delta + \frac{\hbar\mathbf{k}\cdot\mathbf{p}}{m} + \frac{\hbar^2\mathbf{k}^2}{2m} + U(\mathbf{r})\right]u_n(\mathbf{k},\mathbf{r}) = E_n(\mathbf{k})u_n(\mathbf{k},\mathbf{r}).$$

Der durch die eckige Klammer eingegrenzte Energieoperator hängt parametrisch vom Ausbreitungsvektor $\mathbf{k}$ ab, so daß auch die Eigenwerte als Funktionen von $\mathbf{k}$ zu schreiben sind. Für festes $\mathbf{k}$ werden die verschiedenen Eigenwerte durch die Quantenzahl n identifiziert und es gilt die Periodizitätsbedingung mit dem reduzierten Bereich Gl. (13.41). Der Ausbreitungsvektor $\mathbf{k}$ ist nach Gl. (13.42) eine quasikontinuierliche Variable und das bedeutet, daß bei unendlich ausgedehnten Kristallen L so groß gewählt werden kann, daß der Abstand benachbarter $\mathbf{k}$-Vektoren $|\mathbf{b}_j|/L$ unter jede Meßbarkeitsgrenze gedrückt werden kann. Man spricht deshalb von Energiebändern, die durch den Index n unterschieden werden und kontinuierlich von $\mathbf{k}$ abhängen. Zu jedem n gibt es ein Energieintervall, in dem praktisch kontinuierlich Eigenwerte nach Gl. (13.45) liegen. Die einzelnen Energiebänder können durch Energielücken getrennt sein oder sich überlappen. Die Energiebänder, die vollständig mit Elektronen besetzt sind, heißen *Valenzbänder*, die übrigen *Leitungsbänder*. Nur teilweise mit Elektronen besetzte Bänder kommen z.B. bei Metallen vor und führen zu hoher elektrischer Leitfähigkeit. Vollständig besetzte oder unbesetzte Energiebänder tragen nicht zur elektrischen Leitfähigkeit bei. Bei Kristallen mit gesättigten chemischen Bindungen ist das oberste Valenzband vollständig mit Elektronen besetzt und die Leitungsbänder sind unbesetzt

13.4 Kristallelektronen

und durch eine Energielücke vom obersten Valenzband getrennt. Solche Kristalle sind Isolatoren und können teilweise durch Verunreinigungen, die zusätzliche Energieniveaus in der Energielücke erzeugen, zu Halbleitern werden.

Die Berechnung der Energiebänder im Rahmen der Dichtefunktionaltheorie, durch Entwicklung der Bloch-Funktionen nach ebenen Wellen, ist in Abschn. 9.6.6 beschrieben.

Das Energiespektrum der Kristalle wird durch die Zustandsdichte auf der Energieachse veranschaulicht. Zu ihrer Herleitung gehen wir von der äquidistanten Verteilung der $\mathbf{k}$-Vektoren nach Gl. (13.42) im reduzierten Bereich aus. Für eine gegebene Energie E wird für jedes Energieband durch $E_n(\mathbf{k}) = E$ eine Fläche im $\mathbf{k}$-Raum definiert. Das Volumen zwischen dieser Energiefläche und der Fläche von $E + dE$ legt die Zahl der Zustände in diesem Energieintervall fest. Die Zahl dieser Zustände definiert dann die Zustandsdichte $g_n(E)$ durch $g_n(E)\,dE$. Zur Berechnung sei d^2f ein Flächenelement auf der Fläche $E_n(\mathbf{k}) = E$ und $dk_\perp$ der senkrechte Abstand zwischen den Flächen E und $E + dE$

$$dE = \left|\frac{\partial E_n(\mathbf{k})}{\partial \mathbf{k}}\right| dk_\perp.$$

Dann ist $d^3k = d^2f\,dk_\perp$ ein Volumenelement des zu berechnenden Volumens, in dem sich $d^3k\,V/8\pi^3$ $\mathbf{k}$-Vektoren befinden.

☐ Zum Beweise berechnen wir die Dichte der $\mathbf{k}$-Vektoren: Im Volumen des reduzierten Bereiches $(\mathbf{b}_1, \mathbf{b}_2, \mathbf{b}_3) = 8\pi^3/\Omega$ gibt es L^3 äquidistante $\mathbf{k}$-Vektoren, so daß ihre Dichte den konstanten Wert

$$\frac{L^3\Omega}{8\pi^3} = \frac{V}{8\pi^3}$$

hat. ∎

Bei Berücksichtigung des Spins beträgt also die Anzahl der Zustände mit Energien zwischen E und $E + dE$

$$g_n(E)\,dE = \frac{2V}{8\pi^3}\int_E^{E+dE} d^3k = \frac{V}{4\pi^3}\int_{E_n(\mathbf{k})=E} \frac{d^2f}{\left|\frac{\partial E_n(\mathbf{k})}{\partial \mathbf{k}}\right|}\,dE$$

und man erhält für die *Zustandsdichte* eines Energiebandes $E_n(\mathbf{k})$

$$g_n(E) = \frac{V}{4\pi^3}\int_{E_n(\mathbf{k})=E} \frac{d^2f}{\left|\frac{\partial E_n(\mathbf{k})}{\partial \mathbf{k}}\right|}. \tag{13.55}$$

Die gesamte Zustandsdichte ergibt sich dann aus der Summe über die einzelnen Energiebänder.

Entsprechend der Kristallsymmetrie aus Translationen und Punkttransformationen müssen auch die Energiebänder Symmetriebedingungen im $\mathbf{k}$-Raum erfüllen. Aus der Translationssymmetrie des Kristalles im Ortsraum, vergl. Absch. 13.1.1, folgt die *Inversionssymmetrie* der Energiebänder im $\mathbf{k}$-Raum

$$E_n(-\mathbf{k}) = E_n(\mathbf{k}). \tag{13.56}$$

□ Zum Beweise gehen wir von der Bloch-Bedingung Gl. (13.38) der Eigenfunktionen des Hamilton-Operators Gl. (13.39) aus, die wir in der Form der konjugiert-komplexen Eigenwertgleichung des Translationsoperators schreiben

$$\exp\{\mathbf{R}\cdot\nabla\}\psi_n^*(\mathbf{k},\mathbf{r}) = \exp\{-i\mathbf{k}\cdot\mathbf{R}\}\psi_n^*(\mathbf{k},\mathbf{r}).$$

Die Translationen bilden eine Abelsche Gruppe, die nur eindimensionale irreduzible Darstellungen besitzt, und deshalb können sich die normierten Eigenfunktionen $\psi_n(-\mathbf{k},\mathbf{r})$ und $\psi_n^*(\mathbf{k},\mathbf{r})$ zum Eigenwert $\exp\{-i\mathbf{k}\cdot\mathbf{R}\}$ nur durch einen Phasenfaktor unterscheiden

$$\psi_n^*(\mathbf{k},\mathbf{r}) = \exp\{i\alpha(n,\mathbf{k})\}\psi_n(-\mathbf{k},\mathbf{r}).$$

Weil der Hamilton-Operator und seine Eigenwerte reell sind, erhält man aus der konjugiert-komplexen Schrödinger-Gleichung

$$H\psi_n^*(\mathbf{k},\mathbf{r}) = E_n(\mathbf{k})\psi_n^*(\mathbf{k},\mathbf{r})$$

auch

$$H\psi_n(-\mathbf{k},\mathbf{r}) = E_n(\mathbf{k})\psi_n(-\mathbf{k},\mathbf{r})$$

und es folgt aus der Kombination beider Gleichungen

$$\begin{aligned}E_n(-\mathbf{k}) &= \langle\psi_n(-\mathbf{k},\mathbf{r})|H|\psi_n(-\mathbf{k},\mathbf{r})\rangle \\ &= \langle\psi_n^*(\mathbf{k},\mathbf{r})|H|\psi_n^*(\mathbf{k},\mathbf{r})\rangle \\ &= E_n(\mathbf{k}),\end{aligned}$$

woraus sich die Inversionssymmetrie ergibt. ∎

Darüber hinaus sind die Energiebänder im k-Raum gegenüber den Symmetrietransformationen S der Punktgruppe des Kristalles, vergl. Abschn. 13.1.2, invariant

$$E_n(S\mathbf{k}) = E_n(\mathbf{k}). \tag{13.57}$$

□ Zum Beweise beachten wir, daß die $\psi_n(\mathbf{k},\mathbf{r})$ Eigenfunktionen vom Hamilton-Operator $H(\mathbf{r})$ und vom Translationsoperator $\exp\{\mathbf{R}\cdot\nabla\}$ sind. Aus der Eigenwertgleichung des Translationsoperators

$$\exp\{\mathbf{R}\cdot\nabla\}\psi_n(\mathbf{k},\mathbf{r}) = \exp\{i\mathbf{k}\cdot\mathbf{R}\}\psi_n(\mathbf{k},\mathbf{r})$$

folgt die Gleichung nach einer Punkttransformation S

$$\begin{aligned}\exp\{\mathbf{R}\cdot\nabla\}\psi_n(\mathbf{k},S\mathbf{r}) &= \exp\{(S\mathbf{R})\cdot(S\nabla)\}\psi_n(\mathbf{k},S\mathbf{r}) \\ &= \exp\{i\mathbf{k}\cdot(S\mathbf{R})\}\psi_n(\mathbf{k},S\mathbf{r}) \\ &= \exp\{i(S^T\mathbf{k})\cdot\mathbf{R}\}\psi_n(\mathbf{k},S\mathbf{r}).\end{aligned}$$

13.4 Kristallelektronen

Nun bilden die Translationen eine Abelsche Gruppe, die nur eindimensionale irreduzible Darstellungen besitzt, und deshalb können sich die normierten Eigenfunktionen $\psi_n(\mathbf{k}, S\mathbf{r})$ und $\psi_n(S^T\mathbf{k}, \mathbf{r})$ zum Eigenwert $\exp\{i(S^T\mathbf{k}) \cdot \mathbf{R}\}$ nur durch einen Phasenfaktor unterscheiden

$$\psi_n(S^T\mathbf{k}, \mathbf{r}) = \exp\{i\beta(n,\mathbf{k})\}\psi_n(\mathbf{k}, S\mathbf{r}).$$

Der Hamilton-Operator ist gegenüber den Punkttransformationen S invariant $H(S\mathbf{r}) = H(\mathbf{r})$ und es folgt

$$\begin{aligned}
E_n(S^T\mathbf{k}) &= \int_V \psi_n^*(S^T\mathbf{k}, \mathbf{r}) H(\mathbf{r}) \psi_n(S^T\mathbf{k}, \mathbf{r}) \, d^3r \\
&= \int_V \psi_n^*(\mathbf{k}, S\mathbf{r}) H(\mathbf{r}) \psi_n(\mathbf{k}, S\mathbf{r}) \, d^3r \\
&= \int_V \psi_n^*(\mathbf{k}, S\mathbf{r}) H(S\mathbf{r}) \psi_n(\mathbf{k}, S\mathbf{r}) \, d^3(S\mathbf{r}) \\
&= E_n(\mathbf{k}),
\end{aligned}$$

dennn die Integration kann auch über $S\mathbf{r}$ ausgeführt werden, weil S den Kristall auf sich selbst abbildet. ∎

13.4.3 Optische Übergänge

Die optischen Eigenschaften perfekter Kristalle ergeben sich aus der k-Auswahlregel für Übergänge zwischen den Energieniveaus im Bändermodell. Sie ist eine unmittelbare Folge der Translationssymmetrie der Kristalle und besagt, daß nur Interbandübergänge mit der Auswahlregel $\Delta \mathbf{k} = 0$ erlaubt sind. Nach der Goldenen Regel der Quantenmechanik Gl. (10.56) ergibt sich, daß die Übergangswahrscheinlichkeit pro Zeiteinheit proportional ist zum Quadrat des Betrages des Matrixelementes

$$M_{n'n}(\mathbf{k}', \mathbf{k}) = \langle \psi_{n'}(\mathbf{k}', \mathbf{r}) | \exp\{i\mathbf{q} \cdot \mathbf{r}\} | \psi_n(\mathbf{k}, \mathbf{r}) \rangle,$$

wobei die Wellenlänge des Lichtes durch $\lambda = 2\pi/|\mathbf{q}|$ gegeben ist. Einsetzen der Bloch-Funktionen Gl. (13.40) ergibt dann

$$M_{n'n}(\mathbf{k}', \mathbf{k}) = \int_V \exp\{i(\mathbf{k} - \mathbf{k}' + \mathbf{q}) \cdot \mathbf{r}\} u_{n'}(\mathbf{k}', \mathbf{r}) u_n(\mathbf{k}, \mathbf{r}) \, d^3r.$$

Die Integration über das Grundgebiet $V = L^3 \Omega$ zerlegen wir wegen der Gitterperiodizität der $u_n(\mathbf{k}, \mathbf{r})$ in eine Integration über $\mathbf{r}_1$ über die Elementarzelle Ω und in eine Summe über die Gittervektoren $\mathbf{R}$ der L^3 Elementarzellen, indem wir setzen

$$\mathbf{r} = \mathbf{R} + \mathbf{r}_1.$$

Dann kann man das Integral in der Form berechnen

$$M_{n'n}(\mathbf{k}',\mathbf{k}) = \sum_{\mathbf{R}}^{L^3} \exp\{i(\mathbf{k}-\mathbf{k}'+\mathbf{q})\cdot\mathbf{R}\}$$

$$\times \int_\Omega \exp\{i(\mathbf{k}'-\mathbf{k}+\mathbf{q})\cdot\mathbf{r}_1\} u_{n'}(\mathbf{k}',\mathbf{r}_1) u_n(\mathbf{k},\mathbf{r}_1)\, \mathrm{d}^3 r_1.$$

Die Summe vor dem Integral verschwindet nach Gl. (E.16) außer für

$$\mathbf{k}' - \mathbf{k} = \mathbf{q}.$$

Nun sind $|\mathbf{k}'|$ und $|\mathbf{k}|$ in der Größenordnung $2\pi/a$ mit der Gitterkonstanten a. Für Wellenlängen $\lambda = 2\pi/|\mathbf{q}|$ im sichtbaren Bereich und für $\lambda \gg a$ gilt dann

$$|\mathbf{q}| \ll |\mathbf{k}|, |\mathbf{k}'|$$

und man erhält die **k**-*Auswahlregel*, wonach optische Übergänge nur unter der Bedingung $\mathbf{k} = \mathbf{k}'$ erlaubt sind. Dadurch sind Intrabandübergänge verboten. Neben diesen Interbandübergängen zwischen elektronischen Energieniveaus, den sogenannten *direkten Übergängen*, werden auch noch optische Übergänge beobachtet, die aufgrund der Elektron-Phonon-Wechselwirkung mit Beteiligung von Phononen stattfinden und als *indirekte Übergänge* bezeichnet werden.

Die Intensität der Interbandübergänge $E_n(\mathbf{k}) \leftrightarrow E_{n'}(\mathbf{k})$ hängt vom Verlauf der beiden beteiligten Energiebänder ab. Die Übergangswahrscheinlichkeit pro Zeiteinheit für ein Photon der Energie $h\nu$ ist nach der Goldenen Regel der Quantenmechanik Gl. (10.56) gegeben durch

$$W(E_{n'}(\mathbf{k}) \leftrightarrow E_n(\mathbf{k})) = \frac{2\pi}{\hbar}\frac{e^2}{m^2}|\langle n'\mathbf{k}|\mathbf{A}_0\cdot\mathbf{p}|n\mathbf{k}\rangle|^2$$

$$\times \delta(E_{n'}(\mathbf{k}) - E_n(\mathbf{k}) - h\nu),$$

wobei $\mathbf{A}_0$ die Amplitude des Vektorpotentials der elektromagnetischen Welle und $\mathbf{p}$ den Impulsoperator bezeichnen. Daneben sind Übergänge zwischen den beiden Bändern auch bei anderen Ausbreitungsvektoren möglich, wenn die durch die Deltafunktion bedingte Energiebilanz erfüllt ist. Die Übergangswahrscheinlichkeit pro Zeiteinheit eines Interbandüberganges der Energie $h\nu$ ergibt sich aus der Summation über alle möglichen Zustände, die die Energiebedingung erfüllen. Im reduzierten Bereich mit dem Volumen $8\pi^3/\Omega$ gibt es L^3 äquidistante **k**-Vektoren, so daß ihre Dichte konstant $V/8\pi^3$ ist. Jeder Zustand kann wegen des Spins doppelt besetzt werden, und daher befinden sich im Volumen $\mathrm{d}^3 k$ gerade $2V/8\pi^3$ Zustände. Die Übergangswahrscheinlichkeit pro Zeiteinheit ist dann gegeben durch

$$W_{n'n}(h\nu) = \frac{2\pi}{\hbar}\frac{e^2}{m^2}\frac{2V}{8\pi^3}\int_\Omega |\langle n'\mathbf{k}|\mathbf{A}_0\cdot\mathbf{p}|n\mathbf{k}\rangle|^2$$

$$\times \delta(E_{n'}(\mathbf{k}) - E_n(\mathbf{k}) - h\nu)\, \mathrm{d}^3 k,$$

und man hat über die Energieflächen $E_{n'}(\mathbf{k}) - E_n(\mathbf{k}) = h\nu$ zu integrieren. Dazu führen wir ein infinitesimales Volumenelement im k-Raum ein

$$\mathrm{d}^3k = \frac{\mathrm{d}^2 f\, \mathrm{d}(h\nu)}{\left|\frac{\partial E_{n'}(\mathbf{k})}{\partial \mathbf{k}} - \frac{\partial E_n(\mathbf{k})}{\partial \mathbf{k}}\right|}.$$

Hier ist $\mathrm{d}^2 f$ ein infinitesimales Flächenelement der Fläche $E_{n'}(\mathbf{k}) - E_n(\mathbf{k}) = h\nu$ und $\mathrm{d}^3 k$ ist das Volumenelement zwischen dieser Energiefläche und der Energiefläche $E_{n'}(\mathbf{k}) - E_n(\mathbf{k}) = h\nu + \mathrm{d}(h\nu)$. Nimmt man an, daß die Übergangsmatrixelemente für benachbarte k-Vektoren sich nur wenig unterscheiden, so erhält man für die Übergangswahrscheinlichkeit pro Zeiteinheit eines optischen Überganges zwischen den Bändern $E_{n'}(\mathbf{k})$ und $E_n(\mathbf{k})$ mit der Energie $h\nu$

$$W_{n'n}(h\nu) = \frac{2\pi}{\hbar} \frac{e^2}{m^2} \left|\langle n'\mathbf{k}|\mathbf{A}_0 \cdot \mathbf{p}|n\mathbf{k}\rangle\right|^2 J_{n'n}(h\nu)$$

mit der *kombinierten Zustandsdichte*

$$J_{n'n}(h\nu) = \frac{2V}{8\pi^3} \int_{E_{n'}(\mathbf{k}) - E_n(\mathbf{k}) = h\nu} \frac{\mathrm{d}^2 f}{\left|\frac{\partial E_{n'}(\mathbf{k})}{\partial \mathbf{k}} - \frac{\partial E_n(\mathbf{k})}{\partial \mathbf{k}}\right|}. \tag{13.58}$$

Das Integral der kombinierten Zustandsdichte über die Energiefläche liefert die wesentlichen Beiträge für die k-Punkte im reduzierten Bereich, für die die Gradienten der beiden beteiligten Bänder parallel sind. Sie werden auch als kritische Punkte bezeichnet.

13.4.4 Effektive-Masse-Näherung

Die elektrischen und optischen Eigenschaften der Metalle und Halbleiter werden bis auf wenige Ausnahmen nur von ein oder zwei Energiebändern $E_n(\mathbf{k})$ in einem kleinen Teil des reduzierten Bereiches bestimmt. Bei Metallen ist dies die unmittelbare Umgebung der Fermi-Grenze k_F, bis zu der die Energieniveaus mit Elektronen besetzt sind, vergl. Abschn. 8.2. Bei Halbleitern ist dies die unmittelbare Umgebung der Oberkante des obersten Valenzbandes und der Unterkante des tiefsten Leitungsbandes. Deshalb genügt zur Beschreibung meist eine einfache Näherung der Bänder in der Umgebung dieser Punkte im k-Raum. Zu ihrer Herleitung verwenden wir für die Eigenwertgleichung des mit Ω periodischen Hamilton-Operators $H(\mathbf{r}) = H(\mathbf{r} + \mathbf{R})$ Gl. (13.39) das *Theorem von Wannier*

$$H(\mathbf{r})\psi_n(\mathbf{k},\mathbf{r}) = E_n(\mathbf{k})\psi_n(\mathbf{k},\mathbf{r}) = E_n(-i\nabla)\psi_n(\mathbf{k},\mathbf{r}). \tag{13.59}$$

Danach kann jedem Energieband $E_n(\mathbf{k})$ ein Ersatz-Hamilton-Operator $E_n(-i\nabla)$ zugeordnet werden, der, angewendet auf die Bloch-Funktionen $\psi_n(\mathbf{k},\mathbf{r})$, die gleichen Eigenwerte $E_n(\mathbf{k})$ liefert wie der Hamilton-Operator $H(\mathbf{r})$.

□ Zum Beweise gehen wir von der Periodizität der Energiebänder mit dem reduzierten Bereich Gl. (13.41)

$$E_n(\mathbf{k} + \mathbf{G}) = E_n(\mathbf{k})$$

aus, wobei $\mathbf{G}$ einen reziproken Gittervektor nach Gl. (13.4) bezeichnet. Nimmt man an, daß $E_n(\mathbf{k})$ über das Volumen des reduzierten Bereiches $\Omega_r = 8\pi^3/\Omega$ absolut integrierbar ist, läßt sich jedes Energieband nach Abschn. E.1.1 in eine Fourier-Reihe entwickeln

$$E_n(\mathbf{k}) = \sum_\mathbf{R} F_n(\mathbf{R}) \exp\{i\mathbf{R} \cdot \mathbf{k}\},$$

wobei über die Gittervektoren $\mathbf{R}$ nach Gl. (13.1) summiert wird und die Fourier-Transformierte durch

$$F_n(\mathbf{R}) = \frac{1}{\Omega_r} \int_{\Omega_r} E_n(\mathbf{k}) \exp\{-i\mathbf{R} \cdot \mathbf{k}\} \, \mathrm{d}^3 k$$

gegeben ist. Dann gilt wegen der Bloch-Bedingung Gl. (13.38) und (E.12)

$$\exp\{\mathbf{R} \cdot \nabla\}\psi_n(\mathbf{k},\mathbf{r}) = \exp\{i\mathbf{R} \cdot \mathbf{k}\}\psi_n(\mathbf{k},\mathbf{r})$$

und wir erhalten

$$\begin{aligned} E_n(\mathbf{k})\psi_n(\mathbf{k},\mathbf{r}) &= \sum_\mathbf{R} F_n(\mathbf{R}) \exp\{i\mathbf{R} \cdot \mathbf{k}\}\psi_n(\mathbf{k},\mathbf{r}) \\ &= \sum_\mathbf{R} F_n(\mathbf{R}) \exp\{\mathbf{R} \cdot \nabla\}\psi_n(\mathbf{k},\mathbf{r}) \\ &= E_n(-i\nabla)\psi_n(\mathbf{k},\mathbf{r}), \end{aligned}$$

womit das Theorem von Wannier bewiesen ist. ■

Die Verwendung des Ersatz-Hamilton-Operators $E_n(-i\nabla)$ anstelle von $H(\mathbf{r})$ bedeutet im Formalismus der Störungstheorie 1. Ordnung, daß der Ersatz-Hamilton-Operator nur im Bereich des Energiebandes $E_n(\mathbf{k})$ richtige Eigenwerte liefert, und die Eigenfunktionen von $H(\mathbf{r})$ und $E_n(-i\nabla)$ nur nach den Bloch-Funktionen dieses einen Bandes und nicht nach einem vollständigen Orthonormalsystem entwickelt werden.

Aufgrund des Beweises gilt allgemeiner für jede in Ω_r absolut integrierbare Funktion $f(\mathbf{k})$ im reduzierten Bereich

$$f(-i\nabla)\psi_n(\mathbf{k},\mathbf{r}) = f(\mathbf{k})\psi_n(\mathbf{k},\mathbf{r}),$$

wenn die $\psi_n(\mathbf{k},\mathbf{r})$ die Bloch-Bedingung erfüllen. Damit läßt sich der Erwartungswert des Geschwindigkeitsoperators

$$\mathbf{v} = \frac{\mathbf{p}}{m} = \frac{\hbar}{im}\nabla$$

aus den Bloch-Funktionen berechnen

$$\mathbf{v}_n(\mathbf{k}) = \langle \psi_n(\mathbf{k},\mathbf{r}) | \mathbf{v} | \psi_n(\mathbf{k},\mathbf{r}) \rangle = \frac{1}{\hbar} \frac{\partial E_n(\mathbf{k})}{\partial \mathbf{k}}. \tag{13.60}$$

13.4 Kristallelektronen

□ Zum Beweise wenden wir das Theorem von Wannier Gl. (13.59) auf den Hamilton-Operator Gl. (13.37)

$$H(\mathbf{p},\mathbf{r}) = \frac{\mathbf{p}^2}{2m} + U(\mathbf{r})$$

an, indem wir schreiben

$$\mathbf{v} = \frac{\mathbf{p}}{m} = \frac{\partial H}{\partial \mathbf{p}}$$

und der Erwartungswert im Zustand $\psi_n(\mathbf{k},\mathbf{r})$ ist wegen $-i\nabla = \mathbf{p}/\hbar$

$$\begin{aligned}
\mathbf{v}_n(\mathbf{k}) &= \langle \psi_n(\mathbf{k},\mathbf{r}) | \mathbf{v} | \psi_n(\mathbf{k},\mathbf{r}) \rangle \\
&= \langle \psi_n(\mathbf{k},\mathbf{r}) | \frac{\partial H}{\partial \mathbf{p}} | \psi_n(\mathbf{k},\mathbf{r}) \rangle \\
&= \langle \psi_n(\mathbf{k},\mathbf{r}) | \frac{\partial E_n(\mathbf{p}/\hbar)}{\hbar \partial (\mathbf{p}/\hbar)} | \psi_n(\mathbf{k},\mathbf{r}) \rangle \\
&= \langle \psi_n(\mathbf{k},\mathbf{r}) | \frac{\partial E_n(\mathbf{k})}{\hbar \partial \mathbf{k}} | \psi_n(\mathbf{k},\mathbf{r}) \rangle \\
&= \frac{1}{\hbar} \frac{\partial E_n(\mathbf{k})}{\partial \mathbf{k}},
\end{aligned}$$

woraus sich die Behauptung ergibt. ∎

Zur Beschreibung der elektrischen und optischen Eigenschaften von Elektronen in einzelnen Bändern von Metallen oder Halbleitern ist die Näherung der Bänder durch Einführen einer effektiven Masse äußerst hilfreich. Wenn in einem Energieband $E_n(\mathbf{k})$ nur ein kleiner Bereich um eine Punkt $\mathbf{k}_0$ im reduzierten Bereich wesentlich ist, so läßt sich das Band in eine Taylor-Reihe entwickeln

$$E_n(\mathbf{k}) = E_n(\mathbf{k}_0) + \left(\frac{\partial E_n(\mathbf{k})}{\partial \mathbf{k}}\right)_{\mathbf{k}_0} (\mathbf{k} - \mathbf{k}_0)$$
$$+ \frac{1}{2} \sum_{\nu,\mu}^{1,2,3} \frac{\partial^2 E_n(\mathbf{k})}{\partial k_\nu \partial k_\mu} (k_\nu - k_{0\nu})(k_\mu - k_{0\mu}) + \ldots$$

Wir wählen ein Koordinatensystem, in dem der symmetrische Tensor zweiter Stufe der zweiten Ableitung Diagonalgestalt besitzt und führen *effektive Massen* ein, indem wir mit $\mathbf{k} = (k_1, k_2, k_3)$ setzen

$$\frac{1}{m_{n\nu}} = \frac{1}{\hbar^2} \left(\frac{\partial^2 E_n(\mathbf{k})}{\partial k_\nu^2}\right)_{\mathbf{k}_0}.$$

Damit schreibt sich das Energieband in einer Umgebung von $\mathbf{k}_0$ in der Form

$$E_n(\mathbf{k}) = E_n(\mathbf{k}_0) + \left(\frac{\partial E_n(\mathbf{k})}{\partial \mathbf{k}}\right)_{\mathbf{k}_0} (\mathbf{k} - \mathbf{k}_0) + \sum_{\nu=1}^{3} \frac{\hbar^2}{2m_{n\nu}} (k_\nu - k_{0\nu})^2 + \ldots$$

Oft werden weitere Vereinfachungen eingeführt. Dazu gehört die Vernachlässigung der Terme von höherer als zweiter Ordnung. Sind bei Metallen die effektiven Massen des Leitungsbandes $E_L(\mathbf{k})$ an der Fermi-Fläche $|\mathbf{k}| = k_F = |\mathbf{k}_0|$ alle gleich, gilt also $m_{L1} = m_{L2} = m_{L3} = m^*$, so erhält man die einfache Form in einer Umgebung von $|\mathbf{k}| = k_F$

$$E_L(\mathbf{k}) = \frac{\hbar^2 \mathbf{k}^2}{2m^*}. \tag{13.61}$$

Liegt bei Halbleitern das Minimum des Leitungsbandes bei $\mathbf{k}_0 = 0$, so folgt

$$\left(\frac{\partial E_n(\mathbf{k})}{\partial \mathbf{k}}\right)_{\mathbf{k}=0} = 0$$

und die Energiefläche ist ein Ellipsoid der Form

$$E_L(\mathbf{k}) = E_L + \frac{\hbar^2}{2}\left(\frac{\mathbf{k}_1^2}{m_{L1}} + \frac{\mathbf{k}_2^2}{m_{L2}} + \frac{\mathbf{k}_3^2}{m_{L3}}\right), \tag{13.62}$$

wobei E_L die Unterkante des Leitungsbandes bezeichnet. Liegt das Maximum des obersten Valenzbandes $E_V(\mathbf{k})$ bei $\mathbf{k}_0 = 0$, definiert man ebenfalls positive effektive Massen durch

$$\frac{1}{m_{V\nu}} = -\frac{1}{\hbar^2}\left(\frac{\partial^2 E_V(\mathbf{k})}{\partial k_\nu^2}\right)_{\mathbf{k}=0}$$

und erhält ellipsoidförmige Energieflächen in der Gestalt

$$E_V(\mathbf{k}) = E_V - \frac{\hbar^2}{2}\left(\frac{\mathbf{k}_1^2}{m_{V1}} + \frac{\mathbf{k}_2^2}{m_{V2}} + \frac{\mathbf{k}_3^2}{m_{V3}}\right), \tag{13.63}$$

wobei E_V die Oberkante des Valenzbandes ist.

Wird bei einem Halbleiter ein Elektron aus dem voll besetzten Valenzband über die Energielücke $E_g = E_L - E_V$ in das Leitungsband angeregt, so kann man den unbesetzten Zustand auch durch ein Defektelektron oder Loch im Valenzband beschreiben, das eine positive effektive Masse und eine positive elektrische Elementarladung besitzt.

Die genäherte Darstellung der Energiebänder in der Umgebung eines Punktes $\mathbf{k}_0$ im reduzierten Bereich mit Hilfe der effektiven Massen ermöglicht eine einfache Beschreibung der Kristallelektronen bei Verwendung eines Ersatz-Hamilton-Operators nach Gl. (13.59). Für ein Elektron im Leitungsband in der Näherung Gl. (13.62) gilt dann die Eigenwertgleichung

$$E_L(\mathbf{k})\psi_L(\mathbf{k},\mathbf{r}) = \underbrace{\left[E_L - \frac{\hbar^2}{2m_{L1}}\frac{\partial^2}{\partial x^2} - \frac{\hbar^2}{2m_{L2}}\frac{\partial^2}{\partial y^2} - \frac{\hbar^2}{2m_{L3}}\frac{\partial^2}{\partial z^2}\right]}_{\text{Ersatz-Hamilton-Operator}}\psi_L(\mathbf{k},\mathbf{r})$$

beziehungsweise
$$\left[-\frac{\hbar^2}{2m_{L\,1}}\frac{\partial^2}{\partial x^2} - \frac{\hbar^2}{2m_{L\,2}}\frac{\partial^2}{\partial y^2} - \frac{\hbar^2}{2m_{L\,3}}\frac{\partial^2}{\partial z^2} \right] \psi_L(\mathbf{k},\mathbf{r})$$
$$= \bigl(E_L(\mathbf{k}) - E_L\bigr)\psi_L(\mathbf{k},\mathbf{r})$$
und entsprechend für Löcher im Valenzband
$$\left[-\frac{\hbar^2}{2m_{V\,1}}\frac{\partial^2}{\partial x^2} - \frac{\hbar^2}{2m_{V\,2}}\frac{\partial^2}{\partial y^2} - \frac{\hbar^2}{2m_{V\,3}}\frac{\partial^2}{\partial z^2} \right] \psi_V(\mathbf{k},\mathbf{r})$$
$$= \bigl(E_V - E_V(\mathbf{k})\bigr)\psi_V(\mathbf{k},\mathbf{r}).$$

Der Ersatz-Hamilton-Operator besteht nur aus der kinetischen Energie und enthält die potentielle Energie nicht explizit. Die Wechselwirkung der Kristallelektronen im Leitungsband mit dem periodischen Potential $U(\mathbf{r})$ in Gl. (13.37) ist implizite in den effektiven Massen enthalten, die für die verschiedenen Bänder durchaus verschieden und im Allgemeinen auch richtungsabhängig sind. Der Ersatz-Hamilton-Operator gilt nur in einer Umgebung des Punktes $\mathbf{k}_0$ im reduzierten Bereich, hat aber den großen Vorteil die Kristallelektronen wie freie Teilchen behandeln zu können.

Die Geschwindigkeit der Kristallelektronen ist in der Näherung der effektiven Masse nach Gl. (13.60) gegeben durch
$$v_{n\,\nu}(\mathbf{k}) = \frac{1}{\hbar}\frac{\partial E_n(\mathbf{k})}{\partial k_\nu} = \frac{\hbar k_\nu}{m_{n\,\nu}}.$$
Im Fall isotroper effektiver Massen gilt bei Metallen $m^*\mathbf{v} = \hbar\mathbf{k}$, so daß man allgemein $\hbar\mathbf{k}$ als *Quasiimpuls* bezeichnet. Für die Elektronen im Leitungsband von Halbleitern ist der Quasiimpuls im anisotropen Fall
$$\hbar\mathbf{k} = \begin{pmatrix} m_{L\,1}v_{L\,1} \\ m_{L\,2}v_{L\,2} \\ m_{L\,3}v_{L\,3} \end{pmatrix}.$$
Entsprechend wird den Löchern im Valenzband bzw. Defektelektronen der Quasiimpuls
$$\hbar\mathbf{k} = -\begin{pmatrix} m_{V\,1}v_{V\,1} \\ m_{V\,2}v_{V\,2} \\ m_{V\,3}v_{V\,3} \end{pmatrix}$$
mit den positiven effektiven Massen der Löcher $m_{V\,\nu}$ zugeordnet.

In der Näherung der effektiven Massen kann man die Zustandsdichte nach Gl. (13.55) im isotropen Fall leicht berechnen. Für Elektronen im Leitungsband mit der Bandstruktur
$$E_L(\mathbf{k}) = E_L + \frac{\hbar^2 \mathbf{k}^2}{2m_L}$$
ergibt sich für die Zustandsdichte in einer Umgebung von $\mathbf{k} = 0$ mit $E > E_L$
$$g_L(E) = V \frac{m_L^{3/2}\sqrt{2}}{\pi^2 \hbar^2}\sqrt{E - E_L} \tag{13.64}$$
in der Nähe des Minimums E_L des Leitungsbandes.

□ Zum Beweise berechnen wir nach Gl. (13.55)

$$g_L(E) = \frac{V}{4\pi^3} \int_{E_L(\mathbf{k})=E} \frac{\mathrm{d}^2 f}{\left|\frac{\partial E_L(\mathbf{k})}{\partial \mathbf{k}}\right|}$$

zunächst auf der Energiefläche $E_L(\mathbf{k}) = E$

$$\frac{\partial E_L(\mathbf{k})}{\partial \mathbf{k}} = \frac{\hbar^2 \mathbf{k}}{m_L} \quad \text{und} \quad |\mathbf{k}| = \frac{1}{\hbar}\sqrt{2m_L(E-E_L)}.$$

Die Energieflächen sind im k-Raum Kugeloberflächen und wir setzen in Kugelkoordinaten $\mathbf{k}$: k, ϑ, φ und $\mathrm{d}^2 f = k^2 \sin\vartheta\, \mathrm{d}\vartheta\, \mathrm{d}\varphi$ und integrieren über die Kugeloberfläche

$$\begin{aligned}g_L(E) &= \frac{V}{4\pi^3}\frac{m_L}{\hbar^2}\int \frac{k^2 \sin\vartheta\, \mathrm{d}\vartheta\, \mathrm{d}\varphi}{k} \\ &= \frac{V}{4\pi^3}\frac{m_L}{\hbar^2} 4\pi \frac{1}{\hbar}\sqrt{2m_L(E-E_L)},\end{aligned}$$

woraus sich die Behauptung ergibt. ∎

Entsprechend findet man die Zustandsdichte in einer Umgebung von $\mathbf{k}=0$ mit $E < E_V$

$$g_V(E) = V\frac{m_V^{3/2}\sqrt{2}}{\pi^2 \hbar^3}\sqrt{E_V - E} \qquad (13.65)$$

in der Nähe des Maximums E_V des Valenzbandes, wobei m_V die isotrope effektive Masse des Valenzbandes bezeichnet.

Die Zustandsdichte der Elektronen im Leitungsband Gl. (13.64) entspricht der Zustandsdichte freier Elektronen Gl. (8.15) wenn $E_L = 0$ gesetzt und die effektive Masse durch die Elektronenmasse ersetzt wird.

13.4.5 Elektronengeschwindigkeit und Elektronendichte

Wird an einen Kristall ein homogenes elektrisches Feld **E** angelegt, so hat man zum Hamilton-Operator der Kristallelektronen Gl. (13.37) die potentielle Energie $e_0 \mathbf{r} \cdot \mathbf{E}$ mit der Elementarladung e_0 hinzuzufügen

$$H(\mathbf{r}) = -\frac{\hbar^2}{2m}\Delta + U(\mathbf{r}) + e_0 \mathbf{r} \cdot \mathbf{E}.$$

Der Hamilton-Operator ist nun nicht mehr mit der Elementarzelle periodisch, wir wollen aber annehmen, daß das elektrische Feld **E** so schwach ist, daß $e_0 \mathbf{r} \cdot \mathbf{E}$ nur eine kleine Störung des periodischen Potentials $U(\mathbf{r})$ darstellt. Wir setzen weiter voraus, daß das elektrische Feld erst zur Zeit $t = 0$ eingeschaltet wird und vorher Null war

$$\mathbf{E}(t) = \mathbf{E}_0 \theta(t) \quad \text{mit} \quad \theta(t) = \begin{cases} 0 & \text{für } t < 0 \\ 1 & \text{für } t \geq 0, \end{cases}$$

und daß sich das Elektron zur Zeit $t < 0$ im Bloch-Zustand $\psi_n(\mathbf{k}_0, \mathbf{r})$ befand. Der Zustand zur Zeit $t \geq 0$ ergibt sich durch die zeitabhängige Schrödinger-Gleichung

$$-\frac{\hbar}{i} \frac{\partial}{\partial t} \psi(\mathbf{r}, t) = H(\mathbf{r}) \psi(\mathbf{r}, t)$$

mit der Lösung

$$\psi(\mathbf{r}, t) = \exp\left\{-\frac{i}{\hbar} H(\mathbf{r}) t\right\} \psi_n(\mathbf{k}_0, \mathbf{r}),$$

die die Anfangsbedingung $\psi(\mathbf{r}, 0) = \psi_n(\mathbf{k}_0, \mathbf{r})$ erfüllt. Wir analysieren die Lösung durch Anwenden des Translationsoperators mit einem Gittervektor $\mathbf{R}$

$$T(\mathbf{R}) = \exp\{\mathbf{R} \cdot \nabla\} \quad \text{mit} \quad T(\mathbf{R}) \psi(\mathbf{r}, t) = \psi(\mathbf{r} + \mathbf{R}, t)$$

und erhalten wegen der Periodizität von $U(\mathbf{r}) = U(\mathbf{r} + \mathbf{R})$ und der Bloch-Bedingung Gl. (13.38)

$$\begin{aligned} T(\mathbf{R}) \psi(\mathbf{r}, t) &= \exp\left\{-\frac{i}{\hbar} H(\mathbf{r} + \mathbf{R}) t\right\} \psi_n(\mathbf{k}_0, \mathbf{r} + \mathbf{R}) \\ &= \exp\left\{-\frac{i}{\hbar} (H(\mathbf{r}) + e_0 \mathbf{R} \cdot \mathbf{E}_0) t\right\} \exp\{i \mathbf{k}_0 \cdot \mathbf{R}\} \psi_n(\mathbf{k}_0, \mathbf{r}) \\ &= \exp\left\{i \left(\mathbf{k}_0 - \frac{e_0}{\hbar} \mathbf{E}_0 t\right) \cdot \mathbf{R}\right\} \psi(\mathbf{r}, t). \end{aligned}$$

Dieses Ergebnis interpretieren wir folgendermaßen: Wenn das elektrische Feld $\mathbf{E}$ nur schwach ist, ist die Veränderng von $H(\mathbf{r})$ durch $\mathbf{E}$ nur klein und die Lösungen $\psi(\mathbf{r}, t)$ sind näherungsweise die des periodischen Hamilton-Operators $H_0(\mathbf{r}) = H_0(\mathbf{r} + \mathbf{R})$

$$H_0(\mathbf{r}) = -\frac{\hbar^2}{2m} \Delta + U(\mathbf{r}) \quad \text{mit} \quad H_0(\mathbf{r}) \psi_n(\mathbf{k}_0, \mathbf{r}) = E_n(\mathbf{k}_0) \psi_n(\mathbf{k}_0, \mathbf{r})$$

und es gilt

$$\begin{aligned} T(\mathbf{R}) \exp\left\{-\frac{i}{\hbar} H_0(\mathbf{r}) t\right\} &\psi_n(\mathbf{k}_0, \mathbf{r}) \\ &= \exp\{i \mathbf{k}_0 \cdot \mathbf{R}\} \exp\left\{-\frac{i}{\hbar} H_0(\mathbf{r}) t\right\} \psi_n(\mathbf{k}_0, \mathbf{r}). \end{aligned}$$

Der Translationsoperator $T(\mathbf{R})$ angewandt auf $\psi(\mathbf{r}, t)$

$$T(\mathbf{R}) \psi(\mathbf{r}, t) = \exp\{i \mathbf{k} \cdot \mathbf{R}\} \psi(\mathbf{r}, t)$$

liefert also genähert zur Zeit t eine Bloch-Funktion zu einem veränderten Ausbreitungsvektor

$$\mathbf{k} = \mathbf{k}_0 - \frac{e_0}{\hbar}\mathbf{E}_0 t.$$

Da die zeitlich konstante Kraft auf das Elektron $\mathbf{F} = -e_0\mathbf{E}_0$ beträgt, ergibt sich die zeitliche Änderung des Quasiimpulses $\hbar\mathbf{k}$ wie in der klassischen Mechanik

$$\hbar\mathbf{k} = \hbar\mathbf{k}_0 + \mathbf{F}t \qquad (13.66)$$

Durch die Veränderung des Ausbreitungsvektors ändert sich auch die Geschwindigkeit des Elektrons nach Gl. (13.60). In der Näherung isotroper effektiver Massen $E_L(\mathbf{k}) = E_L + \hbar^2\mathbf{k}^2/2m_L$ gilt dann

$$\begin{aligned}\mathbf{v}_L(\mathbf{k}) &= \frac{1}{\hbar}\frac{\partial E_L(\mathbf{k})}{\partial \mathbf{k}} = \frac{\hbar\mathbf{k}}{m_L} \\ &= \frac{\hbar\mathbf{k}_0}{m_L} + \frac{1}{m_L}\mathbf{F}t,\end{aligned} \qquad (13.67)$$

was seine Ursache in der konstanten Beschleunigung $\mathbf{F}/m_L$ hat.

Sei jetzt $\mathcal{H}_L$ der Hilbert-Raum, der von den Bloch-Funktionen $\psi_L(\mathbf{k},\mathbf{r})$ des Leitungsbandes aufgespannt wird, so läßt sich der Hamilton-Operator

$$H(\mathbf{r}) = H_0(\mathbf{r}) + e_0\mathbf{r}\cdot\mathbf{E} \quad \text{mit} \quad H_0(\mathbf{r}) = -\frac{\hbar^2}{2m}\Delta + U(\mathbf{r})$$

mit dem Ersatz-Hamilton-Operator für das Leitungsband in der Näherung isotroper effektiver Massen in der Form schreiben

$$H_L(\mathbf{r}) = E_L - \frac{\hbar^2}{2m_L}\Delta + e_0\mathbf{r}\cdot\mathbf{E}. \qquad (13.68)$$

Im elektrischen Feld bewegt sich dann ein Elektron im Leitungsband wie ein freies Elektron mit der effektiven Masse m_L entsprechend Gl. (13.67).

□ Zum Beweise genügt es zu zeigen, daß der Operator $H(\mathbf{r})$ in der Näherung isotroper effektiver Masse des Leitungsbandes

$$E_L(\mathbf{k}) = E_L + \frac{\hbar^2\mathbf{k}^2}{2m_L},$$

bei der Anwendung auf die Bloch-Funktionen des Leitungsbandes, die gleiche Abbildung vermittelt, wie $H_L(\mathbf{r})$

$$\begin{aligned}H(\mathbf{r})\psi_L(\mathbf{k},\mathbf{r}) &= H_0(\mathbf{r})\psi_L(\mathbf{k},\mathbf{r}) + e_0\mathbf{r}\cdot\mathbf{E}\psi_L(\mathbf{k},\mathbf{r}) \\ &= E_L(\mathbf{k})\psi_L(\mathbf{k},\mathbf{r}) + e_0\mathbf{r}\cdot\mathbf{E}\psi_L(\mathbf{k},\mathbf{r}) \\ &= E_L(-i\nabla)\psi_L(\mathbf{k},\mathbf{r}) + e_0\mathbf{r}\cdot\mathbf{E}\psi_L(\mathbf{k},\mathbf{r}).\end{aligned}$$

Daraus ergibt sich die Behauptung. ∎

13.4 Kristallelektronen

Bei Defektelektronen oder Löchern im Valenzband ist die Kraft auf ein Loch entgegengesetzt der Kraft auf ein Elektron $\mathbf{F} = e_0\mathbf{E}$ und die Geschwindigkeit des Loches $\mathbf{v}_V(\mathbf{k})$ ergibt sich entsprechend Gl. (13.63) im Falle isotroper effektiver Massen $E_V(\mathbf{k}) = E_V - \hbar^2\mathbf{k}^2/2m_V$

$$\begin{aligned}\mathbf{v}_V(\mathbf{k}) &= \frac{1}{\hbar}\frac{\partial E_V(\mathbf{k})}{\partial \mathbf{k}} = -\frac{\hbar\mathbf{k}}{m_V} \\ &= -\frac{1}{m_V}\left(\hbar\mathbf{k}_0 - e_0\mathbf{E}_0 t\right) \\ &= -\frac{\hbar\mathbf{k}_0}{m_V} + \frac{e_0}{m_V}\mathbf{E}_0 t\end{aligned}$$

mit der konstanten Beschleunigung $e_0\mathbf{E}_0/m_V$ in Richtung von $\mathbf{E}_0$. Der Ersatz-Hamilton-Operator für die Bewegung eines Loches im Valenzband in der Näherung isotroper effektiver Massen lautet entsprechend Gl. (13.68)

$$H_V(\mathbf{r}) = E_V - \frac{\hbar^2}{2m_V}\Delta - e_0\mathbf{r}\cdot\mathbf{E},$$

wobei die Energieachse in die umgekehrte Richtung wie bei den Elektronen weist.

Die endliche elektrische Leitfähigkeit und das Ohmsche Gesetz kommen durch die in diesem Abschnitt nicht behandelte Wechselwirkung der Kristallelektronen mit den Phononen und Kristallstörungen zustande. Ohne elektrisches Feld haben zwar die Kristallelektronen die Geschwindigkeit $\mathbf{v}_n(\mathbf{k})$ nach Gl. (13.60), die Summe der Geschwindigkeiten aller besetzten Energieniveaus verschwindet jedoch bei den vollständig oder teilweise besetzten Bändern, denn es gilt nach Gl. (13.56)

$$E_n(-\mathbf{k}) = E_n(\mathbf{k}) \quad \text{und somit} \quad \mathbf{v}_n(-\mathbf{k}) = -\mathbf{v}_n(\mathbf{k}).$$

□ Der Beweis ergibt sich unmittelbar aus Gl. (13.60)

$$\mathbf{v}_n(\mathbf{k}) = \frac{1}{\hbar}\left(\frac{\partial E_n(\mathbf{k})}{\partial \mathbf{k}}\right)$$

indem $\mathbf{k}$ durch $-\mathbf{k}$ ersetzt wird. ∎

Für die Besetzung der Energieniveaus im thermodynamischen Gleichgewicht gilt die Fermi-Verteilung, vergl. Gl. (8.20),

$$f_F(E) = \left(1 + \exp\left\{\frac{E-\zeta}{k_B T}\right\}\right)^{-1}, \tag{13.69}$$

mit der Temperatur T, dem chemischen Potential ζ und der Boltzmann-Konstante k_B, vergl. Abschn. 8.2.3. Die elektrische Stromdichte $\mathbf{j}_n$ der Elektronen eines Energiebandes ist dann

$$\mathbf{j}_n = -e_0\frac{2}{V}\sum_{\mathbf{k}}^{L^3}\mathbf{v}_n(\mathbf{k})f_F\big(E_n(\mathbf{k})\big) = 0,$$

wobei berücksichtigt wurde, daß jeder Zustand nach dem Pauli-Prinzip doppelt besetzt ist und zu jedem Elektron mit der Geschwindigkeit $\mathbf{v}_n(\mathbf{k})$ ein Elektron mit der Geschwindigkeit $\mathbf{v}_n(-k) = -\mathbf{v}_n(\mathbf{k})$ existiert.

Die elektrische Leitfähigkeit hängt bei Halbleitern nicht nur durch die Streuprozesse, sondern in erster Linie über die Dichte der Ladungsträger von der Temperatur ab. In der Näherung isotroper effektiver Massen der Elektronen im Leitungsband ist die Zustandsdichte $g_L(E)$ durch Gl. (13.64) gegeben und die Dichte der Elektronen im Leitungsband n berechnet sich aus

$$n = \frac{1}{V} \int_{E_L}^{\infty} g_L(E) f_F(E) \, dE$$

und entsprechend ist die Dichte der Löcher im Valenzband p gegeben durch

$$p = \frac{1}{V} \int_{-\infty}^{E_V} g_V(E) \bigl(1 - f_F(E)\bigr) \, dE$$

mit der Zustandsdichte im Valenzband $g_V(E)$ nach Gl. (13.65). Die Integration von der Unterkante bis zur Oberkante der beiden Bänder wurde hier bis ∞ ausgedehnt. Der dadurch entstehende Fehler ist jedoch wegen der Fermi-Verteilung vernachlässigbar, weil bei Halbleitern nur Energien in der Nähe von E_L bzw. E_V Beiträge zum Integral liefern. Um das zu erkennen, setzen wir $E_L - \zeta \gg k_B T$ voraus, und die Fermi-Verteilung Gl. (13.69) läßt sich für Energien im Leitungsband $E > E_L$ durch eine Boltzmann-Verteilung approximieren

$$f_F(E) = \frac{1}{1 + \exp\left\{\frac{E-\zeta}{k_B T}\right\}} \approx \exp\left\{-\frac{E-\zeta}{k_B T}\right\} = f_n(E)$$

und entsprechend für $\zeta - E_V \gg k_B T$ und Energien der Löcher im Valenzband $E < E_V$

$$1 - f_F(E) = \frac{1}{1 + \exp\left\{\frac{\zeta-E}{k_B T}\right\}} \approx \exp\left\{-\frac{\zeta-E}{k_B T}\right\} = f_p(E).$$

Verwendet man für die Zustandsdichten $g_L(E)$ bzw $g_V(E)$ die Näherung isotroper effektiver Massen Gl. (13.64) und (13.65), so erhält man für die Dichte der

Elektronen im Leitungsband n genähert mit $\varepsilon = E - E_L$ [1]

$$n = \frac{1}{V} \int_{E_L}^{\infty} g_L(E) f_n(E) \, dE$$

$$= \frac{m_L^{3/2} \sqrt{2}}{\pi^2 \hbar^3} \int_{E_L}^{\infty} \sqrt{E - E_L} \exp\left\{-\frac{E - \zeta}{k_B T}\right\} dE$$

$$= \frac{m_L^{3/2} \sqrt{2}}{\pi^2 \hbar^3} \exp\left\{-\frac{E_L - \zeta}{k_B T}\right\} \int_0^{\infty} \sqrt{\varepsilon} \exp\left\{-\frac{\varepsilon}{k_B T}\right\} d\varepsilon$$

$$= 2 \left(\frac{m_L k_B T}{2\pi \hbar^2}\right)^{3/2} \exp\left\{-\frac{E_L - \zeta}{k_B T}\right\}$$

und entsprechend findet man die Dichte der Löcher im Valenzband p mit $\varepsilon = E_V - E$

$$p = \frac{1}{V} \int_{-\infty}^{E_V} g_V(E) f_p(E) \, dE$$

$$= \frac{m_V^{3/2} \sqrt{2}}{\pi^2 \hbar^3} \int_{-\infty}^{E_V} \sqrt{E_V - E} \exp\left\{-\frac{\zeta - E}{k_B T}\right\} dE$$

$$= \frac{m_V^{3/2} \sqrt{2}}{\pi^2 \hbar^3} \exp\left\{-\frac{\zeta - E_V}{k_B T}\right\} \int_0^{\infty} \sqrt{\varepsilon} \exp\left\{-\frac{\varepsilon}{k_B T}\right\} d\varepsilon$$

$$= 2 \left(\frac{m_V k_B T}{2\pi \hbar^2}\right)^{3/2} \exp\left\{-\frac{\zeta - E_V}{k_B T}\right\}.$$

Das Produkt der beiden Ladungsdichten ist unabhängig vom chemischen Potential ζ der Elektronen

$$np = 4 (m_L m_V)^{3/2} \left(\frac{k_B T}{2\pi \hbar^2}\right)^3 \exp\left\{-\frac{E_L - E_V}{k_B T}\right\}$$

und hängt von der Energielücke $E_g = E_L - E_V$ zwischen Leitungsband und Valenzband ab. Die perfekten Kristalle werden auch als Eigenhalbleiter bezeichnet und die Neutralitätsbedingung verlangt die Gleichheit der Dichten der negativen und positiven Ladungsträger $n = p$. Einsetzen liefert

$$\left(\frac{m_V}{m_L}\right)^{3/2} = \exp\left\{\frac{-E_L + \zeta + \zeta - E_L}{k_B T}\right\}$$

und daraus ergibt sich die temperaturabhängige Lage des chemischen Potentials in der Nähe der Mitte der Energielücke

$$\zeta = \frac{E_L + E_V}{2} + \frac{3}{4} k_B T \ln \frac{m_V}{m_L}.$$

---

[1] Es gilt
$$\int_0^{\infty} \sqrt{x} \exp\{-x\} \, dx = \frac{\sqrt{\pi}}{2}.$$

13.4.6 Landau-Niveaus

Die Eigenschaften der Kristallelektronen in einem äußeren zeitlich und räumlich konstanten Magnetfeld werden auf der Grundlage des Einelektronen-Hamilton-Operators Gl. (13.37)

$$H(\mathbf{r}) = -\frac{\hbar^2}{2m}\Delta + U(\mathbf{r})$$

behandelt. Hier ist m die Elektronenmasse und $U(\mathbf{r}) = U(\mathbf{r} + \mathbf{R})$ das periodische Potential des Kristalles. Zur Berücksichtigung des Magnetfeldes drücken wir die magnetische Induktion $\mathbf{B}$ durch ein Vektorpotential $\mathbf{A}(\mathbf{r})$ aus

$$\mathbf{B} = \nabla \times \mathbf{A} \quad \text{mit} \quad \nabla \cdot \mathbf{A} = 0.$$

Die Herleitung der Hamilton-Funktion für die nicht konservative Lorentz-Kraft ist im Rahmen der klassichen Mechanik im Anhang I dargestellt und der zugehörige Hamilton-Operator ist im Abschn. 3.5.2 beschrieben. Im stationären Fall sind die magnetische Induktion $\mathbf{B}$ und die elektrische Feldstärke $\mathbf{E}$ nach Gl. (3.21) nicht durch die Maxwell-Gleichungen miteinander verknüpft. Die Lorentz-Konvention reduziert sich auf $\nabla \cdot \mathbf{A} = 0$ und für die elektrische Feldstärke gilt in diesem Falle $-e_0\mathbf{E} = -\nabla U(\mathbf{r})$ mit der Elementarladung e_0. Der Hamilton-Operator für ein Elektron der Ladung $-e_0$ im Magnetfeld hat dann nach der Pauli-Gleichung (3.37) die Form

$$H(\mathbf{r},\mathbf{s}) = \frac{1}{2m}\left(\frac{\hbar}{i}\nabla + e_0\mathbf{A}(\mathbf{r})\right)^2 + U(\mathbf{r}) + \mu_B 2\mathbf{s}\cdot\mathbf{B}, \tag{13.70}$$

wobei μ_B das Bohr-Magneton Gl. (3.38) und $\mathbf{s}$ den Spin des Elektrons bezeichnen. Im allgemeinen Fall ist die Richtung des Magnetfeldes bezüglich der kristallographischen Achsen bzw. der Basisvektoren des Gitters wesentlich. Wir beschränken uns hier jedoch auf die Näherung isotroper effektiver Massen, in der die Richtung von $\mathbf{B}$ beliebig ist. Legt man die magnetische Induktion wie üblich in z-Richtung, so kann man für konstantes $\mathbf{B}$

$$\mathbf{B} = (0,0,B) \quad \text{und} \quad \mathbf{A}(\mathbf{r}) = (0,Bx,0)$$

setzen.

Die Näherung isotroper effektiver Massen wird analog dem Fall eines elektrischen Feldes Gl. (13.68) durchgeführt. Für ein Elektron im Leitungsband

$$E_L(\mathbf{k}) = E_L + \frac{\hbar^2\mathbf{k}^2}{2m_L}$$

mit der effektiven Masse m_L wird der Hamilton-Operator Gl. (13.70) im Hilbert-Raum $\mathcal{H}_L$ der Zustände des Leitungsbandes durch

$$H_L(\mathbf{r}) = \frac{1}{2m_L}\left(\frac{\hbar}{i}\nabla + e_0\mathbf{A}\right)^2 + \mu_B 2\mathbf{s}\cdot\mathbf{B} \tag{13.71}$$

13.4 Kristallelektronen

ersetzt. Diese Näherung läßt sich nicht wie im Falle des elektrischen Feldes begründen. Setzt man etwa für den Operator Gl. (13.70)

$$H(\mathbf{r},\mathbf{s}) = H_0 + H_1$$

mit

$$H_0 = -\frac{\hbar^2}{2m}\Delta + U(\mathbf{r})$$

$$H_1 = \frac{e_0}{m}\mathbf{A}\cdot\mathbf{p} + \frac{e_0^2}{2m}\mathbf{A}^2 + \mu_B 2\mathbf{s}\cdot\mathbf{B},$$

so enthält der Operator H_1 ebenfalls den Impulsoperator $\mathbf{p} = -i\hbar\nabla$ und die Elektronenmasse. Auch das Bewegungsgesetz für den Quasiimpuls $\hbar\mathbf{k}$ nach der klassischen Mechanik Gl. (13.67) kann man nicht wie im elektrischen Fall herleiten, weil die Operatoren $H(\mathbf{r})$ und $H(\mathbf{r}+\mathbf{R})$ nicht miteinander vertauschbar sind.

Bei Defektelektronen oder Löchern im Valenzband geht man von einem Quasiteilchen mit positiver effektiver Masse m_V, positiver elektrischer Ladung e_0 und negativer Energieachse aus. Im isotropen Fall hat das Valenzband nach Gl. (13.63) die Form

$$E_V(\mathbf{k}) = E_V - \frac{\hbar^2 \mathbf{k}^2}{2m_V}$$

und für den effektiven Hamilton-Operator bei Anlegen eines äußeren Magnetfeldes für Löcher im Valenzband wird entsprechend Gl. (13.71) gesetzt

$$H_V(\mathbf{r}) = \frac{1}{2m_V}\left(\frac{\hbar}{i}\nabla - e_0\mathbf{A}\right)^2 - \mu_B 2\mathbf{s}\cdot\mathbf{B}.$$

Die Eigenwerte des Hamilton-Operators H_L Gl. (13.71) bzw. H_V sind im Abschn. 10.1.1 berechnet. Danach sind die Eigenwerte von H_L bzw. die Energieniveaus der Elektronen im Leitungsband nach Gl. (10.6) mit $g_0 = 2$ die *Landau-Niveaus*

$$E^{\mathrm{LB}}_{nk_3 m_s} = E_L + \frac{\hbar^2 k_3^2}{2m_L} + \frac{m}{m_L}\mu_B B(2n+1) + 2\mu_B B m_s$$

mit $n = 0,1,2,\ldots$, dem Ausbreitungsvektor $\mathbf{k} = (k_1, k_2, k_3)$ nach Gl. (13.42), der Spinquantenzahl $m_s = \pm 1/2$ und dem Bohr-Magneton

$$\mu_B = \frac{e_0\hbar}{2m}.$$

Entsprechend erhält man für Defektelektronen oder Löcher im Valenzband die Energieniveaus bezüglich der gleichen Energieachse wie bei den Elektronen

$$E^{\mathrm{VB}}_{nk_3 m_s} = E_V - \frac{\hbar^2 k_3^2}{2m_V} - \frac{m}{m_V}\mu_B B(2n+1) - 2\mu_B B m_s.$$

Die Energieniveaus hängen von der Komponente k_3 des quasikontinuierlichen Ausbreitungsvektors in Richtung der magnetischen Induktion **B** quadratisch ab und werden deshalb auch als Landau-Parabeln bezeichnet. Die einzelnen Parabeln sind äquidistant und haben den Abstand

$$\hbar\omega_Z^L = \frac{e_0 B}{m_L} \quad \text{bzw.} \quad \hbar\omega_Z^V = \frac{e_0 B}{m_V}$$

mit der *Zyklotronfrequenz* ω_Z^L des Leitungsbandes bzw. ω_Z^V des Valenzbandes. Beträgt bei direkten Halbleitern die Energielücke $E_g = E_L - E_V$, so ist der kleinste Abstand zwischen Leitungsband und Valenzband im Magnetfeld ohne Spinflip $\Delta m_s = 0$ durch

$$E_g(B) = E_L - E_V + \hbar\omega_L^L + \hbar\omega_L^V$$

gegeben mit den effektiven *Larmor-Frequenzen*

$$\omega_L^L = \frac{1}{2}\omega_Z^L = \frac{m}{m_L}\frac{\mu_B B}{\hbar} \quad \text{und} \quad \omega_L^V = \frac{1}{2}\omega_Z^V = \frac{m}{m_V}\frac{\mu_B B}{\hbar}.$$

Die Landau-Niveaus sind außerdem bezüglich des Freiheitsgrades der y-Richtung bzw. k_2 entartet und die Zustandsdichte ergibt sich für das Leitungsband nach Abschn. 10.1.1 zu

$$g_L(E) = \frac{e_0 B V}{4\pi^2 \hbar^2}\sqrt{2m_L} \sum_{n,m_s}{}' \frac{1}{\sqrt{E - E_L - \hbar\omega_L^L(2n+1) - 2\mu_B B m_s}}.$$

Hier bedeutet der Strich an der Summe, daß nur über diejenigen $n = 0, 1, 2 \ldots$ und $m_s = \pm 1/2$ zu summieren ist, für die der Radikant positiv ist. Entsprechend ergibt sich die Zustandsdichte im Valenzband zu

$$g_V(E) = \frac{e_0 B V}{4\pi^2 \hbar^2}\sqrt{2m_V} \sum_{n,m_s}{}' \frac{1}{\sqrt{E_V - E - \hbar\omega_L^V(2n+1) - 2\mu_B B m_s}}.$$

Im Unterschied zur Zustandsdichte ohne Magnetfeld $B = 0$ nach Gl. (13.64) und (13.65) haben die Zustandsdichten $g_L(E)$ ung $g_V(E)$ im Magnetfeld Singularitäten an den Stellen

$$E = E_L + \hbar\omega_L^L(2n+1) + 2\mu_B B m_s$$

bezeihungsweise

$$E = E_V - \hbar\omega_L^V(2n+1) - 2\mu_B B m_s.$$

Diese Besonderheit führt bei der Messung der magnetischen Suszeptibilität der Kristallelektronen zum de Haas-van Alphen-Effekt, vergl. Abschn. 10.1.2 und 10.1.3.

13.4.7 Exzitonen

Bei der Behandlung optischer Übergänge zwischen elektronischen Energieniveaus von Halbleitern und Isolatoren muß beachtet werden, daß die in Abschn. 13.4.1 zu Grunde gelegte Einelektronennäherung in mehrfacher Hinsicht nicht ausreicht. Zum einen hängen die Ruhelagen der Atomkerne nach Absch. 13.2.1 vom elektronischen Zustand ab, zum anderen beziehen sich die Einteilchen-Kohn-Sham-Zustände der Dichtefunktionaltheorie nur auf den elektronischen Grundzustand, in dem alle Zustände des Valenzbandes besetzt und alle Zustände des Leitungsbandes unbesetzt sind. Für Anregungen im optischen Bereich wollen wir im Rahmen der Born-Oppenheimer-Näherung die Relaxation der Atomkerne oder Ionen vernachlässigen und die angeregten Zustände in Hartree-Fock-Näherung durch Slater-Determinanten beschreiben, die sich von der Slater-Determinante des Grundzustandes unterscheiden, vergl. Kap. 7. Nach dem in Abschn. 7.2 behandelten Koopmans-Theorem kann man bei hinreichend großer Elektronenzahl annehmen, daß sich die Einelektronenfunktionen praktisch nicht ändern, wenn nur eines von vielen Elektronen in einen höheren Einelektronenzustand angeregt wird. Dies ist bei optischen Anregungen perfekter Kristalle gut erfüllt und die Energie des Photons entspricht dann der Anregungsenergie nach dem Koopmans-Theorem Gl. (7.30)

$$\Delta E_{ab} = E_{ab}^{(N)} - E_g^{(N)}$$
$$= \varepsilon_a - \varepsilon_b - \frac{e^2}{4\pi\varepsilon_0} \int \frac{|\phi_b(\mathbf{r})|^2 |\phi_a(\mathbf{r}')|^2}{|\mathbf{r} - \mathbf{r}'|} \, d^3r \, d^3r'$$
$$+ \frac{e^2}{4\pi\varepsilon_0} \delta_{\sigma_b \sigma_a} \int \frac{\phi_b^*(\mathbf{r})\phi_a^*(\mathbf{r}')\phi_b(\mathbf{r}')\phi_a(\mathbf{r})}{|\mathbf{r} - \mathbf{r}'|} \, d^3r \, d^3r'.$$

Hier bezeichnet ϕ_a den angeregten Einelektronenzustand im Leitungsband zur Energie ε_a, ϕ_b den unbesetzten Zustand im Valenzband zur Energie ε_b, $E_g^{(N)}$ die N-Elektronenenergie des Grundzustandes und $E_{ab}^{(N)}$ die N-Elektronenenergie des angeregten Zustandes. Bei der optischen Anregung von Halbleitern kommt es jedoch in der Nähe der Energielücke zu besonderen Anregungsformen, den Exzitonen, die ihre Ursache in der quasikontinuierlichen Verteilung der Energieniveaus in den Bändern haben. Zu ihrer Beschreibung müssen alle Einteilchenzustände zumindest in der Umgebung der Bandkanten berücksichtigt werden, in der auch die Näherung der effektiven Massen, vergl. Abschn. 13.4.4 gültig ist.

Die Berücksichtigung der Coulomb-Wechselwirkung zwischen einem Elektron im Leitungsband und dem dazugehörigen Loch im Valenzband führt auf eine Schrödinger-Gleichung, die die möglichen Eigenwerte und Zustände eines Elektrons im Leitungsband und eines Loches im Valenzband bestimmt. Die Gleichung entspricht der des Wasserstoffatoms mit einem anziehenden Coulomb-Potential zwischen dem positiv geladenen Loch und dem negativ geladenen Elektron. Die eingeführten Näherungen mitteln die Schwankungen der Bloch-Funktionen innerhalb der Elementarzelle heraus und beschreiben nur die langreichweitige Wechselwirkung zwischen Elektron und Loch richtig. Dies kommt auch durch die Näherung der effektiven

Masse zum Ausdruck, die nur die Kristallelektronen mit kleinem Ausbreitungsvektor richtig beschreibt, für die die Wellenlänge groß ist im Vergleich mit der Gitterkonstanten. Diese Näherung kann also für große Abstände zwischen Elektron und Loch verwendet werden, wie sie bei *Wannier-Exzitonen* auftreten. Durch das elektrische Feld der Elementarladung wird allerdings der Kristall in der Umgebung eines Elektrons im Leitungsband oder Loches polarisiert, was zusätzlich berücksichtigt werden muß. Im einfachsten Fall kann dies wie in der Elektrostatik durch eine isotrope Dielektrizitätskonstante ε_r berücksichtigt werden und die Gleichung für ein Wannier-Exziton nimmt dann die Form an

$$\left[- \frac{\hbar^2}{2m_L} \Delta_1 - \frac{\hbar^2}{2m_V} \Delta_2 - \frac{e^2}{4\pi\varepsilon_0\varepsilon_r} \frac{1}{|\mathbf{r}_1 - \mathbf{r}_2|} \right] \psi(\mathbf{r}_1, \mathbf{r}_2)$$
$$= (E - E_0 - E_g)\psi(\mathbf{r}_1, \mathbf{r}_2). \tag{13.72}$$

Die möglichen gebundenen Energiezustände des Wannier-Exzitons sind die Einelektronenanregungen $E - E_0$ des Halbleiters und haben nach Abschn. 2.3.1 und 2.3.2 die Form

$$E - E_0 = E_g + \frac{\hbar^2 \mathbf{K}^2}{2(m_L + m_V)} - \frac{m_L m_V}{m_L + m_V} \frac{e^2}{32\pi^2\varepsilon_0^2\varepsilon_r^2\hbar^2} \frac{1}{n}$$

mit $n = 1, 2, 3, \ldots$. Hier bezeichnet $E_g = E_L - E_V$ die Energielücke zwischen Leitungsband und Valenzband, der zweite Term auf der rechten Seite die kinetische Energie des Exzitons und der dritte Term die wasserstoffähnlichen Energieniveaus der gebundenen Zustände zwischen zwei Quasiteilchen: einem Elektron im Leitungsband mit der effektiven Masse m_L und der Ladung $-e_0$ und einem Loch im Valenzband mit der effektiven Masse m_V und der Ladung e_0, die miteinander eine anziehende Coulomb-Wechselwirkung haben.

Bei vielen Halbleiterkristallen liegt ε_r^2 in der Größenordnung 10^2 und die Bindungsenergie zwischen Elektron und Loch in der Größenordnung 10 - 50 meV. Die optischen Übergänge bei der Erzeugung oder Vernichtung eines Exzitons liegen um diese Bindungsenergie unterhalb der Bandlücke E_g.

13.4.8 Ferromagnetismus

In Kristallen kann die Kopplung der Spins ungepaarter Elektronen durch die Austauschwechselwirkung zur Bildung von Ferromagnetika oder Antiferromagnetika führen. Zu ihrer qualitativen Herleitung verwenden wir im Rahmen der Born-Oppenheimer-Näherung, vergl. Abschn. 13.2.1, den vom Elektronenspin unabhängigen Hamilton-Operator Gl. (7.1) für N Elektronen im Grundgebiet V

$$H = \sum_{j=1}^{N} \left[-\frac{\hbar^2}{2m} \Delta_j + v(\mathbf{r}_j) \right] + \frac{e^2}{8\pi\varepsilon_0} \sum_{\substack{i,j \\ i \neq j}}^{1\ldots N} \frac{1}{|\mathbf{r}_i - \mathbf{r}_j|}.$$

13.4 Kristallelektronen

Wir gehen von der zu Beginn des Abschnittes 13.4 eingeführten Einelektronennäherung aus und nehmen der Einfachheit halber an, daß sich im elektronischen Grundzustand in jeder Elementarzelle ein ungepaartes Elektron befindet, das an einem Atom lokalisiert sei. Solche einzelnen Elektronen in einem zweifach spinentarteten Zustand gibt es z.B. bei Übergangsmetallen mit nicht abgeschlossener d-Schale. Wir betrachten hier nur Zustandsänderungen in Zusammenhang mit der Richtung der Spins dieser Elektronen, wobei die Zustände im Orts-Hilbert-Raum als unverändert angenommen werden. Die lokalisierten Einelektronzustände bezeichnen wir vereinfacht mit

$$\varphi_\mathbf{R}(\mathbf{r})\chi_m(\mathbf{s}),$$

wobei der Gittervektor $\mathbf{R}$ die Elementarzelle des Elektrons und $m = \pm 1/2$ die Quantenzahl der z-Komponente des Elektronenspins kennzeichnen.

Wie sich am Beispiel des Wasserstoffmoleküls in Abschn. 12.4.1 gezeigt hat, hängt bei einem Zweielektronenproblem die Grundzustandsenergie aufgrund der Austauschwechselwirkung davon ab, ob die Spins der beiden Elektronen antiparallel oder parallel eingestellt sind. Dieses Modell der störungstheoretischen Berechnung der elektrostatischen Wechselwirkung soll hier auf viele Elektronen in Ferromagnetika verallgemeinert werden. Dazu betrachten wir ausschließlich die Coulomb-Wechselwirkung der ungepaarten Elektronen in den lokalisierten Zuständen untereinander, deren Energie wir störungstheoretisch wie beim Wasserstoffmolekül für jedes Elektronenpaar in den Zuständen

$$\psi_\mathbf{R}(\mathbf{r})\chi_m(\mathbf{s}) \quad \text{bzw.} \quad \psi_{\mathbf{R}'}(\mathbf{r})\chi_{m'}(\mathbf{s})$$

berechnen können. Wir vernachlässigen die Überlappungsintegrale indem wir setzen

$$\int_V \psi_\mathbf{R}^*(\mathbf{r})\psi_{\mathbf{R}'}(\mathbf{r})\,\mathrm{d}^3 r = \delta_{\mathbf{R}\mathbf{R}'}$$

und bilden die Spinfunktionen für den Gesamtspin

$$\mathbf{S} = \mathbf{s}_1 + \mathbf{s}_2$$

der Spins $\mathbf{s}_1$ und $\mathbf{s}_2$ der beiden einzeln betrachteten Elektronen. Dabei entsteht nach Abschn. C.6 ein Singulettzustand

$$\chi_{00} = \frac{1}{\sqrt{2}}\left(\chi_{\frac{1}{2}}(\mathbf{s}_1)\chi_{-\frac{1}{2}}(\mathbf{s}_2) - \chi_{-\frac{1}{2}}(\mathbf{s}_1)\chi_{\frac{1}{2}}(\mathbf{s}_2)\right)$$

und drei Triplettzustände

$$\chi_{11} = \chi_{\frac{1}{2}}(\mathbf{s}_1)\chi_{\frac{1}{2}}(\mathbf{s}_2)$$
$$\chi_{10} = \frac{1}{\sqrt{2}}\left(\chi_{\frac{1}{2}}(\mathbf{s}_1)\chi_{-\frac{1}{2}}(\mathbf{s}_2) + \chi_{-\frac{1}{2}}(\mathbf{s}_1)\chi_{\frac{1}{2}}(\mathbf{s}_2)\right)$$
$$\chi_{1-1} = \chi_{-\frac{1}{2}}(\mathbf{s}_1)\chi_{-\frac{1}{2}}(\mathbf{s}_2).$$

zur Quantenzahl des Gesamtspins $S = 0$ bzw. $S = 1$. Die Wechselwirkungsenergie hängt nach Gl. (12.21) nur von S ab

$$E_{\mathbf{RR'}} = C_{\mathbf{RR'}} + (-1)^S J_{\mathbf{RR'}}$$

mit dem Coulomb-Integral

$$C_{\mathbf{RR'}} = \frac{e^2}{4\pi\varepsilon_0} \int_V \frac{\psi^*_{\mathbf{R}}(\mathbf{r})\psi^*_{\mathbf{R'}}(\mathbf{r'})\psi_{\mathbf{R'}}(\mathbf{r'})\psi_{\mathbf{R}}(\mathbf{r})}{|\mathbf{r} - \mathbf{r'}|} \, d^3r \, d^3r'$$

und dem Austauschintegral

$$J_{\mathbf{RR'}} = \frac{e^2}{4\pi\varepsilon_0} \int_V \frac{\psi^*_{\mathbf{R}}(\mathbf{r})\psi^*_{\mathbf{R'}}(\mathbf{r'})\psi_{\mathbf{R}}(\mathbf{r'})\psi_{\mathbf{R'}}(\mathbf{r})}{|\mathbf{r} - \mathbf{r'}|} \, d^3r \, d^3r'.$$

Ferromagnetismus oder Antiferromagnetismus entsteht, wenn eine geordnete Einstellung der einzelnen Elektronenspins energetisch günstiger ist als eine ungeordnete. Wir berechnen deshalb die Differenz der Energien bei paralleler Einstellung ↑↑ und bei antiparalleler Einstellung ↑↓ der beiden Spins

$$E^{\uparrow\uparrow}_{\mathbf{RR'}} - E^{\uparrow\downarrow}_{\mathbf{RR'}} = -2J_{\mathbf{RR'}},$$

die nur vom Austauschintegral abhängt. Der Operator im vierdimensionalen Spinraum der beiden Elektronen mit den Basisfunktionen $|s_1, s_2, S, M\rangle$, der die beiden Energien, bis auf eine vom Spin unabhängige Konstante, als Eigenwerte besitzt, hat die Form

$$H_{\mathbf{RR'}} = -2J_{\mathbf{RR'}} \mathbf{s}_1 \cdot \mathbf{s}_2.$$

□ Zum Beweise beachten wir $\mathbf{S} = \mathbf{s}_1 + \mathbf{s}_2$ mit

$$\mathbf{S}^2 = \mathbf{s}_1^2 + \mathbf{s}_2^2 + 2\mathbf{s}_1 \cdot \mathbf{s}_2$$
$$= \frac{3}{2}\mathbf{1} + 2\mathbf{s}_1 \cdot \mathbf{s}_2,$$

denn es gelten die Eigenwertgleichungen mit den Spinquantenzahlen der beiden Einzelelektronen $s_1 = 1/2$, $s_2 = 1/2$ und $|s_1 s_2 SM\rangle = |\frac{1}{2}\frac{1}{2}SM\rangle$, vergl. Abschn. C.6,

$$\mathbf{s}_1^2|s_1 s_2 SM\rangle = \frac{1}{2}\left(\frac{1}{2} + 1\right)|s_1 s_2 SM\rangle = \frac{3}{4}|s_1 s_2 SM\rangle$$
$$\mathbf{s}_2^2|s_1 s_2 SM\rangle = \frac{3}{4}|s_1 s_2 SM\rangle$$
$$\mathbf{S}^2|s_1 s_2 SM\rangle = S(S+1)|s_1 s_2 SM\rangle.$$

Daraus erhält man die Operatorrelation

$$\mathbf{s}_1 \cdot \mathbf{s}_2 = \frac{1}{2}\left[S(S+1) - \frac{3}{2}\right]\mathbf{1} = \begin{cases} +\frac{1}{4}\mathbf{1} & \text{für } S = 1; \\ -\frac{3}{4}\mathbf{1} & \text{für } S = 0, \end{cases}$$

woraus sich die Behauptung ergibt. ∎

Summiert man den Operator $H_{\mathbf{RR}'}$ über die Elektronen in den einzelnen Elementarzellen, so erhält man den *Heisenberg-Operator* der Austauschenergie

$$H_{\mathrm{H}} = - \sum_{\substack{\mathbf{R},\mathbf{R}' \\ \mathbf{R} \neq \mathbf{R}'}} J_{\mathbf{RR}'} \mathbf{s}_{\mathbf{R}} \cdot \mathbf{s}_{\mathbf{R}'}.$$

Bei positiven Austauschintegralen $J_{\mathbf{RR}'} > 0$ ist die parallele Einstellung der Spins energetisch günstiger und führt unter Umständen zu Ferromagnetismus, während bei negativen Austauschintegralen Antiferromagnetismus möglich ist. Eine vereinfachte Version des Austauschoperators enthält das *Ising-Modell*

$$H_{\mathrm{I}} = - \sum_{\substack{\mathbf{R},\mathbf{R}' \\ \mathbf{R} \neq \mathbf{R}'}} J_{\mathbf{RR}'} s_{z\,\mathbf{R}} s_{z\,\mathbf{R}'},$$

bei dem nur die z-Komponenten der beiden Elektronenspins $s_{z\,\mathbf{R}}$ berücksichtigt werden. Aus der Form des Austauschintegrals ergibt sich, daß praktisch nur benachbarte Spins gekoppelt werden.

13.5 Temperaturabhängige Eigenschaften

Aus praktischen Gründen werden Festkörpereigenschaften meist bei einer bestimmten Temperatur T und einem bestimmten Druck p gemessen. Wir gehen hier zunächst von einer festen Teilchenzahl aus und betrachten den einfachen Fall, daß die makroskopischen Zustände nur von T, p und dem Volumen V festgelegt sind. Das thermodynamische Gleichgewicht ist dann durch das Minimum der freien Enthalpie

$$G(T,p) = F + pV$$

gegeben, wobei F die freie Energie des Festkörpers mit dem Volumen V bezeichnet. Bei der Ausführung einer quantenmechanischen Berechnung im Rahmen der Born-Oppenheimer-Näherung wird von einem gegeben Volumen V ausgegangen. Wenn sich der Festkörper im thermischen Kontakt zu einem großen Wärmespeicher der Temperatur T befindet, können wir ihn im thermodynamischen Gleichgewicht mit Hilfe einer kanonischen Gesamtheit beschreiben, vergl. Abschn. 4.4. Ist $H(V)$ der Hamilton-Operator in Born-Oppenheimer-Näherung, so lautet der statistische Operator nach Gl. (4.23)

$$\rho(T,V) = \frac{1}{Z(T,V)} \exp\left\{-\frac{H(V)}{k_{\mathrm{B}}T}\right\}$$

mit der Zustandssumme

$$Z(T,V) = \mathrm{Sp}\left\{\exp\left\{-\frac{H(V)}{k_B T}\right\}\right\},$$

der Boltzmann-Konstanten k_B und $\mathrm{Sp}(\rho) = 1$. Wir berechnen die Spur des statistischen Operators in einer Basis aus den Eigenfunktionen des Hamilton-Operators und erhalten die Zustandssumme $Z(T,V)$ aus den Eigenwerten des Hamilton-Operators nach Gl. (4.25) und daraus nach Gl. (4.26) die freie Energie $F(T,V)$, die Entropie $S(T,V)$ und die Zustandsgleichung $p(T,V)$

$$F(T,V) = -k_B T \ln\{Z(T,V)\}$$

$$S(T,V) = -\left(\frac{\partial F}{\partial T}\right)_V$$

$$p(T,V) = -\left(\frac{\partial F}{\partial V}\right)_T.$$

Löst man die Zustandsgleichung $p(T,V)$ nach V auf, so kann man daraus $F(T,p)$ und $G(T,p)$ erhalten.

Auf diese Weise lassen sich zunächst nur kubische perfekte Kristalle im thermodynamischen Gleichgewicht beschreiben, bei denen das Volumen nur von einer Gitterkonstanten abhängt und sonst keine weiteren inneren Parameter in Bezug auf die Kernkoordinaten existieren. Bei Anlegen von uniaxialem Druck oder äußeren elektrischen oder magnetischen Feldern müssen außer der Volumenarbeit noch weitere Arbeiten im ersten Hauptsatz der Thermodynamik berücksichtigt werden, so daß die thermodynamischen Potentiale von weiteren äußeren Parametern abhängen. Wir beschränken uns hier jedoch auf einfache p-V-T-Systeme.

13.5.1 Thermodynamische Potentiale

Die Zustandssumme $Z(T,V) = \mathrm{Sp}(\rho)$ berechnen wir durch Entwicklung nach den Eigenfunktionen des Hamilton-Operators. In Born-Oppenheimer-Näherung sind nach Abschn. 13.2.1 die Eigenwerte unter Vernachlässigung der Elektron-Gitter-Wechselwirkung

$$E_{\nu\mu}^{\mathrm{BON}} = E_{\nu}^{\mathrm{El}}(\mathbf{X}_0) + E_{\nu\mu}^{\mathrm{Ion}}(\mathbf{X}_0),$$

wobei die Quantenzahlen ν die elektronischen Zustände und μ die Gitterschwingungszustände abzählen, die ebenso wie die Gitterschwingungsenergien noch vom elektronischen Zustand ν abhängen. Die Ruhelagen der Atomkerne sind durch $\mathbf{X}_0$ gekennzeichnet. Damit erhält man für die Zustandssumme

$$Z(T,V) = \sum_{\nu,\mu} \exp\left\{-\frac{E_{\nu}^{\mathrm{El}} + E_{\nu\mu}^{\mathrm{Ion}}}{k_B T}\right\}$$

$$= \sum_{\nu} \exp\left\{-\frac{E_{\nu}^{\mathrm{El}}}{k_B T}\right\} \sum_{\mu} \exp\left\{-\frac{E_{\nu\mu}^{\mathrm{Ion}}}{k_B T}\right\}.$$

13.5 Temperaturabhängige Eigenschaften

Zur Vereinfachung der Summen betrachten wir zwei verschiedene Grenzfälle. Da bei Zimmertemperatur $T = 300\,\text{K}$ die thermische Energie $k_B T = 26\,\text{meV}$ ausmacht, tragen Summanden mit weiter entfernten Energieniveaus praktisch nichts zur Zustandssumme bei. Deshalb kann man bei Metallen die Näherung einführen, die Gitterschwingungen allein mit dem elektronischen Grundzustand $\nu = 0$ zu berechnen. Bei Halbleitern mit einer Anregungsenergie bzw. Energielücke $E_g \gg k_B T$ tragen die angeregten elektronischen Zustände nichts zur Zustandssumme bei. In beiden Fällen führen wir die Näherung ein

$$Z(T,V) = \sum_\nu \exp\left\{-\frac{E_\nu^{\text{El}}}{k_B T}\right\} \sum_\mu \exp\left\{-\frac{E_{0\mu}^{\text{Ion}}}{k_B T}\right\}$$

und die freie Energie

$$F(T,V) = -k_B T \ln\left\{Z(T,V)\right\}$$

läßt sich dann in einen Elektronenanteil F^{El} und einen Ionenanteil F^{Ion} zerlegen

$$F(T,V) = F^{\text{El}}(T,V) + F^{\text{Ion}}(T,V) \tag{13.73}$$

mit

$$F^{\text{El}}(T,V) = -k_B T \ln\left\{\sum_\nu \exp\left\{-\frac{E_\nu^{\text{El}}}{k_B T}\right\}\right\}$$

$$F^{\text{Ion}}(T,V) = -k_B T \ln\left\{\sum_\mu \exp\left\{-\frac{E_{0\mu}^{\text{Ion}}}{k_B T}\right\}\right\}.$$

Daraus erhält man die Zerlegung der Entropie

$$S(T,V) = S^{\text{El}}(T,V) + S^{\text{Ion}}(T,V)$$

mit

$$S^{\text{El}}(T,V) = -\left(\frac{\partial F^{\text{El}}}{\partial T}\right)_V$$

$$S^{\text{Ion}}(T,V) = -\left(\frac{\partial F^{\text{Ion}}}{\partial T}\right)_V$$

und nach Gl. (4.27) die Zerlegung der inneren Energie

$$U(T,V) = U^{\text{El}}(T,V) + U^{\text{Ion}}(T,V)$$

mit

$$U^{\text{El}}(T,V) = F^{\text{El}}(T,V) + T S^{\text{El}}(T,V)$$
$$U^{\text{Ion}}(T,V) = F^{\text{Ion}}(T,V) + T S^{\text{Ion}}(T,V).$$

Für die freie Enthalpie ergibt sich
$$G(T,V) = pV + F^{\text{El}}(T,V) + F^{\text{Ion}}(T,V)$$
und die Zustandsgleichung hat die Form
$$p(T,V) = -\left(\frac{\partial F^{\text{El}}}{\partial V}\right)_T - \left(\frac{\partial F^{\text{Ion}}}{\partial V}\right)_T. \tag{13.74}$$
Die Zustandsgleichung wird durch den *Kompressionsmodul*
$$B(T,V) = -V\left(\frac{\partial p}{\partial V}\right)_T = V\left(\frac{\partial^2 F}{\partial V^2}\right)_T \tag{13.75}$$
und den *thermischen Ausdehnungskoeffizienten*
$$\alpha(T,p) = \frac{1}{V}\left(\frac{\partial V}{\partial T}\right)_p \tag{13.76}$$
bestimmt, die mit dem Spannungskoeffizienten
$$\beta(T,V) = \frac{1}{p}\left(\frac{\partial p}{\partial T}\right)_V$$
durch
$$\alpha B = p\beta \tag{13.77}$$
verknüpft sind.

□ Zum Beweis verwenden wir die Zustandsgleichung $p = p(T,V)$
$$dp = \left(\frac{\partial p}{\partial T}\right)_V dT + \left(\frac{\partial p}{\partial V}\right)_T dV$$
woraus
$$0 = \left(\frac{\partial p}{\partial T}\right)_V + \left(\frac{\partial p}{\partial V}\right)_T \left(\frac{\partial V}{\partial T}\right)_p = p\beta - \alpha B$$
und damit die Behauptung folgt. ∎

Zur Berechnung des von den Ionen herrührenden Anteils der thermodynamischen Potentiale führen wir die harmonische Näherung für die Gitterschwingungen ein. Die Energieniveaus sind dann durch Gl. (13.33) gegeben. Befinden sich in der Elementarzelle M und im Grundgebiet mit dem Volumen V $M' = L^3 M$ Atomkerne, so gibt es $L = 3M'$ Schwingungsfrequenzen, die wir der Einfachheit halber hier durchnumerieren. Die Energie der harmonischen Gitterschwingungen ist dann
$$E^{\text{Ion}}_{0\mu} = E^{\text{Ion}}_{n_1,n_2,\ldots n_L} = \sum_{l=1}^{L} \hbar\omega_l \left(n_l + \frac{1}{2}\right)$$
mit $n_l = 0,1,2,\ldots$. Damit erhält man für den Ionenanteil der freien Energie
$$F^{\text{Ion}}(T,V) = k_B T \sum_{l=1}^{L} \left[\frac{1}{2}\frac{\hbar\omega_l}{k_B T} + \ln\left(1 - \exp\left\{-\frac{\hbar\omega_l}{k_B T}\right\}\right)\right]. \tag{13.78}$$

13.5 Temperaturabhängige Eigenschaften

□ Zum Beweise setzen wir die Zustandssumme mit den obigen Energieniveaus ein

$$F^{\text{Ion}} = -k_B T \ln \left\{ \sum_{n_1=0}^{\infty} \sum_{n_2=0}^{\infty} \cdots \sum_{n_L=0}^{\infty} \exp\left\{ -\sum_{l=0}^{L} \frac{\hbar\omega_l}{k_B T}(n_l + \tfrac{1}{2}) \right\} \right\}$$

$$= -k_B T \ln \left\{ \sum_{n_1=0}^{\infty} \sum_{n_2=0}^{\infty} \cdots \sum_{n_L=0}^{\infty} \prod_{l=1}^{L} \exp\left\{ -\frac{\hbar\omega_l}{k_B T} n_l \right\} \exp\left\{ -\frac{\hbar\omega_l}{2 k_B T} \right\} \right\}$$

und erhalten mit der Abkürzung $x_l = \hbar\omega_l/k_B T$

$$F^{\text{Ion}} = -k_B T \ln \left\{ \prod_{l=1}^{L} \left(\sum_{n_l=0}^{\infty} \exp\left\{ -\frac{x_l}{2} \right\} \exp\{-n_l x_l\} \right) \right\}$$

$$= -k_B T \sum_{l=1}^{L} \ln \left\{ \exp\left\{ -\frac{x_l}{2} \right\} \sum_{n_l=0}^{\infty} \exp\{-n_l x_l\} \right\}$$

$$= -k_B T \sum_{l=1}^{L} \ln \left\{ \exp\left\{ -\frac{x_l}{2} \right\} \left(1 - \exp\{-x_l\}\right)^{-1} \right\}$$

$$= k_B T \sum_{l=1}^{L} \left[\frac{x_l}{2} + \ln\{1 - \exp\{-x_l\}\} \right],$$

wobei die Summenformel $S = 1/(1-q)$ für die geometrische Reihe $S = \sum_{n=0}^{\infty} q^n$ mit $q = \exp\{-x_l\}$ verwendet wurde. ■

Damit erhält man für den Ionenanteil der Entropie

$$S^{\text{Ion}}(T, V) = -\left(\frac{\partial F^{\text{Ion}}}{\partial T} \right)_V$$

$$= -\frac{1}{T} F^{\text{Ion}}(T, V) + \frac{1}{T} \sum_{l=1}^{L} \hbar\omega_l \left[\frac{1}{2} + \left(\exp\left\{ \frac{\hbar\omega_l}{k_B T} \right\} - 1 \right)^{-1} \right].$$

□ Zum Beweise berechnen wir mit $x_l = \hbar\omega_l/k_B T$

$$S^{\text{Ion}} + \frac{1}{T} F^{\text{Ion}} = -k_B T \frac{\partial}{\partial T} \sum_{l=1}^{L} \left[\frac{x_l}{2} + \ln\left(1 - \exp\{-x_l\}\right) \right]$$

$$= k_B T \sum_{l=1}^{L} \frac{x_l}{T} \frac{\mathrm{d}}{\mathrm{d}x_l} \left[\frac{x_l}{2} + \ln\left(1 - \exp\{-x_l\}\right) \right]$$

$$= k_B \sum_{l=1}^{L} x_l \left[\frac{1}{2} + \frac{\exp\{-x_l\}}{1 - \exp\{-x_l\}} \right]$$

$$= k_B \sum_{l=1}^{L} x_l \left[\frac{1}{2} + \frac{1}{\exp\{x_l\} - 1} \right]$$

und erhalten das obige Ergebnis. ■

Aus der freien Energie F^{Ion} und der Entropie S^{Ion} berechnet sich dann der Ionenanteil der inneren Energie zu

$$U^{\text{Ion}}(T,V) = F^{\text{Ion}}(T,V) + TS^{\text{Ion}}(T,V)$$

$$= \sum_{l=1}^{L} \hbar\omega_l \left[\frac{1}{2} + \left(\exp\left\{\frac{\hbar\omega_l}{k_B T}\right\} - 1\right)^{-1}\right],$$

die auch mit Hilfe der *Bose-Verteilung*

$$f_B(E,T) = \frac{1}{\exp\left\{\frac{E}{k_B T}\right\} - 1}$$

in der Form

$$U^{\text{Ion}}(T,V) = \sum_{l=1}^{L} \hbar\omega_l \left[\frac{1}{2} + f_B(\hbar\omega_l, T)\right] \tag{13.79}$$

geschrieben wird.

Speziell bei Halbleitern mit großen Energielücken $E_g \gg k_B T$ bzw. Anregungsenergien spielen bei dem Elektronenanteil der freien Energie Gl. (13.73) die angeregten Zustände praktisch keine Rolle mehr. Ist die elektronische Grundzustandsenergie E_0^{El} d-fach entartet, erhält man

$$F^{\text{El}}(T,V) = -k_B T \ln\left\{d\exp\left\{-\frac{E_0^{\text{El}}}{k_B T}\right\}\right\}$$

$$= -k_B T \ln d + E_0^{\text{El}}(V). \tag{13.80}$$

Der Elektronenanteil der freien Energie ist bei nicht entarteter Grundzustandsenergie $d = 1$ von der Temperatur unabhängig. Für den Elektronenanteil der Entropie erhält man daraus

$$S^{\text{El}}(T,V) = -\left(\frac{\partial F^{\text{El}}}{\partial T}\right)_V = k_B \ln d.$$

Wird die Entartung des Grundzustandes als vom Volumen unabhängig angenommen, ergibt sich für S^{El} eine Konstante. Die Zustandsgleichung hat also bei Halbleitern nach Gl. (13.74) die einfache Form

$$p(T,V) = -\frac{dE_0^{\text{El}}(V)}{dV} - \left(\frac{\partial F^{\text{Ion}}}{\partial V}\right)_T. \tag{13.81}$$

13.5.2 Kristallstruktur und Bindungsenergie

Setzt man bei einem Kristall das Bravais-Gitter, vergl. Abschn. 13.1.3, voraus, so hängen die Orte der Atomkerne oder Ionen und damit das Volumen nur noch von den Gitterkonstanten ab. Aufgrund der zu Beginn gemachten Einschränkungen betrachten wir hier nur die Abhängigkeit der freien Energie von der Temperatur T und dem Volumen V. Die ist streng genommen nur für perfekte kubische Kristalle korrekt, bei denen das Volumen proportinal zu a^3 ist mit der Gitterkonstanten a, während in den anderen Fällen mehrere Gitterkonstanten zu berücksichtigen sind. Das Volumen im thermodynamischen Gleichgewicht ergibt sich dann aus Gl. (13.81), indem man etwa $p = 0$ setzt. Die Temperaturabhägigkeit von V hängt dann nur von F^{Ion} ab und wird inm Abschn. 13.5.4 besprochen. Allgemein ist der Gitteranteil des Druckes in Gl. (13.81) für Temperaturen unterhalb der Debye-Temperatur klein gegen den Elektronenanteil. Zur Abschätzung kann man die Grüneisen-Näherung

$$\frac{\partial F^{\text{Ion}}(T=0,V)}{\partial V} \approx -\frac{9}{8}\frac{M'}{V}k_B\Theta\gamma$$

verwenden, vergl. Abschn. 13.5.3. Hier bezeichnet M' die Anzahl der Atome im Volumen V, Θ die Debye-Temperatur und γ den Grüneisen-Parameter, der in der Größenordnung eins liegt. Näherungsweise ergibt sich dann das Gleichgewichtsvolumen bei der Temperatur $T = 0\,\text{K}$ und dem Druck $p = 0\,\text{Pa}$ aus der elektronischen Grundzustandsenergie und der Grüneisen-Korrektur

$$\frac{dE_0^{\text{El}}(V)}{dV} = \frac{9}{8}\frac{M'}{V}k_B\Theta\gamma, \qquad (13.82)$$

was sich im Rahmen der Dichtefunktionaltheorie berechnen läßt.

Bestimmt man die elektronische Grundzustandsenergie als Funktion des Volumens für verschiedene Kristallgitter der gleichen chemischen Zusammensetzung, so läßt sich mit den oben genannten Einschränkungen aus der Lage der verschiedenen Minima die Kristallstruktur im thermodynamischen Gleichgewicht ermitteln. Außerdem kann man daraus mögliche Phasenübergänge in andere Kristallgitter ableiten. Ein Phasenübergang kann stattfinden, wenn die freien Enthalpien $G(T,p)$ beider Kristallgitter übereinstimmen. Bei nicht zu hohen Temperaturen gilt

$$G = U + pV - TS \approx U + pV$$

und der Druck p für einen Phasenübergang zwischen der einen Kristallstruktur mit G_1, der inneren Energie U_1 und dem Volumen V_1 und der anderen Kristallstruktur mit G_2, U_2 und V_2 ist gegeben durch

$$p = -\frac{U_2 - U_1}{V_2 - V_1}.$$

Die Bindungsenergie eines Kristalles ist definiert durch die bei der Temperatur $T = 0\,\text{K}$ isotherm aufzubringende Arbeit pro Elementarzelle um den Kristall mit dem Volumen V in Einzelatome zu zerlegen. Aus der Berechnung der freien Energie $F(T, V) = U - TS$ läßt sich die *Bindungsenergie* E_B bestimmen

$$E_B = -\int_V^\infty p(T=0,V)\,\mathrm{d}V = \int_V^\infty \mathrm{d}F(T=0,V)$$
$$= \int_V^\infty \mathrm{d}U(T=0,V) = U(T=0,V=\infty) - U(T=0,V).$$

Die innere Energie $U(T = 0, V)$ besteht aus einem elektronischen und einem ionischen Anteil, während für $U(T = 0, V = \infty)$ nur die elektronische Grundzustandsenergie der isolierten Atome zu berechnen ist. Experimentell wird die Bindungsenergie aus der Bildungsenergie der chemischen Herstellungsprozesse bestimmt, indem ein Born-Haber-Kreisprozeß einbezogen wird.

13.5.3 Wärmekapazität

Die innere Energie ergibt sich in der für Halbleiter gültigen Näherung aus der elektronischen Grundzustandsenergie E_0^{El} nach Gl. (13.80) bei Vernachlässigung des Entartungsanteils und dem Ionenanteil Gl. (13.79) zu

$$U(T, V) = F^{\text{El}} + TS^{\text{El}} + U^{\text{Ion}}$$
$$= E_0^{\text{El}}(V) + k_B T \sum_{l=1}^L x_l \left[\frac{1}{2} + \left(\exp\{x_l\} - 1\right)^{-1}\right]$$

mit $x_l = \hbar\omega_l/k_B T$. Daraus bestimmt sich die Wärmekapazität bei konstanten Volumen allein aus dem Anteil der Gitterschwingungen

$$C_V(T, V) = \left(\frac{\partial U}{\partial T}\right)_V = k_B \sum_{l=1}^L \frac{x_l^2 \exp\{x_l\}}{\left(\exp\{x_l\} - 1\right)^2}, \qquad (13.83)$$

wobei $L = 3M'$ die Anzahl der Freiheitsgrade der M' Atome im Volumen V bezeichnet.

□ Zum Beweise beachtet man $k_B T x_l = \hbar\omega_l$ sowie

$$\frac{\partial x_l}{\partial T} = -\frac{x_l}{T}$$

und

$$\frac{\partial}{\partial T}\frac{1}{\exp\{x_l\} - 1} = \frac{x_l}{T}\frac{\exp\{x_l\}}{\left(\exp\{x_l\} - 1\right)^2},$$

woraus sich die Formel ergibt. ∎

13.5 Temperaturabhängige Eigenschaften

Die Wärmekapazität bei konstantem Druck C_p und bei konstantem Volumen C_V unterscheiden sich bei Festkörpern praktisch nicht, denn es gilt für p-V-T-Syteme

$$C_p - C_V = T\alpha^2 BV \ll C_V,$$

was auf die geringe thermische Ausdehnung zurückzuführen ist.

□ Zum Beweise gehen wir vom 1. Hauptsatz der Thermodynamik aus und erhalten

$$\begin{aligned}C_p - C_V &= \left[\left(\frac{\partial U}{\partial V}\right)_T + p\right]\left(\frac{\partial V}{\partial T}\right)_p \\ &= \left[\left(\frac{\partial U}{\partial V}\right)_T - \left(\frac{\partial F}{\partial V}\right)_T\right]\left(\frac{\partial V}{\partial T}\right)_p \\ &= T\left(\frac{\partial S}{\partial V}\right)_T\left(\frac{\partial V}{\partial T}\right)_p.\end{aligned}$$

Wir beachten dann Gl. (4.26)

$$\left(\frac{\partial S}{\partial V}\right)_T = -\frac{\partial^2 F}{\partial V \partial T} = \left(\frac{\partial p}{\partial T}\right)_V$$

und setzen den thermischen Ausdehnungskoeffizienten Gl. (13.76) und die Zustandsgleichung $\alpha B = p\beta$ Gl. (13.77) ein

$$C_p - C_V = T\left(\frac{\partial p}{\partial T}\right)_V\left(\frac{\partial V}{\partial T}\right)_p = T\alpha BV\alpha. \blacksquare$$

Betrachtet man die Temperaturabhängigkeit der Wärmekapazität Gl. (13.83), so folgt für $T \to \infty$ bzw. $x_l \to 0$ das *Dulong-Petit-Gesetz* [1]

$$C_V \xrightarrow[T \to \infty]{} 3M'k_B,$$

wobei M' die Anzahl der Atome im Volumen V bezeichnet. Da bei Festkörpern die Phononenenergien praktisch kontinuierlich verteilt sind, kann die Wärmekapazität Gl. (13.83) auch in Form eines Integrales geschrieben werden, wobei über die Phononenenergie E integriert wird und $f(x)$ eine gegebene Funktion darstellt

$$\sum_{l=1}^{L} f\left(\frac{\hbar\omega_l}{k_B T}\right) = \int_0^\infty f\left(\frac{E}{k_B T}\right) g(E)\, dE \quad \text{mit} \quad \int_0^\infty g(E)\, dE = 3M'$$

---

[1] Es gilt

$$\lim_{x \to 0} \frac{x^2 \exp\{x\}}{\left(\exp\{x\} - 1\right)^2} = 1.$$

und $g(E)$ die Phononenzustandsdichte bezeichnet. Für akustische Phononen gilt in einer Umgebung von $\mathbf{K} = 0$ ein lineares Dispersionsgesetz $E(\mathbf{K}) = v\hbar|\mathbf{K}|$ mit der Schallgeschwindigkeit v und dem Ausbreitungsvektor $\mathbf{K}$ nach Gl. (13.23). Bei tiefen Temperaturen liefern die Phononen mit den niedrigen Energien den Hauptbeitrag zur Wärmekapazität, wodurch sich die *Debye-Näherung* der Phononenzustandsdichte

$$g(E) = \frac{9M'}{k_B^3 \Theta^3} E^2 \theta\left(\frac{E}{k_B T}\right) \quad \text{mit} \quad \theta(x) = \begin{cases} 1 & \text{für } x \leq 1 \\ 0 & \text{für } x > 1 \end{cases}$$

veranschaulichen läßt. Hierbei bezeichnet Θ die *Debye-Temperatur*, die für jeden Festkörper charakteristisch ist.

□ Zur Herleitung der Debye-Näherung beachten wir, daß die Summe über die Phononenenergien $l = 1, 2, \ldots L$ nach Gl. (13.33) aus einer Summe über die verschiedenen Dispersionszweige und über die Ausbreitungsvektoren $\mathbf{K}$ im reduzierten Bereich besteht. Die letztere Summe läßt sich in ein Integral überführen

$$\sum_{\mathbf{K}}^{L^3} 1 = \int_0^\infty g(E) \, \mathrm{d}E$$

mit der Zustandsdichte $g(E)$ nach Gl. (13.55), in der eine Spinentartung berücksichtigt wurde

$$g(E) = \frac{V}{8\pi^3} \frac{4\pi \mathbf{K}^2}{v\hbar} = \frac{V}{2(\pi v\hbar)^2} E^2.$$

Aufgrund der Dispersionsbeziehung $E(\mathbf{K}) = v\hbar|\mathbf{K}|$ erhält man kugelförmige Energieflächen im $\mathbf{K}$-Raum mit der Oberfläche $4\pi\mathbf{K}^2$ und der Betrag des Gradienten ist $|\partial E(\mathbf{K})/\partial \mathbf{K}| = v\hbar$. Macht man gemeinsam für alle Phononendispersionszweige den Ansatz von Debye

$$g(E) = cE^2 \theta\left(\frac{E}{K_B T}\right)$$

mit der Debye-Temperatur Θ, so kann man die Konstante c aus der Bedingung

$$\int_0^\infty g(E) \, \mathrm{d}E = c \int_0^{k_B \Theta} E^2 \, \mathrm{d}E = \frac{c}{3} k_B^3 \Theta^3 = 3M'$$

zu

$$c = \frac{9M'}{k_B^3 \Theta^3}$$

bestimmen. ∎

13.5 Temperaturabhängige Eigenschaften

Damit ergibt sich für die Wärmekapazität nach Gl. (13.83) genähert das T^3-*Gesetz von Debye* für M' Atome im Volumen V

$$C_V = \frac{12\pi^4}{5} M' k_\mathrm{B} \left(\frac{T}{\Theta}\right)^3 \quad \text{für} \quad T \ll \Theta.$$

Bei sehr tiefen Temperaturen hat man bei Metallen noch den Elektronenanteil der Wärmekapazität nach Gl. (8.22) zu berücksichtigen.

□ Zum Beweise gehen wir von Gl. (13.83) aus

$$C_V = \left(\frac{\partial U}{\partial T}\right)_V = \frac{\partial}{\partial T} \sum_{l=1}^{L} \hbar \omega_l \left[\frac{1}{2} + \left(\exp\left\{\frac{\hbar \omega_l}{k_\mathrm{B} T}\right\} - 1\right)^{-1}\right]$$

$$= \int_0^\infty E \frac{\mathrm{d}}{\mathrm{d}T} \left(\exp\left\{\frac{E}{k_\mathrm{B} T}\right\} - 1\right)^{-1} g(E)\,\mathrm{d}E,$$

setzen $z = E/k_\mathrm{B} T$ und führen eine partielle Integration aus

$$C_V = -k_\mathrm{B}^2 T \int_0^\infty z^2 g(k_\mathrm{B} T z) \frac{\mathrm{d}}{\mathrm{d}z}\left(\exp\{z\} - 1\right)^{-1} \mathrm{d}z$$

$$= -9 M' k_\mathrm{B} \left(\frac{T}{\Theta}\right)^3 \int_0^{\Theta/T} z^4 \frac{\mathrm{d}}{\mathrm{d}z}\left(\frac{1}{\exp\{z\} - 1}\right) \mathrm{d}z$$

$$= 9 M' k_\mathrm{B} \left(\frac{T}{\Theta}\right)^3 \left[-\left(\frac{\Theta}{T}\right)^4 \frac{1}{\exp\{\Theta/T\} - 1} + 4 \int_0^{\Theta/T} \frac{z^3\,\mathrm{d}z}{\exp\{z\} - 1}\right].$$

Für $T \ll \Theta$ kann der erste Term in der eckigen Klammer vernachlässigt und das Integral des zweiten Terms bis ∞ ausgedehnt werden. Dann ergibt sich wegen

$$\int_0^\infty \frac{z^3\,\mathrm{d}z}{\exp\{z\} - 1} = \frac{\pi^4}{15}$$

die obige Formel von Debye. ■

Mit Hilfe der Debye-Näherung läßt sich die Nullpunktsschwingungsenergie durch die Debye-Temperatur Θ ausdrücken

$$U^\mathrm{Ion}(T=0,V) = \sum_{l=1}^{L} \hbar \omega_l \frac{1}{2} = \frac{1}{2} \int_0^\infty E g(E)\,\mathrm{d}E$$

$$= \frac{1}{2} \frac{9 M'}{k_\mathrm{B}^3 \Theta^3} \int_0^{k_\mathrm{B} \Theta} E^3\,\mathrm{d}E = \frac{9}{8} M' k_\mathrm{B} \Theta.$$

In der Grüneisen-Näherung wird die Volumenabhängigkeit der Debye-Temperatur durch einen *Grüneisen-Parameter* γ beschrieben

$$\frac{\mathrm{d}\Theta}{\mathrm{d}V} = -\gamma \frac{\Theta}{V},$$

so daß sich mit diesen Näherungen

$$\left(\frac{\partial F^\mathrm{Ion}(T=0,V)}{\partial V}\right)_T = \left(\frac{\partial U^\mathrm{Ion}(T=0,V)}{\partial V}\right)_T = -\frac{9}{8} \frac{M'}{V} k_\mathrm{B} \Theta \gamma$$

ergibt, was in Gl. (13.82) verwendet wurde.

13.5.4 Kompressionsmodul und thermische Ausdehnung

Der Kompressionsmodul $B(T,V)$ kann nach Gl. (13.75) aus der freien Energie als Funktion von T und V berechnet werden. Zur Umrechnung auf den experimentell bestimmbaren Kompressionsmodul $B(T,p)$ bei gegebener Temperatur T und gegebenem Druck p kann man die Tatsache ausnutzen, daß der Kompressionsmodul in guter Näherung linear vom Druck abhängt

$$B(T,p) = B_0(T) + B_0'(T)p.$$

Daraus ergibt sich dann die Zustandsgleichung in der Form

$$p(T,V) = \frac{B_0(T)}{B_0'(T)}\left[\left(\frac{V_0}{V}\right)^{B_0'(T)} - 1\right],$$

wobei $V_0 = V(T, p=0)$ das Volumen bei dem Druck $p=0$ bezeichnet.

□ Zum Beweise setzen wir die Definition des Kompressionsmoduls nach Gl. (13.75) ein

$$B(T,p) = B_0 + B_0'p = -V\left(\frac{\partial p}{\partial V}\right)_T$$

und bekommen bei festgehaltener Temperatur

$$-\frac{dV}{V} = \frac{dp}{B_0 + B_0'p}.$$

Die Gleichung integrieren wir von $p = 0$ bis p

$$-\int_{V_0}^{V} d\ln\{V'\} = \frac{1}{B_o'}\int_0^p d\ln\{B_0 + B_0'\}$$

und erhalten das Ergebnis

$$\left(\frac{V_0}{V}\right)^{B_0'} = \frac{B_0 + B_0'p}{B_0},$$

woraus sich die Zustandsgleichung ergibt. ■

Zur Bestimmung von $B(T,p)$ aus der berechenbaren freien Energie $F(T,V)$ betrachten wir isotherme Zustandsänderungen $dT = 0$

$$dF = \left(\frac{\partial F}{\partial T}\right)_V dT + \left(\frac{\partial F}{\partial V}\right)_T dV = -p(T,V)\, dV$$

13.5 Temperaturabhängige Eigenschaften

und integrieren von $V_0 = V(T, p = 0)$ bis $V = V(T,p)$ mit Hilfe der Zustandsgleichung

$$\int_{V_0}^{V} dF = -\int_{V_0}^{V} p(T,V) \, dV = \frac{B_0}{B_0'} \int_{V_0}^{V} \left[1 - \left(\frac{V_0}{V}\right)^{B_0'} \right] dV$$

oder

$$F(T,V) - F(T,V_0)$$
$$= \frac{B_0}{B_0'} \left[V - V_0 - V_0^{B_0'} \left(\frac{V^{1-B_0'} - V_0^{1-B_0'}}{1 - B_0'} \right) \right]$$
$$= \frac{B_0}{B_0'} \frac{V}{B_0' - 1} \left[(B_0' - 1)\left(1 - \frac{V_0}{V}\right) + \left(\frac{V_0}{V}\right)^{B_0'} - \frac{V_0}{V} \right].$$

Daraus ergibt sich die *Murnaghan-Formel*

$$F(T,V) - F(T,V_0)$$
$$= \frac{B_0(T)V}{B_0'(T)(B_0'(T) - 1)} \left[B_0'(T)\left(1 - \frac{V_0}{V}\right) + \left(\frac{V_0}{V}\right)^{B_0'(T)} - 1 \right]$$

mit der man aus der berechneten freien Energie $F(T,V)$ durch numerische Anpassung die beiden Größen $B_0(T)$ und $B_0'(T)$ und damit $B(T,p)$ bestimmen kann.

Vernachlässigt man bei der freien Energie Gl. (13.73) den Anteil der Gitterschwingungen F^{Ion}, so erhält man in der für Halbleiter gültigen Näherung für den Elektronenanteil der freien Energie nach Gl. (13.80) im Falle einer nicht entarteten elektronischen Grundzustandsenergie E_0^{El} einen temperaturunabhängigen Kompressionsmodul $B(p) = B_0 + B_0' p$

$$E_0^{\text{El}}(V) - E_0^{\text{El}}(V_0) = \frac{B_0 V}{B_0'(B_0' - 1)} \left[B_0'\left(1 - \frac{V_0}{V}\right) + \left(\frac{V_0}{V}\right)^{B_0'} - 1 \right].$$

Wird auch noch die Druckabhängigkeit vernachlässigt $B_0' = 0$, so ergibt sich aus Gl. (13.75) und Gl. (13.80) die einfache Näherung

$$B = V \frac{d^2 E_0^{\text{El}}(V)}{dV^2}.$$

Der thermische Ausdehnungskoeffizient nach Gl. (13.76)

$$\alpha(T,p) = \frac{1}{V(T,p)} \left(\frac{\partial V}{\partial T}\right)_p$$

berechnet sich, indem man die Zustandsgleichung Gl. (13.74) nach dem Volumen $V = V(T,p)$ auflöst. In der für Halbleiter gültigen Näherung der freien Energie Gl. (13.80) erhält man bei nicht entarteter elektronischer Grundzustandsenergie $E_0^{\text{El}}(V)$ für den Druck nach Gl. (13.74)

$$p(T,V) = -\frac{\mathrm{d} E_0^{\text{El}}(V)}{\mathrm{d} V} - \left(\frac{\partial F^{\text{Ion}}}{\partial V}\right)_T.$$

Verwendet man ferner die Zustandsgleichung in der Form Gl. (13.77) $\alpha B = p\beta$, so kann man den thermischen Ausdehnungskoeffizienten $\alpha(T,p)$ bei bekanntem Kompressionsmodul $B(T,p)$ auch aus der Entropie der Gitterschwingungen $S^{\text{Ion}}(T,V)$ berechnen

$$\alpha(T,p) = \frac{1}{B(T,p)} \left(\frac{\partial p}{\partial T}\right)_V = -\frac{1}{B(T,p)} \frac{\partial^2 F^{\text{Ion}}}{\partial T \partial V} = \frac{1}{B(T,p)} \left(\frac{\partial S^{\text{Ion}}}{\partial V}\right)_T.$$

Die Entropie der Gitterschwingungen $S^{\text{Ion}}(T,V)$ ergibt sich nach Abschn. 13.5.1 bei Berücksichtigung der Gl. (13.78) zu

$$S^{\text{Ion}}(T,V) = -\frac{1}{T} F^{\text{Ion}}(T,V) + k_B \sum_{l=1}^{L} \left[\frac{1}{2} x_l + \frac{x_l}{\exp\{x_l\} - 1}\right]$$

$$= k_B \sum_{l=1}^{L} \left[\frac{x_l}{\exp\{x_l\} - 1} - \ln\{1 - \exp\{-x_l\}\}\right],$$

wobei

$$x_l = \frac{\hbar \omega_l}{k_B T}$$

gesetzt wurde. Die thermische Ausdehnung ist mit diesen Näherungsannahmen allein eine Folge der Volumenabhängigkeit der Gitterschwingungsfrequenzen $\omega_l(V)$ in harmonischer Näherung.

13.6 Störstellen in Halbleitern

Die physikalischen Eigenschaften der Kristalle lassen sich durch gezielte Verunreinigungen oder Heterostrukturen stark verändern, was zu der großen technischen Anwendung der Halbleiter geführt hat. Aber selbst bei Kristallen, die ohne Fremdatome hergestellt werden, treten aus thermodynamischen Gründen sogenannte Eigendefekte auf. Dazu zählen Leerstellen, Atome auf Zwischengitterplätzen und in Verbindungshalbleitern auch Atome auf einem falschen Gitterplatz. Andererseits werden Fremdatome in bestimmten Mengen eingebaut, wenn der Kristall im thermodynamischen Gleichgewicht gezüchtet wird.

13.6.1 Störstellenkonzentration

Fremdatome können in Kristallen als Punktdefekte auftreten oder sich zu Störstellenkomplexen zusammenlagern. Wir wollen hier annehmen, daß die Fremdstörstellen ebenso wie die Eigendefekte in so geringer Dichte vorhanden sind, daß sie als isolierte Störstellen betrachtet werden können. Dann läßt sich die Bildungsenergie durch Berechnung einer einzelnen Störstelle ermitteln. Die Entstehung von Störstellen oder Defekten kann analog dem chemischen Prozeß der Synthese von Molekülen verstanden werden. Dazu gehen wir vom perfekten Kristall aus. Zur Entstehung einer Störstelle $D^{(l)}$, die die Ladung le_0 besitzt, müssen dann ν_j neutrale Atome der Sorte A_j in den Kristall hineingebracht ($\nu_j > 0$) oder aus ihm entfernt werden ($\nu_j < 0$). Die chemische Reaktionsgleichung für die Bildung einer Störstelle lautet dann

$$D^{(l)} \rightleftharpoons \sum_j \nu_j A_j - le^-,$$

wobei e^- ein negativ geladenes Elektron bezeichnet. Wir behandeln hier die Entstehung von Störstellen im thermodynamischen Gleichgewicht bei gegebener Temperatur T und gegebenem Druck p. Für das chemische Potential der Störstelle $\mu(D^{(l)})$ erhält man dann aus der Reaktionsgleichung

$$\mu(D^{(l)}) = \sum_j \nu_j \mu(A_j) - lE_\text{F}, \tag{13.84}$$

wobei $\mu(A_j)$ das chemische Potential des neutralen Atoms A_j außerhalb des Kristalles und E_F das chemische Potential der Elektronen bzw. die Fermi-Energie bezeichnet. Das chemische Potential der Atome außerhalb des Kristalles kann durch äußere Bedingungen bei der Züchtung des Kristalles in gewissen Grenzen verändert werden. Das chemische Potential E_F der Elektronen wird in diesem Abschnitt als von der Anzahl der Störstellen unabhängig angenommen, was bei vielen in der Technik eingesetzten Halbleitern wegen der hohen Störstellenkonzentration nicht der Fall ist.

Zur quantenmechanischen Berechnung der freien Enthalpie einer Störstelle D betrachten wir zunächst eine einzelne isolierte Störstelle im Kristall mit dem Volumen V_1. Dann ist die Zustandssumme Z_1 eines Kristalles mit einer Störstelle nach Abschn. 13.5.1 näherungsweise gegeben durch die Summe über alle Zustände des Hamilton-Operators in Born-Oppenheimer-Näherung

$$Z_1(T, V_1) = \sum_\nu \exp\left\{-\frac{E_\nu^\text{El}}{k_\text{B}T}\right\} \sum_\mu \exp\left\{-\frac{E_{0\mu}^\text{Ion}}{k_\text{B}T}\right\}$$

$$= d(D) \exp\left\{-\frac{E_0^\text{El}}{k_\text{B}T}\right\} \sum_\mu \exp\left\{-\frac{E_{0\mu}^\text{Ion}}{k_\text{B}T}\right\},$$

wobei $d(D)$ die Entartung der elektronischen Grundzustandsenergie E_0^{El} bezeichnet und die angeregten elektronischen Energieniveaus vernachlässigt wurden, was bei Halbleitern zulässig ist. Daraus ergibt sich die freie Energie eines Kristalles mit einer Störstelle nach Gl. (13.73) zu

$$F_1(T,V_1) = -k_B T \ln\{d(D)\} + E_0^{\text{El}}(V_1) + F^{\text{Ion}}(T,V_1) \tag{13.85}$$

mit F^{Ion} in harmonischer Näherung nach Gl. (13.78). Berechnet man außerdem die Zustandsgleichung $p = p(T,V_1)$ nach Gl. (13.74) und löst diese nach dem Volumen $V_1 = V_1(T,p)$ auf, so kann man damit die freie Enthalpie eines Kristalles mit einer einzelnen Störstelle bestimmen

$$G_1(T,p) = F_1(T,V_1(T,p)) + pV_1(T,p) \tag{13.86}$$

und die gleiche Rechnung ebenfalls für den perfekten Kristall ausführen

$$G^{\text{pK}}(T,p) = F^{\text{pK}}(T,V^{\text{pK}}(T,p)) + pV^{\text{pK}}(T,p). \tag{13.87}$$

Durch die Born-Oppenheimer-Näherung wird die elektronische Grundzustandsenergie E_0^{El} bei festgehaltenen Orten $\mathbf{R}_J$ der Atomkerne berechnet, deren Lagen wegen der Gitterrelaxation zumindest in einer Umgebung der Störstelle zusätzlich aus dem Minimum der freien Enthalpie zu ermitteln sind

$$\left(\frac{\partial G_1}{\partial \mathbf{R}_J}\right)_{T,p} = 0.$$

Wir wenden uns nun der Berechnung der freien Enthalpie eines Kristalles mit mehreren gleichen Störstellen zu, und lassen eine eventuelle Wechselwirkung der Störstellen untereinander sowie eine mögliche Störstellendiffusion außer Betracht. Sei N_K die Anzahl der möglichen Plätze der speziellen Störstelle D im Kristall mit dem Volumen V_1 und $N_D \ll N_K$ die Anzahl der Störstellen in V_1, so definieren wir die Konzentration der Störstelle bzw. des Defektes durch

$$[D] = \frac{N_D}{N_K} \ll 1.$$

Dabei ist anzumerken, daß N_K größer sein kann als die Anzahl der Elementarzellen in V_1 wenn mehrere äquivalente Plätze für die Störstelle D im Periodizitätsgebiet existieren. Besteht der perfekte Kristall aus L^3 Elementarzellen mit dem Volumen Ω, so beträgt sein Volumen $V^{\text{pK}} = L^3\Omega$. Gilt dann $N_K = \alpha L^3$, so ergibt sich für die Dichte der Störstellen

$$\frac{N_D}{V_1} = \frac{V^{\text{pK}}}{V_1} \frac{\alpha L^3}{L^3 \Omega} \frac{N_D}{N_K} = \frac{V^{\text{pK}}}{V_1} \frac{\alpha}{\Omega}[D].$$

Wir denken uns den Kristall in Einzelteile zerlegt, die jeder genau einen Defekt enthalten. Dann ist für jeden Einzelkristall auf das gleiche Volumen bezogen die

Energie $E_0^{El} + E_{0\mu}^{Ion}$ anzusetzen, die sich jedoch beim Zusammenfügen nicht ändern soll. Der Kristall mit mehreren Störstellen ist jedoch bezüglich der Plätze, an denen sich die Störstellen befinden, entartet und die Entartung beträgt

$$\binom{N_K}{N_D} = \frac{N_K!}{(N_K - N_D)! N_D!}.$$

Zur Berechnung der Zustandssumme $Z(T, p, N_D)$ eines Kristalles mit N_D Störstellen sei $\mathcal{H}_1$ der Hilbert-Raum eines Teilkristalles mit einem Defekt, dann ist der Hilbert-Raum zur Beschreibung eines Kristalls mit N_D Störstellen der Produkt-Hilbert-Raum aus N_D Hilbert-Räumen $\mathcal{H}_1$

$$\mathcal{H} = \mathcal{H}_1 \otimes \mathcal{H}_2 \otimes \cdots \otimes \mathcal{H}_1$$

und der Hamilton-Operator H ist die Summe der Hamilton-Operatoren die je eine Störstelle beschreiben. Die Energieniveaus des Kristalles mit N_D Störstellen sind dann

$$E_{\mu_1 \mu_2 \ldots \mu_{N_D}} = E_{\mu_1} + E_{\mu_2} + \ldots E_{\mu_{N_D}},$$

wobei wir zur Abkürzung $E_\mu = E_0^{El} + E_{0\mu}^{Ion}$ gesetzt haben und der Index μ hier auch die Entartung des elektronischen Grundzustandes beinhalten soll. Dann erhält man für die Spur des statistischen Operators eines Kristalles mit N_D Störstellen

$$\mathrm{Sp}\left(\exp\left\{-\frac{H}{k_B T}\right\}\right) = \sum_{\mu_1, \mu_2, \ldots \mu_{N_D}} \exp\left\{-\frac{E_{\mu_1} + E_{\mu_2} + \ldots E_{\mu_{N_D}}}{k_B T}\right\}$$

$$= \sum_{\mu_1, \mu_2, \ldots \mu_{N_D}} \exp\left\{-\frac{E_{\mu_1}}{k_B T}\right\} \exp\left\{-\frac{E_{\mu_2}}{k_B T}\right\} \ldots$$

$$\ldots \exp\left\{-\frac{E_{\mu_{N_D}}}{k_B T}\right\}$$

$$= \left[\sum_\mu \exp\left\{-\frac{E_\mu}{k_B T}\right\}\right]^{N_D}.$$

Von den N_D Teilkristallen mit je einer Störstelle seien n_μ im Zustand μ mit

$$\sum_\mu n_\mu = N_D.$$

Dann ist die Summe wegen der Nichtunterscheidbarkeit

$$E_{\mu_1} + E_{\mu_2} + \ldots E_{\mu_{N_D}}$$

($n_1! n_2! \ldots$)-fach entartet. Aufgrund der oben berechneten Entartung bezüglich der verschiedenen Plätze der N_D Störstellen im Volumen V_1 erhält man nun die Zustandssumme eines Kristalles mit N_D Störstellen zu

$$Z(T, V_1, N_D) = \binom{N_K}{N_D} n_1! \, n_2! \ldots \left[\sum_\mu \exp\left\{ -\frac{E_\mu}{k_\mathrm{B} T} \right\} \right]^{N_D}.$$

Bei Fermionen können die Besetzungszahlen n_μ wegen des Pauli-Prinzips nur Null oder Eins sein mit $n_\mu! = 1$. Bei Bosonen setzen wir voraus, daß die Zahl der Energieniveaus E_μ im Intervall der Breite $k_\mathrm{B} T$ groß ist gegenüber N_D, so daß die Wahrscheinlichkeit gering ist, zwei der Kristalle mit einem Defekt im gleichen Zustand μ anzutreffen. Dann ist wiederum n_μ entweder Null oder Eins. Damit erhält man für die Zustandssumme eines Kristalles mit N_D Störstellen

$$Z(T, V_1, N_D) = \binom{N_K}{N_D} Z_1^{N_D}(T, V_1)$$

und die freie Energie ergibt sich daraus zu

$$\begin{aligned} F(T, V_1, N_D) &= -k_\mathrm{B} T \ln \left\{ Z(T, V_1, N_D) \right\} \\ &= F^\mathrm{Konfig} + N_D F_1(T, V_1) \end{aligned}$$

mit dem Konfigurationsanteil der freien Energie aufgrund der Entartung

$$F^\mathrm{Konfig} = -k_\mathrm{B} T \ln \left\{ \binom{N_K}{N_D} \right\} = -T S^\mathrm{Kongfig}$$

bzw. der Konfigurationsentropie

$$S^\mathrm{Konfig} = k_\mathrm{B} \ln \left\{ \binom{N_K}{N_D} \right\}.$$

Im thermodynamischen Gleichgewicht bestimmt sich die Anzahl der Störstellen N_D aus dem Minimum der freien Enthalpie

$$\begin{aligned} G(T, p, N_D) &= F(T, V_1, N_D) + p N_D V_1 \\ &= F^\mathrm{Konfig} + N_D F_1 + p N_D V_1. \end{aligned}$$

Zur Berechnung gehen wir von der Änderung der freien Enthalpie des perfekten Kristalles G^pK Gl. (13.87) durch N_D Störstellen aus

$$\begin{aligned} G(T, p, N_D) - N_D G^\mathrm{pK} = -T S^\mathrm{Konfig} &+ N_D (F_1 - F^\mathrm{pK}) \\ &+ N_D p (V_1 - V^\mathrm{pK}), \end{aligned}$$

13.6 Störstellen in Halbleitern

wobei Gl. (13.86) verwendet wurde. Hier bezeichnet $F_1 - F^{pK}$ die Änderung der freien Energie durch eine Störstelle und $V_1 - V^{pK}$ die Änderung des Volumens durch eine Störstelle. Wir bezeichnen die Änderung der freien Enthalpie des Kristalles durch Erzeugen einer Störstelle als das chemische Potential der Störstelle und erhalten mit Hilfe von Gl. (13.85)

$$\mu(D) = \frac{\partial}{\partial N_D}\Big[G(T,p,N_D) - N_D G^{pK}(T,p)\Big]$$
$$= -k_B T \ln\Big\{\frac{N_K}{N_D}\Big\} + \mu^0(D). \tag{13.88}$$

Hier bezeichnet $\mu^0(D)$ den *Standardterm* des Defektes

$$\mu^0(D) = -k_B T \ln\{d(D)\} + E_0^{El}(V_1) - E_0^{El,pK}(V^{pK})$$
$$+ F^{Ion}(T,V_1) - F^{Ion,pK}(T,V^{pK}) + p(V_1 - V^{pK}). \tag{13.89}$$

Er ist die Differenz der freien Enthalpien eines Kristalles mit einer Störstelle und des perfekten Kristalles, von dem wir vorausgestzt haben, daß die elektronische Grundzustandsenergie $E_0^{El,pK}$ nicht entartet ist.

☐ Zum Beweise des Konfigurationsterms mit den Voraussetzungen $1 \ll N_D \ll N_K$

$$\frac{\partial S^{Konfig}}{\partial N_D} = k_B \ln\Big\{\frac{N_K}{N_D}\Big\}$$

verwenden wir für $1 \ll N$ die Stirling-Näherung

$$\ln\{N!\} \approx N \ln\{N\}$$

und erhalten

$$\frac{\partial}{\partial N_D} \ln\left\{\binom{N_K}{N_D}\right\} = \frac{\partial}{\partial N_D} \ln\Big\{\frac{N_K!}{(N_K - N_D)! N_D!}\Big\}$$
$$\approx \frac{\partial}{\partial N_D}\Big[-(N_K - N_D)\ln\{N_K - N_D\} - N_D \ln\{N_D\}\Big]$$
$$\approx \frac{\partial}{\partial N_D}\Big[N_D \ln\{N_K\} - N_D \ln\{N_D\}\Big]$$
$$\approx \ln\Big\{\frac{N_K}{N_D}\Big\},$$

was zu der obigen Formel führt. ■

Der Standardterm Gl. (13.89) ist diejenige Größe, die sich quantenmechanisch berechnen läßt und wir erhalten aus Gl. (13.84) und (13.88)

$$-k_B T \ln\Big\{\frac{N_K}{N_D}\Big\} + \mu^0(D^{(l)}) = \sum_j \nu_j \mu(A_j) - l E_F$$

die Konzentration der Störstelle zu

$$[D^{(l)}] = \frac{N_D}{N_K} = \exp\left\{-\frac{\mu^0(D^{(l)}) - \sum_j \nu_j \mu(A_j) + lE_F}{k_B T}\right\}. \tag{13.90}$$

Hier bezeichnet der Zähler in der Exponentialfunktion die freie Bildungsenthalpie einer Störstelle im Kristall. Sie setzt sich aus dem Standardterm μ^0, der von dem quantenmechanischen Zustand der Störstelle abhängt, und den chemischen Potentialen μ der Atome außerhalb des Kristalles und der Fermi-Energie zusammen. Die chemischen Potentiale der Atome außerhalb des Kristalles $\mu(A_j)$ hängen von den Bedingungen bei der Züchtung des Kristalles ab und bestimmen, ebenso wie die Fermi-Energie, die Störstellenkonzentration innerhalb des Kristalles im thermodynamischen Gleichgewicht.

Vernachlässigt man beim Standardterm die Gitterschwingungen und die Volumenänderung, so erhält man mit $V = V^{pK} = V_1$

$$\mu^0(D^{(l)}) = E_0^{El}(V) - E_0^{El, pK}(V).$$

Bei der Berechnung der elektronischen Grundzustandsenergie $E_0^{El}(V)$ mit und ohne Störstelle ist die unterschiedliche Anzahl von Atomen innerhalb des Kristalles zu beachten. Besteht etwa die Störstelle aus einem Fremdatom A_1 auf einem Gitterpatz des Atoms A_2 des perfekten Kristalles, so ist in den Standardterm die Grundzustandsenergie des Kristalles mit Störstelle $E_0^{El}(D)$ zuzüglich der Grundzustandsenergie $E_0^{El}(A_2)$ des isolierten Atoms A_2 und abzüglich der Grundzustandsenergie $E_0^{El}(A_1)$ des isolierten Atoms A_1 einzusetzen. Allgemein gilt also

$$\mu^0(D^{(l)}) = E_0^{El}(V) - E_0^{El, pK}(V)$$
$$= E_0^{El}(D) - \sum_j \nu_j E_0^{El}(A_j) - E_0^{El, pK}.$$

Die Gleichung zur Bestimmung der Störstellenkonzentration im thermodynamischen Gleichgewicht Gl. (13.90) bezieht sich auf isolierte Störstellen einer bestimmten Sorte. Im Allgemeinen können sich gleiche oder verschiedene Störstellen auch zu Störstellenpaaren oder größeren Komplexen zusammmenlagern, wobei für die Konzentrationen der einzelnen Störstellen im thermodynamischen Gleichgewicht das Massenwirkungsgesetz gilt. Die Zusammenlagerung einer Störstelle $D_1^{(l)}$ mit einer Störstelle $D_2^{(m)}$ zu einer Paarstörstelle $D_{DD}^{(n)}$ beschreiben wir durch die Reaktionsgleichung

$$D_{DD}^{(n)} \rightleftharpoons D_1^{(l)} + D_2^{(m)} + (l + m - n)e^-,$$

wobei e^- ein negativ geladenes Elektron der Fermi-Energie E_F bezeichnet. Für das chemische Potential der Paarstörstelle $\mu(D_{DD}^{(n)})$ gilt dann

$$\mu(D_{DD}^{(n)}) = \mu(D_1^{(l)}) + \mu(D_2^{(m)}) + (l + m - n)E_F.$$

13.6 Störstellen in Halbleitern

Setzt man die chemischen Potentiale der drei beteiligten Störstellen nach Gl. (13.88)

$$\mu(D) = k_B T \ln\{[D]\} + \mu^0(D)$$

ein, so erhält man

$$k_B T \ln\left\{[D_{DD}^{(n)}]\right\} + \mu^0(D_{DD}^{(n)}) = k_B T \ln\left\{[D_1^{(l)}]\right\} + \mu^0(D_1^{(l)})$$
$$+ k_B T \ln\left\{[D_2^{(m)}]\right\} + \mu^0(D_2^{(m)})$$
$$+ (l + m - n) E_F$$

und daraus ergibt sich unmittelbar das *Massenwirkungsgesetz* der Störstellenreaktionen

$$\frac{[D_{DD}^{(n)}]}{[D_1^{(l)}][D_2^{(m)}]} = \exp\left\{-\frac{\Delta\mu}{k_B T}\right\} \tag{13.91}$$

für die Konzentrationen der Störstellen $[D] = N_D/N_K$. Hier bezeichnet

$$\Delta\mu = \mu^0(D_{DD}^{(n)}) - \mu^0(D_1^{(l)}) - \mu^0(D_2^{(m)}) - (l + m - n) E_F$$

die Änderung der freien Enthalpie durch die Bildung einer Paarstörstelle oder $-\Delta\mu$ die Bindungsenergie des Störstellenpaares. Bei negativem $\Delta\mu$ ist also die Bindungsenergie positiv und die Einzelstörstellen lagern sich nach dem Massenwirkungsgesetz Gl. (13.91) zu Paarstörstellen zusammen. Weil bei der betrachteten Reaktionsgleichung keine Atome den Kristall verlassen oder hineingelangen, wird die Bildung dieser Störstellenpaare im thermodynamischen Gleichgewicht nur bei Ladungsänderungen über die Fermi-Energie beeinflußt.

13.6.2 Flache Störstellen

In Halbleitern, die bei Zimmertemperaturen Isolatoren sind und eine Energielücke $E_g \gg k_B T$ besitzen, erzeugen bestimmte Fremdatome als Störstellen zusätzliche Energieniveaus in der Bandlücke, deren Abstand zu einer der beiden Bandkanten bei $T = 300$ K in der Größenordnung $k_B T$ liegen. Sind diese Störstellenniveaus thermisch angeregt, ionisieren sie indem entweder ein Elektron ins Leitungsband abgegeben wird oder ein Elektron vom Valenzband aufgenommen wird. Die Elektronen im Leitungsband und die Löcher bzw. Defektelektronen im Valenzband führen zu einer elektrischen Leitfähigkeit. Weil die Ladungsträgerkonzentration dabei mit der Temperatur zunimmt, nimmt der Ohmsche Widerstand mit der Temperatur ab, was zu der Bezeichnung „Halbleiter" geführt hat. Zum Beispiel hat Silicium eine Energielücke von $E_g = 1.1$ eV und ist somit als perfekter Kristall bei Zimmertemperatur ein Isolator. Das Si-Atom hat die Elektronenkonfiguration $1s^2 2s^2 2p^6 3s^2 3p^2$, vergl. Tab. 11.1, und im Kristall vier nächste Nachbarn, vergl. Abschn. 13.1.4. Dotiert man den Kristall mit Phosphor, d.h. stellt man einen Kristall her, bei dem einige Si-Atome durch P ersetzt sind, so hat das P-Atom ein Elektron mehr, als zur chemischen Bindung benötigt werden. Ein Elektron kann deshalb nur schwach an den Phosphor gebunden sein, so daß P auf Si-Platz als flache Störstelle, oder genauer als Donator, bezeichnet wird und zur elektrischen Leitfähigkeit führt. Wird andererseits ein Si-Kristall mit Al dotiert, so fehlt beim Al-Atom auf einem Si-Platz aufgrund seiner Elektronenkonfiguration ein Elektron zur chemischen Bindung mit den Nachbarn, so daß die Al-Störstelle ebenfalls eine flache Störstelle bildet. Sie wird als Akzeptor bezeichnet, weil es nur einer geringen Energie bedarf ein Elektron aus dem Valenzband in das Störstellenniveau anzuregen bzw. ein Loch aus dem Störstellenniveau in das Valenzband abzugeben, vergl. Abschn. 13.4.4.

Wir wollen in diesem Abschnitt die Energieniveaus solcher flachen Störstellen näherungsweise berechnen. Dazu gehen wir von der in Abschn. 13.4 eingeführten Einelektronennäherung der Valenzelektronen im Kristall aus. Im Rahmen der Dichtefunktionaltheorie haben die Kohn-Sham-Operatoren nach Gl. (9.15) für den perfekten Kristall H^{pK} und für den Kristall mit einer Störstelle H die Form

$$H^{\text{pK}} = -\frac{\hbar^2}{2m}\Delta + v^{\text{pK}}(\mathbf{r}) + v_{\text{H}}[n^{\text{pK}}](\mathbf{r}) + v_{\text{xc}}[n^{\text{pK}}](\mathbf{r})$$

$$H = -\frac{\hbar^2}{2m}\Delta + v(\mathbf{r}) + v_{\text{H}}[n](\mathbf{r}) + v_{\text{xc}}[n](\mathbf{r}),$$

wobei $v^{\text{pK}}(\mathbf{r})$ das periodische Potential der Ionen und $n^{\text{pK}}(\mathbf{r})$ die Elektronendichte im perfekten Kristall bezeichnen. Wird ein Kristallatom durch ein Fremdatom ersetzt, ist das Ionenpotential $v(\mathbf{r})$ nicht mehr periodisch, kann aber in der Form

$$v(\mathbf{r}) = v^{\text{pK}}(\mathbf{r}) + \Delta v(\mathbf{r})$$

geschrieben werden und das am Ort der Störstelle lokalisierte Potential $\Delta v(\mathbf{r})$ ist die Differenz aus dem Ionenpotential des Fremdatoms und dem ersetzten Kristallatom. Für die Elektronendichte des Kristalles mit Störstelle $n(\mathbf{r})$ setzen wir entsprechend

$$n(\mathbf{r}) = n^{\text{pK}}(\mathbf{r}) + \Delta n(\mathbf{r}),$$

wobei $\Delta n(\mathbf{r})$ in einer gewissen Umgebung der Störstelle von Null verschieden ist. Dann läßt sich der Kohn-Sham-Operator in der Form schreiben

$$H = H^{\text{pK}} + U\left[n^{\text{pK}}, \Delta n\right](\mathbf{r})$$

mit dem Störpotential

$$U\left[n^{\text{pK}}, \Delta n\right](\mathbf{r}) = \Delta v(\mathbf{r}) + v_{\text{H}}[\Delta n](\mathbf{r}) + v_{\text{xc}}\left[n^{\text{pK}} + \Delta n\right](\mathbf{r}) - v_{\text{xc}}\left[n^{\text{pK}}\right](\mathbf{r}),$$

wobei $v_{\text{H}}[n](\mathbf{r})$ das Hartree-Potential nach Gl. (9.8) und $v_{\text{xc}}[n](\mathbf{r})$ das Austausch-Korrelations-Potential nach Gl. (9.9) bezeichnet. Das Störpotential denken wir uns in einen kurzreichweitigen Anteil $U_{\text{k}}(\mathbf{r})$ und einen langreichweitigen Anteil zerlegt

$$U\left[n^{\text{pK}}, \Delta n\right](\mathbf{r}) = U_{\text{k}}\left[n^{\text{pK}}, \Delta n\right](\mathbf{r}) \mp \frac{e^2}{4\pi\varepsilon_0}\frac{1}{\varepsilon}\frac{1}{|\mathbf{r}|}. \tag{13.92}$$

13.6 Störstellen in Halbleitern

Der langreichweitige Anteil soll dabei die Form des Potentials einer Punktladung haben, das von der einfach ionisierten und damit geladenen Störstelle herrührt. Dabei soll das negative Vorzeichen für Donatoren und das positive für Akzeptoren gelten. Für große Abstände von der Störstelle wird das Coulomb-Potential durch den Kristall modifiziert, was wir durch Einführen der Dielektrizitätskonstanten des perfekten Kristalles berücksichtigen.

Die grundsätzliche Näherungsannahme zur Berechnung der flachen Störstellen besteht darin, daß das Elektron des Donators bzw. das Defektelektron des Akzeptors nur schwach an die Störstelle gebunden ist und die Energieniveaus bereits durch den langreichweitigen Anteil des Potentials einer Punktladung bestimmt sind. Tatschlich beträgt der Abstand zwischen dem Elektron bzw. dem Defektelektron und der Störstelle in vielen Fällen mehrere Gitterkonstanten, so daß ein wasserstoffähnliches Modell gerechtfertigt erscheint. Dann kann man näherungsweise die Abhängigkeit des Störpotentials von $\Delta n(\mathbf{r})$ vernachlässigen und für das Störpotential schreiben

$$U(\mathbf{r}) = U_k(\mathbf{r}) + U_l(\mathbf{r}) \quad \text{mit} \quad U_l(\mathbf{r}) = \mp \frac{e^2}{4\pi\varepsilon_0} \frac{1}{\varepsilon} \frac{1}{|\mathbf{r}|}. \tag{13.93}$$

Damit reduziert sich die Aufgabe auf die Lösung der Einelektronen-Schrödinger-Gleichung

$$H(\mathbf{r}) = H^{pK}(\mathbf{r}) + U(\mathbf{r})$$

und wir gehen von der Lösung für einen perfekten Kristall nach Abschn. 13.4.1 aus

$$H^{pK}|n\mathbf{k}\rangle = E_n(\mathbf{k})|n\mathbf{k}\rangle \tag{13.94}$$

mit den Bloch-Funktionen nach Gl. (13.46), die die Orthonormalitätsbeziehung Gl. (13.47)

$$\langle n\mathbf{k}|n\mathbf{k}'\rangle = \delta_{\mathbf{k}\mathbf{k}'}$$

erfüllen. Hier bezeichnet $\mathbf{k}$ einen Ausbreitungsvektor nach Gl. (13.42). Die weitere Näherung für die flachen Störstellen besteht darin, daß wir zur Lösung der Eigenwertgleichung

$$H\Psi = E\Psi$$

die Störstellenzustände Ψ nach den Bloch-Funktionen nur des einen Energiebandes entwickeln, dessen Bandkante energetisch nahe dem Störstellenniveau in der Bandlücke liegt

$$\Psi_n = \sum_{\mathbf{k}'} A_n(\mathbf{k}')|n\mathbf{k}'\rangle.$$

Wir nehmen an, daß dies bei Donatoren das Leitungsband und bei Akzeptoren das Valenzband ist. Einsetzen in die Eigenwertgleichung liefert dann

$$[H^{\mathrm{pK}}(\mathbf{r}) + U(\mathbf{r})] \sum_{\mathbf{k}'} A_n(\mathbf{k}')|n\mathbf{k}'\rangle = E \sum_{\mathbf{k}'} A_n(\mathbf{k}')|n\mathbf{k}'\rangle$$

oder mit Rücksicht auf Gl. (13.94)

$$\left(E_n(\mathbf{k}') - E\right) \sum_{\mathbf{k}'} A_n(\mathbf{k}')|n\mathbf{k}'\rangle + \sum_{\mathbf{k}'} A_n(\mathbf{k}')U(\mathbf{r})|n\mathbf{k}'\rangle = 0$$

und bei Verwendung der Orthonormalitätsbeziehung Gl. (13.47)

$$\left(E_n(\mathbf{k}) - E\right) A_n(\mathbf{k}) + \sum_{\mathbf{k}'} A_n(\mathbf{k}')\langle n\mathbf{k}|U(\mathbf{r})|n\mathbf{k}'\rangle = 0. \qquad (13.95)$$

Zur Berechnung der Störmatrix $\langle n\mathbf{k}|U(\mathbf{r})|n\mathbf{k}'\rangle$ entwickeln wir die Bloch-Funktionen nach ebenen Wellen Gl. (E.18)

$$|n\mathbf{k}\rangle = \sum_{\mathbf{G}} c_n(\mathbf{k}, \mathbf{G}) \exp\{i(\mathbf{k} + \mathbf{G}) \cdot \mathbf{r}\},$$

wobei die Summe über alle reziproken Gittervektoren $\mathbf{G}$ nach Gl. (13.4) läuft. Der Kristall ist mit dem Grundgebiet V periodisch und die Fourier-Entwicklung des Störpotentiels lautet nach Abschn. E.1.2

$$U(\mathbf{r}) = \sum_{\mathbf{q}} W(\mathbf{q}) \exp\{i\mathbf{q} \cdot \mathbf{r}\}$$

$$W(\mathbf{q}) = \frac{1}{V} \int_V U(\mathbf{r}) \exp\{-i\mathbf{q} \cdot \mathbf{r}\} \, \mathrm{d}^3 r$$

mit den Ausbreitungsvektoren

$$\mathbf{q} = \frac{m_1}{L}\mathbf{b}_1 + \frac{m_2}{L}\mathbf{b}_2 + \frac{m_3}{L}\mathbf{b}_3 \quad \text{mit} \quad m_j = 0, \pm 1, \pm 2, \ldots .$$

Wir machen jetzt von der Näherungsannahme für das Störpotential $U(\mathbf{r})$ Gebrauch, wonach nur der langreichweitige Anteil $U_\mathrm{l}(\mathbf{r})$ wesentlich ist, so daß es bei der Fourier-Entwicklung genügt, die Summe über die Ausbreitungsvektoren $\mathbf{q}$ zu berücksichtigen, die die Bedingung $|\mathbf{q}| \ll 2\pi/a$ erfüllen, wobei a die Gitterkonstante bezeichnet. Wir setzen die Entwicklung in die Störmatrix ein

$$\langle n\mathbf{k}|U(\mathbf{r})|n\mathbf{k}'\rangle = \sum_{\mathbf{G}\mathbf{G}'} \sum_{\mathbf{q}} c_n^*(\mathbf{k}, \mathbf{G}) c_n(\mathbf{k}', \mathbf{G}') W(\mathbf{q}) \langle \mathbf{k} + \mathbf{G}|\mathbf{k}' + \mathbf{q} + \mathbf{G}'\rangle$$

mit

$$\langle \mathbf{k} + \mathbf{G}|\mathbf{k}' + \mathbf{q} + \mathbf{G}'\rangle = \int_V \exp\{i(\mathbf{k}' + \mathbf{G}' + \mathbf{q} - \mathbf{k} - \mathbf{G})\} \, \mathrm{d}^3 r$$
$$= V \delta_{\mathbf{k}\,\mathbf{k}'+\mathbf{q}} \delta_{\mathbf{G}\mathbf{G}'}$$

13.6 Störstellen in Halbleitern

nach Gl. (E.20) und erhalten

$$\langle n\mathbf{k}|U(\mathbf{r})|n\mathbf{k}'\rangle = V \sum_{\mathbf{G}} c_n^*(\mathbf{k},\mathbf{G})c_n(\mathbf{k}',\mathbf{G})W(\mathbf{k}-\mathbf{k}').$$

Nun ergibt sich aus der Normierungsbedingung mit Gl. (E.20)

$$\begin{aligned}1 &= \langle n\mathbf{k}|n\mathbf{k}\rangle \\ &= \sum_{\mathbf{G}\mathbf{G}'} c_n^*(\mathbf{k},\mathbf{G})c_n(\mathbf{k},\mathbf{G}')\langle \mathbf{k}+\mathbf{G}|\mathbf{k}+\mathbf{G}'\rangle \\ &= V \sum_{\mathbf{G}} c_n^*(\mathbf{k},\mathbf{G})c_n(\mathbf{k},\mathbf{G}).\end{aligned}$$

Als weitere Näherung berücksichtigen wir für die Matrixelemente nur die Ausbreitungsvektoren, die $|\mathbf{k}|, |\mathbf{k}'| \ll 2\pi/a$ erfüllen und setzen dann

$$V \sum_{\mathbf{G}} c_n^*(\mathbf{k},\mathbf{G})c_n(\mathbf{k}',\mathbf{G}) = 1.$$

Mit diesen Näherungsannahmen erhält man für die Gl. (13.95)

$$\bigl(E_n(\mathbf{k}) - E\bigr)A_n(\mathbf{k}) + \sum_{\mathbf{k}'} A_n(\mathbf{k}')W(\mathbf{k}-\mathbf{k}') = 0.$$

Wegen der Einschränkungen für die Ausbreitungsvektoren $\mathbf{k}, \mathbf{k}'$ kann man für die Energiebänder die Effektive-Masse-Näherung nach Abschn. 13.4.4 einführen. Wir setzen hier der Einfachheit halber isotrope effektive Massen an und erhalten nach Gl. (13.62) für das Leitungsband $E_L(\mathbf{k})$

$$\Bigl(\frac{\hbar^2 \mathbf{k}^2}{2m_L} + E_L - E\Bigr)A_L(\mathbf{k}) + \sum_{\mathbf{k}'} A_L(\mathbf{k}')W(\mathbf{k}-\mathbf{k}') = 0$$

beziehungsweise

$$\Bigl(\frac{\hbar^2 \mathbf{k}^2}{2m_L} + E_L - E\Bigr)A_L(\mathbf{k})\exp\{i\mathbf{k}\cdot\mathbf{r}\}$$
$$+ \sum_{\mathbf{k}'} A_L(\mathbf{k}')\exp\{i\mathbf{k}'\cdot\mathbf{r}\}W(\mathbf{k}-\mathbf{k}')\exp\{i(\mathbf{k}-\mathbf{k}')\cdot\mathbf{r}\} = 0$$

oder

$$\Bigl(-\frac{\hbar^2}{2m_L}\Delta + E_L - E\Bigr)A_L(\mathbf{k})\exp\{i\mathbf{k}\cdot\mathbf{r}\}$$
$$+ \sum_{\mathbf{k}'} A_L(\mathbf{k}')\exp\{i\mathbf{k}'\cdot\mathbf{r}\}W(\mathbf{k}-\mathbf{k}')\exp\{i(\mathbf{k}-\mathbf{k}')\cdot\mathbf{r}\} = 0.$$

Wir führen die Enveloppefunktion

$$f_L(\mathbf{r}) = \sum_{\mathbf{k}} A_L(\mathbf{k}) \exp\{i\mathbf{k} \cdot \mathbf{r}\}$$

ein und setzen für $\mathbf{q} = \mathbf{k} - \mathbf{k}'$ nach Gl. (13.93) für den langreichweitigen Anteil des Störpotentials

$$\sum_{\mathbf{q}} W(\mathbf{q}) \exp\{i\mathbf{q} \cdot \mathbf{r}\} = U_1(|\mathbf{r}|) = -\frac{e^2}{4\pi\varepsilon_0} \frac{1}{\varepsilon} \frac{1}{|\mathbf{r}|}.$$

Dann erhält man die Schrödinger-Gleichung für die Enveloppefunktion

$$\left[-\frac{\hbar^2}{2m_L}\Delta - \frac{e^2}{4\pi\varepsilon_0}\frac{1}{\varepsilon}\frac{1}{|\mathbf{r}|}\right] f_L(\mathbf{r}) = (E - E_L) f_L(\mathbf{r}) \qquad (13.96)$$

die wir normiert voraussetzen wollen

$$\int_V f_L^*(\mathbf{r}) f_L(\mathbf{r}) \, d^3r = 1.$$

Für die Defektelektronen bzw. Löcher im Valenzband erhält man entsprechend mit der Näherung isotroper effektiver Massen Gl. (13.63)

$$\left[-\frac{\hbar^2}{2m_V}\Delta - \frac{e^2}{4\pi\varepsilon_0}\frac{1}{\varepsilon}\frac{1}{|\mathbf{r}|}\right] f_V(\mathbf{r}) = (E_V - E) f_V(\mathbf{r}),$$

weil der langreichweitige Anteil des Störpotentials bei Löchern nach Gl. (13.92) das umgekehrte Vorzeichen hat. Die Eigenwerte der Schrödinger-Gleichung für die Enveloppefunktion Gl. (13.96) sind die Energieniveaus eines Donators und entsprechen denen des Wasserstoffatoms Gl. (2.41)

$$E_n = E_L - \frac{m_L}{m_e} \frac{m_e e^4}{32\pi^2 \varepsilon_0^2 \hbar^2} \frac{1}{\varepsilon^2} \frac{1}{n^2} \quad \text{mit} \quad n = 1, 2, 3, \ldots.$$

Der mittlere Abstand zwischen dem Elektron und dem Ort der Störstelle beträgt nach Abschn. 2.3.5

$$a_L = \frac{m_e}{m_L} \varepsilon a_B$$

mit dem Bohr-Radius $a_B = 0.53\,\text{Å}$ und ergibt sich für die Donatoren von Silicium zu $a_L = 21\,\text{Å}$, was mit der Gitterkonstanten von Silicium $a = 5.4\,\text{Å}$ zu vergleichen ist. Die Grundzustandsenergie des Donators $n = 1$

$$E_0 = E_L - \frac{m_L}{m_e} \frac{1}{\varepsilon^2} \text{Ry}$$

liegt z.B. bei Silicium wegen $m_L/m_e = 0.31$, $\varepsilon = 12$ und $1\,\text{Ry} = 13.6\,\text{eV}$ um $29\,\text{meV}$ unterhalb der Unterkante E_L des Leitungsbandes. Die angeregten Energieniveaus mit $n = 2, 3, 4$ stimmen mit Messungen gut überein, während beim Grundzustand eine gewisse Korrektur wegen des kurzreichweitigen Anteils des Störstellenpotentials erforderlich ist. Diese Korrektur hat dann die etwas unterschiedlichen Grundzustandsenergien von Donatoren verschiedener Fremdatome zu berücksichtigen.

13.6.3 Umladungsniveaus

Tiefe Störstellen, die sich nicht in der Näherung der flachen Störstellen wie im vorhergehenden Abschnitt behandeln lassen, haben stärker lokalisierte Störstellenzustände, die nur auf wenige Atome in der Umgebung ausgebreitet sind. Deshalb spielt die Relaxation der Nachbaratome der Störstelle gegenüber den Positionen des perfekten Kristalles eine größere Rolle. Bei tiefen Störstellen hängen die elektronischen Energieniveaus vom Ladungszustand der Störstelle ab, was bei den elektronischen Übergängen zwischen den Störstellenniveaus und den Energiebändern berücksichtigt werden muß. Wenn etwa ein Elektron aus einem Störstellenniveau in der Bandlücke in das Leitungsband angeregt wird, entspricht das einer Ionisierung der Störstelle, die mit einer Änderung der elektronischen Struktur und der Gitterrelaxation verknüpft ist.

Befindet sich ein lokalisiertes Störstellenniveau in der Bandlücke, so definiert man das *Umladungsniveau* eines Donators durch

$$\epsilon(+/0) = \mu^0(D^{(0)}) - \mu^0(D^{(+1)}).$$

Hier bezeichnet $D^{(0)}$ die neutrale und $D^{(+1)}$ die einfach positiv geladene Störstelle und μ^0 den Standardterm nach Gl. (13.89), der die Differenz der freien Enthalpien eines Kristalls mit einer Störstelle und eines perfekten Kristalles ist. Das Umladungsniveau gibt also die thermische Anregungsenergie an, um ein Elektron von der Störstelle in das Leitungsband anzuregen.

Vernachlässigt man beim Umladungsniveau den Entartungsterm, die Gitterrelaxation, die Gitterschwingungen und den Volumeneffekt, so erhält man aus der Differenz der elektronischen Grundzustandsenergien genähert das *Slater-Janak-Umladungsniveau*

$$\epsilon(+/0) = \varepsilon\left(N_D - \frac{1}{2}\right),$$

wobei $\varepsilon(N_D - \frac{1}{2})$ das oberste besetzte Einelektronen-Kohn-Sham-Niveau einer Störstelle mit $N_D - \frac{1}{2}$ Elektronen bezeichnet. Die Zahl der Elektronen der neutralen Störstelle ist dabei N_D.

□ Zum Beweise gehen wir von einer Elektronendichte $n(N, \mathbf{r})$ aus, die kontinuierlich von der Anzahl der Elektronen N abhängt. Dann gilt für die Änderung der elektronischen Grundzustandsenergie $E_0[n]$ nach dem Mittelwertsatz der

Integralrechnung

$$E_0[n(N)] - E_0[n(N-1)] = \int_{N-1}^{N} dE[n(x)]$$
$$= \int_{N-1}^{N} \frac{dE[n(x)]}{dx} dx$$
$$= \left(\frac{dE[n(x)]}{dx}\right)_{x=N-1/2} (N - (N-1))$$
$$= \varepsilon\left(N - \frac{1}{2}\right),$$

denn das oberste besetzte Kohn-Sham-Niveau ε ist näherungsweise gleich der Ionisierungsenergie, vergl. Abschn. 9.2 bzw das Koopmans-Theorem Gl. (7.27).

∎

Im Allgemeinen kann man jedoch bei den Umladungsniveaus die Gitterrelaxation nicht vernachlässigen. Im Falle von Akzeptoren erhält man entsprechend für das Umladungsniveau, bei dem ein Elektron vom Valenzband in das Störstellenninveau angeregt wird

$$\epsilon(0/-) = \varepsilon\left(N_D + \frac{1}{2}\right).$$

Meist werden die Einteilchenenergieniveaus im Bändermodell in der Bandlücke in der Weise positioniert, daß bei Donatoren die Umladungsenergie dem Abstand der Unterkante E_L des Leitungsbandes zum Niveau $\varepsilon^{\text{Donator}}$ entspricht

$$\varepsilon^{\text{Donator}} = E_L - \epsilon(+/0) = E_L - \varepsilon\left(N_D - \frac{1}{2}\right)$$
$$\varepsilon^{\text{Akzeptor}} = E_V + \epsilon(0/-) = E_V + \varepsilon\left(N_D + \frac{1}{2}\right)$$

und beim Akzeptor dem Abstand des Niveaus $\varepsilon^{\text{Akzeptor}}$ zur Oberkante E_V des Valenzbandes.

Wegen der Coulomb-Abstoßung der an der Störstelle lokalisierten Elektronen gilt oftmals bei tiefen Störstellen

$$\epsilon(+/0) < \epsilon(0/-),$$

dies kann sich jedoch durch die Gitterrelaxation auch umkehren.

13.6.4 Leerstelle in Silicium

Störstellen, die sich nicht mit der Effektive-Masse-Näherung nach Abschn. 13.6.2 beschreiben lassen, nennt man tiefe Störstellen. Ihre elektronischen Zustände sind stärker lokalisiert und hängen auch von der Gitterrelaxation ab.

13.6 Störstellen in Halbleitern

Als klassisches Beispiel behandeln wir hier die elektronische Struktur einer Leerstelle in Silicium qualitativ im Rahmen des Modells der Molekülzustände, wobei wir nur die vier nächsten Nachbarn der Leerstelle berücksichtigen wollen. Ein einzelnes Si-Atom hat die Elektronenkonfiguration $1s^22s^22p^63s^23p^2$, vergl. Tab. 11.1, und wir betrachten nur die vier Elektronen $3s^23p^2$ als Valenzelektronen. Die atomaren Einelektronenzustände im Zentralfeldmodell sind nach Abschn. 11.1

$$\phi_{3s}(\mathbf{r}) = R_{3s}(r)Y_{00}$$
$$\phi_{3pm}(\mathbf{r}) = R_{3p}(r)Y_{1m} \quad \text{mit} \quad m = 0, \pm 1,$$

wobei die Y_{lm} die Kugelfunktionen bezeichnen und jeder Zustand nach dem Pauli-Prinzip mit zwei Elektronen besetzt werden kann. Die vier Si-Atome sind in Form eines Tetraeders um die Leerstelle angeordnet, so daß die Störstelle Tetraedersymmetrie besitzt. Zur einfacheren Rechnung verwenden wir reelle Kugelfunktionen nach Abschn. B.2 und schreiben zur Abkürzung wie in Tab. B.2 für die Atomorbitale eines Si-Atoms

$$s(\mathbf{r}) = R_{3s}(r)\sqrt{\frac{1}{4\pi}}$$
$$p_x(\mathbf{r}) = R_{3p}(r)\sqrt{\frac{3}{4\pi}}\frac{x}{r}$$
$$p_y(\mathbf{r}) = R_{3p}(r)\sqrt{\frac{3}{4\pi}}\frac{y}{r} \quad (13.97)$$
$$p_z(\mathbf{r}) = R_{3p}(r)\sqrt{\frac{3}{4\pi}}\frac{z}{r},$$

die sich wie die Basisfunktionen der irreduziblen Darstellungen A_1 und T_2 der Tetraedergruppe transformieren, vergl. Anhang J, Tab. B.2 und Tab. K.2. Ist der Ursprung des Koordinatensystems der Ort des fehlenden Si-Atoms, so liegen die vier nächsten Nachbarn im Abstand d an den Orten

$$\mathbf{R}_1 = \frac{d}{\sqrt{3}}(-1, -1, +1)$$
$$\mathbf{R}_2 = \frac{d}{\sqrt{3}}(+1, -1, -1)$$
$$\mathbf{R}_3 = \frac{d}{\sqrt{3}}(+1, +1, +1)$$
$$\mathbf{R}_4 = \frac{d}{\sqrt{3}}(-1, +1, -1).$$

Aus den 16 Atomorbitalen Gl. (13.97) der vier Si-Atome lassen sich symmetrieadaptierte Funktionen bilden. Zum Beispiel erhält man nach Abschn. 14.5 aus den vier s-Funktionen

$$\psi^s_{a_1}(\mathbf{r}) = +s(\mathbf{r} - \mathbf{R}_1) + s(\mathbf{r} - \mathbf{R}_2) + s(\mathbf{r} - \mathbf{R}_3) + s(\mathbf{r} - \mathbf{R}_4)$$
$$\psi^s_{t_2\xi}(\mathbf{r}) = +s(\mathbf{r} - \mathbf{R}_1) + s(\mathbf{r} - \mathbf{R}_2) - s(\mathbf{r} - \mathbf{R}_3) - s(\mathbf{r} - \mathbf{R}_4)$$
$$\psi^s_{t_2\eta}(\mathbf{r}) = +s(\mathbf{r} - \mathbf{R}_1) - s(\mathbf{r} - \mathbf{R}_2) - s(\mathbf{r} - \mathbf{R}_3) + s(\mathbf{r} - \mathbf{R}_4)$$
$$\psi^s_{t_2\zeta}(\mathbf{r}) = -s(\mathbf{r} - \mathbf{R}_1) + s(\mathbf{r} - \mathbf{R}_2) - s(\mathbf{r} - \mathbf{R}_3) + s(\mathbf{r} - \mathbf{R}_4)$$

und entsprechend kann man sich aus den 12 p-Orbitalen der vier Atome Gl. (13.97) die Basisfunktionen der irreduziblen Darstellungen A_1, E, T_1, T_2, T_2 konstruieren. Wir betrachten zunächst den perfekten Si-Kristall. Durch die Wechselwirkung eines Si-Atoms mit seinen vier Nachbarn kommt es zu einer Aufspaltung der im Zentralfeldmodell entarteten atomaren Energieniveaus. Sei etwa H_0 der Hamilton-Operator der isolierten Si-Atome

$$H_0|j\rangle = E_j|j\rangle \quad \text{mit} \quad \langle i|j\rangle = \delta_{ij}$$

mit den Atomorbitalen $|j\rangle$ und $H = H_0 + H_1$ der Hamilton-Operator des Si-Kristalles, dann sind die Energieniveaus von H in erster Näherung der Störungstheorie die Eigenwerte der Matrix

$$\langle i|H_0 + H_1|j\rangle = E_j\delta_{ij} + \langle i|H_1|j\rangle.$$

Ist nun H_1 gegenüber den Symmetrietransformationen der Tetraedergruppe invariant, so verschwinden alle Matrixelemente, bei denen $|i\rangle$ und $|j\rangle$ nicht zur selben irreduziblen Darstellung gehören. Die Störmatrix ist also eine Stufenmatrix und zerfällt in Einzelmatrizen zu den verschiedenen irreduziblen Darstellungen. Zum Beispiel ist die Matrix der A_1-Funktionen zweidimensional

$$\begin{pmatrix} h_{11} & h_{12} \\ h_{21} & h_{22} \end{pmatrix} \quad \text{mit} \quad h_{ij} = \langle i|H_1|j\rangle$$

und es gilt für die Differenz der beiden Eigenwerte λ_1, λ_2

$$\lambda_1 - \lambda_1 = \sqrt{(h_{11} - h_{22})^2 + 4|h_{12}|^2}\,.$$

Das bezüglich H_0 zweifach bahnentartete Energieniveau A_1 spaltet also durch die Wechselwirkung H_1 im Kristall auf.

Wir wenden uns jetzt wieder der Si-Leerstelle zu. Aus den vier Atomfunktionen, die am Ort der Leerstelle lokalisiert sind, bilden wir die vier Hybridfunktionen

$$\begin{aligned} h_1(\mathbf{r}) &= \frac{1}{2}(s - p_x - p_y + p_z) \\ h_2(\mathbf{r}) &= \frac{1}{2}(s + p_x - p_y - p_z) \\ h_3(\mathbf{r}) &= \frac{1}{2}(s + p_x + p_y + p_z) \\ h_4(\mathbf{r}) &= \frac{1}{2}(s - p_x + p_y - p_z). \end{aligned} \quad (13.98)$$

Die zugehörigen Aufenthaltswahrscheinlichkeiten $|h_j(\mathbf{r})|^2$ haben ihre größten Werte in Gebieten, die keulenartig in die Richtung der vier Nachbaratome weisen. Die Hybridfunktionen überlappen sich mit den entsprechenden Funktionen der Nachbarn und bilden beim perfekten Kristall die kovalente Bindung. Bei der Si-Leerstelle jedoch fehlen für die vier Hybridfunktionen Gl. (13.98) vier Elektronen, so daß von den Nachbarn vier lose Bindungen übrig bleiben. Von den Nachbaratomen werden je ein Valenzelektron zur Verfügung gestellt, so daß der tiefer gelegene A_1-Molekülzustand mit zwei Elektronen besetzt und der höher gelegene T_2-Zustand mit zwei Elektronen nur teilweise besetzt ist. Das tiefere besetzte A_1-Niveau liegt im Valenzband, während der nur teilweise besetzte T_2-Zustand ein Störstellenniveau in der Bandlücke erzeugt. Die neutrale Störstelle kann auch einfach oder zweifach positiv geladen auftreten, wenn ein oder zwei Elektronen an das Leitungsband abgegeben werden. Auch die negativ geladene Leerstelle mit drei Elektronen im T_2-Zustand ist möglich. Bei den zugehörigen Umladungsniveaus nach Absch. 13.6.3 spielt die Gitterrelaxation ein wichtige Rolle, denn nach dem Jahn-Teller-Theorem ist eine solche bahnentartete Störstelle nicht stabil. Die Verschiebung der nächsten Nachbarn mit einer Erniedrigung der Symmetrie führt dann zu einer Aufspaltung des entarteten T_2-Niveaus bis das besetzte Niveau nicht mehr entartet ist. Dieser Prozeß ist je nach dem Ladungszustand der Störstelle verschieden.

13.6.5 Übergangsmetalle

Durch Punktdefekte von Übergangsmetallen in Halbleitern mit ihren nicht abgeschlossenen Elektronenschalen entstehen reichhaltige optische Spektren, an denen sich mehrere Festkörpereigenschaften wie die elektronische Struktur tiefer Zentren unter dem Einfluß der Kristallsymmetrie, Phononen, lokale Schwingungsmoden und die Elektron-Phonon-Wechselwirkung studieren lassen, die zum Jahn-Teller-Effekt führt. Wir behandeln hier speziell Übergangsmetalle der Ordnungszahlen 21 bis 30 mit der Elektronenkonfiguration der äußeren Atomschale $4s^2 3d^n$ und $n = 1, 2, \ldots 10$, vergl. Tab. 11.1. Die optischen Spektren entstehen zumeist durch innere Übergänge zwischen den durch Kristall modifizierten Mehrelektronenzuständen der $3d$-Elektronen. Solche tiefen Störstellen kommen in fast allen Halbleitern vor und Cr-Zentren in Rubin (Al_2O_3) z.B. sind die Ursache für die rote Farbe und für die Laser-Übergänge. Die Übergangsmetalle mit der nicht abgeschlossenen $3d$-Schale haben als freie Atome Spektren mit einer Multiplettstruktur nach Tab. 11.2. In Halbleitern mit s-p-Bindungen treten sie meistens als zweifach positiv geladene Ionen auf, in dem die beiden $4s$-Elektronen an der kovalenten Bindung mit den Nachbarn beteiligt sind. Die Multipletts der $3d$-Schale werden durch die in einer bestimmten Symmetrie angeordneten Nachbaratome aufgespalten, was zu komplizierteren optischen Spektren im Vergleich zu denen der freien Atome führt.

Da die $3d$-Elektronen praktisch nicht an der kovalenten s-p-Bindung teilnehmen, lassen sich die Spektren der Übergangsmetallionen im Kristall in einfacher Näherung mit Hilfe der Kristallfeldtheorie zumindest qualitativ beschreiben. Dazu wird der Hamilton-Operator der 3d-Elektronen näherungsweise in der Form

$$H = H_{\text{fI}} + \sum_{j=1}^{n} V_{T_d}(\mathbf{r}_j)$$

geschrieben, wobei H_{fI} den Hamilton-Operator des freien Ions darstellt, der aus dem Hamilton-Operator des Zentralfeldmodells und der Coulomb-Wechselwirkung der 3d-Elektronen untereinander besteht, vergl. Abschn. 11.3.

Als einfaches Beispiel für die Berechnung der optischen Spektren betrachten wir hier die Kupferstörstelle in ZnS-Kristallen, bei der das Cu-Atom auf einem Zn-Platz eingebaut ist. Das Kupfer kommt dann als Cu^{2+}-Ion mit der Elektronenkonfiguration $3d^9$ vor. Da in der vollen 3d-Schale ein Elektron fehlt, entspricht das Spektrum qualitativ dem eines Sc^{2+}-Ions mit der Elektronenkonfiguration $3d^1$. Wir betrachten hier einen kubischen ZnS-Kristall mit Zinkblendegitter, in dem das Cu^{2+}-Ion von vier Schwefelionen in tetraedrischer Anordnung umgeben ist, vergl. Abschn. 13.1.4. Das 3d-Elektron von Sc^{2+} bzw. das Loch in der 3d-Schale von Cu^{2+} führt beim freien Ion nach Tab. 11.2 zu einem zehnfach entarteten ^2D-Multiplett. Zur Behandlung der durch das Kristallfeldpotential $V_{T_d}(\mathbf{r})$ verursachten Symmetrieerniedrigung von der Kugelsymmetrie des freien Ions zur Tetraedersymmetrie verwenden wir reelle Kugelfunktionen nach Abschn. B.2 für die 3d-Zustände, die sich wie die Basisfunktionen $|\Gamma\gamma\rangle$ der irreduziblen Darstellungen E und T_2 der Tetraedergruppe T_d transformieren

$$|eu\rangle = \frac{1}{r}R_e(r)C_{20}(\vartheta,\varphi)$$
$$|ev\rangle = \frac{1}{r}R_e(r)C_{22}(\vartheta,\varphi)$$
$$|t_2\xi\rangle = \frac{1}{r}R_{t_2}(r)S_{21}(\vartheta,\varphi)$$
$$|t_2\eta\rangle = \frac{1}{r}R_{t_2}(r)C_{21}(\vartheta,\varphi)$$
$$|t_2\zeta\rangle = \frac{1}{r}R_{t_2}(r)S_{22}(\vartheta,\varphi).$$

Hier bezeichnen r, ϑ, φ die Kugelkoordinaten des Ortsvektors $\mathbf{r}$ und es sind aus Symmetriegründen unterschiedliche Radialfunktionen für die E- und T_2-Zustände zugelassen, was durch eine teilweise Berücksichtigung der kovalenten Bindung entsteht. Die Berechnung der Kristallfeldaufspaltung des Multipletts ^2D führen wir im Rahmen der Störungstheorie 1. Ordnung durch, und erhalten im Falle eines 3d-Elektrons die Energieniveaus aus den Eigenwerten der Störmatrix

$$\langle \Gamma\gamma|V_{T_d}(\mathbf{r})|\Gamma'\gamma'\rangle = \delta_{\Gamma'\Gamma}\langle \Gamma\gamma|V_{T_d}(\mathbf{r})|\Gamma\gamma'\rangle. \qquad (13.99)$$

Es verschwinden die Matrixelemente für $\Gamma \neq \Gamma'$, weil das Potential $V_{T_d}(\mathbf{r})$ invariant gegenüber der Tetraedergruppe ist und somit wie die irreduzible Darstellung A_1 transformiert.

13.6 Störstellen in Halbleitern

Aufgrund der eingeführten Näherungsannahme, das optische Spektrum mit Hilfe eines elektrostatischen Potentials zu beschreiben, wird darauf verzichtet $V_{T_d}(\mathbf{r})$ quantitativ zu berechnen. Es ist aber möglich die allgemeine Form des Potentials bis auf einen Faktor aus der Symmetrie und der Bedingung zu konstruieren, daß die Störmatrix Gl. (13.99) nichtverschwindende Matrixelemente besitzen soll. Zu ihrer Herleitung entwickeln wir das Potential nach Kugelfunktionen

$$V(\mathbf{r}) = \sum_{\kappa=0}^{\infty} \sum_{\mu=0}^{\kappa} v_{\kappa\mu}(r) Y_{\kappa\mu}(\vartheta, \varphi).$$

Beim Einsetzen in die Matrixelemente Gl. (13.99) treten Integrale mit drei Kugelfunktionen auf

$$\int Y_{2m}^*(\vartheta, \varphi) Y_{\kappa\mu}(\vartheta, \varphi) Y_{2m'}(\vartheta, \varphi) \sin\vartheta \, d\vartheta \, d\varphi,$$

die nach Abschn. B.4 nur für $\kappa = 0, 2, 4$ nicht verschwinden. Das Ausreduzieren der irreduziblen Darstellungen der Tetraedergruppe in den $(2\kappa + 1)$-dimensionalen Darstellungsräumen der Kugelfunktionen zeigt, daß nur für $\kappa = 0$ und 4 eine irreduzible Darstellung A_1 existiert. Das Potential $v_{00}(r) Y_{00}$ verursacht nur eine konstante Verschiebung aller Energieniveaus, die wir hier Null setzen. Der gegenüber der Tetraedergruppe invariante Teil des Potentials mit $\kappa = 4$ hat die Form

$$V_{T_d}(\mathbf{r}) = v_4(r) \left[\sqrt{\frac{7}{12}} Y_{40} + \sqrt{\frac{5}{24}} (Y_{4-4} - Y_{44}) \right]$$

$$= v_4(r) \left[\sqrt{\frac{7}{12}} C_{40} + \sqrt{\frac{5}{12}} C_{44} \right]$$

(13.100)

mit den reellen Kugelfunktionen $C_{40}(\vartheta, \varphi)$ und $C_{44}(\vartheta, \varphi)$ nach Abschn. B.2. Setzt man das tetraedrische Kristallfeldpotential Gl. (13.100) in die Matrixelemente Gl. (13.99) ein, so ergibt sich mit Hilfe der Tab. B.6 die Störmatrix

$$\left(\langle \Gamma\gamma | V_{T_d}(\mathbf{r}) | \Gamma'\gamma' \rangle \right) = \begin{pmatrix} 6A & 0 & 0 & 0 & 0 \\ 0 & 6A & 0 & 0 & 0 \\ 0 & 0 & -4B & 0 & 0 \\ 0 & 0 & 0 & -4B & 0 \\ 0 & 0 & 0 & 0 & -4B \end{pmatrix}$$

mit

$$A = \frac{1}{4\sqrt{21\pi}} \int_0^\infty v_4(r) R_e^2(r) \, dr$$

$$B = \frac{1}{4\sqrt{21\pi}} \int_0^\infty v_4(r) R_{t_2}^2(r) \, dr.$$

Wir definieren im Einelektronenfall bei negativen Integralen A, B die Kristallfeldaufspaltung

$$10Dq = -6A - 4B$$

und der *Kristallfeldparameter* Dq bestimmt die Größe der Aufspaltung des ^2D-Multipletts, denn $10Dq$ ist der energetische Abstand zwischen dem höher gelegenen und sechsfach entarteten $^2T_2$-Niveau und dem tieferen vierfach entarteten ^2E-Niveau. Im Falle eines Loches in der $3d$-Schale, wie beim Cu^{2+}-Ion mit der Elektronenkonfiguration $2d^9$, sind dagegen die Integrale A und B positiv, so daß das ^2E-Niveau das höher gelegenere ist. Zur Interpretation der optischen Spektren im Rahmen der Kristallfeldtheorie wird Dq als ein Anpaßparameter verwendet, dessen Zahlenwert dem beobachteten Spektrum entnommen wird.

14 Symmetrie

In der klassischen Mechanik folgt nach dem Noether-Theorem aus der Invarianz eines physikalischen Systems gegenüber einer Gruppe von Symmetrietransformationen der Erhaltungssatz einer physikalischen Observablen. So ergibt sich z.b. aus der Invarianz gegenüber Zeitschiebungen der Energieerhaltungssatz, aus der Invarianz gegenüber Ortsschiebungen der Impulserhaltungssatz, aus der Invarianz gegenüber Drehungen der Drehimpulserhaltungssatz und aus der Invarianz gegenüber der Galilei-Transformation der Schwerpunktsatz. Dieser Zusammenhang zwischen Symmetrien und Erhaltungsgrößen tritt durch das Korrespondenzprinzip und die Ehrenfest-Gleichungen in Abschn. 1.4.2 auch in der Quantenmechanik auf. Zudem ist die in Abschn. 2.3.4 erwähnte Erhaltung des Runge-Lenz-Vektors beim Wasserstoffatom mit der Entartung der Energieeigenwerte verknüpft und im Kap. 4 wurde aus der Invarianz der Observablen gegenüber Vertauschungen identischer Teilchen auf das Pauli-Prinzip geschlossen. Außerdem läßt sich nach Abschn. 3.5.2 die Form der Dirac-Gleichung eines geladenen Massenpunktes im elektromagnetischen Feld aus der Invarianz gegenüber Eichtransformationen herleiten und schließlich hängen nach Abschn. 10.3.3 die Auswahlregeln für Strahlungsübergänge mit der Kugelsymmetrie des Atompotentials zusammen. Die Symmetriebedingungen eines quantenmechanischen Systems ermöglichen qualitative Aussagen über Eigenwerte und Eigenfunktionen von Observablen und die Verletzung von Symmetrien in der Theorie führt im allgemeinen zu fehlerhaften Ergebnissen. Darüber hinaus ermöglicht die Ausnutzung von Symmetrien eine Reduzierung des numerischen Aufwandes bei der Berechnung. Für das Auffinden von physikalischen Theorien sind Forderungen nach der Forminvarianz der Gleichungen gegenüber geforderten Symmetrien entscheidende Hilfsmittel, während dadurch die quantitativen Ergebnisse noch nicht festgelegt sind.

In der Physik freier und gebundener Atome spielen insbesondere die Symmetrien im dreidimensionalen Ortsraum zur qualitativen Interpretation der Spektren eine wichtige Rolle, so daß wir uns in diesem Kapitel darauf beschränken wollen. Dabei werden wir uns einer Reihe von Begriffen und Sätzen der Gruppentheorie bedienen, die im Anhang I zusammengefaßt sind.

14.1 Darstellung einer Gruppe im Hilbert-Raum

Zur Beschreibung von N Massenpunkten fassen wir deren Orts- und Spinvariablen wie in Abschn. 4.1 zu einem Vektor

$$\underline{x} = (\mathbf{r}_1, \mathbf{s}_1, \mathbf{r}_2, \mathbf{s}_2, \ldots \mathbf{r}_N, \mathbf{s}_N)$$

im Konfigurationsraum zusammen und bezeichnen ein infinitesimales Volumenelement in ihm durch

$$d\tau = d^3 r_1\, d^3 s_1\, d^3 r_2\, d^3 s_2 \ldots d^3 r_N\, d^3 s_N.$$

Die Elemente des Hilbert-Raumes $\mathcal{H}$ sind die Zustände $\phi(\underline{x}, t)$, $\psi(\underline{x}, t)$ mit dem inneren Produkt

$$\langle \phi, \psi \rangle = \int \phi^*(\underline{x}, t) \psi(\underline{x}, t)\, d\tau,$$

wobei über den ganzen Konfigurationsraum zu integrieren ist. Wir betrachten eine Gruppe $\mathcal{G}$ von Symmetrieoperationen $a, b, \ldots$ im Konfigurationsraum

$$\mathcal{G} = \{a, b, \ldots\} \quad \text{mit} \quad \underline{x}' = a\underline{x},$$

wobei wir die Verknüpfung in der Form $ab \in \mathcal{G}$ schreiben. Wir bezeichnen das System von N Massenpunkten als invariant gegenüber einer Symmetriegruppe $\mathcal{G}$, wenn für die Operatoren $A(\underline{x})$ aller Observablen gilt

$$A(a\underline{x}) = A(\underline{x}) \quad \forall a \in \mathcal{G}.$$

Zu jedem $a \in \mathcal{G}$ definieren wir einen linearen und beschränkten Operator T_a im Hilbert-Raum $\mathcal{H}$ durch die Abbildungsvorschrift

$$T_a \psi(a\underline{x}) = \psi(\underline{x}) \quad \forall \psi \in \mathcal{H}. \tag{14.1}$$

Betrachtet man zur Erläuterung der Definition die Funktion $\tilde{\psi}(\underline{x})$ mit der Eigenschaft $\tilde{\psi}(a\underline{x}) = \psi(\underline{x})$, so hat $\tilde{\psi}$ an den transformierten Stellen $a\underline{x}$ den gleichen Funktionswert wie ψ an der Stelle $\underline{x}$. Der Operator T_a vermittelt dann die Abbildung zwischen ψ und $\tilde{\psi}$: $T_a \psi(\underline{x}) = \tilde{\psi}(\underline{x})$, woraus $\tilde{\psi}(a\underline{x}) = T_a \psi(a\underline{x}) = \psi(\underline{x})$ folgt. Dann bildet die Menge $\mathcal{T} = \{T_a | a \in \mathcal{G}\}$ eine Gruppe.

☐ Zum Beweise schreiben wir die Verknüpfung in der Form $T_a T_b = T_{ab}$ und setzen

$$\phi(\underline{x}) = T_b \psi(\underline{x}) = \psi(b^{-1}\underline{x}),$$

dann erhalten wir

$$T_a T_b \psi(\underline{x}) = T_a \phi(\underline{x}) = \phi(a^{-1}\underline{x}) = \psi(b^{-1} a^{-1} \underline{x}) = \psi((ab)^{-1}\underline{x}) = T_{ab} \psi(\underline{x})$$

und verifizieren die drei Bedingungen in Abschn. J.1.1. Das Assoziativgesetz ergibt sich aus der Verknüpfungsvorschrift. Das Einselement $e \in \mathcal{G}$ wird auf den Einsoperator $T_e = \mathbf{1}$ mit $T_e \psi = \psi \quad \forall \psi \in \mathcal{H}$ abgebildet. Setzt man schließlich in der Verknüpfungsvorschrift $b = a^{-1}$, so folgt $T_a T_{a^{-1}} = T_e = \mathbf{1}$ und somit $T_{a^{-1}} = T_a^{-1}$. ■

14.1 Darstellung einer Gruppe im Hilbert-Raum

Die Operatoren T_a sind linear und beschränkt und die Gruppe $\mathcal{T} = \{T_a, T_b, \ldots\}$ bildet nach Abschn. J.2 eine Darstellung in $\mathcal{H}$ die unitär ist, denn das innere Produkt ist invariant gegenüber Symmetrietransformationen

$$\langle \phi(\underline{x}) | \psi(\underline{x}) \rangle = \langle \phi(a^{-1}\underline{x}) | \psi(a^{-1}\underline{x}) \rangle = \langle T_a \phi(\underline{x}) | T_a \psi(\underline{x}) \rangle$$
$$= \langle \phi(\underline{x}) | T_a^+ T_a \psi(\underline{x}) \rangle,$$

und somit gilt $T_a^+ T_a = 1$. Da $\mathcal{T} = \{T_a, T_b, \ldots\}$ eine Gruppe ist, existiert T_a^{-1}, so daß $T_a^+ = T_a^{-1}$ gilt. Die Operatoren $A(\underline{x})$ aller Observablen sind dann mit den T_a vertauschbar

$$[A(\underline{x}), T_a] = 0 \quad \forall\, a \in \mathcal{G}. \tag{14.2}$$

□ Zum Beweise beachtet man $A(a\underline{x}) = A(\underline{x})$, dann gilt

$$T_a A(a\underline{x}) \psi(a\underline{x}) = A(\underline{x}) \psi(\underline{x}) = A(\underline{x}) T_a \psi(a\underline{x})$$

und es folgt $T_a A(\underline{x}) = A(\underline{x}) T_a$. ∎

Die Darstellung $\mathcal{T}$ in $\mathcal{H}$ ist entweder reduzibel oder irreduzibel. In einem Hilbert-Raum von endlicher Dimension ist nach Abschn. J.2 jede unitäre Darstellung vollständig reduzibel. Der Hilbert-Raum $\mathcal{H}$ läßt sich dann in eine orthogonale Summe irreduzibler Unterräume $\mathcal{H} = \mathcal{H}_1 \oplus \mathcal{H}_2 \oplus \ldots \oplus \mathcal{H}_N$ zerlegen. Jeder endlich dimensionale Unterraum $\mathcal{H}_j$ erzeugt eine irreduzible Darstellung von $\mathcal{T} = \{T_a, T_b, \ldots\}$, wobei alle T_a mit den Operatoren $A(\underline{x})$ der Observablen vertauschbar sind. Damit kann das Korollar zum Lemma von Schur, vergl. Abschn. J.2.1, angewendet werden, so daß in jedem irreduziblen Unterraum $\mathcal{H}_j$ gilt

$$A(\underline{x}) = \lambda_j 1_j.$$

Wir betrachten als Beispiel die Eigenwertgleichung des Hamilton-Operators H

$$H|n\nu\rangle = E_n|n\nu\rangle \quad \text{mit} \quad \nu = 1, 2, \ldots d_n$$

mit dem Entartungsgrad d_n des Eigenwertes E_n. Dann bilden die $d_n \times d_n$-Matrizen

$$M_{\nu\mu}^{(n)}(a) = \langle n\nu | T_a | n\mu \rangle \quad \forall\, a \in \mathcal{G} \tag{14.3}$$

jeweils eine Matrixdarstellung der Symmetriegruppe $\mathcal{G}$.

□ Zum Beweise gehen wir davon aus, daß die Operatoren H und T_a vertauschbar sind $[H, T_a] = 0$. Da der Hamilton-Operator selbstadjungiert ist, berechnen wir

$$0 = \langle n\nu | [H, T_a] | m\mu \rangle$$
$$= \langle n\nu | H T_a - T_a H | m\mu \rangle$$
$$= (E_n - E_m) \langle n\nu | T_a | m\mu \rangle$$

mit der Folge

$$\langle n\nu|T_a|m\mu\rangle = 0 \quad \text{für} \quad E_n \neq E_m,$$

so daß die Operatoren T_a aus dem Eigenraum zu E_n nicht herausführen

$$T_a|n\mu\rangle = \sum_{m,\rho} |m\rho\rangle\langle m\rho|T_a|n\mu\rangle$$
$$= \sum_{\rho=1}^{d_n} |n\rho\rangle M^{(n)}_{\rho\mu}(a).$$

Damit findet man die Verknüpfung

$$M^{(n)}_{\nu\mu}(ba) = \langle n\nu|T_{ba}|n\mu\rangle = \langle n\nu|T_b T_a|n\mu\rangle$$
$$= \sum_{\rho=1}^{d_n} \langle n\nu|T_b|n\rho\rangle M^{(n)}_{\rho\mu}(a)$$
$$= \sum_{\rho=1}^{d_n} M^{(n)}_{\nu\rho}(b) M^{(n)}_{\rho\mu}(a)$$

und die übrigen Gruppenaxiome. ∎

Die endlich dimensionalen Eigenräume eines Operators $H(\underline{x})$ sind also Darstellungsräume der Symmetriegruppe $\mathcal{G}$, die entweder irreduzibel sind oder, im Falle zufälliger Entartung $E_n = E_m$, auch reduzibel sein können. Im irreduziblen Fall ist die Dimension der irreduziblen Darstellung gleich der Entartung des Eigenwertes E_n von $H(\underline{x})$. Der Operator besitzt damit höchstens so viele voneinander verschiedene Eigenwerte, wie es irreduzible Darstellungen im Hilbert-Raum $\mathcal{H}$ gibt.

14.2 Aufspaltung von Spektrallinien

Zur Bestimmung der Aufspaltung eines entarteten Energieniveaus des Hamilton-Operators H_0 durch eine Störung, gehen wir von der Störungstheorie aus. Sei die Eigenwertgleichung

$$H_0|n\nu\rangle = E_n^{(0)}|n\nu\rangle \quad \text{mit} \quad \nu = 1, 2, \ldots d$$

gelöst und für ein festes n der Eigenwert $E_n^{(0)}$ d-fach entartet mit $d > 0$, dann spannen die Eigenfunktionen $|n1\rangle, |n2\rangle, \ldots |nd\rangle$ einen d-dimensionalen Hilbert-Raum, den Eigenraum $\mathcal{H}_n$ zu $E_n^{(0)}$, auf. Der Hamilton-Operator H_0 sei gegenüber einer Symmetriegruppe $\mathcal{G} = \{a, b, \ldots\}$ invariant und ist deshalb mit allen Operatoren T_a der unitären Darstellung $\mathcal{T} = \{T_a, T_b \ldots\}$ vertauschbar. Dann bildet die Gruppe $\mathcal{T}$ eine d dimensionale unitäre Matrixdarstellung im Eigenraum $\mathcal{H}_n$

$$\Gamma = \langle M_a, M_b, \ldots\rangle \quad \text{mit} \quad M_a = \big(M_{\nu\mu}(a)\big) = \big(\langle n\nu|T_a|n\mu\rangle\big),$$

die im allgemeinen irreduzibel ist, jedoch im Falle zufälliger Entartung auch reduzibel sein kann.

Wir betrachten jetzt den Hamilton-Operator

$$H = H_0 + H_1$$

und H_1 sei invariant gegenüber einer Untergruppe $\mathcal{G}' \subset \mathcal{G}$, was einer Reduzierung der Symmetrie durch die Störung H_1 entspricht. Im Rahmen der Störungstheorie 1. Ordnung berechnet sich die Veränderung der Energieniveaus $E_0^{(n)}$ von H_0 aus den Eigenwerten $E_1^{(n)}$ der d-dimensionalen Störmatrix

$$H_1^{(n)} = \big(\langle n\nu|H_1|n\mu\rangle\big)$$

und der Eigenraum $\mathcal{H}_n$ von H_0 bildet einen Darstellungsraum von $\mathcal{G}'$, da $\mathcal{G}'$ Untergruppe von $\mathcal{G}$ sein soll. Wenn die Darstellung $\mathcal{T}' \subset \mathcal{T}$ in $\mathcal{H}_n$ reduzibel ist, kann sie in ihre irreduziblen Bestandteile zerlegt werden und weil der Operator H_1 mit allen Operatoren von $\mathcal{T}'$ vertauschbar ist, folgt aus dem Korollar zum Lemma von Schur, vergl. Abschn. J.2.1, daß die Matrix $H_1^{(n)}$ in jedem der r irreduziblen Unterräume ein Vielfaches der Einheitsmatrix sein muß. Der in 0. Näherung d-fach entartete Eigenwert $E_n^{(0)}$ von H_0 spaltet also durch die Störung in maximal r Eigenwerte auf, weil maximal r Eigenwerte der d-dimensionalen Störmatrix $H_1^{(n)}$ voneinander verschieden sind. Gibt es hierbei keine zufällige Entartung, ist die verbleibende Entartung der r Energieniveaus $E_n^{(0)} + E_n^{(1)}$ gleich der Dimension der irreduziblen Darstellungen der Gruppe $\mathcal{T}'$ im Eigenraum $\mathcal{H}_n$. Zur qualitativen Bestimmung der Aufspaltung und der verbleibenden Entartung, bis auf zufällige Entartungen, genügt also das Ausreduzieren der Darstellung von $\mathcal{T}'$ im Eigenraum $\mathcal{H}_n$.

14.2.1 Elektron im Zentralfeld

Als Anwendungsbeispiel berechnen wir qualitativ die Aufspaltung des 5-fach entarteten Energieniveaus eines 3d-Elektrons im Zentralfeldmodell der Atome ohne Berücksichtigung des Spins durch Symmetrieerniedrigung von der Drehgruppe $O(3)$ zur Symmetriegruppe $\mathcal{D}_4$. Da $\mathcal{D}_4$ eine Untergruppe von $O(3)$ ist, bilden die fünf Funktionen des Ortsvektors $\mathbf{r}$ in Kugelkoordinaten r, ϑ, φ

$$|3dm\rangle = \frac{1}{r} R_{3d}(r) Y_{2m}(\vartheta, \varphi) \quad \text{für} \quad m = 2, 1, 0, -1, -2$$

nach Abschn. J.2.5 einen $(2l+1) = 5$-dimensionalen Hilbert-Raum, der zu einer Darstellung von $\mathcal{D}_4$ führt. Die Gruppe $\mathcal{D}_4$ wird nach Abschn. J.1.2 von den Elementen $a, b \in \mathcal{D}_4$ erzeugt, wobei a eine Drehung um die z-Achse um den Winkel $\pi/2$ und b eine Drehung um die x-Achse um den Winkel π ist. Es gilt dann $a^4 = b^2 = e$ und $bab = a^3$. Die Matrix M_a hat nach Gl. (J.13) die Elemente

$$\langle 3dm | \exp\left\{ -i\frac{\pi}{2} l_z \right\} | 3dm' \rangle = \langle 3dm | \exp\left\{ -i\frac{\pi}{2} m' \right\} | 3dm' \rangle,$$

wobei l_z die z-Komponente der Drehimpulsoperators nach Gl. (2.17) bezeichnet, und wegen

$$\langle 3dm|3dm' \rangle = \delta_{mm'} \quad \text{und} \quad \exp\left\{ i\frac{\pi}{2} \right\} = i$$

erhält man die Darstellungsmatrix

$$M_a = \begin{pmatrix} -1 & 0 & 0 & 0 & 0 \\ 0 & -i & 0 & 0 & 0 \\ 0 & 0 & 1 & 0 & 0 \\ 0 & 0 & 0 & i & 0 \\ 0 & 0 & 0 & 0 & -1 \end{pmatrix} \quad \text{für} \quad \begin{pmatrix} |3d+2\rangle \\ |3d+1\rangle \\ |3d\ 0\rangle \\ |3d-1\rangle \\ |3d-2\rangle \end{pmatrix}.$$

Für b gilt nach Abschn. B.1 für den Operator im Hilbert-Raum der $|nlm\rangle$

$$T_b |nlm\rangle = \frac{1}{r} R_{nl}(r) Y_{lm}(\pi - \vartheta, -\varphi) = (-1)^l |nl - m\rangle$$

und die Darstellungsmatrix hat für $l=2$ das Aussehen

$$M_b = \begin{pmatrix} 0 & 0 & 0 & 0 & 1 \\ 0 & 0 & 0 & 1 & 0 \\ 0 & 0 & 1 & 0 & 0 \\ 0 & 1 & 0 & 0 & 0 \\ 1 & 0 & 0 & 0 & 0 \end{pmatrix}.$$

Durch Multiplizieren der Darstellungsmatrizen erhält man die Klassencharaktere nach Abschn. J.1.3

$$\chi_1 = \chi(M_e) = 5 \quad ; \quad \chi_2 = \chi(M_a) = -1 \quad ; \quad \chi_3 = \chi(M_a^2) = 1$$
$$\chi_4 = \chi(M_b) = 1 \quad ; \quad \chi_5 = \chi(M_a M_b) = 1.$$

Die Klassencharaktere $\chi_k^{(\lambda)}$ der irreduziblen Darstellungen der Gruppe $\mathcal{D}_4$ sind in Abschn. J.2.4 angegeben. Das Ausreduzieren der reduziblen Darstellung erfolgt nach Gl. (J.7)

$$q_\lambda = \frac{1}{n} \sum_{k=1}^{c} h_k \chi_k^{(\lambda)*} \chi_k^{\text{red}},$$

wobei die Ordnung von $\mathcal{D}_4$ $n = 8$, die Anzahl der Klassen konjugierter Gruppenelemente $c = 5$ und ihre Ordnungen

$$h_1 = 1 \quad ; \quad h_2 = 2 \quad ; \quad h_3 = 1 \quad ; \quad h_4 = 2 \quad ; \quad h_5 = 2$$

betragen. Damit ergeben sich die Anzahlen q_λ, wie oft die irreduzible Darstellung Γ_λ in der reduziblen Darstellung enthalten ist, zu

$$q_1 = 1 \quad ; \quad q_2 = 0 \quad ; \quad q_3 = 1 \quad ; \quad q_4 = 1 \quad ; \quad q_5 = 1$$

und die Zerlegung schreiben wir in der Form

$$\Gamma = \Gamma_1 + \Gamma_3 + \Gamma_4 + \Gamma_5,$$

wobei die Darstellungen $\Gamma_1, \Gamma_3, \Gamma_4$ eindimensional sind und Γ_5 zweidimensional ist. Damit kann also das bei Kugelsymmetrie 5-fach entartete Energieniveau ε_{3d} bei der Symmetrie $\mathcal{D}_4$ in maximal vier Niveaus aufspalten, wovon eines noch zweifach entartet ist.

14.3 Invariante Integrale

Sei $\mathcal{H}$ ein Hilbert-Raum von endlicher Dimension, der gegenüber einer Symmetriegruppe $\mathcal{G} = \{a, b, \ldots\}$ invariant sei. Ferner sei $\mathcal{T} = \{T_a, T_b, \ldots\}$ eine unitäre Darstellung der Gruppe in $\mathcal{H}$ nach Gl. (14.1). Wir setzen voraus, daß die Funktionen $\phi_k^{(\lambda)} \in \mathcal{H}$ wie die Basisfunktionen $|\Gamma_\lambda k\rangle$ der irreduziblen Darstellung Γ_λ transformieren, d.h. es gilt nach Gl. (J.22)

$$T_a \phi_k^{(\lambda)} = \sum_{j=1}^{d_\lambda} \phi_j^{(\lambda)} M_{jk}^{(\lambda)}(a). \tag{14.4}$$

Hier bezeichnet d_λ die Dimension und $M_{jk}^{(\lambda)}(a)$ die unitären Matrizen der irreduziblen Darstellung Γ_λ von $\mathcal{G}$. Weiter nehmen wir an, daß die Funktionen $\psi_l^{(\mu)} \in \mathcal{H}$ wie die Basisfunktionen $|\Gamma_\mu l\rangle$ transformieren

$$T_a \psi_l^{(\mu)} = \sum_{m=1}^{d_\mu} \psi_m^{(\mu)} M_{ml}^{(\mu)}(a).$$

Dann gilt für das Matrixelement bzw. Integral

$$\langle \phi_k^{(\lambda)} | \psi_l^{(\mu)} \rangle = \delta_{\lambda\mu} \delta_{kl} \frac{1}{d_\lambda} \sum_{j=1}^{d_\lambda} \langle \phi_j^{(\lambda)} | \psi_j^{(\lambda)} \rangle. \tag{14.5}$$

□ Zum Beweise beachtet man $T_a^+ T_a = 1$ und $T_a^+ = T_a^{-1} = T_{a^{-1}}$

$$\langle \phi_k^{(\lambda)} | \psi_l^{(\mu)} \rangle = \langle \phi_k^{(\lambda)} | T_a^+ T_a | \psi_l^{(\mu)} \rangle$$
$$= \langle T_a \phi_k^{(\lambda)} | T_a \psi_l^{(\mu)} \rangle$$
$$= \sum_{j=1}^{d_\lambda} \sum_{m=1}^{d_\mu} M_{jk}^{(\lambda)*}(a) \langle \phi_j^{(\lambda)} | \psi_m^{(\mu)} \rangle M_{ml}^{(\mu)}(a).$$

Da diese Gleichung für alle $a \in \mathcal{G}$ gelten muß, bilden wir die Summe über alle n Gruppenelemente

$$\langle \phi_k^{(\lambda)} | \psi_l^{(\mu)} \rangle = \frac{1}{n} \sum_{a \in \mathcal{G}} \sum_{j=1}^{d_\lambda} \sum_{m=1}^{d_\mu} \langle \phi_j^{(\lambda)} | \psi_m^{(\mu)} \rangle M_{jk}^{(\lambda)*}(a) M_{ml}^{(\mu)}(a)$$
$$= \sum_{j=1}^{d_\lambda} \sum_{m=1}^{d_\mu} \langle \phi_j^{(\lambda)} | \psi_m^{(\mu)} \rangle \frac{1}{d_\lambda} \delta_{\lambda\mu} \delta_{jm} \delta_{kl},$$

wobei von der Gl. (J.4) Gebrauch gemacht wurde. ∎

Transformiert der Operator $V_{\Gamma_\nu j}$ wie eine Basisfunktion $|\Gamma_\nu j\rangle$ der irreduziblen Darstellung Γ_ν, so verschwindet das Matrixelement oder Integral

$$\langle \phi_k^{(\lambda)} | V_{\Gamma_\nu j} | \psi_l^{(\mu)} \rangle = 0, \quad \text{falls } \Gamma_\lambda \text{ nicht in } \Gamma_\nu \times \Gamma_\mu \text{ enthalten ist.} \quad (14.6)$$

Dazu schreiben wir nach Gl. (J.20) die ausreduzierte Produktdarstellung in der Form

$$\Gamma_\nu \times \Gamma_\mu = \sum_{\rho=1}^{c} q_\rho \Gamma_\rho,$$

wobei c die Anzahl der irreduziblen Darstellungen von $\mathcal{G}$ bezeichnet. Das Integral Gl. (14.6) verschwindet, wenn $q_\lambda = 0$ ist.

□ Zum Beweise entwickeln wir das Produkt $V_{\Gamma_\nu j} \phi_l^{(\mu)}$ wie in Gl. (J.28) nach Basisfunktionen $\Psi_m^{(\rho r)}$, die wie die der irreduziblen Darstellungen $|\Gamma_\rho m\rangle$ transformieren. Dann erhält man für das Integral

$$\langle \phi_k^{(\lambda)} | V_{\Gamma_\nu j} | \psi_l^{(\mu)} \rangle = \sum_{\rho=1}^{c} \sum_{r=1}^{q_\rho} \sum_{m=1}^{d_\rho} \langle \phi_k^{(\lambda)} | \Psi_m^{(\rho r)} \rangle \langle \Gamma_\rho r m | \Gamma_\nu j \Gamma_\mu l \rangle.$$

Nach Gl. (14.5) muß das Integral verschwinden, falls $q_\lambda = 0$ ist. ∎

Transformiert speziell der Operator V_{Γ_1} wie die eindimensionale identische Darstellung, d.h. ist der Operator invariant gegenüber der Symmetriegruppe $\mathcal{G}$, so kann das Integral nur dann von Null verschieden sein, wenn $\lambda = \mu$ und $k = l$ gilt

$$\langle \phi_k^{(\lambda)} | V_{\Gamma_1} | \psi_l^{(\mu)} \rangle = \langle \phi_k^{(\lambda)} | V_{\Gamma_1} | \psi_k^{(\lambda)} \rangle \delta_{\lambda\mu} \delta_{kl}.$$

Nach dem Korollar zum Lemma von Schur, vergl. Abschn. J.2.1, ist die Matrix ein Vielfaches der Einheitsmatrix und es gilt

$$\langle \phi_k^{(\lambda)} | V_{\Gamma_1} | \psi_l^{(\mu)} \rangle = \langle \phi_1^{(\lambda)} | V_{\Gamma_1} | \psi_1^{(\lambda)} \rangle \delta_{\lambda\mu} \delta_{kl}. \tag{14.7}$$

14.3.1 Kreuzungsregel

Als Anwendungsbeispiel für Gl. (14.7) betrachten wir den Hamilton-Operator H im Hilbert-Raum $\mathcal{H}$, der gegenüber einer Symmetriegruppe $\mathcal{G}$ invariant sei. Wir betrachten zwei Eigenräume $\mathcal{H}_\lambda$ und $\mathcal{H}_\mu$ zu den Eigenwerten E_λ bzw. E_μ von H, die die irreduziblen Darstellungen Γ_λ bzw. Γ_μ erzeugen. Die Dimensionen der Eigenräume d_λ bzw. d_μ sind dann gleich den Dimensionen der beiden irreduziblen Darstellungen. Wir wählen in $\mathcal{H}_\lambda$ bzw. $\mathcal{H}_\mu$ Basisfunktionen $\phi_k^{(\lambda)}$ bzw. $\psi_l^{(\mu)}$, die wie die Basisfunktionen der irreduziblen Darstellungen transformieren und es gilt

$$H\phi_k^{(\lambda)} = E_\lambda \phi_k^{(\lambda)} \quad \text{und} \quad H\psi_l^{(\mu)} = E_\mu \phi_l^{(\mu)}$$

für $k = 1, 2, \ldots d_\lambda$ und $l = 1, 2, \ldots d_\mu$. Wir nehmen weiterhin an, daß der Hamilton-Operator H von einem äußeren Parameter p abhängt. Dies kann z.B. bei freien oder gebundenen Atomen durch ein von außen angelegtes elektrisches oder magnetisches Feld der Fall sein oder bei Festkörpern auch durch einen äußeren Druck. Dann hängen auch die Eigenwerte und Eigenfunktionen von H vom Parameter p ab. Wir betrachten nun den Fall, daß für einen bestimmten Wert p_0 dieses Parameters

$$E_\lambda(p_0) = E_\mu(p_0)$$

gilt, was einem Kreuzen der Energieniveaus in Abhängigkeit von p oder einem Berühren gleichkommt. Gibt es dann eine durch H_1 beschriebene gewisse Störung des physikalischen Systems, die ebenso wie H gegenüber der Symmetriegruppe $\mathcal{G}$ invariant ist, so wenden wir für den Hamilton-Operator $H + H_1$ die Störungstheorie 1. Ordnung an. Die durch H_1 modifizierten Energieniveaus ergeben sich für p in einer Umgebung von p_0 aus den Eigenwerten der $(d_\lambda + d_\mu)$-dimensionalen Matrix

$$M_{\lambda\mu} = \begin{pmatrix} H_{\lambda\lambda} & H_{\lambda\mu} \\ H_{\mu\lambda} & H_{\mu\mu} \end{pmatrix}$$

mit den Untermatrizen

$$H_{\lambda\lambda} = (\langle \phi_k^{(\lambda)} | H + H_1 | \phi_{k'}^{(\lambda)} \rangle)$$
$$H_{\mu\mu} = (\langle \psi_l^{(\mu)} | H + H_1 | \psi_{l'}^{(\mu)} \rangle)$$
$$H_{\lambda\mu} = (\langle \phi_k^{(\lambda)} | H + H_1 | \psi_l^{(\mu)} \rangle) = H_{\mu\lambda}^*.$$

Im Falle $\lambda \neq \mu$ verschwinden nach Gl. (14.7) die Untermatrizen $H_{\lambda\mu}$ und $H_{\mu\lambda}$, und die Matrizen $H_{\lambda\lambda}$ und $H_{\mu\mu}$ sind ein Vielfaches der Einheitsmatrix. Der Störoperator H_1 verursacht in 1. Näherung der Störungstheorie dann nur eine Verschiebung des Kreuzungspunktes p_0.

Im Falle $\lambda = \mu$ sind die Untermatrizen $H_{\lambda\mu}$ und $H_{\mu\lambda}$ nicht notwendig Null. Im Allgemeinen, wenn keine zufällige Entartung vorliegt, verursacht eine Störung H_1 aber eine Aufspaltung der an der Stelle p_0 entarteten Energieniveaus von H.

In der Regel kommt es also nicht zu einer Kreuzung von Energieniveaus in Abhängigkeit von p, wenn die zugehörigen Eigenfunktionen wie dieselbe irreduzible Darstellung der Symmetriegruppe transformieren.

14.3.2 Auswahlregeln

Als Anwendungsbeispiel für Gl. (14.6) betrachten wir die Auswahlregeln für elektrische Dipolübergänge eines Elektrons ohne Berücksichtigung des Spins. Der Hamilton-Operator H des Elektrons im Hilbert-Raum $\mathcal{H}$ sei gegenüber einer Symmetriegruppe $\mathcal{G}$ invariant. Seien dann zu zwei verschiedenen Eigenwerten $E_\lambda \neq E_\mu$ die Eigenräume $\mathcal{H}_\lambda$ bzw. $\mathcal{H}_\mu$ von den Funktionen $\phi_k^{(\lambda)}(\mathbf{r})$ bzw. $\psi_l^{(\mu)}(\mathbf{r})$ aufgespannt, die wie die Basisfunktionen der irreduziblen Darstellungen Γ_λ bzw. Γ_μ transformieren. Die Dimensionen d_λ von $\mathcal{H}_\lambda$ bzw. d_μ von $\mathcal{H}_\mu$ sollen gleich denen der beiden irreduziblen Darstellungen sein.

Nach Abschn. 10.3.2 ist ein elektrischer Dipolübergang zwischen den beiden Energieniveaus E_λ und E_μ verboten, wenn für $k = 1, 2, \ldots d_\lambda$ und $l = 1, 2, \ldots d_\mu$ die Matrixübergangselemente Gl. (10.62)

$$\langle \phi_k^{(\lambda)}(\mathbf{r}) | \mathbf{r} | \psi_l^{(\mu)}(\mathbf{r}) \rangle$$

verschwinden. Aus dem Transformationsverhalten des Ortsvektors $\mathbf{r} = (x, y, z)$ gegenüber der Symmetriegruppe $\mathcal{G}$ ergeben sich dann mit Hilfe von Gl. (14.6) die durch die Symmetriegruppe verursachten Auswahlregeln.

Zur Erläuterung sei die Symmetriegruppe $\mathcal{D}_4$, vergl. Anhang I, betrachtet. Nach Abschn. J.2.4 transformiert der Ortsvektor $\mathbf{r}$ wie $\Gamma_2 + \Gamma_5$ von $\mathcal{D}_4$. Für eine parallel zur z-Achse polarisierte elektromagnetische Welle erhält man die Auswahlregeln mit den Elementen der Matrix

$$M_\parallel = \left(\langle \phi_k^{(\lambda)}(\mathbf{r}) | z | \psi_l^{(\mu)}(\mathbf{r}) \rangle \right)$$

und im senkrecht zur z-Achse polarisierten Fall ergeben sich die Auswahlregeln aus den Elementen der Matrix

$$M_\perp = \left(\langle \phi_k^{(\lambda)}(\mathbf{r}) | r_\perp | \psi_l^{(\mu)}(\mathbf{r}) \rangle \right)$$

mit $r_\perp = x$ oder y. Hierbei transformiert nach Gl. (J.24) z wie $A_2 = \Gamma_2$ und x bzw. y wie Eu bzw. Ev von $\mathcal{D}_4$. Aufgrund der Gl. (14.6) verschwinden die Matrixelemente vom $M_\parallel$, wenn die Produktdarstellung $\Gamma_2 \times \Gamma_\mu$ die irreduzible Darstellung Γ_λ nicht enthält. Nach Tab. J.2 sind also die elektrischen Dipolübergänge bei paralleler Polarisation nur zwischen Energieniveaus der Symmetrien

$$A_1 \leftrightarrow A_2 \quad ; \quad B_1 \leftrightarrow B_2 \quad ; \quad E \leftrightarrow E$$

nicht verboten, während senkrecht zur z-Achse polarisierte Übergänge nur für

$$A_1 \leftrightarrow E \quad ; \quad A_2 \leftrightarrow E \quad ; \quad B_1 \leftrightarrow E \quad ; \quad B_2 \leftrightarrow E$$

nicht verboten sind. Es gibt also keine unpolarisierten elektrischen Dipolübergänge bei der Symmetrie $\mathcal{D}_4$.

14.4 Diagonalisierung von Matrizen

Es sei $\mathcal{H}$ ein Hilbert-Raum von endlicher Dimension d, der eine unitäre Darstellung $\Gamma = \{T_a, T_b, \ldots\}$ einer Symmetriegruppe $\mathcal{G} = \{a, b, \ldots\}$ der Ordnung n erzeugt. Ferner sei H ein Operator in $\mathcal{H}$, der gegenüber der Symmetriegruppe invariant ist und daher nach Gl. (J.34) mit allen Operatoren $T_a \in \Gamma$ vertauschbar ist

$$[H, T_a] = 0 \quad \forall\, a \in \mathcal{G}.$$

Um die Eigenwerte des selbstadjungierten Operators H zu finden, muß man die d-dimensionale Matrix $(\langle i|H|j\rangle)$ in einer Basis $|i\rangle$ von $\mathcal{H}$ diagonalisieren, wozu im allgemeinen die Berechnung von d reellen und $d(d-1)/2$ komplexen Matrixelementen erforderlich ist. Der numerische Aufwand läßt sich erheblich reduzieren, wenn anstelle von $|i\rangle$ eine symmetrieadaptierte Basis verwendet wird, die z.B. mit dem Verfahren der Projektionsoperatoren bestimmt werden kann, vergl. Abschn. J.4. Die vollständig reduzible Darstellung Γ möge nach Abschn. J.2 ausreduziert die Form haben

$$\Gamma = \sum_{\lambda=1}^{c} q_\lambda \Gamma_\lambda \quad \text{mit} \quad d = \sum_{\lambda=1}^{c} q_\lambda d_\lambda, \tag{14.8}$$

wobei c die Zahl der irreduziblen Darstellungen Γ_λ mit Dimensionen d_λ von $\mathcal{G}$ bezeichnet und q_λ angibt, wie oft Γ_λ in Γ enthalten ist.

Die symmetrieadaptierten Basisfunktionen von $\mathcal{H}$, die den Hilbert-Raum aufspannen, bezeichnen wir durch

$$|\Gamma_\lambda r k\rangle \in \mathcal{H} \quad \text{mit} \quad \begin{cases} \lambda = 1, 2, \ldots c; \\ r = 1, 2, \ldots q_\lambda; \\ k = 1, 2, \ldots d_\lambda. \end{cases} \tag{14.9}$$

Dann transformieren die $|\Gamma_\lambda rk\rangle$ für $r = 1, 2, \ldots q_\lambda$ wie die Basisfunktionen $|\Gamma_\lambda k\rangle$ der irreduziblen Darstellung Γ_λ, vergl. Abschn. J.3.2. In dieser Basis schreibt sich dann die zu diagonalisierende Matrix in der Form

$$M = (\langle \Gamma_\lambda rk|H|\Gamma_{\lambda'} r' k'\rangle). \tag{14.10}$$

Da der Hamilton-Operator H gegenüber der Symmetriegruppe $\mathcal{G}$ invariant ist, kann der Nichtkombinationssatz von Abschn. J.6 angewendet werden, wonach nur Matrixelemente zur selben Basisfunktion $|\Gamma_\lambda k\rangle$ einer irreduziblen Darstellung von Null verschieden sein können. Die Matrix M hat also Blockdiagonalgestalt und besteht aus den q_λ-dimensionalen Matrizen

$$M_{\lambda k} = (\langle \Gamma_\lambda rk|H|\Gamma_\lambda r' k\rangle),$$

wobei außerdem

$$M_{\lambda 1} = M_{\lambda 2} = \ldots M_{\lambda d_\lambda}$$

gilt, so daß jeder Eigenwert der Matrix $M_{\lambda 1}$ die Entartung d_λ besitzt. Die Matrix hat also die Form

$$M = \begin{pmatrix} M_{11} & \cdots & \mathcal{O} & \mathcal{O} & \cdots & \cdots & \cdots & \mathcal{O} \\ \vdots & \ddots & \vdots & \vdots & & & & \vdots \\ \mathcal{O} & \cdots & M_{\lambda 1} & \mathcal{O} & \cdots & \cdots & \cdots & \mathcal{O} \\ \mathcal{O} & \cdots & \mathcal{O} & M_{\lambda 2} & \mathcal{O} & \cdots & \cdots & \mathcal{O} \\ \vdots & & \vdots & \mathcal{O} & \ddots & & & \vdots \\ \vdots & & \vdots & \vdots & & M_{\lambda d_\lambda} & \cdots & \mathcal{O} \\ \vdots & & \vdots & \vdots & & \vdots & \ddots & \vdots \\ \mathcal{O} & \cdots & \mathcal{O} & \mathcal{O} & \cdots & \mathcal{O} & \cdots & M_{c d_c} \end{pmatrix},$$

wobei $\mathcal{O}$ Nullmatrizen bezeichnen. Die Eigenwerte von M berechnen sich also aus den Eigenwerten von c Matrizen $M_{11}, M_{21}, \ldots M_{c1}$ der Dimensionen $q_1, q_2 \ldots q_c$. Außerdem erhält man bei diesem Verfahren das Transformationsverhalten der Basisfunktionen der Eigenräume zu den einzelnen Eigenwerten von H, was z.B. für Auswahlregeln von Strahlungsübergängen oder zur Anwendung der Kreuzungsregel von Nutzen ist.

Als Anwendungsbeispiel sei auf die im Abschn. 13.6.5 durchgeführte Berechnung der Aufspaltung des 5-fach entarteten Energieniveaus eines d-Elektrons im Zentralfeldmodell durch ein Kristallfeld mit Tetraedersymmetrie hingewiesen. Die verwendeten reellen Kugelfunktionen transformieren nach Tab. B.2 und Tab. K.2 wie die Basisfunktionen der irreduziblen Darstellungen E und T_2 der Tetraedergruppe T_d. Da die irreduziblen Darstellungen nur einfach vorkommen, erhält man nur eindimensionale Matrizen und die 5-dimensionale Matrix Gl. (13.99) zerfällt in zwei Matrizen, die beide ein Vielfaches der Einheitsmatrix sein müssen.

14.5 Symmetrieadaptierte Molekülzustände

Als Anwendungsbeispiel bestimmen wir die Einelektronenzustände von Methan CH_4, dessen Molekül Tetraedersymmetrie besitzt. Die freien H-Atome haben im Grundzustand je ein Elektron im Zustand $s_H(\mathbf{r}) = \psi_{100}(\mathbf{r})$ nach Gl. (2.45). Im Methanmolekül befinden sich die Wasserstoffkerne an den vier Ecken eines Tetraeders mit den Koordinaten $\mathbf{R}_1$, $\mathbf{R}_2$, $\mathbf{R}_3$, $\mathbf{R}_4$. Wir wählen den Kohlenstoffkern als Ursprung des Koordinatensystems und erhalten vier Wasserstofffunktionen der Form

$$s_1(\mathbf{r}) = s_H(\mathbf{r} - \mathbf{R}_1) \quad \text{mit} \quad \mathbf{R}_1 = \frac{d}{\sqrt{3}}(-1,-1,1)$$

$$s_2(\mathbf{r}) = s_H(\mathbf{r} - \mathbf{R}_2) \quad \text{mit} \quad \mathbf{R}_2 = \frac{d}{\sqrt{3}}(1,-1,-1)$$

$$s_3(\mathbf{r}) = s_H(\mathbf{r} - \mathbf{R}_3) \quad \text{mit} \quad \mathbf{R}_3 = \frac{d}{\sqrt{3}}(1,1,1) \quad (14.11)$$

$$s_4(\mathbf{r}) = s_H(\mathbf{r} - \mathbf{R}_4) \quad \text{mit} \quad \mathbf{R}_4 = \frac{d}{\sqrt{3}}(-1,1,-1),$$

wobei d die Bindungslänge zwischen C und H bezeichnet. Atomarer Wasserstoff hat nach Tab. 11.1 die Elektronenkonfiguration $1s^2\,2s^2\,2p^2$, und wir betrachten die vier Elektronen $2s^2\,2p^2$ als Valenzelektronen, deren Zustände im Orts-Hilbert-Raum nach Gl. (11.4) mit reellen Kugelfunktionen nach Tab. B.2 die Form haben

$$s(\mathbf{r}) = \frac{1}{r}R_{2s}(r)C_{00}$$

$$p_x(\mathbf{r}) = \frac{1}{r}R_{2p}(r)C_{11}(\vartheta,\varphi)$$

$$p_y(\mathbf{r}) = \frac{1}{r}R_{2p}(r)S_{11}(\vartheta,\varphi) \quad (14.12)$$

$$p_z(\mathbf{r}) = \frac{1}{r}R_{2p}(r)C_{10}(\vartheta,\varphi).$$

Wir führen die Symmetrieadaptierung bezüglich der Tetraedergruppe T_d im Orts-Hilbert-Raum durch und können die Zustände anschließend durch die Spinfunktionen ergänzen. Beachtet man die Form der reellen Kugelfunktionen in kartesischen Koordinaten in Tab. B.2, so erkennt man, daß $s(\mathbf{r})$ invariant ist gegenüber der Symmetriegruppe T_d und das Transformationsverhalten der p-Funktionen mit dem der irreduziblen Darstellung Γ_5 nach Tab. B.2 übereinstimmt. Also erhält man die gegenüber T_d symmetrieadaptierten Kohlenstofffunktionen

$$|CA_1\rangle = s(\mathbf{r})$$
$$|CT_2\xi\rangle = p_x(\mathbf{r})$$
$$|CT_2\eta\rangle = p_y(\mathbf{r}) \quad (14.13)$$
$$|CT_2\zeta\rangle = p_z(\mathbf{r}).$$

14 Symmetrie

Zur Berechnung der symmetrieadaptierten Wasserstofffunktionen gehen wir von einem 4-dimensionalen Hilbert-Raum $\mathcal{H}_4$ aus, der von den vier linear unabhängigen nicht orthogonalen Funktionen $s_1(\mathbf{r})$, $s_2(\mathbf{r})$, $s_3(\mathbf{r})$, $s_4(\mathbf{r})$ nach Gl. (14.11) aufgespannt wird. Der Hilbert-Raum $\mathcal{H}_4$ erzeugt eine vierdimensionale Darstellung $\Gamma = \{T_a, T_b, \ldots\}$ der Tetraedergruppe $T_d = \{a, b, \ldots\}$, vergl. Anhang J, indem wir setzen

$$T_a s_j(\mathbf{r}) = s_H(a^{-1}\mathbf{r} - \mathbf{R}_j) = s_H(\mathbf{r} - a\mathbf{R}_j) \quad \forall a \in T_d, \tag{14.14}$$

wobei wir die Kugelsymmetrie der Wasserstofffunktionen $s_H(\mathbf{r})$ ausgenutzt haben und $j = 1, 2, 3, 4$ gilt. Aus den Darstellungsmatrizen der drei die Gruppe erzeugenden Elemente $a, b, c \in T_d$ im dreidimensionalen Ortsraum nach Anhang J

$$M_a = \begin{pmatrix} 0 & 0 & 1 \\ 1 & 0 & 0 \\ 0 & 1 & 0 \end{pmatrix} \quad ; \quad M_b = \begin{pmatrix} -1 & 0 & 0 \\ 0 & -1 & 0 \\ 0 & 0 & 1 \end{pmatrix} \quad ; \quad M_c = \begin{pmatrix} 0 & 1 & 0 \\ 1 & 0 & 0 \\ 0 & 0 & 1 \end{pmatrix}$$

erhält man mit Hilfe der Ortsvektoren der Wasserstoffkerne Gl. (14.11) die Darstellungsmatrizen im Hilbert-Raum $\mathcal{H}_4$ bezüglich s_1, s_2, s_3, s_4 zu

$$M_a = \begin{pmatrix} 0 & 1 & 0 & 0 \\ 0 & 0 & 0 & 1 \\ 0 & 0 & 1 & 0 \\ 1 & 0 & 0 & 0 \end{pmatrix} \quad ; \quad M_b = \begin{pmatrix} 0 & 0 & 1 & 0 \\ 0 & 0 & 0 & 1 \\ 1 & 0 & 0 & 0 \\ 0 & 1 & 0 & 0 \end{pmatrix}$$

$$M_c = \begin{pmatrix} 1 & 0 & 0 & 0 \\ 0 & 0 & 0 & 1 \\ 0 & 0 & 1 & 0 \\ 0 & 1 & 0 & 0 \end{pmatrix} \quad ; \quad M_{abc} = \begin{pmatrix} 0 & 1 & 0 & 0 \\ 0 & 0 & 0 & 1 \\ 1 & 0 & 0 & 0 \\ 0 & 0 & 1 & 0 \end{pmatrix}. \tag{14.15}$$

Daraus lassen sich die fünf Klassencharaktere der reduziblen Darstellung Γ bestimmen

$$\chi_1 = \text{Sp}\{\mathcal{E}_4\} = 4 \quad ; \quad \chi_2 = \text{Sp}\{M_a\} = 1$$
$$\chi_3 = \text{Sp}\{M_b\} = 0 \quad ; \quad \chi_4 = \text{Sp}\{M_c\} = 2 \tag{14.16}$$
$$\chi_5 = \text{Sp}\{M_{abc}\} = 0,$$

wobei die Klasseneinteilung konjugierter Gruppenelemente im Anhang J verwendet wurde. Zum Ausreduzieren der Darstellung Γ in ihre irreduziblen Darstellungen Γ_λ von T_d

$$\Gamma = \sum_{\lambda=1}^{c} q_\lambda \Gamma_\lambda$$

verwenden wir die Gl. (J.7)

$$q_\lambda = \frac{1}{n} \sum_{k=1}^{c} h_k \chi_k^{(\lambda)*} \chi_k.$$

Hier gibt q_λ an, wie oft die irreduzible Darstellung Γ_λ in Γ enthalten ist. Die Anzahl der Gruppenelemente ist $n = 24$ und die Anzahl der irreduziblen Darstellungen ist $c = 5$. Die Zahl der Gruppenelemente in den Klassen beträgt nach Anhang J

$$h_1 = 1 \quad ; \quad h_2 = 8 \quad ; \quad h_3 = 3 \quad ; \quad h_4 = 6 \quad ; \quad h_5 = 6.$$

Mit Hilfe der Klassencharaktere $\chi_k^{(\lambda)}$ der irreduziblen Darstellungen nach Tab. K.1 erhält man dann aus Gl. (14.16)

$$q_1 = 1 \quad ; \quad q_2 = 0 \quad ; \quad q_3 = 0 \quad ; \quad q_4 = 0 \quad ; \quad q_5 = 1$$

und die Darstellung ergibt sich ausreduziert zu

$$\Gamma = \Gamma_1 + \Gamma_5.$$

Zur Bestimmung der symmetrieadaptierten Funktionen von $\mathcal{H}_4$ kann man die Projektionsoperatoren nach Gl. (J.31)

$$P_k^{(\lambda)} = \frac{d_\lambda}{n} \sum_{a \in T_d} M_{kk}^{(\lambda)*}(a) T_a$$

verwenden. Hier bezeichnet d_λ die Dimension der irreduziblen Darstellung Γ_λ und es gilt $M_{kk}^{(1)}(a) = 1$ für alle $a \in T_d$ und die Matrixelemente $M_{kk}^{(5)}(a)$ erhält man aus den in Anhang J festgelegten Matrizen der irreduziblen Darstellung Γ_5. Zur Anwendung hat man alle 24 Darstellungsmatrizen von Γ_5 auszurechnen. Die Abbildung der Darstellungsoperatoren in $\mathcal{H}_4$ ergibt sich aus Gl. (14.14) oder den Darstellungsmatrizen Gl. (14.15).

Die wie Γ_1 oder invariant transformierende Funktion ergibt sich aus dem Projektionsoperator angewendet auf s_1

$$P_1^{(1)} s_1 = \frac{1}{24} \sum_{a \in T_d} T_a s_1 = \frac{1}{4}(s_1 + s_2 + s_3 + s_4),$$

denn die Operatoren T_a erzeugen nach Gl. (14.15) jeweils eine Permutation der vier Funktionen, so daß jede in der Summe 24/4 mal auftritt. In dem speziell einfachen Fall, den wir hier behandeln, findet man die Funktionen schneller, indem man Linearkombinationen der s_1, s_2, s_3, s_4 ansetzt und das in Tab. K.2 festgelegte Transformationsverhalten der Basisfunktionen von Γ_5 ausnutzt. Man erhält zusammen die symmetrieadaptierten Wasserstofffunktionen

$$|HA_1\rangle = \frac{1}{\sqrt{4 + 12\langle s_1|s_2\rangle}}(s_1 + s_2 + s_3 + s_4)$$

$$|HT_2\xi\rangle = \frac{1}{\sqrt{4 - 4\langle s_1|s_2\rangle}}(s_1 + s_2 - s_3 - s_4)$$

$$|HT_2\eta\rangle = \frac{1}{\sqrt{4 - 4\langle s_1|s_2\rangle}}(s_1 - s_2 - s_3 + s_4) \quad (14.17)$$

$$|HT_2\zeta\rangle = \frac{1}{\sqrt{4 - 4\langle s_1|s_2\rangle}}(-s_1 + s_2 - s_3 - s_4).$$

Wegen

$$\langle s_j | s_k \rangle = \begin{cases} 1 & \text{für } j = k \\ \langle s_1 | s_2 \rangle & \text{für } j \neq k \end{cases} \qquad (14.18)$$

sind die Funktionen Gl. (14.17) orthogonal und normiert.
Im Einelektronenmodell, vergl. etwa Gl. (12.24), bilden die vier Funktionen Gl. (14.13) und die vier Funktionen Gl. (14.17) wegen des Elektronenspins zusammen 16 Einelektronenzustände, die mit insgesamt acht Valenzelektronen zu besetzen sind. Die Einelektronenmolekülzustände sind dann Linearkombinationen der beiden A_1-Zustände und der beiden T_2-Zustände. Der Wechselwirkungsoperator ist invariant gegenüber der Tetraedergruppe, so daß im Einelektronenmodell die Energieniveaus nach Gl. (14.7) aus einer Matrix der beiden $|A_1\rangle$-Funktionen sowie einer Matrix der beiden $|T_2 \xi\rangle$-Funktionen berechnet werden. Es resultieren daraus zwei je doppelt besetzbare Energieniveaus E_{A_1} und zwei je 6-fach besetzbare E_{T_2}-Niveaus. Jeweils ein E_{A_1} und ein E_{T_2} ergeben mit Elektronen besetzt die „bindenden" Zustände, während die unbesetzten höher gelegenen Niveaus als „antibindend" bezeichnet werden. Dieses einfache Modell der Molekülorbitale dient dem qualitativen Verständnis der chemischen Bindung. Es läßt sich ebenfalls auf die Zustände von Störstellen in Kristallen an wenden, vergl. Abschn. 13.6.4.

14.6 Molekülschwingungen

Aufgrund der Symmetrie haben bestimmte Schwingungsmoden einfacher Moleküle die gleiche Energie bzw. Schwingungsfrequenz. Als Beispiel betrachten wir wieder das Methanmolekül CH_4, dessen Atomkerne die in Gl. (14.11) angegebenen Lagen haben. Das Molekül besitzt Tetraedersymmetrie, vergl. Anhang J, und die kinetische Energie der fünf Atomkerne hat 15 Freiheitsgrade. Davon entfallen drei auf die Translation und drei auf die Rotation des gesamten Moleküls und es gibt neun Schwingungsfreiheitsgrade, vergl. Abschn. 12.2. Die Translation des ganzen Moleküls läßt sich durch Einführen von Schwerpunkt- und Relativkoordinaten abspalten. Aus der Tab. K.2 geht hervor, daß die Rotation des gesamten Moleküls gegenüber der Tetraedergruppe T_d wie die irreduzible Darstellung T_1 transformiert. Wir umgehen den Aufwand die Rotation abzuspalten und nehmen zunächst den 12-dimensionalen Konfigurationsraum der Wasserstoffkoordinaten $\mathbf{R}_1, \mathbf{R}_2, \mathbf{R}_3, \mathbf{R}_4$ nach Gl. (14.11) in Angriff, die wir als die Koordinaten bezüglich des Schwerpunktes interpretieren. Bei ruhendem Schwerpunkt ist damit auch die Lage des Kohlenstoffkerns bei Auslenkungen der Wasserstoffkerne aus ihren Ruhelagen $\mathbf{R}_1$, $\mathbf{R}_2, \mathbf{R}_3, \mathbf{R}_4$ festgelegt. Wir bezeichnen den Vektor im Konfigurationsraum, der die Auslenkungen der vier Wasserstoffkerne aus ihren Ruhelagen beschreibt, mit

$$\mathbf{X} = (x_1, y_1, z_1, x_2, y_2, z_2, x_3, y_3, z_3, x_4, y_4, z_4), \qquad (14.19)$$

14.6 Molekülschwingungen

wobei wir uns an jeden der vier Wasserstoffkerne drei Koordinatenachsen angeheftet denken. Die einzelnen Symmetrietransformationen der Tetraedergruppe führen zu einer Abbildung der Vektoren **X**, so daß dadurch im Konfigurationsraum eine 12-dimensionale reduzible Matrixdarstellung Γ der Gruppe T_d entsteht.

Nach Abschn. 12.3 lassen sich die Schwingungsenergien der Moleküle in harmonischer Näherung aus den Eigenwerten der dynamischen Matrix bestimmen. Da sich die Schwingungsenergien bei Symmetrietransformationen nicht ändern können, muß die dynamische Matrix mit allen Darstellungsmatrizen der Symmetriegruppe vertauschbar sein. Wird nun die reduzible Darstellung Γ in ihre irreduziblen Darstellungen zerlegt,

$$\Gamma = \sum_{\lambda=1}^{c} q_\lambda \Gamma_\lambda, \tag{14.20}$$

so folgt aus dem Korollar zum Lemma von Schur, vergl. Abschn. J.2.1, daß die dynamische Matrix in jedem irreduziblen Unterraum ein Vielfaches der Einheitsmatrix sein muß. In anderen Worten bedeutet dies, daß zu jeder irreduziblen Darstellung von Γ nur eine Schwingungsenergie existieren kann, deren Entartung gleich der Dimension d_λ der irreduziblen Darstellung Γ_λ ist.

Die Anzahl der Schwingungsenergien, die aufgrund der Symmetrie voneinander verschieden sein können, erhält man also durch Ausreduzieren der Darstellung Γ mit Hilfe der Gl. (J.7)

$$q_\lambda = \frac{1}{n} \sum_{k=1}^{c} h_k \chi_k^{(\lambda)*} \chi_k. \tag{14.21}$$

Hier gibt q_λ an, wie oft die irreduzible Darstellung Γ_λ in Γ enthalten ist. Die Zahl der Gruppenelemente ist $n = 24$ und die Zahl der irreduziblen Darstellungen ist $c = 5$. Die Zahl der Gruppenelemente in den fünf Klassen ist nach Anhang J

$$h_1 = 1 \quad ; \quad h_2 = 8 \quad ; \quad h_3 = 3 \quad ; \quad h_4 = 6 \quad ; \quad h_5 = 6. \tag{14.22}$$

Zur Anwendung ist die Berechnung der 12-dimensionalen Darstellungsmatrizen nicht erforderlich, denn es genügt die Kenntnis der Klassencharaktere, die sich aus den von Null verschiedenen Matrixelementen in den Hauptdiagonalen ergeben. Zunächst ist $\chi_1 = \mathrm{Sp}\{\mathcal{E}_{12}\} = 12$. Die Tetraedergruppe T_d wird von den drei Elementen $a, b, c \in T_d$ erzeugt und es gilt nach Anhang J

$$\chi_2 = \mathrm{Sp}\{M_a\} \quad ; \quad \chi_3 = \mathrm{Sp}\{M_b\} \quad ; \quad \chi_4 = \mathrm{Sp}\{M_c\}$$
$$\chi_5 = \mathrm{Sp}\{M_{abc}\}. \tag{14.23}$$

Bei der Drehung a um $2\pi/3$ um die $(1,1,1)$-Achse bleibt nach Gl. (14.11) und (14.15) nur das Atom bei $\mathbf{R}_3$ an seinem Platz, es ändern sich jedoch die drei Koordinatenachsen, die diesem Atom angeheftet sind. Die 12-dimensionale Matrix M_a, die diese Drehung des Vektors **X** beschreibt, hat also nur Nullen in der Hauptdiagonalen und es gilt folglich $\chi_2 = \text{Sp}\{M_a\} = 0$.

Bei der Drehung b um π um die z-Achse verändern nach Gl. (14.15) alle Wasserstoffkerne ihre Positionen, so daß ebenfalls $\chi_3 = \text{Sp}\{M_b\} = 0$ gilt, weil alle Elemente in der Hauptdiagonalen verschwinden.

Bei der Spiegelung c liegen die Wasserstoffkerne bei $\mathbf{R}_1$ und $\mathbf{R}_3$ in der Spiegelungsebene senkrecht zu $(-1,1,0)$ und ihre z-Achsen ändern sich bei der Spiegelung nicht. Alle anderen Diagonalelemente sind Null und es folgt $\chi_4 = \text{Sp}\{M_c\} = 2$.

Bei der Drehspiegelung abc ändern nach Gl. (14.15) alle Wasserstoffkerne ihre Position, so daß in der Haupdiagonalen der Darstellungsmatrix nur Nullen stehen. Es gilt also $\chi_5 = \text{Sp}\{M_{abc}\} = 0$.

Aus den Klassencharakteren der reduziblen Darstellung Γ

$$\chi_1 = 12 \quad ; \quad \chi_2 = 0 \quad ; \quad \chi_3 = 0 \quad ; \quad \chi_4 = 2 \quad ; \quad \chi_5 = 0$$

und den Klassencharakteren der irreduziblen Darstellungen Γ_λ der Tetraedergruppe T_d nach Tab. K.1 erhält man nun mit Hilfe der Ausreduzierformel Gl. (14.21)

$$q_1 = 1 \quad ; \quad q_2 = 0 \quad ; \quad q_3 = 1 \quad ; \quad q_4 = 1 \quad ; \quad q_5 = 2,$$

so daß wir mit den Bezeichnungen von Schoenflies die Zerlegung in der Form schreiben

$$\Gamma = \Gamma_1 + \Gamma_3 + \Gamma_4 + 2\Gamma_5$$
$$= A_1 + E + T_1 + 2T_2.$$

Die Dimensionen der Darstellungen sind $d_1 = 1$, $d_3 = 2$, $d_4 = d_5 = 3$ und es gilt

$$d_1 + d_3 + d_4 + 2d_5 = 12$$

wie es sein muß. Die irreduzible Darstellung T_1 gehört offenbar zur Rotation des gesamten Moleküls und wir erhalten als Ergebnis maximal vier voneinander verschiedene Schwingungsenergien bzw. Schwingungsfrequenzen

$$\omega_{A_1}(1) \quad ; \quad \omega_E(2) \quad ; \quad \omega_{T_2}(3) \quad ; \quad \omega_{T_2}(3)$$

der Schwingungsmoden des Methanmoleküls, wobei die Entartung jeweils in Klammern mit angegeben ist. Die eindimensionale Schwingung ω_{A_1} entspricht einer Schwingungsform, die sich aus dem Eigenvektor der dynamischen Matrix als invariant gegenüber der Tetraedergruppe erweist. Sie wird auch als symmetrieerhaltende, totalsymmetrische Schwingung oder als Atmungsschwingung bezeichnet, bei der die Wasserstoffkerne in Richtung ihrer Verbindungslinien zum Kohlenstoffkern gleichphasig schwingen.

14.7 Einbeziehung des Elektronenspins

Als Anwendungsbeispiel der in Abschn. J.8 besprochenen Symmetriedoppelgruppen zur Berücksichtigung des Elektronenspins sei hier die qualitative Aufspaltung der Grundzustandsenergie eines Mangan-Atoms in einem äußeren Feld der Symmetrie $\mathcal{D}_4$ berechnet. Im Zentralfeldmodell der Atome hat Mn nach Tab. 11.1 die Elektronenkonfiguration $1s^2 2s^2 2p^6 3s^2 3p^6 4s^2 3d^5$. Die fünf Elektronen der halbgefüllten $3d$-Schale bilden nach der Hundschen Regel und Tab. 11.2 im Grundzustand das Multiplett ^6S. Die Quantenzahl des Gesamtspins ist $S = 5/2$ und die des Gesamtbahndrehimpulses ist $L = 0$. Der Gesamtdrehimpuls der fünf $3d$-Elektronen hat nach Abschn. 11.3.3 die Quantenzahl $J = 5/2$. Das Energieniveau $E(^6S_{5/2})$ ist also $(2J+1) = 6$-fach entartet und kann bei Symmetrieerniedrigung von der Drehgruppe $O(3)$ zur Symmetriegruppe $\mathcal{D}_4$ durch ein äußeres Feld aufspalten. Die Aufspaltung wird durch Spin-Bahn-Kopplung in höheren Näherungen der Störungstheorie verursacht.

Die qualitative Aufspaltung ergibt sich, indem man die 6-dimensionale reduzible Darstellung Γ der Symmetriedoppelgruppe $\mathcal{D}'_4$ im Eigenraum des Hamilton-Operators zum Eigenwert $E(^6S_{5/2})$ ausreduziert. Dazu genügt die Berechnung der Charaktere der Darstellung Γ für die sieben Klassen konjugierter Gruppenelemente von $\mathcal{D}'_4$ nach Abschn. J.8.1. Der Charakter des Einselementes ist gleich der Dimension, also gilt $\chi_1 = 6$. Für die Klasse $\mathcal{K}'_1$ gilt $\chi'_1 = -\chi_1 = -6$. Den Charakter von $\mathcal{K}_2$ berechnen wir aus der Drehung a um $\pi/2$ nach Gl. (J.52) zu

$$\chi_2 = \frac{\sin\{(2J+1)\pi/4\}}{\sin\{\pi/4\}} = \frac{\sin\{3\pi/2\}}{\sin\{\pi/4\}} = -\sqrt{2}.$$

Der Charakter von $\mathcal{K}'_2$ ist nach Gl. (J.53) $\chi'_2 = -\chi_2 = \sqrt{2}$. Den Charakter von $\mathcal{K}_3$ bestimmen wir aus a^2, also einer Drehung um π mit Hilfe von Gl. (J.52) zu

$$\chi_3 = \frac{\sin\{(2J+1)\pi/2\}}{\sin\{\pi/2\}} = \frac{\sin\{3\pi\}}{\sin\{\pi/2\}} = 0$$

und entsprechend verschwindet auch der Charakter der Klasse $\mathcal{K}_4$ mit dem Element b, ebenfalls eine Drehung um π. Der Charakter der Klasse $\mathcal{K}_5$ kann aus der Matrix des Elementes ab berechnet werden. Nun ist die Matrix $M_a = (A_{jk}) = (A_{jj}\delta_{jk})$ nach Gl. (J.50) diagonal und die Spur des Produktes mit $M_b = (B_{jk})$ berechnet sich nur aus dessen Diagonalelementen

$$\text{Sp}\{M_a M_b\} = \sum_{j=1}^{6}\sum_{k=1}^{6} A_{jk} B_{kj} = \sum_{j=1}^{6} A_{jj} B_{jj}.$$

Wie man aus Abschn. 14.1.1 erkennt, besitzt die Matrix M_b wegen

$$T_b \phi_{JM} = (-1)^J \phi_{J-M}$$

bei halbzahligem J keine von Null verschiedenen Diagonalelemente, woraus man $\chi_5 = \mathrm{Sp}\{M_a M_b\} = 0$ erhält. Zusammengefaßt sind die Klassencharaktere der reduziblen Darstellung

$$\chi_1 = 6 \quad ; \quad \chi_1' = -6 \quad ; \quad \chi_2 = -\sqrt{2} \quad ; \quad \chi_2' = \sqrt{2}$$
$$\chi_3 = \chi_4 = \chi_5 = 0$$

und mit den Klassencharakteren der irreduziblen Darstellungen Γ_λ von $\mathcal{D}_4'$ nach Tab. J.6 ergibt sich für die ausreduzierte Form

$$\Gamma = \sum_{\lambda=1}^{7} q_\lambda \Gamma_\lambda$$

mit der Ausreduzierformel Gl. (J.7)

$$q_1 = q_2 = q_3 = q_4 = q_5 = 0 \quad ; \quad q_6 = 1 \quad ; \quad q_7 = 2.$$

Also erhält man das Ergebnis

$$\Gamma = \Gamma_6 + 2\Gamma_7$$

und der 6-fach entartete Eigenwert $E(^6S_{5/2})$ des Mangan-Grundzustandes spaltet durch ein äußeres Feld der Symmetrie $\mathcal{D}_4$ in maximal drei Niveaus auf, die jeweils zweifach entartet sind.

15 Quantenstatistik

Es kann hier nicht die statistische Mechanik quantisierter Systeme allgemein dargestellt werden. Dazu sei etwa auf die Lehrbücher [15.1] und [15.2] hingewiesen. Wir beschränken uns hier auf einige Anwendungen makroskopischer Systeme im thermodynamischen Gleichgewicht bei endlichen Temperaturen. Grundlage einer Quantenstatistik ist die unvollständige Information über den mikroskopischen Zustand eines makroskopischen Systems, die wegen der Heisenberg-Unschärferelation von prinzipieller Natur ist. Ein Gleichgewichtszustand, bei dem sich die makroskopischen Observablen zeitlich nicht ändern, kann deshalb nicht einfach aus den stationären quantenmechanischen Zuständen abgeleitet werden.

15.1 Thermodynamisches Gleichgewicht

Im Abschn. 4.2 wurde die Gesamtheit quantenmechanischer Systeme durch einen statistischen Operator ρ charakterisiert, durch den die Erwartungswerte aller Observablen bestimmt werden. Die Gesamtheit bestand dabei aus unendlich vielen in gleicher Weise präparierten abgeschlossenen N-Teilchensystemen, deren Energieniveaus durch einen Hamilton-Operator $H(\underline{x})$ im Hilbert-Raum $\mathcal{H}$ festgelegt sind, wobei $\underline{x}$ nach Gl. (4.1) einen Vektor im Konfigurationsraum bezeichnet. Die Zeitabhängigkeit des statistischen Operators ist im Schrödinger-Bild durch die Gl. (4.17)

$$\frac{\partial}{\partial t}\rho(\underline{x},t) = -\frac{i}{\hbar}\left[H(\underline{x}),\rho(\underline{x},t)\right] \quad \text{mit} \quad \text{Sp}\{\rho\} = 1 \tag{15.1}$$

gegeben, die der Liouville-Gleichung der klassischen statistischen Mechanik entspricht. Wegen der Beschränkung auf thermodynamisches Gleichgewicht werden im Folgenden nur zeitunabhängige Hamilton-Operatoren betrachtet. Bezüglich der Observablen Energie unterscheiden wir zwischen einer Gesamtheit eines reinen Zustandes, mit dem statistischen Operator als Projektionsoperator auf eine Eigenfunktion $\psi(\underline{x},t) \in \mathcal{H}$ des Hamilton-Operators $H\psi = E\psi$

$$\rho = P_\psi = |\psi\rangle\langle\psi| \quad \text{mit} \quad \langle\psi|\psi\rangle = 1, \tag{15.2}$$

und einem Gemisch, bei dem $\psi(\underline{x},t)$ eine Linearkombination der Eigenzustände $|n\rangle = \phi_n(\underline{x})$

$$H(\underline{x})\phi_n(\underline{x}) = E_n\phi_n(\underline{x}) \quad \text{mit} \quad \langle n|m\rangle = \delta_{nm} \tag{15.3}$$

ist

$$\psi(\underline{x},t) = \sum_n c_n(t)\phi_n(\underline{x}) \quad \text{mit} \quad \sum_n |c_n(t)|^2 = 1. \tag{15.4}$$

Hier zählt n die Zustände ab, so daß im Entartungsfalle einige der E_n gleich sein können und die ϕ_n ein vollständiges Orthonormalsystem im Hilbert-Raum $\mathcal{H}$ bilden.

Im Falle eines reinen Zustandes gilt $H\psi = E\psi$ und wegen Gl. (15.2) folgt $[H,\rho] = 0$. Also ist der statistische Operator ρ nach Gl. (15.1) zeitunabhängig und die Gesamtheit befindet sich im statistischen Gleichgewicht. Alle Operatoren A von Observablen, die nicht explizite von der Zeit abhängen und mit dem Hamilton-Operator kommutieren, haben nach Gl. (4.18)

$$\frac{\mathrm{d}}{\mathrm{d}t}M(A) = \frac{i}{\hbar}M([H,A]) + M\left(\frac{\partial A}{\partial t}\right)$$

zeitlich konstante Erwartungswerte.

Im allgemeinen Fall eines Gemisches liegt *statistisches Gleichgewicht* vor, wenn sich der statistische Operator ρ zeitlich nicht ändert, was nach Gl. (15.1) gegeben ist, wenn $\rho = f(H,A,B,\ldots)$ eine Funktion des Hamilton-Operators H und der Operatoren $A, B, \ldots$ ist, die mit H vertauschbar sind. Dabei soll f eine Funktion sein, die sich als Potenzreihe der Operatoren H, A, B, ... schreiben läßt.

Für das *thermodynamische Gleichgewicht* wird verlangt, daß sich alle *makroskopischen* Observablen eines Systems zeitlich nicht ändern. Sei A eine beliebige mikroskopische Observable, so ist der Erwartungswert nach Gl. (15.4) gegeben durch

$$\begin{aligned} M(A) &= \mathrm{Sp}\{\rho A\} \\ &= \langle \psi|A|\psi\rangle \\ &= \sum_{n,m} c_n^*(t)c_m(t)\langle n|A|m\rangle. \end{aligned} \tag{15.5}$$

Für nicht zu kleine Teilchenzahlen N besitzt das quantenmechanische System eine größere Anzahl von Freiheitsgraden, die sich aus der Dimension des Konfigurationsraumes ergeben, vergl. Gl. (4.1). Man geht dann von der Voraussetzung aus, daß die Energieniveaus E_n des Hamilton-Operators Gl. (15.3) auf der Energieachse so dicht liegen, daß sie experimentell nicht einzeln beobachtet werden können. Sei ΔE die kleinste meßbare Energiedifferenz, so wird angenommen, daß zwischen E und $E + \Delta E$ noch viele Energieniveaus E_n des Hamilton-Operators liegen. Eine makroskopisch konstante Energie ist dann nur in Zeitintervallen Δt gegeben, die wegen der Energie-Zeit-Unschärferelation Gl. (1.18) die Bedingung

$$\Delta t \geq \frac{\hbar}{2\Delta E}$$

15.1 Thermodynamisches Gleichgewicht

erfüllen. Da sich die einzelnen Zustände nach Gl. (4.15)

$$\psi_n(\underline{x},t) = \exp\left\{-\frac{i}{\hbar}E_n t\right\}\phi_n(\underline{x})$$

als Lösungen der zeitabhängigen Schrödinger-Gleichung

$$-\frac{\hbar}{i}\frac{\partial}{\partial t}\psi_n(\underline{x},t) = H(\underline{x})\psi_n(\underline{x},t)$$

durch den Phasenfaktor innerhalb eines Zeitschrittes der Größenordnung $2\pi\hbar/E_n$ verändern, werden makroskopisch zeitliche Mittelwerte beobachtet. Für einen stationären makroskopischen Zustand muß also das Mittelungsintervall groß sein gegenüber Δt und wir schreiben für den zeitlichen Mittelwert nach Gl. (15.5)

$$\overline{M(A)} = \sum_{n,m} \overline{c_n^*(t)c_m(t)}\, \langle n|A|m\rangle. \tag{15.6}$$

Bei makroskopischer Beobachtung ist es dann nicht möglich zwischen den einzelnen Energieniveaus zu unterscheiden, die zwischen E und $E + \Delta E$ liegen. Zur Definition eines statistischen Operators im thermodynamischen Gleichgewicht entsteht daraus die Frage, wie groß im zeitlichen Mittel die Wahrscheinlichkeit ist, das System in einem Zustand anzutreffen, dessen Energie zwischen E und $E + \Delta E$ liegt. Die Antwort kann, ähnlich wie in der klassischen statistischen Mechanik, nur im Rahmen eines Postulates der a priori-Wahrscheinlichkeit gegeben werden.

Postulat 1 der gleichen a priori-Wahrscheinlichkeit der mikroskopischen Zustände. *Um den Gleichgewichtswert einer makroskopischen Observablen zu finden, ist über alle möglichen mikroskopischen Zustände zu mitteln, wobei jeder Zustand das gleiche Gewicht erhält.*

Dann gilt

$$\overline{|c_n(t)|^2} = \begin{cases} 1/C & \text{für } E \leq E_n < E + \Delta E; \\ 0 & \text{sonst} \end{cases}$$

mit

$$C(E) = \sum_n b_n(E)$$

und

$$b_n(E) = \begin{cases} 1 & \text{für } E \leq E_n < E + \Delta E; \\ 0 & \text{sonst.} \end{cases}$$

Man benötigt außerdem das

Postulat 2 der unkorrelierten Phasen. Im zeitlichen Mittel gilt

$$\overline{c_n^*(t)c_m(t)} = 0 \quad \text{für} \quad n \neq m.$$

Mit Hilfe der beiden Postulate erhält man aus Gl. (15.6)

$$\overline{M(A)} = \frac{\sum_n b_n \langle n|A|n\rangle}{\sum_n b_n}. \tag{15.7}$$

Für den makroskopisch beobachtbaren Erwartungswert $\overline{M(A)}$ der Observablen mit dem Operator A führt man einen modifizierten, nicht normierten statistischen Operator $\rho(E)$ durch

$$\rho(E) = \sum_n b_n(E) P_n = \sum_n b_n |n\rangle\langle n| \tag{15.8}$$

ein, wobei P_n den Projektionsoperator auf die Eigenfunktion $|n\rangle = \phi_n$ von H zum Eigenwert E_n bezeichnet, vergl. Gl. (15.2). Dann gilt

$$\overline{M(A)} = \frac{\text{Sp}\{\rho A\}}{\text{Sp}\{\rho\}}. \tag{15.9}$$

□ Zum Beweise beachtet man mit Rücksicht auf Gl. (15.3)

$$\langle n|\rho|m\rangle = b_n \delta_{nm}.$$

Damit erhält man

$$\text{Sp}\{\rho\} = \sum_n b_n$$

und

$$\begin{aligned}\text{Sp}\{\rho A\} &= \sum_m \langle m|\rho A|m\rangle \\ &= \sum_{n,m} \langle m|\rho|n\rangle\langle n|A|m\rangle \\ &= \sum_{n,m} b_n \delta_{nm} \langle n|A|m\rangle \\ &= \sum_n b_n \langle n|A|n\rangle,\end{aligned}$$

so daß die Ausdrücke Gl. (15.9) und Gl. (15.7) gleich sind. ∎

Der Ausdruck $\text{Sp}\{\rho\}$ gibt also die Anzahl der Zustände an, deren Energien zwischen E und $E + \Delta E$ liegen. Der makroskopische Erwartungswert einer Observablen bestimmt sich nach Gl. (15.9) aus dem normierten statistischen Operator

$$W = \frac{\rho}{\text{Sp}\{\rho\}}.$$

15.2 Mikrokanonische Gesamtheit

Wir betrachten ein abgeschlossenes makroskopisches System mit gegebener festgehaltener Teilchenzahl N. Der Einfachheit halber lassen wir als äußere Parameter zunächst nur das Volumen V des makroskopischen Systems zu, so daß nur Volumenarbeit berücksichtigt wird. Die Anzahl der mikroskopischen Realisierungsmöglichkeiten des makroskopischen Systems der Energie E mit der Ungenauigkeit ΔE ist nach dem vorigen Abschnitt gleich $\text{Sp}\{\rho\}$ mit ρ nach Gl. (15.8) und ist aufgrund der Postulate ein Maß für die Wahrscheinlichkeit, das makroskopische System in dem durch E und $E + \Delta E$ gegebenen Energieintervall zu finden. Die mikrokanonische Gesamtheit wird dann bei gegebener Energie E durch den zeitlich konstanten statistischen Operator ρ nach Gl. (15.8) gegeben und die innere Energie U des makroskopischen Systems ist gleich dem makroskopischen Erwartungswert des Hamilton-Operators H nach Gl. (15.8) und (15.7)

$$U = \overline{M(H)} = \frac{\text{Sp}\{\rho H\}}{\text{Sp}\{\rho\}} = \frac{\sum_n b_n E_n}{\sum_n b_n} \qquad (15.10)$$

und entspricht der Energie E im Rahmen der makroskopischen Meßgenauigkeit. In Analogie zur klassischen statistischen Mechanik nach Boltzmann gründet sich die Gleichgewichtsthermodynamik auf das

Postulat 3. *Die Entropie eines makroskopischen Systems im thermodynamischen Gleichgewicht ist bis auf eine additive Konstante gegeben durch*

$$S(E,V) = k_B \ln \text{Sp}\{\rho(E,V)\},$$

wobei k_B die Boltzmann-Konstante bezeichnet und $\rho = \rho(E,V)$ durch Gl. (15.8) definiert ist und über den Hamilton-Operator vom Volumen V abhängt.

Die makroskopischen Observablen Temperatur T und Druck p ergeben sich aus den entsprechenden Postulaten der klassischen statistischen Mechanik.

Postulat 4. *Im thermodynamischen Gleichgewicht ist die Temperatur T eines makroskopischen abgeschlossenen Systems gegeben durch*

$$\frac{1}{T} = \frac{\partial S(E,V)}{\partial E}.$$

Postulat 5. *Im thermodynamischen Gleichgewicht ist der Druck p eines makroskopischen abgeschlossenen Systems gegeben durch*

$$p = T\frac{\partial S(E,V)}{\partial V}.$$

Bildet man das totale Differential der Entropie S

$$\begin{aligned}dS &= \frac{\partial S}{\partial E}dE + \frac{\partial S}{\partial V}dV \\ &= \frac{1}{T}dE + \frac{p}{T}dV,\end{aligned}$$

so erhält man mit der inneren Energie U nach Gl. (15.10) und $dU = dE$ die Clausius-Gleichung

$$dU = T\,dS - p\,dV \qquad (15.11)$$

der phänomenologischen Gleichgewichtsthermodynamik bei fester Teilchenzahl und dem Volumen als einzigen äußeren Parameter.

15.3 Kanonische Gesamtheit

Ohne auf die quantenmechanischen Grundlagen einzugehen, seien hier nur die Postulate aufgrund der Analogie zur klassischen statistischen Mechanik angegeben. Zur Beschreibung isothermer Zustandsänderungen muß sich das makroskopische System in Wärmekontakt zu einem großen Wärmespeicher der Temperatur T befinden, so daß in der Gesamtheit Systeme in allen möglichen Energiezuständen anzutreffen sind. Die Häufigkeitsverteilung der einzelnen Zustände richtet sich wie in der klassischen statistischen Mechanik nach den Energieniveaus E_n und man setzt als normierten statistischen Operator W des makroskopischen Systems der festen Teilchenzahl N im Volumen V

$$W = \frac{\rho}{\text{Sp}\{\rho\}} \quad \text{mit} \quad \rho = \exp\left\{-\frac{H}{k_\text{B}T}\right\} \quad \text{und} \quad \text{Sp}\{W\} = 1, \qquad (15.12)$$

wobei k_B die Boltzmann-Konstante bezeichnet. Der statistische Operator ist hier eine Funktion des Hamilton-Operators H und somit nach Gl. (15.1) zeitlich konstant. Der Hamilton-Operator des Systems kann dabei außer vom Volumen V noch von weiteren äußeren Parametern, z.B. von der magnetischen Induktion eines von außen angelegten Magnetfeldes, abhängen. Wir wollen in diesem Abschnitt aber davon ausgehen, daß H nur von dem Volumen als äußeren Parameter abhängt. Man definiert dann die Zustandssumme Z durch

$$\begin{aligned} Z(T,V) &= \text{Sp}\{\rho\} \\ &= \text{Sp}\left\{\exp\left\{-\frac{H(V)}{k_\text{B}T}\right\}\right\} \\ &= \sum_n \exp\left\{-\frac{E_n}{k_\text{B}T}\right\}, \end{aligned} \qquad (15.13)$$

wobei über alle *Zustände* ϕ_n des Hamilton-Operators mit Eigenwerten E_n nach Gl. (15.3) zu summieren ist. Die innere Energie U ist als Erwartungswert des Hamilton-Operators H mit dem statistischen Operator W nach Gl. (15.12) gegeben durch

$$U(T,V) = \text{Sp}\{WH\} = \frac{\text{Sp}\{\rho H\}}{\text{Sp}\{\rho\}}$$

$$= \frac{\text{Sp}\left\{H \exp\left\{-\frac{H}{k_B T}\right\}\right\}}{Z} \tag{15.14}$$

$$= \frac{1}{Z} \sum_n E_n \exp\left\{-\frac{E_n}{k_B T}\right\}.$$

Dies kann man auch in der Form

$$U = -\frac{1}{Z}\frac{\partial Z}{\partial \beta} \quad \text{mit} \quad \beta = \frac{1}{k_B T} \tag{15.15}$$

schreiben. Für die makroskopischen Observablen freie Energie F, Entropie S und Druck p des Systems mit gegebener Teilchenzahl N, gegebenem Volumen V und gegebener Temperatur T werden die folgenden drei Postulate eingeführt.

Postulat 6. *Im thermodynamischen Gleichgewicht ist die freie Energie durch*

$$F(T,V) = -k_B T \ln\{Z(T,V)\}$$

gegeben.

Postulat 7. *Im thermodynamischen Gleichgewicht ist die Entropie durch*

$$S(T,V) = -\frac{\partial F(T,V)}{\partial T}$$

gegeben.

Postulat 8. *Im thermodynamischen Gleichgewicht ist der Druck durch*

$$p(T,V) = -\frac{\partial F(T,V)}{\partial V}$$

gegeben, was auch als Zustandsgleichung von p-V-T-Systemen bezeichnet wird. Dann gilt

$$dF = \left(\frac{\partial F}{\partial T}\right)_V dT + \left(\frac{\partial F}{\partial V}\right)_T dV = -S\, dT - p\, dV.$$

Mit Hilfe der Postulate 6 und 7 erhalten wir aus Gl. (15.15)

$$U = -\frac{\partial \ln Z}{\partial \beta} = \frac{\partial}{\partial \beta}(\beta F)$$

$$= F + \beta \frac{\partial F}{\partial \beta} \tag{15.16}$$

$$= F + TS,$$

15 Quantenstatistik

denn es gilt

$$\frac{\partial F}{\partial \beta} = \frac{\partial F}{\partial T}\frac{\partial T}{\partial \beta} = S\frac{T}{\beta}.$$

Aus der Gl. (15.16) und Postulat 8 ergibt sich dann die Clausius-Gleichung

$$\begin{aligned}dU &= dF + T\,dS + S\,dT \\ &= \frac{\partial F}{\partial V}\,dV + \frac{\partial F}{\partial T}\,dT + T\,dS + S\,dT \\ &= T\,dS - p\,dV\end{aligned} \qquad (15.17)$$

der phänomenologischen Gleichgewichtsthermodynamik bei fester Teilchenzahl und dem Volumen als einzigen äußeren Parameter.

Bei vielen Experimenten an makroskopischen Systemen, insbesondere an kondensierter Materie, wird bei gegebener Temperatur und gegebenem Druck gemessen. Das thermodynamische Gleichgewicht ist hierbei durch das Minimum der freien Enthalpie $G = F + pV$ bestimmt. Zur quantenmechanischen Berechnung wird die Zustandsgleichung $p = p(T,V)$ nach dem Volumen aufgelöst $V = V(T,p)$ und in die freie Energie eingesetzt

$$G(T,p) = F\bigl(T, V(T,p)\bigr) + pV(T,p).$$

Die Volumenarbeit bei konstanter Temperatur durch Änderung des Druckes

$$\delta A = -p\,dV = -p\left(\frac{\partial V}{\partial p}\right)_T dp = \frac{pV}{B}\,dp$$

ist jedoch bei Flüssigkeiten und Festkörpern bei den technisch möglichen Drucken wegen des großen Kompressionsmoduls

$$B = -V\left(\frac{\partial p}{\partial V}\right)_T$$

meist vernachlässigbar klein. Dies gilt ebenso für Volumenarbeit bei konstantem Druck durch Änderung der Temperatur

$$\delta A = -p\,dV = -p\left(\frac{\partial V}{\partial T}\right)_p dT = -pV\alpha\,dT$$

wegen des geringen thermischen Ausdehnungskoeffizienten

$$\alpha = \frac{1}{V}\left(\frac{\partial V}{\partial T}\right)_p$$

der kondensierten Materie, so daß $dG \approx dF$ gesetzt werden kann.

15.3.1 Beispiel: Zweiatomiges ideales Gas

Als Anwendung der Berechnung der thermodynamischen Eigenschaften eines quantenmechanischen Systems mit einer kanonischen Gesamtheit betrachten wir ein zweiatomiges ideales Gas, worunter wir N gleiche zweiatomige Moleküle verstehen, die sich in einem Volumen V befinden, und untereinander keine Wechselwirkung haben. Der Hamilton-Operator H eines einzelnen Moleküls läßt sich nach Abschn. 12.1 in Born-Oppenheimer-Näherung in einen elektronischen Teil und einen Anteil zerlegen, der die kinetische Energie der Atomkerne oder Ionen enthält $H = H^{\mathrm{El}} + H^{\mathrm{Ion}}$. Die Energieniveaus von H^{Ion} kann man nach Abschn. 12.4.2 näherungsweise aus einem Translationsanteil des ganzen Moleküls E^{Trans}, einem Rotationsanteil E^{Rot} und einem Schwingungs- oder Vibrationsanteil E^{Vib} zusammensetzen. Die diskreten Energieniveaus eines zweiatomigen Moleküls können wir damit näherungsweise in der Form

$$E_n = E_\nu^{\mathrm{El}} + E_{\mathbf{K}}^{\mathrm{Trans}} + E_L^{\mathrm{Rot}} + E_m^{\mathrm{Vib}} \quad \text{mit} \quad n = (\nu, \mathbf{K}, L, M, m) \quad (15.18)$$

schreiben. Hier bezeichnet n einen Satz von fünf Quantenzahlen, wobei die Energieniveaus E_n bezüglich der Quantenzahl M der z-Komponente des Drehimpulses der Rotation um den Schwerpunkt mit

$$M = -L, -L+1, \ldots L$$

noch $(2L + 1)$-fach entartet sind. Im Sinne des Abschn. 15.1 haben wir die Quantenzahl M, die auf der rechten Seite von Gl. (15.8) nicht auftritt, hinzugefügt. Befinden sich die beiden Atomkerne mit Massen M_1 bzw. M_2 im Ruheabstand R_0, so gilt nach Abschn. 12.4.2

$$E_{\mathbf{K}}^{\mathrm{Trans}} = \frac{\hbar^2 \mathbf{K}^2}{2(M_1 + M_2)}$$

mit

$$\mathbf{K} = \frac{2\pi}{\sqrt[3]{V}}(n_1, n_2, n_3) \quad \text{und} \quad n_j = 0, \pm 1, \pm 2, \ldots$$

und

$$E_L^{\mathrm{Rot}} = \frac{\hbar^2 L(L+1)}{2M_r R_0^2} \quad \text{mit} \quad M_r = \frac{M_1 M_2}{M_1 + M_2} \quad \text{und} \quad L = 0, 1, 2, \ldots$$

$$E_m^{\mathrm{Vib}} = \hbar\omega\left(m + \frac{1}{2}\right) \quad \text{mit} \quad m = 0, 1, 2, \ldots.$$

Der Schwerpunkt des Moleküls bewegt sich hierbei wie ein freies Teilchen der Masse $M_1 + M_2$ im würfelförmigen Volumen V und die kinetische Energie $E_{\mathbf{K}}^{\mathrm{Trans}}$ wird nach Abschn. 8.1 durch einen diskreten Ausbreitungsvektor $\mathbf{K}$ quantisiert. Die

Kreisfrequenz der elastischen Schwingungen der beiden Atomkerne gegeneinander ist mit ω bezeichnet und die elektronischen Energieniveaus E_ν^{El} werden durch einen Satz von Quantenzahlen ν gekennzeichnet.

Die Zustandssumme Z_1 der kanonischen Gesamtheit eines einzelnen Moleküls hat dann nach Gl. (15.13) die Form

$$Z_1(T,V) = \sum_n \exp\left\{-\frac{E_n}{k_B T}\right\} \tag{15.19}$$

$$= \sum_\nu \sum_{\mathbf{K}} \sum_{L=0}^{\infty} \sum_{M=-L}^{L} \sum_{m=0}^{\infty} \exp\left\{-\frac{E_\nu^{\text{El}} + E_{\mathbf{K}}^{\text{Trans}} + E_L^{\text{Rot}} + E_m^{\text{Vib}}}{k_B T}\right\}$$

oder

$$Z_1(T,V) = Z^{\text{El}} Z^{\text{Trans}} Z^{\text{Rot}} Z^{\text{Vib}} \tag{15.20}$$

mit

$$Z^{\text{El}} = \sum_\nu \exp\left\{-\frac{E_\nu^{\text{El}}}{k_B T}\right\} = d \exp\left\{-\frac{E_g^{\text{El}}}{k_B T}\right\} \tag{15.21}$$

$$Z^{\text{Trans}} = \sum_{\mathbf{K}} \exp\left\{-\frac{E_{\mathbf{K}}^{\text{Trans}}}{k_B T}\right\} = \sum_{\mathbf{K}} \exp\left\{-\frac{\hbar^2 \mathbf{K}^2}{2(M_1 + M_2) k_B T}\right\} \tag{15.22}$$

$$Z_L^{\text{Rot}} = \sum_{L=0}^{\infty} (2L+1) \exp\left\{-\frac{E_L^{\text{Rot}}}{k_B T}\right\}$$
$$= \sum_{L=0}^{\infty} (2L+1) \exp\left\{-\frac{\hbar^2 L(L+1)}{2 M_r R_0^2 k_B T}\right\} \tag{15.23}$$

$$Z^{\text{Vib}} = \sum_{m=0}^{\infty} \exp\left\{-\frac{E_m^{\text{Vib}}}{k_B T}\right\} = \sum_{m=0}^{\infty} \exp\left\{-\frac{\hbar\omega(m+\frac{1}{2})}{k_B T}\right\}. \tag{15.24}$$

In Gl. (15.21) wurde angenommen, daß der elektronische Grundzustand E_g^{El} des Moleküls d-fach entartet ist und der tiefste angeregte Zustand E_a^{El} die Bedingung $E_a^{\text{El}} - E_g^{\text{El}} \gg k_B T$ erfüllt, so daß die Summe Z^{El} durch den ersten Summanden approximiert werden kann [1].

Die Summe Z^{Trans} Gl. (15.22) ergibt

$$Z^{\text{Trans}} = V \left(\frac{(M_1 + M_2) k_B T}{2\pi \hbar^2}\right)^{3/2}. \tag{15.25}$$

---

[1] Bei einer Temperatur von $T = 1000$ K ist $k_B T = 86$ meV.

15.3 Kanonische Gesamtheit

□ Zum Beweise beachtet man, daß der Ausbreitungsvektor **K** nach Abschn. 8.2 praktisch als kontinuierliche Variable angesehen werden kann, so daß wir von der Summe zum Integral übergehen können, indem wir nach Gl. (8.11) setzen

$$\sum_{\mathbf{K}} f(\mathbf{K}) = \frac{V}{8\pi^3} \int f(\mathbf{K})\, d^3K.$$

Dann erhält man aus Gl. (15.22) mit $p = \hbar^2/(2(M_1 + M_2)k_B T)$ und Übergang zu Kugelkoordinaten $K = |\mathbf{K}|$

$$\sum_{\mathbf{K}} \exp\{-p\mathbf{K}^2\} = \frac{V}{8\pi^3} \int \exp\{-p\mathbf{K}^2\}\, d^3K$$

$$= \frac{V}{8\pi^3} 4\pi \int_0^\infty \exp\{-pK^2\} K^2\, dK$$

$$= \frac{V}{8\pi^3} 4\pi \frac{\sqrt{\pi}}{4} p^{-3/2}$$

$$= V \left(\frac{\pi}{(2\pi)^2 p}\right)^{3/2},$$

woraus sich die Gl. (15.25) ergibt. ■

Die Summe Z^{Rot} Gl. (15.23) kann man genähert ebenfalls durch Überführung in ein Integral ausrechnen. Dazu nehmen wir an, daß die thermische Energie $k_B T$ groß ist im Vergleich zur gequantelten Rotationsenergie

$$\frac{\hbar^2}{2M_r R_0^2} \ll k_B T.$$

Dann gilt genähert

$$Z^{\text{Rot}} = k_B T \frac{2M_r R_0^2}{\hbar^2}. \tag{15.26}$$

□ Zum Beweise schreiben wir die Summe Gl. (15.23) in der Form

$$Z^{\text{Rot}} = \sum_{L=0}^\infty (2L+1) \exp\{-q(L^2 + L)\}$$

mit

$$q = \frac{\hbar^2}{2M_r R_0^2 k_B T} \ll 1$$

und approximieren sie durch ein Integral. Mit der Abkürzung

$$x = q(L^2 + L) \quad \text{mit} \quad dx = q(2L+1)\,dL$$

erhält man dann

$$Z^{\text{Rot}} \approx \int_0^\infty (2L+1)\exp\{-q(L^2+L)\}\,dL$$
$$= \frac{1}{q}\int_0^\infty \exp\{-x\}\,dx = \frac{1}{q},$$

woraus sich die Gl. (15.26) ergibt. ■

Es ist anzumerken, daß die Formel Gl. (15.23) für Moleküle aus zwei verschiedenen Atomsorten richtig ist, während bei Molekülen aus zwei gleichen Atomen die Ununterscheidbarkeit der beiden Atomkerne berücksichtigt werden muß. Das Pauli-Prinzip führt dann, je nachdem ob die Zahl der Neutronen und Protonen gerade oder ungerade ist, zu Änderungen der Gl. (15.23), die auch vom Schwingungszustand abhängen.

Die Summe Z^{Vib} Gl. (15.24) läßt sich direkt aufsummieren und ergibt

$$Z^{\text{Vib}} = \frac{\exp\{-\frac{\hbar\omega}{2k_B T}\}}{1-\exp\{-\frac{\hbar\omega}{k_B T}\}}. \tag{15.27}$$

□ Zum Beweise schreiben wir die Summe Gl. (15.24) in der Form

$$Z^{\text{Vib}} = \exp\left\{-\frac{\hbar\omega}{2k_B T}\right\} \sum_{m=0}^{\infty} r^m \quad \text{mit} \quad r = \exp\left\{-\frac{\hbar\omega}{k_B T}\right\}$$

und erhalten für die geometrische Reihe

$$V^{\text{Vib}} = \exp\left\{-\frac{\hbar\omega}{2k_B T}\right\}\frac{1}{1-q},$$

woraus sich die Formel Gl. (15.27) ergibt. ■

Nachdem wir die Zustandssumme Z_1 eines einzelnen Moleküls nach Gl. (15.19) berechnet haben, läßt sich daraus die Zustandssumme eines idealen Gases aus N Molekülen bestimmen. Weil die Moleküle untereinander keine Wechselwirkung haben, ist der Hamilton-Operator von N Molekülen eine Summe von N Hamilton-Operatoren je eines Moleküls und deshalb ist die mikroskopische Energie der N Moleküle einfach die Summe der Einzelenergien

$$E_{n_1 n_2 \ldots n_N} = E_{n_1} + E_{n_2} + \ldots + E_{n_N}. \tag{15.28}$$

15.3 Kanonische Gesamtheit

Bei der Berechnung der Zustandssumme des Gases ist die Ununterscheidbarkeit der Moleküle zu beachten. Befinden sich N_j Moleküle im Zustand der Energie E_j, so gibt es dafür $N_j!$ Möglichkeiten und die Entartung des N-Molekülzustandes mit der Energie Gl. (15.28) beträgt

$$\frac{N_1! N_2! \cdots}{N!} \quad \text{mit} \quad \sum_{j=1}^{\infty} N_j = N,$$

denn die $N!$ Möglichkeiten, die N Moleküle auf die einzelnen Zustände zu verteilen sind nicht zu unterscheiden. Ist das Molekül als Ganzes ein Fermion, so ist nach dem Pauli-Prinzip $N_j = 0$ oder 1, so daß alle $N_j! = 1$ sind. Im Falle von Bosonen machen wir für nicht zu hohe Temperaturen die Voraussetzung, daß die Zahl der Zustände, die im Energiebereich $k_B T$ für jedes Molekül zur Verfügung stehen, groß ist im Vergleich zu N. Dann kommt es nur selten vor, daß sich zwei Moleküle in genau demselben Zustand befinden, so daß näherungsweise wiederum N_j nur Null oder Eins ist.

Als Zustandssumme Z_N des Gases aus N nicht wechselwirkenden und nicht unterscheidbaren Molekülen erhält man genähert mit Gl. (15.28) die sogenannte korrigierte Boltzmann-Statistik

$$Z_N = \frac{1}{N!} \sum_{n_1} \sum_{n_2} \cdots \sum_{n_N} \exp\left\{ -\frac{E_{n_1} + E_{n_2} + \ldots E_{n_N}}{k_B T} \right\}$$

$$= \frac{1}{N!} \sum_{n_1} \exp\left\{ -\frac{E_{n_1}}{k_B T} \right\} \sum_{n_2} \exp\left\{ -\frac{E_{n_2}}{k_B T} \right\} \cdots \sum_{n_N} \exp\left\{ -\frac{E_{n_N}}{k_B T} \right\}$$

$$= \frac{1}{N!} Z_1^N,$$

wobei von Gl. (15.19) Gebrauch gemacht wurde. Einsetzen der Gl. (15.20) ergibt dann

$$Z_N = \frac{1}{N!} \left(Z^{\text{El}} \right)^N \left(Z^{\text{Trans}} \right)^N \left(Z^{\text{Rot}} \right)^N \left(Z^{\text{Vib}} \right)^N.$$

Mit Hilfe des Postulates 6 und der Näherung von Stirling $N! \approx N^N \exp\{-N\}$ für $1 \ll N$ erhält man daraus für die freie Energie des idealen Gases aus N Molekülen

$$F(T,V) = -k_B T \ln \{ Z_N(T,V) \}$$

$$= -k_B T \ln \left\{ \left(\frac{\text{e}}{N} Z^{\text{Trans}} \right)^N \left(Z^{\text{El}} \right)^N \left(Z^{\text{Rot}} \right)^N \left(Z^{\text{Vib}} \right)^N \right\}$$

mit $\text{e} = \exp\{1\}$. Also setzt sich die freie Energie des Gases additiv aus den einzelnen Beiträgen zusammen

$$F(T,V) = F^{\text{Trans}} + F^{\text{El}} + F^{\text{Rot}} + F^{\text{Vib}}. \qquad (15.29)$$

Die freie Energie der Translation ist nach Gl. (15.25)

$$F^{\text{Trans}}(T,V) = -Nk_BT \ln\left\{\frac{e}{N} Z^{\text{Trans}}\right\}$$
$$= -Nk_BT \ln\left\{\frac{Ve}{N}\left(\frac{(M_1+M_2)k_BT}{2\pi\hbar^2}\right)^{3/2}\right\}. \tag{15.30}$$

Die freie Energie der Molekülelektronen ist nach Gl. (15.21)

$$F^{\text{El}} = -Nk_BT \ln\left\{Z^{\text{El}}\right\}$$
$$= -Nk_BT \ln d + NE_g^{\text{El}}, \tag{15.31}$$

wobei angenommen wurde, daß die angeregten elektronischen Zustände keine nennenswerten Beiträge liefern, und nur der elektronische Grundzustand E_g^{El} eine Rolle spielt. Die freie Energie der Rotation ist nach Gl. (15.26)

$$F^{\text{Rot}} = -Nk_BT \ln\left\{Z^{\text{Rot}}\right\}$$
$$= -Nk_BT \ln\left\{k_BT \frac{2M_r R_0^2}{\hbar^2}\right\} \tag{15.32}$$

und die freie Energie der Vibration oder der Molekülschwingung ist nach Gl. (15.27)

$$F^{\text{Vib}} = -Nk_BT \ln\left\{Z^{\text{Vib}}\right\}$$
$$= \frac{N}{2}\hbar\omega + Nk_BT \ln\left\{1 - \exp\left\{-\frac{\hbar\omega}{k_BT}\right\}\right\}. \tag{15.33}$$

Aufgrund der eingeführten Näherungsannahmen sind die Energien F^{Trans}, F^{El}, F^{Rot} und F^{Vib} proportional zur Zahl der Moleküle N und somit ist die freie Energie F nach Gl. (15.29) eine extensive Variable.

In diesem Modell des zweiatomigen idealen Gases ist enthalten, daß das makroskopische Volumen V der N Moleküle so groß ist, daß die mikroskopischen Eigenschaften eines Moleküls davon nicht abhängen. Daraus ergibt sich, daß die freien Energien F^{El}, F^{Rot} und F^{Vib} vom Volumen unabhängig sind. Der Druck des Gases berechnet sich dann nach Postulat 8 allein aus dem Translationsanteil der freien Energie und aus Gl. (15.30) erhalten wir die Zustandsgleichung des idealen Gases

$$p = -\left(\frac{\partial F}{\partial V}\right)_T = -\left(\frac{\partial F^{\text{Trans}}}{\partial V}\right)_T = \frac{Nk_BT}{V}. \tag{15.34}$$

Wir zerlegen die Entropie $S(T,V)$ der N Moleküle nach Postulat 7 in die Einzelbeiträge

$$S(T,V) = -\left(\frac{\partial F}{\partial T}\right)_V = S^{\text{Trans}} + S^{\text{El}} + S^{\text{Rot}} + S^{\text{Vib}} \tag{15.35}$$

15.3 Kanonische Gesamtheit

mit

$$S^{\text{Trans}} = -\left(\frac{\partial F^{\text{Trans}}}{\partial T}\right)_V = Nk_B\left[\frac{5}{2} + \ln\left\{\frac{V}{N}\left(\frac{(M_1+M_2)k_BT}{2\pi\hbar^2}\right)^{3/2}\right\}\right]$$

$$S^{\text{El}} = -\left(\frac{\partial F^{\text{El}}}{\partial T}\right)_V = Nk_B \ln d$$

$$S^{\text{Rot}} = -\left(\frac{\partial F^{\text{Rot}}}{\partial T}\right)_V = Nk_B\left[1 + \ln\left\{k_BT\frac{2M_rR_0^2}{\hbar^2}\right\}\right]$$

$$S^{\text{Vib}} = -\left(\frac{\partial F^{\text{Vib}}}{\partial T}\right)_V$$

$$= Nk_B\left[\frac{\hbar\omega}{k_BT}\left(\exp\left\{\frac{\hbar\omega}{k_BT}\right\} - 1\right)^{-1} - \ln\left\{1 - \exp\left\{-\frac{\hbar\omega}{k_BT}\right\}\right\}\right].$$

Für die innere Energie

$$\begin{aligned}U(T,V) &= F(T,V) + TS(T,V) \\ &= U^{\text{Trans}} + U^{\text{El}} + U^{\text{Rot}} + U^{\text{Vib}}\end{aligned} \quad (15.36)$$

erhält man aus Gl. (15.29) und Gl. (15.35)

$$U^{\text{Trans}} = \frac{3}{2}Nk_BT$$

$$U^{\text{El}} = NE_g^{\text{El}}$$

$$U^{\text{Rot}} = Nk_BT$$

$$U^{\text{Vib}} = N\hbar\omega\left[\frac{1}{2} + \left(\exp\left\{\frac{\hbar\omega}{k_BT}\right\} - 1\right)^{-1}\right].$$

Daraus ergibt sich die Wärmekapazität bei konstantem Volumen zu

$$C_V = \left(\frac{\partial U}{\partial T}\right)_V = Nk_B\left[\frac{5}{2} + \left(\frac{\hbar\omega}{2k_BT}\right)^2\left(\sinh\left\{\frac{\hbar\omega}{2k_BT}\right\}\right)^{-2}\right]. \quad (15.37)$$

Entsprechend findet man mit Hilfe der Enthalpie $I = U + pV$ die Wärmekapazität bei konstanten Druck p aus Gl. (15.34)

$$C_p = \left(\frac{\partial I}{\partial T}\right)_p = Nk_B\left[\frac{7}{2} + \left(\frac{\hbar\omega}{2k_BT}\right)^2\left(\sinh\left\{\frac{\hbar\omega}{2k_BT}\right\}\right)^{-2}\right]$$

mit $C_p - C_V = Nk_B$ und der Adiabatenexponent ergibt sich genähert zu

$$\frac{C_p}{C_V} \approx \frac{7}{5} = 1.4, \quad (15.38)$$

denn es gilt $0 < x/\sinh x < 1$ für $0 < x < \infty$. Im Falle eines einatomigen idealen Gases verschwindet der Rotations- und Vibrationsanteil, so daß

$$C_V = \frac{3}{2}Nk_B \quad \text{und} \quad C_p = \frac{5}{2}Nk_B \quad \text{sowie} \quad \frac{C_p}{C_V} = \frac{5}{3}$$

resultieren.

15.3.2 Äußere Arbeiten

Als äußeren Parameter, durch den sich die Energie des makroskopischen Systems verändern läßt, wurde bisher nur das Volumen V berücksichtigt. Bringt man ein mikroskopisches System in ein von außen angelegtes Magnetfeld $\mathbf{H}(\mathbf{r})$, so wird eine Magnetisierung $\mathbf{M}(\mathbf{r})$ erzeugt, so daß die magnetische Induktion die Form hat

$$\mathbf{B}(\mathbf{r}) = \mu_0\big(\mathbf{H}(\mathbf{r}) + \mathbf{M}(\mathbf{r})\big) \tag{15.39}$$

mit der magnetischen Feldkonstanten μ_0. Innerhalb des Volumens V ist dann die Änderung der magnetischen Feldenergie durch

$$dE^{\text{magn}} = \int_V \mathbf{H}(\mathbf{r}) \cdot d\mathbf{B}(\mathbf{r}) \, d^3r$$

$$= \mu_0 \int_V \mathbf{H}(\mathbf{r}) \cdot d\mathbf{H}(\mathbf{r}) \, d^3r + \mu_0 \int_V \mathbf{H}(\mathbf{r}) \cdot d\mathbf{M}(\mathbf{r}) \, d^3r$$

gegeben. Hier beschreibt der erste Term auf der rechten Seite die magnetische Feldenergie, die auch ohne Materie vorhanden ist, und der negative zweite Term die Arbeit, die durch das Einschalten des Magnetfeldes vom makroskopischen System abgegeben wird

$$\delta A = -\mu_0 \int_V \mathbf{H}(\mathbf{r}) \cdot d\mathbf{M}(\mathbf{r}) \, d^3r. \tag{15.40}$$

Bei homogenen Magnetfeldern und makroskopisch homogener Materie ist die geleistete Magnetisierungsarbeit im Volumen V

$$\delta A = -\mu_0 V \mathbf{H} \cdot d\mathbf{M}. \tag{15.41}$$

Bringt man ein mikroskopisches System in ein von außen angelegtes elektrisches Feld $\mathbf{E}(\mathbf{r})$, so entsteht eine Polarisation $\mathbf{P}(\mathbf{r})$ und die dielektrische Verschiebung ist

$$\mathbf{D}(\mathbf{r}) = \varepsilon_0 \mathbf{E}(\mathbf{r}) + \mathbf{P}(\mathbf{r}),$$

wobei ε_0 die elektrische Feldkonstante bezeichnet. Die Änderung der elektrischen Feldenergie im Volumen V ist dann

$$dE^{\text{elektr}} = \int_V \mathbf{E}(\mathbf{r}) \cdot d\mathbf{D}(\mathbf{r}) \, d^3r$$

$$= \varepsilon_0 \int_V \mathbf{E}(\mathbf{r}) \cdot d\mathbf{E}(\mathbf{r}) \, d^3r + \int_V \mathbf{E}(\mathbf{r}) \cdot d\mathbf{P}(\mathbf{r}) \, d^3r.$$

Der erste Term stellt die elektrische Feldenergie dar, die auch ohne Dielektrikum vorhanden ist und der negative zweite Term beschreibt die Arbeit, die durch das äußere elektrische Feld vom Dielektrikum abgegeben wird

$$\delta A = -\int_V \mathbf{E}(\mathbf{r}) \cdot d\mathbf{P}(\mathbf{r}) \, d^3r$$

oder im homogenen Falle

$$\delta A = -V \mathbf{E} \cdot d\mathbf{P}.$$

Darüber hinaus sind weitere Energiezufuhren durch äußere Parameter möglich. Dazu gehört die Beschleunigung der Einzelsysteme, die Absorption elektromagnetischer Strahlung, die Deformationsarbeit bei Festkörpern und andere.

15.3.3 Beispiel: Paramagnetismus

Beim vereinfachten Modell des idealen Paramagnetismus geht man davon aus, daß das makroskopische System aus N gleichen magnetischen Momenten **m** im Volumen V besteht, die untereinander keine Wechselwirkung haben. Durch das Einschalten eines homogenen Magnetfeldes der Induktion **B** verursacht jedes magnetische Moment **m** die Energieabgabe $E = -\mathbf{m}\cdot\mathbf{B}$. Bei einem Atom betrachten wir das magnetische Moment Gl. (11.15)

$$\mathbf{m} = -\mu_B(\mathbf{L} + g_0 \mathbf{S}),$$

das von den Elektronen herrührt, wobei $g_0 \approx 2$ den gyromagnetischen Faktor und μ_B das Bohrsche Magneton bezeichnen. Setzt sich der Gesamtdrehimpuls des Atoms $\mathbf{J} = \mathbf{L}+\mathbf{S}$ aus dem Gesamtdrehimpuls **L** und dem Gesamtspin **S** zusammen, so ergibt sich die Aufspaltung eines $(2J+1)$-fach entarteten Energieniveaus E_0 im Magnetfeld nach Gl. (11.18) zu

$$E_{M_J}(B) = E_0 + g_J \mu_B M_J B \tag{15.42}$$

mit dem Landé-Faktor

$$\begin{aligned}g_J &= 1 + (g_0 - 1)\frac{J(J+1) + S(S+1) - L(L+1)}{2J(J+1)} \\ &\approx \frac{3}{2} + \frac{S(S+1) - L(L+1)}{2J(J+1)}.\end{aligned} \tag{15.43}$$

Hier wurde die z-Achse der Quantisierung in Richtung der magnetischen Induktion **B** gewählt und $B = |\mathbf{B}|$ gesetzt. Unser Modell des idealen Paramagnetismus besteht aus N mikroskopischen Systemen mit magnetischen Momenten **m**, die im Magnetfeld die Energieniveaus Gl. (15.42) besitzen. Die Zustandssumme $Z_1(T,V,B)$ der kanonischen Gesamtheit des mikroskopischen Systems läßt sich dann in der Form schreiben

$$Z_1(T,V,B) = Z_1(B=0)\sum_{M_J=-J}^{J}\exp\left\{-\frac{g_J\mu_B M_J B}{k_B T}\right\}.$$

Die Voraussetzung, daß die einzelnen magnetischen Momente untereinander keine Wechselwirkung haben sollen, bedeutet, daß wir die Zustandssumme der N mikroskopischen Systeme in der Form schreiben können

$$Z_N(T,V,B) = Z_N(B=0)\left[\sum_{M_J=-J}^{J}\exp\left\{-\frac{g_J\mu_B M_J B}{k_B T}\right\}\right]^N,$$

wobei wir die in Abschn. 15.3.1 eingeführte korrigierte Boltzmann-Statistik verwendet haben. Die freie Energie, ausgerechnet nach Postulat 6, zerfällt dann in einen von B unabhängigen und einen von B abhängigen Teil

$$F = -k_B T \ln\{Z_N(T,V,B)\}$$
$$= F_0(T,V) + F^{\text{magn}}(T,B) \qquad (15.44)$$

mit

$$F^{\text{magn}}(T,B) = -Nk_B T \ln\left\{\sum_{M_J=-J}^{J} \exp\left\{-\frac{g_J \mu_B M_J B}{k_B T}\right\}\right\}$$
$$= -Nk_B T \ln\left\{\frac{\sinh\left\{\frac{g_J \mu_B B}{k_B T}(J+\frac{1}{2})\right\}}{\sinh\left\{\frac{g_J \mu_B B}{k_B T}\frac{1}{2}\right\}}\right\}. \qquad (15.45)$$

□ Zum Beweise verwenden wir die Abkürzung

$$x = \exp\left\{-\frac{g_J \mu_B B}{k_B T}\right\}$$

und summieren die geometrische Reihe

$$\sum_{M_J=-J}^{J} x^{M_J} = x^{-J} \sum_{M=0}^{2J} x^M$$
$$= x^{-J} \frac{1-x^{2J+1}}{1-x}$$
$$= \frac{x^{-J-1/2} - x^{J+1/2}}{x^{-1/2} - x^{1/2}}.$$

Einsetzen der Exponentialfunktion x führt dann auf die Formel Gl. (15.45). ∎

Die Magnetisierungsarbeit berechnet sich nach Gl. (15.41) aus

$$\delta A = -\mu_0 V \mathbf{H} \cdot d\mathbf{M}$$

und die freie Energie ist als Funktion von $\mathbf{B} = \mu_0(\mathbf{H}+\mathbf{M})$ gegeben, weil die einzelnen magnetischen Momente $\mathbf{m}$ von $\mathbf{H}$ und $\mathbf{M}$ beeinflußt werden. Wir nehmen jedoch an, daß die Magnetisierung linear von $\mathbf{H}$ abhängt $\mathbf{M} = \chi \mathbf{H}$ und die magnetische Suszeptibilität klein ist $|\chi| \ll 1$. Dann gilt genähert

$$\delta A = -\mu_0 V \mathbf{H} \cdot d\mathbf{M} = -\mu_0 V \mathbf{H} \cdot \chi\, d\mathbf{H} = -V\mathbf{M} \cdot d(\mu_0 \mathbf{H}) \approx -V\mathbf{M} \cdot d\mathbf{B},$$

vergl. Gl. (10.13), was der Vernachlässigung des Magnetfeldes der Nachbarmomente entspricht. Das totale Differential der freien Energie können wir dann in der Form schreiben

$$dF = -S\,dT - p\,dV - VM\,dB,$$

mit $M = |\mathbf{M}|$ und es gilt

$$M = -\frac{1}{V}\left(\frac{\partial F}{\partial B}\right)_{T,V}. \tag{15.46}$$

Beim Vergleich mit einer Messung der Magnetisierung an einem Festkörper bei konstanter Temperatur und konstantem Druck kann wegen $dG \approx dF$ die Näherung

$$-\frac{1}{V}\left(\frac{\partial G(T,p,B)}{\partial B}\right)_{T,p} \approx M = -\frac{1}{V}\left(\frac{\partial F(T,V,B)}{\partial B}\right)_{T,V}$$

verwendet werden, vergl. Abschn. 15.3.

Der Einfachheit halber berechnen wir die Magnetisierung nur im Falle eines reinen Spinmagnetismus mit

$$L = 0 \quad ; \quad S = J = \frac{1}{2} \quad \text{und} \quad g_J = 2.$$

Die freie Energie ist dann

$$F^{\text{magn}}(T,B) = -Nk_{\text{B}}T\ln\left\{\frac{\sinh\left\{\frac{2\mu_{\text{B}}B}{k_{\text{B}}T}\right\}}{\sinh\left\{\frac{\mu_{\text{B}}B}{k_{\text{B}}T}\right\}}\right\}$$

$$= -Nk_{\text{B}}T\ln\left\{2\cosh\left\{\frac{\mu_{\text{B}}B}{k_{\text{B}}T}\right\}\right\}$$

und für die Magnetisierung ergibt sich nach Gl. (15.46)

$$M = \frac{N}{V}\mu_{\text{B}}\tanh\left\{\frac{\mu_{\text{B}}B}{k_{\text{B}}T}\right\}.$$

Für hohe Temperaturen folgt daraus das Curiesche Gesetz

$$M = \frac{N}{V}\mu_{\text{B}}\frac{\mu_{\text{B}}B}{k_{\text{B}}T} \quad \text{für} \quad \mu_{\text{B}}B \ll k_{\text{B}}T$$

und für tiefe Temperaturen ergibt sich eine Konstante

$$M = \frac{N}{V}\mu_{\text{B}} \quad \text{für} \quad k_{\text{B}}T \ll \mu_{\text{B}}B.$$

Für ein Magnetfeld von $B = 10\,\text{T}$ ist z.B. $\mu_{\text{B}}B/k_{\text{B}} = 6.7\,\text{K}$. Bei hohen Temperaturen $\mu_{\text{B}}B \ll k_{\text{B}}T$ ist die magnetische Suszeptibilität in diesem Fall genähert gleich

$$\chi = \frac{M}{H} \approx \mu_0\frac{M}{B} = \frac{N}{V}\mu_{\text{B}}^2\frac{\mu_0}{k_{\text{B}}T} = \frac{C}{T}$$

mit der Curie-Konstanten für Paramagnetismus mit $S = 1/2$

$$C = \frac{N}{V}\mu_{\text{B}}^2\frac{\mu_0}{k_{\text{B}}}.$$

15.4 Großkanonische Gesamtheit

Im Abschn. 15.2 wurde die mikrokanonische Gesamtheit beschrieben, bei der jedes mikroskopische System der Gesamtheit das gleiche Volumen V, die gleiche Teilchenzahl N und die gleiche Energie E besitzt. Es handelt sich dabei um isolierte Systeme, die in der Thermodynamik als abgeschlossene Systeme bezeichnet werden. Im Abschn. 15.3 wurde von diesen drei sogenannten Mikronebenbedingungen die der gleichen Energie für alle mikroskopischen Systeme fallengelassen und durch eine Makronebenbedingung ersetzt. Bei der kanonischen Gesamtheit wird der Mittelwert der Energie als innere Energie vorgegeben, die dem thermodynamischen Zustand eines Systems entspricht, das mit einem großen Wärmespeicher der Temperatur T Energie austauschen kann. Es wird also nur die Temperatur T von außen vorgegeben.

In diesem Abschnitt wollen wir zusätzlich die Mikronebenbedingung der gleichen Teilchenzahl für alle mikroskopischen Systeme der Gesamtheit aufgeben und durch die Makronebenbedingung ersetzen, daß nur der Mittelwert der Teilchenzahl festgelegt wird. Das System soll sich dabei mit einem großen Reservoir an Teilchen im thermodynamischen Gleichgewicht befinden und die Energie, die dem makroskopischen System dadurch zugeführt wird, daß ein Teilchen vom Reservoir zum System bei konstantem Volumen V und konstanter Temperatur T überwechselt, wird als kanonisches chemisches Potential μ bezeichnet. Das chemische Potential des Reservoirs wird also für das makroskopische System von außen vorgegeben.

Zur quantenmechanischen Beschreibung einer solchen großkanonischen Gesamtheit gehen wir vom Hilbert-Raum der Zustände mit fester Teilchenzahl zum Fock-Raum $\mathcal{H}_F$ Gl. (5.15) mit verschiedenen Teilchenzahlen über. Ist dann n_λ die Zahl der Teilchen, die sich im Einteilchenzustand ϕ_λ befinden, so schreiben wir einen Zustand im Fock-Raum nach Abschn. 5.1 kurz

$$|n\rangle = |n_1, n_2, \ldots\rangle$$

und die Eigenwertgleichungen des Hamilton-Operators $\hat{H}$ und des Teilchenzahloperators $\hat{N}$ sind

$$\hat{H}|n\rangle = E_n|n\rangle$$
$$\hat{N}|n\rangle = N_n|n\rangle \quad \text{mit} \quad N_n = \sum_j n_j.$$

Da $\hat{H}$ mit $\hat{N}$ kommutiert, kann der statistische Operator der großkanonischen Gesamtheit als Funktion von $\hat{H}$ und $\hat{N}$ geschrieben werden und wir setzen in Analogie zur klassischen statistischen Mechanik den statistischen Operator in der Form an

$$W = \frac{\rho}{\operatorname{Sp}\{\rho\}} \quad \text{mit} \quad \rho = \exp\left\{-\frac{\hat{H} - \mu\hat{N}}{k_B T}\right\}, \tag{15.47}$$

15.4 Großkanonische Gesamtheit

wobei k_B die Boltzmann-Konstante bezeichnet und $\text{Sp}\{W\} = 1$ ist. Die Zustandssumme der großkanonischen Gesamtheit ist dann

$$Z_g(T, V, \mu) = \text{Sp}\{\rho\} = \sum_n \exp\left\{-\frac{E_n - \mu N_n}{k_B T}\right\} \tag{15.48}$$

und wird als großkanonische Zustandssumme bezeichnet. Für den Mittelwert der Teilchenzahl $N(T, V, \mu)$ erhält man

$$\begin{aligned} N(T, V, \mu) &= M(\hat{N}) = \frac{\text{Sp}\{\hat{N}\rho\}}{\text{Sp}\{\rho\}} \\ &= \frac{1}{Z_g} \sum_n N_n \exp\left\{-\frac{E_n - \mu N_n}{k_B T}\right\}, \end{aligned} \tag{15.49}$$

was man auch in der Form

$$N(T, V, \mu) = k_B T \frac{1}{Z_g} \frac{\partial Z_g}{\partial \mu} \tag{15.50}$$

schreiben kann. Andererseits ist mit $\beta = \frac{1}{k_B T}$

$$\begin{aligned} \frac{1}{Z_g} \frac{\partial Z_g}{\partial \beta} &= -\frac{1}{Z_g} \sum_n (E_n - \mu N_n) \exp\left\{-\frac{E_n - \mu N_n}{k_B T}\right\} \\ &= -U(T, V, \mu) + \mu N(T, V, \mu), \end{aligned} \tag{15.51}$$

denn die innere Energie U bezeichnet den Mittelwert der Energie

$$\begin{aligned} U(T, V, \mu) &= M(\hat{H}) = \frac{\text{Sp}\{\hat{H}\rho\}}{\text{Sp}\{\rho\}} \\ &= \frac{1}{Z_g} \sum_n E_n \exp\left\{-\frac{E_n - \mu N_n}{k_B T}\right\}. \end{aligned} \tag{15.52}$$

Dadurch wird das folgende Postulat nahegelegt:

Postulat 9. *Im thermodynamischen Gleichgewicht ist das großkanonische Potential durch*

$$J(T, V, \mu) = -k_B T \ln\{Z_g(T, V, \mu)\}$$

gegeben.

Damit findet man

$$\frac{1}{Z_g} \frac{\partial Z_g}{\partial \beta} = -\frac{\partial}{\partial \beta}(\beta J) = -J - \beta \frac{\partial J}{\partial \beta} = -J + T \frac{\partial J}{\partial T}$$

und mit Gl. (15.51)

$$J = U - \mu N + T \frac{\partial J}{\partial T}.$$

Die Gleichgewichtsthermodynamik folgt dann aus den Postulaten:

Postulat 10. Im thermodynamischen Gleichgewicht ist die Entropie durch
$$S(T,V,\mu) = -\left(\frac{\partial J(T,V,\mu)}{\partial T}\right)_{V,\mu}$$
gegeben.

Postulat 11. Im thermodynamischen Gleichgewicht ist die Teilchenzahl durch
$$N(T,V,\mu) = -\left(\frac{\partial J(T,V,\mu)}{\partial \mu}\right)_{T,V}$$
gegeben.

Postulat 12. Im thermodynamischen Gleichgewicht ist der Druck durch
$$p(T,V,\mu) = -\left(\frac{\partial J(T,V,\mu)}{\partial V}\right)_{T,\mu}$$
gegeben.

Aus diesen Postulaten folgt
$$dJ = -S\,dT - p\,dV - N\,d\mu \tag{15.53}$$
sowie
$$J = U - TS - \mu N = F - \mu N \tag{15.54}$$
und man erhält die Clausius-Gleichung
$$dU = T\,dS - p\,dV + \mu\,dN \tag{15.55}$$
der phänomenologischen Gleichgewichtsthermodynamik. Das chemische Potential ist dann gegeben durch
$$\mu = \left(\frac{\partial U(S,V,N)}{\partial N}\right)_{S,V} \tag{15.56}$$
oder
$$\mu = \left(\frac{\partial F(T,V,N)}{\partial N}\right)_{T,V} \tag{15.57}$$
oder
$$\mu = \left(\frac{\partial G(T,p,N)}{\partial N}\right)_{T,p}, \tag{15.58}$$
denn es gilt mit $F = U - TS = J + \mu N$
$$dF = -S\,dT - p\,dV + \mu\,dN \tag{15.59}$$
und mit $G = F + pV = J + pV + \mu N$
$$dG = -S\,dT + V\,dp + \mu\,dN. \tag{15.60}$$

15.5 Gleichgewichtsverteilungen freier Teilchen

Wir betrachten speziell ein mikroskopisches System aus N identischen Teilchen, die untereinander keine Wechselwirkung haben. Die Eigenwertgleichung des Hamilton-Operators eines Teilchens

$$H(\underline{x})\varphi_j(\underline{x}) = \varepsilon_j \varphi_j(\underline{x})$$

legt die Einteilchenzustände $\varphi_j(\underline{x})$ fest und der Hamilton-Operator der N Teilchen im Volumen V hat die Form

$$H(\underline{x}_1, \underline{x}_2, \ldots \underline{x}_N) = \sum_{\nu=1}^{N} H(\underline{x}_\nu).$$

Im Teilchenzahlformalismus bezeichnen wir die Energiezustände im Fock-Raum durch $|n_1, n_2, \ldots\rangle$, wobei n_j die Anzahl der Teilchen angibt, die sich im Zustand $\varphi_j(\underline{x})$ befinden. Dann gilt für den Fock-Operator der Energie

$$\hat{H}|n_1, n_2, \ldots\rangle = \sum_{j=1}^{\infty} \varepsilon_j n_j |n_1, n_2, \ldots\rangle$$

und für den Teilchenzahloperator

$$\hat{N}|n_1, n_2, \ldots\rangle = \sum_{j=1}^{\infty} n_j |n_1, n_2, \ldots\rangle,$$

vergl. Kap. 5.

Das makroskopische System aus N Teilchen im Volumen V möge sich im thermodynamischen Gleichgewicht mit einem großen Wärmespeicher der Temperatur T und mit einem großen Teilchenreservoir mit dem chemischen Potential μ befinden. Dann ist die großkanonische Zustandssumme nach Gl. (15.48)

$$\begin{aligned} Z_{\mathrm{g}}(T,V,\mu) &= \sum_{n_1,n_1,\ldots}^{1\ldots\infty} \exp\left\{ -\frac{\sum_{j=1}^{\infty} \varepsilon_j n_j - \mu \sum_{j=1}^{\infty} n_j}{k_{\mathrm{B}}T} \right\} \\ &= \sum_{n_1,n_2,\ldots}^{1\ldots\infty} \exp\left\{ \sum_{j=1}^{\infty} n_j \left(\frac{\mu - \varepsilon_j}{k_{\mathrm{B}}T}\right) \right\}. \end{aligned} \qquad (15.61)$$

Führt man zur Abkürzung

$$x_j = \exp\left\{\frac{\mu - \varepsilon_j}{k_{\mathrm{B}}T}\right\}$$

ein, so schreibt sich die Zustandssumme

$$Z_g(T,V,\mu) = \sum_{n_1,n_2,\ldots}^{1\ldots\infty} x_1^{n_1} x_2^{n_2} \ldots = \sum_{n_1,n_2,\ldots}^{1\ldots\infty} \prod_{j=1}^{\infty} x_j^{n_j} = \prod_{j=1}^{\infty} \sum_{n_j=1}^{\infty} x_j^{n_j} \qquad (15.62)$$

und die Potenzreihe konvergiert für

$$|x_j| < 1 \quad \text{oder} \quad \mu < \varepsilon_j \quad \text{für} \quad j = 1, 2, \ldots \infty. \qquad (15.63)$$

Wir interessieren uns für die mittlere Besetzungszahl n_j eines jeden Einteilchenzustandes ε_j. Sie ergibt sich aus dem Erwartungswert des Teilchenzahloperators im Zustand φ_j

$$\hat{n}_j |n_1, n_2, \ldots\rangle = n_j |n_1, n_2, \ldots\rangle,$$

vergl. Kap. 5. Mit dem statistischen Operator W der großkanonischen Gesamtheit Gl. (15.47) erhält man dafür

$$M(\hat{n}_i) = \text{Sp}\{\hat{n}_i W\} = \frac{\text{Sp}\{\hat{n}_i \rho\}}{\text{Sp}\{\rho\}}$$

$$= \frac{1}{Z_g} \sum_{n_1,n_2,\ldots}^{1\ldots\infty} n_i \exp\left\{\sum_{j=1}^{\infty} n_j \left(\frac{\mu - \varepsilon_j}{k_B T}\right)\right\},$$

wobei von Gl. (15.61) Gebrauch gemacht wurde. Der Erwartungswert läßt sich auch in der Form schreiben

$$M(\hat{n}_i) = -k_B T \frac{\partial}{\partial \varepsilon_i} \ln \{Z_g(T, V, \mu)\}. \qquad (15.64)$$

15.5.1 Bose-Einstein-Statistik

Handelt es sich bei den N identischen Teilchen als Ganzes betrachtet um Bosonen, so sind alle Besetzungszahlen $n_j = 0, 1, 2, \ldots$ möglich und man erhält unter der Voraussetzung Gl. (15.63)

$$\sum_{n_j=1}^{\infty} x_j^{n_j} = \frac{1}{1 - x_j} = \frac{1}{1 - \exp\left\{\frac{\mu - \varepsilon_j}{k_B T}\right\}}.$$

Damit ergibt sich die großkanonische Zustandssumme nach Gl. (15.62)

$$Z_g(T, V, \mu) = \prod_{j=1}^{\infty} \frac{1}{1 - \exp\left\{\frac{\mu - \varepsilon_j}{k_B T}\right\}}$$

15.5 Gleichgewichtsverteilungen freier Teilchen

und der Erwartungswert der Besetzungszahl n_j ergibt sich nach Gl. (15.64) zu

$$M(\hat{n}_i) = k_B T \frac{\partial}{\partial \varepsilon_i} \sum_{j=1}^{\infty} \ln\left\{1 - \exp\left\{\frac{\mu - \varepsilon_i}{k_B T}\right\}\right\}$$

$$= k_B T \frac{\frac{1}{k_B T} \exp\left\{\frac{\mu - \varepsilon_i}{k_B T}\right\}}{1 - \exp\left\{\frac{\mu - \varepsilon_i}{k_B T}\right\}}$$

$$= \frac{1}{\exp\left\{\frac{\varepsilon_i - \mu}{k_B T}\right\} - 1}.$$

Geht man bei der makroskopischen Beobachtung von einer kontinuierlichen Verteilung der Einteilchenniveaus ε_i auf der Energieachse aus, so schreibt sich die *Bose-Einstein-Verteilung* für $\mu < E$ in der Form

$$f_{BE}(E) = \frac{1}{\exp\left\{\frac{E - \mu}{k_B T}\right\} - 1}, \qquad (15.65)$$

wobei

$$\mu = \left(\frac{\partial G}{\partial N}\right)_{T,p} \qquad (15.66)$$

das chemische Potential der Teilchen nach Gl. (15.58) ist.

15.5.2 Fermi-Dirac-Statistik

Handelt es sich bei den N identischen Teilchen als Ganzes betrachtet um Fermionen, so sind nach dem Pauli-Prinzip nur die Besetzungszahlen $n_j = 0, 1$ möglich, vergl. Abschn. 5.1.2. Dann ist die Bedingung Gl. (15.63) ohne Belang und wir erhalten für die großkanonische Zustandssumme Gl. (15.62)

$$Z_g = \prod_{j=1}^{\infty} \left(1 + \exp\left\{\frac{\mu - \varepsilon_j}{k_B T}\right\}\right).$$

Daraus berechnen wir die mittlere Besetzungszahl des Zustandes φ_j im thermodynamischen Gleichgewicht nach Gl. (15.64) zu

$$M(\hat{n}_i) = -k_B T \frac{\partial}{\partial \varepsilon_i} \sum_{j=1}^{\infty} \ln\left\{1 + \exp\left\{\frac{\mu - \varepsilon_j}{k_B T}\right\}\right\}$$

$$= -k_B T \frac{-\frac{1}{k_B T} \exp\left\{\frac{\mu - \varepsilon_i}{k_B T}\right\}}{1 + \exp\left\{\frac{\mu - \varepsilon_i}{k_B T}\right\}}$$

$$= \frac{1}{\exp\left\{\frac{\varepsilon_i - \mu}{k_B T}\right\} + 1}.$$

Geht man bei der makroskopischen Beobachtung von einer kontinuierlichen Verteilung der Einteilchenenergieniveaus ε_i auf der Energieachse aus, so schreibt sich die *Fermi-Dirac-Verteilung* in der Form

$$f_{\mathrm{FD}}(E) = \frac{1}{\exp\left\{\frac{E-\zeta}{k_{\mathrm{B}}T}\right\} + 1}, \tag{15.67}$$

wobei wir ζ anstelle von μ für das chemische Potential der Teilchen nach Gl. (15.58)

$$\zeta = \left(\frac{\partial G}{\partial N}\right)_{T,p} \tag{15.68}$$

geschrieben haben. Die Verteilung wird auch kurz Fermi-Verteilung genannt.

15.6 Massenwirkungsgesetz

Wir betrachten in diesem Abschnitt ein Gemisch aus mehreren unterschiedlichen Gasen ein- oder mehratomiger Moleküle bei gegebener Temperatur T und gegebenem Druck p. Die Moleküle sollen untereinander keine Wechselwirkung haben, so daß sie, entsprechend Abschn. 15.3.1, wie ein ideales Gas behandelt werden können. Wir wollen ferner annehmen, daß die verschiedenen Moleküle beim Aufeinandertreffen miteinander chemisch reagieren und sich ineinander umwandeln können. Die Teilchenzahl jeder einzelnen Molekülsorte ändert sich dabei nach Maßgabe der chemischen Reaktionsgleichung. Gesucht ist eine Beziehung zwischen den Konzentrationen der verschiedenen Moleküle im thermodynamischen Gleichgewicht, die von der Wärme abhängt, die bei einer chemischen Reaktion abgegeben oder aufgenommen wird.

Wir verallgemeinern zunächst die kanonische Zustandssumme eines einzelnen idealen Gases aus zweiatomigen Molekülen im Volumen V nach Abschn. 15.3.1 auf beliebige Moleküle. In der Born-Oppenheimer-Näherung läßt sich die quantenmechanische Energie eines Moleküls nach Gl. (15.18) in die Translationsenergie E^{Trans} der gesamten Molekülmasse M und in die übrige Energie zerlegen, die sich genähert aus der elektronischen Energie, der Rotationsenergie und der Schwingungsenergie additiv zusammensetzt. Die kanonische Zustandssumme eines einzelnen Moleküls läßt sich also in der Form Gl. (15.20) schreiben

$$Z_1(T,V) = Z^{\mathrm{Trans}}(T,V) Z^0(T), \tag{15.69}$$

wobei nach Gl. (15.25)

$$Z^{\mathrm{Trans}}(T,V) = V \left(\frac{M k_{\mathrm{B}} T}{2\pi \hbar^2}\right)^{3/2}$$

die Zustandssumme der Translationszustände und

$$Z^0(T) = Z^{\text{El}} Z^{\text{Rot}} Z^{\text{Vib}}$$

die Zustandssumme der Molekülzustände bezeichnet, die sich aus den elektronischen Zuständen und denen der Rotation und Vibration zusammensetzt und vom makroskopischen Volumen V unabhängig ist. Befinden sich N Moleküle im Volumen V, so erhält man mit Hilfe der korrigierten Boltzmann-Statistik und dem Postulat 6 die freie Energie des Gases entsprechend der Rechnung im Abschn. 15.3.1

$$\begin{aligned} F(T,V,N) &= -k_{\text{B}} T \ln \left\{ Z_1(T,V) \right\} \\ &= F^{\text{Trans}}(T,V,N) + F^0(T,N) \end{aligned} \quad (15.70)$$

mit dem Translationsanteil nach Gl. (15.30) [1]

$$F^{\text{Trans}}(T,V,N) = -N k_{\text{B}} T \ln \left\{ \frac{V e}{N} \left(\frac{M k_{\text{B}} T}{2\pi \hbar^2} \right)^{3/2} \right\} \quad (15.71)$$

und dem Anteil der Molekülzustände

$$F^0(T,N) = -N k_{\text{B}} T \ln \left\{ Z^0(T) \right\}. \quad (15.72)$$

Dagegen berechnet sich der Druck p des Gases nach Postulat 8 allein aus dem Translationsanteil der freien Energie und es gilt

$$p(T,V,N) = -\left(\frac{\partial F(T,V,N)}{\partial V} \right)_{T,N} = \frac{N k_{\text{B}} T}{V}, \quad (15.73)$$

vergl. Gl. (15.34). Mit dieser Zustandsgleichung erhält man die freie Enthalpie $G = F + pV$ des Gases zu

$$G(T,V,N) = F^{\text{Trans}}(T,V,N) + F^0(T,N) + N k_{\text{B}} T, \quad (15.74)$$

die sich mit der Zustandsgleichung Gl. (15.73) als Funktion von T, p und N schreiben läßt [1]

$$G(T,p,N) = -N k_{\text{B}} T \left[\ln \left\{ \frac{k_{\text{B}} T}{p} \left(\frac{M k_{\text{B}} T}{2\pi \hbar^2} \right)^{3/2} \right\} + \ln \left\{ Z^0(T) \right\} \right]. \quad (15.75)$$

Wir wenden uns nun einem Gas zu, welches aus mehreren Einzelgasen besteht und kennzeichnen die verschiedenen Moleküle durch A_i mit $i = 1, 2, \ldots k$. Ist dann H_i der Hamilton-Operator eines Moleküls A_i im Hilbert-Raum $\mathcal{H}_i$, so vernachlässigen wir nach Voraussetzung die Wechselwirkung der Moleküle untereinander und

---

[1] Es ist $\ln e = 1$.

der Hamilton-Operator der k verschiedenen Moleküle im Produkt-Hilbert-Raum $\mathcal{H} = \mathcal{H}_1 \otimes \mathcal{H}_2 \otimes \ldots \mathcal{H}_k$ ist

$$H = H_1 + H_2 + \ldots H_k.$$

Also sind die Energieniveaus von H mit Zuständen $|n\rangle$ einfach die Summe der Energieniveaus $E^{(i)}_{n^{(i)}}$ der k Moleküle nach Gl. (15.18) und die Zustandssumme der kanonischen Gesamtheit hat nach Gl. (15.19) die Form

$$\begin{aligned} Z &= \sum_{n^{(1)}} \sum_{n^{(2)}} \cdots \sum_{n^{(k)}} \exp\left\{ -\frac{E^{(1)}_{n^{(1)}} + E^{(2)}_{n^{(2)}} + \ldots E^{(k)}_{n^{(k)}}}{k_B T} \right\} \\ &= \sum_{n^{(1)}} \exp\left\{ -\frac{E^{(1)}_{n^{(1)}}}{k_B T} \right\} \sum_{n^{(2)}} \exp\left\{ -\frac{E^{(2)}_{n^{(2)}}}{k_B T} \right\} \cdots \sum_{n^{(k)}} \exp\left\{ -\frac{E^{(k)}_{n^{(k)}}}{k_B T} \right\} \\ &= Z^{(1)}_1 Z^{(2)}_1 \cdots Z^{(k)}_1 \end{aligned} \quad (15.76)$$

mit

$$\begin{aligned} Z^{(i)}_1(T, V) &= \sum_{n^{(i)}} \exp\left\{ -\frac{E^{(i)}_{n^{(i)}}}{k_B T} \right\} \\ &= Z^{\text{Trans}}_i(T, V) Z^0_i(T), \end{aligned} \quad (15.77)$$

wobei Gl. (15.69) verwendet wurde.

Besteht das Gasgemisch aus N_1 Molekülen A_1, N_2 Molekülen A_2 usw., so findet man die Zustandssumme durch Anwenden der korrigierten Boltzmann-Statistik aus Gl. (15.76) zu

$$Z_N = \frac{1}{N_1!} (Z^{(1)}_1)^{N_1} \frac{1}{N_2!} (Z^{(2)}_1)^{N_2} \cdots \frac{1}{N_k!} (Z^{(k)}_1)^{N_k},$$

vergl. Abschn. 15.3.1, und die Gesamtzahl der Moleküle ist

$$N = \sum_{i=1}^{k} N_i. \quad (15.78)$$

Die freie Energie des Gasgemisches ist nach Postulat 6

$$\begin{aligned} F(T, V, N_1, N_2, \ldots N_k) &= -k_B T \ln \{ Z_N(T, V, N_1, N_2, \ldots N_k) \} \\ &= F_1(T, V, N_1) + F_2(T, V, N_2) + \ldots F_k(T, V, N_k) \end{aligned}$$

mit der freien Energie eines Einzelgases nach Gl. (15.70)

$$\begin{aligned} F_i(T, V, N_i) &= -k_B T \ln \left\{ \frac{1}{N_i!} \left(Z^{(i)}_1(T, V) \right)^{N_i} \right\} \\ &= F^{\text{Trans}}_i(T, V, N_i) + F^0_i(T, N_i). \end{aligned}$$

15.6 Massenwirkungsgesetz   549

Der Druck des Gasgemisches ist nach Postulat 8

$$p = -\left(\frac{\partial F}{\partial V}\right)_{T,N_1,\ldots N_k} = p_1 + p_2 + \ldots p_k \tag{15.79}$$

mit den Partialdrücken der Einzelgase nach Gl. (15.73)

$$p_i = \left(\frac{\partial F_i(T,V,N_i)}{\partial V}\right)_{T,N_1\ldots N_k} = \frac{N_i k_B T}{V}. \tag{15.80}$$

Damit erhält man für die freie Enthalpie

$$G = F + pV = \sum_{i=1}^{k}(F_i + p_i V) = \sum_{i=1}^{k} G_i$$

und die freie Enthalpie eines Einzelgases ist durch Gl. (15.75) gegeben

$$G_i(T,p_i,N_i) = -N_i k_B T \left[\ln\left\{\frac{k_B T}{p_i}\left(\frac{M_i k_B T}{2\pi\hbar^2}\right)^{3/2}\right\} + \ln\left\{Z_i^0(T)\right\}\right].$$

Wir wollen nun G als Funktion von T und p umrechnen und verwenden dazu Gl. (15.78), (15.79) und (15.80)

$$\frac{k_B T}{p_i} = \frac{N}{N_i}\frac{k_B T}{p} \quad \text{und} \quad p = \frac{N k_B T}{V}.$$

Damit schreiben wir die freie Enthalpie eines Einzelgases in der Form

$$G_i(T,p,N_i) = -N_i k_B T \left[\ln\left\{\frac{N}{N_i}\frac{p_0}{p}\right\} + \ln\left\{\frac{k_B T}{p_0}\left(\frac{M_i k_B T}{2\pi\hbar^2}\right)^{3/2}\right\} \right.$$
$$\left. + \ln\left\{Z_i^0(T)\right\}\right], \tag{15.81}$$

wobei p_0 einen Referenzdruck bezeichnet. Dann hat die freie Enthalpie des Gasgemisches die Form

$$G(T,p,N_1,N_2,\ldots N_k) = \sum_{i=1}^{k} G_i(T,p,N_i)$$

und das totale Differential lautet

$$dG = -S\,dT + V\,dp + \sum_{i=1}^{k}\mu_i\,dN_i \tag{15.82}$$

15 Quantenstatistik

mit den chemischen Potentialen der Einzelgase

$$\mu_i = \left(\frac{\partial G_i(T,p,N_i)}{\partial N_i}\right)_{T,p}. \tag{15.83}$$

Ausrechnen mit Hilfe von Gl. (15.81) liefert

$$\mu_i = -k_B T \ln\left\{\frac{N}{N_i}\frac{p_0}{p}\right\} + \mu_i^0(T,p_0) \tag{15.84}$$

mit

$$\mu_i^0 = -k_B T \left[\ln\left\{\frac{k_B T}{e p_0}\left(\frac{M_i k_B T}{2\pi\hbar^2}\right)^{3/2}\right\} + \ln\left\{Z_i^0(T)\right\}\right]$$

und $\ln e = 1$.

Wir wollen nun die Bedingungsgleichung für das thermodynamische Gleichgewicht der k Einzelgase unter der Bedingung herleiten, daß sich die Gase nach der Reaktionsgleichung

$$\nu_1 A_1 + \nu_2 A_2 + \ldots \nu_k A_k = 0 \tag{15.85}$$

ineinander umwandeln können. Diese Gleichung sei am Beispiel der Ammoniaksynthese nach dem Haber-Bosch-Verfahren

$$3H_2 + N_2 \rightleftharpoons 2NH_3 \tag{15.86}$$

erläutert, die bei gegebener Temperatur $T = 800\,\text{K}$ und bei einem Druck von $p = 200\,\text{b}$ durchgeführt wird. Bei diesem Beispiel wäre

$$A_1 = H_2 \quad ; \quad A_2 = N_2 \quad ; \quad A_3 = NH_3$$
$$\nu_1 = 3 \quad ; \quad \nu_2 = 1 \quad ; \quad \nu_3 = -2.$$

Wenn eine Änderung der Zahl N_i der Moleküle A_i nur im Rahmen dieser Reaktion möglich sein soll, dann folgt aus Gl. (15.85)

$$dN_i = \nu_i\, dN,$$

wobei dN die Anzahl der chemischen Reaktionen bezeichnet. Bei gegebener Temperatur T und gegebenem Druck p ergibt sich das thermodynamische Gleichgewicht aus der Bedingung $dG = 0$ mit $dT = 0$ und $dp = 0$. Aus der Gl. (15.82) erhalten wir

$$0 = dG = \sum_{i=1}^{k} \mu_i\, dN_i = \sum_{i=1}^{k} \mu_i \nu_i\, dN$$

15.6 Massenwirkungsgesetz

und die Bedingungsgleichung für thermodynamisches Gleichgewicht lautet

$$\sum_{i=1}^{k} \nu_i \mu_i = 0. \tag{15.87}$$

Einsetzen der chemischen potentiale Gl. (15.84) in die Gleichgewichtsbedingung liefert

$$-k_\mathrm{B} T \sum_{i=1}^{k} \nu_i \ln\left\{\frac{N}{N_i}\frac{p_0}{p}\right\} + \sum_{i=1}^{k} \nu_i \mu_i^0(T,p_0) = 0$$

und man erhält

$$\prod_{i=1}^{k}\left(\frac{N_i}{N}\right)^{\nu_i}\left(\frac{p}{p_0}\right)^{\nu_i} = \exp\left\{-\frac{\sum_{i=1}^{k} \nu_i \mu_i^0(T,p_0)}{k_\mathrm{B} T}\right\}.$$

Verwendet man zur Abkürzung die Konzentrationen der Einzelgase

$$[A_i] = \frac{N_i}{N},$$

so erhält man das *Massenwirkungsgesetz* der Konzentrationen

$$\prod_{i=1}^{k}[A_i]^{\nu_i} = K_c(T,p) = \left(\frac{p_0}{p}\right)^{\sum_i \nu_i} K_p(T) \tag{15.88}$$

mit der Gleichgewichtskonstanten der Konzentrationen K_c und der Gleichgewichtskonstanten der Partialdrücke

$$K_p(T) = \exp\left\{-\frac{\sum_{i=1}^{k} \nu_i \mu_i^0(T,p_0)}{k_\mathrm{B} T}\right\}. \tag{15.89}$$

Drückt man nämlich die Gleichgewichtsbedingung durch die Partialdrücke p_i der Einzelgase nach Gl. (15.80) aus, so erhält man das Massenwirkungsgesetz in der Form

$$\prod_{i=1}^{k}\left(\frac{p_i}{p_0}\right)^{\nu_i} = K_p(T) \tag{15.90}$$

mit der Gleichgewichtskonstanten der Partialdrücke K_p.
Für die Reaktion des Haber-Bosch-Verfahrens Gl. (15.86) gilt

$$\sum_{i=1}^{k} \nu_i = 2$$

und das Massenwirkungsgesetz Gl. (15.88) hat das Aussehen

$$\frac{[H_2]^3[N_2]}{[NH_3]^2} = \left(\frac{p_0}{p}\right)^2 K_p(T).$$

Die Bildung von Ammoniak ist eine exotherme Reaktion

$$\sum_{i=1}^{k} \nu_i \mu_i^0 > 0$$

und die Ammoniakkonzentration steigt daher mit abnehmender Temperatur und zunehmendem Druck.

Anhang

A Hilbert-Raum

A.1 Skalarprodukt

Es sei $\mathcal{V}$ ein normierter Vektorraum über dem Körper der komplexen Zahlen $\mathcal{C}$. Dann wird jedem geordneten Paar von zwei Elementen $\varphi, \psi \in \mathcal{V}$ eine komplexe Zahl durch das innnere oder Skalarprodukt

$$\langle \varphi, \psi \rangle \in \mathcal{C}$$

zugeordnet. Es erfüllt mit $a, b \in \mathcal{C}$ und $\chi \in \mathcal{V}$ die Bedingungen [1]

$$\langle \varphi, a\psi + b\chi \rangle = a\langle \varphi, \psi \rangle + b\langle \varphi, \chi \rangle$$
$$\langle \psi, \varphi \rangle = \langle \varphi, \psi \rangle^*$$
$$\langle \varphi, \varphi \rangle \geq 0 \quad \forall \quad \varphi \in \mathcal{V}$$
$$\langle \varphi, \varphi \rangle = 0 \quad \text{nur für} \quad \varphi = 0,$$

was $\langle a\varphi, \psi \rangle = a^*\langle \varphi, \psi \rangle$ und $\langle \varphi, 0 \rangle = 0 \quad \forall \quad \varphi \in \mathcal{V}$ zur Folge hat. Zwei Vektoren $\varphi, \psi \in \mathcal{V}$ heißen orthogonal, wenn $\langle \varphi, \psi \rangle = 0$ gilt.

Mit Hilfe des Skalarproduktes wird eine Norm für alle $\varphi \in \mathcal{V}$ definiert

$$\|\varphi\| =_+ \sqrt{\langle \varphi, \varphi \rangle}$$

mit den Eigenschaften

$$\|\varphi\| \geq 0 \quad \forall \quad \varphi \in \mathcal{V}$$
$$\|\varphi\| = 0 \quad \text{nur für} \quad \varphi = 0$$
$$\|a\varphi\| = |a| \, \|\varphi\| \quad \text{für} \quad a \in \mathcal{C}$$
$$\|\varphi + \psi\| \leq \|\varphi\| + \|\psi\| \quad \forall \quad \varphi, \psi \in \mathcal{V}.$$

Der Vektorraum heißt dann normierter Vektorraum und es gilt die Schwarzsche Ungleichung

$$|\langle \varphi, \psi \rangle| \leq \|\varphi\| \, \|\psi\|.$$

---

[1] Der Stern kennzeichnet die konjugiert komplexe Zahl.

□ Zum Beweise setzt man $\chi = \varphi - \frac{\langle\psi,\varphi\rangle}{\langle\psi,\psi\rangle}\psi$ und berechnet

$$0 \leq \langle\chi,\chi\rangle = \langle\varphi,\varphi\rangle - \frac{\langle\psi,\varphi\rangle}{\langle\psi,\psi\rangle}\langle\varphi,\psi\rangle - \frac{\langle\psi,\varphi\rangle^*}{\langle\psi,\psi\rangle}\langle\psi,\varphi\rangle$$
$$+ \frac{\langle\psi,\varphi\rangle^*\langle\psi,\varphi\rangle}{\langle\psi,\psi\rangle\langle\psi,\psi\rangle}\langle\psi,\psi\rangle.$$

Die letzten beiden Terme heben sich fort und man findet

$$|\langle\varphi,\psi\rangle|^2 \leq \langle\varphi,\varphi\rangle\langle\psi,\psi\rangle,$$

woraus sich die Behauptung ergibt. ∎

Aus den Eigenschaften des Skalarproduktes beweist man die Dreiecksungleichung der Norm. [2]

□

$$\|\varphi + \psi\|^2 = \langle\varphi+\psi,\varphi+\psi\rangle$$
$$= \langle\varphi,\varphi\rangle + \langle\varphi,\psi\rangle + \langle\psi,\varphi\rangle + \langle\psi,\psi\rangle$$
$$= \|\varphi\|^2 + \|\psi\|^2 + 2\Re\{\langle\varphi,\psi\rangle\}.$$

Mit Hilfe der Schwarzschen Ungleichung bildet man die Abschätzung

$$\|\varphi + \psi\|^2 \leq \|\varphi\|^2 + \|\psi\|^2 + 2|\langle\varphi,\psi\rangle|$$
$$\leq \|\varphi\|^2 + \|\psi\|^2 + 2\|\varphi\|\,\|\psi\|$$

und erhält

$$\|\varphi + \psi\|^2 \leq (\|\varphi\| + \|\psi\|)^2,$$

woraus sich die Dreiecksungleichung

$$\|\varphi + \psi\| \leq \|\varphi\| + \|\psi\|,$$

ergibt. ∎

Mit Hilfe der Norm läßt sich eine Metrik $d(\varphi,\psi) = \|\varphi - \psi\|$ mit den Eigenschaften

$$d(\varphi,\psi) \geq 0 \quad \forall \quad \varphi,\psi \in \mathcal{V}$$
$$d(\varphi,\psi) = 0 \quad \text{nur für} \quad \varphi = \psi$$
$$d(\varphi,\psi) = d(\psi,\varphi)$$
$$d(\varphi,\psi) \leq d(\varphi,\chi) + d(\chi,\psi) \quad \forall \quad \varphi,\psi,\chi \in \mathcal{V}$$

einführen, wobei die letzte Ungleichung wiederum Dreiecksungleichung heißt und sich aus der Dreiecksungleichung der Norm ergibt. Mit Hilfe der Metrik wird für eine Folge von Vektoren $\varphi_n \in \mathcal{V}, n = 1,2,3,\ldots$ die Cauchy-Konvergenztheorie eingeführt. Der normierte Vektorraum über dem Körper der komplexen Zahlen heißt vollständig oder auch Hilbert-Raum $\mathcal{H}$, wenn jede Cauchy-Folge $\varphi_n \in \mathcal{V}$ gegen ein $\varphi \in \mathcal{V}$ konvergiert.

---

[2] $\Re\{z\}$ bezeichnet den Realteil der komplexen Zahl z.

A.2 Orthonormalsystem

Ein System von Vektoren $\varphi_j \in \mathcal{H}$, $j = 1, 2, 3, \ldots N$ heißt Orthonormalsystem, wenn die Orthonormalitätsbedingung

$$\langle \varphi_j, \varphi_k \rangle = \delta_{jk} \tag{A.1}$$

gilt. Die φ_j sind dann linear unabhängig. Läßt sich jeder Vektor $\varphi \in \mathcal{H}$ als Linearkombination eines Orthonormalsystems darstellen

$$\varphi = \sum_{j=1}^{N} \varphi_j c_j \quad \text{mit} \quad c_j \in \mathcal{V},$$

so heißt N Dimension des Hilbert-Raums $\mathcal{H}$ und das Orthonormalsystem heißt vollständig oder auch Basis. Man sagt dann, der Hilbert-Raum wird von den Basisvektoren aufgespannt. Die Dimension des Hilbert-Raums kann endlich oder abzählbar unendlich sein, wenn keine endliche Basis existiert. Bildet man das Skalarprodukt $\langle \varphi_k, \varphi \rangle$ und beachtet die Orthonormalitätsbedingung Gl. (A.1), so folgt

$$\langle \varphi_k, \varphi \rangle = \sum_j \langle \varphi_k, \varphi_j \rangle c_j = c_k,$$

so daß sich die Entwicklung nach dem Orthonormalsystem in der Form schreibt

$$\varphi = \sum_{j=1}^{N} \varphi_j \langle \varphi_j, \varphi \rangle. \tag{A.2}$$

Läßt sich für ein System linear unabhängiger Vektoren ϕ_j jedes Element $\chi \in \mathcal{H}$ eindeutig in der Form schreiben

$$\chi = \sum_j \phi_j c_j \quad \text{mit} \quad c_j \in \mathcal{C},$$

so kann man daraus ein vollständiges Orthonormalsystem oder eine Basis mit Hilfe des Schmidtschen Orthonormalisierungsverfahrens konstruieren.

□ Zum Beweise setzt man

$$\psi_1 = \frac{f_1}{\sqrt{\langle f_1, f_1 \rangle}} \quad \text{mit} \quad f_1 = \phi_1,$$

dann gilt $\langle \psi_1, \psi_1 \rangle = 1$. Weiter wird gesetzt

$$\psi_2 = \frac{f_2}{\sqrt{\langle f_2, f_2 \rangle}} \quad \text{mit} \quad f_2 = \phi_2 - \psi_1 \langle \psi_1, \phi_2 \rangle,$$

dann gilt $\langle \psi_1, f_2 \rangle = 0$ und somit $\langle \psi_1, \psi_2 \rangle = 0$, $\langle \psi_2, \psi_2 \rangle = 1$. Als nächstes bildet man

$$\psi_3 = \frac{f_3}{\sqrt{\langle f_3, f_3 \rangle}} \quad \text{mit} \quad f_3 = \phi_3 - \psi_1 \langle \psi_1, \phi_3 \rangle - \psi_2 \langle \psi_2, \phi_3 \rangle$$

und erhält $\langle \psi_3, \psi_3 \rangle = 1$, $\langle \psi_1, \psi_3 \rangle = 0$ und $\langle \psi_2, \psi_3 \rangle = 0$. Fährt man so fort, so findet man orthogonale und normierte Vektoren ψ_j. ∎

Sei $\{\varphi_j\}$ eine Basis im Hilbert-Raum $\mathcal{H}$ und $\{\psi_k\}$ und $\{\chi_l\}$ nichtleere Teilmengen von $\{\varphi_j\}$ mit der Eigenschaft $\{\psi_k\} \cup \{\chi_l\} = \{\varphi_j\}$, so bildet die lineare Hülle von $\{\psi_k\}$, das ist die Menge aller Linearkombinationen der ψ_k, einen Unterraum $\mathcal{H}_1$ von $\mathcal{H}$, der selbst Hilbert-Raum ist. Entsprechend bildet die lineare Hülle von $\{\chi_l\}$ einen Hilbert-Raum $\mathcal{H}_2$. Man definiert dann die orthogonale Summe der beiden Hilbert-Räume durch

$$\mathcal{H} = \mathcal{H}_1 \oplus \mathcal{H}_2,$$

so daß $\mathcal{H}$ durch die lineare Hülle der Basisvektoren aus $\{\psi_k\} \cup \{\chi_l\}$ gegeben ist.

Sind andererseits zwei beliebige Hilbert-Räume $\mathcal{H}_1$ mit der Basis $\{\varphi_j\}$ und $\mathcal{H}_2$ mit der Basis $\{\psi_k\}$ gegeben, so wird der Produkt-Hilbert-Raum

$$\mathcal{H} = \mathcal{H}_1 \otimes \mathcal{H}_2$$

durch die Basis $\{\varphi_j \psi_k\}$ aufgespannt. Vektoren $\phi \in \mathcal{H}$ sind alle Linearkombinationen

$$\phi = \sum_j \sum_k \varphi_j \psi_k c_{jk} \quad \text{mit} \quad c_{jk} \in \mathcal{C},$$

und das Skalarprodukt wird mit Hilfe der Skalarprodukte von $\mathcal{H}_1$ und $\mathcal{H}_2$

$$\langle \varphi_j \psi_k, \varphi_l \psi_m \rangle = \langle \varphi_j, \varphi_l \rangle \langle \psi_k, \psi_m \rangle = \delta_{jl} \delta_{km}$$

definiert.

Hat man sich auf eine bestimmte Basis $\{\varphi_j\}$ festgelegt, genügt der Index zur Kennzeichnung der einzelnen Basisvektoren. In der sogenannten Bra- und Ket-schreibweise wird das φ nicht mehr notiert und die Basisvektoren des Hilbert-Raumes $\mathcal{H}$ in der Form $|j\rangle$ abgekürzt. Das Skalarprodukt mit einem Vektor $|f\rangle \in \mathcal{H}$ hat dann die Form $\langle f|j \rangle$ und die Entwicklung nach der Basis schreibt sich

$$|f\rangle = \sum_j |j\rangle \langle j|f\rangle.$$

Formal gilt dann die Vollständigkeitsbeziehung

$$\sum_j |j\rangle \langle j| = 1, \tag{A.3}$$

wobei 1 den Einsoperator und $P_j = |j\rangle\langle j|$ den Projektionsoperator auf den Vektor $|j\rangle$ bezeichnet

$$P_j |f\rangle = |j\rangle \langle j|f\rangle.$$

Die Orthonormalitätsbeziehung lautet

$$\langle i|j \rangle = \delta_{ij}. \tag{A.4}$$

A.2 Orthonormalsystem

Seien in einem Hilbert-Raum $\mathcal{H}$ zwei verschiedene Basen $\{\varphi_k\}$ und $\{\psi_j\}$ gegeben, so läßt sich jeder Vektor $\phi \in \mathcal{H}$ nach den Basen entwickeln

$$\phi = \sum_k \varphi_k \langle \varphi_k, \phi \rangle = \sum_j \psi_j \langle \psi_j, \phi \rangle. \qquad (A.5)$$

Es folgt dann

$$\langle \psi_j, \phi \rangle = \sum_k \langle \psi_j, \varphi_k \rangle \langle \varphi_k, \phi \rangle \qquad (A.6)$$

und

$$\langle \varphi_k, \phi \rangle = \sum_j \langle \varphi_k, \psi_j \rangle \langle \psi_j, \phi \rangle. \qquad (A.7)$$

Dann ist die Matrix $U = (u_{jk})$ mit $u_{jk} = \langle \psi_j, \varphi_k \rangle$ eine unitäre Matrix $U^+ = U^{-1}$ bzw. $UU^+ = U^+U = \mathcal{E}$. Dies erkennt man durch Einsetzen von Gl. (A.7) in Gl. (A.6)

$$\langle \psi_j, \phi \rangle = \sum_k \langle \psi_j, \varphi_k \rangle \sum_l \langle \varphi_k, \psi_l \rangle \langle \psi_l, \phi \rangle,$$

so daß die Unitaritätsbedingung [3]

$$\sum_k \langle \psi_j, \varphi_k \rangle \langle \varphi_k, \psi_l \rangle = \sum_k u_{jk} u_{lk}^* = \sum_k u_{jk} u_{kl}^+ = \delta_{jl}$$

gelten muß. Sind etwa die Entwicklungskoeffizienten a_k des Vektors $\phi \in \mathcal{H}$ nach der Basis φ_k von $\mathcal{H}$ bekannt

$$\phi = \sum_k \varphi_k a_k \quad \text{mit} \quad a_k = \langle \varphi_k, \phi \rangle \in \mathcal{C},$$

so lassen sich die Entwicklungskoeffizieneten b_j bezüglich der Basis ψ_j

$$\phi = \sum_j \psi_j b_j \quad \text{mit} \quad b_j = \langle \psi_j, \phi \rangle \in \mathcal{C},$$

durch die unitäre Transformation

$$b_j = \sum_k u_{jk} a_k \quad \text{bzw.} \quad a_k = \sum_j u_{kj}^+ b_j$$

ineinander umrechnen, was sich unmittelbar aus den Gleichungen (A.6) und (A.7) ergibt.

---

[3] Die komplexe Zahl $u_{kl}^+ = u_{lk}^*$ bezeichnet das Matrixelement (kl) der Matrix U^+.

A.3 Spezielle Hilbert-Räume

A.3.1 Komplexe Zahlenfolgen

Elemente $\phi \in \mathcal{H}$ seien die Zahlenfolgen

$$\phi = (a_1, a_2, a_3, \ldots) \quad \text{mit} \quad a_k \in \mathcal{C} \quad \text{und} \quad \sum_{k=1}^{\infty} |a_k|^2 < \infty.$$

Die Addition mit $\psi = (b_1, b_2, b_3, \ldots)$ wird erklärt durch

$$\phi + \psi = (a_1 + b_1, a_2 + b_2, a_3 + b_3, \ldots)$$

und die Multiplikation mit $c \in \mathcal{C}$ durch

$$c\phi = (ca_1, ca_2, ca_3, \ldots).$$

Das Skalarprodukt wird festgesetzt als

$$\langle \phi, \psi \rangle = \sum_{k=1}^{\infty} a_k^* b_k$$

und eine Basis ist gegeben durch

$$\varphi_1 = (1, 0, 0, 0, \ldots)$$
$$\varphi_2 = (0, 1, 0, 0, \ldots)$$
$$\varphi_3 = (0, 0, 1, 0, \ldots)$$
$$\vdots$$

mit der Entwicklung

$$\phi = \sum_k a_k \varphi_k.$$

A.3.2 Quadratisch integrierbare Funktionen

Elemente $\phi \in \mathcal{H}_1$ seien die komplexwertigen Funktionen $\phi(x)$ mit reeller Variabler x, die die Bedingung

$$\int_{-\infty}^{\infty} |\phi(x)|^2 \, dx < \infty$$

erfüllen. Das Skalarprodukt wird definiert durch

$$\langle \phi, \psi \rangle = \int_{-\infty}^{\infty} \phi^*(x) \psi(x) \, dx$$

und existiert wegen der Schwarzschen Ungleichung. Der Hilbert-Raum hat die Dimension abzählbar unendlich, was sich aus dem Weierstraßschen Approximationssatz ergibt. Basisfunktionen erhält man aus den Eigenfunktionen eines normalen Operators, vergl. Abschn. A.4.

Der Hilbert-Raum $\mathcal{H}_3$, der über dem dreidimensionalen Ortsraum quadratisch integrierbaren Funktionen $\psi(\mathbf{r}) \in \mathcal{H}$ mit

$$\int \psi^*(\mathbf{r})\psi(\mathbf{r})\,\mathrm{d}^3r < \infty$$

wird mit dem Skalarprodukt

$$\langle \psi, \phi \rangle = \int \psi^*(\mathbf{r})\phi(\mathbf{r})\,\mathrm{d}^3r$$

festgelegt, wobei über den ganzen Ortsraum integriert wird. Der Hilbert-Raum ist der Produktraum $\mathcal{H}_3 = \mathcal{H}_1 \otimes \mathcal{H}_1 \otimes \mathcal{H}_1$, und eine Basis in $\mathcal{H}_3$ kann aus den drei Basen der Hilbert-Räume $\mathcal{H}_1$ bezüglich der x-, y- und z-Koordinate gebildet werden. Weitere Hilbert-Räume lassen sich für quadratisch integrierbare Funktionen über einem endlichen Volumen V mit verschiedenen Randbedingungen konstruieren. So spielen Hilbert-Räume ein Rolle, bei denen die Elemente am Rande verschwinden, z.b. bei einem unendlich tiefen Potentialtopf, oder periodische Randbedingungen erfüllen, z.b. bei Kristallen. Eine Basis von ebenen Wellen führt dabei zur Fourier-Entwicklung.

A.4 Lineare Operatoren

Ein linearer Operator A im Hilbert-Raum $\mathcal{H}$ bezeichnet eine lineare Abbildung von Elementen $\varphi \in \mathcal{H}$ auf Elemente $\psi \in \mathcal{H}$

$$\varphi \xrightarrow{A} \psi \quad \text{bzw.} \quad \psi = A\varphi.$$

Der Definitionsbereich des Operators ist die Menge aller $\varphi \in \mathcal{H}$, für die die Abbildung erklärt ist. Im folgenden wird angenommen, daß der Definitionsbereich gleich dem betrachteten Hilbert-Raum ist. Seien $a, b \in \mathcal{C}$ und $\varphi, \phi \in \mathcal{H}$, so erfüllt ein linearer Operator die Bedingung

$$A(a\varphi + b\phi) = aA\varphi + bA\phi.$$

Gibt es eine positive Zahl k mit

$$\|A\varphi\| \leq k\|\varphi\| \quad \forall \quad \varphi \in \mathcal{H},$$

so heißt A beschränkter Operator. Ist $\varphi_n \to \varphi$ eine konvergente Folge in $\mathcal{H}$, so gilt für beschränkte Operatoren auch $A\varphi_n \to A\varphi$.

Zwei Operatoren A, B sind gleich $A = B$, wenn $A\varphi = B\varphi \ \forall \ \varphi \in \mathcal{H}$ gilt. Das Nacheinanderanwenden zweier Operatoren A und B auf ein $\varphi \in \mathcal{H}$ wird in der Form geschrieben

$$AB\varphi = A(B\varphi),$$

wobei zuerst der rechtsstehende Operator anzuwenden ist. Der Nulloperator θ bildet jeden Vektor $\varphi \in \mathcal{H}$ auf den Nullvektor ab. Der Einsoperator 1 bildet jeden Vektor auf sich selbst ab $1\varphi = \varphi$.

Gilt für einen linearen Operator A für ein $\varphi \in \mathcal{H}$

$$A\varphi = a\varphi \quad \text{mit} \quad a \in \mathcal{C},$$

so heißt φ Eigenfunktion und a Eigenwert von A. Der Nullvektor wird nicht als Eigenfunktion bezeichnet. Die Menge aller Eigenwerte $\{a\}$ heißt auch Spektrum von A. Das Spektrum kann diskret, kontinuierlich oder gemischt sein. Die Menge der Eigenfunktionen von A zum selben Eigenwert a bildet einen Hilbert-Raum, der Eigenraum genannt wird. Seine Dimension heißt Entartung des Eigenwertes a.

A.4.1 Matrizendarstellung

Sei $\{\varphi_k\}$ eine Basis im Hilbert-Raum $\mathcal{H}$, dann läßt sich ein linearer Operator A in $\mathcal{H}$ auch durch eine Matrix charakterisieren, deren Dimension gleich der Dimension des Hilbert-Raumes ist. Entwickelt man $A\varphi_k \in \mathcal{H}$ nach der Basis, so erhält man

$$A\varphi_k = \sum_j \varphi_j \langle \varphi_j, A\varphi_k \rangle = \sum_j \varphi_j a_{jk},$$

und es gibt eine bijektive Abbildung zwischen dem Operator A und der Matrix $M(A) = (a_{jk})$. Einerseits sind bei gegebener Basis die a_{jk} durch A eindeutig bestimmt und andererseits kann der Bildvektor $A\varphi$ mit $\varphi \in \mathcal{H}$ wegen

$$A\varphi = \sum_k A\varphi_k \langle \varphi_k, \varphi \rangle = \sum_j \varphi_j \sum_k a_{jk} \langle \varphi_k, \varphi \rangle$$

aus den a_{jk} eindeutig bestimmt werden. Dem Einsoperator 1 wird die Einheitsmatrix $\mathcal{E}$ und dem Nulloperator θ die Nullmatrix $\mathcal{O}$ zugeordnet.

Geht man von der Basis $\{\varphi_k\}$ zu einer anderen Basis $\{\psi_m\}$ vermöge der unitären Matrix $U = (\langle \psi_m, \varphi_k \rangle)$ über, so geht die Matrix $\tilde{M}(A)$ bezüglich der Basis $\{\psi_m\}$ aus der Matrix $M(A)$ bezüglich der Basis $\{\varphi_k\}$ durch ein unitäre Transformation hervor

$$\tilde{M}(A) = U M(A) U^+. \tag{A.8}$$

A.4 Lineare Operatoren

□ Zum Beweise wird jeder Basisvektor ψ_m nach den φ_k entwickelt

$$\psi_m = \sum_k \varphi_k \langle \varphi_k, \psi_m \rangle$$

und es folgt mit

$$A\psi_m = \sum_k A\varphi_k \langle \varphi_k, \psi_m \rangle$$

nach Bildung des Skalarproduktes mit ψ_l

$$\langle \psi_l, A\psi_m \rangle = \sum_k \langle \psi_l, A\varphi_k \rangle \langle \varphi_k, \psi_m \rangle.$$

Entwickelt man ferner

$$\psi_l = \sum_j \varphi_j \langle \varphi_j, \psi_l \rangle,$$

und setzt dies ein, so erhält man

$$\langle \psi_l, A\psi_m \rangle = \sum_{j,k} \langle \psi_l, \varphi_j \rangle \langle \varphi_j, A\varphi_k \rangle \langle \varphi_k, \psi_m \rangle,$$

woraus sich bei Beachtung der Matrizenmultiplikation mit

$$\tilde{M}(A) = (\langle \psi_l, A\psi_m \rangle) \quad \text{und} \quad M(A) = (\langle \varphi_j, A\varphi_k \rangle)$$

die Gl. (A.8) ergibt. ■

Die Entwicklung nach einer bestimmten Basis im Hilbert-Raum $\mathcal{H}$ läßt sich besonders einfach in der Bra- und Ketschreibweise mit den Basisvektoren $|j\rangle$ aufschreiben, vergl. Abschn. A.2. Gilt dann die Orthonormalitätsbeziehung Gl. (A.4) und die Vollständigkeitsbeziehung Gl. (A.3), so schreibt man für die Entwicklung von $\varphi, \psi \in \mathcal{H}$

$$|\varphi\rangle = \sum_j |j\rangle \langle j|\varphi\rangle$$
$$|\psi\rangle = \sum_k |k\rangle \langle k|\psi\rangle$$

und man erhält für $\langle \varphi, A\psi \rangle = \langle \varphi|A|\psi \rangle$:

$$\langle \varphi|A|\psi \rangle = \sum_{j,k} \langle \varphi|j \rangle \langle j|A|k \rangle \langle k|\psi \rangle,$$

was sich formal auch durch „Zwischenschieben" der Einheitsoperatoren

$$1 = \sum_j |j\rangle\langle j| \quad \text{und} \quad 1 = \sum_k |k\rangle\langle k|$$

schreiben läßt

$$\langle\varphi|A|\psi\rangle = \langle\varphi|1A1|\psi\rangle = \sum_j \sum_k \langle\varphi|j\rangle\langle j|A|k\rangle\langle k|\psi\rangle.$$

Die Spur eines Operators A wird definiert durch

$$\text{Sp}\{A\} = \text{Sp}\{M(A)\} = \sum_j \langle j|A|j\rangle$$

und ist unabhängig von der Basis.

□ Zum Beweise wird die Basistransformation nach Gl. (A.40) betrachtet. Dann ist

$$\text{Sp}\{\tilde{M}(A)\} = \text{Sp}\{UM(A)U^+\} = \text{Sp}\{M(A)U^+U\}$$
$$= \text{Sp}\{M(A)\},$$

da für die unitäre Matrix $U^+U = \mathcal{E}$ gilt. ∎

A.4.2 Spezielle Operatoren

Ist dem Operator A die Matrix $M = (a_{jk}) = (\langle j|A|k\rangle)$ zugeordnet, so kann man den zu A adjungierten Operator A^+ durch die adjungierte Matrix einführen. Sei $\varphi \in \mathcal{H}$ und $|\varphi\rangle = \sum_k |k\rangle\langle k|\varphi\rangle$, so wird der Operator A^+ definiert durch

$$A^+|\varphi\rangle = \sum_{j,k} |j\rangle\langle j|A^+|k\rangle\langle k|\varphi\rangle = \sum_{j,k} |j\rangle a_{kj}^* \langle k|\varphi\rangle, \quad (A.9)$$

wobei $\langle j|A^+|k\rangle = \langle k|A|j\rangle^*$ verwendet wurde. Dann gilt für $\varphi, \psi \in \mathcal{H}$

$$\langle\varphi|A|\psi\rangle = \langle A^+\varphi|\psi\rangle$$

□ Zum Beweise werden φ und ψ nach der Basis entwickelt

$$\langle\varphi|A|\psi\rangle = \sum_{j,k} \langle\varphi|j\rangle\langle j|A|k\rangle\langle k|\psi\rangle$$
$$= \sum_{j,k} \langle\varphi|j\rangle\langle k|A^+|j\rangle^*\langle k|\psi\rangle$$
$$= \sum_{j,k} \langle\psi|k\rangle^*\langle k|A^+|j\rangle^*\langle j|\varphi\rangle^*$$
$$= \langle\psi|A^+|\varphi\rangle^* = \langle A^+\varphi|\psi\rangle. \blacksquare$$

Aus Gl. (A.9) folgt $(A^+)^+ = A$, denn aus $\langle\varphi|A|\psi\rangle = \langle\varphi|B|\psi\rangle \; \forall \; \varphi, \psi \in \mathcal{H}$ folgt $A = B$. Ferner gilt

$$(A+B)^+ = A^+ + B^+ \quad \text{und} \quad (AB)^+ = B^+A^+.$$

Ein Operator N heißt normal, wenn $NN^+ = N^+N$ gilt. Ist ein normaler Operator mit diskreten Eigenwerten im ganzen Hilbert-Raum definiert, so ist die Menge seiner Eigenfunktionen in $\mathcal{H}$ vollständig und bildet, falls sie orthonormiert sind, eine Basis in $\mathcal{H}$. Ein Operator A heißt selbstadjungiert oder hermitesch, wenn $A^+ = A$ gilt. Selbstadjungierte Operatoren sind normal. Selbstadjungierte Operatoren haben reelle Eigenwerte. Die Eigenfunktionen eines selbstadjungierten Operators zu verschiedenen Eigenwerten sind orthogonal. Vertauschbare normale Operatoren $AB = BA$ haben gemeinsame Eigenfunktionen. Die Beweise finden sich in Abschn. 1.4. Ein selbstadjungierter Operator H heißt positiv definit, wenn $\forall \; \varphi \in \mathcal{H}$ $\langle\varphi|H|\varphi\rangle \geq 0$ gilt. Dann sind alle Eigenwerte von H positiv. Ein Operator U heißt unitär, wenn $U^+ = U^{-1}$ bzw. $U^+U = UU^+ = \mathbf{1}$ ist. Der durch die Exponentialreihe definierte Operator $U = \exp\{iH\}$ ist unitär, wenn H selbstadjungiert ist, und es gilt $U^+ = \exp\{-iH\}$.

Sei der Hilbert-Raum $\mathcal{H}_1 \subset \mathcal{H}$ ein Unterraum von $\mathcal{H}$ mit $\mathcal{H} = \mathcal{H}_1 \oplus \mathcal{H}_\perp$, so läßt sich jeder Vektor $\varphi \in \mathcal{H}$ eindeutig in der Form $\varphi = \varphi_1 + \varphi_\perp$ mit $\varphi_1 \in \mathcal{H}_1$, $\varphi_\perp \in \mathcal{H}_\perp$ darstellen und es gilt $\forall \; \psi \in \mathcal{H}_1$: $\langle\psi, \varphi_\perp\rangle = 0$. Dann wird die Abbildung $\varphi \xrightarrow{P} \varphi_1$ Projektionsoperator genannt: $P\varphi = \varphi_1$. Wegen $P\varphi_1 = \varphi_1 \; \forall \; \varphi_1 \in \mathcal{H}_1$ folgt dann $P^2\varphi = P\varphi \; \forall \; \varphi \in \mathcal{H}$. Projektionsoperatoren sind selbstadjungiert $P^+ = P$, denn es gilt $\forall \; \varphi, \psi \in \mathcal{H}$: $\langle\psi, P\varphi\rangle = \langle\psi_1 + \psi_\perp, \varphi_1\rangle = \langle\psi_1, \varphi_1\rangle = \langle P\psi, \varphi_1\rangle = \langle P\psi, \varphi\rangle$.

B Kugelfunktionen

B.1 Komplexe Kugelfunktionen

Die Eigenwertaufgabe des Quadrates des Drehimpulsoperators $\mathbf{l}^2 = -(\mathbf{r} \times \nabla)^2$ lautet in Kugelkoordinaten $\mathbf{r} : r, \vartheta, \varphi$

$$\frac{\partial^2 Y}{\partial \vartheta^2} + \cot\vartheta \frac{\partial Y}{\partial \vartheta} + \frac{1}{\sin^2\vartheta} \frac{\partial^2 Y}{\partial \varphi^2} + \varepsilon Y = 0$$

mit der Normierungsbedingung

$$\int_0^{2\pi} d\varphi \int_0^{\pi} \sin\vartheta \, d\vartheta \, |Y(\vartheta, \varphi)|^2 = 1.$$

Die Differentialgleichung zerfällt mit dem Separationsansatz

$$Y(\vartheta, \varphi) = P(x)\phi(\varphi) \quad \text{mit} \quad x = \cos\vartheta$$

in die Schwingungsgleichung

$$\phi_m''(\varphi) + m^2 \phi(\varphi) = 0$$

mit

$$\int_0^{2\pi} |\phi(\varphi)|^2 \, d\varphi = 1,$$

die für positive und negative m die Lösungen

$$\phi_m(\varphi) = \frac{1}{\sqrt{2\pi}} \exp\{im\varphi\}$$

besitzt, und in die Legendre-Differentialgleichung

$$(1-x^2)P''(x) - 2xP'(x) + \left(\varepsilon - \frac{m^2}{1-x^2}\right)P(x) = 0$$

mit

$$\int_{-1}^{1} |P(x)|^2 \, dx = 1.$$

B.1 Komplexe Kugelfunktionen

Die Lösungen sind $\varepsilon = l(l+1)$ mit $l = 0, 1, 2 \ldots$ und $m = 1, 2, \ldots l$

$$P_l^0(x) = \frac{1}{2^l l!} \frac{d^l}{dx^l}(x^2 - 1)^l$$

$$P_l^m(x) = P_l^{-m}(x) = (1-x^2)^{m/2} \frac{d^m}{dx^m} P_l^0(x).$$

Daraus folgt für $m = 0, \pm 1, \pm 2, \ldots \pm l$

$$P_l^m(-x) = (-1)^{l+m} P_l^m(x)$$

$$P_l^m(\pm 1) = (\pm 1)^l \delta_{m0}.$$

Im einzelnen ist

$$P_0^0(x) = 1 \quad ; \quad P_2^0(x) = \frac{1}{2}(3x^2 - 1)$$

$$P_1^0(x) = x \quad ; \quad P_3^0(x) = \frac{1}{2}(5x^3 - 3x)$$

und

$$P_1^1(x) = \sqrt{1-x^2} \qquad ; \quad P_2^2(x) = 3(1-x^2)$$

$$P_2^1(x) = 3x\sqrt{1-x^2} \qquad ; \quad P_3^2(x) = 15(x - x^3)$$

$$P_3^1(x) = \frac{3}{2}(5x^2 - 1)\sqrt{1-x^2} \quad ; \quad P_3^3(x) = 15(1-x^2)\sqrt{1-x^2}.$$

Die Funktionen erfüllen die Orthogonalitätsrelation

$$\int_{-1}^{1} P_l^m(x) P_{l'}^m(x)\, dx = \frac{2}{2l+1} \frac{(l+|m|)!}{(l-|m|)!} \delta_{ll'}.$$

Aus den $\phi_m(\varphi)$ und $P_l^m(\cos\vartheta)$ werden die allgemeinen Kugelfunktionen

$$Y_{lm}(\vartheta, \varphi) = (-1)^{(m+|m|)/2} \sqrt{\frac{2l+1}{4\pi} \frac{(l-|m|)!}{(l+|m|)!}} \, P_l^m(\cos\vartheta) \exp\{im\varphi\}$$

gebildet, die die Orthonormalitätsbeziehung

$$\int_0^{2\pi} d\varphi \int_0^{\pi} \sin\vartheta\, d\vartheta\, Y_{lm}^*(\vartheta, \varphi) Y_{l'm'}(\vartheta, \varphi) = \delta_{ll'} \delta_{mm'}$$

erfüllen. Speziell für $m = 0$ sind die Kugelfunktionen reell und unabhängig von φ

$$Y_{l0} = \sqrt{\frac{2l+1}{4\pi}} P_l^0(\cos\vartheta).$$

Die Kugelfunktionen für $0 \leq l \leq 3$ sind in Kugel- und kartesischen Koordinaten in Tabelle B.1 angegeben.

Die Kugelfunktionen sind Eigenfunktionen zum Drehimpulsoperator $\mathbf{l} = -i\mathbf{r} \times \nabla$

$$\mathbf{l}^2 Y_{lm}(\vartheta, \varphi) = l(l+1) Y_{lm}(\vartheta, \varphi)$$
$$l_3 Y_{lm}(\vartheta, \varphi) = m Y_{lm}(\vartheta, \varphi).$$

Schreibt man den Laplace-Operator in Kugelkoordinaten $\mathbf{r}: r, \vartheta, \varphi$

$$\Delta = \frac{1}{r}\frac{\partial^2}{\partial r^2} r - \frac{1}{r^2}\left(\frac{\partial^2}{\partial \vartheta^2} + \cot\vartheta \frac{\partial}{\partial \vartheta} + \frac{1}{\sin^2\vartheta}\frac{\partial^2}{\partial \varphi^2}\right) = \frac{1}{r}\frac{\partial^2}{\partial r^2} r - \frac{1}{r^2}\mathbf{l}^2,$$

so findet man

$$\Delta \frac{1}{r} R(r) Y_{lm}(\vartheta, \varphi) = \frac{1}{r}\left[\frac{\partial^2 R(r)}{\partial r^2} - \frac{l(l+1)}{r^2} R(r)\right] Y_{lm}(\vartheta, \varphi).$$

Es gelten ferner die Symmetriebeziehungen

$$Y_{lm}(-\mathbf{r}) = Y_{lm}(\pi - \vartheta, \varphi + \pi) = (-1)^l Y_{lm}(\vartheta, \varphi) = (-1)^l Y_{lm}(\mathbf{r}).$$

Die Kugelfunktionen sind Lösungen der Helmholtz-Gleichung für $k^2 > 0$

$$(\Delta + k^2) j_l(kr) Y_{lm}(\vartheta, \varphi) = 0,$$

wobei $j_l(r)$ die sphärischen Bessel-Funktionen mit $rj_l(r) \xrightarrow[r \to 0]{} 0$ bezeichnen [B.1], die die Integrabilitätsbedingung

$$\int_0^\infty |j_l(kr)|^2 r^2 \, dr = 1$$

erfüllen.

Tab. B.1 Komplexe Kugelfunktionen

$$Y_{00} = \sqrt{\frac{1}{4\pi}} \qquad\qquad = \sqrt{\frac{1}{4\pi}}$$

$$Y_{11} = -\sqrt{\frac{3}{2\pi}}\frac{1}{2}\sin\vartheta\exp\{i\varphi\} \qquad = -\sqrt{\frac{3}{2\pi}}\frac{1}{2}\frac{x+iy}{r}$$

$$Y_{10} = \sqrt{\frac{3}{4\pi}}\cos\vartheta \qquad\qquad = \sqrt{\frac{3}{4\pi}}\frac{z}{r}$$

$$Y_{1-1} = \sqrt{\frac{3}{2\pi}}\frac{1}{2}\sin\vartheta\exp\{-i\varphi\} \qquad = \sqrt{\frac{3}{2\pi}}\frac{1}{2}\frac{x-iy}{r}$$

$$Y_{22} = \sqrt{\frac{15}{2\pi}}\frac{1}{4}\sin^2\vartheta\exp\{i2\varphi\} \qquad = \sqrt{\frac{15}{2\pi}}\frac{1}{4}\frac{(x+iy)^2}{r^2}$$

$$Y_{21} = -\sqrt{\frac{15}{2\pi}}\frac{1}{2}\sin\vartheta\cos\vartheta\exp\{i\varphi\} \qquad = -\sqrt{\frac{15}{2\pi}}\frac{1}{2}\frac{z(x+iy)}{r^2}$$

$$Y_{20} = \sqrt{\frac{5}{\pi}}\frac{1}{4}(3\cos^2\vartheta - 1) \qquad = \sqrt{\frac{5}{\pi}}\frac{1}{4}\frac{3z^2 - r^2}{r^2}$$

$$Y_{2-1} = \sqrt{\frac{15}{2\pi}}\frac{1}{2}\sin\vartheta\cos\vartheta\exp\{-i\varphi\} \qquad = \sqrt{\frac{15}{2\pi}}\frac{1}{2}\frac{z(x-iy)}{r^2}$$

$$Y_{2-2} = \sqrt{\frac{15}{2\pi}}\frac{1}{4}\sin^2\vartheta\exp\{-i2\varphi\} \qquad = \sqrt{\frac{15}{2\pi}}\frac{1}{4}\frac{(x-iy)^2}{r^2}$$

$$Y_{33} = -\sqrt{\frac{35}{\pi}}\frac{1}{8}\sin^3\vartheta\exp\{i3\varphi\} \qquad = -\sqrt{\frac{35}{\pi}}\frac{1}{8}\frac{(x+iy)^3}{r^3}$$

$$Y_{32} = \sqrt{\frac{105}{2\pi}}\frac{1}{4}\sin^2\vartheta\cos\vartheta\exp\{i2\varphi\} \qquad = \sqrt{\frac{105}{2\pi}}\frac{1}{4}\frac{z(x+iy)^2}{r^3}$$

$$Y_{31} = -\sqrt{\frac{21}{\pi}}\frac{1}{8}(5\cos^2\vartheta - 1)\sin\vartheta\exp\{i\varphi\} \qquad = -\sqrt{\frac{21}{\pi}}\frac{1}{8}\frac{(x+iy)(5z^2 - r^2)}{r^3}$$

$$Y_{30} = \sqrt{\frac{7}{\pi}}\frac{1}{4}(5\cos^3\vartheta - 3\cos\vartheta) \qquad = \sqrt{\frac{7}{\pi}}\frac{1}{4}\frac{z(5z^2 - 3r^2)}{r^3}$$

$$Y_{3-1} = \sqrt{\frac{21}{\pi}}\frac{1}{8}(5\cos^2\vartheta - 1)\sin\vartheta\exp\{-i\varphi\} \qquad = \sqrt{\frac{21}{\pi}}\frac{1}{8}\frac{(x-iy)(5z^2 - r^2)}{r^3}$$

$$Y_{3-2} = \sqrt{\frac{105}{2\pi}}\frac{1}{4}\sin^2\vartheta\cos\vartheta\exp\{-i2\varphi\} \qquad = \sqrt{\frac{105}{2\pi}}\frac{1}{4}\frac{z(x-iy)^2}{r^3}$$

$$Y_{3-3} = \sqrt{\frac{35}{\pi}}\frac{1}{8}\sin^3\vartheta\exp\{-i3\varphi\} \qquad = \sqrt{\frac{35}{\pi}}\frac{1}{8}\frac{(x-iy)^3}{r^3}$$

B.2 Reelle Kugelfunktionen

Die reellen Kugelfunktionen sind definiert durch

$$C_{l0} = Y_{l0} \quad \text{für} \quad l \geq 0$$

$$C_{lm} = \frac{1}{\sqrt{2}}(Y_{l-m} + (-1)^m Y_{lm}) \quad \text{für} \quad l > 0, m > 0$$

$$S_{lm} = \frac{i}{\sqrt{2}}(Y_{l-m} - (-1)^m Y_{lm}) \quad \text{für} \quad l > 0, m > 0$$

und zerlegen die komplexen Kugelfunktionen in Real- und Imaginärteil

$$Y_{lm} = \frac{(-1)^m}{\sqrt{2}}(C_{lm} + iS_{lm}) \quad \text{und} \quad Y_{l-m} = \frac{1}{\sqrt{2}}(C_{lm} - iS_{lm}).$$

Im einzelnen gilt $C_{l0} = Y_{l0}$ und

$$C_{11} = \frac{1}{\sqrt{2}}(Y_{1-1} - Y_{11}) \qquad S_{11} = \frac{i}{\sqrt{2}}(Y_{1-1} + Y_{11})$$

$$C_{22} = \frac{1}{\sqrt{2}}(Y_{2-2} + Y_{22}) \qquad S_{22} = \frac{i}{\sqrt{2}}(Y_{2-2} - Y_{22})$$

$$C_{21} = \frac{1}{\sqrt{2}}(Y_{2-1} - Y_{21}) \qquad S_{21} = \frac{i}{\sqrt{2}}(Y_{2-1} + Y_{21})$$

$$C_{33} = \frac{1}{\sqrt{2}}(Y_{3-3} - Y_{33}) \qquad S_{33} = \frac{i}{\sqrt{2}}(Y_{3-3} + Y_{33})$$

$$C_{32} = \frac{1}{\sqrt{2}}(Y_{3-2} + Y_{32}) \qquad S_{32} = \frac{i}{\sqrt{2}}(Y_{3-2} - Y_{32})$$

$$C_{31} = \frac{1}{\sqrt{2}}(Y_{3-1} - Y_{31}) \qquad S_{31} = \frac{i}{\sqrt{2}}(Y_{3-1} + Y_{31})$$

Die Tabelle B.2 gibt die reellen Kugelfunktionen für $l = 0, 1, 2$ an, wobei in der letzten Spalte die in der Atomspektroskopie üblichen Bezeichnungen s, p, d hinzugefügt sind.

Tab. B.2 Reelle Kugelfunktionen

C_{00}	$= \sqrt{\dfrac{1}{4\pi}}$	$= \sqrt{\dfrac{1}{4\pi}}$	$= s$
C_{11}	$= \sqrt{\dfrac{3}{\pi}}\dfrac{1}{2}\sin\vartheta\cos\varphi$	$= \sqrt{\dfrac{3}{\pi}}\dfrac{1}{2}\dfrac{x}{r}$	$= p_x$
S_{11}	$= \sqrt{\dfrac{3}{\pi}}\dfrac{1}{2}\sin\vartheta\sin\varphi$	$= \sqrt{\dfrac{3}{\pi}}\dfrac{1}{2}\dfrac{y}{r}$	$= p_y$
C_{10}	$= \sqrt{\dfrac{3}{\pi}}\dfrac{1}{2}\cos\vartheta$	$= \sqrt{\dfrac{3}{\pi}}\dfrac{1}{2}\dfrac{z}{r}$	$= p_z$
S_{22}	$= \sqrt{\dfrac{15}{\pi}}\dfrac{1}{4}\sin^2\vartheta\sin 2\varphi$	$= \sqrt{\dfrac{15}{\pi}}\dfrac{1}{2}\dfrac{xy}{r^2}$	$= d_{xy}$
S_{21}	$= \sqrt{\dfrac{15}{\pi}}\dfrac{1}{2}\sin\vartheta\cos\vartheta\sin\varphi$	$= \sqrt{\dfrac{15}{\pi}}\dfrac{1}{2}\dfrac{yz}{r^2}$	$= d_{yz}$
C_{21}	$= \sqrt{\dfrac{15}{\pi}}\dfrac{1}{2}\sin\vartheta\cos\vartheta\cos\varphi$	$= \sqrt{\dfrac{15}{\pi}}\dfrac{1}{2}\dfrac{zx}{r^2}$	$= d_{zx}$
C_{22}	$= \sqrt{\dfrac{15}{\pi}}\dfrac{1}{4}\sin^2\vartheta\cos 2\varphi$	$= \sqrt{\dfrac{15}{\pi}}\dfrac{1}{4}\dfrac{x^2-y^2}{r^2}$	$= d_{x^2-y^2}$
C_{20}	$= \sqrt{\dfrac{5}{\pi}}\dfrac{1}{4}(3\cos^2\vartheta - 1)$	$= \sqrt{\dfrac{5}{\pi}}\dfrac{1}{4}\dfrac{3z^2-r^2}{r^2}$	$= d_{3z^2-r^2}$

B.3 Theoreme mit Kugelfunktionen

Additionstheorem der Kugelfunktionen:

$$Y_{l0}(\gamma,0) = \sqrt{\dfrac{4\pi}{2l+1}} \sum_{m=-l}^{l} Y_{lm}(\vartheta,\varphi) Y_{lm}^*(\theta,\phi).$$

Dabei sind die Ortsvektoren in Kugelkoordinaten ausgedrückt:

$$\begin{aligned}\mathbf{r} &: r, \vartheta, \varphi \\ \mathbf{R} &: R, \theta, \phi\end{aligned} \quad \text{und} \quad \gamma = \angle \mathbf{r}, \mathbf{R}$$

B Kugelfunktionen

mit

$$\cos\gamma = \cos\vartheta\cos\theta + \sin\vartheta\sin\theta\cos(\varphi - \phi).$$

Entwicklung des Coulomb-Potentials für $r < R$

$$\frac{1}{|\mathbf{r} - \mathbf{R}|} = \sum_{l=0}^{\infty} \sqrt{\frac{4\pi}{(2l+1)}} \frac{r^l}{R^{l+1}} Y_{l0}(\gamma, 0)$$

$$= \frac{1}{R} + \frac{\mathbf{r}\cdot\mathbf{R}}{r^3} + \sum_{l=2}^{\infty} \sqrt{\frac{4\pi}{(2l+1)}} \frac{r^l}{R^{l+1}} Y_{l0}(\gamma, 0).$$

Mit Hilfe des Additionstheorems der Kugelfunktionen erhält man für $r < R$

$$\frac{1}{|\mathbf{r} - \mathbf{R}|} = \sum_{l=0}^{\infty} \frac{4\pi}{(2l+1)} \frac{r^l}{R^{l+1}} \sum_{m=-l}^{l} Y_{lm}(\vartheta,\varphi) Y_{lm}^*(\theta,\phi).$$

Entwicklung von ebenen Wellen

$$\exp\{i\mathbf{k}\mathbf{r}\} = \exp\{ikr\cos\gamma\} = \exp\{ikz\}$$

$$= \sum_{l=0}^{\infty} i^l \sqrt{4\pi(2l+1)}\, j_l(kr) Y_{l0}(\gamma, 0),$$

wobei die Polarachse in Richtung von $\mathbf{k}$ gewählt wurde, so daß in Kugelkoordinaten $\mathbf{k}\cdot\mathbf{r} = |\mathbf{k}||\mathbf{r}|\cos\gamma$ gilt. Mit Hilfe des Additionstheorems der Kugelfunktionen und der Vektoren in Kugelkoordinaten bezüglich einer beliebigen Polarachse $\mathbf{k}$: k, θ, ϕ und $\mathbf{r}$: r, ϑ, φ ergibt sich daraus

$$\exp\{i\mathbf{k}\mathbf{r}\} = 4\pi \sum_{l=0}^{\infty} i^l j_l(kr) \sum_{m=-l}^{l} Y_{lm}(\vartheta,\varphi) Y_{lm}^*(\theta,\phi).$$

Hier bedeuten $j_l(x)$ die sphärischen Bessel-Funktionen, vergl. [B.1], [B.2], die die Helmholtz-Gleichung in Kugelkoordinaten erfüllen. Mit Hilfe der Darstellung der Deltafunktion durch ebene Wellen

$$\delta(\mathbf{r} - \mathbf{r}') = \frac{1}{8\pi^3} \int \exp\{i\mathbf{k}(\mathbf{r} - \mathbf{r}')\}\, d^3k$$

findet man die Darstellung der Deltafunktion in Kugelkoordinaten

$$\delta(\mathbf{r} - \mathbf{r}') = \frac{2}{\pi} \sum_{l,m} \sum_{j,\mu} i^l(-i)^j Y_{lm}(\mathbf{r}) Y_{j\mu}^*(\mathbf{r}')$$

$$\times \int_0^{\infty} j_l(kr) j_j(kr') k^2\, dk \int Y_{lm}^*(\mathbf{k}) Y_{j\mu}(\mathbf{k})\, d\Omega$$

mit $d\Omega = \sin\theta\, d\theta\, d\phi$, und mit Rücksicht auf die Orthonormalitätsbeziehung der Kugelfunktionen

$$\delta(\mathbf{r} - \mathbf{r}') = \frac{2}{\pi} \sum_{l=0}^{\infty} \sum_{m=-l}^{l} Y_{lm}(\mathbf{r}) Y_{lm}^*(\mathbf{r}') \int_0^{\infty} j_l(kr) j_l(kr') k^2\, dk.$$

B.4 Integrale mit Kugelfunktionen

Die Integrale über drei Kugelfunktionen mit $d\Omega = \sin\vartheta\, d\vartheta\, d\varphi$

$$\langle lm|k\mu|l'm'\rangle = \int Y_{lm}^*(\vartheta,\varphi) Y_{k\mu}(\vartheta,\varphi) Y_{l'm'}(\vartheta,\varphi)\, d\Omega$$

$$= \sqrt{\frac{2k+1}{4\pi}}\, c^k(lm, l'm')$$

verschwinden außer für $\mu = m - m'$, $|l - l'| \leq k \leq l + l'$ und $l + l' + k$ gerade. Es gelten die Symmetriebedingungen

$$\langle lm|k\, m - m'|l'm'\rangle = (-1)^{m-m'} \langle l'm'|k\, m' - m|lm\rangle.$$

Die folgenden Tabellen sind mit den $c^k(lm, l'm')$ nach [B.3] berechnet.

Tab. B.3 Integrale mit drei Kugelfunktionen für $l + l' =$ ungerade und $l, l' \leq 2$.

$\langle lm\|k\, m - m'\|l'm'\rangle$	$k = 1$	$k = 3$
$\langle 00\|k\, 0\|10\rangle$	$\sqrt{1/4\pi}$	
$\langle 00\|k \mp 1\|1 \pm 1\rangle$	$-\sqrt{1/4\pi}$	
$\langle 10\|k\, 0\|20\rangle$	$\sqrt{4/20\pi}$	$\sqrt{27/140\pi}$
$\langle 1 \pm 1\|k\, 0\|2 \pm 1\rangle$	$\sqrt{3/20\pi}$	$-\sqrt{9/140\pi}$
$\langle 1 \pm 1\|k \pm 1\|20\rangle$	$-\sqrt{1/20\pi}$	$\sqrt{18/140\pi}$
$\langle 10\|k \mp 1\|2 \pm 1\rangle$	$-\sqrt{3/20\pi}$	$-\sqrt{24/140\pi}$
$\langle 1 \pm 1\|k \mp 1\|2 \pm 2\rangle$	$-\sqrt{6/20\pi}$	$\sqrt{3/140\pi}$
$\langle 10\|k \mp 2\|2 \pm 2\rangle$		$\sqrt{15/140\pi}$
$\langle 1 \pm 1\|k \pm 2\|2 \mp 1\rangle$		$-\sqrt{30/140\pi}$
$\langle 1 \pm 1\|k \pm 3\|2 \mp 2\rangle$		$\sqrt{45/140\pi}$

B Kugelfunktionen

Tab. B.4 Integrale mit drei Kugelfunktionen für $l + l' =$ gerade und $l, l' \leq 2$.

$\langle lm \vert k\,m-m' \vert l'm' \rangle$	$k=0$	$k=2$	$k=4$
$\langle 00 \vert k\,0 \vert 00 \rangle$	$\sqrt{1/4\pi}$		
$\langle 10 \vert k\,0 \vert 10 \rangle$	$\sqrt{1/4\pi}$	$\sqrt{4/20\pi}$	
$\langle 1\pm 1 \vert k\,0 \vert 1\pm 1 \rangle$	$\sqrt{1/4\pi}$	$-\sqrt{1/20\pi}$	
$\langle 1\pm 1 \vert k\pm 1 \vert 10 \rangle$		$\sqrt{3/20\pi}$	
$\langle 1\pm 1 \vert k\pm 2 \vert 1\mp 1 \rangle$		$-\sqrt{6/20\pi}$	
$\langle 00 \vert k\,0 \vert 20 \rangle$		$\sqrt{1/4\pi}$	
$\langle 00 \vert k\mp 1 \vert 2\pm 1 \rangle$		$-\sqrt{1/4\pi}$	
$\langle 00 \vert k\mp 2 \vert 2\pm 2 \rangle$		$\sqrt{1/4\pi}$	
$\langle 20 \vert k\,0 \vert 20 \rangle$	$\sqrt{1/4\pi}$	$\sqrt{20/196\pi}$	$\sqrt{36/196\pi}$
$\langle 2\pm 1 \vert k0 \vert 2\pm 1 \rangle$	$\sqrt{1/4\pi}$	$\sqrt{5/196\pi}$	$-\sqrt{16/196\pi}$
$\langle 2\pm 2 \vert k\,0 \vert 2\pm 2 \rangle$	$\sqrt{1/4\pi}$	$-\sqrt{20/196\pi}$	$\sqrt{1/196\pi}$
$\langle 2\pm 1 \vert k\pm 1 \vert 20 \rangle$		$\sqrt{5/196\pi}$	$\sqrt{30/196\pi}$
$\langle 2\pm 2 \vert k\pm 1 \vert 2\pm 1 \rangle$		$\sqrt{30/196\pi}$	$-\sqrt{5/196\pi}$
$\langle 2\pm 1 \vert k\pm 2 \vert 2\mp 1 \rangle$		$-\sqrt{30/196\pi}$	$-\sqrt{40/196\pi}$
$\langle 2\pm 2 \vert k\pm 2 \vert 20 \rangle$		$-\sqrt{20/196\pi}$	$\sqrt{15/196\pi}$
$\langle 2\pm 2 \vert k\pm 3 \vert 2\mp 1 \rangle$			$-\sqrt{35/196\pi}$
$\langle 2\pm 2 \vert k\pm 4 \vert 2\mp 2 \rangle$			$\sqrt{70/196\pi}$

Tab. B.5 Integrale mit drei reellen Kugelfunktionen für $l + l' =$ ungerade.

$\langle lm|k\mu|l'm'\rangle$	$k=1$	$k=3$
$\langle C_{00}|C_{k0}|C_{10}\rangle$	$\sqrt{1/4\pi}$	
$\langle C_{00}|C_{k1}|C_{11}\rangle$	$\sqrt{1/4\pi}$	
$\langle C_{00}|S_{k1}|S_{11}\rangle$	$\sqrt{1/4\pi}$	
$\langle C_{10}|C_{k0}|S_{20}\rangle$	$\sqrt{4/20\pi}$	$\sqrt{54/280\pi}$
$\langle C_{11}|C_{k0}|C_{21}\rangle$	$\sqrt{3/20\pi}$	$-\sqrt{18/280\pi}$
$\langle S_{11}|C_{k0}|S_{21}\rangle$	$\sqrt{3/20\pi}$	$-\sqrt{18/280\pi}$
$\langle C_{10}|C_{k1}|C_{21}\rangle$	$\sqrt{3/20\pi}$	$\sqrt{48/280\pi}$
$\langle C_{11}|C_{k1}|C_{20}\rangle$	$-\sqrt{1/20\pi}$	$\sqrt{36/280\pi}$
$\langle C_{11}|C_{k1}|C_{22}\rangle$	$\sqrt{3/20\pi}$	$-\sqrt{3/280\pi}$
$\langle S_{11}|C_{k1}|S_{22}\rangle$	$\sqrt{3/20\pi}$	$-\sqrt{3/280\pi}$
$\langle C_{10}|S_{k1}|S_{21}\rangle$	$\sqrt{3/20\pi}$	$\sqrt{48/280\pi}$
$\langle C_{11}|S_{k1}|S_{22}\rangle$	$\sqrt{3/20\pi}$	$-\sqrt{3/280\pi}$
$\langle S_{11}|S_{k1}|C_{20}\rangle$	$-\sqrt{1/20\pi}$	$\sqrt{36/280\pi}$
$\langle S_{11}|S_{k1}|C_{22}\rangle$	$-\sqrt{3/20\pi}$	$\sqrt{3/280\pi}$
$\langle C_{10}|C_{k2}|C_{22}\rangle$		$\sqrt{30/280\pi}$
$\langle C_{11}|C_{k2}|C_{21}\rangle$		$\sqrt{30/280\pi}$
$\langle S_{11}|C_{k2}|S_{21}\rangle$		$-\sqrt{30/280\pi}$
$\langle C_{10}|S_{k2}|S_{22}\rangle$		$\sqrt{30/280\pi}$
$\langle C_{11}|S_{k2}|S_{21}\rangle$		$\sqrt{30/280\pi}$
$\langle S_{11}|S_{k2}|C_{21}\rangle$		$\sqrt{30/280\pi}$
$\langle C_{11}|C_{k3}|C_{22}\rangle$		$\sqrt{45/280\pi}$
$\langle S_{11}|C_{k3}|S_{22}\rangle$		$-\sqrt{45/280\pi}$
$\langle C_{11}|S_{k3}|S_{22}\rangle$		$\sqrt{45/280\pi}$
$\langle S_{11}|S_{k3}|C_{22}\rangle$		$\sqrt{45/280\pi}$

B Kugelfunktionen

Tab. B.6 Integrale mit drei reellen Kugelfunktionen für $l + l' =$ gerade.

$\langle lm|k\mu|l'm'\rangle$	$k=0$	$k=2$	$k=4$
$\langle C_{00}|C_{k0}|C_{00}\rangle$	$\sqrt{1/4\pi}$		
$\langle C_{10}|C_{k0}|C_{10}\rangle$	$\sqrt{1/4\pi}$	$\sqrt{4/20\pi}$	
$\langle C_{11}|C_{k0}|C_{11}\rangle$	$\sqrt{1/4\pi}$	$-\sqrt{1/20\pi}$	
$\langle S_{11}|C_{k0}|S_{11}\rangle$	$\sqrt{1/4\pi}$	$-\sqrt{1/20\pi}$	
$\langle C_{11}|C_{k1}|C_{10}\rangle$		$\sqrt{3/20\pi}$	
$\langle S_{11}|S_{k1}|C_{10}\rangle$		$\sqrt{3/20\pi}$	
$\langle C_{11}|C_{k2}|C_{11}\rangle$		$\sqrt{3/20\pi}$	
$\langle S_{11}|C_{k2}|S_{11}\rangle$		$-\sqrt{3/20\pi}$	
$\langle C_{11}|S_{k2}|S_{11}\rangle$		$\sqrt{3/20\pi}$	
$\langle C_{20}|C_{k0}|C_{20}\rangle$	$\sqrt{1/4\pi}$	$\sqrt{20/196\pi}$	$\sqrt{36/196\pi}$
$\langle C_{21}|C_{k0}|C_{21}\rangle$	$\sqrt{1/4\pi}$	$\sqrt{5/196\pi}$	$-\sqrt{16/196\pi}$
$\langle S_{21}|C_{k0}|S_{21}\rangle$	$\sqrt{1/4\pi}$	$\sqrt{5/196\pi}$	$-\sqrt{16/196\pi}$
$\langle C_{22}|C_{k0}|C_{22}\rangle$	$\sqrt{1/4\pi}$	$-\sqrt{20/196\pi}$	$\sqrt{1/196\pi}$
$\langle S_{22}|C_{k0}|S_{22}\rangle$	$\sqrt{1/4\pi}$	$-\sqrt{20/196\pi}$	$\sqrt{1/196\pi}$
$\langle C_{21}|C_{k1}|C_{20}\rangle$		$\sqrt{5/196\pi}$	$\sqrt{30/196\pi}$
$\langle C_{22}|C_{k1}|C_{21}\rangle$		$\sqrt{15/196\pi}$	$-\sqrt{5/392\pi}$
$\langle S_{22}|C_{k1}|S_{21}\rangle$		$\sqrt{15/196\pi}$	$-\sqrt{5/392\pi}$
$\langle S_{21}|S_{k1}|C_{20}\rangle$		$\sqrt{5/196\pi}$	$\sqrt{30/196\pi}$
$\langle C_{22}|S_{k1}|S_{21}\rangle$		$-\sqrt{15/196\pi}$	$\sqrt{5/392\pi}$
$\langle S_{22}|S_{k1}|C_{21}\rangle$		$\sqrt{15/196\pi}$	$-\sqrt{5/392\pi}$

Tab. B.6 Fortsetzung.

$\langle lm|k\mu|l'm'\rangle$	$k=0$	$k=2$	$k=4$
$\langle C_{21}|C_{k2}|C_{21}\rangle$		$\sqrt{15/196\pi}$	$\sqrt{20/196\pi}$
$\langle C_{22}|C_{k2}|C_{20}\rangle$		$-\sqrt{20/196\pi}$	$\sqrt{15/196\pi}$
$\langle S_{21}|C_{k2}|S_{21}\rangle$		$-\sqrt{15/196\pi}$	$-\sqrt{20/196\pi}$
$\langle S_{21}|S_{k2}|C_{21}\rangle$		$\sqrt{15/196\pi}$	$\sqrt{20/196\pi}$
$\langle S_{22}|S_{k2}|C_{20}\rangle$		$-\sqrt{20/196\pi}$	$\sqrt{15/196\pi}$
$\langle C_{22}|C_{k3}|C_{21}\rangle$			$\sqrt{35/392\pi}$
$\langle S_{22}|C_{k3}|S_{21}\rangle$			$-\sqrt{35/392\pi}$
$\langle C_{22}|S_{k3}|S_{21}\rangle$			$\sqrt{35/392\pi}$
$\langle S_{22}|S_{k3}|C_{21}\rangle$			$\sqrt{35/392\pi}$
$\langle C_{22}|C_{k4}|C_{22}\rangle$			$\sqrt{35/196\pi}$
$\langle S_{22}|C_{k4}|S_{22}\rangle$			$-\sqrt{35/196\pi}$
$\langle C_{22}|S_{k4}|S_{22}\rangle$			$\sqrt{35/196\pi}$

C Drehimpulse

C.1 Definition

Der allgemeine und dimensionslose Drehimpulsoperator $\mathbf{j} = (j_1, j_2, j_3)$ wird durch die Vertauschungsrelationen seiner Komponenten

$$[j_\nu, j_\mu] = ij_\rho \quad \text{mit} \quad (\nu, \mu, \rho) = \begin{cases} (1,2,3) \\ (2,3,1) \\ (3,1,2) \end{cases} \tag{C.1}$$

definiert. Das Quadrat des Drehimpulsoperators $\mathbf{j}^2 = j_1^2 + j_2^2 + j_3^2$ vertauscht mit den einzelnen Drehimpulskomponenten □

$$[\mathbf{j}^2, \mathbf{j}] = 0. \tag{C.2}$$

□ Zum Beweise verwenden wir Gl. (C.1) und erhalten speziell

$$\begin{aligned}[] [\mathbf{j}^2, j_3] &= [j_1^2 + j_2^2 + j_3^2, j_3] = [j_1^2 + j_2^2, j_3] \\ &= j_1^2 j_3 + j_2^2 j_3 - j_3 j_1^2 - j_3 j_2^2 \\ &= j_1 j_3 j_1 - i j_1 j_2 + j_2 j_3 j_2 + i j_2 j_1 - j_3 j_1^2 - j_3 j_2^2 \\ &= -i j_2 j_1 - i j_1 j_2 + i j_1 j_2 + i j_2 j_1 = 0 \end{aligned}$$

und entsprechend für die übrigen Komponenten von $\mathbf{j}$. ∎

Speziell im Falle eines Massenpunktes im dreidimensionalen Ortsraum lautet der Bahndrehimpulsoperator $\mathbf{l} = (l_1, l_2, l_3)$ in kartesischen Koordinaten

$$\mathbf{l} = \frac{1}{\hbar} \mathbf{r} \times \mathbf{p} = \frac{1}{i} \mathbf{r} \times \nabla$$

und erfüllt nach Abschn. 2.2 die Vertauschungsrelationen Gl. (C.1). Die Operatoren $\mathbf{l}^2 = l_1^2 + l_2^2 + l_3^2$ und l_3 haben die Kugelfunktionen Y_{lm} als gemeinsame Eigenfunktionen und es gilt nach Anhang B

$$\begin{aligned} \mathbf{l}^2 Y_{lm} &= l(l+1) Y_{lm} \quad &\text{mit} \quad l &= 0, 1, 2 \ldots \\ l_3 Y_{lm} &= m Y_{lm} \quad &\text{mit} \quad m &= -l, -l+1, \ldots, +l. \end{aligned}$$

Die ganzzahligen Drehimpulsquantenzahlen ergeben sich hierbei aus den möglichen Lösungen der Legendre-Differentialgleichung.

C.2 Quantisierung von Drehimpulsen

Zur Bestimmung der Quantenzahlen des verallgemeinerten Drehimpulses betrachten wir die Eigenwertaufgabe des Quadrates des Drehimpulses

$$\mathbf{j}^2|\lambda\nu\rangle = \lambda|\lambda\nu\rangle \quad \text{mit} \quad \langle\lambda\nu|\lambda'\nu'\rangle = \delta_{\lambda\lambda'}\delta_{\nu\nu'}, \tag{C.3}$$

wobei die spitze Klammer das innere Produkt im zugehörigen Hilbert-Raum $\mathcal{H}$ bezeichnet. Die Eigenwerte λ von $\mathbf{j}^2$ sind möglicherweise entartet und die verschiedenen Zustände werden durch den Index ν mit $\nu = 1, 2, \ldots d_\lambda$ unterschieden. Anwenden des Operators j_3 auf Gl. (C.3) ergibt bei Beachtung der Vertauschbarkeit nach Gl. (C.2)

$$j_3\mathbf{j}^2|\lambda\nu\rangle = \mathbf{j}^2(j_3|\lambda\nu\rangle) = \lambda(j_3|\lambda\nu\rangle)$$

und man erkennt, daß mit $|\lambda\nu\rangle$ auch $j_3|\lambda\nu\rangle$ eine, nicht notwendig normierte, Eigenfunktion von $\mathbf{j}^2$ zum selben Eigenwert λ ist. Das bedeutet, daß $j_3|\lambda\nu\rangle$ eine Linearkombination der Eigenfunktionen zum Eigenwert λ sein muß. Sei d_λ die Entartung von λ, so gilt also

$$j_3|\lambda\nu\rangle = \sum_{\mu=1}^{d_\lambda}|\lambda\mu\rangle a_{\mu\nu},$$

wobei $a_{\mu\nu}$ komplexe Zahlen darstellen. Da der Operator j_3 selbstadjungiert ist, gilt dies auch für die zugehörige Matrix $a_{\mu\nu} = \langle\lambda\mu|j_3|\lambda\nu\rangle$. Daher ist es möglich, die $d_\lambda \times d_\lambda$-Matrix $a_{\mu\nu}$ durch eine unitäre Transformation im d_λ-dimensionalen Eigenraum zu λ, d.h. also durch eine Basistransformation, auf Diagonalform zu bringen. In dieser neuen Basis gilt $a_{\mu\nu} = m_\nu \delta_{\mu\nu}$ und man hat

$$j_3|\lambda\nu\rangle = m_\nu|\lambda\nu\rangle, \tag{C.4}$$

wobei m_ν die Eigenwerte von j_3 im Eigenraum zu λ bezeichnen. Die $|\lambda\nu\rangle$ bilden nunmehr gemeinsame Eigenfunktionen von $\mathbf{j}^2$ und j_3. Dies ist möglich, weil $\mathbf{j}^2$ und j_3 nach Gl. (C.2) vertauschbar sind. vergl. Abschn. 1.4.4.

Wir definieren die nicht selbstadjungierten Operatoren

$$j_\pm = j_1 \pm ij_2 \quad \text{mit} \quad j_+^+ = j_- \quad \text{und} \quad j_-^+ = j_+,$$

wobei $j_\pm^+$ den zu $j_\pm$ adjungierten Operator bezeichnet. Dies ergibt sich daraus, daß die Drehimpulskomponenten j_1, j_2, j_3 Observable darstellen und somit selbstadjungiert sind. Dann gilt mit Rücksicht auf Gl. (C.2)

$$[\mathbf{j}^2, j_\pm] = 0$$

und man findet mit Hilfe der Vertauschungsrelationen Gl. (C.1)

$$j_+ j_- = j_1^2 + j_2^2 - i(j_1 j_2 - j_2 j_1) = \mathbf{j}^2 - j_3^2 + j_3$$
$$j_- j_+ = j_1^2 + j_2^2 + i(j_1 j_2 - j_2 j_1) = \mathbf{j}^2 - j_3^2 - j_3.$$ (C.5)

Ferner gelten die Vertauschungsrelationen

$$[j_-, j_3] = j_- \quad \text{und} \quad [j_+, j_3] = -j_+.$$

Anwenden des Operators j_- auf die Eigenwertgleichung (C.4) von j_3 liefert

$$j_- j_3 |\lambda\nu\rangle = m_\nu j_- |\lambda\nu\rangle = j_3 j_- |\lambda\nu\rangle + j_- |\lambda\nu\rangle$$

oder

$$j_3 (j_- |\lambda\nu\rangle) = (m_\nu - 1)(j_- |\lambda\nu\rangle).$$ (C.6)

Diese Gleichung besagt, daß der Operator j_- die Eigenfunktion $|\lambda\nu\rangle$ von j_3 zum Eigenwert m_ν auf eine Eigenfunktion abbildet, die zum Eigenwert $m_\nu - 1$ gehört. Entsprechend findet man durch Anwenden von j_+ auf Gl. (C.4)

$$j_+ j_3 |\lambda\nu\rangle = m_\nu j_+ |\lambda\nu\rangle = j_3 j_+ |\lambda\nu\rangle - j_+ |\lambda\nu\rangle$$

oder

$$j_3 (j_+ |\lambda\nu\rangle) = (m_\nu + 1)(j_+ |\lambda\nu\rangle).$$ (C.7)

Ausgehend von einem Eigenwert m_ν findet man mit Hilfe der *Schiebeoperatoren* $j_\pm$ weitere Eigenwerte $m_\nu \pm 1$, und durch wiederholtes Anwenden: $m_\nu \pm 2$, $m_\nu \pm 3$ usw. Andererseits gilt wegen Gl. (C.5), (C.3) und (C.4)

$$j_- j_+ |\lambda\nu\rangle = (\mathbf{j}^2 - j_3^2 - j_3)|\lambda\nu\rangle = (\lambda^2 - m_\nu^2 - m_\nu)|\lambda\nu\rangle$$

und es folgt für normierte Eigenfunktionen $\phi_{\lambda\nu} = |\lambda\nu\rangle$ mit $\langle\lambda\nu|\lambda\nu\rangle = 1$ wegen $j_+ = j_-^+$

$$0 \leq \langle j_+ \phi_{\lambda\nu} | j_+ \phi_{\lambda\nu}\rangle = \langle \phi_{\lambda\nu}, j_- j_+ \phi_{\lambda\nu}\rangle = \lambda^2 - m_\nu^2 - m_\nu.$$ (C.8)

Da man durch wiederholtes Anwenden von j_+ auf $|\lambda\nu\rangle$ nach Gl. (C.7) beliebig große Eigenwerte m_ν von j_3 erzeugen kann, m_ν andererseits hierdurch nach oben beschränkt ist, muß notwendigerweise ein maximales m_ν existieren, das mit j bezeichnet wird, und für das mit Rücksicht auf Gl. (C.4) gilt

$$j_3 |\lambda j\rangle = j |\lambda j\rangle \quad \text{mit} \quad |\lambda j\rangle \neq 0 \quad \text{und} \quad j_+ |\lambda j\rangle = 0.$$

C.2 Quantisierung von Drehimpulsen

In diesem Falle führt weiteres Anwenden von j_+ offenbar zu keinen weiteren Eigenfunktionen von j_3 und damit auch nicht zu größeren Eigenwerten. Dann gilt

$$0 = j_- j_+ |\lambda j\rangle = (\mathbf{j}^2 - j_3^2 - j_3)|\lambda j\rangle = (\lambda - j^2 - j)|\lambda j\rangle$$

und man erhält

$$\lambda = j(j+1) \quad \text{und} \quad m_\nu \leq j. \tag{C.9}$$

Wir wiederholen die gleiche Schlußweise mit dem Schiebeoperator j_-. Nach Gl. (C.5) gilt

$$j_+ j_- |\lambda \nu\rangle = (\mathbf{j}^2 - j_3^2 + j_3)|\lambda \nu\rangle = (\lambda - m_\nu^2 + m_\nu)|\lambda \nu\rangle$$

und wegen $j_- = j_+^+$ folgt mit $\phi_{\lambda\nu} = |\lambda\nu\rangle$

$$0 \leq \langle j_- \phi_{\lambda\nu}, j_- \phi_{\lambda\nu}\rangle = \langle \phi_{\lambda\nu}, j_+ j_- \phi_{\lambda\nu}\rangle = \lambda^2 - m_\nu^2 + m_\nu. \tag{C.10}$$

Wiederholtes Anweden von j_- führt nach Gl. (C.6) zu immer kleineren Eigenwerten m_ν von j_3. Dies führt nur dann zu keinem Widerspruch zu Gl. (C.10), wenn ein minimales m_ν existiert, das mit μ bezeichnet wird, und für das gilt

$$j_3|\lambda\mu\rangle = \mu|\lambda\mu\rangle \quad \text{mit} \quad |\lambda\mu\rangle \neq 0 \quad \text{und} \quad j_-|\lambda\mu\rangle = 0.$$

Weiteres Anwenden von j_- führt dann zu keinen zusätzlichen Eigenfunktionen mehr. Nun gilt

$$0 = j_+ j_- |\lambda\mu\rangle = (\mathbf{j}^2 - j_3^2 + j_3)|\lambda\mu\rangle = (\lambda^2 - \mu^2 + \mu)|\lambda\mu\rangle$$

oder

$$0 = \lambda^2 - \mu^2 + \mu = j(j+1) - \mu^2 + \mu.$$

Diese quadratische Gleichung läßt nur die beiden Lösungen $\mu = -j$ und $\mu = j+1$ zu, von der die zweite wegen $m_\nu \leq j$ ausscheidet. Wir erhalten also

$$-j \leq m_\nu \leq j.$$

Man kann jedoch in ganzzahligen Schritten nur dann von $-j$ nach j gelangen, wenn j entweder ganz oder halbzahlig ist. Damit ist gezeigt, daß die Quantenzahl j des verallgemeinerten Drehimpulses nur die Werte

$$j = 0, \tfrac{1}{2}, 1, \tfrac{3}{2}, 2, \ldots \tag{C.11}$$

annehmen kann. Für gegebenes j gibt es somit $2j+1$ Eigenwerte von j_3:

$$m = -j, -j+1, -j+2, \ldots +j \tag{C.12}$$

und es gilt mit neuer Indizierung der Eigenfunktionen mit Rücksicht auf Gl. (C.3) und (C.9)

$$\mathbf{j}^2|jm\rangle = j(j+1)|jm\rangle$$
$$j_3|jm\rangle = m|jm\rangle.$$

(C.13)

Wir haben die Funktionen $|jm\rangle$ als normiert angenommen und da sie als Eigenfunktionen selbstadjungierter Operatoren zu verschiedenen Eigenwerten auch orthogonal sind, vergl. Abschn. 1.4.4, gilt also

$$\langle jm|j'm'\rangle = \delta_{jj'}\delta_{mm'}.$$

Zur Berechnung der Wirkung der Operatoren

$$j_1 = \frac{1}{2}(j_+ + j_-) \quad \text{und} \quad j_2 = \frac{1}{2i}(j_+ - j_-)$$

auf die normierten Funktionen $|jm\rangle$ gehen wir von Gl. (C.8), (C.9) und (C.10) aus und erhalten

$$|j_+\phi_{jm}|^2 = j(j+1) - m^2 - m$$
$$|j_-\phi_{jm}|^2 = j(j+1) - m^2 + m.$$

Da die Schiebeoperatoren $j_\pm = j_1 \pm ij_2$ die Funktionen $|jm\rangle$ auf die Funktionen $|jm \pm 1\rangle$ abbilden, gilt $j_\pm|jm\rangle \sim |jm \pm 1\rangle$ und die Proportionalitätsfaktoren bestimmen sich bis auf einen beliebigen Phasenfaktor zu

$$\begin{aligned} j_\pm|jm\rangle &= \sqrt{j(j+1) - m^2 \mp m}\,|jm \pm 1\rangle \\ &= \sqrt{(j \mp m)(j \pm m + 1)}\,|jm \pm 1\rangle. \end{aligned}$$

(C.14)

Mit Hilfe dieser Gleichungen und mit

$$j_1 = \frac{1}{2}\left(j_- + j_+\right) \quad \text{und} \quad j_2 = \frac{i}{2}\left(j_- - j_+\right)$$

läßt sich die Wirkung der Operatoren j_1 und j_2 auf die $|jm\rangle$ berechnen.

C.3 Addition von Drehimpulsen

Falls ein selbstadjungierter Operator H im Hilbert-Raum $\mathcal{H}$ mit einem Drehimpulsoperator $\mathbf{j}$ vertauschbar ist

$$[H,\mathbf{j}] = 0,$$

haben beide Operatoren gemeinsame Eigenfunktionen. Die Eigenfunktionen des Operators H lassen sich dann nach den Quantenzahlen des Drehimpulses j, m nach Gl. (C.11) und (C.12) charakterisieren und es sei

$$H|njm\rangle = E_{nj}|njm\rangle, \tag{C.15}$$

wobei die Eigenwerte E_{nj} noch $(2j+1)$-fach entartet sein mögen. Hier bezeichnet n einen geeigneten Satz von Quantenzahlen des Operators H. Die Eigenfunktionen bilden eine Basis in $\mathcal{H}$, denn es gilt die Orthonormalitätsrelation

$$\langle njm|n'j'm'\rangle = \delta_{nn'}\delta_{jj'}\delta_{mm'}$$

und die Vollständigkeitsbeziehung

$$\sum_n \sum_j \sum_m |njm\rangle\langle njm| = 1,$$

wobei 1 den Einheitsoperator bezeichnet. Der Hilbert-Raum $\mathcal{H}$ läßt sich in die $(2j+1)$-dimensionalen irreduziblen Teilräume $\mathcal{H}_{nj}$ zerlegen

$$\mathcal{H} = \sum_{n,j} \oplus \mathcal{H}_{nj}$$

aus denen der Operator H nicht herausführt: mit $|\phi\rangle \in \mathcal{H}_{nj}$ ist auch $H|\phi\rangle \in \mathcal{H}_{nj}$.

□ Zum Beweise sei $|\phi\rangle = \sum_{m=-j}^{j} c_m |njm\rangle$ ein beliebiges Element von $\mathcal{H}_{nj}$, so folgt mit Rücksicht auf Gl. (C.15)

$$H|\phi\rangle = \sum_{m=-j}^{j} c_m E_{nj} |njm\rangle \in \mathcal{H}_{nj}. \blacksquare$$

Ist der Operator H auch vertauschbar mit den Drehimpulsoperatoren $\mathbf{l}_1, \mathbf{l}_2, \ldots \mathbf{l}_N$, die jeder die Vertauschungsrelationen Gl. (C.1) erfüllen

$$[H, \mathbf{l}_k] = 0 \quad \text{für} \quad k = 1, 2, \ldots N$$

und die auch untereinander vertauschbar sein mögen

$$[\mathbf{l}_k, \mathbf{l}_l] = 0 \quad \text{für} \quad k, l = 1, 2, \ldots N,$$

und gilt ferner

$$\mathbf{j} = \mathbf{l}_1 + \mathbf{l}_2 + \ldots \mathbf{l}_N,$$

so folgt

$$[j_\nu, j_\mu] = ij_\rho \quad \text{mit} \quad (\nu, \mu, \rho) \text{ zyklisch},$$

und

$$[\mathbf{j}, \mathbf{l}_k^2] = 0 \quad \text{für} \quad k = 1, 2, \ldots N.$$

Die Eigenfunktionen von H lassen sich dann nach den Quantenzahlen l_k, m_k der Drehimpulsoperatoren $\mathbf{l}_k$, vergl. Gl. (C.13), charakterisieren:

$$H|nl_1m_1l_2m_2\ldots l_Nm_N\rangle = E_{nl_1l_2\ldots l_N}|nl_1m_1l_2m_2\ldots l_Nm_N\rangle.$$

Zur Lösung der Aufgabe, wie die Eigenfunktionen $|njm>$ von H nach Gl. (C.15) als Linearkombinationen der Funktionen $|nl_1m_1l_2m_2\ldots l_Nm_N>$ gebildet werden, geht man sukzessiv vor und bestimmt zunächst die Eigenfunktionen von $\mathbf{j}_2 = \mathbf{l}_1 + \mathbf{l}_2$. Danach berechnet man die Eigenfunktionen von $\mathbf{j}_2 + \mathbf{l}_3$ usw. Die Aufgabe läßt sich so auf die Addition von zwei Drehimpulsen zurückführen.

C.4 Addition von zwei Drehimpulsen

Es wird angenommen, daß ein Operator H mit den Drehimpulsoperator

$$\mathbf{j} = \mathbf{l} + \mathbf{s} \tag{C.16}$$

vertauschbar ist

$$[H, \mathbf{j}] = 0.$$

Ferner sei H mit den Drehimpulsoperatoren $\mathbf{l}$ und $\mathbf{s}$ vertauschbar, die auch untereinander vertauschbar seien

$$[H, \mathbf{l}] = 0 \quad ; \quad [H, \mathbf{s}] = 0 \quad ; \quad [\mathbf{l}, \mathbf{s}] = 0.$$

Aus den Vertauschungsrelationen für die Drehimpulskomponenten $\mathbf{l} = (l_1, l_2, l_3)$ und $\mathbf{s} = (s_1, s_2, s_3)$ Gl. (C.1)

$$[l_\nu, l_\mu] = il_\rho$$
$$[s_\nu, s_\mu] = is_\rho$$

C.4 Addition von zwei Drehimpulsen

folgen die Vertauschungsrelationen für die Komponenten des Summendrehimpulses $\mathbf{j} = (j_1, j_2, j_3)$

$$[j_\nu, j_\mu] = ij_\rho$$

für zyklische Indizes (ν, μ, ρ). Dann lassen sich die Eigenwerte von H nach den Quantenzahlen l, m_l von $\mathbf{l}$ und s, m_s von $\mathbf{s}$ charakterisieren

$$\begin{aligned}
H|nlm_lsm_s\rangle &= E_{nls}|nlm_lsm_s\rangle \\
\mathbf{l}^2|nlm_lsm_s\rangle &= l(l+1)|nlm_lsm_s\rangle \\
l_3|nlm_lsm_s\rangle &= m_l|nlm_lsm_s\rangle \\
\mathbf{s}^2|nlm_lsm_s\rangle &= s(s+1)|nlm_lsm_s\rangle \\
s_3|nlm_lsm_s\rangle &= m_s|nlm_lsm_s\rangle
\end{aligned} \qquad (C.17)$$

und die Eigenwerte E_{nls} von H sollen $(2l+1)(2s+1)$-fach entartet sein. Die Operatoren $\mathbf{l}^2$ und $\mathbf{s}^2$ sind wegen Gl. (C.16) mit $\mathbf{j}$ vertauschbar

$$[\mathbf{l}^2, \mathbf{j}] = 0 \quad \text{und} \quad [\mathbf{s}^2, \mathbf{j}] = 0.$$

□ Zum Beweise berechnen wir mit Rücksicht auf die obigen Kommutatoren

$$\begin{aligned}
[\mathbf{l}^2, j_3] &= [\mathbf{l}^2, l_3] = [l_1^2 + l_2^2, l_3] = [l_1^2, l_3] + [l_2^2, l_3] \\
&= l_1 l_3 l_1 - i l_1 l_2 + l_2 l_3 l_2 + i l_2 l_1 - l_3 l_1^2 - l_3 l_2^2 \\
&= -i l_2 l_1 - i l_1 l_2 + i l_1 l_2 + i l_2 l_1 = 0
\end{aligned}$$

und die übrigen Beziehungen findet man auf die gleiche Weise. ∎

Weil H sowohl mit $\mathbf{j}$ als auch mit j_3 kommutiert, kann das Spektrum von H ebenso nach den Quantenzahlen j und m des Drehimpulses $\mathbf{j}$, vergl. Gl. (C.13) charakterisiert werden

$$\begin{aligned}
H|nlsjm\rangle &= E_{nlsj}|nlsjm\rangle \\
\mathbf{j}^2|nlsjm\rangle &= j(j+1)|nlsjm\rangle \\
j_3|nlsjm\rangle &= m|nlsjm\rangle.
\end{aligned} \qquad (C.18)$$

Zur Berechnung der Eigenfunktionen Gl. (C.18) als Linearkombinationen der Eigenfunktionen Gl. (C.17) von H beachten wir Gl. (C.13), wonach es bei gegebenem n für die Drehimpulse $\mathbf{j}, \mathbf{l}$ und $\mathbf{s}$ nur jeweils einen Vektor mit

$$\begin{aligned}
j_+|nlsjj\rangle &= 0 \\
l_+|nllsm_s\rangle &= 0 \\
s_+|nlm_lss\rangle &= 0
\end{aligned}$$

gibt, so daß wegen $j_+ = l_+ + s_+$, vergl. Gl. (C.16),

$$|nlsjj\rangle = |nllss\rangle \qquad (C.19)$$

folgt. Dann gilt

$$j_3|nlsjj\rangle = (l_3 + s_3)|nlsjj\rangle = (l+s)|nlsjj\rangle.$$

Daher ist $l + s$ der größte Eigenwert von j_3, der zu $j = l + s$ gehören muß. Durch Anwenden des Schiebeoperators $j_- = l_- + s_-$, vergl. Gl. (C.14), findet man

$$\begin{aligned} j_-|nlsjj\rangle &= \sqrt{2j}\,|nlsjj-1\rangle \\ (l_-+s_-)|nllss\rangle &= \sqrt{2l}\,|nll-1ss\rangle + \sqrt{2s}\,|nllss-1\rangle \end{aligned} \qquad (C.20)$$

und es gilt

$$j_3 j_-|nlsjj\rangle = (l_3+s_3)j_-|nlsjj\rangle = (l+s-1)j_-|nlsjj\rangle.$$

Durch wiederholtes Anwenden von j_- und anschließender Normierung findet man die Eigenfunktionen $|nls(l+s)m\rangle$ von j_3 zu den $2(l+s)+1$ Eigenwerten

$$m = l+s, l+s-1, \ldots -(l+s),$$

denn der kleinste Eigenwert $m = -l - s$ von j_3 gehört entsprechend Gl. (C.19) zur Eigenfunktion

$$|nls(l+s) - (l+s)\rangle = |nl-ls-s\rangle.$$

Auf diese Weise hat man durch die Funktionen

$$|nlsjm\rangle \quad \text{mit} \quad j = l+s \quad \text{und} \quad m = l+s, l+s-1, \ldots -(l+s)$$

einen irreduziblen Unterraum gefunden, aus dem der Operator $\mathbf{j}$ nicht herausführt. Zur Eigenfunktion von j_3 nach Gl. (C.20) gibt es eine zweite Linearkombination

$$|nlsjm\rangle = \alpha|nl\,l-1\,ss\rangle + \beta|nlls\,s-1\rangle,$$

mit geeigneten Konstanten α und β, die die Bedingungen

$$\begin{aligned} j_3|nlsjm\rangle &= (l_3+s_3)|nlsjm\rangle = (l+s-1)|nlsjm\rangle \\ j_+|nlsjm\rangle &= 0 \end{aligned} \qquad (C.21)$$

erfüllt. Sie gehört offenbar zur Quantenzahl $j = l + s - 1$.

□ Zum Beweise berechnen wir mit Hilfe von Gl. (C.20)

$$
\begin{aligned}
j_+ \big(\alpha |nl\,l-1\,ss\rangle + \beta |nll\,s\,s-1\rangle \big) &= \\
&= (l_+ + s_+)\Big(\frac{\alpha}{\sqrt{2l}} l_- + \frac{\beta}{\sqrt{2s}} s_- \Big) |nllss\rangle \\
&= \Big(\frac{\alpha}{\sqrt{2l}} l_+ l_- + \frac{\beta}{\sqrt{2s}} s_+ s_- \Big) |nllss\rangle \\
&= \Big[\frac{\alpha}{\sqrt{2l}} (\mathbf{l}^2 - l_3^2 + l_3) + \frac{\beta}{\sqrt{2s}} (\mathbf{s}^2 - s_3^2 + s_3) \Big] |nllss\rangle \\
&= \Big[\frac{\alpha}{\sqrt{2l}} (l(l+1) - l^2 + l) + \frac{\beta}{\sqrt{2s}} (s(s+1) - s^2 + s) \Big] |nllss\rangle \\
&= (\alpha\sqrt{2l} + \beta\sqrt{2s}) |nllss\rangle,
\end{aligned}
$$

wobei von den Beziehungen $l_\pm = l_1 \pm i l_2$, $s_\pm = s_1 \pm i s_2$ und

$$
\begin{aligned}
l_+ l_- &= \mathbf{l}^2 - l_3^2 + l_3 \\
s_+ s_- &= \mathbf{s}^2 - s_3^2 + s_3,
\end{aligned}
$$

vergl. Gl. (C.5), Gebrauch gemacht wurde. Setzt man nun

$$ \beta = -\frac{\sqrt{2l}}{\sqrt{2s}} \alpha $$

und bestimmt α durch die Normierung, so folgt die Behauptung. ∎

Durch weiteres Anwenden von j_- findet man die $2(l+s-1)+1$ Funktionen

$$ |nlsjm\rangle \quad \text{mit} \quad j = l+s-1 \quad \text{und} \quad m = j, j-1, \ldots -j, \tag{C.22} $$

denn man erhält entsprechend Gl. (C.21) eine Funktion mit $j = l+s-1$ und

$$
\begin{aligned}
j_3 |nlsjm\rangle &= (-l-s+1)|nlsjm\rangle \\
j_- |nlsjm\rangle &= 0,
\end{aligned}
$$

die offenbar zu $m = -(l+s-1)$ gehört. Damit ist ein zweiter irreduzibler Unterraum gebildet, der von den Funktionen Gl. (C.22) aufgespannt wird und aus dem der Operator $\mathbf{j}$ nicht herausführt. Einen weiteren Unterraum findet man aus der Linearkombination

$$ |nlsjm\rangle = (\alpha l_- l_- + \beta l_- s_- + \gamma s_- s_-)|nllss\rangle, $$

die

$$
\begin{aligned}
j_3 |nlsjm\rangle &= (l+s-2)|nlsjm\rangle \\
j_+ |nlsjm\rangle &= 0
\end{aligned}
$$

erfüllt und somit zu $j = l + s - 2$ gehört. Insgesamt erhält man auf diese Weise die Quantenzahlen

$$j = l + s, l + s - 1, \ldots |l - s|$$
$$m = j, j - 1, \ldots - j,$$
(C.23)

denn es gilt

$$\sum_{j=|l-s|}^{l+s} (2j + 1) = (2l + 1)(2s + 1).$$
(C.24)

C.5 Clebsch-Gordan-Koeffizienten

Der lineare Zusammenhang zwischen den Eigenfunktionen der Drehimpulsoperatoren $\mathbf{l}^2$, l_3 und $\mathbf{s}^2$, s_3 und denen von $\mathbf{j}^2$ und j_3 mit

$$\mathbf{j} = \mathbf{l} + \mathbf{s}$$

lautet entsprechend dem in Abschn. C.4 Gesagten

$$|nlsjm\rangle = \sum_{m_l=-l}^{l} \sum_{m_s=-s}^{s} |nlm_l sm_s\rangle\langle lsm_l m_s|jm\rangle.$$

Dabei gilt

$$j = l + s, l + s - 1, \ldots |l - s|$$
$$m = -j, -j + 1, \ldots + j = m_l + m_s$$

und die $\langle lsm_l m_s|jm\rangle$ heißen *Clebsch-Gordan-Koeffizienten*. Eine Tabelle für $l, s \leq 2$ findet sich z.B. im Buch von Condon und Shortley [C.1].

C.6 Beispiele

Für $l = \frac{1}{2}$ und $s = \frac{1}{2}$ findet man die normierten Funktionen $|nlsjm\rangle$ für $j = 1$ und 0 als Linearkombination der Funktionen $|nlm_l sm_s\rangle$:

$$|nls11\rangle = |nl\tfrac{1}{2}s\tfrac{1}{2}\rangle$$
$$|nls10\rangle = \frac{1}{\sqrt{2}}[|nl - \tfrac{1}{2}s\tfrac{1}{2}\rangle + |nl\tfrac{1}{2}s - \tfrac{1}{2}\rangle]$$
$$|nls1 - 1\rangle = |nl - \tfrac{1}{2}s - \tfrac{1}{2}\rangle$$
$$|nls00\rangle = \frac{1}{\sqrt{2}}[|nl - \tfrac{1}{2}s\tfrac{1}{2}\rangle - |nl\tfrac{1}{2}s - \tfrac{1}{2}\rangle].$$

Für $l = 1$ und $s = \frac{1}{2}$ findet man die normierten Funktionen $|nlsjm\rangle$ für $j = \frac{3}{2}$ und $\frac{1}{2}$ als Linearkombination der Funktionen $|nlm_l sm_s\rangle$:

$$|nls\tfrac{3}{2}\tfrac{3}{2}\rangle = |nl1s\tfrac{1}{2}\rangle$$

$$|nls\tfrac{3}{2}\tfrac{1}{2}\rangle = \sqrt{\tfrac{2}{3}}|nl0s\tfrac{1}{2}\rangle + \sqrt{\tfrac{1}{3}}|nl1s\ -\tfrac{1}{2}\rangle$$

$$|nls\tfrac{3}{2}\ -\tfrac{1}{2}\rangle = \sqrt{\tfrac{1}{3}}|nl\ -1s\tfrac{1}{2}\rangle + \sqrt{\tfrac{2}{3}}|nl0s\ -\tfrac{1}{2}\rangle$$

$$|nls\tfrac{3}{2}\ -\tfrac{3}{2}\rangle = |nl\ -1s\ -\tfrac{1}{2}\rangle$$

$$|nls\tfrac{1}{2}\tfrac{1}{2}\rangle = \sqrt{\tfrac{1}{3}}|nl0s\tfrac{1}{2}\rangle - \sqrt{\tfrac{2}{3}}|nl1s\ -\tfrac{1}{2}\rangle$$

$$|nls\tfrac{1}{2}\ -\tfrac{1}{2}\rangle = \sqrt{\tfrac{2}{3}}|nl\ -1s\tfrac{1}{2}\rangle - \sqrt{\tfrac{1}{3}}|nl0s\ -\tfrac{1}{2}\rangle.$$

Für $l = 1$ und $s = 1$ findet man die normierten Funktionen $|nlsjm\rangle$ für $j = 0$, 1 und 2 als Linearkombinationen der Funktionen $|nlm_l sm_s\rangle$:

$$|nls22\rangle = |nl1s1\rangle$$

$$|nls21\rangle = \tfrac{1}{\sqrt{2}}|nl0s1\rangle + \tfrac{1}{\sqrt{2}}|nl1s0\rangle$$

$$|nls20\rangle = \tfrac{1}{\sqrt{6}}|nl1s\ -1\rangle + \sqrt{\tfrac{2}{3}}|nl0s0\rangle + \tfrac{1}{\sqrt{6}}|nl\ -1s1\rangle$$

$$|nls2\ -1\rangle = \tfrac{1}{\sqrt{2}}|nl0s\ -1\rangle + \tfrac{1}{\sqrt{2}}|nl\ -1s0\rangle$$

$$|nls2\ -2\rangle = |nl\ -1s\ -1\rangle$$

$$|nls11\rangle = \tfrac{1}{\sqrt{2}}|nl1s0\rangle - \tfrac{1}{\sqrt{2}}|nl0s1\rangle$$

$$|nls10\rangle = \tfrac{1}{\sqrt{2}}|nl1s\ -1\rangle - \tfrac{1}{\sqrt{2}}|nl\ -1s1\rangle$$

$$|nls1\ -1\rangle = \tfrac{1}{\sqrt{2}}|nl0s\ -1\rangle - \tfrac{1}{\sqrt{2}}|nl\ -1s0\rangle$$

$$|nls00\rangle = \tfrac{1}{\sqrt{3}}|nl1s\ -1\rangle - \tfrac{1}{\sqrt{3}}|nl0s0\rangle + \tfrac{1}{\sqrt{3}}|nl\ -1s1\rangle.$$

D Greensche Funktion freier Teilchen

Freie Elektronen werden nach Abschn. 8.2 durch die Einteilchen-Schrödinger-Gleichung

$$-\frac{\hbar^2}{2m}\Delta\varphi_{\mathbf{k}}(\mathbf{r}) = \frac{\hbar^2 \mathbf{k}^2}{2m}\varphi_{\mathbf{k}}(\mathbf{r})$$

mit den ebenen Wellen als Lösungen

$$\varphi_{\mathbf{k}}(\mathbf{r}) = \frac{1}{\sqrt{V}}\exp\{i\mathbf{k}\mathbf{r}\}$$

beschrieben. Hier bezeichnet $V = L^3$ das Grundgebiet, für das ein Würfel der Kantenlänge L gewählt wurde. Fordert man für die ebenen Wellen periodische Randbedingungen,

$$\varphi_{\mathbf{k}}(\mathbf{r} + L\mathbf{e}_j) = \varphi_{\mathbf{k}}(\mathbf{r}) \quad \text{mit} \quad \begin{cases} \mathbf{e}_1 = (1,0,0) \\ \mathbf{e}_2 = (0,1,0) \\ \mathbf{e}_3 = (0,0,1), \end{cases}$$

so kann der Ausbreitungsvektor $\mathbf{k}$ nach Abschn. 8.1 nur diskrete Werte annehmen

$$\mathbf{k} = \frac{2\pi}{L}(n_1, n_2, n_3) \quad \text{mit} \quad n_j = 0, \pm 1, \pm 2, \ldots$$

Die ebenen Wellen erfüllen im Hilbert-Raum $\mathcal{H}$ der über dem Volumen V quadratisch integrierbaren Funktionen die Orthonormalitätsbedingung

$$\langle \varphi_{\mathbf{k}} | \varphi_{\mathbf{k}'} \rangle = \int_V \varphi_{\mathbf{k}}^*(\mathbf{r})\varphi_{\mathbf{k}'}(\mathbf{r})\,\mathrm{d}^3 r = \delta_{\mathbf{k}\mathbf{k}'},$$

vergl. Gl. (8.2) in Abschn. 8.1, und die Vollständigkeitsbedingung

$$\sum_{\mathbf{k}} \varphi_{\mathbf{k}}(\mathbf{r})\varphi_{\mathbf{k}}^*(\mathbf{r}') = \sum_{n_1,n_2,n_3}^{-\infty\ldots\infty} \exp\{i\mathbf{k}(\mathbf{r}-\mathbf{r}')\} = \delta(\mathbf{r}-\mathbf{r}'),$$

denn für jede im Volumen V quadratisch integrierbare und mit V periodische Funktion $f(\mathbf{r}) \in \mathcal{H}$ gilt die Fourier-Zerlegung

$$f(\mathbf{r}) = \sum_{\mathbf{k}} \varphi_{\mathbf{k}}(\mathbf{r}) \int_V \varphi_{\mathbf{k}}^*(\mathbf{r}')f(\mathbf{r}')\,\mathrm{d}^3 r'.$$

D Greensche Funktion freier Teilchen

Nach Abschn. 6.5 hat die avancierte Greensche Funktion, die zur Helmholtz-Gleichung gehört

$$\left(E + \frac{\hbar^2}{2m}\Delta\right) G^+(E,\mathbf{r},\mathbf{r}') = \delta(\mathbf{r}-\mathbf{r}'),$$

die Form

$$G^+(E,\mathbf{r},\mathbf{r}') = \lim_{\varepsilon \to 0} \sum_{\mathbf{k}} \frac{\varphi_{\mathbf{k}}(\mathbf{r})\varphi^*_{\mathbf{k}}(\mathbf{r}')}{E - E(k) + i\varepsilon}$$

mit $\varepsilon > 0$, $k = |\mathbf{k}|$ und $E(k) = \hbar^2 k^2 / 2m > 0$. Bei hinreichend groß gewähltem L kann man von der Summe zum Integral übergehen, vergl. Abschn. 8.2, und man erhält durch einsetzen der ebenen Wellen

$$G^+(E,\mathbf{r},\mathbf{r}') = \lim_{\varepsilon \to 0} \frac{V}{8\pi^3} \int \frac{\varphi_{\mathbf{k}}(\mathbf{r})\varphi^*_{\mathbf{k}}(\mathbf{r}')}{E - E(k) + i\varepsilon} d^3k$$

$$= \lim_{\varepsilon \to 0} \frac{1}{8\pi^3} \int \frac{\exp\{i\mathbf{k}(\mathbf{r}-\mathbf{r}')\}}{E - E(k) + i\varepsilon} d^3k.$$

Führt man zur Integration Kugelkoordinaten $\mathbf{k} : k, \vartheta, \varphi$ mit der Polarachse in Richtung $\mathbf{r} - \mathbf{r}'$ ein, so erhält man mit $R = |\mathbf{r} - \mathbf{r}'|$ wegen $\mathbf{k}(\mathbf{r}-\mathbf{r}') = kR\cos\vartheta$

$$G^+(E,\mathbf{r},\mathbf{r}') = \lim_{\varepsilon \to 0} \frac{1}{8\pi^3} \int \frac{\exp\{ikR\cos\vartheta\}}{E - E(k) + i\varepsilon} \sin\vartheta \, d\vartheta \, d\varphi \, k^2 \, dk$$

$$= \lim_{\varepsilon \to 0} \frac{1}{8\pi^3} \frac{2\pi}{iR} \int_0^\infty \left[\frac{\exp\{ikR\}}{E - E(k) + i\varepsilon} - \frac{\exp\{-ikR\}}{E - E(k) + i\varepsilon}\right] k \, dk$$

$$= \lim_{\varepsilon \to 0} \frac{-i}{4\pi^2 R} \int_{-\infty}^\infty \frac{\exp\{ikR\}}{E - E(k) + i\varepsilon} k \, dk.$$

Der Integrand hat in der oberen Halbebene einen Pol bei $k_p = \frac{1}{\hbar}\sqrt{2m(E+i\varepsilon)}$. Vervollständigt man den Integrationsweg um einen Halbkreis in der oberen Halbebene, der keinen Beitrag liefert, so erhält man einen geschlossenen Integrationsweg und das Integral ergibt sich als das $2\pi i$-fache des Residuums an der Polstelle zu

$$G^+(E,\mathbf{r},\mathbf{r}') = \lim_{\varepsilon \to 0} \frac{i}{4\pi^2 R} \frac{2m}{\hbar^2} \int_{-\infty}^\infty \frac{\exp\{ikR\}}{(k+k_p)(k-k_p)} k \, dk$$

$$= \lim_{\varepsilon \to 0} -\frac{1}{4\pi} \frac{1}{R} \frac{2m}{\hbar^2} \exp\{ik_p R\}$$

$$= -\frac{1}{4\pi} \frac{2m}{\hbar^2} \frac{\exp\{i\sqrt{2mE}\,|\mathbf{r}-\mathbf{r}'|/\hbar\}}{|\mathbf{r}-\mathbf{r}'|}.$$

Entsprechend ergibt sich die retardierte Greensche Funktion $G^-(E,\mathbf{r},\mathbf{r}')$ als das konjugiert komplexe von $G^+(E,\mathbf{r},\mathbf{r}')$.

Im Falle $E = 0$ erhält man die in der Elektrostatik gebräuchliche Greensche Funktion des Laplace-Operators zur Lösung der Poisson-Gleichung.

E Fourier-Entwicklungen

E.1 Entwicklung einer periodischen Funktion

Es sei ein festes Periodizitätsgebiet Ω im dreidimensionalen Ortsraum betrachtet, das von den *Basisvektoren des Gitters*

$$\begin{aligned}\mathbf{a}_1 &= (a_{11}, a_{12}, a_{13}) \\ \mathbf{a}_2 &= (a_{21}, a_{22}, a_{23}) \\ \mathbf{a}_3 &= (a_{31}, a_{32}, a_{33})\end{aligned} \qquad (E.1)$$

mit dem Volumen

$$\Omega = (\mathbf{a}_1, \mathbf{a}_2, \mathbf{a}_3) = \begin{vmatrix} a_{11} & a_{21} & a_{31} \\ a_{12} & a_{22} & a_{32} \\ a_{13} & a_{23} & a_{33} \end{vmatrix} \qquad (E.2)$$

aufgespannt wird. Dann wird ein *Gittervektor* definiert durch

$$\mathbf{R} = n_1 \mathbf{a}_1 + n_2 \mathbf{a}_2 + n_2 \mathbf{a}_3 \quad \text{mit} \quad n_j = \text{ganze Zahlen}. \qquad (E.3)$$

Sei $\mathcal{H}$ der Hilbert-Raum der über dem endlichen Volumen Ω quadratisch integrierbaren Funktionen und $f(\mathbf{r}) \in \mathcal{H}$, so heißt $f(\mathbf{r})$ mit Ω periodisch, wenn die *Periodizitätsbedingung*

$$f(\mathbf{r} + \mathbf{R}) = f(\mathbf{r}) \qquad (E.4)$$

für alle Gittervektoren $\mathbf{R}$ erfüllt ist.

Zur Entwicklung von $f(\mathbf{r})$ nach ebenen Wellen, die die Periodizitätsbedingung erfüllen, führen wir die *Basisvektoren des reziproken Gitters*

$$\mathbf{b}_j = 2\pi \frac{\mathbf{a}_k \times \mathbf{a}_l}{\Omega} \quad \text{für} \quad (j, k, l) = \begin{cases} (1, 2, 3) \\ (2, 3, 1) \\ (3, 1, 2) \end{cases} \qquad (E.5)$$

mit

$$\mathbf{a}_j \cdot \mathbf{b}_k = 2\pi \delta_{jk}$$

ein. Der Bereich, der von den Basisvektoren des reziproken Gitters $\mathbf{b}_1$, $\mathbf{b}_2$, $\mathbf{b}_3$ aufgespannt wird, heißt *reduzierter Bereich* und hat das Volumen

$$(\mathbf{b}_1, \mathbf{b}_2, \mathbf{b}_3) = \frac{8\pi^3}{\Omega}.$$

E.1 Entwicklung einer periodischen Funktion

Eine ganzzahlige Linearkombination der Basisvektoren des reziproken Gitters heißt *reziproker Gittervektor*

$$\mathbf{G} = g_1 \mathbf{b}_1 + g_2 \mathbf{b}_2 + g_3 \mathbf{b}_3 \quad \text{mit} \quad g_j = \text{ganze Zahlen}. \tag{E.6}$$

Dann gilt

$$\mathbf{b}_j \cdot \mathbf{R} = 2\pi n_j \quad \text{und} \quad \mathbf{a}_j \cdot \mathbf{G} = 2\pi g_j,$$

sowie

$$\mathbf{R} \cdot \mathbf{G} = 2\pi (n_1 g_1 + n_2 g_2 + n_3 g_3) = 2\pi g \quad \text{mit} \quad g = \text{ganze Zahl}. \tag{E.7}$$

Die *ebenen Wellen*

$$\phi(\mathbf{G}, \mathbf{r}) = \frac{1}{\sqrt{\Omega}} \exp\{i \mathbf{G} \cdot \mathbf{r}\} \tag{E.8}$$

erfüllen die *Orthonormalitätsbeziehung* für $\mathbf{G}$ und $\mathbf{G}'$ nach Gl. (E.6)

$$\int_\Omega \phi^*(\mathbf{G}, \mathbf{r}) \, \phi(\mathbf{G}', \mathbf{r}) \, \mathrm{d}^3 r = \delta_{\mathbf{G}\mathbf{G}'} = \delta_{g_1 g_1'} \delta_{g_2 g_2'} \delta_{g_3 g_3'}. \tag{E.9}$$

□ Zum Beweise drücken wir den Ortsvektor $\mathbf{r} = (x_1, x_2, x_3)$ in den Basisvektoren des Gitters aus $\mathbf{r} = \xi_1 \mathbf{a}_1 + \xi_2 \mathbf{a}_2 + \xi_3 \mathbf{a}_3$ und erhalten für das Volumenelement

$$\mathrm{d}^3 r = dx_1 \, dx_2 \, dx_3 = \det\left(\frac{\partial x_i}{\partial \xi_j}\right) d\xi_1 \, d\xi_2 \, d\xi_3 = \Omega \, d\xi_1 \, d\xi_2 \, d\xi_3,$$

denn mit der Zerlegung der Basisvektoren des Gitters in Komponenten Gl. (E.1) $\mathbf{a}_j = (a_{j1}, a_{j2}, a_{j3})$ erhält man für die Funktionaldeterminante

$$\det\left(\frac{\partial x_i}{\partial \xi_j}\right) = \begin{vmatrix} a_{11} & a_{21} & a_{31} \\ a_{12} & a_{22} & a_{32} \\ a_{13} & a_{23} & a_{33} \end{vmatrix} = (\mathbf{a}_1, \mathbf{a}_2, \mathbf{a}_3) = \Omega.$$

Damit zerfällt das Integral wegen Gl. (E.6)

$$\int_\Omega \phi^*(\mathbf{G}, \mathbf{r}) \, \phi(\mathbf{G}', \mathbf{r}) \, \mathrm{d}^3 r = \frac{1}{\Omega} \int_\Omega \exp\{i(\mathbf{G}' - \mathbf{G}) \cdot \mathbf{r}\} \, \mathrm{d}^3 r$$

$$= \int_0^1 d\xi_1 \int_0^1 d\xi_2 \int_0^1 d\xi_3 \, \exp\left\{i \, 2\pi \sum_{j=1}^3 (g_j' - g_j) \xi_j\right\}$$

in ein Produkt aus drei Integralen der Form

$$\int_0^1 d\xi_j \, \exp\{i \, 2\pi (g_j' - g_j) \xi_j\} = \delta_{g_j' g_j},$$

woraus sich die Behauptung ergibt. ∎

Die ebenen Wellen Gl. (E.8) sind Lösungen der Helmholtz-Gleichung

$$(\Delta + \mathbf{G}^2)\phi(\mathbf{G},\mathbf{r}) = 0$$

und erfüllen die Periodizitätsbedingung Gl. (E.4)

$$\begin{aligned}\phi(\mathbf{G},\mathbf{r}+\mathbf{R}) &= \frac{1}{\sqrt{\Omega}}\exp\{i\mathbf{G}\cdot(\mathbf{r}+\mathbf{R})\} \\ &= \phi(\mathbf{G},\mathbf{r})\exp\{i\mathbf{G}\cdot\mathbf{R}\} \\ &= \phi(\mathbf{G},\mathbf{r}),\end{aligned}$$

wobei von Gl. (E.7) Gebrauch gemacht wurde. Die ebenen Wellen Gl. (E.8) sind als Eigenfunktionen des selbstadjungierten Laplace-Operators in $\mathcal{H}$ vollständig und erfüllen die *Vollständigkeitsbeziehung*, vergl. Anhang A,

$$\sum_\mathbf{G} \phi(\mathbf{G},\mathbf{r})\,\phi^*(\mathbf{G},\mathbf{r}') = \frac{1}{\Omega}\sum_\mathbf{G}\exp\{i\mathbf{G}\cdot(\mathbf{r}-\mathbf{r}')\} = \delta(\mathbf{r}-\mathbf{r}'), \qquad \text{(E.10)}$$

wobei die Summe über alle reziproken Gittervektoren auszuführen ist

$$\sum_\mathbf{G} = \sum_{g_1=-\infty}^{+\infty}\sum_{g_2=-\infty}^{+\infty}\sum_{g_3=-\infty}^{+\infty}.$$

Dann läßt sich jedes $f(\mathbf{r}) \in \mathcal{H}$ nach dem vollständigen Orthonormalsystem Gl. (E.8) entwickeln

$$f(\mathbf{r}) = \sum_\mathbf{G} F(\mathbf{G})\,\phi(\mathbf{G},\mathbf{r}) \quad \text{mit} \quad F(\mathbf{G}) = \int_\Omega \phi^*(\mathbf{G},\mathbf{r})\,f(\mathbf{r})\,\mathrm{d}^3r.$$

Einsetzen der ebenen Wellen Gl. (E.8) liefert die Fourier-Entwicklung für Funktionen $f(\mathbf{r})$, die mit dem Volumen Ω periodisch sind

$$f(\mathbf{r}) = \sum_\mathbf{G} F(\mathbf{G})\exp\{i\,\mathbf{G}\cdot\mathbf{r}\} \qquad \text{(E.11)}$$

mit der Fourier-Transformation

$$F(\mathbf{G}) = \frac{1}{\Omega}\int_\Omega f(\mathbf{r})\exp\{-i\,\mathbf{G}\cdot\mathbf{r}\}\,\mathrm{d}^3r.$$

In dieser Schreibweise haben $F(\mathbf{G})$ und $f(\mathbf{r})$ die gleiche Dimension.

E.1.1 Entwicklung im reziproken Raum

Ist $g(\mathbf{k})$ entsprechend eine mit dem Volumen $\Omega_r = (\mathbf{b}_1, \mathbf{b}_2, \mathbf{b}_3) = 8\pi^3/\Omega$ des reduzierten Bereiches periodische und absolut integrierbare Funktion

$$g(\mathbf{k} + \mathbf{G}) = g(\mathbf{k})$$

mit einem reziproken Gittervektor $\mathbf{G}$ nach Gl. (E.6), so erhält man analog zu Gl. (E.11) die Fourier-Entwicklung

$$g(\mathbf{k}) = \sum_{\mathbf{R}} G(\mathbf{R}) \exp\{i\mathbf{R} \cdot \mathbf{k}\}$$

mit der Fourier-Transformierten

$$G(\mathbf{R}) = \frac{1}{\Omega_r} \int_{\Omega_r} f(\mathbf{k}) \exp\{-i\mathbf{R} \cdot \mathbf{k}\} \, d^3k.$$

Die Herleitung verläuft wie in Abschn. E.1, denn es gilt

$$\mathbf{a}_j = 2\pi \frac{\mathbf{b}_k \times \mathbf{b}_l}{\Omega_r}$$

für (j, k, l) zyklisch.

E.1.2 Entwicklung bezüglich des Grundgebietes

Wir betrachten eine Funktion $g(\mathbf{r})$, die mit dem Grundgebiet mit dem Volumen $V = (L\mathbf{a}_1, L\mathbf{a}_2, L\mathbf{a}_3) = L^3 \Omega$ periodisch

$$g(\mathbf{r} + L\mathbf{a}_j) = g(\mathbf{r}) \quad \text{für} \quad j = 1, 2, 3$$

und über V quadratisch integrierbar ist, dann lauten die zugehörigen Basisvektoren des reziproken Gitters nach Gl. (E.5) $\mathbf{b}_j/L$ und zur Fourier-Entwicklung werden die ebenen Wellen

$$\Phi(\mathbf{k}, \mathbf{r}) = \frac{1}{\sqrt{V}} \exp\{i\mathbf{k} \cdot \mathbf{r}\}$$

mit

$$\mathbf{k} = \frac{m_1}{L}\mathbf{b}_1 + \frac{m_2}{L}\mathbf{b}_2 + \frac{m_3}{L}\mathbf{b}_3$$

und ganzen Zahlen m_j verwendet. Dann gilt die Periodizitätsbedingung

$$\Phi(\mathbf{k}, \mathbf{r} + L\mathbf{a}_j) = \Phi(\mathbf{k}, \mathbf{r}),$$

die Vollständigkeitsbeziehung

$$\sum_{\mathbf{k}} \Phi(\mathbf{k},\mathbf{r})\Phi^*(\mathbf{k},\mathbf{r}') = \frac{1}{V}\sum_{\mathbf{k}} \exp\left\{i\mathbf{k}\cdot(\mathbf{r}-\mathbf{r}')\right\} = \delta(\mathbf{r}-\mathbf{r}')$$

mit

$$\sum_{\mathbf{k}} = \sum_{m_1=-\infty}^{\infty} \sum_{m_2=-\infty}^{\infty} \sum_{m_3=-\infty}^{\infty}$$

und die Orthonormalitätsbeziehung

$$\int_V \Phi^*(\mathbf{k},\mathbf{r})\Phi(\mathbf{k}',\mathbf{r})\,\mathrm{d}^3r = \delta_{\mathbf{k}\mathbf{k}'}.$$

Die Fourier-Entwicklung lautet dann

$$g(\mathbf{r}) = \sum_{\mathbf{k}} G(\mathbf{k})\exp\{i\mathbf{k}\cdot\mathbf{r}\}$$

mit der Fourier-Transformierten

$$G(\mathbf{k}) = \frac{1}{V}\int_V g(\mathbf{r})\exp\{-i\mathbf{k}\cdot\mathbf{r}\}\,\mathrm{d}^3r.$$

E.2 Entwicklung einer Bloch-Funktion

Werden Kristalle als quantenmechanische Systeme betrachtet, bei denen der Hamilton-Operator $H(\mathbf{r})$ mit der Elementarzelle oder Superzelle Ω periodisch ist und die Periodizitätsbedingung Gl. (E.4) erfüllt

$$H(\mathbf{r}+\mathbf{R}) = H(\mathbf{r}),$$

so ist der Hamilton-Operator mit dem Translationsoperator $T(\mathbf{R}) = \exp\{\mathbf{R}\cdot\nabla\}$ [1] vertauschbar $[H(\mathbf{r}),T(\mathbf{R})] = 0$, denn es gilt $\exp\{\mathbf{R}\cdot\nabla\}\psi(\mathbf{r}) = \psi(\mathbf{r}+\mathbf{R})$. Somit haben $H(\mathbf{r})$ und $T(\mathbf{R})$ gemeinsame Eigenfunktionen, und die Eigenfunktionen von H lassen sich nach den Eigenwerten $t(\mathbf{R})$ von $T(\mathbf{R})$ charakterisieren. Nun ist der

---

[1] Der Operator ist durch die Exponentialreihe definiert.

E.2 Entwicklung einer Bloch-Funktion

Translationsoperator $T(\mathbf{R})$ mit dem Impulsoperator $\mathbf{p} = -i\hbar\nabla$ vertauschbar, beide haben also gemeinsame Eigenfunktionen und die Eigenwerte $\hbar\mathbf{k}$ des selbstadjungierten Impulsoperators $\mathbf{p}$ sind reell: $\mathbf{p}\varphi = \hbar\mathbf{k}\varphi$. Daraus ergibt sich

$$T(\mathbf{R})\varphi(\mathbf{r}) = \exp\{\mathbf{R}\cdot\nabla\}\varphi(\mathbf{r})$$
$$= \exp\left\{i\frac{1}{\hbar}\mathbf{R}\cdot\mathbf{p}\right\}\varphi(\mathbf{r})$$
$$= \exp\{i\mathbf{R}\cdot\mathbf{k}\}\varphi(\mathbf{r})$$

und die Eigenwerte des Translationsoperators sind von der Form $t(\mathbf{R}) = \exp\{i\mathbf{k}\cdot\mathbf{R}\}$ mit rellen $\mathbf{k}$, vergl. Abschn. 13.4.1. Daraus ergibt sich die *Bloch-Bedingung*

$$T_\mathbf{R}\psi(\mathbf{k},\mathbf{r}) = \exp\{\mathbf{R}\cdot\nabla\}\psi(\mathbf{k},\mathbf{r})$$
$$= \psi(\mathbf{k},\mathbf{r}+\mathbf{R}) \qquad\qquad\text{(E.12)}$$
$$= \exp\{i\mathbf{k}\cdot\mathbf{R}\}\psi(\mathbf{k},\mathbf{r})$$

für die Eigenfunktionen von $H(\mathbf{r})$. Der Vektor $\mathbf{k}$ heißt auch *Ausbreitungsvektor*. Die Eigenfunktionen von $H(\mathbf{r})$ werden durch den Index n unterschieden und in Form von *Bloch-Funktionen* dargestellt

$$\psi_n(\mathbf{k},\mathbf{r}) = \exp\{i\mathbf{k}\cdot\mathbf{r}\}u_n(\mathbf{k},\mathbf{r}), \qquad\qquad\text{(E.13)}$$

wobei $u_n(\mathbf{k},\mathbf{r})$ gitterperiodisch ist

$$u_n(\mathbf{k},\mathbf{r}+\mathbf{R}) = u_n(\mathbf{k},\mathbf{r}).$$

☐ Zum Beweise zeigt man mit Hilfe der Bloch-Bedingung für $\psi_n(\mathbf{k},\mathbf{r})$

$$u_n(\mathbf{k},\mathbf{r}+\mathbf{R}) = \exp\{-i\mathbf{k}\cdot(\mathbf{r}+\mathbf{R})\}\psi_n(\mathbf{k},\mathbf{r}+\mathbf{R})$$
$$= \exp\{-i\mathbf{k}\cdot\mathbf{r}\}\exp\{-i\mathbf{k}\cdot\mathbf{R}\}\psi_n(\mathbf{k},\mathbf{r}+\mathbf{R})$$
$$= \exp\{-i\mathbf{k}\cdot\mathbf{r}\}\psi_n(\mathbf{k},\mathbf{r})$$
$$= u_n(\mathbf{k},\mathbf{r}). \blacksquare$$

Weil die Bloch-Funktionen Gl. (E.13) nicht über den ganzen Ortsraum quadratisch integrierbar sind, werden die Kristalle mit einem Hilbert-Raum beschrieben, der aus den über einem endlichen Volumen V quadratisch integrierbaren Funktionen besteht. Dieses Volumen oder *Grundgebiet* kann beliebig groß sein und wird aus L^3 Periodizitätsgebieten mit ganzzahligem $L \gg 1$ zusammengesetzt. Das Grundgebiet wird von den Vektoren $L\mathbf{a}_1$, $L\mathbf{a}_2$, $L\mathbf{a}_3$ aufgespannt und hat das Volumen $V = L^3\Omega$. Zur Vermeidung von Oberflächeneffekten am Grundgebiet werden periodische Randbedingungen für alle Elemente $\psi(\mathbf{r}) \in \mathcal{H}$ eingeführt

$$\psi_n(\mathbf{r}+n_jL\mathbf{a}_j) = \psi_n(\mathbf{r}) \quad\text{für}\quad j = 1, 2, 3. \qquad\qquad\text{(E.14)}$$

Hier bezeichnen n_j ganze Zahlen und $\mathbf{a}_j$ die in Gl. (E.1) eingeführten Basisvektoren des Gitters. Anwenden der periodischen Randbedingungen auf die Bloch-Funktionen Gl. (E.13) liefert wegen der Gitterperiodizität von $u_n(\mathbf{k},\mathbf{r})$

$$\psi_n(\mathbf{k},\mathbf{r}) = \psi_n(\mathbf{k},\mathbf{r}+n_jL\mathbf{a}_j)$$
$$= \exp\{i\mathbf{k}\cdot(\mathbf{r}+n_jL\mathbf{a}_j)\}u_n(\mathbf{k},\mathbf{r})$$
$$= \exp\{i\mathbf{k}\cdot n_jL\mathbf{a}_j\}\psi_n(\mathbf{k},\mathbf{r}).$$

Die Bedingung ist erfüllt, falls für $j = 1,2,3$

$$\mathbf{k}\cdot L\mathbf{a}_j = 2\pi g_j \quad \text{mit} \quad g_j = \text{ganze Zahl}$$

gilt. Also muß der Ausbreitungsvektor $\mathbf{k}$ von der Form sein

$$\mathbf{k} = \frac{g_1}{L}\mathbf{b}_1 + \frac{g_2}{L}\mathbf{b}_2 + \frac{g_3}{L}\mathbf{b}_3, \qquad (E.15)$$

wobei $\mathbf{b}_j$ die in Gl. (E.5) eingeführten Basisvektoren des reziproken Gitters bezeichnen. Da die Bloch-Funktionen $\psi_n(\mathbf{k},\mathbf{r})$ bezüglich des Ausbreitungsvektors $\mathbf{k}$ mit dem reziproken Gitter periodisch sind

$$\psi_n(\mathbf{k}+\mathbf{G},\mathbf{r}) = \psi_n(\mathbf{k},\mathbf{r}),$$

genügt es den *reduzierten Bereich* zu betrachten, indem wir setzen

$$-\pi < \mathbf{k}\cdot\mathbf{a}_j \leq \pi \quad \text{für} \quad j=1,2,3.$$

□ Zum Beweise betrachten wir die Bloch-Bedingung Gl. (E.12)

$$T_\mathbf{R}\psi_n(\mathbf{k}+\mathbf{G},\mathbf{r}) = \psi_n(\mathbf{k}+\mathbf{G},\mathbf{r}+\mathbf{R})$$
$$= \exp\{i(\mathbf{k}+\mathbf{G})\cdot\mathbf{R}\}\psi_n(\mathbf{k}+\mathbf{G},\mathbf{r})$$
$$= \exp\{i\mathbf{k}\cdot\mathbf{R}\}\psi_n(\mathbf{k}+\mathbf{G},\mathbf{r})$$

und Gl. (E.7). Da die Abelsche Translationsgruppe nur eindimensionale irreduzible Darstellungen besitzt, müssen die Eigenfunktionen $\psi_n(\mathbf{k}+\mathbf{G},\mathbf{r})$ und $\psi_n(\mathbf{k},\mathbf{r})$ des Translationsoperators $T_\mathbf{R}$ gleich sein. ∎

Mit Rücksicht auf die Punktsymmetrie der Kristalle wird meist anstelle des reduzierten Bereiches die volumengleiche Brillouin-Zone verwendet, die durch die Bedingung $|\mathbf{k}| \leq |\mathbf{k}+\mathbf{G}|$ für beliebige $\mathbf{G}$ charakterisiert ist. Im Unterschied dazu gilt für den reduzierten Bereich $|\mathbf{k}\cdot\mathbf{a}_j| \leq |(\mathbf{k}+\mathbf{G})\cdot\mathbf{a}_j|$ für $j = 1,2,3$. In beiden Fällen liegt der Vektor $\mathbf{k}+\mathbf{G}$ für $\mathbf{G} \neq 0$ außerhalb, wenn der Ausbreitungsvektor $\mathbf{k}$ innerhalb liegt.

E.2 Entwicklung einer Bloch-Funktion

Dann bilden die $L^3 \times L^3$ Matrixelemente

$$\langle \mathbf{R} | \mathbf{k} \rangle = \frac{1}{\sqrt{L^3}} \exp\{i\mathbf{k} \cdot \mathbf{R}\}$$

eine unitäre Transformation, denn es gelten die Beziehungen

$$\sum_{\mathbf{R}}^{L^3} \langle \mathbf{k} | \mathbf{R} \rangle \langle \mathbf{R} | \mathbf{k}' \rangle = \frac{1}{L^3} \sum_{\mathbf{R}}^{L^3} \exp\{i(\mathbf{k}' - \mathbf{k}) \cdot \mathbf{R}\} = \delta_{\mathbf{k}\mathbf{k}'}$$

$$\sum_{\mathbf{k}}^{L^3} \langle \mathbf{R} | \mathbf{k} \rangle \langle \mathbf{k} | \mathbf{R}' \rangle = \frac{1}{L^3} \sum_{\mathbf{k}}^{L^3} \exp\{i\mathbf{k} \cdot (\mathbf{R} - \mathbf{R}')\} = \delta_{\mathbf{R}\mathbf{R}'}$$

(E.16)

mit $\mathbf{R} = n_1 \mathbf{a}_1 + n_2 \mathbf{a}_2 + n_3 \mathbf{a}_3$ und $\mathbf{k} = \frac{m_1}{L} \mathbf{b}_1 + \frac{m_2}{L} \mathbf{b}_2 + \frac{m_3}{L} \mathbf{b}_3$ und den Summen

$$\sum_{\mathbf{R}}^{L^3} = \sum_{n_1=1}^{L} \sum_{n_2=1}^{L} \sum_{n_3=1}^{L} \quad \text{und} \quad \sum_{\mathbf{k}}^{L^3} = \sum_{m_1=1}^{L} \sum_{m_2=1}^{L} \sum_{m_3=1}^{L}.$$

☐ Zum Beweise der ersten Formel verwenden wir den Ausbreitungsvektor $\mathbf{k}$ in der Form Gl. (E.15) und erhalten

$$\sum_{\mathbf{R}}^{L^3} \exp\{i(\mathbf{k}' - \mathbf{k}) \cdot \mathbf{R}\} = \sum_{\mathbf{R}}^{L^3} \exp\left\{i 2\pi \sum_{j=1}^{3} (g'_j - g_j) \frac{n_j}{L}\right\},$$

wobei $\mathbf{a}_i \cdot \mathbf{b}_j = 2\pi \delta_{ij}$ verwendet wurde. Die Summe läßt sich somit als ein Produkt von drei Summen der Art

$$\sum_{n_j=1}^{L} \exp\left\{i 2\pi (g'_j - g_j) \frac{n_j}{L}\right\} = L \, \delta_{g_j g'_j}$$

schreiben. Während der Fall $g'_j = g_j$ klar ist, ergibt sich das Ergebnis im Falle $g'_j \neq g_i$ aus der Tatsache, daß die Summe der L-ten Einheitswurzeln verschwindet

für $x^L = 1$ und $x \neq 1$ folgt $\sum_{n=1}^{L} x^n = 0$.

Damit erhält man schließlich

$$\sum_{\mathbf{R}}^{L^3} \exp\{i(\mathbf{k}' - \mathbf{k}) \cdot \mathbf{R}\} = L^3 \delta_{g'_1 g_1} \delta_{g'_2 g_2} \delta_{g'_3 g_3}$$

die obige Beziehung Gl. (E.16). Die zweite Gleichung wird analog bewiesen. ∎

Im Hilbert-Raum der über dem Grundgebiet quadratisch integrierbaren Funktionen sind die Bloch-Funktionen für verschiedene Ausbreitungsvektoren orthogonal

$$\langle \psi_n(\mathbf{k},\mathbf{r})|\psi_{n'}(\mathbf{k}',\mathbf{r})\rangle = \int_V \psi_n^*(\mathbf{k},\mathbf{r})\psi_{n'}(\mathbf{k}',\mathbf{r})\,\mathrm{d}^3r$$
$$= \delta_{\mathbf{k}\mathbf{k}'} \int_V u_n^*(\mathbf{k},\mathbf{r})u_{n'}(\mathbf{k},\mathbf{r})\,\mathrm{d}^3r \qquad (E.17)$$
$$= \delta_{\mathbf{k}\mathbf{k}'} L^3 \int_\Omega u_n^*(\mathbf{k},\mathbf{r})u_{n'}(\mathbf{k},\mathbf{r})\,\mathrm{d}^3r.$$

□ Zum Beweise verwenden wir die Form Gl. (E.13) und setzen für die Integrationsvariable $\mathbf{r} = \mathbf{R} + \mathbf{r}'$, wobei $\mathbf{R}$ einen Gittervektor und $\mathbf{r}'$ einen Vektor im Periodizitätsgebiet Ω bezeichnet

$$\langle \psi_n(\mathbf{k},\mathbf{r})|\psi_{n'}(\mathbf{k}',\mathbf{r})\rangle = \int_V \exp\{i(\mathbf{k}'-\mathbf{k})\cdot\mathbf{r}\} u_n^*(\mathbf{k},\mathbf{r})u_{n'}(\mathbf{k}',\mathbf{r})\,\mathrm{d}^3r$$
$$= \sum_\mathbf{R}^{L^3} \exp\{i(\mathbf{k}'-\mathbf{k})\cdot\mathbf{R}\}$$
$$\times \int_\Omega \exp\{i(\mathbf{k}'-\mathbf{k})\cdot\mathbf{r}'\} u_n^*(\mathbf{k},\mathbf{r}')u_{n'}(\mathbf{k}',\mathbf{r}')\,\mathrm{d}^3r'.$$

Hier wurde benutzt. daß $u_n(\mathbf{k},\mathbf{R}+\mathbf{r}') = u_n(\mathbf{r}')$ gilt, und die Summe über alle L^3 Gittervektoren $\mathbf{R}$ im Grundgebiet auszuführen ist. Mit Rücksicht auf Gl. (E.16) verschwindet die Summe außer für $\mathbf{k} = \mathbf{k}'$ und man erhält

$$\langle \psi_n(\mathbf{k},\mathbf{r})|\psi_{n'}(\mathbf{k}',\mathbf{r})\rangle = \delta_{\mathbf{k}\mathbf{k}'} L^3 \int_\Omega u_n^*(\mathbf{k},\mathbf{r}')u_{n'}(\mathbf{k},\mathbf{r}')\,\mathrm{d}^3r',$$

woraus sich wegen $V = L^3\Omega$ die Gl. (E.17) ergibt. ■

Zur Entwicklung einer Bloch-Funktion $\psi_n(\mathbf{k},\mathbf{r})$ Gl. (E.13) nach ebenen Wellen wird die gitterperiodische Funktion $u_n(\mathbf{k},\mathbf{r})$ nach Gl. (E.11) entwickelt

$$u_n(\mathbf{k},\mathbf{r}) = \sum_\mathbf{G} c_n(\mathbf{k},\mathbf{G})\exp\{i\,\mathbf{G}\cdot\mathbf{r}\},$$

und man erhält

$$\psi_n(\mathbf{k},\mathbf{r}) = \sum_\mathbf{G} c_n(\mathbf{k},\mathbf{G})\exp\{i(\mathbf{k}+\mathbf{G})\cdot\mathbf{r}\}$$
$$= \sum_\mathbf{G} |\mathbf{k}+\mathbf{G}\rangle c_n(\mathbf{k},\mathbf{G}), \qquad (E.18)$$

wobei $\mathbf{G}$ durch Gl. (E.6) und $\mathbf{k}$ durch Gl. (E.15) gegeben sind. Die ebenen Wellen der Form

$$|\mathbf{k}+\mathbf{G}\rangle = \exp\{i(\mathbf{k}+\mathbf{G})\cdot\mathbf{r}\} \qquad (E.19)$$

erfüllen die Orthogonalitätsbeziehung

$$\langle \mathbf{k}+\mathbf{G}|\mathbf{k}'+\mathbf{G}'\rangle = V\,\delta_{\mathbf{k}\mathbf{k}'}\delta_{\mathbf{G}\mathbf{G}'}. \qquad (E.20)$$

□ Zum Beweise schreibt sich das Integral

$$\langle \mathbf{k}+\mathbf{G}|\mathbf{k}'+\mathbf{G}'\rangle = \int_V \exp\{i\mathbf{K}\cdot\mathbf{r}\}\,d^3r$$

mit

$$\mathbf{K} = \mathbf{k}' + \mathbf{G}' - \mathbf{k} - \mathbf{G}.$$

Im Falle $\mathbf{K} = 0$ ergibt das Integral V. Im Falle $\mathbf{K} \neq 0$ beachtet man die periodischen Randbedingungen Gl. (E.14) und findet die Periodizitätsbedingung

$$\exp\{i\mathbf{K}\cdot(\mathbf{r}+L\mathbf{a}_j)\} = \exp\{i\mathbf{K}\cdot\mathbf{r}\} \quad \text{für} \quad j = 1,2,3.$$

Dadurch läßt sich der Beweis auf die gleiche Art führen, wie zur Gl. (E.9), wobei $\mathbf{a}_j$ durch $L\mathbf{a}_j$ und das Volumen Ω durch V zu ersetzen ist. ∎

E.3 Entwicklung einer Atomfunktion

Sei $\psi_{Inlm}(\mathbf{r} - \mathbf{R}_I)$ eine am Ort $\mathbf{R}_I$ lokalisierte Funktion, die in Kugelkoordinaten $\mathbf{r}: r, \vartheta, \varphi$ die Form

$$\psi_{Inlm}(\mathbf{r}) = \frac{1}{r}R_{Inl}(r)Y_{lm}(\vartheta,\varphi)$$

hat, und die mit dem Periodizitätsgebiet $V = L^3\Omega = L^3(\mathbf{a}_1, \mathbf{a}_2, \mathbf{a}_3)$ periodisch ist. Dann gilt die Fourier-Entwicklung entsprechend Abschn. E.1

$$\psi_{Inlm}(\mathbf{r}) = \sum_\mathbf{k} \sum_\mathbf{G} \frac{1}{V} |\mathbf{k}+\mathbf{G}\rangle\langle \mathbf{k}+\mathbf{G}|\psi_{Inlm}\rangle$$

mit

$$|\mathbf{k}+\mathbf{G}\rangle = \exp\{i(\mathbf{k}+\mathbf{G})\cdot\mathbf{r}\}$$

und

$$\langle \mathbf{k}+\mathbf{G}|\psi_{Inlm}\rangle = \int_V \psi_{Inlm}(\mathbf{r})\exp\{-i(\mathbf{k}+\mathbf{G})\cdot\mathbf{r}\}\,d^3r.$$

Dabei bezeichnet $\mathbf{G}$ einen Gittervektor und die Summe über $\mathbf{k}$ ist über die L^3 Ausbreitungsvektoren

$$\mathbf{k} = \frac{m_1}{L}\mathbf{b}_1 + \frac{m_2}{L}\mathbf{b}_2 + \frac{m_3}{L}\mathbf{b}_3 \quad \text{mit} \quad -\frac{L}{2} < m_j \leq \frac{L}{2}$$

auszuführen, vergl. Abschn. 13.4.1.

Zur Berechnung der Fourier-Transformierten der lokalisierten Funktion, legen wir die Polarachse in Richtung von $-(\mathbf{k}+\mathbf{G})$, so daß

$$-(\mathbf{k}+\mathbf{G})\cdot\mathbf{r} = |\mathbf{k}+\mathbf{G}|r\cos\vartheta$$

gilt, und verwenden die Entwicklung der ebenen Wellen nach Kugelfunktionen, vergl. Abschn. B.3,

$$\exp\left\{-i(\mathbf{k}+\mathbf{G})\cdot\mathbf{r}\right\} = \exp\left\{i|\mathbf{k}+\mathbf{G}|r\cos\vartheta\right\}$$
$$= \sum_{l'=0}^{\infty} i^{l'} \sqrt{4\pi(2l'+1)}\, j_{l'}(|\mathbf{k}+\mathbf{G}|r)\, Y_{l'0}(\vartheta,\varphi).$$

Dabei bezeichnen $j_{l'}(x)$ die sphärischen Bessel-Funktionen, und $Y_{l'0}$ die Kugelfunktionen. Unter Verwendung der Orthonormalitätsbeziehung der Kugelfunktionen

$$\int Y_{lm}^{*}(\vartheta,\varphi) Y_{l'm'}(\vartheta,\varphi) \sin\vartheta\, d\vartheta\, d\varphi = \delta_{ll'}\delta_{mm'},$$

vergl. Abschn. B.1, erhält man dann

$$\langle \mathbf{k}+\mathbf{G}|\psi_{Inlm}\rangle = \delta_{m0}\, i^{l} \sqrt{4\pi(2l+1)} \int_{0}^{\infty} R_{Inl}(r)\, j_{l}(|\mathbf{k}+\mathbf{G}|r)\, dr.$$

Dabei wurde vorausgesetzt, daß der Integrand für $r \to \infty$ verschwindet, und das Volumen V so groß gewählt wurde, daß das Integral bis Unendlich ausgeführt werden kann. Das Ergebnis gilt unabhängig vom Ort $\mathbf{R}_I$, an dem die Funktion lokalisiert ist, weil das Integrationsgebiet V wegen der periodischen Randbedingungen um $\mathbf{R}_I$ verschoben werden kann.

E.4 Coulomb-Potential

Zur Entwicklung des Coulomb-Potentials $1/r$ mit $r = |\mathbf{r}|$ in eine Fourier-Reihe sei zunächst die Fourier-Transformation der Funktion $\exp\{-\lambda r\}/r$ für $\lambda > 0$ betrachtet

$$v(\mathbf{r}) = \frac{1}{r}\exp\{-\lambda r\} = \frac{1}{(2\pi)^{3/2}} \int g(\mathbf{G}) \exp\{i\mathbf{G}\cdot\mathbf{r}\}\, d^{3}G$$

mit

$$g(\mathbf{G}) = \frac{1}{(2\pi)^{3/2}} \int \frac{1}{r}\exp\{-\lambda r\} \exp\{-i\mathbf{G}\mathbf{r}\}\, d^{3}r$$
$$= \frac{1}{(2\pi)^{3/2}} \frac{4\pi}{\mathbf{G}^{2}+\lambda^{2}},$$

(E.21)

E.4 Coulomb-Potential

wobei über den dreidimensionalen Ortsraum integriert wird. Innerhalb eines endlichen Volumens V gilt entsprechend die Reihenentwicklung

$$\frac{1}{r}\exp\{-\lambda r\} = \sum_{\mathbf{G}} f(\mathbf{G})\frac{1}{\sqrt{V}}\exp\{i\mathbf{G}\cdot\mathbf{r}\} \qquad (E.22)$$

mit

$$f(\mathbf{G}) = \frac{1}{\sqrt{V}}\int_V \frac{1}{r}\exp\{-\lambda r\}\exp\{-i\mathbf{G}\cdot\mathbf{r}\}\,d^3r.$$

Dabei sind die reziproken Gittervektoren $\mathbf{G}$ durch Gl. (E.6) gegeben und es gilt $(\mathbf{a}_1,\mathbf{a}_2,\mathbf{a}_3) = V$. Für hinreichend großes Volumen V mit $\lambda\sqrt[3]{V} \gg 1$ gilt für $f(\mathbf{G})$ genähert

$$\begin{aligned}f(\mathbf{G}) &= \frac{1}{\sqrt{V}}\int \frac{1}{r}\exp\{-\lambda r\}\exp\{-i\mathbf{G}\cdot\mathbf{r}\}\,d^3r \\ &= \frac{1}{\sqrt{V}}\frac{4\pi}{\mathbf{G}^2+\lambda^2}.\end{aligned} \qquad (E.23)$$

In der Reihenentwicklung Gl. (E.22) bedeutet der Summand $\mathbf{G} = 0$ eine von r unabhängige Konstante, die vom Volumen V abhängt. Im Falle des Coulomb-Potentials mit dem Übergang $\lambda \to 0$ hat die Funktion $g(\mathbf{G})$ nach Gl. (E.21) bei $\mathbf{G} = 0$ eine Singularität, so daß $f(\mathbf{G})$ nach Gl. (E.23) für $\mathbf{G} = 0$ nicht existiert. Befindet sich im Volumen V jedoch zu jeder Punktladung ein weiterer Massenpunkt mit entgegengesetzter Ladung, so heben sich die Singularitäten gegenseitig auf. In diesem Fall erhält man durch den Übergang $\lambda \to 0$ die Fourier-Reihe des Coulomb-Potentials zu

$$\frac{1}{r} = \frac{4\pi}{V}\sum_{\mathbf{G}\neq 0}\frac{1}{\mathbf{G}^2}\exp\{i\mathbf{G}\cdot\mathbf{r}\}. \qquad (E.24)$$

F Fermi-Integral

Zur Berechnung des Fermi-Integrals

$$I = \int_{-\infty}^{\infty} Z(E) f_F(E)\, dE$$

mit der Fermi-Verteilung, vergl. Gl. (8.20)

$$f_F(E) = \frac{1}{\exp\left\{\frac{E-\zeta}{k_B T}\right\} + 1},$$

wird I in eine für tiefe Temperaturen T rasch konvergierende Reihe entwickelt. Dazu nutzt man aus, daß die Ableitung der Fermi-Verteilung

$$\frac{df_F(E)}{dE} = -\frac{1}{k_B T} f(x) \quad \text{mit} \quad x = \frac{E-\zeta}{k_B T},$$

und

$$f(x) = \frac{\exp\{x\}}{\left(\exp\{x\} + 1\right)^2} = \frac{1}{4\cosh^2\left(\frac{x}{2}\right)}$$

eine Glockenkurve ist. Sie ist nur für E in einer Umgebung von $k_B T$ wesentlich von Null verschieden. Es gilt $f(-x) = f(x)$ und $-f(x)$ hat bei 0 ein Maximum $f'(0) = 0$ mit $-f''(0) < 0$. Der Abstand der beiden Wendepunkte von $f(x)$ beträgt

$$\Delta x = 2\ln\left(2 + \sqrt{3}\right)$$

oder

$$\Delta E = 2\ln\left(2 + \sqrt{3}\right) k_B T \approx 2.6\, k_B T.$$

Wir nehmen an, daß das unbestimmte Integral der Funktion $Z(E)$

$$Y(E) = \int_{-\infty}^{E} Z(\varepsilon)\, d\varepsilon \quad \text{mit} \quad Z(E) = \frac{dY(E)}{dE}$$

die Eigenschaft $Y(-\infty) = 0$ besitzt und führen für I eine partielle Integration durch

$$I = Y(E) f_F(E) \Big|_{-\infty}^{\infty} - \int_{-\infty}^{\infty} Y(E) \frac{df_F(E)}{dE}\, dE.$$

F Fermi-Integral

Die Randterme verschwinden wegen $Y(-\infty) = 0$ und $f_F(\infty) = 0$. Setzt man

$$g(x) = Y(\zeta + xk_BT) = \int_{-\infty}^{\zeta+xk_BT} Z(E)\,dE,$$

so folgt für das zu berechnende Integral

$$I = \int_{-\infty}^{\infty} g(x)f(x)\,dx.$$

Da das Integral nur für $|x|$ in der Größenordnung 1 oder kleiner wesentliche Beiträge liefert, wird $g(x)$ in eine Taylor-Reihe entwickelt

$$g(x) = g(0) + xg'(0) + \frac{1}{2}x^2 g''(0) + \frac{1}{3!}x^3 g'''(0) + \ldots$$

und es folgt

$$I = g(0) + \frac{\pi^2}{6}g''(0) + \frac{7\pi^4}{360}g^{iv}(0) + \frac{31\pi^6}{14800}g^{vi}(0) + \ldots$$

□ Zum Beweise beachtet man

$$\int_{-\infty}^{\infty} x^n f(x)\,dx = 0 \quad \text{für} \quad n \quad \text{ungerade}$$

wegen $f(-x) = f(x)$ und

$$\int_{-\infty}^{\infty} x^n f(x)\,dx = \begin{cases} 1 & \text{für } n=0; \\ 2!\pi^2/6 & \text{für } n=2; \\ 4!7\pi^4/360 & \text{für } n=4; \\ 6!31\pi^6/14800 & \text{für } n=6. \end{cases} \blacksquare$$

Mit Hilfe der Definition von $g(x)$ läßt sich die Entwicklung durch $Z(E)$ ausdrücken

$$I = \int_{-\infty}^{\zeta} Z(E)\,dE + \frac{\pi^2}{6}(k_BT)^2 Z'(\zeta) + \frac{7\pi^4}{360}(k_BT)^4 Z'''(\zeta) + \ldots$$

G Integrale mit Gauß-Funktionen

Für eine Gauß-Funktion

$$g(r) = \left(\frac{\alpha}{\pi}\right)^{3/2} \exp\{-\alpha r^2\}$$

gilt

$$\int g(r)\,\mathrm{d}^3r = 4\pi \left(\frac{\alpha}{\pi}\right)^{3/2} \int_0^\infty r^2 \exp\{-\alpha r^2\}\,\mathrm{d}r = 1.$$

G.1 Coulomb-Integral

Zur Berechnung des Integrals

$$\phi(r) = \int \frac{g(r')}{|\mathbf{r}-\mathbf{r}'|}\,\mathrm{d}^3 r' = \left(\frac{\alpha}{\pi}\right)^{3/2} \int \frac{\exp\{-\alpha r'^2\}}{|\mathbf{r}-\mathbf{r}'|}\,\mathrm{d}^3 r'$$

zerlegt man das Coulomb-Potential nach Kugelfunktionen, vergl. Abschn. B.3,

$$\frac{1}{|\mathbf{r}-\mathbf{R}|} = \sum_{l=0}^\infty \frac{r^l}{R^{l+1}} \sqrt{\frac{4\pi}{2l+1}}\, Y_{l0}(\vartheta,0).$$

Dabei weist die Polarachse in Richtung von $\mathbf{r}$ und es ist $|\mathbf{r}| = r < R = |\mathbf{R}|$. Wegen

$$\int Y_{l0}(\vartheta,0) \sin\vartheta\,\mathrm{d}\vartheta\,\mathrm{d}\varphi = \sqrt{4\pi}\,\delta_{l0}$$

erhält man

$$\begin{aligned}\phi(r) &= 4\pi \int_0^r \frac{1}{r} g(r') r'^2\,\mathrm{d}r' + 4\pi \int_r^\infty \frac{1}{r'} g(r') r'^2\,\mathrm{d}r' \\ &= \left(\frac{\alpha}{\pi}\right)^{3/2} \frac{4\pi}{r} \int_0^r r'^2 \exp\{-\alpha r'^2\}\,\mathrm{d}r' \\ &\quad + \left(\frac{\alpha}{\pi}\right)^{3/2} 4\pi \int_r^\infty r' \exp\{-\alpha r'^2\}\,\mathrm{d}r'.\end{aligned}$$

Die Integrale werden mit der Variablentransformation $t = \alpha r'^2$ ausgewertet

$$\int_0^r r'^2 \exp\{-\alpha r'^2\} \, dr' = \frac{1}{2\alpha^{3/2}} \int_0^{\alpha r^2} \sqrt{t} \exp\{-t\} \, dt$$

$$= \frac{1}{2\alpha^{3/2}} \left[-\sqrt{t} \exp\{-t\} \Big|_0^{\alpha r^2} + \frac{1}{2} \int_0^{\alpha r^2} \exp\{-t\} \frac{dt}{\sqrt{t}} \right]$$

$$= -\frac{r^2}{2\alpha} \exp\{-\alpha r^2\} + \frac{1}{2\alpha} \int_0^r \exp\{-\alpha r'^2\} \, dr'$$

und

$$\int_r^\infty r' \exp\{-\alpha r'^2\} \, dr' = \frac{1}{2\alpha} \int_{\alpha r^2}^\infty \exp\{-t\} \, dt = \frac{1}{2\alpha} \exp\{-\alpha r^2\}.$$

Damit ergibt sich

$$\phi(r) = \left(\frac{\alpha}{\pi}\right)^{3/2} \int \frac{\exp\{-\alpha r'^2\}}{|\mathbf{r} - \mathbf{r}'|} \, d^3 r' = \frac{1}{r} \operatorname{erf}\{\sqrt{\alpha}\, r\}$$

mit dem Fehlerintegral

$$\operatorname{erf}\{r\} = \frac{2}{\sqrt{\pi}} \int_0^r \exp\{-x^2\} \, dx.$$

G.2 Hartree-Integral

Zur Berechnung des Integrals

$$H_{IJ} = \int \frac{g_I(|\mathbf{r} - \mathbf{R}_I|) g_J(|\mathbf{r}' - \mathbf{R}_J|)}{|\mathbf{r} - \mathbf{r}'|} \, d^3 r \, d^3 r'$$

für $I \neq J$ mit

$$g_I(|\mathbf{r} - \mathbf{R}_I|) = \left(\frac{\alpha_I}{\pi}\right) \exp\{-\alpha_I |\mathbf{r} - \mathbf{R}_I|^2\}$$

setzen wir $\mathbf{x} = \mathbf{r} - \mathbf{R}_I$, $\mathbf{y} = \mathbf{r}' - \mathbf{R}_J$, $\mathbf{R}_{JI} = \mathbf{R}_J - \mathbf{R}_I$, $R_{JI} = |\mathbf{R}_{JI}|$, und erhalten

$$H_{IJ} = \frac{(\alpha_I \alpha_J)^{3/2}}{\pi^3} \int \frac{\exp\{-\alpha_I \mathbf{x}^2\} \exp\{-\alpha_J \mathbf{y}^2\}}{|\mathbf{x} - \mathbf{y} - \mathbf{R}_{JI}|} \, d^3 x \, d^3 y.$$

Mit Hilfe der Transformation der Variablen

$$\mathbf{u} = \mathbf{x} - \mathbf{y} \quad \text{und} \quad \mathbf{v} = \alpha_I \mathbf{x} + \alpha_J \mathbf{y}$$

erhält man wegen

$$\alpha_I \mathbf{x}^2 + \alpha_J \mathbf{y}^2 = \frac{\alpha_I \alpha_J}{\alpha_I + \alpha_J} \mathbf{u}^2 + \frac{1}{\alpha_I + \alpha_J} \mathbf{v}^2$$

und

$$d^3 u\, d^3 v = (\alpha_I + \alpha_J)^3 d^3 x\, d^3 y$$

das Integral in der Form

$$H_{IJ} = \frac{(\alpha_I \alpha_J)^{3/2}}{\pi^3} \int \frac{\exp\left\{-\frac{\alpha_I \alpha_J}{\alpha_I + \alpha_J} \mathbf{u}^2\right\} \exp\left\{-\frac{1}{\alpha_I + \alpha_J} \mathbf{v}^2\right\}}{|\mathbf{u} - \mathbf{R}_{JI}|(\alpha_I + \alpha_J)^3} d^3 u\, d^3 v.$$

Auswerten des Integrals über $d^3 v$ liefert

$$\int \exp\left\{-\frac{\mathbf{v}^2}{\alpha_I + \alpha_J}\right\} d^3 v = \pi^{3/2} (\alpha_I + \alpha_J)^{3/2}$$

und man erhält

$$H_{IJ} = \left(\frac{\gamma_{IJ}}{\pi}\right)^{3/2} \int \frac{\exp\left\{-\gamma_{IJ} \mathbf{u}^2\right\}}{|\mathbf{u} - \mathbf{R}_{IJ}|} d^3 u$$

mit

$$\gamma_{IJ} = \frac{\alpha_I \alpha_J}{\alpha_I + \alpha_J}.$$

Mit Hilfe des Integrals vom Abschn. G.1 ergibt sich schließlich

$$H_{IJ} = \frac{1}{|\mathbf{R}_I - \mathbf{R}_J|} \operatorname{erf}\left\{|\mathbf{R}_I - \mathbf{R}_J|\sqrt{\gamma_{IJ}}\right\}.$$

Im Falle $I = J$ beachtet man mit der Regel von L'Hospital

$$\lim_{x \to 0} \frac{1}{x} \operatorname{erf}\{x\} = \lim_{x \to 0} \frac{d}{dx} \operatorname{erf}\{x\} = \frac{2}{\sqrt{\pi}}$$

und erhält

$$H_{II} = \int \frac{g_I(|\mathbf{r} - \mathbf{R}_I|) g_I(|\mathbf{r}' - \mathbf{R}_I|)}{|\mathbf{r} - \mathbf{r}'|} d^3 r\, d^3 r' = \sqrt{\frac{2\alpha_I}{\pi}}.$$

H Lorentz-Kraft

Die Maxwell-Gleichungen für elektromagnetische Felder lauten

$$\nabla \times \mathbf{E} = -\frac{\partial \mathbf{B}}{\partial t}$$
$$\nabla \times \mathbf{H} = \frac{\partial \mathbf{D}}{\partial t} + \mathbf{j} \quad \text{mit}$$
$$\nabla \cdot \mathbf{D} = \rho$$
$$\nabla \cdot \mathbf{B} = 0$$

$$\mathbf{D} = \varepsilon_0 \mathbf{E}$$
$$\mathbf{B} = \mu_0 \mathbf{H}$$
$$\frac{1}{c^2} = \varepsilon_0 \mu_0.$$

Hier bezeichnen $\mathbf{E}$ und $\mathbf{H}$ die elektrische und magnetische Feldstärke, $\mathbf{B}$ die magnetische Induktion, $\mathbf{D}$ die dielektrische Verschiebung, $\rho(\mathbf{r},t)$ die Ladungsdichte und $\mathbf{j}(\mathbf{r},t)$ die elektrische Stromdichte. Ferner bezeichnet c die Lichtgeschwindigkeit im Vakuum, sowie ε_0 und μ_0 die elektrische bzw. magnetische Feldkonstante. Aus der Invarianz der Maxwell-Gleichungen gegenüber Lorentz-Transformationen ergibt sich, daß auf einen geladenen Massenpunkt der Masse m, der Ladung e und der Geschwindigkeit $\mathbf{v}$ mit $|\mathbf{v}| \ll c$ im elektromagnetischen Feld die Lorentz-Kraft

$$\mathbf{F}_\mathrm{L} = e(\mathbf{E} + \mathbf{v} \times \mathbf{B})$$

ausgeübt wird. Die Felder $\mathbf{B}(\mathbf{r},t)$ und $\mathbf{E}(\mathbf{r},t)$ lassen sich durch die elektrodynamischen Potentiale $\mathbf{A}(\mathbf{r},t)$ und $\phi(\mathbf{r},t)$ ausdrücken [1]

$$\mathbf{B} = \nabla \times \mathbf{A} \quad \text{und} \quad \mathbf{E} = -\nabla \phi - \dot{\mathbf{A}}$$

und die Lorentz-Konvention lautet

$$\frac{1}{c^2}\dot{\phi} + \nabla \cdot \mathbf{A} = 0.$$

Die Lorentz-Kraft ist nicht konservativ, läßt sich aber im Rahmen der klassischen Mechanik mit Hilfe der Lagrange-Funktion

$$L(\mathbf{r},\dot{\mathbf{r}}) = \frac{m}{2}\dot{\mathbf{r}}^2 + e\dot{\mathbf{r}} \cdot \mathbf{A} - e\phi$$

behandeln. Anwenden der Euler-Lagrange-Gleichung

$$\frac{\mathrm{d}}{\mathrm{d}t}\frac{\partial L}{\partial \dot{\mathbf{r}}} - \frac{\partial L}{\partial \mathbf{r}} = 0$$

---

[1] Der Punkt steht für die partielle Ableitung nach der Zeit.

liefert
$$\frac{\partial L}{\partial \dot{\mathbf{r}}} = m\dot{\mathbf{r}} + e\mathbf{A} \quad \text{und} \quad \frac{\partial L}{\partial \mathbf{r}} = \nabla L = e\nabla \dot{\mathbf{r}} \cdot \mathbf{A} - e\nabla \phi,$$
so daß die Bewegungsgleichung mit der Lorentz-Kraft
$$m\ddot{\mathbf{r}} + e\dot{\mathbf{r}} \cdot \nabla \mathbf{A} + e\dot{\mathbf{A}} - e\nabla \dot{\mathbf{r}} \cdot \mathbf{A} + e\nabla \phi = 0$$
oder
$$m\ddot{\mathbf{r}} - e\dot{\mathbf{r}} \times (\nabla \times \mathbf{A}) + e\dot{\mathbf{A}} + e\nabla \phi = 0$$
oder
$$m\ddot{\mathbf{r}} = e(\dot{\mathbf{r}} \times \mathbf{B} + \mathbf{E})$$
resultiert. Der zu **r** kanonisch konjugierte Impuls **p** ist
$$\mathbf{p} = \frac{\partial L}{\partial \dot{\mathbf{r}}} = m\dot{\mathbf{r}} + e\mathbf{A}$$
und die Legendre-Transformation ergibt
$$\begin{aligned} H(\mathbf{r},\mathbf{p}) &= \dot{\mathbf{r}} \cdot \mathbf{p} - L(\mathbf{r},\dot{\mathbf{r}}) \\ &= m\dot{\mathbf{r}}^2 + e\dot{\mathbf{r}} \cdot \mathbf{A} - \frac{m}{2}\dot{\mathbf{r}}^2 - e\dot{\mathbf{r}} \cdot \mathbf{A} + e\phi \\ &= \frac{1}{2}m\dot{\mathbf{r}}^2 + e\phi \end{aligned}$$
und man erhält die Hamilton-Funktion
$$H(\mathbf{r},\mathbf{p}) = \frac{1}{2m}(\mathbf{p} - e\mathbf{A})^2 + e\phi.$$
Die Hamilton-Gleichungen
$$\dot{\mathbf{r}} = \frac{\partial H}{\partial \mathbf{p}} \quad \text{und} \quad \dot{\mathbf{p}} = -\frac{\partial H}{\partial \mathbf{r}} = -\nabla H$$
liefern damit
$$\dot{\mathbf{r}} = \frac{1}{m}(\mathbf{p} - e\mathbf{A})$$
und
$$\begin{aligned} \dot{\mathbf{p}} &= \frac{e}{m}(\nabla \mathbf{A}) \cdot (\mathbf{p} - e\mathbf{A}) - e\nabla \phi \\ &= e(\nabla \mathbf{A}) \cdot \dot{\mathbf{r}} - e\nabla \phi. \end{aligned}$$
Eliminiert man den Impuls durch Differenzieren der ersten Gleichung
$$\dot{\mathbf{p}} = \frac{\mathrm{d}}{\mathrm{d}t}(m\dot{\mathbf{r}} + e\mathbf{A}) = m\ddot{\mathbf{r}} + e\dot{\mathbf{r}} \cdot \nabla \mathbf{A} + e\dot{\mathbf{A}},$$
so erhält man durch Vergleich mit der zweiten Gleichung
$$\begin{aligned} m\ddot{\mathbf{r}} &= -e\dot{\mathbf{r}} \cdot \nabla \mathbf{A} - e\dot{\mathbf{A}} + e(\nabla \mathbf{A}) \cdot \dot{\mathbf{r}} - e\nabla \phi \\ &= e\dot{\mathbf{r}} \times (\nabla \times \mathbf{A}) - e\dot{\mathbf{A}} - e\nabla \phi \\ &= e(\dot{\mathbf{r}} \times \mathbf{B} + \mathbf{E}) \end{aligned}$$
wiederum die Bewegungsgleichung mit der Lorentz-Kraft.

I Gruppentheorie

Es sind nur wenige Eigenschaften endlicher Gruppen in Zusammenhang mit der Darstellungstheorie und den Anwendungen in der Quantenmechanik zusammengestellt.

I.1 Grundlagen

I.1.1 Axiome

Eine Menge von Elementen $\mathcal{G} = \{a, b, \ldots\} \neq \emptyset$, die nicht die Nullmenge ist, heißt Gruppe, wenn jedem geordneten Paar von zwei Elementen ein Element zugeordnet wird $ab = c \in \mathcal{G}$, und diese Verknüpfung die Eigenschaften erfüllt:
1) Es gilt das Assoziativgesetz: $(ab)c = a(bc)$.
2) Die Menge enthält das Einselement e mit der Eigenschaft $ea = a \quad \forall\, a \in \mathcal{G}$.
3) Zu jedem $a \in \mathcal{G}$ enthält $\mathcal{G}$ ein Inverses a^{-1} mit $a^{-1}a = e$.

Dann gilt auch $ae = a$ und $aa^{-1} = e$ und es gibt nur ein Einselement und zu jedem a nur ein Inverses. Ferner gilt $(ab)^{-1} = b^{-1}a^{-1}$ und die Gleichung $ax = b$ hat die eindeutige Lösung $x = a^{-1}b$. Ist die Verknüpfung kommutativ, d.h. gilt für alle Paare $ab = ba$, so heißt die Gruppe auch Abelsche Gruppe. Endliche Gruppen haben endlich viele Elemente und ihre Anzahl heißt Ordnung der Gruppe. Lie-Gruppen sind Gruppen, deren Elemente kontinuierlich von n Parametern abhängen und n ist die Ordnung der kontinuierlichen Gruppe.

I.1.2 Beispiele

Die Menge der Permutationen von n Elementen $\mathcal{S}_n$ heißt Permutationsgruppe oder Symmetrische Gruppe. Die $n!$ Elemente schreiben wir in der Form
$$\begin{pmatrix} 1 & 2 & \ldots & n \\ a_1 & a_2 & \ldots & a_n \end{pmatrix} \quad \text{mit} \quad a_j \in \{1, 2, \ldots n\} \quad \text{und} \quad a_i \neq a_j,$$
wobei es auf die Reihenfolge der Spalten nicht ankommt. Die Verknüpfung ist definiert durch
$$\begin{pmatrix} 1 & 2 & \ldots & n \\ a_1 & a_2 & \ldots & a_n \end{pmatrix} \begin{pmatrix} 1 & 2 & \ldots & n \\ b_1 & b_2 & \ldots & b_n \end{pmatrix} = \begin{pmatrix} b_1 & b_2 & \ldots & b_n \\ a_{b_1} & a_{b_2} & \ldots & a_{b_n} \end{pmatrix} \begin{pmatrix} 1 & 2 & \ldots & n \\ b_1 & b_2 & \ldots & b_n \end{pmatrix}$$
$$= \begin{pmatrix} 1 & 2 & \ldots & n \\ a_{b_1} & a_{b_2} & \ldots & a_{b_n} \end{pmatrix}.$$

Das Einselement ist
$$\begin{pmatrix} 1\,2\,\ldots\,n \\ 1\,2\,\ldots\,n \end{pmatrix}$$
und das Inverse ist
$$\begin{pmatrix} 1 & 2 & \ldots & n \\ a_1 & a_2 & \ldots & a_n \end{pmatrix}^{-1} = \begin{pmatrix} a_1 & a_2 & \ldots & a_n \\ 1 & 2 & \ldots & n \end{pmatrix}.$$

Die endliche Gruppe $\mathcal{D}_4$ beschreibt die Symmetrieoperationen eine Säule mit quadratischer Grundfläche. Ist a eine Drehung um die z-Achse um den Winkel $\pi/2$ und b eine Drehung um die x-Achse um π, so wird die Gruppe durch die zwei Elemente a, b erzeugt, indem man setzt

$$a^4 = e = b^2 \quad \text{und} \quad bab = a^3.$$

Die Gruppe hat die Ordnung acht und besteht aus den Elementen

$$\mathcal{D}_4 = \{e, a, a^2, a^3, b, ab, a^2 b, a^3 b\}.$$

Die Menge der komplexen Matrizen A der Dimension n mit $\det A = 1$ heißt spezielle lineare Gruppe $SL(n)$. Sie ist eine kontinuierliche Gruppe mit $2n^2 - 2$ reellen Parametern.

Die Menge der Transformationen A des Ortsvektors $\mathbf{r}$ im dreidimensionalen Ortsraum, die $|A\mathbf{r}| = |\mathbf{r}|$ erfüllen, führt die Oberfläche der Einheitskugel in sich über und heißt auch Drehgruppe. Sie ist die Gruppe der reellen orthogonalen Matrizen der Dimension drei, die $A^T = A^{-1}$ erfüllen [1]. Die kontinuierliche Gruppe besitzt drei Parameter und heißt orthogonale Gruppe $O(3)$. Sie läßt sich aus der speziellen orthogonalen Gruppe der eigentlichen Drehungen $SO(3)$ und der Inversionsgruppe $\mathcal{I} = \{\mathcal{E}, -\mathcal{E}\}$ als Produktgruppe $O(3) = SO(3) \times \mathcal{I}$ bilden. Allgemeiner ist die unitäre Gruppe $U(n)$ die Gruppe der komplexen $n \times n$-Matrizen, die $A^+ = A^{-1}$ erfüllen [1], vergl. auch Abschn. I.8.

I.1.3 Eigenschaften endlicher Gruppen

Wir betrachten im Folgenden die endlichen Symmetriegruppen, die Untergruppen der Symmetrischen Gruppe sind. Bildet man die Potenzen eines Elementes, so heißt die kleinste Zahl k mit $a^k = e$ Ordnung des Elementes a. Eine Gruppe $\mathcal{G} = \{a, b, \ldots\}$ kann auch durch Angabe aller Verknüpfungen mit Hilfe der Gruppentafel definiert werden

$\mathcal{G}$	e	a	b	$\cdots$
e	e	a	b	$\cdots$
a	a	a^2	ab	$\cdots$
b	b	ba	b^2	$\cdots$
$\vdots$	$\vdots$	$\vdots$	$\vdots$	

(I.1)

---

[1] Der Index T bezeichnet die transponierte Matrix und $+$ die adjungierte Matrix.

I.1 Grundlagen 611

In jeder Zeile und in jeder Spalte kommt dann jedes Element genau einmal vor, denn aus der Gleichung $ab = ac$ folgt notwendig $b = c$. Ist $\mathcal{G}$ eine Gruppe, so heißt $\mathcal{F} \subset \mathcal{G}$ Untergruppe, wenn $\mathcal{F}$ bezüglich derselben Verknüpfung selbst eine Gruppe ist. Alle Potenzen a^ν eines Elementes bilden eine Untergruppe, die eine Abelsche Gruppe ist. Ist n_F die Ordnung der Untergruppe $\mathcal{F}$ und n die Ordnung von $\mathcal{G}$, so ist n_F ein Teiler von n.

Die Abbildung einer Gruppe $\mathcal{G}$ auf eine Gruppe $\mathcal{G}'$ heißt homomorph $\mathcal{G} \to \mathcal{G}'$, wenn die Abbildung der Elemente $a \to a'$ injektiv ist und wenn $ab \to a'b'$ gilt. Die Abbildung heißt isomorph $\mathcal{G} \leftrightarrow \mathcal{G}'$, wenn die Abbildung der Elemente bijektiv ist. Isomorphe Gruppen werden als äquivalent bezeichnet und haben dieselbe Gruppentafel.

Jede endliche Gruppe der Ordnung n ist einer Untergruppe der Permutationsgruppe $\mathcal{S}_n$ äquivalent.

□ Zum Beweis sei $\mathcal{G} = \{a_1, a_2, \ldots a_n\}$ und $b \in \mathcal{G}$, so gilt $\mathcal{G} = \{ba_1, ba_2, \ldots ba_n\}$ und ebenso für $c \in \mathcal{G}$. Wir treffen dann die Zuordnungen

$$b \leftrightarrow \pi_b = \begin{pmatrix} a_1 & a_2 & \ldots & a_n \\ ba_1 & ba_2 & \ldots & ba_n \end{pmatrix} \quad ; \quad c \leftrightarrow \pi_c = \begin{pmatrix} a_1 & a_2 & \ldots & a_n \\ ca_1 & ca_2 & \ldots & ca_n \end{pmatrix}$$

und es gilt

$$\pi_b \pi_c = \begin{pmatrix} ca_1 & ca_2 & \ldots & ca_n \\ bca_1 & bca_2 & \ldots & bca_n \end{pmatrix} \begin{pmatrix} a_1 & a_2 & \ldots & a_n \\ ca_1 & ca_2 & \ldots & ca_n \end{pmatrix}$$
$$= \begin{pmatrix} a_1 & a_2 & \ldots & a_n \\ bca_1 & bca_2 & \ldots & bca_n \end{pmatrix} = \pi_{bc},$$

woraus sich auch die übrigen Eigenschaften ableiten lassen. ∎

Zwei Elemente $a, b \in \mathcal{G}$ heißen konjugiert, wenn ein $x \in \mathcal{G}$ existiert, so daß $b = xax^{-1}$ gilt. Bildet man zu jedem Element $a \in \mathcal{G}$ die Klasse konjugierter Gruppenelemente

$$\mathcal{K}(a) = \{xax^{-1} | x \in \mathcal{G}\}, \tag{I.2}$$

so haben zwei Klassen entweder kein gemeinsames Element oder sie sind gleich. In einer Klasse haben alle Elemente die gleiche Ordnung. Eine Gruppe wird also vollständig in Klassen konjugierter Gruppenelemente aufgeteilt.

Zum Beispiel besitzt die Gruppe $\mathcal{D}_4$ fünf Klassen konjugierter Gruppenelemente

$$\mathcal{K}_1 = \{e\} \quad ; \quad \mathcal{K}_2 = \{a, a^3\} \quad ; \quad \mathcal{K}_3 = \{a^2\}$$
$$\mathcal{K}_4 = \{b, a^2 b\} \quad ; \quad \mathcal{K}_5 = \{ab, a^3 b\}.$$

Seien $\mathcal{G}_1, \mathcal{G}_2$ zwei Gruppen, dann wird die Produktgruppe $\mathcal{G} = \mathcal{G}_1 \times \mathcal{G}_2$ folgendermaßen definiert: Elemente $g \in \mathcal{G}$ sind die geordneten Paare $g = (g_1, g_2)$ mit $g_1 \in \mathcal{G}_1$ und $g_2 \in \mathcal{G}_2$ mit der Verknüpfung

$$gg' = (g_1, g_2)(g_1', g_2') = (g_1 g_1', g_2 g_2').$$

Das Einselement ist $e = (e_1, e_2)$ und das Inverse ist $g^{-1} = (g_1, g_2)^{-1} = (g_1^{-1}, g_2^{-1})$.

I.2 Darstellungen

In einem Hilbert-Raum $\mathcal{H}$ heißt T ein linearer und beschränkter Operator, wenn gilt

$$T\psi = \phi \quad \forall \psi \in \mathcal{H}$$
$$T(\alpha\phi + \beta\psi) = \alpha T\phi + \beta T\psi \quad \text{mit} \quad \alpha, \beta \in \mathcal{C}$$
$$\|T\psi\| \leq c\|\psi\| \quad \forall \psi \in \mathcal{H}$$

mit $\phi, \psi \in \mathcal{H}$ und α, β komplexen Zahlen sowie einer reellen positiven Zahl c. Sei $\mathcal{G} = \{a, b, \ldots\}$ eine Gruppe, dann heißt die homomorphe Abbildung

$$\mathcal{G} \to \mathcal{T} = \{T_a, T_b, \ldots\}$$

auf eine Gruppe $\mathcal{T}$ linearer beschränkter Operatoren in $\mathcal{H}$ eine Darstellung von $\mathcal{G}$, wenn gilt

$$T_a T_b = T_{ab} \quad \text{und} \quad T_e = 1.$$

Es folgt daraus $T_{a^{-1}} = T_a^{-1}$. Die Darstellung heißt unitär, wenn alle Operatoren T_a der Gruppe $\mathcal{T}$ unitär sind $T_a^+ = T_a^{-1}$. Die Darstellung heißt treu, wenn es sich um eine isomorphe Abbildung handelt und trivial, wenn für alle $a \in \mathcal{G}$ $T_a = 1$ gilt.

Wählt man im Hilbert-Raum $\mathcal{H}$ ein vollständiges Orthonormalsystem oder auch Basis $|j\rangle$, so kann man die Operatorengruppe $\mathcal{T}$ isomorph auf eine Matrizengruppe Γ durch die Abbildungsvorschrift

$$\Gamma = \{M_a, M_b, \ldots\} \quad \text{mit} \quad M_a = (\langle j|T_a|k\rangle)$$

abbilden und es gilt $\mathcal{G} \to \mathcal{T} \leftrightarrow \Gamma$.

□ Zum Beweise bestimmen wir die Matrizenmultiplikation als Verknüpfungsvorschrift

$$M_{ab} = (\langle j|T_{ab}|k\rangle) = (\langle j|T_a T_b|k\rangle) = \left(\sum_l \langle j|T_a|l\rangle\langle l|T_b|k\rangle\right) = M_a M_b,$$

wobei wir von der Vollständigkeitsbeziehung $\sum_l |l\rangle\langle l| = 1$ nach Gl. (A.3) Gebrauch gemacht haben. ∎

Wird durch eine unitäre Transformation $U = (u_{jk})$ mit $U^+ = U^{-1}$ eine andere Basis gewählt

$$|\varphi_k\rangle = \sum_j |j\rangle u_{jk},$$

so ergeben sich die Darstellungsmatrizen in der anderen Basis durch die unitäre Transformation

$$N_a = (\langle\varphi_k|T_a|\varphi_l\rangle) = \left(\sum_{i,j} u_{ik}^* \langle i|T_a|j\rangle u_{jl}\right) = U^+ M_a U.$$

Bei unitären Darstellungen sind alle Matrizen unitär $M_a^+ = M_a^{-1}$ und die Gruppe Γ heißt auch unitäre Matrixdastellung. Eine n-dimensionale orthogonale Matrixdarstellung $O(n)$ ist eine homomorphe Abbildung einer Gruppe auf eine Gruppe reeller orthogonaler $n \times n$-Matrizen, die $M_a^T = M_a^{-1} \quad \forall a \in \mathcal{G}$ erfüllen.

Zum Beispiel ist eine orthogonale Matrixdarstellung der Gruppe $\mathcal{D}_4$ gegeben durch

$$M_a = \begin{pmatrix} 0 & -1 & 0 \\ 1 & 0 & 0 \\ 0 & 0 & 1 \end{pmatrix} \quad ; \quad M_b = \begin{pmatrix} 1 & 0 & 0 \\ 0 & -1 & 0 \\ 0 & 0 & -1 \end{pmatrix}.$$

Die Matrizen erfüllen die Bedingungen $M_a^4 = M_b^2 = \mathcal{E}$ mit der Einheitsmatrix $\mathcal{E}$ und $M_b M_a M_b = M_a^3$ sowie $M_a^T = M_a^{-1}$, $M_b^T = M_b^{-1}$. Die Darstellung ist treu, weil alle acht Matrizen voneinander verschieden sind.

Zwei Darstellungen $\mathcal{T} = \{T_a, T_b, \ldots\}$ in $\mathcal{H}$ und $\mathcal{T}' = \{T_a', T_b', \ldots\}$ in $\mathcal{H}'$ der Gruppe $\mathcal{G} = \{a, b, \ldots\}$ heißen äquivalent $\mathcal{T} \sim \mathcal{T}'$, wenn ein beschränkter linearer Operator S existiert, der eine isomorphe Abbildung vermittelt $ST_a = T_a' S$.

Sei $\mathcal{H}_1 \subset \mathcal{H}$ ein eigentlicher Teil-Hilbert-Raum mit $\mathcal{H}_1 \neq \emptyset$ und $\mathcal{H}_1 \neq \mathcal{H}$ und $\mathcal{T} = \{T_a, T_b, \ldots\}$ eine Darstellung der Gruppe $\mathcal{G} = \{a, b, \ldots\}$, dann heißt $\mathcal{H}_1$ invariant gegenüber $\mathcal{G}$, wenn für alle $\psi \in \mathcal{H}_1$ und alle $a \in \mathcal{G}$ gilt $T_a \psi \in \mathcal{H}_1$. Die Operatoren T_a führen also aus $\mathcal{H}_1$ nicht heraus oder bilden $\mathcal{H}_1$ in sich ab.

Eine Darstellung $\mathcal{T}$ von $\mathcal{G}$ in $\mathcal{H}$ heißt irreduzibel, wenn $\mathcal{H}$ keinen eigentlichen invarianten Unterraum besitzt, im anderen Fall reduzibel.

Seien $\mathcal{T}^{(\lambda)} = \{T_a^{(\lambda)}, T_b^{(\lambda)}, \ldots\}$ mit $\lambda = 1, 2, \ldots n$ irreduzible Darstellungen der Gruppe $\mathcal{G} = \{a, b, \ldots\}$ in Hilbert-Räumen $\mathcal{H}_\lambda$, dann vermittelt $\mathcal{T} = \{T_a, T_b, \ldots\}$ mit $T_a = \sum_{\lambda=1}^{n} \oplus T_a^{(\lambda)}$ eine reduzible Darstellung im Hilbert-Raum $\mathcal{H}$, der die orthogonale Summe der Hilbert-Räume $\mathcal{H}_\lambda$ ist: $\mathcal{H} = \sum_{\lambda=1}^{n} \oplus \mathcal{H}_\lambda$. Dazu führen wir in den $\mathcal{H}_\lambda$ Basen ein und betrachten die Matrizendarstellungen

$$\Gamma_\lambda = \{M_a^{(\lambda)}, M_b^{(\lambda)}, \ldots\}.$$

Dann hat nach Konstruktion die Matrix M_a von T_a in $\mathcal{H}$ die Form einer Stufenmatrix

$$M_a = \begin{pmatrix} M_a^{(1)} & 0 & \cdots & 0 \\ 0 & M_a^{(2)} & \cdots & 0 \\ \vdots & \vdots & \ddots & \vdots \\ 0 & 0 & \cdots & M_a^{(n)} \end{pmatrix}$$

und es gilt die Verknüpfung

$$M_{ab} = \begin{pmatrix} M_{ab}^{(1)} & 0 & \cdots & 0 \\ 0 & M_{ab}^{(2)} & \cdots & 0 \\ \vdots & \vdots & \ddots & \vdots \\ 0 & 0 & \cdots & M_{ab}^{(n)} \end{pmatrix}$$

$$= \begin{pmatrix} M_a^{(1)} M_b^{(1)} & 0 & \cdots & 0 \\ 0 & M_a^{(2)} M_b^{(2)} & \cdots & 0 \\ \vdots & \vdots & \ddots & \vdots \\ 0 & 0 & \cdots & M_a^{(n)} M_b^{(n)} \end{pmatrix}$$

beziehungsweise

$$M_{ab} = \begin{pmatrix} M_a^{(1)} & 0 & \cdots & 0 \\ 0 & M_a^{(2)} & \cdots & 0 \\ \vdots & \vdots & \ddots & \vdots \\ 0 & 0 & \cdots & M_a^{(n)} \end{pmatrix} \begin{pmatrix} M_b^{(1)} & 0 & \cdots & 0 \\ 0 & M_b^{(2)} & \cdots & 0 \\ \vdots & \vdots & \ddots & \vdots \\ 0 & 0 & \cdots & M_b^{(n)} \end{pmatrix}$$
$$= M_a M_b.$$

Entsprechend beweist man die Gruppenaxiome. Der Hilbert-Raum $\mathcal{H}$ ist reduzibel und zerfällt in invariante Unterräume. Eine solche Darstellung heißt vollständig reduzibel. Bei einem Wechsel der Basis, bzw. bei einer unitären Transformation der Darstellungsmatrizen, verlieren sie ihre Blockdiagonalgestalt und man sieht ihnen nicht mehr an, daß sie reduzibel sind.

Eine endlich dimensionale, unitäre und reduzible Darstellung ist vollständig reduzibel.

□ Zum Beweis sei $\mathcal{H}_1 \subset \mathcal{H}$ ein invarianter Unterraum, dann ist das orthogonale Komplement $\mathcal{H}_\perp = \mathcal{H} \ominus \mathcal{H}_1$ ebenfalls invariant. Sei etwa $\psi \in \mathcal{H}_1$ und $\phi \in \mathcal{H}_\perp$, dann gilt für alle $a \in \mathcal{G}$

$$\langle \psi | T_a | \phi \rangle = \langle T_a^+ \psi | \phi \rangle = \langle T_{a^{-1}} \psi | \phi \rangle = 0,$$

weil $T_{a^{-1}} \psi \in \mathcal{H}_1$ orthogonal zu $\mathcal{H}_\perp$ ist. Ist dann $\mathcal{H}_\perp$ reduzibel, verfährt man weiter so, bis $\mathcal{H}$ ausgeschöpft ist. ∎

I.2.1 Lemma von Schur

Grundlage für die Anwendung der Gruppentheorie in der Quantenmechanik ist der folgende Satz.

Lemma von Schur. *Seien $\mathcal{T} = \{T_a, T_b, \ldots\}$ und $\mathcal{T}' = \{T'_a, T'_b, \ldots\}$ zwei unitäre irreduzible Darstellungen der Gruppe $\mathcal{G} = \{a, b, \ldots\}$ in den Hilbert-Räumen $\mathcal{H}$ bzw. $\mathcal{H}'$ und S eine lineare beschränkte Abbildung von $\mathcal{H}$ nach $\mathcal{H}'$ mit $ST_a = T'_a S$ $\forall\, a \in \mathcal{G}$, dann ist entweder $S = 0$ oder S ein Isomorphismus, d.h. die Darstellung $\mathcal{T}$ und $\mathcal{T}'$ sind äquivalent $\mathcal{T} \sim \mathcal{T}'$ und es existiert S^{-1}.*

□ Ist $\phi \in \mathcal{H}$, so gilt $\phi' = S\phi \in \mathcal{H}'$. Sei dann $\psi' \in \mathcal{H}'$, so gilt

$$\langle \phi' | \psi' \rangle = \langle S\phi | \psi' \rangle = \langle \phi | S^+ \psi' \rangle$$

und S^+ bildet $\mathcal{H}'$ nach $\mathcal{H}$ ab. Dann ist $V = S^+ S$ ein selbstadjungierter Operator in $\mathcal{H}$, der mit den T_a vertauschbar ist $VT_a = T_a V$, denn wegen $T_a^+ = T_a^{-1}$ gilt $T'^+_a S = ST_a^+$ und $S^+ T'_a = T_a S^+$, und daraus folgt

$$S^+ S T_a = S^+ T'_a S = T_a S^+ S.$$

V ist ferner positiv definit, denn für alle $\phi \in \mathcal{H}$ gilt

$$\langle \phi | S^+ S | \phi \rangle = \langle S\phi | S\phi \rangle \geq 0.$$

Sei λ das reelle Spektrum von V mit den Eigenfunktionen $|\lambda\rangle \in \mathcal{H}$ und $E(\lambda)$ die Projektionsoperatoren auf die Eigenfunktionen, dann lautet die Spektraldarstellung $V = \int \lambda \, dE(\lambda)$ und aus $VT_a = T_a V$ folgt $T_a E(\lambda) = E(\lambda) T_a$ $\forall a \in \mathcal{G}$. Also ist jeder abgeschlossene Unterraum $\mathcal{H}_\lambda = E(\lambda)\mathcal{H}$ ein invarianter Unterraum, denn es gilt

$$T_a \mathcal{H}_\lambda = T_a E(\lambda) \mathcal{H} = E(\lambda) T_a \mathcal{H} \subseteq \mathcal{H}_\lambda.$$

Da $\mathcal{H}$ nach Voraussetzung irreduzibel ist, muß $\mathcal{H}_\lambda$ entweder $\emptyset$ oder $\mathcal{H}$ sein, d.h. $E(\lambda) = 1 \; \forall \lambda$ bzw. $V = \lambda 1$. Entsprechend gilt für $U = SS^+$ auch $UT_a' = T_a' U$ mit der Folge $U = \mu 1'$. Dann gilt

$$SS^+S = SV = \lambda S = US = \mu S$$

und es ist entweder $S = 0$ oder $\lambda = \mu$.

Im Falle $S \neq 0$ sei $W = S/\sqrt{\lambda}$ mit $W^+W = S^+S/\lambda = 1$ und $WW^+ = 1'$. Somit gilt für alle $a \in \mathcal{G}$ $WT_a = T_a' W$ mit $T_a = W^+ T_a' W$ und $T_a' = W T_a W^+$. Damit stellt S bzw. W einen Isomorphismus dar und die beiden Darstellungen sind äquivalent $\mathcal{T} = \mathcal{T}'$. ∎

Korollar zum Lemma von Schur. *Ist ein Operator S in $\mathcal{H}$ mit allen Operatoren T_a einer irreduziblen unitären Darstellung $\mathcal{T} = \{T_a, T_b, \ldots\}$ der Gruppe $\mathcal{G} = \{a, b, \ldots\}$ vertauschbar, so ist er ein Vielfaches des Einheitsoperators $S = \lambda 1$.*

□ Für $S \neq 0$ folgt aus dem Lemma von Schur, daß S^{-1} existiert, und ferner aus $ST_a = T_a S$ folgt auch $T_a S^+ = S^+ T_a$. Die beiden selbstadjungierten Operatoren

$$S_1 = \frac{1}{2}(S + S^+) \quad \text{und} \quad S_2 = \frac{1}{2i}(S - S^+)$$

erfüllen $S_1 T_a = T_a S_1$ bzw. $S_2 T_a = T_a S_2$ und wegen $S_1^2 = S_1 S_1^+$ bzw. $S_2^2 = S_2 S_2^+$ gilt nach dem Lemma von Schur $S_1^2 = \lambda_1 1$ bzw. $S_2^2 = \lambda_2 1$ und man erhält

$$S = (S_1 + iS_2) = (\sqrt{\lambda_1} + i\sqrt{\lambda_2})1 = \lambda 1.$$

Im Falle $S = 0$ gilt der Satz ebenfalls mit $\lambda = 0$. ∎

Satz von Schur-Auerbach. *Jede Darstellung $\mathcal{T} = \{T_a, T_b, \ldots\}$ einer endlichen Gruppe $\mathcal{G} = \{a, b, \ldots\}$ der Ordnung n in $\mathcal{H}$ ist einer unitären Darstellung äquivalent.*

□ Sei φ_j eine Basis in $\mathcal{H}$ mit $\langle \varphi_j | \varphi_k \rangle = \delta_{jk}$. Wir definieren ein anderes inneres Produkt durch

$$(\phi, \psi) = \frac{1}{n} \sum_{a \in \mathcal{G}} (T_a \phi, T_a \psi).$$

Dann ist die Darstellung $\mathcal{T}$ bezüglich diesem inneren Produkt unitär. Für alle $\phi, \psi \in \mathcal{H}$ gilt dann

$$(T_b\phi, T_b\psi) = \frac{1}{n} \sum_{a \in \mathcal{G}} (T_a T_b \phi, T_a T_b \psi)$$

$$= \frac{1}{n} \sum_{ab \in \mathcal{G}} (T_{ab}\phi, T_{ab}\psi)$$

$$= (\phi, \psi),$$

denn mit a durchläuft auch ab alle n Elemente der Gruppe $\mathcal{G}$. Also gilt $T_b^+ T_b = 1$ bezüglich dem inneren Produkt (ϕ, ψ). Aus der Basis φ_j bildet man mit Hilfe des Schmidtschen Orthonormalisierungsverfahrens, vergl. Abschn. A.2, eine andere Basis mit $(\psi_j, \psi_k) = \delta_{jk}$. Sei dann der Operator T durch $\psi_j = T\varphi_j$ für alle j definiert, dann existiert auch T^{-1} und ist in $\mathcal{H}$ definiert. Dann gilt

$$T\phi = T \sum_j \varphi_j a_j = \sum_j \psi_j a_j$$

und daraus folgt

$$(T\phi, T\psi) = \sum_{i,j} a_i^* b_j (\psi_i, \psi_j) = \sum_j a_j^* b_j = \langle \phi | \psi \rangle.$$

Dann bilden die Operatoren $\tilde{T}_a = T^{-1} T_a T$ eine unitäre Darstellung in $\mathcal{H}$, denn es gilt die Verknüpfung

$$\tilde{T}_a \tilde{T}_b = T^{-1} T_a T T^{-1} T_b T = T^{-1} T_a T_b T = T^{-1} T_{ab} T = \tilde{T}_{ab}$$

und die Unitaritätsbedingung für $\phi, \psi \in \mathcal{H}$ ist wegen $\langle T^{-1}\phi | T^{-1}\psi \rangle = (\phi, \psi)$

$$\langle \tilde{T}_a \phi | \tilde{T}_a \psi \rangle = \langle T^{-1} T_a T \phi | T^{-1} T_a T \Psi \rangle$$
$$= (T_a T \phi, T_a T \psi)$$
$$= (T\phi, T\psi)$$
$$= \langle \phi | \psi \rangle.$$

Also kann man in $\mathcal{H}$ immer eine Basis so wählen, daß die Darstellung unitär ist. ∎

I.2.2 Klassencharaktere

Sei $\mathcal{T} = \{T_a, T_b, \ldots\}$ eine Darstellung der Gruppe $\mathcal{G} = \{a, b, \ldots\}$ in $\mathcal{H}$ mit der Basis $|j\rangle$, dann heißen

$$\chi(a) = \text{Sp}\{T_a\} = \sum_j \langle j | T_a | j \rangle$$

die Charaktere der Darstellung, die von der Wahl der Basis unabhängig sind. Äquivalente Darstellungen haben gleiche Charaktere, denn aus

$$ST_a = T'_a S \quad \text{folgt} \quad \text{Sp}\{T'_a\} = \text{Sp}\{ST_a S^{-1}\} = \text{Sp}\{T_a\},$$

weil S^{-1} existiert. Konjugierte Gruppenelemente haben den gleichen Charakter, denn mit $b = xax^{-1}$ gilt auch $T_b = T_x T_a T_x^{-1}$ und es folgt

$$\text{Sp}\{T_b\} = \text{Sp}\{T_x T_a T_x^{-1}\} = \text{Sp}\{T_a\}.$$

Die Charaktere der Klassen werden auch als Klassencharaktere bezeichnet.

Die endliche Gruppe $\mathcal{G}$ möge c Klassen konjugierter Gruppenelemente $\mathcal{K}_1, \mathcal{K}_2$ bis $\mathcal{K}_c$ der Ordnungen h_k besitzen, d.h. die Klasse $\mathcal{K}_k$ beinhaltet h_k Gruppenelemente von $\mathcal{G}$. Wir bezeichnen die Klassencharaktere der irreduziblen Darstellungen Γ_λ in einem Hilbert-Raum $\mathcal{H}$ mit $\chi_k^{(\lambda)}$ für $k = 1, 2, \ldots c$. Da die Charaktere als Spuren der Matrizendarstellungen definiert sind, können alle möglichen irreduziblen Darstellungen unabhängig vom Hilbert-Raum durch die Matrizen bis auf Äquivalenz definiert werden. Durch die folgenden Sätze zeigt sich, daß alle inäquivalenten irreduziblen Darstellungen einer Gruppe bereits durch ihre Klassencharaktere festgelegt sind.

Die Klassencharaktere $\chi_k^{(\lambda)}$ der irreduziblen Darstellungen Γ_λ erfüllen die Orthonormalitätsrelation

$$\frac{1}{n} \sum_{k=1}^{c} h_k \chi_k^{(\lambda)*} \chi_k^{(\mu)} = \delta_{\lambda\mu}, \tag{I.3}$$

wobei n die Ordnung der Gruppe, c die Zahl der Klassen und h_k die Ordnung der Klasse $\mathcal{K}_k$ konjugierter Gruppenelemente bezeichnet.

□ Aus den beiden irreduziblen und unitären Matrixdarstellungen

$$\{M_a^{(\lambda)}, M_b^{(\lambda)}, \ldots\} \quad \text{und} \quad \{M_a^{(\mu)}, M_b^{(\mu)}, \ldots\}$$

in den Hilbert-Räumen $\mathcal{H}_\lambda$ bzw. $\mathcal{H}_\mu$ mit den Dimensionen d_λ bzw d_μ bilden wir die Rechteckmatrix

$$P = \sum_{a \in \mathcal{G}} M_{a^{-1}}^{(\lambda)} C M_a^{(\mu)},$$

wobei C eine zunächst beliebige $d_\lambda \times d_\mu$-Rechteckmatrix bezeichnet. Dann gilt für ein Gruppenelement $b \in \mathcal{G}$

$$P M_b^{(\mu)} = \sum_{a \in \mathcal{G}} M_{a^{-1}}^{(\lambda)} C M_{ab}^{(\mu)} = M_b^{(\lambda)} \sum_{a \in \mathcal{G}} M_{b^{-1}a^{-1}}^{(\lambda)} C M_{ab}^{(\mu)} = M_b^{(\lambda)} P.$$

Damit stellt P eine Abbildung vom d_μ-dimensionalen Hilbert-Raum $\mathcal{H}_\mu$ in den d_λ-dimensionalen Hilbert-Raum $\mathcal{H}_\lambda$ dar. Aus dem Lemma von Schur folgt dann

$P = \mathcal{O}_{\lambda\mu}$ für $\lambda \neq \mu$ mit der $d_\lambda \times d_\mu$-dimensionalen Nullmatrix $\mathcal{O}_{\lambda\mu}$ und für $\lambda = \mu$
$P = p\mathcal{E}_\lambda$ mit der d_λ-dimensionalen Einheitsmatrix $\mathcal{E}_\lambda$ und einer komplexen Zahl p. Also gilt

$$P = p\delta_{\lambda\mu}\mathcal{E}_\lambda.$$

Seien jetzt $1 \leq \alpha \leq d_\lambda$ und $1 \leq \beta \leq d_\mu$ zwei fest gewählte Indizes, so wählen wir speziell

$$C = (c_{kl}) = (\delta_{k\alpha}\delta_{l\beta})$$

und schreiben

$$M^{(\lambda)}CM^{(\mu)} = \left(\sum_{k=1}^{d_\lambda}\sum_{l=1}^{d_\mu} M_{ik}^{(\lambda)}C_{kl}M_{lj}^{(\mu)}\right) = \left(M_{i\alpha}^{(\lambda)}M_{\beta j}^{(\mu)}\right).$$

Damit erhält man mit $M_a^{(\lambda)} = \left(M_{ij}^{(\lambda)}(a)\right)$

$$P = \left(\sum_{a\in\mathcal{G}} M_{i\alpha}^{(\lambda)}(a^{-1})M_{\beta j}^{(\mu)}(a)\right) = p_{\alpha\beta}\delta_{\lambda\mu}\mathcal{E}_\lambda.$$

Im Falle $\lambda = \mu$ erhält man daraus die Spur

$$\text{Sp}\{P\} = \sum_{j=1}^{d_\lambda}\sum_{a\in\mathcal{G}} M_{j\alpha}^{(\lambda)}(a^{-1})M_{\beta j}^{(\lambda)}(a) = \sum_{a\in\mathcal{G}} \delta_{\alpha\beta} = n\delta_{\alpha\beta},$$

so daß sich

$$p_{\alpha\beta} = \frac{n}{d_\lambda}\delta_{\alpha\beta}$$

ergibt. Da die Darstellungen unitär sind, gilt

$$M_{a^{-1}}^{(\lambda)} = \left(M_a^{(\lambda)}\right)^{-1} = \left(M_a^{(\lambda)}\right)^{+}$$

und man erhält für die Rechteckmatrix P

$$\sum_{a\in\mathcal{G}} M_{\alpha i}^{(\lambda)\,*}(a)M_{\beta j}^{(\mu)}(a) = \frac{n}{d_\lambda}\delta_{\alpha\beta}\delta_{ij}\delta_{\lambda\mu}. \tag{I.4}$$

Setzt man jetzt $\alpha = i$ und $\beta = j$ und summiert über i und j, so folgt

$$\sum_{a\in\mathcal{G}}\sum_{i=1}^{d_\lambda}\sum_{j=1}^{d_\mu} M_{ii}^{(\lambda)\,*}(a)M_{jj}^{(\mu)}(a) = \sum_{a\in\mathcal{G}} \chi^{(\lambda)\,*}(a)\chi^{(\mu)}(a) = n\delta_{\lambda\mu}.$$

Beachtet man, daß die Charaktere für alle Elemente einer Klasse konjugierter Gruppenelemente gleich sind, so erhält man die Behauptung. ∎

I.2 Darstellungen

Die Orthonormalitätsrelation der Klassencharaktere der irreduziblen Darstellungen ermöglicht nun das Ausreduzieren einer gegebenen reduziblen Darstellung $\mathcal{T} = \{T_a, T_b, \ldots\}$ der Gruppe $\mathcal{G} = \{a, b, \ldots\}$ in einem endlich dimensionalen Hilbert-Raum $\mathcal{H}$. Darunter versteht man die Bestimmung, welche irreduziblen Darstellungen Γ_λ wie oft in der vollständig reduziblen Matrixdarstellung Γ enthalten sind. Der Hilbert-Raum möge in die invarianten irreduziblen Unterräume $\mathcal{H}_\lambda$ zerfallen

$$\mathcal{H} = \mathcal{H}_1 \oplus \mathcal{H}_2 \oplus \ldots \oplus \mathcal{H}_r.$$

In einer bezüglich dieser Zerlegung geeigneten Basis von $\mathcal{H}$ hat dann die zugehörige Matrixdarstellung die Form

$$\Gamma = \{M_a, M_b, \ldots\} \quad \text{mit} \quad M_a = \begin{pmatrix} M_a^{(1)} & 0 & \cdots & 0 \\ 0 & M_a^{(2)} & \cdots & 0 \\ \vdots & \vdots & \ddots & \vdots \\ 0 & 0 & \cdots & M_a^{(r)} \end{pmatrix}$$

mit den irreduziblen Matrixdarstellungen der Unterräume $\mathcal{H}_\lambda$

$$\Gamma_\lambda = \{M_a^{(\lambda)}, M_b^{(\lambda)}, \ldots\}.$$

Da äquivalente Darstellungen gleiche Klassencharaktere besitzen und sich die Charaktere aus der Spur der Matrizen berechnen, folgt für die Klassencharaktere der reduziblen Darstellung $\chi_k^{\text{red}} = \text{Sp}\{M_a\}$ mit $a \in \mathcal{K}_k$

$$\chi_k^{\text{red}} = \sum_{\nu=1}^{r} q_\nu \chi_k^{(\nu)}, \tag{I.5}$$

wobei angenommen wurde, daß die irreduzible Darstellung Γ_λ gerade q_λ mal in der reduziblen Darstellung enthalten ist. Wir schreiben dann

$$\Gamma = q_1 \Gamma_1 + q_2 \Gamma_2 + \ldots + q_r \Gamma_r \tag{I.6}$$

und es gilt

$$q_\lambda = \frac{1}{n} \sum_{k=1}^{c} h_k \chi_k^{(\lambda)*} \chi_k^{\text{red}}. \tag{I.7}$$

Hier bezeichnet n die Ordnung der Gruppe $\mathcal{G}$ und h_k die Ordnung der Klasse $\mathcal{K}_k$ konjugierter Gruppenelemente.

□ Zum Beweise multiplizieren wir Gl. (I.5) mit $(h_k/n)\chi_k^{(\lambda)*}$, summieren über alle c Klassen konjugierter Gruppenelemente und erhalten mit Rücksicht auf die

Orthonormalitätsrelation der Klassencharaktere der irreduziblen Darstellungen Gl. (I.3)

$$\sum_{k=1}^{c} h_k \chi_k^{(\lambda)*} \chi_k^{\text{red}} = \sum_{\nu=1}^{r} q_\nu \sum_{k=1}^{c} \frac{h_k}{n} \chi_k^{(\lambda)*} \chi_k^{(\nu)} = \sum_{\nu=1}^{r} q_\nu \delta_{\lambda\nu} = q_\lambda. \blacksquare$$

Ist d_λ die Dimension der irreduziblen Darstellung Γ_λ und d die Dimension von Γ, so muß aufgrund der Gl. (I.6) gelten

$$\sum_{\lambda=1}^{r} q_\lambda d_\lambda = d. \tag{I.8}$$

Die Gleichung (I.7) besagt, daß die Zerlegung einer gegebenen reduziblen Darstellung in ihre irreduziblen Bestandteile Gl. (I.6) allein aus der Kenntnis ihrer Klassencharaktere χ_k^{red} bestimmt ist. Zur Berechnung benötigt man die Klassencharaktere der irreduziblen Darstellungen der Symmetriegruppe. Um zu erkennen, ob eine gegebene Darstellung Γ mit den c Klassencharakteren χ_k reduzibel oder irreduzibel ist, kann man das folgende Reduzibilitätskriterium verwenden

$$\frac{1}{n} \sum_{k=1}^{c} h_k |\chi_k|^2 \begin{cases} > 1 & \text{falls } \Gamma \text{ reduzibel ist,} \\ = 1 & \text{falls } \Gamma \text{ irreduzibel ist.} \end{cases} \tag{I.9}$$

☐ Zum Beweise machen wir für die Darstellung den Ansatz Gl. (I.6) und für die Klassencharaktere gilt dann nach Gl. (I.5)

$$\chi_k = \sum_{\nu=1}^{r} q_\nu \chi_k^{(\nu)}$$

und es folgt mit Rücksicht auf die Orthonormalitätsrelation der Klassencharaktere der irreduziblen Darstellungen Gl. (I.3)

$$\frac{1}{n} \sum_{k=1}^{c} h_k |\chi_k|^2 = \frac{1}{n} \sum_{k=1}^{c} h_k \sum_{\nu=1}^{r} q_\nu \chi_k^{(\nu)*} \sum_{\lambda=1}^{r} q_\lambda \chi_k^{(\lambda)}$$
$$= \sum_{\nu=1}^{r} \sum_{\lambda=1}^{r} q_\nu q_\lambda \delta_{\nu\lambda} = \sum_{\lambda=1}^{r} q_\lambda^2.$$

Ist die Darstellung irreduzibel, so ist nur ein $q_\lambda = 1$ und alle anderen sind Null. Bei reduziblen Darstellungen ist entweder ein $q_\lambda > 1$ oder es sind mindestens zwei $q_\lambda \geq 1$. $\blacksquare$

I.2.3 Irreduzible Darstellungen

Wir numerieren die Elemente einer endlichen Gruppe der Ordnung n

$$\mathcal{G} = \{a_1, a_2, \ldots, a_n\},$$

und konstruieren einen n-dimensionalen Hilbert-Raum $\mathcal{H}_n$ aus den Elementen

$$f = \sum_{\nu=1}^{n} \alpha_\nu a_\nu$$

mit komplexen Zahlen α_ν. Das innere Produkt zwischen den Elementen $f, g \in \mathcal{H}_n$ mit $g = \sum_{\nu=1}^{n} \beta_\nu a_\nu$ wird definiert durch

$$\langle f|g \rangle = \sum_{\nu=1}^{n} \alpha_\nu^* \beta_\nu$$

und es gilt

$$\langle a_j|a_k \rangle = \delta_{jk}.$$

Die Gruppenelemente $a \in \mathcal{G}$ sind dann unitäre Operatoren in $\mathcal{H}_n$.

□ Zum Beweise berechnen wir

$$\begin{aligned}
\langle af|ag \rangle &= \Big\langle \sum_{\nu=1}^{n} \alpha_\nu a a_\nu \Big| \sum_{\nu=1}^{n} \beta_\nu a a_\nu \Big\rangle \\
&= \Big\langle \sum_{\nu=1}^{n} \alpha_\nu a_\rho \Big| \sum_{\nu=1}^{n} \beta_\nu a_\rho \Big\rangle \\
&= \sum_{\nu=1}^{n} \alpha_\nu^* \beta_\nu = \langle f|g \rangle,
\end{aligned}$$

denn mit a_ν durchläuft auch $a_\rho = aa_\nu$ alle Elemente der Gruppe $\mathcal{G}$. Die Operatoren a sind also isometrisch und in einem endlichen Hilbert-Raum auch unitär.
■

Die Operatoren $a \in \mathcal{G}$ ergeben im Hilbert-Raum $\mathcal{H}_n$ die reguläre Darstellung

$$M_a = (\langle a_j|aa_k \rangle) = (\delta_{j\sigma}) \quad \text{mit} \quad aa_k = a_\sigma. \tag{I.10}$$

□ Zum Beweise genügt es die homomorphe Abbildung der Gruppenelemente $a \in \mathcal{G}$ auf die Matrizen M_a nachzuweisen. Dazu berechnen wir für die Multiplikation der Matrizen von $a, b \in \mathcal{G}$ das Matrixelement jl:

$$\begin{aligned}(M_a M_b)_{jl} &= \sum_{k=1}^{n} \langle a_j | aa_k \rangle \langle a_k | ba_l \rangle \\ &= \sum_{k=1}^{n} \langle a_j | aa_k \rangle \langle aa_k | aba_l \rangle \\ &= \sum_{m=1}^{n} \langle a_j | a_m \rangle \langle a_m | aba_l \rangle \\ &= \sum_{m=1}^{n} \delta_{jm} \langle a_m | aba_l \rangle \\ &= \langle a_j | aba_l \rangle = (M_{ab})_{jl}.\end{aligned}$$

Entsprechend ergeben sich die übrigen Gruppenaxiome. ∎

Die reguläre Darstellung hat die Dimension n und ist als endlich dimensionale unitäre Darstellung vollständig reduzibel. In der regulären Darstellung sind bis auf Äquivalenz alle möglichen irreduziblen Darstellungen der Gruppe enthalten und zwar kommt jede irreduzible Darstellung so oft vor, wie ihre Dimension angibt.

□ Die Klassencharaktere der regulären Darstellung χ_k^{reg} ergeben sich aus den Spuren der Matrizen Gl. (I.10). Sei $\mathcal{K}_1$ die Klasse, die nur aus dem Einselement e besteht, so gilt

$$\chi_k^{\text{reg}} = \begin{cases} n & \text{für } k = 1; \\ 0 & \text{für } k > 1, \end{cases}$$

denn für $a \neq e$ hat M_a in der Hauptdiagonalen nur Nullen und es gilt $M_e = \mathcal{E}_n$, wobei $\mathcal{E}_n$ die n-dimensionale Einheitsmatrix bezeichnet. Seien jetzt Γ_λ alle möglichen irreduziblen Darstellungen der Gruppe $\mathcal{G}$, die c Klassen konjugierter Gruppenelemente haben möge, so bezeichnen wir ihre Charaktere mit $\chi_k^{(\lambda)}$ und setzen entsprechend Gl. (I.5) für die Klassencharaktere der regulären Darstellung an

$$\chi_k^{\text{reg}} = \sum_\lambda q_\lambda \chi_k^{(\lambda)}.$$

Hier gibt q_λ an, wie oft die irreduzible Darstellung Γ_λ in der regulären Darstellung enthalten ist und berechnet sich nach Gl. (I.7) aus

$$q_\lambda = \frac{1}{n} \sum_{k=1}^{c} h_k \chi_k^{(\lambda)*} \chi_k^{\text{reg}} = \frac{1}{n} \chi_1^{(\lambda)*} n = \chi_1^{(\lambda)*}.$$

h_k bezeichnet die Ordnung der Klasse $\mathcal{K}_k$ und es gilt $h_1 = 1$. Das Einselement wird in jeder Darstellung durch die Einheitsmatrix dargestellt, deren Spur gleich der Dimension der Darstellung ist. Sei d_λ die Dimension der irreduziblen Darstellung Γ_λ, so folgt also $\chi_1^{(\lambda)} = d_\lambda$ und somit die Behauptung $q_\lambda = d_\lambda$. ∎

Endliche Gruppen besitzen also nur endlich viele irreduzible inäquivalente Darstellungen, die alle in der regulären Darstellung enthalten sind. Sei ihre Anzahl gleich r, so gilt der Satz von Burnside:

$$n = \sum_{\lambda=1}^{r} d_\lambda^2, \qquad (I.11)$$

denn es gilt

$$\chi_1^{\text{reg}} = \sum_{\lambda=1}^{r} q_\lambda \chi_1^{(\lambda)} = \sum_{\lambda=1}^{r} q_\lambda d_\lambda = \sum_{\lambda=1}^{r} d_\lambda^2.$$

Aus der Orthonormalitätsrelation Gl. (I.3) der Klassencharaktere $\chi_k^{(\lambda)}$ der irreduziblen Darstellungen mit $k = 1, 2, \ldots c$ und $\lambda = 1, 2, \ldots r$ folgt $r \leq c$, denn es können höchstens c Vektoren $(\chi_1^{(\lambda)}, \chi_2^{(\lambda)}, \ldots \chi_c^{(\lambda)})$ linear unabhängig sein. Tatsächlich gilt $r = c$, d.h. die Anzahl der irreduziblen Darstellungen einer Gruppe ist bis auf Äquivalenz gleich der Anzahl konjugierter Elemente einer Gruppe $\mathcal{G}$. Dies folgt aus der Abschätzung $c \leq r$, die sich aus der folgenden Orthonormalitätsrelation ergibt

$$\frac{h_k}{n} \sum_{\lambda=1}^{r} \chi_k^{(\lambda)*} \chi_l^{(\lambda)} = \delta_{kl}. \qquad (I.12)$$

☐ Die Richtigkeit dieser Gleichung im Falle $k = 1$ mit $h_1 = 1$ ergibt sich unmittelbar aus den Klassencharakteren der regulären Darstellung

$$\chi_l^{\text{reg}} = \sum_{\lambda=1}^{r} \chi_1^{(\lambda)} \chi_l^{(\lambda)} = \begin{cases} n & \text{für } k = 1; \\ 0 & \text{für } k > 1, \end{cases}$$

wobei $k = 1$ die Klasse bezeichnet, die nur aus dem Einselement besteht. Zum Beweise für $k > 1$ bilden wir im Hilbert-Raum $\mathcal{H}_n$ der regulären Darstellung die Summe aller Operatoren einer Klasse

$$A_k = \sum_{a \in \mathcal{K}_k} a,$$

die für $k = 1, 2, \ldots c$ jeweils aus h_k Summanden besteht. Im Produkt

$$A_k A_l = \sum_{a \in \mathcal{K}_k} \sum_{b \in \mathcal{K}_l} ab = \sum_{m=1}^{c} N_{klm} A_m$$

kommen mit einem Element ab auch alle anderen Elemente einer Klasse konjugierter Gruppenelemente vor und deshalb besteht es aus einer Linearkombination der A_m mit natürlichen Zahlen N_{klm} oder Null. Sei jetzt

$$\Gamma_\lambda = \{M_a^{(\lambda)}, M_b^{(\lambda)}, \ldots\}$$

eine irreduzible unitäre Matrixdarstellung der Grupppe $\mathcal{G} = \{a, b, \ldots\}$, dann sind die Matrizen

$$D_k^{(\lambda)} = \sum_{a \in \mathcal{K}_k} M_a^{(\lambda)} = c_k^{(\lambda)} \mathcal{E}_{d_\lambda}$$

mit allen Darstellungsmatrizen $M_b^{(\lambda)}$ vertauschbar

$$M_b^{(\lambda)\,-1} D_k^{(\lambda)} M_b^{(\lambda)} = \sum_{a \in \mathcal{K}_k} M_b^{(\lambda)\,-1} M_a^{(\lambda)} M_b^{(\lambda)} = \sum_{a \in \mathcal{K}_k} M_{b^{-1}ab}^{(\lambda)} = D_k^{(\lambda)}$$

und nach dem Lemma von Schur ein Vielfaches der d_λ-dimensionalen Einheitsmatrix $\mathcal{E}_{d_\lambda}$ mit einer komplexen Zahl $c_k^{(\lambda)}$. Hier bezeichnet d_λ die Dimension der irreduziblen Darstellung Γ_λ und aus der Spur ergibt sich

$$\mathrm{Sp}\left\{D_k^{(\lambda)}\right\} = h_k \chi_k^{(\lambda)} = c_k^{(\lambda)} d_\lambda,$$

wobei h_k die Ordnung der Klasse $\mathcal{K}_k$ bezeichnet. Daraus folgt

$$c_k^{(\lambda)} = \frac{h_k}{d_\lambda} \chi_k^{(\lambda)} = h_k \frac{\chi_k^{(\lambda)}}{\chi_1^{(\lambda)}}.$$

Setzt man dies in die Spur der Produkte ein

$$\mathrm{Sp}\left\{D_k^{(\lambda)} D_l^{(\lambda)}\right\} = \sum_{m=1}^{c} N_{klm} \mathrm{Sp}\left\{D_m^{(\lambda)}\right\},$$

so findet man

$$c_k^{(\lambda)} c_l^{(\lambda)} d_\lambda = \sum_{m=1}^{c} N_{klm} c_m^{(\lambda)} d_\lambda$$

oder

$$h_k h_l \chi_k^{(\lambda)} \chi_l^{(\lambda)} = \sum_{m=1}^{c} N_{klm} h_m \chi_1^{(\lambda)} \chi_m^{(\lambda)}.$$

Die Summation über alle irreduziblen Darstellungen liefert dann mit dem zuerst bewiesenen Spezialfall wegen $h_1 = 1$

$$h_k h_l \sum_{\lambda=1}^{r} \chi_k^{(\lambda)} \chi_l^{(\lambda)} = \sum_{m=1}^{c} N_{klm} h_m \sum_{\lambda=1}^{r} \chi_1^{(\lambda)} \chi_m^{(\lambda)} = n N_{kl1}.$$

Zur Bestimmung von N_{kl1} beachtet man, daß zu jeder Klasse konjugierter Gruppenelemente $\mathcal{K}_k$ eine nicht notwendig verschiedene Klasse $\mathcal{K}_{k'}$ existiert, die aus

findet man die folgenden Zahlen q_λ, wie oft die irreduzible Darstellung Γ_λ in der reduziblen Darstellung enthalten ist

$$q_1 = 0 \;\; ; \;\; q_2 = 1 \;\; ; \;\; q_3 = 0 \;\; ; \;\; q_4 = 0 \;\; ; \;\; q_5 = 1.$$

Die Zerlegung schreiben wir in der Form

$$\Gamma^{\text{red}} = \Gamma_2 + \Gamma_5.$$

I.2.5 Infinitesimale Drehungen

Wir betrachten den Hilbert-Raum $\mathcal{H}$ der über dem dreidimensionalen Ortsraum quadratisch integrierbaren Funktionen, der von den Eigenfunktionen des Hamilton-Operators eines Elektrons der Masse m_e im kugelsymmetrischen Potential $v(r)$ mit $r = |\mathbf{r}|$

$$H(\mathbf{r}) = -\frac{\hbar^2}{2m_e}\Delta + V(r)$$

aufgespannt wird. Die Darstellung der Kugelgruppe im dreidimensionalen Ortsraum $O(3)$ sind Matrizen M_a der Dimension drei, die die Bedingung $|M_a\mathbf{r}| = |\mathbf{r}|$ erfüllen, vergl. Abschn. I.1.2. Die unitäre Darstellung von $O(3)$ im Hilbert-Raum $\mathcal{H}$ sei dann

$$\mathcal{T} = \{T_a, T_b, \ldots\} \quad \text{mit} \quad T_a\psi(M_a\mathbf{r}) = \psi(\mathbf{r}) \quad \forall \, \psi \in \mathcal{H}.$$

Zur Herleitung der Operatoren T_a in $\mathcal{H}$ gehen wir von infinitesimalen Drehungen um einen Drehwinkel $\varepsilon \ll \pi$ aus. Bei Drehungen um die z-Achse D_ε^z im dreidimensionalen Ortsraum mit $\mathbf{r} = (x, y, z)$ gilt $\mathbf{r}' = D_\varepsilon^z \mathbf{r}$ bzw.

$$x' = x\cos\varepsilon - y\sin\varepsilon \approx x - \varepsilon y$$
$$y' = x\sin\varepsilon + y\cos\varepsilon \approx \varepsilon x + y$$
$$z' = z$$

beziehungsweise

$$\begin{pmatrix} x' \\ y' \\ z' \end{pmatrix} \approx \begin{pmatrix} 1 & 0 & 0 \\ 0 & 1 & 0 \\ 0 & 0 & 1 \end{pmatrix} \begin{pmatrix} x \\ y \\ z \end{pmatrix} + \varepsilon \begin{pmatrix} 0 & -1 & 0 \\ 1 & 0 & 0 \\ 0 & 0 & 0 \end{pmatrix} \begin{pmatrix} x \\ y \\ z \end{pmatrix}$$

oder

$$\mathbf{r}' \approx (\mathcal{E} + \varepsilon I_z)\mathbf{r} \quad \text{mit} \quad I_z = \begin{pmatrix} 0 & -1 & 0 \\ 1 & 0 & 0 \\ 0 & 0 & 0 \end{pmatrix}.$$

Die Reihenentwicklung von $\psi(\mathbf{r}) = \psi(x,y,z)$ ergibt

$$\psi(x',y',z') = \psi(x-\varepsilon y, y+\varepsilon x, z)$$
$$= \psi(x,y,z) - \varepsilon\left(y\frac{\partial}{\partial x} - x\frac{\partial}{\partial y}\right)\psi(x,y,z) + \ldots$$

oder mit dem dimensionslosen Drehimpulsoperator l_z nach Gl. (2.17)

$$\psi(\mathbf{r}') = \psi(\mathbf{r}) + il_z\varepsilon\psi(\mathbf{r}) + \ldots \approx (\mathcal{E} + i\varepsilon l_z)\psi(\mathbf{r}) = D_\varepsilon^z\psi(\mathbf{r}).$$

Für einen endlichen Drehwinkel α setzen wir $\alpha = \varepsilon/n$ mit einer natürlichen Zahl $n \gg 1$ und bilden für $a = D_\alpha^z$ den Grenzwert [1]

$$\psi(M_a\mathbf{r}) = T_{a^{-1}}\psi(\mathbf{r}) = \lim_{n\to\infty}\left(D_{\varepsilon/n}^z\right)^n\psi(\mathbf{r}) = \lim_{n\to\infty}(\mathcal{E}+i\varepsilon l_z)^n\psi(\mathbf{r})$$
$$= \exp\{i\alpha l_z\}\psi(\mathbf{r}).$$

Also gilt

$$T_a = \exp\{-i\alpha l_z\}. \tag{I.13}$$

Es läßt sich zeigen, daß die Kugelgruppe $O(3)$ von den Operatoren $\mathbf{l} = (l_x, l_y, l_z)$ nach Gl. (2.17) und der Inversion $I\mathbf{r} = -\mathbf{r}$ oder $I = -\mathcal{E}$ erzeugt wird. Dann gilt nach Abschn. 2.2.2

$$[H,\mathbf{l}] = 0 \quad \text{und} \quad [H, T_I] = 0.$$

Die Eigenwertgleichung von H hat nach Abschn. 11.1 in Kugelkoordinaten $\mathbf{r} : r, \vartheta, \varphi$ die Form

$$H\psi_{nlm} = \varepsilon_{nl}\psi_{nlm} \quad \text{mit} \quad \psi_{nlm} = \frac{1}{r}R_{nl}(r)Y_{lm}(\vartheta, \varphi)$$

mit den Kugelfunktionen nach Abschn. B.1. Dann sind die Eigenräume von H zu den Eigenwerten ε_{nl} invariant gegenüber der Kugelgruppe $O(3)$.

□ Zum Beweise gilt nach Gl. (C.13) und (C.14) in Kugelkoordinaten

$$l_z\psi_{nlm} = m\psi_{nlm}$$
$$l_\pm\psi_{nlm} = \sqrt{l(l+1)-m^2 \mp m}\,\psi_{nlm\pm 1}$$

mit $L_\pm = l_x \pm il_y$ und nach Abschn. B.1

$$T_I\psi_{nlm}(r,\vartheta,\varphi) = \psi_{nlm}(r, \pi-\vartheta, \varphi+\pi) = (-1)^l\psi_{nlm}(r,\vartheta,\varphi).$$

Damit führen alle Operatoren der Darstellung $\mathcal{T}$ aus den Eigenräumen von H nicht heraus. ∎

---

[1] Es gilt
$$\lim_{n\to\infty}\left(1+\frac{x}{n}\right)^n = \exp\{x\}.$$

Die $(2l+1)$-dimensionalen Eigenräume von H zum Eigenwert ε_{nl} mit
$$\langle \psi_{nlm} | \psi_{nlm'} \rangle = \delta_{mm'}$$
bilden eine Darstellung der Kugelgruppe $O(3)$. Für die Charaktere der $(2l+1)$-dimensionalen Darstellungsmatrizen von $O(3)$ gelten die folgenden Sätze:
Sei D_α eine Drehung um den Winkel α um eine beliebige Drehachse, so gilt

$$\chi_l(D_\alpha) = \frac{\sin\{(2l+1)\alpha/2\}}{\sin\{\alpha/2\}}. \tag{I.14}$$

□ Es genügt eine Drehung um die z-Achse zu betrachten, weil die Drehungen um eine andere Drehachse aber um den gleichen Drehwinkel dazu konjugierte Gruppenelemente sind und somit den gleichen Charakter haben. Dann gilt nach Gl. (I.13) für die Spur der Darstellungsmatrizen

$$\chi_l(D_\alpha^z) = \sum_{m=-l}^{l} \langle \psi_{nlm} | \exp\{-i\alpha l_z\} | \psi_{nlm} \rangle$$

$$= \sum_{m=-l}^{l} \langle \psi_{nlm} | \exp\{-i\alpha m\} | \psi_{nlm} \rangle$$

$$= \sum_{m=-l}^{l} \exp\{-i\alpha m\} = \frac{\sin\{(2l+1)\alpha/2\}}{\sin\{\alpha/2\}}. \blacksquare$$

Der Charakter der Inversion ist

$$\chi_l(I) = (-1)^l (2l+1). \tag{I.15}$$

□ Es gilt nach Abschn. B.1

$$\chi_l(I) = \sum_{m=-l}^{l} \langle \psi_{nlm} | T_I | \psi_{nlm} \rangle$$

$$= \sum_{m=-l}^{l} \langle \psi_{nlm} | (-1)^l | \psi_{nlm} \rangle = (-1)^l (2l+1),$$

weil die Dimension der Darstellung $2l+1$ ist. ∎
Der Charakter einer Drehspiegelung $D_\alpha I$ ergibt sich entsprechend zu

$$\chi_l(D_\alpha I) = (-1)^l \frac{\sin\{(2l+1)\alpha/2\}}{\sin\{\alpha/2\}}. \tag{I.16}$$

Eine Spiegelung S an einer beliebigen Ebene durch den Ursprung läßt sich aus einer Drehung um eine Achse senkrecht zur Ebene um den Winkel π und eine Inversion darstellen. Also gilt für die spezielle Drehspiegelung um $\alpha = \pi$

$$\chi_l(S) = 1. \tag{I.17}$$

I.3 Produktdarstellungen

Es seien zwei Hilbert-Räume $\mathcal{H}_1$ und $\mathcal{H}_2$ von endlicher Dimension gegeben mit Basisvektoren $\varphi_j \in \mathcal{H}_1$, $j = 1, 2, \ldots n_1$ bzw. $\psi_k \in \mathcal{H}_2$ mit $k = 1, 2, \ldots n_2$. Zwei beliebige Elemente $f \in \mathcal{H}_1$ und $g \in \mathcal{H}_2$ haben dann die Form

$$f = \sum_{j=1}^{n_1} c_j \varphi_j \quad \text{bzw.} \quad g = \sum_{k=1}^{n_2} d_k \psi_k$$

mit komplexen Zahlen $c_j, d_k \in \mathcal{C}$ und den inneren Produkten

$$\langle f|f'\rangle = \sum_{j=1}^{n_1} c_j^* c_j \quad \text{bzw.} \quad (g, g') = \sum_{k=1}^{n_2} d_k^* d_k.$$

Wir definieren dann den $n_1 n_2$-dimensionalen Produkt-Hilbert-Raum $\mathcal{H} = \mathcal{H}_1 \times \mathcal{H}_2$ durch die Basisvektoren $\varphi_j \psi_k$ und die Elemente $F \in \mathcal{H}$ durch

$$F = \sum_{j=1}^{n_1} \sum_{k=1}^{n_2} c_{jk} \varphi_j \psi_k.$$

Das innere Produkt zwischen F und $G = \sum_{j=1}^{n_1} \sum_{k=1}^{n_2} d_{jk} \varphi_j \psi_k$ ist gegeben durch

$$\langle F|G\rangle = \sum_{j=1}^{n_1} \sum_{k=1}^{n_2} c_{jk}^* d_{jk}$$

mit der Eigenschaft

$$\langle \varphi_i \psi_k | \varphi_j \psi_l \rangle = \langle \varphi_i | \varphi_j \rangle (\psi_k, \psi_l) = \delta_{ij} \delta_{kl}.$$

Ferner gilt für $fg, f'g' \in \mathcal{H}$ mit $f, f' \in \mathcal{H}_1$ und $g, g' \in \mathcal{H}_2$

$$\langle fg|f'g'\rangle = \langle f|f'\rangle (g, g').$$

Sei $\mathcal{G} = \{a, b, \ldots\}$ eine Gruppe und $\mathcal{T} = \{T_a, T_b, \ldots\}$ eine Darstellung in $\mathcal{H}_1$ und $\mathcal{S} = \{S_a, S_b, \ldots\}$ eine Darstellung der Gruppe in $\mathcal{H}_2$, dann lauten die zugehörigen Matrixdarstellungen

$$M_1(a) = (\langle \varphi_i | T_a | \varphi_j \rangle) \quad \text{der Dimension } n_1$$
$$M_2(a) = ((\psi_k, S_a \psi_l)) \quad \text{der Dimension } n_2.$$

Dann bildet das Kronecker-Produkt der beiden Matrizen eine $n_1 n_2$-dimensionale Darstellung der Gruppe $\mathcal{G}$ in $\mathcal{H}$

$$M(a) = M_1(a) \times M_2(a) = (\langle \varphi_i | T_a | \varphi_j \rangle (\psi_k, S_a \psi_l)). \tag{I.18}$$

I.3 Produktdarstellungen

□ Zum Beweise definieren wir in $\mathcal{H}$ für alle $a \in \mathcal{G}$ einen Operator durch

$$R_a \varphi_j \psi_l = T_a \varphi_j S_a \psi_l$$

und erhalten die $n_1 n_2$-dimensionalen Matrizen

$$\begin{aligned} M(a) &= \left(\langle \varphi_i \psi_k | R_a | \varphi_j \psi_l \rangle \right) \\ &= \left(\langle \varphi_i \psi_k | T_a \varphi_j S_a \psi_l \rangle \right) \\ &= \left(\langle \varphi_i | T_a | \varphi_j \rangle (\psi_k, S_a \psi_l) \right) \\ &= M_1(a) \times M_2(a). \end{aligned}$$

Für die Verknüpfung der Matrizen zweier Elemente $a, b \in \mathcal{G}$ gilt dann

$$\begin{aligned} M(ab) &= M_1(ab) \times M_2(ab) = M_1(a) M_1(b) \times M_2(a) M_2(b) \\ &= \left(\sum_{\nu=1}^{n_1} \langle \varphi_i | T_a | \varphi_\nu \rangle \langle \varphi_\nu | T_b | \varphi_j \rangle \right) \times \left(\sum_{\mu=1}^{n_2} (\psi_k, S_a \psi_\mu)(\psi_\mu, S_b \psi_l) \right) \\ &= \left(\sum_{\nu=1}^{n_1} \sum_{\mu=1}^{n_2} \langle \varphi_i | T_a | \varphi_\nu \rangle (\psi_k, S_a \psi_\mu) \langle \varphi_\nu | T_b | \varphi_j \rangle (\psi_\mu, S_b \psi_l) \right) \\ &= \bigl(M_1(a) \times M_2(a) \bigr) \bigl(M_1(b) \times M_2(b) \bigr) \\ &= M(a) M(b) \end{aligned}$$

und die übrigen Gruppenaxiome werden auf die gleiche Art bewiesen. ∎

Beispiel: Die beiden Matrizen

$$M_1 = \begin{pmatrix} 1 & 2 \\ 3 & 4 \end{pmatrix} \quad \text{mit} \quad \begin{pmatrix} \varphi_1 \\ \varphi_2 \end{pmatrix}$$

und

$$M_2 = \begin{pmatrix} a & b & c \\ d & e & f \\ g & h & i \end{pmatrix} \quad \text{mit} \quad \begin{pmatrix} \psi_1 \\ \psi_2 \\ \psi_3 \end{pmatrix}$$

erzeugen das Kronecker-Produkt $M = M_1 \times M_2$

$$M = \begin{pmatrix} a & b & c & 2a & 2b & 2c \\ d & e & f & 2d & 2e & 2f \\ g & h & i & 2g & 2h & 2i \\ 3a & 3b & 3c & 4a & 4b & 4c \\ 3d & 3e & 3f & 4d & 4e & 4f \\ 3g & 3h & 3i & 4g & 4h & 4i \end{pmatrix} \quad \text{für} \quad \begin{pmatrix} \varphi_1 \psi_1 \\ \varphi_1 \psi_2 \\ \varphi_1 \psi_3 \\ \varphi_2 \psi_1 \\ \varphi_2 \psi_2 \\ \varphi_2 \psi_3 \end{pmatrix}.$$

I.3.1 Ausreduzieren

Sei $\chi_1(a)$ der Charakter von $a \in \mathcal{G}$ der Matrixdarstellung $\mathcal{M}_1 = \{M_1(a), M_1(b), \ldots\}$ und $\chi_2(a)$ der von $\mathcal{M}_2 = \{M_2(a), M_2(b), \ldots\}$, so ist der Charakter $\chi(a)$ der Produktdarstellung $\mathcal{M} = \{M(a), M(b), \ldots\}$ mit $M(a) = M_1(a) \times M_2(a)$ gegeben durch das Produkt der Einzelcharaktere

$$\chi(a) = \chi_1(a)\chi_2(a). \tag{I.19}$$

□ Zum Beweise bilden wir die Spur der Matrizen

$$\chi(a) = \text{Sp}\{M(a)\} = \text{Sp}\{M_1(a) \times M_2(a)\}$$
$$= \sum_{j=1}^{n_1} \sum_{k=1}^{n_2} \langle \varphi_j | T_a | \varphi_j \rangle (\psi_k, S_a \psi_k)$$
$$= \text{Sp}\{M_1(a)\} \text{Sp}\{M_2(a)\} = \chi_1(a)\chi_2(a). \blacksquare$$

Zum Ausreduzieren von Produktdarstellungen genügt also die Kenntnis der Charaktere der Einzeldarstellungen, ohne die Produktmatrizen ausrechnen zu müssen. Seien speziell Γ_ν, Γ_μ zwei irreduzible Darstellungen der Gruppe $\mathcal{G}$, so schreiben wir die Zerlegung der Produktdarstellung in ihre irreduziblen Bestandteile in der Form

$$\Gamma_\nu \times \Gamma_\mu = \sum_{\lambda=1}^{c} q_\lambda \Gamma_\lambda = \Gamma_\mu \times \Gamma_\nu \tag{I.20}$$

mit $q_\lambda = 0, 1, 2, \ldots$, wobei c die Anzahl der Klassen konjugierter Gruppenelemente von $\mathcal{G}$ bezeichnet. Ist Γ_ν speziell die identische Darstellung Γ_1 der Dimension eins, bei der jedes Gruppenelement durch die Zahl 1 dargestellt wird, so gilt

$$\Gamma_1 \times \Gamma_\mu = \Gamma_\mu,$$

denn es gilt für die Klassencharaktere $\chi_k^{(1)}$ von Γ_1: $\chi_k^{(1)} = 1$ für $k = 1, 2, \ldots c$.
Bildet man die Produktdarstellung zweier irreduzibler Darstellungen, so gilt

$$\Gamma_\nu^* \times \Gamma_\mu = \sum_{\lambda=1}^{c} q_\lambda \Gamma_\lambda \quad \text{mit} \quad q_1 = \delta_{\nu\mu}, \tag{I.21}$$

wobei $\lambda = 1$ die identische Darstellung Γ_1 bezeichnet.

□ Zum Beweise betrachten wir die Klassencharaktere χ_k der Produktdarstellung

$$\chi_k = \chi_k^{(\nu)*} \chi_k^{(\mu)}$$

und berechnen die q_λ nach Gl. (I.7)

$$q_1 = \frac{1}{n}\sum_{k=1}^{c} h_k \chi_k^{(1)*}\chi_k = \frac{1}{n}\sum_{k=1}^{c} h_k \chi_k^{(\nu)*}\chi_k^{(\mu)} = \delta_{\nu\mu},$$

wobei $\chi_k^{(1)*} = 1$ und die Orthonormalitätsrelation der Klassencharaktere der irreduziblen Darstellungen Gl. (I.3) verwendet wurden. Hier bezeichnet n die Ordnung der Gruppe, h_k die Ordnungen und c die Anzahl der Klassen konjugierter Gruppenelemente und $\chi_k^{(\nu)}$ die Klassencharaktere der irreduziblen Darstellung Γ_ν. ∎

Als Beispiel berechnet sich aus den Klassencharakteren der fünf irreduziblen Darstellungen der Symmetriegruppe $\mathcal{D}_4$ in Tab. I.1 die Multiplikationstabelle der Tab. I.2. Danach gilt z.B. die Zerlegung $\Gamma_5 \times \Gamma_5 = \Gamma_1 + \Gamma_2 + \Gamma_3 + \Gamma_4$.

Tab. I.2 Multiplikationstabelle der Produktdarstellungen der irreduziblen Darstellungen der Symmetriegruppe $\mathcal{D}_4$.

$\Gamma_\nu \times \Gamma_\mu$	Γ_1	Γ_2	Γ_3	Γ_4	Γ_5	Schoenflies
Γ_1	Γ_1	Γ_2	Γ_3	Γ_4	Γ_5	A_1
Γ_2		Γ_1	Γ_4	Γ_3	Γ_5	A_2
Γ_3			Γ_1	Γ_2	Γ_5	B_1
Γ_4				Γ_1	Γ_5	B_2
Γ_5					$\Gamma_1 + \Gamma_2 + \Gamma_3 + \Gamma_4$	E

In der letzten Spalte sind die etwas anschaulicheren Bezeichnungen der irreduziblen Darstellungen der 32 Punktgruppen der Kristalle, vergl. Abschn. 13.1.3, nach Schoenflies angegeben. Danach werden eindimensionale Darstellungen mit A und B, zweidimensionale mit E und dreidimensionale Darstellungen mit T oder F bezeichnet. Die eindimensionale identische Darstellung, bei der jedes Gruppenelement auf eine Eins abgebildet wird, ist immer A_1.

I.3.2 Transformationsverhalten der Basisfunktionen

Es ist nützlich, in einem Produkt-Hilbert-Raum $\mathcal{H} = \mathcal{H}_1 \times \mathcal{H}_2$ die Basisfunktionen so zu wählen, daß die Zerlegung in die irreduziblen Unterräume von $\mathcal{H}$ bezüglich einer Gruppe $\mathcal{G}$ schon durch die Basisfunktionen erkennbar wird. Dazu genügt es nicht die irreduziblen Darstellungen durch ihre Klassencharaktere nur bis auf eine unitäre Transformation zu kennen, sondern die irreduziblen Darstellungsmatrizen müssen explizite festgelegt werden. Dies kann entweder durch Definition der Darstellungsmatrizen selbst erfolgen, oder durch Angabe der Basisfunktionen in invarianten Hilbert-Räumen, die die einzelnen irreduziblen Darstellungen erzeugen, oder auch durch Angabe des Transformationsverhaltens der Basisfunktionen bezüglich der Gruppenelemente in invarianten Hilbert-Räumen. Da bei jeder irreduziblen Darstellung eine unitäre Transformation frei ist, sind die Darstellungsmatrizen in der Literatur unterschiedlich. Die hier angegebenen Beispiele entsprechen der Festlegung in Ref. [I.1].

Die Symmetriegruppe $\mathcal{G} = \{a, b, \ldots\}$ möge in den Hilbert-Räumen $\mathcal{H}_\nu$ mit den Basisfunktionen $\phi_j^{(\nu)}(\underline{x}) \in \mathcal{H}_\nu$ mit $j = 1, 2, \ldots d_\nu$ und $\nu = 1, 2, \ldots c$ die irreduziblen Darstellungen Γ_ν erzeugen. Hier bezeichnet c die Anzahl der irreduziblen Darstellungen und d_ν ihre Dimensionen. Dann ist die Matrixdarstellung in $\mathcal{H}_\nu$ gegeben durch die $d_\nu \times d_\nu$-Matrizen für alle $a \in \mathcal{G}$

$$M_a^{(\nu)} = \left(\langle \phi_j^{(\nu)}|T_a|\phi_k^{(\nu)}\rangle\right) \quad \text{mit} \quad T_a \phi_k^{(\nu)}(a\underline{x}) = \phi_k^{(\nu)}(\underline{x})$$

und es gilt

$$T_a \phi_k^{(\nu)} = \sum_{j=1}^{d_\nu} \phi_j^{(\nu)} \langle \phi_j^{(\nu)}|T_a|\phi_k^{(\nu)}\rangle. \tag{I.22}$$

Das Transformationsverhalten der Basisfunktionen $\phi_k^{(\nu)}$ wird also durch die Matrizen $M_a^{(\nu)}$ der Darstellung festgelegt.

Als Beispiel sei wieder die Symmetriegruppe $\mathcal{D}_4$ betrachtet. Sie besitzt nach Tab. I.1 vier eindimensionale Darstellungen, wobei die Klassencharaktere mit den Matrizen identisch sind. Zur Festlegung der zweidimensionalen irreduziblen Darstellung Γ_5 genügt die Angabe der beiden Matrizen der die Gruppe $\mathcal{D}_4$ erzeugenden Elemente a, b, vergl. Abschn. I.1.2,

$$M_a^{(5)} = \begin{pmatrix} 0 & -1 \\ 1 & 0 \end{pmatrix} \quad \text{und} \quad M_b^{(5)} = \begin{pmatrix} 1 & 0 \\ 0 & -1 \end{pmatrix}.$$

Alle anderen Matrizen der Darstellung erhält man durch Multiplikationen dieser beiden.

Wir bezeichnen die Basisfunktionen einer irreduziblen Darstellung Γ_λ im Hilbert-Raum $\mathcal{H}_\lambda$ durch $|\Gamma_\lambda \gamma\rangle$ mit $\gamma = 1, 2, \ldots d_\lambda$. In der Notation von Schoenflies werden die Basisfunktionen ebenfalls durch kleine Buchstaben unterschieden. Das Transformationsverhalten der sechs Basisfunktionen der irreduziblen Darstellungen der Symmetriegruppe $\mathcal{D}_4$ bezüglich der beiden Gruppenelemente $a, b \in \mathcal{D}_4$ ist in

Tab. I.3 Transformationsverhalten der Basisfunktionen der irreduziblen Darstellungen der Symmetriegruppe $\mathcal{D}_4$.

Γ_λ	Schoenflies	a	b
Γ_1	$A_1\, a_1$	a_1	a_1
Γ_2	$A_2\, a_2$	a_2	$-a_2$
Γ_3	$B_1\, b_1$	$-b_1$	b_1
Γ_4	$B_2\, b_2$	$-b_2$	$-b_2$
$|\Gamma_5\, 1\rangle$	$E\, u$	$-v$	u
$|\Gamma_5\, 2\rangle$	$E\, v$	u	$-v$

der Tab. I.3 angegeben und entspricht den oben festgelegten Matrizen von Γ_5 und der Tab. I.1.

Hier bezeichnet a eine Drehung um die z-Achse um $\pi/2$ und b eine Drehung um die x-Achse um π und es gilt $bab = a^3$. Nach Tab. I.3 transformieren die Funktionen $\psi_u(\mathbf{r})$ wie $|Eu\rangle$ und $\psi_v(\mathbf{r})$ wie $|Ev\rangle$, wenn gilt

$$T_a\psi_u(\mathbf{r}) = \psi_u(a^{-1}\mathbf{r}) = \psi_v(\mathbf{r})$$
$$T_a\psi_v(\mathbf{r}) = \psi_v(a^{-1}\mathbf{r}) = -\psi_u(\mathbf{r})$$
$$T_b\psi_u(\mathbf{r}) = \psi_u(b^{-1}\mathbf{r}) = \psi_u(\mathbf{r})$$
$$T_b\psi_v(\mathbf{r}) = \psi_v(b^{-1}\mathbf{r}) = -\psi_v(\mathbf{r})$$

mit den Darstellungsmatrizen im dreidimensionalen Ortsraum

$$a = \begin{pmatrix} 0 & -1 & 0 \\ 1 & 0 & 0 \\ 0 & 0 & 1 \end{pmatrix} \quad ; \quad a^{-1} = \begin{pmatrix} 0 & 1 & 0 \\ -1 & 0 & 0 \\ 0 & 0 & 1 \end{pmatrix}$$
$$b = b^{-1} = \begin{pmatrix} 1 & 0 & 0 \\ 0 & -1 & 0 \\ 0 & 0 & -1 \end{pmatrix}.$$

(I.23)

Das hier angegebene Transformationsverhalten der Basisfunktionen der irreduziblen Darstellungen kann auch aus der Angabe spezieller Funktionen vermittelt werden, die sich ebenso transformieren. Mit den kartesischen Koordinaten des Ortsvektors $\mathbf{r} = (x, y, z)$ mit $r = |\mathbf{r}|$ z.B. kann man das Transformationsverhalten der Basisfunktionen der irreduziblen Darstellungen von $\mathcal{D}_4$ in Tab. I.3 auch folgendermaßen angeben

$\|a_1\rangle$	transformiert wie	r
$\|a_2\rangle$	transformiert wie	z
$\|b_1\rangle$	transformiert wie	$x^2 - y^2$
$\|b_2\rangle$	transformiert wie	xy
$\|Eu\rangle$	transformiert wie	x
$\|Ev\rangle$	transformiert wie	y.

(I.24)

Dies läßt sich mit Hilfe der Matrixdarstellungen im dreidimensionalen Ortsraum Gl. (I.23) überprüfen.

Eine Funktion, die sich wie die Basisfunktion $|a_1\rangle$ der irreduziblen Darstellung A_1 transformiert, heißt auch invariant gegenüber der Symmetriegruppe $\mathcal{G}$.

I.3.3 Clebsch-Gordan-Koeffizienten

Wir betrachten hier die Produktdarstellung zweier irreduzibler Darstellungen Γ_ν und Γ_μ der Symmetriegruppe $\mathcal{G} = \{a, b, \ldots\}$ im Hilbert-Raum

$$\mathcal{H} = \mathcal{H}_\nu \times \mathcal{H}_\mu = \sum_{\lambda=1}^{c} q_\lambda \mathcal{H}_\lambda.$$

Hier gibt q_λ an, wie oft die irreduzible Darstellung Γ_λ in der Produktdarstellung $\Gamma_\nu \times \Gamma_\mu$ enthalten ist

$$\Gamma_\nu \times \Gamma_\mu = \sum_{\lambda=1}^{c} q_\lambda \Gamma_\lambda. \tag{I.25}$$

Die Anzahl der irreduziblen Darstellungen von $\mathcal{G}$ sei c und d_λ sei die Dimension von Γ_λ. Dann gilt nach Gl. (I.8)

$$d_\nu d_\mu = \sum_{\lambda=1}^{c} q_\lambda d_\lambda.$$

Sei $\phi_j^{(\nu)}$ mit $j = 1, 2, \ldots d_\nu$ die Basis in $\mathcal{H}_\nu$ und $\psi_n^{(\mu)}$ mit $n = 1, 2, \ldots d_\mu$ die Basis in $\mathcal{H}_\mu$, dann gilt für alle $a \in \mathcal{G}$ nach Gl. (I.22)

$$\begin{aligned}
T_a \phi_j^{(\nu)} &= \sum_{i=1}^{d_\nu} \phi_i^{(\nu)} M_{ij}^{(\nu)}(a) \quad \text{mit} \quad M_{ij}^{(\nu)}(a) = \langle \phi_i^{(\nu)} | T_a | \phi_j^{(\nu)} \rangle \\
S_a \psi_n^{(\mu)} &= \sum_{k=1}^{d_\mu} \psi_k^{(\mu)} M_{kn}^{(\mu)}(a) \quad \text{mit} \quad M_{kn}^{(\mu)}(a) = \langle \psi_k^{(\mu)} | S_a | \psi_n^{(\mu)} \rangle,
\end{aligned} \tag{I.26}$$

wobei $\mathcal{T} = \{T_a, T_b, \ldots\}$ die irreduzible Darstellung in $\mathcal{H}_\nu$ und $\mathcal{S} = \{S_a, S_b, \ldots\}$ die irreduzible Darstellung in $\mathcal{H}_\mu$ bezeichnet

$$T_a \phi(a\underline{x}) = \phi(\underline{x}) \quad \forall \, \phi \in \mathcal{H}_\nu$$
$$S_a \psi(a\underline{x}) = \psi(\underline{x}) \quad \forall \, \psi \in \mathcal{H}_\mu.$$

Die Basisfunktionen der irreduziblen Darstellungen im Produkt-Hilbert-Raum sind nach Gl. (I.25) Linearkombinationen der Basisfunktionen $\phi_j^{(\nu)} \psi_k^{(\mu)}$, wobei für die Notation beachtet werden muß, daß die irreduzible Darstellungen Γ_λ auch mehrfach auftreten können. Die Basisfunktionen von $\mathcal{H} = \mathcal{H}_\nu \times \mathcal{H}_\mu$ sind dann von der Form

$$\Psi_l^{(\lambda r)} = \sum_{j=1}^{d_\nu} \sum_{k=1}^{d_\mu} \phi_j^{(\nu)} \psi_k^{(\mu)} \langle \Gamma_\nu j \Gamma_\mu k | \Gamma_\lambda r l \rangle \tag{I.27}$$

mit $r = 1, 2, \ldots q_\lambda$. Die inverse Transformation schreiben wir

$$\phi_j^{(\nu)} \psi_k^{(\mu)} = \sum_{\lambda=1}^{c} \sum_{r=1}^{q_\lambda} \sum_{l=1}^{d_\lambda} \Psi_l^{(\lambda r)} \langle \Gamma_\lambda r l | \Gamma_\nu j \Gamma_\mu k \rangle \tag{I.28}$$

mit den Unitaritätsbedingungen

$$\sum_{j=1}^{d_\nu} \sum_{k=1}^{d_\mu} \langle \Gamma_\lambda r l | \Gamma_\nu j \Gamma_\mu k \rangle \langle \Gamma_\nu j \Gamma_\mu k | \Gamma_{\lambda'} r' l' \rangle = \delta_{\lambda \lambda'} \delta_{rr'} \delta_{ll'}$$

$$\sum_{\lambda=1}^{c} \sum_{r=1}^{q_\lambda} \sum_{l=1}^{d_\lambda} \langle \Gamma_\nu j \Gamma_\mu k | \Gamma_\lambda r l \rangle \langle \Gamma_\lambda r l | \Gamma_\nu j' \Gamma_\mu k' \rangle = \delta_{jj'} \delta_{kk'}.$$

Die Elemente der unitären $d_\nu d_\mu$-dimensionalen Matrizen

$$\langle \Gamma_\nu j \Gamma_\mu k | \Gamma_\lambda r l \rangle$$

werden als Clebsch-Gordan-Koeffizienten oder Wigner-Koeffizienten oder auch als Kopplungskoeffizienten bezeichnet. Sie lassen sich aufgrund der Definition der irreduziblen Darstellungsmatrizen $M_a^{(\lambda)} = \left(M_{kl}^{(\lambda)}(a)\right)$ Gl. (I.26) berechnen, indem die Symmetrieoperationen $a \in \mathcal{G}$ der Symmetriegruppe auf Gl. (I.28) angewendet werden

$$R_a \Psi_l^{(\lambda r)} = \sum_{m=1}^{d_\lambda} \Psi_m^{(\lambda r)} M_{ml}^{(\lambda)}(a)$$

$$= \sum_{j=1}^{d_\nu} \sum_{k=1}^{d_\mu} \sum_{i=1}^{d_\nu} \sum_{n=1}^{d_\mu} \phi_i^{(\nu)} M_{ij}^{(\nu)}(a) \psi_n^{(\mu)} M_{nk}^{(\mu)}(a) \langle \Gamma_\nu j \Gamma_\mu k | \Gamma_\lambda r l \rangle$$

$$= \sum_{m=1}^{d_\lambda} \sum_{i=1}^{d_\nu} \sum_{n=1}^{d_\mu} \phi_i^{(\nu)} \psi_n^{(\mu)} M_{ml}^{(\lambda)}(a) \langle \Gamma_\nu i \Gamma_\mu n | \Gamma_\lambda r m \rangle.$$

Wegen der Orthonormalität der Basisfunktionen $\phi_i^{(\nu)} \psi_n^{(\mu)}$ folgt daraus für alle $a \in \mathcal{G}$

$$\sum_{j=1}^{d_\nu} \sum_{k=1}^{d_\mu} M_{ij}^{(\nu)}(a) M_{nk}^{(\mu)}(a) \langle \Gamma_\nu j \Gamma_\mu k | \Gamma_\lambda rl \rangle = \sum_{m=1}^{d_\lambda} \langle \Gamma_\nu i \Gamma_\mu n | \Gamma_\lambda rm \rangle M_{ml}^{(\lambda)}(a).$$

Als Beispiel seien die Kopplungskoeffizienten der Symmetriegruppe $\mathcal{D}_4$ in den Tab. I.4 und Tab. I.5 angegeben, wobei die trivialen Produkte mit $\Gamma_1 = A_1$ nicht aufgeführt sind. Die Produktdarstellungen der eindimensionalen Darstellungen untereinander können der Tab. I.2 entnommen werden.

Tab. I.4 Kopplungskoeffizienten der Symmetriegruppe $\mathcal{D}_4$ nach Koster u.M. [I.1].

$A_2 \times E$	$a_2 u$	$a_2 v$		$B_1 \times E$	$b_1 u$	$b_1 v$
u	0	1		u	0	1
v	-1	0		v	1	0

Tab. I.5 Kopplungskoeffizienten der Symmetriegruppe $\mathcal{D}_4$ nach Koster u.M. [I.1].

$B_2 \times E$	$b_2 u$	$b_2 v$		$E \times E$	uu	uv	vu	vv
u	0	1		a_1	$\frac{1}{\sqrt{2}}$	0	0	$\frac{1}{\sqrt{2}}$
v	1	0		a_2	0	$\frac{1}{\sqrt{2}}$	$-\frac{1}{\sqrt{2}}$	0
				b_1	$\frac{1}{\sqrt{2}}$	0	0	$-\frac{1}{\sqrt{2}}$
				b_2	0	$\frac{1}{\sqrt{2}}$	$\frac{1}{\sqrt{2}}$	0

I.4 Projektionsoperatoren

Sei $\mathcal{G} = \{a, b, \ldots\}$ eine endliche Symmetriegruppe der Ordnung n und $\mathcal{H}$ ein Hilbert-Raum von endliche Dimension, in dem die unitäre Darstellung $\Gamma = \{T_a, T_b, \ldots\}$ der Gruppe gegeben sei, die wir ausreduziert in der Form schreiben

$$\Gamma = \sum_{\lambda=1}^{c} q_\lambda \Gamma_\lambda.$$

Hier bezeichnet c die Anzahl der irreduziblen Darstellungen Γ_λ von $\mathcal{G}$ und q_λ gibt an, wie oft Γ_λ in Γ enthalten ist. Sei d_λ die Dimension der irreduzublen Darstellung Γ_λ. Dann ist $\mathcal{H}$ vollständig reduzibel und wir wählen als Basisfunktionen

$$\phi_{kr}^{(\lambda)}(\underline{x}) \in \mathcal{H} \quad \text{für} \quad \begin{cases} \lambda = 1, 2, \ldots c; \\ k = 1, 2, \ldots d_\lambda; \\ r = 1, 2, \ldots q_\lambda, \end{cases}$$

die wie die Basisfunktionen $k = 1, 2, \ldots d_\lambda$ der irreduziblen Darstellung Γ_λ transformieren

$$T_a \phi_{kr}^{(\lambda)}(\underline{x}) = \sum_{j=1}^{d_\lambda} \phi_{jr}^{(\lambda)}(\underline{x}) M_{jk}^{(\lambda)}(a), \tag{I.29}$$

vergl. Gl. (I.22). Dabei gilt $T_a \phi_{kr}^{(\lambda)}(a\underline{x}) = \phi_{kr}^{(\lambda)}(\underline{x})$ und $M_{jk}^{(\lambda)}(a)$ bezeichnet die festgelegten Matrizen der irreduziblen Darstellung Γ_λ zu den Elementen $a \in \mathcal{G}$, vergl. Abschn. I.3.2. Mit Hilfe der Basisfunktionen $\phi_{kr}^{(\lambda)}(\underline{x})$ zerfällt der Hilbert-Raum $\mathcal{H}$ in eine Summe von Teilräumen

$$\mathcal{H} = \mathcal{H}^{(1)} \oplus \ldots \oplus \mathcal{H}_1^{(\lambda)} \oplus \mathcal{H}_2^{(\lambda)} \oplus \ldots \oplus \mathcal{H}_{d_\lambda}^{(\lambda)} \oplus \ldots \oplus \mathcal{H}_{d_c}^{(c)}, \tag{I.30}$$

wobei der Teilraum $\mathcal{H}_k^{(\lambda)}$ die Dimension q_λ hat und von den Basisfunktionen $\phi_{kr}^{(\lambda)}$ mit $r = 1, 2, \ldots q_\lambda$ aufgespannt wird.

Zur Berechnung dieser Zerlegung können die Basisfunktionen $\phi_{kr}^{(\lambda)}(\underline{x})$ für eine gegebene Darstellung $\Gamma = \{T_a, T_b, \ldots\}$ mit Hilfe der Projektionsoperatoren

$$P_k^{(\lambda)} = \frac{d_\lambda}{n} \sum_{a \in \mathcal{G}} M_{kk}^{(\lambda)*}(a) T_a \tag{I.31}$$

berechnet werden, denn für beliebiges $\psi \in \mathcal{H}$ transformiert

$$\psi_k^{(\lambda)}(\underline{x}) = P_k^{(\lambda)} \psi(\underline{x}) \tag{I.32}$$

wie der Basisvektor k der irreduziblen Darstellung Γ_λ und ist somit ein Element von $\mathcal{H}_k^{(\lambda)}$.

□ Zum Beweise entwickeln wir $\psi(\underline{x})$ nach der Basis in $\mathcal{H}$

$$\psi = \sum_{\lambda=1}^{c}\sum_{k=1}^{d_\lambda}\sum_{r=1}^{q_\lambda} c_{kr}^{(\lambda)} \phi_{kr}^{(\lambda)}(\underline{x}) = \sum_{\lambda=1}^{c}\sum_{k=1}^{d_\lambda} \psi_k^{(\lambda)}(\underline{x})$$

und definieren

$$\psi_k^{(\lambda)}(\underline{x}) = \sum_{r=1}^{q_\lambda} c_{kr}^{(\lambda)} \phi_{kr}^{(\lambda)}(\underline{x}) \in \mathcal{H}_k^{(\lambda)}.$$

Dann gilt nach Gl. (I.29)

$$\begin{aligned}
T_a \psi_k^{(\lambda)} &= \sum_{r=1}^{q_\lambda} c_{kr}^{(\lambda)} T_a \phi_{kr}^{(\lambda)}(\underline{x}) \\
&= \sum_{r=1}^{q_\lambda} c_{kr}^{(\lambda)} \sum_{j=1}^{d_\lambda} \phi_{jr}^{(\lambda)} M_{jk}^{(\lambda)}(a) \\
&= \sum_{j=1}^{d_\lambda} \left(\sum_{r=1}^{q_\lambda} c_{kr}^{(\lambda)} \phi_{jr}^{(\lambda)} \right) M_{jk}^{(\lambda)}(a)
\end{aligned}$$

und somit transformiert $\psi_k^{(\lambda)}$ wie $\phi_{kr}^{(\lambda)}$. Anwenden des Projektionsoperators $P_l^{(\nu)}$ nach Gl. (I.31) auf $\psi_k^{(\lambda)}$ liefert zunächst

$$P_l^{(\nu)} \psi_k^{(\lambda)} = \frac{d_\lambda}{n} \sum_{a \in \mathcal{G}} \sum_{j=1}^{d_\lambda} \left(\sum_{r=1}^{q_\lambda} c_{kr}^{(\lambda)} \phi_{jr}^{(\lambda)} \right) M_{ll}^{(\nu)*}(a) M_{jk}^{(\lambda)}(a)$$

und wegen Gl. (I.4)

$$\frac{d_\lambda}{n} \sum_{a \in \mathcal{G}} M_{\alpha i}^{(\nu)*}(a) M_{\beta j}^{(\lambda)}(a) = \delta_{\alpha\beta} \delta_{ij} \delta_{\lambda\mu}$$

folgt daraus

$$\begin{aligned}
P_l^{(\nu)} \psi_k^{(\lambda)} &= \sum_{j=1}^{d_\lambda} \left(\sum_{r=1}^{q_\lambda} c_{kr}^{(\lambda)} \phi_{jr}^{(\lambda)} \right) \delta_{lj} \delta_{lk} \delta_{\nu\lambda} \\
&= \delta_{lk} \delta_{\nu\lambda} \psi_k^{(\lambda)}
\end{aligned}$$

und somit gilt

$$P_l^{(\nu)} \psi(\underline{x}) = P_l^{(\nu)} \sum_{\lambda=1}^{c}\sum_{k=1}^{d_\lambda} \psi_k^{(\lambda)} = \psi_l^{(\nu)}.$$

Damit projiziert $P_l^{(\nu)}$ jedes Element $\psi \in \mathcal{H}$ in den Teilraum $\mathcal{H}_l^{(\nu)}$ und es gilt $P_l^{(\nu)\,2} = P_l^{(\nu)}$. ∎

I.4 Projektionsoperatoren 641

Als Beispiel sei der 5-dimensionale Hilbert-Raum $\mathcal{H}$ betrachtet, der von den Kugelfunktionen $Y_{lm}(\vartheta,\varphi)$ in Kugelkoordinaten $\mathbf{r} : r, \vartheta, \varphi$ zur Drehimpulsquantenzahl $l = 2$ aufgespannt wird, vergl. Abschn. 2.5,

$$\psi_m(\mathbf{r}) = P(r)Y_{2m}(\vartheta,\varphi) \quad \text{mit} \quad m = -2, -1, 0, 1, 2.$$

Wir wollen die Basisfunktionen bestimmen, die wie die irreduziblen Darstellungen der Symmetriegruppe $\mathcal{D}_4$ transformieren. Zur Anwendung der Projektionsoperatoren Gl. (I.31) muß berechnet werden, wie die Kugelfunktionen durch die Operatoren T_a der unitären Darstellung Γ für alle $a \in \mathcal{D}_4$ abgebildet werden. Die Arbeit vereinfacht sich, wenn man anstelle der komplexen die reellen Kugelfunktionen C_{20}, C_{22}, S_{22}, S_{21}, C_{21} nach Tab. B.2 verwendet. Nach Abschn. I.1.2 bezeichnet $a \in \mathcal{D}_4$ eine Drehung um die z-Achse um $\pi/2$ und $b \in \mathcal{D}_4$ eine Drehung um die x-Achse um π mit $bab = a^3$. Die Darstellungsmatrizen von a und b haben in dieser Basis die Form

$$M_a = \begin{pmatrix} 1 & 0 & 0 & 0 & 0 \\ 0 & -1 & 0 & 0 & 0 \\ 0 & 0 & -1 & 0 & 0 \\ 0 & 0 & 0 & 0 & -1 \\ 0 & 0 & 0 & 1 & 0 \end{pmatrix} \quad \text{mit} \quad \begin{pmatrix} |C_{20}\rangle \\ |C_{22}\rangle \\ |S_{22}\rangle \\ |S_{21}\rangle \\ |C_{21}\rangle \end{pmatrix}$$

$$M_b = \begin{pmatrix} 1 & 0 & 0 & 0 & 0 \\ 0 & 1 & 0 & 0 & 0 \\ 0 & 0 & -1 & 0 & 0 \\ 0 & 0 & 0 & 1 & 0 \\ 0 & 0 & 0 & 0 & -1 \end{pmatrix}.$$

Die übrigen Darstellungsmatrizen erhält man aus den Produkten dieser beiden. Die Matrizen der zweidimensionalen irreduziblen Darstellung Γ_5 sind im Abschn. I.3.2 angegeben und die der vier eindimensionalen Darstellungen $\Gamma_1, \Gamma_2, \Gamma_3, \Gamma_4$ können der Tab. I.1 entnommen werden. Die Ordnung der Gruppe ist $n = 8$. Das Ergebnis der Anwendung der Projektionsoperatoren auf die $\psi_m(\mathbf{r})$ kann auch unmittelbar den Matrizen M_a und M_b entnommen werden und es gilt in der Notation von Schoenflies

$$\phi^{(1)}(\mathbf{r}) = P(r)C_{20}(\vartheta,\varphi) = |a_1\rangle$$
$$\phi^{(3)}(\mathbf{r}) = P(r)C_{22}(\vartheta,\varphi) = |b_1\rangle$$
$$\phi^{(4)}(\mathbf{r}) = P(r)S_{22}(\vartheta,\varphi) = |b_2\rangle$$
$$\phi^{(5)}_u(\mathbf{r}) = P(r)S_{21}(\vartheta,\varphi) = |Eu\rangle$$
$$\phi^{(5)}_v(\mathbf{r}) = P(r)C_{21}(\vartheta,\varphi) = |Ev\rangle$$

und die Funktion $|a_1\rangle$ ist invariant gegenüber der Symmetriegruppe $\mathcal{D}_4$.

I.5 Tensoroperatoren

In einem Hilbert-Raum $\mathcal{H}$ von endlicher Dimension, der eine unitäre Darstellung $\mathcal{T} = \{T_a, T_b, \ldots\}$ einer Symmetriegruppe $\mathcal{G} = \{a, b, \ldots\}$ erzeugt, lassen sich nicht nur wie in Abschn. I.4 Basisfunktionen bestimmen, die wie die Basisfunktionen der irreduziblen Darstellungen von $\mathcal{G}$ transformieren, vergl. Gl. (I.29), sondern auch Operatoren, die sogenannten Tensoroperatoren, die wie die Basisfunktionen der irreduziblen Darstellungen von $\mathcal{G}$ transformieren.

Ein Operator $V_{\Gamma_\lambda k}(\underline{x})$ im Hilbert-Raum $\mathcal{H}$ heißt irreduzibler Tensoroperator, wenn gilt

$$T_a V_{\Gamma_\lambda k} T_a^+ = \sum_{j=1}^{d_\lambda} V_{\Gamma_\lambda j} M_{jk}^{(\lambda)}(a) \qquad \forall\, a \in \mathcal{G}. \tag{I.33}$$

Hier bezeichnet $\lambda = 1, 2, \ldots c$ die c irreduziblen Darstellungen mit den Dimensionen d_λ der Gruppe $\mathcal{G}$ und $k = 1, 2, \ldots d_\lambda$ die einzelnen Basisfunktionen, deren Transformationsverhalten nach Abschn. I.3.2 durch die Matrizen $M_{jk}^{(\lambda)}(a)$ festgelegt sein möge. Dann transformiert der Operator $V_{\Gamma_\lambda k}(\underline{x})$ wie die Basisfunktion $\phi_k^{(\lambda)}$ der irreduziblen Darstellung Γ_λ von $\mathcal{G}$. Transformiert speziell der Operator V_{Γ_1} wie die eindimensionale identische Darstellung A_1, so gilt

$$T_a V_{\Gamma_1} T_a^+ = V_{\Gamma_1} \quad \text{oder} \quad [V_{\Gamma_1}, T_a] = 0 \quad \forall\, a \in \mathcal{G} \tag{I.34}$$

und der Operator V_{Γ_1} heißt invariant gegenüber der Symmetriegruppe $\mathcal{G}$.

□ Zum Beweise sei $\psi \in \mathcal{H}$ ein beliebiges Element von $\mathcal{H}$ und $T_a \in \mathcal{T}$, dann gilt nach Gl. (14.1) $T_a \psi(\underline{x}) = \psi(a^{-1}\underline{x})$ und es folgt

$$T_a\big(V_{\Gamma_\lambda k}(\underline{x})\psi(\underline{x})\big) = V_{\Gamma_\lambda k}(a^{-1}\underline{x})\psi(a^{-1}\underline{x}) = V_{\Gamma_\lambda k}(a^{-1}\underline{x}) T_a \psi(\underline{x})$$

und es ist nach Gl. (I.33) wegen $T_a^+ = T_a^{-1}$

$$T_a V_{\Gamma_\lambda k}(\underline{x}) = \sum_{j=1}^{d_\lambda} V_{\Gamma_\lambda j}(\underline{x}) M_{jk}^{(\lambda)}(a) T_a.$$

Somit erhält man

$$V_{\Gamma_\lambda k}(a^{-1}\underline{x}) = \sum_{j=1}^{d_\lambda} V_{\Gamma_\lambda j}(\underline{x}) M_{jk}^{(\lambda)}(a),$$

was dem Transformationsverhalten der $\phi_k^{(\lambda)}$ nach Gl. (I.29) entspricht. ∎

Zur Konstruktion eines Tensoroperators im Hilbert-Raum $\mathcal{H}$ in Form eines Potentials $V(\underline{x})$, der wie eine Basisfunktion $\phi_k^{(\lambda)}$ der irreduziblen Darstellung Γ_λ transformiert, kann die Methode der Projektionsoperatoren Gl. (I.31) angewendet werden.

Als Beispiel sei der Kristallfeldoperator für ein p-Elektron im Zentralfeldmodell der Atome betrachtet, vergl. Abschn. 11.1. Zur Berechnung eines Kristallfeldpotentials $V_{\mathcal{D}_4}(\mathbf{r})$, das gegenüber der Symmetriegruppe $\mathcal{D}_4$ invariant ist, gehen wir wie in Abschn. 13.6.5 von der Störungstheorie aus und verwenden die Zustände eines p-Elektrons nach Gl. (11.4)

$$|n1m\rangle = \frac{1}{r} R_{n1}(r) Y_{1m}(\vartheta, \varphi)$$

in 0. Näherung. Mit dem Kristallfeld als kleine Störung sind dann in erster Näherung die Matrixelemente bzw. Integrale

$$\langle n1m | V_{\mathcal{D}_4}(\mathbf{r}) | n1m' \rangle$$

zu berechnen. Bei einer Entwicklung von $V_{\mathcal{D}_4}(\mathbf{r})$ nach Kugelfunktionen

$$V_{\mathcal{D}_4}(\mathbf{r}) = \sum_{k=0}^{\infty} \sum_{\mu=-k}^{k} v_{k\mu}(r) Y_{k\mu}(\vartheta, \varphi),$$

liefern nach Abschn. B.4 nur Terme mit $k = 0$ und $k = 2$ Beiträge zum Integral. Wir lassen den kugelsymmetrischen Term mit $k = 0$ außer Betracht und finden nach Abschn. I.4 den gegenüber der Symmetriegruppe $\mathcal{D}_4$ invarianten Term mit $k = 2$ von der Form

$$V_{\mathcal{D}_4}(\mathbf{r}) = P(r) C_{20}(\vartheta, \varphi) = P(r) \sqrt{\frac{5}{16\pi}} \left(3 \cos^2 \vartheta - 1\right)$$

mit der reellen Kugelfunktion nach Abschn. B.2 und einer radialsymmetrischen Funktion $P(r)$.

I.6 Nichtkombinationssatz

In einem Hilbert-Raum $\mathcal{H}$ von endlicher Dimension sei eine unitäre Darstellung $\Gamma = \{T_a, T_b, \ldots\}$ der Gruppe $\mathcal{G} = \{a, b, \ldots\}$ gegeben. Seien dann $\mathcal{H}_\nu$, $\mathcal{H}_\mu$ zwei invariante irreduzible Teilräume von $\mathcal{H}$ mit den irreduziblen Darstellungen Γ_ν und Γ_μ, die von den Basisfunktionen $\phi_k^{(\nu)} \in \mathcal{H}_\nu$ für $k = 1, 2, \ldots d_\nu$ bzw. $\psi_l^{(\mu)} \in \mathcal{H}_\mu$ für $l = 1, 2, \ldots d_\mu$ aufgespannt werden, so lauten die unitären Matrizen der irreduziblen

Darstellungen mit den Dimensionen d_ν bzw. d_μ

$$M_{ij}^{(\nu)}(a) = \langle \phi_i^{(\nu)} | T_a | \phi_j^{(\nu)} \rangle$$
$$M_{kl}^{(\mu)}(a) = \langle \psi_k^{(\mu)} | T_a | \psi_l^{(\mu)} \rangle.$$

Ist dann H ein gegenüber $\mathcal{G}$ invarianter Operator in $\mathcal{H}$, der nach Gl. (I.34) mit allen Operatoren T_a vertauschbar ist

$$[T_a, H] = 0 \quad \forall\, a \in \mathcal{G},$$

so gilt der Nichtkombinationssatz

$$\begin{aligned}\langle \phi_k^{(\nu)} | H | \psi_l^{(\mu)} \rangle &= \langle \phi_k^{(\nu)} | H | \psi_k^{(\nu)} \rangle \delta_{\nu\mu} \delta_{kl} \\ &= \langle \phi_1^{(\nu)} | H | \psi_1^{(\nu)} \rangle \delta_{\nu\mu} \delta_{kl}.\end{aligned} \qquad (I.35)$$

□ Zum Beweise betrachten wir die $d_\nu \times d_\mu$-dimensionale Rechteckmatrix $A = (A_{jk})$ und beachten $T_a^+ T_a = 1$

$$\begin{aligned}A_{ij} &= \langle \phi_i^{(\nu)} | H | \psi_j^{(\mu)} \rangle \\ &= \langle \phi_i^{(\nu)} | T_a^+ T_a H | \psi_j^{(\mu)} \rangle \\ &= \langle T_a \phi_i^{(\nu)} | H | T_a \psi_j^{(\mu)} \rangle \\ &= \sum_{k=1}^{d_\nu} \sum_{l=1}^{d_\mu} M_{ki}^{(\nu)*}(a) \langle \phi_k^{(\nu)} | H | \psi_l^{(\mu)} \rangle M_{lj}^{(\mu)}(a),\end{aligned}$$

wobei wir vom Transformationsverhalten der Basisfunktionen Gl. (I.29) Gebrauch gemacht haben. In Matrixschreibweise lautet die Gleichung

$$A = M^{(\nu)+}(a) A M^{(\mu)}(a)$$

bzw.

$$M^{(\nu)}(a) A = A M^{(\mu)}(a) \quad \forall\, a \in \mathcal{G}.$$

Nach dem Lemma von Schur, vergl. Abschn. I.2.1, muß für $\nu \neq \mu$ die Matrix A verschwinden $A = \mathcal{O}$. Im Falle $\nu = \mu$ folgt aus dem Korollar zum Lemma von Schur, daß A ein Vielfaches der Einheitsmatrix sein muß. ∎

I.7 Wigner-Eckart-Theorem

In einem Hilbert-Raum $\mathcal{H}$ von endlicher Dimension sei eine unitäre Darstellung $\Gamma = \{T_a, T_b, \ldots\}$ der Gruppe $\mathcal{G} = \{a, b, \ldots\}$ gegeben. Seien dann $\mathcal{H}_\nu$ und $\mathcal{H}_\mu$ zwei invariante irreduzible Teilräume von $\mathcal{H}$ mit den irreduziblen Darstellungen Γ_ν und Γ_μ, die von den Basisfunktionen $\phi_k^{(\nu)}(\underline{x}) \in \mathcal{H}_\nu$ für $k = 1, 2, \ldots d_\nu$ bzw. von den $\psi_l^{(\mu)}(\underline{x}) \in \mathcal{H}_\mu$ für $l = 1, 2, \ldots d_\mu$ aufgespannt werden, so lauten die unitären Matrizen der irreduziblen Darstellungen mit den Dimensionen d_ν bzw. d_μ

$$M_{ij}^{(\nu)}(a) = \langle \phi_i^{(\nu)} | T_a | \phi_j^{(\nu)} \rangle$$
$$M_{ml}^{(\mu)}(a) = \langle \psi_m^{(\mu)} | T_a | \psi_l^{(\mu)} \rangle.$$

Sei dann $V_{\Gamma_\lambda k}$ ein irreduzibler Tensoroperator nach Abschn. I.5, der nach Gl. (I.33) wie die Basisfunktion $\phi_k^{(\lambda)}$ der irreduziblen Darstellung Γ_λ von $\mathcal{G}$ transformiert

$$T_a V_{\Gamma_\lambda k} T_a^+ = \sum_{j=1}^{d_\lambda} V_{\Gamma_\lambda j} M_{jk}^{(\lambda)}(a) \quad \forall a \in \mathcal{G}.$$

Dann wird die $d_\nu \times d_\mu$-Matrix $\langle \phi_i^{(\nu)} | V_{\Gamma_\lambda k} | \psi_l^{(\mu)} \rangle$ bis auf einen Faktor K von den Kopplungskoeffizienten der Produktdarstellung $\Gamma_\nu \times \Gamma_\mu$ bestimmt und es gilt

$$\langle \phi_i^{(\nu)} | V_{\Gamma_\lambda k} | \psi_l^{(\mu)} \rangle = \sum_{r=1}^{q_\nu} K(\Gamma_\nu, \Gamma_\lambda, \Gamma_\mu, r) \langle \Gamma_\nu r i | \Gamma_\lambda k \Gamma_\mu l \rangle \quad (\text{I.36})$$

mit der ausreduzierten Produktdarstellung in der Form

$$\Gamma_\lambda \times \Gamma_\mu = \sum_{\rho=1}^{c} q_\rho \Gamma_\rho. \quad (\text{I.37})$$

Hierbei sind die Kopplungskoeffizienten in Abschn. I.3.3 definiert und q_ρ gibt an, wie oft die irreduzible Darstellung Γ_ρ in der Produktdarstellung $\Gamma_\lambda \times \Gamma_\mu$ enthalten ist.

□ Zum Beweise verwenden wir die Operatoren T_a der unitären Darstellung, die $T_a^+ T_a = 1$ erfüllen, und berechnen

$$\langle \phi_i^{(\nu)} | V_{\Gamma_\lambda k} | \psi_l^{(\mu)} \rangle = \langle \phi_i^{(\nu)} | T_a^+ (T_a V_{\Gamma_\lambda k} T_a^+) T_a | \psi_l^{(\mu)} \rangle$$
$$= \sum_{j=1}^{d_\lambda} \sum_{m=1}^{d_\mu} \langle T_a \phi_i^{(\nu)} | V_{\Gamma_\lambda j} | \psi_m^{(\mu)} \rangle M_{jk}^{(\lambda)}(a) M_{ml}^{(\mu)}(a),$$

wobei das Transformationsverhalten des irreduziblen Tensoroperators $V_{\Gamma_\lambda k}$ nach Gl. (I.33) und das der Basisfunktionen der irreduziblen Darstellung $\phi_l^{(\mu)}$ nach Gl. (I.29) verwendet wurde. Wir fassen deshalb $V_{\Gamma_\lambda k}(\underline{x}) \psi_l^{(\mu)}(\underline{x})$ als eine Funktion im Kronecker-Produkt-Raum $\Gamma_\lambda \times \Gamma_\mu$ nach Abschn. I.3.3 auf und der Produktraum zerfällt ausreduziert nach Gl. (I.28) in der Form

$$V_{\Gamma_\lambda k}(\underline{x}) \psi_l^{(\mu)}(\underline{x}) = \sum_{\rho=1}^{c} \sum_{r=1}^{q_\rho} \sum_{n=1}^{d_\rho} \Psi_n^{(\rho r)}(\underline{x}) \langle \Gamma_\rho r n | \Gamma_\lambda k \Gamma_\mu l \rangle.$$

Dabei gilt nach Gl. (I.37)

$$d_\lambda d_\mu = \sum_{\rho=1}^{c} q_\rho d_\rho$$

und d_ρ bezeichnet die Dimension der irreduziblen Darstellung Γ_ρ. Einsetzen liefert

$$\langle \phi_i^{(\nu)} | V_{\Gamma_\lambda k} | \psi_l^{(\mu)} \rangle = \sum_{\rho=1}^{c} \sum_{r=1}^{q_\rho} \sum_{n=1}^{d_\rho} \langle \phi_i^{(\nu)} | \Psi_n^{(\rho r)} \rangle \langle \Gamma_\rho r n | \Gamma_\lambda k \Gamma_\mu l \rangle.$$

Auf das innere Produkt $\langle \phi_i^{(\nu)} | \Psi_n^{(\rho r)} \rangle$ wenden wir den Nichtkombinationssatz an, wonach es nur im Falle $\lambda = \rho$ und $i = n$ nicht verschwindet, und setzen

$$\langle \phi_i^{(\nu)} | \Psi_n^{(\rho r)} \rangle = K(\Gamma_\nu, \Gamma_\lambda, \Gamma_\mu, r) \delta_{\nu\rho} \delta_{in}.$$

Damit erhält man schließlich

$$\langle \phi_i^{(\nu)} | V_{\Gamma_\lambda k} | \psi_l^{(\mu)} \rangle = \sum_{r=1}^{q_\nu} K(\Gamma_\nu, \Gamma_\lambda, \Gamma_\mu, r) \langle \Gamma_\nu r i | \Gamma_\lambda k \Gamma_\mu l \rangle$$

die Behauptung Gl. (I.36). ∎

Wenn speziell die Produktdarstellung $\Gamma_\lambda \times \Gamma_\mu$ ausreduziert die irreduzible Darstellung Γ_ν nicht enthält, wenn also in Gl. (I.37) $q_\nu = 0$ ist, so verschwinden die Matrizen

$$\langle \phi_i^{(\nu)} | V_{\Gamma_\lambda k} | \psi_l^{(\mu)} \rangle = \mathcal{O}.$$

Im Falle $q_\nu = 1$ genügt die Berechnung *eines* von Null verschiedenen Matrixelementes für gegebene i, k, l, um mit Hilfe der Kopplungskoeffizienten alle Matrizen für $k = 1, 2, \ldots d_\lambda$ zu bestimmen. Für die 32 Punktgruppen der Kristalle können die Kopplungskoeffizienten dazu der Literatur entnommen werden, z.B. Ref. [I.1].

Der Nichtkombinationssatz von Abschn. I.6 kann als Spezialfall des Wigner-Eckart-Theorems aufgefaßt werden, bei dem der Tensoroperator wie die eindimensionale identische Darstellung Γ_1 (also invariant) transformiert. Die Kopplungskoeffizienten reduzieren sich dann auf Kronecker-Symbole

$$\langle \Gamma_\nu r i | \Gamma_1 \Gamma_\mu l \rangle = \delta_{\nu\mu} \delta_{r1} \delta_{il}.$$

Das Wigner-Eckart-Theorem bietet mit Hilfe der Kopplungskoeffizienten auch eine einfache Möglichkeit festzustellen, welche Matrixelemente verschwinden.

# I.8 Symmetriedoppelgruppen

In diesem Anhang wurden bisher die endlichen Symmetriegruppen $\mathcal{G} = \{a, b, \ldots\}$ der Moleküle und Festkörper betrachtet, die Untergruppen der Permutationsgruppen sind. Sie erzeugen im dreidimensionalen Ortsraum eine Darstellung aus 3×3-Matrizen M_a mit

$$\mathbf{r}' = M_a \mathbf{r}.$$

Ist $\psi(\mathbf{r})$ ein Element des Orts-Hilbert-Raumes $\mathcal{H}_O$ eines Elektrons, so erzeugt nach Abschn. 14.1 der Operator T_a nach Gl. (14.1)

$$T_a \psi(a\mathbf{r}) = \psi(\mathbf{r}) \quad \forall\, \psi(\mathbf{r}) \in \mathcal{H}_O \tag{I.38}$$

eine unitäre Darstellung $\mathcal{T} = \{T_a, T_b, \ldots\}$ der Gruppe $\mathcal{G}$ in $\mathcal{H}_O$.

Zur Berücksichtigung des Elektronenspins hat man nach Abschn. 2.6 die Einelektronenzustände im Produkt-Hilbert-Raum $\mathcal{H} = \mathcal{H}_O \times \mathcal{H}_S$ auszurechnen, wobei $\mathcal{H}_S$ den zweidimensionalen Spin-Hilbert-Raum bezeichnet. Bei physikalischen Systemen mit ungerader Elektronenzahl treten dann nach Anhang C auch Zustände mit halbzahligen Quantenzahlen des Gesamtdrehimpulses auf. Um zu klären, wie sich die Symmetrie des Ortsraumes auf solche Zustände auswirkt, genügt es den Einelektronenfall zu behandeln, weil sich die Mehrelektronenzustände mit Hilfe der Kopplungskoeffizienten der Produktdarstellungen nach Abschn. I.3 daraus ableiten lassen.

Ohne auf die Theorie der kontinuierlichen Gruppen, wie der Drehgruppe im dreidimensionalen Ortsraum, einzugehen, sind in Abschn. 2.6 die irreduziblen Darstellungen der dreidimensionalen Drehgruppe $O(3)$ mit Hilfe der Eigenräume des verallgemeinerten Drehimpulsoperators $\mathbf{j} = (j_1, j_2, j_3)$ mit

$$[j_k, j_l] = i j_m \quad \text{für} \quad (k, l, m) \text{ zyklisch} \tag{I.39}$$

beschrieben. Die Eigenwertgleichungen lauten nach Anhang C und Gl. (2.91) und (2.92)

$$\begin{aligned}
\mathbf{j}^2 \phi_{jm} &= j(j+1)\phi_{jm} \\
j_3 \phi_{jm} &= m \phi_{jm} \\
j_\pm \phi_{jm} &= \sqrt{j(j+1) - m^2 \mp m}\, \phi_{j\, m\pm 1}
\end{aligned} \tag{I.40}$$

mit $j_\pm = j_1 \pm i j_2$ und $m = -j, -j+1, \ldots, j$. Sie führen für $j = l = 0, 1, 2, \ldots$ im dreidimensionalen Orts-Hilbert-Raum $\mathcal{H}_O$ auf die Kugelfunktionen als Eigenfunktionen $\phi_{lm} = Y_{lm}(\vartheta, \varphi)$, vergl. Anhang B. Der Hilbert-Raum $\mathcal{H}_O$ zerfällt dadurch in eine orthogonale Summe irreduzibler Teilräume $\mathcal{H}_l$ der Drehgruppe zu $l = 0, 1, \ldots$

$$\mathcal{H}_O = \mathcal{H}_0 \oplus \mathcal{H}_1 \oplus \mathcal{H}_2 \oplus \ldots,$$

die ebenfalls Darstellungsräume der endlichen Symmetriegruppen sind. Dies ergibt sich aus der unitären Darstellung $\mathcal{T} = \{T_a, T_b, \ldots\}$ der Drehungen im Hilbert-Raum $\mathcal{H}_O$ mit Hilfe der Drehimpulsoperatoren $\mathbf{l} = (l_1, l_2, l_3) = -i\mathbf{r} \times \nabla$ im Orts-Hilbert-Raum. Die isomorphe Abbildung der Drehungen M_a im dreidimensionalen Ortsraum auf die unitären Operatoren T_a im Hilbert-Raum $\mathcal{H}_O$ wurde am Beispiel einer Drehung um den Winkel α um die z-Achse

$$M_a = \begin{pmatrix} \cos\alpha & -\sin\alpha & 0 \\ \sin\alpha & \cos\alpha & 0 \\ 0 & 0 & 1 \end{pmatrix} \tag{I.41}$$

im Abschn. I.2.5 mit Hilfe der infinitesimalen Drehungen hergestellt. Es ergab sich

$$T_a = \exp\{-i\alpha l_3\}. \tag{I.42}$$

Dabei haben die Darstellungsmatrizen $M_j^{(l)}$ von l_j im Hilbert-Raum $\mathcal{H}_l$ z.B. für $l = 1$ die Form

$$M_1^{(1)} = \frac{1}{\sqrt{2}} \begin{pmatrix} 0 & 1 & 0 \\ 1 & 0 & 1 \\ 0 & 1 & 0 \end{pmatrix} \quad ; \quad M_2^{(1)} = \frac{1}{\sqrt{2}} \begin{pmatrix} 0 & -i & 0 \\ i & 0 & -i \\ 0 & i & 0 \end{pmatrix}$$

$$M_3^{(1)} = \begin{pmatrix} 1 & 0 & 0 \\ 0 & 0 & 0 \\ 0 & 0 & -1 \end{pmatrix}, \tag{I.43}$$

vergl. Abschn. 2.6.4.

Allgemein bildet die spezielle orthogonale Matrixgruppe $SO(3)$ der reellen dreidimensionalen Matrizen M mit $M^T = M^{-1}$ und $\det\{M\} = 1$ eine treue Darstellung der Drehgruppe aus den „eigentlichen" Drehungen, während die orthogonale Gruppe $O(3) = SO(3) \times \mathcal{I}$ auch die „uneigentlichen" Drehungen enthält. Ihre Elemente M erfüllen die Bedingungen $M^T = M^{-1}$ und $\det\{M\} = \pm 1$ und bilden eine treue Darstellung der Symmetriegruppe der Kugel. Dabei bezeichnet $\mathcal{I}$ die Gruppe, die nur aus dem Einselement $\mathcal{E}$ und der Inversion $-\mathcal{E}$ besteht. Die isomorphe Abbildung zwischen den Elementen von $SO(3)$ und der unitären Darstellung der Drehgruppe $\mathcal{T}$ in $\mathcal{H}_O$ wird dann mit Hilfe der Eulerschen Winkel durch

$$T_a = \exp\{-i\alpha l_3\}\exp\{-i\beta l_2\}\exp\{-i\gamma l_3\} \tag{I.44}$$

vermittelt, wobei hier $0 \leq \gamma < 2\pi$ eine Drehung um die z-Achse, $0 \leq \beta \leq \pi$ eine anschließende Drehung um die y-Achse und $0 \leq \alpha < 2\pi$ eine darauffolgende Drehung um die z-Achse bezeichnet.

Bei halbzahligem Spin $j = 1/2$ lauten die Matrizen im Spin-Hilbert-Raum $\mathcal{H}_S$ entsprechend nach Abschn. 2.6.4

$$M_1^{(1/2)} = \frac{1}{2}\begin{pmatrix} 0 & 1 \\ 1 & 0 \end{pmatrix} \quad ; \quad M_2^{(1/2)} = \frac{1}{2}\begin{pmatrix} 0 & -i \\ i & 0 \end{pmatrix}$$

$$M_3^{(1/2)} = \frac{1}{2}\begin{pmatrix} 1 & 0 \\ 0 & -1 \end{pmatrix}. \tag{I.45}$$

I.8 Symmetriedoppelgruppen

Die Matrizen $M_j^{(1/2)}$ sind Elemente der Gruppe $SU(2)$ der speziellen unitären zweidimensionalen Matrizen, die $U^+ = U^{-1}$ und $\det\{U\} = 1$ erfüllen. Es gibt eine homomorphe Abbildung von $SU(2)$ auf die Drehgruppe im dreidimensionalen Ortsraum $SO(3)$, die jedoch im Unterschied zur Abbildung Gl. (I.44) mit ganzzahligem l nicht isomorph ist.

Um das zu erkennen, schreiben wir ein beliebiges Element von $SU(2)$ mit den Eigenschaften $U^+ = U^{-1}$ und $\det\{U\} = 1$ in der Form

$$U = \begin{pmatrix} a & b \\ -b^* & a^* \end{pmatrix} \quad \text{mit} \quad aa^* + bb^* = 1. \tag{I.46}$$

Setzt man dann mit den Spinmatrizen Gl. (I.45)

$$A(x,y,z) = \frac{x}{2}\begin{pmatrix} 0 & 1 \\ 1 & 0 \end{pmatrix} + \frac{y}{2}\begin{pmatrix} 0 & -i \\ i & 0 \end{pmatrix} + \frac{z}{2}\begin{pmatrix} 1 & 0 \\ 0 & -1 \end{pmatrix}$$
$$= \frac{1}{2}\begin{pmatrix} z & x-iy \\ x+iy & -z \end{pmatrix},$$

und

$$A(x',y',z') = UA(x,y,z)U^+, \tag{I.47}$$

so erhält man durch

$$\begin{pmatrix} x' \\ y' \\ z' \end{pmatrix} = R \begin{pmatrix} x \\ y \\ z \end{pmatrix} \tag{I.48}$$

ein Element R von $SO(3)$, was man durch Ausrechnen verifizieren kann. Als Beispiel sei wieder eine Drehung um den Winkel α um die z-Achse betrachtet. Setzt man für U in Gl. (I.46)

$$U = \begin{pmatrix} \exp\{-i\alpha/2\} & 0 \\ 0 & \exp\{i\alpha/2\} \end{pmatrix} \tag{I.49}$$

also $a = \exp\{-i\alpha/2\}$ und $b = 0$, so erhält man für $R \in SO(3)$ gerade das Element Gl. (I.41). Der zugehörige Operator im Hilbert-Raum $\mathcal{H}_S$ lautet entsprechend Gl. (I.42)

$$T_\alpha = \exp\{-i\alpha s_3\}, \tag{I.50}$$

wobei s_3 die z-Komponente des Spinoperators bezeichnet. Tatsächlich bilden jedoch die beiden Matrizen

$$U = \begin{pmatrix} a & b \\ -b^* & a^* \end{pmatrix} \quad \text{und} \quad U' = -U \tag{I.51}$$

wegen Gl. (I.47) auf dasselbe Element von $SO(3)$ ab, so daß man von einer zweideutigen Darstellung spricht.

Die Klassencharaktere der Drehungen um einen Winkel α der Darstellung von $SO(3)$ im Hilbert-Raum $\mathcal{H}_l$ ergeben sich aus Gl. (I.42) zu

$$\chi_l(\alpha) = \frac{\sin\{(2l+1)\alpha/2\}}{\sin\{\alpha/2\}} \quad \text{für} \quad l = 0, 1, 2, \ldots,$$

vergl. Gl. (I.14). Demgegenüber ergibt sich für $j = 1/2$ der Charakter der Darstellungsmatrix U Gl. (I.49) von $SU(2)$ zu

$$\chi_{1/2}(\alpha) = \text{Sp}\{U\} = 2\cos\{\alpha/2\} = \frac{\sin\{\alpha\}}{\sin\{\alpha/2\}}.$$

Mit Rücksicht auf Gl. (I.14) und (I.50) erhält man dann

$$\chi_j = \frac{\sin\{(2j+1)\alpha/2\}}{\sin\{\alpha/2\}} \quad \text{für} \quad j = 0, \frac{1}{2}, 1, \frac{3}{2}, 2, \ldots. \tag{I.52}$$

Es gilt für *halbzahliges* j

$$\chi_j(\alpha + 2\pi) = -\chi_j(\alpha) \quad \text{und} \quad \chi_j(\alpha + 4\pi) = \chi_j(\alpha), \tag{I.53}$$

während für ganzzahlige Drehimpulsquantenzahl $j = l$

$$\chi_l(\alpha + 2\pi) = \chi_l(\alpha) \quad \text{für} \quad l = 0, 1, 2, \ldots$$

gilt. Aus der Bedingung, daß die Darstellungsmatrizen U die Gruppeneigenschaften von $\mathcal{G}$ erfüllen müssen, kann man zeigen, daß alle Elemente der zweideutigen Darstellung $SU(2)$ zur Darstellungsgruppe gehören.

Die Darstellungen der endlichen Symmetriegruppen $\mathcal{G}$ im Spin-Hilbert-Raum $\mathcal{H}_S = \mathcal{H}_{1/2}$ erhält man daher, indem zum Einselement e ein weiteres Element e' eingeführt wird mit den Eigenschaften

$$\begin{aligned} e'a &= ae' = a' \\ a'e &= ea' = a' \quad \text{mit der Folge} \quad \begin{aligned} ee' &= e'e = e' \\ e'e' &= e \end{aligned} \\ a'e' &= e'a' = a \end{aligned} \tag{I.54}$$

für alle $a \in \mathcal{G}$. Durch Hinzufügen des Elementes e' entsteht aus der endlichen Gruppe $\mathcal{G} = \{e, a, b, \ldots\}$ der Ordnung n die Symmetriedoppelgruppe

$$\mathcal{G}' = \{e, a, b, \ldots e', a', b', \ldots\}$$

der Ordnung $2n$. Aus $ab = c$ folgt dann

$$\begin{aligned} ab' &= a'b = c' \\ a'b' &= ab = c \\ (a^{-1})' &= (a')^{-1}. \end{aligned} \tag{I.55}$$

Hat das Element a die Ordnung n, gilt also $a^n = e$, so ist $a' \in \mathcal{G}'$ von der Ordnung n für n gerade und von der Ordnung $2n$ für n ungerade, denn es gilt $(a')^n = (e')^n$. Formal kann man die Drehungen von $\mathcal{G}'$ dadurch interpretieren, daß eine Drehung um 2π nicht zum Einselement führt, sondern zum Element e' und erst eine Drehung um 4π zum Einselement e. Es läßt sich zeigen, daß jede irreduzible Darstellung von $\mathcal{G}$ auch irreduzible Darstellung von $\mathcal{G}'$ ist. $\mathcal{G}'$ besitzt jedoch zusätzlich zu den irreduziblen Darstellungen von $\mathcal{G}$ noch weitere, die sogenannten „spezifischen Darstellungen" der Symmetriedoppelgruppe.

I.8.1 Beispiel

Wir betrachten die Doppelgruppe $\mathcal{D}'_4$ der in Abschn. I.1.2 eingeführten Symmetriegruppe $\mathcal{D}_4$ der Ordnung $n = 8$. Sie besteht nach Gl. (I.51) aus $n' = 2n = 16$ Elementen, die in $c' = 7$ Klassen konjugierter Gruppenelemente eingeteilt werden, vergl. Abschn. I.1.3,

$\mathcal{K}_1 = \{e\}$
$\mathcal{K}'_1 = \{e'\}$
$\mathcal{K}_2 = \{a, a^2 a'\}$
$\mathcal{K}'_2 = \{a', a^3\}$
$\mathcal{K}_3 = \{a^2, aa'\}$
$\mathcal{K}_4 = \{b, a^2 b, b', a^2 b'\}$
$\mathcal{K}_5 = \{ab, a^3 b, ab', a^3 b'\}$.

Sie besitzt $c' = 7$ irreduzible Darstellungen Γ_λ, deren Dimensionen d_λ nach dem Satz von Burnside Gl. (I.11)

$$d_1 = d_2 = d_3 = d_4 = 1 \quad \text{und} \quad d_5 = d_6 = d_7 = 2$$

betragen. Die Klassencharaktere berechnen sich dann aus denen der Gruppe $\mathcal{D}_4$ in Tab. I.1 und den Orthogonalitätsrelationen Gl. (I.3) und Gl. (I.12) und sind in Tab. I.6 zusammengestellt. Die Tab. I.7 enthält die ausreduzierten Produktdarstellungen der irreduziblen Darstellungen von $\mathcal{D}'_4$ nach Ref. [I.1].

Tab. I.6 Klassencharaktere der irreduziblen Darstellungen der Symmetriedoppelgruppe $\mathcal{D}'_4$. Γ_6 und Γ_7 sind die spezifischen Darstellungen.

$\chi_k^{(\lambda)}$	$\mathcal{K}_1$	$\mathcal{K}'_1$	$\mathcal{K}_2$	$\mathcal{K}'_2$	$\mathcal{K}_3$	$\mathcal{K}_4$	$\mathcal{K}_5$
Γ_1	1	1	1	1	1	1	1
Γ_2	1	1	1	1	1	−1	−1
Γ_3	1	1	−1	−1	1	1	−1
Γ_4	1	1	−1	−1	1	−1	1
Γ_5	2	2	0	0	−2	0	0
Γ_6	2	−2	$\sqrt{2}$	$-\sqrt{2}$	0	0	0
Γ_7	2	−2	$-\sqrt{2}$	$\sqrt{2}$	0	0	0

Tab. I.7 Multiplikationstabelle der Produktdarstellungen der irreduziblen Darstellungen der Symmetriedoppelgruppe $\mathcal{D}'_4$.

$\Gamma_\nu \times \Gamma_\mu$	Γ_1	Γ_2	Γ_3	Γ_4	Γ_5	Γ_6	Γ_7
Γ_1	Γ_1	Γ_2	Γ_3	Γ_4	Γ_5	Γ_6	Γ_7
Γ_2		Γ_1	Γ_4	Γ_3	Γ_5	Γ_6	Γ_7
Γ_3			Γ_1	Γ_2	Γ_5	Γ_7	Γ_6
Γ_4				Γ_1	Γ_5	Γ_7	Γ_6
Γ_5					$\Gamma_1+\Gamma_2$ $+\Gamma_3+\Gamma_4$	$\Gamma_6+\Gamma_7$	$\Gamma_6+\Gamma_7$
Γ_6						$\Gamma_1+\Gamma_2$ $+\Gamma_5$	$\Gamma_3+\Gamma_4$ $+\Gamma_5$
Γ_7							$\Gamma_1+\Gamma_2$ $+\Gamma_5$

J Tetraedergruppe

Im dreidimensionalen Ortsraum mit $\mathbf{r} = (x, y, z)$ sei a eine Drehung um $2\pi/3$ um die $(1, 1, 1)$-Achse, b eine Drehung um π um die z-Achse und c eine Spiegelung an der Ebene senkrecht zu $(-1, 1, 0)$. Die Tetraedergruppe T_d, die ein Tetraeder in sich überführt, kann durch die drei erzeugenden Elemente a, b, c mit

$$a^3 = b^2 = c^2 = e \quad ; \quad bab = a^2ba^2 \quad ; \quad bc = cb \quad ; \quad ac = ca^2$$

definiert werden, wobei e das Einselement bezeichnet. Die drei Matrizen

$$M_a = \begin{pmatrix} 0 & 0 & 1 \\ 1 & 0 & 0 \\ 0 & 1 & 0 \end{pmatrix} \quad ; \quad M_b = \begin{pmatrix} -1 & 0 & 0 \\ 0 & -1 & 0 \\ 0 & 0 & 1 \end{pmatrix} \quad ; \quad M_c = \begin{pmatrix} 0 & 1 & 0 \\ 1 & 0 & 0 \\ 0 & 0 & 1 \end{pmatrix}$$

legen dann die Darstellung im dreidimensionalen Ortsraum fest. Die Gruppe besitzt 24 Gruppenelemente, die in fünf Klassen konjugierter Gruppenelemente aufgeteilt sind. Dabei enthält $\mathcal{K}_1$ das Einselement, $\mathcal{K}_2$ acht Drehungen um $2\pi/3$, $\mathcal{K}_3$ drei Drehungen um π, $\mathcal{K}_4$ sechs Spiegelungen und $\mathcal{K}_5$ sechs Drehspiegelungen um $\pi/2$. Die Ordnungen der Klassen sind

$$h_1 = 1, \quad h_2 = 8, \quad h_3 = 3, \quad h_4 = 6, \quad h_5 = 6$$

und die Klassen bestehen im Einzelnen aus den Elementen

$\mathcal{K}_1 = \{e\}$
$\mathcal{K}_2 = \{a, a^2, ba, ba^2, ab, aba, a^2b, a^2ba^2\}$
$\mathcal{K}_3 = \{b, aba^2, a^2ba\}$
$\mathcal{K}_4 = \{c, ac, a^2c, bc, abac, a^2ba^2c\}$
$\mathcal{K}_5 = \{bac, ba^2c, abc, aba^2c, a^2bc, a^2bac\}$.

Die Tetraedergruppe T_d besitzt fünf irreduzible Darstellungen, deren Klassencharaktere in Tab. J.1 zusammengefaßt sind.

Tab. J.1 Klassencharaktere der irreduziblen Darstellungen der Gruppe T_d. In der letzten Spalte ist die Notation nach Schoenflies hinzugefügt.

$\chi_k^{(\lambda)}$	$\mathcal{K}_1$	$\mathcal{K}_2$	$\mathcal{K}_3$	$\mathcal{K}_4$	$\mathcal{K}_5$	Schoenflies
Γ_1	1	1	1	1	1	A_1
Γ_2	1	1	1	−1	−1	A_2
Γ_3	2	−1	2	0	0	E
Γ_4	3	0	−1	−1	1	T_1
Γ_5	3	0	−1	1	−1	T_2

Das Transformationsverhalten der Basisfunktionen der irreduziblen Darstellungen nach Ref. [I.1] ist in Tab. J.2 festgelegt. Dabei ist $\mathbf{r} = (x, y, z)$ der Ortsvektor und $\mathbf{l} = (l_x, l_y, l_z) = -i\mathbf{r} \times \nabla$ der Vektor des Drehimpulses.

Tab. J.2 Transformationsverhalten der Basisfunktionen der irreduziblen Darstellungen der Symmetriegruppe T_d.

Γ_λ	Schoenflies	a	b	c	Funktion
Γ_1	$A_1\, a_1$	a_1	a_1	a_1	$x^2 + y^2 + z^2$
Γ_2	$A_2\, a_2$	a_2	a_2	$-a_2$	$l_x l_y l_z$
$\vert\Gamma_3\, 1\rangle$	$E\, u$	$-\frac{u}{2} - \frac{\sqrt{3}}{2}v$	u	u	$2z^2 - x^2 - y^2$
$\vert\Gamma_3\, 2\rangle$	$E\, v$	$\frac{\sqrt{3}}{2}u - \frac{1}{2}v$	v	$-v$	$\sqrt{3}\,(x^2 - y^2)$
$\vert\Gamma_4\, 1\rangle$	$T_1\, \alpha$	γ	$-\alpha$	$-\beta$	l_x
$\vert\Gamma_4\, 2\rangle$	$T_1\, \beta$	α	$-\beta$	$-\alpha$	l_y
$\vert\Gamma_4\, 3\rangle$	$T_1\, \gamma$	β	γ	$-\gamma$	l_z
$\vert\Gamma_5\, 1\rangle$	$T_2\, \xi$	ζ	$-\xi$	η	x
$\vert\Gamma_5\, 2\rangle$	$T_2\, \eta$	ξ	$-\eta$	ξ	y
$\vert\Gamma_5\, 3\rangle$	$T_2\, \zeta$	η	ζ	ζ	z

Die Basisfunktionen der irreduziblen Darstellungen können entsprechend Tab. J.2 auch durch Angabe der irreduziblen Darstellungsmatrizen $M^{(\lambda)}$ festgelegt werden:

$$M^{(1)}(a) = 1 \quad ; \quad M^{(1)}(b) = 1 \quad ; \quad M^{(1)}(c) = 1$$

$$M^{(2)}(a) = 1 \quad ; \quad M^{(2)}(b) = 1 \quad ; \quad M^{(2)}(c) = -1$$

$$M^{(3)}(a) = -\frac{1}{2}\begin{pmatrix} 1 & \sqrt{3} \\ -\sqrt{3} & 1 \end{pmatrix} \quad ; \quad M^{(3)}(b) = \begin{pmatrix} 1 & 0 \\ 0 & 1 \end{pmatrix}$$

$$M^{(3)}(c) = \begin{pmatrix} 1 & 0 \\ 0 & -1 \end{pmatrix}$$

$$M^{(4)}(a) = \begin{pmatrix} 0 & 0 & 1 \\ 1 & 0 & 0 \\ 0 & 1 & 0 \end{pmatrix} \quad ; \quad M^{(4)}(b) = \begin{pmatrix} -1 & 0 & 0 \\ 0 & -1 & 0 \\ 0 & 0 & 1 \end{pmatrix}$$

$$M^{(4)}(c) = \begin{pmatrix} 0 & -1 & 0 \\ -1 & 0 & 0 \\ 0 & 0 & -1 \end{pmatrix}$$

$$M^{(5)}(a) = \begin{pmatrix} 0 & 0 & 1 \\ 1 & 0 & 0 \\ 0 & 1 & 0 \end{pmatrix} \quad ; \quad M^{(5)}(b) = \begin{pmatrix} -1 & 0 & 0 \\ 0 & -1 & 0 \\ 0 & 0 & 1 \end{pmatrix}$$

$$M^{(5)}(c) = \begin{pmatrix} 0 & 1 & 0 \\ 1 & 0 & 0 \\ 0 & 0 & 1 \end{pmatrix}.$$

In der Multiplikationstabelle der Produktdarstellungen Tab. J.3 sind für die irreduziblen Darstellungen Γ_1, Γ_2, Γ_3, Γ_4, Γ_5 die Bezeichnungen nach Schoenflies A_1, A_2, E, T_1, T_2 verwendet worden. Hier sind A_1 und A_2 eindimensionale Darstellungen, E ist zweidimensional und T_1 und T_2 sind dreidimensional.

Tab. J.3 Multiplikationstabelle der Produktdarstellungen der irreduziblen Darstellungen der Symmetriegruppe T_d nach Ref. [I.1].

$\Gamma_\nu \times \Gamma_\mu$	A_1	A_2	E	T_1	T_2
A_1	A_1	A_2	E	T_1	T_2
A_2		A_1	E	T_2	T_1
E			$A_1 + A_2 + E$	$T_1 + T_2$	$T_1 + T_2$
T_1				$A_1 + E$ $+T_1 + T_2$	$A_2 + E$ $+T_1 + T_2$
T_2					$A_1 + E$ $+T_1 + T_2$

Literaturverzeichnis

[2.1] M. Abramowitz and I.A. Stegun, *Handbook of Mathematical Functions*, Dover, New York (1968).

[8.1] D.M. Ceperley and B.L. Alder, *Phys. Rev. Lett.* **45**, 566 (1980).

[8.2] J.P. Perdew and A. Zunger, *Phys. Rev. B* **23**, 5048 (1981).

[8.3] O. Gunnarsson and B.I. Lundqvist, *Phys. Rev. B* **13**, 4274 (1976).

[9.1] P. Hohenberg and W. Kohn, *Phys. Rev.* **136**, B 864 (1964).

[9.2] W. Kohn and L.J. Sham, *Phys. Rev.* **140**, A 1133 (1965).

[9.3] D.M. Ceperley and B.L. Alder, *Phys. Rev. Lett.* **45**, 566 1980).

[9.4] J. Perdew and A. Zunger, *Phys. Rev. B* **23**, 5048 (1981).

[9.5] R.M. Dreizler and E.K.U. Gross, *Density Functional Theory*, Springer-Verlag, Berlin 1990.

[9.6] A.D. Becke, *J. Chem. Phys.* **96**, 2155 (1992).

[9.7] J.P. Perdew, *Phys. Rev. B* **33**, 8822 (1986).

[9.8] U. v. Barth and C.D. Gelatt, *Phys. Rev. B* **21**, 2222 (1980).

[9.9] W.E. Pickett, *Comp. Phys. Rep.* **9**, 115 (1989).

[9.10] D.R. Hamann, M. Schlüter, and C. Chiang, *Phys. Rev. Lett.* **43**, 1494 (1979).

[9.11] M. Teter, *Phys. Rev. B* **48**, 5031 (1993).

[9.12] G.B. Bachelet, D.R. Hamann, and M. Schlüter, *Phys. Rev. B* **26**, 4199 (1982).

[9.13] G.B. Bachelet, M. Schlüter, *Phys. Rev. B* **25**, 2103 (1982).

[9.14] N. Troullier, J.L. Martins, *Phys. Rev. B* **43**, 1993 (1991).

[9.15] L. Kleinman, D.M. Bylander, *Phys. Rev. Lett.* **48**, 1425 (1982).

[9.16] P.E. Blöchl, *Phys. Rev. B* **41**, 5414 (1990).

[9.17] A.K. Rajagopal, J. Callaway, *Phys. Rev. B* **7**, 1912 (1973).

[9.18] G. Vignale, M. Rasolt, *Phys. Rev. B* **37**, 10685 (1988).

[9.19] O. Gunnarsson, B.I. Lundqvist, *Phys. Rev. B* **13**, 4274 (1976).

[9.20] S.H. Vosko, L. Wilk, M. Nusair, *Can. J. Phys.* **58**, 1200 (1980).

[9.21] E.K.U. Gross, J.F. Dobson, M. Petersilka, in *Density Functional Theory* edited by R.F. Nalewajski, Springer Series *Topics in Current Chemistry* (1996).

[9.22] R. Car, M. Parrinello, *Phys. Rev. Lett.* **55**, 2471 (1985).

[9.23] M.C. Payne, M.P. Teter, D.C. Allan, T.A. Arias, J.D. Joannopoulos, *Rev. Mod. Phys.* **64**, 1045 (1992).

[10.1] C. Itzykson and J.-B. Zuber, *Quantum Field Theorie*, MacGraw Hill 1980.

[10.2] W. Heitler, *The Quantum Theory of Radiation*, Oxford at the Clarendon Press (1954).

[10.3] G. Heber und G. Weber, *Quantenphysik 2 Quantenfeldtheorie*, Teubner, Stuttgart (1971).

[10.4] G.D. Mahan, *Many-Particle Physics*, Plenum Press, New York (1981).

[11.1] J.S. Griffith, *The Theory of Transition Metal Ions*, Cambridge at the University Press, (1964).

[11.2] M. Weissbluth, *Atoms and Molecules*, Academic Press, New York (1978).

[15.1] R.C. Tolman, *The Principles of Statistical Mechanics*, Oxford University Press, (1938).

[15.2] A. Münster, *Statistische Mechanik*, Springer-Verlag, Berlin, (1956).

[B.1] M. Abramowitz and I.A. Stegun, *Handbook of Mathematical Functions*, Dover, New York (1968).

[B.2] G. Goertzel and N. Tralli, *Some Mathematical Methods in Physics*, McGraw Hill (1960).

[B.3] E.U. Condon and G.H. Shortley, *The Theory of Atomic Spectra*, Cambridge (1964).

[C.1] E.U. Condon and G.H. Shortley, *The Theory of Atomic Spectra*, Cambridge (1964).

[I.1] G.F. Koster, J.O. Dimmock, R.G. Wheeler, H. Statz, *Properties of the Thirty-Two Point Groups*, MIT Press, Cambridge, Mass. (1963).

Fremdwörterverzeichnis

configuration interaction	Konfigurationswechselwirkung
gauge theory	Eichtheorie
generalized gradient approximation	verallgemeinerte Gradientenentwicklung
Gibbs free energy	freie Enthalpie
hard core approximation	Näherung der unveränderlichen Ionen
Helmholtz free energy	freie Energie
linear combination of atomic orbitals	Linearkombination von Atomorbitalen
local density approximation	Lokale-Dichte-Näherung
no crossing rule	Kreuzungsregel
weighted density approximation	Gewichtete-Dichte-Näherung

Sachregister

Änderung der Elektronendichte 234
Änderung der Zustandsdichte 232
äquivalente d-Elektronen 376
äquivalente p-Elektronen 374
äußere Arbeiten 536
Akzeptor 488
Ammoniaksynthese 550
anharmonischer Oszillator 209
Anregungsenergie 246
Ansatzfunktion 193, 194, 197
Antikommutator 169, 175
antisymmetrische Funktion 152
Antiteilchen 112
Antivertauschungsrelation 169, 180, 186, 285
asymptotische Lösung 79
atomare Einheiten 128, 271, 283
Atome 359
– Energieniveaus 372
Atommodell von Thomas und Fermi 249
Atomorbitale 408, 495
Aufenthaltswahrscheinlichkeit 19
Aufenthaltswahrscheinlichkeitsdichte 20
Aufenthaltswahrscheinlichkeitsstromdichte 21
Aufspaltung von Spektrallinien 504
Ausbreitungsvektor 251, 424, 438, 595
–, zweidimensionaler 257
Ausreduzieren einer Darstellung 625
Austauschenergie 271, 325
Austauschfunktional 248
Austauschintegral 239

Austausch-Korrelations-Funktional 295, 299, 325
Austausch-Korrelations-Lochdichte 297, 298
Austausch-Korrelations-Potential 289, 296
–, spinabhängiges 325
Austauschloch 247
Austauschpotential 248
–, nichtlokales 246
Austauschterm 160, 170, 241
Austausch- und Korrelationsenergie 273, 296
Auswahlregeln 510
– für ein Elektron im Zentralfeld 355
avancierte Greensche Funktion freier Teilchen 229
Axiome 26

Bachelet-Hamann-Schlüter-Pseudopotential 317
Bahndrehimpuls 52
– Eigenwertgleichungen 55
– Erhaltungssätze 54
– Vertauschungsrelationen 52
Basisvektoren
– des Gitters 413, 590
– des reziproken Gitters 413, 590
Besetzungszahlen 163, 260
Bessel-Funktionen 70, 72
Bindungsenergie 59, 473, 474
Bloch-Bedingung 423, 438, 595
Bloch-Funktionen 437, 438, 595
– Fourier-Entwicklung 594
Bloch-Summe 443

Bohr-Radius 61, 193
Bohrsches Magneton 88, 120, 339, 354, 384
Boltzmann-Konstante 260
Boltzmann-Verteilung 458
Born-Haber-Kreisprozeß 474
Born-Oppenheimer-Fläche 331
Born-Oppenheimer-Näherung 274, 280, 390, 405, 421
Bose-Einstein-Statistik 544
Bose-Einstein-Verteilung 545
Bose-Verteilung 472
Bosonen 91, 154, 165, 171
Bravais-Gitter 415, 416
Brillouin-Zone 429, 440

Car-Parrinello-Verfahren 332
Cauchy-Formel 226
charakteristische Röntgenstrahlung 365
chemisches Potential 260, 262, 263, 316, 459, 542, 545, 546, 550
– des Elektronengases 245, 272
Clausius-Gleichung 149, 526, 528, 542
Clebsch-Gordan-Koeffizienten 368, 586, 636
Coulomb-Abstoßung 360
Coulomb-Integral 239, 604
Coulomb-Kraft 335
Coulomb-Potential
– Fourier-Entwicklung 268
Coulomb-Term 241
Coulomb-Wechselwirkung 57, 182, 286
Curie-Konstante 539

Darstellung einer Gruppe 502, 612
– Ausreduzieren 625
–, irreduzible 621
De Broglie-Beziehungen 14
Debye-Näherung 476
Debye-Temperatur 473, 476

Debye-T^3-Gesetz 477
Defektelektron 452
De Haas-van Alphen-Effekt 462
Diagonalisierung von Matrizen 511
Diamantgitter 417
Dichtefunktional 293
– der Grundzustandsenergie 288
Dichtefunktionaltheorie 283
Dichtematrix 139
Dichteoperator 285, 323
dichteste Kugelpackung 417
Differentialgleichung
–, von Hermite 47
–, von Laguerre 61
–, von Legendre 55
Dipolmatrixelement 355
Dipoloperator 355
Dirac-Gleichung 102, 106
– bei kugelsymmetrischem Potential 122
– Lorentz-invariante Form 106
– mit elektromagnetischem Feld 114, 116
– Transformationsverhalten 107
–, zeitunabhängige 116
Dirac-Schreibweise 133
direkte Übergänge 448
Dispersionsbeziehung 98, 250
Dispersionsgesetz 15
Donator 488
– Energieniveaus 492
Drehimpuls 52, 576
– Addition 581
– Quantisierung 577
– Vertauschungsrelationen 52, 90
Drehimpulserhaltung 30
Drehimpulsmatrizen 97, 212
Drehimpulsoperator 22
–, verallgemeinerter 90
Drehimpulsquantenzahl 65, 88
Drehinversion 414
Drehung 414
–, infinitesimale 627

Druck 148, 262, 264, 525, 527, 542, 547
Dulong-Petit-Gesetz 475
dynamische Entwicklung 278
dynamische Matrix 425
Dyson-Gleichung 229, 230

ebene Wellen 14, 37, 75, 110, 250, 591
– Orthonormalitätsbeziehung 591
– Vollständigkeitsbeziehung 592
Edelgase 364
effektive Masse 338
Effektive-Masse-Näherung 449
effektiver Störoperator 206
Ehrenfest-Gleichungen 31, 32, 142
Eichtheorie 337
Eichtransformation 116
–, globale 337
–, lokale 337
Eigenfunktion 33
– des Laplace-Operators 254
– gemeinsame 35
Eigenwert 33
– entarteter 34, 48
Eigenwertaufgabe 41
–, verallgemeinerte 199
Eigenwertgleichung 34, 190, 203
Eigenzeit 101
eindimensionales Elektronengas 258
Einelektronenniveaus 361
Einheitszelle 416
Einstein-Konvention 100
Einstein-Podolski-Rosen-Paradoxon 134
Einteilchenenergieniveaus 156
–, des homogenen Elektronengases 269
Einteilchen-Hilbert-Raum 235
Einteilchenoperator 164
Einteilchenpotential 286
elektrische Stromdichte 113
elektrischer Dipolübergang 352

elektrischer Quadrupolübergang 352
elektrodynamische Potentiale 113, 336
elektromagnetische Felder 114, 345
elektromagnetischer Feldtensor 114
Elektron im Zentralfeld 78, 505
Elektron-Elektron-Energie 285
Elektron-Phonon-Wechselwirkung 280
Elektronen- und Gittereigenschaften 418
Elektronenaffinität 245
Elektronendichte 181, 227, 255, 325, 454
Elektronengas 178, 235, 250
–, eindimensionales 258
–, homogenes 187, 265
–, inhomogenes 178, 274
–, zweidimensionales 256
Elektronengeschwindigkeit 454
Elektronenkonfiguration 363
Elektronenkoordinaten 275
Elektronenspin 519
elektronische Zustände 405
Elementarladung 335
Elementarzelle 413
Energiebänder 444
Energieerhaltungssatz 30, 219
Energiefunktional 194, 238, 239, 287
Energie-Impuls-Beziehung 13, 98, 101
Energiesatz 142
Energie-Zeit-Unschärferelation 29
entartetes Spektrum 34
Entartung 34, 366
Entropie 148, 262, 264, 468, 469, 525, 527, 534, 542
Enveloppefunktion 492
Ereignis 100
Erhaltung des Drehimpulses 30
Erhaltungssätze 30

Ersatz-Hamilton-Operator 452
Erwartungswert 20, 22, 29
– der Energie 22
– des Drehimpulses 22
– des Impulses 21
– Zeitabhängigkeit 139
Erzeugungsoperator 45, 162, 166
Euler-Lagrange-Gleichungen 184, 333
– für Potentialfelder 346
Exzitonen 463

Feinstruktur 377
– des Wasserstoffspektrums 211
Feinstrukturkonstante 91, 128
Feldoperator 171, 180
–, zeitabhängiger 175
Fermi-Dirac-Verteilung 546
Fermi-Dirac-Statistik 545
Fermi-Energie 227, 254, 255, 263
Fermi-Funktion 227, 254
Fermi-Grenze 254, 255, 267
Fermi-Integral 602
Fermi-Verteilung 261, 458
Fermionen 91, 154, 156, 169, 172, 175
Ferromagnetismus 464
Festkörper 413
flache Störstellen 487
Fock-Operator 168
Fock-Raum 166, 188
Fourier-Entwicklung 590
– des Coulomb-Potentials 268, 600
– einer Atomfunktion 599
– einer Bloch-Funktion 594
Franck-Condon-Prinzip 394
freie Energie 148, 261, 262, 468, 469, 527, 533, 538, 547
– Konfigurationsanteil 484
freie Enthalpie 470, 528, 547, 549
freie Elektronen 228, 252
– bei endlicher Temperatur 259
– im konstanten Magnetfeld 338
freies Teilchen 13, 110

Funktional 238
– der Austauschenergie 239
– der Hartree-Energie 239
–, universelles 288
Funktionalableitung 240, 248

gebundene Zustände 59
Geisterzustände 311
geladener Massenpunkt im Maxwell-Feld 343
Gemisch 136, 138
Gesamtdrehimpulsoperator 379
Gesamtheit 20, 136
–, kanonische 146, 147
–, mikrokanonische 137, 143
–, streuungsfreie 36, 138
Gewichtete-Dichte-Näherung 302
Gitter
–, flächenzentriertes 416
–, innenzentriertes 416
–, primitives 416
Gitterkonstante 417
Gitterschwingungen 423
– Anharmonizität 433
Gittervektor 413, 590
Gleichgewichtsverteilungen freier Teilchen 543
Gleitspiegelungen 416
Goldene Regel der Quantenmechanik 217, 219, 350
Gradientenkorrektur 302
Gravitationskonstante 335
Gravitationskraft 335
Greensche Funktion 219, 221
–, avancierte 226, 229
– freier Teilchen 588
–, retardierte 226
Greenscher Operator 219, 220
Grenzbedingungen 68, 232
Grobstruktur 367
großkanonische Gesamtheit 540
großkanonische Zustandssumme 541
großkanonisches Potential 541
Grüneisen-Korrektur 473

Sachregister

Grüneisen-Näherung 473
Grüneisen-Parameter 473, 477
Grundgebiet 595
Grundzustandselektronendichte 291
Grundzustandsenergie 243
– des homogenen Elektronengases 272, 273
– des inhomogenen Elektronengases 286, 288
– pro Elektron 247
Grundzustandsenergiefunktional 291
Gruppentheorie 609
– Darstellungen 612
gyromagnetischer Faktor 91, 339, 384

Haber-Bosch-Verfahren 550
Hamilton-Dichte 185, 347
Hamilton-Funktion 185
– der Lorentz-Kraft 336, 344
– in Maxwell-Lorentz-Näherung 348
Hamilton-Gleichungen 185
– für Felder 347
Hamilton-Operator 22, 189, 193, 284, 285
– der Atome 360
– der Atomkerne 393
– der Moleküle 389
Hamilton-Prinzip 184
harmonische Näherung 280, 425
harmonischer Oszillator 41
– Aufenthaltswahrscheinlichkeitsdichte 50
–, dreidimensionaler 48
– Eigenfunktionen 45
– Eigenwerte 42
–, eindimensionaler 42
Hartree 128
Hartree-Energie 289
Hartree-Fock-Gleichungen 237, 242
Hartree-Fock-Näherung 265, 271
Hartree-Fock-Verfahren 235

Hartree-Integral 605
Hartree-Potential 242, 289
Hauptquantenzahl 65
Heisenberg-Bild 143
Heisenberg-Operator 144, 467
Heisenbergsche Unbestimmtheitsrelation 28
Heitler-London-Näherung 398
Heliumatom
– Grundzustandsenergie 196
– Ionisierungsenergie 194, 196
Hellmann-Feynman-Theorem 281, 330
Helmholtz-Gleichung 58, 254
Hilbert-Raum 24, 133, 553
– der Spinzustände 90
– orthogonales Produkt 90
Hermite-Polynome 47
Hohenberg-Kohn-Theorem 284
Hohenberg-Kohn-Theorem I 286
Hohenberg-Kohn-Theorem II 287
homogenes Elektronengas 178, 265
Hundsche Regel 371
Hybridfunktion 496
Hyperfeinstruktur 382

identische Teilchen 150
Impuls 21
–, radialer 70
indirekte Übergänge 448
Inertialsystem 100
infinitesimale Drehungen 627
inhomogenes Elektronengas 178, 274, 283
innere Energie 264, 469, 525, 526, 535
inneres Produkt 124
Integrale mit Gauß-Funktionen 604
invariante Integrale 507
Inversion 414
– der Kohn-Sham-Gleichung 316
Inversionssymmetrie 445
Ion-Ion-Energie 307
Ionisierungsenergie 244, 292

irreduzible Darstellungen 621
Ising-Modell 467

Jahn-Teller-Theorem 497

kanonisch konjugiertes Impulsfeld 184
kanonische Gesamtheit 146, 526
k-Auswahlregel 448
Kernkoordinaten 275
Kernspin 282
kinetische Energie 182, 271, 285
− der Atomkerne 391
Klassencharaktere 616
Klein-Gordon-Gleichung 98, 99, 102
Kleinman-Bylander-
   Pseudopotential 319
Kohn-Sham-Gleichung 288, 291, 318
− Inversion 316
−, spinunabhängige 324
−, zeitabhängige 327, 329
kombinierte Zustandsdichte 449
kommensurable Observable 137
Kommutator 26
komplexe Variation 198
Kompressionsmodul 149, 470, 478, 528
Konfigurationsentropie 484
Konfigurationsraum 131, 190, 419
Konfigurationswechselwirkung 237
konjugierte Gradienten Methode 334
Kontinuitätsgleichung 16, 105, 106, 114
kontravarianter Vektor 100
Konzentration der Störstelle 486
Koopmans-Theorem 244, 245, 463
Kopplungskoeffizienten 638
Korrelationsenergie 237, 296
Korrespondenzprinzip 32, 51, 143
kovarianter Vektor 100
Kreuzungsregel 509
Kristallachsen 416

Kristallelektronen 436
Kristallfeldaufspaltung 500
Kristallfeldparameter 500
Kristallfeldtheorie 497
Kristallgitter 417
Kristallstruktur 473
Kristallsymmetrie 413
Kristallsysteme 416
Kugelfunktionen 56, 564
− Integrale 571
−, komplexe 567
−, reelle 568
− Theoreme 569
kugelsymmetrisches Potential 122

Laborsystem 101
Ladungsdichte 113
Ladungstransfer 316
Lagrange-Dichte 184, 185
− der elektromagnetischen Felder 345
Lagrange-Funktion 184, 332, 344
− nach Maxwell-Lorentz 348
Lagrange-Parameter 197
Laguerre-Differentialgleichung 61
Laguerre-Polynome 63
Landau-Niveaus 460, 461
Landé-Faktor 385, 537
Laplace-Operator 52
− Eigenfunktionen 254
Laporte-Auswahlregel 357
Larmor-Frequenz 462
Lebensdauer 29
Leerstelle in Silicium 494
Legendre-Differentialgleichung 55
Leitungsbänder 444
lineare Operatoren 559
Linearkombination von Atom-
   orbitalen 408
Liouville-Gleichung 143
Lippmann-Schwinger-Gleichung 231
Loch im Valenzband 452
Löchertheorie 112

Lokale-Dichte-Näherung 248, 249, 295
lokales Potential 183
Lorentz-Konvention 113, 114
Lorentz-Kraft 335, 343, 607
Lorentz-Matrix 100
Lorentz-Transformation 100
L-S-Kopplung 379

magnetische Quantenzahl 65
magnetische Suszeptibilität 539
magnetischer Dipolübergang 352
magnetisches Dipolmoment 89,
– des Elektrons 354
magnetisches Moment 341
– des Atomkerns 282
Magnetisierung 536, 539
magnetomechanische Anomalie 121
Massenwirkungsgesetz 546
– der Konzentrationen 551
– der partialdrücke 551
– der Störstellenreaktionen 487
Materiewellen 14
Matrizen der Drehimpulsoperatoren 97
Matrizendarstellung 560
Maxwell-Gleichungen 113, 114, 345
Mehrteilchen-Hamilton-Operator 131
Mehrteilchen-Schrödinger-Gleichung 131
Mehrteilchenquantenmechanik 130
Meßprozeß 134
Metalle 264
metrischer Fundamentaltensor 100
mikrokanonische Gesamtheit 137, 143, 146, 525
Minkowski-Raum 100
Mittelwert 20, 26, 134
mittlere kinetische Energie 256, 258, 259
Moleküle 389
Molekülorbitale 406, 408

Molekülschwingungen 395, 516
Molekülschwingungsfrequenz 404
Molekulardynamik 329
Morse-Potential 402
Multipletts
– äquivalenter Elektronen 372
– der Mehrelektronenspektren 366
Multipolübergänge 351
Murnaghan-Formel 479

Näherung der unveränderlichen Ionen 304, 365
Näherungsverfahren 190, 222
Natrium 272
Nichtkombinationssatz 512, 643
nichtlineare Rumpfkorrektur 306
nichtlokales Pseudopotential 311
nichtrelativistischer Grenzfall 119
Normalkoordinaten 396
Normalprozeß 436
normerhaltendes Pseudopotential 313
Normerhaltung 313
N-Teilchen-Hilbert-Raum 235
Nullpunktsenergie 48
Nullpunktsschwingung 48
Nullpunktsschwingungsenergie 477
Nullstellensatz 66
numerische Integration 79
Numerov-Verfahren 84

Observable 22
–, kommensurable 137
Operator 21, 22, 562
–, linearer 559
–, normaler 133
–, selbstadjungierter 24, 34
–, statistischer 135
optische Übergänge 447
Orthonormalisierungsverfahren von Schmidt 35, 555
Orthonormalität 133
Orthonormalitätsbedingung 66

Orthonormalitätsbeziehung 56, 64, 556
Orthonormalsystem 555
Oszillationen der Zustandsdichte 342
Oszillator
–, anharmonischer 209
–, harmonischer 41

Paarerzeugung 112
Paarkorrelationsfunktion 299
Paramagnetismus 537
Partialdruck 549
Pauli-Gleichung 117, 119, 121, 322
Pauli-Prinzip 150, 154, 157, 242
Pauli-Spinmatrizen 96, 122, 212
periodische Randbedingungen 251, 266
periodisches System der Elemente 364
Periodizitätsbedingung 419, 590
Permutation 151
Permutationsgruppe 151
Phasenübergang 473
Phononen 429, 432
Photonen 13
Polarisation 536
Positron 112
Potentialtopf 68
–, eindimensionaler 75
–, kugelförmiger 69
potentielle Energie 285
Produkt-Hilbert-Raum 93, 133
Produktdarstellungen 630
– ausreduzieren 632
Projektionsoperator 135, 639
Pseudoatom 315, 318
Pseudopotential 310
–, nichtlokales 311
–, normerhaltendes 313
–, separierbares 319, 320
– Übertragbarkeit 313
Punktgruppe 414

Punktladung
– im elektromagnetischen Feld 113, 348
– Lagrange-Funktion 343
– und Elektromagnetismus 335
Punkttransformationen 413, 414

Quantenstatistik 521
Quasiimpuls 453

Randbedingungen 60, 69, 73, 79
–, periodische 251, 266
Raumgruppe 415
Reaktionsgleichung 550
reduzierte Masse 57, 402
reduzierter Bereich 414, 424, 440, 590, 596
reiner Zustand 136, 137
relativistische Bewegungsgleichung 344
relativistische Quantenmechanik 98
relativistische Verallgemeinerungen 322
Relativitätstheorie
–, spezielle 13, 100
Resonanz 217
reziproker Gittervektor 414, 591
reziprokes Gitter 414
Roothan-Gleichungen 411
Rotation 398, 402
Rückwärtsintegration 80
Ruhelagen 280
– der Atomkerne 391, 421
Ruheenergie 101
Ruhsystem 101
Rumpfelektronen 305, 307
Rumpfradius 313
Rumpfzustände 311
Runge-Lenz-Vektor 65
Rydberg-Energie 63

Schiebeoperatoren 578
Schraubungen 416
Schrödinger-Bild 143

Schrödinger-Gleichung 15, 23, 115
- Anfangswertaufgabe 17
- der Lorentz-Kraft 337
- des Wasserstoffatoms 57
-, zeitunabhängige 33
Schwerpunkt- und Relativkoordinaten 57
Schwerpunktsatz 214
Schwingungen 398, 402
Selbstenergiekorrektur 304
selbstkonsistentes Feld 242, 292
Selbstwechselwirkung 304
Separierbarkeit 318
Skalarprodukt 23, 553
Slater-Determinante 156, 157, 236, 407
Slater-Janak-Umladungsniveaus 493
Sommerfeld-Feinstrukturkonstante 91, 128
Spektraldarstellung 220
spezielle Relativitätstheorie 100
Spin 87
Spin-Bahn-Kopplung 121, 211, 377
Spin-Bahn-Kopplungsoperator 121
Spin-Bahn-Kopplungsparameter 212
Spin-Bahn-Kopplungsterm 360
Spindichtefunktional 322
Spindichtefunktionaltheorie 323
Spinmatrizen 93, 94, 96, 212
Spinoperator 92
Spinor 93, 94
Spinpolarisation 273, 325
Standardterm 485
Stark-Effekt 387
Stationäre Zustände 32, 33
statische Entwicklung 278
statistischer Operator 135, 467, 526, 540
statistisches Gleichgewicht 522
Steinsalzgitter 417
Stetigkeitsbedingung 83
Stirling-Näherung 485

Störmatrix 204, 212, 213
Störstellen in Halbleitern 480
Störstellenkonzentration 481
Störungstheorie 200
- erste Näherung 203
- höhere Näherungen
- nullte Näherung 202
-, zeitabhängige 214
- zweite Näherung 205
Strahlungsübergänge 349
Streuung von Meßwerten 23, 26
Stromdichte 323
Summenkonvention 100
Summenregel 298, 301
Superzelle 147
Symmetrie 501
symmetrieadaptierte Molekülzustände 513
Symmetriedoppelgruppen 647
symmetrische Funktion 152
symmetrische Gruppe 151

Teilchenbild 14
Teilchendichteoperator 172
Teilchenzahl 181, 542
Teilchenzahlerhaltung 168
Teilchenzahlformalismus 162
Teilchenzahloperator 167, 188, 285
Teilchenzahlzustände 163, 285
Temperatur 525
temperaturabhängige Eigenschaften 467
Tensoroperator 642
Tetraedergruppe 653
Theorem von Levinson 233
Theorem von Wannier 449
thermische Ausdehnung 478
thermischer Ausdehnungskoeffizient 149, 470, 479, 528
thermodynamische Potentiale 468
thermodynamisches Gleichgewicht 521, 522
Trägheitstensor 393
Translation 398, 413

Translationsenergie 66
Translationsoperator 455, 595
Tunneleffekt 37

Übergangsmatrixelement 350
Übergangsmetalle 497
Übergangswahrscheinlichkeit 349
Überlappungsintegrale 409
Überlappungsmatrix 197
Übertragbarkeit 315
– der Pseudopotentiale 313
Umladungsniveaus 493
Umklappprozeß 436
Unbestimmtheitsrelation 26
–, von Heisenberg 28
universelles Funktional 288
unterscheidbare Teilchen 131
Ununterscheidbarkeit identischer Teilchen 150

Vakuum 166
Valenzbänder 444
Valenzelektronen 305, 318
Valenzzustände 311
Variation 198
Variationsaufgabe 198, 223, 238
Variationsprinzip 192
– von Ritz 197
Variationsverfahren 190
Vektor
– im Konfigurationsraum 131, 150
–, kontravarianter 100
–, kovarianter 100
verallgemeinerte Gradientenentwicklung 303
Vernichtungsoperator 45, 162, 166
Vertauschungsrelation 27, 132
– der Drehimpulskomponenten 52, 90
– für Bosonen 167
– für Fermionen 169
Viererdivergenz 101
Vierergradient 101

Viererimpuls 101
Viererspinor 104
Viererstrom 106
Vierervektor 100
vollständiges Orthonormalsystem 190
Vollständigkeit 133
Vollständigkeitsbeziehung 556
von Neumann-Gleichung 141
Vorwärtsintegration 80

Wärmekapazität 149, 264, 474
– bei konstantem Druck 535
– bei konstantem Volumen 535
Wahrscheinlichkeit 19
Wannier-Exzitonen 464
Wannier-Funktionen 442
Wasserstoffatom 57
– Eigenfunktionen 63
– Energie 59
– Energieeigenwerte 63
– Energieniveaus 60
– Entartung 65
– Gesamtenergie 66
– Grundzustand 64
– Grundzustandsenergie 193
Wasserstoffspektrum
– Feinstruktur 211
Wechselwirkungsbild 144
wechselwirkungsfreie Teilchen 155
Wechselwirkungsoperator 189
Wellenbild 14
Wellenfunktion 15
Wellengleichung 14
Wellenoperator 101
Wellenpaket 17
Wellenvektor 14
Welle-Teilchen-Dualismus 13
Wigner-Eckart-Theorem 644
Wigner-Seitz-Radius 271, 296
Wirkungsintegral 184
Wurtzitgitter 418

Zeeman-Effekt 384

Sachregister 669

zeitabhängige Störungstheorie 214
zeitabhängige Vorgänge 326
Zeitabhängigkeit der Erwartungswerte 29, 139
Zeitschiebeoperator 139
Zentralfeld 78
Zentralfeldmodell 211, 360
Zentralkraft 30, 78
Zinkblendegitter 417
Zitterbewegung 118
Zustände im Fock-Raum 173
Zustandsdichte 226, 258, 259
–, Änderung der 232
– der Elektronen 453
– der Löcher 454
– freier Elektronen 255
–, kombinierte 449
–, lokale 226
Zustandsgleichung 148, 262, 264, 468, 472, 527
Zustandssumme 147, 468, 484, 526, 533
–, großkanonische 541
zweiatomiges ideales Gas 529
zweiatomiges Molekül 398
zweidimensionaler Ausbreitungsvektor 257
zweidimensionales Elektronengas 256
Zweielektronen-Hamilton-Operator 194
Zweierspinor 119, 120
zweite Quantisierung 183
Zweiteilchenoperator 164
Zyklotronfrequenz 340, 462
Zyklotronniveaus 338

TEUBNER-TASCHENBUCH der Mathematik

Begründet von I. N. Bronstein und K. A. Semendjajew
Weitergeführt von G. Grosche, V. Ziegler und D. Ziegler
Herausgegeben von Eberhard Zeidler, Leipzig
1996. XXVI, 1298 Seiten.
Geb. DM 59,–
ÖS 431,– / SFr 53,–
ISBN 3-8154-2001-6

»...Die enorme Datenmenge ist fachgerecht gegliedert, übersichtlich dargestellt durch sorgfältige Verwendung verschiedener Schriftarten, durch Umrandungen wichtiger Aussagen, durch zahlreiche Abbildungen. Der Zugriff auf bestimmte Inhalte kann auch erfolgen über ein 18 Seiten langes Register. Der inhaltliche Bogen reicht von elementaren Kenntnissen bis zu schwierigen mathematischen Begriffen und Zusammenhängen...«

»...Es ist schon beeindruckend, mit dem Buch 'eine Fülle von Mathematik' in Händen zu halten...«

Heft 45/Februar 1997 – junge wissenschaft, Seelze

Preisänderungen vorbehalten.

TEUBNER-TASCHENBUCH der Mathematik Teil II

Herausgegeben von
Günter Grosche, Leipzig,
Viktor Ziegler, Dorothea Ziegler, Frauwalde, und Eberhard Zeidler, Leipzig

7. Auflage 1995. XVI, 830 Seiten.
Geb. DM 58,–
ÖS 423,– / SFr 52,–
ISBN 3-8154-2100-4

Vollständig überarbeitete und wesentlich erweiterte Neufassung der 6. Auflage der »Ergänzenden Kapitel zum Taschenbuch der Mathematik von I. N. Bronstein und K. A. Semendjajew«

Aus dem Inhalt: Mathematik und Informatik – Operations Research – Höhere Analysis – Lineare Funktionalanalysis und ihre Anwendungen – Nichtlineare Funktionalanalysis und ihre Anwendungen – Dynamische Systeme, Mathematik der Zeit – Nichtlineare partielle Differentialgleichungen in den Naturwissenschaften – Mannigfaltigkeiten – Riemannsche Geometrie und allgemeine Relativitätstheorie – Liegruppen, Liealgebren und Elementarteilchen, Mathematik der Symmetrie – Topologie – Krümmung, Topologie und Analysis

B. G. Teubner Stuttgart · Leipzig

Fischer/Kaul
Mathematik für Physiker

Band 2 Gewöhnliche und partielle Differentialgleichungen, mathematische Grundlagen der Quantenmechanik

Von Dr. **Helmut Fischer** und Prof. Dr. **Helmut Kaul** Universität Tübingen

1998. 752 Seiten mit zahlreichen Bildern, Aufgaben und Beispielen. (Teubner Studienbücher) Kart. DM 78,– ÖS 569,– / SFr 70,– ISBN 3-519-02080-7

Dieses Buch soll Physikern und Mathematikern einen Zugang zu Differentialgleichungsproblemen und der Theorie der Operatoren der Quantenmechanik bieten. Die Leser werden an typischen Fällen mit den wichtigen Methoden zur Behandlung von Differentialgleichungen vertraut gemacht. Bei den Grundlagen der Quantenmechanik wird der Wahrscheinlichkeitsaspekt gebührend berücksichtigt. Viele Abschnitte des Buches können auf der Basis von Band 1 für sich gelesen werden. Die in den übrigen Abschnitten verwendeten Hilfsmittel sind in einem eigenen Kapitel zusammengestellt; die hiervon benötigten werden zu Beginn jedes Paragraphen benannt.

Aus dem Inhalt: Gewöhnliche Differentialgleichungen: Allgemeine Theorie, spezielle Funktionen der Mathematischen Physik, Einführung in die qualitative Theorie / Elementare Lösungsmethoden für partielle Differentialgleichungen: Fourierreihen und Separationsansätze, Charakteristikenmethode für nichtlineare Differentialgleichungen 1. Ordnung und Grundprinzipien der geometrischen Optik / Hilfsmittel aus der Analysis: u.a. Lebesgue-Integral, Hilberträume, Fouriertransformation, Distributionen / Rand- und Eigenwertprobleme für den Laplace-Operator: Greensche Funktionen, Potentiale, Integralgleichungsmethode, Variationsmethode und schwache Lösungen, Entwicklung nach Eigenfunktionen / Wärmeleitungsgleichung und Wellengleichung: Anfangswert- und Anfangs-Randwertprobleme / Wahrscheinlichkeit, Maß und Integral / Lineare Operatoren im Hilbertraum: Spektraltheorie selbstadjungierter Operatoren und ihr Bezug zur Quantenmechanik

Band 1 Grundkurs
Von Dr. Helmut Fischer und Prof. Dr. Helmut Kaul, Universität Tübingen

3., überarbeitete Auflage. 1997. 584 Seiten mit zahlreichen Bildern, Aufgaben und Beispielen. (Teubner Studienbücher) Kart. DM 58,– ÖS 423,– / SFr 52,– ISBN 3-519-22079-2

Preisänderungen vorbehalten.

B. G. Teubner Stuttgart · Leipzig

Ebeling/Freund/Schweitzer
Komplexe Strukturen: Entropie und Information

Von Prof. Dr. **Werner Ebeling**,
Dr. **Jan Freund**
und Dr. Dr. **Frank Schweitzer**
Humboldt-Universität zu Berlin

1998. 265 Seiten mit 53 Bildern.
16,2 x 22,9 cm.
Kart. DM 58,–
ÖS 423,– / SFr 52,–
ISBN 3-8154-3032-1

Die Erforschung komplexer Strukturen ist gegenwärtig eines der interessantesten wissenschaftlichen Themen. Dieses Buch behandelt Möglichkeiten der Beschreibung und quantitativen Charakterisierung komplexer Strukturen mit Hilfe verschiedener Entropie- und Informationsmaße. Nach einer allgemeinverständlichen Einführung der Grundbegriffe werden die für eine quantitative Analyse erforderlichen Konzepte ausführlich behandelt und an zahlreichen Beispielen, wie Zeitreihen, Biosequenzen, literarischen Texten und Musikstücken, veranschaulicht. Dem interdisziplinären Charakter des Buches entsprechend, werden auch Parallelen zwischen der Informationstheorie und der quantitativen Ästhetik behandelt und Beispiele zur Sprachanalyse vorgestellt. Außerdem wird an Computersimulationen gezeigt, wie sich Selbstorganisation durch die Generierung von Information vollziehen kann. Ein umfangreiches Literaturverzeichnis ermöglicht den Zugang zu weiterführender Literatur.

B. G. Teubner Stuttgart · Leipzig